3RD EDITION

# THE WINE BIBLE

## KAREN MACNEIL

## 더 와인 바이블

### 캐런 맥닐

| | |
|---|---|
| 옮긴이 | 이보미 |
| 발행인 | 이상영 |
| 편집장 | 서상민 |
| 편집 | 이상영 |
| 디자인 | 서상민 |
| 교정·교열 | 신희정 |
| 인쇄 | 피앤엠123 |
| 펴낸곳 | 디자인이음 |

2009년 2월 4일:제300-2009-10호

서울시 종로구 효자동 62

02-723-2556

designeum@naver.com

instagram.com/design_eum

2024년 3월 20일 1판 1쇄 발행

ISBN  979-11-92066-32-5  03590

## 캐런 맥닐

캐런 맥닐은 타임지가 인정한 '미국의 포도 전도사'이자, 주요 와인 도서상(영문)을 휩쓴 수상자다. 미국 공영방송 PBS의 '와인, 음식 그리고 친구(Wine, Food & Friends)'에서 진행자로 에미상을 수상했고, NBC의 '투데이(Today)'에서 와인 전문가로 활동했다. '와인교육계의 하버드'라 불리는 미국 CIA 요리학교 소속 러드와인전문학교(Rudd Center for Professional Wine Studies)의 창립자이자 명예회장이다. 현재 캘리포니아 세인트헬레나에 거주한다.

karenmacneil.com

### 이보미

한국외국어대학교와 동대학교 통번역대학원을 졸업했다. 현재 번역 에이전시 엔터스코리아에서 번역가로 활동 중이다. 옮긴 책으로는 『와인 올 더 타임』『허브 상식사전』등 다수가 있다.

Design by Janet Vicario

Complete photo credits can be found on pages 727-728

긴 여정에 의미를 새겨 준 마이클,

항상 내 마음속에 살아 숨 쉬는 엠마

그리고 붉은 튤립의 가르침을 기억하며…….

# CONTENTS

# INTRODUCTION 서론

『더 와인 바이블』은 어떻게 탄생했을까?

와인 전문가로 살다 보면, 수많은 질문을 받는다. 인생을 바꾼 특별한 와인이 있는가? 부모님이 보르도나 부르고뉴처럼 좋은 와인을 마셨나? 유명한 와인 학교에 다녔나? 유럽 여행을 계기로 와인과 음식을 사랑하게 됐나?

내 대답은 전부 '아니오'다.

나는 가난하고 배움이 짧은 아일랜드 출신 가톨릭 가정에서 자랐다. 열다섯 살에 집을 떠난 후 고등학교 졸업 때까지 생활비를 벌기 위해 수업 전후로 일하고 주말에 투잡까지 뛰었다. 그리고 휑한 원룸 아파트에서 밤마다 와인을 마시며 숙제를 했다.

초반에는 89센트짜리 불가리아 레드 와인을 마셨다. 1년쯤 지나 독일산 리프라우밀히 와인으로 넘어갔다. 그다음은 랜서스 로제 와인이었고, 막판에는 밀짚 포장된 키안티 와인을 마셨다. 하나하나가 모두 좋았다.

열아홉 살에 작가의 꿈을 안고 무작정 뉴욕으로 떠났다. 언론대학은 고사하고 글쓰기 수업도 들은 적 없는데 말이다. 처음 2년 동안 무려 324개 원고가 반송됐다. 당시 헬스키친(맨해튼 우범지대) 외곽의 엘리베이터 없는 15층 아파트에 살았는데, 나는 반송 딱지를 벽에 다닥다닥 붙여 놓았다. 뉴욕 동네가 으레 그렇듯 저렴하고 맛있는 에스닉 푸드를 파는 식당과 주류전문점이 곳곳에 있었다. 우리 아파트 근처의 주류전문점은 항상 계산대 옆에 할인 와인을 가득 쌓아 두었다. 덕분에 으슥한 골목에 있는 가게까지 안 가도 돼서 다행이었다. 물론 마호가니 원목 선반에 와인이 진열된 고급 와인숍도 논외였다. 으슥한 골목보다 이런 데가 훨씬 두려웠다.

그런데 '버터'가 결정적 전환점이 됐다. 허드슨 밸리 수제 버터에 대한 글로 빌리지 보이스 신문사에서 30달러 원고료를 받았다. 나는 너무 기쁜 마음에 곧장 나이트클럽으로 달려가서 포므리 샴페인을 주문했다. 그리고 바에 앉은 채로 한 병을 홀랑 비웠다. 빌리지 보이스는 내게 작가의 포문을 활짝 열어 줬다. 곧이어 출판사 십여 곳에 음식 관련 글을 기고했고, 식료품 할인 구매권이 더는 필요 없게 됐다. 하지만 내가 진짜 쓰고 싶은 주제는 음식이 아니라 와인이었다!

사실, 문제가 있긴 했다. 나는 포므리 샴페인을 제외하고 '진짜 훌륭한 와인'을 마셔 본 적이 없었다. 맛도 보지 못했는데 무슨 글을 쓸 수 있단 말인가?

그 시절 〈보그〉, 〈뉴욕타임스〉 같은 간행물의 와인 칼럼니스트는 죄다 남자였다. 전 세계 와인 양조자들이 영향력 있는 남성 칼럼니스트들에게 와인 시음회를 선보이기 위해 뉴욕으로 몰려들었다. 내 친구도 그런 칼럼니스트 중 하나였다. 그는 내가 얼마나 간절하게 좋은 와인을 마셔 보고 싶어 하는지 알았다. 그래서 나를 시음회에 초대하자고 동료들을 설득했다.

놀랍게도 다들 동의했다. 다만 조건을 하나 내걸었는데, 나더러 조용히 있으란 거였다.

그렇게 난 거의 매주 남성들과 와인 시음회에 참석하게 됐다. 그리고 6년이 지나서야 처음으로 와인에 대한 글을 쓸 용기가 생겼다(물론 시음회에서는 여전히 잠자코 있었다). 신기하게 와인을 마시면 마실수록 궁금증이 늘었다. 그게 가장 기억에 남는다. 질문이 산더미처럼 쌓였지만, 아무것도 묻지 못했다.

그래도 이 이야기의 끝은 해피엔딩이다. 그 수많은 질문들이 영감으로 이어졌기 때문이다. 나는 수년간 와인을 독학한 결과 지식을 꽤 많이 쌓았고, 거의 모든 와인 생산국을 섭렵했다. 그러던 어느 날 피터 워크맨 출판사 대표가 내게 전화를 걸어서 음식 책을 내자고 제안했다. 〈뉴욕타임스 매거진〉에 실린 뉴잉글랜드 랍스터 롤에 관한 내 글을 읽고 문체가 마음에 들었단다. 물론 나도 책을 내고 싶지만, 와인에 관한 책을 쓰고 싶었다.

결국 이 책의 초판을 내기까지 장장 10년이 걸렸다. 피터는 원고를 보고, '더 와인 바이블'이라 불렀다.

불가리아 레드 와인에서 시작해서 현재까지, 전 세계의 고급 와인을 맛볼 때면 이런 생각이 든다. 와인은 나의 길이자 빛이다. 그로부터 40년이 흘렀고, 『더 와인 바이블』의 세 번째 개정판이 나왔다. 나는 여전히 와인의 마법에 이끌려 그 신비로움과 순수한 진미를 좇고 있다. 나는 와인이 강력하고 영적인 방법으로 우리의 이성과 감성을 건드린다고 믿는다. 와인을 마시는 단순한 행위만으로도 자연과 깊은 유대가 형성된다. 우리는 현재 와인을 마심으로써 과거를 마신다. 와인과 음식을 공유함으로써 공동체적 인류를 포용하게 된다.

캐런 맥닐,
2022년 5월 나파 밸리에서

# ACKNOWLEDGMENTS 감사의 말

1980년대, <USA 투데이>에서 푸드·와인 저널리스트로 일할 때였다. 상사가 내게 '매혹적인 얘깃거리'가 가득한 샴페인에 대해 써 보라고 제안했다. "예를 들어서요?" 내가 이렇게 묻자 상사가 퀴즈를 냈다. "흐음, 해군이 선박의 이름을 지을 때 사용하는 샴페인은?" 난 곧장 내 자리로 돌아가서 구글에 '해군 샴페인'을 검색했다. 그런 다음 수화기를 들고 미국국방부 대표번호를 눌렀다. 국방부는 거의 3시간 동안 내 전화를 이 부서에서 저 부서로 돌렸다. 한 50명쯤 통화했을까? 마침내 꼭꼭 숨어 있던 해군 담당자와 연결됐다. 떨리는 목소리의 나이 든 여성이었다. 그녀는 지난 30년간 해군 뱃머리에 내리쳤던 모든 샴페인을 구매한 담당자였다. 하지만 해군 샴페인의 정체는 실망스러웠다. '앙드레'라 불리는 싸구려 스파클링 와인이었던 것이다. 그래도 중요한 교훈을 얻었다. 정답을 아는 사람은 반드시 존재한다. 그 사람을 찾기만 하면 된다.

『더 와인 바이블』과 같은 책이 탄생하려면 수많은 사람의 도움이 필요하다. 그리고 이 사람들이 나의 '마을'이 된다. 글 쓰는 작업은 홀로 하지만, 수천 가지 사실을 캐내는 자료조사를 할 때는 전 세계 전문가들에게 의지한다. 편집자, 디자이너, 포토그래퍼, 와인 양조자, 와인 수입자와 유통업자도 있다. 이 밖에도 크고 작은 도움을 기꺼이 제공한 이가 수두룩하다.

가장 먼저 월등한 능력의 소유자인 수잔 웡 영업부장에게 감사의 말을 전한다. 그녀는 이 책의 기획을 진두지휘하고 내가 집필과 동시에 캐런 맥닐 컴퍼니를 운영하게 도와줬다. 수잔은 어떤 도전과제라도 전력을 다해 부딪쳤다. 그녀의 기업가 정신, 배포, 뛰어난 미각은 모든 면에서 두각을 나타냈다. 수잔과 나는 이 책을 위해 거의 8,000개 와인을 마셨다. 그녀와 함께한 애정 가득했던 오후, 저녁, 주말을 평생 잊지 못할 것이다. 그녀의 지칠 줄 모르는 열정과 우정이 진심으로 고맙다.

이번 개정 3판이 세상에 나오기까지 수잔과 함께 수년간 자료조사에 수백 수천 시간을 들인 와인 전문가팀이 있다. 재클린 미쉬, 테렌스 스파이스, 스테이시 카를로, 앤마리 파일라 그리고 베스 카츠마렉, 그들처럼 현명하고 헌신적이며 우수한 사람을 만나서 감사하다. 또한 특정 챕터를 쓰게 도와준 와인 전문가들이 있다. 제이나이 게이더, 크리스틴 마이스터, 조디 브론슈타인, 브라이언 휴버, 제이니 우, 니나 로자스, 폴 카바나에게 고마움을 전한다.

문학비평가 A. O. 스콧은 작가와 편집자의 관계를 '조마조마한 친밀감'으로 표현했다. 그에 따르면, 편집자는 작가의 머릿속에 '슬그머니 들어가서 공간의 크기를 재고, 삐뚤어진 액자를 바로 세우고, 가구를 재배치한 후 눈에 띄지 않게 사라져야 한다.' 그러나 워크맨 출판사의 내 담당 편집자인 존 밀스는 '눈에 띄지 않게' 사라질 수 없는 존재다. 적어도 내게는 그렇다. 그는 이 책의 길잡이이자 현명한 조언자였다. 존은 주말까지 반납하며 두꺼운 원고와 씨름해서 마침내 책으로 탈바꿈해 줬다. 친절함, 총명함, 정직함, 현명한 판단력을 보여 준 존에게 감사를 전한다. 사실 존은 워크맨 출판사의 창의력 넘치는 팀 일원이다. 댄 레이놀즈, 수지 볼로틴, 재닛 비카리오, 레베카 칼라일, 클로이 푸톤, 제니 맨델, 베스 레비, 캐서린 페퍼, 알렉시스 어거스트, 더그 볼프, 바버라 페라지니, 올랜도 아디아오, 앤 커맨, 소피아 리스 그 외에도 많은 분께 깊이 감사드린다.

이 책을 집필하는 동안 세계 각지에서 와인 수천 개를 구하는 일은 하늘의 별 따기만큼 어려웠다. COVID-19 전염병 사태, 국제 무역전쟁, 공급망 마비 때문에 주문한 와인을 선박에서 수개월간 빼지 못하는 사태도 벌어졌다. 이 책에 실린 와인들을 만든 와인 양조자와 와인 판매자 그리고 나를 도와준 와인 수입자와 유통업자에게 깊은 감사를 전한다. 아네테 수입사, AXA 밀레짐 제스티옹, 방빌 와인 상사, 베키 와서맨 회사, 보울러 와인, 브로드벤트 셀렉션, 캐넌 와인 리미티드, 체임버스 & 체임버스, (주)클래식 와인, 댄치 & 그레인저, 드 메종 셀렉시옹, 더치 패밀리 와인 & 스피릿, 다이아몬드 와인 수입사, 드레퓌스 애쉬비 & Co. E & J 갤로. 엠프슨 USA, 유로피언 셀러스, 유로프빈 USA, 파스 셀렉션스, 폴리오 파인 와인 파트너스, 프레드릭 와일드맨, 게리스, 줄리아나 임포츠, 골든 스테이트 와인, 곤살레스 비아스, 그랑 뱅 임포츠(밀크릭 임포츠), 잭슨 패밀리 와인스, 제니 & 프랑수아 셀렉션스, 호르헤 오르도네스 셀렉시온스, K&L

와인 머천츠, 커밋 린치, 코브랜드, 키셀라 페레 에 피스, 루젠 브로스 USA, 메종 마르크 & 도멘 USA, 마틴스 와인스, 마사노이스 LLC, 모엣 헤네시 USA, 노스버클리 임포츠, NZ 와인 네비게이터, 올드 브리지 셀러스, 올레 오브리가도, 올리버 맥크럼 와인 & 스피리츠, 퍼시픽 하이웨이 와인스, 팜 베이 인터내셔널, 페르노리카르, 폴라너 셀렉션스, 레어 와인 회사, 로센탈 와인 머천트, 로얄 와인 회사, 샤치 와인스, 스큐르닉, 소일에어, SPI그룹, 세인트 미셸 와인 에스테이츠, 스토리카 와인스, 타우브 패밀리 셀렉션스, 테블라토 와인 인터내셔널, 더 소팅 테이블 LLC, 더 소스 임포츠, 싱크 글로벌 와인스, USA 와인 웨스트, UVA 임포츠, 발키리 셀렉션스, 비아스 임포츠, 바인 커넥션스, 바인 스트리트 임포츠, 빈야드 브랜즈, 비니피에라 임포츠, 빈투스 LLC, 볼커 와인 회사, 볼리오 임포츠, 윌슨 다니엘스, 와인 도그스 임포츠, 와인 웨어하우스, 와인와이즈, 와인몽거, 와인보 임포츠, 그리고 ZRS 와인스에 감사의 말을 전한다.

끝으로 나의 끝없는 질문에 답변, 정보, 조언을 아낌없이 제공한 수백 명의 와인 전문가에게 무한한 감사를 전한다. 데이비드 아델스하임, 알베르토 리베이로 드 알메이다, 훌리오 알론소, 칼리 안데르센, 토니 아포스톨라코스, 미셸 아머, 자비에 발리에, 캐서린 벨란도, 엘리자베스 버거, 로레나 베탄조, 아테나 보차니스, 악셀 보그, 칼라 보스코, 아네트 링우드 보이드, 헤더 브래드쇼, 바르톨로뮤 브로드벤트, 앤 뷰슨, 베서니 버크, 스콧 번스 박사, 케이티 칼훈, 테일러 캠프, 케이티 캔필드, 메르세데스 카스텔라니, 그레고리 카스텔스, 로라 카테나, 수잔 체임버스, 에이미 샤펠렛, 킴벌리 찰스, 안드레아 밍파이 츄, 짐 클라크, 게이브 클라리, 매튜 코언, 줄리아나 콜란젤로, 디어드레 쿡, 톰 코센티노, 샬롯 쿠튀리에, 벳시 크리치, 카트린 퀴티에, 토리 달, 에릭 댄치, 알렉스 데이비슨, 마크 데이비슨, 켈리 딜, 스콧 디아즈, 스테이시 돌란, 마이클 도밍게즈, 카메론 더글라스, MS, 에린 드레인, 켈라 드릭스, 메건 드리스콜, 니콜 드러머, 랜디 듀포, 에티 에드리, 톰 엘리엇, 안드레아 잉글리시스, 캐롤라인 에반스, 블레이크 이브, 줄리아 트러스트람 이브, 알리사 파덴, 셰리 피델, 피아 핑켈, 게리 피쉬, 메간 플로이드, 메리 프리츠, 루이자 마리아 프라이, 오딜라 갤러거늘엘, 론 갤러거, 클레어 깁스, 윌리엄 기즈 주니어, 소니아 긴즈버그, 앤서니 기스몬디, 리사 주프레, 크리스토퍼 고블렛, 매튜 그린, 조슈아 그린스타인, 헬렌 그레고리, 수잔 앤 그로브, 앨리슨 하스, 제니퍼 홀, 시드니 햄비, 데이비드 할로우, 캐시디 헤이븐스, 척 헤이워드, 클레어 헨더슨, 사라 헥스터, 니콜 헤이먼, 니콜 홈즈, 레베카 홉킨스, 데이비드 하웰, 마크 허친스, 에린 인먼, 모토코 이시이, 제넬 자그민, 스티븐 제임스, 마리사 제터, 캐리 존스, 아나엘 조레, 막달레나 카이저, 크리스토프 캄뮐러, 제니퍼 키팅, 유지니아 키건, 미셸 킨, 로라 키트머, 하워드 클라인, 조나단 클로넥, 마릴린 크리거, 찰스 라자라, 에릭 르쿠르, 마티야 레스코비치, 아나리아 루체로, 사라 룬던, 앤서니 린치, 제니퍼 린치, 닉 말게임즈, 주디스 마네로, 세실 마티아오, 사라 마울, 메러디스 메이, 올리버 맥크럼, 그웬 맥길, 애런 미커, 캐롤 메러디스, 자넷 믹, 마이크 밀러, 산드로 미넬라, 아담 세백 몬테피오레, 블레이크 머독, 카트린 나엘라파아, 안드라스 네메트, 도미닉 노세리노, 모니카 노게스, 케이시 오코넬, 데보라 올슨, 제니카 오시, 세네이 오즈데미르, 다니엘 페이지, 그레이엄 페인터, 안드레아 피터스, 에밀리 피터슨, 제이미 페하, 라이언 페닝턴, 에밀리 필립, 케빈 파크, 필립 핀크니, 마리아 주앙 페르낭 피레스, 미리암 피츠, 모라나 폴로비치, 레베카 폴스터, 조셉 푸이그, 델리아 라미레스, 카차 라우슐, 샬롯 라와, 린다 리프, 르네 르노, 모건 리치, 아담 리처드, 아론 리지웨이, 아니카 리틀러, 윌 로저스, 제브 로바인, 키프로스 로이, 베로니카 루이스, 로슬린 러셀, 세자르 살다냐, 소피아 살바도르, 휘트니 솔, 앤 스칼라몬티, 스티븐 슈미트, 아베 쇼너, 휘트니 슈베르트, 제니퍼 스콧, 에릭 세겔바움, 캐롤라인 슈크, 히람 사이먼, 안젤라 슬레이드, 에릭 솔로먼, 사라 소어겔, 토니 소터, 브리짓 스파라냐, 킴벌리 스테이트, 조이스 스태버트, 데이비드 스트라다, 데일 스트라튼, 바비 스터키, 메리 앤 설리번, 도니 설리번, 트레이시 스위니, 후안 테이세이라, 클라크 테리, 테리 테이스, 엠마 토마스, 로지타 티와리, 아리 치카스, 브렛 반 엠스트, 카밀 반킬, 발레리 베네치아 로스, 루비나 비에이라, 샘 비클룬드, 레미 와드와니, 안나 월너, 마이클 왕비클러, 폴 와서먼, 앤드류 워터하우스, 도나 화이트, 켈리 화이트, 아만다 화이트랜드, 커크 윌리, 마크 예거, 다이애나 자후라네츠에게 진심으로 감사의 인사를 전한다.

# MASTERING WINE

"결국 자연 말고 우리에게 무엇이 남겠는가?"

-프랑수아 밀레, 전 와인 양조자,

도멘 콩트 조르주 드 보그, 부르고뉴

"위대한 와인은 유서 깊은 고장과 열정적인 사람의 테루아르를 본능적으로 경험하게 만든다. 인간의 손, 가슴, 마음과 자연의 완벽한 결합을 순수하게 표현해 낸다. 고귀한 와인은 우리에게 단순한 기쁨을 선사할 뿐 아니라, 우리의 지성과 감성을 자극해서 깊은 성찰과 인간의 모든 감정을 끌어낸다."

-데니즈 애덤스, ADAMVS(나파 밸리) 및 샤토 퐁플레가드(생테밀리옹) 소유주

## WHAT MAKES GREAT WINE GREAT? 위대한 와인은 왜 위대할까?

와인 책 대부분은 가장 먼저 와인이 무엇인지, 어떻게 만드는지, 산지가 어디인지부터 설명한다. 물론 이 책도 필연적으로 그런 내용을 다룰 예정이다.

그러나 필자는 이 와인 바이블의 결론이자 궁극적 패러독스인 대명제로 서문을 열고자 한다. '위대한 와인은 왜 위대할까?' 누구나 인생에 한 번쯤은 위대한 와인을 맛보고 싶어 한다. 나와 같은 와인업계 종사자들은 우리의 '와인 인생'을 그 위대함을 추구하는 데 바친다. 그런데 우리는 정확히 무엇을 찾는 걸까? 왜 끊임없이 그것을 추구하는 걸까?

나는 언제나 와인의 위대함에는 그에 걸맞은 명백한 이유가 있다고 느낀다. 그것은 당신의 발걸음을 멈추게 만드는, 어쩌면 당신의 인생까지 바꾸게 만드는 와인을 조우하는 순간 발동되는 개념이다. 나는 무려 30년 넘게 이 문제를 고심해 왔다. 이처럼 답을 찾아가는 과정을 통해 세계에서 가장 경이롭고 매혹적인 음료를 향유하는 즐거움과 경외심을 향상할 수 있었다.

### 위대함의 열두 가지 속성

자신의 와인 취향을 찾으려고 와인 책을 뒤적거리는 사람은 아무도 없다. 와인에 대한 주관성은 꽤 쉬운 문제다. 그러나 단지 좋아한다고 해서 와인이 위대해지는 건 아니다. 와인을 진정으로 알고 싶다면(미지의 위대함을 탐험하려면), 좋아하는 수준을 넘어서야 한다. 모두가 인정하는 와인, 자신의 가치를 한결같이 드러내는 와인, 시간이 아무리 흘러도 온전함과 아름다움으로 감동을 주는 와인. 이러한 와인의 이면에 가려진 미학을 이해하려는 시도가 필요하다. 나는 이것을 와인의 객관성을 파악하는 최적의 자세라고 말하고 싶다.

문학과 마찬가지로 와인도 주관적, 객관적 평가를 받는다. 셰익스피어를 싫어하는 사람도 그가 대문호임을 인정하지 않을 수 없다. 파리의 어느 카페에서 마신 와인이 아무리 좋았어도, 알고 보면 그리 훌륭한 와인이 아니었을지도 모른다.

와인을 최대한 객관적으로 평가하려면 어떻게 해야 할까? 먼저 오픈마인드와 와인을 반복적으로 마셔 본 경

험이 있어야 한다. 그래야 와인 본연의 맛을 파악하는 감이 생긴다. 무엇보다 와인을 직접 마셔 본 경험이 가장 중요하다. 개인적으로 셰리 와인이 가장 대표적인 예다. 셰리를 처음 맛본 순간, '셰리에 의한 죽음'이라는 제목의 글감이 떠올랐다. 도대체 누가 이런 와인을 마시는 걸까? 그러나 지금은 셰리가 지상 최고의 와인 중 하나라고 생각한다. 문학적 표현을 빌리자면 '불신의 자발적 유예'를 발휘해서 셰리를 마시고 또 마셨더니, 셰리를 더 잘 이해하게 됐다. 어느 날 셰리를 홀짝이고 있는데 머릿속에 조명이 탁 켜지면서, 그 순간 셰리를 '깨달았다'. 이처럼 와인을 추구하는 자세는 와인을 이해하는 데 꼭 필요한 통과의례다(다른 음식도 마찬가지다. 초밥을 처음 먹어본 사람이 어떻게 제대로 된 평가를 할 수 있을까?).

결국 핵심은 오픈마인드와 시음 경험이다. 경험을 하나둘씩 쌓아가는 것 또한 와인의 묘미다. 그러면 필자가 다년간 쌓은 경험을 통해 깨달은, 위대한 와인의 열두 가지 속성을 소개하겠다.

## • 독특성

단순하게 생각해 보자. 그래니 스미스 초록 사과를 샀다고 치자. 당연히 우리가 예상하는 그 맛이길 기대할 것이다. 만약 보통 사과와 다를 바 없는 맛이 난다면, 우리는 실망할 수밖에 없다. 반면 그래니 스미스다운 특색이 강할수록 그 풍미를 더욱 깊게 즐기게 된다. 위대한 와인은 동일성이 아니라 독특성 때문에 위대하다. 특히 단일 포도 품종으로 만든 와인일 경우, 독특성이 더 잘 드러난다. 예를 들어 카베르네 소비뇽의 맛이 그저 괜찮은 레드 와인 수준이라면, 결코 위대한 와인이 될 수 없다. 특유의 '카베르네스러움'이 없기 때문이다. 즉, 와인 전문가가 말하는 '품종적 특징'이 없다는 뜻이다(잠깐 짚고 넘어가자면, 모든 사람이 품종적 특징을 중요하게 여기진 않는다. 예를 들어 와인 애호가 중에는 소비뇽 블랑의 톡 쏘는 녹색 허브향과 여장부 같은 통렬함을 피하는 사람도 있다. 그러나 치즈를 생각해 보라. 단지 몇몇 사람이 강렬한 풍미를 꺼린다고 해서 블루치즈를 끔찍하다고 할 수 있을까? 그럼, 세상의 모든 치즈를 미국 슬라이스 치즈처럼 바꿔야 한단 말인가? 제발 그러지 않길 바란다).

한편 여러 품종을 섞은 블렌드 와인도 있다. 샴페인, 보르도, 리오하, 키안티, 샤토뇌프 뒤 파프 등 세계적으로 유명한 와인도 많다. 물론 블렌드 와인은 품종적 특징

을 표현하지 못한다. 그러나 독특성은 존재한다. 훌륭한 샤토뇌프 뒤 파프를 입에 머금는 순간, 다른 와인이 끼어들 여지없이 명실상부한 샤토뇌프 뒤 파프임을 느낄 것이다.

마지막으로, 위대한 와인은 향과 풍미뿐 아니라 질감마저 특색 있다. 와인은 '카우치 포테이토'(소파에서 감자칩을 먹으며 TV만 보는 사람)처럼 무기력하게 혀 위에 누워 있지 않는다. 와인은 흥미로운 느낌을 선사한다. 때론 캐시미어처럼 부드럽거나 산골짜기 물처럼 상쾌하고, 때론 라임주스처럼 상큼하거나 눈송이처럼 보송보송하다(실제로 훌륭한 샴페인의 질감이 이렇다). 질감이 어떤지는 상관없다. 중요한 건 위대한 와인은 특징적인 질감이 있다는 점이다.

결론적으로 독특성은 위대한 와인의 가장 핵심적인 속성이다. 다른 와인과 차별되는, 특별한 와인으로 구별되는 요소라 할 수 있다.

> "모든 와인 평론가는 꼭 기억해야 한다. 오크통에서 숙성시킨 샤르도네를 홀짝이며 말장난을 할 때도, 와인을 앞에 두고 상대적으로 0.5점 낮은 점수를 매길 때도, 잊지 말아야 한다. 이 소중한 와인은 자연이 선물한 기적이다. 인간은 모든 음식 중 오로지 와인만을 신성하게 여긴다. 와인과 인간이 함께한 지 1만 년의 역사가 흘렀는데도 와인의 신비로움은 사라지지 않았다."
> -휴 존슨, 영국의 와인 책 저자

## • 밸런스

위대한 와인을 표현할 때 가장 많이 사용되는 단어가 바로 '밸런스'다. 와인의 모든 주요 구성요소(산미, 알코올, 과일 향, 타닌)가 균형을 이룰 때 완성되는 와인의 특성이다. 밸런스를 갖춘 와인은 어느 한 요소만 도드라지지

않아서, 조화로운 대위법적 긴장을 유지한다. 난 밸런스를 생각하면 태국 국물 요리가 떠오른다. 단맛, 열기, 신맛, 향신료 등 서로 대비되는 특성이 완벽한 텐션을 자아낸 결과, 조화로운 국물 요리가 완성된다.

밸런스는 위대한 와인의 필수요소다. 그런데 밸런스가 좋은 와인보다 그렇지 않은 와인을 평가하는 게 훨씬 쉽다. 밸런스가 없는 와인은 혀 위에서 조각난 별과 같다. 예를 들어 알코올의 밸런스가 깨지면, 감각 면에서 냄새를 맡고 맛을 감지하기 훨씬 쉽다. 알코올이 확연하게 두드러지기 때문이다. 따라서 와인 비평가가 밸런스를 갖춘 위대한 와인을 만나면 말문이 막히는 것도 어찌 보면 당연하다.

### • 명확성

위대한 와인의 풍미는 모호하거나 아리송하지 않다. 위대한 와인은 명확하고, 명료하며, 표현력이 뛰어나다. 다이얼을 돌려서 주파수를 맞추는 옛날식 라디오를 생각해 보라. 주파수를 정확하게 맞추지 않으면, 음악은 들리지만 온전한 소리는 잡음에 묻힌다. 채널을 정확히 맞추면, 음악을 타고 고유의 아름다움이 살아난다. 명확성 덕분이다.

흥미롭게도 감각을 연구하는 과학자들은 종종 풍미를 소리에 비유한다. 예를 들어서 'X라는 풍미는 속삭임인가 비명인가?'라는 가설을 세우고 실험을 하는 식이다. 나도 비유법을 써 보자면, 위대한 와인의 풍미는 산속 교회 종에 버금가는 명확성을 자랑한다.

### • 생명력

이 표현이 낯설게 느껴질 수 있다. 그러나 와인을 많이 마셔 본 사람이라면 위대한 와인 자체에서 뿜어져 나오는 생명력을 감지할 수 있다. 아리스토텔레스는 이 감각을 '생기'라고 불렀다. 생명력 있는 와인은 에너지, 영혼, 영성을 갖는다고 한다. 생명력은 풍미보다는 와인 안에 흐르는 전류에 가깝다. 그 전류가 우리의 의식을 일깨우는 것이다. 생명력 있는 와인은 은은하고 우아하기도 하고, 뚜렷하고 강렬하기도 하다. 와인의 특성이 어떻든, 주의 깊게 귀를 기울인다면 얼마든지 그 존재를 포착할 수 있다. 콜레트는 자신의 저서인 『포도나무의 덩굴손(Tendrils of the Vine)』(1908년)에 다음과 같이 아름답게 표현했다. 우리는 와인을 통해 지구의 풍미가 '살아 있고, 액화될 수 있고, 양분이 풍부하다'는 사실을 알게 된다. '척박한 백악토는 와인 속에서 금빛 눈

물을 흘린다.'

그에 반해 대형마트용 와인들은 혀끝에서 아무런 생명력도 느껴지지 않는다.

### • 과일 향 이상의 것

와인에서 '과일 향이 난다'는 표현은 주로 칭찬이다. 과일 향 자체는 물론 좋다. 그러나 위대한 와인에서는 단순히 과일 향만 나지 않는다. 단일한 과일 향은 풋풋하고 미숙하다. 이렇게 비유해서 미안하지만, 핑크 드레스에 핑크 하이힐을 신고 핑크 모자를 쓴 차림과 다름없다.

위대한 와인은 단순한 과일 향을 넘어서, 복합적인 아로마와 풍미를 자아낸다. 예를 들어 타르, 쌉쌀한 에스프레소, 구운 고기, 피, 낡은 가죽, 튀르키예 향신료, 암석, 젖은 나무껍질, 부패한 낙엽 등이다. 한 이탈리아 남성은 내게 와인에서 '동물의 향'이 난다고 표현했다. 사랑하는 사람의 땀 냄새가 난다는 뜻이었다. 이처럼 단순한 과일 향을 뛰어넘는 특징을 보유한 와인은 한층 깊은 감각적 충격과 지각적 자극을 선사한다. 나파 밸리에 있는 어센도 와이너리 공동 소유주인 대프니 아라우조는 내게 말했다. "난 과일 향 와인을 만들고 싶지 않아요. 난 언제나 천상의 와인을 만들고 싶답니다."

### • 복합성

와인은 단일성에서 복합성까지 광범위한 스펙트럼을 자랑한다. 단일한 와인은 아무리 맛이 좋아도, 와인에 대해 할 말이 하나밖에 없다. 풍미도 단색적이고, 매력도 단면적이다.

> "최소한 석 잔은 마셔야 매력적인지
> 혐오스러운지 알 수 있는 와인은 할 이야기가
> 산더미처럼 많은 법이다."
> -에번 미첼, 브라이언 미첼,
> 『와인 심리학(The Psychology of Wine)』에서

반면 복합적인 와인은 아로마와 풍미가 다면적이다. 가장 중요한 사실은 시간이 지나면서 다양한 아로마와 풍미가 연속적으로 드러난다는 것이다. 복합적인 와인을 마시는 경험은 일종의 심리 체험과 같다. 와인의 풍미를 파악했다고 믿는 순간, 만화경이 빙글빙글 돌아가듯 새로운 풍미가 솟아오르면서 와인의 새로운 면모가 드러난다. 복합적인 와인은 우리를 거침없이 끌어당긴다. 한

모금, 두 모금 계속해서 마시다 보면 비로소 와인을 이해하게 된다(적어도 입안에서 벌어지는 과정을 그대로 따라가게 된다). 난 인간이 본능적으로 복합성을 좋아하게 태어났다고 믿고 싶다. '다음 차례에 무엇이 올지 모른다'는 기대감에 본능적으로 끌리는 것이다.

복합적인 와인이라고 무조건 강렬하고 풀보디인 건 아니다. 섬세함도 복합적이고, 우아함도 복합적이다. 이와 비슷한 예로 내향적인 사람이 있다. 내향적인 사람을 외향적인 사람보다 덜 복합적이라고 할 수 있을까(반대의 경우도 마찬가지다.)?

### '좋음'의 즐거움

중국 황제들은 최고로 호화스러운 음식을 언제든 즐길 수 있음에도 불구하고, 연회를 앞두고 몇 주간 흰밥만 먹었다고 한다. 감각적 즐거움을 최고치로 끌어올려 황홀한 순간을 만끽하기 위해서다. 이번 기회에 좋은 와인에 대해 몇 자 적어 보고자 한다. 위대한 와인은 아니지만 충분히 좋은 와인에 대해. 여기서 좋은 와인이란, 영혼 없이 대량 생산되는 산업용이 아니다. 신의 있는 사람이 만든, 소박하지만 정직한 와인을 말한다. 진심으로 포도밭을 귀하게 여기고, 와인을 자식처럼 생각하는 사람이 만든 와인 말이다. 작가인 에릭 아시모프가 말했듯, 이런 와인은 '좋은 바게트처럼 올곧고 기본에 충실하고 꾸밈이 없다.' 좋은 와인은 와인계의 우아한 디저트가 아니라, 홈메이드 쿠키다.

### • 안무

지금 설명하려는 용어는 와인 전문가 사이에서 합의된 표현은 아니다. 실제로 다른 와인 책에는 한 번도 등장한 적이 없다. 와인의 안무는 풍미가 물리적, 공간적으로 표출되는 방식을 뜻한다. 와인이 처음에는 작게 움직이다가 점점 커져서 만개한 후 입안에 확 퍼지는가? 아니면 초반에 폭발적인 풍미로 빠르게 미각을 공략한 뒤 슬로우 댄스를 추면서 서서히 잠잠해지는가? 롤러코스터처럼 위아래로 요동치는가? 입안을 빗질하듯 넓게 쓸고 넘어가는가? 아니면 인상주의 화가의 점묘화처럼 정밀한가? 내 친구이자 와인 작가인 테리 타이즈는 이렇게 묻는다. 스웨덴 마사지인가, 시아추 마사지인가? 한 가지 사실만은 확실하다. 위대한 와인은 유동성, 리듬, 볼륨, 속도가 있다. 위대한 와인은 입안에서 가만히 있는 게 아니라, 수려한 안무로 우리의 감각을 일깨운다.

### • 모양과 방향

이는 안무와 어느 정도 관련 있는 개념이다. 위대한 와인의 풍미는 식별할 수 있는 모양이 있으며 특정한 방향으로 움직인다. 결코 무정형하고 어수선하지 않다. 모양과 방향 중 후자가 훨씬 알아차리기 쉬운데, 대체로 수직 아니면 수평이다. 모양은 정사각형, 직사각형, 삼각형, 원, 타원 등 다양하다. 그런데 위대하지 않은 와인도 가끔 모양을 갖는다. 와인을 처음 배우는 학생이 카베르네 소비뇽이 어떠냐는 질문에 '라임색 사다리꼴'이라고 대답했던 게 기억난다. 그녀는 그래픽 아티스트였다. 와인은 밸런스가 맞지 않는 미성숙한 카베르네였다. 지각적 관점에서 완벽히 들어맞는 해석이었다.

모양과 방향은 지감각적 테이스팅(GeoSensorial Tasting) 기법에 속한다. 모양, 방향과 같은 특징을 토양, 테루아르와 연결 지어 와인을 평가하는 새로운 기법이다.

### • 길이감 | 피니시

와인이 목으로 넘어간 후에도 입안에 남는 맛이 있다. 이를 길이감 또는 피니시라 부른다. 좋은 와인일수록 피니시도 길다. 반면 대형마트에서 파는 저렴한 와인의 풍미는 삼키기 무섭게 사라진다(차라리 그게 낫다). 전문가들이 와인의 길이감을 파악할 때 쓰는 방법은 '감각의 지리학: 전문가처럼 와인 테이스팅하기'편(64페이지)에서 자세히 다루겠다. 지금은 하나만 강조하고 싶다. 긴 피니시는 위대한 와인을 보증하는 중요한 특징이다. 샤토 마르고의 책임자이자 와인 양조자였던 폴 퐁탈리에는 피니시가 긴 와인을 마실 때면, 머릿속에 긴 도로가 끝없이 펼쳐졌다고 한다.

난 최근 들어 와인의 길이감이 끝맛에 국한되지 않고 위대한 와인의 내부에 있다고 보기 시작했다. 그리고 이를 '틈새 길이감'이라고 명명했다. 위대한 와인의 경우, A라는 감각적 지점에서 B라는 감각적 지점으로 넘어가기까지 몇 초가 걸린다. B지점에서 C지점으로 넘어갈 때도, 그 이후도 마찬가지다. 다르게 표현하면, 와인은 긴 문장과 같으며, 각각의 문장은 서서히 펼쳐진다.

여담으로 와인이 긴 피니시를 갖게 되는 과정은 아무도 모른다. 포도밭의 특성 때문인가? 특정 빈티지와 관련이 있나? 성숙도 등 생리학적 상태와 연관된 특징인가? 아직 확실한 답은 없다.

### • 연결성

연결성은 여러 개념 중 가장 감지하기 힘들다. 이는 와인의 아로마와 풍미가 특정 장소와 테루아르의 산물임을 나타낸다. 연결성은 와인과 와인 산지 간의 유대다. 와인 작가인 맷 크레이머는 이를 와인의 고유성 (somewhereness)이라 불렀다.

연결성은 문화정체성과 마찬가지로 유대감을 형성한다. 예를 들어 그리 멀지 않은 옛날에 프랑스인은 베레모를 쓰고, 이탈리아 남부에 버터 없이 올리브기름만 있었고, 스페인 어린이는 와인에 적신 빵에 설탕을 뿌려 간식으로 먹었다. 이 시절에 대한 유대감은 본능적인 충족감을 준다. 이런 소소한 것들이 사람, 문화, 고향의 연결고리를 형성한다. 산지와 연결성이 없어도 품질이 좋은 와인도 있다. 그러나 로마에 있는 미국 체인식 호텔처럼 심미적 평가의 깊이에는 한계가 있다.

연결성은 설명하기 어렵지만 찾기는 쉽다. 프랑스 남부에 있는 북부 론 지역에서 생산되는 코트로티(시라)를 마셔 보라. 야생적인 후추 향과 야금류의 풍미가 물씬 느껴진다. 미네랄 향이 짙은 독일 모젤의 리슬링도 시도할 만하다. 이들 와인이 본래 지역 이외의 장소에서 생산되는 건 상상조차 불가능하다.

### • 숙성력

현대인 대부분에게 와인의 숙성기간이란, 와인을 가게에서 집으로 가져오는 시간이 전부다. 와인이 싸건 비싸건 상황은 똑같다. 그런데 와인을 숙성 전에 마시더라도, 숙성력(20년, 30년, 40년 또는 그 이상)이 있다는 사실 자체가 위대한 와인의 자질을 구성한다. 모든 위대한 와인은 보관만 잘하면 얼마든지 긴 세월을 버틸 수 있으며, 황홀한 맛을 결실로 본다. 독일 와인 양조자인 어니 루젠은 숙성된 와인을 '역사 문헌'이라 표현했다. 와인은 제조되고 수년이 흐른 후에 마셔도 시간을 초월해서 마시는 사람, 만든 사람, 만든 장소를 하나로 이어준다.

무엇이 와인의 생명력을 결정할까? 우리는 아마도 그 원인의 절반도 모를 것이다. 그러나 축적된 경험에 의하면, 와인이 숙성되려면 무엇보다 밸런스가 맞아야 한다. 와인이 어릴 때 밸런스가 잘 맞으면, 나이 들어서도 통합된 맛을 낸다. 여러 성분과 풍미가 따로 놀지 않고, 서로 혼합되기 때문이다. 이처럼 시간이라는 마법적 요소가 가미되면, 독립적인 요소들이 융합된 풍미가 완성된다.

한편 모든 와인은 어리지도, 그렇다고 충분히 늙지도 않은 시기를 거친다. 이 시기의 와인은 인생의 중기를 춤추며 천상의 아름다움을 자랑한다.

밸런스 이외에도 숙성력에 관여하는 요소가 있다. 바로 와인의 천연방부제 역할을 하는 타닌과 산도다(다음 장에 나오는 '와인을 와인답게 만드는 구성요소'를 읽어 보라). 타닌과 산도는 와인의 숙성력과 구조감을 만들어 낸다. 프랑스 와인 양조자들은 종종 구조감을 뼈대나 비계로 표현한다. 난 구조감이 탁월한 와인을 고딕양식 교회와 같다고 생각한다.

### • 정서적 자극력

하버드에서 수련한 신경해부학자 질 볼트 테일러는 이렇게 말했다. "인간은 대부분 자신이 감정을 느끼는 이성적 피조물이라고 생각한다. 그러나 생물학적으로 인간은 이성적 사고를 하는 감정적 피조물이다." 위대한 와인의 마지막 조건은 정서적 자극력이다. 위대한 와인은 눈물을 흘리게 만들고, 전율이 등골을 타고 흐르게 만든다. 위대한 와인은 전문가의 테이스팅 노트에 '하나님 맙소사'라는 표현을 적게 만든다.

위대한 와인은 결코 지성만 건드리지 않는다. 위대한 와인에는 감성을 일깨우는 진귀한 힘이 담겨 있다.

진정한 맛은 기다림에 있다.

베드록 와이너리의 모건 트웨인 피터슨이 갓 으깬 진판델 포도의 향을 맡고 있다.

# WHAT MAKES WINE, WINE? THE BUILDING BLOCKS

와인을 와인답게 만드는 구성요소

와인은 상당히 복합적이지만, 의외로 그 탄생의 근본은 매우 단순하다. 바로 포도다.

포도알을 중량으로 따져 보면 과육이 75%, 껍질이 20%, 씨앗(보통 2~5개)이 5%다. 과육은 포도알의 중심 부이며, 부드럽고 즙이 많다. 바로 이 부분이 와인이 된다. 과육의 주성분인 수분은 나중에 당분으로 바뀐다. 익은 포도의 과육에는 소량의 산, 미네랄, 펙틴 그리고 비타민이 함유돼 있다. 과육의 당분은 양조과정에 결정적인 역할을 한다. 당분이 알코올로 변하기 때문이다. 껍질도 중요한 역할을 한다. 와인의 아로마와 풍미를 결정짓고, 색깔과 타닌에도 영향을 미친다. 타닌은 와인의 떫은맛을 내는 성분이다(나중에 더 자세히 다루겠다). 포도송이가 와인이 되는 길은 멀고도 멀다. 일단 포도가 와인으로 바뀌면, 알코올, 산, 타닌, 과일 향, 드라이, 당도 등 여러 요소를 고려해야 한다. 이것이 와인의 구성요소다. 이제 하나씩 살펴보자.

## 알코올

알코올은 와인의 핵심 요소다. 술자리의 분위기를 부드럽게 만드는 매력 때문만은 아니다. 그보단 와인의 보디감, 아로마, 풍미, 질감, 밸런스에 복합적인 영향을 미치고, 아로마와 풍미에 대한 지각(perception)에 영향을 미치기 때문이다.

와인의 알코올을 생성하는 존재는 효모다. 발효과정에서 효모균은 포도 과육의 당 분자 한 개를 먹고 에탄올(알코올) 분자 두 개를 만들어 낸다. 이때 이산화탄소 분자 두 개와 약간의 열이 발생한다. 포도가 잘 익을수록 당도가 높고, 당도가 높을수록 와인의 알코올 함량도 많아진다(당분이 하나도 남김없이 모두 발효된 경우를 전제로 한다). 이 과정에서 부산물들이 조금씩 생성된다. 그중 가장 중요한 부산물인 글리세롤은 와인에 미세한 단맛과 약간의 점액성을 더해 입안이 코팅되는 듯한 질감을 만든다.

발효란 포도당이 알코올로 변해서 결국 와인이 되는 기적이다.

한편 알코올은 와인 안에서 어떻게 표출될까? 먼저 알코올은 와인의 보디감을 결정한다. 즉, 알코올 함량이 많을수록 보디감도 묵직해진다. 나파 밸리의 카베르네, 호주의 시라즈, 프랑스의 샤토뇌프 뒤 파프와 같은 와인은 알코올 농도가 약 15%로 상당히 높은 편이다. 따라서 이런 와인은 대체로 풀보디고, 입안에서 묵직하게 느껴진다. 비유하자면 탈지유가 아닌, 헤비크림처럼 느껴진다. 반면 알코올 농도가 약 12%로 낮은 와인은 보디감이 가벼워서 무게감이 거의 느껴지지 않는다. 대표적인 예로 독일의 리슬링이 있다.

알코올은 아로마와 풍미가 있다. 동시에 아로마와 풍미에 대한 지각에 영향을 미친다. 알코올의 맛과 향은 살짝 달고, 씁쓸하고, 톡 쏜다. 특히 톡 쏘는 맛은 코 위쪽을 찡하게 쏜다. 소독용 알코올에 코를 가까이 대 보면, 본능적으로 고개를 확 돌리게 된다. 와인에도 이처럼 화끈거리는 느낌이 있는데, 이를 '얼얼하다(hot)'고 표현한다. 이 경우 불쾌한 냄새가 날 뿐 아니라 알코올이 와인 고유의 매력적인 아로마를 덮어 버리기도 한다.

**알코올은 탄소, 산소, 수소로 구성된 생체분자로 여러 종류가 있다. 그중 탄소가 두 개 있는 알코올을 에탄올(에틸알코올)이라 부른다. 에탄올은 사람이 마셔도 심각한 피해가 없는 유일한 알코올 형태다. 와인, 맥주, 증류주의 알코올 형태가 바로 에탄올이다.**

마찬가지로 알코올 함량이 많으면 미묘한 풍미가 가려져서 와인의 맛을 제대로 느끼기 힘들다. 결국 풍미의 존재 의미가 사라지는 셈이다. 이런 와인은 투박하고, 지리멸렬하고, 밸런스가 완전히 무너져 있다. 알코올 함량이 매우 많다는 건, 지나치게 익은 포도로 와

### 알코올도수(Alcohol by volume, ABV)

와인 양조자는 와인에 함유된 알코올도수를 라벨에 표기할 법적 의무가 있다. 와인의 알코올도수는 보통 12.5~15%다. 그런데 라벨상의 알코올도수만 보고 와인을 고른다면, 낭패할 수 있다. 첫째, 와이너리가 와인을 만들기 전에 라벨부터 출력하는 경우가 있다. 둘째, 유럽과 미국 모두 관련법을 엄격하게 적용하지 않고 있기에, 와인 양조자가 예측치를 적을 수 있다(보통 실제 수치보다 낮게 잡는다). 그런데 미국의 경우, 양조자가 법을 제대로 준수해도 규정 자체가 양조자에게 광범위한 재량권을 부여한다. 와인의

알코올 함량이 14% 이하인 경우, 오차 허용범위는 1.5%다. 따라서 라벨에 12.5%로 표기된 '가볍고 우아한' 와인을 구매했는데, 실제 알코올도수는 14%일 수 있다. 알코올 함량이 14%를 초과하는 경우, 오차범위는 1%다. 따라서 라벨에 14.5%라고 적혀 있어도, 실제 도수는 15.5%일 수 있다. 포트와인을 제외하고 알코올 함량이 16.5%를 초과하는 와인은 없다. 이 수치에서는 효모가 죽어 버리기 때문이다. 효모 자신이 만들어 낸 알코올 때문에 죽고, 결국 알코올 생산도 멈춰 버린다.

## 숙성기간 | 행 타임(Hang Time)

포도가 익으려면 보통 120일이 걸린다. 유난히 기온이 높은 해에는 95일이면 충분하고, 기온이 낮은 해에는 130일이 지나야 익는다. 포도 재배자는 어떤 조건을 선호할까? 다른 조건이 모두 같다면, 재배기간 동안 서늘한 기후가 오래 지속되길 원한다. 성숙 기간(행 타임)이 길면, 당분을 비롯한 포도 속의 모든 성분이 생리적 성숙기에 도달한다. 충분히 발육된 포도를 사용하면, 복합성을 갖춘 상급 와인이 될 가능성이 높아진다. 덩달아 아로마와 풍미도 완벽히 발달한다. 단, 한 가지 중대한 차이점이 있다. 포도가 긴 성숙 기간을 거쳐 익는 것(긍정적)과 포도가 퍼석해질 정도의 과숙(부정적)은 완전히 다르다. 와인에서 김빠진 콜라를 섞은 자두 주스 맛이 난다면, 참 별로일 것 같다.

인을 만들었다는 뜻이다. 포도가 너무 익어서 건포도가 되기 직전이라면, 와인은 탁하고 너무 익힌 듯한 특징을 갖게 된다. 그러면 포도잼에 보드카를 섞은 맛이 난다. 알코올 함량이 지나치게 많은 와인은 활력이 없고 지루하다.

## 빨간 모자 소녀

어느 날 엄마가 소녀에게 말했다.
"빨간 모자야, 여기 케이크와 와인이 있으니 할머니한테 갖다 드리렴. 몸이 약하고 아픈 할머니한테 도움이 될 거야."
-그림 형제의 1812년 그림동화에 수록된
<빨간 모자 소녀> 중에서

## 산

포도에는 원래 여러 종류의 산이 있다. 그런데 포도가 익을수록 산은 줄어들고, 당은 늘어난다. 산은 와인의 최종적인 밸런스, 풍미, 촉감에 중대한 영향을 미친다. 그러므로 산과 당이 최적의 비율에 도달한 순간에 맞춰서 포도를 수확하는 것이 관건이다.

산미는 와인에 활기와 역동성을 부여한다. 와인의 경쾌함과 신선함도 산미 덕분이다. 또한 와인이 어떤 과일 향이 생길지 틀을 짜고, 명확성과 투명성을 부여한다. 이런 모든 역할 때문에 레드 와인은 물론 화이트 와인도 산미는 매우 중요하다. 드라이 와인에 산미가 부족하면 따분하고, 탁하고, 힘없고, 밋밋해진다. 스위트 와인에 산미가 부족하면 사카린과 사탕 맛이 과해진다. 결론적으로 와인에 있어서 산미의 정확한 밸런스는 레모네이드의 산미만큼(아니, 훨씬 더) 중요하다.

산이 부족하면 또 다른 문제가 생긴다. 와인이 숙성되지 않는다. 예를 들어 캘리포니아와 호주산 샤르도네는 대체로 산이 적기 때문에 오래 숙성시키지 못한다. 산은 방부제와 다름없다. 따뜻한 와인 산지의 경우, 포도의 천연 산이 금세 사라진다. 그래서 와인 양조자는 발효 중인 와인에 주석산을 리터당 2~3g(0.2~0.3%) 추가한다. 참고로 주석산과 말산은 포도에 들어 있는 가장 일반적인 천연 산이다. 이처럼 천연 산을 소량 추가함으로써 와인에 생기와 고유성을 더할 수 있다.

그런데 중요한 건 산의 양이 전부가 아니다. 사실 산미의 깊이를 표현할 적절한 용어도 없을뿐더러, 전문가들도 산미는 양이 아니라 질이 중요하다는 의견이다. 예를 들어 독일의 와인 양조자들은 혹독한 산도(유리가 산산조각 나는 듯한 감각), 원만한 산도(조화로운 신선함), 달콤한 산도(신맛 사탕이나 '크리스털 라이트' 아이스티 같은 단맛) 등 세 단계로 구분한다.

마지막으로 와인에 천연 산이 부족하면 쉽게 부패한다. 특히 와인에 휘발성 산(volatile acidity, VA)이 생길 수

## 침전물과 주석산

와인에 작은 입자가 발견될 때가 있다. 이것은 침전물 아니면 주석산일 가능성이 높다. 침전물은 주로 10년 이상 묵은 레드 와인에서 발견된다. 와인이 오래되면, 색소와 타닌이 무겁고 긴 사슬형 분자로 변해서 용액 상태에 머물지 못하게 된다. 이 검붉은 입자가 뭉쳐서 침전물을 형성하며, 병 바닥에 가라앉거나 벽면에 들러붙는다. 오른쪽 와인잔에 묻은 침전물을 보라. 침전물은 인체에 해가 없고 무맛이지만, 모래를 씹는 듯한 미감을 준다. 와인을 디캔팅하는 이유 중 하나도 침전물 때문이다.

보통 '주석산'이라 불리는 중주석산칼륨도 인체에 무해하고 무맛이다. 화이트 와인에 눈송이처럼 투명하거나 희끄무레한 결정체가 떠 있거나 코르크 바닥에 붙어 있을 때가 있다. 이 결정체는 와인에 침전된 주석산으로 베이킹에 사용되는 주석영 가루와 같다. 주석산이 생기는 주된 이유는 와인의 온도가 큰 폭으로 급감했기 때문이다.

있다. 휘발성 산은 포도에 내재된 성분이 아니라 발효 과정에서 아세토박토균이 만들어 낸 아세토산에 가깝다. 미량의 휘발성 산은 인체에 해가 없으며, 알아채기도 힘들다. 그러나 세균은 공기나 높은 온도에 노출되면 증식하기 시작한다. 그러면 휘발성 산 때문에 와인에서 식초 같은 냄새와 신맛이 난다. 휘발성 산이 많은 와인은 사실상 식초와 다름없다. 결국 결함 있는 와인이라는 취급을 받게 된다.

## 타닌

타닌은 와인의 다양한 복합성을 총칭하는 용어다. 과학자들도 이처럼 지적 호기심을 자극하는 화합물을 완전하게 파악하지 못했다. 타닌을 '끔찍한 악몽'이라 지칭한 보고서도 있다. 이런 고리타분한 과학자들은 타닌이 일으키는 작용을 '화학적 열차 사고'라 생각한다.

타닌은 많은 식물에 함유된 천연 성분이다. 나무(오크통도 타닌을 함유), 나뭇잎 그리고 포도를 비롯한 과실에도 타닌이 들어 있다. 식물은 타닌을 보호책, 방부제, 방어책으로 사용한다. 예를 들어 타닌의 수렴성은 동물이 식물을 뜯어 먹지 못하게 막는다. 또한 신석기 시대부터 식물의 타닌은 동물가죽이 부패하지 않도록 예방

하는 데 사용됐다. 날가죽을 무두질해서 피혁으로 만드는 것과 같은 이치다.

타닌은 폴리페놀이라는 복잡한 유기화합물에 속한다(포도에는 타닌 이외에도 안토시아닌이라는 폴리페놀 화합물이 들어 있다). 타닌은 주로 포도의 껍질과 씨에서 발견된다(줄기에도 타닌이 있어서, 양조과정에 줄기를 넣으면 와인에 타닌 함유량이 더 많아진다). 레드 와인을 발효시킬 때 타닌이 가득한 포도 껍질을 함께 넣지만, 화이트 와인에는 넣지 않는다. 이처럼 타닌은 화이트 와인보다 레드 와인에 훨씬 더 중요한 요소다.

포도는 유전학적으로 품종에 따라 타닌 함유량이 다르다. 예를 들어 카베르네 소비뇽은 대체로 타닌 함유량이 많다. 반면 가메와 피노 누아는 상대적으로 타닌 함유량이 적다(타닌 스펙트럼 참고).

타닌은 와인에 어떤 영향을 미칠까? 타닌은 와인에 두 요소를 부여하는데, 바로 구조감과 숙성력이다. 구조감은 와인의 뼈대와 같다. 구조감이 뚜렷한 와인은 고유한 아름다움과 뛰어난 기량을 갖는다. 구조감 있는 와인은 인상적이고 때론 장엄한 느낌을 풍긴다. 와인의 구조감을 체험해 보고 싶다면, 보졸레(가메)와 고품질의 카베르네 소비뇽을 연달아 마셔 보자. 비유하자면 전자의 구

## 타닌 스펙트럼

레드 와인 품종에 따라 타닌 함유량을 한눈에 비교하기 좋다. 기후, 장소, 양조방식에 따라 아래 순서는 조금씩 바뀔 수 있지만 전반적으로 훌륭한 가이드라고 생각한다.

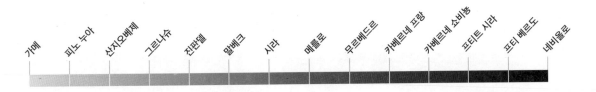

타닌 함유량이 가장 적은 품종                          타닌 함유량이 가장 많은 품종

조감은 소형 텐트고, 후자는 대성당이다.

앞서 언급했듯 타닌은 천연방부제다. 다른 조건이 같다는 전제하에 타닌 함유량이 많을수록 와인의 수명도 길어진다. 와인 수집가의 저장고를 살펴보라. 나파 밸리 카베르네 소비뇽, 보르도, 바롤로(네비올로) 등 타닌 함유량이 많고 수명이 긴 와인이 대부분이다.

양만 따지자면, 타닌은 많으면 좋다. 그러나 타닌의 질이나 감각적 특징은 완전히 다른 문제다.

> ### '폭음(booze)'이라는 단어의 기원
> 'booze'는 중세 네덜란드어 'büsen'에서 유래한 단어로 '과도하게 마시다'라는 뜻이다. 기원은 중세 영어 시대인 1,000년 전으로 거슬러 올라가며, 당시 철자는 'bouse'였다. 주로 16세기에 도둑이나 거지가 일상 속어처럼 사용하던 단어다.

여기서 모든 혼란이 시작된다. 타닌은 떫고 건조한 느낌을 준다. 어떤 와인은 거칠게 죄어오는 감각 때문에 입안이 수축 포장된 것 같다(덜 익은 바나나를 베어 먹는 느낌과 비슷하다). 반면 약간의 떫은맛은 오히려 좋다. 늦은 오후 수염이 거뭇하게 자란 클린트 이스트우드처럼 말이다. 사실 타닌 자체가 떫은 게 아니다. 타닌이 입안에 들어오면 침 속의 단백질과 결합한다. 그러면 촉촉하게 흐르던 침이 사라지고, 입안 조직이 서로 마찰하면서 입안이 불편하게 마른 느낌이 든다(그래서 와인대회 심사위원들도 레드 와인을 여러 잔 마시면, 침을 보충해주기 위해서 물이나 맥주를 찾는다. 심사위원들이 입 안

에 남은 와인을 뱉는 통인 스피툰을 보면 침이 흥건하다. 자세히 상상하지는 말자). 그럼, 타닌의 풍미는 어떨까? 타닌 자체에는 풍미가 없다. 다만 발효과정 또는 그 이후에 벌어지는 화학반응의 결과로 쓴맛이 생성된다. 이는 에스프레소나 다크초콜릿의 풍미처럼 기분 좋은 쓴맛이다. 난 이를 '고상한 쓴맛'이라 부른다.

흥미롭게도 와인의 산도가 높으면, 타닌의 수렴성과 쓴맛도 강해지는 것 같다(홍차를 오랜 시간 우린 다음 레몬즙을 넣어 보라. 내 말이 이해될 것이다). 자연의 신성한 지혜가 여기서도 발동한 걸까? 레드 와인 포도 품종 대부분은 타닌 함유량과 산도 둘 중 하나만 높지, 둘 다 높은 예는 없다(피노 누아는 산도가 높고 타닌 함유량이 상대적으로 낮다. 카베르네는 반대로 타닌 함유량이 많고 산도는 낮다). 와인 양조자가 여러 품종을 블렌딩할 때 서로 충돌하는 이유도 이 때문이다. 한 예로 슈퍼 투스칸 와인을 만들 때, 산지오베제와 카베르네 소비뇽의 비율을 50대 50으로 섞기 힘들다. 산지오베제의 높은 산도가 카베르네의 타닌을 극대화해서 악몽 같은 와인이 탄생할 수 있기 때문이다(따라서 슈퍼 투스칸 대부분은 한 품종인 비율이 압도적으로 높다).

나파 밸리 카베르네 와인 두 병이 있다. 각 와인을 만든 포도밭은 서로 500m가량 떨어져 있어서, 전반적으로 비슷한 기후에서 자랐다고 치자. 그런데 한 병은 거칠게 입안을 죄어오는 타닌감이 강하고, 다른 하나는 꽤 부드럽다. 왜 그럴까? 모든 와인 양조자는 포도가 설익으면, 타닌감이 강하고 매우 드라이한 와인이 만들어진다는 사실을 경험으로 알고 있다. 그럼에도 명확하지 않은 부분이 있다. 포도가 익으면, 당연히 당도도 높아진다. 그

## 멋진 다리(와인의 레그)

와인잔을 빙그르르 돌리면 유리잔 내벽을 타고 와인이 흘러내린다. 미국, 캐나다, 영국에서는 이를 레그라고 부른다. 스페인에서는 눈물, 독일에서는 교회 창문이라 부른다. 와인 애호가 중에는 레그가 풍미를 나타낸다는 생각에 '멋진 다리'만 찾는 사람이 있다. 그러나 이는 잘못된 생각이다. 사실 레그는 액체가 증발하는 시점, 와인의 수분과 알코올 사이의 표면장력 차이 때문에 나타나는 복합적인 현상이다. 즉, 레그는 와인의 품질과는 아무 상관 없다.

와인도 여자와 마찬가지로 다리만 보고 유의미한 정보를 유추하기 힘들다.

다리만 보고 알 수 있는 건 거의 없다.

런데 타닌도 생리적 성숙기를 거치면서 변한다. 특히 카베르네 품종을 완전히 익기 전에 따면, 타닌의 수렴성이 극심해진다. 이쯤 되면 답이 명확해 보인다. 타닌감이 약하고 부드러운 와인을 만들려면, 포도가 잘 익게 내버려 두면 된다. 그러나 잘 익은 포도로 만든 카베르네 소비뇽에서 '철문' 같은 타닌감이 느껴질 때가 있다. 수렴성이라는 거대한 철문이 와인의 풍미를 가로막는다. 이런 철문 효과는 여러 요인이 복합적으로 얽힌 결과다. 포도 씨(거친 타닌감) 또는 포도 껍질(상대적으로 약한 타닌감)의 타닌, 발효를 일으키는 효모의 종류, 발효 온도, 발효과정에서 포도 껍질을 와인에 담그는 방식과 강도, 배럴통에서 숙성되면서 추가되는 타닌 등 수많은 요소가 존재한다.

시간이 지나면 타닌이 어떻게 되는지에 대한 논란도 분분하다. 예전에는 타닌 분자가 중합된다고 생각했다. 타닌 분자가 긴 체인 형태로 뭉쳐져서 입안에 미끄러지듯 돌아다닌다는 것이다. 잘 숙성된 와인을 마시면, 타닌이 얼마나 그윽하게 느껴지는지 알 수 있다.

그런데 최근 시행된 과학연구가 이전 가설을 뒤엎었다. 타닌이 정형적이지 않다는 사실이 밝혀진 것이다. 타닌 체인은 형태를 계속해서 바꾼다. 온갖 화합물과 결합하고, 산소와 산에 반응하며, 색소분자에 들러붙는다. 즉, 타닌을 '열차 사고'에 비유했던 말이 적절한 설명이었다는 것이다.

마지막으로 맛의 관점에서 살펴보자(이 부분은 명료하다). 타닌은 음식에 따라 다르게 느껴진다. 특히 입안 신경을 자극해서 침을 생성시키는 지방이나 고단백질 음식의 경우 더욱 그렇다. 어린 카베르네 소비뇽 와인의 타닌감이 스테이크로 '해결'되는 것도 이 덕분이다.

## 과일 향

과일 향은 문자 그대로 와인이 풍기는 잘 익은 과일 아로마와 풍미다. 과일 향은 어린 와인에서 주로 나타난다. 숙성된 와인에서 과일 향이 나는 경우는 드물다. 게뷔르츠트라미너, 가메 등 과일 향이 특징인 와인이 있다. 게뷔르츠트라미너는 프랑스 알자스 지역에서 생산되는 화이트 와인으로 리치, 장미 아로마와 풍미를 풀풀 풍긴다. 가메(보졸레 레드 와인 품종)를 마시면, 블랙 체리와 복숭아로 가득한 수영장에 뛰어드는 느낌이다.

과일 향과 단맛을 혼동할 때가 있는데, 이 둘은 엄연히 다르다. 과일 향 와인은 드라이할 수도, 달콤할 수도 있다. 이 둘을 어떻게 구분할까? 와인의 피니시를 주목하면 된다. 달콤한 과일 향 와인은 끝맛이 달콤하다. 반면 드라이한 과일 향 와인은 끝맛이 달지 않다.

## 드라이함과 스위트함

와인은 액체인데 드라이하다(건조하다)는 표현이 재밌지 않은가? 그런데 와인세계에서 드라이하다는 표현은 발효과정에서 알코올로 변할 천연 포도당이 없다는 의미다. 더는 알코올로 변하지 않고 와인 속에 남은 당분을 잔당(residual sugar, RS)이라 한다.

여기서 주의할 점은, 잔당이 조금 남았다고 와인이 디저트 와인처럼 달콤해지지 않는다는 것이다. 소위 드라

이 와인의 대명사인 캘리포니아 샤르도네도 실제 소량의 잔당이 있어서 그윽한 맛이 난다. 그런데도 많은 사람이 (캘리포니아 샤르도네를 즐겨 마시면서) 오직 드라이한 와인만 좋아한다고 단언한다. 사실 당도를 '문제시'하는 음료는 와인밖에 없다(예를 들어 콜라의 잔당은 약 11%고, 저녁 식사에 주로 곁들이는 와인의 잔당은 약 1.9%다).

약간의 당도가 산미의 밸런스를 맞추는 데 결정적이라는 사실을 보여 주는 대표적인 와인들이 있다. 바로 샴페인, 독일산 리슬링, 프랑스산 부브레다. 매우 쓴 에스프레소에 비유해 보겠다. 설탕 ¼티스푼을 추가한다고 에스프레소가 달콤해지지 않는다. 그러나 쓴맛의 경계가 바뀐다. 이와 마찬가지로 산도가 높은 와인에 잔당이 조금 있다고 와인이 달콤해지지 않는다. 그러나 와인의 엄격함을 조금 덜어 낼 수 있다.

스위트 와인(저녁 식사보다는 디저트에 곁들일 만한 와인)의 대열에 합류하려면, 잔당량이 꽤 많아야 한다. 위대한 유럽산 스위트 와인도 대부분 잔당량이 상당히 많다. 포트와인은 일반적으로 잔당이 약 7%다. 소테른은 10~15%, 독일산 트로켄베렌아우스레제(TBA)는 장장 30%에 달한다. 전설의 스페인산 페드로 시메네스는 잔당이 40%가 넘는다.

### 무엇이 드라이 와인을 달콤하게 만들까?

와인의 당도는 보통 드라이, 오프드라이, 미디엄 드라이, 미디엄 스위트, 세미 스위트 등으로 구분한다. 그러나 놀랍게도 이 용어들을 규정하는 국제표준은 존재하지 않는다. 드라이 와인으로 구분하려면 잔당이 1% 미만이어야 한다고 주장하는 와인 양조자도 있고, 2% 미만을 고집하는 사람도 있다. 이들 용어를 엄격하게 규정하지 못하는 이유 중 하나는 지각(perception)이 발동하기 때문이다. 우선 사람마다 당도를 지각하는 능력이 유전적으로 다르다. 또한 당도에 대한 지각이 와인의 다른 요소에 따라 달라질 수 있다. 예를 들어 산도가 매우 높은 와인은 잔당이 많아도 드라이하게 느껴질 수 있다. 반대로 드라이 와인이 실제 달지 않은데 달콤하게 느껴지기도 한다. 드라이 와인을 달콤하게 만드는 요소들을 살펴보자.

**열대과일 풍미** 익은 망고, 파인애플, 파파야 풍미를 지닌 와인은 잔당이 없거나 소량만 있어도 종종 달게 느껴진다.

**낮은 산도** 잔당이 2%인 와인 두 병을 마셔 보라. 둘 중 산도가 더 낮은 와인이 더 달게 느껴진다.

**높은 알코올 함량** 알코올 자체에서 단맛이 날 수 있으므로 와인의 알코올 함량이 높으면 약간 달게 느껴진다.

**오크통 숙성** 토스팅한 오크통은 사실상 캐러멜라이징한 거대한 채소와 같다. 그리고 구운 채소처럼 단맛이 난다. 따라서 오크통 숙성은 와인의 당도에 영향을 미칠 수 있다. 보통 오크통의 바닐라 풍미가 강화된다.

# WHERE IT ALL BEGINS 만물이 시작되는 곳

"와인잔을 자세히 들여다보면, 온 우주가 보인다.
그곳엔 물리학이 담겨 있다. 회오리치는 액체는
바람과 날씨에 따라 증발하고, 유리잔에 상이
비치고, 우리의 상상력을 통해 원자가 결합한다.
유리잔은 지구의 암석을 증류한 것이고, 그 안에
담긴 요소를 통해 우주 나이의 비밀과
별의 진화를 목도한다."
-리처드 파인먼, 미국 이론 물리학자

와인이 드라마라면, 땅은 등장인물이다. 땅은 때론 거칠고 잔혹하며, 때론 여리고 상냥하다. 그해 그 땅에서 생산된 와인은 유일무이하다. 땅은 어떻게 그토록 귀한 선물을 우리에게 줄까?
대답하기 힘든 질문이다. 와인은 만들어지지 않고, 땅에서 발현되어 발굴되기 때문이다. 미켈란젤로의 피에타에 얽힌 일화가 떠오른다. 피에타는 십자가에 못 박혀 숨진 아들을 품에 안은 성모마리아상이다. 미켈란젤로는 신성한 아름다움을 어떻게 조각했냐는 질문에 이렇게 답한다. 자신이 만든 게 아니라, 돌에 갇힌 조각을 자유롭게 풀어 줬을 뿐이라고.

위대한 와인은 아무 데서나 나오지 않는다. 지구는 포도를 길러 내기 위한 성감대를 갖고 있다. 예민한 포도와 포도밭이 DNA 염색체처럼 모든 면에서 아귀가 맞는 조화로운 융합의 상소가, 드물지만 지구상에 존재한다. 이곳에서 포도와 토양은 황홀한 와인으로 변신한다. 포도는 자신이 자란 환경(테루아르)의 특성을 와인에 투영한다. 이 능력 덕분에 와인이 맥주나 증류주와 구분되는 것이다. 밀과 감자는 재배환경에 '목소리'를 부여하지 않는다. 그러나 불가사의하게도 포도는 그리한다.
20세기의 마지막 30년은 와인 양조법이 비약적 발전을 이룩해 와인계의 시선을 끌던 시기다. 당시 모든 와인 산지와 생산국이 '소규모 와인 양조법'에서 벗어났다. 기계가 흙먼지보다 더 매력적으로 다가온 것이다. 오랜 와인 역사에서 흙먼지는 한결같고 편안한 존재라면, 기계는 새롭고 매혹적인 상대다. 그러나 20세기에 판도가 다시 뒤집힌다. '와인은 포도원에서 만든다.'라는 옛 관념이 다시 주목받게 된 것이다.
이번 챕터에서는 포도 재배학의 관점에서 와인을 재조명하겠다.

새벽안개가 피어오르는 이탈리아 토스카나의 산지오베제 포도밭

'viticulture(포도 재배학)'의 라틴어 어근인 'vit'는
'vita(생명)'의 어원이기도 하다.

## 와인에 의미를 부여하는 테루아르

프랑스어인 테루아르에 상응하는 영단어는 없지만, 이는 명실상부한 와인의 철학적 기반이자 힘차게 박동하는 심장이다. 테루아르는 와인에 의미를 부여하는 존재다. 테루아르가 없다면, 와인은 전혀 다른 음료수에 불과하다. 역사적으로 테루아르는 포도밭에 작용하는 모든 환경적 요소를 아우르는 개념이다. 토양, 경사지, 태양이 내리쬐는 방향, 새벽녘부터 황혼까지 미세한 기후변화, 추위와 더위, 강우, 풍속, 짙은 안개 등 테루아르 리스트는 끊임없이 이어진다. 와인의 고유한 맛은 순전히 테루아르에서 비롯된다.

특정 환경이 만든 와인 고유의 아로마와 풍미를 인정해야 한다는 개념은 11세기 부르고뉴의 시토회 수도사들로부터 시작됐다. 시토회가 테루아르라는 단어를 사용한 건 아니다. 그러나 와인에 해마다 반복적으로 발현되는 고유하고 특정한 감각적 '도장'이 있다는 학문적 사실을 최초로 발견했다.

20세기 말에서 21세기 초, 테루아르와 와인 양조법 중 무엇이 더 중요한가에 대한 심도 있는 담론이 벌어졌다. 자연 대 인간의 대결이었다. 자연의 힘이 플라톤의 이데아에 가까운 위대한 와인을 탄생시켰나? 와인 양조자가 통찰력을 발휘해서 위대한 와인을 '발굴'한 건가? 아니면 인간의 개입(포도 재배부터 와인 숙성까지) 자체를 테루아르의 일부로 취급해야 할까?

와인 애호가 입장에서 중요하면서도 흥미진진한 질문이다. 이런 질문을 자각하기 시작하면, 와인이 정신적, 감정적으로 한층 더 매력적으로 느껴진다(적어도 우리 중 누군가는 그렇게 생각하지 않을까? 몇 년 전, 영국인 성인 1,500명을 대상으로 흥미로운 설문조사를 실시했다. 그 결과, 응답자의 30%는 테루아르가 프랑스 공포영화 장르라 답했고, 28%는 견종이라 답했다).

일반 사람이 봤을 때 포도밭은 목가적이고 수동적이다. 그러나 포도 재배자의 눈에는 강렬하고, 생동감 넘치며, 복합적인 요소가 가득한 생태권처럼 보인다. 오색찬란한 만화경의 색깔처럼 복합적 요소가 한데 어우러져 수천 가지의 복잡하고, 독특하고, 개성적인 패턴이 탄생한다. 포도 재배학에서는 이런 개성의 미묘한 차이를 높이 평가한다. 결국 고급 와인이 매력적인 이유는 서로 같아서가 아니라 서로 다르기 때문이다.

> "구름 한 점 없는 맑은 날과 때늦은 보슬비가 어떻게 그해 빈티지를 위대하게 만들 수 있을까? 인간의 손길은 아무런 영향도 미칠 수 없다. 천체의 신비, 행성의 궤도, 태양의 흑점 등에 전적으로 달린 문제다."
> -콜레트, 『감옥과 낙원』 중에서

## 기후

자연은 기후를 통해 대담하고 노골적으로 와인의 품질에 영향을 미친다. 첫째, 기후는 애초에 포도의 존재 여부를 결정한다. 포도덩굴은 서리 피해가 없고 온화한 날씨가 장기간 지속되는 기후에서 자란다. 특히 포도나무는 주위 온도가 약 10℃에 달해야 생장을 시작한다(정확한 온도는 품종마다 조금씩 다르다). 온도가 그보다 낮으면, 휴면기에 머무른다. 일일 평균 온도가 17~20℃에 이르면, 싹을 틔우고 꽃을 피운다.

개화는 매우 중요한 과정이다. 송이에 달린 꽃들 가운데 수분 되고 '결실(set)'된 꽃만 포도 알맹이로 성장하기 때문이다. 결실은 중대한 과정인 만큼 극도로 불안정한 현상이다. 적절한 기후 조건이 갖춰져도 포도꽃의 85%가 '꽃 떨이(shatter, coulure)' 신세를 면치 못한다. 한편 온도가 28~30℃에 달하면, 포도의 성장 속도가 빨라지면서 무성하게 자란다.

우리의 시야를 세분하면, 기후 속의 '기후'가 보인다. 해양과 만의 근접성, 언덕과 산의 유무, 경사면, 방향, 고도, 바람, 운량, 강수량 등이 기후 속의 기후를 만들어낸다. 사실 우리는 모든 환경적 요소를 아울러 기후라는 일반적 용어로 총칭한다. 그러나 포도 재배자는 대기후(macroclimate), 중기후(mesoclimate), 미기후(microclimate)로 구분한다. 대기후(보통 '기후'라 불림)는 광범위한 지역에 장기간(평균 30년 이상) 지속된 날씨 패턴이다. 중기후는 작은 지역에 지역적 변수에 따라 나타나는 기후다. 예를 들어 호수의 유무 등이다. 미기후는 중기후보다 범위가 훨씬 작은 지역, 즉 포도밭의 기후를 가리킨다. 미기후의 범위는 포도밭의 지상 2m, 지하 1m로 정의된다.

기후는 때로 반직관적이다. 한 예로 남부 캘리포니아의 세계 최상급 와인 산지는 북부의 나파 밸리보다 서늘하다. 캘리포니아의 기후는 고도보다는 해양과의 거리의 영향을 너 ㄱ게 받는다. 남부 캘리포니아의 와인 산지는 동서로 이어지는 계곡으로, 태평양에서 시작된 차가운 안개와 시원한 바람 줄기를 형성한다.

물은 냉각효과 또는 온난효과를 낸다. 시차를 두고 두 효과가 모두 나타나기도 한다. 물은 기후를 안정시키고 완화한다. 바닷바람은 뜨거운 포도밭의 열기를 식혀준다. 반대로 서리가 맺힐 정도로 기온이 떨어지면, 포도밭을 따뜻하게 덥혀 준다.

와인 산지의 기후에 영향을 미치는 요소 중 산과 산비탈이 가장 흥미롭다. 울퉁불퉁한 산면에는 균열, 동굴, 협곡이 있는데, 각기 나름의 중기후를 형성한다. 산은 방패처럼 추위를 막아서 포도의 성숙을 돕는다. 그러나 포도의 성숙을 지연시킬 때도 있다. 포도밭이 계곡 아래에 있는 경우, 산비탈이 거대한 미끄럼틀이 되어 찬 공기와 서리가 포도밭으로 밀려 내려온다. 산의 고도가 적절히 높으면, 한쪽 면은 구름이 수증기를 품지 못해 비가 자주 내리지만, 반대편은 따사로운 햇살이 내리쬔다. 대표적인 예가 워싱턴주의 캐스케이드산맥이다. 캐스케이드산맥을 기준으로 워싱턴주 서쪽은 구름이 많고 비가 자주 내린다(그 덕으로 시애틀에 커피숍이 성행한다). 반면 워싱턴 주 동쪽은 구름이 없고 햇볕이 강한 사막 같은 환경에서 (관개시설 덕분에) 포도가 자란다. 또한 산이 있으면, 여러 고도에서 포도를 재배할 수 있다. 두 포도밭이 같은 산에 있다는 가정하에, 고도 760m의 포도밭은 150m보다 대체로 서늘하다(물론 예외도 있다). 당연히 두 포도밭의 와인도 대체로 확연한 차이를 보인다.

일반적으로 독일처럼 서늘한 지역의 경우, 유명한 포도원은 모두 산비탈에 자리 잡고 있다. 정확히 남쪽으로 기울어진 경사면이 태양전지판처럼 햇빛을 한 줌도 빠짐없이 흡수한다(남반구에서 일조량이 많아지려면 포도밭이 북향을 바라봐야 한다). 태양을 바라보는 방향의 중요성은 포도원의 이름에서도 드러난다. 이탈리아 피에몬테의 서늘한 알프스 언덕에 있는 유명 포도원들은 대부분 이름에 브리코(bricco), 소리(sori)라는 단어가 들어간다. 브리코 아실리(생산자: 세렌토), 소리 틸딘(생산자: 안젤로 가야)처럼 말이다. 브리코는 일조량이 많은 산마루라는 뜻이다. 소리는 피에몬테 방언으로, 태양 빛에 눈이 가장 먼저 녹기 시작하는 남향 산비탈이라는 뜻이다.

아아, 그러나 태양은 양날의 검이다. 작열하는 태양과 계속되는 열기는 포도의 산미를 해친다. 그러면 와인이 힘없고 밋밋해진다. 또한 햇빛이 너무 강하면 포도가 건포도처럼 변한다. 그러면 와인에서 자두 주스 맛이 나

가을 아침 안개가 오스트리아 스트리아 포도원 산골짜기를 타고 흐른다.

## 와인용 포도의 섹스라이프

해마다 봄이 되면 포도밭 여기저기서 성행위가 난무한다. 포도의 섹스라이프 없이는 와인도 없는 법! 포도 재배종은 양성화(암 생식기와 수 생식기가 동시에 존재)다. 따라서 봄이 오면 포도들은 자가수정을 한다. 그러나 이것도 시기가 절묘하게 맞아떨어져야 가능하다. 포도가 워낙 까다롭기 때문이다. 바람이 너무 많이 분다? 자가수정은 꿈도 꾸지 말아야 한다. 공기가 약간 쌀쌀하다? 포도가 몸살을 앓는다. 비가 내린다? 찬물 세례와 다름없다. 오직 완벽하게 고요하고, 평화롭고, 따뜻한 순간에만 포도가 생식한다. 이 입찰 과정을 개화라 부른다. 만사가 순서대로 흘러가면, 작고 하얀 꽃으로 결실을 본다. 그리고 수정에 성공하면, 꽃들

개화

은 포도송이가 된다. 그러나 상황이 꼬여서 수정에 실패하면, 포도는 없다.

한편 야생종은 재배종과 상황이 다르다. 야생종은 암수 구분이 명확하며, 자연 양성화가 나타날 확률이 매우 낮다. 따라서 암그루는 꽃가루를 가진 수그루가 근처에 있어야만 수정이 가능하다(꽃가루가 없는 수그루는 불임이라서 열매를 맺지 못한다). 식물학자들은 수천 년 전 최초의 농부들이 암그루만 선택 재배했다고 추측한다. 암그루에만 열매가 맺혔기 때문이다. 그러나 수그루가 없으니 당연히 암그루도 열매를 맺지 못했을 것이다. 이후 암 생식기와 수 생식기를 자연적으로 갖춘 양성화가 점차로 선택 재배됐을 것이다.

---

고, 보디감은 팬케이크 시럽처럼 된다.

기후가 온화한 지역만의 장점이 있다. 바로 밤낮의 기온차다. 장점처럼 보이지 않겠지만, 밤낮의 기온 차는 고품질 와인의 핵심 요소다. 밤낮의 기온 차는 하루 중 가장 높은 낮 기온과 가장 낮은 밤 기온의 차이를 가리킨다. 이런 기온 차 덕분에 포도는 따뜻한 낮에 성숙하고, 서늘한 밤에 휴식할 수 있어서 중요한 산미를 보존할 수 있다. 따뜻하고 활기찬 낮과 서늘하고 평온한 밤은 사람뿐 아니라 포도밭에도 매력적인 환경이다. 캘리포니아, 호주, 아르헨티나, 스페인 등 기후가 온화한 나라의 경우, 하루 중 밤낮 온도가 28℃까지 차이 나기도 한다.

## 기후변화

와인처럼 테루아르를 기반으로 세워진 산업에 기후변화란 지구가 좀 더워졌다고 치부할 문제가 아니다. 이 책을 집필하는 동안에도 기후변화는 기후 위기로 돌변해서, 지구상 수많은 포도원에 직격탄을 날렸다.

프랑스 부르고뉴는 역사상 가장 오래전부터 기후를 기록했다. 무려 1300년대부터 수확시기를 꾸준히 기록해온 것이다. 그동안 기온이 대폭 상승해서, 부르고뉴 지역의 수확시기는 1988년보다 13일 앞당겨졌다. 심지어

샹파뉴 지역은 무려 18일이나 빨라졌다. 북반구에 있는 포도원 수십 곳의 수확시기는 한때 9월, 10월이었으나 현재 8월로 바뀌었다.

기온이 높아지면서 와인 산지는 적도에서 점점 멀어지고 있다. 그리고 잉글랜드 남부처럼 새로운 와인 산지가 생겨나고 있다. 잉글랜드 남부에서 생산하는 스파클링 와인은 아직 샴페인에 비할 바는 아니지만, 비슷한 수준까지 따라왔다. 칠레 와인은 이제 남극과 가까운 파타고니아 극남 지역에서 생산된다. 유럽 와인은 독일 극북 지역, 덴마크, 스칸디나비아 등지에서 생산된다.

와인 산지의 고도도 높아졌다. 스페인은 피레네산맥 고지대, 리오하와 리베라 델 두에로의 최고지대에 포도를 심기 시작했다. 오스트리아, 헝가리 등 중부 유럽과 워싱턴주에서도 같은 현상이 벌어지고 있다.

일반적으로 포도는 기온에 극도로 민감하다. 따라서 기온이 38℃ 이상인 날이 많지 않아야 한다. 그러나 미국 비영리 단체인 '참여 과학자 연맹(Union of Concerned Scientists)'에 따르면, 지구온난화 문제가 개선되지 않으면 2100년경 미국 일부 지역에 기온 38℃ 이상인 날이 36일로 늘어날 것이다. 또한 텍사스, 캘리포니아 일부 지역은 3개월 연속 38℃의 기온이 지

속될 것으로 예상된다.

이처럼 기후변화 문제가 심각해지자, 역사적 와인 산지들은 어떤 품종을 재배하고, 어떤 포도가 환경변화에 적응할지 고민하기 시작했다. 2019년, 프랑스 보르도는 장기적 관점에서 메를로와 카베르네 소비뇽의 미래가 우려된다고 판단했다. 이에 따라 보르도 와인의 기본 블렌딩 품종으로 포도 품종 여섯 개를 추가했다. 나파 밸리의 경우, 수많은 와이너리가 스페인 남부, 포르투갈 남부, 이탈리아 남부에서 열기에 강한 품종을 수입해 시범 재배하고 있다.

이 밖에도 즉각적인 전략이 시행되고 있다. 요새는 포도밭 이랑을 해가 뜨고 지는 동서 방향과 평행하게 만든다. 과거처럼 포도를 남북 방향으로 심으면, 해가 지는 오후 내내 이랑의 한쪽 면만 햇볕이 집중되기 때문이다. 또한 과거에는 포도 잎을 모두 따 버렸지만, 요새는 예전에 비해 많이 남겨 두는 추세다. 잎이 포도를 보호하는 차양 역할을 하기 때문이다. 같은 맥락에서 그늘을 만들기 위해서 나무 사이사이에 포도밭 이랑을 만들기도 한다. 이를 임간 재배(alley-cropping)라 부른다. 포도밭에 고령토를 뿌리기도 한다. 고령토가 자외선 차단제 역할을 해서, 포도와 잎이 햇볕에 손상되는 '볕 데임' 현상을 예방한다. 햇볕의 영향을 최대한 줄이는 방법은 차광막을 설치해서 포도를 가리는 것이다. 이렇게 함으로써 햇볕의 영향을 최대 40%까지 막을 수 있다. 차광막은 포도나무 높이에 맞춰 설치된 격자 구조물에 부착한다. 재질은 자외선 차단 기능이 있는 고밀도 폴리에틸렌으로 자외선, 가시광선, 적외선으로부터 포도를 보호한다. 차광막은 값이 비싸다. 2021년 기준, 포도밭 4,000㎡를 덮는 데 700달러가 소요된다. 그러나 비싼 와인을 만드는 와이너리 입장에서 볕 데임과 수분 부족으로 작물의 10~15%를 잃는 것이 오히려 더 손해다.

포도가 생장하는 동안 견디기 힘든 무더위가 지속되면 어떻게 될까? 포도는 성장기를 막무가내로 밀어붙인다. 성장기가 너무 빨리 진행되면, 타닌과 기타 화합물이 생리적으로 성숙하지 못한 결과, 와인의 밸런스가 무너진다. 또한 산도가 떨어지고 알코올 도수가 높아져서, 와인이 탁하고 밋밋해진다. 햇볕과 열기가 과해져서 볕 데임 피해가 발생하면, 와인은 우아함을 잊고 거칠어진다. 약 40℃의 불볕더위가 지속되면, 대부분의 포도는 열기를 견디지 못하고 기공을 닫는다. 기공은 잎 뒷면에 있는 미세한 구멍이다. 기공이 닫힘과 동시에 생장도 중단된다.

문제가 불볕더위 하나라면 좋겠지만, 기후변화는 훨씬 광범위하고 불규칙한 문제다. 처음 몇 주간 불볕더위가 지속되다가 곧이어 서리가 내린다. 어디는 극심한 가뭄에 시달리고, 어디는 물이 범람한다. 일 년 내내 폭우가 쏟아지더니, 다음 해에는 참혹한 산불이 일어나는 식이다. 그러나 포도는 다른 식물과 마찬가지로 일관적이고 느긋한 계절 변화를 선호한다. 기후변화는 명명백백한 기후 위기다.

부드러운 아침 햇살이 드리운 나파 밸리의 마운틴 브레이브 포도원

### 스모크 테인트(Smoke Taint)

2017~2021년, 세계 각지의 수많은 와인 산지가 화재 피해를 보았다. 특히 캘리포니아는 동시다발적 산불이 연속해 발생하는 바람에 극심한 피해를 면치 못했다. 이는 미국 역사상 최대 규모의 화재로 기록됐다. 이제 포도 재배자에게 화재는 뉴노멀의 일부가 됐다.

화재는 와이너리와 포도밭에 미치는 물리적 피해 이외에도 '스모크 테인트'라는 위험 요소를 은밀히 퍼뜨린다. 포도가 성숙기에 자욱하고 텁텁한 연기에 노출되면, 와인에서 더러운 재떨이 또는 탄 고무 냄새와 맛이 날 수 있다. 화재지점과 포도밭의 거리가 얼마나 가까우면 스모크 테인트 현상이 나타날까? 단기간 노출돼도 여전히 해로운가? 모든 포도 품종이 똑같이 위험한가? 이에 관한 연구는 아직 걸음마 단계다.

화재 연기에는 휘발성 페놀이라는 화합물들이 들어 있다. 이 중 가장 해로운 물질 두 가지는 구아야콜(G)과 4-메틸구아야콜(4MG)이다. 과학자들이 '끈끈이'라 부르는 이 두 화합물은 포도 껍질과 잎의 숨구멍을 통해 포도에 손쉽게 침투한다(모닥불 주변에 잠시만 앉아 있어도 연기 냄새가 옷에 배는 걸 생각해 보라). 이 두 화합물은 익은 포도 속의 당과 쉽게 결합한다. 이때 화학적 결합으로 글리코시드가 생성되는데, 초기에는 감지되지 않는다. 와인 양조자가 애를 먹는 이유다. 포도가 연기에 살짝 노출돼도 와인 제조 직후 개봉했을 때는 괜찮았던 맛이 수년이 흐른 후에 개봉하면 우려했던 일이 벌어진다. 포도

화재 피해를 겪은 소노마 포도원

가 연기에 노출된 후 여러 해가 지나면서 글리코시드 분자가 분해된다. 그러면 와인에서 더러운 재떨이 냄새와 맛이 난다. 특히 레드 와인은 문제가 훨씬 심각하다. 레드 와인은 포도 껍질을 함께 발효시키는 데다, 일반적으로 화이트 와인보다 더 오래 묵혔다가 마시기 때문이다.

다행히 스모크 테인트 제거에 도움 되는 몇 가지 기술이 있다. 특수한 막으로 와인을 걸러 내는 방법이다. 다만, 연기와 함께 와인의 좋은 풍미와 냄새까지 대폭 제거된다. 휘발성 성분을 원자화하는 오존 등의 살균 가스에 와인을 노출하는 방법도 있다. 결국 고급 와인을 만드는 양조자에게는 단 하나의 선택지만 남았다. 애통한 마음과 막대한 경제적 손실을 끌어안고 그해 와인을 아예 만들지 않는 것이다.

## 물과 서리

포도나무가 섭취하는 물은 햇볕처럼 전반적으로 균형 잡힌 환경 일부여야 한다. 포도 재배에 있어서 물의 최적량은 정해져 있지 않다. 포도나무가 언제, 얼마만큼의 물이 필요한지는 여러 요소에 따라 달라진다. 예를 들면 나무의 수령과 크기, 생장 기간, 바람, 습도, 배수, 토양의 수분 함량, 식재 밀도 등이다.

포도나무는 자라면서 일관성 있게 언제나 물을 찾는다. 토양이 배수가 잘되면, 포도나무가 땅속 깊이 뿌리를 내려서 수분과 영양분을 안정적으로 공급받는다. 이처럼 뿌리 조직이 완전히 발달하면, 가뭄이나 기타 기후적 악

조건에 수월하게 대처할 수 있다.

대체로 건조한 와인 산지(캘리포니아주, 워싱턴주, 오스트리아, 아르헨티나, 칠레, 스페인, 포르투갈 등)에서는 가뭄이 수년간 누적돼 강우량 부족 현상이 악화될 수 있다. 이 글을 쓰는 시점에서 수많은 기후학자가 캘리포니아는 현재 큰 가뭄(megadrought, 20년 이상 지속되는 가뭄)을 겪고 있다고 판단했다. 다행히 1500년대 큰 가뭄을 능가하진 않았지만 말이다.

물에 관해서는 타이밍이 관건이다. 봄에는 생장에 활력을 불어넣기 위해 개화 직전에 물이 필요하다. 이 중요한 시기에 물이 없다면, 꽃은 자가수정을 제대로 하지

2021년, 물에 잠긴 캘리포니아 소노마의 러시안 리버 밸리 포도원

## 스트레스

온화한 기후, 풍부한 물, 영양 가득한 비옥한 땅은 대부분 식물에게 유리한 조건이다(특히 상추가 선호하는 환경이다). 그러나 포도나무에는 과잉이다. 세계적으로 유명한 포도원도 모두 조금씩 불충분한 환경에 놓여 있다. 포도나무가 생장을 멈추거나, 쇼크를 받거나, 죽어 버릴 정도로 극심한 스트레스(척박한 토지, 햇볕, 물, 영양의 지나친 과잉 또는 부족)만 아니면 된다. 견딜 만한 수준의 역경이 주어지면 포도나무는 오히려 생존을 위해 치열하게 싸우고, 환경에 적응하고, 생식을 위해 에너지를 투입한다. 포도나무의 생식계는 포도다. 모든 조건이 같은 경우, 건강한 포도나무는 적당한 스트레스를 견디며 한정된 개수의 포도송이에 집중적으로 당분을 농축시킨다. 그 결과, 뛰어난 개성과 농축도를 자랑하는 와인이 탄생한다.

못한다. 수정된 꽃만 포도가 되므로, 자가수정에 실패하면 포도가 맺히지 못한다. 여름에 포도의 색이 바뀌는 시기를 베레종(véraison)이라 한다. 이때도 소량의 물이 꼭 필요하다. 이 중요한 시기에 물이 부족하면, 포도알이 너무 작아져서 끝내 성숙기에 이르지 못한다. 물의 또 다른 형태인 서리는 포도나무와 포도송이에 취약하다. 봄 서리는 눈(bud)과 햇가지를 죽인다. 과실이 맺힐 가능성을 애초에 없애 버리는 셈이다. 2021년 봄, 프랑스에 서리가 내려서 보르도, 부르고뉴, 루아르, 론, 랑그도크루시용에 있는 포도원의 80%가 피해를 보고, 300억 유로 상당의 손실을 봤다. 초가을 서리는 포도밭 전체에 피해를 준다. 포도잎이 상해서 성숙기가 지연되고, 결국 와인의 풍미가 약해진다. 포도나무가 휴면기에 접어드는 겨울에도 극심한 한파 피해를 보게 된다. 기온이 -4℃ 이하로 떨어지면, 포도나무 몸통이 갈라져서 감염에 노출될 위험이 커진다. 결빙 온도 이하의 날씨가 장기간 지속되면, 포도나무는 뿌리까지 죽기도 한다.

서리 방지법은 극단적인 데다 비용도 비싸지만, 포도 재배자에게는 선택의 여지가 없다. 그렇다고 일 년 농

꽃봉오리를 틔우기 시작한 샤블리 포도밭을 치명적 서리로부터 보호하는 작업이 시행 중이다.

사를 망치면, 경제적 손실이 막대하기 때문이다. 기름 훈증 용기를 포도밭 곳곳에 설치하는 방식을 쓸 수 있지만 연기가 많이 발생해서 반환경적이다. 훈증 용기에 불을 붙이면 포도밭 주위에 더운 기류가 형성된다. 포도밭의 격자 구조물에 전선을 설치하는 방법도 있다. 또는 대형 풍차를 가동해서 포도나무 상단을 맴도는 뜨거운 공기와 하단에 두꺼운 담요처럼 깔린 차가운 공기를 뒤섞어준다. 풍차보다 훨씬 비싼 헬리콥터를 이용하는 방법도 있다. 서리가 내릴 위험이 사라질 때까지 헬리콥터가 포도밭 공중을 지그재그로 낮게 비행하는 것이다.

이 밖에도 두 가지 해결책이 있다. 반직관적이고 비싸지만, 효과는 있다. 첫째, 오버헤드 스프링클러를 이용해서 포도밭에 물을 뿌리는 방법이다. 잎, 햇가지, 눈에 물이 코팅돼서 얇은 얼음 막이 형성된다. 얼음 막은 식물 자체에서 발생하는 온기를 잡아 두고, 바람에 따른 열 손실을 막는 역할을 한다. 절연 효과로 열기가 배가되고, 물이 얼면서 약간의 열이 방출된다. 기온이 급격히 떨어지지 않는 한, 이 정도의 열기만 있으면 상해로부터 잎, 햇가지, 눈(bud)을 보호하기 충분하다.

둘째, 겨울 동안 포도나무 일부 또는 전체를 땅에 묻어서 지상의 결빙 온도에서 보호하는 방법이다. 사람이 손수 나무를 묻고 파내야 하는 고도의 노동집약적 작업이다. 그러나 서리 때문에 포도나무가 완전히 죽는 사태가 10년에 두 번꼴로 일어나는 워싱턴 주에서는 종종 이 방법을 사용한다. 닝샤, 신장 등 중국 몇몇 지역에서도 흔히 볼 수 있는 광경이다. 포도나무를 파내서 깊은 도랑에 묻고 흙으로 덮는 진풍경이 매년 펼쳐진다. 그러나 포도나무를 묻는 방식은 스물다섯 해를 넘기기 힘들다. 나무가 휘어지면 두 동강 날 정도로 몸통이 커지기 때문이다.

## 바람

그리스의 에게 제도는 세계적으로 바람이 강하기로 소문난 와인 산지다. 어떤 환경에서도 잘 자란다는 올리브나무마저 이곳에서는 자라지 못한다. 그런 에게 제도에서 포도나무가 생존할 수 있는 건, 덩굴을 커다란 도넛 형태로 둥글게 틀어서 지면에 밀착하는 재배방식 덕분이다. 그러면 포도가 가운데 구멍 안에 웅크린 형태로 자란다. 그래서 이곳에서는 포도나무를 '스테파

### 포도밭 개의 일상

대부분의 장소에서 개는 그저 개일 뿐이다. 그러나 캘리포니아 포도원에서는 개(dog)의 철자를 뒤집어서 신(god)이라 써야 할 정도다. 포도원 개는 그만큼 높은 소명의식을 갖는다. 샤플렛 와이너리의 부머와 하울리(사진 참조)는 우렁찬 목소리로 모든 방문객을 맞는다. 이 둘은 와인 테이스팅에 빠짐없이 참석한다. 바게트가 신선한지 미리 시식하고, 가끔 감식가의 무릎에 머리를 살포시 얹고 창의적인 시음평이 떠오르게 돕는다. 물론 충직한 개답게 포도원을 침입한 쥐, 두더지, 야생 칠면조, 토끼, 사슴을 쫓느라 먼지투성이가 되길 마다하지 않는다. 또 포도원 식구가 언제 일을 멈추고 점심을 먹는지 기가 막히게 알아차린다. 행여나 치킨 부리토와 돼지고기 타코가 남지 않도록 성심성의껏 돕는다. 무엇보다 훌륭한 포도원 개는 포도가 언제 있는지 식별 가능해서, 적당한 때가 되면 나무에 달린 포도송이를 야금야금 떼어먹는다.

샤플렛 와이너리에 오신 것을 환영합니다.

니(stefáni, 왕관)'라 부른다. 이 상태로 20년을 자라다가 강한 바람을 견딜 정도로 몸통이 튼튼해지면, 그때 덩굴을 높게 틀어준다.

와인 산지는 대부분 돌풍의 영향권에 속하지 않는다. 그래도 바람은 세계 각지의 와인 산지에 여전히 성가신 존재다. 부드러운 산들바람(포도가 썩지 않게 공기를 순환시키고 열기를 식혀준다)은 언제든 환영하지만, 날카로운 칼바람이라면 얘기가 달라진다. 개화 직후 부는 열풍은 꽃의 자가수정을 방해한다. 꽃이 흩날려서 포도가 될 기회 자체를 앗아 간다. 강풍이 거세게 내리치면, 덩굴의 약한 부위가 부러지고, 줄기가 파손되고, 잎이 상하며 과실이 낙과될 위험이 있다. 세찬 바람 때문에 포도나무가 기공을 닫아버리는 경우도 발생한다. 기공이 닫히면, 뿌리 끝에서 물을 흡수하는 작업을 중단한다. 결국 생장 자체가 멈추게 된다.

## 토양

땅은 언제나 매혹적이다. 흙냄새, 촉감, 형태 그리고 땅을 소유한다는 개념 자체가 몹시 매혹적이다. 토양의 매력은 와인 세계에서 극명히 드러난다. 프랑스 샹파뉴의 백악토는 고대 해저와 해양 화석의 유물로, 기묘한 아름다움을 갖고 있다. 그리스 산토리니의 구멍 숭숭 뚫리고 칠흑 같은 암석은 거대한 화산 폭발의 잔재다. 독일 모젤의 서늘한 회청색 전판암 석편은 빙하 경로의 잔유물이다. 놀랍게도 포도나무는 이 모든 토양에서 잘 자란다.

토양은 지구의 표면을 덮고 있는, 자연스럽게 생긴 부스러기로 정의된다. 구성물은 잘게 부스러진 바위, 그 사이의 공극, 미네랄, 물, 부패한 유기물(부엽토) 등이다. 토양은 물과 부엽토 덕분에 식물이 생장할 수 있는 물질로 분류된다. 토양은 오랜 기간에 걸쳐 형성되며, 기존에 형성된 암석(26페이지 '암석의 분류' 참고), 기후, 지형, 살아 있는 동식물, 죽어서 부패한 동식물(벌레, 박테리아, 곰팡이 포함)의 산물이다. 모두 토양과 포도나무의 건강에 중요한 요소다.

과학자들은 토양을 여섯 단계로 분류한다. 이 중 최고 단계는 토양목(目)으로 총 12개 목으로 나뉜다. 그리고 토양목의 하위단계로 내려갈수록 더욱 세분된다. 토양 분류의 최하위 단계는 토양통이다. 예를 들어 미국에는 약 17,000개 통이 있다. 각각의 토양통마다 토양층, 색, 지감, 구조, 밀도, 화학적·광물학적 성질에 따라 고유한 특성이 규정돼 있다.

## 재생 포도 재배학: 미래를 생각하는 포도원

2000년대와 2010년대, 포도원 경영 방식에 변화가 생겼다. '재생 포도 재배학'이라는 새로운 용어가 지속할 수 있는 유기농법을 뛰어넘는 포괄적 개념으로 부상했다(사실상 재생농법 자체가 유기농적이고 재생 가능하다). 재생 포도 재배학은 제초제, 살충제, 살진균제 사용을 피한다. 그리고 포도나무의 건강과 토양의 미생물을 위해 건강하고 전체론적인 생태계를 권장한다. 또한 극심한 기후변화 예방에 일조하기 위해 탄소 격리재배 방식을 적용한다. 재생농업 실천 농가는 밭갈이 대신 토종식물을 영구적 지피작물로 심는다. 지피작물은 대기 중의 탄소를 끌어와서 토양에 가두는 역할을 한다. 또한 균근성 곰팡이의 섬세한 땅속 그물망을 보호함으로써, 땅속 유기물 증가에 도움을 준다. 그리고 지피작물은 포도나무 해충을 잡아먹는 익충의 서식지가 된다. 재생농법에 따르면, 포도밭은 야생식물, 나무, 동물이 상호 연결된 커다란 시스템의 일부다. 닭, 오리, 거위는 곤충을 통제한다. 소, 당나귀, 염소, 양은 천연 비료를 제공하고, 잡초와 침입성 식물을 제거한다. 가축들이 지피식물과 풀을 뜯어 먹은 자리에는 식물이 다시 무성하게 자라서, 토양에 탄소를 더 많이 가두게 된다.

재생농법 시행 농가에 재생 포도 재배학은 환경보호 수단이자 도덕적 의무다.

포도 재배에 있어 토양의 중요한 양상 중 하나는 입자 크기다. 입자 크기는 토양의 배수와 수분 저장력을 결정짓는 핵심 요소다. 습윤 기후에서는 모래(상대적으로 알갱이가 굵고 입자 사이 공간이 성긴 풍화토)처럼 입자가 굵은 편이 배수가 잘된다. 반면 가뭄 지역은 실트, 점토처럼 작은 입자가 유리하다. 비가 내리지 않는 시기에도 포도가 생장하는 데 필요한 수분을 저장할 수 있기 때문이다. 암석, 유기체와 같은 입자도 배수와 수분 저장력의 섬세한 밸런스를 조절하는 데 도움이 된다.

지질 계통은 배수의 핵심 요소다. 석회암과 편암에는 균열 때문에 세로로 쪼개진 단면들이 있다. 이 단면들은 포도나무가 물을 찾아 뿌리를 뻗어 내려가는 데 최적의 경로가 된다. 반면 밀도가 높은 하층토나 관통이 안 되는 수평적 지형의 경우, 뿌리가 지면 근처에 머무르게 된다. 그러면 가뭄에 취약해지고, 폭우가 내리면 물을 그대로 흡수해서 포도가 비대해진다.

색깔, 햇빛 반사력, 열 흡수력은 토양의 가장 중요한 양상에 속한다. 서늘한 샹파뉴 북부 지역은 전통적으로 포도나무의 키를 낮게 키운다. 그러면 포도가 흰 백악토에 반사된 햇빛을 받아 성숙한다. 독일의 질은 청회색 점판암은 햇빛이 물러나도 여전히 열기를 품고 있다. 따라서 추운 북부 기후에도 포도가 익도록 돕는다.

아무래도 가장 중요한 문제는 풍미다. 부르고뉴의 한 도멘(domaine)이 각각 다른 두 포도밭에서 생산한 피노 누아를 마셔 보라. 토양이 풍미에 얼마나 깊은 영향을 미치는지 체감할 것이다. 두 와인은 품종, 생산자, 양조방식, 기계 그리고 숙성방식까지 똑같다. 그런데 신기하게도 맛이 다르다. 토양의 신비가 아니고서야 이 흥미로운 현상을 어찌 설명하겠는가?

토양이 와인의 영혼임은 의심할 여지가 없다. 그러나 특정 토양과 특정 풍미가 명확하게 어떤 상관관계가 있는지 아직 밝혀진 바가 없다. 예를 들어 포도원이 화강암질 토양이라도 특정 풍미를 예측하는 건 불가능하다. 감식가 중에는 화강암과 특정 와인의 특성을 연결 짓는 사람도 있긴 하지만 말이다. 물론 토양이 지하 향신료 가게고, 포도나무 뿌리가 그곳에서 풍미를 고를 수 있다면 얼마나 좋을까? 하지만 일은 이런 식으로 진행되지 않는다. 뿌리가 흡수할 수 있는 건 분자, 이온 그리고 가급태(물이 흡수해 이용할 수 있는 형태의 양분-역자)의 미량 영양소뿐이다. 흡수된 물질은 대사과정을 거쳐서 포도나무의 생장에 쓰인다. 결국 '토양은 어떤 작용을 하는가?'라는 질문은 여전히 와인계의 최대 미제로 남아 있다. 나도 모르게 이런 말장난이 떠오른다. 우리의 지식은 지면 겉핥기 수준에 불과하다고.

## 포도와 토양의 매치

기후와 토양이 아무리 전능해 보여도, 무턱대고 아무 포도 품종이나 심어선 안 된다. 예를 들어 피노 누아에 너무 따뜻한 기후는 무르베드르에 최적이다.

# 토양의 종류

와인 양조자에게 어떤 와인을 만드는지 물어보면, 필시 포도밭의 토양과 암석 얘기부터 꺼낼 것이다. 토양과 암석이 와인의 풍미에 정확히 어떤 영향을 미치는지는 여전히 와인계의 최대 미스터리다. 그래도 세계적으로 손꼽히는 포도원 토양들을 알아 두면 도움이 된다. 다음은 기본적으로 알아 두면 좋은 토양의 종류다. 한 가지 유의 사항이 있는데, 지질학이 여러 나라에서 동시다발적으로 급성장하는 바람에 (심지어 한 나라 안에서도) 같은 토양과 암석에 여러 이름이 붙여진 예도 있다(26페이지 '암석의 분류' 참고).

**충적토** 산이나 언덕 꼭대기에서 강이나 시냇물을 타고 흘러내린 토양이다. 경사면 하단에 이르러 유속이 느려지고 물줄기가 넓게 퍼지면서 자갈, 모래, 실트 등의 충적토 침전물이 부채 모양처럼 쌓인다. 예를 들어 나파 밸리의 서쪽 측면인 마야카마스산맥에서 물줄기를 타고 흘러내린 충적토가 발견된다.

**현무암** 화산에서 흘러내린 용암이 굳어진 암석으로 칼슘, 철, 마그네슘 함량이 높다. 오레곤의 윌라메트 밸리의 유명 포도밭은 대부분 현무암이다.

**석회질 토양** 칼슘과 탄산마그네슘 함량이 높다. 석회질 토양은 대체로 '서늘하다(cool).' 즉, 수분 함량이 높아서 포도의 성숙이 지연됨에 따라 와인의 산도가 높아진다. 석회암, 백악토, 이회토 등이 석회질 토양이다.

**백악토** 다공성의 부드러운 석회질 토양으로 포도나무 뿌리가 뻗어 내리기 쉽다. 백악토는 코콜리스 등 해양식물의 잔해로 만들어진다. 대표적인 예로 프랑스 샹파뉴의 토양이 전형적인 백악토다.

**점토** 퇴적암으로 만들어진 극도로 미세한 입자의 토양이다. 수분 저장력이 뛰어나서 가뭄이 잦은 지역에 유리하다. 반대로 배수가 쉽지 않기 때문에 습윤한 지역에는 적합하지 않다. 점토는 수분 저장력 때문에 대체로 '서늘하다.' 따라서 포도가 빠르게 성숙하는 걸 막을 수 있다. 보르도의 라이트 뱅크 지역은 점토가 지배적으로 많다.

**부싯돌** 거친 규산질 암석(돌말, 해면동물 등 유기체가 생성한 이산화규소를 함유한 퇴적암)으로 햇빛 반사력과 열 흡수력이 뛰어나다. 루아르 밸리의 푸이 퓌메 와인이 부싯돌 토양에서 생산된다.

**갈레스트로** 이탈리아 토스카나 지역에서 발견되는 편암 기반의 토양이다.

**편마암** 화강암에서 만들어졌으며, 결이 거칠다.

**화강암** 다량의 석영을 비롯한 광물이 촘촘하게 맞물려 있는 단단한 화성암이다. 화강암질 토양은 빠르게 데워지고, 열 보유력도 뛰어나다. 화강암질 토양은 가메처럼 산미가 있는 포도에 적합하다. 보졸레, 론 밸리의 코르나스 지역이 화강암질 토양이다.

**자갈** 모래보다 큰 조약돌 크기의 성긴 입자의 토양이다. 배수는 잘 되지만, 비옥하진 않다. 따라서 이런 종류의 토양에 심은 포도나무는 수분과 영양분을 찾아 뿌리를 깊게 내려야 한다. 보르도의 그라브와 레프트 뱅크는 전반적으로 자갈 기반의 토양이다.

**경사암** 강이 석영, 이암, 장석을 침전시켜 만든 정적토다. 독일, 뉴질랜드, 남아프리카공화국의 포도원에서 발견된다.

**석회암** 탄산칼슘이 주성분인 퇴적암으로 해양 생물의 잔해 파편으로 만들어졌다. 석회암은 일관되게 알카리성을 유지하므로, 서늘한 기후의 산도가 높은 포도에 적합하다. 석회암은 세계 각지에 분포해 있지만, 프랑스 지역 세 곳(부르고뉴, 샹파뉴, 루아르 밸리)과 관련이 가장 깊다. 플로리다 키스, 그레이트 브리튼 등 일부 석회암으로 형성된 섬도 있다.

**리코레야** 다공성의 거무스름한 점판암 | 편암으로 배수가 잘된다. 스페인 프리오랏의 토양이 리코레야다.

**양질토** 슬릿, 모래, 점토가 비슷한 비율로 구성된 따뜻하고 부드러우며 비옥한 토양이다. 일반적으로 고품질 와인을 생산하기에는 너무 비옥하다.

**황토** 슬릿 기반의 토양으로 매우 미세하다. 수분 보유력이 뛰어나며, 따뜻한 성질을 갖고 있다. 오스트리아와 워싱턴주의 유명 포도원에서 흔히 볼 수 있는 토양이다.

**이회토** 석회질 점토 기반의 토양으로, '서늘한' 편이다. 따라서 포도의 성숙을 지연시켜 와인의 산미를 두드러지게 만든다. 이회토는 일반적으로 깊이가 깊고, 암편이 적다. 프랑스 샹파뉴와 이탈리아 피에몬테 와인 산지에 주로 보이는 토양이다.

**석영** 단단한 결정성 광물로 풍화에 강하고 쉽게 용해되지 않는다. 석영과 장석은 지각(지구의 껍데기 부분-역자)에서 가장 흔한 광물이다. 모래와 실트 토양에서 일반적으로 발견되는 물질이며, 물이 토양의 분자들 사이를 침투할 수 있게 만드는 '뼈대' 역할을 한다. 또한 열을 저장해서 과실의 성숙을 돕는다.

**모래** 작은 입자의 풍화암으로 구성된 토양으로 따뜻하고 바람이 잘 통한다. 모래는 실트보다 입자가 크다. 필록세라 진드기가 생존하지 못하는 몇 안 되는 토양이다. 배수가 매우 잘된다. 가끔 너무 잘돼서 포도나무 생존에 필요한 최소한의 물까지 흘러내린다. 캘리포니아의 사우스 센트럴 코스트(산타바바라 부근) 토양의 주성분이 모래다.

**사암** 전 세계 퇴적암 중 가장 흔한 암석이다. 모래 크기의 석영, 장석, 암편으로 구성돼 있다.

**편암** 엽층 또는 엽리 구조의 암석을 기반으로 하는 토양으로 점판암과 매우 유사하다(두 용어를 혼용하기도 한다). 그러나 엄밀히 따지자면, 점판암은 편암처럼 쉽고 깔끔하게 두 조각으로 갈라지지 않는다. 포르투갈의 도루 밸리(포트와인 생산지)에 편암 토양이 많다.

**이판암** 흔하고, 입자가 작고, 약하며, 바스러지기 쉬운 정적토로 수평층으로 갈라진다. 화산질부터 석회질까지 종류가 다양하다. 뉴욕주의 핑거 레이크스 지역이 석회질 이판암이다. 이판암은 적당히 비옥하며, 열 보유력이 뛰어나다.

**실렉스** 일종의 부싯돌로 해양 바닥에 흩어진 해면의 잔해로 만들어진 미정질 석영이 주요 성분이다. 주로 루아르 밸리에서 찾을 수 있다.

**실트** 미세한 입자의 토양으로 수분 보유력이 뛰어난데 배수는 취약하다. 실트의 입자는 모래보다 작지만, 점토만큼 미세하지는 않다.

**점판암** 이판암, 점토, 실트암이 강도 높은 압력을 받아서 판막으로 쪼개진 변성암이다. 열 보유력이 뛰어나고, 비교적 빠르게 데워진다. 독일 모젤에서 가장 흔하게 볼 수 있는 토양이다.

**테라 로사** 석회암에서 탄산염이 제거된 정적토로 '빨간 흙'이라 불린다. 이때 남은 철광상이 산화되면서, 토양을 녹슨 빨간색으로 바꾼다. 테라 로사는 지중해 연안과 호주의 쿠나와라에서 발견된다.

**화산토** 다음의 두 가지 화산활동으로 형성된 토양이다. (1)분화구 화산토: 암석 또는 녹은 구상 입자가 공중에 빠르게 분출됐다가 땅에 떨어지기 직전에 식으면서 형성된다. (2)용암 화산토: 화산에서 흘러내린 용암의 산물이다. 용암 화산토의 90%가 현무암이다.

스페인 포도원의 '호랑이 무늬'를 가진 석회암질 점토로 철분이 풍부하다.

## 암석의 분류

우리가 토양이라 일컫는 것이 곧 암석이다. 지질
학자들은 암석을 단단하고 일관성 있는 광물의
집합체로 정의한다. 암석은 기본적으로 아래처럼
형성 과정에 따라 분류된다.

**화성암** 물질이 뜨거운 열기에 녹았다가 식어서
굳는 과정에 형성된다. 지구 내부는 매우 뜨거우
므로 암석이 액체 상태에 있다가, 지각 위로 이
동하면 고체로 변한다. 화강암, 현무암이 화성암
이다.

**퇴적암** 종류 불문하고 암석이 시간이 흐르면서
풍화작용을 거쳐 성긴 입자로 부서지면 퇴적물이
된다. 퇴적물은 얼음, 바람, 물, 기타 힘에 따라 지
구 곳곳으로 흩어진다. 이때 퇴적물이 쌓여서 화
합적 결합으로 형성된 덩어리를 퇴적암이라 부른
다. 퇴적암에서 화석이 발견되기도 한다. 석회암,
사암, 이판암이 퇴적암이다.

**변성암** 화성암과 퇴적암이 땅속(특히 해저)에 묻
힌 상태에서 지구 내부 열과 압력을 받으면 변
성된다. 이후 지표면을 뚫고 올라온 암석이 변성
암으로 알려져 있다. 점판암, 편암이 변성암이다.

포도는 열, 일조시간, 물, 바람, 토양 등 테루아르의 요소
하나하나에 다르게 반응한다. 위대한 와인은 라디오 주
파수처럼 포도가 테루아르의 '채널'에 제대로 맞춰질 때
비로소 탄생한다. 비유를 이어 나가자면, 포도가 환경에
완벽히 들어맞지 않으면 음악은 들려도 음질은 떨어지
는 상황이 벌어진다. 특등급 리슬링을 생산하는 포도원
에서 카베르네가 유행한다고 갑자기 카베르네 소비뇽
을 심지 못하는 이유도 이 때문이다. 평범한 카베르네가
와인 양조자에게 돈을 더 벌어다 줄 순 있어도, 결코 훌
륭한 리슬링을 뛰어넘진 못한다.

일반적으로 온화한 기후에 적합한 포도 품종(카베르네
소비뇽, 진판델)이 있다. 반대로 서늘한 기후를 선호하
는 품종(피노 누아, 리슬링)도 있다. 양쪽 기후에 모두
잘 적응하는 품종도 있다. 샤르도네는 오스트리아의 따
뜻한 기후도 좋아하고, 프랑스 샤블리의 쌀쌀한 기후에
서도 잘 자란다.

그런데 포도 품종이 이처럼 장소에 민감하면, 각각의 밭
에 적합한 품종도 한두 개밖에 없는 걸까? 이는 포도밭
과 품종에 따라 다르다. 로마네 콩티(피노 누아)라 불리
는 특등급 부르고뉴 포도원과 벨레너 존넨우어(리슬링)
라는 유명한 모젤 포도원이 있다. 이 둘은 작은 밭의 독
특성을 극대화하는 단일 품종을 재배한다. 이곳에서 생
산된 와인은 맛이 훌륭하다는 차원을 넘어, 자연의 걸작
품으로 거듭난다.

오리건주의 '더 록스(The Rocks)' 구역에 있는 델마스 와이너리의 SJR포도원 검은 현무암 자갈밭에 포도나무가 심겨 있다.

## 포도나무의 한 해

포도나무는 한 해 동안 여러 주요 단계를 거친다. 포도나무의 생장주기는 봄에 시작된다. 북반구는 3월 말에서 4월 초에 해당하고, 남반구는 이보다 6개월 늦다. 휴면하던 순에서 햇가지(작고 보송보송한 녹색 가지)가 돋아나는 단계를 '주아'라 부른다. 5월이 되면 햇가지가 길어지고 작은 꽃들이 맺힌다. 이 꽃들은 자가수정을 거쳐 '결실'을 맺는다. 수분된 꽃들은 아주 작은 포도알로 자란다. 초여름부터 여름 중

반까지 녹색 포도알은 단단한 형태를 유지한다. 6, 7월이 되면, 포도알이 커지면서 부드러워지고 색도 바뀐다(베레종). 포도 껍질이 흰색인 품종은 노란색, 회색, 연분홍색으로 바뀐다. 적포도 품종은 보라색 또는 검푸른색으로 바뀐다. 8월 말에서 10월 사이에 가을이 찾아오면, 포도를 수확한다. 마지막으로 11, 12월이 되면 잎이 떨어지고, 다음 봄에 새로운 생장주기가 시작될 때까지 휴면기에 들어간다.

초기 생장기 → 결실 → 베레종 → 수확 → 휴면기 → 주아

한편 세계 각지에는 재배 조건이 비슷한 여러 포도 품종을 모아놓고, 훌륭한 환경을 제공하는 포도원이 많다. 역사적으로도 대부분의 포도원은 '필드 블렌드(field blend)'였다. 즉, 한 구역에 여러 품종을 함께 심었다. 따라서 수확시기가 다가오면, 자연이 와인 양조자 대신 블렌딩 작업을 이미 끝내놓은 상태였다(과거 소규모 양조자에겐 최고의 조건이었다. 당시에는 대형 저장고, 탱크, 큰 통도 없었고, 품종마다 개별적으로 수확하고 발효시킬 장비도 부족했다).

이후 한 포도밭을 여러 구역으로 나눠서 각기 다른 포도 품종을 심기 시작했다. 품종마다 성숙기가 다르므로 구역을 분리하면 품종별 수확이 가능해지기 때문이다. 무엇보다 다양한 품종을 재배하는 전략은 악천후를 대비한 경제적 안전장치였다. 성숙기가 빠른 포도 품종을 먼저 수확해서 발효시킨다. 그 사이 태풍이 불어 포도밭에 남은 다른 품종을 망가뜨려도, 재배자는 전체 작물의 일부만 잃는다. 보르도에서는 현재에도 이 방법을 사용한다.

## 클론

대부분 사람은 와인을 생각하면, 다양한 포도 품종을 떠올린다. 샤르도네는 쇼비뇽 블랑과 맛이 다르고, 피노 누아도 시라와 맛이 다르다. 다른 품종도 마찬가지다. 사람들은 각각의 포도 품종이 개별적이라고 생각하지만, 실제 포도 품종은 그리 단순하지 않다.

포도나무는 유전적으로 불안정하다. 시간이 지나면서 자발적으로 변이를 일으키기 때문이다. 포도 품종은 '클론'이라 불리는 수많은 아형으로 구성된다. 클론은 선별되어 재생산된 유전적 변이다. 모든 클론은 어미나무와 같은 DNA를 갖고 있다. 재배종은 씨앗이 아니라 꺾꽂이로 번식시키기 때문이다.

클론을 유익하면서도 최대한 단순하게 설명해 보겠다.

태초에 아담과 이브는 포도밭을 각각 하나씩 갖고 있었다('더 와인 바이블'이라는 제목에 최적화된 비유라 생각한다). 아담과 이브는 각자 피노 누아를 키웠다. 아들 아벨이 자라서 자신만의 포도밭을 갖길 원했다. 아벨은 엄마와 아빠가 각각 만든 피노 누아를 맛보고, 엄마의 것이 낫다고 판단했다.

아벨은 양쪽 포도밭을 유심히 관찰했다. 왠지 엄마의 포도밭이 더 건강하고 좋아 보였다. 포도알이 더 작고, 모양도 균일했다. 아벨은 엄마의 포도밭에서 가지를 꺾어 자신의 포도밭에 심었다. 아벨의 포도밭은 엄마의 포도밭에서 꺾어온 가지로 채워졌다. 오늘날 우리는 아벨이 '이브의 클론'을 심었다고 말한다. 즉, 클론은 우세한 포도나무를 선별해서 재생산한 유전적 변이다.

같은 품종에서 유래했더라도 클론이 다르면, 와인의 맛과 향도 다르다. 와인 양조자들이 클론에 주력하는 이유도 이 때문이다. 피노 누아의 한 클론은 딸기 향이 강하고, 또 다른 클론은 버섯 향을 풍긴다. 어떤 클론은 전반적으로 풍미가 강하고, 어떤 클론은 별다른 특징이 없다. 이 모든 사항이 와인 양조자에게는 상당히 중요하다. 와인의 최종적 풍미와 특성이 양조자가 선택한 클론의 영향을 받기 때문이다.

근데 중요하면서도 난감한 문제가 있다. 클론이 모든 밭에서 우월성을 발현하는 건 아니다. 즉, X라는 클론이 한 포도밭에서 위대한 와인을 생산했다고 해서 반 마일 떨어진 포도밭에서도 최고의 와인을 생산하리란 법은 없다. 클론과 포도밭은 불가분한 관계이며, 복잡한 춤으로 단단히 얽혀 있다. 게다가 결과도 예측 불가능하다. 한 품종에 몇 개의 클론이 있을까? 이는 두 가지 요인에 따라 달라진다. 첫째, 포도 품종이 얼마나 오래됐는가? 둘째, 유전적으로 얼마나 불안정한가? 예를 들어 피노 누아는 2,000년 이상 묵은 고대 품종이다. 나이가 수백 년밖에 되지 않은 카베르네 소비뇽에 비해 변이할 시간이 훨씬 더 길었다. 게다가 피노 누아는 유전적으로 매우 불안정한데 카베르네 소비뇽은 전혀 그렇지 않다. 따라서 피노 누아의 클론은 수백 가지에 달한다. 반면 카베르네 소비뇽의 클론 중 알려진 것은 십여 개에 불과하다.

클론이 발견된 시기는 1920년대로 거슬러 올라간다. 그러나 와인 양조자가 원하는 품종의 가지를 구매할 때 특정 클론을 요구하기 시작한 건 약 20년 전부터다. 전 세계 포도원은 대부분 예전부터 여러 클론을 혼합 재배했다. 이는 대체로 좋은 현상이다. 한 품종의 클론들을 다

### 생물역학

생물역학적 방법은 수 세기 전부터 농가에서 사용됐지만, '생물역학'이란 용어는 1920년대에 들어서야 등장했다. 생물역학은 오스트리아 철학자 루돌프 슈타이너와 그의 제자인 마리아 툰의 교육방식에서 유래했다. '영적 과학'이라고도 불리는 생물역학 농법은 재생농법(23페이지 참고)과 마찬가지로 농장을 하나의 생물체로 보고 유기농적, 전체론적으로 경영한다. 생물역학 농법 실천 농가는 한 발 더 나가서 식물을 '중간계'로 생각한다. 아래로는 땅의 힘을 받고, 위로는 태양과 우주의 통치를 받는 중간계이다. 이들은 재래종 식물로 만든 동종요법 차를 포도밭에 뿌려서 우주의 에너지를 가득 채움으로써 '활기'를 불어넣는다. 가지치기와 같은 농사일도 황도 십이궁의 움직임에 따라 시행된다. 생물역학의 목표는 자연의 모든 힘을 정렬시켜 자연의 조화를 이루는 것이다. 전 세계 생물역학 포도원을 인증하는 데 메테르 협회가 2020년 한 해에 인증한 포도원만 17,076곳에 달한다.

양하게 블렌딩하면, 오묘함과 복합성을 겸비한 와인이 탄생할 가능성이 높아진다.

### 대목

포도나무에 관해 단순하면서도 놀라운 사실이 하나 있다. 전 세계 포도나무 중 실제 자기 뿌리에서 자라는 나무는 거의 없다는 사실이다. 대신 특정 해충에 강하고 토양 조건에 적합한 대목(rootstock)에 포도나무를 접목한다. 이 사실이 시시하게 느껴지는가? 그러나 대목이 없었다면, 와인 생산에 사용되는 주요 포도 품종(Vitis vinifera, 비티스 비니페라) 대부분은 필록세라 때문에 한 세기 전쯤 지구상에서 멸종됐을 것이다(29페이지의 '필록세라: 와인이 영영 사라질 뻔한 사건' 참고).

대목은 흙 속의 뿌리 조직이다. 그 위에 접목된, '접수(Scion)'라 불리는 포도 품종과는 아무런 관련이 없다. 샤르도네, 산지오베제, 피노 그리 등 서로 다른 품종을 모두 같은 종류의 대목에 접붙일 수 있다. 대목에 접붙인 가지를 다른 품종으로 바꾸기도 가능하다. 만약 재배자가 대목에 샤르도네를 접목했는데 나중에 소비뇽 블

## 필록세라: 와인이 영영 사라질 뻔한 사건

정확한 시기는 아무도 모르지만 1800년대 중반쯤 뿌리에 흙먼지가 가득 묻은 포도나무 한 묶음이 미국에서 유럽으로 보내졌다. 미국에서 순수하게 선물하려는 의도로 장식용 포도나무를 프랑스에 보낸 것이다.

그러나 선물은 무시무시한 파괴력으로 와인 세계를 영원히 뒤바꿔 놓았다.

포도나무 뿌리에 보이지 않는 수천, 수백 마리의 노란 곤충이 들러붙어 있었다. 몇 년 후 노란 곤충들은 여전히 정체를 숨긴 채 프랑스 전역의 포도밭을 초토화했다. 이를 시작으로 유럽 전역에 필록세라가 확산하면서 지나는 길목마다 포도밭을 폐허로 만들었다. 필록세라는 남아프리카공화국, 호주, 뉴질랜드, 캘리포니아 등 세계 각지로 퍼져서 포도밭을 황폐화했다. 나무들이 어찌나 빠르고 확실하게 죽어 가는지, 포도 재배자들은 전 세계 포도밭이 멸망하고 와인 자체가 영영 사라질 거라 믿었다.

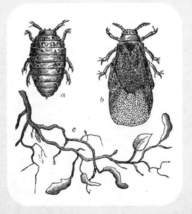

본래 명칭은 필록세라 바스타트릭스(Phylloxera vastatrix)이며, 오늘날 정확한 학명은 포도뿌리혹벌레(Daktulosphaira vitifoliae)다. 필록세라는 포도나무 뿌리를 먹이로 삼아 결국 나무를 죽음에 이르게 만든다. 본래 미국 미시시피강 상류에 자생했는데, 미국에서는 해가 없었기 때문에 존재가 알려지지 않았다. 미국 토종 포도나무는 필록세라에 저항력이 있기 때문이다. 그러나 비티스 비니페라에 속하는 유럽 토종 포도나무는 그렇지 않다.

필록세라는 치명적인 데다 괴기스럽기까지 하다. 재배자들은 포도나무들이 누렇게 변하면서 쪼그라들다가 결국 서서히 죽어 가는 광경을 공포에 떨며 지켜봤다. 당시 프랑스 인구의 1/7이 와인업계나 관련 산업에 종사한 것으로 추산되며, 와인은 남녀 모두에게 중요한 열량 공급원이었다. 사람들이 버리고 떠난 마을과 포도밭에는 황량함만 감돌았다.

난관을 해결하기 위해 무수한 시도가 있었다. 프랑스는 포도밭에 화학물질을 퍼붓고, 물로 침수시키고, 화이트 와인을 뿌리고, 유독가스를 살포하고, 마늘부터 오줌까지 온갖 민간요법을 시도했다. 심지어 1873년에 프랑스 정부는 해결책을 찾는 사람에게 수만 프랑을 포상하겠다고 공표했지만, 아무 소득이 없었다.

1870년 말, 현미경의 발달로 드디어 필록세라의 존재가 만천하에 드러났다. 그러나 수많은 과학자가 필록세라는 '대학살'의 원인이 아니라 증상일 뿐이라고 주장했다. 결국 필록세라 퇴치에 실패한 과학자들은 다소 꺼림직한 결론에 이르렀다. 현존하는 모든 포도나무를, 필록세라에 강한 미국산 대목에 접붙이자는 것이다. 프랑스는 주저했다. 미국산 뿌리가 프랑스 와인의 풍미를 해치면 어떡하나? 그러나 막다른 골목에 몰린 프랑스는 울며 겨자 먹기로 접목을 시작했다. 1900년, 프랑스 포도나무의 2/3가 미국산 대목에 접목됐다. 전 세계 포도나무에도 같은 운명이 드리웠다.

이것으로 필록세라 팬데믹이 종결될 줄 알았으나, 아니었다. 1983년, 나파 밸리에 두 번째 팬데믹이 발발했다. 바이오타입B(Biotype B)라는 강력한 변종이 등장한 것이다. 당시 와인 생산자들이 얼마나 공포스러웠을지 짐작된다. 바이오타입B는 AxR1이라 불리는 특정 대목에 접목된 포도나무 뿌리에서 주로 발견됐다. 나파 밸리와 소노마의 포도나무 대부분이 AxR1 대목에 접목돼 있었다. AxR1의 치명적인 약점은 유전이었다. AxR1은 미국 토종과 비니페라를 교배한 하이브리드종이었던 것이다. 따라서 필록세라 저항력이 절반밖에 되지 않았다. 시범 재배 초기에는 저항력이 우수했지만, 시간이 지나면서 필록세라는 더욱 강력하고 위험한 돌연변이로 변했다. COVID-19 시대에 살고 있는 우리에게 너무나도 익숙한 얘기다.

AxR1 대목을 심었던 캘리포니아의 모든 포도원은 나무를 다시 심느라 막대한 재정적 부담을 졌다. 이후로도 수년간 포도밭이 생산성을 완벽히 회복하지 못한 탓에 손실이 계속되고 부담은 가중됐다.

랑이 더 낫다는 생각이 든다면, 샤르도네를 떼어 내고 그 자리에 소비뇽을 접붙이면 된다.

오늘날 사용되는 포도나무 대목의 기원을 거슬러 올라가면, 3대 미국 토착종이 있다. 바로 비티스 리파리아(Vitis riparia), 비티스 루페스트리스(Vitis rupestris 또는 St.George) 그리고 비티스 베르란디에리(Vitis berlandieri)다. 이들은 대목 자체로 쓰이거나 교배종, 하이브리드종을 만드는 데 쓰인다. 교배종과 하이브리드종은 주로 이름에 숫자가 들어가는데, 특정한 포도 해충과 토양 조건에 저항력을 갖도록 만들어진다. 가장 유명한 대목으로 3309, 110R, SO4 등이 있다.

뿌리가 단순히 물과 영양소를 운반하는 통로로 보이는가? 사실 뿌리는 이보다 훨씬 복잡하고 중요한 역할을 하며 포도나무의 생장에 지대한 영향을 미친다. 대목은 종류에 따라 수세가 강하거나 약하고, 뿌리가 얕거나 깊고, 내건성이 있거나 내습성이 있다. 또한 특정 토양 해충이나 토양 조건에 저항력 정도가 다르다. 따라서 해당 포도밭에 가장 적합한 대목을 고르는 일은 재배자가 결정해야 할 가장 중대한 선택 중 하나다. 포도 재배학자들은 현재 심도 있게 연구되는 주제들 가운데 특히 대목을 주목하고 있다. 와인에서 왜 이런 맛이 나는지 밝힐 실마리라고 생각하기 때문이다.

대목의 중요성에도 불구하고, 필록세라를 한 번도 겪어 보지 않은 지역(워싱턴 주, 남미, 오스트리아 등지의 일부 지역)은 포도나무를 자체 뿌리에서 자라게 하는 방식을 선호한다. 이런 포도로 만든 와인이 월등하다고 믿기 때문이다. 이들은 자체 뿌리에서 자란 포도가 테루아르를 더 순수하고 진실하게 표현한다고 주장한다.

## 포도나무 고목이 왜 중요한가?

언젠가 남부 론 밸리에서 젊은 캘리포니아 와인 생산자

1850년경 호주의 바로사 밸리에 있는 시랄로 양조장에 심은 그르나슈 포도나무

## 세계 최고령 포도나무

세계 최고령 포도나무는 한때 나무를 새로 심지 못할 정도로 가난했던 와인 산지에 몰려 있다. 포도나무 고목을 기록하는 작업에는 수많은 난관이 뒤따른다. 첫째, 포도나무의 나이를 측정할 방법이 없다. 일반 나무와는 달리 포도나무는 나이테처럼 수치화할 수 있는 특징이 전혀 없다. 둘째, 1960년 이전에는 상세한 식재 기록을 거의 남기지 않았다. 만약 기록하더라도 포도원 소유권이 바뀌면 유실되는 경우가 잦았다. 셋째, 나무를 교체할 때 일괄적으로 작업하지 않고 그때그때 한 그루씩 심었다. 그래서 포도원에 초창기부터 심었던 나무가 몇이나 되는지 정확히 파악하기 힘들다. 이 모든 난관에도 불구하고 여전히 포도를 생산하는 몇 안 되는 오래된 포도원이 세계 곳곳에 남아 있다.

**1853년** 호주, 바로사 밸리, 올드 가든 포도원 | 무르베드르 | 휴윗슨 일가 소유

**1867년** 호주, 헌터 밸리, 스티븐 포도원 | '올드 패치', 샤르도네, 세미용, 시라즈 | 티렐 소유

**1869년** 캘리포니아, 셰넌도어 밸리, 오리지널 그랑페르 포도원 | 진판델 | 테리 하비 소유

**1870년** 스페인, 토로, 테르만티아 포도원 | 템프라니요 | 보데가 누만시아 소유

**1888년** 호주, 바로사 밸리, 칼림나 포도원 | '블록 42', 카베르네 소비뇽 | 펜폴즈 소유

**1888년** 캘리포니아, 소노마 밸리 | 베드록 포도원 | 필드 블렌드(진판델, 카리냥, 마타로, 시라, 알리칸테 부셰, 프티트 시라, 그랑 누아, 템프라니요, 트루소 누아), 희귀 품종(카스테, 카스테야나 블랑카, 베퀴뇰) | (주)베드록 와인 소유

와 유명한 프랑스 와인 생산자를 따라 그르나슈 포도원을 구경한 적이 있다. 프랑스인은 우리가 맛본 훌륭한 그르나슈 와인을 만든 포도나무 고목을 보여 줬다. 캘리포니아인은 최근 캘리포니아에 그르나슈를 심었다며 어떤 와인이 탄생할지 기대된다고 들떠 있었다. 그러자 프랑스인이 미소를 지으며 이렇게 말했다. "분명 훌륭할 거예요. 한 8년만 기다리면 돼요."

유럽에서 포도나무 고목의 중요성은 신성불가침한 개념이다. 세계에서 가장 오래된 포도나무 고목을 소유한 호주도 마찬가지다. 캘리포니아와 남아프리카공화국은 포도나무 고목을 보호하기 위한 야심 찬 정책을 세웠다. 도대체 포도나무 고목이 왜 중요한 걸까?

첫째, 뿌리 때문이다. 고목의 뿌리는 땅속 깊이 묻혀 있으므로 환경에 안정적이다. 따라서 고목은 가뭄, 열기, 폭우 등 예측 불가능한 환경의 영향을 덜 받는다. 특히 기후변화 때문에 변덕스럽고 때론 극심한 날씨변화가 찾아와도, 포도나무 고목의 장점은 오히려 더욱 부각된다.

둘째, 풍미 때문이다. 포도나무 고목은 규제력이 뛰어나다. 어린나무보다 활기는 부족할지언정 고목이 생산한 몇 안 되는 작은 포도송이는 멋진 풍미로 가득하다. 와인 생산자들은 고목이 만든 와인에 밸런스가 내재해 있

다는 사실을 안다. 포도 재배자들이 고목을 '현명하다'고 하는 것도 무리는 아니다.

셋째, 당연한 말이지만 고목은 오래된 포도원에 있다. 그리고 오래된 포도원은 풍요롭고 다채로운 유전 물질의 저장고다. 이들 포도원은 대부분 여러 품종을 혼합 재배하는 필드 블렌드다(1990년대 유전자 감식법이 생기기 전까지 포도원의 정확한 품종 구성은 어림짐작할 수밖에 없었다). 그러나 품종과는 별개로 오래된 포도원의 나무들은 기나긴 시간 동안 변이를 거듭했다. 그 결과, 정체를 모두 파악하기 힘들 정도로 환상적인 다양성을 자랑하는 클론들을 보유하게 됐다. 이런 마법과도 같은 다양성은 위대한 와인의 독특한 풍미를 완성하는 데 도움이 된다(지휘자는 통솔할 악기가 많아질수록 더욱 정교한 심포니를 만들어 낸다).

그렇다면 고목은 나이가 몇 살일까? 와인 생산자 사이에 합의된 나이는 30~40세다. 이쯤이면 나무가 다 자라서 성장세가 멈춘다. 그리고 정체기가 시작되면서 하향세에 접어든다. 포도나무는 얼마나 오래 살까? 포도나무는 보통 100년을 넘게 살며, 1880년대 이전에 심은 나무 중에는 대목이 아닌 자체 뿌리로 여전히 군건하게 서 있는 나무도 있다(위의 '세계 최고령 포도나무' 참고).

## 가지치기, 격자 구조물, 식재 밀도, 수확, 생산량

장미 덤불처럼 어디서든 즉각 눈에 띄는 식물과는 달리, 포도나무는 모양과 크기의 배열이 어수선하다. 프랑스 부르고뉴, 캘리포니아 소노마, 스페인 갈라시아의 포도밭들도 에이브러햄 링컨, 윈스턴 처칠, 레이디 가가처럼 자세히 들여다봐야 제대로 알 수 있다.

크기와 모양은 기본적으로 품종과 기후에 따라 결정된다. 그러나 가지치기, 격자 구조물 설치, 식재 밀도를 어떻게 하는가에 따라서도 달라진다.

가지치기는 포도나무가 동면기에 들어가는 겨울에 가지를 자르고 솎아 주는 과정이다. 포도 재배학자들은 가지치기가 예술이자 과학이라 생각한다. 숙련된 가지치기 전문가들은 황량한 겨울 밭에서 춥고 고독하게 몇 주를 보낸 후에야 선(zen)과 비슷한 평온함을 얻는다. 가지치기 전문가가 남겨 놓은 부위들은 이듬해 농사의 근간이 된다. 가지치기를 많이 하면 상처 때문에 나무가 약해지고 착과율이 떨어지며 수세가 약해진다. 반대로 가지치기를 적게 하면 햇가지, 잎, 열매가 너무 많이 달려서 밸런스가 무너진다. 그러면 다음 시즌에 과도한 잎, 햇가지, 열매를 솎아 주는 작업이 대폭 늘어난다. 전 세계의 오래된 포도밭에서는 나무들이 여전히 작달막하고 뭉툭한 덤불 형태로 자란다. 나뭇잎도 포도송

이를 가려 주는 역할을 한다. 영어권에서는 이를 관목형 포도나무(bush vine) 또는 머리 가지치기 포도나무(head-pruned vine)라 부른다. 그러나 현대식 포도밭에서는 덩굴을 격자형 철망에 고정한다. 격자 구조물을 설치하는 이유는 다음과 같다. 포도나무가 지붕처럼 뻗쳐 올라가게 만들면, 잎들이 광합성에 필요한 햇빛을 충분히 받을 수 있다. 동시에 포도가 그늘에 가리지 않고 공중에 매달리게 되므로, 포도가 익는 데 필요한 햇빛도 받고, 공기 순환도 잘돼서 포도가 썩는 걸 방지할 수 있다.

적어도 지난 수십 년간은 이 방식이 통했다. 그러나 기후변화 때문에 격자 구조물이 있더라도 잎이 포도를 가려 주는 형태로 덩굴을 손질하기 시작했다. 새로 생긴 포도원의 경우, 덤불 포도나무처럼 잎이 자연스럽게 포도를 가리는 과거 방식을 채택하는 추세다.

식재 밀도도 일종의 과학이 됐다. 과거에 포도나무의 식재 밀도를 계획할 때 오로지 경제성 하나만 고려했다. 유럽에서는 사람이 등에 바구니를 메고 지나가거나 말이 쟁기를 끌고 통과할 수 있는 거리를 기준으로 삼았다. 1960년대 신세계에서는 온갖 종류의 트랙터가 지나다니기 쉽게 식재 간격을 넓게 띄웠다(나무 간격은 2.4m, 이랑 간격은 3.7m였다). 트랙터 뒤에는 곤돌라가

손으로 수확하는 일은 힘들고 고된 작업이다.

매달려 있었는데, 포도를 수확해서 이곳에 던져 넣었다 (이는 '60년대 방식이다. 현재 최상급 와인용 포도는 훨씬 세심하게 다뤄진다).

식재 밀도는 경제성에 한정할 수 있는 문제가 아니다. 나무 간격이 좁을수록 뿌리들은 같은 토양, 영양소, 물을 두고 더욱 치열하게 경쟁해야 한다. 포도나무가 수세가 강한 경우, 경쟁은 유익하다. 경쟁으로 인해 나무의 생장이 지연된 결과, 포도의 개수가 제한되면 밸런스가 좋아지기 때문이다. 포도밭의 밸런스가 좋아지면 당연히 포도의 품질도 좋아지고, 다른 조건이 같다는 전제하에 결국 와인의 품질도 높아진다.

그러나 기후변화 때문에 상황이 완전히 바뀌었다. 특히 기온이 온화하고 가뭄에 취약한 지역에서 말이다. 나무 간격이 넓을수록 나무가 물을 흡수할 기회가 높아진다. 40년 전, 캘리포니아 포도밭은 에이커당 포도나무 400~600개를 심었다. 커다란 트랙터도 나무 사이를 무리 없이 돌아다녔다. 1990년대 말, 포도나무의 경쟁을 북돋기 위해 에이커당 나무를 3,000그루 이상 심기 시작했다. 이에 따라 나무 간격이 좁아지자, 모든 농사일을 수작업으로 할 수밖에 없었다. 현재는 다시 간격을 넓게 두고 나무를 심는 추세로 돌아섰다.

손으로 정성껏 포도를 따는 낭만적인 장면은 그저 낭만적인 상상에 그친다. 세계적으로 기계 수확이 일반화됐기 때문이다. 기계 수확은 장단점이 있다. 수확기계는 지대가 넓은 포도밭도 신속하게 작업할 수 있다. 수확기계는 한 시간에 포도 5~9톤을 수확한다. 반면 캘리포니아 수확 인부는 하루에 평균 2톤을 수확한다(솔직히 이것도 한 사람이 감당하기 벅찬 작업량이다). 게다가 오후는 무더워 때문에 포도 따기에 적합하지 않다. 그러나 수확기계는 24시간 아무 때나 작업이 가능하며, 비용도 사람이 따는 것보다 훨씬 적게 든다. 농촌 인력 부족과 높은 숙련공 인건비 때문에 세계적으로 수작업 수확은 거의 불가능해졌다.

그러나 기계 수확을 선호하는 사람들도 기계가 사람처럼 선별적이고 세심하지 못하다는 사실을 인정한다. 현대식 기계는 익은 포도와 안 익은 포도를 구분하도록 설정됐다. 그러나 여전히 안 익은 포도와 MOG(포도 이외의 물질)가 수확 통에 담긴다. 누군가 잃어버린 스와치 손목시계부터 방울뱀까지 모조리 담아 버리는 것이다(모두 나중에 제거하긴 한다). 또한 세계 최상급 포도원들은 수확기계를 운전하기 힘든 가파른 경사면에 있는 경우가 많다. 독일 모젤, 포르투갈 도루 밸리 등

이 그 예이다.

드디어 이번 챕터의 마지막 주제인 생산량을 다룰 차례다. 복잡한 질문을 하나 하겠다. 양과 질은 상호배타적인가? 답은 '때때로 그렇다'이다. 합리적으로 생각해 보면, 에이커당 포도 3톤을 생산하는 밭이 30톤을 생산하는 밭보다 포도의 풍미가 더 질 것이다. 이를 뒷받침하듯, 전 세계 최상급 와인 양조장들도 포도의 생산량을 제한한다(자연과 인간이 힘을 합쳐서 정성껏 만든 결실을 폐기하는 행위가 반직관적이고 신성 모독적으로 보일지 모른다).

생산량과 풍미 사이에는 완벽한 선형적 상관관계가 존재하지 않는다. 예를 들어 나파 밸리에 에이커당 포도 2톤을 생산하는 곳도 있고, 이보다 두 배 더 많이 생산하는 곳도 있다. 그러나 모두 환상적인 카베르네 소비뇽을 만들어 낸다. 프랑스 샹파뉴도 에이커당 포도 5톤을 생산하면서도 명실상부 최상급 와인을 빚어낸다.

결국 포도밭 하나하나를 개별적 독립체로 보고, 구체적인 생산량을 결정하기 전에 모든 요소를 고려해야 한다. 포도나무의 수세, 포도밭의 나이, 테루아르의 특징, 스트레스의 강도, 재배하는 포도의 타입 등 이 모든 요소가 수확량과 더불어 품질에 막대한 영향을 미친다. 예기치 못한 그 어떤 상황에서도 한 가지 사실만은 확실하다. 모든 포도밭에는 한계점이 있다. 한계점을 넘을 정도로 포도를 많이 심으면, 포도밭의 밸런스가 무너지고 결국 와인의 품질도 하락한다.

## HOW WINE IS MADE 와인은 어떻게 만들어질까?

우리가 와인과 함께한 역사가 장장 9,000년에 이른다. 그러나 와인이 발효라는 자연적이고 복잡한 과정을 거쳐 만들어진다는 사실은 170년 전에야 겨우 밝혀졌다. 1850년대 말, 루이 파스퇴르가 미생물을 연구하던 중 효모가 당을 알코올로 바꾼다는 사실을 발견한 이후에야 와인 양조자도 비로소 미지의 세계를 벗어나 과학의 세계로 진입했다(파스퇴르는 효모와 발효 연구 덕분에 세균병인론과 백신의 원리를 도출해 냈다). 그로부터 한 세기가 지나 와인 양조법은 또 다른 비약적 발전을 이룩한다.

2차 세계대전 때까지 와인은 두 가지 고전적 방식으로 만들어졌다. 하나는 레드 와인 양조법, 다른 하나는 화이트 와인 양조법이다(로제 와인 양조법은 두 방식을 조금씩 혼합했다). 다만 주정강화 와인(셰리, 포트)과 스파클링 와인(샴페인)은 예외다. 이들 와인은 각자 나름의 복잡하고 전문적인 방식으로 제조됐다. 1960년대, 전 세계적으로 와인 양조 기술이 발전하고, 한층 정교한 와인 양조 장비(온도조절형 스테인리스 탱크)가 등장했다. 이로써 와인 양조자는 와인의 아로마, 풍미, 질감, 피니시를 더 잘 조절할 수 있는 역량을 획득했다. 강력한 와인 양조의 신세계가 열린 것이다. 이번 챕터에서는 한낱 포도즙이 어떻게 시와 전설의 소재로 등극할 수 있었는지 알아보겠다.

소노마의 초크 힐 와이너리에서 갓 딴 카베르네 소비뇽을 손으로 선별하고 있다.

| 상위 국가별 와인 생산량 및 소비량 | | | |
|---|---|---|---|
| 국가 | 와인 총생산량 순위 | 와인 총소비량 순위 | 1인당 연간 소비량 (L) |
| 이탈리아 | 1 | 3 | 40.1 |
| 프랑스 | 2 | 2 | 38.6 |
| 스페인 | 3 | 6 | 22.3 |
| 미국 | 4 | 1 | 9.8 |
| 호주 | 5 | 10 | 22.7 |
| 칠레 | 6 | NR* | NR* |
| 아르헨티나 | 7 | 9 | 18.5 |
| 남아프리카공화국 | 8 | 15 | 6.8 |
| 독일 | 9 | 4 | 23.4 |
| 포르투갈 | 10 | 11 | 45.4 |
| 중국 | 11 | 7 | 0.7 |
| 러시아 | 12 | 8 | 7.1 |
| 루마니아 | 13 | 14 | 20.8 |
| 브라질 | 14 | 13 | 1.8 |
| 뉴질랜드 | 15 | NR* | NR* |
| 헝가리 | 16 | NR* | NR* |
| 오스트리아 | 17 | 20 | 26.4 |
| 그리스 | 18 | 22 | 21.1 |
| 조지아 | 19 | NR* | NR* |

출처: 국제와인기구(INTERNATIONAL ORGANISATION OF VINE AND WINE), 2022년 수치
*NR: 순위에서 제외

**왜 화이트 와인은 흰색이고, 레드 와인은 붉은색일까?**
너무 기본적인 질문이라 생각하는가? 하지만 수년간 수많은 사람을 지켜본 결과, 정확한 답을 모르는 경우가 태반이었다. 와인의 색은 단지 '포도 껍질' 때문이 아니다.
포도즙은 적포도, 청포도 모두 무색에 가깝다(드물게 예외는 있다). 즉, 적포도 껍질만으로는 레드 와인을 붉게 만들지 못한다. 레드 와인과 화이트 와인의 가장 큰 차이점은 바로 이것이다. 레드 와인은 적포도 껍질과 함께 발효시킨다. 발효과정에서 열과 알코올이 생성된다. 알코올은 포도 껍질에서 자주색 색소를 침출시켜서 와인에 색을 입히는 용제다. 고온도 껍질에서 특정 화합물을 추출해 용해하는 역할을 한다. 열과 알코올이 없다면, 발효조에 담긴 '레드' 와인은 붉은 껍질이 둥둥 떠다니는 분홍색 액체일 뿐이다.
화이트 와인은 이미 투명하므로 포도즙에 색을 입혀줄 껍질이 필요 없다. 게다가 껍질은 화이트 와인이 극도로 피하는 쓴맛과 타닌을 더하기 때문에, 더더욱 껍질은 필요 없다. 따라서 화이트 와인은 발효 단계 전 포도즙에서 껍질을 신속하게 분리한다.

## 드라이 레드 와인 양조법
앞서 설명했듯, 레드 와인은 포도 껍질을 함께 발효시키기 때문에 화이트 와인보다 타닌과 쓴맛이 훨씬 강하다(10페이지의 '타닌' 참고). 타닌과 쓴맛은 레드 와인을 만들 때 가장 먼저 결정할 사항이다. 즉, 포도를 으깨

## 포도는 언제 익을까?

와인 양조자는 와인을 만들 때 가장 먼저 포도를 언제 수확할지 정해야 한다. 아마 와인 양조에서 가장 중대한 결정일 것이다. 와인 양조자에게 포도를 언제 수확해야 하는지 물어보면, 십중팔구 '포도가 익었을 때'라고 답할 것이다. 마치 포도가 익는 시점이 정해져 있다는 말처럼 들린다. 과연 그럴까?

그렇다고 보긴 힘들다. 자연의 관점에서는 포도가 새와 동물을 유혹할 만큼 달아야 포도가 익었다고 본다. 동물이 포도를 먹고 씨를 배출해서 널리 퍼뜨려야 하기 때문이다. 포도가 그만큼 익으면, 씨는 싹을 틔우고 묘목으로 자라서 포도나무로 성장할 자생력이 생긴다. 한편 와인 양조학의 관점에서는 양조자가 포도가 익었다고 판단하면, 그때 포도가 완전히 익었다고 간주한다. 그 시점은 포도원마다 길게는 한 달까지 차이 난다.

결국 포도의 성숙은 관념이자 개인적 판단이며, 와인의 스타일을 예고하는 선택이다. 포도가 익는 시점은 구체적으로 정해져 있지 않다.

---

기 전에 줄기를 제거할지 말지 결정해야 한다. 포도 줄기에 타닌과 쓴맛을 내는 화합물이 들어 있기 때문이다. 카베르네 소비뇽처럼 껍질 자체에 타닌과 쓴맛 화합물이 대량 함유된 품종의 경우, 줄기까지 추가하면 타닌과 쓴맛이 지나치게 강해진다. 이런 이유로 포도를 파쇄기 겸 줄기 제거기(crusher-destemmer)에 넣어서 줄기를 제거한다. 그르나슈, 피노 누아처럼 타닌이 적은 품종의 경우, 와인 양조자의 재량에 따라 줄기를 제거하지 않고 포도송이를 통째로 발효시킨다. 줄기가 타닌 함유량을 높여 주기 때문이다. 이 방식을 전송이 압착 발효(whole-cluster fermentation)라 한다. 이렇게 줄기째 발효시킨 와인은 활력과 구조감이 좋아진다(그러나 세심한 주의를 기울이지 않으면, 와인에서 줄기 씹는 맛이 날 수 있다).

포도를 으깨면 포도즙, 껍질, 과육, 씨, 줄기로 이루어진 걸쭉한 덩어리가 생기는데, 이를 '머스트(must)'라 부른다. 스테인리스 탱크가 발명되기 전에는 큼직한 나무통에 머스트를 넣고 발효시켰고, 나무통은 반복해서 사용했다. 오늘날 레드 와인 대부분은 스테인리스나 콘크리트 탱크에서 발효시킨다. 온도조절이 쉽고, 작업이 끝난 후 탱크 내부 세척이 수월하기 때문이다(어차피 누군가가 탱크 안으로 기어들어 가서 포도 껍질과 씨를 퍼내야 한다). 여담이지만, 최상급 카베르네 소비뇽과 카베르네 블렌드는 보통 작은 나무 배럴에서 발효시킨다. 어쨌거나 나무 배럴도 뚜껑을 떼어 낸 다음 껍질과 씨를 제거하는 고된 노동을 요하지만, 배럴 덕분으로 발효과정에 산소가 유입돼서 한 단계 진화한 부드러운 질감의 와인을 만들 수 있다.

와인 양조자들이 발효 단계 이전에 선택할 사항이 또 있다. 탱크 온도를 낮춰서 포도즙을 몇 시간 또는 며칠간 '저온 침용(cold soak)' 할지 결정해야 한다. 포도를 저온 침용 하면, 껍질에서 타닌, 아로마, 풍미 화합물들이 서서히 부드럽게 추출된다. 아직 발효 전이라 열과 알코올이 부재하기 때문에 추출 효과는 미미하다. 그렇지만 저온 침용 과정을 거친 와인은 그렇지 않은 와인보다 풍미가 조금 더 짙다.

저장고는 일반적인 발효과정이 진행되는 다른 장소와 마찬가지로 온갖 야생효모로 가득 차 있다. 이 중 일부는 갓 수확한 포도 껍질에서 나왔다. 이 효모들 덕분에 포도를 으깬 후 그대로 놔둬도 저절로 와인으로 변한다. 다만 와인 양조자들은 야생효모 대신, 대량생산에 적합하게 강력한 배양효모를 선택하는 것이다.

배양효모들은 즉시 발효를 시작하고, 빠른 속도로 당을 먹어 치운다. 발효 속도처럼 단순한 요인도 와인의 풍미에 큰 영향을 미친다. 만약 와인 양조자가 배양효모를

발효 중인 적포도에 미완성 와인 즙을 쏟아붓고 있다.

## 효모의 화려한 만찬

효모는 4만 개가 동시에 바늘구멍을 통과할 정도로 작은 단세포 곰팡이류다. 효모의 번식 방법은 '출아법(budding)'이다. 모세포에서 돋아난 돌기(bud)가 딸세포가 되어 떨어져 나간다. 모세포는 이 과정을 열두 번 정도 반복하고 나서 죽는다. 포도밭 토양에는 다양한 종류의 야생효모가 자연적으로 서식한다. 포도가 자라면 포도에 달라붙고, 와인 저장고의 표면이나 공기 중에도 존재한다. 과거에 와인 양조자들이 무의식적으로 그랬듯, 현재의 와인 양조자들도 이처럼 주변에 존재하는 효모 '재래종들'이 발효를 진행하게 내버려 둔다. 그러면 야생효모들은 포도즙의 당을 먹기 위한 경쟁을 서서히 시작한다. 이 과정은 몇 주가 소요되는데, 이때 긍정적인 아로마와 풍미가 생성된다.

그러나 정반대의 상황도 발생한다. 야생효모가 고약한 '이취'를 유발하기도 한다. 야생효모가 발효를 천천히 진행하다 못해 굼뜰 때가 있다. 그러면 알코올 농도가 낮아도, 알코올에 중독되어 사멸할 수 있다. 발효가 너무 늦게 시작되면, 박테리아와 미생물 때문에 포도즙이 상하기도 한다. 이런 걱정에서 벗어나고자 와인 양조자들은 알코올에 강하고 정해진 온도에서 빠르게 번식하는 배양효모를 사용한다. 가장 유명한 배양효모는 사카로미세스 세레비시에(Saccharomyces cerevisiae)다. 효모의 종류에 따라 와인의 아로마와 풍미에 미치는 영향이 달라지기 때문에 효모는 와인학 연구의 핫이슈로 등극했다.

넣지 않으면, 야생효모들은 한 종류만 남을 때까지 격렬한 결투를 벌인다. 그리고 마지막에 남은 최후의 승자가 발효를 완료한다. 이 과정은 보통 몇 주간 진행되는데, 이때 복합적인 풍미를 자아내는 화합물들이 생성된다. 다음 단계는 본격적인 발효과정이다. 맹렬한 화학반응 때문에 와인이 부글부글 끓는 것처럼 보인다(실제 부글거리는 소리도 들린다). 효모가 포도당을 알코올로 변환시키면, 열이 방출되고 발효된 덩어리에서 이산화탄소가 보글보글 끓어오른다. 이때 포도 껍질이 표면으로 밀려 올라와서, 포도즙을 두껍게 뒤덮는 '캡(cap)'을 형성한다.

만약 포도 껍질을 그대로 내버려 두면, 이산화탄소가 밀어내는 엄청난 힘 때문에 발효가 진행되는 내내 표면에 떠 있게 된다. 이러면 문제가 발생한다. 껍질에는 와인의 잠재적 색과 타닌은 물론 아로마와 풍미를 만드는 합성물까지 들어 있으므로 아래쪽의 희끄무레한 분홍색 포도즙과 섞어 주는 작업이 매우 중요하다. 실제로 캡을 깨뜨린 다음 흩뜨려서 포도즙 아래쪽으로 밀어 내리는 작업을 반복할수록 색, 타닌, 풍미, 아로마가 더 많이 추출된다.

배럴에서 발효 중인 적포도를 '펀칭 다운' 기법으로 부드럽게 섞는다.

화이트 와인을 콘크리트 탱크에 발효시키면 와인의 복합미가 살아난다.

캡과 포도즙을 섞는 방법은 많지만, 가장 기본적인 두 가지 기법으로 간추릴 수 있다. 바로 '펀칭 다운 (punching down)'과 '펌핑 오버(pumping over)'다. 펀칭 다운은 주먹으로 내리친다는 의미와는 다르게 포도를 부드럽게 다룬다. 그래서 피노 누아처럼 연약한 포도 품종에 주로 쓰인다. 패들처럼 생긴 막대기로 캡을 깨뜨린 다음 껍질을 포도즙 표면 아래로 밀어주는 것이다. 이와 비슷한 원리로 사람이 옷을 벗고 탱크 안에 들어가서 발과 다리를 패들처럼 저어 주는 방식이 수 세기 동안 사용됐다.

펌핑 오버는 커다란 호스를 통해 포도즙을 탱크 아래에서 위로 끌어올린 다음 캡 위에 흩뿌리는 기법이다. 그러면 포도즙이 두꺼운 껍질 덮개를 뚫고 흘러내리면서 색, 타닌, 아로마, 풍미가 한층 강해진다.

발효과정에서 머스트 온도는 16~29℃까지 오른다. 와인

전통 방식으로 포도를 으깨고 있다.

생산자는 온도가 29℃를 넘지 않게 주의한다. 온도가 이보다 높아지면, 와인의 섬세한 아로마와 풍미가 증발하거나 연소하기 때문이다.

마침내 며칠 또는 몇 주에 걸쳐 모든 당이 알코올로 변하면, 와인은 드라이해진다. 이때쯤이면 와인의 알코올 농도는 12~16%가 된다. 어떤 경우라도 와인의 알코올 농도는 자연적 방법으로는 16.5% 이상으로 높아지지 않는다. 농도가 이 수준에 이르면, 효모는 자신이 만들어 낸 알코올에 중독돼서 결국 죽는다.

발효가 끝날 무렵 또는 끝난 직후, 모든 레드 와인은 수개월간 젖산발효(malolactic fermentation)라는 변환과정을 거친다. 이는 레드 와인의 부드러움과 미생물 안정화를 위해 꼭 필요한 과정이다(화이트 와인이 젖산발효를 이해하기 더 수월하므로, 자세한 내용은 40페이지의 '드라이 화이트 와인 양조법'에서 설명하겠다).

레드 와인의 발효과정이 끝나면, 와인 양조자는 또 다른 결정을 내려야 한다. 와인에서 껍질을 걸러 낼 것인가, 아니면 와인을 껍질째로 몇 시간 또는 며칠 동안 그대로 둘 것인가? 이 단계를 '발효 후 침용(post-fermentation maceration)'이라 부른다. 뜨끈한 홈메이드 육수를 그대로 놔둬서, 고기 뼈와 채소에서 풍미가 마저 우러나오게 만드는 원리와 비슷하다. 와인의 경우는 껍질에서 색, 타닌, 아로마, 풍미가 마저 우러나온다. 이 단계에서 와인 생산자는 극도로 신중해야 한다. 포도즙이 실제 와인으로 변한 시점이기 때문이다. 즉, 강력한 용제 역할을 하는 알코올이 생성됐다는 말이다. 이 단계에서 침용이 과하면, 타닌 때문에 와인이 둔탁해지거나 형용할 수 없을 정도로 쓴맛이 강해진다.

마침내 와인과 껍질을 분리할 시간이 다가오면, 탱크에서 와인을 따라 내어 숙성시킨다. 이때 따라 낸 와인을 '프리 런(free run)'이라 한다. 이는 상태가 가장 좋은 와인으로, 모든 고급 와인은 프리 런으로 만든다. 탱크에 남아 있는 와인과 고체의 혼합물을 부드럽게 압착해서 나머지 와인도 마저 짠다. 이를 '1차 압착(first press)'이라 부른다. 1차 압착 와인은 프리 런에 비해 정결함은 떨어지지만 중요한 성분인 타닌, 풍미, 아로마를 함유하고 있다. 1차 압착 와인을 프리 런과 다시 섞기도 한다.

과일 향 와인처럼 음미하기보다는 벌컥벌컥 들이켜기 적합한 와인은 탱크나 통에 몇 달간 두었다가 병에 담는다. 이보다 상급 와인은 작은 배럴에 수개월이나 수년

## 자연식 그대로 만든 내추럴 와인

내추럴 와인을 만들 때는 그야말로 아무 짓도 하지 않는다. 즉, 첨가물(주석산 같은 천연재료 포함)도 넣지 않고, 청징이나 여과 작업 같은 개입도 일절 하지 않는다. 이 정도면 상당히 명료해 보인다. 그러나 내추럴 와인의 정의는 여과하지 않은 내추럴 와인처럼 뿌옇기만 하다. 내추럴 와인의 법적 정의나 기준을 정립한 국가는 찾아보기 힘들다. 따라서 우리는 그저 내추럴 와인이 일반 와인보다 낫다고 믿는 수밖에 없다. 표면상 어려운 일은 아니다. 포도밭에서 양조실까지 인위적 개입을 최소화한 와인이라는데, 누가 마다하겠는가? 이 점에서 내추럴 와인은 수많은 위대한 와인과 모든 면에서 일치한다. 대체로 내추럴 와인용 포도는 유기농법 또는 생물역학 농법으로 재배된다. 내추럴 와인을 만들 때는 아무 것도 첨가하지 않는다. 배양효모조차 말이다. 사실 '거의 아무것도'라는 표현이 더 정확하겠다. 최소량의 이산화황을 넣는 경우가 있기 때문이다. 바꿔 말하면, 내추럴 와인에 이산화황을 전혀 넣지 않는 와인 양조자도 있다는 뜻이다(단, 발효과정에서 천연 이산화황이 생성될 순 있다. 42페이지의 '아황산염

은 무엇인가?'를 참고하라). 여기서 리스크가 발생한다. 황(sulfur)은 항균 역할을 하는 유기화합물이다. 만약 황이 없다면(또는 극소량밖에 없다면), 와인은 박테리아와 미생물의 온상이 될 수 있다. 그러면 와인에서 살짝 식초 같은 고약한 맛이 나고, 다소 칙칙한 아로마와 풍미가 생기게 된다. 내추럴 와인 애호가들이 말하는 이런 특징들은 익숙해지기 어렵지만, 내추럴 와인에 자연적 진정성을 부여하는 요소이기도 하다. 결국 어느 쪽을 선택할지는 당신의 결정에 달려 있다.

2020년, 프랑스 정부가 내추럴 와인을 공식적으로 인정했다. 공식 명칭은 '뱅 메토드 나튀르(vin méthode nature)'로 정해졌다. 규정에 따르면, 내추럴 와인은 인증받은 유기농 포도원에서 손으로 수확한 포도로 만들어야 하며, 야생효모를 쓰고, 몇몇 양조 공정을 금지한다(최상급 와인 중에도 애초에 이런 공정을 쓰지 않는 경우도 많다). 금지된 공정 중 역삼투라는 기법이 있다. 설익은 포도로 만든 묽은 와인에서 수분을 제거하거나, 과숙된 포도로 만든 와인에서 알코올을 제거하는 공법이다.

간 숙성시킨다. 숙성기간은 와인의 잠재적 복합성과 구조감에 따라 달라진다. 사실상 거의 모든 배럴은 오크로 만든다. 오크통 안에서 복잡한 화학적 상호작용이 일어나면서 와인의 아로마, 풍미, 질감이 서서히 변한다(43페이지의 '오크의 역할' 참고).

오크통 숙성에서 와인의 '통 갈이(racking)'는 상당히 중요한 부분이다. 통 갈이는 작은 고형물질들은 배럴 바닥에 가라앉힌 다음 깨끗한 와인을 따라 내는 작업이다. 통 갈이 과정에서 불가피하게 와인에 공기가 유입되는데, 와인이 부드러워지는 장점도 있고, 일부 화합물이 산화작용에 노출되는 단점도 있다. 포도 품종에 따라 통 갈이를 여러 번 하거나, 아예 생략한다.

숙성단계에서 와인 양조자가 결정할 사항이 또 있다. 청징(fining) 작업을 할지 말지 선택해야 한다. 여과는 과도한 타닌을 제거하는 데 도움 된다. 와인에 부드러움을 더하고 쓴맛을 줄여서, 밸런스가 개선되길 기대하는 것이다. 또한 청징 작업을 통해 와인에 부유하는 작은 고

형물들(불안정한 단백질 입자 등)을 걸러 낼 수 있다. 청징제는 여러 종류가 있는데, 가장 흔하게는 달걀흰자, 카세인(우유 단백질), 젤라틴(동물 껍질, 힘줄, 근육으로 만듦) 등 단백질 응고제가 있다. 그리고 부레풀(철갑상어의 부레로 만든 젤리 같은 물질)처럼 상상을 초월하는 재료도 있다.

청징 작업은 와인에 청징제를 넣고 저어 주면 된다. 그러면 응고제가 마치 벨크로처럼 타닌에 들러붙어 화학적 결합을 한다. 응고제와 타닌이 결합한 분자는 너무무거워서 더 이상 부유하지 못하고 바닥에 가라앉는다. 그런 다음 깨끗해진 와인을 따라 내면 된다(달걀흰자, 우유, 젤라틴, 물고기 부레가 와인에 남아 있지 않아서 다행이다).

청징제 종류를 선택하는 일도 중요하다. 달걀흰자를 쓰느냐, 젤라틴을 쓰느냐에 따라 와인 맛이 완전히 달라지기 때문이다. 청징제 자체가 풍미에 영향을 미치는 게 아니다. 청징제마다 단백질 입자의 크기가 달라서 각기

다른 와인 화합물에 들러붙는다. 예를 들어 보르도에서 자주 쓰이는 달걀흰자는 과도한 타닌을 제거하는 데 탁월하다. 활성탄(숯으로 만듦)은 흡착력이 너무 강한 나머지 와인의 맛과 향이 밍밍해질 수 있다.

오크통 숙성과 청징(선택사항)이 끝나면, 와인을 병입하기 전에 여과처리를 한다. 그러나 여과에 대해서는 논란이 많다. 와인을 무조건 여과해야 하는 때도 있다. 박테리아에 의한 부패를 막고 미생물학적으로 안정시키기 위해서다. 그러나 여과를 과도하게 또는 '빽빽하게 (tight)' 하면, 와인의 풍미와 아로마가 사라질 수 있다. 따라서 여과를 할지 말지, 정확히 어떤 방법을 쓸지 구분할 줄 알아야 한다.

여과기의 종류는 다양한데, 원리는 대부분 엇비슷하다. 섬유로 만든 여러 겹의 다공성 패드에 와인을 통과시키는 타입이 단순하면서도 가장 흔한 여과기다. 패드의 구멍은 작은 것도 있고, 큰 것도 있다. '성긴 폴리시 여과 (loose polish filtration)'는 큰 구멍의 패드를 사용한다. 와인의 풍미와 아로마를 해치지 않으면서 부유물을 걸러 낸다. 패드의 구멍이 작아질수록 더 작은 입자를 거를 수 있다. 여과를 너무 '빽빽하게' 하면, 와인이 마치 흰 빵처럼 단조롭고 무미건조해진다.

마지막으로 여과(선택에 따라 생략) 후에는 와인을 병입한다. 병입한 와인은 대부분 다시 숙성시킨다. 일단 병입하면 물과 알코올이 쉽게 증발하지 못한다. 코르크 마개가 단단히 막혀 있고 서늘한 온도가 일정하게 유지되면, 산소가 병 속으로 침투하지 못한다. 병은 배럴과는 달리 살균된 상태고, 화학적으로 불활성이다. 병 속에서 오직 와인 화합물들끼리만 상호작용하다가 서서히 조화롭게 융화된다. 오크통 숙성과 병 숙성은 최적의 성숙도를 향해 시너지 효과를 낸다. 세계적으로 위대한 레드 와인들은 언제나 오크통 숙성과 병 숙성을 모두 거친다.

그럼 화이트 와인 양조법으로 넘어가기 전에 하나만 짚고 넘어가겠다. 전 세계의 레드 와인 대부분은 대략 위와 똑같은 과정을 거친다. 예외가 하나 있는데, 바로 보졸레. 위의 양조법과는 살짝 다른데, 이를 탄산 침용 (carbonic maceration)이라 부른다(160페이지의 보졸레 편에서 탄산 침용의 원리 참고).

## 드라이 화이트 와인 양조법

성실한 와인 양조자라면 누구나 품종 상관없이 모든 포도를 최대한 조심스럽게 수확한다. 그런데 청포도만큼은 특별한 핸들링과 속도가 요구된다. 수확한 포도를 와이너리로 운반하는 도중에 포도가 으깨지면, 껍질에서 쓴맛 화합물이 방출되어 포도즙에 들어간다. 그러면 화이트 와인에서 거친 맛이 난다. 또한 청포도가 직사광선에 노출되고, 뜨끈해지며, 멍이 들면, 화이트 와인 특유의 섬세하고 신선한 아로마와 풍미가 사라진다. 이런 연유로 온화한 지역의 와인 양조자들은 청포도가 차갑게 식는 저녁 시간대를 엄격히 지켜서 포도를 수확한다. 와이너리에 도착해서 양조과정을 시작하기 전에도 포도를 차갑게 식힌다.

앞서 레드 와인 양조법에서 설명했듯, 레드 와인은 포도즙을 껍질과 함께 발효시킨다. 그리고 발효가 끝난 후에야 껍질을 제거한다. 그러나 화이트 와인은 발효가 시작되기 전에 껍질을 바로 제거한다. 그리고 청포도를 압착기에 넣어 통째로 으깨거나, 파쇄기 겸 줄기 제거기에 넣어 먼저 줄기를 제거한 다음 포도즙을 짜낸다. 이때 압착기는 보통 '블래더 프레스(bladder press)'라는 기계를 사용한다. 커다란 원통의 중앙에 유연한 공기 튜브(블래더)가 달려 있다. 공기를 주입하면 블래더가 부풀면서 압착기 내부의 미세한 거름망을 향해 포도를 서서히 누르기 시작한다. 그러면 부드럽게 압착돼서 가지와 씨앗이 부서지지 않는다.

화이트 와인도 레드 와인과 마찬가지로 주변에 산재한 야생효모에 의해 저절로 발효되기도 하고, 배양효모를 이용해서 빠르게 발효시키기도 한다. 어느 쪽이든 신선함과 아로마를 보존하기 위해 포도즙 온도를 차갑게 유지하는 데 각별히 주의해야 한다. 그래서 보통 화이트 와인은 온도조절이 가능한 스테인리스스틸 탱크에서 발효시키고, 온도는 10~18℃로 설정한다. 탱크는 이중벽 구조인데, 외벽은 냉각수(글리콜 등)가 흐르는 냉각 재킷으로 둘러싸여 있다.

온도조절형 스테인리스스틸 탱크가 화이트 와인의 신선함과 아로마를 유지하는 데 용이하지만, 몇몇 포도 품종(특히 샤르도네)은 냉방장치가 있거나 서늘한 저장실의 작은 오크통에서 발효시킨다. 오크통 발효의 경우, 발효 중에 생성된 거품이 넘치지 않도록 배럴의 ¾만 채운다. 와인이 발효되면서 불가피하게 온도가 상승하기 때문에 신선한 과일 아로마와 풍미가 일부 희생된다. 그러나 효모 덕분에 토스트와 달콤한 바닐라 풍미가 나무에서 배어 나온다.

언뜻 오크통에서 화이트 와인을 발효시키면, 배럴에서 타닌이 과도하게 배출된 것처럼 생각된다. 특히 배럴이 새것일수록 더욱 그렇다. 그러나 신기하게도 이는 사실이 아니다. 화이트 와인이 발효되는 동안 나무 속의 타닌이 와인으로 방출되는 건 맞다. 그러나 발효가 끝나면 죽은 효모 세포(앙금)를 와인에서 걸러 내는데, 나무에서 방출된 타닌 대부분이 앙금에 들러붙어 있어서 타닌도 함께 제거된다.

화이트 와인의 발효가 끝나고 거의 모든 당이 알코올로 바뀌면, 와인 양조자는 또 다른 화학적 변화를 준비한다. 바로 젖산발효(malolactic fermentation)다. 장장 수개월이 소요되는 젖산발효는 유익균에 의해 진행된다. 효모에 의한 알코올 발효와는 다르다.

과정은 매우 단순하다. 박테리아가 와인의 말산을 젖산으로 바꾼다. 이게 왜 중요할까? 말산에서 시큼털털한 맛이 나기 때문이다(아삭한 풋사과에 들어 있는 사과산이다). 따라서 젖산발효는 입안에서 느껴지는 와인의 맛을 극적으로 바꿔 놓는다. 젖산발효를 거친 와인은 이전에 비해 크리미한 질감을 갖게 된다.

이게 다가 아니다. 젖산발효 과정에서 디아세틸이라 불리는 부산물이 생성된다. 디아세틸은 버터 향을 내는 분자다. 따라서 샤르도네처럼 젖산발효를 거친 와인은 대부분 버터 향이 난다. 바꿔 말해서 와인에서 버터 향이 난다면, 다름 아닌 젖산발효에서 비롯된 풍미다.

한편 음식이 크리미하고 버터 향이 난다고 해서 모두 좋은 건 아니다(매시포테이토만 제외하고). 리슬링처럼 경쾌함, 신선함, 깔끔한 과일 풍미가 특징인 와인은 의도적으로 젖산발효를 하지 않는다. 과일샐러드에 버터를 듬뿍 바를 사람이 누가 있겠는가? 크리미함과 버터 향을 줄이는 쉬운 방법이 있다. 와인을 이등분해서 한쪽은 그대로 두고, 다른 한쪽은 젖산발효를 시킨다. 그런 다음 둘을 다시 합친다. 이 방법을 '부분적 젖산발효'라 한다.

한편 와인 전량을 젖산발효 시킨 후에도 디아세틸의 버터 맛을 줄이는 방법이 있다(정말 비싼 샤르도네는 크리미하지만 버터팝콘 같은 맛은 나지 않는다). 젖산발효가 끝난 후에 와인을 며칠간 배럴에 그대로 두는 것이다. 이 기간에, 포도즙에 남아 있는 효모가 디아세틸을 음식처럼 먹어 치운다. 그러면 디아세틸은 자연히 생성됐듯, 자연히 사라진다. 여담이지만, 버터 향이 나는 레드 와인도 있긴 하다. 보통의 경우, 디아세틸 풍미가 레드 와인의 강렬한 풍미(쓴맛 등)에 묻혀 버린다. 그런데도 가끔 버터 향을 풍기는 레드 와인이 있는데, 개인적으로는 선호하지 않는다.

매시칸 와이너리에서 갓 압축한 청포도를 하단의 통으로 흘려보내고 있다.

샤르도네 같은 화이트 와인은 오크통 발효 후에 추가로 '쉬르 리(sur lie)' 숙성을 거친다. 쉬르 리는 프랑스어로 '앙금 위'라는 뜻이다. 여기서 앙금은 죽은 효모 세포를 말한다. 발효가 끝나면, 앙금이 오크통 바닥으로 가라앉는다. 그러면 효소(enzyme)가 세포를 분해하고, 이 같은 세포의 자가분해(autolysis)를 통해 아미노산, 단백질, 다당류가 생성된다. 충분한 시간을 들여서 와인을 '앙금 위'에서 숙성시키면, 질감이 크리미해지고 보디감도 깊어진다. 또한 와인이 더욱 풍성해지고, 비스킷, 효모, 빵 반죽 같은 아로마와 풍미가 있게 된다(샴페인의 비스킷, 효모 같은 아로마와 풍미는 6~10년에 이르는 긴 시간 동안 앙금 위에서 숙성시킨 결과다).

## 아황산염은 무엇인가? (두통의 원인은 결단코 아니다.)

'아황산염 함유' 1988년 미국 연방정부가 경고라벨 표시제를 도입함에 따라 와인병 라벨에 등장한 이 두 단어 때문에 와인 애호가들은 걱정이 앞섰다. 아황산염은 무엇인가? 왜 와인에 넣는 걸까? 저것 때문에 머리가 깨질 듯이 아픈데!

사실 그렇지 않다. 과학자들은 다음과 같이 설명한다. 첫째, 아황산염 또는 이산화황은 말린 과일과 와인에 흔히 첨가되는 항균제다. 아황산염은 와인의 산화를 막고, 박테리아와 기타 미생물에 의한 부패를 예방한다. 모든 와인은 아황산염을 함유하고 있다. 아황산염을 별도로 첨가하지 않은 와인도 마찬가지다. 왜냐하면 발효과정에서 효모가 자연적으로 아황산염을 만들어 내기 때문이다. 프랑스, 이탈리아, 캘리포니아, 호주 등 장소 불문하고 모든 와인에 해당되는 사항이다. 그러나 미국과 호주에서만 와인 라벨에 아황산염 경고 문구를 표시하도록 강제하고 있다.

둘째, 와인은 매우 쉽게 상한다. 이런 이유로 전 세계 와인 양조자 대부분이 와인을 만들 때 소량의 아황산염을 첨가한다. 보통 와인 한 잔에 아황산염 약 10mg이 들어 있다. 미국법상 와인 1리터당 아황산염 350mg을 초과해선 안 되며, 전 세계 평균은 리터당 약 80mg이다(리터당 1mg 미만인 경우에만 와인 라벨에 '아황산염 무첨가'라고 명시할 수 있다).

중증 천식 환자 중 극소수(5% 미만으로 추정)만 아황산염에 천식 비슷한 증상을 보일 수 있다(두통이 아니다). 호주 연구자료에 따르면, 아황산염 수치가 매우 높을 때(리터당 300mg)만 이런 증상이 나타난다.

이제 두통 얘기를 해 보자. 2021년 워싱턴 포스트에 실린 한 기사에 따르면, 숙취해소제 시장의 연간 규모는 10억 달러에 달한다. 그렇다면 최악의 숙취 증상은? 바로 머리가 깨질 것 같은 두통이다. 만약 와인의 아황산염을 두통의 범인으로 지목했다면, 오답이다. 캘리포니아대학 데이비스 캠퍼스의 앤드루 워터하우스 화학과 교수는 밝은 주황색의 말린 살구를 한두 개 먹어 보라 권한다. 그래도 두통이 없다면, 와인의 아황산염은 범인이 아니다. 말린 자두 55g에 아황산염이 약 112mg 들어 있기 때문이다. 와인 한 잔에 든 아황산염은 이보다 훨씬 적다. 그럼, 두통의 원인은 과연 뭘까? 아무도 정확히 모른다. 최근 연구에서는 생체 아민을 원인으로 지목하고 있다. 생체 아민은 발효 음식이나 발효 음료 속의 박테리아가 만들어 낸 화합물로, 히스타민과 비슷하다. 아니면 단순하게 알코올 섭취로 인한 탈수 때문일 수도 있다.

마지막으로 아황산염이 든 음식은 와인만 있는 게 아니다. 맥주, 칵테일 믹스, 쿠키, 피자 크러스트, 밀가루 토르티야, 피클, 렐리시, 샐러드드레싱, 올리브, 식초, 설탕, 새우, 가리비, 코코넛, 과일주스 등 아황산염이 든 음식은 와인 말고도 수두룩하다.

---

스틸 와인은 대부분 몇 달간 쉬르 리 숙성을 거친다. 그리고 숙성효과를 극대화하기 위해서 규칙적으로 앙금을 휘젓는다. 이 작업을 프랑스어로 '바토나주(bâttonage)'라 한다. 숙성이 끝나면 와인을 통 갈이를 하고, 최대한 많은 양의 와인을 확보하기 위해 앙금을 여과한다. 그러면 두꺼운 갈색 밀크셰이크처럼 생긴 앙금 고형물이 남는데, 이는 폐기한다.

이 시점에서 화이트 와인 대부분은 저온 안정화 과정에 들어간다. 동결점보다 살짝 높은 온도로 급속 냉각해 며칠간 놓아둔다. 이 작업의 목적은 와인에 충격을 가해서 와인 속의 주석산을 작은 눈송이 형태로 결정화시키는 것이다. 그런 다음 와인을 통 갈이를 해서 주석산 결정을 제거한다. 만약 와인을 마시다가 코르크 마개 안쪽에 묻어 있거나 와인에 둥둥 떠 있는 결정체를 발견한다면, 그 와인은 저온 안정화 처리를 하지 않은 것이다. 하지만 걱정할 필요 없다. 주석산 결정은 인체에 해가 없고, 아무 맛도 나지 않는다(이 결정체를 부수면, 주석영이 된다). 저온 안정화 단계 이후, 화이트 와인을 레드 와인처럼 오크통에 숙성시키는 경우도 종종 있다. 다만 숙성기간은 매우 짧다. 기간이 너무 길어지면 화이트 와인 특유의 섬세함과 순수한 과일 향이 사라지고, 노골적인 나무 향과 지나치게 달콤한 바닐라 향이 배게 된다. 사람에 비유하자면, 체구가 작은 여성이 매우 짙은 메이크업을 하고 커다란 모피코트를 입은 것과 같다. 반대로 오크통 숙성기간에 적절한 관리와 절제가 동반되면, 샤르도네와 같은 와인은 훨씬 뛰어난 복합미를 갖추게 된다.

마지막으로 화이트 와인도 레드 와인처럼 와인을 안정화 또는 정제시키기 위해 청징 또는 여과 과정을 추가하기도 한다. 그리고 병입 후에도 레드 와인처럼 숙성기간을 추가하기도 한다.

## 오크의 역할

오크가 없다면, 수많은 유명 와인이 세상에 존재하지 않았을 것이다. 오크는 와인을 단순한 발효 주스에서 완전히 다른 차원의 존재로 둔갑시킨다. 그리고 깊이, 여운, 볼륨 때론 복합성까지 부여한다.

오크를 대체할 나무는 찾기 힘들다. 벚나무, 호두나무, 밤나무, 소나무 등 다른 많은 나무로 배럴을 만들 순 있다. 그러나 오크처럼 와인의 맛을 강화하진 못한다. 오크를 대체할 기술도 존재하지 않는다. 즉, 와인과 오크는 2,000년의 와인 역사 동안 불가분의 관계였고, 여전히 결혼한 한 쌍의 부부처럼 지내고 있다.

오크나무는 다양한 종류의 복합적인 화합물로 구성돼 있으며, 이들 화합물은 와인의 모든 특성에 자신의 흔적을 남긴다. 그중 가장 눈에 띄는 종류는 폴리페놀 화합물이다. 폴리페놀은 바닐라, 차, 담배 향과 단맛을 낸다. 폴리페놀 중 가장 중요한 화합물은 타닌이다.

한 가지 짚고 넘어가고 싶은 부분이 있다. 오크통 숙성이 모든 와인에 유익한 건 아니다. 앞서 설명했듯, 화이트 와인 중 특정 와인만 오크의 장점을 수용할 수 있다. 게다가 실제 배럴 숙성을 하지 않았는데도 오크의 풍미가 있는 와인도 있다. 그러나 20달러보다 저렴한 샤르도네를 1,200달러가 넘는 프랑스산 오크통에 발효시켰을 가능성은 매우 희박하다. 이건 수지가 맞지 않는다. 아마 오크의 특징을 살리기 위해 샤르도네에 '배럴 대체제'를 첨가했을 것이다(45페이지의 '오크 없는 배럴: 오크칩, 오크빈, 오크블록' 참고).

수천 년 전에는 와인을 담거나 운반할 때 덮개가 없는 나무 버킷을 사용했다. 이후 덮개가 있는 오크통을 최초로 사용한 건 로마제국 시대였다. 유럽에 대거 서식하는 오크나무는 유익한 특징이 많다. 일단 내구성이 강해 쉽게 마모되거나 부러지지 않는다. 동시에 가단성이 있어 굴려서 운반하기 쉬운 배럴 형태로 잘 구부러

진다. 게다가 통널 사이를 별도로 밀봉하지 않아도 내용물이 새지 않는다.

마지막으로 오크는 와인 자체에 유익한 영향을 미친다. 초창기 와인 양조자들은 와인을 오크통에 숙성시키면 전보다 부드럽고 풍성하며 견고해진다는 사실을 깨달았다. 1970~2000년, 연구를 통해 오크의 비밀이 하나둘씩 풀리기 시작했다.

오크나무는 와인에 최적화된 다공성을 갖고 있다. 물과 알코올은 통널과 벙홀(마개나 스토퍼로 막는 작은 주입구)을 통해 증발한다. 예를 들어 224리터 소형 배럴(바리크)에 담긴 카베르네 소비뇽의 경우, 연간 19리터 손실이 발생한다. 이는 약 24개 와인병에 해당하는 양이다. 이와 동시에 미세한 양의 산소가 나뭇결을 통해 오크통 안으로 스며들어 풍미를 융화시키고 와인을 부드럽게 만든다. 와인 양조자가 배럴의 마개를 열고 와인을 가득 채울 때나 통 갈이를 해서 와인을 정제할 때 침투한 산소도 이와 비슷한 작용을 한다.

## 배럴 크기의 중요성

오크통은 크기가 상당히 중요하다. 이유는 크기가 작을수록 오크의 풍미가 강해지기 때문이다. 오크의 모양도 중요하다. 소형 배럴 중 가장 흔한 두 가지 종류는 '부르고뉴 배럴'과 '보르도 배럴'이다. 부르고뉴 배럴은 '피에스(pièce)'라고도 불리는데 작고 땅딸막하다. 그리고 죽은 효모(앙금)가 가라앉기 좋게 바닥이 깊고 둥글게 설계됐다. 이 모양은 특히 부르고뉴 화이트 와인(샤르도네)을 만들기 적합하다. 앙금 위에서 장기간 숙성시켜서 매우 크리미해지기 때문이다(이처럼 산도가 높은 와인은 특히 크리미한 질감이 매우 중요하다). 부르고뉴 배럴의 용량은 228리터(60갤런)다. 보르도 배럴은 '바리크(barrique)'라고도 불리는데, 부르고뉴 배럴보다 길고 날씬하다. 용량은 225리터(59갤런)다. 두 배럴 모두 와인 양조자가 가장 많이 사용하는 배럴보다 작다. 가장 많이 사용하는 배럴은 펀천(puncheon)과 드미 뮈(demi muid)다. 전자는 500리터(120갤런) 후자는 600리터(160갤런)며, 둘 다 특히 유럽에서 인기가 많다.

프랑스 중부의 트롱세 숲은 수 세기 전부터 와인 오크통 제작에 쓰일 목재를 공급했다.

## 배럴이 탄생하는 마법의 숲

중세시대 초반에 프랑스는 영토의 2/3 이상이 오크나무 숲이었다. 그러나 안타깝게도 12세기에 접어들면서 오크나무 숲은 빠르게 감소했다. 인구는 점점 증가했고, 대장장이는 나무를 목재로 사용했다. 전쟁이 발발함에 따라 프랑스 해군은 선박과 돛대를 만들기 위해 끊임없이 나무를 베었다. 1285년, 필리프 1세는 나라를 지킨다는 명목으로 안정적인 목재 공급을 위해 프랑스 숲을 국유화했다. 이후 7세기 동안 오크나무 숲은 프랑스의 최대 경제적 자산이었다(대부분 지리적 경계가 명확하고 구체적

지명도 있었다). 현재 프랑스 국가가 소유한 오크나무 숲의 총면적은 약 1,100만 헥타르(11만㎢)이며, 프랑스 산림청이 세심하게 관리 및 보존하고 있다. 한편, 최근 30년간 사유림도 꾸준히 증가한 결과, 프랑스는 포르투갈, 오스트리아, 스웨덴에 이어 유럽에서 4번째로 사유림이 가장 많은 나라로 등극했다. 결과적으로 프랑스는 1990년대에 비해 산림 면적이 7% 증가했다. 그렇다고 프랑스 오크배럴 가격(2021년 기준 약 1,200달러)이 내려갈 일은 없지만 말이다.

오크가 와인에 미치는 영향은 무엇보다 오크의 종류에 따라 달라진다. 전 세계에 서식하는 오크의 종류는 약 300종에 달한다. 이 중에 3종이 주로 와인 양조에 쓰인다. 미국산 케르커스 알바(Quercus alba, 주요 원산지는 미국 중서부), 프랑스산 케르커스 로부르(Quercus robur) 그리고 케르커스 세실리플로라(Quercus sessiliflora 또는 Quercus petraea)다. 프랑스산 오크는 대부분 프랑스에서 온 것이지만, 프랑스에서 자라는 오크 품종들은 오스트리아, 헝가리 등 동유럽에서도 자란다. 그리고 현재 이들 국가가 제작하는 오크통도 인기가 많다.

미국산 오크와 프랑스산 오크가 와인에 미치는 영향은 사뭇 다르다. 미국산 오크는 프랑스산보다 무겁고, 밀도가 높고, 다공성이 적다. 상대적으로 타닌이 적고, 바닐린 성분이 많으며, 종종 코코넛 풍미도 발견된다. 프랑스산 오크는 비교적 풍미가 은은하지만, 타닌이 더 많다. 산소 투과력도 살짝 더 강하다(그래도 제한적이다). 바질과 로즈메리 중 누가 더 낫다고 말할 수 없듯, 미국산 오크와 프랑스산도 우열을 가리기 힘들다. 결국 최상의 오크/와인 조합을 찾는 게 관건이다. 와인 양조자는 최고의 조합을 찾기 위해 숲, 제조자, 오크 종류가 각각 다른 배럴을 준비해서 와인을 소량씩 시험적으로 숙성해 본다.

배럴의 나이도 중요하다. 와인 양조자는 새 배럴 또는 중고 배럴을 선택할 수 있고, 새것과 중고를 혼합해서 쓰기도 한다(중고 배럴을 비유적으로 '길들인(seasoned) 배럴'이라 부르기도 한다). 새 배럴은 와인의 아로마와 풍미에 가장 강력한 영향을 미친다(그래서 새것을 기피하는 양조자도 있다). 중고 배럴은 영향력이 대폭 줄어든다. 처음 사용될 때 이미 많은 것들이 추출됐기 때문이다. 배럴을 네 번 이상 사용하면, 대체로 중성화(neutral)된다. 그래도 수십 년은 거뜬히 와인을 저장하고 숙성시킬 수 있다. 중성화된 배럴도 여전히 소량의 산소가 투과되지만, 오크 풍미는 거의 추출되지 않는다.

오크통 숙성은 오크통 발효와는 다르다. 두 과정이 현저히 다른 만큼, 결과도 제각각이다. 예를 들어 샤르도네 1차분을 오크통에 발효시킨 다음 6개월간 오크통에 숙성시켰다. 그리고 샤르도네 2차분을 스테인리스스틸 탱크에 발효시킨 다음 6개월간 오크통에 숙성시켰다. 보통 오크통에서 발효와 숙성을 모두 시킨 1차분이 오크와 바닐라 풍미, 그리고 타닌감이 가장 강할 거라고 예상한다. 그러나 오히려 정반대다. 와인을 오크통에 숙성시키면, 효모가 나무와 상호작용을 한다. 죽은 효모(앙금)를 최종적으로 제거할 때, 꽤 많은 양의 나무 타닌과 나무 풍미가 함께 제거된다. 반면 스테인리스스틸 탱크에서 발효시킨 와인을 앙금 없이 오크통에 옮겨 담으면, 오크에서 방출된 나무 풍미와 타닌을 기다렸다는 듯이 흡수한다.

결론적으로 와인 양조자는 오크통을 분별력 있게 활용해야 한다. 오크통에서 숙성 말고 발효만 시키든지, 아니면 발효 말고 숙성만 시키든지, 두 과정을 적절히 혼합하든지, 둘 다 생략하든지, 분별력 있게 선택해야 한다.

### 오크가 없는 배럴: 오크칩, 오크빈, 오크블록

200년 된 자연산 나무로 직접 만든 배럴이 얼마일지 생각해 보라. 배럴은 만드는 데 많은 시간이 소요되고, 가격도 놀랄 만큼 비싸다. 와이너리 입장에서 배럴 비용은 인건비 다음으로 가장 높은 연간 지출이다. 오늘날 배럴은 상당히 비싼 와인에만 사용된다. 가격이 저렴한 와인은 배럴에 들어갈 일이 거의 없다. 대신 오크 풍미를 내기 위해서 오크칩, 오크빈, 오크블록, 인터스테이브(interstave)를 사용한다. 이는 쓰고 남은 오크나무 조각으로 만든 '배럴 대체제'로, 배럴 가격보다 훨씬 저렴하다. 배럴 대체제는 어떻게 사용할까? 오크칩, 오크빈, 오크블록은 성긴 대형 망에 담아서 발효 탱크에 바로 넣는다. 인터스테이브는 프레임(틀)에 끼워서 중고 배럴이나 스테인리스스틸 탱크에 떨어뜨린다. 와인 양조자는 스타벅스 메뉴에서 음료를 고르듯, 배럴 대체제도 다양한 풍미를 고를 수 있다. 최상급 다크 로스트 오크칩에 바닐라와 캐러멜을 추가하면 어떨까(농담이 아니다)? 그러나 아무리 풍미가 다양하더라도 대체제는 실제 배럴처럼 미묘하고 복합적인 풍미를 와인에 결코 담아내지 못한다.

## 와인 배럴 제작과정

2026년, 와인 배럴 시장 규모는 12억 달러에 달할 것으로 예상된다. 최대 생산 지역은 유럽이며, 그 뒤를 미국이 잇는다. 오크통 제작과정은 어떤 나무의 목재인가부터 시작된다.

나무는 기후의 영향을 받는다. 포도나무처럼 말이다. 춥고 건조한 기후에서 나무는 생육이 느려져 나이테가 좁게 형성된다. 따뜻하고 습윤한 기후에서는 생육이 빨라져 나이테가 넓어진다. 이렇게 형성된 나이테가 모여서 나뭇결이 완성된다.

나뭇결은 상당히 중요한 의미가 있다. 오크나무의 나뭇결이 촘촘할수록(나이테가 좁을수록) 오크 풍미가 부드럽고 점진적으로 추출된다. 이런 나무는 서늘한 기후의 숲에서 자란다. 그래서 트롱세, 보주, 느베르 등 서늘한 프랑스 산지의 나무로 만든 배럴이 인기가 많다. 특히 트롱세 숲의 나무들은 1600년대 말에 프랑스 해군용 고급 범선의 돛대를 만들 목적으로 심어졌다. 한편 미국산 오크는 원산지 숲을 별도로 표기하진 않지만, 역시나 최상급 오크는 미네소타, 미주리, 위스콘신, 아이오와처럼 서늘한 지역 출신이다. 오크나무는 일반적으로 150~250살에 벌목한다. 현재 벌목하는 나무가

미국헌법이 제정된 1787년도에 심어졌다면, 감이 잡힐 것이다.

유럽 최고의 배럴 제작업자들은 수세기 전부터 내려온 전통 제작법을 고수한다. 먼저 손으로 오크나무를 나뭇결대로 쪼개서 통널을 만든다. 그런 다음 야외에 세워두고 공기, 햇볕, 비, 눈, 바람, 곰팡이, 미생물에 노출된 상태로 2~4년간 자연 건조한다. 그리고 모든 통널이 비슷한 환경에 노출되도록 매년 자리를 바꿔준다. 이 염장 기간(seasoning) 동안 나무의 생리화학적 구성이 바뀌는데, 무엇보다 이때 거친 타닌 성분이 걸러진다는 장점이 있다.

수년의 염장 기간이 지나면, 통널을 이용해서 배럴을 만든다. 과거에는 전 과정을 수작업으로 했지만, 현재는 일부 과정에 기계의 도움을 받는다. 먼저 큰 통널을 깎아서 작은 크기로 만든다. 작은 통널을 최대한 촘촘하게 맞춰야 불완전한 이음매 때문에 내용물이 새는 불상사를 방지할 수 있다. 그런 다음

통널을 화덕에 가열한다. 통널을 유연하게 만들어서 배럴 모양으로 구부리기 위해서다. 이때 화덕 온도는 430~540℃이고, 나무 온도는 180~200℃에 이른다. 나무가 불타오르지 않게 젖은 수건으로 통널을 계속 닦아준다. 마침내 나무가 유연해지면, 윈치와 체인을 이용해서 통널을 배럴 모양으로 구부린다. 그리고 벨트처럼 통널을 고정할 쇠고리는 망치를 사용해 제자리에 끼운다. 참으로 덥고, 고되고, 귀청이 찢어질 듯한 작업이다(톱질 소리가 극도로 시끄럽다). 수작업으로 전 과정을 하려면, 아무리 손이 빠르고 노련한 제작업자라도 하루에 한 통밖에 만들지 못한다.

배럴을 만든 후에 다시 불에 노출한다. 이번엔 통 내부를 '토스팅'할 차례다. 불은 나무의 천연 탄수화물을 캐러멜라이징해서(나무를 거대한 채소라고 상상해 보라) 바닐린 등의 성분들을 끌어낸다. 오크에서 자연적으로 생성되는 바닐린은 놀라울 정도로 바닐라(난초과 식물의 꼬투리)와 똑같은 맛이 난다. 캐러멜라이징 과정을 거쳐 오크는 최종적으로 토스트, 숯, 향신료, 달콤한 풍미가 어우러진 복합적인 레퍼토리를 갖게 된다. 풍미의 강도는 숯의 강도에 따라 달라진다. 와인 제조자는 커피숍에서 아침 식사로 토스트를 주문하듯, 배럴의 토스팅 강도를 약, 중, 강으로 주문할 수 있다. 약하게 토스팅하는 경우, 배럴을 불에 약 25분간 가열한다. 강하게 토스팅하는 경우, 1시간까지도 가열한다.

배럴도 위대한 와인처럼 장인의 손길을 거쳐 탄생한다.

배럴을 가열할 불을 피울 때도 오크나무 땔감을 사용한다.

불의 온도는 430~540℃에 이른다.

쇠고리가 벨트처럼 통널을 고정한다. 이때 중세 시대 도구처럼 생긴 망치를 이용해서 쇠고리를 제자리에 끼운다.

유럽 전통식 외에 다른 방법도 있다. 현재 많은 비판을 받고 있지만, 과거 미국 오크통을 제작할 때 널리 사용하던 방식이다. 통널을 야외에서 수년간 자연 건조하는 대신, 몇 개월간 가마에서 건조한다. 이 방법은 기간은 단축되지만, 자연 건조 방식처럼 타닌을 제거하거나 염장 효과는 없다. 그 결과 가마에 건조한 배럴은 거창하고 거친 풍미가 있게 된다. 배럴에 들어갈 내용물이 버번위스키라면 크게 상관없지만, 피노 누아라면 끔찍한 결과로 이어질 수 있다.

또한 미국 배럴의 통널은 전통적으로 불 대신 증기를 이용해 구부렸다. 통널을 증기로 구부린 배럴은 불에 가열한 배럴에 비해 원초적이고, 토스트 풍미가 적고, 복합성도 떨어진다(물에 넣고 끓인 소고기와 그릴에 구운 소고기의 차이를 생각해 보라).

한편 미국의 오크통 제작법도 바뀌었다. 1990년대 중반, 최상급 미국 오크통도 유럽 전통식으로 제작되기 시작했다. 물론 미국산 오크나무는 프랑스산과는 종이 다르므로 핵심적인 풍미는 살짝 다르다. 그러나 미국 오크통은 더 이상 과거처럼 의붓자식 신세는 아니다.

오크나무는 천연 바닐린을 함유하고 있다. 오크나무를 가열(토스팅)하면 바닐린의 달달한 바닐라 풍미가 극대화된다. 바닐린과 진짜 바닐라는 서로 다르다. 바닐라는 난초과 식물의 꼬투리다. 실제 단맛은 없지만 바닐린보다 깊고 복합적인 풍미를 갖고 있다. 바닐라 추출물에 들어있는 바닐린은 7%에 불과하다.

## 오프드라이 와인과 스위트 와인 양조법

앞서 '와인을 와인답게 만드는 구성요소'(7페이지)에서 설명했듯, 오프드라이나 세미 스위트와 같은 표현은 국제적으로 공인된 용어가 아니다. 그래도 우리는 살짝 스위트한 수준이 디저트처럼 풍성하지 않다는 정도는 구분한다.

내가 '오프드라이'라는 이름으로 분류한 와인은 어떻게 만들어질까? 드라이와인은 알다시피 발효과정에서 효모가 포도 속의 당을 알코올로 변환시킨다. 그러나 오프드라이 와인의 경우, 와인에 소량의 이산화황(SO2)을 첨가해서 효모를 죽인다. 효모가 모든 당을 알코올로 바꿔 버리기 전에 죽여서 발효를 멈추는 것이다. 그러면 와인에 천연의 단맛이 살짝 감돌고, 알코올 도수가 조금 낮아진다. 그러나 디저트 와인처럼 스위트해지진 않는다. 실제로 극소량의 잔당만 남기 때문에 감지하기란 거의 불가능하다. 이처럼 극소량의 당을 남겨 놓는 이유는 단순히 와인의 과일 향을 살리기 위해서다.

그럼 어떻게 하면 와인이 디저트처럼 달콤해질까? 포트, 셰리 등 주정강화 와인은 차치하고(포르투갈과 스페인 챕터에서 별도로 다룰 예정), 스위트 와인을 만드는 방법에는 네 가지가 있다(오른쪽 사진 참고).

더 자세한 방법은 다음에 다룰 예정이다(예를 들어 소테른 와인을 만드는 보트리티스 시네레아는 101페이지 보르도 편에 자세히 설명돼 있다). 여기서 중요한 건, 어떤 방법이든 리스크가 매우 높다는 사실이다. 동물이 달콤한 포도를 먹어 버리거나, 해로운 곰팡이나 질병의 공격을 받거나, 수확하기도 전에 날씨 때문에 포도가 상하는 등 온갖 리스크가 산재해 있다. 게다가 모든 과정이 매우 노동집약적이다. 그 결과 스위트 와인은 대체로 비싸고 진귀하다.

네 방법 중 무엇을 사용하든 그 결과물인 포도즙은 일반 포도즙보다 당도가 높다. 효모가 모든 당을 알코올로 변환시키기 전에 발효가 중단됐기 때문이다. 오프드라이 와인처럼 와인 양조자가 의도적으로 발효를 일찍 멈추게 했거나, 높은 알코올 농도 때문에 효모가 활동을 멈췄을 것이다. 알코올 농도가 16.5%에 이르면, 대부분의 효모는 잔당량과 무관하게 알코올 중독으로 사멸한다.

1. 당도가 매우 높을 때 포도를 수확한다.

2. 포도를 수확한 후 트레이에 깔고 햇볕을 쬔다. 그러면 수분이 증발하고 포도가 쪼글쪼글해지면서 당분이 농축된다

3. 겨울에 포도가 얼게 내버려 둔다. 그러면 당이 함유된 즙과 수분이 서로 분리된다.

4. 포도가 보트리티스 시네레아(Botrytis cinerea, 귀부병)의 공격을 받는다. 이 곰팡이가 포도의 수분을 흡수하고 증발하게 만든 결과, 포도의 당분이 응축된다.

## GETTING TO KNOW THE GREPES 포도 품종 이해하기

와인 양조가 시작된 이래 1990년대 초반까지 포도 품종을 식별하는 방법은 포도품종학(ampelography) 뿐이었다. 포도품종학은 햇가지, 줄기, 잎, 순, 꽃, 송이, 씨앗, 포도를 보고 품종을 식별하는 학문이다. 따라서 농부들이 품종을 혼동하는 경우도 종종 발생했다. 피노 누아인 줄 알고 심었는데, 자라고 보니 샤르도네였던 것이다. 1990년대, 포도 품종 식별법은 획기적인 과학적 발전을 이루었다. 사상 최초로 포도 품종의 암호화된 DNA 유전 정보에 접근한 것이다. 곧이어 품종 간 유전적 관계도 밝혀냈다. 즉, 포도 품종 간에 누가 부모 자식이고 형제자매인지, 또 어떤 추가적인 가족관계가 있는지 알아낸 것이다.

『와인 양조용 포도(Wine Grapes)』의 공동 저자인 호세 부야모즈 박사, 잰시스 로빈슨, 줄리아 하딩에 따르면, 오늘날 전 세계의 포도는 모두 소수 품종의 교배종이다. 이 소수의 '조상' 품종은 바로 피노 누아, 구애 블랑(Gouais blanc), 사바냥(Savagnin)이다. 이 중 피노 누아와 구애 블랑의 이종 교배로 샤르도네, 가메 등 20개 이상의 품종이 탄생했다. 그런데 카사노바 같은 구애 블랑이 또 다른 품종(이 중 일부는 현존하지 않음)

과 교배해서 80개 이상의 품종이 생겨났다. 리슬링, 블라우프렌키슈, 뮈스카델 등 매우 다른 '자손' 품종도 이에 속한다.

세상의 모든 주요 포도 품종이 열 개 미만의 '조상' 품종과 소수의 초창기 재배지로 간추려지다니, 놀랍도록 새로운 발상이다(92페이지의 '고대 시대의 와인' 참고). 흥미롭게도 조상 품종을 낳은 원종은 모두 적포도로 추정된다. 과학자들은 최초의 청포도 품종은 유전자 내 DNA가 색소를 만드는 안토시아닌 분자의 코딩을 방해한 결과로 출몰한 변종이라고 생각한다. 흥미롭게도 와인을 즐기기 시작한 초창기 문명사회에서 화이트 와인은 희귀성 덕분에 사회적 가치가 높았다. 레드 와인보다 깨끗하게 정제됐다는 인식으로 인해 상류층에서 큰 인기를 끌었다.

1984년에 설립된 세계적인 포도 품종 데이터베이스인 국제포도품종목록(Vitis International Variety Catalogue, VIVC)에는 23,000여 개 유명 품종이 등록돼 있다. 이 중 연구실에만 존재하는 희귀종도 있다. 우리 목적에 합당한 품종은 전 세계에 5,000~10,000종이 있다. 이 중 약 150종이 (우리가 마셔 주길 기다리며)

상업적으로 재배된다. 그중에서도 우리가 쉽게 접할 수 있는 25종을 선택해서 각각의 개요를 챕터마다 정리했다. 그리고 이 책의 마지막에 포도 용어사전도 정리해 놓았다. 추가 품종 400개의 간략한 설명과 발음을 찾아볼 수 있다.

## 세계 25대 포도 품종

### • 알바리뇨(ALBARIÑO)

스페인에서 가장 활기 넘치는 화이트 와인 중 하나다. 해산물 요리에 가장 잘 어울리는 와인으로 손꼽힌다. 강인한 아름다움과 푸르른 북서부 연안에 있는 리아스 바이사스가 원산지다(아일랜드를 닮았다). 몇십 년 전, 스페인 드라이 화이트 와인 중 가장 유명하고 맛있는 테이블 와인으로 부상했다. 꽃과 시트러스 향이 나지만, 리슬링이나 게뷔르츠트라미너만큼 아로마가 풍성하진 않다. 오크통에 양조하거나 숙성시키는 일은 드물며, 생명력 있는 어린 와인일 때 마시기 가장 좋다. 대부분의 스페인과 유럽 와인에 원산지명을 따서 붙이는 것과는 달리, 알바리뇨의 라벨에는 언제나 알베리뇨 그대로 표기된다. 비록 스페인에서 명성을 얻었지만, 기원지는 포르투갈 북동부로 추정된다. 이곳에서 수 세기 동안 알바리뇨(Alvarinho)라는 이름으로 비뉴 베르드 와인의 주재료로써 재배됐다. 2019년, 알바리뇨는 뛰어난 산미와 신선함 덕분에 보르도와 보르도 쉐페리외르의 화이트 와인을 만드는 기본 블렌딩 품종으로 선정됐다.

### • 바르베라(BARBERA)

바르베라는 (부모가 누구인지 모르지만) 이탈리아 북서부의 피에몬테에서 가장 널리 재배되는 적포도다. 이곳에 필록세라 전염병이 도진 이후 명성을 얻기 시작했다. 비록 이 지역에서 네비올로(바롤로, 바르바레스코 와인을 만드는 품종)보다 명성은 뒤처지지만, 바르베라야말로 피에몬테 와인 양조자들의 저녁 식탁에 꾸준히 올라오는 와인이다. 바르베라의 품질은 1980년대 중반에 극적으로 개선됐다. 이전보다 좋은 밭에 심고, 생산량을 제한하고, 상급 배럴에 숙성시킨 결과, 훌륭한 풍미로 미각을 만족시키는 와인이 탄생했다. 최상급 바르베라는 자연적인 활력을 갖고 있다. 비교적 높은 산도에서 나오는 명확성과 생기를 말한다. 오늘날 위대한 바르베라 대부분은 피에몬테에서 생산된다. 북부 캘리포

니아에서 소량 생산되긴 하지만, 이외 지역에선 거의 재배되지 않는다.

### 와인 양조용 품종

모든 포도나무는 포도속(Vitis)에 속한다. 제삼기 말인 260만~6,600만 년 전쯤, 기후변화 때문에 포도속이 약 60개 종으로 분리됐다. 그중 와인 애호가에게 가장 중요한 종은 비니페라(vinifera)다. 오늘날 전 세계 와인의 99.99%가 비티스 비니페라에 속한 포도로 만들어진다. 샤르도네, 카베르네 소비뇽, 메를로, 피노 누아, 리슬링, 소비뇽 블랑, 진판델 등 모두 비티스 비니페라에 속한다. 흥미롭게도 비니페라는 유럽과 아시아의 유일한 재래종이기도 하다. 다른 종 십여 개는 모두 북아메리카의 재래종이다. 그중 와인 애호가 사이에서 가장 유명한 품종은 비티스 라브루스카(Vitis labrusca)로, 뉴잉글랜드와 캐나다의 재래종이다. 콩코드도 북아메리카 재래종에 속한다. 1001년, 레이프 에릭손도 비티스 라브루스카에서 영감을 얻어 북아메리카를 '빈랜드'라고 불렀을 것이다. 특히 업스테이트 뉴욕에서는 여전히 비티스 라브루스카 품종으로 와인을 만든다(젤리와 잼은 말할 것도 없다).

### • 카베르네 프랑(CABERNET FRANC)

카베르네 프랑은 자식뻘인 카베르네 소비뇽과 메를로보다 유명하진 않지만, 전 세계 최상급 보르도 레드 와인 또는 보르도 스타일의 블렌드 와인을 만드는 데 중요한 역할을 한다. 보르도 라이트 뱅크의 포믈로 AOC와 생테밀리옹 AOC에서는 블렌드 와인의 30% 이상이 카베르네 프랑이다. 전설적인 보르도 와인인 샤토 슈발 블랑은 카베르네 프랑의 비율이 40~50%로, 유명한 보르도 양조장 중 카베르네 프랑의 비율이 가장 높다.

카베르네 프랑은 메를로처럼 다육하지도, 카베르네 소비뇽처럼 구조적이거나 강렬하지도 않다. 많은 와이너리의 카베르네 프랑은 이 둘의 완벽한 중간 지점에 있다. 꽤 까다로운 품종이기 때문에 오직 제한된 수의 와이너리만 고품질의 복합적인 와인을 만들어 낸다.

카베르네 프랑은 현저히 다른 두 종류로 나뉜다. 서늘한 루아르 밸리의 시농 AOC와 부르게이유 AOC에서 만든 카베르네 프랑은 정갈하고 치밀하며, 약간의 허브,

프랑스의 루아르 밸리에서는 카베르네 프랑 포도를 재배해서 시농과 부르게이유 와인을 만든다.

제비꽃, 붓꽃의 아로마와 블루베리 풍미가 난다. 상대적으로 따뜻한 나파 밸리는 야생 라즈베리, 세이지, 다크초콜릿, 검은 감초를 연상시키는 강하고 쾌락적인 와인을 만든다.

많은 사람이 카베르네 프랑의 원산지가 프랑스일 거로 생각한다. 그러나 사실 스페인 바스크 지방에서 피레네 산맥을 건너 보르도로 전파된 것이다.

### • 카베르네 소비뇽(CABERNET SAUVIGNON)

발군의 클래식한 적포도 품종인 카베르네 소비뇽은 세계 최고로 장엄하고 위풍당당한 레드 와인을 만든다. 어릴 때는 힘이 넘치고 살짝 모나기도 하지만, 몇 년간 숙성시키면 풍성하고, 우아하고, 복합적인 와인으로 성장한다. 카베르네를 생각하면, 서투른 아이가 섹시한 매력까지 겸비한 노벨 수상자로 성장한 모습이 연상된다. 세계 최고의 명성을 누리는 카베르네 소비뇽은 역사적으로 보르도에서 생산됐다. 그중에서도 특히 마르고, 생쥘리앵, 포야크, 생테스테프 코뮌(프랑스 최소 행정구역-역자)이 유명하다. 이곳에서는 메를로, 카베르네 프랑 그리고 드물게 프티 베르도를 블렌딩한다. 보르도는 1855년부터 가장 높은 1등급(First Growth)부터 5등급 (Fifth Growth)까지 와인의 등급을 매겼다.

> **카베르네 와인에 카베르네가 얼마나 들어 있을까?**
> 1980년대 말, 신세계는 와인 라벨에 포도 품종을 명시하기 시작했다(유럽은 라벨에 포도를 재배한 지역명을 적는다). 초기에 미국은 라벨에 품종을 표기한 경우, 해당 품종이 최소 51%가 되도록 연방법을 제정했다. 1983년, 최소 비율은 현재의 75%로 인상됐다. 주정부와 특정 AVA는 재량에 따라 연방 규정치를 초과할 수 있다(이보다 낮아선 안 된다). 예를 들어 오리건주는 와인병의 전면 라벨에 피노 누아 또는 샤르도네라고 표기하려면, 해당 품종이 최소 90% 이상이어야 한다.

하지만 그렇다고 세계 최고의 카베르네 소비뇽이 보르도산만 있는 건 아니다. 캘리포니아 나파 밸리, 호주의 마가렛 리버, 워싱턴주의 레드 마운틴, 이탈리아의 토스카나, 남아프리카공화국의 코스탈 리전도 뛰어난 카베르네 소비뇽을 생산한다.

카베르네 소비뇽이 이토록 매력적인 이유는 잠재적 복합성과 수십 년의 숙성력 외에도 강함과 우아함을 동시에 겸비하는 반직관성 덕분이다. 이런 특성 덕분에 많은 사람으로부터 폭넓은 사랑을 받고 있다.

카베르네 소비뇽의 아로마와 풍미는 블랙베리, 블랙 커런트, 카시스, 시더우드, 흑연, 감초, 가죽, 담배, 시가, 검은 자두, 다크초콜릿, 샌들우드, 말린 세이지다. 타닌 함유량이 많은 덕분에 구조감이 매우 단단해서 다육적인 질감을 갖는다.

카베르네 소비뇽의 '엄마'는 소비뇽 블랑이고, '아빠'는 카베르네 프랑이다(1700년대 중반의 어느 날, 이 둘이 좋은 시간을 보낸 결과, 카베르네 소비뇽이 태어났다). 카베르네 소비뇽은 아빠를 닮아서 피라진 함량이 높다. 피라진은 설익은 포도로 만든 와인에서 피망 풍미를 나게 만드는 포도 껍질 속 화합물이다.

### 카베르네와 초콜릿에 얽힌 신화

이 둘의 관계는 얼핏 로맨틱해 보이지만, 실은 지옥(혹은 마케팅 부서)에서 맺어준 최악의 커플이다. 초콜릿의 풍미는 극도로 강하고, 깊고, 복합적이다. 따라서 초콜릿의 강한 쓴맛은 카베르네 소비뇽의 타닌을 도드라지게 만들어서, 와인을 혹독하고 모나게 만든다. 그리고 초콜릿의 풍부한 과일 향은 카베르네 소비뇽의 과일 풍미를 날려버려서, 와인을 칙칙하고 공허하게 만든다. 또한 초콜릿의 깊은 단맛은 드라이한 와인에서 신맛이 나게 만든다. 즉, 초콜릿은 자신보다 훨씬 달고 강한 와인을 만나야 주도권을 내놓는다. 이래서 달콤하고 감미로운 포트와인이 초콜릿과 천생 연분인 것이다.

### · 샤르도네(CHARDONNAY)

샤르도네는 세계에서 가장 성공한 화이트 와인의 명성을 수십 년째 지키고 있다. 와인 애호가라면 누구나 인정할 것이다. 매력적이고 이해하기 쉬운 풍미(커스터드, 미네랄, 풋사과, 시트러스, 때론 열대과일)와 열정적인 질감(크리미하고 때론 무성한 풀보디감)이 완벽한 균형을 이룬다. 여기까지는 일반적인 샤르도네에 대한 설명이다. 벼락을 맞은 듯 바삭하고, 짜릿하고, 정갈한 샤블리(샤르도네)처럼 범주를 벗어나 감각적으로 뛰어난 와인도 있다.

사실 샤르도네는 비교적 최근에 인기를 얻은 품종이다. 1960년대 중반, 캘리포니아의 샤르도네 재배 면적은 몇백 에이커에 불과했다. 현재는 370㎢(37,000헥타르)에 달한다. 다른 국가도 마찬가지다. 칠레, 아르헨티나, 호주, 남아프리카공화국, 스페인, 이탈리아, 오리건주, 워싱턴주, 미국의 기타 주에도 샤르도네 재배지는 극히 적었다. 사실상 실제 샤르도네를 볼 수 있는 지역은 본고장(프랑스 부르고뉴의 작은 마을)과 샹파뉴(부르고뉴 북부 접경 지역)밖에 없었다. 중세 시대 때 부르고뉴에서 구애 블랑(청포도)과 피노 누아(적포도)가 자연 교잡한 결과 샤르도네 묘목이 자라난 걸로 추측된다.

부르고뉴산 샤르도네는 비록 생산량은 적지만 천부적인 매력으로 전 세계 와인 양조자에게 영감을 불어넣었다. 오늘날 샤르도네는 세계적으로 명성을 떨치는 품종으로 거듭났다(그러나 현재 생산되는 샤르도네 수백만 개 중 최상급 부르고뉴 샤르도네와 견줄 만한 와인은 극소수에 불과하다).

흔히 샤르도네를 '와인 양조자의 와인'이라 부른다. 양조법에 따라 무궁무진한 변형이 가능해서 와인 양조자의 사랑을 한 몸에 받기 때문이다. 배럴 발효, 젖산발효, 쉬르 리 숙성 등 어떤 기법이든 부드럽게 소화해서 최상의 결과를 낳는다. 물론 문제가 생길 때도 있다. 와인 양조자가 과욕을 부리면 아무리 샤르도네라도 인위적이고 산만하며, 과장된 데다 오크 향이 과해진다. 그런데도 고품질 샤르도네는 세계에서 가장 향락적이고 복합적인 드라이 화이트 와인이다.

### · 슈냉 블랑(CHENIN BLANC)

세계 최고의 명성을 자랑하는 힘찬 슈냉 블랑은 프랑스 루아르 밸리에서 생산된다. 특히 부브레 AOC와 사브니에르 AOC가 가장 유명하다. 루아르 밸리는 슈냉 블랑의 원고장이기도 한데, 사바냥과 미상의 품종과의 자연 교잡으로 태어났다.

최상급 슈냉 블랑은 놀라운 복합미와 사과, 꿀의 풍미가 있다(그렇다고 꿀처럼 달진 않다). 산미와 광물성이 은은하게 느껴지고, 수명도 길다. 현대적 취미와는 거리가 멀지만, 풀밭에 앉아 『마담 보바리』와 『순수의 시대』를 읽는다면, 이때 곁들일 와인으로 슈냉 블랑이 제격이다. 루아르 밸리는 다양한 당도의 슈냉 블랑을 생산한다. 본드라이부터 살짝 드라이한 단계(산도와 절묘한 균형을 이룸)를 거쳐 가장 스위트한 와인까지 다양하다. 가장 스위트한 단계는 환상적인 디저트 와인이 된다. 감미로운 디저트 와인의 전설적 대표주자인 카르 드 숌은 루아르 밸리 중부의 작은 마을에서 생산된다.

남아프리카공화국에서도 놀랄 만큼 뛰어난 슈냉 블랑을 생산한다. 포도나무 고목이 만들어 낸 위풍당당한 와인은 극상의 풍성함, 날아갈 듯한 신선함 그리고 생기를 뿜어낸다.

## • 가메(GAMAY)

가메의 정식 이름은 가메 누아다. 매년 프랑스 술집에서 물처럼 소비되는 보졸레(레드 와인)의 재료가 바로 가메다. 가메의 타닌 함량은 유명 적포도 중 가장 낮은 편이다. 따라서 구조적으로 따지자면, 레드 와인보다 화이트 와인에 가깝다. 가메는 활기찬 과일 향과 산뜻한 산미를 갖췄다. 좋은 환경에서 훌륭한 양조자의 손을 거쳐 극상의 과일 향이 으깬 바위 그리고 미네랄 풍미와 결합하면, 천상의 와인이 탄생한다(아아, 반면 저렴한 상업용 가메는 녹은 블랙베리 젤리와 풍선껌과 똑같은 맛이다). 10대 보졸레 크뤼(cru) 마을에 속하는 소규모 양조자가 세계 최고의 가메를 생산하고 있다.

가메 누아의 부모는 피노 누아와 구애 블랑이다. 샤르도네, 오세루아, 멜롱 드 부르고뉴 등 형제도 있다. 원고장인 프랑스 부르고뉴에서 14세기부터 자생했다. 그러나 15세기에 한 부르고뉴 공작이 지역 내 가메 재배를 금지하고 보졸레 지역으로 추방했다.

오늘날 프랑스를 제외하고 가메 와인을 만드는 나라는 드물다. 그러나 스위스와 캐나다도 뛰어난 가메 와인을 생산한다.

## • 게뷔르츠트라미너(GEWÜRZTRAMINER)

우리가 흔히 마주치는 화이트 와인 중 노즈(nose)가 가장 자극적인 와인은 바로 게뷔르츠트라미너. 폭발적인 아로마(장미, 리치, 생강 쿠키, 오렌지 마멀레이드, 자몽 껍질, 과일 칵테일 시럽)가 와인잔 너머로 거침없이 뿜어져 나온다. 게뷔르츠트라미너는 외향성을 빼면 시체다. 아무리 와인 초보자라도 그 정체를 바로 알아챌 정도다.

접두사 'gewürz'는 독일어로 향신료를 뜻하지만, 게뷔르츠트라미너는 그 어떤 향신료보다 '아찔한 향수 냄새'를 풍긴다. 사실 게뷔르츠트라미너는 개별 품종이 아니라, '조상' 품종인 사바냥의 클론이다. 강한 아로마와 분홍색 포도알이 특징이다. 참고로 이탈리아 북부의 트

렌티노알토아디제주의 특산물인 트라미너 아로마티코(Traminer Aromatico)도 사바냥의 클론이다.

게뷔르츠트라미너의 톡 쏘는 아로마와 짙은 과일 향 때문에 마치 스위트 와인을 마시는 듯한 착각이 든다. 그러나 피니시에서 숨길 수 없는 쓴맛이 확연히 느껴져서, 그럴 일은 거의 없다. 세계 최고의 게뷔르츠트라미너들은 단연코 드라이하다(이 품종으로 디저트 와인을 만든 경우는 물론 제외한다).

프랑스 북동부 알자스 지방에서 생산하는 게뷔르츠트라미너는 숨이 멎을 정도로 강렬한 최상급 와인이다. 구릿빛이 감도는 진노랑, 훌륭한 응축도, 절묘한 밸런스, 풀보디감, 전반적인 균형을 잡아 주는 적절한 산미, 입 안을 가득 채우는 풍미까지, 그야말로 전설이다(게뷔르츠트라미너는 본래 산도가 낮아서 저질품은 기름지게 느껴진다). 프랑스에서는 게뷔르츠트라미너를 주로 기름지고 복합적인 돼지고기 요리와 매치한다. 알자스 이외에 유명한 게뷔르츠트라미너 산지는 이탈리아의 트렌티노알토아디제 지역밖에 없다. 이곳에서는 가벼운 생기와 복합미를 가진 게뷔르츠트라미너를 생산한다.

## • 그르나슈(GRENACHE)

그르나슈는 적포도(그르나슈 누아)와 색돌연변이(color mutation)인 청포도(그르나슈 블랑)가 있다. 특히 높은 가치를 인정받는 적포도 그르나슈는 세계적으로 뛰어난 와인을 만드는 데 사용된다. 예를 들어 프랑스 북부의 샤토뇌프 뒤 파프, 코트 뒤 론, 지공다스를 비롯해 수많은 와인의 주된 품종으로 사용된다. 그리고 스페인 북부의 캄포 데 보르하, 프리오랏 등 최상급 와인에도 사용된다. 스페인 리오하에서 만든 와인에도 그르나슈가 소량 들어간다. 호주도 포도나무 고목에 열린 그르나슈를 이용해 근사한 와인을 만든다. 캘리포니아주와 워싱턴주의 혁신적인 와인 양조자들도 그르나슈에서 많은 영감을 얻는다.

보통 그르나슈의 본고장을 프랑스로 알고 있지만, 사실 원산지는 스페인이다. 그러므로 스페인어로 가르나차(Garnacha)라 불러야 마땅하다. 가르나차의 '부모'는 알려지지 않았다. 그르나슈는 피노 누아처럼 유전적으로

불안정해서, 재배하기 까다롭다. 양조할 때도 쉽게 산화된다. 그저 그런 포도밭에서 재배한 그르나슈는 무겁고 단순하며 알코올 느낌이 강하다. 그러나 최상의 환경에서 자란 그르나슈는 명백한 순수함과 풍부함이 느껴지고, 체리 잼을 연상시키는 풍미가 배어 나온다. 또한 타닌 함량이 비교적 높지 않아 즙이 많고 사치스러운 질감을 선사한다. 그르나슈는 보통 다른 품종과 블렌딩하는 경우가 많다. 특히 그르나슈, 시라, 무르베드르를 혼합한 와인을 'GSM 블렌드'라 부른다.

### 레드 와인 VS 화이트 와인

역사적으로 독일과 오스트리아를 제외한 거의 모든 와인 생산국은 화이트 와인보다 레드 와인을 선호한다. 무엇보다 온도조절형 스테인리스스틸 탱크가 발명되기 전이라서, 레드 와인을 만드는 게 훨씬 쉬웠다. 게다가 푸짐한 식사에도 잘 어울리고, 농업 기반 경제가 요구하는 고된 육체노동에도 적합했다. 그러나 2차 세계대전 이후, 미국을 필두로 화이트 와인의 소비량이 급증했다. 생활방식의 변화, 노동력의 급격한 감소, 중앙냉방, 냉장, 식습관의 변화(붉은 고기 대신 흰 고기, 생선, 채소 위주로 섭취) 때문에 미국의 화이트 와인 소비량은 그 어느 때보다 높았다. 오늘날 미국의 레드 와인 소비량과 화이트 와인 소비량은 거의 비슷한 수준이다. 2020년 기준, 미국의 와인 소비 중 레드 와인이 46%, 화이트 와인이 44%를 차지했다.

### • 그뤼너 펠트리너(GRUNER VELTLINER)

호주에서 재배하는 적포도 중 재배 면적이 가장 넓은 품종이다. 빈 북동부의 도나우강을 따라 위치한 청정한 포도원들도 품질 좋은 그뤼너 펠트리너를 재배한다. 체코, 헝가리, 몇몇 동유럽 마을을 제외하고 그뤼너 펠트리너를 상업적으로 재배하는 곳은 없다.

그뤼너 펠트리너는 멸종 위기의 독일 품종인 장크트게오르게너(St.Georgener)와 사비냥의 자연 교잡으로 태어났다. 가계도를 더 거슬러 올라가면, 피노 누아와도 관련이 있다(증조부쯤 된다). 피노 누아가 사비냥과 친척관계이기 때문이다. 그뤼너 펠트리너는 직선적인 성질을 가졌다. 명확성, 활기, 본드라이, 미네랄, 크리미한

질감, 벼락이 내린 듯한 백후추의 아로마, 은은한 살구와 녹색 채소의 풍미가 있다. 그뤼너 펠트리너는 리슬링과 마찬가지로 다른 품종과 절대 혼합하지 않는다. 양조과정도 새 오크통을 절대 사용하지 않는 등 최대한 순수한 방식을 고수한다. 또한 리슬링과 마찬가지로 본연의 높은 산도 때문에 입 안에 침이 고이게 만드는 특성이 있다.

### • 말베크(MALBEC)

프랑스 남서부 토착종인 코(Côt)는 말베크라는 이름으로 더 유명하다. 말베크는 잘 알려지지 않은 프랑스산 포도 품종인 마그들렌 누아르 데 샤랑트(Magdeleine Noire des Charentes)와 프뤼느라르(prunelard)의 자손이다. 말베크는 역사적으로 보르도 레드 와인에 블렌딩하는 5대 품종 중 하나지만, 수년 전부터 보르도의 말베크 재배지가 감소하기 시작했다(서리에 취약하고, 보르도의 해양성 기후 때문에 풍미가 계속해서 떨어지고 있다). 현재 보르도 와인 양조에 사용되는 말베크의 비중은 10% 미만이다.

그러나 지구 반 바퀴만 돌아가면 스타 대접을 받는다. 19세기 중반, 보르도에서 아르헨티나로 넘어간 말베크는 현재 고급 레드 와인의 대표 품종으로 자리 잡았다. 안데스산맥 경사면에 건조하고 햇볕이 잘 드는 높은 고도의 포도원에서 말베크를 재배한다. 아르헨티나는 보르도와 달리 말베크를 혼합용으로 사용하지 않고, 말베크로 싱글 버라이어탈을 만든다.

말베크는 카베르네 소비뇽에 비해 산도가 낮고 타닌 함량도 조금 낮다. 특히 부드러움, 녹은 초콜릿 케이크처럼 입안을 가득 메우는 질감, 칠흑 같은 색깔, 자두, 모카, 흙 풍미와 아로마로 사랑받는다.

아르헨티나, 보르도 이외에 프랑스 남서부 카오르에서도 유래 깊은 품종이다. 이곳에서는 여전히 코(Côt)라고 부른다(일종의 마케팅 전략으로 카오르에서 만든 와인을 '프랑스 말베크'라고 선전할 때가 있다. 그러나 카오르 말베크는 타닌감이 거칠고, 부드러움이나 입안을 가득 메우는 질감도 없다).

나파 밸리와 캘리포니아에서는 카베르네에 섞을 혼합용으로 말베크 재배량이 증가하는 등 전망이 밝은 편이다.

### • 메를로(MERLOT)

카베르네 소비뇽과 풍미와 질감이 너무 비슷해서, 블라

인드 테스팅에서도 이 둘은 자주 혼동된다. 그도 그럴 것이 이 둘의 '아빠'가 바로 카베르네 프랑이다. 한편 메를로의 '엄마'는 마그들렌 누아르 데 샤랑트이고, 카베르네 소비뇽의 '엄마'는 소비뇽 블랑이다.

프랑스 보르도 방언으로 메를로는 '어린 찌르레기'라는 뜻이다. 포도를 따 먹기 좋아하는 찌르레기(merlau)의 이름을 딴 명칭이라고 전해져 내려온다.

메를로의 아로마와 풍미는 블랙베리, 카시스, 구운 체리, 자두, 감초, 다크초콜릿, 모카다. 다만, 카베르네 소비뇽에서 가끔 느껴지는 희미한 풋담배와 말린 세이지 향은 피해 갔다.

보통 메를로는 카베르네 소비뇽보다 타닌감이 적고, 비교적 둥글고 육중하다는 평을 받는다. 어느 정도는 맞는 말이다. 그러나 바위가 많고 배수가 잘되는 산악지대에서 자란 메를로는 카베르네 소비뇽 못지않은 타닌감, 구조감, 복합미를 갖춘 위풍당당한 와인을 만들어 낸다. 그러나 대량 재배식의 열악한 환경에서 자란 메를로는 단조롭고, 축 늘어진 느낌을 준다.

메를로 원산지로 가장 유명한 지역은 카베르네 소비뇽과 같은 프랑스 보르도다. 보르도에서 생산량이 가장 많은 품종은 카베르네 소비뇽이 아니라 메를로다. 메를로는 대부분 보르도 라이트 뱅크의 포므롤 AOC와 생테밀리옹 AOC에서 재배된다. 이곳에서는 메를로를 다량의 카베르네 프랑과 블렌딩한다. 또는 메를로에 카베르네 소비뇽, 말베크, 프티 베르도(선택사항)를 소량씩 섞기도 한다. 수많은 블렌드 와인 사이에도 예외는 있다. 그 유명한 샤토 페트뤼스(포므롤)다. 세계에서 상당히 비싼 와인 중 하나로 99%가 메를로다.

워싱턴주, 칠레, 이탈리아 북부 등 전 세계의 다른 지역에서도 유려한 풍미와 응축감, 매끈한 질감의 메를로 와인을 생산한다.

### • 무르베드르(MOURVEDRE)

자, 영어 전공자라면 무슨 말인지 알 것이다. 무르베드르는 적포도계의 히스클리프(『폭풍의 언덕』의 남자주인공)다. 어둡고, 냉철하고, 음울한 풍미가 느껴진다. 가볍고, 다즙하고, 활기찬 풍미와는 거리가 멀다. 한마디로 무르베드르는 진중하다.

무르베드르는 그르나슈와 카리냥처럼 스페인이 원산지다. 그러므로 스페인 이름인 모나스트렐(Monastrell)도 알아 두는 것이 공평하겠다.

스페인 북부에서는 '마타로(Mataró)'라 불린다. 오늘날 스페인 중남부 카스티야라만차의 여러 지역(특히 후미야)에서 무르베드르를 재배한다. 이곳에서는 맛도 훌륭하지만, 종종 드라이하고 쌉쌀한 에스프레소 풍미가 흐르는 근육질의 와인을 만든다.

원산지는 카스티야라만차 부근의 발렌시아로 추정되며, 수도승에 의해 다른 지역으로 전파됐다. 이름은 수도원이라는 의미의 라틴어 'monasteriellu'에서 유래했다. 프랑스 남부에서는 샤토뇌프 뒤 파프, 코트 뒤 론, 지공다스 등 론 지방의 블렌드 와인에 무르베드르 품종을 소량 섞어서 깊이, 색, 재미를 더한다. 필록세라가 발병하기 전에는 프랑스 남부 전역에서 재배되는 주요 적포도 품종이었으나, 현재는 방돌(Bandol)이라는 소규모 AOC에서만 꾸준히 생산된다.

1800년대 중반, 스페인에서 캘리포니아로 처음 전파됐으며, 현재까지도 '마타로' 고목이 드문드문 발견된다. 1980년대, 캘리포니아의 론 스타일 블렌드 와인으로 다시 명성을 얻기 시작했다.

### • 뮈스카(MUSCAT)

에덴동산에서 이브가 유혹당한 게 진짜 사과 때문일까? 평범한 사과 하나가 원죄의 대재앙을 일으켰다니, 도저히 믿을 수 없다! 그런데 뮈스카 포도라면 얼마든지 가능하다. 강하게 진동하는 아로마와 감탄을 부르는 맛의 유혹에 당해 낼 재간이 없다. 세상에 존재하는 모든 감미로운 과일을 응축해서 하나의 몽환적인 풍미를 만든다면, 그게 바로 뮈스카다. 아니, 정확하게는 '뮈스카들'이다. 뮈스카는 단일 품종이 아니라 수 세기 전부터 지중해 부근에 자란 광범위한 고대 포도 품종 그룹이다. 많은 과학자와 인류생물학자가 추측하길, 뮈스카 그룹 중 일부는 인류 최초의 포도 재배 품종에 속한다.

뮈스카 그룹의 가장 대표적인 공통점은 경탄을 부르는 뚜렷한 과일 향이다. 나머지 특징은 상당히 복잡하다. 이름만 해도 수백 가지에 달한다. 알렉산드리아 뮈스카(Muscat of Alexandria)만 해도 지중해에서 불리는 이름만 50개.

뮈스카 그룹의 일부는 서로 유전학적 관계가 있지만, 모두가 그렇진 않다. 그중 두 주요 품종이 많은 자손을 남겼다. 뮈스카 블랑 아 프티 그랭(Muscat Blanc à Petits Grains, 포도알이 작은 최상급 포도)과 딸인 알렉산드리아 뮈스카다.

## 사향노루와 머스키

### 장소
나파 밸리에 위치한 저자의 와인 교실

### 상황
캘리포니아 샤르도네 테이스팅 수업에서 중년의 CEO와 대화를 나누는 장면

### 대화내용
**CEO** 세 번째 샤르도네는 음... 살짝 머스키하네요.

**나** (뮈스카 포도를 의미한 것이길 바라며) 뮈스카 블랑 아니면 모스카토요?

**CEO** 아뇨, 모스카토가 아니라 머스키하다고요.

**나** 흠흠, 그러니까 수컷 노루의 생식기를 말하는 건가요?

**CEO** 수노루 다리에 있는 분비관 아닌가요?

사실 우리 둘 다 해부학적으로 틀렸다. 본래 머스크라는 단어는 산스크리트어 'mushká (음낭)'에서 유래했다. 이는 사향노루 수컷의 복부 표피 아래 위치한 선낭에서 분비되는 강한 냄새가 나는 물질을 가리킨다. 또는 사향고양이, 수달, 사향쥐가 내뿜는 비슷한 분비물을 뜻한다. 그러나 이런 해부학적 정의와는 별도로 실상에서 머스키라는 용어는 매력적인 아로마를 풍기는 과일향 와인을 묘사하는데 사용된다.

뮈스카 그룹에 속한 포도들로 현존하는 모든 스타일을 구현할 수 있다. 드라이 와인, 스위트 와인, 스틸 와인, 스파클링 와인 그리고 주정강화 와인까지 말이다. 프랑스 알자스와 오스트리아에서는 환상적인 드라이 스틸 와인을 생산한다(주로 아스파라거스와 매치한다). 이탈리아 남부와 스페인에서는 뮈스카 포도를 매트에서 말려서(파시토 방식) 디저트 와인을 만든다. 이탈리아 북부에서는 뮈스카 블랑 아 프티 그랭을 이용해서 세미 스위트 스파클링 와인을 만든다. 아스티 와인이라고, 누구나 살면서 한 번쯤은 마셔봤을 것이다. 프랑스 남부에서는 뮈스카 블랑 아 프티 그랭을 이용해서 뮈스카 드 봄드 브니즈(Muscat de Beaumes-de-Venice)라는 스위트한 주정강화 와인을 만든다. 이외에도 무궁무진하다. 오늘날 뮈스카 그룹 포도는 이탈리아, 남아프리카공화국, 이스라엘, 그리스 등 그야말로 세계 각지에서 생산된다.

### • 네비올로(NEBBIOLO)
이탈리아 북서부 피에몬테에서 가장 주요한 최고령 적포도 품종이다. 13세기 피에몬테 문서에 최초로 언급됐다. 네비올로의 '부모' 품종은 멸종됐다고 추정되며, 원산지는 피에몬테 또는 롬바르디아의 발텔리나로 알려져 있다.

어릴 때는 구조감과 타닌감이 매우 강하므로, 열악한 포도원에서 만든 네비올로 와인을 만나면 입이 절로 다물어진다. 그러나 최상급 네비올로는 피노 누아에 버금가는 고상함과 복합미를 갖췄다. 네비올로 와인의 색은 언제나 옅다. 그리고 타르, 제비꽃, 말린 잎, 축축한 흙, 장미 잎을 연상시키는 매우 독특한 아로마와 풍미가 있다. 때론 농후함과 에스프레소를 닮은 쓴맛도 느껴진다. 네비올로는 다른 지역으로 쉽게 전파되지 않는 폐쇄적 포도 품종의 전형이다. 피에몬테를 제외한 다른 지역의 네비올로 와인 중 괜찮은 제품이 하나도 없다. 이 덕분으로 이탈리아에서 드높은 명성과 제왕의 지위를 누린다. 주요 네비올로 와인인 바롤로와 바르바레스코는 이탈리아 내에서 프랑스의 카베르네 소비뇽과 동급으로 취급된다. 입이 떡 벌어질 만큼 비싼 피에몬테의 또 다른 특산품인 화이트 트러플과 고가의 바롤로와 바르바레스코를 매치하면 최상의 하모니가 완성된다.

네비올로라는 단어는 안개를 뜻하는 'nebbia'에서 유래했다. 포도가 익으면 겉면에 하얀 효모균이 두껍게 피어오르는 모습을 비유한 것이다(포도를 수확하는 늦은 가을철, 피에몬테 언덕에 드리우는 안개를 의미한다는 설도 있다).

한편 네비올로 와인은 역사적으로 최소한 25년은 숙성시켜야 마시기 적합하다는 인식이 있었다. 그러나 현대 양조 기술의 발달로 상황이 역전됐다. 위대한 바롤로와 바르바레스코 중 여전히 장기간 숙성시키는 와인도 있지만, 어린데도 훨씬 맛있는 와인도 있다.

### • 피노 그리(PINOT GRIS)
피노 그리('그리'는 회색이라는 뜻) 또는 피노 그리조(이탈리아어)는 재배지에 따라 맛이 현저히 달라진다. 보통 가장 단순한 피노 그리가 가장 유명하다. 대부분은 단조

롭고 중립적이다(그럭저럭 마실 만하지만 특별하진 않다). 마치 화이트 와인계의 흰 티셔츠 같다. 그렇지만 순수함과 신선함을 겸비한 이례적인 피노 그리조도 있다. 대부분 이탈리아 북부의 트렌티노알토아디제와 프리울리 베네치아 줄리아의 소규모 양조장에서 생산된다. 프랑스 알자스의 피노 그리는 이탈리아의 피노 그리조와 극과 극이다. 최상급 알자스산 피노 그리는 복합적이고 크리미하며, 때론 스모크와 향신료 풍미를 내면서도 명확성과 바삭함을 잃지 않는다. 알자스산 피노 그리는 4대 '귀족 품종' 중 하나다. 게뷔르츠트라미너나 리슬링처럼 아로마가 강한 와인을 기피하는 사람에게 제격이다. 독일의 피노 그리는 또 매우 다른데, 포용적이고 풍만하다. 독일어로는 그라우부르군더(Grauburgunder) 또는 룰렌더(Ruländer)라 한다.

오리건주에서는 1990년대부터 피노 그리가 인기를 얻기 시작했다. 가장 좋은 피노 그리는 단순하고 맛있는 타입이다. 한 와인 양조자의 말을 빌리자면, '어떤 피노 누아를 고를까 고민하면서 마시기 좋은 와인'이다. 캘리포니아에서도 '단순하고 맛있다'는 표현이 통용된다. 피노 그리 와인은 북부로 올라갈수록 더 흥미로워진다(캐나다의 브리티시컬럼비아주에 있는 오카나간 밸리처럼 춥고 화창하고 건조한 기후).

피노 그리를 세계 25대 포도 품종에 포함한 이유는 워낙 세계적으로 유명해서다. 그러나 엄밀히 따지자면 피노 그리는 품종이 아니라 피노 블랑처럼 피노 누아의 색돌연변이다. 실제 포도밭에서는 푸르스름한 은색, 연보랏빛 분홍, 잿빛 노랑 등 다양한 색을 띤다. 따라서 피노 그리로 만든 화이트 와인 색도 미묘하게 달라진다.

## • 피노 누아(PINOT NOIR)

수천 년 전에 태어났다고 추정되는 피노 누아는 사바냥, 구애 블랑과 더불어 '조상' 품종으로 불리는 적포도다(샤르도네, 가메, 시라, 가르가네가 등 수많은 포도의 부모, 조부모, 증조부모이자 고조부모다). 피노 누아의 부모나 정확한 원산지는 미상이지만, 프랑스 북동부에서 생겨났다고 추정된다. 이름은 소나무를 뜻하는 'pin'에서 유래됐다는 게 정설이다. 작은 포도송이가 솔방울을 닮았기 때문이다.

노령의 나이와 유전적 안정성 덕분에 클론이 수백 개에 달한다. 가장 유명한 클론은 피노 뫼니에(Pinot Meunier)다. 피노 뫼니에는 프랑스 샹파뉴의 3대 '품종' 중 하나로 꼽지만, 사실상 품종이 아니라 과일 향이

도드라지는 피노 누아의 클론이다. 또 다른 주요 클론은 색돌연변이인 피노 블랑과 피노 그리(피노 그리조)다.

구글에 피노 누아를 설명하는 단어와 문구를 검색하면, 유연하고 실크 같은 질감 때문에 다른 와인에 비해 관능적인 표현이 많이 등장한다. 최상급 피노 누아는 과일 풍미(따뜻하게 구운 체리, 자두, 루바브, 석류, 딸기잼) 말고도 축축한 흙, 썩어 가는 낙엽(프랑스어로 '수보아(sous bois)' 또는 숲 바닥), 버섯, 낡은 가죽, 동물계(animali) 풍미가 난다. 참고로 동물계는 유럽에서 종종 쓰는 용어로 살짝 땀에 젖은 매력적인 체취를 가리킨다(사랑하는 사람이 1km쯤 뛰었을 때 나는 체취와 비슷하다. 개인에 따라 5km 이상 뛰면 동물계 냄새가 과해진다). 와인 양조 일을 오래 한 지인이 말하길, 위대한 피노 누아는 언제나 '약간의 부패한 풍미'를 지닌다. 피노 누아는 카베르네 소비뇽, 메를로, 시라에 비해 보디감이 가볍고 타닌 함량도 훨씬 적다. 또한 이 셋과 다르게 피노 누아의 구조감은 타닌이 아닌 산미에서 비롯된다. 피노 누아는 색도 비교적 옅다. 그래서 초보 와인 애호가에게 종종 약해 보인다는 오해를 받는다. 그러나 위대한 피도 누아는 정반대다. 옅은 색과 대조적으로 아로마와 풍미는 깊고 고혹적이다.

피노 누아는 유명 품종 중에서도 가장 재배, 양조하기 어렵다고 정평이 나 있다. 기후와 토양 구성의 변화에 상당히 민감하며, 양조과정에서 쉽게 산화된다. 이런 이유로 피노 누아는 포도 재배자와 와인 양조자에게 리스크가 큰 선택이다. 그러나 도박 같은 이 선택 덕분에 거부할 수 없는 매혹적인 와인이 탄생할 수 있었다.

> **구글에 피노 누아를 설명하는 단어와 문구를 검색하면 유연하고 실크 같은 질감 때문에 다른 와인에 비해 관능적인 표현이 많이 등장한다.**

프랑스 부르고뉴는 피노 누아 산지로 가장 유명한 지역이다. 이곳에서는 보졸레를 제외한 모든 레드 와인을 피노 누아로 만든다. 세계에서 가장 비싼 특급급 피노 와인들도 부르고뉴의 작은 마을에서 생산된다. 바로 로마네콩티 도멘(domaine)이다. 최고가를 자랑하는 전설의 로마네콩티도 이곳에서 탄생한다. 2010년대 빈티지는 한 병당 무려 16,000~37,000달러를 호가한다.

한편 기후변화로 인해 다른 유럽 국가인 독일에서도 피노 누아 재배량이 증가하고 있다. 독일어로는 슈페트부르군더(Spätburgunder)라 부른다.

캘리포니아 센트럴 코스트의 구불구불한 산비탈에 있는 샌 루이스 오비스포 포도원. 서늘한 태평양으로부터 불과 5마일 거리인 이곳에서 1820년대에 산 루이스 오비스포 톨로사 선교회가 처음으로 와인을 만들기 시작했다. 현재 피노 누아와 샤르도네가 가장 유명하다.

미국의 경우 오리건주에서 1970년대부터 전문적으로 피노 누아 재배에 힘쓴 결과, 현재 미국에서 가장 우아하고 유연한 피노 와인을 생산한다. 캘리포니아의 추운 해양성 기후 지역도 마찬가지다. 산타 리터 힐스, 러시안 리버 밸리, 소노마 코스트 등 수많은 AVA에서 황홀한 매력을 지닌 피노 누아를 생산한다.

뉴질랜드와 호주에서도 뛰어난 피노 누아를 생산한다. 특히 호주에 있는 서늘한 기후의 태즈메이니아는 피노 누아 재배지로써 전망이 밝다.

### • 리슬링(RIESLING)

수많은 와인 전문가가 꼽은 세계에서 가장 고귀하고 특색 있는 청포도 품종이다. 원산지는 독일 라인가우이며 구애 블랑과 미상인 품종의 자손으로 추정된다.

최상급 리슬링은 치솟을 듯한 산도와 비교 불가한 순수함과 생생함을 자랑한다. 입안에서 황홀한 우아함을 잃지 않으면서도 산뜻한 느낌을 선사한다. 정제된 구조감을 보완하듯 잘 익은 신선한 복숭아, 살구, 멜론의 섬세한 풍미가 입안에 침을 고이게 만든다. 그러다 문득 산골짜기의 차갑고 맑은 시냇물이 자갈 위를 흐르듯 활기찬 미네랄 풍미가 입안을 관통한다. 최상급 리슬링은 위험할 정도로 술술 잘 넘어간다.

리슬링은 청포도 중에서도 특히 재배환경에 민감하다. 너무 온화한 기후에서는 포도나무가 잘 자라지 못하며, 서늘한 기후에서도 와인의 품질과 특성이 재배지에 따라 크게 달라진다. 월등한 명확성과 우아함을 갖춘 리슬링은 독일, 프랑스 알자스, 오스트리아, 슬로베니아, 캐나다, 업스테이트 뉴욕 등 서늘한 기후에서 생산된다. 그러나 온난한 지역 내부에 있는 서늘한 구역에서도 우수한 리슬링이 생산된다. 예를 들어 호주의 클레어 밸리와 에덴 밸리처럼 서늘한 구역에서 만든 특등급 리슬링은 미네랄, 활기 넘치는 신선함, 시트러스, 탄탄함을 갖췄다.

드라이함과 스위트함에 관해 말하자면 리슬링이 스위트 또는 세미 스위트하다는 짐작은 틀렸다. 독일산을 포함한 최상급 리슬링은 대부분 드라이하다. 물론 베렌

아우스레제(Beerenauslese, BA), 트로켄베렌아우스레제(Trockenbeerenauslese, TBA)처럼 의도적으로 스위트하게 만든 경우는 예외다.

리슬링의 당도에 관해 혼란이 빚어지는 이유는, 과일 향과 단맛을 쉽게 혼동하기 때문이다. 리슬링에 관한 맛의 척도를 명확하게 구분하기 위해 국제리슬링재단(International Riesling Foundation, IRF)은 와인의 당도와 산도의 비율을 기준으로 '리슬링 테이스트 프로파일 차트(Riesling Taste Profile Chart)'를 만

리슬링 포도는 언뜻언뜻 비추는 햇살을 좋아한다.

들었다. 보통 리슬링 와인병의 후면 라벨에 차트가 그려져 있다. 차트는 해당 와인이 드라이, 미디엄 드라이, 미디엄 스위트, 스위트 중 정확히 어디에 해당하는지 콕 집어 준다.

### • 산지오베제(SANGIOVESE)

이탈리아에서 네비올로 못지않게 큰 사랑을 받는 적 포도 품종이다. 산지오베제는 토스카나의 3대 와인을 책임지고 있다. 바로 키안티 클라시코(Chianti Classico), 비노 노빌레 디 몬테풀차노(vino nobile di Montepulciano) 그리고 브루넬로 디 몬탈치노(Brunello di Montalcino)다. 또한 '슈퍼 투스칸(Super Tuscan)'이라 불리는 높은 명성의 와인들을 만드는 주요 품종 또는 단일 품종이다. 토스카나 이외에도 바로 옆 동네인 움브리아, 에밀리아로마냐에서도 산지오베제를 이용해 레드 와인을 만들지만, 뚜렷한 특징은 없다. 우수한 산지오베제 와인은 오직 이탈리아 중부 토스카나에서만 생산된다.

2000년대 중반, DNA 실험을 통해 산지오베제의 한쪽 부모가 이탈리아 남부 칼라브리아 지역의 칼라브레세 디 몬테누오보(Calabrese di Montenuovo)라는 사실이 밝혀졌다. 다른 쪽 부모인 칠리에졸로(Ciliegiolo, 이탈리아어로 '작은 체리'란 뜻)는 이탈리아 전역에서 재배됐지만, 현재는 토스카나 산지가 가장 유명하다. 따라서 산지오베제의 원산지는 이탈리아 남부지만 나중에 토스카나로 전파된 것으로 추정된다.

**짠맛이 일품인 최상급 산지오베제는 역사적으로 토스카나의 또 다른 명물인 후추 향 엑스트라버진 올리브기름과 환상의 궁합을 자랑한다.**

산지오베제는 피노 누아처럼 나이도 많고 유전적으로 상당히 불안정해서 클론이 수백 개(어쩌면 수천 개)에 달한다. 이처럼 클론도 많고 재배지마다 특징도 달라서, 산지오베제 와인은 스타일이나 품질 차이가 매우 광범위하다. 열악한 환경에서 자란 열등한 클론은 빨간 물을 들인 묽은 알코올처럼 얄팍하고 따뜻한 와인을 만든다. 반면 최상급 산지오베제는 풍성하고 복합적이며 흙내음을 풍긴다.

산지오베제의 구조감은 타닌보다는 산미에서 비롯된 것이다. 이런 점도 피노 누아와 비슷하다. 어릴 때는 갓 구운 따뜻한 체리 파이 같은 매력을 뿜어낸다. 그리고 숙성될수록 말린 잎, 말린 오렌지 껍질, 차, 모카, 향신료, 토탄, 흙의 풍미와 짭조름한 느낌이 난다(짠맛은 비유일 뿐, 와인에는 절대 나트륨이 들어가지 않는다). 사실 짠맛이 일품인 최상급 산지오베제는 역사적으로 토스카나의 또 다른 명물인 후추 향 엑스트라버진 올리브기름과 환상의 궁합을 자랑한다. 토스카나를 직접 방문하면 알 수 있듯, 산지오베제 와인은 현지에서 토스카나 음식에 곁들일 때 가장 만족스럽다. 소금과 후추의 관계처럼 간단명료하다.

### • 소비뇽 블랑(SAUVIGNON BLANC)

소비뇽이란 이름은 프랑스어로 야생을 뜻하는 'sauvage'에서 유래했다. 이름에 걸맞게 그대로 내버려 두면 알아서 무성하게 자란다. 소비뇽 블랑의 풍미도 반항적, 야성적, 야생적이란 표현에 어울린다. 밀짚, 건초, 잔디, 훈제, 녹차, 녹색 허브, 라임의 강렬한 풍미가 입안을 장악한다. 와인도 비슷한 느낌이다. 깔끔함과 날카로운 산미가 중심부를 관통한다. 어떤 소비뇽은 한계를 뛰어넘어

야생의 알싸함까지 느껴진다. 와인 전문가들은 고양이 오줌이라 표현한다(극심하지 않은 이상 그렇게 부정적인 느낌은 아니다). 열악한 환경에서 양조하거나 설익은 포도로 만든 소비뇽 블랑은 통조림 아스파라거스, 통조림 완두콩, 아티초크를 끓인 물 등 끔찍한 채소 맛이 난다.

한편 프랑스 루아르 밸리는 광물 향의 탄탄하고 톡 쏘는 최상급 소비뇽 프랑을 생산한다. 특히 상세르 AOC와 푸이퓌메 AOC가 유명하다. 뉴질랜드산 소비뇽 블랑은 비교적 야생적이고 파격적이며, 녹색 채소 맛이 강하고 열대 과일 향이 기저에 깔려 있다. 오스트리아, 남아프리카공화국, 이탈리아 북부의 프리울리 베네치아 줄리아(Friuli Venezia Giulia)에서도 명확성 있는 훌륭한 소비뇽 블랑을 생산한다.

보르도의 모든 화이트 와인은 소비뇽 블랑과 세미용을 혼합한 것이다. 이 둘을 섞으면 소비뇽의 톡 쏘는 시큼함이 세미용의 포용적이고 깔끔한 특징에 융화된다. 이렇게 만든 보르도 화이트 와인은 단순하고 신선하다. 그러나 특등급 샤토에서 오크통에 양조하면, 양초, 광물, 희미한 견과류 풍미를 갖춰 수려하고 복합적인 와인이 탄생한다. 2010년대, 나파 밸리는 보르도 화이트 와인에서 영감을 얻어서 '슈퍼 소비뇽'을 만들기 시작했다. 복합적이고 풍성한 소비뇽 블렌드 와인을 다양한 용기(오크통, 스테인리스스틸 탱크, 달걀형 콘크리트 탱크, 암포라)에서 숙성시킨다.

소비뇽 블랑의 한쪽 부모는 사바냥으로 추정되며, 다른 쪽 부모는 미상이다. 한편 소비뇽 블랑과 '공동 양육자'인 카베르네 프랑의 합작으로 카베르네 소비뇽이 탄생했다.

### • 세미용(SEMILLON)

내 친구가 말하길, 세미용을 생각하면 어릴 때 빨랫줄에 걸린 흰 시트에 달려들 때 코끝에 확 퍼지는 코튼 향이 떠오른다고 한다. 엉뚱하다고 생각할지 모르겠지만 세미용은 실제로 순수하고 깨끗한 느낌이다. 특히 어린 와인의 경우 더욱 그러하다. 세미용의 발생지인 보르도에서는 적포도인 세미용을 소비뇽 블랑과 혼합하는 경우가 대부분이다. 입안을 가득 채우는 세미용의 포용적인 특징이 소비뇽 블랑의 쓴맛과 궁합이 좋기 때문이다. 세미용과 소비뇽의 혼합은 드라이한 보르도 화이트 와인뿐 아니라 소테른과 같은 스위트 와인에도 적용된다. 사실 세미용은 소테른을 만드는 데 최적의 품종이다. 포도

## 녹색(green)의 의미

소비뇽 블랑의 아로마와 풍미를 설명할 때 가장 많이 쓰이는 단어는 '녹색'이다. 소비뇽 블랑은 물론 다른 품종을 설명할 때도 녹색은 다양한 의미가 있다. 그중 우리가 가장 많이 접할 법한 표현을 정리해 봤다.

| 녹색의 범주 | 와인의 맛과 향 |
|---|---|
| 녹색 과일 | 녹색 무화과, 허니듀 멜론 |
| 쓴맛 녹색 채소 | 루콜라, 녹차 |
| 아시아 녹색 채소 | 레몬그라스, 라임 잎 |
| 훈연한 녹색 채소 | 랍상소우총(소나무 훈제향이 나는 중국 차), 구운 피망 |
| 녹색 시트러스 | 라임 중과피 |
| 녹색 채소 | 슈거스냅 완두콩, 상추 |
| 녹색 허브 | 세이지, 타임, 민트 |
| 녹색 향신료 | 녹색 통후추 |
| 톡 쏘는 녹색 채소 | 할라페뇨 고추 |
| 녹색 야외 | 깎은 잔디, 목초지 |
| 녹색 바다 | 해초, 파도의 비말 |

껍질이 얇고 송이가 성글어 귀부병(보트리티스 시네레아)에 걸리기 쉽다.

보르도에게 미안하지만 호주에서도 세계 최상급 드라이 세미용을 생산한다. 호주는 세미용을 국보로 취급한다. 호주산 세미용(호주에서는 '세밀론'이라 발음한다)은 풍성하고 포용적인 보르도산 세미용과는 유사점이 거의 없다. 어린 호주산 세미용은 휘몰아치는 쓴맛과 강하게 끌어당기는 장력이 느껴진다. 그러나 시간이 흐르면 완전히 달라져서 풍성하고, 꿀과 캐슈너트의 풍미와 라놀린 비슷한 질감을 갖게 된다. 뉴사우스웨일스의 헌터 밸리에 있는 티렐 와이너리에 방문했던 날을 절대 잊지 못한다. 그곳에서 전설의 '배트 1 세미용'을 마셨는데, 그야말로 최면에 걸린 기분이었다.

세미용이란 이름은 생테밀리옹의 옛 발음에서 유래했다고 추정된다. 생테밀리옹은 보르도 라이트 뱅크의 유명한 코뮌으로 상업용 세미용은 더 이상 생산하지 않는다. 대신 메를로와 카베르네 프랑 양조에 전문화돼 있다.

### • 시라(SYRAH)

솔직히 과장된 의인화라는 건 인정하지만, 난 시라를 생각할 때마다 턱시도에 카우보이 부츠를 신은 남자가 연상된다. 실제로 20세기에 영국 학자이자 와인 작가인 조지 세인츠버리도 그 유명한 에르미타주(시라로 만든 론 와인)를 마셔 본 와인 중 '가장 남자답다'고 표현했다.

프랑스산 시라의 강력하고 왕성한 아로마와 풍미는 가죽, 훈제, 구운 고기, 베이컨, 야금류, 커피, 향신료, 철, 블랙 올리브에 가깝고, 특히 백후추와 흑후추의 풍미가 도드라진다. 최상급 시라는 입안 가득히 생동감이 느껴지며, 풍미가 마치 작은 수류탄처럼 펑펑 터진다. 특등급 프랑스산 시라 와인은 에르미타주(Hermitage), 코트로티(Côte-Rôtie), 코르나스(Cornas) 등 론 밸리의 북부에 있는 작은 마을에서 오직 시라만 사용해서 만들어진다. 이곳에서 적포도는 오로지 시라만 허용된다. 반면 론 밸리의 남부에서는 샤토뇌프 뒤 파프와 지공다스를 만드는 데 시라를 혼합용으로 사용한다. 랑그도크루시용 전역에서도 시라를 재배한다.

### '프티트'하지 않은 프티트 시라

캘리포니아에서 프티트 시라(Petite Sirah 또는 Petite Syrah)라 불리는 포도는 시라와 다른 품종이다. 그러나 두 적포도의 역사는 얼기설기 엮여 있다. 프티트 시라라 불리는 포도나무는 캘리포니아에서 1880년대부터 자랐다. 초창기의 프티트 시라는 시라의 클론 중 포도알이 '프티트(작은)'한 나무로 추정된다(모든 조건이 같은 경우, 와인 양조자는 알맹이가 작은 포도를 선호한다. 포도즙의 껍질 비중이 높아지기 때문이다). 당시 프티트 시라는 다른 품종과 섞어서 재배됐다(필드 블렌드). 캘리포니아 포도밭에 다양

한 품종이 늘어날수록 프티트 시라의 정체성도 점차 명확해졌다. 1990년대에 DNA 감식 결과, 캘리포니아산 프티트 시라는 프랑스산 포도인 뒤리프(Durif)라는 사실이 밝혀졌다. 뒤리프는 플루쟁(Peloursin)과 시라의 교배종이다. 현재 최고령 프티트 시라 포도밭 중 여전히 필드 블렌드인 곳도 많다(주로 시라, 뒤리프, 카리냥, 진판델, 바르베라, 그르나슈를 혼합 재배한다). 풍미의 관점에서 프티트 시라는 전혀 '프티트'하지 않다. 오히려 어마어마한 타닌감과 풍미가 입안을 가득 채운다.

17세기, 프랑스 위그노(16~17세기 프랑스 칼뱅파 신교도-역자) 신교도가 시라 품종을 프랑스에서 남아프리카공화국 남서안의 희망봉으로 가져갔고, 이곳을 거쳐 호주까지 넘어갔다. 하지만 1830년대 호주 탐험가가 프랑스에서 직접 호주로 가져가긴 했다. 호주에서는 시라를 시라즈(Shiraz)라 부르고 남아프리카공화국에서는 두 이름을 혼용한다(대부분 학자는 시라즈가 프랑스어 구어체가 변형된 형태라고 생각한다).

오늘날 시라즈는 호주에서 가장 유명한 레드 와인이다. 바로사 밸리, 맥라렌 베일을 비롯해 대여섯 곳의 와이너리에서 매혹적인 향신료 풍미의 유연한 와인을 생산한다.

시라는 캘리포니아에 여러 번에 걸쳐 전파됐다. 그리고 2000년대를 기점으로 시라를 이용해서 론 밸리처럼 후추 향의 강렬하고 인상적인 와인을 만들기 시작했

다. 그러나 미국에서 가장 뛰어난 시라를 생산하는 곳은 '더 록스 디스트릭트 오브 밀턴프리워터 AVA(The Rocks District of Milton-Freewater AVA)'다. 줄여서 '더 록스'라 부르며, 워싱턴주와 오리건주의 경계선에 걸쳐 있는 왈라 왈라(Walla Walla) AVA 구역의 오리건 쪽에 있다. 12m 깊이의 자갈밭에서 재배된 시라는 후추, 야금류 풍미의 반항적이고 다즙한 와인을 만든다. 시라는 무명의 프랑스 포도 품종인 뒤레자(Dureza)와 몽되즈 블랑슈(Mondeuse Blanche)의 자손이다. 뒤레자는 피노 누아의 손주이므로 시라는 피노 누아의 증손주인 셈이다.

### • 템프라니요(TEMPRANILLO)

스페인에서 최고의 명성을 구가하는 적포도 품종이다. 스페인 내에서 수십 곳의 산지에서 재배되는데, 산지에 따라 다양한 스타일의 와인이 만들어진다. 가장 유명한 산지는 리오하다. 리오하 정통 스타일로 만든 템프라니요 와인이 숙성되면 부르고뉴 레드 와인(피노 누아)처럼 우아함, 흙냄새, 복합미가 생긴다. 블록버스터급 적포도인 토로 지방의 틴타 데 토로(Tinta de Toro)와 리베라 델 두에로 DOP의 틴타 델 파이스(Tinta del País)도 템프라니요 품종에 속한다. 즉, 스페인 각지에 퍼진 템프라니요 클론들이 오랜 시간을 걸쳐 각 지역에 적응했고, 그 결과물인 와인은 마치 다른 품종처럼 지역마다 차별화된 특성을 갖게 됐다. 덩달아 템프라니요의 스페인 이름도 많아졌다. 템프라니요의 한쪽 부모는 알비요 마요르(Albillo Mayor)로 추정된다. 오늘날 리베라 델 두에로 DOP에서 자라는 청포도 품종이다. 즉, 템프라니요의 원산지도 스페인 북부의 리오하 또는 나바

야성미가 넘쳐흐르는 시라 와인

라 지역 어딘가라는 뜻이다.

템프라니요는 대체로 구조감과 밸런스가 좋다. 타닌 함량이 많아서 장기간 숙성은 가능하지만, 카베르네 소비뇽처럼 입안에서 견고하게 느껴지진 않는다. 적당한 산미가 와인에 정확성을 더하지만, 피노 누아처럼 산도가 높진 않다. 어릴 때는 터질 듯한 체리 풍미와 기분 좋은 흙먼지 냄새가 난다. 숙성된 이후에는 깊고 복합적인 흙 풍미가 강해진다.

포르투갈에서도 템프라니요를 재배한다. 이곳에서는 틴타 호리스(Tinta Roriz)라 부르며, 주로 포트와인을 만드는 데 사용한다.

### · 비오니에(VIOGNIER)

로스앤젤레스의 한 레스토랑 경영자는 비오니에를 이렇게 표현했다. "훌륭한 독일 리슬링은 아이스 스케이트 선수처럼 빠르고 짜릿하며 날카롭다. 샤르도네는 미들 헤비급 권투선수처럼 박력 있고 견고하며 힘이 넘친다. 비오니에는 체조선수처럼 적당한 근육질의 완벽한 체형과 동시에 놀라운 민첩함과 우아함을 갖췄다."

비오니에는 프랑스 청포도 중 가장 진귀한 품종이다. 1960년대에 멸종 위기에 처했지만, 와인 양조인 조르주 베르네(Georges Vernay)가 북부 론의 콩드리외 AOC에 비오니에를 심은 덕분으로 위기에서 벗어났다. 오늘날 콩드리외(Condrieu) AOC와 근처의 샤토 그리에(Chateau-Grillet) AOC에서 비오니에를 재배하는 면적은 500에이커(약 2㎢) 미만이다. 코트 로티에서도 비오니에를 시라와 섞어서 재배한다. 그러면 최종적으로 와인에 꽃 향을 더할 수 있다.

비오니에는 대체로 풀보디감, 허니서클, 살구, 사향의 짙은 아로마와 풍미, 라놀린 같은 질감이다(포도밭 환경이 좋지 않으면, 싸구려 면세 향수 같은 아로마가 난다). 비오니에는 게뷔르츠트라미너와 마찬가지로 외향적인 과일과 꽃 아로마 때문에 본드라이 와인임에도 약간 스위트하다는 오해를 산다.

비오니에는 1990년대 미국에서 선풍적인 인기를 얻었다가 폭삭 사그라들었다. 캘리포니아에서는 비오니에의 산도가 지나치게 낮거나 오크 숙성이 과해서 와인이라 부르기 힘든 예도 있었다.

프랑스 론 밸리와 캘리포니아(버지니아 등 미국의 몇몇 주 포함)를 제외하고 비오니에 산지로 유명한 곳은 프랑스 남부 랑그도크루시용과 호주가 있다.

DNA 감식 결과에 따르면, 비오니에는 몽되즈 블랑슈와 관련이 있다. 따라서 시라의 이복형제거나 조부모일 가능성이 높다.

### · 진판델(ZINFANDEL)

진판델은 1998년에 카베르네 소비뇽에게 뒤처지기 전까지 수십 년간 캘리포니아에서 가장 많이 재배하는 적포도 품종이었다. 현재는 캘리포니아의 적포도 재배 면적량 3위에 안착했다. 진판델은 카멜레온 같은 포도다. 블러시 와인부터 스위트한 주정강화 와인까지, 변신 범위가 무궁무진하다. 그러나 식견 높은 와인 애호가가 사랑하는 진정한 진판델은 블랙베리, 보이즌베리, 자두의 진득한 풍미가 가미된 부드러운 질감의 드라이한 레드 와인이다. 이런 스타일의 진판델은 대체로 응축성 있는 미디엄 또는 풀보디며, 어느 정도 마시면 이가 일시적으로 보라색으로 물든다.

1972년까지 진판델은 포근하고 소박한 느낌의 레드 와인이었다. 그런데 같은 해, 캘리포니아 대형 와이너리인 서터 홈(Sutter Home)에서 최초로 '화이트 진판델'(실제는 연분홍색)을 선보였다. 포도즙 색이 짙어지기 전에 껍질을 미리 제거하는 방식이었다. 화이트 진판델의 판매량은 출시되자마자 '진짜 진판델(레드 와인)'을 앞질렀다. 그러나 진지한 와인 애호가 사이에서는 초보자용 와인으로 취급됐다. 살짝 스위트한 데다 품질이 낮은 포도로 대량 생산됐기 때문이다.

캘리포니아산 진판델의 역사는 크로아티아에서 처음 수입된 1930년대로 거슬러 올라간다(당시 크로아티아가 속해 있던 오스트리아·헝가리 제국은 캘리포니아로 여러 포도 품종을 수출했다). 1990년대 DNA 감식 결과, 진판델은 크로아티아 포도 품종으로 밝혀졌다. 바로 크로아티아의 달마티아 해안에 자라는 츠를예나크 카슈텔란스키(Crljenak Kaštelanski) 또는 트리비드라그(Tribidrag)다. 과학자들은 트리비드라그라는 이름이 먼저 사용된 것으로 짐작한다. 그러나 언어학적으로 트리비드라그에서 츠를예나크 카슈텔란스키를 거쳐 진판델이 된 과정은 밝혀지지 않았다. 이탈리아 남부의 풀리아에서도 진판델이 압도적으로 많이 재배되는데, 이곳에서는 프리미티보(Primitivo)라 불린다.

진판델 포도밭은 캘리포니아에서 가장 오래된 포도밭에 속한다. 아마도르 카운티와 소노마 카운티에는 100년 넘은 진판델 고목들이 아직 살아 있다. 이들 고목이 만들어 낸 와인은 높은 가치를 인정받는다.

# SENSUAL GEOGRAPHY:
# TASTING WINE LIKE A PROFESSIONAL

감각의 지리학: 전문가처럼 와인 테이스팅하기

사흘 전에 마신 와인을 열 단어로 평가해 달라는 요청을 받았다고 가정하자. 당신이라면 가능하겠는가? 와인을 이해하고 기억하는 데 도움 되는 방법이 있지만, 아쉽게도 지난 수년간 이 방법대로 와인을 음미하진 않았을 것이다. 사실 우리는 평소에 의식을 갖고 와인을 마시진 않는다. 그건 열성적인 와인 애호가나 음식 애호가도 마찬가지다. 맛을 음미하고 향을 맡는 행위는 무의식적인 행동이다. 그러나 감각을 집중시키지 않으면, 맛에 대한 기억력을 향상할 수 없고, 궁극적으로 와인을 제대로 이해할 가능성도 사라진다.

전문가라고 처음부터 감각적 집중력이 생긴 건 아니다. 와인을 다년간 마셔도 지식이 저절로 늘거나 즐거움이 증폭되지도 않는다. 전문성과 감각적 예민성을 키우려면, 신중한 시음자로는 불충분하다. 연습을 거듭하는 신중한 시음자가 돼야 한다(다행히 와인을 '연습'하는 게 피아노 연습보다 훨씬 쉽다).

그렇다면 얼마나 연습해야 할까? 이쯤에서 내게 인지

심리학자 대니얼 레비틴을 가르쳐 준 동료 와인 작가 맷 크레이머에게 감사의 말을 전하고 싶다. 대니얼 레비틴은 캐나다 몬트리올 맥길대학의 심리학과, 신경과학과, 음악과 명예교수다. 그에 따르면, 한 분야에서 세계 정상급 전문가가 되려면 최소 1만 시간의 연습이 필요하다(10년간 매일 3시간씩 연습하면 된다). 그러니까 당신이 바이올리니스트이든, 프로 골퍼든, 포커 플레이어든, 와인을 잘 아는 사람이든 상관없다. 1만 시간이라는 마법의 숫자가 있으니까!

레비틴의 연구에 따르면, 한 분야에 대한 경험이 쌓일수록 배움도 깊어진다. 그러나 한 가지 주의점이 있다. 단순히 연습만 해서는 안 된다. 전심을 다 해 연습해야 한다. 그의 연구에 따르면, 연습에 진심을 쏟을수록 효율성이 높아진다.

자 이제 준비가 됐다면 시작해 보자. 이번 챕터에서는 와인을 개성을 알아보고 궁극적으로 와인의 품질을 파악하기 위해 고려해야 할 여섯 가지 사항에 대해 알아보겠다.

독일 라인가우에서 만든 훌륭한 리슬링의 아로마와 풍미는 매혹적인 경험을 선사한다.
"설명할 수 있어야 진짜 아는 것이다."
-에밀 페노, 『와인의 맛(Le goût du vin)』

솔직히 이 책을 쓰면서도 조금 민망하다. 보통 와인 테이스팅 기법은 단계적으로 설명한다. '먼저 X를 하고, Y를 한 다음 Z로 넘어간다'는 식이다. 그러나 와인은 단계적으로 다가오지 않는다. 우리의 인지과정도 마찬가지다. 그러므로 와인의 맛을 인지하는 것부터 시작해 보라고 권한다. 어차피 사람은 본능적으로 맛부터 인지하기 마련이니까.

그러면 다음을 살펴보자.

---

맛과 풍미 고려하기

---

아로마 평가하기

---

무게감 재보기

---

질감 느끼기

---

피니시에 집중하기

---

색깔 확인하기

---

## 맛과 풍미 고려하기

흔히들 맛과 풍미라는 단어를 혼용하지만, 이 둘은 엄연히 다르다. 맛은 단맛, 신맛, 짠맛, 쓴맛, 우마미(감칠맛) 등 다섯 가지 개념을 아우른다(여섯 번째 맛으로 코쿠미가 발견됐다. 66페이지의 '미뢰의 역할' 참고). 와인에도 짠맛을 비롯한 오미가 모두 담겨 있다(실제 와인에 염화나트륨은 없다).

풍미는 맛보다 훨씬 광범위한 인지적 개념이다. 풍미는 맛을 비롯해서 아로마, 외양, 입안에 느껴지는 감각, 심지어 소리까지 포함한다. 예를 들어 어떤 색은 특정 풍미와 연관이 있다(빨강이 단맛과 연관이 있다는 사실은 충분히 증명됐다. 그 유명한 콜라 캔이 왜 빨간색이겠는가). 감각학 과학자들은 샴페인의 특정 풍미가 숨을 쉬는 듯한 아름다운 소리에서 비롯됐다고 생각한다.

### 당신은 절대 미각의 소유자인가?

우리가 느끼는 맛의 정도는 과학계 용어로 '둔감한 미각(nontaster)', '보통 미각(taster)', '절대 미각(supertaster)'에 따라 다르다. 인구의 ¼이 둔감한 미각, ¼이 절대 미각, 절반이 보통 미각을 가졌다. 성별 데이터를 살펴보면, 여성의 35%가 절대 미각인 반면, 남성은 10%에 불과했다. 또한 백인보다 아시아인과 아프리카 혈통에 절대 미각의 소유자가 더 많았다. 연구자는 미각력을 측정하기 위해 참가자들에게 무독성 화합물인 PROP(6-n-propylthiouracil) 또는 PTC(phenylthiocarbamide)를 조금 맛보게 했다.

이 화합물을 맛본 절대 미각 소유자들은 쓴맛이 너무 강해서 구역질을 했다. 보통 미각 소유자들은 희미한 쓴맛을 느꼈고, 둔감한 미각 소유자들은 아무 맛도 느끼지 못했다. 사실 절대 미각은 상당히 매력적으로 느껴진다(최강이라는데 누가 싫겠는가?). 그러나 실상은 다르다. 절대 미각 소유자는 풍미가 너무 강하게 느껴져서 맛을 즐기지 못하는 세계에 갇혀 있다. 캘리포니아대학 데이비스 캠퍼스의 힐드가드 하이만 포도 재배 및 와인 양조학 교수에 따르면 절대 미각 소유자는 대체로 브로콜리, 시금치, 양배추, 새싹, 뜨거운 카레, 고추, 자몽, 레몬, 담배, 커피 그리고 알코올(맙소사!)의 맛을 꺼린다. 고로, 와인하고도 안녕이다.

## 미뢰의 역할

미뢰는 19세기에 독일 과학자 게오르그 마이스너와 루돌프 바그너가 처음 발견했다. 미뢰가 혀 유두 안에 분포해 있다는 사실도 밝혀졌다. 혀 유두는 혀를 융단처럼 덮은 작은 돌기들로, 혀와 연구개 곳곳에 난 분홍색 점처럼 보인다. 미뢰는 양파처럼 생긴 구조다. 각각의 미뢰에는 미각세포가 50~100개 있다. 미뢰의 꼭대기에는 미공이라 불리는 구멍이 있다. 타액에 의해 녹은 음식물이 미공으로 들어와서 미각세포와 만나는 순간, 우리는 맛을 느낀다. 이때 생긴 화학적 상호작용이 미각세포에 전기적 변화를 일으킨다. 그러면 미각세포는 화학적 신호 다발을 뇌에 전달하고, 뇌는 다양한 패턴으로 풍미를 인식한다. 미뢰의 발견은 미각 연구를 한 단계 끌어올리는 계기가 됐다. 미각세포가 일하는 메커니즘을 밝혀낸 것이다. 1901년, 독일 연구원 D.P.하니히(Hanig)는 미각이 혀의 부위와 관련 있다는 내용의 박사논문을 발표했다. 이후 모든 기초 생물학 교본에 미뢰가 특성에 따라 혀 부위별로 나눠진다는 믿음이 고착됐다(와인 책도 예외는 아니었다). 이에 따라 혀를 미각 별로 부위를 나눈 그림도 함께 실렸다(단맛은 혀끝, 신맛은 혀의 양쪽 끝, 쓴맛은 혀뿌리).

그러나 1970~1990년대 예일대학, 필라델피아 모넬 화학감각연구소와 코네티컷대학이 실시한 미각 연구에서 '혀 지도'가 틀렸음이 밝혀졌다. 미뢰는 맛에 따라 부위별로 몰려 있는 게 아니었다. 혀와 연구개 전면의 모든 미뢰가 단맛, 짠맛, 쓴맛, 신맛, 우마미(감칠맛)를 모두 느낄 수 있다. 게다가 미뢰 세포는 두 개 이상의 맛을 동시에 감지할 수 있다. 시각이 모양, 밝기, 색, 움직임을 동시에 감지하듯 말이다. 뇌는 여러 개의 맛 정보가 동시에 입력되면 어떻게 처리할까? 하나의 자극에 하나의 풍미를 대응시키는 방식이 아니라, 커다란 뉴런 묶음을 통해 복합적이고 독특한 활동 패턴을 생성한다.

그리고 개인마다 차이는 있지만 시간 차도 작용한다. 즉, 혀끝으로 단맛을 느낀 게 아니라 단맛을 '먼저' 인지한 것이다. 같은 맥락에서 혀뿌리가 쓴맛을 감지한 게 아니라, 당신이 단맛을 먼저 느끼고 몇 밀리초 후에 쓴맛을 느낀 것이다.

미각의 발달은 태내에서 완성된다. 단, 짠맛을 느끼는 미각은 생후 4개월 때 발달한다. 그러나 평생 미각을 사용하면서 살아도, 기본 미각만으로 와인 애호가의 수준을 끌어올리기엔 한계가 있다. 그래서 우리는 풍미에 더 많은 관심을 쏟게 된다. 비록 와인의 풍미는 좌절할 정도로 표현하기 어렵지만 말이다.

예를 들어 학생 50명에게 똑같은 와인을 같은 조건에서 동시에 마시게 하면, 어떻게 될까? 나는 와인을 가르치는 사람으로서 어떤 결과가 나올지 충분히 예상된다. 와인의 풍미와 감각의 강도에 관해 수십 가지의 은유적 표현이 쏟아질 것이다. 어떤 그룹은 풍미가 없다고 대답할 것이고, 또 다른 그룹은 연상되는 풍미를 줄줄 읊을 것이다. 강아지 입 냄새, 교회 나무 의자에 앉은 노인, 정겨운 아기의 토 냄새 등 끝도 없이 읊어 댈 것이다(실제 시음자들이 똑같은 피노 누아를 마시고 평가한 말이다).

와인의 풍미를 콕 집어 표현하기란 왜 이렇게 어려울까? 왜 사람마다 다르게 느껴질까? 원인 중 하나는 변동적인 생물학적 개별성 때문이다. 기분, 신진대사율, 오르락내리락하는 호르몬, 조수처럼 밀려왔다 쓸려 가는 침 등 당시 상태를 구성하는 모든 요소가 와인을 마시는 순간 작동한다. 가끔 말문이 막힐 때도 있다. 와인이 어떤지 정확히 느낌은 오는데 말로 표현하지 못하는 것이다. 신기하게 다른 건 쉽게 말로 설명된다. 언어학자들은 우리가 모양, 크기, 색, 공간 개념은 꽤 정확한 언어로 설명할 수 있다고 한다. 예를 들어 보겠다. 내 앞에 파란색 사각 접시가 있다. 가로세로 길이는 15cm다. 접시 위에는 지름 5cm의 레몬 셔벗 한 덩어리가 놓여 있다. 이 장면을 직접 보지 않아도 머릿속에 명확하게 그려질 것이다. 그러나 내가 '와인이 우아하고 광물질이다'라고 말해도, 당신은 나와 같은 경험을 공유하지 못한다. 당신은 같은 단어로 다른 감각을 표현할 테니 말이다.

기본 미각(단맛, 쓴맛 등)을 제외하고 와인을 표현할 방도가 없기에, 우리는 일반적으로 합의된 의미를 가진 대상에 빗대어 와인의 풍미를 표현한다. 예를 들어 '체리 같은 맛', '다크초콜릿 같은 풍미'라고 설명하는 것이다. 이런 비유법은 음식에만 국한되지 않고 음악, 현대문화, 건축 등 다방면에 적용된다.

물론 선을 넘거나, 문화적으로 무신경한 표현도 있다

(와인이 나이에 비해 조숙하다, 매혹적인 여성성을 가졌다 등). 그러나 와인의 풍미를 표현하려는 시도 자체는 큰 의미가 있다(적어도 일부 시음자에게 그렇다). 예를 들어 많은 사람이 '와인에서 레몬 향이 난다'는 표현을 이해한다. 여기서 한 단계 더 나아가 '크러스트가 살짝 그을린 레몬 머랭 파이의 풍미가 느껴진다'고 시음자의 경험을 더 자세히 표현할 수 있다. 시음자가 와인을 마시고 받은 인상을 아무도 공감하지 못하더라도, 이런 표현적 시도는 시음자 본인에게 유익하다. 일종의 '메모리 노트' 역할을 함으로써 시음자가 추후에도 와인을 기억하는 데 도움이 되기 때문이다.

독자 중에 의아한 사람도 있을 것이다. 크러스트가 살짝 그을린 레몬 머랭 파이가 난데없이 왜 떠오른단 말인가? 만약 시음자가 와인 전문가라면 이런 연유에서다. 전문가는 맛보는 순간 생각나는 풍미를 바로바로 이어 나간다. 머릿속에 특정한 풍미가 떠오를 때까지 기다리지 않는다(그러다 아무 생각도 안 날 수 있다). 전문가는 와인을 입에 머금고, 머릿속으로 가능한 모든 풍미를 되짚어본다. '사과? 캐러멜? 잔디? 담배? 레몬인가?' 그리고 실제 느껴지는 풍미와 차례로 대조해 보고, 하나

씩 탈락시킨다. 그러면 뇌가 확신한다. '그래, 레몬이구나.' 그런 다음 생각을 확장한다. '그런데 단맛과 연기 냄새도 느껴지네.' 이런 식으로 생각을 이어가다가 '크러스트가 살짝 그을린 레몬 머랭 파이'에 이르는 것이다. 소믈리에들도 언제나 이런 자기 암시적 비유법을 활용한다. 실제로 이 방법은 와인의 맛을 콕 집어내는 데 매우 유용하다.

마지막으로 주의사항이 하나 있다. 와인을 너무 빨리 삼키지 말아야 한다(너무 빨리 뱉지도 말라). 와인을 마시자마자 삼켜 버리면, 거의 아무 맛도 느낄 수 없다. '원샷'은 쓴 약을 먹을 때나, 싸구려 테킬라를 마실 때나 어울린다.

## 아로마 평가하기

드디어 황홀하고 매혹적이면서 때론 거북스러운 냄새의 세계에 도착했다. 작가이자 식품 화학 전문가인 해럴드 맥기는 그의 저서 『노즈 다이브(Nose Dive)』에서 냄새의 세계를 '오스모코즘(osmocosm)'이라 불렀다. 우리는 일생을 단 한 순간도 피할 수 없는 냄새의 왕국에 서식한다.

### 우마미는 무엇인가?

단맛, 신맛, 짠맛, 쓴맛에 이어 제5의 맛인 우마미가 있다. 우마미는 일본어로 '맛이 좋음'이란 뜻이다. 1907년에 일본 과학자인 이케다 기쿠나에가 발견한 우마미는 글루타메이트(글루타민산염)의 존재를 기반으로 한다. 글루타메이트는 단백질을 구성하는 아미노산 20개 중 하나다. 2000년 마이애미대학 연구진은 미뢰에 우마미 화합물을 감지하는 수용체를 발견하고, T1R1과 T1R3라 이름 붙였다. 우마미 수용체의 발견과 함께 우마미는 다섯 번째 미각으로 등극했다. 참고로 별칭은 '냠냠 인자(yum factor)'다.

우마미는 블루치즈, 파르미자노 레자노 치즈, 토마토, 해초, 버섯, 발효식품(간장, 우스터 소스, 피시소스)에 들어 있다. 모유에는 우유의 20배에 달하는 우마미가 들어 있다. 성숙도는 우마미의 강도에 영향을 미친다(익은 토마토는 설익은 토마토보다 우마미가 강하다). 음식을 숙성, 건조, 염지, 발효하거나 느리게 요리하면 우마미가 강해진다. 예를 들어 말린 표고버섯에는 신

선한 양송이버섯보다 우마미가 훨씬 많이 들어 있다. 따라서 말린 표고버섯을 넣고 오랜 시간 끓인 소고기 스튜가 신선한 양송이버섯을 넣고 짧게 끓인 소고기 스튜보다 '냠냠 인자'가 더 많다.

발효와 성숙도가 우마미와 관련이 있는 만큼, 호주산 시라즈처럼 잘 숙성시킨 묵직한 와인에도 우마미가 많이 들어 있다. 샤르도네, 샴페인처럼 오랫동안 쉬르 리 숙성시킨 와인도 마찬가지다.

마지막으로 제6의 맛으로 언급되는 후보가 있다. 1980년대 일본 과학자들이 발견한 코쿠미다. 코쿠미는 일종의 '깊은 맛'으로 맛보다는 느낌에 더 가깝다. 풍성하고, 둥글고, 복합적인 감각으로 나머지 오미를 강화하고 풍미의 여운을 연장한다. 코쿠미는 발효식품에서 자연 생성되는 글루타밀 펩티드에 의해 발동된다. 위대한 와인을 숙성시켰을 때 나타나는 효과와 비슷하다.

인간은 냄새를 감지하기 위해 후각 수용체를 사용한다. 비강에는 뇌에 신호를 보내는 후각세포가 500만 개가 있는데, 후각세포 안에 후각 수용체가 있다. 인간은 입으로 물질이 들어와도 냄새를 감지한다. 후각 수용체가 어떻게 냄새 신호를 해석해서 우리가 냄새를 맡게 되는지는 정확히 알려지지 않았다. 그러나 수많은 유전자가 일을 한다는 사실은 안다. 후각 유전자군에는 1,000개 이상의 유전자가 있는데, 이는 인체의 모든 유전자 중 3%를 차지한다.

앞서 언급했듯 후각 센터는 두 곳이다. 첫째는 당연히 코다. 코에서는 '전비강 후각 작용(orthonasal olfaction)'이 일어난다. 둘째는 입 안쪽으로 '후비강 후각 작용(retronasal olfaction)'이라 불린다. 와인이 타액과 섞여서 따뜻해지면 와인에서 휘발성 성분이 방출되어 후비강 경로를 통해 입 안쪽으로 흘러가고, 콧등 뒤쪽의 비강으로 올라간다. 실제로 와인이 입에 들어왔을 때 냄새를 더 잘 감지한다(적어도 풍미는 더

## 미뢰는 얼마나 빠른가?

인간의 미각은 시각, 촉각, 청각보다 빠르다. 캘리포니아대학 데이비스 캠퍼스의 힐드가드 헤이만 포도 재배 및 와인 양조학 교수에 따르면 미각의 감지가 빠른 이유는 입과 혀가 독의 체내 반입을 막는 1차 방어선이기 때문이다(코의 도움도 받는다). 인체의 네 가지 주요 감각이 최초의 자극을 받고 얼마나 빠르게 반응하는지 밀리초(천분의 1초)의 단위로 알아보자.

미각: 1.5~4.0밀리초

촉각: 2.4~8.9밀리초

청각: 13~22밀리초

시각: 13~45밀리초

'도취'하게 만드는 아로마는 와인의 원초적 매력이다.

### 여성은 정말 남성보다 와인 테이스팅 능력이 뛰어날까?

필자는 이 질문에 회의적이지만, 지난 십여 년간 상당수의 연구에서 이것은 사실로 드러났다. 여성, 특히 가임기 여성은 남성보다 후각이 훨씬 민감하기 때문에 와인 테이스팅에도 유리하다는 것이다.

연구 대부분은 펜실베이니아주 필라델피아의 모넬화학감각센터에서 진행됐다. 이에 따르면, 여성은 남성에 비해 후각신경구 세포가 40% 많으며, 연습을 통해 후각을 발달시키는 능력도 더 뛰어나다. 한 연구에서는 반복된 노출(동일한 와인을 반복적으로 시음)을 통해 가임기 여성의 후각을 1,000~10,000배 높일 수 있는 것으로 나타났다. 또한 여성은 남성보다 코를 자극하는 유해 물질에 더 민감하게 반응하며, 삼차신경(온도감각과 통각을 감지하는 큰 뇌신경)도 더 예민하다. 이밖에도 수많은 모넬센터 연구결과에 따르면, 여성은 일반적으로 미각, 후각, 청각, 색 분별력, 촉감이 남성보다 정확하다. 특히 가임기 여성은 어리거나 나이든 여성보다 풍미를 감지하는 능력이 더 높은 것으로 드러났다. 한편, 캘리포니아대학 데이비스 캠퍼스는 초기 연구에서 언어의 영향도 존재한다는 가설을 제시했다. 한 과학자의 표현을 빌리자면, 여성은 남성보다 정교한 언어능력을 이용해 뇌 속에 '거대한 아로마 도서관'을 구축한 덕분에 미각을 더 잘 묘사한다는 것이다. 남자들이여, 그렇다고 포기하지 말자. 훌륭한 와인 감별사들이 하나같이 말하길, 가장 흥미로운 와인 테이스팅은 감각적으로 뛰어난 사람(여자든 남자든)과 함께 시음하는 것이다.

잘 느껴진다).

마리안 W. 발디 박사는 〈아메리칸 와인 소사이어티 저널〉에 기고한 '코는 어떻게 아는가(How the nose knows)'에 다음과 같이 썼다. '후각은 몇몇 분자를 감지할 때 놀라운 예민함을 보인다. 우리는 농도 3ppm의 황화수소의 이취를 감지할 수 있다. 심지어 더 미세하게는 농도 1~5ppt의 피라진도 감지할 수 있다. 피라진은 소비뇽 블랑 등 일부 포도의 피망 아로마를 내는 성분이다. 이는 100억 달러가 예금된 계좌에서 1센트의 오차를 발견하는 것과 같다.

미각의 예민도는 어떤 물질의 냄새인가에 따라 극적으로 다르다. 게뷔르츠트라미너의 장미 아로마를 예로 들어 보자. 사람 8~10명의 그룹 중 예민도가 가장 낮은 사람과 가장 높은 사람의 차이가 1만 배가 넘는다. 즉, 예민도가 최저인 사람이 최고인 사람처럼 장미 아로마를 맡으려면, 와인의 장미 아로마 물질이 100배 이상 많아야 한다. 그런데 참으로 놀라운 사실이 있다. 게뷔르츠트라미너의 장미 아로마의 미세한 농도도 알아차리는 사람이 시라의 후추 아로마는 감지하지 못할 수도 있다. 같은 사람이라도 냄새를 맡는 한계점이 물질마다 다른 것이다. 즉, 모든 물질의 냄새를 탁월하게 잘 맡는 사람은 없다(그래서 와이너리 규모가 아무리 작아도 다양한 성분을 시음하고 와인을 블렌딩할 때 두 명 이상의 사람이 동원된다).

사실 단일적 방향 물질은 별로 많지 않다. 과학자들은 아로마를 '합성 아로마'라고도 부른다. 혼합된 물질이 하나의 냄새처럼 느껴지기 때문이다. 단적인 예로 화이트 트러플이 있다. 하나의 냄새처럼 보이지만 사실은 깊은 감각적 혼합물이다. 아로마의 측면에서 와인은 한 악기의 독주가 아니라 교향악단이 합주다. 아로마에 대한 지각은 온도에 따라 크게 달라진다. 예를 들어 차가운 마늘은 냄새가 중성적인 편이다. 그러나 프라이팬에 열을 가하면, 마늘 냄새가 강해진다. 와인도 너무 차게 마시면 아로마가 전혀 느껴지지 않는 때도 있다(큰 파티를 위한 팁을 주겠다. 그저 그런 싸구려 화이트 와인을 차갑게 준비하면, 차이를 알아채는 사람은 거의 없을 거다).

결론적으로 후각 작용은 (풍미와 마찬가지로) 지각, 기대, 경험의 다원성에 있다. 다시 레몬 이야기로 돌아가 보자. 레몬 향은 와인과 주방세제에서는 매력적인 신선함을 암시하지만, 향수에 있어서는 긍정적인 아로마가 아니다. 반면 분변과 성적인 향을 가진 향수도 있는데, 사람의 자연적인 체취와 섞이면 매력적인 흙냄새가 난다. A. S. 바위치는 『냄새: 코가 뇌에게 전하는 말』에 다음과 같이 썼다. 인간의 후각 작용은 냄새의 화학적 조합이 아니라 냄새를 맡는 당사자의 마음과 역사에서 비롯된다고.

# 사우어크라우트, 스컹크, 그리고 눅눅한 양말 냄새

그토록 고대하던 와인을 한 병 샀다. 드디어 개봉하는 순간이다. 코르크 마개를 힘차게 뽑았다. 아뿔싸, 그런데 이게 무슨 냄새인가? 땀에 찌든 양말 같은 냄새가 코를 찌른다. 도대체 뭐가 문제일까?

와인에서 이상한 맛과 냄새 또는 악취가 날 때가 있다. 와이너리의 열악한 위생환경, 산소의 과다노출 또는 부족, 청결하지 않은 배럴 등 원인은 무수히 많다. 다음은 와인에 생길 수 있는 흠과 결함이다(흠은 와인을 불쾌하게 만드는 부분이고, 결함은 와인을 마실 수 없게 만드는 요인이다). 단, 개인에 따라 지각하는 부분과 정도의 차이가 있다는 점을 기억하자. 아무도 이상하게 생각하지 않는데 한 사람한테만 흠이라고 느껴질 수 있다. 또한 고농도에서는 역겹게 느껴지는 흠도 저농도에서는 오히려 매력적이고 기분 좋게 느껴질 수 있다. 좋은 예로 브레타노미세스가 있다. 고농도일 때는 헛간이나 심하게는 분변 냄새를 풍기지만, 저농도일 때는 짙은 흙냄새(치즈와 비슷하다)가 와인의 복합미에 깊이를 더한다.

두 가지 사실만 기억하자. 첫째, 흠과 결함은 거북하지만 인체에 해롭진 않다. 만약 와인의 흠이나 결함 때문에 마실 수 없는 상태라면(단순 변심이 아니라면), 가게에 가서 환불해 달라고 요청하면 된다. 이때 문제의 와인을 같이 가져가서 판매자가 직접 '나쁜 냄새'를 맡게 하는 것이 현명하다.

### 헛간 | 말 안장 | 거름 냄새

이 세 아로마는 브레타노미세스의 징후다. 브렛(brett)이라고도 하는데, 와인이 과일 아로마와 풍미 대신 분변 비슷한 헛간 아로마를 풍기게 만드는 효모다. 와인 생산자와 애호가 중에 브레타노미세스를 혐오하는 사람도 있지만, 흙냄새와 비슷해서 매력적이라는 사람도 있다. 브레타노미세스는 반창고, 플라스틱, 쥐 같은 아로마를 방출하기도 한다. 브레타노미세스를 방지하려면, 와이너리와 양조과정의 세심한 위생처리가 필요하다.

와인이 산화, 불필요한 효모, 박테리아 때문에 변질되는 것을 방지하기 위해 황을 사용한다. 와인에 이산화황이 전혀 들어가지 않게 만들 수는 없다. 이산화황을 별도로 추가하지 않아도, 발효과정에서 자연적으로 생성되는 부산물이기 때문이다. 성냥 타는 냄새는 와인을 잔에 따른 후 몇 분 기다리면 이내 사라진다.

와인의 흠과 결함은 냄새를 맡아보면 알 수 있다.

### 성냥 타는 냄새

이산화황이 과도하다는 징후다. 황은 수 세기 전부터 항균제로 사용됐다. 포도원에서는 흰가루병과 곰팡이로부터 포도나무를 보호하기 위해, 와이너리에서는 포도 머스트와

### 통조림 아스파라거스 냄새

포도나무를 부주의하게 재배했거나 포도를 설익은 상태에서 수확하면, 통조림 아스파라거스 냄새가 난다.

## 더러운 양말 냄새

박테리아 오염부터 청결하지 않은 배럴까지, 더러운 양말 냄새의 원인은 무수히 많다.

## 가짜 버터 | 산패한 식물성 기름 냄새

디아세틸이 과도하면 이런 냄새가 난다. 디아세틸은 와인의 아삭한 말산(사과산)이 부드러운 젖산으로 변환되는 젖산발효 과정에서 생성되는 버터 맛 합성물이다. 디아세틸이 소량이면 매력적으로 느껴지지만, 다량이면 전자레인지에 돌린 버터 팝콘 냄새와 맛이 난다.

## 곰팡이 냄새

박테리아에 의한 변질, 포도에 핀 곰팡이, 청결하지 않은 배럴, 코르크 오염(자세한 설명이 곧 뒤따를 예정) 등이 모두 곰팡이 냄새의 원인이 될 수 있다.

## 견과류 냄새

어떤 경우에는 긍정적으로 여기지만, 견과류 냄새가 극심하면 와인(특히 테이블 와인)이 산화됐거나 아세트알데하이드 함량이 높다는 징후다(다만 셰리, 토니 포트, 마데이라 등 몇몇 와인은 고유한 특징을 살리기 위해 세심한 통제하에 의도적으로 산소에 노출해서 견과류 맛을 낸다). 와인이 너무 이른 시기에 갈색을 띠는 경우도 와인이 산화됐음을 알리는 징후다.

## 매니큐어 리무버 | 페인트 희석제 냄새

아세트산에틸이 있다는 징후다. 아세트산균(와인을 식초로 변질시키는 박테리아)이 에탄올(와인 내 가장 흔한 알코올 타입)과 만나면 생성되는 독한 냄새를 풍기는 화합물이다.

## 썩은 달걀 냄새

황화수소에서 나는 썩은 달걀 또는 더러운 수조 냄새다. 황화수소는 와인이 발효 중이거나 끝난 후에 생성되는 고약한 냄새를 풍기는 가스다. 흰가루병 또는 부패 방지를 위해 후반기에 포도나무에 황을 과도하게 뿌리면, 이런 냄새가 난다. 포도 머스트에 질소가 부족하면 황화수소 생성이 촉진된다. 보통 질소는 토양의 질소 화합물에서 나온 것으로 포도즙에 자연적으로 들어 있다.

## 썩은 양파와 마늘 냄새

썩거나 탄 양파와 마늘 냄새는 메르캅탄의 징후다. 메르캅탄은 끔찍한 냄새를 풍기는 화합물로, 발효 이후에 황화수소와 기타 황 화합물이 더 큰 휘발성 물질로 결합했을 때 생성된다. 한편 고약한 냄새가 희미한 경우, 와인이 일시적으로 '환원'돼서 산소가 필요하다는 신호일 수 있다. 이때 와인잔을 힘차게 스월링하면, 아로마가 사라진다.

## 소독용 알코올 냄새

콧속 깊숙이 찌르는 소독용 알코올 냄새는 와인의 알코올이 과일 향과 산도와 대비해 밸런스가 무너졌음을 의미한다. 알코올 함량이 너무 높은 와인을 마시면, 입안에서 무식성이 느껴진다. 이런 감각을 얼얼하다(hot)고 표현한다.

## 사우어크라우트 냄새

보통 사우어크라우트 냄새의 원인은 유산균이다. 유산균은 아삭한 말산을 부드러운 젖산으로 바꾸는 긍정적인 역할(젖산발효)을 한다. 그러나 젖산발효가 끝난 후에도 유산균이 와인에 남아서 다른 화합물과 대사 작용을 하면, 사우어크라우트 같은 냄새가 생성된다. 사우어크라우트 냄새도 썩은 양파 냄새처럼 휘발성 황 화합물의 산물이기도 하다.

## 식초 냄새

식초 또는 강한 발사믹식초 같은 냄새(휘발성산)는 산소 때문에 아세트산균이 만들어 낸 아세트산의 산물이다(배럴에 주기적으로 와인을 가득 채워 주는 이유도 산소와의 접촉을 막아서 아세트산의 생성을 방지하려는 것이다).

## 젖은 마분지 | 눅눅한 지하실 냄새

와인에서 눅눅한 지하실의 젖은 마분지에 앉은 축축한 양치기 개 같은 냄새가 난다면, 코르크가 TCA(2, 4, 6-trichloroanisole) 또는 관련 화합물 때문에 오염됐다는 뜻이다. 2013년 오사카대학 연구자료에 따르면, TCA 자체는 냄새가 나쁘지 않지만, 와인 애호가의 미각을 억누르고, 뇌를 자극해서 불쾌한 냄새를 잘 인지하지 못하게 만든다. TCA는 농도 5~10ppt처럼 양이 적어도 감지할 수 있다(올림픽 수영장에 물 한 방울을 떨어뜨린 것과 같다). 희미한 마분지 냄새(지하실이나 개 냄새는 제외)는 라이트스트라이크(lightstrike)의 징후이기도 하다. 라이트스트라이크는 와인이 자외선에 심하게 노출된 상태를 말한다. 특히 샴페인처럼 예민한 화이트 와인이 라이트스트라이크에 취약하다. 보통 와인병도 라이트스트라이크를 방지하기 위해 색유리로 돼 있다. 와인 저장실이 항상 어두운 이유도 이 때문이다.

이제 와인의 향을 제대로 맡는 올바른 방법을 알아보자. 보통 대충 냄새만 킁킁대는 경우가 많다. 이러면 뇌가 전달받는 정보가 거의 없어 와인의 '맛'을 제대로 파악하기 힘들다.

그럼 어떻게 와인의 향을 제대로 맡을 수 있을까? 먼저 와인잔을 스월링(swirling)한다. 가장 좋은 방법은 잔을 바닥에 내려놓은 상태에서 스템(stem) 부분을 잡는다. 그리고 잔의 베이스(base) 부분으로 작은 원을 그리듯 빠르게 움직인다(화이트, 레드, 로제 등 모든 와인이 빙빙 돌아간다). 스월링을 통해 와인과 공기가 섞이면 아로마가 발산돼서 냄새를 맡기 쉬워진다.

그냥 냄새를 오래 들이마시면 안 될까? 방 한쪽 끝에 그릴에 구운 스테이크를 놓고, 다른 쪽 끝에 개를 묶어 뒀다고 가정하자. 이런 경우 개는 숨을 깊게 들이마시지 않는다. 대신 코를 빠르게 벌름거리며 아로마의 정체를 파악한다. 와인을 스월링한 후 향을 들이마시면, 콧속에 아로마 입자를 실은 미세한 공기의 흐름이 형성된다. 아로마 입자가 공기를 타고 신경 수용체를 거쳐 최종적으로 뇌에 도착하면, 해석 처리된다.

단, '메이시스 효과(Macy's effect)'에 주의해야 한다. 백화점 화장품 코너에 가면, 처음에는 강렬한 향수 냄새에 압도되다가 이내 아무 냄새도 안 나게 된다. 코의 적응력이 놀랍도록 뛰어나기 때문이다. 이 이야기에 와인 감정사를 위한 교훈이 있다. 와인잔에 코를 너무 오래 갖다 대서 후각을 지치게 만들지 마라. 향에 집중할 준비가 된 순간에만 코를 잔에 갖다 대고, 어떤 아로마인지 알아내라.

사실 이는 생각보다 어려운 과정이다. 코는 수천 가지의 냄새를 '알고' 구별할 수 있다. 그러나 대부분 사람은 많은 아로마를 동시에 접한 경우, 겨우 몇 가지만 포착한다. 과학자들은 냄새를 포착하기 힘든 이유가 후각이 가장 원시적인 감각이기 때문이라고 추측한다. 후각은 수백 년 전에 식사와 짝짓기를 유도하고 독을 피하는 생존 메커니즘으로 진화했다. 따라서 인류 진화에서 가장 늦게 발달한 뇌의 언어영역은 쉽게 통제하지 못한다. 즉, 인간은 냄새를 지각할 순 있으나 표현하도록 설계되진 않은 것이다.

그런데 아로마를 선다형 문제로 주면, 정답률이 대폭 올라간다. 여기에도 와인에 관한 교훈이 있다. 와인의 향을 맡고 무슨 냄새인지 맞히려고 애쓰는 대신, 마음속으로 잠재적 아로마 리스트를 훑어보자(앞서 맛보기에서 설명한 방식대로 말이다). 또 레몬인가? 애플파이? 카

우보이 부츠? 자기 암시하듯 속으로 여러 아이디어를 제시하다 보면, 당신이 찾는 아로마를 보다 쉽게 떠올릴 수 있을 것이다.

오늘날 와인의 냄새는 아로마, 부케 또는 노즈(nose)라 불린다. 사실상 아로마와 부케는 다른 개념이다. 아로마는 어린 와인의 향에 관한 표현이다. 예를 들어 어린 메를로는 체리 아로마를 갖는다. 반면 부케는 나이 든 와인의 향에 관한 표현이다. 오랜 기간 숙성된 와인은 초기의 향들이 진화해서 서로 합쳐진다. 부케는 아로마와 달리 표현이 거의 불가능하다. 나이 든 와인의 시음 평에 구체적인 표현이나 비유 없이 '경이로운 부케'라는 문구가 자주 등장하는 까닭도 이 때문이다.

## 무게감 재보기

보디(body)라는 용어는 입안에서 느껴지는 와인의 무게감을 가리킨다. 와인의 보디감은 라이트, 미디엄, 풀 또는 각 사이의 중간으로 구별된다. 어떻게 구분하는가? 탈지유, 전유, 하프 앤 하프(우유 반 크림 반)의 상대적 무게감을 생각하면 된다. 라이트 보디 와인은 탈지유처럼 입안에 가볍게 내려앉는다. 미디엄 보디 와인은 전유처럼 보다 무겁게 느껴진다. 풀보디 와인은 하프 앤 하프처럼 훨씬 더 묵직하게 느껴진다.

보통 보디를 잘못 이해하거나 오해하는 경우가 잦다. 예를 들어 보디는 와인의 품질, 풍미의 강도, 피니시의 길이와는 아무런 상관이 없다. 훌륭한 소르베를 생각해 보라. 보디감은 매우 가볍지만 품질, 풍미, 여운은 상당히 매혹적이다.

그럼 보디감은 어디서 비롯되며, 왜 중요할까?

보디감은 일차적으로 알코올에서 비롯된다. 저알코올 와인은 라이트 보디고, 고알코올 와인은 풀보디다. 알코올은 당에서 비롯되고, 당은 태양에서 비롯된다(7페이지의 알코올 편 참고).

따라서 와인의 보디감은 포도가 어디서 자랐는지에 대한 힌트를 제공한다. 이런 식으로 진행되는 것이다. 와인을 마시고 풀보디라고 느꼈다(무게감이 하프 앤 하프처럼 느껴졌다). 그러면 이런 생각이 든다. '아하! 이 와인은 알코올 함량이 매우 높구나. 그렇다면 와인이 발효 탱크에 있을 때 효모가 먹을 당이 많았겠구나(효모가 당을 먹고 알코올로 변환시킨다). 당이 많다면, 포도가 꽤 익은 상태였구나. 포도가 많이 익었다면, 아주 온화한 지역에서 자랐구나. 결론적으로 이 풀보디 와인은 호주나 캘리포니아처럼 비교적 따뜻하고 온화한 지역

## 광물성의 미스터리

광물성이란 단어는 상세르부터 산토리니까지 온갖 종류의 와인을 설명할 때 쓰인다. 그러나 전 세계 와인 생산자나 과학자 사이에서 광물성이 무엇인지, 어떻게 감지하는지, 어디서 비롯되는지, 실제 존재하는지에 대해 합의된 내용은 없다.

와인의 광물성은 비유적으로 파쇄된 광물, 젖은 돌, 젖은 암석, 해수 등의 향과 맛이 난다고 표현된다. 와인에서 결정 같은 촉감이 느껴질 때도 광물성이란 용어가 사용된다. 광물질 느낌과 산도를 연관 짓는 감식가도 있다. 그러나 일반적 합의에 의하면, 광물질 와인과 바삭하고 상큼한 와인은 서로 다르다(다만, 부르고뉴 화이트 와인은 두 특성을 모두 갖고 있다).

와인의 광물성을 흔히 토양, 지질학과 관련짓기도 한다. 포도나무 뿌리가 토양과 암석으로부터 흡수한 광물질이 와인의 아로마, 풍미, 질감으로 표출된다는 주장이다. 꽤 깔끔하고 논리적인 주장이지만, 지질학자들은 완전히 틀렸다고 반박한다. 문제는 토양과 암석의 광물질은 용해되지 않는 복잡하고 복합적인 무기물이라서 쉽게 분해되지 않는다. 만에 하나 광물질이 분해돼서 구성 입자가 풀려나와도, 포도나무에 흡수되리란 보장이 없다. 설상가상 무기물 대부분은 너무 미세해서 분석으론 검출되지 않으며, 따라서 이론상 맛이 느껴질 리 없다.

이 모든 반박에도 와인 감식가들은 흔들리지 않고 광물성을 와인의 잠재적 특성으로 간주한다. 아무리 설명하기 힘들어도 말이다.

나도 마찬가지다. 포도나무가 광물질 자체를 흡수하지 못한다는 사실은 인정하지만, 이 책에 수많은 와인이 광물성 맛과 느낌이 난다고 서술했다. 결국 우리에겐 하나의 논리만 남는다. 과학자가 원리를 밝혀내지 못했다고, 우리가 감지한 것이 무효가 되진 않는다.

에서 생산됐겠다. 오스트리아, 부르고뉴, 독일처럼 비교적 서늘한 지역 출신은 아닐 거야.'

## 질감 느끼기

질감은 보디감과 밀접한 연관이 있는 개념으로 '마우스필(mouthfeel)'이라고도 불린다. 와인의 질감은 입안에서 느껴지는 촉감이다. 이는 삼차신경을 자극한 결과다. 삼차신경은 가장 큰 뇌신경으로 얼굴과 입의 감각을 책임진다.

질감 또는 마우스필은 보통 직물에 비유한다. 예를 들어 플란넬처럼 부드럽다(호주산 시라즈), 천의무봉의 비단처럼 매끄럽다(피노 누아), 모직처럼 까끌까끌하다(프

와인의 보디감은 포도 재배지에 대한 힌트를 제공한다.

## 피니시에 집중하라

피니시는 와인을 삼킨 직후 입 안에 남은 아로마와 풍미다. 진정으로 위대한 와인은 모두 피니시가 길다. 반면 저그 와인(값싼 와인)은 삼키자마자 풍미가 사라진다(차라리 그게 낫다).

피니시의 길이를 제대로 느끼려면, 후비강 호흡을 사용하면 좋다. 방법은 다음과 같다. 와인을 한 모금 마신 뒤, 입에 머금고 빙빙 돌린다. 그런 다음 와인을 삼키고, 입을 계속 다문다. 입을 다문 채로 숨을 코로 강하게 내뿜는다(숨

을 내쉬기 전에 반드시 와인을 삼켜야 한다. 아니면 드라이클리닝 비용이 들 것이다). 이제 감각에 집중한다. 와인의 피니시가 길면, 와인을 삼킨 후에도 향과 맛이 느껴진다. 피니시가 짧으면, 풍미와 아로마가 남아 있더라도 거의 느끼지 못한다.

그렇다면 피니시가 얼마나 길어야 길다고 표현할까? 스톱워치로 피니시를 재는 건 다소 괴짜스럽지만, 보통 1분 이상 지속되면 피니시가 길다고 판단한다.

랑스 남부의 레드 와인) 등의 표현이 있다. 또는 시럽 같다, 모래처럼 깔깔하다, 바삭하다 등 수십 가지의 질감 표현이 있다. 그러나 풍미의 지각이 매우 중요한데도 불구하고 질감은 여전히 수수께끼로 남아 있다. 크랜베리 젤리 소스의 젤리 같은 질감은 좋게 느껴지는데 왜 와인의 젤리 같은 질감은 부정적일까?

와인에 관한 이야기에서 질감에 대한 비중이 가장 낮을 것이다. 그러나 음식과 마찬가지로 질감은 선호도를 결정하는 데 아주 중요한 특성 중 하나다. 예를 들어 스테이크의 질감이 중요하지 않다고 생각하는 사람이 있을까? 스테이크의 풍미만 따져도 충분한가? 같은 맥락에서 상세르의 가벼운 허브, 광물질 풍미만 좋아하는 사람은 거의 없다. 용수철 같은 바삭한 상쾌함도 같이 좋아하는 것이다.

풍미와 마찬가지로 질감도 제대로 느끼려면 와인을 바로 삼키지 말고 입안에서 몇 초간 머금고 있어야 한다.

## 색깔 확인하기

와인 책 대부분은 색을 먼저 다룬다. 왜냐하면 와인의 색은 아로마와 풍미를 예상할 수 있는 기초 정보를 제공하는 '세팅' 역할을 하기 때문이다. 그러나 색은 아로마, 풍미와 관련이 없다. 반직관적이지만, 짙은 색 레드 와인(카베르네 소비뇽 등)이 옅은 색 레드 와인(피노 누아 등)보다 반드시 풍미가 강한 건 아니다. 마찬가지로 짙은 색 로제 와인이 옅은 색 로제 와인보다 과일 향이 강하고 더 풍성한 건 아니다. 대부분 그렇게 오해하지만 말이다. 개인적으로 난 와인의 색이 아무리 아름다워도 와인을 평가할 때 가장 마지막에 고

려한다. 이번 챕터에서 색을 마지막에 다루는 이유도 이 때문이다.

와인의 색은 안토시아닌이라 불리는 포도 껍질의 색소 군에서 비롯된다. 색을 확인하는 올바른 방법은 와인잔을 높이 들고 올려다보는 게 아니라, 잔을 45도로 기울여서 내려다보는 것이다.

포도 품종에 따라 와인의 색도 다르다. 피노 누아로 만든 와인은 옅은 벽돌색이다. 가메는 빨간 립스틱 색이다. 진판델은 일렉트릭 퍼플색이다. 네비올로는 옅은 검붉은 색이다. 숙련된 감식가에게 정체불명의 와인을 주면, 색은 와인의 정체성을 밝히는 화룡점정과 같다. 색을 보면 성숙도에 대한 힌트를 얻을 수 있다. 화이트 와인과 레드 와인은 반대로 작용한다. 화이트 와인은 색이 짙을수록, 레드 와인은 색이 옅을수록 성숙도가 높다.

## 시음용 은잔(tastevin)

두께가 얇은 시음용 은잔은 장장 15세기에 어두운 저장고에서 와인을 시음하기 위해 만들어졌다. 은잔은 유리잔보다 단단하고 휴대가 쉬웠다. 무엇보다 은잔의 벽면에 원형 음각들이 새겨져 있어서, 와인 바닥에 촛불의 불빛을 반사해서 어두운 저장고에서도 배럴에서 갓 따른 와인의 투명도를 확인할 수 있었다.

"음식은 평범했지만, 식사는 훌륭했다."
-앤드루 제퍼드가 〈더 뉴 프랑스〉에 기고한 글 중에서

## MARRYING WELL: WINE AND FOOD 와인과 음식의 성공적 결혼

"식탁에서 뛰어난 와인의 영롱한
빛을 두고 대화하는 순간이 좋다."
-파블로 네루다,
칠레 출신 시인이자 노벨 문학상 수상자

와인에게는 8,000~9,000년의 역사를 함께한 신실한 동반자가 있다. 바로 음식이다. 이 둘은 오랜 시간 한 몸이나 다름없었다. 와인은 곧 음식이자 위로이고, 열량 공급원이다. 와인과 음식은 생명과 호흡처럼 긴밀한 관계다.

오늘날 와인과 음식의 페어링이 열띤 토론의 중심에서 인터넷을 뜨겁게 달구는 현실이 참으로 흥미롭다. 어떤 전문가는 페어링 따윈 깡그리 무시하고 그냥 좋아하는 음식을 먹고 좋아하는 와인을 마시면 된다고 주장한다. 어떤 전문가는 조언을 무시하면 최고의 미식을 경험할 기회를 놓친다고 반박한다. 이런 말을 들으면, 심호흡을 크게 하고 뛰어난 와인을 개봉한 후 요리를 하고 싶어진다.

이번 챕터를 본격적으로 시작하기 전에 고백하건대, 사실 와인과 음식을 항상 완벽하게 페어링할 필요는 없다고 생각한다. 난 먼저 와인 선반과 냉장고를 차례로 확인한 다음 주방을 종종거리는 편이다. 와인에 무언가를 매치해야 한다면, 분위기도 음식만큼 중요하다고 생각한다.

그런데 의문이 생기는 부분이 있다. 페어링을 신중하게 고민하고 계획해서 직접 요리한 결과, 환상적인 와인과 음식의 조합을 경험했다. 이 맛있는 결과가 그저 우연이었을까?

아니다. 직감이 작동한 것이다. 다년간의 시도와 실패를 바탕으로 직감이 발달한 것이다. 부르고뉴 와인을 카레 요리와 매치하면 맹물처럼 느껴진다는 사실을 안다. 가리비 볶음 요리에는 카베르네를 개봉하면 안 된다는 것도 안다. 감자칩에는 차가운 스파클링 와인이 최적이다. 그동안 먹고 마시면서 풍미의 만화경이 뒤섞일 때 무슨 일이 벌어지는지 관찰한 결과 이 모든 원칙이 내재화됐고, 이 원칙을 바탕으로 직감이 발휘된다. 와인과 음식의 매칭은 레시피 없이 요리하는 것과 같다. 따라야 하는 정확한 길이 없다. 그러나 좋은 직감이 결과에 큰 영향을 미친다.

이번 챕터에서는 내 직감을 기반으로 한 원칙을 공유하고자 한다. 여러분에게 좋은 가이드가 되리라 믿는다. 혹시 요리를 못하거나 본론으로 바로 넘어가고 싶다면, 77페이지의 '이런 와인 저런 음식'을 참고하라. 이 주제를 대폭 간략하게 해놓았다. 때론 단순한 게 가장 좋은 법이니까.

# 위대한 페어링의 10대 원칙

## 1 유유상종

위대한 와인은 위대한 음식과, 소박한 와인은 소박한 음식과 매칭한다. 가장 기초적인 개념처럼 보이지만, 내겐 매우 중요한 시작점이다. 스파게티와 미트볼을 먹을 때, 굳이 비싼 슈퍼 투스칸 와인은 필요 없다. 반면 값비싼 크라운 립 로스트(왕관 모양으로 꾸민 갈비구이-역자)를 먹는 순간은 그동안 아껴 뒀던 나파 밸리의 강렬하고 고급스러운 카베르네 소비뇽을 개봉하기 완벽한 순간이다.

와인도 비슷한 레벨의 음식에 곁들여야 더 좋게 느껴진다. 진짜 맛있는 햄버거에는 위대하진 않아도 진짜 맛있는 와인이면 충분하다.

## 2 강강약약

섬세한 와인은 섬세한 음식과, 강한 와인은 강한 음식과 매칭한다. 텍사스에서 격식 있는 행사에 참여했다가 깨달은 원칙이다. 당시 숨이 멎을 듯한 우아함, 정교함, 절묘함을 자랑하는 샤토 마르고 올드 빈티지가 제공됐다. 셰프가 준비한 음식은 말린 앤초 칠리 페퍼와 마늘을 문지른 두툼한 갈비와 치미추리 소스였다. 와인은 말 그대로 아무 맛도 나지 않았다. 난 진심으로 울고 싶었다.

## 3 거울효과

버터리(buttery)한 샤르도네와 버터에 담근 랍스터가 거울효과의 예다. 샤르도네와 랍스터 둘 다 버터리하고 풍성하며 입안이 가득 차는 질감이 있다. 오리 가슴살과 시라도 좋은 예다. 둘 다 밀도감, 육질, 가금류의 풍미가 느껴진다. 리슬링과 동남아시아 음식이 어울리는 이유도 와인과 음식 모두 아로마가 강한 덕분이다.

## 4 매칭에 대한 확고함

요리에는 보통 한 가지 재료의 풍미만 있지 않다. 더군다나 재료가 많을수록 변수도 많아진다. 예를 들어 그릴에 구운 닭가슴살과 매운 코코넛 소스에 어울릴 와인을 골라 보자. 와인을 정확히 어디에 매치시켜야 할까? 닭고기? 코코넛밀크? 소스에 들어간 향신료와 칠리? 만약 고수, 커민, 구운 아몬드로 양념한 필래프(볶음밥-역자)가 같이 나온다면? 이 시나리오대로라면, 닭고기는 와인을 고르는데 중요한 우선순위에서 가장 뒤로 밀린다. 이처럼 요리가 복잡하고 양념과 향신료가 지배적인 역

할을 하는 경우, 최고의 선택은 산도가 높은 와인이다. 이 시나리오에서는 산도가 낮은 샤르도네보다 소비뇽 블랑처럼 아삭하고 신선한 와인이 훨씬 낫다. 초밥 칼로 초밥을 자르듯, 와인의 산미가 복잡한 요리의 풍미를 관통한다.

## 5 살짝 단 음식에 본드라이 와인은 금물

구운 사과를 곁들인 돼지고기, 달콤한 바비큐 소스에 구운 닭고기, 파인애플과 함께 구운 햄 등 단맛이 가미된 요리는 본드라이 와인을 흔적도 없이 지워버린다. 아무리 환상적인 드라이 피노 그리조라도 이런 음식 앞에서는 풍미라곤 전혀 없는 차가운 액체로 전락한다(믿기 힘들다면, 굉장히 드라이한 소비뇽 블랑과 레몬 머랭 파이를 먹어 보라. 와인의 풍미가 감쪽같이 사라지는 현상이 실감 날 것이다).

## 6 짠 음식은 산도가 높은 와인과 매치

이 맛있는 조합은 쉽게 체험할 수 있다. 감자칩을 사고, 스파클링 와인을 개봉하라. 짠맛과 신맛은 서로를 끌어당기는 자석이다. 파르미자노 레자노처럼 짭짤한 치즈와 키안티 클라시코처럼 산미가 있는 와인의 궁합에도 이 원칙이 적용된다. 스페인의 하몽(짠맛)과 피노 셰리(신맛)도 훌륭한 예다. 아시아의 간장 볶음요리(짠맛)와 리슬링(신맛)도 기막히게 잘 어울린다. 이 밖에도 좋은 예시는 무궁무진하다.

## 7 짠 음식은 스위트 와인과 매치

유럽의 아주 오랜 관습인 스틸턴 치즈(짠맛)와 포트(단맛)의 매치도 이 원칙을 기반으로 한다. 사실 거의 모든 치즈가 디저트 와인과 잘 어울린다.

## 8 타닌감이 강한 와인은 고지방·고단백질 음식과 매치

한마디로 카베르네 소비뇽과 그릴에 구운 스테이크의 궁합이 좋다는 뜻이다. 카베르네의 엄청난 구조감이 고기의 막강함에 대등하게 맞선다. 동시에 고기의 풍성함과 지방이 입안에 방어막을 형성해서 와인의 타닌이 주는 메마름을 상쇄시킨다. 또한 단백질과 지방이 타액의 분비를 촉진해 타닌감을 진정시킨다. 보르도 레드 와인과 구운 양고기의 클래식한 페어링도 이 원칙을 따른다.

## 9 감칠맛을 활용한 페어링의 극대화

제5의 맛인 감칠맛은 음식의 맛있는 감각을 책임진다.

### 이런 와인 저런 음식

자, 와인은 이제 준비됐고 매치할 음식을 생각할 차례다. 여기에 몇몇 와인과 함께 페어링하기 좋은 음식을 간단히 정리해 놓았다.

**스파클링 와인과 샴페인** 모든 짠 음식(감자칩, 견과류), 크리미하거나 탄수화물이 함유된 모든 음식(크리미한 치즈, 리소토), 훈연한 음식(훈제연어), 튀긴 음식(프라이드치킨)

**샤르도네** 버터나 진한 소스를 곁들인 해산물(게, 랍스터, 가리비), 모든 호박류와 옥수수. 샤르도네는 베이컨이나 햄을 넣은 요리에 대체로 잘 어울린다.

**소비뇽 블랑** 신선한 염소 치즈, 샐러드, 모든 종류의 채소, 채소를 넣은 파스타. 식사의 중심이 고기가 아닌 경우 화이트 와인 중 최상의 선택이다.

**피노 그리 | 피노 그리조** 간단한 생선요리, 간단한 채소 요리, 고기가 없는 간단한 파스타 요리(어떤 스타일인지 감이 올 것이다).

**리슬링** 모든 돼지고기 요리(갈빗살, 구이 등), 고기를 곁들인 샐러드(치킨 샐러드), 동남아시아 요리

**로제 와인** 마늘 맛 요리의 풍미를 살려 주는 유일한 와인이다. 대표적인 예로 부야베스가 있다. 그릴에 구운 치즈 샌드위치 등 치즈 맛 요리와도 잘 어울린다.

**피노 누아** 흙 풍미가 있는 음식(볶은 버섯, 코코뱅처럼 오랜 시간 끓인 고기 요리). 산미 덕분에 연어처럼 기름진 생선과도 잘 맞는다.

**산지오베제** 키안티, 키안티 클라시코, 브루넬로 디 몬탈치노를 만드는 포도 품종으로 짠맛이 살짝 나고, 산도가 높다. 모든 파스타 요리와 잘 어울리며, 특히 토마토소스와 고기가 들어간 파스타와 궁합이 좋다.

**카베르네 소비뇽** 클래식한 페어링은 스테이크다. 그릴에 구운 스테이크의 바삭한 겉면과 웅골찬 속이 카베르네의 구조감과 농후함을 잘 받아준다. 보르도 와인과 구운 양고기 또한 이미 증명된 클래식한 조합이다.

**시라 | 시라즈** 야금류, 후추의 풍미가 관건이다. 양고기와 오리고기가 가장 먼저 떠오르지만, 후추가 들어간 수많은 요리(카초 에 페페 등의 파스타 요리)도 기막히게 잘 어울린다.

**말베크** 아르헨티나에서 힌트를 얻을 수 있다. 그릴에 구운 모든 고기와 잘 어울린다.

로제 와인과 그릴에 구운 치즈의 조합은 쉽고 맛도 훌륭하다

음식에 감칠맛이 많으면(즉, 글루타메이트 함량이 높으면), 풍미가 강해져서 페어링이 전반적으로 극대화된다. 감칠맛이 많은 음식으로는 파르미자노 레자노 치즈, 토마토소스, 버섯 등이 있다. 스테이크와 구운 야생 버섯을 곁들이고 카베르네 소비뇽을 함께 마시면, 페어링 효과가 한층 업그레이드된다.

### 10 디저트의 위험지대 파악

디저트의 경우, 당도를 주의 깊게 고려해야 한다. 매우 단 디저트는 와인의 풍미를 뭉텅이로 덜어 내서 둔탁하고 무미건조하게 만든다. 예를 들어 웨딩케이크는 모든 음료의 맛을 망쳐 버린다(다행히 누구도 신경 쓰지 않겠지만). 디저트와 디저트 와인의 이상적인 조합은 너무 달지 않은 디저트(과일 타르트 등)와 이보다 더 단 와인(소테른, 아이스와인)을 페어링하는 것이다.

이상 와인과 음식의 페어링 원칙을 가이드용으로 간략하게 정리해 봤다. 그러나 진정한 즐거움은 시도에 있으며, 오직 당신만이 할 수 있다.

## 화이트 와인과 생선요리의 규칙

'화이트 와인은 생선, 레드 와인은 고기'라는 케케묵은 공식은 보디감(입안에서 느껴지는 와인의 무게)과 색을 기반으로 한다. 이 공식이 처음 세워질 당시 화이트 와인은 대부분 라이트 보디이고 생선처럼 하얀색이었다. 레드 와인은 대부분 보디감이 묵직했고, 고기처럼 붉었다. 그러나 와인과 음식의 페어링에서 중요한 건 와인의 보디감과 성분이지, 색이 아니다. 레드 와인 중에는 화이트 와인보다 보디감이 훨씬 가벼운 와인도 있다(예를 들어 오리건주의 피노 누아와 소노마의 샤르도네를 비교해 보라). 오늘날 와인 애호가 중에 옛 공식을 버리고 레드 와인과 생선요리를 매치하는 사람도 많다. 그러니까 부르고뉴 레드 와인과 초밥의 조합은? 좋다!

피노 누아와 새우를 곁들인 파파르델레는 완벽한 페어링이다.

## 위험한 관계

와인에 있어서 아래의 7가지 음식은 칠죄종(7가지 죄악)과 같다. 그나마 아스파라거스처럼 구울 수 있는 재료면 그나마 (치명적인) 결과를 완화할 수 있다. 아니면 크림이나 베이컨을 조금 섞는 것도 방법이다(셰프의 비결이다).

### 아티초크

아티초크에 함유된 시나린이라는 아미노산이 와인에서 물리는 단맛과 불쾌한 금속 맛을 나게 만든다.

### 아스파라거스

아스파라거스에 소량 함유된 메르캅탄이 와인에서 스컹크 같은 냄새를 나게 만든다. 아스파라거스를 단독으로 먹으면 상관없지만, 와인과 함께 먹으면 와인 자체에서 스컹크 냄새가 나는 것처럼 느껴진다.

### 칠리

핫 칠리는 캡사이신이 들어 있어서 알코올 함량이 높은 와인에서 불쾌한 매운맛이 나게 만들고, 타닌의 수렴성을 극대화한다.

### 십자화과 채소

브로콜리, 콜리플라워, 케일, 양배추 등 십자화과 채소는 황을 함유하고 있다. 따라서 이들 채소를 가열하면 황 화합물이 배출되어 와인에서 이취가 나는 것처럼 느껴진다. 이런 녹색 채소는 카베르네 소비뇽처럼 녹색 채소 풍미가 기저에 깔린 와인에서 불쾌한 채소 맛이 나게 만든다.

### 달걀

달걀도 황을 함유하고 있다. 따라서 달걀을 가열하면 황 화합물이 배출되어 와인에서 이취가 나는 것처럼 느껴진다.

### 마늘과 생양파

이들 역시 황 화합물을 함유한 데다 풍미도 원체 강해서 대부분 와인이 묻혀 버린다(마늘에 함유된 황 화합물 종류만 33개에 달한다). 마늘과 양파는 삼킨 뒤에도 냄새가 입안에 오래 남는다. 점심에 생양파가 든 햄버거를 먹고 저녁에 고급 와인을 개봉하면, 와인의 풍미를 일부밖에 느끼지 못한다.

### 식초

식초나 식초에 절인 음식은 아세트산 함량이 높다. 아세트산은 와인의 과일 풍미를 없애고, 식초 또는 떫은맛이 느껴지게 만든다.

## 와인으로 요리하기

와인 산지에서는 요리에 와인을 자유롭게 활용한다. 와인은 여러모로 물보다 훨씬 깊은 풍미와 풍성함을 자아낸다.

걱정(이 단어가 적절한지 모르겠지만)이 하나 있다면, 바로 알코올의 행방이다. 통념에 따르면, 와인을 몇 분간 가열하면 알코올이 증발해서 없어진다고 한다. 엄밀히 말하자면 사실이 아니다. 미국 농업부가 실시한 연구에 따르면, 끓는 액체에 알코올을 첨가한 후 불을 끄면, 알코올의 85%가 그대로 남아 있다. 그러나 가열을 오래 할수록 남아 있는 알코올 양도 줄어든다. 예를 들어 소고기 스튜를 2시간 30분간 끓이면, 와인의 알코올은 약 5%만 남을 것이다(와인은 애초에 알코올 함량이 낮다는 사실을 기억하자). 요리에 와인을 사용할 경우, 주의할 몇 가지 가이드라인이 있다.

### 저품질 와인은 절대 사용하지 않는다.

마시지 않았다고 스튜에 부어 버리지 말자.

### '요리용 셰리'는 절대 사용하지 않는다.

저렴하고, 얄팍하고, 맛도 끔찍한 와인에 소금과 식용색소를 첨가한 형편없는 액체다.

### 화이트 와인이 들어가는 레시피

이런 경우 고품질의 소비뇽 블랑을 선택하는 것이 가장 쉽고 바람직하다. 요리에 상쾌하고 가벼운 허브 향을 더한다.

### 레드 와인이 들어가는 레시피

요리의 원기 왕성함을 기억하라. 장시간 끓인 소박한 냄비 요리나 스튜에는 진판델, 이탈리아 와인, 스페인 남부 와인처럼 왕성한 와인이 좋다.

### 주정강화 와인은 탁월한 선택이다.

포트, 마데이라, 견과류 풍미의 셰리(아몬티야도, 올로로소)를 놓치지 마라. 나는 항상 마시고 남은 와인을 남겨뒀다가 각종 요리에 활용한다(요리용으로 3개월간 보관할 수 있다). 사실 이 와인들이 없으면 요리를 못 한다. 이들은 모두 주정강화 와인이다. 그래서 알코올 도수가 살짝 높은 편이지만, 풍미 역시 강하다. 단, 제대로 된 주정강화 와인을 사용해야 한다. 예를 들어 포르투갈산 포트, 스페인산 셰리 등이다.

홀륭함은 단순함에서 시작된다. 레드 와인, 소고기, 양파, 허브 그리고 몇 시간이면 충분하다.

"위스키는 솔로지만, 와인에겐 음식이라는 애인이 있다."
-짐 해리슨, <커밋 린치 와인 머천트> 뉴스레터 2007년 12월호

모든 와인병은 즐거움을 품고 있다.

# THE TEN QUSTIONS ALL WINE DRINKERS ASK

와인 애호가가 자주 묻는 열 가지 질문

와인은 쾌락적 즐거움 외에도 루트 비어나 보드카가 제공할 수 없는 지적인 매력을 발산한다. 와인에 마음을 빼앗긴 애호가들은 여러 질문에 시달린다. 빈티지는 얼마나 중요한가? 와인을 얼마나 오래 숙성시켜야 하나? 아무리 간단한 문제라도 복잡하게 다가온다. 좋은 와인 잔의 구성요소는 무엇인가? 와인을 마시기 적합한 온도는 몇 도인가?

여기 열 가지 질문에 대한 답변을 성심껏 정리했다.

### 와인을 구매하는 좋은 전략은 무엇인가?

와인을 구매할 때 두 가지 방법이 있다. 첫째, 쉬우면서도 많은 걸 배울 방법이다. 둘째, 긴장되고 약간 겁도 나는 방법이다.

후자는 언급할 필요도 없다. 꼬부랑글씨 라벨과 비싼 가격표가 붙은 와인 수백 병이 진열된 벽을 마주 보고 안절부절못하는 기분이 얼마나 이상한지 다들 잘 알고 있을 것이다.

하지만 꼭 이럴 필요는 없다. 와인 구매가 편해지려면, 먼저 올바른 와인 가게를 선택해야 한다. 딱딱한 분위기의 가게는 잊어버리자. 인간미 없는 대형 할인점도 필요

없다. 이런 할인점 대부분은 와인에 문외한인 직원을 고용하니 말이다. 당신이 찾는 가게는 이런 곳이 아닐 것이다. 편하게 둘러보며 질문하고 답을 얻을 수 있는 가게가 필요하다. 시간이 흐르고 직원 한두 명과 신뢰가 쌓여서, 그들이 추천하는 새롭고 흥미로운 와인을 믿고 선택할 수 있는 그런 가게를 선택해야 한다.

이런 면에서 인터넷은 엄청난 도움을 제공한다. 집에서 편안하게 어떤 와인을 고를지 생각하고 관련 정보를 얻을 수 있으니, 얼마나 편리한지 모른다. 그런 인터넷에도 단점이 하나 있다. 인터넷은 당신이 새로운 와인을 시도하게끔 영감을 주지 않는다. 그러나 새로운 시도를 거쳐야만 영역이 확장되고 와인이 진정 편해진다. 절대 잊지 말자. 좋아하는 와인만 계속 마시면 아무것도 배우지 못한다!

나도 종종 온라인으로 와인을 구매하지만, 사실 오프라인 가게를 선호한다. 누군가에게 시도되길 고대하는 풍미 가득한 와인 선반을 마주하는 순간이 좋아서다. 그러나 당신이 어떤 경로를 선택하든 상관없이, 와인의 지식을 넓히는 데 도움 되는 방법을 추천하겠다. 한 국가를 선정해서 6개월간 그곳 와인만 마셔 보라. 어떤 나라

든 상관없다. 예를 들어 스페인을 골랐다고 치자. 몇 달 간 스페인 와인만 마시다 보면, 스페인 와인의 풍미와 질감에 대한 감이 생긴다. 1번 국가에 대해 충분히 좋은 감각이 확립됐다면, 다음 국가로 넘어간다. 이런 식으로 계속 이어 나간다. 이대로 와인 세계 일주에 몇 년만 투자해 보자. 특정 장소와 연결된 와인 경험을 체계적으로 쌓을 수 있다. 무엇보다 당신이 어떤 풍미를 사랑하고 좋아하며 남에게 양보할 만큼 그저 그렇게 생각하는지 알게 된다.

가격도 객관적으로 따져 봐야 한다. 와인 한 병에 다섯 잔이 나온다. 와인 가격이 35달러면(비싸게 보이지만), 한 잔에 7달러인 셈이다. 스타벅스에서는 주저 없이 이 돈을 주고 커피를 사 마시는 사람이 태반이다. 좋은 와인을 만드는 데 들이는 수고를 생각하면, 더 비싸지 않은 게 오히려 놀랍다.

이뿐만이 아니다. 좋은 와인 한 잔은 우리에게 추억을 선물한다. 시간이 흘러도 어디에서 누구와 마셨는지, 어떤 느낌이었는지, 무슨 생각을 했는지 기억하게 만드는 힘이 있다. 와인은 궁극의 프루스트의 마들렌이다. 당장은 7달러지만, 결코 잊지 못할 감각과 기억을 선물한다. 그 가치를 어떻게 매기겠는가?

## 빈티지는 얼마나 중요한가?

이런 시나리오를 상상해 보자. 레스토랑에서 웨이터가 단체 손님에게 2018년산 샤토 XYZ가 다 떨어지고 2019년산만 남았다고 양해를 구했다. 손님들은 어떤 반응일까? 일단 눈썹이 일그러진다. 휴대폰을 식탁 아래 두고 구글에 검색하는 일행도 있다. 도대체 빈티지가 뭐기에 이렇게 애먹을까?

먼저 와인에 빈티지를 표기하게 된 배경부터 알아보자. 본래 빈티지는 구매자가 생산 연도로부터 햇수를 셀 수 있게 하는 용도였다. 빈티지를 보면 와인의 나이를 알 수 있다. 오래된 와인은 변질될 위험이 있기에, 빈티지는 상당히 중요한 정보였다.

두 번째 배경은 날씨가 포도밭에 항상 우호적이지 않다는 점이다. 역사적으로 빈티지 표기는 소비자를 배려한 일종의 경고였다. 어떤 해는 악천후 때문에 와인이 실망스러울 정도로 얄팍하고, 어떤 해는 너무 과숙되고 육중해서 품질이 형편없다는 사실을 빈티지를 통해 경고하는 것이다. 물론 그 빈티지를 마시는 사람도 있겠지만, 여러 병을 쟁여서 저장고에 숙성시키는 사람은 없을 것이다.

옛날에는 포도밭에서 해마다 드라마가 펼쳐져도, 와인 생산자가 할 수 있는 일이 거의 없었다. 아무리 능력이 뛰어나도 자연을 상대로 이길 순 없었다. 와인 생산자와 와인 애호가로서는 두말없이 빈티지를 받아들여야 했다. 어떤 해는 열악하고, 어떤 해는 좋고, 나머지는 그저 그랬다.

현재도 상황은 그대로다. 물론 최근 수년간 포도 재배 기술이 발달해서 와인 생산자가 날씨의 영향을 어느 정도 통제할 수 있다. 그러나 날씨 자체가 예전보다 불규칙하고 극심해졌다(17페이지의 기후변화 참고). 우박이 포도밭을 초토화해도, 질식할 듯한 산불 연기가 포도밭을 덮쳐도, 할 수 있는 일이 거의 없다. 어떤 빈티지는 아예 생산되지 못한다. 자연이 그렇게 정했으므로.

하지만 내가 말하고자 하는 요점은 조금 다르다. 사람들은 빈티지를 좋다, 나쁘다는 흑백논리로 평가하는 경향이 있다. 신입 기자 시절, 캘리포니아 버클리에 있는 커밋 린치 와인 머천트 와인 가게를 방문했다. 한 손님이 와인 한 병을 들고 커밋에게 물었다. "이 와인은 좋은 빈티지인가요?" 그러자 커밋이 쾌활하게 대답했다. "뭐에 좋은지 묻는 거죠? 섹스? 굴 요리? 아니면 야외 테라스에 앉아서 마시기 좋은 빈티지요?" 이게 바로 내가 말하고자 하는 요점이다.

나는 빈티지를 와인의 분위기라 생각한다. 어떤 사람이 마음에 들면, 그 사람이 어떤 기분이든 상관없이 좋다. 그 사람이 활기 넘칠 때도, 사색할 때도, 모두 마음에 든다. 이와 마찬가지로 어떤 와인이 마음에 들면, 그 와인의 다양한 모습을 좋아하게 된다. 비교적 추운 해에는 와인이 우아하고 은은해진다. 더운 해에는 외향적이고 표현력이 강해진다. 어떤 모습이라도 맛볼 가치가 있다.

마지막으로 이 점도 생각해 보라. 빈티지는 보통 와인 평론가가 분류한다. 그리고 평론가들은 수확 이후 봄에 새로운 와인을 맛본다. 그러나 와인은 시간과 함께 변한다. 처음에는 환상적인 빈티지라고 여겨졌으나, 나중에 그만큼 좋지 않다는 평가를 받기도 한다. 그 반대로 처음에는 평범하다는 평가를 받았는데 나중에 극찬받는 예도 있다.

결국 분별력을 갖는 유일한 방법은 열린 마음으로 다가가는 것이다. 좋아하는 와인이 있다면, 다양한 빈티지를 시도해야 한다. 한 해의 빈티지만 보고 단정 지으면, 와인이 숙성하고 진화하는 복잡한 과정을 제대로 설명하지 못한다.

## 와인은 어디에, 어떻게 보관하나?

고대 유럽인은 와인에 꿀(방부제 역할)을 섞고, 그 위에 올리브기름(공기를 차단하는 역할)을 부은 다음 큰 도자기인 암포라에 넣어서 서늘한 장소에 보관했다. 와인이 값비싼 식초로 변질되는 사태를 막고 와인을 있는 그대로 보존하기 위해 최대한 노력했다.

16세기, 유럽 역내 와인 수출입이 활발해지면, 와인의 변질을 막기 위해 고알코올 브랜디를 섞어 주정강화 와인을 만들었다. 베이스 와인은 스페인, 크레타 섬 등 따뜻한 지중해 지역에서 생산됐다(알코올 함량이 높으면 부패 방지에 유리하다). 그러나 와인의 원산지는 그리 중요하지 않았다. 와인이 음용 가능한 상태로 영국과 북유럽에 도착하는 것이 중요했다. 주정강화하지 않은 와인은 현지에서 바로 소비했다.

어리고 신선한 와인은 인기가 매우 높았다. 역사적으로 어린 와인은 오래된 와인보다 언제나 비싸게 팔렸다. 와인을 의도적으로 숙성시키는 관례는 18세기 이후 시작됐다. 이때부터 원통형 와인병을 눕혀서 보관하는 방식이 널리 퍼졌다. 와인을 병에 담아서 코르크 마개로 단단히 밀봉하면, 와인의 식초화 현상도 방지되고 풍미까지 개선됐다. 특히 레드 와인에서 그 효과가 두드러졌다. 이때 처음으로 몇몇 오래된 와인이 어린 와인보다 높은 가격에 판매됐다. 그리고 와인 숙성에 대한 긍정적인 인식이 형성되기 시작했다.

그 관례가 아직 남아 있다. 사실상 저렴한 현대 와인은 대부분 숙성용이 아니다. 그런데도 저렴한 와인까지 당연한 듯 숙성시키는 경우가 있다. 이럴 때는 프랑스식 구분법이 도움 된다. 프랑스는 당장 마실 용도의 와인과 숙성시켜야 하는 와인을 명확히 구분한다. 후자는 뱅 드 가르드(vin de garde)라 부른다.

그렇다면 와인은 어떻게 저장할까? 다음의 세 조건만 충족되면 주문 제작한 2만 달러짜리 지하 저장고든 신발장이든 어디에 보관해도 상관없다.

### 서늘하나 환경을 유지한다

### 와인병을 눕히거나 거꾸로 세워서 보관한다(똑바로 놓지 않는다)

### 직사광선을 피한다

와인은 서늘하고 어두운 환경을 좋아한다.

## 열두 제자, 열두 구짜리 달걀판 그리고 열두 칸짜리 와인 박스

와인 박스는 왜 열두 칸일까? 간단한 질문이지만 정답을 아는 사람은 거의 없다. 가장 유력한 설은 와인 열두 병이 13~15kg이라서 사람이 한 번에 들 수 있는 최대 무게라는 것이다. 또한 가로 넷, 세로 셋의 안정적인 사각형 구성이 창고나 가게에 차곡차곡 쌓아두기 좋다는 이유도 있다. 예를 들어 가로 여섯, 세로 둘의 박스 구성은 상대적으로 쌓기 어렵다(이런 박스도 있긴 있다).

언제부터 와인을 박스에 담아서 운반했을까? 확실치 않지만, 적어도 와인을 병입하기 시작한 이후 두 세기 반 동안 수많은 상품이 6의 배수인 박스 구성으로 포장됐다. 사실 12는 가장 원시적인 묶음 단위다. 달의 주기가 열두 번 반복되고, 일 년에 열두 달이 있기 때문일 것이다. 12는 나누기도 쉽다(1/2, 1/3, 1/4, 1/6, 1/12). 로마 시대에도 최초로 화폐단위에 12진법을 적용했다.

이처럼 다스(12개 묶음)는 서구 문화에 깊이 뿌리내려 있다. 그러나 몇몇 유럽 국가에서는 열두 칸인 와인 박스가 사람이 들기에 너무 무겁고 부상 당할 위험이 있다고 여긴다. 이런 이유로 프랑스와 독일은 현재 여섯 칸짜리 와인 박스를 사용한다.

와인을 보관할 때는 저장온도가 중요하다. 와인이 숙성되고 화학적 변화가 일어나는 속도에 지대한 영향을 미치기 때문이다. 와인이 너무 빠르게 숙성되면, 발달과정이 날카롭고 과장된 곡선을 그리며 이상하게 진행돼서 결국 품질이 크게 저하될 수 있다. 저장고 온도가 높으면, 고급 와인의 숙성을 지나치게 빠르게 촉진해 결국 와인이 상한다. 고급 와인은 장시간 천천히 숙성시켜야 제대로 진화한다. 과학자들에 따르면, 와인을 숙성시키는 최상의 온도 조건은 약 13℃를 유지하는 것이다. 일상적으로 마시는 저렴한 와인의 보관 온도는 21℃이며, 심각한 온도변화가 없다는 전제하에 이보다 조금 더 높아도 상관없다. 극심한 온도변화는 와인의 숙성을 방해할 뿐 아니라, 와인 내부 압력에도 영향을 미친다. 그 결과 코르크 마개가 움직여서 공기가 유입되면, 와인이 산화될 수 있다.

이쯤 되면 차 트렁크에 와인을 놓아도 괜찮은지 궁금한 사람이 많을 것이다. 와인은 극심한 온도 차이를 얼마나 오래 견딜 수 있을까? 이제 고인이 된 캘리포니아대학 데이비스 캠퍼스의 코르넬리우스 오우 포도 재배 및 와인 양조학 교수에 따르면, 보통 품질의 와인은 몇 시간 동안 49℃(여름철 트렁크 온도)에 노출돼도 멀쩡하다. 그러나 이 온도에 며칠간 놓아두면, 와인을 가열하거나

끓인 맛이 날 수 있다. 개인적으로 난 희귀하거나, 오래 숙성시켰거나, 위대한 와인을 결코 뜨거운 트렁크 속에 단 10분도 놔두지 않을 것이다.

와인을 보관할 때 병을 놓는 자세도 중요하다. 와인병을 똑바로 세워두면, 코르크가 말라서 쪼그라든다. 그러면 병 입구와 코르크 사이에 공기가 스며들 수 있다. 따라서 와인병은 눕히거나 거꾸로 세워두는 것이 바람직하다. 그러면 코르크가 와인에 젖어서 통통 불어 있는 상태로 병 입구를 꽉 막아준다.

햇빛은 라이트스트라이크(lightstrike)를 유발할 수 있어서 위험하다. 라이트스트라이크는 강한 자외선이 와인을 손상시켜 삶은 양상추나 하수구 냄새와 비슷한 풍미를 나게 만드는 현상이다. 로제 와인이나 스파클링 와인처럼 투명한 병에 담긴 와인은 라이트스트라이크에 특히 취약하다. 그래서 제대로 된 와인 가게에서는 와인을 진열창에 전시하지 않는다. 판매용이 아닌 모조품을 제외하고 말이다. 햇빛이 라이트스트라이크의 주범이긴 하나, 형광등 불빛에 장기간 노출돼도 같은 현상이 벌어질 수 있다.

마지막으로 진동도 와인을 손상시킬 수 있다. 프랑스 파리의 유명 와인 가게인 '레 카브 드 타이유방(Les Caves de Taillevent)'의 주인은 가게 용지를 선정하

기 위해 지하철이 다니지 않는 동네를 물색했다. 비용도 많이 들거니와 쉽지 않은 탐색이었다. 사실상 지하철 역세권이 아닌 이상, 지하철에 의한 떨림은 전혀 느껴지지 않는다. 그럼에도 불구하고 가게주인은 수백만 유로 상당의 재고를 두고 그 어떤 위험도 감수하지 않겠다는 결단을 내렸다.

## 와인의 숙성력은 어떻게 가능하나?

와인이 흘러가는 세월을 견디고 제대로 숙성되려면, 적정량의 당, 산도, 타닌이 필요하다. 이 셋은 와인의 천연 방부제다. 셋 중 어느 하나라도 부족하다면, 차라리 빨리 마셔 버리는 게 낫다.

당은 명실상부한 방부제다. 만약 꿀이 필요한 상황에서 주방 찬장 한구석에 10년 넘게 처박아둔 꿀을 발견한다면, 그대로 사용해도 무방하다(프랑스산 소테른도 마찬가지로 와인 저장고에 장기간 보관해도 된다).

마찬가지로 샐러드드레싱이 필요한 상황에서 오래된 식초가 눈에 띈다면, 그대로 사용해도 된다. 산이 방부제 역할을 하기 때문이다(예를 들어 독일산 리슬링처럼 산도가 높은 와인은 숙성력이 매우 뛰어나다).

타닌 역시 방부제 역할을 한다. 그러나 타닌은 포도껍질에서 나오기 때문에, 레드 와인에만 국한된다. 와인 수집가의 저장고도 주로 타닌 함량이 높은 보르도, 나파 밸리산 카베르네 소비뇽, 바롤로 등으로 채워져 있다.

## 와인은 언제 마시는 것이 가장 좋은가?

참으로 어려운 질문이다. 와인이 너무 어려서 딱히 이렇다 할 풍미가 없는 시기보다 가장 흥미로운 풍미가 온전히 발현되는 시기에 마시는 것이 당연히 바람직하다. 오랜 기다림 끝에 와인을 개봉했는데 시들고 메말라 있다면 얼마나 애석하겠는가!

샤토 무통 로칠드(Château Mouton Rothschild)를 생일선물로 받았다고 가정하자. 언제 개봉하는 게 가장 좋을까? 우선 와인을 마시는 일은 케이크를 굽는 것과 다르다는 사실을 인지해야 한다. 와인의 경우, 케이크처럼 완성이라는 마법 같은 단계가 존재하지 않는다. 상급이나 최상급 레드 와인은 단계적으로 진화하면서 부드러워진다. 초반에는 '빽빽(tight)'해서 여러 풍미를 분간하기 어렵다. 그러다가 서서히 유연함, 복합성, 표현성을 조금씩 드러내기 시작한다. 와인이 어느 스펙트럼에 위치하는지는 추측하는 수밖에 없다. 평론가가 '이 와인은 2028~2033년에 개봉하는 것이 좋다'는 식으로 쓴 글

을 봐도, 가감해서 읽어야 한다.

한편 와인은 중년기일 때 와인 생산자가 소위 '휴면기(dumb phase)'라 부르는 상태에 빠질 수 있다. 이는 와인에서 맛, 매력, 깊이가 전혀 느껴지지 않는 상태를 말한다. 보르도에서는 '사춘기(âge ingrat)'라 부른다. 이는 청소년이 겪는 사춘기처럼 일시적인 현상이다. 사춘기를 아예 겪지 않는 와인도 있다. 그러나 모든 와인은 특정 시기를 기점으로 성숙의 단계에 들어선다.

와인이 완전히 성숙했는지 예견하는 일은 절대 쉽지 않다. 와인은 제각각 나름의 속도에 맞춰 변화하는 생명체와 같기 때문이다. 그렇다고 낙담할 필요는 없다. 오히려 즐기길 바란다. 이런 예측 불가능성이 와인의 매력을 한층 높여 주기 때문이다. 가장 좋은 점은 음용 최적기를 정확히 알 수 없는 특성 때문에 고급 와인을 여러 병 구매할 구실이 생긴다는 것이다. 이는 시기별로 한 병씩 개봉해서 진화 과정을 관찰하려는 것이다. 사실상 와인을 박스째로 구매하는 것도 이런 이유에서다. 와인의 일생을 단계별로 확인할 수 있기 때문이다.

물론 나도 이해한다. 그래도 여전히 샤토 무통 로칠드를 언제 개봉할지 구체적으로 알고 싶을 것이다. 그렇지 않은가? 다음의 가이드는 대략적으로만 참고하길 바란다. 비교적 견고하고 구조감이 뚜렷한 와인(타닌과 산도가 강함)은 더 오래 숙성시키고, 저렴한 와인은 바로 소진한다. 고가의 고품질 카베르네 소비뇽, 보르도, 바롤로, 기타 구조감이 강한 와인은 통상적으로 최소 8년은 기다렸다 마시고, 10~12년간 숙성시키면 더욱 좋다. 만약 궁금증을 참지 못하고 5년 이내에 개봉해도 충분히 멋진 경험을 할 것이다(대신 더 오래 기다리면 발현될 절묘한 풍미는 포기해야 한다).

## 와인의 서빙 온도가 중요한가?

와인 수업 첫날, 난 라벨을 가린 화이트 와인 두 병을 준비했다. 그리고 학생들에게 좋아하는 와인을 하나 선택하고, 그 이유를 설명해 달라고 부탁했다. 표는 양쪽으로 갈렸고, 두 와인이 얼마나 다른지에 대한 활발한 토론이 벌어졌다. 그런데 사실 와인 A와 B는 같은 와인이었다. 다만, B의 온도가 A보다 2도가량 낮았다.

와인의 미묘한 온도 차이 때문에 알코올, 산도, 과일 향, 밸런스가 다르게 느껴진다. 심지어 온도에 따라 와인에 대한 열정과 무관심이 결정된다.

온도가 낮으면, 화이트 와인의 산미가 도드라지며 맛이 가볍고 신선해진다. 그러나 온도가 너무 낮으면 미뢰가

마비돼서 아무 맛도 느껴지지 않는다.

온도가 높으면, 결과는 달라진다. 화이트 와인의 온도가 높아지면, 알코올의 존재감이 극명해져서 와인의 맛이 거칠어진다. 샤르도네는 본래 알코올 도수가 높아서 온도가 너무 높아지면 신랄한 맛이 난다. 레드 와인은 더 까다롭다. 서빙 온도가 너무 높으면 알코올 맛이 강해지고 거칠어진다. 반면 온도가 너무 낮으면 맛이 얄팍해진다.

역사적으로 레드 와인에 대한 해결책은 간단했다. 서빙 온도를 상온에 맞추면 됐다. 유럽에서 중앙난방을 도입하기 이전의 상온으로, 15~18℃를 말한다. 그러나 현재의 상온은 이보다 훨씬 높으므로 레드 와인이 최상의 맛을 내기에 적합하지 않다.

당신도 쉽게 실험해 볼 수 있다. 먼저 따뜻한 장소에 보관했던 상급 레드 와인을 잔에 따른다. 그리고 와인병을 물이 담긴 얼음통에 넣고 5~10분간 식힌다. 레드 와인을 차갑게 만드는 게 목적이 아니고, 온도를 약 18℃까지 낮추려는 것이다. 이 온도에서 상급 레드 와인은 균형 있고, 풍미가 가득하고, 특징이 뚜렷해진다. 그러나 우리 대부분은 와인을 마실 때 온도계를 들고 다니지 않기 때문에 통상적으로 이런 식으로 가늠하면 된다. 여름철 영화관의 온도를 생각해 보라. 이것이 바로 레드 와인을 마시기 적합한 온도다.

**여름철 영화관 온도를 생각해보라.
이것이 바로 레드 와인을 마시기 적합한 온도다.**

## 코르크가 문제인가?

10년 전이라면 나도 '그렇다'고 대답했을 것이다. 그러나 지금은 '별로 그렇지 않다'고 말하고 싶다. 기술이 고도로 발달한 현대문명에서 나무껍질 덩어리로 와인을 밀봉하는 것이 턱없이 구식으로 여겨질지도 모르겠다. 그러나 코르크 마개를 뽑을 때 '펑!'하는 친숙한 소리는 지난 수 세기 동안 지속됐고 앞으로도 수십 년간 계속될 전망이다(적어도 고가의 와인에 한해서는 말이다). 사실 최상급 천연 코르크도 계속해서 발전을 거듭해 왔다.

코르크 마개는 코르크 오크나무(Quercus suber)의 껍질로 만든다. 코르크 오크나무는 포르투갈 남부, 스페인, 이탈리아 사르데, 알제리, 튀니지, 이탈리아, 모로코의 척박한 바위투성이 토양에 서식한다. 오늘날 포르투갈 나무로 만든 코르크를 최상급으로 쳐준다.

코르크의 구조는 매우 경이롭다. 코르크 1㎤에 14면체 세포가 대략 4,000만 개 줄지어 있다. 코르크의 비중은 0.25로, 물보다 네 배 가볍다. 동시에 탄성이 매우

전 세계 코르크의 연간 판매량은 190억 개에 달한다.

## 좋은 코르크 따개란?

송곳니를 제외하고 인간이 가진 최고의 도구는 코르크 따개가 아닐까? 종처럼 볼록 솟은 이두박근도 필요 없고, 코르크를 부러뜨릴 일도 없다. 와인 애호가라면 장비 두 개가 필요한데, 바로 듀란드와 코라뱅이다. 하나씩 차례로 살펴보자.

본래 병따개로 사용됐던 코르크 따개는 1630~1675년에 영국에서 발명됐다. 초창기에는 와인이 아니라 맥주와 사과주를 개봉하는 데 사용됐다. 맥주병과 사과주병에는 발효 가스가 새어 나가지 않게 병 입구를 단단히 막아 주는 코르크가 필요했다(만약 배럴통에 보관했다면 발효 가스가 진즉에 사라졌을 것이다). 코르크를 병목 깊숙이 밀어 넣었기 때문에 특별한 도구의 도움 없이는 빼내기 힘들었다.

최초의 도구는 총에서 영감을 얻었다. 1630년대 제작 기록을 보면, 머스킷 총과 권총에서 총알을 빼낼 때 사용했던 스크루형 도구에 대한 설명이 있다. 1800년대 총알을 총부리에 장전하는 화기를 제작하는 영국 회사들이 코르크 따개도 만들기 시작했다. 와인이 배럴통만큼 병에서도 잘 숙성된다는 사실이 밝혀짐에 따라 코르크 따개는 보조도구에서 필수도구로 격상됐다. 와이너리와 와인 상인들은 와인을 옆으로 눕혀서 장기간 쌓아둘 목적으로 원통형 숙성용 병을 설계했다. 와인이 새지 않게 코르크를 병 입구 안쪽으로 끝까지 밀어 넣었다. 이에 따라 코르크 따개는 필수품이 됐다.

손잡이에 스크루가 달린 T자형 코르크 따개는 수천 개 디자인이 난무했다. 손잡이 디자인이 그야말로 무궁무진했는데, 그중 성차별적이고 천박한 디자인(예를 들어 여자 다리 모양)도 있었다.

일명 '웨이터의 코르크스크루'라 불리는 레버형 코르크 따개는 토목기술자인 칼 윙케가 1883년 독일에서 발명했다. 나이프가 내장되고 편리한 접이식 디자인 덕분에 전 세계 거의 모든 레스토랑에서 사용됐다.

좋은 코르크 따개는 스크루가 나선형이며, 끝이 바늘처럼 얇고 날카롭다. 스크루는 가상의 원통을 둥글게 휘감은 선처럼 생겼다. 그래서 코르크 따개의 중심선에는 스크루가 없고, 대신 스크루가 휘감아 내려가면서 생긴 공간이 있다. 그 공간으로 이쑤시개를 떨어뜨려 통과시킬 수 있다. 이런 디자인 덕분에 스크루의 뾰족한 끝이 코르크를 나선형으로 뚫고 내려가면, 스크루는 그 길을 고대로 따라가기 때문에 코르크 세포의 손상을 최소화할 수 있다. 기본적으로 코르크가 손상되지 않기 때문에, 코르크 따개를 그대로 잡아당겨도 코르크가 쪼개지지 않는다. 반면 코르크 따개의 중심선에 스크루가 있는 경우(대부분의 '토끼 귀' 코르크 마개가 그렇다) 구멍이 코르크 중심을 관통하기 때문에 코르크 세포가 찢어져서 결국 산산조각이 나 버린다.

인기가 조금 덜한 '아소(Ah-So)'라 불리는 코르크 따개도 있다. 1879년에 발명됐으며, 사용자들이 작동방식을 깨닫고 놀라는 모습을 보고 지어진 이름이다. 아소는 스크루가 없는 대신 금속 날 두 개가 달려 있다. 살짝 휘어진 금속 날이 코르크 양쪽 틈을 비집고 들어간다.

웨이터의 코르크스크루와 아소보다 뛰어난 제품으로 듀란드(Durand)가 있다. 간단하면서도 이 둘을 기발하게 혼합한 제품이다. 2007년에 발명됐으며, 나선형 스크루와 금속 날이 모두 달려 있다. 모든 와인병에 사용할 수 있으며 코르크를 절대 바스러뜨리지 않는다. 특히 오래된 와인의 부서지기 쉬운 코르크를 빼내는 데 필수 불가결한 제품이다.

마지막으로 코라뱅(Coravin)이 있다. 진짜 좋은 와인을 두고두고 마시고 싶을 때 또는 남은 와인이 상하지 않길 바랄 때 해답이 되어 줄 제품이다. 2011년에 코라뱅이 출시되기 이전에도 온갖 도구가 등장했었다. 와인 개봉 후에도 공기를 완벽히 차단해서 문제를 해결해 준다고 호언장담했지만, 실제 효과 있는 제품은 본 적이 없다.

가장 명쾌한 해답은 애초에 코르크를 제거하지 않는 것이다. 코라뱅은 코르크에 삽입한 얇은 바늘을 통해 와인을 추출한다. 빈 병 속에는 아르곤가스를 채워 넣어 남은 와인을 보존한다.

난 2013년에 처음으로 와인을 '코라뱅'했다(이제 동사처럼 쓰인다). 이후로도 여러 번 코라뱅했는데, 결과는 모두 훌륭했다.

## 코르크나무가 코르크 마개가 되기까지

코르크나무는 15~22살이 됐을 때 처음으로 껍질을 벗긴다. 이후로는 8~10년 주기로 껍질을 벗겨 낸다. 이 과정은 양털 깎기와 비슷하다. 나무를 자르는 것도 아니고 껍질을 벗긴다고 영구적인 손상이 남지도 않지만, 나무가 수세를 완전히 회복하려면 2년가량 시간이 필요하다. 코르크나무는 150~200년의 생애 동안 평균 12~13번 껍질을 벗긴다.

껍질을 벗기는 일은 고된 작업이다. 인부들은 특수한 쐐기형 도끼를 이용해서 1.2m의 나무껍질을 벗겨 낸다. 극심한 더위 속에서 작업이 이뤄지는데, 이 시기에 나무 수액이 순환해서 껍질이 잘 벗겨진다. 이 작업은 고난도의 기술이 필요해서 코르크 수확 인부는 유럽 농부 중 인건비가 가장 높다.

나무에서 벗겨 낸 코르크 껍질은 야외 콘크리트판 위에 놓아두고 수개월간 염장하고 건조한다(토양 미생물에 오염될 위험이 있어 땅에 놓지 않는다). 그런 다음 코르크 껍질을 끓이거나 증기로 쪄서 탄력성을 키우고 부피를 넓힌 다음, 납작하게 만든다. 그리고 어두운 지하실에서 몇 주간 건조한다. 마지막으로 코르크 껍질을 사각 판자 모양으로 다듬은 다음 품질과 두께에 따라 분류한다. 코르크 판자를 특수한 나이프로 천공해서 코르크 마개를 만든다. 코르크 마개에 등급을 매긴 후, 세척하고 살균한다. 세척 및 살균 방법은 다양하지만, 가장 흔하게는 과산화수소 용액으로 먼지를 제거하고 살균한 후 밝게 착색시키는 방식을 사용한다.

강해서 1㎠당 388kg(1큐빅인치 당 14,000파운드)의 압력을 견딘 후에도 원래 형태로 빠르게 복원된다. 코르크는 공기가 통하지 않는 불투과성이며, 물도 거의 투과하지 못한다. 불에 쉽게 타지 않고 온도변화와 진동에 강하며, 부패하지 않는다. 또한 어떤 용기에 사용해도 해당 용기의 윤곽에 맞춰 모양이 변형된다(따라서 와인병 입구에도 딱 맞는다).

1990년대 중반 이전, 천연 코르크 마개는 대부분 염소 용액으로 세척했다. 그런데 와인에 실질적인 문제를 유발했다. 염소가 코르크 안쪽의 습기와 곰팡이에 반응해서 TCA와 관련 화합물을 생성시킨 결과, 와인에서 코르크 냄새(눅눅한 지하실의 젖은 마분지에 앉은 축축한 개 냄새)가 발생한 것이다(70페이지의 '사우어크라우트, 스컹크 그리고 눅눅한 양말 냄새' 참고). 이제는 코르크 세척에 염소를 사용하지 않지만, 와이너리는 코르크를 다룰 때 극도로 신중해야 한다. 와이너리 장비를 세척하는 데 사용하는 도시 용수에 염소 소독제가 소량 들어 있기 때문이다(TCA가 와이너리 장비에서 코르크와 와인으로 옮겨 갈 위험이 있다).

코르크 회사들은 나무껍질을 수확하고 코르크를 핸들링하는 과정을 크게 개선했다. 그 결과 와인이 코르크에 오염되는 평균 비율이 1%로 낮아졌다. 2021년 세계 최대 규모의 포르투갈 코르크 회사인 아모림은 TCA를 완전히 제거할 신기술을 개발했다고 발표했다. 코르크에 열기를 가해서 TCA 분자를 수증기로 바꿔서 결국 증발하게 만드는 기술이다.

마지막으로 천연 코르크 마개의 대체재가 있다. 친환경 플라스틱 스토퍼와 유리 '코르크'다. 그러나 아로마가 사라진다거나 코르크를 병에서 빼내기 힘들다는 문제점이 있다.

천연 코르크를 대체할 최선의 제품은 스크루캡(screwcap)이다. 호주와 뉴질랜드에서는 모든 가격대의 와인에 폭넓게 사용한다(605페이지의 스크루 마개 편 참고). 물론 코르크가 없으니까 와인이 코르크에 오염될 일도 없다.

"아프가니스탄을 여행하는 도중에 코르크
따개를 잃어버렸다. 우리는 울며 겨자 먹기로
물과 음식으로 며칠을 겨우 버텼다."
-W. C. 필즈

## 스위트 와인의 칠링과 디캔팅

전 세계 주요 스위트 와인과 어떻게 마시면 좋을지에 대한 팁을 다음과 같이 정리했다. 다만 마데이라와 셰리처럼 드라이한 스타일은 제외했다. 이런 와인은 주로 식전주로 마시거나 짭짤한 요리에 곁들인다. 스위트 와인은 디저트에 곁들여도 좋지만, 와인 자체를 디저트로 마시는 게 가장 좋다. 스위트 와인을 서빙할 때는 보통 기본 와인잔에 60~90ml만큼 따른다. 디저트 와인을 얼음처럼 차갑게 칠링해서 마시는 예는 없다. 서늘한 상온에 맞추거나 살짝 칠링한 상태로 마시는 게 가장 좋다.

| 와인 | 칠링 | 디캔팅 |
|---|---|---|
| 드미섹 샴페인 | O | X |
| 스위트한 뮈스카 베이스 와인 | O | X |
| 아이스 와인 | O | X |
| 늦게 수확하거나 귀부병에 걸린 포도로 만든 와인 (소테른, 독일 베렌아우스레제, 트로켄베렌아우스레제, 오스트리아 아우스브루흐, 스위트한 부브레, 카르 드 숌, 알자스 방당주 타르디브, 셀렉시옹 드 그랭 노블) | O | X |
| 토커이 어수(Tokaji aszú) | 살짝 | X |
| 파시토 와인(반 산토 등 말린 포도로 만든 와인) | X | X |
| 반율 | 살짝 | X |
| 셰리(올로로소, 페드로 히메네스) | X | X |
| 마데이라(부알, 맘지) | 살짝 | X |
| 호주 토니, 토펙 | X | X |
| 포트(토니) | 살짝, X | X |
| 포트(리저브, 레이트 보틀드 빈티지) | X | X |
| 포트(빈티지, 싱글 퀸타) | X | O |

## 와인을 꼭 브리딩해야 하나?

와인을 브리딩(breathing)하면, 즉 공기와 접촉하면 맛이 부드러워지고 풍미가 만개한다는 말은 사실이다. 와인을 효과적으로 브리딩하기 위해 카라프, 디캔터, 유리병 등의 용기에 붓는데, 와인이 병에서 용기로 흘러가는 과정에서 공기와 섞인다. 와인을 카라프에서 와인잔에 부을 때도 공기와 접촉하고, 유리잔을 스월링할 때도 공기와 접촉한다. 이런 식으로 브리딩을 하면, 와인(특히 카베르네 소비뇽, 베니올로처럼 어리고 타닌감이 강한 레드 와인)의 풍미가 만개한 것처럼 느껴진다.

화이트 와인도 공기와 접촉하면 풍미를 개방한다. 그런데 우리 대부분은 화이트 와인을 차갑게 유지하기 위해 카라프에 붓지 않고, 스월링만으로 풍미를 만개시킨다.

이처럼 어린 와인을 공기와 접촉하는 작업을 보통 디캔팅(decanting)이라 부르지만, 사실 진짜 디캔팅은 전혀 다르다(다음 질문 참고).

와인병에서 코르크 마개를 뽑은 다음 몇 분간 그대로 놓아둔다고 와인과 공기가 뒤섞이진 않는다. 좁은 병목 속의 공기의 양은 와인에 비해 상대적으로 너무 적다. 적어도 하루 정도는 그대로 놓아두면 모를까.

마지막으로 절대 브리딩하면 안 되는 와인도 있다는 사실을 염두에 두자. 이런 레드 와인은 공기에 매우 민감해서 카라프나 디캔터에 부으면 균형이 무너져서 생기를 잃고 탁해진다. 예를 들어 오래된 피노 누아와 부르고뉴 레드 와인, 오래된 그란 레세르바 리오하와 키안티 클라시코 등이 있다.

디캔팅은 오래된 와인에서 침전물을 분리해 내는 전통이다(보기보다 쉽다).

## 와인을 언제 디캔팅하나?

디캔팅은 브리딩보다 훨씬 복잡한 과정으로 와인병 바닥에 가라앉은 침전물을 와인으로부터 분리해내는 작업이다. 따라서 와인을 디캔팅하려면, 우선 침전물이 있어야 한다.

침전물(용액에 침전된 색소와 타닌 분자)은 애초에 색소와 타닌이 많고, 정제 및 여과처리를 하지 않은 오래된 레드 와인(10년 이상)에서 주로 발견된다. 예를 들어 오래된 카베르네 소비뇽, 보르도, 빈티지 포트 등이 있다. 오래 묵혀 둔 카베르네를 꺼내서 빛에 비춰 보면, 병 속에 딱딱한 입자들이 들러붙은 게 보인다. 그게 바로 침전물이다(포트와인 병은 전통적으로 어둡고 불투명한 유리로 만들기 때문에 오래된 빈티지 포트는 침전물을 확인하기 어렵다). 물론 오래된 와인에 침전물이 있어도 디캔팅 없이 마셔도 무방하다. 침전물은 이에 살짝 들러붙을 뿐, 인체에 전혀 해롭지 않다.

와인을 디캔팅하는 방법은 어렵지 않다. 우선 와인을 하루 이틀간 똑바로 세워 놓고, 침전물을 모두 바닥에 가라앉힌다. 그런 다음 코르크 마개를 천천히 뺀다. 이때 와인병을 들어 올리거나 돌리지 않는다. 이제 와인병을 들고 맑은 부분을 디캔터에 따라 낸다. 이때 병을 심하게 흔들거나 앞뒤로 기울이지 않게 주의한다. 와인이 5cm보다 적게 남았을 때쯤 병목에 침전물이 보이기 시작할 것이다. 또는 미세한 침전물 입자가 와인에 조금씩 딸려 나오기 시작한다. 이때 디캔팅을 멈추면 된다. 이제 맑은 와인은 모두 디캔터에 따라 냈고, 침전물은 와인병에 남았다.

그렇다면 정확히 언제 와인을 디캔팅하면 좋을까? 통상적으로 타닌감이 있는 오래된 와인은 마시기 한 시간 전에 디캔팅한다. 포트가 아닌 이상 이보다 더 일찍 디캔팅하면, 와인을 마실 때쯤 탁하고 축 처진 맛이 난다.

**그때까지 아무것도 마시지 않았다.**

현재의 와인잔은 과거에 비해 훨씬 커졌다. 영국의학저널(BMJ) 2017년도 발행본에 따르면, 현재 와인잔 크기는 1800년보다 일곱 배 커졌다. 와인 수입업자인 바르톨로뮤 브로드벤트의 이야기만 봐도 과거에 와인잔이 얼마나 작았는지 알 수 있다. 그는 자신의 어머니와 영국의 유명한 와인 경매인이었던 아버지 마이클 브로드벤트의 일상적인 음주 습관을 기록했다.

"부모님은 와인 업계에 종사했지만, 술을 많이 마시는 편은 아니었다. 아침에는 항상 샴페인을 마셨다. 샴페인이 없는 오렌지주스는 시시하다고 했다. 그리고 점심 전까지 아무것도 마시지 않았다. 다만 아버지가 크리스티스(경매회사)에 가는 날은 예외였다. 회사에 가면 마데이라를 줬다. 그곳 커피가 정말 형편없었기 때문이다. 그때를 제외하고 점심 전까지 아무것도 마시지 않았다. 그리고 점심 직전에 블러디 메리를 마셨다. 점심 식사 중에는 화이트 와인과 레드 와인을 마셨고, 이후 포트를 마셨다. 그러나 이건 음주가 아니라 식사의 일부였다. 그리고 저녁 전까지 아무것도 마시지 않았다. 다만 이때도 크리스티스에 가는 날은 예외였다. 애프터눈 티 역시 형편없었기에 오후에도 마데이라가 나왔다. 저녁 식사 전에는 진토닉이나 위스키를 한잔 마셨다. 물론 저녁 식사 중에는 화이트 와인과 레드 와인을 마셨고, 이후 포트를 마셨다. 그런데 아버지는 심장이 약했다. 그래서 주치의는 밤마다 자기 전에 뭐라도 마시라고 권했다. 그래서 아버지는 그랑 마르니에를 한 잔 마셨다."

마이클 브로드벤트는 2020년에 92세의 나이로 세상을 떠났다.

## 와인잔도 좋은 게 있고 나쁜 게 있나?

한마디로 그렇다. 물론 유리병이든 바카라 크리스털 잔이든 상관없이 와인을 즐길 수 있다. 그런데 와인 애호가 대부분은 좋은 와인잔이 와인 마시는 즐거움을 고조하고, 실제로 와인의 아로마와 풍미도 강화한다는 데 동의한다(여기서 공개하자면, 내가 론칭한 '플레이버 퍼스트 컬렉션'이라는 와인잔 세트 상품이 있다). 와인잔 브랜드만 수십 개에 달하고, 가격대도 잔 하나당 5달러에서 100달러로 광범위한데 어떻게 좋은 와인잔을 고를 수 있을까? 여기 몇 가지 가이드라인이 있다.

### 와인잔이 깨져도 감당할 수 있는 가격대를 고른다.

하나에 50달러짜리 와인잔을 산다면 분명 사용하지 않을 것이다. 이보다 저렴한 잔을 고르는 것이 바람직하다.

### 필요하다고 예상한 와인잔 개수보다 넉넉하게 구비한다.

와인잔은 깨진다. 게다가 두 종류의 와인을 나란히 놓고 비교하고 싶을 때가 있다.

### 작은 잔은 절대 사지 않는다.

작은 잔에 와인을 마시면, 너무 작은 의자에 앉거나 메인요리를 빵 접시에 놓고 먹는 기분이 든다. 와인잔은 사이즈가 넉넉해야 한다. 화이트 와인잔은 잊어라. 애초에 발명조차 하지 말았어야 한다.

### 완벽히 투명하고 매끄러운 와인잔을 구매하라.

와인 색의 깊이와 풍성함을 드러내기 위해 각진 타입은 피하는 게 좋다. 색유리나 각진 형태의 와인잔은 보기에 아름다울지라도 정작 와인이 보이지 않는다.

### 반드시 벽면이 얇은 와인잔을 고른다.

그래야 와인이 잔의 벽면을 타고 부드럽게 미끄러지며, 와인을 마실 때 잔을 씹는 듯한 기분이 들지 않는다.

### 스템(stem)이 있는 와인잔을 고른다.

그래야 와인잔을 들 때 볼(bowl)을 잡지 않아도 된다. 스템이 없다면 와인을 스월링해서 공기를 주입하는 일이 불가능해진다.

## 납 함유 크리스털은 안녕!

1674년, 영국 유리제작업자인 조지 레이븐스크로프트는 녹은 유리에 산화납을 넣으면 유리가 부드러워져서 작업하기 쉬워진다는 사실을 발견했다. 크리스털에 납을 넣으면 훨씬 더 정교한 디자인으로 깎아낼 수 있었다. 게다가 유리의 광택과 내구성도 개선됐다. 납 함유 크리스털은 최상급 유리 제품의 기준이 됐다. 그러나 1991년, 컬럼비아대학 연구진은 납 함유 크리스털 디캔터에 와인과 산성 음료를 수개월간 보관할 경우, 위험한 납 성분이 음료에 흡수될 수 있다는 사실을 밝혀냈다. 이에 따라 미국 식품의약청(FDA)은 납 유약 도자기와 납 함유 크리스털 디캔터에 산성 식음료를 장기간 보관하지 말라고 권고했다. 현재 와인잔 대부분은 납이 함유되지 않은 크리스털로 만든다. 비록 와인잔에 와인을 수개월간 따라놓았다가 마시는 사람은 없지만 말이다.

이탈리아 가정집과 고급 레스토랑에서는 와인잔이 깨끗하면 아직 준비가 안 됐다고 여긴다. 이탈리아인들은 항상 와인잔에 와인을 조금 붓고 스월링한 후 쏟아낸다. 이 작업을 '아비나레 이 비키에리(avvinare i bicchieri)'라 부른다. 와인을 담기 전에 와인잔을 준비시킨다는 뜻이다. 이탈리아식 사고방식으로 일종의 '와인잔의 세례식'인 셈이다.

## 끝은 진정한 시작

'와인 정복하기'편을 읽었다면, 『더 와인 바이블』의 가장 중요한 파트를 섭렵한 것이다. 전편을 정독하든, 필요한 챕터만 골라 읽든 상관없다. 와인에 의한 즐거움의 크기는 가장 기본적인 정보를 토대로 와인을 얼마나 이해하는 가에 달려있다. 이 둘은 수어지교와 같은 필연적 관계다. 누구나 좋은 와인을 마실 수 있고, 돈만 있다면 누구나 초고가 와인을 마실 수 있다. 그러나 와인에 대한 지식이 없다면, 영혼까지 만족스러운 경험을 놓치게 된다. '와인 정복하기'의 끝은 앞으로 경험할 수많은 미각적 즐거움의 시작이다.

이제 와인의 세계로 떠나보자.

고비를 넘기면 좋은 일이 기다리고 있다.

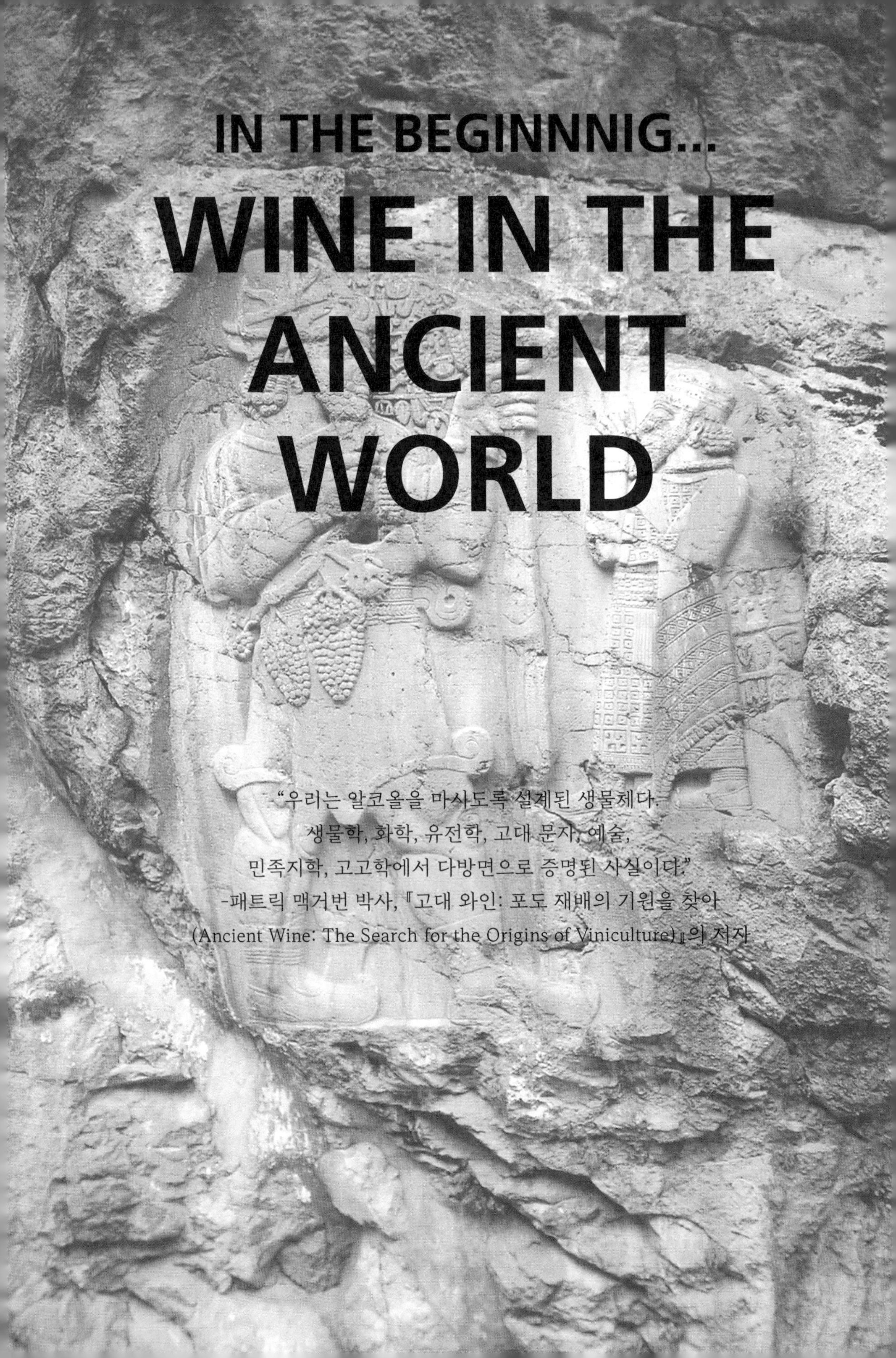

# IN THE BEGINNNIG...

# WINE IN THE ANCIENT WORLD

"우리는 알코올을 마시도록 설계된 생물체다.
생물학, 화학, 유전학, 고대 문자, 예술,
민족지학, 고고학에서 다방면으로 증명된 사실이다."
-패트릭 맥거번 박사, 『고대 와인: 포도 재배의 기원을 찾아
(Ancient Wine: The Search for the Origins of Viniculture)』의 저자

태고부터 지구상에는 아무도 모르는 순간에도 알코올이 생성되고 있었다. 알코올은 작은 효모가 과일과 곡식의 당을 먹어 치우는 자연현상이다. 알코올은 언제나 인류와 함께였다.

그렇다면 누가 알코올을 발견했을까? 발견자는 어디에 살았을까? 인류학적 증거에 따르면, 인류 역사상 알코올은 세계 각지에서 의도적으로 소비됐다.

물론 인류의 조상이 마시던 알코올 음료는 정확히 와인은 아니었다. 엄밀히 따지자면 '마셨다'는 표현도 정확하지 않다. 초기 인류가 발견하고 먹었던 알코올은 부글거리는 죽에 가까웠다. 이 '알코올 죽'을 먹으면 행복하고 기분이 좋아졌다. 그러나 1만 2,000~200만 년 전, 인류 대부분이 사냥과 채집으로 생존하던 시대에 알코올은 온종일 힘들게 먹이를 찾으러 다니다가 운이 좋으면 우연히 발견되는 존재였다. 예를 들어 과일이 땅에 떨어졌는데 부패하기 시작했거나, 과숙된 과일을 따서 집에 가져가는 중에 발효하기 시작한 경우다. 이처럼 알코올은 우연히 발견되는 선물이었지만, 예외도 있었다. 이스라엘 카르멜 산의 라케펫 동굴에는 바닥을 파서 만든 돌절구가 있다. 이는 1만 3,000년 전에도 의도적으로 밀과 보리를 발효시켜 알코올 죽을 만들었음을 짐작할 수 있다.

그러나 본격적으로 알코올을 만들기 시작한 시기는 마지막 빙하기 직후인 신석기 시대(6,000~1만 2,000년 전)다. 이는 인류 역사상 가장 획기적인 시기였다. 인류는 가축을 기르고 식물을 재배하는 법을 배움으로써 최초로 한곳에 정착해서 마을을 이루기 시작했다(이와 반대로 정착을 먼저 함으로써 가축 사육과 농경이 시작됐다고 주장하는 인류학자도 있다). 이후 토기의 발명으로 음식 저장이 가능해졌다. 이에 따라 포도를 용기에 저장하고 나중에 먹을 수 있게 됐다.

음식을 용기에 저장할 수 있게 되자, 발효도 가능해졌다. 신석기 시대 농부들은 음식을 발효시켜서 빨리 상하지 않게 방지했다. 알코올이 있으면 부패 미생물이 생존하지 못하기 때문이다. 농부들은 시간이 흐르고 경험이 쌓이자 음식에 거품이 일면, 먹기에 안전할 뿐만 아니라 장기간 보관해도 상하지 않는다는 사실을 깨달았다.

## 세계 최초의 테루아르

포도가 일부 들어간 최초라 알려진 알코올음료는 중국 황하 유역 하남서의 지아후(Jiahu) 신석기 마을에서 발견됐다. 현장에서 발견된 토기 병 속 잔여물을 화학 분석한 결과, 7,500~9,000년 전에 쌀, 꿀, 과일(포도 또는 산사나무 열매)로 만든 발효음료였다. 토기 병은 몸통이 둥글고 큼직하며, 병목은 짧고, 입구는 좁았다. 과학자들은 토기 병이 밀봉할 수 있게 설계된 것으로 내용물을 발효시켜서 와인과 비슷한 음료를 만든 것으로 추정했다.

지아후 마을 사람들이 포도만 단독으로 사용해서 '와인'을 만들었는지, 과일을 직접 재배했는지 야생에서 땄는지 알려진 바는 없지만, 선진사회였음은 분명하다. 발굴 현장에서는 가마, 터키석과 옥 조각품, 석기, 뼈로 만든 플루트(최초라고 알려진 악기) 등도 발견됐다.

다음으로 알려진 와인 이야기의 출처는 이란의 자그로스산맥이다. 하지 피루즈 페테 현장에서 발굴된 토기 병에서 주석산의 흔적이 발견됐다. 주석산은 포도의 생물학적 표지자이며, 병 속에 와인이 들어 있었다는 거의 확실한 증거이기도 하다. 토기 병은 7,000~7,400년 전에 만들어진 것으로 추정되며, 병 속에서 테레빈 나무 송진의 흔적도 발견됐다. 이는 그리스 와인인 레치나와 비슷한 음료가 담겨 있었음을 의미한다. 과거에는 와인을 오래 보존하고 와인이 상했을 때 풍미를 살리기 위해 송진을 넣었다. 하지 피루즈 페테의 토기 병을 만든 사람은 신석기 시대에 살았지만, 유목 생활을

고고학 유적지인 하지 피루즈 테페(이란)에서 발굴된 고대 신석기 토지로 기원전 6세기에 만들어졌다고 추정된다.

### 고대 이집트 와인(투탕카멘 왕의 무덤)

이집트 파라오의 무덤을 보면, 고대 이집트에서 와인을 얼마나 숭고하게 여겼는지 알 수 있다. 무덤에는 포도를 재배하고 와인을 양조하는 벽화가 새겨져 있고, 묘실에는 와인을 담은 암포라가 놓여 있었다. 묘실은 파라오나 왕비의 사후세계를 위해 준비한 호화스러운 '저장실'이다. 예를 들어 투탕카멘(기원전 1341~1323)의 무덤은 놀라울 정도로 잘 보존돼 있는데, 무덤에서 발견된 5,000여 가지의 물건 중 33개가 와인이 담긴 암포라였다. 암포라 손잡이에는 와인 종류, 생산 연도, 와인 양조자의 이름이 새겨져 있었으며, 심지어 '상급', '최상급'이라고 등급이 매겨져 있었다. 한 암포라에는 '9년, 서쪽 강의 아텐 양조장, 와인 양조자 카(Khaa)'라고 적혀 있다. 투탕카멘 미라 옆에 커다란 암포라 세 개가 놓여 있는데, 서쪽에 있는 암포라는 레드 와인, 동쪽에 놓인 암포라에는 화이트 와인, 남쪽에 놓인 암포라에는 셰데(shedeh)라는 주정강화 레드 와인이 들어 있었다. 인류학자들은 투탕카멘의 부활을 돕는 세 단계 의식의 일부로 와인이 쓰였다고 추정한다.

했는지 아니면 한곳에 정착해서 포도를 재배했는지는 알려지지 않았다.

실제 포도를 재배했다는 최초의 증거는 6,000~7,000년 전으로 거슬러 올라간다. 호세 부야모즈 유전학 박사는 이를 '비옥한 포도밭 삼각형'이라 불렀다. 토로스산맥(튀르키예 동부), 자그로스산맥 북부(이란 서부), 코카서스산맥(조지아, 아르메니아, 아제르바이잔)에 걸쳐 있는 지역이다. 부야모즈의 삼각형은 고고학자들이 '비옥한 초승달 지대'라 부르는 지역에 속해 있다. 비옥한 초승달 지대는 고대 농경문화의 발상지로 고대 곡물(아인콘 밀, 호밀), 채소(병아리콩, 렌틸콩)가 최초로 재배됐다. 비옥한 초승달 지대는 인도유럽어족의 발원지이기도 한데, 이를 토대로 곡물 및 포도 재배와 함께 언어도 전파됐다고 추측된다.

2000년대 중반, 부야모즈 박사는 와인의 기원에서 선구자 격인 패트릭 맥거번 생체분자 고고학 박사와 정확한 포도 재배 발원지를 찾으려고 시도했다. 야생 포도와 재배종 간의 유전자와 유전 관계를 비교 분석한 결과, 티그리스강과 유프라테스강의 근원지에 있는 아나톨리아 북부(현재의 튀르키예 동부)에서 가장 근접한 증거를 찾았다.

아레니-1 동굴은 아르메니아 남부 아레니 마을의 아르파강을 따라 있다. 이곳은 세계 최초의 와이너리(기원전 6100년)라고 추정된다.

최초의 포도 재배에 대한 유력한 증거가 튀르키예 동부를 가리키고 있지만, 고대 트랜스코카서스(현재의 조지아, 아르메니아, 아제르바이잔)도 후보지로 남아 있다. 아르메니아의 아레니-1 동굴(기원전 6100년경)은 세계 최초의 와이너리라고 추정된다. 동굴에서는 과일 밟기용 대야와 흘러내리는 과즙을 받아 내는 그릇이 바닥에 파여 있다. 대야 안에는 피티스 비니페라 품종의 포도씨가 흩어져 있는 것이 발견됐다.

그러나 아레니-1 동굴에서 포도로 와인을 만들었다는 결정적인 증거는 이것이 아니다. 동굴에 있던 토기 병의 잔여물에서 말비딘(포도 껍질의 적색 색소)이 발견되긴 했으나, 말비딘은 석류 등 다른 과일에도 들어 있다. 패트릭 맥거번을 비롯해 아레니-1 발굴 프로젝트에 참여한 과학자들은 주석산의 흔적이 발견돼야 토기 병 속의 음료가 포도로 만들어졌다는 가설을 확실하게 뒷받침할 수 있다고 판단했다.

한편 코카서스가 포도를 곡물처럼 정기적으로 재배한 최초의 지역이라는 가설을 뒷받침하는 요소들이 있다. 특히 문화인류학자들은 조지아 문화에 와인이 강렬하고 뿌리 깊게 자리 잡고 있음을 강조한다. 실제로 언어학자들과 조지아 학자들은 와인이라는 단어 자체가 조지아 언어의 뿌리인 카르트벨리어족에서 유래했다고 주장한다.

2017년, 패트릭 맥거번, 고고학자, 과학자로 구성된 연구팀은 와인의 기원을 찾는 과정에서 역사상 가장 중대한 발견을 한다. 조지아 수도인 트빌리시 남부에 있는 두 곳의 고대 발굴지(가다크릴리 고라, 슐라 베리스 고라)에서 발견한 거대한 항아리에 스며든 유기화합물을 분석한 것이다. 그 결과 항아리가 와인 발효, 숙성, 보관에 사용됐다는 추측이 제기됐다. 항아리는 7,800~8,000년 전에 제작된 것으로, 하지 피루즈 테페보다 600~1,000년 앞선다. 이는 오늘날 조지아의 크베브리(qvevri) 와인 양조법이 실로 매우 오래된 전통 방식이라는 사실을 의미한다. 조지아에서는 크베브리라는 땅속에 묻힌 점토 용기를 이용해서 와인을 양조한다.

와인은 트랜스코카서스와 아나톨리아에서 비옥한 초승달 지대를 거쳐 오늘날의 이스라엘, 레바논, 시리아, 이라크, 요르단으로 확산했다. 와인은 고대 근동 국가에서 가장 귀하고 값비싼 품목(약, 최면제, 사회적 윤활유, 부와 지위의 지표, 신에게 바치는 예물, 장례 공물, 종교와 의식의 구심점 등)으로 여겨졌다.

와인은 비옥한 초승달 지대로부터 이집트와 그리스 남부로 전파되면서 중대한 경제적 의미를 갖고, 사회적 유대와 협력 관계를 맺어 주는 중대한 매개체가 됐다. 와인은 고대 그리스에서 지중해를 거쳐 전 세계로 퍼져 나갔다.

**아레니-1 동굴은 종교학자에게 중대한 의미를 지닌다. 성서에 따르면, 노아는 아레니-1 동굴 근처에 방주를 정박하고 세계 최초의 포도나무를 심었다.**

## 만취한 코끼리의 난동

인류는 왜 알코올을 마실까? 과학자들은 이 질문에 대한 실마리를 찾고자 다른 동물들을 관찰했다. 알고 보니 우리와 비슷한 부류가 많았다. 작은 하루살이부터 커다란 코끼리까지, 약간의 음주는 간헐적 또는 주기적인 삶의 일부다. 초파리에 관한 흥미로운 연구를 예로 들어 보자. 연구 결과에 따르면, 짝짓기에 실패한 수컷 초파리는 운 좋게 성공한 수컷보다 알코올을 더 많이 마셨다.

말레이시아 열대우림에 서식하는 나무두더지는 타고난 술꾼이다. 영장류의 친척 겸 인류의 먼 친척이기도 한데, 자기 몸무게의 수 배에 달하는 양의 발효된 바텀 야자수 추출물을 마신다. 만약 성인이 같은 비율의 알코올을 마신다면 의식을 잃을 것이다. 그러나 나무두더지는 취한 행동을 전혀 하지 않는다. 과학자들은 나무두더지를 연구한 결과, 나무두더지는 알코올에서 영양소와 칼로리를 섭취한다는 결론을 내렸다. 나무두더지는 대량의 알코올을 대사 작용할 수 있도록 진화돼서 건강을 해칠 일도, 나무에서 떨어질 일도 없다.

몇몇 영장류도 만만치 않은 술고래다. 이들은 과일을 먹는데, 과일은 자연적으로 발효되니 '술집'이 바로 옆에 있는 셈이다. 침팬지, 보노보, 고릴라(그리고 인간)는 모두 알코올에 내성이 강하다. 공유된 유전적 돌연변이 덕분에 알코올 대사 작용이 다른 영장류에 비해 40배 더 빠르다. 이러한 유전적 변이는 1000만 년 전에 발생한 것으로 추정된다.

이에 비해 다른 종의 알코올 대사 능력은 훨씬 떨어진다. 코끼리 등 몇몇 종은 시간이 흐르면서 알코올 대사 능력이 아예 없어졌다. 코끼리가 취해서 비틀거리면, 대참사가 벌어진다. 1974년, 코끼리 150마리가 인도 서벵골의 한 맥주 공장에 들이닥쳤다. 술에 취한 코끼리 떼가 미친 듯이 날뛰자, 건물이 무너지고 다섯 명이 사망했다. 최근 과학자들이 코끼리를 연구한 결과에 따르면, 코끼리는 알코올 대사 능력이 없음에도 불구하고 발효된 과일을 찾아 먹는다. 코끼리는 '능력은 사라져도 욕망은 남는다'는 진리의 산증인이다.

아라라트산은 눈으로 뒤덮인 두 봉우리가 봉긋 솟은 휴면기 화산으로 튀르키예 동부, 아르메니아, 이란, 아제르바이잔이 교차하는 지역에 있다. 화산을 둘러싼 지역은 세계에서 가장 오래된 포도밭으로 알려져 있다.

# FRANCE

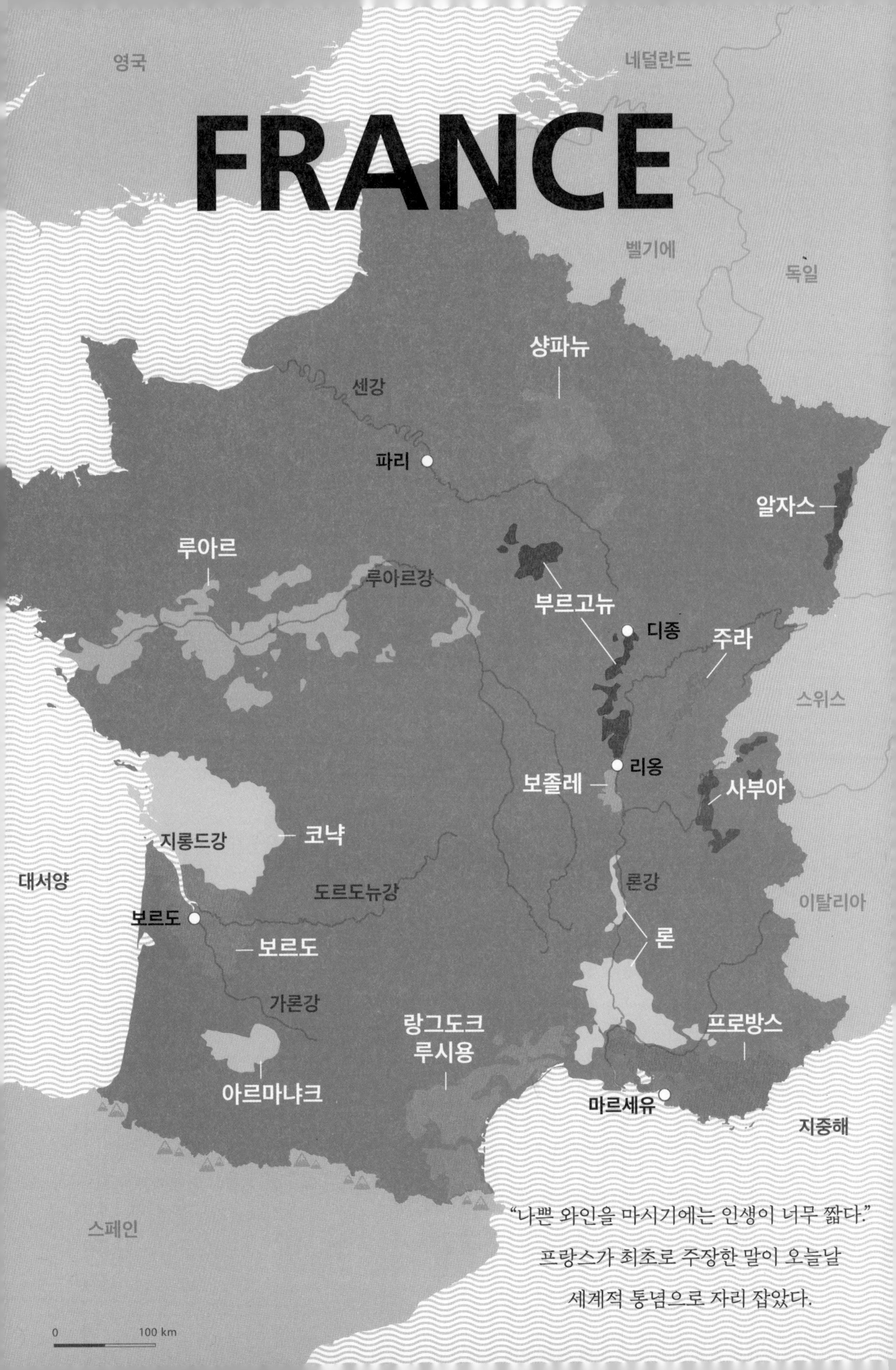

영국

네덜란드

벨기에

독일

샹파뉴

센강

파리

알자스

루아르

루아르강

부르고뉴

디종

주라

스위스

보졸레

리옹

사부아

지롱드강

코냑

도르도뉴강

보르도

론강

이탈리아

보르도

론

대서양

가론강

랑그도크
루시용

프로방스

아르마냐크

마르세유

지중해

스페인

"나쁜 와인을 마시기에는 인생이 너무 짧다."
프랑스가 최초로 주장한 말이 오늘날
세계적 통념으로 자리 잡았다.

0        100 km

프랑스 와인은 수 세기 동안 신화적 지위를 누려 왔다. 프랑스 와인 양조 기술과 포도 재배양식은 전 세계 와인 산지에 도입됐다. 전통적으로 프랑스 와인은 타 지역 와인의 품질을 평가하는 기준으로 자리 잡았다.

프랑스가 세계에 내어준 것은 와인뿐만이 아니었다. 17~21세기, 새로운 와인 산지가 속속 등장하면서 프랑스 포도나무 가지(유명 양조장과 샤토)가 남아프리카공화국, 아메리카대륙, 뉴질랜드, 호주, 중국 등지로 불법 선적되거나 밀수됐다. 여행 가방에 숨겨서 몰래 빼 가기도 했다. 이곳 와인 양조자들에게 프랑스 포도나무는 자신들도 언젠가 위대한 와인을 세상에 선보일 수 있다는 희망이었다.

위대한 와인. 이 구절 자체가 프랑스를 떠올리게 만든다. 우리가 생각하는 위대한 와인이란 개념 자체를 프랑스가 빚어냈기 때문이다. 테루아르라는 기본 개념을 정착시키고 번성시킨 나라도 프랑스다. 실제 프랑스는 역사적으로도 '자연이 와인을 만든다'고 굳게 믿고 있으며, 심지어 와인 생산자(winemaker)를 지칭하는 프랑스 단어가 없을 정도다. 대신 비뉴롱(vigneron)이라는 단어를 주로 사용한다. 포도 재배

## 코뮌

코뮌은 프랑스어로 마을을 가리킨다. 예를 들어 부르고뉴 지방의 샹볼 뮈지니 코뮌, 보르도의 마르고 코뮌 등이 있다. 코뮌은 프랑스의 최소 행정 구역으로, 혁명적인 탄생 배경을 갖고 있다. 바스티유 습격과 1789년 프랑스 혁명의 발발로 최초의 코뮌(파리)이 탄생했다. 취지는 짐스러운 전통과 신분제를 폐지하고, 완벽한 사회(모두가 평등하고, 전통이 아닌 이성이 통치하는 사회)를 창설하자는 것이다. 실제 코뮌이란 단어는 '공동의 삶을 공유하는 사람의 소규모 모임'이란 의미의 라틴어 'communia'에서 유래했다. 코뮌의 규모는 주민 십여 명에서 파리처럼 수백 명에 달한다. 프랑스에는 현재 코뮌이 3만 6,000개 정도 있으며, 대부분 두 세기 전의 형태를 그대로 유지하고 있다.

## 프랑스산이 아닌 한 가지

와인에 관한 모든 것은 프랑스가 시초라 생각되겠지만, 간과한 사실이 하나 있다. 바로 와인 서적이다. 이 분야만큼은 고대 그리스·로마와 영국 작가들에게 감사해야 한다. 특히 지난 수 세기 동안 와인 서적은 영국의 전문 분야였다.

최초의 영어 와인 책은 윌리엄 터너가 1568년에 쓴 『모든 와인의 본질과 특성에 관한 신규 서적(A New Boke of the Natures and Properties of All Wines)』이다. 윌리엄 셰익스피어도 이 책을 참고해서 와인에 관한 수많은 문구를 썼다고 한다. 이후 18세기에 수십 권의 와인 책이 출간됐다. 흥미로운 사실은 이 중 대다수가 영국 물리학자가 쓴 책이라는 것이다.

1775년, 에드워드 배리 경은 『고대 와인에 대한 역사적, 비판적, 의학적 관찰. 고대 와인과 현대 와인의 유사점(Observations Historical, Critical, and Medical, on the Wines of the Ancients. And the Analogy Between Them and Modern Wines)』이란 제목의 책을 출간했다. 책에는 인상적인 삽화가 새겨져 있으며, 아름다운 글은 목판 인쇄로 제작됐다. 1824년, 알렉산더 헨더슨은 『고대와 현대 와인의 역사(History of Ancient and Modern Wines)』를 출간했다. 프랑스와 독일 와인만을 전적으로 다룬 작품이다. 이후 한 세기 반 동안 영국 작가 대부분은 와인 책에 다른 나라는 포함할 필요 없다는 헨더슨의 관점에 동의했다. 당시 영국의 와인 애호가들은 다른 나라에서 고급 와인이 생산될 수 없는 실정을 알았기 때문이다.

자(grape grower)란 뜻으로 인간의 역할을 비교적 겸허하게 표현했다.

프랑스의 땅에 대한 집착은 1930년대에 원산지 통제 명칭(Appellation d'Origine Contrôlée, AOC)라는 정교한 시스템으로 구현됐다(그전에는 싸구려 와인이 값비싼 와인으로 둔갑하는 등 와인 사기가 난무했다). AOC 시스템은 오늘날 프랑스 최상급 와인 산지 대부분을 지정하고 있으며, 와인 양조방식도 규제한다. 원산지의 중요성을 강조하기 때문에 AOC 와인 대부분은 포도 품종이 아니라 지명(상세르, 코트 로티, 샹볼 뮈지니, 부브레 등)을 사용한다.

프랑스는 최상급 와인을 생산할 수 있는 토지를 대거 보유한 축복받은 나라다. 프랑스 최초의 와인 산지는 남부의 몽펠리에 부근이다. 프랑스 해안에 있는 라타타 유적지는 원래 이탈리아 중부 에트루리아에서 와인을 수입했다(맙소사! 그렇다, 프랑스는 이탈리아에서 와인을 수입했었다). 기원전 500년경, 진취적인 프랑스는 자체적인 소규모 포도원을 설립했다. 이후 로마의 도움으로 포도 재배가 프랑스 남부에 확산했다. 실제 프로방스라는 지명도 로마인들이 'nostra provincia(우리 지역)'라 부르던 명칭에서 비롯됐다.

## 소믈리에

프랑스 르네상스 시대에 소믈리에는 봉급을 받고 왕이나 귀족의 수행원으로 일했다. 소믈리에는 여행 중 음식과 와인이 상하지 않게 관리하고, '솜(somme)'이라 불리는 짐차의 식량을 비축하는 역할을 맡았다. 그리고 주인에게 음식과 와인을 내가기 전에 소믈리에가 먼저 맛을 봤다. 만약 음식이 상하거나 적이 독을 탔다면, 소믈리에가 가장 먼저 알아차렸다.

15세기, 로마제국의 몰락과 함께 프랑스 포도원들은 천주교의 통제 아래 놓인다. 베네딕토회 등 강력한 수도회들이 체계적으로 포도밭을 하나둘씩 확장한 결과, 포도밭은 파리를 넘어 북쪽까지 확산했다.

중세 시대부터 18세기까지 프랑스 포도원은 수도승 수십만 명의 관리하에 크게 번성했다. 그러나 1789~1799년에 발발한 프랑스 혁명으로 교회와 와인의 긴밀한 관계가 영구히 끊어졌다. 나폴레옹 1세는 교회로부터 포도원 소유권을 빼앗아서 소작농에

파리는 빛, 로맨스 그리고 와인의 도시다.

## AOC, PDO, AOP, PGI - 유럽 국가별 와인법 VS 유럽연합 와인법

전 세계 와인 생산국에는 각국 와인법이 존재하지만, 유럽에는 두 종류의 와인법이 존재한다(두통 유발에 주의하라). 국가 차원의 와인법과 유럽연합이 제정한 와인법이다. 후자는 유럽연합 27개국 모두에 해당된다.

두 법은 동시에 동등하게 적용된다. 예를 들어 프랑스 와인 산지는 AOC(Appellation d'Origine Contrôlée) 법을 따르고, 이탈리아는 DOC(Denominazione di Origine Controllata) 법을 따른다. 그런데 와이너리는 국가별 명칭이나 유럽연합 명칭 중 하나를 선택할 수 있다. 즉, 프랑스 보르도 AOC는 프랑스 전통 명칭인 AOC, 유럽연합 명칭인 PDO(Protected Designation of Origin), 유럽연합 명칭의 프랑스식 표기인 AOP(Appellation d'Origine Protegee) 중 하나를 선택할 수 있다. 같은 맥락에서 지역 등급 와인(vin de pays·뱅 드 페이)으로 지정된 프랑스 와이너리는 PGI(Protected Geographical Indication)라는 명칭을 대신 사용할 수 있다. 그런데 무엇 하나 간단한 게 없다. 와인 생산자 중에는 PGI를 프랑스식 약자인 IGP로 바꿔서 사용하는 예도 있다. 즉, 프랑스에서는 PGI가 IGP(Indication Géographique Protégée)라 표기되기도 한다. 그냥 법적 명칭은 모두 잊고 와인만 마시고 싶은 생각이 간절해지는 대목이다. 그렇지 않은가? 오늘날 랑그도크루시용을 제외하곤 그때만큼 규모가 큰 포도밭은 없다.

프랑스는 딱히 면적이 넓은 나라는 아니다(프랑스 전체 면적이 미국 텍사스주보다 작다). 2021년 기준으로 프랑스에서는 포도 품종 200종 이상이 면적 7,980㎢(79만 8,000헥타르)에서 재배되고 있다. 프랑스 포도밭은 기후별로 크게 세 지역으로 나뉜다. 샹파뉴, 부르고뉴 등 북부는 대륙성 기후로 겨울에는 혹독하며 가을에는 서늘하고 비가 자주 내린다. 반면 남부는 지중해성 기후로 와인이 다육하고 풍성하며, 화창한(sunny)한 느낌이 난다. 마지막으로 보르도, 루아르 서부 등 대서양을 접한 프랑스 서부는 해양성 기후다. 서부는 멕시코만류가 극심한 환경조건을 완화해 주지만, 비와 습기로 인한 문제는 여전히 남아 있다. 그래도 솟아날 구멍은 있다. 예를 들어 보르도의 후덥지근한 여름철 날씨 덕분에 소테른이라는 훌륭한 스위트 와인이 탄생했다.

마지막으로, 말할 필요도 없지만 프랑스는 음식과 와인에 상당히 진지하다(프랑스는 학교 급식마저 치즈가 대미를 장식하는 네 가지 코스 요리로 구성된다). 프랑스 문화부는 초등학생들이 3성급 레스토랑에서 푸아그라, 브레스 닭요리, 이지니 버터, 와인 등 프랑스 명물을 맛볼 기회도 제공한다.

게 나눠 주거나 팔아 버렸다. 교회의 권한이 유독 강했던 몇몇 지역에는 완전히 새로운 포도원 소유 및 상속 시스템이 적용됐다.

1850~1870년은 프랑스 와인 역사상 가장 극적인 시기였다. 이때를 기점으로 프랑스 전역의 포도밭 지형이 바뀌고 프랑스 와인산업이 영구히 변했다. 이 시기에 미국발 흰가루병, 노균병, 필록세라(29페이지의 '필록세라: 와인이 영영 사라질 뻔한 사건' 참고)가 프랑스에 상륙한 것이다. 당시 치료제가 존재하지 않던 미국발 전염병은 프랑스 포도밭 전역을 초토화했다. 전염병의 여파로 수많은 포도 품종이 폐기됐다. 프랑스 곳곳의 포도밭은 50% 이상 감소했고, 몇몇 와인 산지는 완전히 사라졌다.

"프랑스는 화이트 와인의 높은 명성에도 불구하고 레드 와인이나 칠링한 로제 와인을 선호한다. 오늘날 로제 와인은 프랑스 와인 소비량의 30%를 차지한다."

# BORDEAUX 보르도

보르도라는 단어 하나만으로 마음이 기대감에 부푼다. 세상천지에 보르도보다 강력하고, 상업적으로 성공하며, 뛰어난 숙성력과 깊은 복합미를 겸비한 와인을 생산하는 지역은 없다. 보르도는 프랑스 최대 규모 AOC로 독일 포도밭을 전부 합친 것보다 넓으며, 뉴질랜드 전체 포도밭보다 세 배 더 크다. 포도 재배자와 양조장은 약 5,660개에 달하며(최상급 양조장 수십 곳과 하위 등급 수천 곳 포함), 매년 5억 병 이상의 와인을 생산한다(다수의 세계 최고가 와인 포함).

보르도는 숙성력이 좋은 화이트 테이블 와인과 훌륭한 화이트 스위트 와인(소테른)도 생산하지만, 주 종목은 역시 레드 와인이다.

보르도 레드 와인의 범위는 놀라울 정도로 방대하다.

가장 기본적인 수준의 단조로운 와인은 대형 와인 가게에 산더미처럼 쌓여 있다. 라벨에는 보르도 또는 보르도 쉬페리외르라고 표기돼 있으며, 주로 할인가에 판매된다. 최상급 수준의 보르도 와인(1등급, 2등급, 포믈로, 생테밀리옹 등과 동급)은 이름만 들어도 알 정도로 명성이 자자하며, 고급의 극치를 보여 준다. 이런 와인은 방대한 보르도 와인의 빙산의 일각에 불과하지만, 복합성과 숙성력은 가히 전설적이다. 가격이 심지어 3,000달러 이상을 호가하는 와인도 있다. 이런 경우, 안타깝지만 인맥이 좋거나 부유한 와인 애호가가 아닌 이상 일반인은 경험하기 힘들다. 그래도 다행히 차선책이 있다(116페이지의 '현명한 세컨드 와인 구매' 참고).

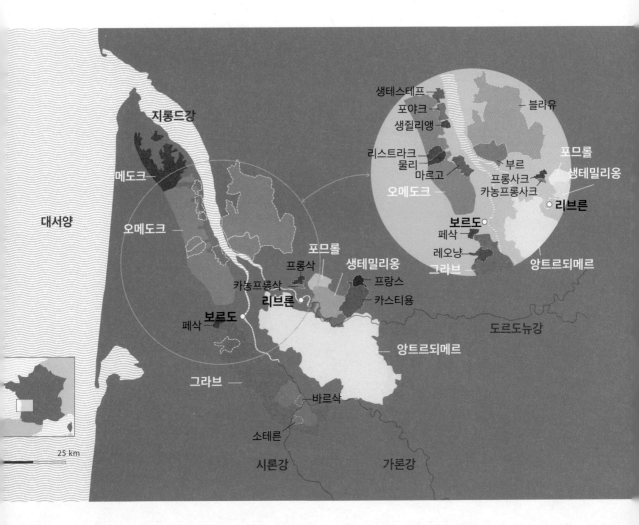

## 땅과 포도 그리고 포도원

북극과 적도의 중간 지점에 있는 보르도는 세계 최상급 와인 산지에 속한다. 약 1,130㎢(11만 3,000헥타르)의 면적에 AOC가 65곳 있다. 참고로 보르도는 나파 밸리보다 여섯 배, 부르고뉴보다 네 배가량 크다.

보르도에는 주요 강 세 개가 흐른다. 도르도뉴강, 가론강 그리고 이 두 강이 흘러드는 거대한 지롱드강이다. 서쪽에는 차로 한 시간 거리에 대서양이 있고, 보르도 전역에 작은 하천들이 교차하며 흐른다. 이처럼 보르도는 수로를 통해 영국과 네덜란드 상인과의 와인 거래가 활성화된 덕분에 일찍이 성공을 거뒀다. 13~14세기, 지롱드강 어귀 부두에 바지선이 드나들며 와인을 실어 날랐고, 궁극적으로 선박들은 유럽 전역으로 향했다. 당시 다른 프랑스 와인 산지는 타지에 잘 알려지지 않았다. 보르도는 하천과 강이 많고 바다와 접하고 있어(멕시코만류가 온난하게 만듦) 기후가 습하다. 그런데 이런 조건이 오히려 기후의 변동성을 완화해, 포도밭 환경이 비교적 안정적이다. 게다가 남서부는 랑드와 접하고 있다. 랑드에 있는 면적 8,900㎢(89만 헥타르)의 인공 소나무림은 보르도를 태풍, 일시적 한파, 치명적 서리로부터 막아 준다.

많은 보르도 포도원(특히 메도크, 마르고, 포야크, 생줄리앙, 생테스테프)이 평지처럼 보이지만 사실상 완만한 언덕이 지형과 태양이 내리쬐는 방향, 토양, 배수 패턴에 변화를 준다. 특히 포도는 과한 수분에 민감해 보르도처럼 도처에 물이 있는 지역은 배수가 관건이다. 그래서 최상급 포도원들은 완만한 언덕이나 배수가 잘되는 자갈밭, 돌밭에 있다. 이를 증명하듯 무통(샤토 무통 로칠드), 라피트(샤토 라피트 로칠드), 코스(샤토 코스 에스투르넬) 등의 명칭도 언덕을 뜻하는 옛 가스코뉴 단어에서 유래했다.

생테밀리옹은 보르도에서 가장 매력적인 마을 중 하나다.

메도크의 경우, 지롱드강 어귀를 중심으로 배수가 잘되는 자갈밭이 형성돼 있다. 보르도 옛 속담에 최고의 포도밭은 '강이 보이는 곳'이라는 말도 있다. 실제 샤토 라투르, 샤토 피숑 롱그빌 콩테스 드 라랑드 등 수많은 최상급 포도원 중앙에서 주변을 둘러보면, 지롱드강 어귀를 넘나드는 선박들이 보인다.

### 클라레

영국은 종종 보르도를 '클라레(claret)'라 부른다. 프랑스어 '클레레(clairet)'에서 나온 단어로 본래 포트와인과 대비해서 가벼운 레드 와인을 지칭했다. 물론 오늘날의 최상급 보르도 레드 와인은 빛깔이나 보디감이 전혀 가볍지 않다.

자갈밭과 돌밭을 제외한 나머지 토양은 대부분 진흙이 주를 이룬다. 진흙 특성상 배수력보다는 수분을 보유하려는 성질이 더 강하다. 진흙밭은 봄에도 서늘해서 포도나무 봉오리가 늦게 터지고, 따라서 포도도 늦게 숙성된다. 포도가 완전히 익어서 타닌이 생리적으로 충분히 성숙하려면, 시작이 늦은 만큼 생장하는 동안 따뜻한 날씨가 지속돼야 한다.

메를로는 카베르네 소비뇽에 비해 타닌이 살짝 적고, 성숙기가 빠르다. 그래서 역사적으로 보르도에 심어도 포도가 완전히 성숙할 가능성이 비교적 높다고 여겨졌다. 게다가 습기에도 강한 편이다. 그 결과 오늘날 보르도의 주요 재배 품종으로 자리 잡았다. 특히 진흙 비율이 높은 지역에 메를로를 심는다(여담이지만, 지구온난화 때문에 성숙기가 빠른 메를로가 더는 적합하지 않은 포도원이 생겨났다. 현재 보르도의 성숙기는 30년 전보다 평균 20일 빨라졌다).

많은 보르도 포도원이 진흙밭이지만, 진흙이라고 다 같은 종류가 아니다. 대표적인 예가 페트뤼스 포도원이다. 페트뤼스는 100% 메를로 품종만 재배하며, 매년 2,500박스를 생산한다(보르도 최고가 와인의 양대 산맥 중 하나로, 다른 하나는 르 팽이다). 페트뤼스 포도원은 포므롤에서 가장 높고 작은 고원의 꼭대기에 있다. 하층토는 매우 치밀하고 깊으며 검푸른 진흙으로, 녹점토(smectite)라 불린다. 녹점토는 매우 단단해서 포도나무 뿌리가 관통하기 어렵다. 그러나 물이 분자 형태로 토양층 사이로 스며들 수 있다. 덕분에 무더운 여름철에 포도나무가 최적량의 수분을 조절해서 흡수하기 좋다.

## 보르도 대표 와인

### 대표적 AOC

바르삭 - 화이트 와인(드라이, 스위트)

마르고 - 레드 와인

포야크 - 레드 와인

페삭레오냥 - 화이트 와인, 레드 와인

포므롤 - 레드 와인

생테밀리옹 - 레드 와인

생테스테프 - 레드 와인

생줄리앙 - 레드 와인

소테른 - 화이트 와인(드라이, 스위트)

### 주목할 만한 AOC

블라유 코트 드 보르도 - 레드 와인

부르 코트 드 보르도 - 레드 와인

카스티용 코트 드 보르도 - 레드 와인

프랑 코트 드 보르도 - 레드 와인

카농프롱삭 - 레드 와인

앙트르되메르 - 화이트 와인

프롱삭 - 레드 와인

그라브 - 화이트 와인, 레드 와인

리스트락 - 레드 와인

물리 - 레드 와인

부르고뉴는 주요 적포도, 청포도 품종이 각각 하나인 데 반해 보르도는 주요 품종이 20개에 달한다(기후변화에 대응해 새로 추가한 품종 포함). 지금도 많아 보이지만, 과거에는 훨씬 더 많았다. 예를 들어 1780년대에 생테밀리옹과 포므롤에서는 적포도 34종, 청포도 29종을 사용했다.

# 보르도 포도 품종

역사적으로 적포도 주요 품종 6종과 청포도 주요 품종 8종이 보르도 와인에 사용해도 된다고 승인됐다. 그리고 기후변화에 대응하고자 2021년에 '적응력이 뛰어난 품종' 6종이 추가 승인됐다. 이 책을 집필한 시점을 기준으로 추가 품종은 보르도, 보르도 쉬페리외르, 앙트르되메르에만 사용할 수 있으며, 블렌딩 비율은 최대 10%까지 허용된다.

## 화이트

### ◇ 알바리뇨
새로운 추가 품종으로 아로마와 좋은 산미를 더한다. 역사적으로 포르투갈 북부와 스페인 갈리시아에서 사용하는 유명 품종이다.

### ◇ 릴리오릴라
새로운 추가 품종으로 꽃 아로마가 도드라진다. 샤르도네와 잘 알려지지 않은 품종인 바로크의 교배종이다.

### ◇ 뮈스카델
주요 품종이지만, 가벼운 꽃 향을 감미할 목적으로 저렴한 블렌드 와인에 소량만 사용한다. '뮈스카'라는 단어가 들어가는 품종과는 아무런 관련이 없다.

### ◇ 소비뇽 블랑
주요 품종으로 바삭하고, 소박하고, 생기 있으며, 허브 향이 난다. 주로 세미용과 블렌딩한다.

### ◇ 세미용
주요 품종으로 무게와 깊이를 더하며, 숙성되면 꿀 풍미가 난다. 주로 소비뇽 블랑과 블렌딩한다. 소테른의 주된 품종이다.

### ◇ 위니 블랑, 콜롱바르, 모자크, 메를로 블랑, 소비뇽 그리
역사적으로 보르도에서 승인한 품종이다. 그러나 지난 수십 년간 대체로 저렴한 화이트 와인을 만드는 데 소량 사용됐다.

## 레드

### ◇ 아리나르노아
새로운 추가 품종으로 좋은 빛깔, 산도, 아로마, 풍미 그리고 뚜렷한 타닌감을 가졌다. 1956년에 타나(Tannat)와 카베르네 소비뇽을 교배한 결과물이다.

### ◇ 카베르나 프랑
소량만 블렌딩해도 높은 가치를 자랑하는 주요 품종으로 아로마를 강화하고, 제비꽃과 향신료의 풍미를 더한다. 특히 보르도 라이트 뱅크 지역(생테밀리옹, 포므롤)에서 많이 재배한다. 원산지는 스페인 바스크 지역이다. 보르도 주요 적포도 품종 중 유일하게 프랑스가 원산지가 아니다.

### ◇ 카베르네 소비뇽
보르도 적포도 주요 품종 중 두 번째로 가장 많이 재배되며, 보르도 적포도 재배 면적의 20%를 상회한다. 강렬하고 깊은 최상급 풍미, 구조감, 복합미를 가졌다. 보르도 레프트 뱅크(마르고, 생쥘리앙, 포야크, 생테스테프) 와인 대부분이 카베르네 소비뇽을 기반으로 만들어졌다.

### ◇ 카르메네르
옛 보르도 품종으로 현재 보르도에서 거의 찾아볼 수 없다. 카베르네 소비뇽과 마찬가지로 카베르네 프랑의 자손이다. 그랑드 비뒤르(Grande Vidure)라고도 알려져 있다.

### ◇ 카스테
새로운 추가 품종이다. 한때 프랑스 남서부에서 유명했으나, 현재 거의 잊혔다. 빛깔과 타닌감을 가미한다.

### ◇ 말베크
옛 프랑스 남서부 품종으로 코(Côt)라는 이름으로도 알려져 있다. 주요 품종이지만, 현재 보르도의 말베크 재배 면적은 작다. 주로 보디감을 가미하기 위해 사용한다.

### ◇ 마르셀란
새로운 추가 품종. 카베르네 소비뇽과 그르나슈의 교배종으로 성숙기가 늦다. 독특하고 숙성력이 좋은 와인을 생산하는 데 사용되는 고품질 품종으로 여겨진다.

### ◇ 메를로
보르도에 압도적으로 많은 주요 품종으로 보르도 적포도 재배 면적의 60% 이상을 차지한다. 복합미, 원만함, 유연함을 갖춘 최상급 품종이다. 카베르네 소비뇽의 '골격'에 메를로가 '살집'을 붙여준다.

### ◇ 프티 베르도
주요 품종이며, 성숙기가 늦다. 현재 생산량이 빠르게 증가하는 추세다. 선명한 빛깔, 강렬한 제비꽃 풍미, 높은 타닌 함량 덕분에 높게 평가된다.

### ◇ 토리가나시오날
새로운 추가 품종이다. 포르투갈에서 포트와인을 만드는 주요 품종으로 알려져 있다. 성숙기가 매우 늦다. 복합미, 아로마, 보디감, 강력한 타닌감을 더한다.

보르도라는 이름은 '물가(au bord de l'eau)'라는 의미의 표현에서 유래했다. 보르도가 속한 아키텐 지방의 어원은 라틴어로 '물이 충분한 지역'이라는 뜻이다. 1850~1860년대 발생한 흰가루병과 필록세라 전염병 사태는 보르도 포도원의 규모와 구성을 영구히 바꿔 놓았다.

### 샤토, 퀴브리, 쉐

보르도에서 가장 중요한 세 단어는 샤토(Château), 퀴브리(Cuverie), 쉐(Chai)다. 보통 샤토를 생각하면 으리으리한 사유지를 떠올리지만, 보르도에서는 농가부터 차고까지 어디든 샤토가 될 수 있다. 샤토는 포도밭에 붙어 있는 건물을 지칭하며, 부지에 와인 양조 및 저장시설이 있다. 샤토 안에 퀴브리와 쉐가 있는데, 퀴브리는 와인을 만드는 곳이고 쉐는 와인을 저장하고 숙성시키는 저장실이다.

## 보르도 주요 지역

보르도는 여러 소 구역으로 나눠져 있다.
가장 중요한 소 구역은 다음과 같다.

---

메도크(마르고, 생줄리앙, 포야크, 생테스테프 포함)

---

그라브(페삭레오냥, 소테른, 바르삭 포함)

---

생테밀리옹

---

포므롤

---

보르도의 소구역을 살펴보기 전에 반드시 숙지해야 하는 두 용어가 있다. 레프트 뱅크와 라이트 뱅크다. 지형을 이해하기 위해서, 보르도의 지롱드강 어귀 남쪽 끝에서 있다고 상상해 보자. 북서쪽을 바라보면(지롱드강이 대서양으로 흘러 들어가는 쪽), 지롱드강 어귀와 가론강 왼쪽(서쪽)의 모든 포도원이 레프트 뱅크를 구성한다(마르고, 생줄리앙, 포야크, 생테스테프). 지롱드강 어귀와 도르도뉴강 오른쪽의 모든 포도원이 라이트 뱅크를 구성한다(생테밀리옹, 포므롤).

포므롤의 샤토 페트뤼스에서는 매년 보르도에서 가장 비싼 와인을 생산한다. 페트뤼스는 100% 메를로만 재배한다.

마지막으로 하나만 더 짚고 넘어가자. 현재까지 레프트 뱅크가 라이트 뱅크보다 더 유명하다. 이는 지롱드강 어귀, 가론강, 도르도뉴강에 1800년대 중반에서야 처음으로 다리가 들어섰기 때문이다. 생테밀리옹과 포므롤의 샤토들은 규모도 작고 명성과 수익률도 낮았다. 다리가 세워지기 전에는 와인 중개업자들이 내륙의 포도원에 접근하거나 와인을 밖으로 이동시키기 어려웠다. 따라서 규모도 크고, 명성도 높고, 접근성도 좋은 레프트 뱅크의 샤토와 거래하는 것이 훨씬 유리했다.

## 다양한 등급

자, 이제 안전벨트를 단단히 매자. 보르도 지역 등급은 복잡함의 결정체다. 오늘날의 등급 체계가 어마어마하게 느껴지겠지만, 장장 4세기의 역사를 거쳐 보르도를 세계 와인 무역의 중심지로 만든 주역이다.

최초의 등급제도는 1600년대 중반에 생겼다. 당시에는 보르도 지역별로 와인의 기본가격을 규정하는 수준이었다. 1700년대 중반, 토머스 제퍼슨과 존 애덤스 미국 대통령도 보르도에서 수입한 와인의 등급을 언급한 바 있다. 그러나 가장 유명한 등급제도는 그로부터 한 세기가 흐른 후에야 제정된다. 바로 1855년 등급 체계인데, 그 파급력이 실로 엄청났다(108페이지의 '만고불변의 1855년 와인 등급 체계' 참고). 1855년 등급 체계에 등재된 모든 샤토는 705페이지 참고).

와인 애호가라면 등급 체계에 대해 몇 가지 알아야 한다. 첫째, 등급 체계는 용어가 같거나 비슷해도 지역마다 다르다. 즉, 생테밀리옹에서 사용하는 그랑 크뤼 클라세라는 용어는 그라브의 용어와 살짝 다르며, 몇 마일 떨어진 포므롤은 아무 상관이 없다.

**보르도에서 사용하는 크뤼(cru)라는 프랑스어 단어는 와인 양조장, 포도원, 샤토를 가리킨다. 따라서 1등급을 뜻하는 프르미에 크뤼(Premier Cru)는 최상급 와인 양조장을 의미한다. 크뤼는 프랑스어 동사 'croître'의 과거분사 형태로 '성장한다'는 의미다.**

둘째, 등급 체계가 무엇을 분류하는 것인지 알아야 한다. 보르도의 등급 체계는 부르고뉴처럼 토지를 기반으로 하는 것이 아니라, 양조장과 브랜드를 기반으로 한다(수출용 와인의 가격을 정하고 브랜드 소유주에게 세금을 매기는 데 도움이 되는 초창기 메커니즘이었다). 그러므로 오늘날 한 유명한 그랑 샤토가 자신보다 등급이 낮은 인근의 샤토를 매입하면, 매입한 샤토의 등급도 덩달아 승격된다.

사실 보르도 등급 체계는 '테루아르 혼자서 와인을 만든다'는 철학과 상충한다. 반면 소유주의 중요성은 인정한다. 보르도에 최상급 양조상을 소유한 사람이 인근에 관리가 엉망인 포도원을 매입했다고 가정하자. 소유주는 포도밭과 저장실을 꾸준히 개선할 것이다. 그러면 테루아르도 잠재된 영향력을 온전히 발휘하게 되지 않을까?

역사의 도시 보르도의 부르스 광장은 18세기 프랑스 건축의 전형으로 여겨진다.

## 보르도 등급 맛보기

보르도는 지역마다 고유한 시스템과 용어가 있다. 시간이 흐르면서 등급이 바뀐 지역도 있고, 절대 바뀌지 않는 지역도 있다. 와인 라벨에 항상 등급이 표기되진 않는다. 보르도의 등급 세계를 빠르게 훑어보자.

**메도크** 1855년, 메도크의 샤토 60곳과 그라브의 페삭레오냥에 있는 샤토 한 곳(샤토 오브리옹)에 프르미에 크뤼(1등급)부터 셍키엠 크뤼(5등급)까지 등급이 매겨졌다. 이후 등급은 딱 한 번 바뀌었다. 1973년에 샤토 무통 로칠드가 1등급을 받으면서 샤토 마르고, 라피트 로칠드, 라투르, 오브리옹과 어깨를 나란히 하게 됐다.

**소테른과 바르삭** 이들 역시 1855년에 등급을 받았다. 샤토 디켐 한 곳만 프르미에 크뤼 쉬페리외르 클라세로 지정됐다. 두 번째로 높은 등급은 프르미에 크뤼 클라세, 세 번째는 되지엠 크뤼 클라세다.

**그라브** 그라브의 등급 체계는 1953년에 제정되고 1959년에 개정됐다. 그라브의 최상급 샤토들(모두 페삭레오냥에 위치)은 등급에 고하가 없고, 모두 같은 등급을 받았다. 레드 와인과 화이트 와인의 등급이 모두 그랑 크뤼 클라세다. 샤토 오브리옹은 유일하게 그라브와 메도크, 두 등급 체계에 동시에 등록돼 있다.

**생테밀리옹** 생테밀리옹의 샤토들은 10년마다 등급을 재조정한다는 조건을 전제로 1952년에 등급을 받았다(1955년에 비준). 최상위 등급은 프르미에 그랑 크뤼 클라세, 두 번째 상위 등급은 그랑 크뤼 클라세다. 그런데 샤토 네 곳이 최상위 등급보다 높은 등급을 받았다. 바로 프르미에 그랑 크뤼 클라세 A다. 그러나 이 중 세 곳(샤토 슈발 블랑, 샤토 오존, 샤토 앙젤뤼스)이 2021년, 2022년에 A등급에서 밀려났고, 샤토 파비만 남았다.

**포므롤** 포므롤과 외진 지역(프롱삭, 카농 프롱삭)은 등급을 받은 적이 없다.

**크뤼 부르주아** 1855년 등급 체계에 지정되지 않은 메도크 샤토들이 자체 등급을 만들었다. 여기에 뽑힌 와인들(현재 249개 양조장)을 크뤼 부르주아 뒤 메도크라 부른다. 이 와인들은 가격도 적절하고, 품질도 뛰어나다. 2020년 기준으로 크뤼 부르주아는 지난 5년간의 빈티지를 시음한 결과를 기반으로 5년마다 등급을 재조정한다. 크뤼 부르주아의 등급은 최상위부터 최하위까지 크뤼 부르주아 엑셉시오넬(샤토 14곳), 크뤼 부르주아 쉬페리외르(56곳), 크뤼 부르주아(179곳)다.

---

물론 여기에 정답은 없다. 결국 백문이 불여일견이라고, 와인의 품질과 숙성력은 두고 봐야 안다.

마지막으로 정치적으로 깊게 얽혀 있는 등급 체계도 있다는 사실을 알아야 한다. 예를 들어 생테밀리옹의 2006년 등급 체계는 완전히 무효가 됐다. 어떤 샤토는 강등되고 어떤 샤토는 승격되는 바람에 소송이 난무했기 때문이다. 이 지역의 2012년 등급은 2022년과 마찬가지로 내분으로 얼룩져 있다(115페이지 생테밀리옹 참고). 그리 놀라운 일은 아니다. 자존심만이 아니라 다른 문제도 걸려 있기 때문이다. 샤토의 등급이 올라가면 양조장의 가치도 천문학적으로 치솟는다. 단 하루 만에 가치가 10배 이상 급등하기 때문에 샤토 소유자의 자산에 수억 유로의 부가가치가 발생하는 셈이다.

## 메도크

보르도 유명 산지 중 가장 면적이 넓은 메도크는 보르도시(유네스코 세계유산)에서 시작해서 지롱드강 좌안을 따라 북쪽으로 80km가량 뱀처럼 뻗어 있다. 메도크에는 작은 AOC가 두 곳 있다. 하나는 이름이 같아서 헷갈리지만, 메도크(지롱드강이 대서양으로 흘러가는 북부 저지대의 1/3)라 불린다. 다른 하나는 오메도크(메도크의 위쪽이라는 뜻으로 보르도시에서 가장 가깝고 대서양에서 가장 먼 지역)라 불린다. 마르고, 생줄리앙, 포야크, 생테스테프 등 유명한 코뮌(마을)은 모두 오메도크의 강가 자갈밭에 자리 잡고 있다. 1855년 등급 체계에 지정된 샤토는 모두 이 네 지역에 분산돼 있다. 내륙으로 더 들어가면 상대적으로 덜 알려진 리스트락

## 만고불변의 1855년 와인 등급 체계

전설적인 1855년 와인 등급 체계는 샤토 네 곳을 1등급으로 지정했다. 우아한 샤토 마르고와 샤토 라피트 로칠드, 힘이 넘치는 샤토 라투르, 감각적이고 흙풍미가 매력적인 샤토 오브리옹이다(이후 샤토 무통 로칠드가 추가됐다). 자세한 내막은 이렇다. 1855년 나폴레옹 3세가 파리 만국박람회를 개최했다. 박람회 측은 보르도상공회의소에 최상급 보르도 와인 출품을 요청했다. 이에 상공회의소는 여러 샤토에 연락해서 샘플을 요청했고, 많은 샤토가 마지못해 요청에 응했다. 다음 단계는 와인을 어떻게 전시할지 정할 차례였다. 로디 마르탱 뒤푸르뒤베르지에 보르도 시장은 샤토들의 위치를 한눈에 파악할 수 있는 지도를 만들라는 요청을 받고, 지도상에 명망 높은 양조장을 강조하면 좋겠다는 아이디어가 떠올랐다. 그는 보르도 중개인 조합에 연락해서 모든 샤토의 리스트를 보내 달라고 요청했다. 그중 샤를 앙리 조르주 메르망이라는 와인 중개상이 있었다. 메르망과 다른 와인 중개상들은 거래기록과 와인 판매가를 토대로 등급 체계를 마련했다. 중요한 사실을 짚고 넘어가자면, 상업이 고도로 발달한 보르도에서 와인 등급은 만국박람회가 개최되기 한 세기 전부터 심각한 문제였다. 게다가 와인 중개상들은 여러 샤토의 상대적 위상을 이미 파악한 상태였다.

1855년 4월 18일 메르망 등급 체계가 보르도상공회의소에 제출됐다. 샤토 61곳이 1등급(프르미에 크뤼)부터 5등급(셍키엠 크뤼)으로 분류됐다. 나머지 수백 곳의 샤토들은 등급을 받지 못하고 소외됐다.

중요한 조항이 하나 있었다. 와인 등급을 절대 개정할 수 없다는 것이다(적어도 입안자들이 관련된 이상 등급은 만고불변한 것이었다).

이후로는 알다시피 모든 책이 1855년 등급과 순위의 타당성에 대해 다뤘다. 샤토 소유주들은 수십 년간 궁극적으로는 시장이 가치를 결정할 거라고 믿었다. 그리고 실제 그런 일이 벌어졌다. 2009년 런던 국제 와인 거래소인 리벡스(Liv-ex)는 1855년과 같은 척도, 즉 가격을 기준으로 최상급 샤토 순위를 다시 매겼다. 2019년 리벡스 지수에 따르면 샤토 팔메의 순위는 1855년 24위에서 8위로 올랐다. 샤토 랭쉬바주는 1855년 45위에서 21위로 올랐다. 이 밖에도 클레르밀롱(Clerc-Milon), 뒤아르밀롱(Duhart-Milon), 퐁테카네(Pontet-Canet), 베슈벨(Beychevelle), 그랑 퓌이 라코스트(Grand-Puy-Lacoste), 다르마야크(d'Armailhac), 칼롱 세귀르(Calon Ségur) 등 수많은 샤토의 가격 순위가 올랐다.

중요한 사건이 있다. 한 가문이 드디어 1855년 등급에 도전장을 내밀었다. 기존에 2등급을 받았던 무통 로칠드를 소유한 로칠드 가문이었다. 2등급으로 지정된 지 수십 년 후, 바롱 필리프 드 로칠드는 뚝심 있게 무통 로칠드를 1등급으로 승격해 달라고 탄원했다. 1973년 그의 끈질긴 노력은 결국 결실을 보았다. 무통 로칠드가 1등급으로 승격된 것이다. 등급이 변동된 것은 이때가 처음이자 마지막이다.

(Listrac)과 물리(Moulis)가 있다. 강에서 멀리 떨어져 있어서 토양이 비교적 무겁고 배수가 잘 안되는 탓에 와인의 정교함이 떨어진다.

메도크 와인은 대부분 레드 와인이다. 가장 주된 품종은 카베르네 소비뇽(모든 블렌딩에서 70% 이상 차지)이며, 메를로가 그 뒤를 잇는다.

놀랍게도 메도크의 평평한 고원은 본래 낮은 습지대였다. 이런 환경에서는 뛰어난 와인은 고사하고 어떤 와인도 만들기 어려웠다. 그런데 17세기 한 보르도 귀족이 네덜란드 기술자를 초빙해서 지하수면을 낮추고 강변에 자갈 제방을 쌓아서 토지에 거대한 배수로를 만들었다. 늪지대의 배수가 원활해지자 보르도 신흥 부유층으로 떠오르던 변호사와 상인들은 지주가 될 절호의 기회를 잡았다. 이들은 지롱드강 유역의 광활한 지대를 매입해서 거대한 양조장을 지었다. 이렇게 포도 재배의 혁명이 시작됐다.

17~18세기 라피트 로칠드, 라투르, 무통 로칠드 등 유명 샤토와 포도원 대부분이 이때 생겨났다(1718년 세 양조장은 모두 부유한 세귀르 가문의 소유였다). 프랑스 혁명(1789~1799년) 당시 상업적으로 능통하고 성공적이

던 보르도는 부르고뉴에 비해 혁명의 피해에서 비교적 쉽게 벗어났다(143페이지의 '혁명 이후 회복기: 무너진 부르고뉴와 재기에 성공한 보르도' 참고).

### • 마르고

메도크 최남단에 있는 최대 규모의 코뮌이다. 마르고는 등급이 지정된 양조장이 생줄리앙, 포야크, 생테스테프보다 더 많다. 귀족적인 샤토 마르고도 당연히 이곳에 있으며, 이 밖에도 등급이 지정된 양조장이 20개 이상 있다.

마르고의 토양은 메도크에서 가장 가볍고 자갈이 많은 편이다. 따라서 가장 성공적인 해에 생산된 최상급 와인은 우아함과 정교함의 극치와 경이롭고 풍부한 아로마를 보여 준다. 마르고는 종종 벨벳 장갑을 낀 강철 주먹에 비유된다. 이처럼 멋진 명성은 힘과 섬세함의 조화 덕분이다.

마르고에서 가장 유명한 샤토는 1등급의 샤토 마르고와 3등급의 샤토 팔메다. 후자는 보르도에서 최초로 2007년에 생물역학 농법을 도입했다. 가장 성공적인 해에 생산된 마르고 와인은 놀라울 정도로 우아하며, 부드럽고 쾌락적인 풍미가 길게 이어진다. 이 밖에도 주목할 만한 마르고 와인으로는 샤토 로장세글라(Château Rauzan-Ségla), 샤토 라스콩브(Château Lascombes), 샤토 키르완(Château Kirwan), 샤토 지스쿠르(Château Giscours)가 있다.

### • 생줄리앙

메도크에서 가장 큰 코뮌인 마르고의 바로 북쪽에 가장 작은 생줄리앙이 있다. 차를 타고 북상하다 보면 이곳을 지나쳤는지 알아채지 못할 정도다. 생줄리앙은 코뮌을 통틀어 등급 지정된 샤토의 비율이 가장 높다(1등급은 없지만, 95%가 2~4등급을 받았다). 만약 앞으로 평생 생줄리앙 와인만 마셔야 한다면 남은 일생이 매우 행복해질 것이다.

생줄리앙에서 가장 유명한 와인은 3대 레오빌이다('레오'는 사자를 의미하는 라틴어에서 유래). 바로 레오빌

바르통(Léoville Barton), 레오빌 라 카즈(Léoville Las Cases), 레오빌 푸아페레(Léoville Poyferré)다. 세 곳 모두 2등급이지만, 1등급에 걸맞은 빈티지가 많다. 뛰어난 구조감과 강렬함이 특징이다.

마르고와 마찬가지로 생줄리앙 최상급 와인은 명확성과 정교함으로 유명하다. 이 밖에 주목할 만한 샤토는 뒤크뤼 보카유(Château Ducru-Beaucaillou), 베슈벨(Beychevelle), 브라네르 뒤크뤼(Branaire-Ducru), 랑고아 바르통(Langoa-Barton)이 있다.

사자(레오)는 생줄리앙 최상위 샤토 세 곳(레오빌 바르통, 레오빌 라 카즈, 레오빌 푸아페레)의 상징이다.

**1945년산 샤토 레오빌 바르통은 내 인생 최고의 와인이다. 내가 마실 당시 와인은 17살이었는데, 생동감 넘치는 신비로운 품질과 금단해야 마땅한 관능적인 질감을 결코 잊지 못할 것이다. 1945년 빈티지는 연합군이 보르도를 해방한 다음 해에 소량만 겨우 생산됐다. 비록 샤토는 여기저기 무너지고 여자와 아이들이 포도밭과 양조장에서 일하면서 만든 와인이지만, 1945년은 보르도 최고의 빈티지로 기록됐다.**

## 와인 선물거래

최고가 보르도 레드 와인은 보통 선물시장에서 거래된다. 이 시스템은 프랑스어로 '앙 프리뫼르(en primeur)' 판매라 하는데, 매년 샤토가 그해 생산된 와인의 개장가(opening price)를 결정한다. 수확 이후 봄이 되면, 와인은 개장가에 판매된다. 그러나 와인 자체는 2년 이상 숙성시킨 후에 출시된다. 와인 거래에는 많은 중개인이 개입한다. 샤토부터 시작해서 중개상, 상인, 수입자, 소매업자를 거쳐 소비자에게 와인이 판매된다. 각 단계를 거칠 때마다 선물가격은 올라간다. 그래도 최종 소비자는 와인이 출시될 때까지 기다렸다가 사는 것보다 좋은 가격에 구매할 수 있다(항상 그런 건 아니다). 선물거래는 사실상 투기다. 이 시스템은 수십 년을 거쳐 보르도에 견고하게 자리 잡았지만, 흔들릴 때도 있었다. 2012년 샤토 라투르가 소비자에게 와인을 직접 판매하고 싶다며 선물 판매를 중단해서 세상을 놀라게 했다. 이는 샤토의 수익을 극대화할 방법이긴 하다. 해당 빈티지를 분할 판매하면 시간이 흐를수록 가격이 계속 오르기 때문이다.

### • 포야크

보르도 와인 애호가들에게 포야크라는 단어는 음악처럼 감미롭게 들린다. 생줄리앙 바로 북쪽에 있는 포야크는 최초의 5대 1등급 샤토 중 세 곳이 탄생한 본거지다. 바로 샤토 라피트 로칠드, 샤토 무통 로칠드, 샤토 라투르. 등급이 지정된 61개 샤토 중 18곳을 비롯한 수많은 최상급 샤토가 포야크에 있다.

포야크 와인은 다양한 면모를 가지고 있다. 어떤 와인은 호화스러운 풀보디감을 자랑하고, 어떤 와인은 뚜렷한 구조감이 특징이다. 은은하고 명확한 정교함을 가진 와인도 있다. 그중에서도 복합미, 풍부한 블랙 커런트와 크랜베리 풍미, 삼나무와 흑연 향이 단연 최고다. 한 코뮌에서 이처럼 다채로운 스타일이 탄생하는 배경에는 다양한 테루아르가 일조한다. 북부의 라피트 로스칠은 자갈밭에 석회석이 조금 섞인 토양이다(와인에서 우아함이 물씬 풍긴다). 남부의 피숑 롱그빌 콩테스 드 라랑드(줄여서 피숑 라랑드)는 자갈과 진흙이 섞여 있다(와인에서 종종 살집이 느껴진다).

이 밖에도 피숑 롱그빌 콩테스 드 라랑드(Pichon Longueville Comtesse de Lalande), 피숑 바롱(Pichon Baron), 랭쉬바주(Lynch-Bages), 뒤아르밀롱(Duhart-Milon), 퐁테카네(Pontet-Canet), 클레르밀롱(Clerc-Milon) 등 뛰어난 샤토가 포야크에 대거 포진해 있다.

생테스테프 최상급 샤토인 코스 데스투르넬로 들어가는 아치형 입구

## 기다림의 미학

보르도의 최상급 어린 와인이 아무리 맛있을지라도 나이 든 와인의 황홀감을 따라가지 못한다. 와인은 진화할 시간이 주어지면, 빽빽함이 유연해지고 한층 풍성해져 복합적인 풍미가 만개한다. 그렇다면 얼마나 숙성시켜야 할까? 아무도 장담할 수 없다. 일반적으로 어릴 때 구조감이 강할수록(타닌이 많을수록) 진화도 느리게 진행된다. 최상급 보르도 와인은 대체로 구조감이 매우 강하기 때문에, 최소 8~10년간 숙성시켜야 진정한 매력을 발산한다. 만약 진정 훌륭한 보르도 와인이 있다면, 통념상 개봉을 생각하기에 앞서 10년간 기다리는 것이 좋다. 이후로도 인내심을 갖고 기다림의 미학을 발휘한다면 더할 나위 없이 좋다.

### • 생테스테프

포야크 위쪽에 있는 생테스테프는 메도크 최북단에 있는 코뮌이다. 생테스테프 와인은 보르도 기준으로 육군 대장 같은 견고함과 지롱드강 어귀 토양에서 비롯된 투박함으로 유명하다. 그래서 그저 좋고 푸근한 느낌의 크뤼 부르주아 와인이 많다. 소수의 최상급 와인(특히 코스 데스투르넬)만 매혹적인 강렬함, 고도의 명확성, 심오한 풍미를 갖추고 있다. 코스 데스투르넬(Cos d'Estournel)은 골프를 치면 공이 샤토 라피트 로스칠까지 날아갈 정도로 포야크와 가깝다. 코스 데스투르넬(코스의 's'는 묵음이 아님) 와인은 초콜릿, 파이프 담배, 흙, 블랙 커런트 과일 풍미가 물결치는 노골적인 육감미를 자랑한다. 와인이 어릴 때는 터질 듯이 꽉 찬 느낌을 준다. 코스 데스투르넬 샤토는 아시아에서 영감을 얻어 19세기에 건축됐는데, 구리로 도니 탑 지붕과 조각이 새겨진 거대한 문은 보르도의 진풍경을 자아낸다. 이 밖에도 주목할 만한 최상급 샤토는 칼롱 세귀르(Calon Ségur)와 몽로즈(Montrose)가 있다.

### • 그라브

보르도 시의 남쪽에 있는 그라브는 메도크라는 팔에 대롱대롱 매달린 소매처럼 뻗어 있다. 그라브라는 지명은 빙하시대의 유산인 자갈밭(grave) 토양에서 유래했다. 이곳 빙하에 퇴적된 작고 하얀 석영 자갈은 최상급 포도원에서 흔히 발견된다.

그라브는 다른 지역과 차별되는 특징이 있다. 보르도에서 유일하게 대부분 샤토가 레드 와인과 화이트 와인을 모두 생산한다는 점이다. 이 지역에서 가장 오래된 몇몇 포도원은 최초로 세계적 명성을 얻은 곳이다. 그라브 와인은 일찍이 12세기에 영국으로 수출됐고, 17세기에 유명 양조장들이 생겼다. 그라브에서 가장 유명한 샤토 오브리옹(Chateau Haut-Brion)도 이때 만들어졌다. 당시 철자는 'Ho Bryan'이었는데, 17세기에 영국의 극찬을 받았다. 그로부터 1세기 후, 미국 3대 대통령인 토머스 제퍼슨은 오브리옹 와인이 얼마나 맛있는지 글로 남겼으며, 와인 24상자를 버지니아로 주문했다.

샤토 오브리옹은 그라브에서 유일하게 1855년 등급 체계에 지정됐다. 강력하면서도 유연함이 오래 감도는 오브리옹은 태고의 흙 풍미를 간직하고 있다.

주요 그라브 와인은 페삭레오냥 AOC에서 생산된다. 이곳에는 소규모 코뮌 10곳이 모여 있다. 페삭레오냥 AOC는 그라부 북단에 자리 잡고 있어, 사실상 보르도 시의 교외나 마찬가지다.

그라브 지역에서 가장 뛰어난 와인 중 십여 개가 레드 와인이다. 카베르네 소비뇽, 메를로, 카베르네 프랑이 광범위하게 쓰인다. 특히 샤토 오브리옹은 1등급 샤토 중 메를로를 가장 많이 사용한다(최대 45%).

매혹적인 샤토 오브리옹 이외에도 라 미시옹 오브리옹(La Mission Haut-Brion), 도멘 드 슈발리에(Domaine de Chevalier), 파프 클레망(Pape Clément), 오바이(Haut-Bailly) 등도 뛰어난 레드 와인을 생산한다. 레드 와인에서는 풍성한 초콜릿, 자두, 체리, 향신료 풍미와 종종 매혹적인 흙 또는 동물 느낌이 난다.

그라브의 화이트 와인은 모두 세미용과 소비뇽 블랑의 블렌드다. 대부분 매일 밤 부담 없이 마시는 매우 단순한 와인이다. 그러나 최상급 페삭레오냥 화이트 와인은 새틴 같은 매끈함, 밀랍과 선명한 광물 아로마가 입안을 가득 채우는 복합미가 가득하다. 페삭레오냥 화이트 와인은 대서양과 맞닿은 대서양 해안에서 잡힌 얼음처럼 차갑고 짭짤한 굴과 환상의 짝을 이룬다. 라 미시옹 오브리옹, 오브리옹, 도멘 드 슈발리에도 환상적이고 복합적인 최상급 화이트 와인을 생산한다. 와인을 숙성시킬수록 깊어지는 감미로운 풍미는 프랑스, 아니 세계 어느 화이트 와인과도 비교할 수 없을 정도로 황홀하다.

샤토 오브리옹은 메도크 이외의 지역에서 유일하게 1855년 등급체계에 지정된 1등급 샤토다.

그라브는 보르도에서 유일하게 거의 모든 샤토가 레드 와인과 화이트 와인을 생산한다.

올리비에 베르나르가 자신이 소유한 도멘 드 슈발리에의 와인을 들고 있다.

### • 소테른과 바르삭(고귀한 부패, 귀부병)

가가론강을 따라 그라브 남쪽 끝에 보르도 5대 스위트 와인을 생산하는 코뮌이 있다. 그중 핵심은 소테른과 소규모의 바르삭 AOC다. 참고로 나머지 세 곳은 봄므(Bommes), 파르그(Fargues), 프리냐크(Preignac)다. 보르도의 스위트 와인은 유명세와 희귀성을 동시에 가졌다. 보르도 와인 중 스위트 와인이 차지하는 비중은 1%에 불과하다.

최상급 소테른과 바르삭 와인은 입안에서 풍성한 살구 향이 폭발하다가 꿀처럼 사르르 퍼진다. 영국 출신의 와인 전문가인 휴 존슨은 소테른을 마시고 이런 글을 썼다. '크리미함과 동시에 오렌지 향이 톡 쏘는 어린 시절도 눈부시게 아름답다. 그야말로 푸리튀르 노블(pourriture noble, 귀부현상)의 정석을 보여 준다. 나이가 들어도 여전히 수려하다. 농익은 금빛과 크렘 브륄레 향을 뿜어내며, 변함없는 활력과 무한한 달콤함을 선사한다.'

그렇다, '무한한 달콤함'이다. 그러나 뛰어난 소테른과 바르삭의 위대함은 당도 때문만이 아니다. 산도도 이에 일조한다. 스위트 와인은 감미롭되 물리지 않아야 하며, 꿀을 연상시키되 이빨이 아릴 정도로 달아선 안 된다. 이것이 어떻게 가능할까? 소테른과 바르삭의 주 품종은 세미용이고, 이보다 작은 비율로 소비뇽 블랑을 혼합한다. 포도는 가을까지 수확하지 않고 내버려 두는데, 기후조건이 완벽하게 조성되면 보트리티스 시네레아(푸리튀르 노블 또는 귀부병)라는 '자애로운' 곰팡이에 감염된다. 특히 세미용은 포도알이 큼직한 데다 송이가 성기고 껍질이 얇아서 곰팡이에 쉽게 감염된다.

포도를 일부러 부패시켜서 복슬복슬한 곰팡이가 뒤덮인 건포도로 만들었는데 그토록 황홀한 와인이 된다니, 믿기 힘들 것이다. 그런데 곰팡이가 건강하게 잘 익은 포도를 점령하려면 매우 까다로운 기후조건을 충족시켜야 한다. 바로 온도와 습도다. 온도는 반드시 15~25°C(59~77°F)를 유지해야 하고, 습도는 4시간 이상 90%를 웃돌아야 한다. 그리고 날씨는 뜨겁고, 건조해야 한다. 온도와 습도가 너무 낮으면, 보트리티스 곰팡이가 증식하지 못한다. 반대로 습도가 너무 높거나 비가 많이 내리면, 보트리티스 대신 해로운 회색 곰팡이가 생긴다. 소테른과 바르삭은 보르도 핵심 지역 중 가장 남쪽에 있어서 지리적 위치도 이상적이다. 시롱강과 가론강이 만나는 지점이라서 밤에는 습하고 아침에는 안개가 낀다. 여기에 주변 산들이 공기 중의 수분을 잡아 주는 역할까지 해 주면, 금상첨화다. 낮에 기온이 오르면서 습도가 낮아지면, 유익한 보트리티스 곰팡이가 활약할 수 있는 최적의 조건이 완성된다.

보트리티스는 포도 껍질의 보이지 않는 구멍이나 미세한 틈(포도알이 급성장하면 껍질에 장력이 가해져서 생김)을 통해 내부로 침투한다. 이 유익한 곰팡이는 펙티나아제 효소를 분비해서 포도 껍질의 세포벽을 파열하고 약화한다. 그리고 곰팡이는 수분을 찾아 여기저기 흩어지면서 포자를 퍼뜨린다. 포도 속 수분은 보트리티스와 외부 환경에 노출되면 증발하고, 포도는 건조된다. 포도는 말라서 평소 크기보다 5배가량 작게 쪼그라들고, 포도즙 속 당은 점점 응축된다. 보트리티스는 포도에 함유된 다양한 산의 양과 종류를 변형시킨다. 그 결과 전반적으로 사과산, 구연산, 아세트산이 증가한다. 이는 매우 중요한 과정인데, 최종 와인에 산도가 부족하면 맛이 물리기 때문이다.

대체로 진행 과정은 가을부터 가시적으로 드러난다. 그러나 보트리티스가 포도를 장악하는 속도는 예측하기 힘들다. 게다가 같은 생장기에 감염주기가 여러 차례 발생하기도 한다. 성공적인 해에는 포도알이 건조되면서 10월 말경 달콤한 과즙이 소량 형성된다. 그러나 보통 다른 해에는 과정이 괴로울 정도로 느리게 진행된다. 그

러는 동안 샤토 소유주는 가시방석에 앉은 듯 전전긍긍한다. 너무 덥거나 춥진 않은가? 비가 많이 내려서 해로운 회색 곰팡이가 유익한 보트리티스 곰팡이를 잠식하면 어떡하나? 겨울이 다가올수록 초조함은 극에 달한다. 하루하루 겨울에 가까워질수록 모든 작물을 잃을 위험이 커진다. 때 이른 겨울 폭풍이나 서리 한 번에 포도알이 우수수 떨어질 것이다(1855년 등급 체계에서 최상위 스위트 와인 등급을 차지한 샤토 디켐도 포도 수확 성공률이 약 50%에 불과하다! 1959년부터 2020년까지 60년 동안 와인 빈티지 33개를 생산했다). 까다로운 기후조건에 의존할 수밖에 없는 포도 재배자로서는 기후변화도 심각한 걱정거리다. 현재 수많은 과학자가 기후변화로 인해 자연적인 귀부병 현상이 사라질 것을 대비해 인공적으로 포도를 보트리티스 곰팡이에 전염시키는 방안을 연구 중이다.

'귀부병'이라 불리는 보트리티스 시네레아

샤토 소유주는 보트리티스가 포도밭 전역에 퍼지면, 발전양상을 자세히 살핀다. 보트리티스가 산발적으로 생기면, 그해는 수확 작업이 고달파진다. 완벽하게 부패해서 즙이 농축된 포도알만 골라서 따야 하기 때문이다. 포도가 일부만 전염되면 즙이 묽거나 악취가 날 수 있다.

수확 인부가 완벽하게 부패한 포도를 선별해서 따려면 10~11월 사이 포도밭에서 4~10번에 걸쳐 작업해야 한다. 심지어 포도송이를 골라내는 게 아니라 포도알 하나하나를 따야 할 때도 있다. 따라서 어마어마한 비용이 소요된다. 최상급 양조장의 경우, 한 포도밭에서 수확한 포도에서 겨우 한 잔의 와인만 나오기도 한다.

이렇게 손으로 딴 포도송이와 포도알은 양조장으로 운반된다. 포도가 건조하기 때문에 으깨는 작업도 매우

## 소테른 초콜릿

소테른은 세상에서 가장 신비로운 음료이자 음식이다. 소테른에 적신 건포도를 다크초콜릿으로 감싼 디저트를 본 적 있는가? 이 작은 쾌락 한 조각을 맛볼 수 있는 곳은 그리 많지 않다(두 곳 모두 파리에 있다). 그래도 반드시 먹어 보길 권한다. 외관은 참으로 순결무구하다. 그러나 한 입 베어 먹는 순간, 소테른의 압도적인 풍미가 감미로운 다크초콜릿에 스며든다. 그 순간 눈이 번쩍 뜨이면서 한동안 어찌할 바를 모를 것이다(소테른 초콜릿을 경험한 모두가 그렇

다). 파리지앵은 비 오는 날 아침, 사랑하는 이와 침대에 누워서 소테른 초콜릿을 먹는 순간을 로맨틱하다고 생각한다. 당신도 꼭 경험해 보길 바란다.

프랑스에 소테른 초콜릿을 파는 당과점(사탕 가게)은 몇 안 된다. 그러니까 프랑스에 가게 되면, 두 눈을 크게 뜨고 이 맛있는 디저트를 찾아 보길 바란다. 디저트 애호가가 사랑하는 미식의 성지이자 최고의 소테른 초콜릿를 수십 년째 판매하는 가게는 파리 9구에 있는 '아 레트왈 도르(A l'Etoile d'Or)'다.

---

힘겹다. 그리고 머스트를 오크통에 옮겨서 발효시킨다. 알다시피 발효과정에서 효모가 포도즙의 당을 알코올로 변환시킨다(34페이지의 '와인은 어떻게 만들어질까?' 참조). 소테른과 바르삭의 경우, 일정 시점에서 알코올 농도가 너무 높아져서 효모가 죽어 버린다. 그러면 머스트에 천연 포도당이 남아 있어도 발효가 멈춘다. 그러면 잔당이 있는 와인, 즉 자연적인 스위트 와인이 된다. 보통 소테른과 바르삭은 리터당 잔당이 100~150그램(잔당 비율 10~15%)이다.

이 와인들은 연약함과 거리가 멀다. 알코올 도수가 14%고 잔당 비율도 그만큼 높은 와인의 감각적 자극력은 그야말로 압도적이다. 여기에 또 다른 요소가 가세한다. 바로 보트리티스다. 으깬 포도가 완벽하게 부패한 상태라면, 곰팡이도 알코올과 마찬가지로 효모를 죽이는 데 일조한다. 그러므로 곰팡이와 알코올이 합세해서 효모를 파괴하고 발효를 멈추기 전에 와인의 알코올 농도를 13%까지 끌어올려야 한다. 알코올 도수가 13%인 스위트 와인은 이보다 도수가 높을 때 정교함, 우아함, 밸런스가 월등하다. 그러므로 소테른과 바르삭 와인의 정교함과 복합성은 보트리티스가 포도밭을 균일하고 철저하게 장악했는지와 직결된다.

그렇다면 와인에서 보트리티스 맛이 날까? 그렇다. 곰팡이가 포도에 효모 작용을 일으켜서 새로운 화합물이 생성된다. 그 결과 오렌지, 시트러스류 과일, 꿀, 살구, 핵과류, 캐러멜, 버섯, 아몬드의 풍미가 난다.

소테른과 바르삭은 발효가 끝나면 최소 2년간 통에서 숙성시킨다. 그런 다음 병에 넣고 숙성시킨다. 최상급 소테른과 바르삭은 30년 이상 지나도 놀라울 정도로 생동감이 넘친다(그렇다고 무조건 30년간 숙성시키라는

말은 아니다). 와인이 어릴 때, 그러니까 빈티지로부터 5~8년이 지나면 거부할 수 없는 달콤한 살구의 풍미가 흐른다. 10년이 지나면 비로소 노골적인 단맛이 사라지고 풍미가 완전히 녹아들어서 와인의 신비로운 풍성함이 온전히 발현된다.

프랑스 레스토랑에서는 전통적으로 이 풍성한 와인을 푸아그라처럼 화려하고 강렬한 수준이 비슷한 음식과 매치한다. 천상의 조합을 자랑하는 소테른과 푸아그라는 첫 번째 코스 요리로 등장하는 경우가 많다.

소테른과 바르삭의 스위트 와인은 메도크와 함께 유일하게 1855년 등급 체계에 지정됐었다. 앞서 언급했듯 소테른에서 샤토 디켐 한 곳만 최상위 등급인 프르미에 크뤼 쉬페리외르 클라세를 받았다. 이후 샤토 11곳이 프르미에 크뤼, 15곳이 되지엠 크뤼로 지정됐다.

소테른과 바르삭은 드라이 화이트 와인도 생산하지만, 유명하진 않다. 샤토 디켐은 'Y'라는 이름의 화이트 와인을 만든다(프랑스어 이름으로 '이그렉'이라고 발음한다). 오늘날 소테른의 드라이 와인은 샤토 명칭의 첫 알파벳을 따서 이름을 짓는다. 예를 들어 샤토 리외세크의 와인(Rieussec)은 'R', 샤토 기로(Guiraud)의 와인은 'G'라고 한다. 소테른의 드라이 와인은 비범하고 대범한 풍미를 품었다. 주 품종은 세미용이며, 매우 묵직한 풀보디감과 두툼한 식감이 느껴지고, 알코올 도수가 높은 편이다.

샤토 디켐을 비롯한 우수한 소테른 와인 중 주목할 만한 샤토는 쉬디이로(Suduiraut), 리외세크(Rieussec), 라포리페라게(Lafaurie-Peyraguey), 지로(Guiraud), 파르그(Fargues)가 있으며, 바르삭에는 샤토 클리망(Climens)이 있다.

"소테른은 어린 시절도 눈부시게 아름답다. 크리미함과 톡 쏘는 오렌지 향이 푸리튀르 노블의 정석을 보여 준다. 나이가 들어도 여전히 수려하다. 농익은 금빛과 크렘 브릴레 향을 뿜어내며, 변함없는 활력과 무한한 달콤함을 선사한다."
-영국 출신 와인 전문가인 후 존슨이 빈티지로부터 44년이 지난 1967년산 소테른을 마시고 쓴 글 중에서

### • 생테밀리옹

생테밀리옹은 소울메이트인 포므롤과 마찬가지로 메도크나 그라브에 속한 지역이 아니라 지롱드강 건너편의 보르도 라이트 뱅크에 속한다. 생테밀리옹은 모든 면에서 메도크와 다르다. 생테밀리옹의 포도원들은 메도크보다 작으며, 샤토들도 비교적 수수하다.

이 지역을 방문한 사람에게 가장 인상적인 풍경은 생테밀리옹 마을 그 자체다. 석회석을 깎아 만든 중세 시대 마을은 작은 요새처럼 생겼다. 보르도에서 가장 매력 있는 마을로 보르도시처럼 유네스코 세계유산으로 지정됐다. 마을 중앙에는 12세기에 세워진 에글리즈 모놀리트 교회가 있다. 유럽에 유일한 지하 교회 중 하나로 베네딕토회 수도승들이 거대한 석회암을 손으로 직접 깎아서 만들었다. 에글리즈 모놀리트 교회는 8세기의 한 성자가 은둔했던 동굴에 세워졌다. 교회를 방문하면 얇게 파인 돌덩이 두 개가 보이는데, 성자가 사용했던 의자와 침대라고 한다(현지 미신에 따르면, 성자의 의자에 앉은 여자는 임신에 성공한다).

생테밀리옹은 중세 시대부터 수많은 수도회의 고향이었다. 마을 분위기는 극도로 종교적이었다. 모든 통치권은 쥐라드(Jurade)가 쥐고 있었다. 쥐라드는 1199년에 잉글랜드의 존 왕이 승인한 헌장에 따라 전권을 위임받은 남자들이다. 쥐라드의 임무 중 하나가 생테밀리옹 와인의 품질과 명성을 관리하는 것이었다.

생테밀리옹의 지형은 메도크의 길게 뻗은 평지나 그라브의 완만한 언덕과는 다르게 산비탈이다. 토양은 지면에 돌출된 석회암과 고원 그리고 계단식 자갈밭이다. 수 세기에 걸친 지각변동으로 인해 진흙, 모래, 석영, 백악이 뒤섞여 있다. 다양한 토양 구성과 구불구불한 지형 덕분에 작지만 다채로운 조각보 같은 테루아르가 형성됐다.

생테밀리옹은 오직 레드 와인(메를로와 카베르네 프랑의 블렌드)만 생산한다. 주민들의 지역에 대한 사랑이 어찌나 맹목적인지, 마을에 와인 가게가 수십 개에 달한다.

최고의 생테밀리옹 와인은 단연코 우아함의 극치를 보여 주는 샤토 슈발 블랑(Château Cheval Blanc)이다. 샤토 슈발 블랑은 샤토 오존(Château Ausone), 샤토 앙젤뤼스(Château Angelus)와 함께 2022년 생테밀리옹 등급에서 밀려났다(셋 모두 프르미에 그랑 크뤼 클라세 A에 지정됐었다). 따라서 A랭크에는 샤토 파비(Pavie) 하나만 남았다. 이 사건은 모두를 놀라게 했지만, 사실상 생테밀리옹 등급은 수십 년째 정치적 갈등으로 얼룩져 있다.

슈발 블랑은 보르도 유명 양조장 중 카베르네 프랑 비중이 가장 높다(최근 빈티지의 경우, 카베르네 프랑의 비중은 40~50%이며, 나머지는 메를로다). 가장 성공적인

생테밀리옹의 쥐라드 회원들은 매년 빨간 벨벳 예복을 차려입고 거리를 행진하며 수확의 시작을 알린다.

현재 저자의 저장고에서 숙성시키고 있는 와인이다.

해에 생산된 와인의 질감은 당혹스러울 정도로 생동감이 넘치는 동시에 깊고 풍성하다. 와인이 어릴 때는 퇴폐적인 블랙베리 과일에 바닐라 향이 가미된 맛이 난다. 마치 농익은 블랙베리를 으깬 다음 크렘 앙글레즈를 뿌린 듯하다(1974년산 슈발 블랑은 내가 마신 보르도 와인 중 단연 최고였다. 보르도가 21세기에 생산한 와인 중 가장 위풍당당하다).

슈발 블랑의 포도밭은 대부분 생테밀리옹 북부의 자갈밭에 있다. 그러나 최상급 생테밀리옹 와인을 생산하는 샤토 대부분은 마을을 둘러싼 남서쪽 석회석 산비

## 현명한 세컨드 와인 구매

일류 샤토들은 그랑 뱅(grand vin) 또는 일등품 와인을 만들 때 포도밭에서 가장 위치가 좋은 나무와 가장 오래된 나무에서 수확한 포도로 만든 최고급 와인만 블렌딩한다. 그러면 나머지 포도들은 어떻게 될까? 샤토들 대부분은 나머지 포도들로 세컨드 와인을 만든다. 그리고 세컨드 와인은 별도의 브랜드명과 라벨을 갖는다(여기서 세컨드 와인은 되지엠 크뤼를 의미하는 게 아니다). 세컨드 와인은 본질적으로 같은 양조자가 일등품과 비슷한 방식으로 만든다. 따라서 일등품보다는 가격이 낮지만, 그렇다고 저렴하지는 않다(대체로 한 병당 100달러 이상). 그래도 요령 있는 와인 애호가들이 세컨드 와인을 구매하는 건 현명한 전략이다.

보통 세컨드 와인 라벨은 샤토를 명시하지 않지만, 유추할 수 있을 정도로 비슷한 이름을 사용한다.

마지막으로 대량 생산된 마트용 와인 중 세컨드 와인처럼 보이는 와인이 있지만, 사실상 아니다. 무통 카데(Mouton Cadet)는 절대 샤토 무통 로스칠드의 세컨드 와인이 아니다. 이는 벌컥벌컥 마시는 용의 싸구려 와인이다.

다음은 최상급 샤토의 세컨드 와인이다.

### 르 카리용 드 랑젤뤼스(LE CARILLON DE L'ANGELUS)
- 샤토 앙젤뤼스(Château Angélus)

### 카뤼아드 드 라피트(CARRUADES DE LAFITE)
- 샤토 라피트 로칠드(Château Lafite Rothschild)

### 르 클라랑스 드 오브리옹(LE CLARENCE DE HAUT-BRION)
- 샤토 오브리옹(Château Haut-Brion)

### 라 크루아 드 보카유(LA CROIX DE BEAUCAILLOU)
- 샤토 뒤크뤼 보카유(Chateau Ducru-Beaucaillou)

### 에코 드 랭쉬바주(ECHO DE LYNCH-BAGES)
- 샤토 랭쉬바주(Château Lynch- Bages)

### 레 포르 드 라투르(LES FORTS DE LATOUR)
- 샤토 라투르(Château Latour)

### 레 파고드 드 코스(LES PAGODES DE COS)
- 샤토 코스 에스투르넬(Chateau Cos d'Estournel)

### 파비용 루주 드 샤토 마르고(PAVILLON ROUGE DU CHATEAU MARGAUX)
- 샤토 마르고(Chateau Margaux)

### 르 프티 슈발(LE PETIT CHEVAL)
- 샤토 슈발 블랑(Chateau Cheval Blanc)

### 레제르브 드 라 콩테스(RÉSERVE DE LA COMTESSE)
- 샤토 피숑 롱그빌 콩테스 드 라랑드 (Château Pichon Longueville Comtesse de Lalande)

### 르 프티 리옹 드 라 카즈(LE PETIT LION DE LAS CASES)
- 샤토 레오빌 라 카즈(Chateau Leoville-Las Cases)

탈에 자리 잡고 있다. 샤토 오존, 샤토 카농(Château Canon), 샤토 마그들렌(Château Magdelaine), 샤토 파비도 이곳에 있다. 이외에 주목할 만한 샤토는 라 도미니크(La Dominique), 피자크(Figeac), 트로트 비에유(Trotte Vieille), 라로제(l'Arrosée), 그랑 퐁테(Grand Pontet), 발랑드로(Valandraud), 클로 푸르테(Clos Fourtet)다.

### • 포므롤

보르도 주요 와인 산지 중 가장 면적이 작으면서도 가장 독특한 특징을 가졌다. 항상 그랬던 건 아니다. 19세기만 해도 포므롤과 이 지역 와인은 무명에 가까웠고, 1855년 등급에도 지정되지 않았다. 20세기에 접어들어서도 포므롤 와인에 대한 인식은 평범하다는 수준에 그쳤다. 포므롤이 지금처럼 유명해진 배경에는 보르도 최고의 명성을 구가하는 샤토 페트뤼스(Pétrus)가 있다. 황홀함, 풍성함, 복합미를 갖춘 페트뤼스 와인은 르 팽(Le Pin)과 함께 포므롤 와인 맛의 기준을 새로 정립했다.

포므롤은 이웃 동네인 생테밀리옹과 마찬가지로 지롱드강의 라이트 뱅크에 속한다. 오직 레드 와인만 생산하며, 주로 메를로와 카베르네 프랑을 사용한다(이곳의 진흙과 자갈 토양층에 적합한 품종이다).

최상급 포도원에서 생산한 포므롤 와인은 벨벳 같은 질감과 자두, 코코아, 제비꽃의 짙은 아로마가 인상적이다. 그야말로 강렬함과 우아함이 조화롭게 융합된 보르도 와인의 정석을 보여 준다. 특히 어릴 때는 비교적 부드러워서 마시기 쉽다.

앞서 언급했듯, 포므롤은 1940~1950년대에 무명을 벗어나 부상하기 시작했다. 당시 유능한 사업가이자 예리한 미각의 소유자였던 장 피에르 무엑스는 포므롤 최상위 샤토들의 지분과 독점판매권을 사들이기 시작했다. 1964년 무엑스는 훗날 그의 가장 큰 자산으로 등극한 샤토의 지분을 대량 구매했다. 바로 페트뤼스였다.

무엑스는 집착에 가까울 정도로 와인의 품질개선에 전력을 다했다. 그 결과 와인은 놀라운 정도로 부드럽고 풍성해졌다. 그런데도 그의 아들 크리스티앙에 대해 전하는 일화에 따르면, 무엑스는 피켓을 들고 샤토 앞에서서 사람들의 방문을 유도했다고 한다. 결국 소식이 널리 퍼지면서 페트뤼스와 몇몇 포므롤 와인은 마니아층을 형성하기 시작했다. 오늘날 무엑스 일가는 수많은 샤토 전체 또는 일부 지분을 소유하고 있다. 캘리포니아 나파 밸리의 최상급 양조원인 도미너스(Dominus)도 이에 속한다.

포므롤은 작은 교회와 광장밖에 없는 아주 작은 마을이다. 건물들도 메도크에 비하면 작고 소박하다. 메도크의 샤토는 저택에 가깝고, 포도원 면적도 수십 또는 수백 에이커에 달한다.

가격과 재고 문제만 없다면, 페트뤼스와 르 팽은 반드시 경험해 봐야 한다(매해 500박스밖에 생산되지 않는다). 이 밖에도 주목할 만한 포므롤 샤토는 라 크루아드 게(La Croix de Gay), 라플뢰르(Lafleur), 레방질(L'Évangile), 라 콩세양트(La Conseillante), 세르탕드 메(Certan de May), 트로타누아(Trotanoy), 클리네(Clinet)다.

### • 기타 보르도 지역

보르도에서 별로 유명하지 않은 와인 산지는 테루아르의 역량이 상대적으로 떨어진다. 그런데도 비싼 가격표 때문에 놀랄 일도 없으면서 충분히 만족스러운 와인이 가득한 보물창고다.

### • 리스트락과 물리

메도크 내륙에 위치한 코뮌으로 유명 샤토인 마르고, 생줄리앙, 포야크, 생테스테프처럼 지롱드강 어귀의 자갈밭에 있지 않다. 강기슭에서 멀리 떨어져 있어 토양이 더 무겁고 수분 함유력이 높다. 그 결과 리스트락과 물리의 와인(주 품종은 카베르네 소비뇽)은 대체로 질감이 거칠고 세련미가 떨어진다.

### • 앙트르되메르

문자 그대로 '두 바다의 사이'란 의미에 걸맞게 지롱드강의 지류인 도르도뉴강과 가론강 사이의 광활한 산림지대와 구불구불한 언덕으로 형성돼 있다. 그림 같이 아름다운 대규모 와인 산지지만, 정작 와인은 매우 단조로운 편이다.

앙트르되메르 AOC는 오직 드라이 화이트 와인만 생산한다. 주 품종은 소비뇽 블랑이며, 가끔 세미용과 뮈스카델을 소량 섞어서 희미한 향신료와 꽃 향을 가미한다. 신선하고 가벼워 생선과 조개 요리에 잔잔하게 어울린다. 레드 와인도 상당수 생산되지만 대체로 화이트 와인보다 품질이 떨어지기 때문에 앙트르되메르 명칭은 쓰지 못하고 보르도 또는 보르도 쉬페리외르라고 표기된다.

### • 프롱삭과 카농프롱삭

수십 년 전부터 '비주류'에서 벗어나 유명세가 오르고 있는 산지다. 두 코뮌은 포므롤과 생테밀리옹보다 살짝 서쪽에 펼쳐진 언덕 지대에 자리 잡고 있다. 토양은 석회암이 듬성듬성 섞인 진흙과 모래밭이다. 최상급 와인은 블랙 라즈베리 풍미가 가득하며, 팽팽한 힘과 투박함이 느껴진다.

이곳에서는 오직 레드 와인만 생산한다. 주된 품종은 메를로이며, 카베르네 프랑이 그 뒤를 잇는다. 종종 카베르네 소비뇽을 소량 섞어서 구조감을 더한다.

### • 코트 드 보르도

포믈로, 생테밀리옹, 프롱삭, 카농프롱삭에서 멀리 떨어진 지점에 코트 드 보르도(Côtes de Bordeaux)라 불리는 위성지역이 있다. '보르도의 산비탈'이란 의미이며, 블라이(Blaye), 부르(Bourg), 카스티용(Castillon), 프랑(Franc) 등 네 개 주요 지역으로 구성된다. 각 지역의 이름에는 코트 드 보르도라는 지명이 따라붙는다. 예를 들어 블라이는 블라이-코트 드 보르도라고 부른다.

이곳은 언덕이 많은 지방으로 보르도에서 가장 오래된 와인 산지다. 이곳 포도나무는 무려 로마 시대에 심어졌다. 와인(레드, 화이트) 생산성이 높은 편이며, 대부분 매일 마시는 용이다(상태가 좋으면 만족스럽지만, 그렇지 않을 때는 얄팍한 느낌이다). 주 품종은 메를로지만, 코트 드 보르도의 레드 와인은 포므롤과 생테밀리옹 와인과 같이 깊은 자두 향, 복합미, 풍성함은 찾아보기 힘들다.

보르도 유명 당과인 카넬레(canelé)

## 보르도 음식

보르도는 프랑스에서 가장 감동적인 와인을 만들지만, 음식만큼은 그 명성을 전혀 따라가지 못한다. 사실상 프랑스 요리를 조금이라도 비하하는 말은 미식학적으로 신성모독처럼 여겨진다. 그러나 보르도는 불편한 역설을 보여 준다. 그토록 훌륭한 와인을 생산하는 프랑스 지역에서 어떻게 그토록 별로인 음식을 만드는 걸까?

첫 번째 추측은 보르도가 음식에 있어서 와인만큼 열성적이지 않다는 것이다. 몇 년 전 보르도의 한 저명한 샤토에서 저녁 식사를 할 기회가 있었다. 장엄한 18세기 풍 다이닝룸에 길이 6m의 식탁이 있었다. 그 위에 조상 대대로 내려온 은식기가 놓여 있고, 고풍스러운 크리스털 디캔터 세 개에 샤토의 오랜 빈티지 와인이 담겨 있었다. 그런데 저녁 식사는 감자, 그린빈, 닭고기였다.

감자, 그린빈, 닭고기라니? 물론 맛은 있었다. 윤기가 흐르는 프랑스산 감자, 연필처럼 얇은 강낭콩, 방사 사육한 닭이었으니 말이다. 아무리 그래도 이건 아니지 않은가?

한 가지 이해할 만한 설명이 있다. 보르도가 영국과 오랜 기간 유대관계를 맺어서 앵글로·색슨 성향에 가깝다는 것이다. 실제로 1152년 아키텐의 알리에노르가 헨리 2세와 결혼한 이후 3세기 동안 보르도 사람들은 자신을 프랑스인이 아닌 잉글랜드 주민으로 생각했다. 오늘날까지 영국은 보르도의 최대 시장으로 남아 있으며, 샤토 소유주 대부분이 완벽한 영어를 구사한다.

그런데 보르도 사람들에게 물어봤더니, 하나같이 잉글랜드와의 연관성을 부인했다. 이들이 말하길, 보르도 음식이 단조로운 이유는 결속력 강하고 부지런하며 보수적인 가정 특성상 현지에서 재배한 간소한 요리법을 선호하기 때문이라는 것이다. 이들이 추천한 보르도 최고의 식당들도 칠성장어 요리(강에 서식하는 장어처럼 생긴 크고 두툼한 생선을 레드 와인과 함께 냄비에 넣고 조리한 요리)나 먹음직스러운 양고기구이처럼 간단한 지역 특산 요리를 선보인다. 실제로 1970년대 전에는 겨울철 시골에서 방목하는 양들을 포야크, 생줄리앙, 생테스테프, 마르고에 데려와서 포도밭 이랑 사이에 자란 풀들을 뜯어 먹게 했다.

참, 그러면 앵글로·색슨 식성을 닮은 감자요리는 어떻게 설명할 것인가? 보르도는 푸아그라의 고장인 가스코뉴 바로 오른쪽 옆에 있다. 운이 좋다면, 오리 기름에 바삭하게 튀겨 낸 보르도 감자요리를 발견할 수 있다. 인생은 단 한 번뿐이다.

# 위대한 보르도 와인

## 화이트

### 도멘 드 슈발리에(DOMAINE DE CHEVALIER)

**페삭레오냥, 그라브 | 그랑 크뤼 클라세 | 소비뇽 블랑 70%, 세미용 30%**

도멘 드 슈발리에는 『더 와인 바이블』의 모든 에디션에 빠짐 없이 등장한다. 만약 지구상에 와인이 10 병만 남는다면, 도멘 드 슈발리에는 반드 시 포함되어야 한다.

이런 내 생각에는 변함이 없다. 도멘 드 슈발리에는 위대하고 세련된 보르도 화이트 와인이다. 독특한 개성과 풍성함이 시음자가 모든 생각을 멈추게 만든다. 거대한 풍미의 곡선을 따라 바다로 휩쓸려 간 듯한 소금기부터 시작해서 아름다운 밀랍의 파도를 타고 짭짤한 야생성으로 흘러간다. 와인이 숙성되면, 꿀마저 시기할 복합적인 꿀맛을 띠게 된다. 올리비에 베르나르가 소유한 도멘 드 슈발리에 양조장은 보르도에서 드물게 샤토가 아닌 도멘(domaine)이다.

### 샤토 파프 클레망(CHÂTEAU PAPE CLÉMENT)

**페삭레오냥, 그라브 | 그랑 크뤼 클라세 | 소비뇽 블랑 75%, 세미용(소비뇽 그리, 뮈스카델) 20%**

역대 가장 유명한 소유주였던 교황 클레멘스 5세(Pope Clément V)의 이름을 따서 파프 클레망이라 명명한 화이트 와인은 금빛의 농후함과 감미로움을 지녔다(레드 와인도 그만큼 유명하다). 멜론, 소금기, 라임의 풍미와 가볍지만 훌륭한 허브 향은 허브 식물의 네온 버전을 마시는 듯한 느낌을 준다. 수많은 최상급 보르도 화이트 와인과 마찬가지로 샤토 파프 클레망도 양초 같은 아로마와 질감을 가졌다는 긍정적인 평가를 받는다.

## 레드

### 샤토 레오빌 바르통(CHÂTEAU LÉOVILLE BARTON)

**생줄리앙 | 2등급 | 카베르네 소비뇽 약 75%, 나머지는 메를로와 카베르네 프랑**

프랑스 혁명 당시 레오빌은 하나의 거대한 양조장이었다. 그러나 오늘날 레오빌 바르통, 레오빌 라 카즈, 레오빌 푸아페레 등 세 곳으로 나뉘었다. 세 곳 모두 뛰어나고 숙성력 좋은 와인을 만들지만, 개인적으로 레오빌 바르통을 가장 좋아한다. 나파 밸리의 한 레스토랑에서 내 친구가 1945년산 레오빌 바르통을 꺼냈는데, 내 인생 최고의 와인 중 하나로 기억한다. 그래서 최근 빈티지를 마실 때마다 1945년산의 맛을 떠올려 본다. 최근 빈티지 중 최상급에서 비슷한 맛을 찾았는데, 활강하는 완전무결한 구조감, 티끌 하나 없이 순수한 풍미, 농축도, 신선함, 밸런스가 돋보였다. 레오빌 바르통은 어릴 때도 잠잠한 웅장함을 지니고 있다. 1855년 등급 지정 당시 보르도에서 유일하게 한 가문(바르통 일가)이 두 양조장을 소유했는데, 그중 하나다.

### 클로 푸르테(CLOS FOURTET)

**생테밀리옹 | 프르미에 그랑 크뤼 클라세 | 메를로 85%, 카베르네 소비뇽 10%, 카베르네 프랑 5%**

클로 푸르테는 중세 시대에 생테밀리옹 마을을 방어하던 작은 요새였다. 클로 푸르테라는 이름도 요새를 뜻하는 'Camfourtet'에서 유래했다. 포도밭은 생테밀리옹 고원에서 가장 높은 산비탈의 석회암 노두에 자리 잡고 있다(1600년대에 처음으로 포도나무를 심었다). 와인은 싱그러운 삼나무, 바닐라 빈, 아시아 향신료, 파이프 담배, 블랙 커런트의 깊고 풍부한 아로마가 느껴진다. 경이로운 광물성과 신선함과 더불어 사랑스러운 부드러움과 달콤한 풍미가 흠잡을 데 없이 육중한 구조감과 병렬을 이룬다. 모든 위대한 보르도 와인이 그렇듯, 클로 푸르테도 여운이 남는 피니시가 길게 이어진다.

### 샤토 라 크루와 드 게(CHÂTEAU LA CROIX DE GAY)

**포므롤 | 메를로 90%, 카베르네 프랑 10%**

라 크루와 드 게를 머금는 순간, 숨이 멎을 듯한 황홀감이 입안에 서서히 번진다. 최상의 빈티지는 은은하고 정교한 자두, 제비꽃, 블랙 커런트의 풍미가 물결치며, 극적인 향신료와 감미로운 바닐라 향이 입안을 옭아맨다. 질감은 벨벳 같다. 굉장히 호화스러우면서도 상당히 견고한 구조감을 자랑한다. 포므롤의 자갈과 진흙질 고원에 있는 샤토 라 크루와 드 게는 현재 양조장 면적이 그리 넓지 않다. 몇 년에 걸쳐 포도원 일부를 도멘 드 바롱 드 로칠드(라피트)에게 팔았기 때문이다. 로칠드 가문이 소유한 샤토 레방질에 사용될 포도를 확보하기 위해서다.

## 샤토 발랑드로(CHÂTEAU VALANDRAUD)
**생테밀리옹 | 프르미에 그랑 크뤼 클라세 |**
**메를로 65%, 카베르네 프랑 25%, 말베크 5%**

샤토 발랑드로는 카시스, 야생 허브, 야생화 헤더, 바닐라, 시가 케이스의 풍미가 입안에서 점진적으로 휘몰아치는 놀라운 생동감을 선사한다. 와인의 밀도와 농축도가 고유한 감미로움을 완성하며, 동시에 고급스러운 타닌감이 뛰어난 숙성력을 증명한다. 발랑드로의 설립자는 뮈리엘 앙드로(현재도 와인을 생산함)와 장뤽 튀느뱅이다. 튀느뱅은 본래 도매상이었는데 프랑스 등급 체계를 과시하는 태도 때문에 생테밀리옹의 '나쁜 남자'라는 별명이 붙었다(비를 피하려고 발랑드로 포도밭에 비닐을 씌운 적도 있다). 첫 빈티지는 빌린 차고에서 탄생했다. 오늘날 샤토 발랑드로는 보르도의 '차고 와인(Garage Wine)' 운동의 시초로 유명해졌다.

## 샤토 로장세글라(CHÂTEAU RAUZAN-SÉGLA)
**마르고 | 2등급 | 카베르네 소비뇽 60%,**
**메를로(카베르네 프랑, 프티 베르도) 35%**

샤토 로장세글라는 어릴 때도 놀라운 순도와 복합미를 여과 없이 드러낸다. 풍부한 블랙 커런트와 다즙한 크랜베리 풍미가 급류처럼 밀려오고, 선명한 제비꽃과 바닐라 향과 어둡고 심오한 풍미가 진동한다. 피니시는 짧지만 우아하고 강렬하다. 마르고 외곽에 있는 샤토 로장세글라는 1600년대에 세워졌으며, 1700년대에 최상급 보르도 와인으로 인정받았다(토머스 제퍼슨이 백악관을 위해 10상자를 구매했다). 1980년대 초, 보르도의 저명한 교수인 에밀 페노가 와인학 자문으로 고용되면서 양조장도 환상적인 와인을 생산하기 시작했다. 1980년대, 샤넬의 소유주인 베르트하이머 형제가 양조장을 매입한 후 수백

만 유로를 투자해서 샤토, 양조장, 포도밭을 현대화했다.

## 샤토 몽로즈(CHÂTEAU MONTROSE)
**생테스테프 | 2등급 | 카베르네 소비뇽 65%, 메를로 25%,**
**카베르네 프랑 10%**

샤토 몽로즈는 샤토 코스 데스투르넬과 더불어 생테스테프 양조장의 양대 산맥이다. 위치가 지롱드강 어귀에 가까워서 토양층이 비교적 깊고, 와인은 대체로 거칠다. 코스 데스투르넬과 몽로즈는 정교하고 아름다운 구조감을 가졌다. 그러나 이 둘을 제외한 나머지는 포야크의 매끈함과 마르고의 관능적 질감과 거리가 멀다. 이번에 샤토 몽로즈에 관해 쓰게 된 이유는 와인 양조시설을 대대적으로 개조하고 포도원을 개선한 결과, 고급스러운 타닌에서 비롯된 견고한 구조감, 호화롭고 풍부한 단맛을 가진 훌륭한 와인이 탄생했기 때문이다. 19세기 초에 설립된 샤토 몽로즈는 현재 부이그(Bouygue) 일가의 소유다. 부이그 일가는 통신, 에너지 등의 사업을 하는 부이그 그룹의 소유주다.

## 샤토 피숑 바롱(CHÂTEAU PICHON BARON)
**포야크 | 2등급 | 카베르네 소비뇽 65%, 메를로 35%**

피숑 바롱은 보르도 최강의 파워풀함과 풀보디감을 가진 동시에 최상의 우아함까지 갖췄다. 어둡고 농후한 피숑 바롱은 검은 감초, 블랙 체리, 아시아 향신료, 시가 케이스, 덤불의 아로마와 풍미가 와인잔을 타고 올라온다. 장엄하고 매끈한 타닌감이 도드라지는 천상의 질감을 가졌다. 나는 운 좋게도 여러 빈티지를 마실 기회가 있었다. 또한 40년이 지난 후에도 여전히 휘황찬란하고, 너그럽고, 생동감 넘친다는 사실을 체험했다. 특히 2000년도 빈티지가 매우 훌륭하다. 피숑 바롱은 한때 피숑 롱그빌 콩테스 드 라랑드를 포함한 대규모 포야크 양조장에 속해 있었다. 피숑 바롱의 포도나무는 60살이 넘었으며, 포도밭은 샤토 라투르가 보이는 고원의 깊은 자갈층에 자리 잡고 있다. 현재 피숑 바롱의 소유주는 프랑스 대형 보험사인 AXA 밀레짐이다.

# CHAMPAGNE 샹파뉴

와인 애호가에게 샴페인은 단순한 와인이 아니다. 샴페인은 마음의 상태를 대변한다. 우리는 샴페인 한 잔을 받아 들고 아찔한 쾌락에 몸과 마음을 내던진다. 단순한 음료가 이처럼 탁월성을 획득하고, 차별성 덕분에 수익성이 한껏 높아진 배경에는 복잡한 내막이 있다.

이 이야기는 7,000만 년 전인 중생대로 거슬러 올라간다. 당시 선사시대의 광활한 해양이 프랑스 북부와 영국을 뒤덮고 있었다. 물이 빠지면서 거대한 석회암 지대인 파리 분지가 드러났다. 이곳 토양은 미네랄과 해양 화석이 풍부했다. 이 지질학적 유산에서 쌀쌀하고 아름다운 샹파뉴 포도밭이 탄생했다. 샹파뉴는 일조량이 부족해서 포도나무는 내한성을 최대치로 발휘해야 한다. 2020년 평균 기온도 11℃를 넘지 못했다. 샴페인은 파리에서 북동쪽으로 145km 떨어진 샹파뉴 지역에서 생산된다. 이곳 포도원의 땅값은 프랑스에서 가장 비싸다. 심지어 세계 몇몇 지역과 견주어도 가장 비싼 편에 속한다. 2020년, 샹파뉴 포도원 땅값은 에이커당 60만 달러(헥타르당 135만 유로)를 넘어섰다. 1만 6,000명이 넘는 재배자가 포도원을 소유하고 있다. 약 360곳의 와인 회사가 이곳에서 재배된 포도로 샴페인을 만든다. 유명 상호로는 로드레(Roederer), 모엣&샹동(Moët & Chandon), 크루그(Krug), 볼랭제(Bollinger), 테텡제(Taittinger)가 있다. 이 밖에도 1만 6,100명 재배자가 4,500개 이상의 뛰어난 한정판 샴페인을 생산한다. 또한 콜레(Collet), 니콜라 푀야트(Nicolas Feuillatte) 등 품질이 뛰어난 샴페인을 자랑하는 140개 협동조합이 있다.

> "상큼한 와인의 반짝이는 거품은 우리 프랑스인의 눈부신 이미지를 대변한다."
> -볼테르

모엣&샹동의 온실

샹파뉴라는 이름은 16세기에 처음 사용된 것을 랭스 시외 지역을 의미하는 라틴어 'CAMPAGNIA REMENSIS'에서 유래됐다.

## 동 페리뇽 - 사업가 수도승

샴페인은 한 사람의 손에서 탄생하지 않았지만, 피에르 페리뇽은 여러 혁신적 성직자 중에서도 샴페인 수준을 한 단계 끌어올린 장본인이다('동'은 성직자를 부르는 경칭이다).

페리뇽은 29세의 나이에 오빌레 수도원(현재 모엣&샹동 소유)에 파견됐다. 얼마 지나지 않아 재무관으로 임명됐고, 와인을 비롯해 수도승에게 필요한 생필품 관리를 하게 됐다.

페리뇽 본인은 와인을 마시지 않았을지언정 열정적인 와인 양조자이자 유능한 사업가였다. 그는 수도원 포도밭의 규모를 확장하고, 이곳 와인의 가치를 높이는 데 성공했다. 그 결과 1700년에 오빌레 와인의 가격은 보통 샴페인의 네 배에 달했다.

페리뇽과 수도승(와인 양조자) 동료들은 최초로 적포도를 이용해 맑은 화이트 와인을 만드는 기술을 터득했다. 지금은 화이트 와인을 쉽게 만들지만, 17세기 전환기에 화이트 와인은 청포도로 만들거나, 적포도 껍질과 접촉해 회색이 감도는 분홍색 '화이트' 와인이었다. 페리뇽은 포도 재배와 와인 양조과정에서 일관성, 명확성, 규정을 광적으로 중시했다.

그는 포도나무 가지를 가차 없이 쳐내고, 비료를 최소한만 사용했다. 이렇게 포도의 생산성을 낮춤으로써 과실의 농축도를 높였다. 또한 포도의 섬세한 아로마와 풍미가 오후 햇볕에 희석되지 않게, 포도는 반드시 이른 아침에 따도록 지시했다. 그리고 포도를 최대한 빨리 압착할 수 있도록 포도밭에 압착기를 설치했다.

이 밖에도 페리뇽은 최초로 와인을 포도밭 구획별로 구분해서 보관했다. 또한 여러 스틸 와인을 블렌딩하면 훨씬 흥미로운 샴페인이 탄생한다는 사실도 최초로 발견했다. 무엇보다 그는 샴페인의 신선도를 보존하기 위해 산화에 취약한 나무 배럴 대신 유리병에 보관하는 방법을 최초로 시도했다.

이런 혁신적 아이디어 덕분에 샴페인은 대대적인 발전을 이룩했다. 다만 페리뇽이 샴페인의 거품을 어떻게 생각했는지는 미지수다. 초반에는 거품을 없애려고 노력했지만, 결국 실패했다. 샴페인 역사학자들은 사업적 감각이 뛰어났던 페리뇽이 종국에는 거품이 샴페인의 상업적 성공의 열쇠가 되리라고 이해한 것으로 추정한다.

샹파뉴 지역은 로마 시대부터 와인을 만들기 시작했다. 당시 주민들에 따르면, 이곳 와인(레드, 화이트)은 거품이 크게 일기보다는 잔거품이 보글거리는 정도였다. 샹파뉴는 값비싼 고급 섬유산업으로 유명한 부촌이었는데, 중세 시대에 지역 유지들이 와인에 깊은 관심을 보이기 시작했다. 실제로 부유한 독일 출신 섬유회사가 샴페인 회사를 차린 경우가 많다. 그래서 크루그(Krug), 하이직(Heidsieck), 뭄(Mumm), 도츠(Deutz) 등의 이름이 많다.

17세기가 끝나갈 무렵, 우리가 아는 샴페인 형태인 블레딩한 스파클링 와인이 등장하기 시작했다. 샴페인은 동 페리뇽이란 수도승이 갑작스레 만들어 낸 결과물이 아니다(물론 품질 향상에 지대한 영향을 끼친 인물임은 틀림없다). 샴페인은 자연발생적 우연과 샹파뉴 사람들이 수십 년간 노력한 결과 탄생한 진귀한 발견이다.

비결은 바로 기후였다. 샹파뉴는 세계에서 가장 추운 와인 산지다. 역사적으로 와인은 가을에 만들어서 겨울 동안 숙성시킨다. 낮은 기온이 효모를 마비시켜서, 모든

포도당이 알코올로 변하기 전에 잠시 발효를 멈춘다. 봄이 찾아오면, 와인과 효모가 다시 따뜻해지면서 잔잔하게 보글거리거나 기포가 올라온다. 이는 발효가 재개됐다는 신호다.

샹파뉴 사람들은 수 세기 동안 이런 현상을 달가워하지 않았다. 프랑스 미생물학자이자 화학자인 루이 파스퇴르가 1860년에 효모가 발효를 일으킨다는 사실을 밝혀내기 전까지, 와인의 거품은 두려움의 대상이었다. 설상가상 샹파뉴 와인에만 이런 이상한 현상이 발생했다. 샹파뉴의 숙적인 부르고뉴 와인에서는 절대 거품이 일지 않았다.

17세기 수도승 출신의 와인 양조자들은 샴페인과 동 페리뇽의 거품을 보고 기겁하며, 발포현상을 가라앉힐 기술을 개발하려고 애썼다. 현재 기준으로 당시 샴페인을 보면, 샴페인이라 부를 수 없을 정도였다. 당시 와인은 탁하고 까끌까끌하고 부글거리는 분홍빛이 도는 주황색 와인이었으며, 종종 산화되고 단맛이 강해서 산미가 거의 느껴지지 않았다(당시 당밀 같은 제품을 가미

## 샴페인 맛보기

샴페인은 세계에서 가장 독특한 아로마, 질감, 풍미를 갖춘 와인이다. 샴페인은 오직 샹파뉴 지역에서만 생산된다. 샹파뉴의 차가운 기온과 석회암 토양이 독특한 테루아르를 형성한다.

모든 샴페인은 스틸 와인을 최대 100종까지 블렌딩한 와인이다. 따라서 샹파뉴의 와인 양조자들은 블렌딩 기술을 가장 중시한다.

샴페인은 2차 발효라는 복잡하고 수고스러운 과정을 거쳐서 완성된다. 와인을 밀봉한 후 2차 발효가 시작되면서 천연 이산화탄소 가스가 병에 갇히는데, 이 가스가 샴페인의 거품이 된다.

했을 것이다).

샹파뉴 사람들은 와인을 개선하기 위해 한 가지 실험을 했다. 와인을 유리병에 보관해서 신선도와 숙성력을 높이는 것이었다. 당시 샴페인은 법에 따라 배럴에 넣고 판매했다. 이 방식이 액체를 개량하고 세금을 매기는 데 용이했기 때문이다. 배럴을 배에 실어서 샹파뉴의 마른강을 타고 파리의 센강을 통해 영국으로 수출했다. 산업혁명이 막 시작된 영국에서는 견고한 유리병과 밀폐력이 뛰어난 코르크 마개가 널리 사용됐다. 잉글랜드와 포르투갈의 안정적인 무역 관계가 이에 일조했다. 당시 포트와인을 병입하고 코르크 마개로 밀봉하는 방식이 이미 상업화됐기 때문이다. 17세기 말, 영국 와인 상인들은 샴페인을 배럴로 수입해서 영국산 유리병에 옮겨 담기 시작했다. 그리고 단맛을 좋아하는 국내 소비자를 겨냥해서 와인병을 밀봉하기 전에 미량의 설탕을 가미했다. 그러자 와인에 들어 있던 천연 효모들이 기다렸다는 듯이 설탕을 먹어 치웠고, 발효가 재개되면서

테텡제(Taittinger) 샴페인 회사의 눈부시게 멋진 백악갱

## 왕의 대성당 - 왕의 와인

샴페인이 왕의 와인이란 수식어를 갖게 된 이유는 랭스 대성당과의 연관성 때문이다. 랭스 대성당은 역대 모든 프랑스 왕의 대관식이 거행된 장소다. 13세기에 성모 마리아를 기리기 위해 세워진 이곳은 508년에 프랑크 왕국의 클로비스 1세가 세례를 받은 현장이기도 하다(481년 클로비스 1세의 대관식은 현대 프랑스의 탄생으로 여겨진다).

1211년 로마네스트 대성당 두 곳이 있던 부지에 랭스 대성당을 짓기 시작해서 100년이 흐른 후에 완공했다. 높이 35m의 인상적인 스테인드글라스 창문과 조각상 2,300개(본래 밝은 색상)와 함께 역대 가장 훌륭한 고딕풍 대성당으로 여겨졌다.

샤르트르 대성당에 버금가는 명성을 누리는 랭스 대성당의 거대한 스테인드글라스 창문은 17세기부터 한 유리 제조 가문(시몽 일가)이 관리했다. 2차 세계대전 당시에는 폭격을 피해 스테인드글라스를 한 장씩 일일이 떼어 내서 숨겼다. 덕분에 도시가 거의 무너진 상황에서도 스테인드글라스는 무사할 수 있었다. 1954년 샴페인 양조자들은 자크 시몽에게 샹파뉴의 포도밭과 와인 양조장 모습을 담아낸 세 폭의 스테인드글라스를 추가 제작하라고 주문했다. 대성당 입구에는 다윗과 골리앗, 성모 마리아의 대관식, 역대 프랑스 왕, 유명한 미소 짓는 천사(L'Ange au Sourire) 등 고딕풍 대성당에서 흔히 볼 수 있는 인상적인 조각상들이 놓여 있다.

랭스 대성당의 미소 짓는 천사 조각상

거품이 더욱 많이 생성됐다. 단, 이번에는 기포가 병 속에 갇힌 상태였다. 와인을 개봉하면 펑 하는 소리가 힘차게 울렸다. 우연에 의한 결과는 매력적이었다. 샴페인은 고유한 차별성까지 획득했다.

샹파뉴 사람들도 이 매력에 동의하기 시작했다. 1728년,

**위대한 샴페인은 휘핑크림을 휘감은 칼처럼 두 특징이 서로 대비되는 긴장감을 느끼게 한다. 여기서 '칼'은 샴페인의 뛰어난 산미고, '휘핑크림'은 샴페인을 쉬르 리 숙성시켰을 때 생기는 크리미한 질감을 의미한다.**

프랑스 왕 루이 15세는 와인병 크기를 규격화하고, 병입한 샹파뉴 와인의 수출을 처음으로 허가했다. 샹파뉴 와인은 해외에서 큰 성공을 거두었다. 그런데 병입한 샴페인은 배럴 샴페인보다 두 배 더 비쌌다(당시 와인병의 20%가 내부 거품의 압력 때문에 폭발했다. 와인병 수십만 개를 운반하는 일은 고된 작업이었다). 샴페인의 보글거리는 거품과 경쾌하게 펑 하고 터지는 소리는 언제나 멋지다. 곧이어 샹파뉴에는 불을 때서 아름다운 와인병을 만드는 가마가 대거 생산됐다. 그런데도 여전히 문제가 있었다. 유리병은 개선됐지만(와인잔도 점점 투명도가 높아짐), 샴페인은 죽은 효모 세포 때문에 여전히 색이 탁했다. 애호가들은 샴페인의 독특한 거품을 직접 보고 싶어 했다. 1800년

대 초반에는 샴페인에서 죽은 효모 세포를 걸러 내기 위해 이 병에서 저 병으로 옮겨 담았다. 물론 샴페인을 디캔팅하는 횟수가 많아질수록 샴페인은 점점 밋밋해져 갔다.

해결책은 '르뮈아주(rémuage)'라는 작업이었다. 프랑스어로 '휘젓다'라는 의미의 동사 'remuer'에서 파생된 용어로, 영어로는 리들링(riddling)이라 부른다. 오늘날 르뮈아주는 얼음덩어리 상태의 효모를 제거하는 작업을 말한다. 르뮈아주 기법은 1816년에 앙투안 드 뮐러가 발명했다. 그는 니콜 퐁사르당 클리코가 소유한 샴페인 회사인 뵈브 클리코(Veuve Clicquot)의 셰프 드 카브(cehf de cave), 즉 양조장 총책임자다.

이후 샴페인은 발전을 거듭했다. 포도를 더 숙성시켜서 풍미를 개선한 덕분에 샴페인의 풍미도 한층 향상했다. 베이스 와인의 거칠고 시며 얄팍한 맛이 줄어들자 최종 와인에 별도로 단맛을 가미해서 밸런스를 맞출 필요가 없어졌다. 이에 따라 샴페인도 점점 드라이해지기 시작했다.

시간이 흐를수록 샴페인 회사들은 샴페인을 디저트 와인이 아닌 아페리티프(식전주)로 포지셔닝함으로써 새로운 시장을 개척하고 매출을 키우고 싶어졌다. 가장 먼저 드미섹 샴페인을 출시했다. 드미섹 버전이 성공을 거두자, 이번에는 드라이 샴페인을 선보였다(현재 기준으로 여전히 스위트한 편에 속한다). 1840년대 영국에 한층 더 드라이한 샴페인을 원하는 소비층이 생겨났다. 이에 샴페인 회사들은 영국 시장을 겨냥해 '엑스트라드라이(extra-dry)' 샴페인을 만들었다. 이후 전 세계 샴페인 회사들은 영국의 기호를 좇아 '브뤼(brut)'라는 훨씬 더 드라이한 버전을 출시했다(이것이 바로 엑스트라드라이보다 드라이한 와인을 브뤼라고 부르게 된 배경이다).

1846년 페리에주엣(Perrier-Jouët)은 샴페인에 설탕을 아예 생략하는 급진적 시도를 감행했다. 그러나 샴페인을 마셔 본 이들은 맛이 너무 격렬하다는 반응을 보였다. 1874년 포므리(Pommery) 샴페인 회사에서 '나튀르(Nature)'라는 최초의 본드라이(bone-dry) 와인을 선보였다.

샴페인을 갈수록 드라이하게 만드는 추세는 현재까지 이어지고 있다. 맛의 기호와 포도 재배 및 와인 양조 기술의 발전뿐 아니라 지구온난화로 인한 포도의 과숙도 이에 일조했다. 20년 전 브뤼 샴페인의 리터당 당분은 12~15g(1.2~1.5%)였다. 오늘날 최상급 브뤼 샴페인의 경우 리터당 당분은 7~9g(0.7~0.9%)로 예전보다 훨씬 적다. 최근 10년간 가장 높은 성장세를 보인 샴페인 종류도 가장 드라이한 브뤼 나튀르와 엑스트라 브뤼 샴페인이다(리터당 당분은 각각 3g, 6g 이하이며, 비율은 0.3%, 0.6%다).

19세기 말 샴페인 회사들은 발전을 거듭한 결과 판매량이 증가하는 등 큰 성공을 거두자 이번에는 귀족, 왕족, 전 세계 부유층을 겨냥한 엘리트용 샴페인 판촉에 나섰다. 20세기 초반, 샴페인은 전설처럼 명품의 지위에 올라섰다.

## 펑 소리는 금물

샴페인 병 속의 압력은 6기압 이하로 트럭 타이어와 비슷하다. 그만큼 압력이 강하기 때문에 코르크 마개는 놀라우리만큼 높이 날아간다. 그러나 이는 개봉 방법이 잘못됐기 때문이다. 안전한 개봉 방법은 오른쪽에 적어뒀다. 샴페인을 올바른 방법으로 개봉하면, 큰소리로 펑 터지기보다는 가볍게 쉬익 소리가 난다. 미투(#MeToo) 운동이 발발하기 이전, 프랑스 남자들은 샴페인을 땄을 때 나는 소리가 '만족한 여자의 신음보다 크면 안 된다'고 말하곤 했다. 프랑스 남자도 어쨌거나 프랑스인 아닌가. 솔직히 신음 얘기도 틀린 말은 아니다.

1 코르크 마개를 둘러싼 포일을 벗긴다. 이때 철사망은 빼지 않는다.

2 코르크 마개가 날아가지 않게 엄지로 마개를 단단히 누른다.

3 다른 손으로 꼬여있는 철사를 풀어서(6번 정도 돌림) 철사망을 느슨하게 만든다. 마개에서 철사망을 완전히 벗길 필요는 없다.

4 코르크 마개를 단단히 잡고 한쪽으로 마개를 돌려서 뺀다. 동시에 병을 반대 방향으로 돌린다.

# 샹파뉴 포도 품종

## 화이트

◇ 아르반(ARBANE), 프티 멜리에(PETIT MESLIER), 피노 블랑(PINOT BLANC), 프로망토(FROMENTEAU) 역사적으로 샹페인에 사용하도록 법적 허가를 받은 품종이다. 그러나 샹파뉴 포도 생산량의 1% 미만으로 극히 소량만 생산된다. 프로망토는 포도 껍질이 분홍색을 띠며, 피노 그리의 현지 명칭이다.

◇ 샤르도네(CHARDONNAY) 모든 샴페인에 들어가는 주요 품종으로 가벼움, 정교함, 숙성력이 뛰어나다. 블랑 드 블랑(blanc de blancs)이라 불리는 샴페인은 오직 샤르도네만 사용한다.

## 레드

◇ 피노 뫼니에(PINOT MEUNIER) 엄밀히 따지자면 별개의 품종이 아니라 피노 누아의 클론이다. 샴페인의 3대 주요 품종에 속할 정도로 중요하지만, 숙성력은 셋 중 가장 낮다. 와인에 과일 향과 보디감을 더한다.

◇ 피노 누아(PINOT NOIR) 샴페인의 두 주요 적포도 중 가장 유명하다. 와인에 풍성함, 보디감, 질감, 아로마를 더한다.

## 땅과 포도 그리고 포도원

샹파뉴는 위대한 종교적, 역사적 의미를 품은 경건한 장소다. 토스카나의 자유분방함과 나파 밸리의 뜨거운 에너지와는 거리가 멀다. 와인을 둘러싼 그 모든 즐거움에도 불구하고, 샹파뉴는 1차, 2차 세계대전의 피 묻은 비극으로 갈가리 찢기고 또 찢겼다. 그래서인지 샴페인에서 황홀한 거품처럼 손에 닿을 듯한 신성함이 느껴진다. 프랑스 국립원산지 통칭 협회(Institut National des Appellations d'Origine, INAO)가 1927년 조사한 바에 따르면, 샹파뉴의 경작지 면적은 340㎢(3만 4,000헥타르)였다. 이는 필록세라가 발병하기 이전 면적의 절반에 해당하는 크기다(29페이지 참고). 이 중 97%가 이미 재배 중이다. 즉, 샹파뉴 포도밭 전체를 합치면, 네바다주의 라스베이거스 안에 쏙 들어간다.

AOC가 100개 이상인 부르고뉴와 60개 이상인 보르도와 달리, 샹파뉴는 AOC가 샹파뉴 단 하나다(전 세계 와인 산지 중 가장 엄격한 규제 아래 관리된다). 샹파뉴는 마을 319곳에 산재한 포도원 28만 2,000개에서 매년 샴페인 3억 병을 생산한다. 1900년대 중반 '에셸 데 크뤼(échelle des crus)'라 불리는 등급 체계에 따라 마을들은 그랑 크뤼(Grand Cru, 17곳), 프르미에 크뤼(Premier Cru, 42곳), 크뤼(Cru, 260곳)로 분류됐다. 한 마을의 포도원들은 모두 같은 등급이다. 그렇다면 등급이 얼마나 중요할까? 내 경험상 대부분의 훌륭한 샴페인은 그랑 크뤼 또는 프르미에 크뤼 포도원 출신이다. 즉, 두 등급의 차이는 미미하다. 특히 마뢰이쉬르아이(Mareuil-sur-Aÿ)는 프르미에 크뤼지만, 매년 그랑 크뤼에 버금가는 품질의 와인을 만드는 것으로 유명하다.

**샹파뉴는 기후변화의 위기를 깨닫고 2003년에 탄소발자국을 측정하고 야심찬 환경계획을 세운 세계 최초의 와인 산지다. 2075년까지 탄소 배출량 75% 감축을 목표로 설정했으며, 2019년에 20%까지 감축하는데 성공했다. 2010년 공식 샴페인병의 무게를 65g 줄임에 따라 이산화탄소 배출량도 매년 8,800톤 감소했다.**

이 지역에서 생산하는 와인의 스타일은 두 가지 자연현상에서 기인한다. 북부성 기후와 석회질 토양이다. 기후면에서 샹파뉴는 종종 위태롭다. 앞서 설명했듯, 평균 기온이 11℃다. 봄에는 치명적인 서리가 수시로 내린다. 여름에는 우박이 느닷없이 떨어진다. 늦여름에는 무덥고 비가 많이 내려서 포도가 물에 잠기거나, 썩거나, 반점이 생긴다. 한마디로 샹파뉴 포도는 수많은 역경을 겪는다. 역사적으로 샹파뉴는 포도나무를 의도적으로 땅에 밀착되게 키웠다. 백색 토양에 반사된 햇빛을 흡수하기 위해서다. 그러나 과거에 비하면 현재 기후는 온화한 편이다. 최근 수확시기는 30년 전보다 평균 18일 앞당겨졌다.

샹파뉴의 유명한 백색 토양은 석회석이다. 구체적으로는 탄산칼슘이 풍부한 다공성의 석회석인 백악이다(아래의 '백악인가 석회석인가?' 참고). 영국 도버의 백악 절벽과 샹파뉴를 아우르는 '백색 초승달 지대'는 한때 선사시대 해양 분지였다. 약 7,000만 년 전으로 물이 사라진 자리에 석영과 지르콘 등의 미네랄과 성게, 해면, 해양 동물의 화석화된 잔해가 남았다. 화석 덕분에 백악과 이회토(탄산칼슘, 진흙, 실트가 뒤섞인 석회석의 일종)가 형성됐다. 그로부터 수백만 년 이후, 격렬한 지진이 발생

백악이 섞여 있는 샹파뉴의 토양

해서 백악, 이회토, 미네랄이 뒤섞였다. 현재의 최상급 샹파뉴 포도밭은 그때 형성된 비탈면에 자리 잡고 있다. 샹파뉴의 시골길을 걷다 보면 민둥민둥한 백색 노두가 심심치 않게 보인다. 그곳엔 포도나무 뿌리가 깊게 파고들었다가 남긴 맨흙의 잿빛 구멍이 그대로 드러나 있다. 다공성의 무른 백악토는 포도나무가 물을 찾아 뿌리를 깊게 내리기 유리하다. 백악토는 배수력도 뛰어나지만, 매우 건조한 여름철에는 포도나무에 물을 공급하는 저수지 역할도 한다.

앞서 설명했듯 샴페인은 언제나 세 가지 주요 품종을 기반으로 만들어진다. 바로 샤르도네, 피노 누아, 피노 뫼니에다. 이 중 피노 뫼니에는 별도의 품종이 아니라 피노 누아의 클론에 가깝다. 세 품종은 각각 샹파뉴의 특정 구역에서만 재배된다.

예를 들어 샤르도네는 주로 백악질 석회석 토양에서 재배된다. 좋은 조건에서 자란 샤르도네는 와인에 초현실

### 백악인가 석회석인가?

와인에 대해 이야기할 때, 진귀한 토양을 가리켜 백악과 석회석을 혼용할 때가 있다. 그러나 엄밀히 따지자면 이 둘은 완전히 똑같지 않다. 백악은 석회석이지만, 석회석은 백악이 아닐 수도 있다.

석회석은 샹파뉴, 부르고뉴, 일부 루아르 밸리 지역, 스페인, 이탈리아, 잉글랜드 남부, 사우스오스트레일리아 등 수많은 와인 산지에서 발견된다. 석회석은 조개껍데기, 미세한 탄산칼슘 입자로 구성된 해양성 퇴적암이다. 석회암은 다양한 조건에서 형성되기 때문에 종류도 다양하다. 석회석 종류는 백악, 이회토(진흙, 실트와 섞인 탄화칼슘), 패각암(조개껍데기 조각으로만 구성된 암석), 어란상 석회암(난류의 형상대로 동심원상 구조가 생성된 탄화칼슘 입자) 등이 있다. 대리석도 석회석의 한 종류로, 석회석암이 강한 압력과 열을 받아 형성된 변성암이다. 모든 석회석 종류가 포도재배에 적합한 건 아니다. 그러나 백악은 다공성의 무른 석회석이라서 포도나무가 뿌리내리기 쉽고, 배수도 용이하다. 특히 산도가 높은 포도에 적합하다. 그래서 샹파뉴와 부르고뉴는 백악을 선호한다. 기후 때문에 포도의 산도가 높고, 강우량이 많아 배수력이 좋은 토양이 유리하기 때문이다.

과학적으로 와인에서 석회석이나 백악의 맛은 느껴지지 않는다. 그러나 와인 전문가들은 석회석이나 백악질 토양에서 생산된 와인만의 고유한 특성이 있다고 주장한다. 난 개인적으로 샴페인의 특징이 입안에 대리석 달빛을 흩뿌린 듯한 뻣뻣한 느낌이라고 생각한다.

## 경탄을 부르는 백악갱

4세기에 로마인들은 갈리아 지역의 랭스 도시 건설에 필요한 돌을 구하기 위해 깊고 거대한 백악질 채석장 300곳을 채굴했다. 오늘날 샴페인 회사들은 이 수직 백악갱들을 샴페인을 숙성시키는 저장실로 활용하고 있다. 백악갱은 물리법칙을 거스르는 기적의 건축물이다. 으스스한 분위기를 자아내는 고요하고 추우며, 어둡고 습한 저장실로 내려가는 경험은 와인 애호가라면 절대 놓쳐서는 안 될 신비로운 기회다. 최고급 백악은 지하 깊은 곳에 있어 백악갱은 37m 깊이까지 내려가기도 한다. 백악갱은 피라미드처럼 생겼다. 위쪽은 높고, 밑바닥은 넓다(공기의 노출을 제한해서 백악을 습하고 무른 상태로 유지하기 때문에 깎아 내기 쉽다). 1차 세계대전 때 랭스가 집중 폭격을 당

1차 세계대전 당시 포므리 지하의 백악갱은 학교로 사용됐다.

해서 주민 2만 명이 수년간 어두컴컴한 백악갱에서 살았다(햇빛이 들지 않는다). 뵈브 클리코와 뤼이나르(Ruinart) 지하의 백악갱은 임시 병원이었고, 포므리 지하의 백악갱은 임시 학교로 사용됐다.

---

적인 순수성, 순차성(linearity), 광물성, 정교함을 부여한다. 피노 누아는 일조량이 가장 많은 따뜻한 지역에 재배한다. 아이(Aÿ)처럼 유명한 그랑 크뤼 마을의 남향 비탈면에서 자라는 피노 누아는 진중함, 풍성함, 복합미를 가졌다(여담이지만, 아이 마을은 샹파뉴에서 가장 사랑받는 와인 산지다. 에페르네라는 샹파뉴 마을의 이름도 '아이를 뒤따른다'는 의미의 'après Aÿ'에서 유래했다). 피노 뫼니에는 구세주 같은 존재다. 앞의 두 품종에 비해 서리와 보트리티스 곰팡이에 강하다. 저지대 강 부근의 마른 밸리에서 재배하기 때문에 환경이 비교적 습하다. 피노 뫼니에는 부드럽고 신선한 과일 향이 특징이다. 이런 특징 때문에 종종 논빈티지 블렌딩 와인에 사용된다. 셋 중 숙성력이 가장 낮아서 빈티지 와인과 프레스티주 퀴베(prestige cuvée) 샴페인에는 사용하지 않는다.

마지막으로 샹파뉴에는 AOC가 단 하나밖에 없다. 바로 샹파뉴 AOC다. 다섯 곳의 주요 포도원이 이곳에 속해 있다(다음 장에 포도원 리스트가 있다). 와인 라벨에 포도원 이름을 표기하지 않지만, 조사하면 관련 정보를 찾을 수 있다.

> "병사들이여 기억하라. 우리는 프랑스뿐만 아니라 샹파뉴를 위해서 싸우는 것이다."
> -2차 세계대전 당시 윈스턴 처칠(1874-1965)

영국 총리가 군대에게 한 연설.
열성적인 샴페인 애호가였던 처칠은 식사 중에 무한량의 알코올음료를 마셔도 된다'는 의사 처방을 받았다. 그는 폴 로저 샴페인을 매일 2병씩 마셨으며, 평생 약 4만 2,000병을 소비했다.

**몽타뉴 드 랭스(Montagne de Reims)** '랭스의 산'이라는 의미의 이름과는 달리 실제 산이 아니라 남향 비탈면이다. 지하 깊은 속에 백악층이 자리 잡고 있다. 주로 피노 누아와 뫼니에를 재배한다.

**코트 데 블랑(Côte des Blancs)** '백색의 비탈면'이란 뜻이다. 에페르네 남부 침식지대 부근의 백악 노두를 가리킨다. 동향이며 샤르도네로 유명하다.

**발레 드 라 마른(Vallée de la Marne)** '마른강의 계곡'이란 뜻이다. 주로 저지대 강 근처에 피노 뫼니에를 재배하지만, 그랑 크뤼 마을 두 곳은 비탈면에 위치한다. 이회토, 진흙, 모래질 토양이다.

**코트 드 세잔(Côte de Sézanne)** 코트 데 블랑 바로 밑에 위치하며, 상대적으로 미개발된 작은 마을이다. 대부분 동향이며 샤르도네를 재배한다.

**로브(L'Aube)** 코트 데 바르(Côte des Bar)로도 알려졌으며, 다른 지역에 비해 남쪽으로 치우쳐 있다. 이회토질 토양이며, 주로 피노 누아를 재배한다. 수많은 젊은이들가 흥미로운 소규모 양조장을 운영하고 있다.

## 샴페인 재배·양조자

『더 와인 바이블』의 이전 개정판을 준비할 당시, 샴파뉴 지역에 흥미로운 변화가 시작됐다. '샴페인 재배·양조자(Grower Champagne)'가 증가한 것이다. 한때 프랑스 이외 지역에서 이 같은 소규모 샴페인 재배·양조자를 보기 힘들었다. 그러나 이제는 전 세계로 널리 퍼졌으며, 이 중 최상급 샴페인을 만드는 생산자도 있다. 샴페인 재배·양조자는 명칭에서 짐작할 수 있듯 양조자가 직접 재배한 포도로 샴페인을 만드는 생산자를 가리킨다. 주로 가족 기업이 자신만의 특색 있는 샴페인을 만드는 경우가 많고, 대형 와인 회사에 포도를 판매하기도 한다. 그러나 자신이 재배한 포도가 수많은 블렌드 와인의 일부가 되는 걸 용납하지 못하는 생산자도 있다. 이들은 이웃 마을인 부르고뉴 또는 여느 고급 와인 양조자와 마찬가지로 샴페인은 산지의 특성을 반영해야 한다고 믿는다. 이들 대부분은 프르미에 크뤼와 그랑 크뤼에 선정된 포도밭을 소유하고 있다. 그러니까 샴페인도 직접 만들면 된다. 안 될 이유가 없지 않은가?

필자는 지난 20년간 저녁마다 샴페인을 마셨다. 샴페인은 가정의 평화를 위한 필수 불가결한 요소이자 인내심의 근원이다.

샴페인 재배·양조자들은 샴페인 회사와는 달리 포도를 구매하지 않는다. 이들은 자신이 직접 재배한 포도만을 이용해서 샴페인을 만든다. 즉, 최종 샴페인을 만들기 위해 블렌드하는 베이스 와인의 가짓수가 훨씬 적다. 따라서 이들의 고유한 테루아르를 훨씬 잘 반영한다.

### 최상급 샴페인 재배·양조자

- 샤를리에 & 피스(Charlier & Fils)
- 도야르(Doyard)
- 가티누아(Gatinois)
- J. 라살(J. Lassalle)
- 장 랄망(Jean Lallement)
- 장 밀랑(Jean Milan)
- 장피에르 로누아(Jean-Pierre Launois)
- 라에르트 프레르(Laherte Frères)
- 마르크 에브라르(Marc Hébrart)
- 미셸 로리오(Michel Loriot)
- 필리프 고네(Philippe Gonet)
- 피에르 지모네 에 피스(Pierre Gimonnet et Fils)
- 피에르 페테르(Pierre Péters)
- 르네 제오포아(René Geoffroy)
- 바르니에 파니에르(Varnier-Fannière)
- 뵈브 푸르니 에 피스(Veuve Fourny et Fils)

## 샴페인 양조법

샴페인은 셰리, 포트, 토커이 어수(Tokaji Aszú), 마데이라와 마찬가지로 세계에서 가장 양조법이 복잡한 와인이다. 실제로 샴페인은 만들기 버거울 정도로 어려운 고도의 기술이 필요하다.

샴페인 양조자는 가장 먼저 스틸 와인 수백 개를 만든다. 라이트 보디감의 바삭한 화이트 와인으로 베이스 와인이라고도 부르며, 샴페인의 주요 포도 품종인 샤르도네, 피노 누아, 피노 뫼니에 중 하나를 사용해서 만든다. 추후에 모두 함께 섞는다.

샴페인 양조자의 목표는 즉각적으로 좋은 맛을 내는 블렌드 와인을 만드는 게 아니다. 베이스 와인들은 초반에 맛이 단조롭고 산미가 강하기 때문에 이는 현실적으로 불가능하다. 따라서 양조자는 미량의 단맛을 가미한 다음 2차 발효와 장기간의 쉬르 리 숙성을 거치고 수년이 지난 후의 맛을 상상하며 샴페인을 만든다. 블렌드 와인이 변화 후에 어떤 맛일지 이해하려면 다년간의 기술, 실험, 경험이 필요하다(복합적인 감각적 능력이 요구되기 때문에 양조자를 한 명만 고용하는 대형 샴페인 회사는 드물다. 대부분 양조자를 여러 명 고용하며, '메모리 오브 하우스(memory of house)'라 불리는 은퇴한 고령 양조자도 고용한다. 고령 양조자는 먼 옛날의 빈티지, 과거의 양조법, 수십 년의 숙성을 거친 샴페인의 맛을 기억하고 있다).

양조과정은 수확부터 시작된다. 최종 샴페인의 우아함을 보장하려면, 포도를 손으로 조심스럽고 신속하게 수확해야 한다. 그래야 포도 껍질의 거친 타닌감이 포도즙에 배지 않는다. 수확한 포도는 포도원에 설치된 압착기에 바로 넣어서 으깨기도 한다. 포도는 구획별로 분류해서 보관한다.

보통 포도즙은 스테인리스스틸 탱크에 보관한다. 양조자가 온도를 조절해서 발효 속도를 맞추고 산화를 막기 위해서다. 그런데 몇몇 생산자(크루그, 볼랭제, 앙셀므 셀로스, 대다수의 재배·양조자)는 여전히 전통식대로 나무 배럴을 사용한다. 나무 배럴에서 발효시킨 샴페인은 산소에 살짝 노출되기 때문에 은은한 견과류 풍미와 입안을 가득 채우는 마우스필을 맛볼 수 있다. 그러나 새 배럴은 절대 사용하지 않기 때문에 오크 풍미는 전혀 나지 않는다. 몇몇 생산자(모두 그런 건 아님)는 발효가 끝난 후 산미를 완화하기 위해서 젖산발효를 추가로 거친다. 그러나 기후 온난화 때문에 와인의 바삭함과 활기를 유지하기 위해 젖산발효를 포기하는 예도 많아졌다.

## 샴페인의 당도

샴페인 병에서 효모를 제거한 후에는 가당한 리저브 와인 또는 리쾨르 덱스페디시옹(liqueur d'expédition)을 첨가한다. 리저브 와인의 가당 정도를 의미하는 도자주(dosage)에 따라 샴페인의 카테고리가 정해진다. 흥미로운 사실은 당도가 가장 높은 샴페인(doux·두)이라도 콜라 당도의 절반에 불과하다(오늘날 두 샴페인은 거의 생산되지 않는다).

**브뤼 나튀르(brut nature) | 파 도제(pas dosé) | 도자주 제로(dosage zéro)**
리터당 당분 0~3g (0-0.3%)

**엑스트라 브뤼(extra brut)**
리터당 당분 0~6g(0~0.6%)

**브뤼(brut)**
리터당 당분 12g 미만(1.2% 미만)

**엑스트라드라이(extra-dry)**
리터당 당분 12~17g(1.2~1.7%)

**섹(sec)**
리터당 당분 17~32g(1.7~3.2%)

**드미섹(demi-sec)**
리터당 당분 32-50g(3.2~5%)

**두(doux)**
리터당 당분 50g 이상(5% 이상)

베이스 와인의 가짓수는 놀라울 정도로 많다. 전형적인 대형 샴페인 회사들의 경우, 베이스 와인이 무려 수백 개에 달한다. 세계 최대 샴페인 회사인 모엣&샹동도 어떤 해에는 베이스 와인이 800개에 달하기도 한다. 또한 모든 생산자가 보통 3년 묵은 리저브 와인(reserve wine)을 비축해 둔다. 이처럼 리저브 와인을 소량씩 남겨 두는 까닭은 매해 풍미의 일관성을 유지하고, 포도 생산량이 적은 해를 대비하기 위함이다. 리저브 와인을 소량만 블렌딩해도 샴페인의 깊이와 복합미는 더욱 풍성해진다.

수확 이후 봄이 오면, 와인 양조자는 생산 연도가 각기 다른 베이스 와인 수십 개를 혼합해서 논빈티지 와인을 만든다. 블렌드 와인은 마침내 아상블라주(assemblage) 단계에 이른다(아직은 스틸 와인 상태).

## 가장 발음하기 어려운 샴페인

샴페인은 독일, 네덜란드, 프랑스 이름이 많은데 제대로 발음하기가 영 쉽지 않다. 그래서 가장 발음하기 어려운 샴페인 이름을 정리해 봤다.

1 **Ruinar** '루이나르트'가 아니라 '뤼나르'다.

2 **Moët et Chandon** '모엣 에 샹동'이다. Moët에서 t는 묵음이 아니다.

3 **Dom Pérignon** '동 페리뇽'이라 담백하게 발음한다.

4 **Veuve Clicquot** '부브'가 아니라 '뵈브 클리코'라 발음한다. 뵈브는 프랑스어로 과부를 뜻한다.

5 **Pol Roger** '폴 로제'라 발음한다. 윈스턴 처칠은 매일 폴 로제를 두 병씩 마셨다고 한다.

6 **Taittinger** 영국인은 '태틴저'라 발음하지만, '테텡제'가 맞다.

7 **Mumm** 엄마를 부를 때처럼 '멈'이 아니라 소 울음소리와 비슷한 '뭄'이다.

8 **Perrier-Jouët** '페리에주엣'이다. '모엣(Moët)'처럼 t는 묵음이 아니다.

9 **Billecart-Salmon** '비유카르 살몽'이라 발음한다. 특히 로제가 유명하다.

10 **Bollinger** '볼랭제'라 발음한다. 영국 상류층은 볼리(Bolly)라 부르기도 한다.

11 **Gosset** '고세'라 발음한다. 프랑스인 피에르 고세가 1584년에 설립한 최고령 샴페인 회사다. 이때 t는 묵음이다.

12 **Krug** '크러그'가 아니라 '크루그'다.

---

모든 샴페인의 풍미는 전적으로 블렌딩에 달려 있다. 따라서 샹파뉴에서는 블렌딩을 환상적인 기술이자 예술로 여긴다.

**초고가의 최상급 샴페인을 프리스티주 퀴베라 부르는데, 거의 모든 생산자가 이를 만든다. 최초의 프리스티주 퀴베는 1876년에 로드레(Roederer) 샴페인 하우스가 러시아의 차르 알렉산더 2세를 위해 만들었다. 차르 알렉산더 2세는 하층민이 접할 수 없는 샴페인을 원했다. 또한 샴페인을 납 함유 크리스털 병에 넣어서 선적하라고 명했다. 그래서 로드레의 프리스티주 퀴베의 이름도 크리스털이다.**

날씨가 특별히 좋았던 해에는 와인의 일부를 따로 보관했다가 빈티지 샴페인(한 해의 와인만 블렌딩한 샴페인)과 프리스티주 퀴베(최고의 최상급 샴페인)에 블렌딩 재료로 사용한다. 그러나 최상급 와인을 논빈티지에 쓰지 않고, 빈티지와 프리스티주 퀴비에 모두 써 버리는 샴페인 하우스는 없다. 샴페인 하우스 대부분이 매년 생산하는 와인의 70%는 논빈티지다. 따라서 품질이 떨어지는 논빈티지를 만드는 건 수지에 맞지 않는다.

다음 단계로 논빈티지 블렌드에 소량의 효모와 리쾨르 드 티라주(liqueur de tirage, 가당 와인)를 섞고, 병입한 후 밀봉한다. 그다음은 예상한 대로다. 효모가 당분을 먹어서 알코올을 만들고(2차 발효) 이산화탄소 가스를 방출한다. 그러나 병이 밀봉돼 있어서 가스가 밖으로 배출되지 못하므로 액체 속에 녹아 있는 용존 가스 형태로 병 속에 갇혀 있다. 병을 개봉하면, 가스가 터져 나오면서 거품이 생성된다.

법적으로 이 시점에서 샴페인을 저장실에 최소 15개월 동안 숙성시켜야 한다. 그러나 양조자 대부분은 약 3년간 저장실에 보관한다. 병 속에 아직 효모가 남아 있어, 이 단계를 쉬르 리(sur lie, 앙금 위)라 부른다. 효모의 역할이 끝난 듯 보이지만, 병 속에서 끊임없이 와인에 깊은 영향을 미친다. 자가분해라는 과정을 통해 효모의 세포벽이 해체되고, 각각의 효모 세포에서 방출된 효소, 아미노산, 다당류가 와인에 흘러든다. 이 과정에서 와인은 마법 같은 크리미함, 풍만함, 복합미가 더욱 깊어지고, 비스킷과 빵 반죽의 풍미와 아로마가 가미된다. 필자는 장시간의 쉬르 리 숙성이 샴페인에 '대위적 긴장감(contrapuntal tension)'을 줬다고 표현한다. 즉, 짧은 순간 동안 샴페인에 감각적 충격을 줘서, 바삭함(산미)과 동시에 감미로운 크리미함(쉬르 리 숙성)이 생긴다.

### 논빈티지, 빈티지, 프리스티주 퀴베 샴페인 비교하기

논빈티지 샴페인은 빈티지, 프리스티주 퀴베와 여러 모로 다르다. 어떻게 다른지 자세히 살펴보자.

#### 포도밭

샹파뉴에는 프르미에 크뤼로 지정된 상급 마을이 약 43개에 달한다(해당 마을의 모든 포도밭 포함). 그리고 17개 마을(해당 마을 내의 포도밭 포함)이 이보다 등급이 높은 그랑 크뤼에 해당한다.

**논빈티지 샴페인:** 프르미에 크뤼나 그랑 크뤼는 아니지만 좋은 포도밭에서 생산한 포도로 만든다. 프르미에 크뤼 와인을 섞은 샴페인도 몇몇 있다.

**빈티지 샴페인:** 좋은 포도밭과 훌륭한 포도밭에서 생산한 포도로 만든다. 이 중 대다수가 프르미에 크뤼 또는 그랑 크뤼 등급이다.

**프리스티주 퀴베:** 최상급 포도밭에서 생산한 포도로 만든다. 거의 모든 샴페인이 그랑 크뤼 등급이다.

#### 포도 품종

샴페인 대부분은 샤르도네, 피노 누아, 피노 뫼니에를 혼합한 것이다. 그러나 피노 뫼니에는 샤르도네, 피노 누아처럼 숙성력이 길지 않기 때문에 일부 샴페인 하우스는 저장실에 다년간 숙성시키지 않고 바로 마시는 편인 논빈티지 샴페인에만 피노 뫼니에를 넣는다.

**논빈티지 샴페인:** 거의 모든 경우에 피노 뫼니에를 섞는다.

**빈티지 샴페인:** 가끔 피노 뫼니에를 섞는다.

**프리스티주 퀴베:** 피노 뫼니에를 섞는 샴페인 하우스는 아주 드물다.

#### 블렌드

모든 샴페인은 블렌드다. 샴페인 양조자는 블렌딩을 가장 중대한 기술로 여긴다.

**논빈티지 샴페인:** 각기 다른 해에 생산한 스틸 와인을 수십 개 때론 수백 개까지 사용한다.

**빈티지 샴페인:** 이례적으로 우수한 빈티지와 같은 해에 생산한 스틸 와인을 수십 개 사용한다.

**프리스티주 퀴베:** 생산자에게 허용된 최상의 포도밭에서 생산한 최고의 와인만 혼합한다.

#### 쉬르 리 숙성기간

샴페인 하우스 대부분이 하기의 최소 숙성기간보다 훨씬 길게 숙성시킨다.

**논빈티지 샴페인:** 15개월

**빈티지 샴페인:** 3년

**프리스티주 퀴베:** 정해진 기간은 없지만, 보통 4~10년간 숙성시킨다.

만약 이 시점에 논빈티지 샴페인을 판매한다면, 효모 세포 때문에 와인이 탁할 것이다. 그래서 리들링(riddling) 작업을 통해서 효모를 제거하고 샴페인을 맑게 만든다. 병을 거꾸로 놓고, 약 25번 정도 돌리는 작업이다. 과거에는 퓌피트르(pupitre)라 불리는 'A' 모양의 틀에 병들을 놓고, 르뮈외르(rémueur)라 불리는 사람이 손으로 병을 돌렸다. 능숙한 르뮈외르는 하루에 3~4만 개 병을 돌린다. 현재에도 프리스티주 퀴베를 만들 때 퓌피트르를 사용하는 곳도 있다. 그러나 대부분 지로팔레트(gyropallette)라 불리는 기계를 사용한다. 리들링 효과는 과거와 같으면서 효율성은 더 뛰어나다. 지로팔레트는 하루 24시간 내내 일주일 동안 작동하기 때문에 1~2주 이내에 리들링 작업을 끝내는데, 퓌피트르에서 손으로 작업하면 2개월 이상 소요된다.

리들링 작업을 하면 효모 세포들이 병목에 모여서 제거하기 쉬워진다. 병들을 거꾸로 세워서 글리콜 용액에 놓으면 병목과 그 안의 내용물이 냉각된다. 이 과정을 데고르주망(dégorgement)이라 한다. 그런 다음 재빨리 병을 바로 세우고 뚜껑을 제거하면 냉각된 효모 덩어리가 튀어나온다. 그러면 맑은 본드라이 와인 상태가 된다.

이 상태에서는 병 속에 0.5cm의 공간이 남게 된다. 이 공간에 리저브 와인과 당분을 혼합한 리쾨르 덱스페디시옹을 채운다. 이때 당분의 양을 의미하는 도자주(dosage)에 따라 샴페인이 얼마나 드라이하고 스위트한지 결정된다(130페이지의 '샴페인의 당도' 참고). 샴페인 속에 효모 찌꺼기가 있을 때는 환원적 숙성이 일어난다. 즉, 산소가 없는 상태에서 숙성이 진행된다.

샴페인은 전 세계 스파클링 와인 소비량의 10%를 차지하는 한편,
시장 규모는 35%를 웃돈다.

르뮈외르가 로드레 저장고의 크리스털 병을 리들링하고 있다. 1876년 로드레 샴페인 하우스는 러시아의 차르 알렉산더 2세를 위해 최초의
프리스티주 퀴베인 크리스털을 만들었다.

## 유명한 꽃문양 샴페인 병

수 세기 전부터 많은 샴페인 하우스는 병을 예술적으로 아름답게 디자인하는 데 공을 들였다. 샴페인에 담긴 '예술'을 향한 열망을 고취하려는 전략의 일환이었다. 그러나 페리에주엣이 만든 아르누보 스타일의 꽃문양 샴페인만큼 아름답고 유명한 병도 없다. 에나멜을 입힌 아라베스크 풍의 하얀 아네모네로 병을 수 놓았다. 아르누보 스타일로 유명한 유리 공예가 에밀 갈레가 벨 에포크 시대(1840년대~1914년)를 기념하기 위해 디자인했다. 1902년 꽃문양 병은 완성되자마자 제작상의 어려움을 이유로 폐기됐다. 꽃문양을 그려 넣기 위해 유리의 녹는점 바로 아래인 600℃까지 에나멜을 가열해야 했기 때문이다. 1960년대 초반 페리에주엣의 피에르 에른스트 사장은 에밀 갈레의 꽃

문양 병 진품을 발견하곤, 파리의 전설적인 나이트클럽 막심스(Maxim's)를 위해 꽃문양 샴페인을 재출시하기로 했다. 피에르 에른스트 사장은 꽃문양 병을 대량 제작할 수 있는 에나멜 장인을 수소문했다. 드디어 1969년 페리에주엣의 1964년산 최고급 와인을 담은 현대의 꽃문양 샴페인이 출시됐다. 이름은 퀴베 벨 에포크였다. 첫 번째 병은 파리에서 열린 재즈 뮤지션 듀크 엘링턴의 70번째 생일파티에서 개시했다. 꽃문양 병이 처음 제작되고 100여 년이 흐른 2012년 일본 플라워 아티스트인 아즈마 마코도는 클래식한 아네모네 패턴에 금색 줄기와 섬세한 점무늬를 더해 디자인을 한층 아름답게 개선했다. 꽃문양 샴페인(2004년 빈티지)은 단 100병만 생산됐다.

분해된 효모 세포가 산소와 결합해서 산화작용을 최소화하고 신선미를 유지한다. 그런데 데고르주망을 거쳐 효모가 제거되면 샴페인은 산화적 숙성을 시작한다. 즉, 산소가 있는 상태에서 숙성이 진행된다.

이 두 종류의 숙성은 서로 극적으로 다르다. 빈티지는 같지만 데고르주망 시기가 다른 두 샴페인을 마셔 보면 차이가 극명하게 드러난다. 비교할 샴페인을 2013년산 루이 로드레라고 가정해 보자. A샴페인은 4년간 쉬르 리 숙성을 거쳤고, 2017년에 데고르주망을 했으며, 5년이 지난 2022년에 병을 개봉했다. B샴페인은 8년간 쉬르 리 숙성을 거쳐서, 2021년에 데고르주망을 했으며, 2022년에 똑같이 개봉했다.

두 샴페인은 빈티지(2013년)와 개봉 시기(2022년)가 같지만, 맛은 현저히 다르다. A샴페인은 쉬르 리 숙성을 4년간 거쳤고, B샴페인은 8년간 숙성했다. 샴페인 감정사 대다수(전부는 아님)는 B샴페인을 선호할 것이다. 산화를 억제하는 효모 앙금과 접촉한 상

태로 최대한 오래 숙성시키다가 출시되기 직전에 데고르주망 처리를 하면, 신선미가 최고조에 달하기 때문이다. 이런 연유로 몇몇 샴페인 회사들은 라벨에 데고르주망 날짜를 표기하기도 한다. 그러나 대다수 회사는 데고르주망의 개념을 잘 모르는 소비자가 이 날짜와 유통기한을 혼동할 것이라 우려한다.

효모 앙금과의 접촉 덕분에 오랜 숙성기간에도 어린 와인 특유의 신선미를 간직한 대표적인 샴페인은 바로 플레니튀드(Plénitude)라 불리는 동 페리뇽이다. 플레니튀드는 세 가지 제품군을 생산하는데, 각각 P1, P2, P3라 불린다. 플레니튀드1(P1)은 9년간 쉬르 리 숙성을 거친 빈티지 샴페인이다. 플레니튀드2(P2)는 15~20년간 쉬르 리 숙성을 거친다. 마지막으로 플레니튀드3(P3)은 최소 25년 이상 쉬르 리 숙성을 거친다. 샴페인 감정사라면 열성적인 지인과 함께 세 종류를 동시에 개봉하길 바랄 것이다.

## 펀트(punt)

병 밑바닥의 펀트에 엄지를 대고 샴페인을 따르는 모습이 매혹적이긴 하지만, 본래 펀트는 그런 용도로 만들어진 것이 아니다. 펀트는 울퉁불퉁한 쇠막대 자국(유리병을 쇠막대로 불어서 만들고 남은 자국)이 식탁 표면과 마찰되는 사태를 방지하기 위함이다. 쇠막대를 병 안쪽으로 밀어 넣어서 펀트를 만듦으로써 식탁을 보호하려는 것이다. 이후 주형 유리병이 도입됐는데 펀트도 그

대로 반영됐다. 펀트가 있어야 와인병을 안정감 있게 세울 수 있기 때문이다. 샴페인의 경우, 펀트를 만든 훨씬 중요한 이유가 있다. 샴페인의 거품이 생성되는 2차 발효 때 병 속의 압력은 6기압에 달한다. 이때 펀트는 내부 기압을 고르게 분포시켜서 샴페인 병이 폭발하는 참사를 방지한다(샴페인 발명 초기에는 병이 폭발하는 사태가 빈번했다).

## 샴페인 거품

샴페인 한 잔에 거품이 몇 개 들어 있을까? 대략 백만 개다. 그런데 이는 샴페인을 잔에 따랐기 때문이다. 샴페인을 개봉하기 전에는 거품 형태가 아니다. 개봉하기 전의 병 속은 기압 때문에 이산화탄소 가스가 와인에 녹아 있다. 병을 개봉하는 순간 기압이 사라지고 용

존 가스가 거품 형태로 터져 나온다. 사실 백만 개라는 수치는 프랑스 랭스 샹파뉴아르덴 대학 물리학과의 제라르 리제벨레르 박사가 언급했다. 그는 십여 년째 샴페인과 거품에 관해 연구하고 있다.

리제벨레르 박사는 특수 고속카메라를 이용해 거품이

샴페인 잔에 담긴 백만 개 기포가 우리를 기다린다.

샴페인의 아로마와 풍미를 극대화하는 데 중요한 역할을 한다는 사실을 발견했다. 거품이 샴페인 표면으로 올라와서 터지면, 미세한 샴페인 방울이 공중에 퍼지면서 아로마를 발산한다. 거품은 입안에서도 아로마가 후비강 경로를 타고 흘러가게 도움으로써 와인의 향, 즉 풍미를 극대화한다.

샴페인의 거품 크기와 지속력은 품질을 나타낸다. 거품이 작을수록 최상품으로 여긴다. 작은 거품은 쉬르리 숙성기간이 길고, 숙성 저장실 온도가 낮았음을 의미한다(저장실 온도가 낮을수록 거품이 작다). 샴페인을 잔에 따랐을 때, 잔 속 거품의 움직임도 중요한 지표다. 고품질 샴페인은 곳곳에서 기포가 줄지어 올라온다(1초당 거품이 무려 50개까지 올라온다). 그 형상이 마치 나선형으로 흐르는 폭포 같다. 이 기포들이 샴페인 표면에 모여서 눈이 쌓인 듯한 '무스(mousse)'라 불리는 층을 형성한다. 샴페인 양조자들은 거품에서 극도로 섬세한 느낌이 나도록 고집한다(예를 들어 콜라처럼 크고 어설픈 거품은 사절이다).

## 샴페인 종류

보통 샴페인의 색깔은 금빛이며, 대부분 세 가지 포도 품종(샤르도네, 피노 누아, 피노 뫼니에)으로 만든다. 그런데 여기에 두 가지 종류가 추가된다. 블랑 드 블랑(blanc de blancs)과 로제(rosé)다. 참고로 블랑 드 누아(blanc de noirs)라는 스파클링 와인도 존재하지만, 샹파뉴에서는 매우 희귀한 샴페인이다.

### • 블랑 드 블랑 샴페인

'청포도로 만든 화이트 와인'인 블랑 드 블랑 샴페인은 오직 샤르도네 품종만 사용한다. 블랑 드 블랑은 1921년에 살롱 샴페인 하우스 설립자인 외젠에메 살롱이 발명했다. 살롱은 극상의 정교함, 가벼움, 우아미를 갖춘 샴페인을 만들고자 했다. 말이 쉽지, 단일 포도 품종으로 작업하는 일은 제약이 많고 극도로 힘들었다.

최상급 블랑 드 블랑은 입안에서 느껴지는 물리적인 고양감으로 유명하다. 실선 같은 섬세한 질감과 고음 같은 풍미가 있는 샴페인계의 소프라노다. 블랑 드 블랑은 주로 코트 데 블랑 지역의 백악질 산비탈에서 널리 재배되는 샤르도네로 만든다. 그중에서도 코트 데 블랑의 그랑 크뤼 마을인 르 메닐쉬르오제(Le Mesnil-sur-Oger)에서 세계 정상급 샴페인이 생산된다. 바로 크루그의 클로 뒤 메닐(Clos du Mesnil)과 살롱의 르 메닐(Le Mesnil)이다.

블랑 드 블랑은 논빈티지거나 빈티지다. 필자가 개인적으로 선호하는 생산자는 피에르 페테르(Pierre Péters), 피에르 지모네 에 피스(Pierre Gimonnet et Fils), J.라살(J. Lassalle) 등 세 곳이다.

### • 블랑 드 누아 샴페인

'적포도로 만든 화이트 와인'인 블랑 드 누아는 블랑 드 블랑과 정반대다. 온전히 적포도(피노 누아 그리고 또는 피노 뫼니에)만 사용하며, 희미한 회색과 분홍색을 띤다. 샹파뉴에서는 블랑 드 누아가 매우 희귀하다(반면 캘리포니아에서는 흔하다). 샴페인 색이 금색 아니면 로제인 것을 보면, 샴페인 양조자들은 색에 있어서 매우 단호한 편인 것 같다. 그러나 샹파뉴 지역에도 훌륭한 블랑 드 누아가 있다. 필자가 특히 선호하는 샴페인은 무세 피스 테르 딜리트 브뤼(Moussé Fils Terre d'Illite Brut)의 블랑 드 누아 빈티지다. 오직 피노 뫼니에만 사용하며, 풍성함과 효모의 풍미가 특징이다.

### • 로제 샴페인

샴페인에 정통한 와인 애호가 사이에서 로제 샴페인은 최고 중 최고로 여겨진다. 로제 샴페인은 까다로운 양조법과 희귀성 때문에 금색 샴페인보다 가격이 훨씬 비싸다. 로제는 샴페인 총수출량의 10%를 차지한다.

로제 샴페인 양조법은 두 가지다. 첫째는 세녜(saignée)라 불리는 전통식으로 베이스 와인 일부를 피노 누아 껍질과 접촉해 와인을 분홍색으로 물들인다. 둘째는 아상블라주(assemblage)라 불리는 현대식으로 베이스 와인에 피노 누아 스틸 와인을 소량 섞은 다음 밀봉해서 2차 발효를 시킨다. 두 방법 모두 까다롭고, 로제 샴페인 제품들(희미한 구리색부터 밝은 분홍색까지)이 증명하듯 정확한 색을 내기도 어렵다. 로제 샴페인은 주재료가 반드시 적포도일 필요는 없다. 실제 그렇지 않은 경우도 많다. 보통 베이스 와인의 혼합 비율은 피노 누아 80%, 샤르도네 20%다. 반대로 샤르도네 80%, 피노 누아 20%인 경우도 있다. 둘 중 어느 비율로도 로제 샴페인을 만들 수 있다. 레드 와인이 소량만 있어도 분홍색을 만들어 낼 수 있기 때문이다. 그러나 두 버전을 실제로 마셔 보면, 인상이 현저히 다르게 느껴진다. 피노 누아 비중이 높은 로제 샴페인은 묵직한 보디감, 풍성함, 일종의 진중함이 느껴진다. 샤르도네 비중이 높은 로제 샴페인은 비교적 가볍고 우아미가 강하다. 최상급 로제 샴페인은 마르크 에브라르(Marc Hébrart), 샤를 하이직(Charles Heidsieck), 가스통 시케(Gaston Chiquet), 드라피에(Drappier), 가티누아(Gatinois) 등이 있다.

> 전해 내려오는 이야기에 따르면, 마리 앙투아네트가 최초의 쿠프형 샴페인 잔을 발명했는데, 심장에 가까운 왼쪽 가슴을 본뜬 도자기 잔이었다고 한다.

## 좋은 샴페인 잔이란?

샴페인처럼 유리잔 스타일에 파격적이고 기발한 영감을 준 와인도 없다. 우리 집에도 샴페인 잔만 20종류가 넘는다. 그러나 대부분 보기엔 즐거울지라도 샴페인의 아로마와 풍미를 강화하는 데는 형편없다. 과연 좋은 샴페인 잔이란 무엇일까?

먼저 가장 흔한 길쭉한 튤립형 샴페인 잔부터 시작해보자. 1300~1500년, 베네치아에서 만든 원뿔형 잔에서 진화한 것이다. 원뿔형 잔은 동물의 뿔 등 최초의 음용 용기에서 영감을 받았다. 유리 제조술은 우연하게도 샴페인이 본격적으로 생산되는 시기에 절정기를 맞이했다. 17세기 말, 베네치아의 유리용기 제작자들은 투명도가 뛰어난 섬세한 유리용기를 제작하는 기술을 보유했다. 역사학자들은 유리의 투명성이 궁극적으로 와인 양조자에게 수정처럼 맑고 침전물이 없

는 샴페인을 개발하도록 부추겼다고 짐작한다.

길쭉한 튤립형 잔은 샴페인 거품이 긴 나선형 줄기를 그리며 표면으로 떠오르기 좋다. 그 덕으로 입안에 거품이 가득 차는 황홀한 질감이 느껴진다. 거품이 중요한 이유는 샴페인의 아로마를 발산시켜 코까지 전달하기 때문이다. 반면 튤립형 잔은 스월링하기 쉽지 않다. 특히 샴페인을 잔에 가득 채웠을 때는 더욱 힘들다. 그런데 스월링도 샴페인의 아로마를 발산시키는 데 도움이 된다. 따라서 튤립형 잔을 구매할 계획이라면, 가장 넓은 부분이 충분히 넓은 제품을 선택하는 것이 좋다. 그리고 샴페인을 따를 때도 절대 끝까지 가득 채우지 말자. 말할 필요도 없지만, 플루트형은 최악이므로 절대 사지 말라(크루그의 마르가레트 앙리케 전 CEO가 말하길, 플루트형 잔에 샴페인을 따라 마시는 건, 콘서트에 귀마개를 하고 가는 것과 같다).

샴페인 잔 스펙트럼의 반대쪽 끝에는 넓고 얇은 접시 모양의 쿠프(coupe)잔이 있다. 약 10년마다 유행을 넘나들며, 결혼식에 자주 등장한다. 전해 내려오는 이야기에 따르면, 마리 앙투아네트가 최초의 쿠프형 샴페인 잔을 발명했는데, 심장에 가까운 왼쪽 가슴을 본뜬 도자기 잔이었다고 한다. 시초가 아무리 매력적이라도, 쿠프잔은 샴페인에는 최악이다. 거품은 빠르게 소멸하고, 샴페인은 쉽게 따뜻해지며, 용기 자체가 샴페인을 두 모금 이상 담지 못한다.

최고의 샴페인 잔은 거품 줄기가 올라올 정도로 충분히 길어야 한다. 또한 위쪽 1/3지점은 살짝 넓어서, 스월링하고 향기를 맡을 수 있어야 한다. 이런 샴페인 잔이 점점 더 많이 생산되고 있으며, 소믈리에와 샹파뉴 주민들도 이런 잔을 선호한다. 이런 잔을 구하기 힘든 경우, 내가 아는 와인 전문가는 대부분 그냥 화이트 와인잔으로 대체한다.

### 맛의 소리

필자가 샴페인을 좋아하는 이유는 맛과 느낌 때문이다. 그런데 옥스퍼드대학의 찰스 스펜스 교수에 따르면, 소리도 풍미를 느끼는 데 중요한 역할을 한다. 예를 들어 스펜스 교수의 연구에 따르면, 감자칩을 깨물었을 때 나는 소리가 클수록 맛있게 느껴진다고 한다(샴페인을 잔에 따를 때 퍼지는 자글자글한 소리의 매력을 부정할 사

람이 누가 있을까?). 스펜스 교수에 따르면, 어떤 물질의 풍미를 감지할 때 배경음의 영향을 받는다고 한다. 베이컨을 먹을 때 팬에서 지글거리는 소리를 들으면 더욱 맛있게 느껴진다. 닭 울음소리를 들으면 달걀의 맛이 더욱 진하게 느껴진다.

# 위대한 샴페인

## 화이트 샴페인

### 피에르 페테르(PIERRE PÉTERS)

**페삭퀴베 드 레제르브 | 블랑 드 블랑 | 그랑 크뤼 | 논빈티지 | 브뤼 | 샤르도네 100%**

피에르 페테르는 코트 데 블랑 지역을 관통하는 석회질층에 있는 그랑 크뤼 포도원들에서 매끈하고 짜릿한 샴페인을 만든다. 눈부시게 아름답고, 크리

스털처럼 맑고, 눈처럼 하얀 보석 같은 매력을 지녔다. 상쾌한 광물성이 입안에서 피아노의 고음을 연주하는 것처럼 느껴지며, 복합적인 풍미는 깊은 울림을 준다. 기분 좋은 짠맛도 느껴지는데, 마치 바위에 바닷물을 흩뿌리는 듯하다. 또한 오렌지에 바닐라 리본을 묶은 것처럼 익숙하면서도 놀라운 풍미도 느껴진다. 피에르 페테르는 1919년에 설립됐으며, 오늘날 4대째 운영되고 있다. 이 가문이 소유한 여러 포도밭은 그랑 크뤼 마을로 알려진 르 메닐쉬르오제에 자리 잡고 있다.

### 샤를 하이직(CHARLES HEIDSIECK)

**레제르브 | 논빈티지 | 브뤼 | 샤르도네 1/3, 피노 누아 1/3, 피노 뫼니에 1/3**

샤를 하이직은 전통적인 그랑 마르크(Grand Marque) 샴페인 하우스 중 하나로 숨겨진 보물 같은 존재다. 필자는 이 클래식하고 절묘한 샴페인을 가능한 한 모조리 구하고 싶다. 브뤼 레

제르브는 효모 향의 브리오슈와 애플 타르트 아로마와 풍미가 우아하게 물결치며, 광물성이 불꽃처럼 번쩍인다. 또한 크리스털 같은 거품들이 뛰어난 고급 미와 세련미를 뽐낸다. 샤를 하이직은 1851년에 샤를 카미유 하이직이 설립했다. 그는 미국 시장에 주력했으며, 미국 언론은 그를 '샴페인 찰리'라 불렀다. 열성적인 와인 양조자 가문인 샤를 하이직은 두 샴페인 하우스의 창립과도 관련이 있다. 바로 피페 하이직(Piper Heidsieck)과 하이직 & Co. 모노폴(Heidsieck & Co. Monopole)이다.

### 고세(GOSSET)

**그랑 레제르브 | 논빈티지 | 브뤼 | 샤르도네 45%, 피노 누아 45%, 피노 뫼니에 10%**

샤를 하이직은 전통적인 그랑 마르크(Grand Marque) 샴페인 하우스 중 하나로 숨겨진 보물 같은 존재다. 필자는 이 클래식하고 절묘한 샴페인을 가능한 한 모조리 구하고 싶다. 브뤼 레제르브는 효모 향의 브리오슈와 애플 타르트 아로마와 풍

미가 우아하게 물결치며, 광물성이 불꽃처럼 번쩍인다. 또한 크리스털 같은 거품들이 뛰어난 고급 미와 세련미를 뽐낸다. 샤를 하이직은 1851년에 샤를 카미유 하이직이 설립했다. 그는 미국 시장에 주력했으며 미국 언론은 그를 '샴페인 찰리'라 불렀다. 열성적인 와인 양조자 가문인 샤를 하이직은 두 샴페인 하우스의 창립과도 관련이 있다. 바로 피페 하이직(Piper Heidsieck) & Co. 모노폴(Heidsieck & Co. Monopole)이다.

### 폴 로제(POL ROGER)

**레제르브 | 논빈티지 | 브뤼 | 샤르도네 약 1/3, 피노 누아 약 1/3, 피노 뫼니에 약 1/3**

폴 로제 레제브르 브뤼는 울퉁불퉁한 평균대 위의 체조선수를 연상시킨다. 믿기 힘든 평형감각과 놀라운 균형감각을 뽐내며 평균대 위

를 종횡무진한다. 열렬한 애호가였던 윈스턴 처칠 영국 총리도 정기적으로 폴 로제를 주문했다(매일 2병씩 소진). 폴 로제 레제르브는 입안에 눈꽃이 차례차례 내려앉는 듯한 느낌과 완벽한 명확성을 자랑한다. 또한 밀감, 스타프루트, 메이어 레몬의 강렬한 풍미와 장엄한 백악질 토양의 광물성이 교차한다. 레제르브 브뤼는 실선처럼 미세한 거품 줄기가 입안에서 우아하게 춤을 춘다.

### 볼랭제(BOLLINGER)

**스페시알 퀴베 | 논빈티지 | 브뤼 | 피노 누아 60%, 샤르도네 25%, 피노 뫼니에 15%**

1829년에 설립된 볼랭제는 역사적으로 위대한 샴페인 하우스 중 가장 유명한 편이다. 볼랭제 샴페인은 언제나 둥글고 풍성하며, 호사스럽고 토스티(toasty)하다. 신선한 레몬보다는 레몬 커드에 가깝고, 신

선한 사과보다는 캐러멜라이징한 사과 타르트에 가깝다. 이런 풍성함은 장기간의 쉬르 리 숙성(법적 기준의 두 배)과 미세산화(micro-oxygenation)의 결과다. 미세산화는 완벽하게 관리되고 오래된 오크통을 이용해서 최상급 와인을 만들었기 때문이다. 오늘날 오래된 오크통을 활용하는 샴페인 하우스는 몇 곳밖에 남지 않았는데, 볼랭제가 그중 하나다(실제로 볼랭제는 샹파뉴에서 유일하게 배럴 제작업자와 작업공간을 보유하고 있다). 스페시알 퀴베는 부드러운 화사함과 쾌적적인 크렘 브륄레 풍미를 지니며, 거품은 레이스 같은 부드러움을 더한다. 스페시알 퀴베는 도자주가 낮으며(리터당 당분 약 7g 또는 0.7%), 리저브 와인의 비중이 높다. 오늘날 많은 대형 샴페인 하우스가 기업에 합병됐지만, 볼랭제는 여전히 가족 회사로 남아 있다.

## 크루그(KRUG)

**클로 뒤 메닐 | 프리스티주 퀴베 | 빈티지 | 브뤼 |
샤르도네 100%**

풍성함과 풍만함을 자랑
하는 크루그를 한 번이
라도 접한 사람은 결코
그 맛을 잊지 못한다. 실
제로 크루그는 동 페리뇽
도 따라가지 못할 숭배에
가까운 경외심을 받는다.

특히 클로 뒤 메닐은 크루그를 통틀어 가장 크루그스러운 와
인이다. 이곳에 사용되는 샤르도네는 면적 1만 8,000㎡(1.8헥
타르)의 소규모 단일 품종 포도밭에서 재배되며, 1698년부터
벽을 세워 구획을 분리했다. 샴파뉴에 몇 안 되는 싱글 빈야드
(single vineyard)다. 백악질 토양에 심어진 포도나무 한 그루
한 그루 모두 소중하게 관리된다. 한 해에 오직 천 박스가량 생
산하며, 크루그 저장실에 12년간 숙성시킨 후에 기함할 정도로
높은 가격에 판매한다. 샴페인 자체가 특성이 매우 뚜렷해서,
마치 입자 하나하나가 교회 종소리가 울리는 듯한 느낌을 준다.
크루그의 샴페인들은 극상의 풍성한 견과류/토피 풍미가 있다.
클로 뒤 메닐은 그중 단연코 으뜸이다(구운 견과류 속을 페이
스트리 크림으로 채운다면 이런 맛이지 않을까 생각한다). 극
상의 독특함과 호사스러움을 간직한 클로 뒤 메닐은 위대한 샴
파뉴 와인의 대열에 당당히 한 자리 차지한다.

## 루이 로드레(LOUIS ROEDERER)

**크리스털 | 프리스티주 퀴베 | 빈티지 | 브뤼 |
피노 누아 60%, 샤르도네 40%**

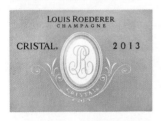

크리스털이 최초의 프
리스티주 퀴베 샴페인
인 것은 널리 알려진 사
실이다(1876년 러시아
차르 알렉산더 2세를 위
해 만듦). 크리스털의 월
등함은 150년이 흐른 후
에도 건재하다(로드레 하우스는 재생농법과 생체역학 농법을
철저하게 적용함으로써 진가를 발휘했다). 크리스털은 강렬하
지만, 절대 야단스럽지 않다. 매우 세련되고 극도로 미세한 거
품과 풍미는 입속을 여유롭게 지분거린다. 이국적인 레몬, 백
후추, 감귤, 바닐라 빈, 화이트초콜릿, 브리오슈, 생강의 풍미가
활공하고 기저에는 백악질의 광물성이 짙게 깔린다. 크리스털
의 수정 같은 정교함에 속절없이 사로잡힌다. 크리스털을 생
산하는 포도원은 그랑 크뤼이며, 본연의 특징과 팽팽함을 강
조하기 위해 젖산발효를 생략한다. 베이스 와인의 30%가량
은 오크통에서 만든다. 크리스털은 매우 드라이하다(도자주는
리터당 당분 7g 또는 0.7%다). 출시되기 전에 쉬르 리 숙성을

최소 6년 거친 다음, 데고르주망 이후 병 속에서 추가로 8개
월 숙성 과정을 거친다. 장기간 숙성시킨 샴페인의 견과류/토
니(tawyny)/비스킷 풍미를 좋아한다면, 크리스털의 비노테크
(Vinothèque) 버전을 마셔 보라. 쉬르 리 숙성 10년과 병 속 숙
성 10년을 거친 '10/10' 버전이다.

## 로제 샴페인

### 마르크 에브라르(MARC HÉBRART)

**로제 | 프르미에 크뤼 | 논빈티지 | 브뤼 | 샤르도네 60%,
피노 누아 40%**

위대한 샴페인의 핵심은
에너지와 생기다. 가장 매
력적인 방법으로 '카르페
디엠'을 외치는 것과 같다.
마르크 에브라르는 이 특
징을 아주 잘 살린 샴페인
중 하나다. 입안에서 온전하고 활동적인 생명력이 느껴진다.
에브라르 샴페인 중 로제는 가장 매력적이고 명료하다. 짙은 과
일 향 대신 실선 같은 섬세함을 가졌다. 귤껍질 가루 향, 이국적
인 향신료, 소금결정, 집에서 구운 빵, 나무에 매달린 야생 라즈
베리의 맛이 난다. 주재료가 샤르도네라서 그런지, 기분 좋은
뻣뻣한 질감도 느껴지는데, 개인적으로 석회질 토양과 관련 있
다고 생각한다. 피니시는 매우 사랑스럽고 여운이 강해서, 이
대로 끝나지 않길 바라는 마음이 절로 든다. 마르크 에브라르
는 마뢰이쉬르아이(Mareuil-sur-Aÿ)라는 프르미에 크뤼 마을
에 있다. 로제 샴페인은 해당 마을에서 생산한 피노 누아 레드
와인(2차 발효 전)을 섞어서 만든다.

### 가티누아(GATINOIS)

**로제 | 그랑 크뤼 | 논빈티지 | 브뤼 | 피노 누아 90%,
샤르도네 10%**

가티누아의 환상적인 로제
샴페인은 유명 그랑 크뤼
마을인 아이(Aÿ)에서 생
산된다. 아이는 샴파뉴 최
고의 피노 누아를 생산하
는 마을이기도 하다. 가티
누아 가문은 1600년대부
터 포도를 생산했다(직접 재배한 완전무결한 포도를 볼랭제
에 판매한다). 가티누아의 로제 샴페인은 깊은 풀보디감, 순수
함, 향신료, 먹음직스러운 과일 향이 특징이다. 야생 라즈베리,
딸기, 석류의 풍미가 살아 있는 듯한 거품을 뚫고 잔 밖으로 튀
어나온다. 스프링처럼 통통 튀는 매력 이외에도 가티누아의 그
랑 크뤼 로제는 월등한 아름다움과 길고 여유로운 길이감이 있
다. 슈퍼스타 포도 재배자의 손에서 탄생한 극상의 질감을 자
랑하는 샴페인이다.

# BURGUNDY 부르고뉴

와인과의 첫 여정에서 부르고뉴를 선택하는 사람은 거의 없다. 그러나 여정의 끝에는 언제나 부르고뉴가 있다. 영어로 버건디(Burgundy)라 불리는 부르고뉴는 가장 영적인 와인이다. 전 세계 와인 중 가장 많은 의문을 생성하지만, 답을 찾기 힘든 존재다.

고립되다시피 작은 지역에서 어떻게 이처럼 매력적인 와인이 나올까? 두 가지는 확실하다.

첫째, 위대한 부르고뉴 와인은 굉장히 복합적이다. 미묘하게 다른 여러 풍미가 한 꺼풀씩 차례로 드러나기 때문에 인내심을 갖고 하나씩 파악해야 한다. 음악으로 치자면 랩이 아닌 조용한 음악이다.

둘째, 위대한 부르고뉴 와인은 매우 감각적이다. 사람들은 수 세기 전부터 부르고뉴 와인을 가장 에로틱한 방식으로 묘사했다. 특히 사랑에 빠지는 감정과 비슷하다는 비유가 많았다. 이런 감각적 특징은 부르고뉴 와인의 도발적이고 원초적인 아로마와 풍미를 초월한다. 최상급 부르고뉴 화이트, 레드 와인의 질감은 묘한 매력을 풍기며 입속에서 녹아내리거나 결코 잊지 못할 춤사위를 보여 준다. 여느 와인과는 다르게 날카로운 물질성을 보여 준다.

부르고뉴에는 소수의 포도 품종만 자란다. 그중 샤르도네와 피노 누아가 가장 지배적이다. 두 품종 모두 서늘한 지역에서 재배하면 우아미가 최고치에 이르는데, 부르고뉴는 레드 와인으로 유명한 전 세계 지역 중 가장 북쪽에 있으며, 기후도 가장 서늘하다.

서늘한 지역의 단점은 일조량과 강우량이 부족한 해가 많다는 것이다. 그러면 포도가 제대로 성숙하지 못해서, 와인이 빈약하고 풍미가 약해진다. 이런 날씨가 흔했기 때문에 역사적으로 부르고뉴 와인은 빈티지에 따라 현저한 차이를 보였다. 최근 기후 온난화로 인해 빈티지

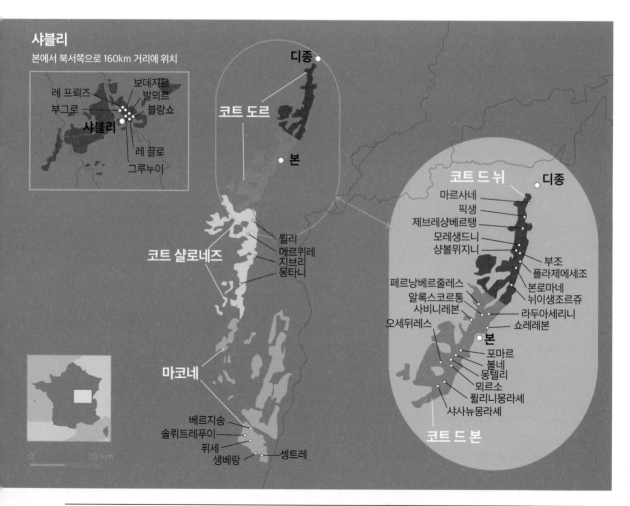

이 챕터의 후반부에서는 부르고뉴가 테루아르를 치밀하게 연구한 이유와 방법을 다룰 예정이다. 일단 지금은 프랑스의 AOC 450개 중 84개가 부르고뉴에 속한다는 사실만 기억해 두자.

이 챕터에서는 와인 애호가가 부르고뉴를 생각하면 가장 먼저 떠올리는 주요 지역 4곳을 중점적으로 다뤘다. 바로 샤블리(Chablis), 코트 도르(Côte d'Or), 코트 샬로네즈(Côte Chalonnaise), 마코네(Mâconnais)다. 행정적 관점에서 보졸레도 법적으로 부르고뉴에 속하지만, 이 둘은 모든 면(토양, 포도, 양조법, 철학)에서 전적으로 다르다. 따라서 보졸레는 다음 챕터에서 별도로 다룰 예정이다.

### 역사, 수도회, 테루아르 정립 그리고 프랑스 혁명

기록상 부르고뉴 최초의 포도밭은 서기 1세기에 뫼르소(Meursault) 마을에서 재배됐다. 하지만 인구가 너무 적었던 탓에 포도 재배가 확산되지 못했다. 고대 로마 시대에 와인의 중요성이 부각됐지만, 로마와 프랑

간 격차 범위가 좁혀졌다. 그러나 혈통 있는 최고가의 부르고뉴 와인도 여전히 매우 실망스러운 빈티지가 존재한다. 위대한 부르고뉴 와인이 매혹적인 만큼 열등한 빈티지는 절망에 가깝다.

제브레샹베르탱(Gevrey-Chambertin) 마을의 유명한 9대 그랑 크뤼 중 하나인 샹베르탱 클로 드 베즈(Chambertin Clos de Bèze) 포도원

## 산비탈에 관한 성직자의 지혜

20세기에 프랑스 명칭 시스템이 도입되기 훨씬 이전부터 부르고뉴의 베네딕토회와 시토회는 포도원과 와인을 특징별로 정의하고 분류했다. 산비탈 하단은 토양이 가장 무겁고 비 피해가 심했는데 이곳에서 생산된 와인을 퀴베 데 모안(cuvée des moines, 수도승의 와인)이라 불렀다. 산비탈 상단은 강우량은 적지만 태양 전지판과 같은 초점이 없는데, 이곳에서 생산된 와인을 퀴베 데 카르디날(cuvée des cardinals, 추기경의 와인)이라 불렀다. 산비탈 중단은 가장 선호도가 높은 온난사면으로 태양이 내리쬐는 방향도 완벽하고 강우량도 충분하다. 이곳에서 생산된 와인은 퀴베 데 파프(cuvée des papes, 교황의 와인)라 불렀다.

스 북부와의 관계는 남부만큼 탄탄하지 못했다. 15세기 로마제국의 몰락과 함께 부르고뉴는 야만인 부족들의 약탈에 시달렸다. 450년 게르만족의 일파인 부르군트족이 이곳에 정착했고 지명을 부르군디아(Burgundia)로 정했다.

그로부터 수십 년 후 부르군디아는 다른 게르만족 영토인 프랑크 왕국(클로비스가 건국)에 흡수됐다. 클로비스는 당시 골(Gaul) 지역에서 활동하던 수많은 게르만 부족을 통합했다. 481년 클로비스의 즉위와 함께 근대 프랑스(프랑크라는 국명에서 유래)가 탄생했다. 클로비스가 가톨릭으로 개종함에 따라 프랑스도 가톨릭 국가가 됐다. 가톨릭의 정착과 함께 부르고뉴의 역사도 완전히 뒤바뀌었다. 부르고뉴가 가톨릭교와 수도회의 중심지가 됐기 때문이다.

그러나 부르고뉴 역사상 가장 중요한 시기는 8세기부터 프랑스 혁명까지의 천 년이다. 당시 영토와 와인 대부분은 베네딕토회와 시토회의 수중에 있었다.

909년에 마콩(Mâcon) 부근에 설립된 베네딕토회의 클뤼니(Cluny) 수도원은 프랑스 혁명 전까지 유럽에서 가장 부유하고 부르고뉴 영토를 가장 많이 소유했었다.

알록스 코르통(Aloxe Corton) 마을을 둘러싼 완만한 포도밭 언덕

## 혁명 이후 회복기: 무너진 부르고뉴와 재기에 성공한 보르도

부르고뉴는 소규모 포도원으로 가득하다. 어떤 포도원은 면적이 1만 2,000㎡(1.2헥타르)보다 작다. 반면 보르도는 대규모 포도원으로 구성돼 있다. 예를 들어 샤토 무통 로칠드는 84만㎡(84헥타르), 샤토 라피트 로칠드는 110만㎡(110헥타르)에 달한다. 도대체 왜 부르고뉴 포도원은 작고, 보르도 포도원은 클까? 두 가지 확실한 요인이 있다. 첫째, 부르고뉴는 보르도보다 지리적으로 훨씬 작다. 둘째, 부르고뉴는 프랑스 중부의 외딴곳에 있다. 그런데 이보다 더 결정적인 요인이 있다. 17세기 말, 부르고뉴 시골에 고립된 포도밭들이 주로 가톨릭교회의 소유였기 때문이다. 이 때문에 부르고뉴와 보르도가 정반대되는 것이다. 보르도는 면적도 넓고, 상업적으로 성공한 지역이다. 또한 부유한 귀족들이 소유한 포도원들이 정교한 항구도시를 둘러싸고 있다.

1789~1799년 프랑스 혁명이 발발하자 부르고뉴의 미래도 급변했다. 새로운 프랑스는 평등의 정립과 부의 재분배를 위해 군주제를 폐지하고 교회 재산을 몰수했다. 그렇지 않아도 작은 포도밭을 더 잘게 쪼개서 가난한 현지 소작농들에게 경매로 처분했다. 1804년 나폴레옹 보나파르트는 신생 국가의 내실을 공고히 하기 위해 민법 전반을 담은 나폴레옹 법전을 공표했다. 출생순위에 따른 특권을 금지하고, 모든 자녀에게 동등한 상속권을 부여했다(그 결과 오늘날 부르고뉴에서는 가족 구성원이 포도밭을 몇 이랑씩 나눠 갖는 경우도 생겼다).

한편 프랑스 혁명과 공포정치가 보르도에 미친 영향은 사뭇 달랐다. 명망 높은 4대 샤토(마르고, 라피트, 라투르, 오브리옹) 모두 국가에 몰수당했고 라투르를 제외한 나머지 세 샤토의 소유주는 참수당했다. 라투르 소유주인 세귀르 카바나크(Ségur Cabanac)는 망명에 성공했다.

그러나 당시 보르도의 유명 샤토들은 주요 금융기관과 다름없었다(오늘날의 대기업처럼 무너지기엔 몸집이 너무 컸다). 프랑스 혁명 이후, 부유한 은행가와 새로운 프랑스를 건립한 부르주아 사이에 뇌물수수와 내부거래가 오갔다. 그 결과 보르도의 샤토들은 국가에 몰수되거나 부유한 상인과 기업에 판매됐다(마고, 라피트). 또는 분할 판매됐다가 다시 매입돼서 본래 크기를 되찾았다(오브리옹, 라투르). 실제로 한때 라투르를 소유했던 가문은 회사를 설립해서 주식을 발행한 뒤 매입해서 조각난 소유권을 모두 되찾았다. 19세기 중반, 보르도는 재기에 성공했지만, 풍비박산한 부르고뉴는 전보다 더 고립됐다.

베네딕토회는 절정기에 1,500곳 이상 되는 수도원을 지배했다. 클뤼니 수도원은 1626년에 로마의 성 베드로 대성당이 세워지기 전까지 유럽에서 가장 큰 성당이었다(성 베드로 대성당은 4세기에 지어진 작은 성 베드로 바실리카가 있던 부지에 세워졌다).

11세기 말 베네딕토회 내부에서 시작된 개혁운동의 결과로 시토회가 창설됐다. 1098년 설립된 시토(Citeaux) 수도원은 유럽 최고의 출판 작업장이었다. 이곳 수도원들은 직접 복사, 채식, 제본을 담당했다. 프랑스 혁명이 발발할 무렵, 시토 수도원이 보유한 서적은 1만 권이 넘었다.

수도승들은 자연을 사색하고, 인내심 강하고, 접근방법이 체계적이고, 고된 육체노동에 헌신적이며, 수여 받은 토지도 많고, 무엇보다 글을 읽고 쓸 줄 알았다. 한마디로 수도승들은 부르고뉴 포도밭을 기술하고 성문화하는 임무에 최적화된 유일무이한 존재였다. 수도승들은 수 세기 동안 코트 도르의 척박한 석회석 비탈면을 개간하고, 포도밭과 와인을 학구적으로 비교하며, 여기서 받은 감상을 기록했다. 장장 천 년을 연구한 결과, 수도승들은 부르고뉴 최고의 포도밭을 일궈냈을 뿐만 아니라 사실상 최초로 포도 재배학의 핵심 철학인 테루아르의 개념을 정립했다. 그로부터 10세기 이후, 테루아르는 위대한 와인의 기반이 됐다.

부르고뉴 수도회는 화려하고 부유한 역대 공작들과 권력을 공유했으며, 공작들은 답례로 종교를 인정한다는 의미로 훨씬 더 많은 토지를 수도회에 수여했다. 공작들은 부르고뉴 와인의 든든한 지지자였다. 그들은 연줄을 이용해서 교황, 프랑스 왕, 귀족들의 식탁에 부르고뉴 와인을 올렸다. 신앙이 깊은 일부 귀족들도 수도회에 토지를 기부하기 시작했고, 교회의 부는 하늘 높은 줄 모르고 계속해서 쌓았다.

### 도멘의 정의

부르고뉴의 도멘(domaine)은 보르도의 샤토와 동등한 개념이 아니다. 보르도의 샤토는 궁전 같은 건물 또는 주택과 이를 둘러싼 포도밭으로 구성된 단일 양조장을 의미한다. 부르고뉴의 도멘은 하나의 가족 또는 독립체(도멘 뒤자크, 도멘 르플레브 등)가 소유한 매우 작은 포도밭 구획을 가리킨다. 그리고 이 구획들은 여러 마을과 여러 AOC에 흩어져 있으며, 각각의 구획이 별도의 와인을 만든다. 따라서 전형적인 부르고뉴 도멘 생산자들은 여러 와인을 소량씩 만든다. 2020년 기준으로 부르고뉴의 도멘은 3,500개가 넘었다.

1789년, 프랑스 혁명은 악명 높은 부르고뉴 공작들과 교회의 헤게모니를 종식되게 했다. 광대한 토지를 몰수하고 분할해, 소작농들에게 재분배했다. 이후 1804년, 나폴레옹 법전에 의해 부모의 사망 이후 모든 자식이 동등한 상속권을 갖게 되면서 토지는 더욱 작게 쪼개졌다. 이처럼 토지분할이 거듭된 결과, 오늘날 부르고뉴 주민 한 명이 포도밭의 이랑 몇 줄을 갖는 경우가 흔해졌다.

## 사람이 아닌 장소

테루아르라는 개념은, 적어도 부르고뉴에서는 결코 무시할 수 없는 정신적 지주다. 부르고뉴라는 지역을 단순히 피노 누아와 샤르도네만으로 설명할 수 없다. 부르고뉴는 이 두 포도 품종에만 국한되지 않는다. 피노 누아와 샤르도네는 장소가 표출하는 메시지를 전달하는 매체이자 목소리에 불과하다. 다시 한번 강조하지만, 프랑스어에는 와인 생산자(winemaker)에 정확하게 일치하는 단어가 없다. 대신, 부르고뉴에서는 포도 재배자(vine grower)란 의미의 'vigneron'라는 단어를 사용한다.

누군가에게는 이런 구분이 매우 중요하다. 그만큼 테루아르는 쉽게 무시하거나 피해 갈 수 있는 주제가 아니다. 무엇보다 부르고뉴의 테루아르는 놀라운 특수성을 가졌다. 같은 도메인에서 생산한 두 와인을 마셔 보라. 엄청난 차이가 느껴질 것이다. 만든 사람도 같고, 양조 방식도 정확하게 일치하며, 똑같은 재배방식으로 키운 똑같은 포도 품종을 사용했는데도 두 와인이 어찌 그리 다를 수 있을까? 명백한 변수이자 합리적 원인으로 지목되는 요인이 있다. 바로 장소다.

## 부르고뉴 와인 이해하기

부르고뉴는 세계에서 가장 이해하기 어려운 와인 산지로 꼽힌다. 특히 캘리포니아나 호주와 비교하면, 복잡하기까지 하다. 부르고뉴는 세상 모든 고급 와인을 더 깊이 있게 이해하기 위한 관문과도 같다. 부르고뉴를 이해하기 위한 7가지 비결을 알아보자.

### • 포인트 1 포도

부르고뉴 화이트 와인은 전적으로 샤르도네만 사용해서 만들며, 레드 와인은 모두 피노 누아로 만든다. 그런데 흥미롭게도 1950~1960년대까지 샤르도네와 피노 누아는 프랑스 중부 이외 지역에는 거의 알려지지 않았다. 신세계를 통틀어도 극히 소량만 재배됐다.

### • 포인트 2 장소의 위계

앞서 언급했듯, 부르고뉴는 주요 네 개 지역(샤블리, 코트 도르, 코트 샬로네즈, 마코네)으로 나뉜다(본래 보졸레도 부르고뉴에 속하지만, 다음 챕터에서 다루겠다). 이 네 개 지역에서 생산된 와인은 네 가지 레벨로 분류된다. 가장 기본적인 단계(최저가)부터 시작해서 가장 정교한 단계(최고가)까지 있다.

---

### 지방 와인

부르고뉴 루즈(부르고뉴 레드 와인)와 부르고뉴 블랑(부르고뉴 화이트 와인)은 프랑스인 사이에서 소박한 지방 와인으로 알려져 있다. 보통 부르고뉴에서 재배한 같은 포도 품종 와인들을 블렌딩해서 만든다. 2017년 부르고뉴 코트 도르 지역에 한층 권위 있는 지방 와인 분류체계가 만들어졌다. 지방 와인을 혼합한 블렌딩 와인이라는 점은 변함없지만, 코트 도르에 분포한 40개 마을을 아우르는 면적 1,000만㎡(1,000헥타르)의 포도밭들을 면밀하게 규정했다. 지방 와인은 대체로 부르고뉴의 장점인 테루아르의 특수성이 부족하다. 그런데도 여전히 '부르고뉴의 맛'을 갖고 있다. 특히 도멘 르플레브(Domaine Leflaive)의 부르고뉴 블랑처럼 꽤 훌륭한 와인도 있다. 기본적인 지방 와인은 부르고뉴 와인 총생산량의 53%를 차지하며, 부르고뉴 와인 중 가격대도 가장 적당하다.

## 마을 와인

이 단계부터 부르고뉴 와인의 진가가 본격적으로 드러나기 시작한다. 명칭에서도 알 수 있듯 마을 와인은 해당 마을과 주변에서 재배한 포도만 사용한다. 지방 와인에 비해 규모도 작고, 특성도 명확한 장소에서 포도가 재배되기 때문에 가격과 품질이 더 높다. 본(Beaune), 볼네(Volnay), 제브레샹베르탱(Gevrey-Chambertin), 포마르(Pommard), 뫼로소(Meursault), 뉘이생조르주(Nuits-St.Georges), 샹볼뮈지니(Chambolle-Musigny) 등 마을 지명이 라벨에 표기된다. 마을은 총 44곳이며, 마을 와인은 부르고뉴 와인 총생산량의 36%를 차지한다.

## 프르미에 크뤼

포도밭 규모가 가장 작고 특성도 가장 명확하다. 1861년 부르고뉴 최상위 포도원들은 프르미에 크뤼 또는 이보다 상위 등급인 그랑 크뤼로 분류했다. 프르미에 크뤼 포도원은 총 640곳이다. 이곳 와인은 언제나 고가에 판매된다. 라벨에는 마을 이름, 포도원 이름(명확한 구분을 위해 여기서는 작은따옴표로 표기), 등급('프르미에 크뤼' 또는 '1er 크뤼'라는 문구)을 명시한다. 예를 들어 본 '클로 드 라 무스' 프르미에 크뤼는 본 마을의 클로 드 라 무스 포도원에서 생산한 와인이며, 이 포도원의 등급은 프르미에 크뤼다. 프르미에 크뤼 와인은 부르고뉴 와인 총생산량의 10%를 차지한다.

## 그랑 크뤼

부르고뉴에서 가장 높은 등급은 그랑 크뤼다. 그랑 크뤼 포도원의 와인은 세계 최고가 와인에 속하며, 부르고뉴에서도 가장 귀한 대접을 받는다. 부르고뉴에 총 33곳의 그랑 크뤼 포도원이 있으며, 그중 32곳이 코트 도르, 나머지 한 곳이 샤블리에 있다(150페이지의 '부르고뉴의 그랑 크뤼 포도원' 참조).

그랑 크뤼 포도원은 워낙 명성이 자자해서 라벨에 그랑 크뤼라는 문구와 함께 포도원 이름도 함께 표기된다. 예를 들어 라 타슈(La Tâche)와 르 뮈지니(Le Musigny)라는 그랑 크뤼 포도원 이름은 라벨에 표기하지만, 포도원이 속한 마을 이름인 본로마네(Vosne-Romanée)와 샹볼뮈지니(Chambolle-Musigny)는 적지 않는다. 그랑 크뤼 와인은 부르고뉴 와인 총생산량의 1%를 차지한다.

르 몽라셰(Le Montrachet) 그랑 크뤼 포도원의 도멘 르플레브(Domaine Leflaive) 구역으로 통하는 오래된 돌문

그렇다면 라벨에 명시된 이름이 마을인지 포도밭인지 어떻게 구분할까? 부르고뉴의 마을과 포도원 이름을 모조리 외울 수도 없고, 사실상 쉬운 방법은 없다. 그래도 꽤 괜찮은 구분법이 있는데, 포도원은 보통 이름 앞에 정관사 '르(le)' 또는 '라(la)'가 붙는다. 예를 들어 라 타슈, 르 몽라셰, 르 샹베르탱은 포도원이고 포마르, 본, 볼네는 마을이다.

또한 많은 부르고뉴 마을은 이름에 하이픈(-)이 들어간다. 예를 들어 샹볼뮈지니(Chambolle-Musigny), 제브레샹베르탱(Gevrey-Chambertin) 등이 있다. 마을 지명에 하이픈을 넣는 이유는 포도원 이름을 붙여서 포도원의 명성을 활용하기 위해서다. 즉, 샹볼뮈지니는 본래 마을 이름이 샹볼이었는데, 마을에서 가장 유명한 포도원인 뮈지니의 이름을 붙인 것이다. 알록스 마을도 유명 포도원인 코르통의 이름을 붙여서 알록스코르통(Aloxe-Corton)이 됐다. 제브레 마을도 샹베르탱 포도원의 이름을 붙여서 제브레샹베르탱이 됐다. 즉, 라벨에 하이픈이 들어간 이름이 있다면, 마을 이름이다.

### • 포인트 3 테루아르를 기준으로 한 포도밭 경계선

보통 포도밭 한 곳이라고 하면, 와인 생산자 한 명이 소유한 하나의 토지 구획을 떠올린다. 즉, 포도밭은 한 개인이 소유한 법적 구조에 의해 정의된다. 한 포도밭에 다양한 종류의 테루아르가 있어도, 한 개인이 소유한 하나의 포도밭으로 간주한다. 그런데 부르고뉴에서는 정반대다. 수 세기 전, 수도승들이 테루아르를 기준으로 토지 구획을 나눴고, 이것이 곧 포도밭의 경계선이 됐다. 당시의 수도승들이 현대의 포도밭을 본다면, 하나의 포도밭을 테루아르별로 열 개 이상으로도 나눌 수 있을 것이다. 이렇게 나눠진 각각의 포도밭은 인접한 포도밭과 극명하게 다른 특성을 보일 것이다.

### • 포인트 4 다수의 소유주

부르고뉴의 포도밭은 테루아르를 기준으로 정하지만, 소유권은 좀 다르다. 상상하기 어렵겠지만 부르고뉴에서는 아무리 작은 포도밭이라도 소유주가 두 명 이상이다. 대표적인 예가 그랑 크뤼 포도원인 클로 드 부조(Clos de Vougeot)다. 포도밭 규모는 51만㎡(51헥타르)에 불과한데 소유주가 80명이다(보르도의 샤토 라피트 로칠드의 절반도 채 되지 않은 면적이다). 각각의 소유주들이 클로 드 부조라 불리는 와인을 만든다. 소유주가 한 명인 포도밭은 소수에 불과하며 이를 모노폴(monopole)이라 부른다. 모노폴 포도밭은 매우 희귀하다.

### • 포인트 5 하나의 장소, 하나의 와인

알다시피 부르고뉴에서는 포도밭이 와인 양조장을 둘러싸고 있는 전형적인 이미지가 연출되기 힘들다. 대신 포도 재배자 대부분이 여러 마을에 작은 포도밭을 여러 개 갖고 있다. 최상급 와인의 경우, 품종이 같아도 포도밭이 다르면 절대 포도를 혼합하지 않는다. 예를 들어 각각의 마을 또는 포도밭에 별도로 피노 누아를 재배한다. 보통 포도 재배자들은 한마을 안에서도 여러 개 포도밭을 갖는다. 예를 들어 도멘 루미에(Domaine Roumier)는 샹볼뮈지니 마을에서만 와인 다섯 개를 만든다.

> **\* 마을 와인 한 개** - 도멘 루미에 샹볼뮈지니
> **\* 프르미에 크뤼 세 개** - 도멘 루미에 샹볼뮈지니 레 자무

뢰즈(Les Amoureuses), 도멘 루미에 샹볼뮈지니 레 콩보트(Les Combottes), '도멘 루미에 샹볼뮈지니 레 크라(Les Cras)

> **\* 그랑 크뤼 한 개** - 도멘 루미에 르 뮈지니 (Le Musigny)

이들은 모두 도멘 루미에가 한 마을에서 생산하는 와인이다. 도멘 루미에는 다른 마을에도 포도밭 지분을 갖고 있다.

왜 굳이 피노 누아 와인을 포도밭별로 양조, 숙성, 병입, 마케팅, 판매를 별도로 하는 걸까? 수고스러운데다 비용도 더 많이 드는데 말이다. 그냥 전 세계의 다른 양조자들처럼 포도를 모두 섞어서 하나의 피노 누아 와인을 만들면 되지 않을까?

부르고뉴의 양조자들은 기본 와인보다 높은 등급의 와인을 만들 때, 장소의 특성이 와인에서 발현되게 만드는 것을 목표로 삼는다. 그러므로 여러 밭에서 난 포도를 한꺼번에 섞어서 블렌딩 와인을 만들면, 장소에서 비롯한 아로마와 풍미의 차이가 사라진다. 이는 포도밭이 작아서 가능한 실제적인 선택이다. 부르고뉴에서는 재배자 한 명이 포도밭의 이랑 몇 줄만 소유하는 경우가 흔하다. 이는 와인 배럴 한 통(25상자)을 생산할 수 있는 양이다.

### • 포인트 6 풍미의 고요한 음색

부르고뉴 와인의 감각적 특성은 빠르거나 쉬운 평가와는 거리가 멀다. 최상급 와인은 우아하고 매우 절묘하며, 때론 영묘하다. 풍미가 외향적이거나 노골적이지 않다. 그래서 시음자에게는 고도의 집중력이 요구된다. 전문가들도 감각적 재능을 최대한 발휘해야 부르고뉴 와인을 온전히 느낄 수 있다. 실제로 초보 시음자는 그 유명한 로마네콩티(Romanée-Conti)를 마셔도 아무런 감흥을 받지 못한다. 참고로 로마네콩티는 부르고뉴의 도멘 드 라 로마네콩티에서 생산한 세계 최고가 와인이다.

### • 포인트 7 네고시앙

1980년대까지 부르고뉴 와인 거래는 네고시앙(négociant)이라 불리는 강력한 도매상들이 통제했다. 프랑스 혁명 이후 포도밭 소유권이 잘게 쪼개지면서 소규모 재배자들이 와인의 병입, 마케팅, 판매에 물리적, 경제적 어려움을 겪게 되자 네고시앙이 생겨났다. 전통적으로 네고시앙들은 여러 재배자에게서 수십 또

## 부르고뉴 마을

중요한 부르고뉴 AOC를 모두 열거하려면 한 페이지로는 턱없이 부족하다. 프르미에 크루만 640개 이상이고, 그랑 크뤼도 33개에 달한다(150페이지의 '부르고뉴의 그랑 크뤼 포도원' 참조). 그중에서도 가장 핵심적인 마을과 주요 와인을 북쪽에서 남쪽의 순서대로 추렸다.

### 샤블리(Chablis)

샤블리 화이트 와인

### 코트 도르(Côte D'or)

코트 드 뉘(Côte de Nuits)

마르사네(MARSANNAY) 레드 와인

픽생(FIXIN) 레드 와인

제브레샹베르탱(GEVREY-CHAMBERTIN) 레드 와인

모레생드니(MOREY-ST.DENIS) 레드 와인

샹볼뮈지니(CHAMBOLLE-MUSIGNY) 레드 와인

부조(VOUGEOT) 레드 와인

플라제에셰조(FLAGEY-ECHÉZEAUX) 레드 와인

본로마네(VOSNE-ROMANÉE) 레드 와인

뉘이생조르주(NUITS-ST.GEORGES) 레드 와인

코트 드 본(Côte de Beaune)

라두아세리니(LADOIX-SERRIGNY) 레드 와인

알록스코르통(ALOXE-CORTON) 화이트, 레드 와인

쇼레레본(CHOREY-LÈS-BEAUNE) 레드 와인

사비니레본(SAVIGNY-LÈS-BEAUNE) 레드 와인

본(BEAUNE) 화이트, 레드 와인

포마르(POMMARD) 레드 와인

볼네(VOLNAY) 레드 와인

몽텔리(MONTHÉLIE) 레드 와인

뫼르소(MEURSAULT) 화이트 와인

오세뒤레스(AUXEY-DURESSES) 화이트, 레드 와인

퓔리니몽라셰(PULIGNY-MONTRACHET) 화이트 와인

샤사뉴몽라셰(CHASSAGNE-MONTRACHET) 화이트, 레드 와인

상트네(SANTENAY) 레드 와인

### 코트 샬로네즈(CÔTE CHALONNAISE)

륄리(RULLY) 화이트, 레드 와인

메르퀴레(MERCUREY) 대부분 레드 와인

지브리(GIVRY) 대부분 레드 와인

몽타니(MONTAGNY) 화이트 와인

### 마코네(MÂCONNAIS)

베르지송(VERGISSON)* 화이트 와인

솔뤼트레푸이(SOLUTRÉ-POUILLY)* 화이트 와인

퓌세(FUISSÉ)* 화이트 와인

셍트레(CHAINTRÉ)* 화이트 와인

생베랑(ST.VÉRAND)** 화이트 와인

*유명한 푸이퓌세(Pouilly-Fuissé) 와인을 생산하는 마을에 속한다.

**생베랑 와인을 생산하는 마을이다.

는 수백 개 와인을 작은 로트(lot)로 구매한 뒤, 혼합해서 다양한 블렌드 와인을 만들었다. 그리고 병입한 뒤 자체 라벨을 부착해서 판매했다. 루이 자도(Louis Jadot)와 같은 네고시앙 하우스도 제브레샹베르탱에서 작은 로트의 와인을 대량 구매해서 '루이 자도 제브레샹베르탱' 와인을 만들었고, 포마르에서도 작은 로트를 대량 구매해서 '루이 자도 포마르' 와인을 만들었다. 네고시앙들은 물론 프르미에 크뤼 포도원에서도 와인을 많이 구매했다. 예를 들어 루이 자도는 프르미에 크루 포도원인 레 자무뢰즈('사랑에 빠진 여자들'이란 뜻)에서 와인을 구매해서 '루이 자도 샹볼뮈지니 레

마주뢰즈' 와인을 만들었다. 과거의 네고시앙 중 포도밭을 소유한 경우는 거의 없었다.

1960~1970년대, 네고시앙 사업의 형태가 바뀌기 시작했다. 소규모 재배자들이 직접 와인을 병입해서 자신들의 라벨을 붙이기 시작한 것이다. 이에 따라 네고시앙에 판매할 포도가 부족해졌고, 네고시앙이 만든 와인은 품질이 저하됐다. 이 문제를 타개하고자 네고시앙이 직접 포도를 재배하는 경우가 증가했다. 예를 들어 1859년에 설립된 루이 자도는 작은 포도원을 소유했는데, 현재 포도밭 규모가 271만㎡(271헥타르)에 달하며 80개가 넘는 AOC에서 와인을 생산한다.

## 리외디와 클리마

부르고뉴에서 사용하는 특별한 와인 용어 두 개가 있다(이외 프랑스 지역에서는 드물게 사용된다). 바로 리외디(Lieu-Dit)와 클리마(Climat)다. 리외디는 '특별한 명칭이 있는 곳'이란 뜻으로 저명한 역사적 이름을 가진 토지를 지칭하는 지리적 용어다. 리외디는 보통 AOC보다 규모가 작고, 사람이 거주하지 않는 지역이다. 와인 라벨에 AOC와 함께 리외디가 명시되기도 한다. 리외디에 프르미에 크뤼나 그랑 크뤼 같은 등급은 매기지 않는다.

클리마는 리외디와 혼용되지만, 사실 둘은 살짝 다른 개념이다. 클리마는 수 세기 전에 포도밭의 지질학적 특성과 주변 날씨를 바탕으로 지명된 포도밭 구획이다(주로 초창기에 수도승들이 지정했다). 클리마는 고유한 테루아르 특성을 가진 포도밭 내의 특정 구획이다. 예를 들어 그랑 크뤼 포도원인 클로 드 부조는 총 16개 클리마로 구성돼 있다. 샤블리 그랑 크뤼 포도원도 일곱 개 클리마로 구성돼 있으며, 라벨에 클리마의 이름이 들어간다(151페이지의 '샤블리' 참조).

12세기, 시토회 수도승들이 담으로 둘러싸인 그랑 크뤼 포도원인 클로 드 부조에 포도를 재배하기 시작했다. 이후 1551년, 포도원 담 안에 샤토가 세워졌다.

## 땅과 포도 그리고 포도원

코트 도르의 유명한 와인 도로(RN74)를 따라 내려가다 보면, 포도 재배자와 토지의 관계가 얼마나 밀접한지 그리고 와인이 토지의 고유성을 얼마나 잘 담고 있는지 알 수 있다. 작은 마을의 비탈면에 광활한 포도밭 대신 작은 방목장처럼 생긴 밭이 자연석 돌담으로 둘러싸여 있다. 포도나무들은 매우 가까운 간격으로 심겨 있다. 나무끼리의 경쟁을 유도하기 위해서다. 그래도 과거만큼 가깝진 않다. 필록세라 전에는 포도나무를 일렬로 심지 않고, 포도밭을 관리하는 수도승들의 편의에 맞춰 나선형으로 빽빽하게 심었다. 이후 농사에 말을 이용하기 시작하면서부터 포도나무를 일렬로 심는 일이 흔해졌다. 오늘날 여러 재배자가 키우는 무수히 많은 소규모 포도밭이 한데 모여 선명한 초록빛 조각보를 연상시키는 장관을 연출한다. 이들 밭의 총 면적은 288㎢(2만 8,800헥타르)에 달한다. 참고로 보

르도의 총 포도밭 면적은 1,130㎢(11만 3,000헥타르)로, 부르고뉴보다 4.5배 더 크다.

부르고뉴에는 주요 지역이 네 곳 있다. 각각의 지역은 151페이지부터 하나씩 살펴볼 예정이다. 지금은 간단히 살펴보고 넘어가겠다.

## 샤블리

최북단에 있으며, 샤르도네 품종만 전문으로 재배한다.

## 코트 도르

길이 48㎞의 가파른 석회석 산비탈을 따라 포도밭이 펼쳐진다. 동쪽 산비탈에는 마을이 자리 잡고 있다. 전설의 부르고뉴 와인(그랑 크뤼 대부분)도 이곳에서 생산된다. 코트 도르는 코트 드 뉘, 코트 드 본 등 두 지역으로 나뉜다.

## 부르고뉴 포도 품종

### 화이트

#### ◇ 알리고테(ALIGOTÉ)

매우 지엽적인 품종으로, 주로 마코네에서 재배한다. 역사적으로 저품질 와인을 만드는 데 사용했지만, 오늘날 품질 면에서 부흥기를 맞이했다. 전통적인 키르(Kir) 칵테일을 만들 때 사용하는 화이트 와인이다. 또한 스파클링 와인인 크레망 등 부르고뉴(Crémant de Bourgogne)를 만들 때 흔히 사용한다.

#### ◇ 샤르도네

주요 품종이다. 푸이퓌세(Pouilly-Fuissé), 생베랑(St.Véran)처럼 단순한 와인부터 샤사뉴몽라셰(Chassagne-Montrachet), 퓔리니몽라셰(Puligny-Montrachet), 뫼르소(Meursault)처럼 부르고뉴에서 가장 심오하고 호화로운 화이트 와인까지 광범위하게 사용한다.

#### ◇ 소비뇽 블랑

매우 지엽적인 품종이다. 부르고뉴에서 유일하게 생브리(Saint-Bris) AOC에서만 사용한다. 생브리는 샤블리에서 남서쪽으로 몇 마일 떨어져 있다.

### 레드

#### ◇ 피노 누아

주요 품종이다. 이번 챕터에서 언급된 레드 와인은 모두 피노 누아로 만든다. 몽타니(Montagny), 지브리(Givry)처럼 소박한 와인부터 제브레샹베르탱, 알록스코르통, 본로마네처럼 세계적으로 유명한 마을 와인까지 광범위하게 사용된다.

---

### 코트 샬로네즈

코트 도르 바로 남쪽에 있으며, 유명도는 상대적으로 낮다. 합리적인 가격의 좋은 화이트, 레드 와인을 생산한다.

### 마코네

코트 샬로네즈의 남쪽에 있다. 저렴하고 좋은 일상용 샤르도네를 대량 생산하며, 고급 와인도 소량 생산한다.

---

부르고뉴는 북쪽에서 남쪽까지 길이가 225km(140마일)에 달한다. 따라서 이곳에 속한 소지역들의 기후와 토양의 특성도 매우 다양하다.

앞서 설명했듯, 부르고뉴는 전 세계의 유명한 레드 와인 산지 중 가장 북쪽에 있다(신생 산지인 왈라 왈라와 워싱턴은 부르고뉴보다 고도가 살짝 높다). 따라서 여름에는 보르도보다 서늘한 편이고, 캘리포니아보다 훨씬 더 서늘하다. 와인은 대체로 육중함, 시럽 같은 맛, 노골적인 과일 향과 거리가 멀다. 대신 보디감은 라이트에서 미디엄까지 있으며, 실선처럼 섬세한 우아함이 느껴진다.

부르고뉴의 서늘한 기후는 피노 누아와 샤르도네 재배에 최적이다. 피노 누아는 서늘한 기후에서 천천히 성숙시키고 생산율을 제한해야 정교하고 절묘하며 복합적인 와인을 만들 수 있다(햇볕이 강하게 내리쬐는 뜨거운 지역에서 생산한 피노 누아 와인은 김빠진 콜라 맛이다). 샤르도네도 세계적으로 재배되는 품종이지만, 매우 서늘한 지역에서 재배한 샤르도네가 가장 정교하고 절묘한 맛을 낸다는 데 이견이 없다.

부르고뉴에서 수확시기를 결정하는 일은 매우 중요한 문제다. 가을에 비가 많이 내리기 때문이다. 비를 피하려고 수확시기를 앞당기면, 완숙기에 도달하기 직전에 포도를 따게 된다. 그러면 와인이 너무 매끈해서 오히려 풍미가 얕아진다. 수확시기를 늦추는 경우, 운 좋게 비를 피해서 풀보디감의 와인이 탄생하길 기대한다. 그러나 뒤늦게 비가 내려 포도가 부패할 위험이 있고, 포도가 이도저도 아닌 상태가 돼서 와인이 고유한 특징을 잃고 밋밋해질 수 있다. 이처럼 재배자에게 수확시기는 결정적이고 초조한 결정이다. 또한 부르고뉴에서 가당(chaptalization)은 법적으로 허용되지만, 소수의 최상급 생산자만 가당 작업을 한다.

이번에는 토양을 알아보자. 과연 어떤 토양이 부르고뉴를 부르고뉴답게 만드는 걸까? 바로 석회암과 이회토(석회암이 풍부한 진흙)이다. 코트 도르와 샤블리를 비롯한 수많은 부르고뉴 지역에는 해양 화석이 포함된 석회석이 포도밭 곳곳에 있다. 노두에는 최상급 토양 아래 석회암 조각이 그대로 노출돼 있다.

## 부르고뉴 마을

그랑 크뤼 포도원은 총 33곳으로 코트 도르에 32곳, 샤블리에 한 곳이 있다. 아래 포도원은 북에서 남으로의 순서로 나열했으며, 지역도 함께 표기했다.

**샤블리 그랑 크뤼(CHABLIS GRAND CRU)** - 샤블리

**샤베르탱 클로드베즈(CHAMBERTIN CLOS-DE-BÈZE)** - 제브레샹베르탱

**샤펠샹베르탱(CHAPELLE-CHAMBERTIN)** - 제브레샹베르탱

**샤름샹베르탱(CHARMES-CHAMBERTIN)** - 제브레샹베르탱

**그리오트샹베르탱(GRIOTTE-CHAMBERTIN)** - 제브레샹베르탱

**라트리시에르샹베르탱(LATRICIÈRES-CHAMBERTIN)** - 제브레샹베르탱

**르 샹베르탱(LE CHAMBERTIN)** - 제브레샹베르탱

**마지샹베르탱(MAZIS-CHAMBERTIN)** - 제브레샹베르탱

**마조와예르샹베르탱(MAZOYÈRES-CHAMBERTIN)** - 제브레샹베르탱

**뤼쇼트샹베르탱(RUCHOTTES-CHAMBERTIN)** - 제브레샹베르탱

**본 마르(BONNES MARES)** - 모레생데니(Morey-St.Denis), 샹볼뮈지니

**클로 드 라 로슈(CLOS DE LA ROCHE)** - 모레생데니

**클로 데 랑브레(CLOS DES LAMBRAYS)** - 모레생데니

**클로 드 타르(CLOS DE TART)** - 모레생데니

**클로 생드니(CLOS ST.DENIS)** - 모레생데니

**르 뮈지니(LE MUSIGNY)** - 샹볼뮈지니

**클로 드 부조(CLOS DE VOUGEOT)** - 부조

**에셰조(ECHÉZEAUX)** - 본로마네

**그랑 제셰조(GRANDS ECHÉZEAUX)** - 본로마네

**라 로마네(LA ROMANÉE)** - 본로마네

**라 타슈(LA TÂCHE)** - 본로마네

**라 그랑 뤼(LA GRANDE RUE)** - 본로마네

**리슈부르(RICHEBOURG)** - 본로마네

**로마네콩티(ROMANÉE-CONTI)** - 본로마네

**로마네생비방(ROMANÉE-ST.VIVANT)** - 본로마네

**샤를마뉴(CHARLEMAGNE)** - 알록스코르통

**코르통샤를마뉴(CORTON-CHARLEMAGNE)** - 페르낭베르줄레스(Pernand-Vergelesses), 알록스코르통, 라두아세리니

**코르통(CORTON)** - 페르낭베르줄레스, 알록스코르통, 라두아세리

**바타르몽라셰(BÂTARD-MONTRACHET)** - 퓔리니몽라셰, 샤사뉴몽라셰

**비앙브뉴바타르몽라셰(BIENVENUES-BÂTARD-MONTRACHET)** - 퓔리니몽라셰

**슈발리에몽라셰(CHEVALIER-MONTRACHET)** - 퓔리니몽라셰

**르 몽라셰(LE MONTRACHET)** - 퓔리니몽라셰, 샤사뉴몽라셰

**크리오바타르몽라셰(CRIOTS-BÂTARD-MONTRACHET)** - 샤사뉴몽라셰

코트 도르의 석회석은 쥐라기 초중기(1억 5,300만~2억 100만 년)에 생성된 암석으로 추정한다. 샤블리의 석회석은 이보다 늦은 쥐라기 후기(1억 4,500만~1억 5,300만 년)의 암석으로 짐작한다.

석회석의 형성도 조금씩 다르다. 샤블리의 경우, 지층이 납작하며 언덕 위쪽에 나이가 가장 어린 포트랜디안(Portlandian) 암석이 깔려 있다. 그 밑에는 나이가 더 많은 키메리지안(Kimmeridgian) 석회질 토양이 있다. 프르미에 크뤼 마을인 샤블리와 그랑 크뤼 와인에 사용되는 상급 포도가 이곳에서 재배된다. 코트 도르의 경우, 지층이 서쪽으로 살짝 휘어져 있다. 지층이 휘어지고 접혀 있어서, 북부의 코트 드 뉘에는 나이가 많은 지층이 지상에 노출돼 있다.

포도나무의 단단하고 얇은 뿌리는 석회암 덩어리 사이의 틈을 파고들어 깊이 20m 이상까지 내려간다. 부르고뉴에서는 레드, 화이트 와인에서 선명하게 느껴지는 광물성이 석회암에서 비롯된다고 굳게 믿는다.

영국 작가인 앤서니 핸슨이 1982년에 발표한 권위 있는 저서 『부르고뉴』처럼 석회질 토양을 시적으로 잘 표현한 책도 없다.

'쥐라기 시대, 부르고뉴 전역이 천해에 잠겼다. 시조새와 조상새가 상공을 비행하고 거대한 공룡이 지상을 누비는 동안 해저에는 해양 퇴적물이 서서히 쌓여갔다. 수많은 굴 껍데기가 켜켜이 쌓이고, 무수한 바다나리(갯나리) 잔해가 서로 엉겨 붙었다. 이처럼 석화된 잔해들이 석회암이 되었다. 이회암과 뒤엉킨 주라기 시대의 석회암은 부르고뉴 와인의 우수함과 다양함의 비결이다.'

『부르고뉴』의 초판에는 악명 높은 문구가 적혀 있다. '위대한 부르고뉴에서는 대변 냄새가 난다.' 이후 개정판에서는 이 문장을 수정했다.

## 샤블리

부르고뉴 최북단에 있는 샤블리는 외딴섬처럼 다른 부르고뉴 소지역에서 북쪽으로 멀리 떨어져 있다. 사실상 샤블리의 포도밭들은 코트 도르보다 샹파뉴에 더 가깝다. 전자와의 거리는 97㎞(60마일)이고, 후자와의 거리는 32㎞(20마일)다. 기후는 대서양의 영향을 받아서 혹독하고 습도가 높으며, 기온이 낮다. 또한 봄과 가을에 서리가 내려서 생장 기간이 짧다. 와인은 용수철 같은 산미를 완화하기 위해 젖산발효를 거쳐도 여전히 바삭하고 짜릿한 맛이 난다.

샤블리는 그림 같은 전경이 펼쳐지는 곳이다. 포도밭이 바다의 파도처럼 드넓게 물결친다. 굴 껍데기, 암모나이트, 바다나리(갯나리와 불가사리의 사촌)의 잔해로 가득하다. 또한 거칠고 하얀 석회질 토양이 황량한 분위기를 연출하는데, 황혼에는 마치 달에 서 있는 느낌을 준다.

### 전설의 도멘 드 라 로마네콩티

부르고뉴뿐 아니라 프랑스 전역에서 가장 드높은 명성을 자랑하는 도멘 드 라 로마네콩티(약자 DRC)는 등장하지 않는 와인 책이 없을 정도다. DRC는 드 빌렌 가문과 르루아 가문 소유이며, 포도밭이 총 일곱 개 구획으로 구성된다. 모두 수 세기 전부터 우수성을 인정받은 그랑 크뤼 등급이다. 이 중 한 포도밭은 화이트 와인 전용이다(르 몽라셰). 나머지 여섯 개는 레드 와인 전용이다(로마네콩티, 라 타슈, 리슈르브, 로마네생비방, 에세조, 그랑 에세조). 이 중 로마네콩티와 라 타슈는 DRC가 독점한 모노폴이다. 이들 일곱 개 구획을 모두 합쳐도 포도밭 면적이 25만㎡(25헥타르)

오베르 드 빌렌

를 겨우 넘는다. DRC는 그랑 크뤼 포도밭인 코르통의 밭을 임대해서 레드 와인을 소량 생산하기도 한다. 모든 포도밭의 생산율을 극도로 낮게 제한하기 때문에, 총생산량은 매우 미미하다. 로마네콩티 포도밭에서 생산되는 와인은 연평균 500박스에 불과하다. 이는 보르도의 샤토 라피트 로칠드의 생산량 중 1/40에 해당하는 수치다. 반면 가격은 항시 세계 최고가를 유지한다. 특히 2010년 말 로마네콩티 빈티지들은 1만 6,000~3만 7,000달러에 판매됐다.

19세기 말 샤블리 와인은 상당히 인기가 많았다(파리와 근접해 있어 식당에서 많이 찾았다). 그러나 지금은 그때의 명성을 따라가지 못한다. 필록세라 위기 당시 극심한 피해를 본 이후 재정적 안정성을 제대로 회복하지 못했다. 게다가 프랑스 철도망 개설과 함께 저렴하고 푸짐한 남부 와인을 북부로 운반하기 쉬워지자 샤블리 와인의 위상은 더욱 위태로워졌다.

그러나 샤블리 특유의 바삭한 광물성 풍미와 역동성은 세계 다른 지역의 샤르도네 와인과 격이 달랐다. 이 덕분에 인기를 어느 정도 회복할 수 있었다. 프랑스인들은 좋은 샤블리 와인의 독특한 풍미를 '부싯돌' 같다고 표현한다. 프르미에 또는 그랑 크뤼의 경우, 부싯돌 풍미에 짭짤한 광물 가루, 라임 껍질, 생크림 타르트 같은 특징이 더해져 감각적인 효과를 자아낸다. 뱅상 도비사의 프르미에 크뤼 와인인 바이용(Vaillons)이 대표적 예다. 샤블리에서는 새 오크통을 사용하는 전통이 없다. 역사적으로 와인 양조 및 숙성에 사용하던 기존의 오크통을 재사용했다. 현재는 샤블리 와인의 순수한 풍미를 보존하기 위해 스테인리스스틸 탱크나 중성화(neutral)된 오크통에 발효시킨다. 즉, 프르미에와 그랑 크뤼 와인을 배럴 숙성시키는 생산자는 소수에 불과하다. 이 경우, 와인이 오크의 영향을 이겨 낼 정도로 강하다고 간주한다.

### 샤블리의 최상급 와인 생산자

- 알리스 에 올리비에 드 모오르(Alice et Olivier de Moor)
- 비요시몽(Billaud-Simon)
- 크리스티앙 모로 페르 에 피스(Christian Moreau Père et Fils)
- 다니엘레티엔 드페(Daniel-Etienne Defaix)
- 장 에 세바스티앙 도비사(Jean et Sébastien Dauvissat)
- 장마르크 브로카르(Jean-Marc Brocard)
- 장폴 & 브누아 드로앵(Jean-Paul & Benoît Droin)
- 도멘 라로슈(Domaine Laroche)
- 루이 미셸 에 피스(Louis Michel et Fils)
- 파트 루(Pattes Loup)
- 라브노(Raveneau)
- 뱅상 도비사(Vincent Dauvissat)
- 세르뱅(Servin)
- 베르제(Verget)
- 보코레 에 피스(Vocoret et Fils)
- 윌리암 페브르(William Fèvre)

샤블리에는 다수의 프르미에 크뤼와 하나의 그랑 크뤼(키메르지안 석회암과 이회토가 섞인 100만㎡의 광활한 언덕)가 있다. 그랑 크뤼는 언덕을 따라 서로 인접한 일곱 개 구획(클리마)으로 구성돼 있는데, 이 때문에 그랑 크뤼가 일곱 개라는 오해를 사기도 한다. 이들 일곱 개 구획은 각각 블랑쇼(Blanchot), 부그로(Bougros), 그르누유(Grenouilles), 레 클로(Les Clos), 레 프뢰즈(Les Preuses), 발뮈르(Valmur), 보데지르(Vaudésir)다. 와인 라벨에는 '샤블리 그랑 크뤼'라는 문구와 함께 구획 중 한 곳의 이름이 표기된다. 이들 모두 크리스털 같은 순수성과 굴 껍데기 같은 짜릿한 광물성이 일품이다. 그중 필자가 가장 좋아하는 와인은 도멘 라로슈 샤블리 그랑 크뤼의 '레 블랑쇼', 도멘 크리스티앙 모로 페르 에 피스 그랑 크뤼의 '레 클로', 비요시몽 그랑 크뤼의 '레 프뢰즈'다.

## 코트 도르

코트 도르라 불리는 길이 48㎞(30마일), 높이 305m(1,000피트)의 비탈면은 부르고뉴에서 가장 유명한 와인 산지다. 부르고뉴 와인의 매력에 사로잡힌 와인 애호가가 있다면, 십중팔구 코트 도르 와인일 것이다.

**코트 도르라는 지명을 '황금 비탈면'으로 잘못 해석하는 경우가 있다. 코트 도르는 본래 코트 도리앙(Côte d'Orient)의 축약형으로 '동향의 언덕'이란 뜻이다. 포도밭이 동쪽을 바라보고 있어서 매일 아침햇살을 받는다는 사실에서 유래한 이름이다.**

코트 도르는 비좁은 석회석 산등성이로, 정확하게 절반으로 나뉜다. 북쪽은 코트 드 뉘(Côte de Nuits)이며, 피노 누아 와인만 전적으로 생산한다. 남쪽은 코트 드 본(Côte de Beaune)이다. 피노 누아와 샤르도네 모두 생산하지만, 화이트 와인(퓔리니몽라셰, 샤사뉴몽라셰)이 지배적이다(각각의 마을에 대한 정보는 147페이지의 '부르고뉴 마을'을 참고). 코트 드 뉘와 코트 드 본 사이에 콩블랑시앙(Comblanchien)이라는 마을이 있다. 이곳은 와인이 아니라, 콩블랑시앙 석회석과 대리석 채석장으로 유명하다.

코트 도르 와인들은 마을마다 고유한 특징이 있다. 예를 들어 샹볼뮈지니의 피노 누아는 극상의 우아미를 가졌고, 뉘이생조르주(Nuits-St.Georges)의 피노 누아는 구조감이 뛰어나다는 평을 받는다(신기하게도 생조르주의 이름을 딴 달 분화구도 있다).

코트 도르의 레드 와인은 포괄적인 공통점이 있다. 코트 드 뉘의 최상급 피노 누아(제브래샹베르탱, 플라제

뉘이생조르주의 도멘 드 라를로의 오래된 와인 저장고

에셰조, 본로마네, 뉘이생조르주 등)는 코트 드 본의 피노 누아(알록스코르통, 본, 볼네, 포마르 등)보다 강렬하고 구조감이 단단하다. 반면 코드 트 본의 최상급 피노 누아는 대체로 부드럽고 풍성하다. 일반적으로 코트 도르 전역의 피노 누아는 활상하는 흙 풍미, 광물성, 이국적 향신료, 감초, 트러플 향이 어우러진다. 전 세계 피노 누아 중 아로마의 존재감이 가장 뚜렷하고 여운이 긴 편에 속한다(모든 피노 누아가 그렇듯, 부르고뉴 레드 와인의 강렬한 색이 풍미의 강렬함을 반영하진 않는다).

## 코트 도르의 최상급 와인 생산자

- 아르망 루소(Armand Rousseau)
- 오렐리앙 베르데(Aurélien Verdet)
- 베르나르 모로 에 피스(Bernard Moreau et Fils)
- 보노 뒤 마르트레(Bonneau du Martray)
- 크리스티앙 세라팽(Christian Sérafin)
- 클로 드 타르(Clos de Tart)
- 코슈뒤리(Coche-Dury)
- 콩트 아르망(Comte Armand)
- 콩드 조르주 드 보귀에(Comte Georges de Vogüé)
- 콩트 라퐁(Comtes Lafon)
- 다니엘 리옹(Daniel Rion)
- 드니 모르테(Denis Mortet)
- 도멘 드 라 푸스 도르(Domaine de la Pousse d'Or)
- 도멘 드 라를로(Domaine de l'Arlot)
- 도멘 드 라 로마네콩티(Domaine de la Romanée-Conti)
- 도멘 데 랑브레(Domaine des Lambrays)
- 도멘 페블레(Domaine Faiveley)
- 뒤자크(Dujac)
- 에티엔 소제(Etienne Sauzet)
- 조르주 루미에(Georges Roumier)
- 앙리 자예(Henri Jayer)
- J. 콩퓌롱코트티도(J. Confuron-Cotetidot)
- 장 그리보(Jean Grivot)
- 르플레브(Leflaive)
- 르루아(Leroy)
- J. F. 뮈니에(J. F. Mugnier)
- 장노엘 가냐르(Jean-Noël Gagnard)
- 조제프 드루앵(Joseph Drouhin)
- 루이 자도(Louis Jadot)
- 마트로(Matro)
- 메오카뮈제(Méo-Camuzet)
- 미셸 라파르주(Michel Lafarge)
- 몽자르뮈뉴레(Mongeard-Mugneret)
- 폴 페르노(Paul Pernot)
- 페로 미노(Perrot Minot)
- 필리프 콜랭(Philippe Colin)
- 필리프 르클레르(Philippe Leclerc)
- 피에르 겔랭(Pierre Gelin)
- 퐁소(Ponsot)
- 라모네(Ramonet)
- 르네 르클레르(René Leclerc)
- 실뱅 모레(Sylvain Morey)
- 실뱅 파타유(Sylvain Pataille)
- 톨로보 에 피스(Tollot-Beaut et Fils)

코트 드 본의 페르낭베르줄레스 포도원의 고대 십자가

샤르도네 와인은 코드 드 본에서 전적으로 생산한다. 가장 유명한 마을은 뫼르소, 퓔리니몽라셰, 샤사뉴몽라셰, 라두아세리니, 페르낭베르줄레스, 본 등이다. 이곳에서 생산된 프르미에 또는 그랑 크뤼 와인은 집중도가 높으면서도 너무 무겁거나 지루하지 않다. 종종 휘프트 버터에 바닷소금을 얹은 듯한 바삭한 광물성과 깊은 풍성함을 갖는다. 탄탄하게 엮인 풍미 사이로 약간의 구운 견과류, 트러플, 이국적인 시트러스, 향신료, 바닐라 빈이 넘실거리며, 그 속에서 광물성이 춤을 추는 느낌이다. 예를 들어 도멘 보노 뒤 마르트레의 그랑 크뤼 코르동샤르마뉴처럼 절묘한 우아미를 가진 와인을 마시면, 당혹스러울 정도로 흥미진진한 즐거움이 입안을 유영한다.

코트(côte)는 '비탈면'을 의미하는데, 포도밭이 코트 도르 비탈면의 어디에 위치하는가에 따라 등급을 유추할 수 있다. 등급이 가장 낮은 장소는 비탈면의 하단이다. 일반적으로 마을 와인은 비탈면 하단이나 평지에서 생산된다. 이곳 토양은 가장 무겁고, 배수력이 떨어지고, 진흙이 많다. 비탈면 상단은 하단보다 등급이 높다. 이곳 토양은 비교적 성기고 석회석 비중도 더 높다. 그러나 일조량이 완벽하지 않다. 많은 프르미에 크뤼 포도원이 비탈면 상단에 자리 잡고 있다. 최상급 포도원(그랑 크뤼)은 비탈면 중단에 있다. 이곳 토양은 석회석과 대리석 비중이 매우 높으며, 태양 전지판처럼 하루 종일 45도 각도로 태양에 노출된다. 비탈면 중단을 보통 온난사면이라 부른다.

## 신의 집, 오텔 디외

세계적 명성을 자랑하는 와인 행사가 매년 11월 본에 있는 오텔 디외(Hôtel Dieu, '신의 집'이란 뜻)에서 열린다. 주최자는 자선 경매단체인 호스피스 드 본(Hospices de Beaune)이다. 1443년 부르고뉴 공국의 니콜라 롤랭 수상과 그의 아내인 귀곤 드 살랭이 병자와 극빈자를 위해 지은 오텔 디외는 세상에서 가장 아름다운 은신처일 것이다. 건물 내부에 수많은 방이 있고, 드넓은 방에 커튼이 달린 침실 칸이 줄지어 있다. 거동이 불편한 환자들이 매일 미사에 참석할 수 있는 예배당, 큼직한 주방 그리고 약을 제조할 수 있는 증류기를 갖춘 약도도 있다. 건물의 가파른 지붕은 유약을 바른 찬란한 타일로 덮여 있어서 멀리서도 눈에 확 띈다. 햇빛이 지붕에 반사되면서 아름다운 후광이 비친다. 현재 박물관이자 와인 양조장으로 쓰이는 오텔 디외는 수 세기 전에 기부받은 포도밭을 60만㎡(60헥타르)가량 소유하고 있다. 대부분 프르미에 또는 그랑 크뤼다. 1851년 이래 오텔 디외에서 생산한 와인(양조자 22명)은 매년 경매를 통해 높은 가격에 판매되고 있으며, 본의 병원에도 상당한 수익을 벌어다 주고 있다.

## 코트 샬로네즈

코트 도르에서 남쪽으로 몇 마일 거리에 있는 코트 샬로네즈도 샤르도네와 피노 누아를 전적으로 재배한다. 주요 와인 마을은 다섯 곳으로 메르퀴레(Mercurey), 부제롱(Bouzeron), 륄리(Rully), 지브리(Givry), 몽타니(Montagny)다. 이곳 이외에도 수많은 기본적인 부르고뉴 와인이 코트 샬로네즈에서 생산된다. 그랑 크뤼 포도원은 없지만, 프르미에 크뤼는 많다.

코트 샬로네즈 와인은 대체로 코트 도르 와인보다 저렴하다. 그러므로 저렴한 소지역 와인을 구하는 사람에게는 최적의 장소다. 물론 품질 면에서 코트 도르 와인에 견주기는 힘들다.

### 코트 샬로네즈의 최상급 와인 생산자

- A. & P 드 빌렌(A. & P. de Villaine)
- 도멘 뒤 셀리에 오 무안(Domaine du Cellier aux Moines)
- 뒤뢰유장티알(Dureuil-Janthial)
- 페블레(Faiveley)
- 프랑수아 라퀴예(François Raquillet)
- J. M. 부아요(J . M. Boillot)
- 조블로(Joblot)
- 루이 자도(Louis Jadot)
- 루이 라투르(Louis Latour)
- 메풀로(Meix-Foulot)

코트 샬로네즈에서 가장 큰 마을인 메르퀴레는 스파이시한 체리 풍미를 가진 훌륭한 피노 누아로 유명하다. 또한 도멘 뒤 셀리에 오 무안의 '레 마르고통(Les Margotons)'처럼 단순하고 만족감이 높은 화이트 와인도 있다. 코트 샬로네즈 북단에 있는 부제롱은 알리고테로 유명하다. 프랑스 최고의 알리고테도 이곳에서 생산되는데, 코트 도르의 유명한 도멘 드 라 로마네콩티를 운영하는 오베르 드 빌렌이 이곳도 동시에 운영하고 있다. 륄리는 부르고뉴 스파클링 와인의 중심지였다. 현재도 단순한 피노 누아와 바삭한 샤르도네를 이용해서 상당량의 크레망 드 부르고뉴(전통적인 샴페인 양조법으로 만든 스파클링 와인)를 생산하고 있다. 지브리도 마찬가지로 단순하고 괜찮은 피노 누아와 샤르도네를 생산한다. 마지막으로 코트 샬로네즈의 최남단에 있는 작은 마을인 몽타니는 오직 샤르도네만 재배한다.

부르고뉴 내부에서는 몽타니를 부르고뉴 화이트 와인의 최고봉으로 친다. 실제로 몽타니에는 프르미에 크뤼 포도원이 49개로, 코트 샬로네즈에서 가장 많다. 포도밭 326만㎡(326헥타르) 중 2/3가 프르미에 크뤼 등급이며, 유명 포도원이 50개 이상 속해 있다. 몽타니 프르미에 크뤼 와인은 다른 부르고뉴 와인과는 달리, 라벨에 '프르미에 크뤼'라는 문구만 들어갈 뿐 구체적인 포도원 이름은 표기되지 않는다

## 마코네

코트 샬로네즈의 남쪽에 있는 마코네는 낮은 언덕, 산림지대, 농지, 목초지를 아우르는 광활한 지역이다. 일부 토양은 석회석과 이회토지만, 보졸레 부근인 남쪽 끝으로 갈수록 화강암과 편암이 발견된다. 마코네는 주로 화이트 와인을 생산한다. 마코테 3대 와인인 마콩, 푸이퓌세, 생베랑도 모두 샤르도네로 만든다. 이 밖에도 품질이 괜찮은 기본적인 샤르도네 와인도 대량 생산된다. 마코네에 그랑 크뤼는 없지만, 프르미에 크뤼는 많다.

### 마코네의 최상급 와인생산자

- 샤토 퓌세(Château Fuissé)
- 다니엘 바로(Daniel Barraud)
- 도멘 드 라 본그랑(Domaine de la Bongran)
- 귀펭하이뇽(Guffens-Heynen)
- J. A. 페레(J. A. Ferret)
- 조제프 드루앵(Joseph Drouhin)
- 라 수프랑디에르 | 브렛 브라더스(La Soufrandière | Bret Brothers)
- 레 제리티에르 뒤 콩트 라퐁(Les Héritiers du Comte Lafon)
- 루이 자도(Louis Jadot)
- 로베르 드노장(Robert Denogent)
- 라브노(Raveneau)
- 로제 라사라(Roger Lassarat)
- 발레트(Valette)

### 샤르도네 마을

부르고뉴의 마코네 지역에 샤르도네라 불리는 작은 마을이 있다. 라틴어로 'carduus'에서 파생된 단어인 'Cardonnacum'에서 유래했으며, '엉겅퀴가 있는 곳'이란 뜻이다('carduus'는 엉겅퀴 90종을 포함한 속이다). 샤르도네 마을과 주변의 마코네 지역은 샤르도네가 자연교잡으로 태어난 곳이다. DNA 분석 결과, 샤르도네의 부모는 적포도인 피노 누아와 청포도인 구애 블랑이다.

마콩 와인은 벌컥벌컥 들이켜는 값싼 와인도 있고, 이보다 품질이 조금 나은 마콩빌라주(Mâcon-Village) 와인도 있다. 그리고 한 단계 더 나아가 마콩뤼니(Mâcon-Lugny), 마콩비레(Mâcon-Viré), 마콩뱅젤(Mâcon-Vinzelles) 등 마을 이름에 마콩이란 명칭을 덧붙일 권

한이 있는 마을이 27곳이 있다. 마콩 와인을 구매할 때는 마을 이름이 붙은 와인을 선택하는 것이 좋다. 예를 들어 가벼운 버터 맛과 휘황찬란한 레몬 풍미가 돋보이는 도멘 라 수프랑디에르/브렛 브라더스의 마콩뱅젤이 일반적인 마콩 와인보다 훨씬 낫다.

마코네에서 가장 유명한 푸이퓌세 AOC는 코뮌 4곳에서 생산된다. 바로 베르지송(Vergisson), 솔뤼트레푸이(Solutré-Pouilly), 퓌세(Fuissé), 샹트레(Chaintré)다. 이곳에 프르미에 크뤼 포도원 22개가 산재해 있다. 프랑스 국립원산지 통칭 협회(INAO)가 2020년에 이들 포도원을 프르미에 크뤼로 지정하기 전까지 마코네에는 프르미에 크뤼가 단 한 곳도 없었다. 최상급 푸이퓌세는 대담한 샤르도네의 특징이 잘 드러난다. 맛은 훌륭하지만, 이보다 훨씬 비싼 코트 도르의 최상급 화이트 와인의 우아미를 결코 따라가지 못한다. 참고로 푸이퓌세와 푸이퓌메(Pouilly-Fumé)를 혼동하지 말자. 후자는 프랑스 루아르 밸리에서 생산되는 소비뇽 블랑이다. 마지막으로 생베랑(St.Vérand) 마을에서는 생베랑(St. Véran) 와인이 생산된다(와인 이름에는 철자 'd'가 생략된다). 생베랑 와인은 푸이퓌세보다 저렴하지만, 맛은 더 훌륭할 때도 있다.

## 부르고뉴 와인 구매와 빈티지

부르고뉴 와인은 구매자의 관점(또는 지갑 사정)에 따라 즐거울 수도, 기겁할 수도 있다. 품질을 확신할 수 없기 때문이다. 부르고뉴 와인을 구매하는 일은 운에 맡겨야 하며, 시행착오를 겪을 수밖에 없다. 따라서 비평가나 판매자의 조언이 절실하다. 그런데 사실 한 가지 확실한 사실이 있다. 최상급 부르고뉴 와인은 캐비아처럼 비싸다. 아마 그랑 크뤼, 프르미에 크뤼, 마을 와인 순으로 품질이 좋다고 생각할 것이다. 역사적 기반에 따라 고착화된 개념으로 맞을 때도 있다. 아아, 그런데 이 짐작이 틀릴 때도 있다.

부르고뉴 와인의 라벨에서 가장 큰 글씨는 포도가 재배된 장소다(생산자명이 아니다). 겨우 몇 분 거리의 마을들에서 생산된 와인들을 서로 비교하면서 마시는 일도 즐겁다.

우리는 대부분 무의식적으로 와인 생산자부터 확인하는 습관이 있다. 그러나 부르고뉴에서는 그러기 힘들다. 생산자들이 형제자매 또는 사촌이거나 부모에게서 독립해 양조장을 설립한 자식 관계라서 성이 같은 경우가 많기 때문이다. 예를 들어 성이 모레(Morey) 또는 모레

XX인 생산자가 일곱 명이나 된다. 이들 모두 샤사뉴몽라셰라는 작은 마을에서 와인을 만든다. 도멘 베르나르 모레(Domaine Bernard Morey), 도멘 마르크 모레(Domaine Marc Morey), 도멘 실뱅 모레(Domaine Sylvain Morey), 도멘 토마 모레(Domaine Thomas Morey), 도멘 뱅상 & 소피 모레(Domaine Vincent & Sophie Morey), 도멘 피에르 이브 콜린 모레(Domaine Pierre Yves Colin Morey), 도멘 모레코피네(Domaine Morey-Coffinet) 등이다. 예전에 마셨던 부르고뉴 와인을 다시 찾고 싶다면, 생산자명을 애초에 정확하게 메모해 둬야 하는 이유를 이제 알 것이다. 이번 챕터의 앞부분에 언급했듯, 부르고뉴는 빈티지마다 차이가 극명하게 드러나는 지역이다. 서늘하고 비가 많이 내리는 대륙성 기후, 현장과 토양의 변화, 피노 누아와 샤르도네의 재배하기 까다로운 특성 때문에 수확 조건과 와인의 변동성이 크다. 그러나 무엇보다 가장 중요한 사실이 있다. 부르고뉴의 빈티지 대부분은 너무 훌륭하지도, 너무 열악하지도 않다. 그 중간 어디쯤 있다. 몇 년 전, 콩트 조르주 드 보귀에의 양조자였던 프랑수아 밀레가 내게 결코 잊지 못할 말을 남겼다. '빈티지는 와인의 감정이다.' 어떤 해에는 와인이 활기차고, 어떤 해에는 와인이 유난히 부끄러움을 많이 탄다. 물론 그 사이에 무수한 감정이 존재한다.

## 부르고뉴 음식

부르고뉴 요리는 세련되거나 정교하지 않지만, 꾸밈없고 정성스럽다. 수 세기 전부터 이어져 내려온 가정요리

도멘 드 라 로마네콩티의 오랜 그랑 크뤼 와인

## 극상의 즐거움

삼페인과 캐비아는 이제 그만! 세상에서 가장 환상적인 와인과 음식의 조합은 단연코 부르고뉴 프르미에 크뤼 또는 그랑 크뤼 화이트 와인과 버터를 곁들인 메인 랍스터다. 와인의 진한 크림 질감과 랍스터의 푸짐한 육질이 만나는 순간, 너무 행복해서 죽을 것 같은 극상의 즐거움을 맛볼 것이다.

로 달팽이, 토끼, 닭을 매력적인 음식으로 탈바꿈한다. 달팽이 요리는 프랑스 전역에서 소비되지만, 부르고뉴식 달팽이 요리가 단연 최고다(달팽이 속을 마늘버터로 채워서 뜨겁게 먹는다). 부르고뉴에서는 포도밭에서 야생 달팽이를 채집할 수 있다.

그러나 부르고뉴 음식의 전형은 명실상부 코코뱅이다(부르고뉴 와인에 조린 닭요리). 느리게 조리하는 소박하고 푸짐한 코코뱅은 전혀 인공적이지 않은 자연의 이야기를 담고 있다.

소고기 요리도 일품인데, 특히 장시간 조린 뵈프 부르기뇽이 유명하다. 소고기, 양파, 버섯, 구운 베이컨 조금, 부르고뉴 와인 한 병 이상을 넣고 끓인다. 부르고뉴 남서부에 있는 샤롤(Charoles)이라는 이름에서 유래한 샤롤레 소고기는 유럽에서 최상급에 속한다. 샤롤레 소고기는 부드럽고 육즙이 가득하며, 비할 데 없이 풍성한 풍미가 그득하다. 구운 샤롤레와 포마르 또는 볼네 한 잔의 조합은 부르고뉴식 종합 선물 세트다. 샤롤레의 소고기는 시작에 불과하다. 샤롤레 우유로 만든 샤롤레 치즈도 상당히 훌륭하다.

그런데 전설의 부르고뉴 치즈는 따로 있다. 바로 에푸아스 드 부르고뉴다. 생산지인 에푸아스의 이름을 땄으며, 코를 찌르는 냄새와 퇴폐미가 돋보이는 묽은 치즈다. 에푸아스 치즈는 장기간 숙성시키며, '생명의 물(eau de vie)'이라 불리는 마르 드 부르고뉴(marc de Bourgogne) 브랜디로 씻는다.

마지막으로 부르고뉴의 향신료 빵인 팽 데피스(pain d'épice)가 있다. 갈로·로만 시대에 부르고뉴는 북쪽 나라로 통하는 향신료 무역로였다. 꿀, 시나몬, 정향, 육두구, 고수, 아니스 씨, 오렌지 껍질이 들어간 빵으로 디저트라기보다는 푸짐한 간식에 가깝다. 부르고뉴의 추운 겨울날, 눅눅한 포도밭에서 가지치기 작업을 하느라 고된 하루를 보낸 뒤 팽 데피스를 허겁지겁 먹은 세대가 얼마나 많을까?

버터와 마늘에 조리한 부르고뉴식 달팽이 요리

## 부르고뉴 와인 대접하기(금기사항)

훌륭한 부르고뉴 와인을 작은 잔에 대접하는 일은 범죄와 다름없다. 부르고뉴 와인은 천성적으로 아로마가 풍부한 와인이다. 따라서 와인의 매력을 온전히 즐기려면, 볼이 충분하게 넓고 넉넉한 잔에 마셔야 한다.

또한 부르고뉴 와인은 잔에 따르기 전과 후가 가장 다른 와인이라는 사실도 염두에 둬야 한다. 예를 들어 잔에 따른 후 20분이 지나면, 와인은 완전히 다른 풍미와 아로마를 풍기는 새로운 모습으로 변모한다.

이처럼 부르고뉴 와인은 잔에 따르면 변하는 성질이 있고, 피노 누아도 쉽게 산화되는 편이다. 따라서 식사하기 몇 시간 전에 미리 개봉하거나 디캔팅하는 것은 금물이다. 이런 면에서 피노 누아는 카베르네 소비뇽과 정반대다. 특히 10년 이상 숙성시킨 피노 누아는 너무 많은 산소에 노출되면 풍미가 와해돼서 사라진다. 그러므로 부르고뉴 레드 와인은 디캔팅하지 말고, 개봉한 즉시 잔에 따라서 천천히 음미하면 된다.

# 위대한 부르고뉴 와인

## 화이트 와인

### 뱅상 도비사(VINCENT DAUVISSAT)

**바이용 | 샤블리 | 프르미에 크뤼 | 샤르도네 100%**

필자는 언제나 뱅상 도비사의 프르미에 크뤼 와인인 바이용을 사랑한다. 전율을 일으키는 산미, 광물 가루의 바삭함, 약간의 마이어 레몬과 화이트 초콜릿, 버섯에 뿌린 생크림 같은 크리미한 흙 맛이 어우러져 환상적인 와인을 완성한다. 뱅상 도비사는 면적 4.5에이커(1만 8,210㎡)의 프르미에 크뤼 포도밭을 유기농법과 생물역학 농법으로 재배한다. 전통적인 샤블리 방식과는 달리, 와인을 오크통에 1년가량 숙성시켜서 풍미의 개방과 혼합을 유도한다. 뱅상 도비사의 바이용은 짧은 숙성기간에도 불구하고 일본 검 같은 명확성을 갖는다.

### 도멘 라로슈(DOMAINE LAROCHE)

**레 블랑쇼 | 샤블리 | 그랑 크뤼 | 샤르도네 100%**

도멘 라로슈의 그랑 크뤼 와인인 레 블랑쇼는 빙하호 같은 정결함을 지녔다. 산미와 과일 향 사이의 팽팽한 전율이 뇌리를 스친다. 천상의 레몬, 바닐라, 광물성 풍미가 입속에 서서히 퍼진다. 바닷바람 같은 아로마를 흡입하는 순간 고대 해저로 이동한다. 라로슈의 레 블랑쇼는 와인계의 소프라노다. 고음의 여운이 순수한 감각적 상태에 오래도록 머무른다. 도멘 라로슈는 샤블리에서 가장 오래된 양조장으로 무려 9세기에 고대 양조장이 있던 부지에 세워졌다.

### 티에리 에 파스칼 마트로
(THIERRY ET PASCALE MATROT)

**뫼르소블라니 | 프르미에 크뤼 | 샤르도네 100%**

이 와인을 마실 때면 바닷소금을 흩뿌린 휘프트 버터가 연상된다. 광물성과 풍성함이 끊임없이 이어진다. 금빛 풍미의 향연은 여기서 그치지 않는다. 금빛 건포도, 파인애플, 사과, 바닐라 빈, 헤이즐넛, 백후추가 자연스럽게 조화된다. 무엇보다 작은 프르미에 포도밭이 빚어낸 극적인 광물성이 입속을 맴

돈다. 티에리 마트로와 그의 아내 파스칼은 3대째 이어온 장인의 방식을 따라 새로운 오크통 없이 작업한다. 마침내 곡선을 그리며 활공하는 동시에 깊은 심연을 유영하는 감각적인 와인이 탄생한다.

### 보노 뒤 마르트레(BONNEAU DU MARTRAY)

**코르통샤를마뉴 | 그랑 크뤼 | 샤르도네 100%**

부르고뉴 와인 전문가인 폴 와서만은 코르통샤를마뉴에 관해 이렇게 서술했다. '어느 겨울, 샤를마뉴 대제가 코르통 언덕을 지날 때였다. 다른 언덕과 달리 첫 언덕의 눈이 빨리 녹는 것을 눈치챈 샤를마뉴 대제는 이곳에 포도나무를 심으라고 명령했다. 동향 비탈면에 황혼이 지고 한참 후에도 코르통샤를마뉴 포도밭은 여전히 태양과 대화를 나누고 있었다.' 이때가 기원후 700년 중반이었다. 코르통샤를마뉴 포도밭은 부르고뉴에서 유일한 남향이다. 코르통샤를마뉴 와인은 수수께끼 그 자체다. 세계 최고의 와인 작가들이 무중력과 강렬함이 동시에 존재하는 신비로운 아름다움을 표현하려고 노력했지만, 절반만 성공했다. 필자는 코르통샤를마뉴의 안무가 특히 인상적이라고 생각한다. 처음에는 조용하고 치밀하게 시작하지만, 단 몇 초 만에 진한 버터, 이국적인 향신료, 백후추, 탁월한 광물성, 순수한 백악의 퇴폐적인 풍미가 광란의 춤을 추며 입안을 헤집는다. 실로 야생적인 질감을 경험하는 순간이다. 샤르도네를 마시는 게 아니라 코르통샤를마뉴라는 장소를 마시는 기분이다. 코르통샤를마뉴 포도밭의 면적은 9만 5,000㎡(9.5헥타르)이며, 페르낭베르줄레스 마을에 자리 잡고 있다. 소유주는 나파 밸리의 스크리밍 이글을 소유한 미국 억만장자인 스탠 크론케다.

## 레드 와인

### 도멘 실뱅 모레(DOMAINE SYLVAIN MOREY)

**샤샤뉴몽라셰 | 피노 누아 100%**

코트 드 본에 있는 샤사뉴몽라셰 마을은 샤르도네로 유명하지만, 이곳 포도원의 1/3은 피노 누아가 차지한다. 무엇보다 실뱅 모레의 손을 거치면 환상적인 피노 누아 와인이 탄생한다. 도멘 실뱅 모레는 모레 자매가 아버지의 양조장인 장마르크 모레(현재 폐쇄함)에서 독립해 만든 신생 양조장이다. 실뱅 모레는 샤사뉴몽라셰 레드 와인을 빚는 데 일가견이 있다. 처음에는 잘 익은 라즈베리와 향신료의 벨벳 같은 풍미가 퍼지다가 나중에는 석류, 타트체리, 짭짤한 광물성이 강타를 날린다. 크리미한 미드 팰럿(mid-palate)은 부

드러운 연성 치즈 같은 향락을 선사한다. 등급은 마을 와인이지만, 맛은 프리미에 크뤼 급이다.

## 조제프 드루앵(JOSEPH DROUHIN)
**샹볼뮈지니 | 프르미에 크뤼 | 피노 누아 100%**

조제프 드루앵은 유명한 네고시앙인데, 코트 도르에 최상급 포도밭 여럿을 소유하고 있다. 이 와인은 샹볼뮈지니 중심부의 생물역학 농법으로 운영되는 6곳의 소규모 프르미에 크뤼 포도밭에서 생산한 포도로 만들며, 퀴베 롱드(cuvée ronde)라고도 부른다. 여러 포도밭의 포도를 섞었기 때문에 라벨에 포도원 이름은 표기하지 않는다. 샹몰뮈지니를 입안에 머금으면, 가장 먼저 실크와 캐시미어 같은 질감이 입안을 감싼다. 다음에는 달콤한 체리, 라즈베리, 바닐라 빈, 사르사, 시나몬, 야생허브, 팔각, 트러플, 삼나무 궤짝 같은 고급 앤티크 가구를 연상시키는 아로마와 풍미의 환상곡이 생생하게 펼쳐진다. 이처럼 진짜 훌륭한 부르고뉴 와인을 잔에 따라서 스월링하면 무게감, 풍성함, 생동감이 더욱 살아난다.

## 도멘 데 랑브레(DOMAINE DES LAMBRAYS)
**클로 데 랑브레 | 그랑 크뤼 | 피노 누아 100%**

모레생드니 마을에 있는 그랑 크뤼 포도원인 클로 데 랑브레는 1365년에 시토회 수도승들이 세웠다. 클로 데 랑브레는 샹베르탱 클로 드 베즈, 르 뮈지니, 라 타슈, 라 로마

네콩티와 더불어 부르고뉴 최고의 그랑 크뤼다. 면적은 8만 6,600㎡(8.66헥타르)로 가장 작은 편에 속한다. 1898~1935년에 심은 포도나무로 현재까지 와인의 70%를 만든다. 정교함, 풍성함, 경쾌한 일렁임, 실크 같은 마우스필이 일품이다. 장미 꽃잎과 제비꽃을 덮은 듯한 풍미와 광명이 비치는 듯한 아름다움과 존재감이 살아 있다. 테루아르의 세밀한 특징까지 존중하는 양조자인 자크 다보주은 작은 포도밭 일곱 곳에서 만든 11개 퀴베를 혼합해서 최종적인 와인을 만든다. 부르고뉴 수도승들에게 그랑 크뤼 와인을 마시는 행위는 심오한 영적 경험이었을 것으로 생각한다. 그런 면에서 이 와인은 초속적인 면모를 간직하고 있다.

## 도멘 뒤자크
**클로 생드니 | 그랑 크뤼 | 피노 누아 100%**

뒤자크의 그랑 크뤼 포도원인 클로 생드니에서 생산한 최상급 빈티지 와인을 8년 이상 숙성시키면, 고급스럽고 현란한 풍미가 조류처럼 밀려왔다 사라지길 반복한다. 미각의 흐름을 따라가는 것만으로도 충분히 흥미로운 경험이 된다. 와인이 어릴 때는 가죽, 담배, 에스프레소, 구운 고기의 풍미와 강한 타닌감이 느껴진다. 이처럼 감칠맛이 감도는 '어두움'은 아삭한 빨간 체리의 싱그러운 풍미와 균형을 이룬다. 상반되는 두 특징이 어우러져 우마미의 결정체를 보여 주는 탄력 있고 감미로운 와인이 탄생한다. 도멘 뒤자크는 1960년대 자크 세스가 설립했다. 자크 세스는 풍요로움과 살집이 느껴지는 부르고뉴 레드 와인으로 유명하다. 오늘날 그의 아들과 며느리인 제레미 세스와 디아나 스노든이 자크 세스의 양조법을 이어가고 있다.

부르고뉴의 '와인 수도'인 본의 도심에 있는 카르노 식당

# BEAUJOLAIS 보졸레

보졸레의 포도밭은 푸른 화강암 저지대를 지나 부르고뉴 남부의 석회암 언덕 지대까지 45km가량 길게 뻗어 있다. 보졸레는 프랑스 행정상 부르고뉴에 속하지만, 두 지역은 지리적 접근성을 제외하면 공통점이 전혀 없다. 기후, 토양, 지질, 주요 포도 품종도 다르며, 와인 양조법도 극단적으로 다르다. 심지어 장소의 기운도 다르다. 보졸레가 과일과 기쁨이라면 부르고뉴는 흙과 장엄함이다.

많은 와인 애호가가 보졸레는 진지한 와인이 아니라는 오해를 한다. 보졸레 와인이라곤 고작 몇 주만 발효시켜 파리에서 도쿄까지 마트용으로 판매되는 보졸레 누보만 접해 봤을 테니 그런 오해도 무리는 아니다. 주로 어린 프랑스 청년층이 소비하는 보졸레 누보도 맛있긴 하지만, 전 세계에 전통 보졸레만큼 황홀한 와인도 없는데 마땅한 주목을 받지 못하니 안타깝다. 이번 챕터에서는 보졸레 와인 생산량의 압도적 다수를 차지하는 레드 와인을 집중적으로 다룰 예정이다. 그런데 최근 몇 년간 보졸레 로제 와인의 생산량도 급격히 증가했다. 보졸레 화이트 와인(샤르도네)의 생산량도 거의 제로에 머물다가 최근 총생산량의 약 2%로 상승했다.

보졸레의 특징인 신선함과 활기는 가메 포도에서 기인한다. 가메의 본래 명칭은 가메 누아 아 쥐 블랑(Gamay Noir à Jus Blanc)으로, 보졸레 레드 와인을 만드는 유일한 품종이다. 가메의 풍미는 헷갈릴 여지가 없다. 처음에는 블랙 체리와 블랙 라즈베리가 파도처럼 밀려오고, 다음에는 은은한 복숭아, 제비꽃, 장미 풍미가 퍼진다. 마지막으로 광물성과 후추의 향신료 향이 입안을 훑고 지나간다. 가메는 타닌도가 비교적 낮아서 그렇지 않아도 강렬한 과일 향이 더욱 선명하게 극대화된다. 이런 특성 덕분에 보졸레 와인은 어느 음식과도 잘 어울리는 편이다. 인도 카레, 싱가포르 국수, 구운 닭요리와 매시트포테이토 등 모든 음식과 환상적인 궁합을 자랑한다.

현재 보졸레 지역에는 약 2,000명 포도 재배자와 아홉 개 조합이 있다. 재배자 대부분은 대기업 규모의 네고시앙인 조르주 뒤뵈프를 비롯해 보졸레의 네고시앙들에게 포도를 판매한다.

## 보졸레 누보

한 세기 전, 포도 맛이 물씬 나는 갓 만든 와인을 외륜선에 싣고 손강을 건너 리옹의 술집과 식당에 보냈다. 그 후 1951년이 돼서야 비로소 보졸레 누보의 공식적인 상업적 판매가 시작됐다(만든 지 7~9주밖에 안 된 와인이 시장에 판매됐다). 1960년대, 보졸레 누보는 수확을 기념한다는 명목 아래 단번에 주목받으며 홍보에 엄청난 효과를 거뒀다. 1985년, 매년

11월 3번째 목요일이 보졸레 누보 출시일로 정해졌다. 최근 보졸레의 전설로 떠오른 조르주 뒤뵈프에 따르면 좋은 보졸레 누보는 일반 보졸레 와인보다 만들기 힘들다고 한다. 와인을 만드는 시간이 제한적이기 때문이다. 보졸레 누보에도 품질의 고하가 있지만 대체로 녹은 보라색 빙과 맛을 닮았다. 마치 쿠키 반죽을 먹은 듯한 순박한 기쁨을 준다.

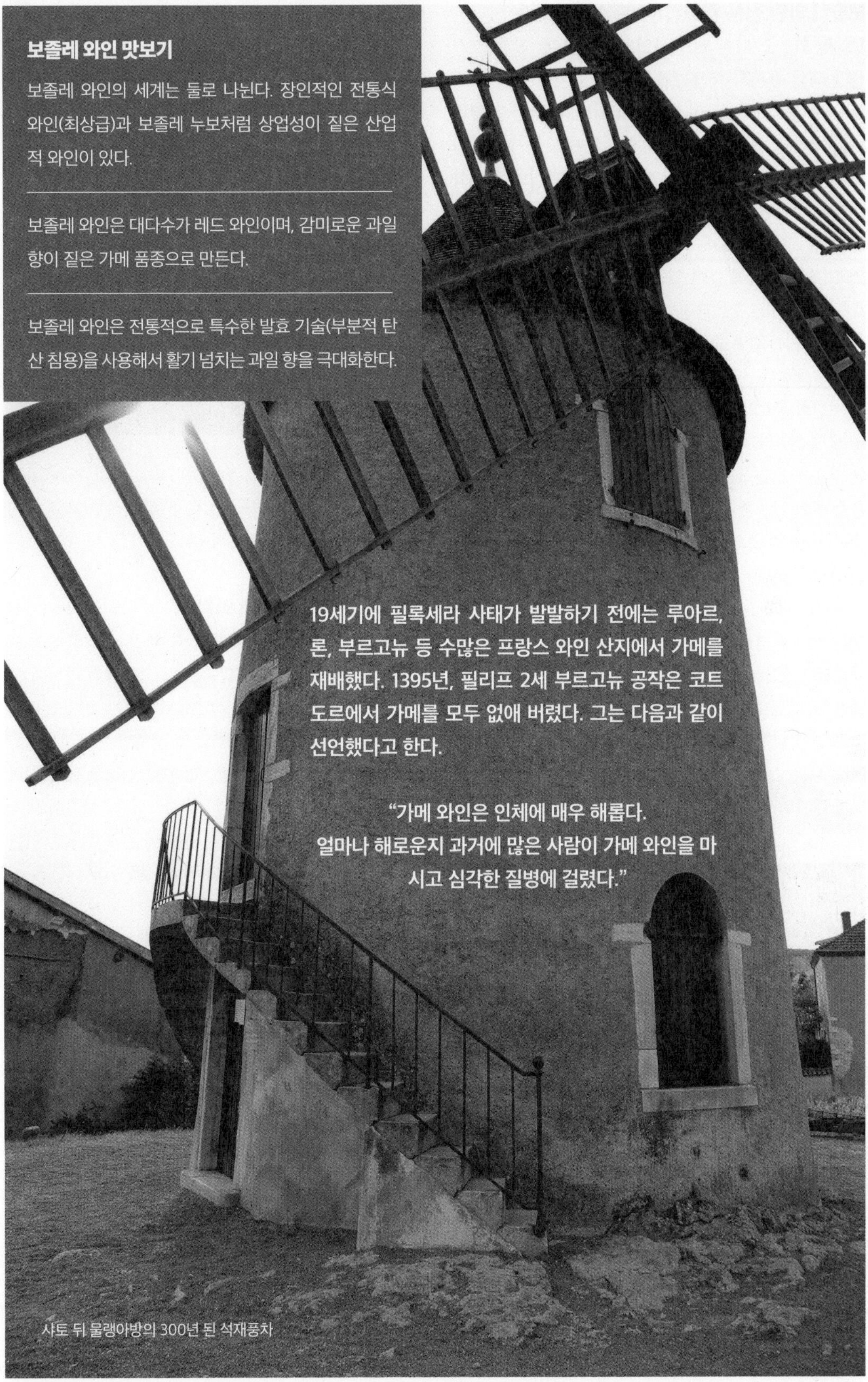

## 보졸레 와인 맛보기

보졸레 와인의 세계는 둘로 나뉜다. 장인적인 전통식 와인(최상급)과 보졸레 누보처럼 상업성이 짙은 산업적 와인이 있다.

보졸레 와인은 대다수가 레드 와인이며, 감미로운 과일 향이 짙은 가메 품종으로 만든다.

보졸레 와인은 전통적으로 특수한 발효 기술(부분적 탄산 침용)을 사용해서 활기 넘치는 과일 향을 극대화한다.

19세기에 필록세라 사태가 발발하기 전에는 루아르, 론, 부르고뉴 등 수많은 프랑스 와인 산지에서 가메를 재배했다. 1395년, 필리프 2세 부르고뉴 공작은 코트 도르에서 가메를 모두 없애 버렸다. 그는 다음과 같이 선언했다고 한다.

"가메 와인은 인체에 매우 해롭다.
얼마나 해로운지 과거에 많은 사람이 가메 와인을 마시고 심각한 질병에 걸렸다."

샤토 뒤 물랭아방의 300년 된 석재풍차

## 보졸레 와인 전통 양조법: 부분적 탄산 침용

보졸레 와인도 다른 레드 와인처럼 만들 수 있지만, 신선한 과일 풍미와 아로마를 강화하기 위해 부분적 탄산 침용(semi-carbonic maceration)이라는 특수한 전통 방식을 따른다. 이 과정에서 포도를 줄기가 달린 상태에서 송이째로 발효탱크에 넣는다(과실의 부패와 손상을 방지하기 위해 보통 손으로 포도를 딴다). 그러면 위쪽 포도의 무게에 짓눌린 아래쪽 포도에서 즙이 나오고, 포도 껍질에 붙어 있는 야생효모로 인해 즉시 발효가 시작된다. 발효과정의 부산물로 방출된 이산화탄소 가스가 위쪽 포도를 감싸며 포도 내부의 세포 간 발효를 유발한다. 알코올이 2%가량 생성되면, 위쪽 포도가 이산화탄소의 압력 때문에 부서지기 시작한다. 효모가 탱크 전체를 점령하면 발효가 완성된다. 부분적 탄산 침용은 모든 포도 품종에 적용할 순 있지만, 가메 같은 품종의 생생한 과일 향을 증폭시키는 데 최적화된 기법이다. 포도 줄기도 감칠맛 나는 향신료 풍미를 더하는 역할을 한다.

부분적이 아닌, 전체적 탄산 침용도 또 다른 선택지다. 그러나 이 방법은 주로 최저가의 단순한 보졸레 와인에 사용한다. 먼저 포도를 송이째로 통에 담는다. 통을 밀봉한 후, 이산화탄소를 주입해서 산소를 대체한다. 무산소 환경에 엄청난 압력이 가해지면서 모든 포도가 내부에서부터(세포 간 발효) 발효되기 시작한다. 곧이어 포도가 터지면서 즙이 흘러나온다. 전체적 탄산 침용은 과

M. & C. 라피에르의 마티유와 카미유 라피에르

일 향이 강하고 매우 다즙한 와인을 만든다. 풍미가 사탕과 비슷해서 풍선껌과 딸기 맛 쿨에이드(분말주스)를 연상시킨다.

## 상업적 와인 대 장인적 와인

1950년대 전까지 보졸레 와인은 대부분 좋은 품질의 프랑스 테이블 와인이었다(단순한 버전과 상위 버전이 있었다). 그런데 1960~1970년대에 보졸레 누보가 선풍적인 인기를 끌자, 포도 재배자와 와인 생산자는 생산량을 늘리기 시작했다. 큰돈을 벌겠다는 부푼 꿈을 안고 저렴하고 산뜻한 와인을 대량 생산했다. 그러나 시간이 지나면서 와인의 위상이 추락하는 문제에 봉착했다. 수익이 계속 줄어들자 악순환의 고리에 빠져들었다. 이들은 생산량을 늘리고, 포도밭에 화학물질을 대량 살포하고, 빈약하게 설익은 와인에 설탕을 첨가했다. 또한 와이너리의 열악한 위생환경을 보완하기 위해 이산화황을 남용했고, 와인을 조기에 출시했다. 그 결과 품질은 곤두박질쳤다. 이처럼 산업적으로 대량 생산된 보졸레 와인은 힘이 없고 빈약했다. 한마디로 절망적이었다.

오늘날 전통식 보졸레 와인 양조장을 중심으로 획기적인 품질변화가 일어났다. 실제로 고품질의 보졸레 와인을 만드는 양조장이 확연히 증가했다. 품질의 혁명은 '네 명의 무리(Bande des Quatres)'를 중심으로 서서히 시작됐다(다음 페이지 '내추럴 와인 운동의 발원지' 참고). 고품질의 보졸레 와인은 가격은 높아졌지만 과일, 꽃, 향신료의 짜릿한 풍성함을 만끽하는 순수한 즐거움을 가져다준다.

어린아이도 조금 맛볼 수 있다.

상온보다 살짝 낮은 온도에서 보졸레 와인을 마시면 과일, 꽃, 향신료, 광물성의 풍미가 폭발한다.

## 보졸레 최상급 생산자

- 알랭 쿠데르(Alain Coudert)
- 샤토 뒤 물랭아방(Château du Moulin-à-Vent)
- 쿠방 데 토랭(Couvent des Thorins)
- 도멘 안소피 뒤부아(Domaine Anne-Sophie DuBois)
- 도멘 치냐르(Domaine Chignard)
- 도멘 드 라 부트 데 크로즈(Domaine de la Voûte des Crozes)
- 도멘 뒤 그라니(Domaine du Granit)
- 도멘 뒤푀블 페르 에 피스(Domaine Dupeuble Père et Fils)
- 도멘 장에르네스트 데콩브(Domaine Jean-Ernest Descombes)
- 도멘 장마르크 뷔르고(Domaine Jean-Marc Burgaud)
- 도멘 루이클로드 데비뉴(Domaine Louis-Claude Desvignes)
- 도미니크 피롱(Dominique Piron)
- 조르주 데콩브(Georges Descombes)
- 기 브르통(Guy Breton)
- 장 포야르(Jean Foillard)
- 장폴 브룅(Jean-Paul Brun)
- 장폴 에 샤를리 테브네(Jean-Paul et Charly Thévenet)
- 쥘리 발라니(Julie Balagny)
- 줄리앙 쉬니에(Julien Sunier)
- M. & C. 라피에르(M. & C. Lapierre)
- 미셸 테트(Michel Tête)
- 티보 리제벨레르(Thibault Liger-Belair)

## 보졸레 와인 등급

보졸레 와인은 법적으로 높은 품질과 가격순으로 아래와 같이 세 등급으로 나뉜다.

## 보졸레 포도 품종

### 화이트

◇ **샤르도네**
소량의 보졸레 화이트 와인을 만드는 데 사용한다.

### 레드

◇ **가메**
'가메 누아 아 쥐 블랑'이라고도 불리며, 사실상 유일한 보졸레 적포도 품종이다. 저품질 와인부터 세련된 과일 향의 와인까지, 모든 보졸레 레드 와인에 사용한다.

- 보졸레
- 보졸레빌라주
- 보졸레 크뤼

**보졸레** 보졸레 와인 총생산량의 약 26%를 차지한다. 비교적 유명하지 않고 화강암 비중이 낮은 남부 평지에서 재배한 포도를 사용한다. 토양이 상대적으로 비옥하고 진흙으로 가득하다. 와인은 풍성함이 적고 라이트하다.
**보졸레빌라주** 전체 생산량의 27%를 차지하며, 품질이 한 단계 더 높다. 보졸레 중부의 언덕 지대에 있는 마을

## 내추럴 와인 운동의 발원지

1970년대 보졸레에서 시작된 와인의 정체성 논란이 현대 내추럴 와인 운동의 시작이라고 볼 수 있다. 내추럴 와인 운동을 최초로 주도한 사람은 작고한 마르셀 라피에르다. 당시 그는 모르공 와인 산지의 젊은 와인 양조자였는데, 자기의 와인을 비롯한 모든 보졸레 와인이 비료와 살충제를 뿌린 저가의 상업용 와인이라는 현실에 염증을 느꼈다고 한다. 마르셀은 돌연 모든 방식을 바꿨다. 포도를 유기농법으로 재배하고, 자신이 기억하는 할아버지의 양조법대로 와인을 만들기 시작했다.

이후 와인 양조자 세 명이 동참했다. 이 '네 명의 무리(Bande des Quatres)'는 전통적, 장인적 보졸레 와인을 만들기 시작했다. 소문이 점점 퍼지면서, 움직임이 확산했다. 보졸레의 '무리'는 규모가 점차 커졌다. 내추럴 와인 운동은 10년 이내에 프랑스 전역에 확산했고, 이후 전 세계에 전파했다. 최초인 '네 명의 무리'는 여전히 최상급 보졸레 와인을 생산하고 있다. 바로 M. & C. 라피에르, 장폴 에 샤를리 테브네, 장 포야르 그리고 기 브르통이다.

## 보졸레 크뤼 와인

보졸레에서 가장 우수한 와인을 생산하는 10대 마을을 북부에서 남부의 순서로 정리했다. 보졸레 크뤼 와인의 라벨에는 생산자와 마을명만 표기되며 '보졸레'라는 단어는 들어가지 않는다.

**생타무르(SAINT-AMOUR)** 면적이 330만㎡(330헥타르)로 크뤼 마을 중 가장 작은 편에 속한다. 와인은 풍성하고 실크 같으며, 때론 스파이시하다. 아로마는 복숭아를 연상시킨다. 생타무르는 '성스러운 사랑'을 의미한다. 토양은 청석이 소량 섞여 있다.

**쥘리에나(JULIÉNAS)** 토양에 진한 청석 줄무늬가 섞여 있다. 와인은 풍성하고 비교적 강력하며, 꽃과 스파이시한 아로마와 풍미가 있다. 쥘리에나라는 이름은 줄리어스 시저에서 따온 것이다.

**세나(CHÉNAS):** 와인이 유연하고 우아하며, 은은한 야생 장미 부케를 품었다. 세나는 보졸레에서 가장 작은 크뤼 마을이다.

**물랭아방(MOULIN-À-VENT)** 푸짐하고 풍성한 풍미, 질감, 아로마를 가졌다. 플뢰리, 모르공과 더불어 숙성력이 가장 높다. 물랭아방은 풍차라는 뜻인데, 포도밭에 300년 된 석재풍차를 기리는 것이다.

**플뢰리(FLEURIE)** 벨벳 같은 질감, 꽃과 과일 부케를 지녔다. 따사로운 아침햇살이 내리쬐는 동향 비탈면에 있다. 그래서인지 와인에서 절제미와 섬세함이 느껴진다.

**치루블(CHIROUBLES)** 보졸레에서 가장 고도가 높은 포도밭이다. 치루블 와인은 대체로 라이트 보디이며, 제비꽃 아로마를 지녔다.

**모르공(MORGON)** 살구와 흙 풍미를 지녔다. 보졸레에서 가장 풍성하고, 색이 짙고, 가장 묵직한 풀보디감을 가졌다. 와인에 청석과의 연결성이 잘 묻어난다.

**레니에(RÉGNIÉ)** 크뤼 중 가장 최근(1988년)에 설립됐다. 레드 컬너트와 라즈베리 풍미를 지녔으며, 비교적 원만하고 묵직한 풀보디감을 가졌다.

**브루이(BROUILLY)** 라즈베리, 체리, 블루베리 풍미를 물씬 풍기는 과일 향 와인이다. 최대 규모의 크뤼 마을로 면적이 1,200만㎡(1,200헥타르)에 달한다. 토양에 화강암이 가득하다.

**코트 드 브루이(CÔTE DE BROUILLY)** 깊은 과일 풍미가 특징인 강력하고 활력 넘치는 와인이다. 사화산인 몽 브루이의 산비탈에 위치하며, 토양의 청석 비중이 높다.

39곳에서 생산된다. 토양은 상대적으로 척박하며, 화강암과 청석으로 구성돼 있어서 포도나무가 양질의 열매를 맺는다.

**보졸레 크뤼** 전체 생산량의 47%를 차지하며, 가장 품질이 높다. 다른 지역과 달리, 보졸레에서 '크뤼'라는 단어는 포도밭이 아니라 유명 마을 열 개를 가리킨다. 보졸레 크뤼 와인은 보졸레 북부의 화강암 또는 청석 언덕(해발 305m)에 있는 10대 유명 마을에서 생산한다. 이곳 와인은 농후하고 풍성하며, 기본 보졸레 와인보다 훨씬 비싼데다 숙성도 가능하다. 라벨에 리외디 또는 포도를 재배한 소구역을 표기하는 와인이 증가하는 추세다.

## 땅과 포도 그리고 포도원

면적 146㎢(14,600헥타르)의 보졸레 포도밭은 길이 56km, 너비 14km의 복도 형태로 길게 뻗어 있다. 동쪽에 손 리버 밸리가 있고, 서쪽에는 마시프 상트랄의 지맥인 몽 뒤 보졸레)가 있다. 겨울에는 춥고 여름에는 더우며 대체로 건조한 대륙성 기후다.

토양은 여러 종류가 뒤섞여 있는데, 그중 파삭파삭한 화강암과 청석이라 불리는 청록색 화산암이 가장 귀하다. 보졸레 주변 언덕은 침식작용으로 형성된 것인데 코트 드 브루이, 쥘리에나, 모르공, 브루이, 생타무르 등 크뤼 마을에서 청석층이 발견된다. 화강암과 청석은 쉽게 데워지는 성질이 있어서 과실의 성숙에 유리하다. 석회암과 대리석 토양(샹파뉴, 부르고뉴의 토양)도 있으며, 특히 보졸레 남부에는 진흙이 많다.

# THE RHôNE 론

내게 프랑스 3대 스틸 와인 산지를 꼽으라고 한다면, 보르도(귀족적인 최고의 와인), 부르고뉴(테루아르의 모선) 그리고 론(맹렬하고 거침없는 풍미)을 선택할 것이다. 세계에서 가장 위대한 레드 와인 중에서도 론 와인은 단연코 가장 야성적이다. 어둡고 스파이시한 풍미가 병에 갇혀서 언제든 뛰쳐나갈 듯이 꿈틀거린다. 론 와인은 한마디로 원초적 탄성을 자아내는 와인이다.

론 밸리는 론강에서 이름을 따왔다. 론강은 스위스 알프스의 고지대에서 쥐라산 협곡을 따라 프랑스로 흘러든다. 리옹 남쪽과 앙퓌 바로 북쪽의 포도밭이 시작되는 지점에서 급격하게 방향을 틀어서 남쪽으로 400km(250마일)를 쭉 내려가다가 마르세유 바로 서쪽 지점에서 지중해로 빠진다.

론 밸리는 두 지역으로 나뉜다. 북부 론은 작지만 명성이 높고, 남부 론은 크고 유명하다는 특징이 있다. 양쪽 지역은 차로 한 시간 거리며, 둘 사이에는 포도밭이 끝없이 이어진다. 사실 북부 론과 남부 론은 서로 극명하게 달라서 이 둘을 잇는 강이 없었다면 서로 다른 와인 산지라고 여겨졌을 것이다.

론 밸리 와인에 사용해도 된다고 허용된 포도 품종은 모두 23종이지만, 이 중 소수만 주요 품종으로 사용한다(대부분 수 세기 전부터 론에서 재배한 품종으로 현재 주요 품종과 간작한다). 현재는 향수를 불러일으키는 뉘앙스를 더하기 위해서만 사용되며, 와인 양조자들은

## 론 와인 맛보기

프랑스 남동부에 있는 론 밸리는 두 지역으로 나뉜다. 북부 론과 남부 론이다. 두 지역은 기후, 토양, 재배 품종 등 모든 면에서 완전히 다르다.

화이트 와인과 로제 와인도 생산되지만, 레드 와인이 지배적이다. 북부 론에서 가장 유명한 레드 와인은 코트로티와 에르미타주다. 남부 론에서 가장 유명한 레드 와인은 샤토뇌프 뒤 파프다.

시라는 북부 론에서 유일한 적포도 품종이다. 남부 론에서는 여러 적포도 품종을 블렌딩하는데, 그중 그르나슈와 무르베드르가 가장 많다.

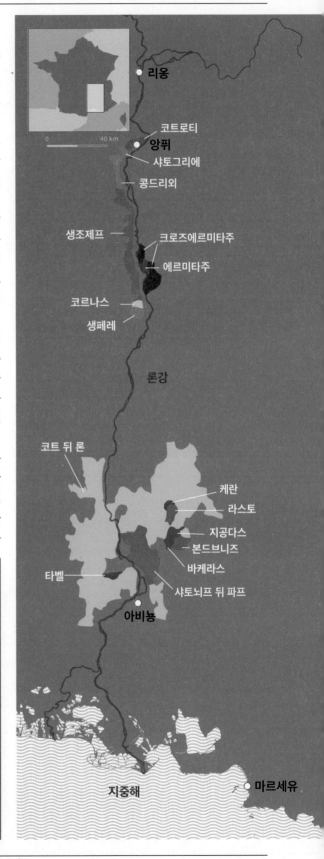

## 론 대표 와인

### 북부 론의 대표적 AOC

**샤토그리에(CHÂTEAU-GRILLET) – 화이트 와인**

**콩드리외(CONDRIEU) – 화이트 와인**

**코르나스(CORNAS) – 레드 와인**

**코트로티(CÔTE-RÔTIE) – 레드 와인**

**크로즈에르미타주(CROZES-HERMITAGE)
– 레드, 화이트 와인**

**에르미타주(HERMITAGE) – 레드, 화이트 와인**

**생조제프(ST.JOSEPH) – 레드, 화이트 와인**

### 남부 론의 대표적 AOC

**샤토뇌프 뒤 파프(CHÂTEAUNEUF-DU-PAPE)
– 레드, 화이트 와인**

**코트 뒤 론(CÔTES DU RHÔNE)
– 레드, 화이트 와인**

**코트 뒤 론 빌라주(CÔTES DU RHÔNE VILLAGES)
– 레드, 화이트 와인**

**지공다스(GIGONDAS) – 레드, 로제 와인**

**뮈스카 드 봄드브니즈(MUSCAT DE BEAUMES-
DE-VENISE) – 화이트 와인(스위트 주정강화 와인)**

**바케라스(VACQUEYRAS) – 레드 와인**

### 남부 론의 주목할 만한 AOC

**케란(CAIRANNE) – 레드, 화이트, 로제 와인**

**코스티에르 드 님(COSTIÈRES DE NÎMES)
– 레드, 화이트, 로제 와인**

**리라크(LIRAC) – 레드, 화이트, 로제 와인**

**뤼브롱(LUBERON) – 레드, 화이트, 로제 와인**

**라스토(RASTEAU) – 레드 와인**

**타벨(TAVEL) – 로제 와인**

**방투(VENTOUX) – 레드, 화이트, 로제 와인**

이를 '전통의 풍미'라 부른다. AOC마다 해당 산지 내에서 23종 중 어느 품종이 법적으로 허용되는지 규정해 놓았다. 따라서 와인 양조자들은 허용된 품종들을 자유롭게 조합해서 독자적인 레시피를 구축할 수 있다.

론 밸리는 프랑스에서 가장 오래된 와인 산지에 속한다. 와인은 기원전 500년경 에트루리아(로마 이전의 부족)가 프랑스 남부 연안에 도입했다. 같은 시기, 와인 양조법도 프랑스 내륙에 전파됐다. 약 2,000년 전, 로마인이 정착하기 전에 살던 골(Gaul)족이 마시던 와인은 로마 작가인 플라니우스가 '강한 풍미'를 가졌다고 표현한 것으로 유명하다(플라니우스는 와인의 가격이 비싸다고 불평하면서, 그 가격을 지불하고도 와인을 마시는 사람은 사치스럽고 방탕하기 때문이라고 지적하기도 했다).

### 북부 론

북부 론은 론 밸리에서 가장 희귀하고 비싼 레드 와인과 소량의 화이트 와인을 생산한다. 최북단의 코트로티부터 시작해서 코르나스와 생페레까지 남쪽으로 80km(50마일)가량 뻗어 있다. 생페레는 매우 작은 지역이지만, 전통식으로 양조한 스파클링 와인으로 유명하다. 그 사이에 콩드리외, 샤토그리에, 생조제프, 에르미타주, 크로즈에르미타주 등 유명 AOC 다섯 곳이 있다.

최상급 포도밭은 위태위태하고 가파른 비탈면이나 바위투성이의 비좁은 계단식 밭에 자리 잡고 있다. 토양은 아주 오래되고 척박한 화강암과 전판암이다. 침식작용은 언제나 위협 요소로 작용한다. 계단식 밭과 수작업으로 힘들게 만든 돌담이 없었다면, 포도나무는 진즉에 쓸려 내려갔을 것이다. 그런데도 퍼석퍼석한 토양 일부가 풍화작용과 겨울비에 씻겨 내려간다. 이럴 때마다 론의 와인 양조자들이 항상 하는 일이 있다. 작은 양동이에 귀한 흙을 다시 담아서 가져온다.

북부 론은 대륙성 기후다. 남부 론의 지중해성 기후와는 정반대다. 따라서 겨울은 혹독하고 춥고 축축하며, 여름은 뜨겁다. 늦봄과 초가을의 안개 때문에 포도밭의 남향이 매우 중요하다. 남향은 초봄에 토양을 따뜻하게 덮히고 생장 기간을 늘려서 포도가 충분한 시간을 들여서 제대로 성숙하게 돕는다. 화강암 토양은 배수가 잘되고 열 보존력도 뛰어나다. 그러나 얼음장처럼 매서운 북풍인 미스트랄(Mistral)이 열 보존력을 무용지물로 만들어 버린다.

북부 론에서 재배가 허용된 유일한 적포도는 시라다. 청포도인 몽되즈 블랑슈와 적포도인 뒤레자(피노 누아의

# 론의 포도 품종

## 화이트

### ◇ 부르불랭(BOURBOULENC)
남부 론의 화이트 와인에 사용하는 블렌딩 품종이다. 특히 코트 뒤 론의 화이트 와인에 산미를 더하는 역할을 한다.

### ◇ 클레레트(CLAIRETTE)
생산율을 낮게 제한할 경우, 신선하고 아름다운 아로마가 생성된다. 남부 론의 최상급 화이트 와인에 핵심적인 역할을 한다.

### ◇ 그르나슈 블랑(GRENACHE BLANC)
그르나슈의 청포도 변종이며, 남부 론의 주요 청포도 품종이다. 산도는 낮지만 보디감이 훌륭한 화이트 와인을 만든다.

### ◇ 피카르당(PICARDAN), 픽풀(PICPOUL)
적당한 품질의 블렌딩 품종으로 남부 론에서 사용한다.

### ◇ 마르산(MARSANNE)
북부 론의 주요 청포도 품종이다. 에르미타주 블랑, 크로즈에르미타주 블랑, 생조제프 블랑에서 주된 비중을 차지한다. 남부에서도 널리 사용한다. 주로 루산에 블렌딩 품종으로 쓰인다.

### ◇ 뮈스카 블랑 아 프티 그랭(MUSCAT BLANC À PETITS GRAINS)
론의 주정강화 디저트 와인인 뮈스카 드 봄드브니즈에 사용되는 깊은 아로마를 가진 품종이다. 이름에 뮈스카가 들어가는 품종 중 최상급으로 친다.

### ◇ 루산(ROUSSANNE)
북부 론의 청포도로 우아하고 아로마가 뛰어나다. 주로 마르산에 정교함을 가미하기 위해 쓰인다. 재배하기 어려운 탓에 값이 비싸다.

규모가 작은 샤토그리에 AOC의 유일한 양조장인 샤토그리에에서 비오니에 품종을 수확하고 있다.

### ◇ 위니 블랑(UGNI BLANC)
트레비아노 토스카노(Trebbiano Toscano) 품종의 프랑스어 명칭이다. 프랑스 남부 전역에서 재배되며, 생산성이 매우 높은 청포도 품종이다. 저렴한 블렌드 와인에 메꿈용으로 쓰인다.

### ◇ 비오니에(VIOGNIER)
론에서 가장 향이 강한 청포도다. 주로 북부에서 소량만 재배하며, 콩드리외와 샤토그리에를 만드는 데 사용한다. 에르미타주와 코트로티의 레드 와인에도 조금씩 혼합한다.

## 레드

### ◇ 쿠누아즈(COUNOISE), 뮈스카르댕(MUSCARDIN), 테레 누아(TERRET NOIR), 바카레즈(VACCARÈSE)
남부 론의 일부 지역에서 보조적으로 사용하는 블렌딩 품종이다. 전반적으로 중요도가 떨어진다.

### ◇ 카리냥(CARIGNAN)
주로 남부의 코트 뒤 론과 로제 와인에 사용한다. 와인에 흙 풍미를 더한다.

### ◇ 생소(CINSAUT)
보남부 론의 블렌딩 품종이다. 체리와 크랜베리 뉘앙스를 더하며, 사랑스러운 로제 와인을 만든다.

### ◇ 그르나슈(GRENACHE)
남부 론의 주요 품종이다. 모든 레드 블렌드 와인에서 압도적인 비중을 차지한다. 우아한 체리와 라즈베리 풍미를 만든다. 원산지인 스페인에서는 가르나차로 불린다.

### ◇ 무르베드르(MOURVÈDRE)
남부 론의 주요 블렌딩 품종이다. 구조감, 타닌감, 가죽과 야금류 풍미를 더한다. 원산지인 스페인에서는 모나스트렐 또는 마타로라 불린다.

### ◇ 시라
북부 론의 주연급 품종이다. 단독으로 사용하거나 청포도인 비오니에를 소량 섞어서 대담하고 스파이시한 후추 향의 와인을 만든다. 남부 론에서는 샤토뇌프 뒤 파프, 지공다스, 코트 뒤 론과 같은 블렌드 와인에서 중요한 비중을 담당한다.

자손)의 자연 교잡종이다.

북부 론이 시라를 선택한 데는 분명 양조학적 선견지명이 있었을 것이다. 북부 론에 시라를 심었더니 이국적인 인센스, 숲, 가죽, 검은 자두의 아로마가 폭증했다. 어두운 야생성이 감도는 인상적인 와인에서 야금류, 고기, 동물의 풍미가 짙게 풍긴다(여기에는 피, 내장, 땀이 있다. 론의 시라는 친구 사이에만 논할 수 있는 적나라한 풍미의 영역으로 당신을 초대한다). 또한 날카롭게 관통하는 백후추 풍미가 당신이 북부 론에 있음을 알려 준다. 북부 론의 모든 최상급 와인은 백후추 풍미를 풍긴다. 포도나무의 나이가 많을수록 백후추의 풍미가 증폭된다. 최소 40살이 넘은 포도나무도 많고, 심지어 100살도 있다. 나이가 100세 이상인 포도나무는 과실을 많이 생산하지 못하지만, 응축된 풍미의 포도를 맺는다.

론 레드 와인의 독특한 풍미는 포도를 송이째 발효시키는 오랜 관습 덕분이기도 하다. 론의 수많은 와이너리는 오랜 관습에 따라 포도 전체 또는 일부를 줄기에 매달린 상태로 발효시킨다.

포도의 줄기는 최종 와인에 심오한 영향을 미친다. 줄기는 껍질과 마찬가지로 타닌을 함유하고 있다. 따라서 와인에 강렬한 느낌, 응집력과 힘을 가미한다. 줄기는 아로마와 풍미에도 영향을 미친다. 그 결과 와인은 백단나무, 향신료, 가시덤불 향을 가득 머금는다. 단, 줄기를 발효에 사용하려면 포도와 마찬가지로 반드시 잘 익은 상태여야 한다. 아니면 씁쓸한 채소 맛이 난다. 오늘날 지

가파른 비탈면에 있는 코트로티의 포도밭을 관리하는 일은 등골이 휠 정도로 고된 작업이다.

구온난화로 인해 줄기의 성숙이 잘된다. 그 결과 2020년대 들어서 발효에 줄기를 높은 비율로 활용하는 일이 흔해졌다.

론에서 화이트 와인은 소량만 생산된다. 북부 론에서 가장 유명하고 값비싼 화이트 와인은 콩드리외와 샤토그리에다. 두 와인 모두 향이 풍성하고 늑진한 청포도 품

## 북부 론의 주요 AOC, 와인, 포도
론강을 따라 북에서 남의 순서로 AOC를 정리했다.
북부 론의 모든 레드 와인에는 오직 시라 품종만 사용된다.

| AOC | 와인 | 주요 적포도 품종 | 주요 청포도 품종 |
| --- | --- | --- | --- |
| 코트로티 | 레드 와인 | 시라 | - |
| 콩드리외 | 화이트 와인 | - | 비오니에 |
| 샤토그리에 | 화이트 와인 | - | 비오니에 |
| 생조제프 | 레드, 화이트 와인 | 시라 | 루산, 마르산 |
| 에르미타주 | 레드, 화이트 와인 | 시라 | 루산, 마르산 |
| 크로즈에르미타주 | 레드, 화이트 와인 | 시라 | 루산, 마르산 |
| 코르나스 | 레드 와인 | 시라 | - |

## 프랑스의 비스트로

론 밸리는 프랑스의 비공식 미식 도시로 알려진 리옹의 바로 남쪽에 있다. 음식에 매우 진심인 나라인 만큼 미식 도시라는 타이틀도 매우 상징적이다(픽사의 애니메이션 <라타투이>에 등장하는 셰프도 리옹에서 가장 유명한 레스토랑 셰프인 폴 보퀴즈를 모델로 삼았다). 프랑스 최초의 비스트로도 노동자가 저렴한 가격에 푸짐한 음식을 먹고 마실 수 있는 가족 운영 여관에서 비롯됐다.

이처럼 음식에 대해 실속 있고 성실한 접근 방식은 여전히 리옹만의 특징으로 남아 있다. 와인에 관한 허세도 전혀 없으며, 코트 뒤 론과 보졸레 와인이 항상 손닿을 거리에 놓여 있다. 앙두예트(돼지 내장으로 만든 소시지), 차가운 닭 간 샐러드, 생선 크넬(완자), 치즈 감자 그라탱, 꽃상추와 짭짤한 베이컨 덩어리, 와인에 담근 치킨 프리카세의 느끼함을 잡아주는 데 이보다 좋은 선택이 또 있을까?

돼지 내장으로 만든 소시지

종인 비오니에로 만든다. 이 밖의 다른 북부 론 화이트 와인(에르미타주 블랑, 크로즈에르미타주 블랑, 생조제프 블랑 등)은 모두 마르산과 루산으로 만든다. 마르산은 블렌딩의 핵심이고 루산은 마르멜루, 복숭아, 라임의 풍미와 아로마 그리고 정교함을 가미한다. 로제 와인은 북부 론에서 생산되지 않는다. 곧 다루겠지만, 남부 론이 로제 와인으로 유명하다.

북부 론에서는 대규모 가족 운영 기업과 소규모 생산자가 와인을 생산한다. 소규모 생산자는 말 그대로 규모가 정말 작아서 100상자밖에 생산하지 못하는 때도 있다. 예를 들어 코트로티의 경우, 겨우 60개 포도원에서 100명이 넘는 생산자가 와인을 만든다.

### • 코트로티

코트로티는 론에서 가장 뛰어난 와인을 생산하는 AOC에 속한다. 코트로티라는 이름은 '구운 산비탈'이란 뜻인데, 오해의 소지가 있는 의미와는 달리 와인을 절대 굽거나 과숙하지 않는다. 코트로티의 최상급 와인은 매끈하고 극적이며, 흙과 야금류의 날카로운 풍미가 돋보인다. 와인잔에 따르면, 백후추 향이 너울처럼 출렁인다. 코트로티에서는 레드 와인만 생산하며, 모두 시라를 사용한다. 화이트 와인은 만들지 않는다.

코트로티 포도밭 면적은 모두 합쳐서 280만㎡(280헥타르)에 불과하지만, 품질과 희귀성이 돋보이는 와인을 생산한다. 최상급 와인에 사용되는 포도는 60도의 아찔한 각도로 깎아지른 듯한 화강암 비탈면에서 재배된다. 일부 남향 산비탈은 산양이 다닐 만한 비좁은 길을 제외하고 접근할 수 없을 정도다. 론강의 서쪽에 있는 앙퓌 마을 위로 포도밭 산비탈이 우뚝 솟아 있다. 산비탈 위쪽 평지에 신생 포도원들도 있다. 사실상 코트(산비탈)에 있지 않기 때문에 몇몇 생산자는 코트 뒤 론으로 분류하기도 한다.

코트로티에는 기억에 남는 이름을 가진 산비탈 두 곳이 있다. 코트 브륀(Côte Brune)과 코트 블롱드(Côte Blonde)다. 전설에 따르면, 16세기에 모지롱 영주의 두 딸의 머리카락 색(갈색, 금발)을 본떠서 지은 이름이다. 당시 모지롱 영주는 두 딸의 지참금을 위해 영토를 이등분했다고 한다. 와인의 특징도 이름이 주는 정형화된 이미지를 따라간다. 코트 브륀은 전반적으로 구조감이 뚜렷하고 힘이 강하다. 코트 블롱드는 우아하고 짜릿하다. E. 기갈 등 몇몇 생산자는 양쪽 와인을 섞어서 '브륀에 블롱드'라 불리는 블렌드 와인을 만든다. 두 산비탈의 풍미가 다른 이유는 지질학적 기질의 차이 때문이다. 코트 블롱의 경우, 편마암이 침식해서 옅은 색의 퍼석한 규토질 결정체의 토양이 형성됐다(주성분은 광물질 석영). 이런 토양은 워낙 불안정해서 로마 시대에 세워진 돌담을 지지대로 삼고 있다. 이런 돌담을 셰(chey)라 부른다. 코트 브륀의 경우, 편암이 침식해서 짙은 색의 토양이 형성됐으며, 규토가 적고 진흙이 많다. 진흙이 산비탈의 토양을 단단히 잡고 있어서 계단식 밭으로 깎을 수 있다. 이런 계단식 밭을 샤이에(chaillées)라 부른다. 코트 브륀과 코트 블롱드에는 황홀하고 값비싼 싱글 빈야드 와인이 많다. 그중 '라라(La-La)'라 불리는 라 물린(코트 블롱드), 라 랑돈(코트 브륀), 라 튀르크(코트 브륀)도 있다.

코트로티는 법적으로 소량의 청포도 혼합을 허가받은 프랑스 3대 레드 와인 중 하나다(나머지는 에르미타주, 샤토뇌프 뒤 파프). 그러나 여기서 '혼합'이란, 모두가 예상하는 의미와 살짝 다르다. 다른 로트(lot)의 와인을 섞는 게 아니다. 코트로티에서는 한 포도밭에서 시라 포도나무 사이사이에 비오니에 품종을 심는다. 역사적으로 비오니에의 크리미한 질감과 낮은 산도가 시라의 통렬함을 완화한다고 여겨졌다. 따라서 두 품종을 혼합 재배(필드 블렌드)했다. 비오니에는 코트로티 와인의 아로마에 은은하고 이국적인 특징을 부여한다.

### 시테 뒤 쇼콜라

북부 론의 에르미타주 포도밭이 내다보이는 탱레르미타주(Tain l'Hermitage) 마을에 시테 뒤 쇼콜라(Cité du Chocolate)가 있다. 이곳은 카카오 재배부터 카카오콩 발효를 거쳐 최종 제품을 만들기까지 장인 초콜릿의 전부를 담아낸 다중 감각적 박물관이다. 다양하게 마련된 샘플 시식도 절대 놓쳐서는 안 될 재밋거리다. 박물관 설립자는 세계 최고의 초콜릿 회사인 발로나(Valrhona라는 이름에도 Rhone이 들어간다)다.

론 밸리는 유럽 초콜릿의 중심지로서 역사가 길다. 알퐁스 드 리슐리외는 프랑스 최초의 초콜릿 옹호자로 1628년에 리옹 대주교직을 지냈으며 루이 8세의 추기경인 아르망 드 리슐리외의 형제다. 그는 유럽 귀족에게 초콜릿을 약용으로 활용해야 한다고 주장했다. 오늘날 론에는 프랄뤼스(Pralus), 베르나숑(Bernachon), 보나(Bonnat) 등 망명 높은 초콜릿 장인 생산자가 있다. 참고로 '미각에 좋다면 필시 영혼에도 유익하다'가 보나의 모토다.

12세기에 요새였던 샤토 당퓌는 현재 E. 기갈의 본사로 쓰인다. 경탄을 자아내는 샤토 당퓌는 바로 뒤편에 높이 솟은 포도밭과 론강 사이에 자리 잡고 있다.

법적으로 코트로티 레드 와인에 비오니에를 최대 20%까지 섞을 수 있지만, 생산자 대부분은 5% 이하만 섞는다.

코트로티에는 유명한 4대 와인 대기업이 있다. E. 기갈(E. Guigal), M. 샤푸티에(M. Chapoutier), 폴 자불레 에네(Paul Jaboulet Aîné) 그리고 들라스(Delas)다. 이 밖에도 뛰어난 소규모 생산자도 있는데, 르네 로스탱(René Rostaing), 도멘 자스맹(Domaine Jasmin), 도멘 갈레(Domaine Gallet), 자메(Jamet), 스테판 오지에(Stéphane Ogier), 장미셸 스테팡(Jean-Michel Stéphan), 장미셸 제랭(Jean-Michel Gerin), 벤자맹 에 다비드 뒤클로(Benjamin et David Duclaux), 샤토 드 생콤(Château de St.Cosme) 등이다.

오래전 손으로 만든 돌담이 코트로티의 가파른 계단식 포도밭을 지탱하고 있다.

### • 콩드리외와 샤토그리에

매우 작은 콩드리외와 이보다 더 작은 샤토그리에는 북부 론에서 가장 유명한 화이트 와인 AOC다. 샤토그리에 AOC는 같은 이름의 샤토그리에 양조장이 전역을 차지하고 있다. 마치 소수민족 거주지처럼 콩드리외 내부에 위치하며, 면적은 3만 5,000㎡(3.5헥타르)로 프랑스에서 가장 작은 AOC에 속한다. 현재 아르테미스 그룹이 소유주이며, 이외에도 보르도의 샤토 라투르와 나파 밸리의 아이슬 포도원을 갖고 있다.

콩드리외와 샤토그리에 와인은 모두 비오니에로 만든다. 애호가들 사이에서 비오니에는 세계에서 가장 감각적인 청포도 품종으로 여겨진다. 최상의 빈티지에 수확해서 완벽한 양조과정을 거치면, 허니서클, 복숭아, 화이트 멜론, 리치, 신선한 오렌지 껍질, 치자나무의 위풍당당한 아로마가 폭발한다. 질감은 기름지고 늑진하며, 휘핑크림처럼 푸근하다. 그러나 비오니에는 장소에 예민한 것으로 악명 높다. 재배하기 어려우며, 산도가 낮다. 제대로 재배하지 못하게 되면 싸구려 면세점 향수 냄새가 난다.

**콩드리외 마을은 론강이 휘어지는 지점에 있다. 프랑스어로 '개울의 모퉁이'를 의미하는 'coin de ruisseau'에서 유래한 이름이다.**

콩드리외와 샤토그리에는 와인을 오크통에 숙성시킨다(새 오크통의 비율은 생산자마다 다르다). 최상급 와인의 경우, 오크통 숙성이 비오니에의 생동감 넘치는 풍미를 한층 호사스럽게 만든다. 그러나 세심하게 핸들링하지 못하고 오크에 과도하게 노출되면, 앞서 언급한 싸구려 면세점 향수를 듬뿍 바른 합판 냄새가 난다.

오늘날 콩드리외에서 비오니에를 재배하는 면적은 170만㎡(170헥타르)이며, 추가로 샤토그리에에 3만 5,000㎡(3.5헥타르)가 있다. 지금도 면적이 매우 작지만, 1950년에는 훨씬 더 작았다. 당시 콩드리외에 7만㎡(7헥타르)밖에 없었는데, 세계에서 유일한 비오니에 재배지로 여겨졌다. 작고한 포도 재배자 보르주 베르네(Georges Vernay)가 프랑스 국내외에서 비오니에 품종을 홍보한 덕분에 멸종을 면할 수 있었다. 현재 그의 딸인 크리스틴이 도멘을 운영하고 있으며, 여전히 전설적인 와인을 생산하고 있다.

조르주 베르네 이외에도 E. 기갈(E. Guigal), 르네 로스탱(René Rostaing), 피에르 가이야르(Pierre Gaillard), 뒤마제(Dumazet), 이브 퀴에롱(Yves Cuilleron), 리오넬 포리(Lionel Faury), 들라스(Delas), 프랑수아 비야르(François Villard), J. 비달플뢰리(J. Vidal-Fleury), 도멘 레미 니에로(Domaine Rémi Niero) 등의 최상급 생산자가 있다.

### • 생조제프

생조제프는 1956년에 지어질 당시 강 건너 에르미타주 바로 맞은편 언덕의 작은 AOC였다. 특히 레드 와인에 대한 평판이 좋았고, 가격도 합리적이었다. 그러나 1969년, 규모를 콩드리외부터 북부 론 바로 밑까지 1,300만㎡(1,300헥타르)로 확장한 이후 완전히 달라졌다. 와인이 전반적으로 평범해졌다. 다행히 몇 년 전부터 품질 개선에 집중한 결과 큰 변화가 생겼다. 예를 들어 장프라수아 자쿠통의 '소르틸레주(Sortilège)'는 시라의 맛있고 부드러운 광물성, 흑후추, 야금류의 훌륭한 풍미가 돋보인다.

생조제프는 시라를 베이스 와인으로 쓰고 청포도인 마르산과 루산을 소량씩 섞어서 레드 와인을 만든다. 두 청포도 품종을 사용해서 생조제프 블랑도 생산한다(전체 와인의 약 10% 차지). 그중 최고는 로제 블라숑(Roger Blachon) 와인이다. 최상의 빈티지는 드라이 와인임에도 불구하고 최고급 꿀 같은 천상의 질감이 느껴진다.

생조제프의 최상급 레드, 화이트 와인 생산자는 M. 샤푸티에(M. Chapoutier), 장루이 샤브(Jean-Louis Chave), 이브 퀴에롱(Yves Cuilleron), 알랭 그라이오(Alain Graillot), 리오넬 포리(Lionel Faury), 장프랑수아 자쿠통(Jean-François Jacouton), 앙드레 페레(André Perret)가 있다.

### • 에르미타주

18~19세기, 에르미타주는 프랑스에서 가장 비싼 레드 와인에 속했다. 수많은 최상급 보르도 와인보다 비쌌을 뿐만 아니라 1등급 보르도 와인에 비밀리에 '에르미타주드(hermitaged)'됐다. 즉 보르도 와인에 깊이, 색깔, 풍성함을 가미하기 위해 에르미타주를 몰래 섞었다는 뜻이다.

에르미타주 AOC는 론강 위로 200m가량 솟은 언덕의

폴 자불레 에네를 가족과 함께 운영하는 카롤린 프레가 압착기에 갓 수확한 포도를 채우고 있다.

### 희귀한 에르미타주

에르미타주 블랑은 마르산과 루산으로 만든 희귀한 화이트 와인이다. 목을 가득 메우는 풀보디감, 대담한 맛, 입안을 코팅하듯 감싸는 풍성함을 가졌다. 때론 기름지고 송진 같은 매혹적인 질감을 내기도 한다. 루산은 최고급 와인에 고양감을 부여하며 약간의 복숭아, 마르멜루, 아몬드, 허니서클, 라임의 풍미를 가미한다. 에르미타주 블랑의 대표적 예로 장루이 샤브의 에르미트 블랑(Ermite Blanc)과 M. 샤푸티에의 에르미타주 레르미트 블랑(Ermitage l'Ermite Blanc)이 있다. 두 와인 모두 인상파 화가의 붓질처럼 거침없는 풍미가 휩쓸고 지나간다.

론에서 스위트 와인은 찾아보기 힘들다. 그러나 장루이 샤브의 에르미타주 뱅 드 파유(Hermitage Vin de Paille)는 세계에서 가장 비싼 최고급 스위트 와인과 어깨를 나란히 한다. 최고의 빈티지에 수확한 마르산과 루산 포도를 짚 돗자리에 펼쳐서 수개월간 말린 다음 사용한 결과, 매끄럽고 우아한 와인이 탄생한다. 샤브 가문은 1481년부터 와인 양조업에 종사했는데, 1952년 이래 뱅 드 파유를 생산한 해가 십여 차례 미만이다.

남향 비탈면에 136만㎡(136헥타르)의 면적을 차지하고 있다. 에르미타주는 사실상 랑그도크나 캘리포니아의 와인 양조장보다 작다. 토양은 화강암이며 자갈, 부싯돌, 석회암이 점재해 있다.

에르미타주라는 명칭은 은둔자(hermit)에서 따왔다는 설이 많다. 그중 가장 유력한 설은 중세 십자군인 가스파르 드 스테랭베르가 1209년에 알비 십자군과 프랑스 남부 이단자와의 전쟁에서 부상당한 이후, 블랑슈 드 카스티유 왕녀로부터 언덕 꼭대기에 성전을 지을 권리를 부여받았다는 이야기다. 작은 고대 석재 교회는 여전히 건재한 모습을 드러내고 있다. 폴 자불레 에네의 인상적인 '라 샤펠(La Chapelle)' 와인도 이 교회(chapel)를 본뜬 이름이다.

에르미타주 레드 와인은 코트로티와 더불어 북부 론에서 가장 명성 높은 와인이다. 최상의 빈티지는 가죽, 훈연, 고기, 블랙베리, 트러플, 축축한 흙 풍미가 만개한다. 유명한 영국 학자이자 와인 작가인 조지 세인츠버리는

에르미타주의 작은 언덕에 있는 포도밭 면적은 겨우 136만㎡에 불과하지만, 북부 론의 수많은 최상급 와인의 중요한 공급원이다.

40년산 에르미타주를 자신이 경험한 와인 중 '가장 남자답다'고 표현했다.

코트로티와 마찬가지로 에르미타주에서도 시라가 유일한 적포도 품종이다. 보통 거대한 통이나 작은 오크통(일부는 새 오크통)에 최대 3년간 숙성시킨다. 에르미타주 레드 와인에 청포도(마르산, 루산)를 최대 15%까지 혼합하도록 허용됐지만, 청포도를 섞는 생산자는 거의 없다.

12세기에 폴 자불레 에네는 최고의 생산자였다. 당시 폴 자불레 에네는 수십 곳의 소규모 최상급 재배자와 계약을 맺고 훌륭한 포도를 공급받았다(포도 재배자들도 2차 세계대전 이후 직접 와인을 만들기 시작했다). 2000년대 들어 폴 자불레 에네 와인의 품질이 하락했으나, 현재 정상급으로 다시 올라섰다. 이 밖에도 E. 기갈(E. Guigal), 장루이 샤브(Jean-Louis Chave), 마르크 소렐(Marc Sorrel), M. 샤푸티에(M. Chapoutier) 등의 정상급 생산자가 있다.

### • 크로즈에르미타주

크로즈에르미타주는 에르미타주의 전통을 따라 시라 품종으로 레드 와인을 만들며, 소량의 마르산과 극소량의 루산을 혼합한다. 포도밭은 에르미타주 언덕의 북부, 남부, 동부에 걸친 평지에 있다. 총면적은 에르미타주의 10배에 달한다.

크로즈에르미타주는 포도밭 생산율도 높고 명성도 떨어지며, 코트로티나 에르미타주에 비해 응축력도 낮다. 그런데도 여전히 정상급 생산자도 있다. 예를 들어 알랑 그라이오는 활력, 복합미, 강렬함, 후추 풍미를 갖춘 와인을 생산한다. 에르미타주에 버금가는 와인을 절반 이하 가격에 구매할 수 있다. 이 밖에도 알베르 벨(Albert Belle), 장루이 샤브(Jean-Louis Chave), M. 샤푸티에(M. Chapoutier), 들라스(Delas), 도멘 콩비에(Domaine Combier) 그리고 소규모 생산자인 장바티스트 수이야르(Jean-Baptiste Souillard) 등의 훌륭한 생산자가 있다.

### • 코르나스

코르나스라는 명칭은 '타다' 또는 '그을린 흙'이란 의미의 옛 켈트어에서 파생됐다. 면적 150만㎡(150헥타르)의 작은 지역으로 북부 론의 남쪽 끝단에 자리를 잡았다. 오직 시라 품종만 사용해서 레드 와인만 생산한다. 최상급 코르나스 와인은 농후함, 통렬함, 강력함을 발휘한다. 백후추 풍미가 이를 강타하고, 이내 가시덤불 느낌이 입안에서 폭발한다. 만약 와인에 타닌감과 야성미가 그대로 보존돼 있다면, 검은 가죽끈으로 혀를 채찍질하는 느낌이 뒤따를 것이다. 코르나스는 호불호가 갈리지만, 좋아하는 사람은 그야말로 미친 듯한 사랑에 빠진다. 타닌감이 매우 통렬해서 숙성은 필수다. 론 밸리에서 코르나스는 보통 7~10년의 숙성을 거쳐서 고급 가죽과 흙 풍미를 갖추게 된 후에 마신다.

코트로티 그리고 에르미타주와 마찬가지로 코르나스의 최상급 포도밭은 위태로울 정도로 가파른 산비탈에 돌담으로 지탱한 고대 계단식 밭에 있다. 포도밭에는 오크나무와 향나무 숲이 군데군데 있으며, 동향과 남향을 바라본다. 포도밭 위쪽 언덕이 차가운 북풍을 막아 준다. 태양의 빛과 열기는 모두 강하다. 강렬한 와인에 걸맞은 완벽한 환경이다. 최상급 코르나스 생산자로는 오귀스트 클라프(Auguste Clape), 장뤽 콜롱보(Jean-Luc Colombo), 티에리 알망드(Thierry Allemand), 알랭 보주(Alain Voge), 프랑크 발타자르(Franck Balthazar)가 있다.

## 남부 론

프랑스 남부의 매력에 당해낼 사람이 있을까? 특히 샤토뇌프 뒤 파프('새로운 성의 교황'이라는 뜻)처럼 마법 같은 장소라면 말이다. 남부 론에서 가장 유명한 샤토뇌프 뒤 파프 AOC는 역사적 성곽도시인 아비뇽과 가까우며, 숨이 멎을 정도로 멋있는 바위투성이 포도밭을 갖고 있다. 와인은 온전한 관능미를 품고 있다.

그러나 남부 론에는 샤토뇌프 뒤 파프 이외에도 와인 산지가 많다. 또 다른 유명 산지가 두 곳 있는데, 바로 지공다스와 바케라스다. 참고로 코트 뒤 론과 코트 뒤 론 빌라주 와인 대부분은 남부 포도밭에서 생산된다.

남부 론은 북부 론이 끝나는 지점이 아니라 남쪽으로 차로 한 시간 거리에 있는 지점에서 시작된다. 두 지역의 차이는 매우 극명하다. 남부 론과 북부 론은 기후, 토양, 품종 등 공통점이 하나도 없다.

남부 론은 따스한 햇살, 허브 향, 라벤더밭, 올리브나무가 있는 지중해에 속한다. 무더운 날에는 알프스에서 귀청이 떨어질 정도로 시끄럽고 매서운 냉풍인 미스트랄이 불어온다. 미스트랄은 계곡 남부를 관통하면서 속도와 맹렬함이 점점 더 거세진다.

남부는 강과의 거리와 포도밭의 방향도 북부와 다르다. 북부의 포도밭은 강가의 비탈면에 있어서 자칫 강으로 쏟아질 듯한 인상을 준다. 반면 남부의 포도밭은 평지나 완만한 언덕에 32~48km가량 넓게 펼쳐진다.

무엇보다 가장 극명한 차이점은 바로 토양이다. 남부의 포도밭 대부분은 흙밭이 아니라 하천 자갈이 끊임없이 깔린 광활한 밭이다. 심지어 칸탈루프 멜론만한 크기의 돌도 있다(176페이지의 '돌 이야기' 참고). 이외의 포도밭은 진흙, 모래 섞인 석회암, 자갈 등이다.

남부의 핵심 적포도는 시라가 아닌, 그르나슈다. 그러나 이보다 중요한 사실이 있다. 북부 론의 레드 와인은 단일 품종만 사용하지만, 남부 론은 언제나 다양한 품종을 혼합해서 무지개 같은 풍미를 만들어 낸다. 이유가 무엇일까? 남부의 뜨겁고 건조한 기후 때문에 시라의 고유한 특징과 강렬함이 사라지기 때문이다. 다른 품종은 시라에 비해 고급 미는 떨어지지만, 열기에 잘 적응한다. 대신 홀로 위대한 와인을 만들기엔 역부족이다. 그래서 남부 론은 여러 포도 품종을 혼합해서 단순한 일부의 총합이 아닌, 온전한 와인을 탄생시킨다.

남부에는 북부에서 찾아볼 수 없는 두 종류의 와인을 생산한다. 바로 로제 와인과 주정강화 스위트 와인이다. 타벨은 굵직한 느낌의 진홍색 로제 와인을 만든다. 뮈스카 드 봄드브니즈는 강력하고 달콤한 오렌지 향의 주정강화 스위트 와인이다.

남부에서 유일하게 북부의 코트로티나 에르미타주와 대적할 만한 AOC는 다름 아닌 샤토뇌프 뒤 파프다. 그러면 이제부터 남부 론을 탐험해 보자

### • 샤토뇌프 뒤 파프

남부 론의 최남단에 있는 샤토뇌프 뒤 파프는 역사적 도시인 아비뇽에서 차로 15분 거리다. 마을 주변의 산비탈, 고원, 인접 마을 네 군데를 아우르는 지역으로 론의 기준에서 넓은 편에 속한다(면적 3,200만㎡ 이상). 북부 론의 나머지 지역 와인을 모두 합쳐도 샤토뇌프 뒤 파프의 생산량에 못 미친다. 참고로 나파 밸리는 이보다 5.5배, 보르도는 34배 더 크다!

1차 세계대전 이전까지 샤토뇌프 뒤 파프는 가치를 인정받지 못하고, 부르고뉴에 벌크로 팔렸다. 일부 부르고뉴 와인의 빈약한 보디감을 알코올로 채우기 위한 응급책으로 사용됐었다. 1930년대, 샤토뇌프 뒤 파프는 혁신적인 품질 개선을 통해 1936년에 프랑스 최초의 AOC로 지정된다. 1980~1990년대에 최상급 와인 생산자 등급 체계가 구축되면서 샤토뇌프 뒤 파프는 남부 론의 정의를 재정립하기에 이른다.

흔히 샤토뇌프 와인이 따뜻한 지중해 지역 와인처럼 무겁고 과하며, 찐득하고 알코올 도수가 높을 거라고 예상한다. 그러나 최상급 샤토뇌프 와인은 전혀 그렇지 않다(다만 날씨가 극도로 더웠던 빈티지의 와인은 그럴 수 있다). 최상급 생산자가 최고의 빈티지에 만든 와인은 복합미, 관통력, 왕성함을 갖췄다. 흙, 광물성, 야금류 풍미가 물결치며 종종 체리 키르슈바서(체리를 양조·증류하여 만든 증류주-역자) 향이 묻어난다. 파이프 담배, 닳은 가죽, 원석, 따뜻한 체취 등 황홀한 야생적 풍미도 느껴진다(대표적 예는 도멘 부아 드 부르장의 샤토뇌프 와인이다). 따스한 밤에 쫄깃쫄깃한 빵 그리고 마늘, 허브, 블랙 올리브가 들어간 요리를 부르는 맛이다.

샤토뇌프의 암석은 다양한 축복을 받았다. 열 보유력이 높아서 포도의 성숙에 유리하다. 동시에 뛰어난 수분 보유력 덕분에 땅이 건조하지 않아서 여름에도 포도나무가 잘 자란다.

이곳에서 생산되는 와인의 90%는 레드 와인이다. 그러나 화이트 와인과 로제 와인도 존재한다(특히 샤토 드 보카스텔의 화이트 와인인 비에유 비뉴가 유명한데, 고목에서 자란 루산 품종만 사용한다).

## 샤토뇌프 뒤 파프와 교황

'새로운 성의 교황'이라는 뜻의 샤토뇌프 뒤 파프는 14세기에 교황이 로마 대신 프랑스 성곽도시 아비뇽에 머물던 시기를 시사한다(당시 샤토뇌프 뒤 파프는 부근의 석회암 광산 마을을 본떠 샤토뇌프 칼세르니에라고 불렸다). 이 놀라운 변화를 주도한 장본인은 바로 프랑스의 교황 클레멘스 5세다(보르도의 샤토파프클레망은 그의 이름을 땄다). 이후 후임자인 교황 요한 22세는 포도밭 사이에 교황용 하계별장을 지었다. 20세기, 포도 재배와 와인 양조의 대대적인 개선과 함께 샤토뇌프 뒤 파프라는 새로운 명칭을 사용하기 시작했다. 1937년, 이 지역의 성스러운 역사를 기리기 위해 교황의 왕관과 성 베드로의 열쇠가 그려진 특별한 와인이 출시됐다. 오늘날, 샤토뇌프 뒤 파프 와인 대부분이 이 특별한 병에 담긴다.

남부 론의 고대 아비뇽 도시에 있는 교황의 성

샤토뇌프 와인 양조에 허용된 포도는 총 13종이다. 적포도는 시라, 무르베드르, 생소, 뮈스카르댕, 쿠누아즈, 테레 누아, 바카레즈가 있다. 청포도는 클레레트, 부르불랭, 루산, 픽풀, 피카르당이 있다. 마지막으로 적포도, 청포도 버전이 모두 있는 그르나슈가 포함된다. 이 모든 품종을 재배하고 사용하는 생산자는 샤토 드 보카스텔이 유일하다. 나머지 생산자들은 그르나슈, 시라, 무르베드르 등 세 품종을 주로 사용한다. 그르나슈는 과실이 익어서 달콤해질 때까지 키우며, 보통 홈메이드 체리 잼 같은 맛이 난다. 시라는 색깔, 보디감, 향신료 풍미를 더한다. 무르베드르는 타닌감과 구조감을 더한다.

샤토뇌프 뒤 파프 와인의 양조법에는 주목할 만한 두 가지 요소가 있다. 포도 생산율과 오크통이다. 생산율은 와인 품질에 상당히 결정적인 요소다. 생산율이 높으면, 와인의 맛이 얄팍하고 끔찍해지기 때문이다. 샤토뇌프 뒤 파프는 법적으로 생산율을 프랑스에서 가장 낮게 제한하는 지역에 속한다(헥타르 당 35헥토리터 또는 에이커 당 368갤런). 참고로 보르도는 생산율을 헥타르 당 55헥토리터 또는 에이커 당 588갤런으로 제한한다. 오크통의 경우, 남부 론에서는 작은 새 오크통을 보기 어렵다. 여기에는 마땅한 이유가 있는데, 그르나슈가 산화에 유독 취약한 품종이기 때문에 다공성의 나무 배럴은 적합하지 않다. 따라서 그르나슈는 오크통 대신 콘

## 필록세라가 최초로 발병한 곳

샤토뇌프 뒤 파프에서 론 강을 건너면 리락(Lirac)이라는 소소한 와인 산지가 있다. 필록세라가 발병하기 전에는 번성한 산지였다. 리락은 초창기에 필록세라 때문에 극심한 피해를 입고 초토화됐는데, 그도 그럴 것이 유럽 필록세라 대유행의 시초가 바로 이곳이다. 1863년경 샤토 드 클라리(Château de Clary)의 소유주는 미국 포도나무가 프랑스 남부에서도 잘 자라는지 알아보기 위해 시범삼아 몇 그루를 심었다. 포도나무는 결국 죽었지만, 필록세라라는 미세 해충이 포도나무 뿌리에 들러붙어 살아남았다. 필록세라는 샤토 드 클라리를 기점으로 점점 퍼져나가 주변 포도밭을 초토화시켰다. 6년 후 필록세라는 랑그도크루시용과 보르도까지 확산됐다.

크리트 탱크에서 양조한다. 시라, 무르베드르 등 다른 품종은 푸드르(foudre)라 불리는 크고 오래된 배럴에서 양조한다. 보통 최상급 와인에는 작은 새 오크통을 사용하지 않는다. 새 오크통이 뿜어내는 토스팅과 바닐라 향이 의도치 않게 와인에 스며들 수 있기 때문이다. 본래 샤토뇌프 뒤 파프 와인에서는 테루아르를 그대로 반영한 돌과 토양의 순수한 풍미가 난다.

## 라이크 어 롤링 스톤

밥 딜런과 롤링 스톤스에게는 미안하지만, 지상 최고의 롤링 스톤스(구르는 돌)는 바로 샤토뇌프 뒤 파프에 있다. 이곳 포도밭은 대부분 흙 한 톨 없는 돌밭이다. 이처럼 척박한 땅에 포도나무처럼 연약한 생물이 자란다니 놀라울 따름이다. 포도밭일은 말할 것도 없이 고되기 그지없다.

프랑스어로 갈레(galet)라 불리는 이 돌과 바위는 크기가 야구공부터 멜론까지 다양하다. 갈레는 알프스 빙하의 잔유물로, 빙하가 작아지고 산비탈의 규암이 깎이면서 생성됐다. 천년에 걸쳐 규암 덩어리는 당시 지금보다 컸던 론 강의

샤토 드 보카스텔의 '토양'은 모두 돌이다.

거센 물길에 씻겨 내려가며 깨지고 갈렸다. 론 강이 작아지면서 고원과 단구에 흩어진 돌들이 드러났다. 신기하게도 이곳 고원은 강보다 10미터가량 더 높다. 지질학자들은 돌들이 어떻게 여기까지 올라왔는지 의문을 품었는데, 역사에서 힌트를 얻었다. 로마인들이 이 지역에서 소금을 캤던 것이다. 알고 보니 샤토뇌프 뒤 파프와 주변 지역의 하부는 암염 다이아퍼(salt diapir)였다. 해양분지가 증발하면서 땅속에 남은 소금과 광물이 수직 돔 형태로 지반을 밀어 올려 고원과 단구를 형성한 것이다.

## 매서운 바람, 미스트랄

미스트랄을 경험한 사람은 그 매서움을 결코 잊지 못할 것이다. 미스트랄은 프로방스어로 '거장다운(masterful)'이라는 단어를 따서 지은 이름이다. 알프스에서 돌발적으로 시작된 위험천만한 바람이 남쪽으로 수백 마일을 이동하며 속도가 점점 거세진다. 그러다 남부 론에 다다를 때쯤 위험성이 극에 달한다. 만약 미스트랄에 휘말리면, 공중에 떠올랐다가 바닥에 내동댕이쳐질 수도 있다.

미스트랄은 포도나무에 유익하면서도 유해하다. 생장기에는 포도밭의 열기를 식혀줘서 포도의 산미를 높여 준다. 수확기에는 대형 헤어드라이어처럼 작용해서 포도를 습기와 곰팡이로부터 지켜 준다. 그러나 증발현상을 심화시켜서 포도의 당이 과도하게 응축되면, 와인의 알코올 도수가 높아지고 과숙된 맛이 난다. 또는 거센 바람 때문에 포도나무가 부러질 위험도 있다. 따라서 최상의 포도밭은 땅의 일부가 보호막처럼 오목하게 파이고, 포도나무는 지면에 밀착되게 손질한 형태를 취한다. 나이 든 쭈글쭈글한 포도나무는 매섭게 몰아치는 차가운 강풍을 피하려고 땅을 움켜쥐고 수년간 버티다가 비스듬하게 휘어진 흑색 왜성처럼 보인다.

## 샤토뇌프 뒤 파프의 최상급 생산자

- 앙드레 브뤼넬 레 카이유(André Brunel Les Cailloux)
- 샤토 드 보카스텔(Château de Beaucastel)
- 샤토 드 라 가르딘(Château de la Gardine)
- 샤토 라 네르트(Château La Nerthe)
- 샤토 라야스(Château Rayas)
- 클로 데 파프(Clos des Papes)
- 클로 뒤 몽톨리베(Clos du Mont-Olivet)
- 도멘 부아 드 부르상(Domaine Bois de Boursan)
- 도멘 드 보르나르(Domaine de Beaurenard)
- 도멘 드 샹트페르드리(Domaine de Chante-Perdrix)
- 도멘 드 라 샤르보니에르(Domaine de la Charbonnière)
- 도멘 퐁 드 미셸(Domaine Font de Michelle)
- 도멘 드 라 자나스(Domaine de la Janasse)
- 도멘 드 라 비에유 쥘리엔(Domaine de la Vieille Julienne)
- 도멘 뒤 페고(Domaine du Pégau)
- 르 보스케 데 파프(Le Bosquet des Papes)
- 르 비외 동종(Le Vieux Donjon)
- M. 샤푸티에(M. Chapoutier)
- 타르디외로랑(Tardieu-Laurent)
- 비외 텔레그라프(Vieux Télégraphe)

**필록세라 사건과 1차 세계대전 이후 샤토뇌프 뒤 파프의 품질 개선을 위해 1923년과 1929년에 제정된 규정은 프랑스 AOC 체계의 반석이 됐다. 샤토뇌프 뒤 파프는 1936년에 프랑스 최초의 AOC로 지정됐다.**

### • 지공다스

당텔 드 몽미라이(Dentelles de Montmirail)라 불리는 삐죽삐죽한 돌산 바로 아래의 언덕 지대에 지공다스 포도밭이 펼쳐져 있다. 지공다스는 남부 론의 최남단에 있는 중요한 AOC다. 남쪽으로 몇 마일 거리에 바케라스가 있고, 남서쪽에 샤토뇌프 뒤 파프가 있다. 지공다스는 강인하게 생긴 돌산을 바라보며, 굳은 악수처럼 강단 있고 매력적인 와인에 대한 아이디어를 얻었을 것이다. 최상급 지공다스 와인은 라즈베리, 가죽, 향신료의 아로마와 풍미가 폭발하며 쫄깃한 질감을 갖는다. 도멘 뒤 구르 드 숄레의 '트라디시옹'은 샤토뇌프에서 절대 놓쳐선 안 될 와인이다.

지공다스 와인의 99%는 레드 와인이다. 나머지 1%는 로제 와인이다. 지공다스 레드 와인에는 법적으로 그르나슈가 최소 50%, 시라 또는 무르베드르가 최소 15% 이상 들어가야 한다. 나머지는 주로 생소가 채우거나, 카리냥을 제외한 론의 적포도로 채운다.

최상급 생산자로는 도멘 뒤 캐롱(Domaine du Cayron), 도멘 뒤 구르 드 숄레(Domaine du Gour de Chaulé), 도멘 라 가리그(Domaine la Garrigue), 레 조 드 몽미라이(Les Hauts de Montmirail), 그랑 부르자소(Grand Bourjassot), 도멘 산타 뒤크(Domaine Santa Duc), 샤토 드 생콤(Château de St.Cosme), 도멘 레 팔리에르(Domaine les Pallières) 등이 있다.

### • 바케라스

지공다스 바로 남쪽에 있는 바케라스는 1990년에 AOC에 등극했다. AOC가 되기 이전에는 라벨에 '코트 뒤 론 빌라주'라 표기했다. 바케라스 레드 와인은 대담하고 견고하다. 지공다스 와인보다 훨씬 투박하다. 최상급 와인은 테루아르의 향과 맛을 그대로 담아낸다. 태양에 달궈진 뜨거운 돌밭, 곳곳에 있는 마른 덤불, 야생 허브의 아로마가 생생하게 재현되는 가운데 블랙 커런트, 블랙베리, 후추의 풍미가 그 사이를 꿰뚫고 지나간다.

주요 품종은 그르나슈, 시라, 무르베드르, 생소다. 지공다스가 그르나슈에 치중된 편이라면, 바케라스는 시라의 비중이 상당히 높다. 화이트 와인과 로제 와인은 극히 소량만 생산한다.

주목할 만한 생산자로는 도멘 드 라 샤르보니에르 (Domaine de la Charbonnière), 도멘 르 상 데 카이유(Domaine le Sang des Cailloux) 그리고 감각적인 도멘 데 자무리에(Domaine des Amouriers)가 있다. 참고로 아무리에(Amouriers)는 사랑하는 연인이 아니라 멀베리 나무를 가리킨다.

### • 타벨

타벨에서는 오직 로제 와인만 생산한다. 그러나 흔히 생각하는 평범한 분홍빛의 드라이한 로제 와인이 아니다. 타벨의 로제 와인은 타닌감이 감도는 수박색의

---

#### 고대 지중해식 마리아주

지중해 전역에서 양고기와 와인의 조합은 수 세기의 역사를 지닌다. 여기에는 그만한 이유가 있다. 역사적으로 지중해 지역의 건조하고 황폐한 토양은 최소한의 곡물과 가축만 감당할 수 있었다. 따라서 보르도, 그리스, 스페인 중북부, 프랑스 남부 등지는 양을 방목하고 포도나무를 키우는 삶의 방식을 고수할 수밖에 없었다. 오늘날 이들 지역에서는 양고기와 현지 와인을 필수 불가결한 관계라고 믿고 있다. 론에서는 현지의 야생 허브와 풀을 먹인 양고기의 풍성한 사냥감 풍미가, 현지 와인의 풍성하고 야성적인 사냥감 그리고 후추 풍미와 만났을 때 왠지 모를 특별한 만족감이 느껴진다.

---

#### 대담하고 위풍당당한 봄드브니즈

남부 론의 정상급 와인 산지 중 하나인 봄드브니즈는 두 종류의 와인을 만든다. 먼저 간략하게 '봄드브니즈'라 불리는 와인은 자매 격인 바케라스와 지공다스처럼 드라이한 레드 와인이다. 그런데 봄드브니즈 마을은 위풍당당한 주정강화 스위트 와인으로 더욱 유명하다. 바로 노골적인 아로마를 풍기는 포도 품종인 뮈스카 블랑 아 프티 그랭으로 만든 '뮈스카 드 봄드브니즈'다. 복숭아, 살구, 오렌지 풍미가 와인잔 안에서 춤을 추지만 설탕 같은 단맛과는 거리가 멀다. 남부 론 사람들은 이 와인을 아페리티프로 마신다. 최상급 뮈스카 드 봄드브니즈를 만드는 생산자로는 폴 자불레 에네(Paul Jaboulet Aîné), 도멘 뒤르방(Domaine Durban), 도멘 코외(Domaine Coyeux), 비달플뢰리(Vidal-Fleury)가 있다.

---

탄탄한 와인으로 거친 매력이 특징이다. 프랑스 남부 요리의 마늘 향을 씻어 내리는 데 안성맞춤이다. 타벨 와인은 강 건너 샤토뇌프 뒤 파프에서 16km 떨어진, 작고 고요한 타벨 마을에서 생산한다. 와인 양조에 허용된 포도 품종은 9종의 론 포도(청포도, 적포도)이며, 주 품종은 그르나슈다. 프랑스에서는 샹파뉴를 제외하고 레드 와인과 화이트 와인을 블렌딩해서 로제 와인을 만드는 것이 금지돼 있다. 그러나 적포도와 청포도를 섞은 다음 머스트를 포도 껍질과 함께 단기간 발효시켜서 와인을 진홍색으로 물들이는 것은 가능하다. 얼핏 쉬워 보이지만, 신선하고 선명한 풍미를 가진 훌륭한 로제 와인을 만들기란 상당히 어렵다. 추천할 만한 와인으로는 프리외레 드 몽테자르그(Prieuré de Montézargues)의 로제 와인이 있다. 12세기에 수도승이 설립한 수도원이었다.

### • 코트 뒤 론과 코트 뒤 론 빌라주

론 와인의 59%는 코트 뒤 론 또는 코트 뒤 론 빌라주다. 두 원산지 명칭의 와인은 에르미타주, 코트로티, 샤토뇌프 뒤 파프와 달리 한 장소에서 완성되지 않는다. 여기서 사용하는 포도밭들은 서로 떨어져 있고, 명성도 덜하다. 총면적은 400㎢(40,000헥타르)로 상당히 넓은 편이다. 두 원산지 명칭은 론 밸리 전역에서 발견되

## 남부 론의 주요 AOC, 와인, 포도 품종

남부 론에서 법적으로 와인 양조에 허용한 포도 품종은 약 20개에 달한다(특정 시기를 기점으로 금지된 품종도 있어 계산하는 시점과 방식에 따라 개수가 달라진다). 그러나 모든 AOC가 모든 품종을 허용하는 건 아니다. 이 중에서 주요 품종을 아래 리스트에 정리했다. 현재 주요 품종 이외의 포도는 소량씩만 사용한다. 남부 론의 주요 적포도는 카리냥, 쿠누아즈, 뮈스카르댕, 테레 누아, 바카레즈다. 주요 청포도는 마르산, 루산, 피카르당, 픽풀, 비오니에, 위니 블랑이다. 로제 와인은 청포도와 적포도를 혼합해서 만들 수 있다.

| AOC | 와인 | 주요 적포도 품종 | 주요 청포도 품종 |
|---|---|---|---|
| 샤토뇌프 뒤 파프 | 레드, 화이트 와인 | 그르나슈, 시라, 무르베드르, 생소 | 그르나슈 블랑, 클레레트, 부르불랭 |
| 지공다스 | 레드, 로제 와인 | 그르나슈, 시라, 무르베드르, 생소 | - |
| 바케라스 | 레드, 화이트, 로제 와인 | 그르나슈, 시라, 무르베드르, 생소 | 그르나슈 블랑, 클레레트, 부르불랭 |
| 타벨 | 로제 와인 | 그르나슈, 시라, 무르베드르, 생소 | 클레레트, 픽풀, 부르불랭 |
| 코트 뒤 론, 코트 뒤 론 빌라주 | 레드, 화이트 와인 | 그르나슈, 시라, 무르베드르, 생소 | 그르나슈 블랑, 클레레트, 부르불랭, 루산, 비오니에 |
| 뮈스카 드 봄드브니즈 | 주정강화 스위트 와인 | - | 뮈스카 블랑 아 프티 그랭 |

지만 대부분 남부에 몰려 있다. 와인의 품질은 매우 광범위하다. 다수를 만족시킬 만한 품질은 별로 없지만, 그중 샤토 라 네르트의 코트 뒤 론 빌라주 와인인 '레 카사뉴(Les Cassagnes)'는 부드러우며 맛있고, 스파이시한 특성이 돋보이는 정상급 와인이다.

그렇다면 코트 뒤 론과 코트 뒤 론 빌라주의 차이는 무엇일까? 먼저 코트 뒤 론은 가장 기본적인 와인이다. 코트 뒤 론 빌라주는 대부분 품질 면에서 한 단계 더 높다(예외도 있다). 법적으로 코트 뒤 론 빌라주 와인을 양조할 권리가 있는 마을은 총 95개다. 이 중 가장 뛰어난 22개 마을은 한 단계 더 나아가 마을 지명을 와인 이름에 덧붙일 수 있다. 가령 '사블레 코트 뒤 론 빌라주'처럼 말이다.

최상급 생산자는 샤토 드 퐁살레트(Château de Fonsalette, 샤토 라야스가 설립), 도멘 그라므농(Domaine Gramenon, 이곳 와인을 '퀴베 드 로랑티드'라 부름), 샤토 라 네르트(Château La Nerthe, 특히 '레 카사뉴' 와인이 유명함) 등이다.

# 위대한 론 와인

## 화이트 와인

### 도멘 조르주 베르네(DOMAINE GEORGES VERNAY)
**레 테라스 드 랑피르 | 콩드리외 | 비오니에 100%**

고인이 된 조르주 베르네는 1960년대 멸종 위기에 놓였던 비오니에 품종을 혼자 힘으로 되살린 장본인이다. 이 우아한 와인을 한 번만 맛보면, 왜 베르네가 비오니에를 구하려고 그리 애썼는지 이해된다. 와인을 마시면 가장 먼저 휘핑크림에 버금가는 질감이 느껴진다. 그다음에는 밀감, 금귤, 베르가모트, 배, 백도, 향신료의 풍미가 물결치듯 펼쳐진다. 이게 와인이 아니었다면, 분명 씹어 삼켰을 것이다. 비오니에는 세계에서 가장 아로마가 강한 와인에 속한다. 능숙한 재배 기술이 없다면, 과한 향수 냄새처럼 느껴진다. 비오니에를 최상의 상태로 재배할 수 있는 생산자는 극히 소수에 불과하다. 레 테라스 드 랑피르에 사용되는 비오니에는 가파른 산비탈에 있는 작은 포도밭의 35년 묵은 고목에서 유기농법으로 재배한다. 현재는 조르주 베르네의 딸인 크리스틴이 3대째 베르네 가문의 도멘을 운영하고 있다.

### 폴 자불레 에네(PAUL JABOULET AÎNÉ)
**라 뮐 블랑슈 | 크로즈에르미타주 | 마르산 70%, 루산 30%**

혹시 마르산이 우아하지 않다는 생각이 든다면, 라 뮐 블랑슈가 그 생각을 단번에 바꿔줄 것이다. 마르산은 북부 론에서 가장 많이 활용하는 청포도다. 60년 묵은 포도나무 과실로 만든 와인은 캐시미어처럼 비현실적으로 부드럽다. 백도, 데친 배, 레몬 크림 파이, 크렘 브륄레의 풍미는 와인을 마시고 며칠이 지나도 잊지 못할 만큼 정교하고 감미롭다. 1834년에 설립된 폴 자불레 에네는 북부 론에 훌륭한 포도원을 대거 소유하고 있다. 2006년, 프레(Frey) 가문은 양조장을 매입해서 생물역학 농법으로 서서히 전환했으며, 포도 재배와 와인 양조에 열정과 투자를 아끼지 않았다. 카롤린 프레의 진두지휘 아래 자불레 와인(에르미타주, 크로즈에르미타주, 생조제프, 코르나스)은 최상급 론 와인의 대열에 다시 합류했다.

## 레드 와인

### 샤토 라 네르트(CHÂTEAU LA NERTHE)
**레 카사뉴 | 코트 뒤 론 빌라주 | 그르나슈 약 60%, 시라 약 30%, 무르베드르 약 10%**

<푸드 & 와인> 잡지의 와인 에디터이자 내 친구인 레이 아일은 레 카사뉴를 '난롯가의 파자마 와인'이라 부른다. 와인이 멈추지 못할 정도로 맛있다. 위대한 그르나슈의 거부할 수 없는 아로마와 풍미를 제대로 보여 주는 최고의 예다. 체리 리큐어, 체리 재미, 적색 감초, 제비꽃, 광물, 이국적 향신료의 풍미가 연달아 밀려온다. 샤토 라 네르트는 남부 론에서 최상위 생산자에 속하며, 가장 유명한 와인은 고가의 샤토뇌프 뒤 파프다. 레 카사뉴는 이론상 소박한 코트 뒤 론 빌라주 와인이지만, 맛은 소박함과 거리가 멀다. 포도는 40년 이상 묵은 포도나무 과실을 사용한다. 남부 론의 사투리에 따르면, '레 카사뉴'는 포도밭을 둘러싼 오크나무를 가리킨다.

### 르네 로스탱(RENÉ ROSTAING)
**엠포디엄 | 코트로티 | 시라 100%**

르네 로스탱의 코트로티 와인은 놀라운 생기와 활동력을 지녔다. 와인의 입자 하나하나가 억눌린 에너지가 풀리기만을 고대하며 진동하는 느낌이다. 풍미는 고전적, 전통적인 코트로티 와인답다. 백후추, 인센스, 구운 고기, 갓 파낸 흙, 가시덤불, 광물, 야생 베리의 풍미가 연달아 물결친다. 한마디로 우마미를 물씬 풍기는 와인이다. 르네 로스탱의 아들인 피에르가 현재 양조장을 운영하며 와인을 만드는 데 포도 줄기를 발효에 100% 사용한다. 엠포디엄이란 단어는 코트로티의 주요 마을인 앙퓌의 라틴어 이름이다. 엠포디엄은 르네 로스탱의 최상급 와인으로 유명 포도밭의 작은 구획들에서 재배한 포도를 블렌딩해서 만든다.

### 장바티스트 수이야르(JEAN-BAPTISTE SOUILLARD)
**레 바티 | 크로즈에르미타주 | 시라 100%**

장바티스트 수이야르는 크기도 워낙 작고, 와인 생산량도 매우 적다. 크로즈에르미타주에 있는 레 바티 포도밭의 면적은 약

1,000㎡에 불과하다. 에르미타주 언덕 북쪽 끝의 귀한 모퉁이 자리에 위치하며, 자갈이 섞인 화강질, 석회질 토양이다. 와인을 개봉하는 즉시 제비꽃, 백후추, 군침이 흐르는 육즙의 풍미가 흘러나온다. 그러다가 야생 라즈베리, 향신료, 코코아, 오렌지 껍질, 카페오레의 풍미가 휘몰아친다. 북부 론의 시라 와인은 대체로 야금류 풍미가 강하지만, 수이야르 와인은 향략적이고 섬세해서 부담 없이 즐기기에 좋다.

## 장뤽 콜롱보(JEAN-LUC COLOMBO)
**레 뤼셰 | 코르나스 | 시라 100%**

전형적인 코르나스 와인이다. 음울함, 어두움, 육중함, 흙, 감칠맛, 육감성이 동시에 느껴진다. 지난 20년간, 장뤽 콜롱보는 투지 넘치는 자세로 숨 가쁘게 달려 론에서 가장 감각적인 코르나스 와인을 완성했다. 레 뤼셰('벌집'이라는 뜻)는 넘치

는 힘과 동시에 다크초콜릿, 체리, 블랙 올리브, 야생 허브의 풍미를 발산한다. 콜롱보의 어머니는 요리사였는데, 그는 와인을 만들 때 항상 음식을 고려한다고 한다.

## 샤토 드 생콤(CHÂTEAU DE ST,COSME)
**르 클로 | 지공다스 | 그르나슈 100%**

갈로·로만 시대에 석회암을 파서 와인 통으로 사용한 흔적이 샤토 드 생콤의 지하에 남아 있다. 이곳은 1490년부터 바뤼올 가문의 소유지였다. 현재 양조장을 운영하는 루이 바뤼올은 2010년에 생물역학 농법으로 전환하는 등 포도 재배에 많은 공을 들이고 있다. 바뤼올의 포도밭 중 가장 오래된 르 클로는 무려 1870년에 심어졌으며, 이 중 10%가 당대에 심어진 나무다. 나머지도 평균 60세의 고목이다. 지공다스 와인은 벨벳 같은 부드러움, 향신료를 가미한 체리 잼, 야생 딸기, 제비꽃, 토탄, 쿠민, 장뇌의 풍미가 있다. 강렬한 풍미에도 정교함을 잃지 않으며, 특히 명확성과 길이감이 탁월하다.

## 도멘 드 마르쿠(DOMAINE DE MARCOUX)
**샤토뇌프 뒤 파프 | 주품종(그르나슈, 시라, 무르베드르), 생소**

도멘 드 마르쿠의 소유주인 카트린과 소피 아르므니에는 50~100년 묵은 포도나무 과실로 강력하고 풍성한 샤토뇌프 뒤 파프를 만든다.

향신료를 뿌린 자두, 레드 커런트, 체리의 농후한 과일 향과 선명한 광물성이 특징이다. 동시에 명확성, 정교함, 기품을 갖췄다. 마르쿠는 복합적이고 구조감이 돋보이는 와인이다. 세월이 흐를수록 아름다움을 서서히 드러낸다.

## 도멘 드 라 자나스(DOMAINE DE LA JANASSE)
**소팽 | 샤토뇌프 뒤 파프 | 그르나슈 100%**

도멘 드 라 자나스의 쇼팽은 최상급 그르나슈의 넘치는 생기를 여실히 보여 준다. 현지에서는 샤푸앙(Chapouin)이라 부른다. 달콤한 빨간 체리, 키르슈바서, 라벤더가 소용돌이치며 풍미가 폭발한다. 입안에서 다즙하고 활기찬 느낌이 상당히 매혹적이다. 100세 이상 묵은 포도나무가 비현실적인 순수함을 빚어낸다. 1976년 사봉 가문이 설립한 자나스는 샤토뇌프에 있는 아주 훌륭한 양조장 중 하나다. 자나스 AOC 곳곳에 퍼져 있는 70개 이상의 포도밭 구획에서 재배한 포도로 복합적이고 표현력이 뛰어난 와인을 양조한다.

## 샤토 드 보카스텔(CHÂTEAU DE BEAUCASTEL)
**샤토뇌프 뒤 파프 | 그르나슈 약 30%, 무르베드르 약 30%, 시라 약 15%, 쿠누아즈, 생소, 기타 적포도**

개인적으로 샤토 드 보카스텔 와인을 수년째 마시고 있지만, 충격에 가까우면서 강렬하고 생생한 첫맛에 매번 놀라움을 금치 못한다. 구운 육즙의 감칠맛, 보이즌베리 파이의 과

일 향, 다크초콜릿의 고급스러운 쓴맛, 봄에 핀 제비꽃의 향기로운 꽃 향, 모로코 스튜의 향신료 향을 동시에 품고 있다. 그런데 아로마는 정반대로 낡은 가죽과 동물 향이 난다. 어린 보카스텔 와인도 매우 흥미롭지만, 숙성시키면 아로마와 풍미가 한층 짙어진다. 단언하건대 언제 마시든, 절대 지루할 틈이 없다.

# THE LOIRE 루아르

루아르는 프랑스에서 가장 다채로운 와인 산지다. 상큼한 화이트 와인(상세르, 뮈스카데, 부브레)부터 군살 없는 레드 와인(시농), 산뜻한 스파클링 와인(가볍게 마시기 좋은 크레망 드 루아르), 우아하고 숙성력 좋은 스위트 와인(카르 드 숌)까지 거의 모든 종류를 망라한다. 실제로 루아르 와인은 파리 비스트로 한 편에 항상 비치돼 있으며, 구운 소시지, 굴 요리, 양파 수프 등 어느 음식에도 잘 어울리는 정겨운 와인이다.

루아르는 용틀임하는 거대한 루아르강(프랑스에서 가장 긴 강)과 환상적이며 목가적인 분위기의 계곡('프랑스의 정원'으로 알려짐)으로 정의된다. 루아르강은 토사가 쌓이면서 배를 띄울 수 없을 정도로 얕아졌지만, 한때는 활발한 수로로 활용됐다. 덕분에 무려 중세 시대부터 루아르 와인이 북쪽의 플랑드르와 영국에 수출될 수 있었다.

루아르강은 프랑스 심장부에 있는 마시프 상트랄의 분화구에서 시작돼 북쪽으로 480km가량 흐르다가 왼쪽으로 방향을 튼다. 그렇게 서쪽으로 480km가량을 또다시 흐르다가 대서양에 합류한다. 동서 방향으로 흐르는 480km 구간에 루아르의 모든 정상급 와인 산지가 자리 잡고 있다. 맨 동쪽에 푸이퓌메와 상세르가 있다. 이곳에서 차로 5시간 거리의 서쪽 끝에 뮈스카데가 대서양을 접하고 있다. 그 사이에 69개 이상의 공식 AOC가 있다. 이들은 이어 주는 루아르강이 없었다면, 각양각색의 와인 산지들이 한 챕터에 묶일 일은 없었을 것이다.

루아르는 크게 동부, 중부, 서부(또는 상부, 중부, 하부) 등 세 지역으로 나뉜다. 각 지역으로 파고들기 전에 몇 가지 주요 포인트를 짚어 보자.

루아르는 프랑스 최대 와인 산지에 속한다. 면적은 571.4㎢(57,140헥타르)를 웃돌며, 보르도의 절반 크기다. 59개 AOC에서 온갖 양조법을 활용해서 와인을 생산하며, 공통점보다는 차이점이 훨씬 많다. 그런데 한 가지 공통점이 있다. 비교적 서늘한 북부 기

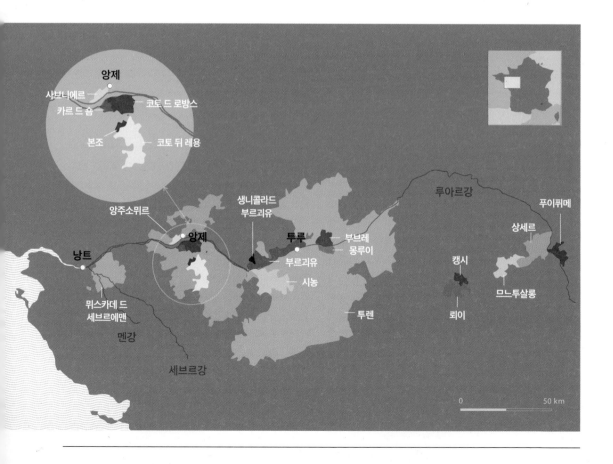

### 잔 다르크, 초창기 페미니스트이자 루아르의 영웅

중세 프랑스 시대, 잔 다르크는 문맹의 소작농에 불과했지만, 백년전쟁(1337~1453년)에서 잉글랜드를 상대로 프랑스를 승리로 이끌 수 있다고 굳게 믿었다. 그녀는 13세에 신의 음성을 듣고 프랑스를 구하는 신성한 임무에 뛰어든다. 순결 서약을 마친 그녀는 머리카락을 짧게 자르고 갑옷을 걸친 채 잉글랜드에 맞서기 위해 루아르의 도시 오를레앙으로 진격한다. 잔 다르크가 이끄는 군대는 전쟁에서 승리했고, 샤를 발루아를 프랑스 왕(샤를 7세)으로 옹립하려는 목표를 달성한다. 그러나 잔 다르크의 명성과 권세가 하늘 높은 줄 모르고 높아지자, 샤를 7세는 위협을 느낀다. 결국 샤를 7세는 잔 다르크에게 마녀라는 죄목을 뒤집어씌운다. 1431년 5월 30일 아침, 잔 다르크는 화형에 처해졌다. 당시 그녀의 나이는 19세였다. 1920년 로마 가톨릭교회는 잔 다르크를 성인으로 공표했다.

### 루아르 와인 맛보기

루아르는 프랑스에서 가장 규모가 크고 다채로운 와인 산지다. 스틸 와인, 스파클링 와인, 드라이 와인, 스위트 와인, 레드 와인, 화이트 와인, 로제 와인 등 거의 모든 종류를 망라한다.

루아르 와인은 강한 풍미의 상쾌함을 지녔다는 고유한 특징이 있다.

최상급 루아르 청포도(슈냉 블랑, 소비뇽 블랑)는 세계적 기준으로 삼을 정도로 품질이 뛰어나다.

후 덕분에 모든 와인이 바삭한 상쾌함과 명확성을 지닌다. 물론 다른 북유럽 지역과 마찬가지로 이곳의 기후도 점점 더워지는 추세이며, 수확시기도 앞당겨졌다. 과거에는 기분 좋은 팽팽함과 뻣뻣함이 느껴지는 산미가 가득했다면, 지금은 예전만 못하다. 그런데도 상쾌함만

역사적으로 루아르 샤토들은 장엄한 아름다움과 정원으로 유명했다. 특히 샤토 당제는 19세기의 <묵시록> 테피스트리로 잘 알려져 있다.

## 루아르 대표 와인

### 대표적 AOC

**부르괴이(BOURGUEIL)** - 레드 와인

**시농(CHINON)** - 레드 와인

**크레망 드 루아르(CRÉMANT DE LOIRE)**
- 화이트 와인(스파클링)

**므느투살롱(MENETOU-SALON)** - 화이트 와인

**몽루이(MONTLOUIS)**
- 화이트 와인(드라이, 스위트)

**뮈스카데(MUSCADET)** - 화이트 와인

**푸이퓌메(POUILLY-FUMÉ)** - 화이트 와인

**카르 드 숌(QUARTS DE CHAUME)**
- 화이트 와인(스위트)

**상세르(SANCERRE)** - 화이트, 레드, 로제 와인

**사브니에르(SAVENNIÈRES)** - 화이트 와인

**부브레(VOUVRAY)**
- 화이트 와인(드라이, 스위트, 스파클링)

### 주목할 만한 AOC

**앙주빌라주(ANJOU-VILLAGES)** - 레드 와인

**본조(BONNEZEAUX)** - 화이트 와인(스위트)

**코토 드 로방스(COTEAUX DE L'AUBANCE)**
- 화이트 와인(스위트)

**코토 뒤 레용(COTEAUX DU LAYON)**
- 화이트 와인(스위트)

**캥시(QUINCY)** - 화이트 와인

**뢰이(REUILLY)** - 화이트, 레드, 로제 와인

**로제 당주(ROSÉ D'ANJOU)** - 로제 와인

**생니콜라드부르괴유(ST.NICOLAS-DE-BOURGUEIL)** - 레드 와인

**소뮈르샹피니(SAUMUR-CHAMPIGNY)**
- 레드 와인

**스파클링 소뮈르(SPARKLING SAUMUR)**
- 화이트 와인(스파클링)

**스파클링 투렌(SPARKLING TOURAINE)**
- 화이트 와인(스파클링)

**투렌(TOURAINE)** - 화이트, 레드, 와인

은 여전히 남아 있다. 프랑스에서는 이런 상쾌함을 '흥분(nervosité)'이라는 단어로 묘사한다.

루아르 밸리의 와인 양조장은 대부분 가족이 소규모로 운영한다. 과거에는 사업을 확장하거나 주요 개선에 사용할 자금이 부족했다. 이는 조합이 만들어지고 네고시앙의 네트워크가 확산된 계기가 됐다. 네고시앙은 여러 와인을 구매해서 혼합한 뒤 자신의 라벨을 붙여서 판매하는 사람이다. 2020년 기준으로 루아르에 네고시앙은 약 350명, 조합은 약 20개에 달했다.

루아르의 주된 청포도는 소비뇽 블랑과 슈냉 블랑이다. 두 품종 모두 루아르가 원산지며, 한쪽 부모가 사바냥으로 형제자매 또는 의붓 형제자매 관계다. 소비뇽 블랑은 뉴질랜드, 호주 등 세계 곳곳에 인상적인 와인을 만드는 데 널리 사용되고 있다. 반면 슈냉 블랑은 이와는 다르게 고향으로 후퇴한 듯 보인다. 남아공의 몇몇 정상급 생산자를 제외하고 루아르 밸리에서만 궁극의 가치를 드러내고 있다(부브레, 사브니에르, 코토 뒤 레용, 코토 드 로방스, 가르 드 숌).

최상급 루아르 레드 와인과 로제 와인 대부분은 카베르네 프랑을 사용한다. 다른 적포도 품종이 일곱 개(카베르네 소비뇽, 피노 누아, 가메, 그롤로 같은 재래종 등)나 재배되고 있음에도 불구하고 말이다. 루아르 레드 와인은 북부 기후를 고대로 담아낸다. 강한 풍미와 선명함을 지닌 루아르 와인이 사랑받는 이유는 묵직함이나 풀보디감이 아니라, 바로 활기와 신선함 덕분이다.

### 루아르 동부(상세르, 푸이퓌메)

루아르 동부는 대서양 연안에서 480km가량 떨어져 있지만, 파리와의 거리는 그 절반밖에 되지 않는다. 따라서 이곳의 주요 와인(상세르, 푸이퓌메)도 자연스럽게 프랑스 수도와 전 세계에 널리 알려졌다. 므느투살롱에서 생산되는 꽤 좋은 품질의 드라이 화이트 와인도 루아르 동쪽 끝단에서 나온다. 이보다 소박한 뢰이와 캥시의 화이트 와인도 마찬가지다. 이들 모두 소비뇽 블랑으로 만든다.

그런데 소비뇽 블랑으로 만든 최상급 루아르 와인은 평범함과는 거리가 멀다. 톡 쏘는 짜릿함, 돌 같은 단단함, 부싯돌, 백악, 광물성 풍미가 '야생'을 의미하는 소비뇽이란 단어의 원어에 상당히 충실하다. 루아르 와인은 순수하고 날카로우며, 한 치의 오차도 없이 정확하고, 강렬한 소비뇽 블랑의 세계적 대명사다. 또한 음식에 매치하기 좋은 최고의 화이트 와인으로 간주한다(대부분 스

## 루아르의 포도 품종

### 화이트

◇ **아르부아**
보조적 재래 품종으로 사용이 감소하는 추세다.

◇ **샤르도네**
루아르 중부에서 화이트 와인과 스파클링 와인의 블렌딩 포도로 들어간다. 특히 크레망 드 루아르에서 주로 사용한다.

◇ **슈냉 블랑**
주요 품종으로 피노 드 라 루아르(Pineau de la Loire)라고도 불린다. 역사적으로 루아르 중부에서 사브니에르, 부브레 등 수많은 와인에 사용되는 매우 중요한 품종이다. 슈냉 블랑으로 스틸 와인 또는 스파클링 와인, 드라이 또는 스위트 와인을 만든다.

◇ **폴 블랑슈**
보조적 품종이다. 뮈스카데 지역에서 그로 플랑(Gros Plant)이라 불리는 와인을 만드는 데 사용한다.

◇ **물롱 드 부르고뉴**
주요 토종 품종이다. 상세르, 푸이퓌메처럼 유명 와인은 물론 므느토살롱, 뢰이, 캉시와 루아르 중부의 수많은 단순한 화이트 와인을 만드는 데 사용한다.

◇ **소비뇽 블랑**
주요 토종 품종이다. 상세르, 푸이퓌메처럼 유명 와인은 물론 므느토살롱, 뢰이, 캉시와 루아르 중부의 수많은 단순한 화이트 와인을 만드는 데 사용한다.

### 레드

◇ **카베르네 프랑**
주요 품종이다. 시농, 부르괴유, 생니콜라드부르괴유 등 정상급 루아르 레드 와인의 주재료다. 루아르 중부의 레드, 로제, 스파클링 와인의 블렌딩 포도로도 사용한다.

◇ **카베르네 소비뇽, 코, 피노 도니, 피노 뫼니에**
보조적 품종이다. 루아르 중부에서 레드, 로제, 스파클링 와인의 블렌딩 재료로 사용한다.

◇ **가메**
앙주와 투렌 가메를 만드는 품종이다. 루아르 중부와 동부의 레드, 로제, 스파클링 와인의 블렌딩 품종으로 사용한다.

◇ **그롤로**
재래종이다. 로제 당주를 만드는 주요 품종이다. 루아르 중부의 로제, 레드, 스파클링 와인에 블렌딩 재료로 들어간다.

◇ **피노 누아**
상세르와 루아르 동부의 레드 와인에 들어간다. 루아르 중부의 레드, 로제, 스파클링 와인의 블렌딩 품종으로도 사용한다.

---

테인리스스틸 탱크에서 발효시키며, 젖산발효는 하지 않는다. 단, 특별한 몇몇 퀴베만 대형 배럴에서 양조 또는 숙성시킨다).

**• 상세르**
필자가 상세르를 좋아하는 이유는 고삐 풀린 듯한 야생성 때문이다. 루아르에서 솟구친 광란의 물줄기가 뿜어낸 광물질 물보라에 흠뻑 젖어 드는 느낌이다. 광물성이지만 그렇다고 녹색 맛은 아니다. 상세르는 여느 소비뇽 블랑 와인과는 달리 허브와 채소 풍미가 약하며 톡 쏘는 맛이 강하다.
포도밭은 백악질 석회암과 부싯돌로 이루어진 구릉지대에 펼쳐져 있다. 강둑 서쪽의 상세르 마을 부근이다. 늦은 봄에는 구불구불한 초록빛 언덕이 새빨간 양귀비로 뒤덮이는데, <오즈의 마법사>에서 모두가 양귀비밭에서 잠드는 장면이 연상된다. 이 지역을 가로지르는 단층선이 있는데, 이곳 토양은 귀한 대접을 받는

다. 파삭한 돌투성이의 광물질 토양이 와인에 좋은 영향을 미치기 때문이다. 이곳 토양에는 키메리지안 석회암(Kimmeridgian, 진흙과 해양 화석이 뒤섞인 석회암), 포트랜디안 석회암(Portlandian, 진흙과 해양 화석이 없는 매우 단단하고 내구성이 강한 석회암), 테르 블랑슈(Terre Blanche, 진흙 상부의 백악), 카요트

## 타르트 타탱

프랑스에서 가장 유명한 시골식 디저트인 타르트 타
탱은 루아르의 투렌 지역에서 유래했으며, 라모트뵈
브롱(Lamotte-Beuvron)이란 작은 마을의 특산물
이다. 타르트 타탱은 설탕에 조린 애플 타르트를 뒤
집어 놓은 형태다. 19세기에 스테파니와 카롤린 타
탱 자매가 발명했다. 타탱 자매는 기차역 맞은편 도
로변에 있는 여행객을 위한 테르미뉘스 호텔의 소유
주다. 타르트 타탱은 루아르의 또 다른 특산물인 카
르 드 솜과 완벽한 궁합을 자랑한다. 슈냉 블랑 포도
로 만든 카르 드 솜은 달콤하고 은은한 꿀 풍미가 돋
보이는 디저트 와인이다.

애플 타르트의 절정에 오른 환상적인 맛이다.

(Caillotte, 석회암과 뒤섞인 자갈)도 있다. 어떤 포도밭
은 실렉스 토양이다(해양 바닥에 흩어진 해면의 잔해로
만들어진 미정질 석영으로 구성된 부싯돌). 실렉스 단
괴가 석회암 사이로 흩어지는 예도 있다. 실렉스 토양은
현지에서 매우 인기가 높다. 최상급 와인에 선명한 광물
성과 극상의 신선함을 부여한다고 간주하기 때문이다.
예를 들어 도멘 라포르트가 로쇼아 포도원에서 만든 상
세르는 명확한 광물성 에너지와 얼음처럼 시원한 살구
풍미가 일품이다.

루아르 포도밭의 실렉스와 석회암 덩어리

루아르와 마찬가지로 상세르에는 공식적인 분류 체
계가 없지만, 수 세기 전부터 명성을 쌓아온 포도원들
이 있다. 이런 리외디(Lieu-Dit)들은 상세르 표준에
따라 와인을 양조했다는 전제하에 라벨에 이름을 표
기할 수 있게 됐다. 가장 유명한 리외디는 레 몽 다네
(Les Monts Damnés), 레 퀼 드 보주(Les Culs de
Beaujeu), 라 그랑드 코트(La Grande Côte), 르 그

랑 슈마랭(Le Grand Chemarin), 르 셴 마르샹(Le
Chêne Marchand) 등이다. 반드시 알아둬야 할 사항
이 있다. 상세르도 부르고뉴처럼 여러 생산자가 한 포도
밭에서 각기 다른 와인을 만든다. 예를 들어 레 몽 다네
에서 여러 와이너리가 각자의 와인을 생산하는 것이다.
만약 위의 지명을 와인 라벨에서 발견한다면, 해당 와인
은 매우 특별한 테루아르 출신인 셈이다.
상세르에는 수많은 1등급 생산자가 있다. 프랑수아 코
타(François Cotat), 파스칼 코타(Pascal Cotat), 앙리 부
르주아(Henri Bourgeois), 제라르 불레(Gérard Boulay),
알퐁스 멜로(Alphonse Mellot), 도멘 바슈롱(Domaine
Vacheron), 뤼시앙 크로셰(Lucien Crochet), 앙리 펠
레(Henry Pellé), 라포르트(Laporte), 마티아스 에 에
밀 로블랭(Matthias et Emile Roblin), 도멘 드라포르트
(Domaine Delaporte), 파스칼 졸리베(Pascal Jolivet),
줄리앙 & 클레망 랭보(Julien & Clement Raimbault),
장막스 로제(Jean-Max Roger) 등이다.
마지막으로 상세르에 대해 덧붙일 말은 다음과 같다. 상
세르를 떠올리면, 가장 먼저 화이트 와인이 생각난다.
그러나 레드 와인과 로제 와인도 생산한다. 사실 상세
르 레드 와인(피노 누아 100%)은 총생산량의 약 15%
에 불과하다.

### • 푸이퓌메

상세르 맞은편, 루아르강둑 동쪽에 푸이쉬르루아르 마
을이 있다. 이곳 토양은 석회암과 부싯돌을 조금 더 많
이 포함하고 있다. 토양 때문에 와인에서 부싯돌과 연기

풍미가 난다고 믿어 와인 이름도 푸이
퓌메다. 여기서 퓌메는 '연기'란 뜻이
고, 푸이는 이곳에 거주했던 로마 장
군인 파울루스(Paulus)의 이름과 관
련이 있다. 사실 블라인드 테스트에서
푸이퓌메와 상세르를 구분하기란 상
당히 어렵다.

1980년대 이래 푸이퓌메와 상세르 와
인은 작은 오크통에 소량씩만 생산한
다. 이런 양조방식을 따르는 생산자
중 최고는 '푸이의 자연인'이라 불리
는 디디에 다구노였다(모터사이클 레

루이뱅자맹 다구노

이싱 선수 출신으로 와인 양조에 관한
교육을 받은 적이 없다). 고인이 된 그는 생전에 와인을
배럴에 발효 및 숙성시켰다. 디디에 다구노가 만든 푸이
퓌메는 루아르에서 폭풍 같은 논쟁을 일으켰다. 그의 아
들인 루이뱅자맹 다구노는 복합미, 무성함, 극강의 풍
성함, 풀보디감의 값비싼 와인들을 생산한다. 그중 퓌
르 상('순혈'이란 뜻)과 실렉스(토양의 이름을 본뜸)는
루아르 와인 애호가라면 절대 놓쳐선 안 되는 와인이
다. 이 밖에도 라두세트(Ladoucette), 프랑시스 블랑
세(Francis Blanchet), 도멘 세갱(Domaine Seguin),
파스칼 졸리베(Pascal Jolivet), 도멘 세르주 다구노 에
피유(Domaine Serge Dagueneau et Filles) 등 최상
급 생산자가 있다. 참고로 후자는 디디에/루이뱅자맹
가문의 육촌이다.

### • 기타 루아르 동부 와인

이 밖에도 루아르 동부에는 AOC가 세 군데 더 있다.
프랑스 국외에는 잘 알려지지 않았다. 상세르 바로 서
쪽에 있는 므느투살롱은 상세르나 푸이퓌메보다는 못
하지만, 그래도 상당히 괜찮은 소비뇽 블랑 와인을 만
든다. 최상급은 앙리 펠레(상세르 와인으로도 유명함)
에서 생산한다.

루아르강의 지류인 셰르강 부근에 캥시와 뢰이라는 작
은 AOC가 있다. 이 두 곳의 소비뇽 블랑 와인은 단순하
지만, 꽤 바삭하고 맛있다. 보통 저가에 판매한다.

## 루아르 중부(사브니에르, 카르 드 숌, 코토 뒤 레용, 로제 당주, 부브레, 시농, 부르괴유)

루아르 중부는 AOC도 워낙 많고, 명칭도 자주 겹치고,
와인 스타일도 다양해서 유독 혼란스럽다. 최고의 로제

와인과 레드 와인(로제 당주, 시농 등)
과 스파클링 와인(크레망 드 루아르)
도 중부 출신이고, 때론 드라이하고 때
론 스위트한 와인(부브레)도 중부에서
생산한다. 중부에서는 여러 포도 품종
을 재배하는데, 그중 주요 청포도는 슈
냉 블랑이고 주요 적포도는 카베르네
프랑이다.

루아르 중부는 두 곳의 광대한 지역으
로 나뉜다. 앙주소뮈르와 투렌이다. 앙
주소뮈르는 앙제 도시의 서쪽 부근에
있다. 사브니에르, 카르 드 숌, 본조, 코
토 뒤 레용, 코토 드 로방스가 여기에
속하며, 모두 화이트 와인을 생산한다.

투렌은 투르 도시의 동쪽 부근에 있다. 시농, 부르괴유,
생니콜라드부르괴유가 여기에 속하며, 레드 와인을 만
든다. 마찬가지로 투렌에 속한 부브레와 몽루이는 화이
트 와인을 만든다.

### • 사브니에르

루아르 중부에서 가장 뛰어난 드라이 화이트 와인인 사
브니에르는 세계에서 가장 위대한 드라이 슈냉 블랑이
다. 실제 이에 대적할 만한 라이벌은 부브레와 몽루이밖
에 없다. 앙제 바로 남서부 쪽에 있는 작은 AOC에서 생
산한다. 사브니에르는 농후한 풍미, 강렬함, 응집력, 광
물성을 품는다. 특히 팽팽한 산미 덕분에 수십 년간 숙
성이 가능하다. 포도밭은 화산 편암으로 구성된 가파른
남향 비탈면에 펼쳐져 있다. 생산율은 루아르에서 가장
낮은 편이다. 이런 조건이 와인의 응축력과 풍미의 깊
이에 일조했다. 루아르 와인 전문가인 자클린 프리드
리히는 사브니에르를 세상에서 가장 이지적인 와인이
라 불렀다. 그런데 순수한 쾌락적 풍미도 사브니에르의
독보적인 매력의 공신이다. 마르멜루, 카모마일, 꿀, 크
림이 회오리치며, 시트러스 풍미가 번개처럼 가로지른
다. 최상급 생산자로는 도멘 데 보마르(Domaine des
Baumard), 샤토 데피레(Château d'Epiré), 샤토 드
샹부로(Château de Chamboureau), 도멘 뒤 클로셀
(Domaine du Closel)이 있다.

그런데 가장 유명한 사브니에르 생산자이자 세계에서
가장 위대한 화이트 와인 양조자는 바로 클로 드 라 쿨
레 드 세랑(Clos de la Coulée de Serrant)이다. 쿨
레 드 세랑 와인은 같은 이름의 쿨레 드 세랑이라 불리

## 크레망 드 루아르와 기타 루아르 스파클링 와인

스파클링 와인은 루아르 중부의 특산물 중 하나로 사치스럽지 않은 가격에 호사로움을 선사한다. 실제로 루아르는 샹파뉴를 제외한 프랑스 최대 스파클링 와인 생산지다. 루아르의 스파클링 와인은 두 범주로 나뉜다. 첫째, 크레망 드 루아르다. 둘째, 소뮈르, 부브레, 투렌 등 특정 AOC에서 만든 스파클링 와인이다. 모두 전통적인 샴페인 양조법에 따라 병 속에서 2차 발효를 거친다. 보통 크레망 드 루아르의 품질이 더 좋긴 하지만, 그래도 단조로운 와인 수준에 불과하다. 일반적으로 샤르도네를 기본으로 사용하지만, 슈냉 블랑과 카베르네 프랑도 종종 사용하며, 법적으로 루아르 밸리에서 재배한 포도는 모두 허용한다. 크레망 드 루아르는 최소 1년 이상 쉬르 르 숙성을 시키며, 대체로 드라이(브뤼) 와인이다. 소뮈르처럼 소량씩 생산되는 스파클링 와인은 여러 품종을 혼합한다(슈냉 블랑, 샤르도네, 소비뇽 블랑, 카베르네 프랑, 카베르네 소비뇽, 코(말베크), 가메, 피노 누아, 피노 도니스, 그롤로). 맛이 독특하면서도 기본에 충실하며 재미도 있다. 쉬르 리 숙성을 매우 짧게 거친 드라이 와인이다.

는 싱글 빈야드 양조장에서 만든다. 1130년에 수도승들이 재배하기 시작한 포도밭으로 현재 소유주는 졸리 가문이다. 졸리 가문은 세계 최초로 생물역학 농법을 시작한 열성적인 재배자에 속한다(생물역학은 '살아 있는 농법'의 전체론적 시스템으로 토양과 식물이 '중간계'에 산다고 생각한다. 중간계는 밑에서는 땅의 힘, 위에서는 우주의 힘을 받는다. 28페이지의 '생물역학'을 참고하라). 쿨레 드 세랑은 면적이 겨우 7만㎡(7헥타르)밖에 되지 않지만, AOC가 버젓이 존재한다. 프랑스에서 단일 양조장으로 구성된 AOC는 소수에 불과하다. 부르고뉴의 로마네콩티, 라 타슈, 클로 드 타르트와 론의 샤토그리에 등이 있다).

### • 카르 드 숌과 루아르 중부의 스위트 와인

루아르 중부의 앙주소뮈르는 카르 드 숌, 본조, 코토 뒤 레용, 코토 드 로방스 AOC가 속한 구역으로 다량의 미디엄 스위트 또는 스위트 화이트 와인을 생산한다. 포도밭은 루아르강의 지류인 레용강둑의 가파른 비탈면에 퍼져 있다. 토양은 전판암, 편암, 진흙으로 구성돼 있다. 최상의 빈티지인 경우, 강의 수분(오전)과 오후 햇살의 완벽한 조합 덕분에 보트리티스 시네레아(귀부병)에 최적이다. 따라서 이곳 와인은 소테른처럼 보트리티스 덕분에 뛰어난 복합미를 갖는다.

네 군데의 AOC 모두 언제나 슈냉 블랑을 사용한다. 루아르 중부의 슈냉 블랑은 꽃, 복숭아, 살구, 농익은 빨간 사과의 훌륭한 풍미를 뿜어낸다. 스위트 와인이면서도 포도의 높은 산도 덕분에 자연적인 팽팽함과 에너지를 가졌다. 카르 드 숌은 규모는 가장 작아도 명성은 가장 높다. 비상하는 듯한 우아함, 가벼움, 순전함, 순수한 과일 풍미를 지닌 명실상부한 명작이다.

이 지역에서 주목할 만큼 훌륭한 와인은 도멘 데 보마르와 샤토 드 벨르리브의 카르 드 숌과 도멘 드 라 상소니에르의 본조 등이 있다.

### • 앙주의 로제 와인

루아르 중부의 앙주소뮈르 구역에서 생산되는 와인의 반수 이상을 차지하는 종류는 화이트 와인이 아니라 로제 와인이다. 보통 가정에서 식사할 때 차갑게 칠링해서 마시는 로제 와인 말이다. 앙주의 로제 와인은 알코올 도수가 낮다. 대체로 12도를 넘지 않으며, 잔당량이 리터당 10~15g(1~1.5%)이다. 주요 품종은 적포도 재래종인 그롤로다. 이 밖에도 가메, 카베르네 프랑, 카베르네 소비뇽, 코(말베크), 피노 도니스 등 5종을 블렌딩 와인으로 섞기도 한다.

앙주의 로제 와인 중 흥미로운 와인이 있는데, 바로 카베르네 프랑 또는 카베르네 소비뇽으로만 만든 와인이다. 앙주의 카베르네 로제 와인은 카베르네 특유의 은은한 녹색 허브 풍미를 지녔다. 게르킨(gherkin) 오이 맛을 상쇄하기 위해 일반적인 앙주의 로제 와인보다 잔당량이 더 높다.

### • 시농, 부르괴유, 생니콜라드부르괴유

루아르 중부의 투렌은 투르 도시를 둘러싼 광대한 지역으로 앙주소뮈르 바로 동쪽에 있다. 투렌은 '신데렐라'라는 이름이 잘 어울리는 와인 산지다. 동화책에 등장할 법한 성들이 탑, 작은 못, 도개교와 함께 초록빛

## 톡 쏘는 맛

보통 치즈를 생각하면 레드 와인이 즉각 떠오른다. 그러나 크림, 백악, 소금, 지방의 톡 쏘는 풍미를 가진 대부분의 염소치즈는 많은 레드 와인을 무미건조하게 만든다. 반면 상세르와 푸이퓌메는 염소치즈와 완벽한 짝을 이룬다. 와인 자체에 톡 쏘는 맛이 있기 때문이다. 특히 상세르와 크로탱 드 샤비뇰(근처의 샤비뇰 마을에서 생산한 염소치즈)은 클래식한 프랑스식 조합으로 유명하다. 참고로 크로탱은 프랑스어 속어로 '염소똥'을 의미한다.

'크로탱 드 샤비뇰' 염소치즈

언덕과 포도밭에 우뚝 솟아 있다. 17~18세기, 풍요로운 농업지역에 이끌린 귀족들이 앞다투어 이곳에 성을 지었다.

투렌은 대서양의 영향을 받은 루아르 서부(뮈스카데)의 온화한 기후, 루아르 동부(상세르 등)의 뜨거운 여름과 극심한 겨울 추위가 혼재하는 지역이다. 투렌의 최상급 포도밭은 양쪽 기후의 장점(온화함과 따뜻함)이 반영돼, 레드 와인에 이상적인 환경을 갖췄다.

루아르에서 가장 유명한 세 곳의 레드 와인 AOC도 이곳에 자리 잡고 있다. 바로 시농, 부르괴유, 생니콜라드부르괴유다. 세 곳 모두 카베르네 소비뇽만 전적으로 사용한다. 최상의 빈티지에는 라즈베리, 제비꽃, 카시스, 녹색 후추 열매, 가시나무, 향신료 풍미가 폭발한다. 셋 중 시농이 가장 흥미롭고 풍미가 뛰어나다.

세 AOC 모두 최근 몇 년간 놀라운 성장을 보였다. 최상급 양조장으로서 섬세한 침용 기술을 터득한 결과 와인에 타닌의 극심한 수렴성을 피하면서도 살집과 신선함을 더했다. 진정한 비스트로라면 셋 중 최소한 한 곳의 와인은 갖고 있어야 한다. 특히 여름에는 차갑게 칠링해서 대접할 수 있어야 한다. 이 중 가장 맛있는 레드 와인은 샤를 조게(Charles Joguet), 도멘 베르나르 보드리(Domaine Bernard Baudry), 필리프 알리에(Philippe Alliet)의 시농과 피에르자크 드뤼에(Pierre-Jacques Druet), 아미로(Amirault)의 부르괴유와 생니콜라드부르괴유 등이다.

만약 루아르를 방문한다면, 기본적인 투렌 레드 와인(금세 잊히는 평범한 와인)과 절대 놓쳐서는 안 될 환상적인 명물을 마주칠 것이다. 바로 슈냉 블랑으로 만든 시농 화이트 와인이다. 트루아 코토(Trois Coteaux), 도멘 드 라 노블레(Domaine de la Noblaie) 등 최상급 생산자가 만든 드라이 화이트 와인이 선사하는 정교함, 복합미, 광물성이 상당히 이국적으로 다가온다.

## • 부브레와 몽루이

슈냉 블랑 애호가들에게 부브레와 몽루이는 음악처럼 들린다. 부브레와 몽루이는 사브니에르를 제외하고 세

최상급 푸이퓌메 생산자인 라두세트의 몽환적인 성

상에서 가장 실선같이 섬세하고 풍미가 풍성하면서도 동시에 선명하고 짜릿한 슈냉 블랑을 생산한다. 특히 위대한 부브레와 몽루이는 놀랍도록 보관기간이 길다. 최상급은 반세기 이상 지나도(특히 젖산발효를 거치지 않은 경우) 여전히 활기와 호사스러움이 남아 있으며, 와인 수집가의 리스트에 빠지지 않고 등장한다. 여기서 '최상급'이란 단어는 중요한 의미를 지닌다. 맛 좋은 상업용 기본 와인이 낮은 가격을 무기로 내세우는 비좁은 시장에서 꿋꿋이 버티고 있기 때문이다.

부브레는 드라이(섹), 약간 드라이함(섹 탕드르), 미디엄 드라이(드미섹 또는 클래식), 미디엄 스위트 또는 스위트(무알뢰), 매우 스위트함(두) 등 온갖 종류로 만들어진다.

그런데 이런 용어는 AOC 규정에 구체적으로 정의된 단어가 아니므로 임의로 특정 기준보다 더하고 덜함을 가늠할 줄 알아야 한다. 가장 전통적인 부브레 스타일은 미디엄 드라이 또는 클래식이다. 그러나 잔당량이 적은 편이라도 미디엄 드라이/클래식 부브레는 일반적으로 완전히 드라이하고 극적인 산도 덕분에 밸런스가 좋다는 사실을 염두에 두자.

부브레 생산량의 일부는 종종 스파클링 와인으로 만들어진다. 스파클링 와인의 생산량은 날씨에 따라 다르다.

**화이트 와인이 반세기가 흘러도 여전히 활기와 호사스러움을 간직한다는 사실이 믿기 힘들겠지만, 최상급 부브레와 몽루이가 실제 그러하다.**

## 부브레 와인의 당도

부브레는 와인의 잔당량을 조절해서 다양한 당도로 만들 수 있다. 두 가지 조건에 따라 잔당량 허용치가 달라서 규정이 다소 복잡하게 느껴질 수 있다. 첫 번째 조건은 와인의 산도를 고려하지 않는다. 두 번째 조건은 산도가 높은 경우 와인의 당도를 더 높여도 된다. 아래 규정은 산도를 제외하고 단순히 잔당량만 고려하는 첫 번째 조건을 나열한 것이다. 물론 규정을 임의로 해석하는 생산자도 있으며, 라벨에 당도를 전혀 표기하지 않는 경우도 많다.

### 섹(매우 드라이함)
잔당이 리터당 4g 미만(당도 0~0.4%)

### 섹 탕드르(약간 드라이함)
잔당이 리터당 8g 안팎의 와인을 광범위하게 이르는 용어(당도 0.8%)

### 드미섹(미디엄 드라이 또는 클래식)
잔당이 리터당 4~12g(당도 0.4~1.2%)

### 무알뢰(미디엄 스위트에서 스위트)
문자 그대로 '은은하다(mellow).' 잔당이 리터당 12~45g(당도 1.2~4.5%)

### 두(매우 스위트함)
잔당이 리터당 45g 이상(당도 4.5% 이상)

부브레는 루아르에서 가장 기후가 춥다. 따라서 수확시기가 독일처럼 유럽에서 가장 늦은 편이다. 심지어 11월에 수확할 때도 있다. 극도로 추운 해에는 포도의 산도가 매우 높기 때문에 스파클링 와인을 스틸 와인보다 두 배 더 많이 만드는 생산자도 있다. 비교적 따뜻한 해에는 포도가 잘 익기 때문에 반대로 스틸 와인(드라이, 스위트)을 더 많이 생산한다.

최상급 무알뢰(미디엄 스위트에서 스위트) 부브레 와인은 항상 보트리티스 시네레아를 통해서 완성된다. 보트리티스 시네레아는 소테른을 만드는 유익한 곰팡이다. 많은 루아르 중부 지역과 마찬가지로 부브레

포도밭도 태양의 진행 방향, 습도, 건조함의 조합은 귀부병이 발병하기 좋은 조건이다.

훌륭한 부브레 스위트 와인은 단도처럼 예리한 산미로 가득해서 굉장히 독특한 미각을 선사한다. 서로 반대되는 단맛과 산미의 균형이 완벽하게 맞아떨어질 때, 천상의 풍성함과 활기를 맛볼 수 있다. 이처럼 서로 대조되는 두 요소가 조화를 이루려면, 3~7년의 숙성기간을 거쳐야 한다. 무알뢰 부브레는 전통적으로 복합적인 소스를 가미한 풍성한 음식과 매치하거나 디저트 와인으로 마신다. 흔하지는 않지만, 매우 스위트한 두(doux) 부브레 와인을 접할 수도 있다. 당도가 4.5%(잔

당량이 리터당 45g) 이상인 두 와인은 풍만함이 미각을 압도하며, 신선한 산도와 대조를 이뤄 이상적인 균형감이 도드라진다.

부브레에는 저항적인 존재감을 풍기는 포도밭과 저장고가 있다. 포도밭은 절벽 꼭대기에 매달려 있고, 바로 밑에 저장고와 집이 있다. 절벽의 비탈면은 석회암의 일종으로 다공성인 무른 백토(tuffeau)로 구성돼 있다. 오래전, 성의 건축자재로 사용하기 위해 백토를 채굴하고 남은 동굴을 오늘날 저장고로 사용하고 있다.

몽루이는 복합미가 다소 부족한 탓에 한때 부브레의 '여동생'으로 여겨졌다. 그러나 몇몇 열정적인 생산자의 끊임없는 품질 개선 덕분에 큰 변화를 겪었다. 바로 프랑수아 시덴 양조장의 프랑수아 시덴(François Chidaine)과 도멘 드 라 타이유 오 루(Domaine de la Taille aux Loups)의 자키 블로(Jacky Blot)다. 최상급 몽루이는 마르멜루와 풋사과를 연상시키는 아름다운 와인이다. 모든 면에서 부브레와 비슷하지만, 상대적으로 살짝 소박한 편이다.

몽루이도 부브레와 마찬가지로 스파클링 와인부터 스틸 와인까지, 드라이부터 스위트까지 모든 스펙트럼을 섭렵한다. 그러나 몽루이 스틸 와인 대부분은 본드라이거나 또는 매우 스위트하다.

최상급 부브레와 몽루이 생산자로는 샹팔루(Champalou), 도멘 데 오뷔지에르(Domaine des Aubuisières), 도멘 위에(Domaine Huet), 플로랑 콤(Florent Cosme), 프랑수아 시덴(François Chidaine), 도멘 드 라 타이유 오 루(Domaine de la Taille aux Loups), 도멘 뒤 클로 노댕(Domaine du Clos Naudin), 도멘 프랑수아 에 줄리앙 피농(Domaine François et Julien Pinon), 도멘 뱅상 카렘(Domaine Vincent Carême), 카테린 에 피에르 브레통(Catherine et Pierre Breton), 라 그랑주 티펜(La Grange Tiphaine), 르 로셰 데 비올레트(Le Rocher des Violettes)가 있다.

부브레와 몽루이 이외의 루아르 중부 지역에서도 여러 품종을 써서 단순한 화이트 와인을 생산한다. 그중 가장 유명한 와인은 투렌 소비뇽 블랑이다. 상세르의 친척뻘로 극도로 단순해서 벌컥벌컥 마시기 좋다.

## 루아르 서부(뮈스카데)

루아르 서쪽 끝은 춥고 축축한 대서양 연안의 척박한 지역으로 오직 한 와인만 유명하다. 루아르에서 생산량이 가장 많은 뮈스카데. 가늘고 신선한 드라이 와인으로 스테인리스스틸 탱크에 발효시킨다. 뮈스카데는 사색보다는 마시는 용도로 만드는 와인이다. 뮈스카데의 명성은 해산물과 매치하기 쉽기 때문이다. 특히 클래식한 프랑스 가정식인 물프리트(와인에 찐 홍합 위에 얇은 프렌치프라이를 얹은 요리)와 매우 잘 어울린다. 뮈스카데는 플롱 드 부르고뉴(종종 '플롱'으로 줄여서 부름) 품종으로 만든다. 플롱 품종이 루아르가 아닌 부르고뉴의 이름을 딴 이유는 1790년의 파괴적인 서리 때문이다. 이후 부르고뉴 수도승이 서리에 강한 부르고뉴 재래 품종을 가져와서 다시 재배하는 데 도움을 줬다. DNA 감식 결과, 피노 블랑과 구애 블랑의 교배종이었다. 18세기 초, 부르고뉴에서는 샤르도네 때문에 플롱을 금지했다. 그 결과 오늘날 플롱은 멸종됐다.

뮈스카데 포도원 면적은 과거보다 작다. 면적 85㎢(8,500헥타르)의 포도밭이 완만한 구릉지대에 펼쳐져 있다. 그래도 면적이 30㎢(3,000헥타르)인 상세르보다는 넓다. 뮈스카데 포도밭은 거꾸로 된 부채처럼 서쪽, 남쪽, 동쪽으로 넓게 퍼져 있다. 정상급 포도밭은 화강암, 편마암, 편암이 혼재한 토양에 심는다. 이 지역에 매우 중요한 구역이 있다. 구역을 가로지르는 세브르강과 멘강의 이름을 따서 뮈스카데 드 세브르에멘(Muscadet de Sèvre-et-Maine)이라 부른다. 가장 맛이 훌륭한 뮈스

뮈스카데는 모든 종류의 해산물과 최상의 궁합을 자랑한다.

카데 와인은 모두 뮈스카데 드 세브르에멘에서 생산된다. 또는 뮈스카데 데 세브르에멘에 지명을 붙이도록 허용된 세 곳의 소구역에서도 최상급 뮈스카데 와인을 만든다. 이들 소구역은 조르주(Gorges), 클리 (Clisson), 르팔레(Le Pallet)다.

최상급 뮈스카데의 라벨에는 '쉬르 리'라는 문구가 있다. 이는 와인을 6~18개월간 효모 앙금과 접촉한 상태에서 숙성시킨 후 병입했다는 뜻이다. 이처럼 쉬르 리 숙성을 거치면, 본래의 빈약한 뼈대에 약간의 풍미와 '젖살'이 붙고, 종종 신선한 상쾌함이 가미된다. 이런 관행

은 20세기 초, 생산자가 가족 행사를 기념하기 위해 특별히 좋은 와인을 배럴에 남겨 두면서 시작됐다. 생산자는 '허니문 배럴'이라 알려진 배럴 속 와인이 효모와의 접촉시간이 길어지자 품질이 더 좋아졌음을 발견했다. 뮈스카데 생산자는 450명에 달하지만, 최고의 3대 생산자(모두 네고시앙)가 포도 총생산량의 약 3/4를 구매한다. 주목할 만한 뮈스카데 생산자로 도멘 드 레퀴(Domaine de l'Ecu), 도멘 드 라 페피에르(Domaine de la Pépière), 도멘 뤼노파팽(Domaine Luneau-Papin), 샤토 뒤 클레레(Château du Cléray)가 있다.

# 위대한 루아르 와인

## 스파클링 와인

### 샤토 드 브레제(CHÂTEAU DE BRÉZÉ)

**크레망 드 루아르 | 로제 오브 카베르네 프랑 | 카베르네 프랑 100%**

순수한 맛, 신선함, 쾌활함으로 샤토 드 브레제를 이길 자가 없다. 공기 같은 풍성함을 품었으며, 활짝 열린 창문으로 봄기운이 밀려오는 듯하다. 감칠맛, 향신료, 식물의 풍미를 동시에 발산한다. 카베르네 프랑처럼 타닌을 많이 함유한 품종으로 만든 스파클링 와인은 거칠기 마련이다. 그러나 이 와인은 우아하기 그지없다. 샤토 드 브레제의 와인은 15세기부터 명성이 자자했다. 석회질 토양의 포도밭에서 샴페인에 버금가는 백암의 풍미를 지닌 아삭한 와인을 빚어낸다.

## 화이트 와인

### 도멘 드 라 콤(DOMAINE DE LA COMBE)

**뮈스카데 세브르 에 멘 | 쉬르 리 | 믈롱 드 부르고뉴 100%**

좋은 뮈스카데는 굴 요리와 그릴에 구운 큼직한 새우를 갈망하게 만든다. 좋은 뮈스카데는 라임에이드에 버금가는 상쾌함을 자랑한다. 좋은 뮈스카데는 시원한 햇살처럼 밝고 순수하다. 도멘 드 라 콤의 뮈스카데는

이 모든 장점을 두루 갖췄으며, 8개월간 쉬르 리 숙성을 거친다. 포도밭은 1950년대 처음 재배됐으며, 세브르 강가에 우뚝 솟은 남향 절벽에 있다. 5대째 양조장을 운영하는 피에르앙리 가데는 대량생산되는 상업용 뮈스카데와 달리 장인적 접근 방식을 취하고 있으며, 포도밭도 유기농법으로 재배한다.

### 라포르트(LAPORTE)

**라 콩테스 | 상세르 | 소비뇽 블랑 100%**

라 콩테스라 불리는 라포르트의 특별한 퀴베를 생산하는 포도밭은 샤비뇰 마을의 키메르지안 이회토로 구성된 남향 비탈면에 자리를 잡고 있다. 라포르트는 이 특별한 포도밭에서 극상의 강렬함을 지닌 상세르를 만든다. 와인의 향을 들이마시면, 거대한 파도가 당신을 덮치기 직전의 장면이 연상된다. 그러다가 소금기 어린 푸른 바다 내음이 온몸을 휘감는다. 가볍고 아름다운 풍미는 백악과 시트러스 그 자체이며, 마지막에 광물성 풍미가 강하게 몰아친다. 대부분의 상세르는 이처럼 풀보디거나 외향적이지 않다. 라포르트는 1850년에 설립됐다. 도멘의 또 다른 상세르인 로쇼아(Rochoy)는 실렉스 토양의 비탈면에서 생산된다. 뚜렷한 윤곽과 팽팽함이 얼음처럼 차가운 살구 풍미와 타이트하게 맞물린다.

### 파스칼 졸리베(PASCAL JOLIVET)

**레 카요트 | 상세르 | 소비뇽 블랑 100%**

상세르는 전 세계의 모든 소비뇽 블랑 중 가장 녹색 풍미가 적은 편이다. 허브 풍미가 전혀 없는 예도 있다. '레 카요트'(상세

르 AOC에서 석회암과 섞인 자갈을 일컫는 용어)라 불리는 파스칼 졸리베의 상세르가 대표적 예다. 크리미하면서도 톡 쏘는 맛이 생크림을 뿌린 배 또는 라임 아이스크림처럼 시원한 음식을 떠올리게 만든다. 파스칼 졸리베의 와인 양조법은 매우 간소하다. 대신 상세르와 푸이퓌메에서 가장 귀중한 포도밭의 포도나무 고목의 덕을 톡톡히 본다.

## 프랑수아 시덴(FRANÇOIS CHIDAINE)
### 레 부르네 | 몽루이 | 슈냉 블랑 100%

와인의 풍성함은 때로 무겁게 다가오기도 한다. 그러나 프랑수아 시덴의 아름다운 몽루이는 전혀 그렇지 않다. 질감은 라놀린처럼 부드러운데, 풍미는 전기가 통하는 것처럼 짜릿하다. 구운 견과류, 풋사과, 레몬, 향신료 그리고 기분 좋은 소금과 백악의 풍미가 용수철처럼 튀어 오른다. 드라이함, 짜릿함, 풍성함이 동시다발적으로 느껴진다(몽루이는 루아르강 건너 부브레 맞은편에 있는데, 몽루이 와인은 부브레 와인에 비해 살짝 더 매끈하고 팽팽하다). 포도밭은 석회암 고원에 자리하는데 프랑수아와 마뉘엘라 시덴이 1999년에 '마법 같은 장소'라며 슈냉 블랑을 심기 전까지 황무지였다. 프랑수아 시덴은 재생이 가능한 유기농법을 실천하며, 포도밭도 유기농법과 생물역학 농법으로 재배한다.

## 도멘 드 라 타이유 오 루
## (DOMAINE DE LA TAILLE AUX LOUPS)
### 레 조 드 위소 | 몽루이 | 슈냉 블랑 100%

'늑대가 모이는 숲'이란 뜻의 도멘 드 라 타이유 오 루는 복합적이고 거친 슈냉 블랑 와인으로 놀라운 강렬함, 생기, 바삭함을 지녔다. 프랑스에서는 종종 이런 와인을 '흥분(nervosité)'이라는 단어로 묘사한다. 레 조 드 위소는 70년 이상 묵은 오래된 포도밭으로 휘소 마을 부근의 석회암 비탈면 상단에 있다. 최

상급 부르고뉴 화이트 와인처럼 비슷한 양조법을 따라 배럴에 발효시키며, 마찬가지로 수십 년간 숙성이 가능하다. 도멘 소유주인 재키 블로는 집중도가 뛰어난 본드라이 슈냉 블랑 와인을 만드는 루아르 최고의 생산자이자 내추럴 와인과 유기농법의 열렬한 옹호자다.

## 샹팔루(CHAMPALOU)
### 부브레 | 슈냉 블랑 100%

세계에서 가장 광물성이 짙고 바삭한 와인은 대부분 매끈하고 팽팽하다. 그러나 부브레는 다르다. 광물성과 바삭함이 느껴지면서도 크리미한 질감이 독특한 개성을 완성한다. 샹팔루의 부브레는 35년 이상 묵은 석회암과 진흙 포도밭에서 재배한 슈냉 블랑을 사용한다. 둥글고 부드러운 쾌락적 맛에 기분 좋은 짭짤한 광물성이 우러난다. 우아함, 풍성함, 드라이하지만 소박하지 않은 풍미가 두드러지며, 군침이 도는 신선한 사과 껍질과 펜넬을 연상시키는 시원함이 특징이다. 샹팔루 가족(디디에, 카테린, 두 딸)은 모든 과정을 수작업으로 처리한다. 라 퀴베 데 퐁드로(La Cuvée des Fondraux)는 극히 소량만 생산하는 부브레 와인인데, 은은한 단맛이 부브레의 극적인 산미를 얼마나 부드럽게 상쇄하는지 체감할 수 있다.

## 레드 와인

## 아미로(AMIRAULT)
### 르 보 르누 | 생니콜라드부르괴유 | 카베르네 프랑 100%

훌륭한 카베르네 프랑의 독특한 '녹색' 풍미는 묘사하기 쉽지 않다. 푸릇푸릇하다기보다는 검은 감초 또는 제비꽃을 우려낸 녹색에 가깝다. 직접 마셔 보는 게 가장 효과적인데, 아미로의 르 보 르누가 가장 좋은 예다. 세이지, 로즈메리, 토탄, 나무껍질, 에스프레소의 풍미가 와인잔을 타고 올라온다. 매끈함과 밸런스 또한 매력적이다. 아미로 가족은 1830년대부터 포도를 재배했으며, 현재 생물역학 농법에 따라 포도원을 운영한다. 보 르노라 불리는 석재 저장일은 한때 백토(tuffeau) 광산이었다.

# ALSACE 알자스

알자스는 세계에서 거의 유일하게 화이트 와인에 전념하는 와인 산지다. 일반 포도 품종 일곱 개 이상과 소수의 희귀종을 사용하며, 다른 프랑스 지역에서 찾아보기 힘든 화이트 와인을 생산한다.

알자스는 법적으로 프랑스 와인 산지다. 그러나 과거에는 독일 영토에 여러 차례 편입됐었다. 19세기와 20세기, 두 강대국은 75년 동안 네 차례나 알자스 소유권을 두고 다퉜다. 알자스는 유럽의 지정학적 요충지였던 탓에 전쟁을 수없이 겪었다.

그런데도 동화에서 튀어나온 듯한 매력을 품고 있다. 포도밭에는 햇살이 듬성듬성 내리쬐며, 반통나무집은 생기 넘치는 화단으로 꾸며져 있다. 수백 년 된 마을 119개가 무구한 멋을 유지하고 있다. 마을 뒤편에는 고혹적인 보주산맥이 배경처럼 펼쳐진다. 알자스 출신 예술가인 프레데릭 오귀스트 바르톨디도 알자스의 아름다움에서 영감을 얻지 않았을까? 프랑스가 미국에 선물한 자유의 여신상도 그가 조각한 것이다.

품질 면에서 주요한 4대 청포도 품종은 리슬링, 게뷔르츠트라미너, 피노 그리, 뮈스카다. 다섯 번째 청포도는 피노 블랑인데, 편하게 벌컥벌컥 마시는 와인에 사용한다. 유일한 적포도는 피노 누아로 전체 포도밭의 11%를 차지한다. 알자스의 스파클링 와인인 크레망 달자스와 소수의 블렌드 와인을 제외하고, 모든 알자스 와인은 다른 프랑스 지역과는 달리 라벨에 포도 품종을 표기한다. 보통 다른 프랑스 지역은 와인 라벨에 포도 재배지를 표기한다.

프랑스의 소리 없는 영웅인 알자스의 화이트 와인은 절대 얌전하지 않다. 흔히들 오해하지만, 스위트하지도 않다(물론, 늦게 수확해서 의도적으로 스위트하게 만든 와인은 제외한다). 최상급 알자스 화이트 와인은 강력하고 날카로우며, 극적이고 아로마틱하다. 거의 모든 알자스 와인은 드라이하다. 와인에 잔당이 조금 남아 있

## 알자스 와인 맛보기

최상급 알자스 와인은 드라이하고 아로마가 풍부한 와인으로 리슬링, 게뷔르츠트라미너, 뮈스카, 피노 그리로 만든다.

알자스 와인 양조에 단 하나의 열정적인 철학이 담겨 있는데, 바로 순수한 과일 풍미를 발산하는 와인을 만드는 것이다. 따라서 새 오크는 거의 사용하지 않는다.

북부성 기후면서도 일조량이 많은 덕분에 알자스 와인은 보통 미디엄에서 풀보디다. 최상급 와인은 농축도가 뛰어나며, 종종 날카로운 산미를 갖는다.

스트라스부르그의 구시가지.
알자스의 전통 건축물은 절대 놓쳐선 안 될 볼거리다.

---

### 아이를 물어다 주는 황새 이야기

알자스에서는 모두가 위를 올려다본다. 아름다운 건축물을 감상하려는 이유도 있지만, 무엇보다 황새나 황새 둥지를 발견하기 위해서다. 황새는 아기 배달부로 잘 알려졌지만, 사실 알자스를 상징하는 조류이기도 하다. 그런데 알자스가 인구 증가 프로젝트를 성공적으로 실현하자, 황새의 수가 급감했다. 인류는 수 세기 전부터 황새에 매료됐다. 이집트 상형문자부터 그리스신화까지 황새가 어김없이 등장한다. 오늘날까지 황새는 행운과 출산의 상징이다. 황새가 비상할 때의 자태와 규모는 가히 압도적이니, 알자스를 방문할 계획이 있다면 카메라를 꼭 챙기길 바란다.

어도 높은 산도가 단맛을 상쇄하고 균형을 잡아준다. 무엇보다 알자스는 단 하나의 확고한 철학에 따라 와인을 만든다. 위대한 와인은 두 가지 요소를 최대한 순수하게 표현해야 한다. 첫째, 알자스가 재배한 포도 품종과 둘째, 포도가 자란 장소다. 알자스에서 블렌딩은 상상도 못 할 정도로 품종과 장소에 대한 신념이 강하다. 명성이 높은 와인들은 모두 라벨에 표기된 포도 품종을 100% 사용한다.

> '진정한 품질은 우리에게 놀라움과 감동을 선사하며, 공식에 갇혀 있지 않다. 본질은 미묘하고 주관적이며, 결코 이성적이지 않다. 또한 고유하고 단일하지만, 궁극적으로 보편적인 무언가와 연결돼 있다.'
> -와인 양조자 앙드레 오스테르타그
> (커밋 린치의 『영감을 주는 목마 (Inspiring Thirst)』에 인용된 문구)

와인이 포도 품종과 장소를 진정으로 표현하려면, 양조과정에 인위적 간섭을 배제해야 한다. 알자스 최상급 와인은 상업용 효모 대신 토종 효모로 발효시키며, 중성 발효조(스테인리스스틸 탱크 또는 '푸드르'라 불리는 오래되고 비활성화된 통)를 사용한다. 번개처럼 강렬한 와인의 천연 산미는 산을 완화하는 젖산발효에도 누그러들지 않는다. 생생한 산미, 드라이함, 아무런 제약과 구속 없이 활개 치는 과일 풍미와 광물성의 조합은 위대한 알자스 와인의 정체성이자 모든 음식과 훌륭

한 마리아주를 성사시키는 요인이다. 필자는 알자스 와인을 어릴 때 마시는 것도 좋아한다. 그러나 알자스 와인은 위에 언급한 특징 덕분에 숙성력도 뛰어난 편이다. 알자스 와인 생산자는 약 860명에 달하며, 대부분 가족이 운영하는 소규모 양조장이다. 이 중 일부는 포도밭도 소유하고 있다. 나머지는 4,000명가량인 알자스의 소규모 재배자에게서 포도를 공급받는다.

### 알자스 와인의 종류

놀랍게도 알자스의 정상급 생산자는 물론 소규모 생산자까지 무려 20~30종류에 달하는 와인을 만든다. 이는 크게 네 개 타입으로 분류된다. 일반 와인, 리저브 와인, 늦수확 와인(모든 스틸 와인) 그리고 크레망 달자스(스파클링 와인)다.

일반 와인은 빵과 버터처럼 가장 기본적인 와인이다. 일반적인 생산자들이 주요 품종(리슬링, 게뷔르츠트라미너, 피노 그리, 뮈스카)을 사용해서 일반 와인을 만들며, 벌컥벌컥 마시기 쉬운 와인(피노 블랑, 피노 누아)도 생산한다.

리저브 와인의 경우, 생산자 대부분이 여러 종류를 만든다. 예를 들어 한 생산자가 리저브 리슬링 3종, 게뷔르츠트라미너 4종, 기타 와인을 만드는 식이다. 그런데 리저브 와인은 라벨 표기 방식이 제각각이다. 친트훔브레히트(Zind-Humbrecht)의 클로 생 튀르뱅(Clos Saint Urbain)처럼 유명한 특정 포도밭을 표기하기도 한다.

---

### 알자스 대표 와인

**대표적 와인**

**크레망 달자스** - 화이트 와인(스파클링)

**게뷔르츠트라미너** - 화이트 와인(드라이, 스위트)

**뮈스카** - 화이트 와인(드라이, 스위트)

**피노 그리** - 화이트 와인(드라이, 스위트)

**리슬링** - 화이트 와인(드라이, 스위트)

**주목할 만한 와인**

**피노 블랑** - 화이트 와인

**피노 누아** - 레드 와인

만약 그랑 크뤼 포도밭이라면, 그랑 크뤼라는 문구와 함께 포도밭 이름을 표기한다. 또는 레제르브 페르소넬 (réserve personelle), 레제르브 엑셉시오넬(réserve exceptionnelle) 등 일반적인 명칭을 쓰기도 한다. 늦수확 와인은 늦은 수확이 가능할 경우 만드는 스위트한 와인으로 양조장에서 가장 비싸고 고급스러운 제품군이다. 늦수확 와인은 두 스타일이 있다. 첫째, 방당주 타르디브(vendange tardive, VT)와 이보다 희귀한 셀렉시옹 드 그랭 노블(sélection de grains nobles, SGN)이다. 더 자세한 내용은 200페이지의 '방당주 타르디브와 셀렉시옹 드 그랭 노블'을 참고하라.

## 땅과 포도원

알자스는 파리에서 동쪽으로 약 480km 떨어져 있다. 포도밭은 보주산맥의 동쪽 언덕을 따라 남북으로 길쭉하게 뻗어 있다. 동쪽으로 약 19km 거리에 독일의 라인 강이 흐르며, 이보다 가까이 10km 거리에 알자스의 일 강이 있다.

알자스는 샹파뉴 다음으로 프랑스 최북단에 있는 와인 산지다. 그러나 흐리고 서늘하리라는 예상과는 달리 놀랍게도 햇볕이 쨍쨍하고 건조하다. 보호막 역할을 하는 보주산맥 덕분에 프랑스의 다른 산지에 비해 강우량도 적다. 북부에 가까운 위도에도 불구하고 생장 기간이 길어 햇볕이 잘 드는 최적의 장소에서 포도가 충분한 생리학적 완숙기를 거치게 된다.

알자스의 지리와 토양은 매우 다채롭다. 진흙, 석회암, 화강암, 편암, 화산 퇴적암, 사암 등 지리학자가 꿈꾸는 이상적인 장소다. '그레 드 보주(grès de Vosges)'라 불리며, 분홍빛이 감도는 알자스 사암은 현지에서 대성당을 지을 때 가장 선호하는 건축자재다.

매우 순수한 와인을 만든다는 철학이 최적의 기후, 토양, 지리학적 조건과 맞아떨어진 결과, 알자스 생산자들은 일찌감치 지속 가능한 포도 재배와 녹색 농법을 도입할 수 있었다. 2020년 기준, 알자스 양조장의 15% 이상이 유기농법 또는 생물역학 농법을 시행한다.

## 그랑 크뤼

알자스의 그랑 크뤼 포도원에서 생산하는 와인은 일반 와인보다 강렬함, 우아함, 복합미, 구조감이 훨씬 뛰어나다. 추가 비용을 낼 가치가 충분하다. 알자스의 그랑 크뤼 포도원은 1983년에 인정됐다. 현재 그랑 크뤼 포도원은 51개인데, 모두 하나같이 작다. 그랑 크뤼 와인을 모두 합쳐도 알자스 와인 총생산량의 약 6%에 불과하다.

약간의 논란도 있다. 일부 그랑 크뤼 포도원이 그 지위에 걸맞지 않다고 생각하는 생산자가 더러 있다. 고품질 와인을 생산하기에 포도 생산율이 너무 높다는 것이다(헥타르당 65헥토리터 또는 에이커당 약 4.3톤). 따라서 본인이 그랑 크뤼 포도원을 소유했음에도 그랑 크뤼라는 용어를 사용하길 거부하는 무언의 시위를 하기도 한다. 가령 위겔(Hugel)은 자신의 와인이 그랑 크뤼 포도원에서 생산됐음을 암시하기 위해 쥐빌레(Jubilée)라는 용어를 사용해서 위겔 리슬링 쥐빌레라 표기한다. 일반적으로 위대한 와인을 만들 잠재력을 지녔다고 간주하는 4대 주요 품종(리슬링, 게뷔르츠트라미너, 피노 그리, 뮈스카)만 그랑 크뤼라고 불릴 자격을 갖는다. 그러나 예외적으로 훌륭한 와인도 조금 있다(201페이지의 '도멘 마르셀 다이스'의 알텐베르크 드 베르크하임 그랑 크뤼 참고).

## 알자스 포도 품종

### 화이트

◇ **오세루아**

보조 품종이다. 보통 다른 품종과 혼합 재배하며, 주로 피노 블랑 포도밭에 심는다.

◇ **샤르도네**

법적으로 스파클링 와인인 크레망 드 달자스에만 사용하도록 허용된다. 정교함과 보디감을 가미한다.

◇ **게뷔르츠트라미너**

주주요 품종이다. 화려하고 개성 가득한 드라이 와인이자 뛰어난 늦수확 와인이다.

◇ **뮈스카**

알자스에 두 종류의 뮈스카가 있다. 고품질의 뮈스카 달자스(뮈스카 블랑 아 프티 그랭)와 이보다 품질이 낮은 뮈스카 오토넬이다. 보통 아페리티프로 마시는 아로마틱한 본드라이 와인을 만드는 데 블렌딩 포도로 사용한다.

◇ **피노 블랑**

편하게 마시기 좋은 미디엄 보디 와인을 만든다. 뛰어나진 않지만 괜찮은 특징을 가졌다. 클레브네(Klevner)라고도 불린다.

◇ **피노 그리**

주요 품종이다. 전 세계 다른 지역에서 재배되는 피노 그리와는 달리, 독특한 풀보디감의 와인을 만든다.

◇ **리슬링**

주요 품종이며, 가장 고급스러운 품종이다. 알자스 리슬링은 놀라운 복합미와 숙성력을 자랑한다. 늦수확 와인을 만드는 데 사용한다.

### 레드

◇ **피노 누아**

알자스의 유일한 적포도다. 품질과 중요성이 높아지는 추세지만, 부르고뉴를 위협할 수준은 아니다.

### 알자스의 포도와 와인

알자스의 주요 와인은 다음과 같다.

• **리슬링**

리슬링은 알자스에서 가장 고급 품종이다. 옆 동네인 독일의 리슬링과는 전혀 다른 와인을 만든다. 독일 리슬링은 과일 풍미, 정교한 윤곽, 절묘한 뉘앙스를 가지며, 진동하는 산미를 완화하는 은은한 단맛이 균형을 잡아 준다.

알자스 리슬링은 절대 얌전하지 않다. 부싯돌과 광물성이 활개 치는 가운데 라임 마멀레이드가 가세하는 메가와트급 풍미가 입안을 가득 메우는 드라이하고 짜릿한 와인이다. 어릴 때는 소박하고 팽팽한 편이지만, 나이가 들수록 풍성함과 우아함이 극대화되는 잠재력을 가졌다.

위나비르(Hunawihr) 와인 마을을 둘러싼 포도밭. 17세기에 세워진 위나비르 마을은 가난한 사람들을 위해 마을 분수에서 빨래를 하던 휜 성자(St.Hune)의 이름을 땄다. 위나비르는 프랑스에서 가장 아름다운 마을(Les Plus Beaux Villages de France)에 선정됐다.

친트훔브레히트(ZIND-HUMBRECHT)의 생물역학 포도원은 토양의 압밀작용을 최소화하기 위해 무거운 트랙터 대신 말을 이용한다.

### 뮝스테르 치즈

대략 10세기부터 알자스는 톡 쏘는 크리미한 치즈인 뮝스테르(Munster)의 고장이었다. 와인의 도로(Route du Vin)만큼 중요한 것이 '치즈의 도로(Route du Fromage)'라 불리는 좁은 샛길이다. 이곳의 시골 식당에서는 홈메이드 뮝스테르 치즈를 감자와 양파를 넣고 구운 다음 베이컨과 햄과 함께 내놓는다.

리슬링은 테루아르에 민감한 품종으로 알려져 있다. 다른 지역은 물론 알자스에서도 실제 그러하다. 그저 그런 포도밭에서 자란 리슬링은 그저 그런 와인을 만든다. 뛰어난 리슬링을 생산하려면, 거의 완벽에 가까운 포도밭 환경이 요구된다.

훌륭한 알자스 리슬링을 논할 때, 트림바흐(Trimbach)의 클로 생 튄(Clos Ste. Hune)과 퀴베 프레데릭 에밀(Cuvée Frédéric Emile), 친트훔브레히트(Zind-Humbrecht)의 랑겐 드 탄 클로 생 튀르뱅(Rangen de Thann Clos Saint Urbain), 도멘 바인바흐(Domaine Weinbach)의 퀴베 생 카트린(Cuvée Ste. Cathérine), 슐로스베르크(Schlossberg), 퀴베 테오(Cuvée Théo), 오즈테르타그(Ostertag)의 프론홀츠(Fronholz)는 빼놓을 수 없다.

### · 게뷔르츠트라미너

게뷔르츠트라미너(프랑스에서는 Gewürztraminer에서 움라우트를 생략)는 호불호가 매우 강한 와인이다. 개인적으로 게뷔르츠트라미너를 싫어하는 사람은 알자스의 그랑 크뤼 게뷔르츠트라미너를 마셔 보지 못해서라고 생각한다. 실제로 마음을 휘어잡는 풍미, 정교함, 복합미를 갖춘 위대한 게뷔르츠트라미너는 대부분 알자스산이다. 이에 대적할 경쟁자로는 이탈리아 트렌티노알토아디제 주의 게뷔르츠트라미너밖에 없다.

알자스의 게뷔르츠트라미너는 다채로운 특징, 외향적인 아로마와 풍미가 있다. 리치, 생강 쿠키, 그레이프프루트, 향신료, 돌, 광물성, 마멀레이드를 닮은 기품 있는 쓴맛이 잔 안에 가만히 머무르지 않고 격렬하게 날뛴다. 이처럼 강력한 과일 풍미를 단맛으로 오해하기도 하지만, 앞서 언급했듯 알자스의 게뷔르츠트라미너는 드라이한 와인이다(의도적으로 스위트하게 만든 늦수확 와인은 제외). 게뷔르츠트라미너는 주로 풀보디이며, 알자스의 다른 품종에 비해 산도가 낮은 편이다.

게뷔르츠트라미너는 고대 품종인 사바냥의 색이 분홍색으로 변형된 클론이다. 사바냥은 수 세기 전에 현재의 프랑스 북동부와 독일 남서부에서 유래한 종이다. 많은 알자스 생산자가 훌륭한 게뷔르츠트라미너를 만든다. 필자가 가장 선호하는 생산자는 슐룸베르거(Schlumberger)의 케슬러(Kessler) 그랑 크뤼, 쿠엔츠바(Kuentz-Bas)의 페르지히베르크(Pfersigberg) 그랑 크뤼, 친트홈브레히트(Zind-Humbrecht)의 골데르트(Goldert) 그랑 크뤼, 헹스트(Hengst) 그랑 크뤼, 로슈 칼케르(Roche Calcaire), 도멘 바인바흐(Domaine Weinbach)의 알텐베르크 퀴베 로랑스(Altenberg Cuvée Laurence) 그랑 크뤼, 위겔에 피스(Hugel et Fils)의 오마주 아 장 위겔(Hommage à Jean Hugel), 마르셀 다이스(Marcel Deiss)의 게뷔르츠트라미너 등이다.

### · 피노 그리

리슬링이 알자스에서 가장 명망 높은 품종이라면, 피노 그리는 동네에서 가장 사랑받는 소녀다. 엄밀히 따지자면 피노 그리는 품종이 아니라, 부르고뉴에서 유래한 피노 누아의 클론이다. 알자스의 피노 그리는 이탈리아의 피노 그리(피노 그리조)나 오리건주의 피노 그리와는 전혀 다르다. 이탈리아와 오리건주의 피노 그리는 대체로 보디감이 가볍고, 풍미의 강도가 훨씬 약하다. 반면 알자스의 피노 그리는 씁쓸한 아몬드, 복숭아, 생강, 연기, 바닐라, 흙의 풍미가 응축된 뚜렷한 풀보디감의 와인을 만든다. 최상급 피노 그리 생산자는 쿠엔츠바(Kuentz-Bas), 레옹 베예(Léon Beyer), 도멘 바인바흐(Domaine Weinbach), 에르네스트 번(Ernest Burn)의 클로 생티메르(Clos St.Imer), 친트홈브레히트(Zind-Humbrecht) 등이다.

### · 뮈스카

알자스의 뮈스카는 극상의 아로마를 자랑하는 본드라이 와인을 만든다. 최상급 뮈스카의 향신료와 백후추 풍미는 황홀한 비명을 절로 자아낸다. 보통 복숭아, 오렌지 껍질, 감귤, 머스크를 연상시키는 풍미가 있다. 세계적으로 사랑받는 식전주이며, 특히 향신료 향이 강한 음식과 놀랍도록 잘 어울린다.

이름에 뮈스카가 들어가는 품종은 많지만, 모두가 동류는 아니다. 알자스는 두 종류의 뮈스카를 재배해서 둘을 블렌딩한다. 하나는 뮈스카 달자스로 뮈스카 블랑 아 프티 그랑과 같다('알이 작은 청포도 뮈스카'라는 뜻). 격렬한 꽃과 시트러스 풍미 덕분에 뮈스카 중에서도 최상

---

**아스파라거스와 와인의 만남**

레스토랑이 일 년에 단 삼 개월만 문을 연다니 믿기는가? 게다가 3개월간 한 가지 음식만 판매한다니 제정신이 아닌 것처럼 보인다. 알자스에는 4~6월에만 문을 열고, 오직 아스파라거스만 파는 작은 레스토랑들이 있다. 모든 메뉴에 통통하고 즙이 가득한 아스파라거스가 들어간다. 아스파라거스 마니아들에게 아스파라거스 요리에 어울리는 완벽한 와인은 단 하나, 바로 드라이 뮈스카다. 긴 겨울 끝에 찾아온 봄을 축하하는 가장 좋은 방법은 홀랜다이즈 소스를 뿌린 푸짐한 아스파라거스 플래터에 차가운 알자스 뮈스카 와인을 곁들이는 것이다. 와인은 알베르 복슬레 또는 도멘 친트홈브레히트의 골데르트 포도밭에서 생산한 그랑 크뤼 뮈스카를 추천한다.

---

급으로 친다. 다른 하나는 뮈스카 오토넬이다. 비교적 풍미가 약하고, 북부성 기후 덕분에 성숙기가 이르며, 산도가 낮다. 샤슬라(Chasselas)와 뮈스카 다이젠슈타트(Muscat d'Eisenstadt)의 교배종이다. 또한 병충해에 취약해서 다소 희귀한 편이다(수정을 해서 과실을 맺기 전에 꽃이 떨어지는 현상).

놓치지 말아야 할 드라이 뮈스카 생산자는 알베르 복슬레(Albert Boxler), 에르네스트 번(Ernest Burn), 레옹 바예(Léon Beyer), 오즈테르타그(Ostertag), 친트홈브레히트(Zind-Humbrecht) 등이다.

### · 피노 누아

알자스에서 생산하는 유일한 레드 와인이다. 과거에는 품질이 들쑥날쑥해서 로제처럼 보이기 일쑤였다. 또한 너무 빈약해서 크레망 달자스에 사용하는 경우가 잦았다. 소수의 최상급 와이너리가 접근법을 바꿔서 피노 누아를 좋은 포도밭에 심고, 생산율을 낮춰서 포도를 충분히 성숙시키고, 새로운 배럴에 와인을 숙성시켰다. 부르고뉴 와인의 가격이 고공 행진하는 틈을 타서 피노 누아 애호가의 관심을 알자스로 돌리고자 했다. 좋은 빈티지에 복합적인 흙 풍미를 발산하는 와인은 베르크하임 뷔클렌베르크(Bergheim Burlenberg), 오즈테르타그(Ostertag)의 프론홀츠(Fronholz), 위겔(Hugel)의 쥐빌레(Jubilée) 등이다.

### • 크레망 달자스

알자스에서 생산하는 모든 스파클링 와인을 크레망 달자스라 부르며, 생산자는 약 500명에 달한다. 모든 크레망과 마찬가지로 크레망 달자스도 전통적인 샴페인 양조법에 따라 병에서 2차 발효를 거친다. 화이트, 로제 등 두 버전을 모두 만들며, 피노 블랑, 오세루아, 피노 누아, 피노 그리, 샤르도네를 혼합한다. 법적으로 샤르도네는 크레망 달자스에만 허용되며, 샤르도네를 단독으로 사용한 테이블 스틸 와인은 허용되지 않는다. 크레망 달자스용 포도는 알자스의 스틸 와인용 포도보다 일찍 수확하기 때문에 산미가 뚜렷하다. 물론 선명한 산미는 최종 와인에 산뜻함을 더한다.

크레망 달자스는 품질과 가격 덕분에 인기가 치솟은 결과, 현재 알자스 와인 총생산량의 25%를 웃돈다. 크레망 달자스의 생산량은 1980년대 초반 100만 병에서 현재 3,300만 병을 넘어섰다. 특히 피에르 스파(Pierre Sparr), 뤼시앙 알브레히트(Lucien Albrecht)를 시도해 보길 추천한다.

## 방당주 타르디브와 셀렉시옹 드 그랑 노블

알자스의 경이로운 늦수확 와인인 방당주 타르디브(VT)와 극도로 희귀한 셀렉시옹 드 그랑 노블(SGN)은 십 년에 한두 번만 생산되며, 알자스 총 와인 생산량의 2% 미만에 불과하다.

사실 경이롭다는 형용사는 그리 적합하지 않아 보인다. 이 두 와인은 놀라울 정도로 깊고 생생한 풍미가 있다. 법적으로 리슬링, 게뷔르츠트라미너, 피노 그리, 뮈스카 등 네 개 품종만 그랑 크뤼 와인에 사용할 수 있다.

무성함 가운데 왕성한 산미가 돋보이는 VT는 사실 디저트 와인이라기보다는 폭발적인 응축력을 내포한 와인에 가깝다. VT에 사용하는 포도는 보트리티스 시네레아, 즉 소테른을 만드는 귀부병에 걸렸을 확률이 높다(반드시 그런 건 아님). VT 와인 자체가 매력이 넘치기 때문에 디저트에 곁들이기보다는 흔히 와인 자체를 디저트로 마신다.

SGN은 늦수확 와인이다. 귀부병에 걸린 포도알을 하나하나 손으로 따서 만드는 스위트 와인이다. 그러나 SGN이 스위트하다는 말은 상당히 절제된 표현이다. SGN 와인과 비교하면, 소테른이 오히려 소극적으로 느껴진다. SGN의 매끈한 윤기가 신랄한 산미, 강렬한 알코올과 균형을 이뤄서 정교한 밸런스로 피니시가 마무리된다. 레옹 베예(Léon Beyer), 알베르 복슬레(Albert Boxler),

---

> ### 슈크루트와 리슬링, 알자스 최상의 조합
>
> 알자스의 리슬링, 피노 그리, 게뷔르츠트라미너는 전 세계에서 가장 보디감이 묵직하고 응축력이 높은 편이다. 따라서 고기에 화이트 와인을 매치하고 싶을 때 최고의 선택이 될 수 있다. 사실 알자스에서는 늘 있는 일이다. 추운 날씨에 어울리는 원기 왕성하고 견실한 알자스 음식은 돼지고기를 비롯한 육류가 중심을 이룬다. 여기에 감자, 양파, 양배추 등 채소를 푸짐하게 곁들인다. 알자스 특선 요리인 슈크루트 가르니(choucroute garnie)는 사우어크라우트, 돼지고기, 소시지, 베이컨, 감자로 구성되는데 특히 리슬링과 찰떡궁합이다. 슈크루트 외에 구운 돼지고기도 강력한 과일 풍미로 무장한 데다 바삭한 알자스 리슬링을 곁들이는 순간, 맛이 한층 업그레이드된다.

마르셀 다이스(Marcel Deiss), 위겔 에 피스(Hugel et Fils), 쿠엔츠바스(Kuentz-Bas), 트림바흐(Trimbach), 도멘 슐룸베르거(Domaines Schlumberger), 도멘 바인바흐(Domaine Weinbach), 친트훔브레히트(Zind-Humbrecht)가 생산한 VT와 SGN을 마실 기회가 있다면, 절대 놓치지 말라.

## 알자스 음식

알자스에 며칠 머물다 보면, 음식과 와인을 좋아하는 식도락가도 두 손을 들 것이다. 특산 요리 가짓수만 해도 입이 떡 벌어질 정도로 많은데다 소박한 식당과 고급 레스토랑을 모두 합치면 파리 다음으로 가장 많다.

쿠겔호프(Kugelhopf)는 거부할 수 없는 매력을 가진 대표적인 알자스 특산 요리다. 달걀과 버터를 듬뿍 넣은 터번 모양 케이크로 종종 슈거 파우더, 으깬 호두, 베이컨 조각을 흩뿌린다. 알자스의 모든 빵집에 진열돼 있으며, 도저히 사지 않고는 배기지 못할 것이다.

그러나 뭐니 뭐니 해도 알자스 최고의 '빵'은 플람크슈(flammekueche)다. 타르트 프랑베(tarte flambée)라고도 부른다. 피자와 양파 타르트의 만남이라는 묘사가 가장 정확한 설명이다. 먼저 도마에 빵 반죽을 얇게 펴서 올린다. 그런 다음 프로마주 블랑(생치즈)과 헤비 크림을 펴 바른다. 그리고 훈제 베이컨과 양파를 올린다. 마지막으로 반죽에 기포가 올라올 때까지 활활 타오르는 장작 오븐에 굽는다. 알자스 전역의 와인 바에서는 가족이나 친구와 플람쿠슈를 나눠 먹으며 행복한 시간을 보내려고 무리 지어 몰려드는 통에 빵 굽는 속도가 이를 따라가지 못할 정도다.

알자스에서 4월은 혹독함과 거리가 먼 달이다. 이때는 아스파라거스가 순수한 광기가 느껴질 정도로 무성하게 자라는 시기다. 오죽하면 4월 중순부터 6월까지, 단 3개월 동안 문을 열고 오직 아스파라거스와 드라이 뮈스카만 판매하는 레스토랑이 있을 정도다(199페이지의 '아스파라거스와 와인의 만남' 참고).

논란이 무성한 푸아그라도 있다. 알자스는 푸아그라로 유명한 두 지역 중 하나이며, 나머지는 프랑스 남서부다. 동물보호단체의 거센 반발로 전 세계적으로 푸아그라가 금지됐지만, 알자스에서는 여전히 허용된다. 게다가 푸아그라가 프랑스 요리의 보물이라고 생각하는 사람도 여전히 많다. 푸아그라를 만들려면, 거위를 억지로 살찌워서 간을 비대하게 만든다. 거위 간을 소금, 후추, 약간의 코냑으로 간을 한 다음 이중냄비에 약한 불로 익힌다. 푸아그라 파테는 거위 간과 트러플을 섞은 다음 페이스트리 껍질로 감싸서 굽는다. 그런데 알자스 셰프들은 사냥한 새고기에 거위 간을 채운 다음 게뷔르츠트라미너에 볶은 후, 평범하게 사우어크라우트를 얹는다. 양배추 요리 중 슈크루트는 명실상부한 알자스 요리다(정확한 기원은 미상이다). 오죽하면 다른 프랑스 지역

알자스 베이커리를 찾은 손님은 모두 쿠겔호프의 유혹에 속절없이 빠진다.

Kougelhopf Au Beurre 5 €

사람들이 알자스 주민을 '슈크루트 먹보'라 부를 정도다. 먼저 어린 흰 양배추를 채 썰어서 큰 그릇에 담는다. 그런 다음 소금에 절여서 발효시킨다. 발효된 양배추를 와인(주로 리슬링)에 조리한 다음 감자, 돼지고기, 소시지와 함께 내놓는다. 고급 슈크루트의 경우, 어린 돼지고기를 사용한다.

알자스 요리의 푸짐함을 고려하면, 디저트로 가벼운 소르베가 나와야 할 것 같지만, 어림도 없다. 진하고 크리미한 치즈케이크, 애플 타르트, 플럼 파이, 체리 키르슈바서로 만든 수플레를 먹는 게 일상이다. 그런데 절대 디저트와 함께 내놓지 않는 음식이 있다. 바로 방당주 타르디브와 셀렉시옹 드 그랭 노블이다. 이 늦수확 와인은 너무 희귀하고 훌륭하며, 복합적이어서 와인을 음미하는데 디저트가 오히려 방해 요소로 작용하기 때문이다.

# 위대한 루아르 와인

## 스파클링 와인

### 뤼시앙 알브레히트(LUCIEN ALBRECHT)
**크레망 달자스 | 브뤼 로제 | 피노 누아 100%**

크레망 달자스 생산자 중 가장 명성이 높다. 뤼시앙 알브레히트 가문이 소유한 기업으로 1425년에 설립됐다. 특히 블랑 드 블랑이 널리 알려져 있으며, 그럴 자격이 충분하다. 그러나 피노 누아를 단독으로 사용해서 소량 생산하는 로제 와인도 상당히 특별하다. 샴페인 전통 양조법을 따르며, 차갑고 향신료를 가미한 딸기의 상쾌함이 느껴진다.

## 화이트 와인

### 도멘 마르셀 다이스(DOMAINE MARCEL DEISS)
**알텐베르크 드 베르크하임 | 그랑 크뤼 | 리슬링 외 기타 12개 품종**

리슬링을 필두로 13개 포도 품종을 혼합 재배하는 마르셀 다이스의 그랑 크뤼 알텐베르크 드 베르크하임은 흠결 없는 우아함과 아름다움이 비상하는 고딕 아치와 같다. 동시에 결코 무겁거나 처지지 않는다. 이례적인 현대식 알자스 와인이다. 리슬링, 피노 그리, 게뷔르츠트라미너, 뮈스카 이외에도 실바네(Sylvaner), 오세루아(Auxerrois), 피노 뵈로(Pinot Beurot) 등 알자스에서 역사적으로 재배한 아홉 개 품종을 블렌딩한다. 고대 알자스 재배방식에 따라 좋은 밭에 여러 품종을 심어서 단일 품종보다는 토양의 특징을 반영하고자 한다. 다이스 가문의 설명에 따

→

르면, 테루아르는 포도들을 관리하고 영감을 주는 '지휘자'고, 포도들은 '연주자'다. 2005년, 도멘 마르셀 다이스의 포도밭은 필드 블렌드로서 최초로 그랑 크뤼에 지정된다. 와인이 정교하고 절묘하며, 평범함을 넘어서는 풍성한 질감을 지녔다. 정교하고 예리한 풍미는 어마어마한 강렬함을 발산한다. 광물성, 생크림, 마멀레이드, 복숭아 풍미와 형용하기 힘든 뉘앙스가 만화경처럼 얽혀 있다. 알자스에서 최상의 위대한 와인 중 하나임이 틀림없다.

## 도멘 바인바흐(DOMAINE WEINBACH)
### 퀴베 생 카트린 | 피노 그리 | 피노 그리 100%

17세기 초, 카푸친 수도회로 지어졌다. 1898년 이래 팔레 가문의 소유이며, 1980년대 이후 특히 가문의 여자들이 운영을 도맡았다. 이 아름다운 수도회는 슐로스베르크 언덕 하단에 위치하며, 주변 포도밭은 클로 데 카푸친으로 알려져 있다. 도멘 바인바흐의 와인은 알자스 와인을 통틀어 가장 우아하고 표현력이 뛰어나며, 제왕에 걸맞은 순결함을 띤다. 피노 그리인 퀴베 생 카트린이 대표적인 예다. 풍성함, 크리미함, 광물성, 연기, 견과류의 풍미가 농후하면서도 상쾌함을 잃지 않는다. 도멘 바인바흐의 리슬링과 게뷔르츠트라미너도 환상적인 농축도를 자랑한다(아래 참조).

## 트림바흐(TRIMBACH)
### 퀴베 프레데릭 에밀 | 리슬링 | 리슬링 100%

가족이 운영하는 트림바흐 양조장이 생산하는 드라이한 리슬링은 우아함, 명확성, 집중도에 있어서는 단연코 최고다. 조상의 이름을 딴 퀴베 프레데린 에밀은 두 곳의 그랑 크뤼 포도원의 고목에 맺힌 포도로 만든다. 바로 오스터베르크(Osterberg)와 가이스베르크(Geisberg) 포도원이다. 마치 차가운 돌멩이에 복숭아, 살구, 바다소금으로 문지른 듯한 풍미가 연상되며, 선명한 산미가 바삭하게 느껴진다. 어릴 때는 용수철 같은 팽팽함을 지닌다. 여러 해를 숙성시킨 후에도 어릴 때와 다름없는 생생함이 가득하다.

## 도멘 바인바흐(DOMAINE WEINBACH)
### 퀴베 테오 | 리슬링 | 리슬링 100%

필자는 알자스 리슬링의 심오함을 사랑한다. 연약함이란 눈을 씻고 봐도 찾을 수 없다. 알자스 리슬링은 진중함이 느껴지며, 도멘 바인바흐의 퀴베 테오는 이 점에서 따라올 자가 없다. 명확한 광물성과 폭탄에 버금가는 응축된 풍미가 특징이다. 강력

한 아름다움으로 당신을 사로잡을 것이다. 퀴베 테오는 1979년에 예고 없이 세상을 떠난 알자스의 유명 인사인 테오 팔레의 이름을 땄다. 테오 팔레는 그의 아내와 딸들에게 양조장과 포도밭 운영을 넘겼다. 수도회를 둘러싼 클로 데 카푸친 포도밭에서 자란 포도로 와인을 만든다.

## 알베르 복슬레(ALBERT BOXLER)
### 뮈스카 | 뮈스카 달자스 100%

알자스의 본드라이 뮈스카는 세상 어디서도 찾아볼 수 없는 고유한 와인이다. 특히 알베르 복슬레의 뮈스카에서 느껴지는 향신료와 백후추는 황홀한 비명을 자아낸다. 에너지를 발산하는 레몬과 감귤의 풍미가 상쾌함을 더한다. 뮈스카는 무조건 스위트할 것이라는 오해가 안타까울 정도로 드라이한 뮈스카는 모든 음식과 잘 어울리는 훌륭한 와인이다. 특히 허브와 향신료가 듬뿍 들어간 모든 요리와 궁합이 잘 맞는다. 알베르 복슬레는 소규모 가족 경영 양조장이며, 선조가 1600년대부터 포도를 재배하기 시작했다. 전설의 드라이 뮈스카는 브랑(Brand)이라 불리는 그랑 크뤼 포도밭에서 탄생한다.

## 도멘 친트훔브레히트(DOMAINE ZIND-HUMBRECHT)
### 로슈 칼케르 | 게뷔르츠트라미너 | 게뷔르츠트라미너 100%

이회토가 풍부한 로슈 칼케르 (그랑 크뤼인 골데르트와 인접) 포도밭에서 탄생한 게뷔르츠트라미너는 위대한 가스펠 가수가 힘차게 노래를 부르는 모습이 연상되는 극적인 풍미

를 자아낸다. 광물성, 리치, 마멀레이드, 향신료, 돌가루, 생강, 장미밭이 번개처럼 강렬하게 내리친다. 친트훔브레히트는 1959년에 친트 가문과 훔브레히트 가문이 포도밭 지분을 합치면서 설립됐다(훔브레히트는 무려 1620년부터 포도를 재배했다). 친트훔브레히트는 프랑스에서 가장 표현력이 대담하고 강력한 와인을 만들기로 정평이 나 있다. 동시에 매우 품위 있고 사랑스러우며, 아름다운 와인들도 만든다. 친트훔브레히트의 그랑 크뤼 와인을 손에 넣을 기회가 생긴다면 절대 놓치지 말라. 특히 헹스트(Hengst), 브랑(Brand), 골데르트(Goldert), 랑겐 드 탄 클로 생 튀르뱅(Rangen de Thann Clos Saint Urbain)의 그랑 크뤼 리슬링과 게뷔르츠트라미너를 추천한다.

# LANGUEDOC-ROUSSILLON 랑그도크루시용

지중해 연안을 따라 피레네 남서부의 스페인 국경부
터 동쪽으로 프로방스까지 초승달 모양으로 드넓게 펼
쳐지다가 프랑스 내륙의 마시프 상트랄까지 이어지는
랑그도크루시용은 그야말로 광대하다. 그러나 2,200
㎢(22만 헥타르)의 광활한 규모, 역사적 중요성, 최근 대
폭 개선된 와인 품질에도 불구하고 잘 알려지지 않은
지역이다. 반세기 전만 해도 프랑스 전체 와인 생산량
의 절반을 차지했으며, 현재도 28%를 책임지고 있다.
수도회가 포도밭 대부분을 관리한 중세 시대에는 랑그
도크루시용(줄여서 '랑그도크') 와인의 인기가 높았다.
14세기, 특정 지역의 와인이 너무 유명해져서 파리 병원
에서 환자에게 치유제로 처방할 정도였다. 그러나 20세
기, 랑그도크 와인은 이름도 없는 평범한 벌크 와인으로
물보다 저렴하게 팔렸다. 두 차례의 세계대전에서 프랑
스 군인에게 배급하던 와인도 이곳에서 공급했다. 정확
히 말하자면, 우수한 와인을 만드는 마을이 있었지만 규
모가 극도로 작은 소구역에 불과했다. 1980년대, 크고
작은 혁신적 생산자와 수십 개 조합을 필두로 품질 혁명
이 일어났다. 오늘날 랑그도크는 맛있는 프랑스 와인 중
가격도 저렴하고 음식에 매치하기 쉬운 와인을 찾아다
니는 사람들의 성지처럼 여겨진다.
랑그도크와 루시용은 과거 오랜 시간 동안 별개의 지
역이었다. 13세기 말, 랑그도크는 프랑스에 합병됐지만,

**랑그도크루시용 와인 맛보기**

랑크도크루시용 와인(드라이, 스위트, 스틸, 스파클링,
주정강화)은 프랑스 남부 와인 중 가장 가치 있고 맛
이 좋다.

---

랑그도크는 프랑스 최대 와인 산지다. 거대한 규모 덕
분에 와인 스타일과 종류가 가늠하기 불가능할 정도로
다양하다.

---

수십 가지의 포도 품종을 재배한다. 무르베드르, 그르나
슈, 카리냥 등 스페인 유래종과 시라, 카베르네 소비뇽,
샤르도네 등 프랑스 품종까지 다양하다.

루시용은 17세기 중반까지 스페인 카탈루냐 지방에 속
해 있었다. 그런데도 두 지역은 언제나 문화적, 경제적
으로 얽혀 있었다. 1980년대 말, 마침내 두 지역이 행정
적으로 통합됐다. 현재 랑그도크루시용은 프랑스에 속
해 있지만, 카탈루냐 문화(투우 등)의 명맥이 뚜렷이 남
아 있다. 현지인들도 카탈루냐어를 말하진 못해도 이해
할 수 있다.

**랑그도크루시용을 '르 미디(le Midi)'라고도 부르는데,
의역하면 '정오의 태양이 작열하는 대지'라는 뜻이다.**

햇살을 듬뿍 받은 랑그도크루시용 포도밭은 지중해를 바라보는 분지 형태를 이룬다.

## 랑그도크루시용 대표 와인

### 대표적 AOC

반율(BANYULS) - 레드 와인(주정강화: 스위트)

블랑케트 드 리무(BLANQUETTE DE LIMOUX)
- 화이트 와인(스파클링)

코르비에르(CORBIÈRES) - 레드 와인

코르비에르부트나크(CORBIÈRES-BOUTENAC)
- 레드 와인

크레망 드 리무(CRÉMANT DE LIMOUX)
- 화이트 와인(스파클링)

포제르(FAUGÈRES) - 레드 와인

피투(FITOU) - 레드 와인

라 클라프(LA CLAPE) - 레드 와인

미네르부아(MINERVOIS) - 레드 와인

미네르부아 라 리비니에르
(MINERVOIS LA LIVINIÈRE) - 레드 와인

뮈스카 드 프롱티냥(MUSCAT DE FRONTIGNAN)
- 화이트 와인(주정강화: 스위트)

뮈스카 드 뤼넬(MUSCAT DE LUNEL)
- 화이트 와인(주정강화: 스위트)

뮈스카 드 미르발(MUSCAT DE MIREVAL)
- 화이트 와인(주정강화: 스위트)

뮈스카 드 리브잘트(MUSCAT DE RIVESALTES) -
화이트 와인(주정강화: 스위트)

뮈스카 드 생장드미네르부아(MUSCAT DE ST.JEAN-
DEMINERVOIS) - 화이트 와인(주정강화: 스위트)

페즈나(PÉZENAS) - 레드 와인

피크 생루(PIC SAINT LOUP) - 레드 와인

픽풀 드 피네(PICPOUL DE PINET) - 화이트 와인

생시니앙(SAINT-CHINIAN) - 레드 와인

생시니앙 베를루(SAINT-CHINIAN BERLOU)
- 레드 와인

생시니앙 로크브륀(SAINT-CHINIAN ROQUEBRUN)
- 레드 와인

테라스 뒤 라르자크(TERRASSES DU LARZAC)
- 레드 와인

### 대표적인 포도 품종 와인
### - 페이 도크(PAYS D'OC)/IGP

카베르네 소비뇽 - 레드 와인

샤르도네 - 화이트 와인

그르나슈 - 레드 와인

메를로 - 레드 와인

피노 그리 - 화이트 와인

롤 - 화이트 와인

무르베드르 - 레드 와인

소비뇽 블랑 - 화이트 와인

시라 - 레드 와인

비오니에 - 화이트 와인

### 주목할 만한 AOC

콜리우르(COLLIOURE) - 레드 와인

코트 뒤 루시용(CÔTES DU ROUSSILLON)
- 레드 와인

코트 뒤 루시용 빌라주(CÔTES DU ROUSSILLON
VILLAGES) - 레드 와인

랑그도크(LANGUEDOC) - 화이트, 레드, 로제 와인

몽페루(MONTPEYROUX) - 레드 와인

카투르즈(QUATOURZE) - 레드 와인

랑그도크루시용은 프로방스와 론 남부와 마찬가지로 따뜻하고 매우 건조하다. 마치 이곳 하늘만 유난히 넓은 것처럼 햇빛이 가득하다. 덤불, 수지성 식물, 야생 허브가 조각보처럼 어우러진 가리그(garigue, 덤불밭)가 건조한 지형을 뒤덮고 있다. 이곳 와인도 가리그 풍미를 발산한다고 묘사되곤 한다. 타임, 로즈메리, 라벤더 등 야생 허브와 빨랫솔과 빗자루가 뒤섞인 독특한 아로마다. 한편, 프랑스 북부에 비해 포도 재배도 쉽고, 지속 가능한 농법도 적용하기 쉽다. 햇빛이 풍부하고 건조한 기후 덕분에 흰곰팡이와 기타 포도나무 병충해 발병률이 낮기 때문이다. 실제로 랑그도크루시용은 유기농법과 생물역학 농법으로 생산한 와인 생산량이 프랑스에

서 가장 많다.

랑그도크루시용은 데파르트망(프랑스 행정단위)을 무려 다섯 개나 포함한다. 바로 오드(Aude), 가르(Gard), 에로(Hérault), 로제르(Lozère) 그리고 피레네조리앙탈(Pyrénées-Orientales)이다. 그러나 지형, 기후, 와인 스타일, 철학이 특별히 두드러지는 곳은 없다. 특징을 명확히 설명하기 어렵지만, 월등한 와인 생산량만큼은 주목할 만하다. 그러면 하나하나 자세히 알아보자.

## 랑그도크루시용 와인 분류

와인 애호가라면 대부분 알듯이 프랑스 최상급 와인은 테루아르의 맛을 그대로 반영하기 때문에 대부분 라벨에 포도 품종이 아닌 AOC를 표기한다. 랑그도크루시용은 코르비에르, 포제르, 미네르부아, 생시니앙, 피투 등 역사적인 AOC를 비롯해 총 36곳의 AOC가 있다. 이 중 최상급 와인은 놀랍도록 훌륭한데다 종종 할인가에 판매된다. 소규모 AOC도 꽤 있는데, 코르비에르부트나크, 미네르부아 라 리비니에르, 라 클라프, 피크 생루, 테라스 뒤 라르자크, 생시니앙 베를루, 생시니앙 로크브륀 등이다. 참고로 이들을 '크뤼 드 랑그도크'라고도 부르는데, 랑그도크에는 공식적인 등급 체계가 없음에도 불구하고 그랑 크뤼라는 오해를 받는다.

랑그도크는 동전의 양면 같다. 라벨에 포도 품종을 표기하는 와인(카베르네 소비뇽, 메를로, 시라, 무르베드르, 샤르도네 등)과 AOC 와인이 공존하기 때문이다. 1987년부터 법적으로 허용된 품종 표기 와인은 AOC 와인을 통제하는 엄격한 규정에서 자유롭다. 그러나 AOC 와인 못지않게 흥미롭다. 이들을 통틀어서 페이 도크(Pay d'Oc) 또는 IGP라 한다. 페이 도크는 프랑스 남부 중세어인 오크어(Occitan)를 사용하는 전원지대를 가리킨다. IGP(Indication Géographique Protégée)는 유럽연합에서 '컨트리 와인(country wine)'을 위해 만든 등급 체계다. 혼란스럽지만, 영어로 PGI(Protected Geographical Indication)라고 불리기도 한다.

IGP 와인 중에 에로(Hérault)에 위치한 마스 드 도마스 가사크(Mas de Daumas Gassac) 양조장의 와인이 가장 유명하다. 레드 와인(카베르네 소비뇽 약 70%, 나머지는 기타 품종) 가격이 보르도 고급 와인에 버금간다. 특히 2000년대에 와인 영화인 <몬도비노>에 현재 고인이 된 설립자 에메 귀베르(Aimé Guibert)가 화려하게 등장하면서 더욱 큰 명성을 얻었다(와인 컨설턴트와 비평가의 비판을 받았던 영화다).

## 땅과 포도 그리고 포도원

랑그도크루시용 포도밭은 대부분 울퉁불퉁한 구릉지대에 자리 잡고 있다. 햇볕이 쨍쨍 내리쬐는 포도밭은 지중해를 바라보는 거대한 분지 형태를 이룬다. 따뜻하고 안정적인 기후가 갖춰진 최상의 포도밭은 피레네와 세벤산맥을 따라 서늘한 고원이나 산비탈에 있다. 토양은 백악, 자갈, 진흙, 편암, 석회암 등 매우 다양하다. 어떤 포도원은 샤토뇌프 뒤 파프처럼 오래된 강바닥의 둥근 자갈로 채워져 있다.

19세기 하반기에 필록세라가 프랑스 남부를 덮치기 이전, 랑그도크루시용은 150개 이상의 포도 품종을 재배했다. 현재는 약 60종을 생산한다. 아라몽(Aramon), 마카베오(Macabeo) 등 한때 주요 품종이던 포도는 점점 줄고, 지중해 품종(그르나슈, 시라, 무르베드르)과 국제적 품종(메를로, 카베르네, 샤르도네)이 증가하는 추세다. 흥미로운 사실이 하나 있는데, 1968년만 해도 랑그도크에 메를로가 없었는데 지금은 메를로 재배 면적이 300㎢(3만 헥타르)에 이른다.

그러나 여기서부터 포도 이야기는 굉장히 복잡해진다. 특히 AOC 와인의 경우, 랑그도크의 36개 AOC마다 각기 다른 규정이 존재하는 데다 정신이 혼미할 정도로 구체적이다.

예를 들어 어떤 AOC는 반드시 X개의 포도 품종을 블렌딩해야 한다. 이때 A품종은 최소 40%, B품종은 최대 30%, C품종은 10% 이하, 기타 품종은 모두 합쳐서 20% 이하여야 한다. 그런데 부근의 다른 AOC에서는 A품종을 절대 사용하면 안 되고, C품종은 50%만큼 넣어야 한다. 다른 AOC의 규정도 이런 식이다. 블렌딩 품종, 최소 비율, 최대 비율이 AOC마다 다르다.

## 랑그도크루시용 포도 품종

### 화이트

◇ **부르불랭, 클레레트, 그르나슈 블랑, 픽풀, 마르산, 마카보, 루산**
랑그도크루시용 전역의 수많은 전통 AOC 화이트 와인과 페이 도크(IGP) 와인에 사용한다. 생산율을 낮추고 숙련된 기술로 양조하면, 단일 품종 또는 블렌딩 와인의 맛이 좋아진다.

◇ **샤르도네**
페이 도크(IGP) 와인의 주요 품종이다. 전통적 스파클링 와인인 크레망 드 리무와 화이트 스틸 와인인 리무에도 사용한다.

◇ **슈냉 블랑**
전통 스파클링 와인인 크레망 드 리무의 주된 품종이다.

◇ **모자크**
스파클링 와인인 블랑케트 드 리무와 크레망 드 리무에 주로 사용하는 랑그도크 재래종이다.

◇ **뮈스카 블랑 아 프티 그랭**
그도크루시용의 뮈스카 계열의 스위트 주정강화 와인 중 가장 고품질 품종이다.

◇ **알렉산드리아 뮈스카**
유명한 스위트 주정강화 와인인 뮈스카 드 리브잘트에 뮈스카 블랑 아 프티 그랭과 함께 블렌딩 품종으로 허용됐다.

◇ **롤**
베르멘티노(Vermentino)라고도 불린다. 바삭하고 맛있는 페이 도크(IGP) 와인을 만들며, AOC 화이트 와인의 고급 블렌딩 포도로 사용한다.

◇ **소비뇽 블랑**
단순한 페이 도크(IGP) 와인에 사용한다.

◇ **비오니에** 최상급 페이 도크(IGP) 와인에 사용한다.

### 레드

◇ **카베르네 프랑, 카베르네 소비뇽**
페이 도크(IGP) 와인에 단독 또는 혼합해서 사용한다.

◇ **카리냥**
역사적으로 주요 품종으로 사용했지만, '고귀함'에 관한 논란이 많다. 코르비에르, 포제르, 미네르부아 등 전통 레드 와인과 일부 흥미로운 페이 도크(IGP) 와인에 사용한다. 원산지인 스페인에서는 마수엘로(Mazuelo) 또는 카리녜나(Cariñena)라 불린다.

◇ **코(말베크), 라도네 플뤼, 픽풀 누아, 테레 누아**
보조 품종이다. 전통적 레드 와인, 로제 와인에 소량씩 사용하며, 종종 페이 도크(IGP) 와인에도 사용한다.

◇ **생소**
카리냥처럼 호불호가 갈린다. AOC 와인의 블렌딩 품종으로 사용하며, 아로마, 산미, 시선한 크랜베리 풍미를 더한다. 매끈한 라이트 보디감의 페이 도크(IGP) 와인에도 들어간다.

◇ **그르나슈**
주요 품종이다. 전통 AOC 레드 와인에 블렌딩 품종으로 사용한다. 또한 유명한 스위트 주정강화 레드 와인인 반욀의 주재료다. 원산지인 스페인에서는 가르나차라고 불린다.

◇ **메를로**
페이 도크(IGP) 와인의 주요 품종이다.

◇ **무르베드르**
주요 품종이다. 코르비에르, 포제르, 미네르부아 등 수많은 전통 AOC 레드 와인에 사용한다. 그르나슈와 카리냥처럼 원산지인 스페인에서는 모나스트렐이라 불린다.

◇ **피노 누아**
랑그도크처럼 따뜻한 지역에서 발견되는 게 놀랍긴 하지만, 훌륭한 페이 도크(IGP) 와인에 사용된다.

◇ **시라**
주요 품종이다. 코르비에르, 포제르, 미네르부아 등 수많은 전통 AOC 레드 와인과 뛰어난 페이 도크(IGP) 와인에도 사용한다.

야생 가리그 사이에 재배한 도멘 드 로르튀스의 포도밭

### 반율의 치명적인 맛

랑그도크의 스위트 주정강화 와인 중에는 뮈스카 계열의 뱅 두 나튀렐이 가장 많다. 그러나 가장 인기 많고 독특한 와인은 적갈색의 반율이다. 반율은 스페인 국경 바로 북쪽의 암석으로 구성된 루시용 해안 단구에서 자란 그르나슈로 만든다. 적갈색을 보고 포트와인이 떠오르겠지만, 반율은 포트와인이 아니다. 매끈한 보디감과 커피, 밤, 건포도, 모카, 차의 뚜렷한 풍미가 거부할 수 없는 치명적인 맛을 완성한다. 때론 랑시오(rancio)라는 황홀한 견과류의 산화된 풍미도 느껴진다. 오늘날 이런 풍미를 제거한 반율도 있지만, 전통 반율은 배럴이나 데미존(demijohn) 병에 담아서 뜨거운 방이나 햇볕 아래에서 최대 수년간 굽는다. 그러면 와인에 뚜렷하고 황홀한 견과류 풍미가 밴다.

끝으로 반율을 논할 때 초콜릿과의 호환성이 빠질 수 없다. 전 세계적으로 초콜릿이나 초콜릿 디저트와 궁합이 좋은 와인이 거의 없는데, 반율이 그중 하나다. 누구나 쉽게 시도해 볼 수 있다.

와인 애호가 입장에서 랑그도크루시용의 AOC 와인과 페이 도크(IGP) 와인의 차이가 이보다 더 극명할 수 없다. 한쪽은 골치가 아플 정도로 복잡해서 포도 품종을 고려할 수 없고, 다른 한쪽은 품종을 보고 와인을 구매하게 된다.

## 최상급 AOC 와인

파리의 동네 와인 가게를 가 보면, 랑그도크루시용 각지에서 생산한 온갖 마을의 와인들을 볼 수 있다. 그중 가장 유망한 AOC들을 살펴보겠다.

코르비에르는 랑그도크루시용 서부에 있으며, 피레네 북부의 울퉁불퉁한 산기슭에 펼쳐져 있다. 면적은 134㎢(1만 3,400헥타르)로 상당히 넓은 편에 속한다. 코르비에르에 속한 코르비에르부트나크는 농후함, 다즙함, 투박함, 약간의 향신료, 가리그 풍미가 녹아든 레드 블렌드 와인들을 생산한다. 종종 카리냥도 혼합하는데, 법적으로 50%를 넘으면 안 된다.

카리냥에 관해 짧게 알아보자. 카리냥은 랑그도크루시용 전역에서 사용하며, 블렌드 와인에 형용할 수 없는 (je ne sais quoi) 투박한 프랑스 시골 풍미를 더한다. 특히 포도나무의 나이가 많을수록 풍미가 좋아진다. 그러나 품질이 낮다고 비판하는 목소리가 오래전부터 있었기 때문에 블렌딩 비율이 법적으로 제한됐다. 영국 와인 작가이자 랑그도크 전문가인 탐린 퀴린이 절묘한 비유로 카리냥을 묘사한 말이 있다. '카리냥은 마늘과 같다. 단독으로 사용하는 것보다 다른 음식과 결합하면 훨씬 좋아진다.'

랑그도크루시용의 중심부에 있는 포제르는 베지에라는 작은 마을 부근의 세벤산맥 비탈면에 있다. 포제르의 규모는 코비에르의 약 1/8 수준이다. 토양 구성은 편암이 지배적이다. 레드 와인은 향신료와 흙 풍미가 입안을 가득 메운다. 특히 오래 묵은 카리냥 고목의 과실로 와인을 만들면, 풍미가 더욱 짙어진다.

코르비에르 북쪽의 랑그도크 서부 언덕에 미네르부아가 있다. 면적은 49㎢(4,900헥타르)를 조금 넘는다. 적절한 가격의 레드 와인으로 유명하며, 최상품은 놀랍도록 좋은 풍미를 품고 있다. 특히 평평한 고원 위쪽의 돌 언덕에 있는 미네르부아 라 리비니에르라는 크뤼 드 랑그도크가 대표적인 예다. 생산율이 낮고 오래된 카리냥 고목과 함께 그르나슈, 시라, 기타 프랑스 남부 품종들을 재배한다. 블랙베리 시럽을 잔뜩 바른 돌을 연상시키는 농후하고 풍부한 와인을 만든다.

미네르부아와 포제르 사이에 생시니앙이라는 면적 32㎢(3,200헥타르)의 작은 레드 와인 AOC가 있다. 랑그도크 북부의 레드 와인은 대체로 견고하고 대담하며, 남부 와인은 상대적으로 부드러운 편이다. 코르비에르, 포제르, 미네르부아의 경우, 블렌드 와인의 중추는 여전히 카리냥이다. 그러나 점점 시라, 그르나슈, 무르베드르로 대체하는 추세다.

## 리무(크레망 드 리무, 블랑케트)

리무는 코르비에르와 미네르부아처럼 랑그도크루시용에 있는 AOC다. 리무는 화이트 스틸 와인(모자크, 샤르도네, 슈냉 블랑)과 레드 스틸 와인(메를로, 말베크, 시라, 그르나슈)을 생산한다.

그런데 우리가 주로 마주치는 리무는 스틸 와인이 아니라 스파클링 와인이다. 크레망 드 리무 또는 블랑케트 드 리무인 것이다.

## 랑그도크루시용의 최상급 생산자

- 베르주리 드 로르튀(Bergerie de L'Hortus)
- 샤토 당글레(Château d'Anglès)
- 샤토 도시에르(Château d'Aussières)
- 샤토 드 레(Château de Rey)
- 샤토 라 네글리(Château La Négly)
- 샤토 망스노볼(Château Mansenoble)
- 클로 바가텔(Clos Bagatelle)
- 도멘 카즈(Domaine Cazes)
- 카네 발레트(Canet Valette)
- 도멘 도피야크(Domaine d'Aupilhac)
- 도멘 드 세벤(Domaine de Cébène)
- 도멘 드 라 상드리용(Domaine de la Cendrillon)
- 도멘 드 라 자스(Domaine de la Jasse)
- 도멘 드 니자(Domaine de Nizas)
- 도멘 뒤 그랑 크레(Domaine du Grand Crès)
- 도멘 게다(Domaine Gayda)
- 도멘 오브 더 비(Domaine of the Bee)
- 도멘 리브블랑크(Domaine Rives-Blanques)
- 제라르 베르트랑(Gérard Bertrand)
- 질베르 알키에(Gilbert Alquier)
- 에슈트 에 바니에(Hecht & Bannier)
- 레옹 바랄(Léon Barral)
- 레 클로 페르뒤(Les Clos Perdus)
- 마스 샹파르(Mas Champart)
- 마스 드 도마스 가사크(Mas de Daumas Gassac)
- 도멘 생트 크루아(Domaine Sainte Croix)
- 테르 데 담(Terre des Dames)

크레망(crémant)이란 단어는 샹파뉴 이외 지역에서 샹파뉴 전통식으로 양조한 프랑스 스파클링 와인을 가리킨다. 프랑스 전역에서 크레망을 생산하지만, 그중 크레망 달자스, 크레망 드 부르고뉴, 크레망 드 루아르 그리고 크레망 드 리무가 가장 유명하다.

크레망 드 리무는 리무 중심지를 둘러싼 41개 작은 마을에서 생산하는 맛있는 스파클링 와인이다. 마을 사람들은 매년 마르디 그라(참회의 화요일)와 비슷한 축제를 여는데, 이때 리무 중심가의 분수대의 물을 비우고 대신 현지 크레망 와인을 가득 채운다. 수작업으로 만든 와인에 대한 자부심이 그만큼 강하다. 스파클링 와인에는 최소 40%의 샤르도네와 최소 20%의 슈냉 블랑이 들어가야 한다. 그런데 둘이 합쳐서 90%를 넘으면 안 된다. 나머지는 현지 품종인 모자크와 피노 누아로 채운다. 크레망 드 리무는 최소 9개월간 쉬르 리 숙성을 거쳐야 한다. 블랑케트 드 리무는 더 엄격한 전통 양조법을 따르는 리무 스파클링 와인이다. 샹파뉴 전통식으로 양조하며, 오로지 토종 청포도인 모자크만 사용하며, 최소 9개월의 쉬르 리 숙성을 거친다.

그런데 이게 끝이 아니다. 블랑케트 드 리무의 하위 집단 격인 블랑케트 드 리무 메토드 앙세스트랄(Blanquette de Limoux méthode ancestrale)이라는 양조법이 있다. 이 방식으로 양조한 와인을 페티앙 나튀렐(pétillant naturel), 줄여서 페나(pet-nat)라 부른다. 와인을 1차 발효 도중에 병입하면, 발효과정에서 방출된 이산화탄소가 병 속에 갇혀서 와인의 기포를 생

도멘 카즈의 레 클로 드 폴리유에서 지중해가 바라다보인다.

매년 열리는 리무 축제에서 카니발을 즐기는 사람들

맑은 브랜디(와인 증류주)를 와인에 넣는다. 그러면 발효가 중단되면서 발효되지 않은 포도당이 천연 당으로 남는다.

VDN의 알코올 함량은 부피당 15~18%로, 여느 주정강화 와인보다 적다. 잔당이 8~10%이면, 와인이 스위트하지만 지나치게 달진 않다. 과거에는 저렴한 버전을 푸짐하고 스위트한 아페리티프로 마셨다(프랑스 트럭 운전사들이 아침마다 커피와 함께 즐겨 마시는 와인이었다). 현재는 보통 디저트와 함께, 또는 디저트로써 마신다.

성한다. 어떤 역사 기록에 따르면, 프랑스 최초의 스파클링 와인은 샴페인이 아니라 리무와 카르카손 사이에 있는 생틸레르의 베네딕토회 수도승들이 만든 블랑케트 드 리무 메토드 앙세스트랄이라는 주장이 있으며, 시기는 1531년으로 추정된다.

블랑케트 드 리무 메토드 앙세스트랄의 알코올 함량은 부피당 7% 미만이다. 보디감은 라이트하며, 대부분의 페나 와인처럼 약간 펑키(funky)하다. 또한 달이 황도의 남쪽에 있는 3월 말에 와인을 병입하도록 법적으로 정해져 있다.

## 뱅 두 나튀렐

랑그도크루시용은 전통적으로 스위트한 내추럴 와인을 생산한 오랜 역사가 있다. 이 신선한 과일 풍미의 스위트 주정강화 와인을 뱅 두 나튀렐(vin doux naturel, VDN)이라 부른다. VDN은 다양한 테루아르가 공존하는 광활한 밭에서 생산된다. AOC는 뮈스카 드 프롱티냥(Muscat de Frontignan), 뮈스카 드 생장드미네르부아(Muscat de St. Jean-de-Minervois), 뮈스카 드 뤼넬(Muscat de Lunel), 뮈스카 드 미르발(Muscat de Mireval), 뮈스카 드 리브잘트(Muscat de Rivesaltes), 리브잘트(Rivesaltes) 등이 있다. 명칭만 봐도 알 수 있듯, 유명한 VDN 대부분은 뮈스카를 베이스 품종으로 쓴다. 특히 고급 품종인 뮈스카 블랑 아 프티 그랭이 지배적이다. 이는 고대 로마가 랑그도크 연안의 고대 도시인 나르본과 프롱티냥에서 재배하던 품종이다. 한편 리브잘트는 뮈스카가 아닌 그르나슈(그르나슈 블랑, 그르나슈 그리, 그르나슈 누아)로 만든다.

VDN은 뮈타주(mutage)라 불리는 간단한 작업을 통해 만든다. 포트와인을 만들 때처럼 발효 초기 단계에

### 랑그도크의 보물, 홍합 요리

랑그도크의 세트(Sète)라는 도시 인근에 부지그(Bouzigues)라는 작은 동네가 있다. 이곳은 비공식적으로 프랑스의 홍합 수도다. 사실 부지그는 바생 드 토(Bassin de Thau)라는 반짝이는 푸른 바닷물 석호를 따라 작은 해산물 식당이 옹기종기 모여 있는 곳이다. 해류가 서서히 흐르는 석호에 특수한 그물망이 달린 나무틀을 설치해서 통통하고 맛있는 홍합을 양식한다. 거의 모든 식당이 구운 소시지를 곁들인 홍합 요리를 레드 와인과 함께 판매한다. 와인은 코르비에르, 포제르, 미네르부아, 생시니앙 등이다. 보통 홍합을 생각하면 화이트 와인을 떠올리지만, 부지그는 반대로 레드 와인을 매치한다. 다즙함, 투박함, 유연함, 흙과 약간의 향신료 풍미를 지닌 랑그도크 레드 와인은 홍합과 최고로 잘 어울린다.

통통하고 맛있는 홍합 요리는 투박한 랑그도크 레드 와인과 잘 어울린다.

# 위대한 랑그도크루시용 와인

## 레드 와인

### 베르주리 드 로르튀스(BERGERIE DE L'HORTUS)
**클라시크 | 피크 생루 | 시라 약 60%, 그르나슈 약 20%, 무르베드르 약 20%**

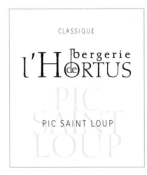

오를리아크 가문이 소유한 도멘 드 로르튀스는 서로 마주한 두 석회암 절벽(피크 생루와 몽타뉴 드 로르튀스) 사이의 서늘한 계곡에 있다. 고고학적 근거에 따르면, 상부 홍적세에 자연 동굴이 많은 계곡은 네안데르탈인 사냥꾼들이 모여 살기 적합했다. 계곡은 지중해로부터 12km 거리에 있는데, 차가운 북풍 덕분으로 밤에는 차갑고 낮에는 따뜻한 완벽한 환경이 조성됐다. 이곳에서 생산한 와인을 보면 바로 알 수 있다. 말린 체리, 검은 감초, 야생 수지성 허브의 풍미가 풍부하며, 엄청난 에너지, 신선함, 매끈함을 가졌다. 필자의 경험상, 밤새도록 마실 수 있는 전형적인 프랑스 남부의 레드 와인이다.

### 도멘 랭베르(DOMAINE RIMBERT)
**르 마 조 쉬스트 | 생시니앙 | 시라 50%, 카리냥 25%, 그르나슈 25%**

최고의 랑그도크루시용 와인은 본래 가격의 두 배 가치에 해당하는 맛을 낸다. 도멘 랭베르의 생시니앙 블렌드 와인인 르 마 조 쉬스트(Le mas au Schiste)가 대표적 예다. 르 마 조 쉬스

트는 '쉬스트(편암) 농가'라는 의미로, 편암 토양의 오랜 산비탈 포도밭을 일컫는다. 동시에 프랑스어로 마조히스트를 의미하는 '마조쉬스트(masochist)'라는 단어의 발음을 이용한 언어유희다. 양조자인 장마리 랭베르는 힘든 작업을 자처하는 자신이 때론 마조히스트처럼 느껴질 때가 있다고 한다. 와인은 블랙베리, 블루베리, 블랙 올리브, 담배, 샌들우드, 체리 파이의 풍미를 발현한다. 녹은 초콜릿처럼 부드러운 감각이 입안을 가득 메우며, 싱그러운 광물성 에너지가 느껴진다.

### 도멘 레옹 바랄(DOMAINE LÉON BARRAL)
**포제르 | 카리냥 50%, 그르나슈 30%, 생소 20%**

랑그도크루시용 와인 중 최고의 복합미를 뽐내는 와인을 꼽자면, 단연코 도멘 레옹 바랄의 포제르다. 와인은 상당히 원시적이다. 어두운 과일 풍미, 강력한 파워, 기분 좋은 흙 풍미 그리고 놀라운 생기와 속도감이 느껴진다. 주요 품종인 카리냥은 화이트 트러플을 연상시키는 감각적 향기를 발산한다. 소유주인 디디에 바랄은 13대째 가업을 이어받아 포제르 AOC에서 포도를 재배하고 있으며, 재배한 포도를 팔지 않고 직접 와인을 만들기 시작했다. 1995년, 랑그도크에서 처음으로 생물역학 농법을 적용했다. 오늘날 그의 포도밭 '멤버'를 구성하는 20마리의 말, 소, 돼지가 포도밭을 자유로이 돌아다니며 천연비료를 뿌리고 트랙터 대신 땅을 다진다.

### 도멘 도필라크(DOMAINE D'AUPILHAC)
**퀴베 오필라크 | 몽페루 |**
**무르베드르 30%, 카리냥 30%, 시라 25%, 그르나슈, 생소**

도멘 도필라크는 무르베드르의 어두움과 무거움, 카리냥의 흙과 트러플, 시라의 후추와 고기 풍미를 융합시켜 대담하고 쫄깃한 몽페루를 완성한다. 와인잔을 스월링하면 에스프레소, 검은 감초, 다크초콜릿의 풍미가 요동친다. 석회질 토양의 포도밭에는 35년 이상 묵은 고목들이 자라며, 포도밭이 펼쳐진 높은 언덕에서 에로(Hérault)강을 건너면 랑그도크루시용의 유명 생

산자인 마스 드 도마스 가사크가 있다. 파다(Fadat) 가문은 포도나무를 심기 전에 돌투성이 황무지를 직접 갈았으며, 현재 유기농법으로 재배하고 있다.

## 헥트 & 바니에(HECHT & BANNIER)
**포제르 | 시라 약 70%, 무르베드르 약 20%, 카리냥 약 10%**

그레고리 헥트와 프랑수아 바니에는 오래된 포도원을 찾아 서늘한 랑그도크루시용 언덕을 샅샅이 누비는 네고시앙이다. 심지어 100년 된 포도밭을 찾기도 한다. 이들은 소량의 블렌딩 와인을 찾기 위해 한 AOC에서만 와인 수백 가지를 시음한다. 헥트 & 바니에의 포제르는 필자가 매우 좋아하는 와인 중 하나다. 활기차고 다즙한 레드 와인이 제비꽃, 검은 감초, 버섯, 블랙 올리브, 소나무, 광물 그리고 쿠민과 오향분(산초, 팔각, 회향, 정향, 계피 등의 다섯 가지 향신료를 섞어 만든 중국의 대표적인 혼합 향신료)을 연상시킨다. 강렬한 풍미 가운데 정교함이 돋보이며, 기분 좋은 감칠맛으로 무장한 고급 포제르다.

## 샤토 당글레스(CHÂTEAU D'ANGLÈS)
**그랑 방 | 라 클라프 | 무르베드르 약 55%, 시라 약 30%,**
**그르나슈 약 10%, 카리냥 기타**

라 클라프는 프랑스에서 가장 볕이 잘 드는 포도밭으로 일조량이 연간 3,000시간에 달한다. 또한 야생 로즈마리, 타임, 펜넬, 세이지, 향나무, 소나무, 회양목 등 지중해 가리그의 풍미가 그

득하다. 샤토 당글레스의 그랑 방에는 이 모든 향이 녹아 있다. 특히 검은 토양, 검은 자두, 검은 감초, 흑후추 등 검은 풍미 천지다. 붉은 고기에 어울리는 와인을 찾는다면, 그랑 방이 제격이다. 샤토 당글레스의 소유주인 에릭 파브르는 샤토 라피트 로칠드의 테크니컬 디렉터로 8년간 근무했다. 파브르는 소규모 포도원을 직접 운영하고 싶다는 포부를 안고 석회질 토양의 오래된 포도밭을 찾아 프랑스 남부로 내려왔고, 1796년에 운명처럼 샤토 당글레스를 만났다.

## 스위트 와인

### 도멘 카즈(DOMAINE CAZES)
**리브잘트 앙브레 | 뱅 두 나튀렐 | 그르나슈 블랑 100%**

1895년, 미셸 카즈는 피레네와 지중해 사이의 루시용 중심부에 위치한 오래도니 포도밭을 매입했다. 이후 카즈 가문은 환상적인 뱅 두 나튀렐을 비롯한 현지 와인을 만들기 시작했다. 초록빛이 살짝 반짝이는 적황색 와인은 구운 호두, 황금색 건포도, 감귤, 말린 살구, 삼나무, 베르가모트, 바닐라를 연상시키는 호화로운 풍미가 폭발한다. 산화적 숙성을 거치고 살짝 강화(알코올 함량 부피당 17%)한 와인이지만, 사촌 격인 견과류 풍미의 토니 포트와인보다 가볍고 경쾌하다.

# PROVENCE 프로방스

방돌 항구의 고기잡이배

프로방스라는 단어는 갈증이 아닌 식욕을 자극한다. 보통 와인 자체를 떠올리기보단 마늘 향 가득한 아이올리 소스에 대비하는 용도로만 생각한다. 그렇다고 프로방스 와인이 주목받을 가치가 없다는 뜻이 전혀 아니다. 자꾸 부야베스에 눈길이 돌아가는 게 문제다. 게다가 반 고흐, 르누아르, 마티스, 피카소, 세잔도 붓을 놓지 못했다는 아름다운 풍경에 시선이 끌리는 것도 문제. 그래도 프로방스 최상급 와인은 맛이 좋다. 최고급 레드 와인은 대담하면서도 특색 있다. 최상급 화이트 와인은 단순하면서도 그릴에 구운 해산물과 완벽하게 어울린다. 물론 그중 최고는 로제 와인이다. 2010년대까지만 하더라도 세계적 명성을 구가하는 몇 안 되는 로제 와인 중 하나였다.

그런데 2020년에 로제 와인 열풍이 불면서 전 세계 수천 개 와이너리가 앞다투어 로제 와인을 내놓기 시작했다. 대부분 기껏해야 평범한 품질이었지만, 그 사실은 중요하지 않았다. 프로방스는 100여 년간 독식했던 시장에서 처음으로 열외 된 것이다.

## 프로방스 와인 맛보기

프랑스 남동부에 지중해를 따라 위치한 프로방스는 옅은 색의 자극적인 드라이 로제 와인으로 유명하다. 프로방스 로제 와인은 전 세계 로제 와인의 모델이 되었다.

프로방스는 로제 와인이 가장 유명하지만, 대담하고 매력적인 레드 와인과 구운 해산물에 안성맞춤인 신선한 화이트 와인도 생산한다.

프로방스 와인 대다수는 특이한 국제적 포도 품종과 론 포도 품종을 기반으로 한 블렌드 와인이다.

## 프로방스 포도 품종

### 화이트

◇ **부르불랭**
블렌딩에 주로 사용한다. 단독으로는 뚜렷한 특징이 없는 투박한 품종이다.

◇ **샤르도네, 마르산, 소비뇽 블랑, 세미용, 비오니에**
블렌딩에 주로 사용한다. 특히 모던하고 아방가르드한 스타일의 와인에 사용한다.

◇ **클레레트**
전통 화이트 와인에 흔히 사용하는 블렌딩 품종이다. 매력적인 아로마와 좋은 산미를 갖고 있다.

◇ **그르나슈 블랑**
그르나슈의 흰색 클론이다. 전통 화이트 와인에 흔히 사용하는 블렌딩 품종이다. 맛있는 시트러스 풍미의 개성 강한 와인을 만든다.

◇ **롤**
베르멘티노(Vermentino)라고도 불린다. 블렌드 와인에 신선함과 쾌활함을 더한다.

◇ **위니 블랑**
흔히 사용하는 평범한 블렌딩 품종이다.

### 레드

◇ **브라케, 칼리토르, 카리냥, 생소, 폴누아르, 티부랑**
블렌딩에 사용하는 품종이다. 생산율이 낮은 카리냥은 고유한 특색이 있다. 생소는 많은 로제 와인의 핵심 재료다.

◇ **카베르네 소비뇽**
코토 덱상프로방스 AOC, 코트 드 프로방스 AOC 등 최상급 레드 와인에 사용한다.

◇ **그르나슈**
많은 레드 와인과 대부분의 로제 와인에 흔히 사용하는 블렌딩 품종이다. 베리 풍미를 더한다.

◇ **무르베드르**
주요 품종이다. 많은 최상급 레드 와인과 로제 와인에 사용하며, 구조감을 더한다.

◇ **시라**
프로방스에서 보조 품종으로 사용하지만, 최고 중에서도 정상급 레드 와인에 사용한다.

---

오늘날 프로방스에서 생산하는 와인의 90%가 로제 와인이다. 그러나 세계 로제 와인 생산량의 6%에 불과하다.

프로방스는 프랑스 남동부 끝단의 코트다쥐르 해변까지 퍼져 있는 광활한 전원지대를 아우른다. 마르세유, 방돌, 생트로페즈 등 유명 해안 도시부터 내륙으로 남부 론 밸리까지 걸쳐 있다. 실제로 프랑스인들은 프로방스를 정의할 때 지리적 경계선이 아닌, '가리그(garigue)'라는 경이로운 풍경 위주로 설명한다. 가리그라는 단어는 프로방스 지형의 특성을 나타낸다. 햇볕이 강하게 내

**고대 로마는 현재의 프로방스를 노스트라 프로빈차 (nostra provincia) '우리 고장'이라 불렀다.**

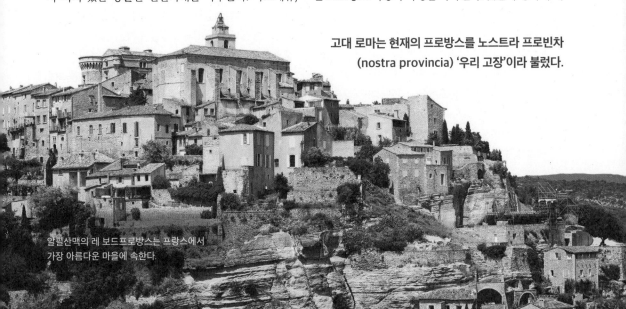

알필산맥의 레 보드프로방스는 프랑스에서 가장 아름다운 마을에 속한다.

리쾨는 낮은 언덕 지대에 석회암, 편암, 석영 등 돌이 많은 얇은 토양층이 깔려 있고, 그 위에는 오크나무 고목, 건조한 수지성 덤불과 식물(야생 로즈메리, 타임, 라벤더)이 뒤덮고 있다. 최고의 프로방스 와인은 가리그의 맛과 향을 가졌다는 평을 받는다.

프로방스의 기후는 극적이다. 일조량이 연간 2,800시간에 달한다! 햇빛이 땅과 바다에 반사되며 수그러들 기미를 보이지 않는다. 그야말로 화가들이 사랑할 수밖에 없는 풍경이다. 프로방스도 론과 마찬가지로 미스트랄이라 불리는 시속 97km를 웃도는 매서운 북풍이 불어온다. 미스트랄은 포도밭의 열기를 식혀 주고 포도가 상하지 않게 막아 준다. 그러나 농가와 포도밭이 미스트랄로 인한 풍해를 피하려면, 요새처럼 움푹한 지형에 남향 또는 동남향이어야 하며 뒤편에 언덕이 있어야 한다. 프로방스의 유명한 4대 와인 AOC는 남단에 있다. 바로 방돌(Bandol), 카시스(Cassis), 코토 덱상프로방스(Coteaux d'Aix-en-Provence), 코트 드 프로방스(Côtes de Provence)다. 코토 덱상프로방스 안에는 소구역인 레 보 드 프로방스(Les Baux de-Provence)가 있다.

## 로제 와인

수많은 와인 애호가에게 소박한 즐거움을 선사하는 로제 와인의 전형은 여전히 프로방스의 로제 와인이다. 사색하기보단 마시기 좋은 단순한 와인이다. 필자가 아는 어떤 와인 양조자는 딕 클라크의 말을 인용해 '로제 와인은 리듬이 워낙 훌륭해서 춤사위가 절로 난다'고 표현했다.

최상급 와인은 바삭한 시트러스 풍미의 상쾌함이 몰아친다. 무겁거나 알코올이 강하진 않지만, 반투명한 옅은 분홍빛이 주는 인상처럼 유약하지도 않다. 무엇보다 프로방스 로제 와인은 블러시 와인이나 화이트 진판델과 달리 드라이하다는 점이 가장 두드러지는 점이다.

프로방스 로제 와인은 주로 생소로 만든다. 그다음으로 그르나슈, 쿠누아즈, 무르베드르, 시라 순서로 많이 사용한다. 양조법은 세 가지다. 첫째는 껍질 침용이다. 이른 시기에 수확한 적포도를 줄기를 제거한 후 으깬다. 서늘한 기온을 유지한 채, 색소가 추출될 때까지 포도즙과 껍질을 함께 그대로 놓아둔다. 이때 타닌이 과도하게 추출되지 않도록 한다. 둘째는 직접 압착 방식이다. 포도를 매우 느린 속도로 으깨서 소량의 색소가 포도즙을 옅게 물들이게 만드는 방법이다. 셋째는 세녜

### 프로방스 대표 와인

**대표적 AOC**

**방돌(BANDOL)** - 레드, 로제 와인

**코토 덱상프로방스(COTEAUX D'AIX-EN-PROVENCE)** - 화이트, 레드, 로제 와인

**코트 드 프로방스(CÔTES DE PROVENCE)** - 화이트, 레드, 로제 와인

**레 보드프로방스(LES BAUX-DE-PROVENCE)** - 화이트, 레드, 로제 와인

**주목할 만한 AOC**

**카시스(CASSIS)** - 화이트 와인

---

(saignée)다. 프랑스어로 '출혈'이란 뜻으로, 레드 와인을 발효 중인 탱크에서 분홍색 포도즙을 빼내는 방식이다. 레드 와인의 응축도를 높일 때도 이 방식을 사용한다. 포도즙을 일정량 따라 내면, 포도즙 대비 껍질의 비율이 높아지기 때문이다. 이 경우, 레드 와인의 부산물로 로제 와인까지 판매할 수 있어 상당히 편리하다. 그러나 레드 와인에는 완전히 익은 포도를 사용하기 때문에 세녜 방식으로 만든 로제 와인은 생생한 알코올과 타닌감이 느껴진다. 프로방스 로제 와인 대부분은 껍질 침용과 직접 압착 방식으로 만든다. 세녜 방식은 거의 사용하지 않는다.

## 방돌

정상급 프로방스 AOC인 방돌은 마르세유 중심부에서 동남쪽으로 약 48km 거리에 있는 작은 해안 지역이다. 깊은 감흥이 느껴지는 방돌의 최상급 로제 와인은 대담하고 구조감이 뛰어나다. 법적으로 무르베드르를 최소 50% 사용해야 한다. 그러나 진정한 감동은 레드 와인에 있다. 레드 와인은 심오함, 야생성, 가죽, 향신료 풍미가 짙다. 레드 와인도 법적으로 무르베드르를 최소 50% 사용해야 하며, 100%까지 사용하는 생산자도 있다.

방돌에는 소규모 생산자가 수십 명이 있는데, 그중 페로(Peyraud) 가문이 소유한 도멘 탕피에(Domaine Tempier)가 가장 유명하다. 도멘 탕피에의 라 투르틴(La Tourtine)은 가공할 만한 파워를 가진 레드 와인이다. 세계 포도 품종 중 가장 수확시기가 느린 무르베드

르가 빚어낸 어두운 다육질 와인의 대명사다. 페로 가문은 프랑스 소설에 등장하는 로맨틱한 인물처럼 전형적인 프로방스식 생활방식을 추구한다. 가문의 어른인 륄리 페로는 유명한 캘리포니아 셰프인 앨리스 워터스의 멘토이기도 하다.

프로방스의 로제 와인은 전 세계 로즈 와인에 영감을 줬다.

## 카시스

우리가 흔히 아는 카시스는 블랙커런트 리큐어다. 카시스를 화이트 와인에 넣으면, 키르(Kir)라는 아페리티프가 완성된다. 그런데 와인 산지인 카시스는 이름만 같을 뿐, 리큐어와 아무런 상관이 없다. 프로방스의 유명 AOC인 카시스는 마르세유에서 동남쪽으로 몇 마일 떨어진 작은 어촌이다. 과거에 매춘부들이 포도 수확을 도와줬다는 이야기가 전해 내려오곤 한다. 어촌을 둘러싼 포도밭은 모두 합쳐도 면적이 2.23㎢(223헥타르)를 넘지 않는다. 2012년, 카시스 포도밭은 칼랑크(Calanques) 국립공원에 귀속됐다. 프랑스에서 유일하게 포도밭 전체가 국립공원에 귀속된 사례다. 카시스 와인은 대체로 입안을 가득 메우는 드라이한 화이트 와인으로 주로 클레레트와 마르산 품종으로 만든다.

## 코토 덱상프로방스

프로방스 중심부의 엑스(Aix) 구시가지 북서부에 위프로방스 중심부의 엑스(Aix) 구시가지 북서부에 있는 와

인 산지다. 면적 37㎢(3,700헥타르)의 거대한 AOC 내부에 레 보드프로방스라는 작고 유명한 AOC가 속해 있다. 이곳의 석회질 토양과 더운 날씨는 적포도 재배에 완벽한 환경이다. 주변을 둘러싼 계곡은 발 당페르(Val d'Enfer)라 불리며, 프랑스어로 '지옥의 계곡'이란 뜻이다.

최상급 와인은 그르나슈, 생소, 무르베드르, 시라로 만든 레드 와인이다. 여기에 카베르네 소비뇽과 카리냥을 최대 30%까지 블렌딩할 수 있지만, 그 이상을 넘어선 안 된다. 카베르네 소비뇽은 지중해 품종이 아닌데다 다른 프로방스 지역에서는 거의 찾아볼 수 없어 의외라고 생각될 수 있다.

### 압생트

프로방스 카페에서 로제 와인을 마시지 않는다? 이건 결코 있을 수 없는 일이다. 그러나 사랑과 인기를 동시에 구가하는 압생트라면, 상황이 달라진다. 감초 풍미의 쌉쓸하고 대담한 초록빛 증류주는 얼음물과 함께 아페리티프로 등장한다. 압생트에 물을 넣는 즉시 색이 탁해진다. 압생트의 에메랄드빛 초록색과 식물 같은 쓴맛은 그린 아니스, 펜넬, 약쑥에서 비롯된 것이다. 아아! 20세기 초반, 약쑥의 휘발성 물질인 투우존이 '신경계를 파괴하는 환각제'라는 주장이 있었다. 페르노(Pernod) 같은 압생트 브랜드는 당시 파리의 자유분방

한 예술가와 작가에게 상당히 인기가 높았다. 그러나 1915년, 프랑스는 압생트를 금지했다. 다른 유럽국과 미국은 진작에 금지했다. 수십 년 후, 압생트 애호가들은 별수 없이 파스티스를 대신 마셨다. 약쑥을 빼고 아니스, 펜넬, 감초로 만든 압생트와 비슷한 증류주다. 1980년대, 약쑥에 함유된 투우존은 인체에 해롭거나 독성을 발휘할 만큼 함량이 많지 않다는 연구 결과가 나왔다. 1990년대, 압생트 금지령은 해제됐다. 약쑥은 법적으로 압생트 재료로 다시 사용됐고, 압생트는 카페 대표 메뉴로서의 지위를 되찾았다.

최상급 생산자는 마스 드 라 담(Mas de la Dame), 도멘 드 트레발롱(Domaine de Trévallon), 샤토 비뉴로르(Château Vignelaure) 등이다. 도멘 드 트레발롱은 특히 카베르네 소비뇽과 시라로 만든 검은빛의 두껍고 매끈한 레드 와인이 유명하다. 샤토 비뉴로르의 전 소유주인 조르주 브뤼네는 1960년대 보르도에서 카베르네 소비뇽을 구매해서 프로방스에 들여온 장본인이다. 브뤼네는 한때 보르도의 샤토 라 라군의 소유주였다.

## 코트 드 프로방스

코트 드 프로방스 AOC는 단일 지역이 아니라 코트 뒤 론처럼 프로방스 전역에 흩어져 있는 방대한 지역이다. 면적은 약 202㎢(2만 200헥타르)다. 와인의 품질도 천차만별이다. 와인 생산의 약 90%가 드라이한 로제 와인(그르나슈, 생소, 티부랑)이며, 조합에서 생산한 단순하면서도 마시기 쉬운 로제 와인이 주를 이룬다.

그러나 진중한 로제 와인을 집중적으로 생산하는 고급 양조장도 많다. 필자가 가장 좋아하는 양조장은 샤토 루빈(Chateau Roubine)이다. 미라발(Miraval)처럼 유명인의 덕을 본 경우도 있다. 2011년, 미국 배우인 브래드 피트와 안젤리나 졸리가 5㎢(500헥타르)의 포도밭을 6,000만 달러에 매입한 것이다(이후 안젤리나 졸리는 자신의 지분을 매각했다). 뮤즈 드 미라발(Muze de Miraval)이라는 이름의 미라발 로제 와인도 고가지

만, 세계에서 가장 비싼 로제 와인은 아니다. 세계 최고가 로제 와인이라는 타이틀은 샤토 데스클랑(Château d'Esclans)의 가뤼스(Garrus)가 차지했다. 80년 묵은 그르나슈와 롤 고목의 과실로 소량만 생산하는 코트 드 프로방스의 로제 와인이다. 세계 굴지의 명품 그룹인 모엣 헤네시 루이뷔통이 일부 지분을 갖고 있으며, 2019년 빈티지는 한 병에 100달러를 호가했다.

---

### 연대의 즐거움

프랑스 남부에서 기후변화는 생소한 주제가 전혀 아니다. 2012년, 프로방스는 극심한 기후변화의 시초나 다름없었다. 파괴적인 서리, 가뭄, 우박, 화재가 연속으로 발생해 포도 재배자들은 해마다 농작물 일부를 잃을 수밖에 없었다. 이때 새로운 법률과 루주 프로방스(Rouge Provence)라는 조합이 큰 도움이 됐다(일례로 프로방스에서 관개 설비는 이제 의무화됐다). 루즈 프로방스 회원들은 매년 수확물 일부를 기부해서 플레지르 솔리데르(Plaisir Solidaire)라는 합동 와인을 만든다. 프랑스어로 '연대의 즐거움'이란 뜻이다. 모든 회원이 합동 와인을 구매한다. 이렇게 모금한 돈은 극심한 기후로 작물을 잃은 포도 재배자를 지원하는 데 사용한다.

---

### 프로방스에 가면 어떤 와인을 마셔야 하나?

프로방스 와인과 음식을 매치할 때 알아 두면 좋은 점이 있다. 무수히 많은 지중해 음식을 보완할 짜릿한 과일 향의 로제가 매우 다양하다는 사실이다. 특히 프로방스 로제 와인은 강렬한 현지 해산물 요리와 궁합이 아주 좋다. 부야베스가 바로 대표적인 예다. 올리브기름, 사프란, 말린 오렌지 껍질로 풍미를 돋운 프로방스 전통 생선스튜다. 보통 마늘과 후추를 잔뜩 넣은 마요네즈 소스인 루유(rouille)와 크루통을 함께 내놓는다. 대부분 와인은 이처럼 극단적인 재료 앞에서 풍미를 잃기 마련이다. 그러나 프로방스 로제 와인은 다르다. 대담한 과일 향과 묵직한 보디감이 부야베스와 푸짐한 해산물 요리에 안성맞춤이다.

프로방스 부야베스에는 프로방스 로제 와인이 제격이다.

# JURA AND SAVOIE 쥐라와 사부아

부르고뉴 동쪽의 프랑스와 스위스가 접경하는 지점에 작은 알프스 와인 산지 두 곳이 있다. 각각 고유한 개성을 가진 와인으로 유명하며, 세상 어디에도 없는 희귀한 포도 품종으로 만든 와인도 있다.

## 쥐라

부르고뉴 언덕 꼭대기에 서서 망원경을 들고 동쪽을 바라보면, 스위스 알프스의 눈 덮인 산봉우리에 시선이 고정된다. 그런데 새하얀 설봉 앞쪽으로 시선을 조금만 돌리면, 파릇파릇한 포도밭이 보인다. 이곳이 바로 쥐라다.

**쥐라기(2억 100만~1억 4,500만 년 전)라는 명칭은 쥐라기 석회암이 최초로 발견된 쥐라산맥에서 이름을 따왔다.**

현재는 길이 80km의 눈에 띄지 않는 작은 와인 산지지만, 한때는 지금보다 훨씬 크고 유명했다. 1879년에 필록세라가 프랑스를 덮치기 전, 쥐라의 포도밭은 거의 200㎢(2만 헥타르)에 달했다. 그러나 필록세라, 흰가루병, 노균병 등 포도나무 전염병과 1차, 2차 세계대전, 화창한 프랑스 남부와 북부를 잇는 철도망 건설(저렴하고 마시기 쉬운 남부 와인이 파리 카페를 점령한 계기)이 잇따라 발생하면서 쥐라는 쇠퇴의 길로 들어섰다. 한때 부르고뉴만큼 유명했던 산지가 무명이 돼 버린 것이다. 그랬던 쥐라가 다시 부상하기 시작했다. 물론 와인의 품질도 높고, 개성도 넘친다. 와인이 현지의 고유한 테루아르와 기후를 반영하는 점이 여러모로 부르고뉴와 비슷하다. 한 시간 거리인 두 지역은 목초지로 덮인 계곡, 젖소 떼, 손강을 사이에 두고 서로 마주 보고 있다. 쥐라의 기후는 부르고뉴에 비해 더 혹독하고 강우량이 많은 편이다. 그러나 두 지역은 매우 비슷한 지질학적 역사를 공유한다. 또한 두 지역 모두 석회암, 이회토, 진흙 토양의 수혜 지역이다. 부르고뉴의 유명한 석회암 급경사면은 라 브레스(La Bresse) 평원이 밀려 올라가며 형성됐다. 한편 쥐라의 지형은 지각변동으로 알프스가 이동하면서 거대한 석회암층이 습곡구조를 형성한 것이다. 바닥에 깔린 러그를 발로 밀면 주름이 지는 것처럼 말이다.

오늘날 쥐라의 포도밭 면적은 1,983만㎡(1,983헥타르)에 불과하지만, 와인산업은 꾸준히 성장하고 있다. 비록 현지 치즈 산업보다 아직 규모는 작지만 말이다(유명한 프랑스 콩테 치즈도 쥐라에서 생산한다). 쥐라의 와인 생산자는 약 230명에 달한다. 와인 종류는 화이트 와인, 로제 와인, 라이트한 레드 와인, 스파클링 와인 그리고 두 종류의 와인 특산품이 있다. 두 특산품은 뱅 존(vin jaune)과 뱅 드 파유(vin de paille)다.

화이트 와인은 두 품종을 주재료로 사용한다. 유명한 샤르도네와 이보다 덜 유명한 사바냥이다. 쥐라는 수 세기 전부터 샤르도네를 재배했으며, 현재 재배하는 전체 포도의 절반가량을 차지한다. 사바냥은 소위 말하는 '조상' 품종이다. 프랑스 북동부에서 유래했다고 추정되는 고대 품종으로 소비뇽 블랑, 슈냉 블랑, 그뤼너 펠트리너 등의 어머니다. 레드 와인은 화이트 와인에 비해 명성이 떨어진다. 피노 누아와 재래종인 풀사르(Poulsard)와 투르소(Trousseau)를 주재료로 사용한다. 참고로 투르소는 포르투갈의 바스타르두(Bastardo)와 같은 품종이다.

오늘날 쥐라 와인 대부분은 바삭하고, 생생하고, 드라이한 현대식 화이트 와인이다. 때론 우야주(ouillage) 와인 또는 토핑 업(topping up) 와인이라 불리는데, 이유는 곧 설명하겠다. 한편, 쥐라에서 가장 유명한 역사적 와인은 뱅 존이다. '노란 와인'이란 뜻으로 와인의 깊은 황금빛을 가리킨다. 유행에 민감한 소믈리에들이 자주 언급하는 와인이기도 하다. 복합미, 바삭함, 광물성, 향신료, 견과류, 짭짤함이 느껴지는 드라이 화이트 와인으로 토핑 업 작업을 하지 않는다.

뱅 존은 세심한 통제하에 산화작용을 거친 결과물로 스페인의 피노 셰리와 비슷한 맛을 내지만, 그렇다고 셰리처럼 주정강화 와인은 아니다. 뱅 존을 만들려면, 농익은 사바냥 포도를 수확해서 발효시켜야 한다. 그런 다음 와인을 6년간 배럴 숙성시키는데, 이때 토핑 업은 절대 하지 않는다. 개입하지 않고 자연스럽게 내버려 두면, 배럴 속 와인이 조금씩 증발하면서 점점 더 많은 산소에 노출된다. 그러면 와인 표면에 효모 막이 생긴다. 현지인들은 이 상태를 '수 브왈(sous voile)'이라 부른다. 와인이 베일 밑에 있다는 뜻이다. 효모 막은 와인이 완전히 산화되는 것을 막아 준다. 피노 셰리를 만

### 크레망 뒤 쥐라와 크레망 드 사부아

크레망 드 부르고뉴, 크레망 드 루아르 등 프랑스의 모든 크레망 와인과 마찬가지로 크레망 드 쥐라와 크레망 드 사부아도 샹파뉴 이외 지역에서 전통 샴페인 양조방식을 따라 병 속에서 2차 발효를 거치는 스파클링 와인이다. 두 와인 모두 매끈함, 산뜻함, 뻣뻣한 질감을 가졌다. 크레망 뒤 쥐라는 샤르도네, 피노 누아, 루소가 70%이고, 나머지는 사바냥, 풀사르, 투르소로 채운다. 크레망 드 사부아는 청포도 재래종인 자케르(Jacquère), 알테스(Altesse)가 최소 60%이고, 나머지는 샤슬라, 샤르도네, 피노 누아, 가메를 블렌딩한다. 두 와인 모두 최소 9개월 이상 쉬르 리 숙성을 거쳐야 한다.

들 때 플로르(flor)가 하는 역할과 똑같다. 그 결과 와인은 미묘하게 짭짤한 알싸함을 갖게 된다. 레 마트네(Les Matheney)의 뱅 존을 마셔 보라. 프렌치바닐라 커스터드 풍미와 미세한 얼음 결정 같은 광물성이 느껴질 것이다. 배럴 숙성이 끝난 후, 와인을 클라블랭(clavelin)이라 불리는 620밀리리터 용량의 작고 특수한 병에 담는다.

가장 주요한 뱅 존 AOC는 아르부아(Arbois)와 샤토샬롱(Château-Chalon)이다. 샤토샬롱 AOC는 같은 이름의 샤토샬롱 마을을 둘러싸고 있다. 레투알(L'Étoile)이라는 아주 작은 AOC에서는 샤르도네를 사용해서 보디감이 비교적 가벼운 뱅 존을 만든다. 레투알은 프랑스어로 '별'이란 뜻으로, 이곳 포도밭에 산재한 별 모양의 석회질 해양 화석을 가리킨다. 한편, 레투알 AOC는 드라이한 현대식 화이트 와인과 크레망 드 쥐라로도 유명하다(위의 '크레망 뒤 쥐라와 크레망 드 사부아' 참조). 뱅 드 파유는 '밀짚 와인'이란 뜻으로, 설탕에 조린 오렌지, 마르멜루, 캐러멜을 연상시키는 스위트 와인이다. 먼저 사바냥, 샤르도네, 풀사르 품종을 밀짚이나 버들가지 매트에 펼치거나 서까래에 매달아서 건조한다. 그리고 발효과정에서 머스트에 포도 증류주(neutral grape spirit)를 넣는다. 그러면 발효가 중단되면서 스위트 와인이 만들어진다.

쥐라의 바삭한 현대식 화이트 와인, 뱅 존, 크레망 뒤 쥐라, 뱅 드 파유를 맛보고 나면, 쥐라의 레드 와인에 대해서는 딱히 할 말이 없다. 그저 부르고뉴에서 가장 단순하고 가벼운 레드 와인과 비슷할 따름이다. 그래도 그중에서 가장 매력 있는 와인을 꼽자면, 아르부아 코뮌에서 만든 풀사르와 투르소 와인이다.

쥐라의 와인 생산자 중에는 열성적인 내추럴 와인 운동가가 많다. 예를 들어 스테판 티소(Stéphane Tissot)와 장프랑수아 가느바(Jean-François Ganevat)가 있다. 이들은 생물역학 농법으로 포도원을 운영하며, 이산화황이 들어가지 않은 와인을 만든다.

쥐라의 뛰어난 와인 생산자는 레 마트네(Les Matheney), 도멘 베르테봉데(Domaine Berthet-Bondet), 도멘 가느바(Domaine Ganevat), 도멘 라베(Domaine Labet), 베네딕트 에 스테판 티소(Bénédicte et Stéphane Tissot), 도멘 드 몽부르조(Domaine de Montbourgeau), 에마뉘엘 위용/매종 피에르 오브르누아(Emmanuel Houillon/Maison Pierre Overnoy) 등이다.

**저명한 프랑스 화학자이자 생물학자인 루이 파스퇴르는 쥐라에서 나고 자랐으며, 직접 포도밭도 소유했다. 근대 와인 양조학의 아버지라 불리는 파스퇴르는 연구를 통해 발효 현상을 발견했다.**

## 사부아

사부아는 포도밭보다 스키장(특히 샤모니몽 블랑)으로 더 유명하다. 그러나 이곳의 최상급 알프스 와인은 짜릿하고 매끈하며, 산미가 주는 산뜻함이 느껴진다. 또한 최근 소소한 품질 혁명이 일어나서, 와인 품질이 전보다 높아졌다.

쥐라의 남쪽에 있는 사부아는 프랑스 동쪽 국경선과 맞닿아 있다. 마치 스위스에 매달린 소매처럼 알프스산맥을 따라 이어진다. 포도밭 면적은 21㎢(2,100헥타르)에 달하며, 고도 244~549m의 산비탈과 알프스 계곡에 흩어져 있다. 여름에는 화창하며, 포도밭은 대부분 남향이다. 많은 호수, 강, 개울이 대륙성 기후를 완화한다. 토양은 충적토, 빙하토, 석회암, 이회토 등 매우 다채롭다. 사부아도 쥐라처럼 필록세라 사태 이전에는 규모가 큰 와인 산지였으며, 대부분의 포도밭에 적포도 품종을 심었다.

현재 사부아의 핵심 품종은 청포도인 자케르다. 자케르는 주로 뱅 드 스키(vin de ski)를 만드는 데 사용된다. 뱅 드 스키는 활기차고 마시기 쉬운 기본 와인으로 사랑받는 동시에 평가 절하되고 있다. 또한 라클레트 치즈의

아직 휴면기에 있는 사부아 포도밭에 봄이 찾아왔다. 뒤에 눈 덮인 알프스산맥이 보인다.

느끼함을 씻어 내릴 와인을 만드는 데도 사용된다. 라클레트는 녹인 치즈로 사부아의 명물이다. 자케르는 사부아 곳곳에서 재배되지만, 특히 샤르트뢰즈산맥 끝자락에 있는 샹베리 남부의 재배지가 가장 유명하다. 자케르는 팽팽하고 생기 넘치는 스파클링 와인인 크레망 드 사부아의 주요 품종이기도 하다.

자케르 말고 다른 청포도 품종도 있다. 소량만 재배되지만, 개성이 강한 와인을 생산한다. 알테스 품종은 광물성, 완만함, 마르멜루, 복숭아 풍미가 있는 화이트 와인인 루세트 드 사부아(Roussette de Savoie)를 만든다. 루산은 론 밸리의 최고급 청포도 품종으로 알려져 있는데 풍성하면서도 바삭한 살구 풍미와 밀랍을 연상시키는 쉬냉베르주롱(Chignin-Bergeron) 와인을 만든다. 참고로 사부아에서는 과거에 루산을 베르주롱이라 불렀다. 도멘 루이 마냉(Domaine Louis Magnin)이 생산하는 환상적인 쉬냉베르주롱은 짜릿한 산도, 크림 같은 질감, 사과 풍미를 발산한다.

사부아의 주요 적포도는 짙은 색의 고대 재래종인 몽되즈(Mondeuse)다. 사부아의 석회질 토양에서 자란 몽되즈는 날카로움, 매끈함, 높은 산도, 강한 타닌감, 후추, 향신료 풍미의 최상급 와인을 만든다. 도멘 데 자르두아제르(Domaine des Ardoisères)의 아르질 루주(Argile Rouge)처럼 몽되즈와 가메를 블렌딩하는 예도 있다. 그러면 제비꽃, 레드 커런트, 빨간 감초, 광물성, 바닐라 빈의 풍미가 번개처럼 내리치는 와인이 완성된다.

## 샤르트뢰즈의 비밀

세계적 명성을 자랑하는 프랑스 중동부 지역의 샤르트뢰즈는 130가지 허브가 들어가는 에메랄드빛 리큐어다. 그런데 130가지 허브를 모두 아는 사람은 세상에 단 둘뿐이다. 바로 샤르트뢰즈 수도회(카르투시오회)의 수도승들이다. 샤르트뢰즈 수도회는 1084년에 사부아의 알프스 포도밭 부근의 샤르트뢰즈산맥에 세워진 교단이다. 샤르트뢰즈 수도회는 1605년에 '불로장생약'을 만드는 정통 제조법을 암호화된 문서로 전해 받았다. 이 문서는 16세기 연금술사가 작성한 것으로 짐작된다. 그로부터 159년 후, 샤르트뢰즈 수도승들은 마침내 암호를 해석했고, '엘리시르 베제탈 드 라 그랑샤르트뢰즈(Élixir Végétal de la Grande-Chartreuse)'라 불리는 강장제를 제조했다. 이 강장제가 오늘날의 초록색 샤르트뢰즈 리큐어다. 로즈메리, 녹색 피망, 감초, 라벤더 등 온갖 허브를 알코올에 우린 후, 알코올 함량이 부피당 55%(110프루프)가 되게 증류한다. 그런 다음 오크통에 다년간 숙성시킨다. 샤르트뢰즈는 부아롱(Voiron)의 수도원에서 제작하며, 세상에서 유일하게 온전히 천연재료만 사용해서 녹색을 내는 리큐어다.

# ARMAGNAC & COGNAC 아르마냑와 코냑
## 프랑스 2대 포도 증류주

### 아르마냑

보르도 남부에서 약 160km 떨어진 프랑스 남서부 구석에 가스코뉴(Gascogne)라는 농촌지역이 있다. 프랑스에서 가장 감각적이고 풍성하고 소박한 음식을 만드는 고장이기도 하다. 푸아그라나 오리 기름에 볶은 감자처럼 사치스러운 요리는 다른 곳에서 불법이지만, 가스코뉴에서는 일상적인 음식이다. 사람보다 오리와 거위가 더 많은 가스코뉴에서는 전통음식을 상당히 중시한다. 따라서 당연히 음료도 중요하게 생각한다.

가스코뉴는 아르마냑의 본고장이다. 아르마냑은 프랑스 브랜디 중 가장 역사가 길며, 코냑보다 수백 년 앞섰다. 13세기, 아랍이 발명한 단순한 증류 기술(주로 향수와 약을 제조)이 스페인과 피레네산맥을 거쳐 프랑스 남서부까지 전파됐다. 15세기, 가스코뉴는 의약용으로 최초의 포도 증류주를 만들었다. 이 미래의 아르마냑크는 심신을 편하게 하고, 치통과 정신적 고통을 완화하고, 용기를 북돋는 효능이 있다고 알려져 있다.

그러나 17세기에 이르러서야 아르마냑 생산량이 본격적으로 증가하기 시작했다. 네덜란드 상인이 가스코뉴와 북쪽의 샤랑트(코냑 산지)에 정착했기 때문이다. 그러나 성장 속도는 코냑과는 달리 더뎠다. 코냑은 부근에 수로가 있었지만, 아르마냑는 육로를 거쳐야만 북부 시장으로 향하는 배에 선적할 수 있었다. 19세기 중반, 가스코뉴와 보르도의 가론강을 잇는 운하가 건설됐고, 아르마냑는 마침내 접근성을 확보했다.

아르마냑 생산에 할당된 포도밭 면적은 약 42㎢(4,200 헥타르)다. 크게 소구역 세 개로 나뉘는데 바 자르마냑크(Bas Armagnac), 아르마냑테나레즈(Armagnac-Ténarèze), 오 타르마냑(Haut Armagnac)다. 보통 라벨에 소구역 명칭을 표기한다. 이 중 바 자르마냑크는 낮은 고도에 있어서 '낮은 아르마냑'라는 뜻이 있는데, 증류용 포도 대부분(57%)을 생산할 뿐 아니라 자두와 프룬 풍미가 돋보이는 최상급 아르마냑를 생산하는 양조장이 있는 곳이기도 하다. 테나레즈는 증류용 와인의 40%를 생산하는데, 이곳의 아르마냑는 꽃향기가 도드라지고 생기가 넘친다. 어릴 때는 다소 날카

하인 코냑 하우스의 안정적인 파라디(Paradis) 저장실

가스코뉴는 루이 14세의 기사 중 가장 유명한 달타냥의 고향이다.
달타냥은 알렉상드르 뒤마의 1884년작 소설 <삼총사>를 통해 불멸의 캐릭터로 거듭났다.

## 칼바도스

칼바도스는 포도를 증류한 사촌 격인 코냑과 아르마냐크와는 달리, 사과(때론 배)를 증류한 술이다. 그런데 아무 사과나 사용하지 않는다. 프랑스에서 가장 유명한 칼바도스 산지인 노르망디는 약 800개 사과 원종(heirloom)을 재배한다. 이 중 생산자 대부분이 재배하는 품종은 20~25개에 달한다. 두스 모엥(Douce Moën), 케르메리앙(Kermerrien), 두스 코에 리뉴(Douce Coet Ligne), 베당(Bédan), 비네 루주(Binet Rouge), 프레캥 루주(Fréquin Rouge), 마리 메나르(Marie Ménard), 프티 존(Petit Jaune) 등이다. 사과의 풍미는 크게 네 개로 분류된다. 단맛, 달콤 쌉싸름한 맛, 쓴맛, 신맛이다. 칼바도스 생산자는 여러 사과 품종을 각기 다른 비율로 증류해서 은은하고 복합적인 사과 증류주를 완성한다. 칼바도스 한 병을 만드는 데 사과 약 8kg이 필요하다. 칼바도스는 법적으로 노르망디에서만 양조할 수 있다. 이곳의 서늘하고 다소 변덕스러운 기후는 포도보다 사과에 더 적합하다. 노르망디는 칼바도스 외에 사과주로도 유명하다. 길이 40km의 '사과주 도로(Route du Cidre)'를 따라 농장에서 만든 사과주와 칼바도스를 홍보하는 표지판이 즐비하다. 노르망디는 길고 푸짐한 식사 시간 도중에 반드시 칼바도스 한 잔을 마시는 전통이 있다. 이를 '트루 노르망(trou Normand)'이라 한다. '노르망디의 구멍'이란 뜻으로, 위에 음식이 더 들어갈 구멍을 낸다는 의미에서 붙여진 이름으로 짐작된다.

칼바도스 산지에서 가장 유명한 구역은 페이 도주(Pays d'Auge)다. 백악질 토양과 최상급 사과뿐 아니라 카망베르와 퐁 리베크 치즈로도 유명한 곳이

노르망디의 유명한 사과 원종

다. 페이 도주에서는 칼바도스를 단식 증류기로 두 번 증류하고, 오크통에 최소 24개월간 숙성시킨다. 최고급 증류주의 경우, 오크통에 6년 이상 숙성시킨다.

60년 전만 해도 칼바도스 생산자가 1만 5,000명 이상이었다. 현재는 숫자가 약 300명으로 줄었지만, 다시 부흥하는 추세다.

주목할 만한 생산자는 불라르(Boulard), 뷔넬(Busnel), 코크렐(Coquerel), 르콩트(Lecompte), 페르 마글루아(Père Magloire) 등이다. 장인적 생산자 및 재배자는 크리스티앙 드루앵(Christian Drouin), 도멘 피에르 위에(Domaine Pierre Huet), 르 페르 쥘(Le Père Jules), 도멘 뒤퐁(Domaine Dupont), 로제 그룰트(Roger Groult), 마누아 드 몽트뢰유(Manoir de Montreuil), 르모르통(Lemorton), 미셸 위아르기유에(Michel Huard-Guillouet), 아드리앙 카뮈(Adrien Camut) 등이다.

롭지만, 숙성시키면 정교함이 높아진다. 오 타르마냐크는 전체 아르마냐크 생산량의 3%만 생산한다.

최상급 아르마냐크는 코냑에 비해 투박하고, 원기 왕성하고, 향긋하며, 보디감이 묵직하다. 이유는 포도에서 시작된다. 코냑의 경우, 중성적 맛을 내는 위니 블랑이 블렌딩에서 거의 모든 비중을 차지한다. 한편 아르마냐크의 경우, 위니 블랑이 증류용 와인의 절반가량을 차지한다. 나머지는 다른 청포도 품종 아홉 개로 채우는데, 그중 세 개 품종을 주로 사용한다. 바로 폴 블랑슈(Folle Blanche), 콜롱바르(Colombard), 바코 블랑(Baco Blanc)이다. 이들 청포도 대부분은 소위 말하는 아르마냐크의 중성적 맛을 낸다. 그러나 폴 블랑슈는 꽃과 과일 풍미를 가미하고, 콜롱바르는 약간의 허브 풍미를 더한다. 바코 블랑(또는 바코 22A)은 19세기 필록세라 사태 이후 병충해 저항성을 높이고자 개발한 하이브리드 품종이다. 바코 블랑은 아르마냐크에 풍만함과 개성을 더한 결과, 풍성하고 육중한 브랜디를 완성한다. 흥미롭게도 프랑스 정부는 AOC 와인에 하이브리드 품

종 사용을 법으로 금지하고 있다. 그러나 2005년에 아르마냐크에 한해 바코 블랑의 사용을 예외로 허용했다. 아르마냐크 대부분은 단식 증류기에 두 번 증류하는 코냑과는 달리, 다른 타입의 증류기에 한 번만 증류한다. 이처럼 한 번만 증류하면, 대담하고 아로마가 강한 오드비(eau-de-vie)가 생성된다. 오드비는 강력하고 맑은 증류주 상태로, 오크 숙성을 거쳐야만 비로소 브랜디가 된다.

아르마냐크를 증류할 때는 연속식 증류기를 사용한다. 증류 과정은 비교적 단순하다. 베이스 와인을 증류기에 주입한 뒤 가스 연료로 열을 가한다. 그러면 베이스 와인이 증류기 본관으로 흘러가서 여러 층의 뜨거운 판 위로 폭포처럼 쏟아진다. 와인이 본관 바닥에 닿으면 증발하기 시작한다. 알코올 증기는 쏟아지는 와인을 통과해서 위로 올라간다. 이 과정에서 증기에 아로마와 풍미가 한층 짙게 밴다. 알코올 증기는 본관 상부에서 코일형 응축관으로 빠져나간다. 이곳에서 증기가 식어서 액체 방울이 된다. 이 액체(알코올 52~60% 또는 104~120 프루프)는 최종으로 나무통에 모인다. 나무통에 숙성시키면, 아르마냐크가 된다.

증류기에서 갓 나온 오드비는 아직 아르마냐크가 아니다. 오크통에 숙성시켜야만 아르마냐크가 된다. 보통 새 오크통에서는 단시간만 숙성시키고, 아무런 풍미도 내

연속식 구리 증류기에 아르마냐크를 증류하고 있다.

뿜지 않는 오래된 오크통에서는 장시간 숙성시킨다. 오크통(400-420L)은 바 자르마냐크의 말로쟁 숲에서 자란 검은 오크나 프랑스 남부의 리무쟁 숲에서 자란 오크나무로 만든다.

## 아르마냐크 최상급 생산자

### 장인적 생산자
- 라베르돌리브(Laberdolive)
- 샤토 뒤 뷔스카 마니방(Château du Busca Maniban)
- 샤토 드 라비냥(Château de Ravignan)
- 도멘 도뇨아스(Domaine d'Ognoas)
- 도멘 타리케(Domaine Tariquet)
- 도멘 부앙녜르(Domaine Boingnères)
- 드로르(Delord)
- 샤토 드 브리아(Château de Briat)
- 샤토 드 펠로(Château de Pellehaut)

### 네고시앙
- 상페(Sempé)
- 라르생글(Larressingle)
- 사말랑스(Samalens)
- 프랑수아 다로즈(François Darroze)
- 샤토 드 로바드(Château de Laubade)
- 자노(Janneau)
- 카스타레드(Castarède)
- 도멘 데스페랑스(Domaine d'Espérance)

## 밤새도록 아르마냐크를 즐기는 시간

아르마냐크 생산자와 재배자는 800명을 웃도는데, 대부분 소규모인 데다 자본이 많지 않다. 노르망디의 수많은 네고시앙에게 아르마냐크를 판매하는 재배자도 있다. 아르마냐크의 경우, 코냑처럼 대형 회사(헤네시, 쿠르부아지에, 레미 마르탱)가 없다. 10월 말에서 1월 사이, 증류 업자가 이동식 증류기를 갖고 여러 농장을 돌아다니는데, 아르마냐크 생산자들은 전통적으로 이런 이동식 증류기에 의존해 왔다. 연속식 증류기는 코냑에 사용하는 복잡한 단식 증류기에 비해 이동도 편리하고 나무 땔감을 사용하기 때문에 가격도 저렴하다. 시골 곳곳에 이동식 증류기를 끌고 다니는 일이 고되고 지루해 보이겠지만, 사실상 가는 곳마다 파티가 벌어진다. 증류 업자와 생산자가 함께 카드 게임도 하고 담배도 피우며, 근사한 저녁 식사와 함께 밤새도록 아르마냐크를 즐긴다.

## 아르마냐크의 명칭

아르마냐크 중에는 빈티지를 표기하는 때도 있지만, 대부분 숙성기간이 각기 다른 아르마냐크를 블렌딩한다. 하기 숫자는 아르마냐크 블렌드에 들어간 가장 어린 오드비의 숙성기간을 나타낸 것이다. 아르마냐크 블렌드의 평균 숙성기간은 훨씬 더 길다. 참고로 VSOP와 나폴레옹은 기간이 겹친다.

**VS(VERY SUPERIOR) 또는 3성(\*\*\*) 1~3년**

**VSOP(VERY SUPERIOR OLD PALE) 4~9년**

**나폴레옹(NAPOLÉON) 6~9년**

**XO(EXTRA OLD)와 오르 다주(HORS D'AGE) 10~19년**

**XO PREMIUM 20년 이상**

**빈티지 아르마냐크(VINTAGE ARMAGNAC)**

빈티지가 확실한 오드비만 사용해야 하며, 배럴 숙성기간은 최소 10년이다. 라벨에 병입 날짜를 표기해야 한다.

---

아르마냐크가 나무통에서 숙성되는 동안 물과 알코올의 증발로 액체가 농축된다(알코올의 증발량은 물보다 적다). 따라서 아르마냐크에 물 또는 프티트 조(petites eaux)를 조금씩 넣어서 희석함으로써 최종 알코올 레벨을 40%(80프루프)로 낮춘다. 프티트 조는 물과 아르마냐크를 묽게 섞은 것이다.

훌륭한 아르마냐크는 프룬, 마르멜루, 말린 살구, 바닐라, 흙, 캐러멜, 구운 호두, 토피를 연상시키는 복합적인 풍미를 발현한다. 최상급은 나무통에서 10년 이상 숙성시킨다. 이보다 훨씬 길게(예를 들어 20년) 숙성시키면 랑시오(rancio)라 불리는 고급스러운 아로마와 풍미를 발산하기 시작한다. 랑시오는 오래된 니스, 쌉쌀한 호두, 시큼한 치즈, 간장 등과 비슷하다고 묘사된다.

아르마냐크는 와인과 달리 배럴에서 유리병 또는 큰 유리용기인 데미존(demijohn)/봉본(bonbonne)으로 옮겨지면 산소가 차단되기 때문에 사실상 숙성을 멈춘다. 예를 들어 똑같은 1984년 빈티지 아르마냐크라도 병입 전 배럴 숙성기간이 20년인 것과 30년인 것은 맛이 상당히 다르다. 후자가 산소 노출량이 훨씬 더 많기 때문이다. 또한 30년간 배럴 숙성한 1984년산 아르마냐크가 15년간 숙성한 1974년산보다 깊은 맛이 난다.

## 코냑

필자가 처음 코냑 지역을 방문했을 때 기대감이 전혀 없었다. 목을 죄는 듯한 저품질 코냑만 마셔 봤기 때문이다. 그래서 온화하고, 목가적이고, 매혹적인 풍경을 마주쳤을 때 사뭇 놀랐다. 그야말로 시간을 초월한 프랑스 그 자체였다. 푸름이 물결치는 포도밭, 빽빽한 옥수수밭, 새소리 가득한 목초지, 여기저기 산재한 벽돌집과 양조 건물…. 특히 배럴통, 증류기, 저장실로 둘러싸인 양조 건물이 토룰라 콤파니아센시스(Torula compniacensis) 때문에 검게 변한 광경이 다소 특이했다. 토룰라 콤파니아센시스는 알코올 수증기를 먹는 곰팡이다.

코냑은 보르도에서 북쪽으로 차로 90분 거리에 있으며, 포도밭 면적은 760㎢(7만 6,000헥타르)다. 2020년대 초에 100㎢(1만 헥타르)만큼 확장됐다. 코냑 산지는 두 데파르트망에 걸쳐 있다. 대서양 연안의 샤랑트마리팀(Charente-Maritime)과 내륙의 샤랑트다(코냑 말고도 버터, 달팽이, 플뢰르 드 셀 소금, 최고급 프랑스 천연 바닷소금으로도 유명한 지역이다). 샤랑트마리팀과 샤랑트는 두 지역을 굽이굽이 흐르는 샤랑트강에서 이름을 땄다. 강기슭에는 주요 도시가 두 곳 있다. 바로 코냑과 자르나크(Jarnac)다. 보다시피 코냑 브랜디 이름도 코냑이라는 지명에서 따왔다. 코냑에서 약 16km 떨어진 자르나크는 쿠르부아지에(Courvoisier,), 하인(Hine), 들라맹(Delamain) 등 명성 높은 회사의 본고장이다.

코냑과 아르마냐크에는 튤립잔이 어울린다.

코냑 산지는 작은 소구역 또는 크뤼 여섯 개로 나뉜다. 각자 고유한 특성과 품질을 가진 코냑을 생산한다(보통 라벨에 크뤼 지명을 표기한다. 만약 소구역 지명이 없다면, 여러 크뤼의 코냑을 블렌딩한 제품이다).

### 블링블링한 코냑 병

앙리 IV 뒤도뇽 에리타주 코냑 그랑드 샹파뉴 (Henri IV Dudognon Heritage Cognac Grande Champagne)는 2020년 기준 한 병당 가격이 200만 달러에 육박하는 세상에서 가장 비싼 코냑이다. 1776년에 생산해서, 100년 넘게 배럴 숙성했다. 오늘날 보석 세공사인 호세 다발로스가 크리스털 병을 24K 금과 스털링 플래티넘에 담근 다음 6,500컷 다이아몬드로 장식했다. 맛은 어떨까? 사실 이쯤 되면 맛이 뭐 그리 중요하겠는가.

최상급 3대 크뤼를 고품질에서 저품질 순서로 나열하자면, 가장 명성 높은 그랑드 샹파뉴(Grande Champagne), 프티트 샹파뉴(Petite Champagne) 그리고 보르드리 (Borderies)다. 여기서 샹파뉴라는 명칭은 샹파뉴 지역과는 아무런 상관이 없다. 코냑의 샹파뉴는 '노지'를 의미하는 라틴어 '캄파냐(campagna)'에서 유래한 것으로, 프랑스어로 숲을 뜻하는 부아(boois)와 대비된다. 핀 샹파뉴(Fine Champagne)라는 명칭도 다소 헷갈린다. 이는 소구역을 뜻하는 것이 아니다. 백악질 토양의 그랑드 샹파뉴와 프티트 샹파뉴에서 생산한 와인만 증류해 만든 코냑을 가리킨다.

명성이 낮은 소구역들도 있다. 핀 부아(Fins Bois), 봉 부아(Bons Bois) 그리고 부아 조르디네르(Bois Ordinaires)다. 한때 숲이었으며, 각각 '고급 숲', '좋은 숲', '평범한 숲'이라는 의미다.

코냑은 세계에서 가장 해가 없는 포도 품종으로 만든다. 바로 위니 블랑이다(법적으로 다른 품종을 다섯 개 섞을 수 있다. 콜롱바르, 폴 블랑슈, 세미용, 폴리냑, 몽틸이다. 사실상 사용하더라도 소량만 넣는다). 코냑에서는 이들 품종을 높은 수확률로 재배할 수 있다. 그러면 와인이 빈약하고 산도가 높아지며, 단독으로는 무맛에 가깝다. 그러나 증류하면, 완전히 달라진다. 산도가 높은 와인은 증류에 최적이다. 산도가 브랜디에 구조감을 더하기 때문이다.

### 코냑과 아르마냑의 보관, 대접, 음용

코냑과 아르마냑는 구매 즉시 마실 수 있다. 와인과 달리 일단 병입한 후에는 숙성하지 않기 때문이다. 병은 세워서 보관하되, 옆으로 눕히지는 않는다. 높은 알코올 함량 때문에 코르크가 상해서 기분 나쁜 아로마가 생성될 수 있다.

풍선처럼 불룩한 스니퍼 잔이 필요할까? 전혀 그렇지 않다. 외관만 그럴싸할 뿐, 브랜디의 미묘한 아로마를 해친다. 게다가 알코올 증기 때문에 눈까지 따갑게 만든다. 코냑과 아르마냑 지역에서는 튤립 모양에 림 (rim)이 얇은 유리잔을 선호한다. 또한 할리우드에서 묘사하는 것처럼 유리잔이나 증류주를 절대 불에 데워서는 안 된다. 직접적인 가열은 브랜디의 아로마와 풍미를 망가뜨린다.

마지막으로 증류주의 깊고 풍성한 색이 오랜 숙성기간을 의미하지 않는다. 캐러멜 착색제의 사용이 허용되는데, 캐러멜을 넣으면 색이 진해지기 때문에 실제보다 오래 숙성시킨 것처럼 보인다.

코냑은 아르마냑와 마찬가지로 네덜란드 상인 덕분에 브랜디 생산지로 거듭날 수 있었다. 로마제국 말기부터 16세기까지, 샤랑트강을 둘러싼 지역은 중성적 맛의 화이트 와인 산지로만 알려져 있었다. 네덜란드 상인들은 이곳에서 생선을 절이는 용도의 바닷소금을 주로 거래했다. 한편 현지 와인이 쉽게 상하는 단점이 있음에도 불구하고 이를 구매해서 영국과 북유럽 국가에 수출했다. 와인이 상하는 걸 방지하기 위해, 네덜란드에 도착하자마자 와인을 증류해서 내구성을 높인 후에 판매했다. 이 와인을 '브란드벵(brandewijn)'이라 불렀는데, 훗날 '브랜드'라는 용어로 진화했다.

17세기, 네덜란드 상인들은 샤랑트 지역에 증류기를 설치했다. 현재 코냑 회사는 250개가 넘지만, 네 개 기업(헤네시, 마르텔, 레미 마르탱, 쿠르부아지에)이 판매량의 80%를 차지한다. 그리고 최대 기업인 헤네시 홀로 40%를 차지한다. 대기업들은 4,200명이 넘는 재배자들에게 오드비를 구매한다. 그리고 오드비를 숙성시키고 블렌딩해서 만든 최종적인 코냑에 자체 라벨을 붙여서 판매한다. 놀랍게도 코냑의 98% 이상을 수출하며, 이 중 상당량이 미국으로 향한다.

## 코냑의 명칭

코냑은 대부분 수백 가지 오드비를 블렌딩한 결과물이다. 하기 숫자는 코냑 블렌드에 들어가는 가장 어린 오드비의 배럴 숙성기간을 표기한 것이다. 코냑 블렌드의 평균 숙성기간은 훨씬 더 길다. 보다시피 코냑의 명칭과 이름은 현기증이 날 정도로 많다.

**VS(VERY SUPERIOR) 또는 3성(***)** 2년

**VSOP(VERY SUPERIOR OLD PALE), 비외(VIEUX), 라르(RARE), 로열(ROYAL), 레제르브(RÉSERVE)** 4년

**나폴레옹(NAPOLÉON), 트레 비에유 레제르브 (TRÈS VIEILLE RÉSERVE), 에리타주(HÉRITAGE), 쉬프렘(SUPRÊME)** 6년

**XO(EXTRA OLD), 오르 다주(HORS D'AGE), 골드 (GOLD), 앵페리알(IMPERIAL), 앙세트르(ANCÊTRE)** 10년

**XXO(EXTRA EXTRA OLD)** 14년

**빈티지 코냑(VINTAGE COGNAC)** 빈티지 코냑은 드물지만 존재한다. 법적으로 빈티지 코냑은 잠금장치가 있는 특수한 저장실에서 숙성시킨다. 저장실을 열 수 있는 열쇠는 단 두 개뿐인데, 하나는 관리이사회가 관리하고 다른 하나는 코냑 회사가 관리한다.

코냑을 만드는 단식 구리 증류기를 알랑비크 샤랑테라 부른다.

코냑은 알랑비크 샤랑테(alambic charentais)라는 단식 구리 증류기에 두 번 증류한다. 첫 번째 증류 과정에서 브루이(brouillis)라는 탁한 액체가 나온다. 알코올 함량은 30%다. 두 번째 증류 과정에서 브루이를 증류하면 드디어 맑은 코냑이 나온다. 이 과정을 본느 쇼프(bonne chauffe)라 하며, 문자 그대로 '좋은 가열'이란 뜻이다. 알코올 함량은 약 70%(140프루프)로, 병입 이후의 함량보다 두 배가량 많다. 각각의 증류 과정에서 증류 업자는 숙련된 기술로 커팅(cutting)을 한다. 증류 과정에서 초반에 나오는 초류액과 마지막에 나오는 후류액을 쾨르(coeur, 심장)와 분리하는 작업을 일컫는다. 초류액과 후류액은 이취를 풍기기 때문이다. 따라서 코냑을 만들 때는 쾨르만 사용한다.

이 시점에서 쾨르는 맑고 강력한 증류주, 즉 오드비('생명의 물'이란 뜻) 상태가 된다. 아르마냑와 마찬가지로 오드비를 오크통에 장기간 숙성시켜야 코냑으로 변한다. 처음에는 새 오크통을 사용하고, 나중에 오래된 오크통으로 바꾼다. 코냑 지역에서 사용하는 오크통은 용량이 270~450리터로 상당히 큰 편이다. 오크통은 프랑스의 유명한 트롱세 숲이나 리무쟁 숲에서 자란 오크나무로 만든다.

브랜디를 배럴 안에서 수년간 숙성시키면 수분이 조금씩 증발한다. 순수한 알코올도 2~5%가량 증발하는데, 이를 '천사의 몫(angel's share)'이라 부른다(코냑 지역에서 생산하는 방대한 양을 생각하면, 매년 약 3,200만 병에 해당하는 브랜디가 증발하는 셈이다). 코냑 회사의 거대한 배럴 저장실을 쉐(Chais)라 부르는데, 이 과정에서 쉐의 습도가 상당히 중대하다. 습도가 너무 낮으면, 수분은 빠르게 증발하는 반면 알코올은 증발 속도가 느리다. 그러면 코냑이 메마르고 단단해진다. 반면 습도가 너무 높으면, 코냑이 밋밋해지고 구조감이 약해진다. 완벽한 습도는 샤랑트강 바로 옆이다. 따라서 샤랑트강 옆에는 오래된 쉐가 대거 몰려 있다. 이처럼 증발과 농축의 과정을 거치면 코냑이 부드럽고 향긋해진다. 코냑이 배럴에 머무는 동안 알코올이 점차 사라지지만, 이 과정은 매우 느리게 진행된다. 알코올 농도가 40%(80프루프)까지 낮아져야 법적으로 병입이 허용된다. 이를 위해 배럴 숙성 과정에서 코냑에 증류수를 조금씩 섞는다. 숙성된 코냑과 증류수를 묽게 섞은 혼합물을 추가하기도 한다.

코냑은 와인과 달리 매년 품질이 일정해야 한다. 따라서 빈티지를 표기하지 않는 경우가 대다수다. 코냑 회사들은 숙성기간이 각기 다른 여러 로트(lot)의 브랜디를 혼합하는 복잡한 과정을 꾸준히 거쳐서 품질의 일관성을 확보한다. 진정 훌륭한 코냑을 만들려면, 아주 오래된 브랜디가 필요하다. 그래야 씁쓸한 호두, 날카로운 치즈, 간장 등으로 묘사되는 톡 쏘는 우마미 같은 랑시오 맛을 낼 수 있다.

최상급 코냑은 복합미, 밸런스, 매끈함이 도드라지며 흙, 꽃, 시트러스, 꿀, 바닐라, 크렘 브륄레, 훈연의 은은한 풍미와 아로마가 입안에서 오래 지속된다.

---

## 최상급 코냑

최고의 10대 코냑을 다음과 같이 나열했다. 하기 숫자는 숙성기간을 나타낸다. 생산자의 재량에 따라 코냑에 블렌딩한 여러 오드비의 평균 숙성기간도 있고, 가장 어린 오드비부터 가장 오래 숙성시킨 오드비까지의 범위를 나타낸 것도 있다.

**카뮈 패밀리 레제르브 XO 보르드리 XO(CAMUS Family Reserve XO Borderies XO)** 10년

**하인 보뇌이 2008(HINE Bonneuil 2008)** 10년

**테스롱 로트 No.29 엑셉시옹 XO(TESSERON Lot No. 29 Exception XO)** 10년

**프라팽 샤토 퐁피노 XO(FRAPIN Château Fontpinot XO)** 15~20년

**들라맹 베스페 그랑드 샹파뉴(DELAMAIN Vesper Grande Champagne)** 35년

**마르텔 코르동 블뢰 엑스트라(MARTELL Cordon Bleu Extra)** 30~60년

**나바르 비에유 레제르브(NAVARRE Vieille Réserve)** 40~50년

**피에르 페랑 앙세스트랄(PIERRE FERRAND Ancestrale)** 50~70년

**티퐁 트레 비에유 레제르브 팽 부아(TIFFON Très Vieille Réserve Fin Bois)** 60~90년

**헤네시 파라디 앵페리알(HENNESSY Paradis Impérial)** 30~130년

이탈리아에서 와인을 만드는 일은 호흡과 식사처럼 본능에 가깝다. 오죽하면 손바닥만큼 작은 구역이라도 와인을 만들지 않는 지역은 단 한 곳도 없을 정도다. 수치로 따지면 어마어마하다. 포도밭 면적은 7,180㎢(71만 8,000헥타르)이고, 와이너리는 38만 4,000개에 달한다. 포도 품종도 그 어떤 나라보다 다양하다. 등록된 품종만 590여 종이며, 등록 대기 중인 품종만 수백 개에 달한다. 자연스럽게 와인 수도 현기증이 날 정도로 방대하다.

이처럼 방대한 규모의 와인을 파악하기란 도저히 불가능해 보인다. 특히 와인을 통제하는 분류 체계 자체가 방대한 규모에 압도되어 합리적이지 못한 경우가 잦다. 필자도 이탈리아 와인이 '감미로운 카오스'처럼 느껴질 때가 있다. 이탈리아는 지역마다 각양각색의 문화적 정체성을 보유하고 있다(이탈리아는 겨우 1861년에 단일 국가로 통일됐다). 다음에 나올 내용이 다채로운 매력을 뽐내는 와인 국가를 이해하는 데 도움 되길 바란다. 물론 핵심적인 산지를 중심으로 와인을 기억하는 것도 좋은 전략이다. 주요 산지는 피에몬테, 베네토, 프리울리베네치아 줄리아, 토스카나, 시칠리아 등이다. 앞으로 주요 산지를 하나씩 다룰 예정이다. 다소 성가신 등급 체계는 230페이지의 '약칭 지옥: DOC, DOCG, IGT, VdT'을 참고하라. 문제가 어느 정도 단순화될 것이다. 마지막으로 이탈리아의 기타 와인 산지들을 개괄적으로 살펴보며 이 챕터를 마무리할 계획이다. 북쪽에서

남쪽의 순서로 트렌티노알토아디제(이탈리아에서 가장 순결한 화이트 와인의 본고장), 롬바르디아(이탈리아 최고의 스파클링 와인 산지), 리구리아(초승달 모양의 '이탈리아 리비에라 해안 지역'으로 해산물과 매치하기 쉬운 와인으로 유명), 에밀리아로마냐(원기 왕성한 발포성 와인인 람브루스코의 탄생지), 움브리아(사그란티노 포도 품종으로 만든 대담한 레드 와인과 단순한 드라이 화이트 와인 산지), 아브루초(몬테풀차노 다브루초 등 풍미가 입안을 가득 메우는 저렴한 와인 산지), 사르디냐(지중해 강풍이 몰아치는 듯한 베르멘티노로 유명한 외딴섬) 그리고 이탈리아 남부 '부츠'의 '발가락, 발뒤꿈치, 발목'에 해당하는 캄파니아, 풀리아, 바실리카타, 칼라브리아 등을 다룰 예정이다.

이탈리아는 와인과 음식의 매치에 매우 열성적이다. 누군가에게 빈약하고, 시큼하고, 쌉쌀하다고 느껴지는 와인을 이탈리아에서는 오히려 높게 평가한다. 이탈리아 음식의 대담무쌍한 풍미를 관통할 응집력과 날카로움을 가졌다고 여기기 때문이다. 와인과 음식을 별개로 생각하는 사람도 있다. 그러나 이탈리아인들은 그렇지 않다. 이탈리아에서 와인은 곧 음식이다. 얼마 전까지만 해도 기본 빌리지 와인이 빵 한 조각보다 저렴한 때도 있었다. 이탈리아 식사에서 와인과 빵은 포크와 나이프처럼 필수 요소이며, 어쩌면 그보다 훨씬 중요하다. 이탈리아인들은 와인을 올리브기름, 빵과 더불어 '지중해의 삼위일체(Santa Trinità Mediterranea)'라 일컫는다.

**고대 그리스는 이탈리아를 에노트리아(Oenotria), 즉 와인의 땅이라 불렀다.**

한때 방대한 양의 와인을 소비했을 포로 로마노의 유적

## 이탈리아 와인 라벨 읽기

페우디 디 산 그레고리오 피아노 디 몬테베르지네 리세르바 토라지(Feudi di San Gregorio Piano di Montevergine Riserva Taurasi)를 예로 들어 보자. 이탈리아 와인에 익숙한 사람이 아닌 이상, 라벨을 쳐다보기도 힘들뿐더러 무슨 와인인지 예상하기도 어렵다. 산지는 어디인가? 포도 품종은 무엇인가? 정확히 생산자는 누구인가? 이탈리아 와인은 라벨이 아무리 단순해도 답 자체가 명확하지 않기 때문에 혼란을 피하기 어렵다. 어떤 와인은 라벨에 포도 품종을 쓰고(바르베라 등), 어떤 와인은 산지를 표기하고(바롤로 등), 어떤 와인은 혼합된 이름을 쓴다. 예를 들어 몬테풀차노 다브루초(Montepulciano d'Abruzzo)는 몬테풀차노 품종과 아브루초 지명

을 합친 이름이다. 그런데 비노 노빌레 디 몬테풀차노(vino nobile di Montepulciano)는 몬테풀차노 품종과 전혀 상관없이, 온전히 산지오베제로만 만든 와인이다. 심지어 시스템 자체를 무시하고 완전히 새로운 이름을 지어버리는 양조자도 있다 (진정 이탈리아인답다).

그러면 처음으로 돌아가서, 페우디 디 산 그레고리는 생산자다. 피아노 디 몬테베르지네는 와인을 생산한 포도원 이름이다. 토라지는 이탈리아 남부의 캄파니아에 있는 DOCG다. 리세르바(뒷 라벨에 표기)는 토라지를 4년 숙성시켰다는 의미다. 이 와인은 알리아니코 품종으로 만들었는데, 라벨에 유일하게 등장하지 않는 정보가 포도 품종이다.

---

이탈리아 와인은 풍미, 질감, 보디감이 천차만별이다. 설령 와인 종류가 같더라도 마찬가지다. 겨우 800m 거리의 두 양조장에서 똑같이 키안티 클라시코를 만들어도, 두 와인의 맛은 천지 차이다. 이런 다양성은 와인 양조방식의 차이에서 기인한다. 이탈리아는 전통 방식과 정교한 현대방식을 동시에 치열하게 고수하는 나라이기 때문이다. 이탈리아 고대 포도 품종의 유전적 변이도 다양성에 일조했다. 또한 다채로운 중기후도 다양성의 원인으로 꼽힌다. 실제로 이탈리아에서는 알프스도 보이고, 북아프리카도 보인다. 토지의 약 40%가 산맥이고, 40%가 언덕이다. 한 마을에서 다른 마을까지 일직선으로 이어진 곳을 찾아보기 힘들다. 얽히고설킨 산맥과 언덕, 해양 네 곳(티레니아해, 아드리아해, 리구리아해, 지중해)과의 근접성, 수많은 지진이 미친 지질학적 영향 등이 겹쳐서 포도가 자라기 적합한 풍요로운 재배환경이 조성됐다.

이탈리아 와인은 세계적 명성을 자랑하는 반면 포도 품종은 이탈리아 이외 지역에서는 거의 자라지 않는다. 예를 들어 산지오베제(키안티 클라시코, 브루넬로 디 몬탈치노의 주요 품종)와 네비올로(바롤로, 바르바레스코)는 프랑스, 스페인, 캘리포니아, 호주 등지에서 찾아보기 힘들다. 네렐로 마스칼레제도 시칠리아 이외 지역에서 발견되지 않는다.

다른 나라들도 시도를 전혀 하지 않았던 건 아니다. 그러나 최고의 양조자가 이탈리아 포도 품종으로 훌륭한 와인을 만들려고 시도해도 포도 자체가 거부하는 듯했다. 반면 1980년대에 이탈리아는 프랑스 포도 품종(소위 '국제 품종')을 신속하게 도입했다. 이보다 이른 시기에 들여온 프랑스 품종도 있다. 예를 들어 토스카나는 카베르네 소비뇽을 18세기 말부터 재배했다. 오늘날 이탈리아 와인은 토착종과 국제 품종이 공존하는 이중 세계를 구성한다(필자가 느끼기에 모든 이탈리아 양조자는 자신이 토착종으로 만든 와인을 마실 때 가장 환한 미소를 지었다).

---

### 라 돌체 비타

세상에서 가장 위대한 스위트 와인은 대체로 프랑스나 독일산이다. 그러나 이탈리아는 유럽에서 가장 많은 지역에서 가장 다양한 품종으로 가장 다채로운 스위트 와인을 만든다.

## 약칭 지옥 DOC, DOCG, IGT, VdT

이탈리아 와인의 공식적인 등급 체계는 다음과 같다. 먼저 DOCG 와인이 피라미드 꼭대기를 차지하고 있다. 바닥에는 단순한 VdT 와인이 있다. 그러나 이 등급 체계는 어느 정도 고려해서 봐야 한다. 정치, 자존심, 역사 문제, 불합리성이 얽혀 있기 때문이다. 예를 들어서 알바나 디 로마냐(Albana di Romagna)는 1987년에 최초로 DOCG 등급을 획득한 화이트 와인이다. 그러나 이탈리아 최상급 와인의 발끝에도 미치지 못한다(스위트 버전은 그나마 봐줄 만하다). 반면 1980년에 DOCG에 지정된 브루넬로 디 몬탈치노(Brunello di Montalcino)와 바롤로(Barolo)는 충분한 자격을 갖췄다. 이탈리아 DOCG 와인의 전체 리스트는 707페이지를 참고하라.

**1 DOCG** 와인은 이탈리아에서 가장 엄격한 품질 통제 기준을 충족해야 한다. 이탈리아 정부가 공인한 위원회의 품질 테스트 및 분석을 거쳐야 한다. 그러나 '보장(garantita)'이라는 문구에도 불구하고 품질이 완벽히 보장되지는 않는다. 대체로 생산율이 낮고, 배럴 숙성기간이 길며, 포도 품종의 혼합 비중을 법적으로 명시해야 한다. 1980년에 최초로 DOCG를 지정했다(브루넬로 디 몬탈치노, 바롤로, 르나차코르타 등). 2021년 기준, DOCG는 76개에 달했다. 대체로 이탈리아에서 가장 비싼 와인에 속한다. 대부분의 이탈리아 와인생산자가 DOC/DOCG 시스템을 따르지만, EU 등급체계를 도입한 예도 있다. 최상위 EU 등급은 PDO(Protected Designation of Origin)인데,

이탈리아어로 DOP(Denominazione di Origine Protetta)라 표기한다. 결론적으로 DOCG는 EU의 PDO와 DOP와 같다.

**2 DOC**는 이탈리아 와인의 중심부를 구성한다. 2021년 기준, DOC로 지정된 와인은 332개이며, 이탈리아 전역에 퍼져 있다. 와인 양조방식과 허용된 포도 품종의 비중이 규정돼 있지만, DOCG 와인처럼 엄격하지 않다. 1966년에 최초로 단순한 토스카나 화이트 와인인 베르나차 디 산 지미냐노(Vernaccia di San Gimignano)가 DOC에 지정됐다(이후 1993년에 DOCG로 승격됐다). 한편 DOC/DOCG 대신 EU 등급체계를 선택한 와이너리는 PDO/DOP라는 용어를 대신 사용한다. 위의 1번 설명을 참고하라.

**3 IGT**는 기본 와인인 VdT(Vino da Tavola)보다 한 단계 위지만 DOC/DOCG 규정을 충족하지 못한 와인을 위해 1992년에 만든 등급이다. 슈퍼 투스칸 와인이 대표적 예다. 비교적 국제적 스타일에 가까우며, DOC/DOCG 규정이 허용하지 않는 포도 품종을 사용한다. 2021년 기준, IGT 와인은 118개. EU 등급체계를 도입한 와이너리는 이탈리아어로 IGP(Indicazione Geografica Protetta)라 부른다. 영어로는 PGI(Protected Geographical Indication)다.

**4 VdT**는 이탈리아에서 가장 단순한 편에 속하는 컨트리 와인이다.

**DOCG**
(DENOMINAZIONE DI ORIGINE CONTROLLATA E GARANTIT·원산지 명칭통제 보증)
(= PDO/DOP)

**DOC**
(DENOMINAZIONE DI ORIGINE CONTROLATA·원산지 명칭 통제)
(= PDO/DOP)

**IGT**
(INDICAZIONE GEOGRAFICA TIPICA·전형적 지리 표시)
(= PGI/IGP)

**VDT**
(VINO DA TAVOLA·테이블 와인)

## 그라파

필자의 경우, 술집에서 그라파가 당긴다면 이미 두 시간 전에 집으로 돌아갔어야 했다는 의미다. 그라파는 이 밤을 이대로 끝내고 싶지 않을 때 마시기 좋은 술로, 이탈리아 전역에서 생산한다. 과거에는 추운 아침에 모닝커피에 그라파를 한잔 넣고 마시면 정신이 번쩍 드는 이탈리아 북부의 소박한 특산물이었다. 현재 최고급 그라파는 식후에 마시는 고가의 호사품이라서 맞춤 디자인으로 수작업한 고급스러운 유리병에 담긴다. 풍미도 과거에 비해 훨씬 정교해졌다.

그라파는 포도 찌꺼기(와인을 만들고 남은 줄기, 씨, 껍질 찌꺼기)를 다시 발효시켜서 증류한 맑은 브랜디다. 재료의 품질과 증류 기술에 따라 식도를 거칠게 훑고 지나가는 폭탄처럼 느껴질 수도 있고, 매력적인 매끈함과 강력함이 느껴지는 와인 같은 맛이 나기도 한다. 1984년, 프리울리 회사인 노니노는 세상에서 가장 부드러운 그라파를 만들었다. 포도 찌꺼기가 아닌 실제 포도를 증류해서 만든 우에(Ue)라 불리는 그라파였다. 노니노는 이미 10년 전에 최초로 그라파 디 모노피티뇨(grappa di monovitigno)를 만들었다. 모스카토, 게뷔르츠트라미너, 샤르도네, 피콜리트 등 단일 포도 품종으로 만든 향기로운 최상급 그라파를 일컫는다. 노니노가 만든 콜레치오 노니노(노니노 컬렉션) 중 하나인 우에 피콜리트는 이탈리아에서 가장 비싼 그라파로 가격이 한 병당 1,000달러를 호가한다.

마지막으로 그라파 감정사를 티포시 디 그라파(tifosi di grappa)라 부르는데, 이 단어만 봐도 열성적인 애착이 느껴진다(티포시란 단어는 이탈리아어로 '팬'이란 뜻 이외에도 '장티푸스 환자'라는 의미도 있다).

## 이탈리아의 와인 품질 혁명

20세기 후반에 이탈리아가 겪었던 와인 품질 혁명을 이해하려면 현재 이탈리아 와인 등급 체계(DOCG, DOC, IGT, VdT)가 형성된 역사를 알아야 한다.

이야기는 1960년대로 거슬러 올라간다. 안티노리스(Antinoris), 프레스코발디스(Frescobaldis), 콘티니보나코시스(Contini-Bonacossis), 보스카이니스(Boscainis) 등 유서 깊은 와인 가문이 수백 년 전부터 고급 와인을 양조했지만, 소작농이 만든 저렴한 와인이 주를 이뤘다. 1963년, 이탈리아 정부는 와인 전반의 품질을 개선하고자 DOC(Denominazione di Origine Controllata) 법안을 창설했다. 이는 프랑스 AOC 등급 체계를 대강 본뜬 어설픈 시스템이었다. DOC 규정이 공표되기 무섭게 와인 양조자들은 불만을 터뜨렸다. 포괄적이고 보호적 성격이 강했던 DOC 규정은 창의성과 혁신을 억누르는 지역적 전통 방식을 오히려 따르라고 강제했다. 1970년대, 이탈리아 와인 양조자들은 초조해지기 시작했다. 프랑스 와인은 빠르게 앞서갔고, 캘리포니아 와인산업도 폭발적으로 성장했다. 그러나 이탈리아 와인 업계는 손발이 묶여 이러지도 저러지도 못하는 형국이었다. 1971년, 유서 깊은 토스카나 와인 가문인 피에로 안티노리가 최초로 DOC 규정과 그럴싸한 이별을 선언했다. 사시카이아(Sassicaia)라는 듣도 보도 못한 와인에서 영감을 받아 티냐넬로(Tignanello)라는 와인을 만들었던 것이다. 사시카이아는 토스카나 와인이었지만, 기존에 익숙한 타입의 토스카나 와인이나 키안티와는 완전히 달랐다. 심지어 주재료도 산지오베제가 아닌 카베르네 소비뇽이었다(보르도의 샤토 라피트 로칠드에서 가져온 포도나무라고 알려져 있다). 이 와인은 마리오 인치자 델라 로케타라는 남자의 개인 작업물이었다. 비록 사시카이아는 상업적으로 출시되지 못했지만, 피에로 안티노리는 이 와인을 속속들이 알았다. 인치자 델라 로케타가 그의 사촌이었기 때문이다.

안티노리의 티냐넬로는 사시카이아와 마찬가지로 청포도를 전혀 넣지 않았고, 작은 프랑스산 새 오크통을 사용했다. 이것이 DOC 규정에서 가장 크게 어긋나는 점이었다. 그러나 티냐넬로는 허용된 토스카나 품종인 산지오베제를 주재료로 사용했다(후에 카베르네 소비뇽과 카베르네 프랑이 소량씩 추가됐다). 은둔자였던 마리오 인치자 델라 로케타와는 달리 매력적이고 도시적이었던 피에로 안티노리는 세계를 누비고 다녔다. 뉴욕부터 도쿄까지 수많은 최고급 이탈리아 레스토랑에 그의 와인이 붙박이처럼 진열됐다. 다른 이탈리아 와인 생산자도 그의 행보를 지켜봤다. 티냐넬로는 놀라운 패러다임의 전환이자 경종을 울리는 계기가 됐다. 다른 최상급 토스카나 와인 생산자들도 재빨리 그의 뒤를 따라 값비싼 와인을 만들기 시작했다. 산지오베제와 카베르네 소비뇽을 혼합하거나 각각의 품종을 단독으로 사용했다. 이들은 키안티나 다른 토스카나 와인과 달리 DOC 규정을 따르지 않았다. 이탈리아 정부로서는 이들이 피니 다 타볼라(테이블 와인), 즉 이탈리아에서 가장 등급이 낮은 와인에 불과했다. 그런데 피니 다 타볼라는 가격이 매우 낮았던 반면, 이들 와인은 가격이 꽤 높았다. 이 덕분에 세계적 이목을 끄는 데 성공했고, '슈퍼 투스칸'이라는 영구적인 별명까지 얻었다.

이탈리아 정부는 이탈리아 최고의 와인이 최하위 등급에 속해 있다는 사실이 이탈리아 등급 체계의 위상을 무너뜨리는 창피한 일이라고 판단했다. 그러나 그로부터 20년이 지난 1992년에서야 비로소 IGT(Indicazione Geografica Tipica)가 만들어졌다. 이제 이탈리아의 모든 혁신적인 와인은 공식적으로 IGT에 속하게 됐다.

이 이야기는 후반부가 가장 중요하다. 1960년대 이래 DOC/DOCG 체계는 혁신을 멈추지 않았다. 와인 품질을 강화하는 방향으로 수많은 규정이 개정됐다. 예를 들어 초기 DOCG 규정에 따르면, 키안티 클라시코는 산지오베제를 100% 사용할 수 없었다. 그러나 현재 가능해지면서 많은 와인 품질이 전보다 향상됐다. 개정은 현재까지도 계속 진행 중이다. 이탈리아의 특징이 있다면, 바로 규정에 관대하다는 것이다.

## 이탈리아인이 파스타를 먹는 법

이탈리아에서 파스타가 보편화된 시기는 13~14세기다. 초창기에 부유층을 위한 파스타 요리는 소스가 모두 비슷비슷했다. 엑스트라버진 올리브기름 또는 녹인 버터와 경성 치즈(파르미자노 레자노)를 넣었고, 특별히 설탕과 향신료를 뿌리기도 했다. 토마토소스는 16세기에 토마토가 신세계로부터 수입된 이후에 등장했다. 이탈리아가 일찍이 포크를 사용하게 된 것도 미끌미끌한 파스타를 손가락으로 먹기 힘들었기 때문으로 추정된다.

이탈리아인이 가늘고 긴 스파게티 면을 먹는 모습을 보라. 숟가락에 받쳐서 포크로 면을 돌돌 감싸는 장면은 보이지 않는다. 이탈리아인은 파스타를 먹을 때 오로지 포크만 사용한다. 올바른 방법은 접시 가장자리 부근에서 12시 방향으로 포크를 찔러 넣은 다음 접시 테두리에 대고 포크를 빙글빙글 돌리는 것이다.

포크를 숟가락에 대고 돌리는 미국 방식은 20세기에 가난한 이탈리아 이민자가 미국에서 저렴하고 푸짐한 음식을 접하면서 생겨난 것으로 짐작된다. 파스타에 소스 비중이 커지면서 음식을 남김없이 퍼먹으려고 숟가락이 필요해진 것이다. 그러다 보니 자연스럽게 숟가락에 포크를 대고 돌리게 된 것이다.

# PIEMONT 피에몬테

알프스가 창조한 순백의 분지에서 프랑스, 스위스와 국경을 접하는 피에몬테는 이탈리아의 저명한 와인 산지다. 이탈리아에서 가장 심오하고 진중한 레드 와인인 바롤로와 바르바레스코의 탄생지이기도 하다. 이탈리아를 바카날리아 환락 축제의 기원지로만 치부하는 시선이 있는데, 그건 피에몬테를 잘 모르고 하는 소리다. 피에몬테 와인 생산자와 악수해 보면, 울퉁불퉁한 굳은살 투성이 손바닥에서 일생을 포도원에서 지낸 숭고한 삶을 짐작할 수 있다.

와인 양조와 요리에 있어서 피에몬테의 소울메이트를 고르라면, 의외로 토스카나가 아니라 프랑스의 부르고뉴다. 두 지역의 양조장 모두 작은 규모와 세심한 관리가 특징이다. 참고로 피에몬테 포도원의 평균 면적은 2만 4,000㎡(2.4헥타르)다. 또한 와인 전통은 수 세기 동안 베네딕토회 규율의 강력한 영향을 받아 형성됐다. 무엇보다 피에몬테와 부르고뉴는 똑같은 철학 신념을 공유한다. 바로 위대한 와인은 해당 장소에 최적화된 단일 포도 품종의 산물이라는 것이다. 피에몬테의 네비올로, 부르고뉴의 피노 누아처럼 말이다. 이는 여러 품종을 혼합해서 와인을 만드는 이탈리아 대부분 지역과 프랑스 와인 산지와는 정반대되는 신념이다.

**이탈리아는 세계에서 가장 많은 유네스코 문화유적지(2020년 기준 51개)를 보유한 나라다. 이 중 두 곳이 와인 산지에 있다. 바롤로와 바르바레스코를 포함한 피에몬테의 랑게/몬페라토 와인 산지와 프로세코 수페리오레를 생산하는 베네토의 레 콜리네 델 프로세코 디 코넬리아노 데 발도비아데네 와인 산지다.**

## 피에몬테 와인 맛보기

피에몬테는 이탈리아 최고의 웅장함과 복합미를 자랑하는 레드 와인의 양대 산맥인 바롤로와 바르바레스코를 생산한다. 두 와인 모두 네비올로 품종으로 만든다. 네비올로는 재배와 양조가 까다롭다고 정평이 났는데, 전 세계를 통틀어 피에몬테만큼 최상의 효과를 내는 지역은 거의 없다.

피에몬테의 다른 레드 와인은 모두 개성이 강한 재래종으로 만든다. 매우 유명한 바르베라부터 희귀종인 프레이자, 그리뇰리노, 루케 등을 사용한다.

피에몬테는 다양한 화이트 와인을 생산한다. 나셰타, 티모라소, 아르네이스 등 희귀 품종과 샤르도네처럼 세계적인 품종도 사용한다. 모스카토로 만든 스파클링 와인도 있다.

피에몬테 주요 와인인 바롤로와 바르바레스코가 이탈리아 전역에서 얼마나 높은 평가를 받는지는 말로 설명하기 어려울 정도다. 최상급 바롤로와 바르바레스코는 극상의 복합미와 매혹적인 정교함을 지녔다. 무엇보다 두 와인의 주재료인 네비올로 품종은 다루기 매우 어렵다는 사실 때문에 더욱 큰 찬사를 받는다. 피에몬테의 전체 포도 재배량에서 네비올로가 차지하는 비율은 14%에 불과하다. 그러나 세계 어디에도 피에몬테

바롤로로 유명한 세라룽가 달바 마을에 있는
마솔리노의 눈 덮인 네비올로 포도밭

보다 네비올로를 더 많이 재배하는 지역은 없으며, 이처럼 복잡하고 도전적인 품종을 성공적으로 활용한 산지도 없다.

바롤로와 바르바레스코는 훌륭한 보르도 레드 와인처럼 월등한 구조감과 수십 년의 숙성력을 갖춘 고가의 와인이다. 사실 1990년대까지만 해도 타닌감이 너무 강해서 피에몬테 와인 양조자들은 최소 15년에서 최대 25년까지 숙성시킨 후 개봉하라고 조언할 정도였다. 그러나 현재는 와인의 나이가 어려도 마시기 좋게 만드는 추세다(다음에 자세히 다룰 예정). 그런데도 여러모로 편하고 쉽게 마실 와인은 아니므로 충분히 숙성시키는 편이 훨씬 유익하다. 와인 생산자인 란코 마솔리노는 내게 이렇게 말했다. "네비올로는 와인 입문자가 마시기에 적합한 타입은 아니다. 네비올로는 피노 누아와 같다. 우아하지만, 이해하기 어렵다. 그러나 그 어려움 자체가 매력이다."

물론 바롤로와 바르바레스코는 피에몬테 주민들이 저녁마다 마시는 종류의 와인이 아니다. 그다음으로 중요한 두 레드 와인은 바르베라와 돌체토인데, 이 둘도 상당히 훌륭하다. 바르베라는 바르베라 품종으로 만들며, 풍성한 과일 풍미가 입안을 가득 메우는 강렬한 레드 와인이다. 바르베라는 피에몬테에서 가장 흔히 재배하는 품종이다. 돌체토는 벌컥벌컥 마시기 쉬운 다즙한 와인으로 매력적인 쌉쌀함이 느껴진다. 돌체토는 돌체토 품종으로 만든다.

이외에도 피에몬테는 네비올로와 매력 넘치는 3대 적포도 재래종(프레이자, 그리뇰리노, 루케)으로 비교적 단순한 와인을 다양하게 생산한다. 네비올로 와인으로는 네비올로 달바, 가티나라, 게메 등이 있다. 프레이자는 딸기, 꽃 아로마와 옅은 색깔 때문에 라이트한 로제 와인이라는 오해를 종종 받는다. 그러나 오해는 금물이다! 산미와 타닌감에 정신이 번쩍 든다. 고대 품종인 그리뇰리노도 옅은 빨간색이며, 산미와 타닌감은 비교적 순한 편이다. 감초와 향신료의 아름다운 풍미가 특징이다. 마지막으로 루케(철자는 Ruchè 또는 Rouchet로 적는다) 3대 재래종 중 가장 복합미가 뛰어나다. 이국적 향신료, 장미, 제비꽃, 레드 베리의 풍미와 아로마가 일품이다.

피에몬테는 맛있는 화이트 와인도 생산한다. 샤르도네는 비중은 적지만 압도적으로 훌륭한 와인을 만든다. 부르고뉴의 영향을 받은 마솔리노(Massolino)의 샤르도네와 가야(Gaja)의 가이아 & 레이(Gaia & Rey)는 피

## 피에몬테 대표 와인

### 대표적 와인

**아르네이스(ARNEIS)** - 화이트 와인

**아스티(ASTI)**
- 화이트 와인(스파클링, 세미 스위트, 드라이)

**바르바레스코(BARBARESCO)** - 레드 와인

**바르베라(BARBERA)** - 레드 와인

**바롤로(BAROLO)** - 레드 와인

**돌체토(DOLCETTO)** - 레드 와인

**가비(GAVI)** - 화이트 와인

**모스카토 다스티(MOSCATO D'ASTI)**
- 화이트 와인(세미 스위트)

**네비올로 랑게(NEBBIOLO LANGHE)** - 레드 와인

**나셰타(NASCETTA)** - 화이트 와인

**니차(NIZZA)** - 레드 와인

### 주목할 만한 와인

**프레이자(FREISA)** - 레드 와인

**가티나라(GATTINARA)** - 레드 와인

**게메(GHEMME)** - 레드 와인

**그리뇰리노(GRIGNOLINO)** - 레드 와인

**루케(RUCHE)** - 레드 와인

**티모라소(TIMORASSO)** - 화이트 와인

에몬테에서 가장 매력적인 샤르도네다. 가비(Gavi)와 아르네이스(Arneis)는 전통적인 드라이 화이트 와인이다. 최근 멸종 위기를 모면한 재래종 와인도 있다. 나셰타(Nascetta)와 티모라소(Timorasso)다. 정교하고 약간 스위트한 모스카토 다스티(Moscato d'Asti)와 활기 넘치는 스파클링 와인으로 유명한 아스티(Asti)도 있다. 아스티는 세미 스위트와 드라이 버전 모두 출시된다.

## 땅과 포도 그리고 포도원

이탈리아에서 시칠리아 다음으로 가장 넓은 지역인 피에몬테는 알프스산맥과 구릉지대로 이루어져 있으며, '산기슭'이란 의미를 담고 있다. 곡선미와 안정감이 느껴지는 지형은 숨이 멎을 정도로 아름답다. 따사로운

오데로의 바롤로를 시음하는
모습을 올려다보는 '친구'

햇살이 반짝이는 마법 가루를 흩뿌리듯 포도밭을 잔잔히 적시는 풍경이 뒤편의 어두운 알프스와 극명한 대조를 이룬다.

피에몬테는 포도나무가 자라기에 너무 춥고 가파른 환경 탓에 거대한 면적에도 불구하고 이탈리아 내에서 와인 생산량 면에서 상위가 아니다. 그러나 고급 와인만 따진다면, 단연코 상위에 속한다. 2020년 기준, 피에몬테는 이탈리아에서 가장 많은 DOCG(19개)를 보유하며 토스카나와 동점을 기록했다. 또한 DOC도 41개로 가장 많다(230페이지의 '약칭 지옥: DOC, DOCG, IGT, VdT' 참고).

피에몬테의 거의 모든 최상급 포도밭은 동부와 남부에 있다. 알프스 북부보다 기후가 따뜻하기 때문이다. 특히 남동부의 두 언덕에 몰려 있는데, 바로 몬페라토(Monferrato)와 랑게(Langhe)다. 랑게는 혀의 형상을 닮았다고 해서 이탈리아어로 '혀'를 뜻하는 '링구에(lingue)'에서 파생된 이름이다. 이곳 산맥에 알바, 아스티, 알레산드리아 등 주요 와인 마을이 몰려 있다. 이 중 가장 사랑받는 산지는 바로 알바다.

알바 양쪽의 19km가량 떨어진 지점에 바롤로와 바르바레스코가 있다(다음에 자세히 다룰 예정). 알바는 소박한 마을이지만, 음식과 와인을 사랑하는 미식가에겐 신화와 다름없는 존재다. 웅장한 매력의 바롤로뿐 아니라 세상에서 가장 놀랍고 매혹적인 위용을 뽐내는 화이트 트러플이 매년 가을 이곳에서 채취된다. 가을의 알바

를 상상해 보라. 호사스러운 바롤로를 홀짝이며 짙은 버터 향의 따뜻한 홈메이드 타야린(얇고 납작한 달걀 파스타)에 화이트 트러플 슬라이스를 소복이 올려 먹으면, 온몸에 전율이 타고 흐른다.

알바의 토양은 진흙, 석회암, 모래로 구성된다. 최상급 포도밭은 언덕 꼭대기에 있으며, 포도가 잘 익도록 일조량을 극대화하기 위해 살짝 남향으로 기울어져 있다. 포도원 이름에서도 햇볕의 중요성이 드러나는데, 브리코(bricco) 또는 소리(sori) 등의 어미로 시작한다. 피에몬테 방언으로 브리코는 '햇볕이 잘 드는 언덕 꼭대기'라는 뜻이다. 소리는 겨울에 눈이 가장 먼저 녹는 '남쪽 산비탈'을 의미한다.

알바에서 북동쪽으로 약 30km 거리에 아스티가 있다. 아스티와 모스카토(뮈스카 블랑 아 프티 그랭)는 평생 떼려야 뗄 수 없는 관계다. 모스카토는 피에몬테에서 바르베라 다음으로 가장 널리 재배하는 품종이다. 아스티의 이름을 딴 모스카도 와인이 두 개 있는데, 모스카토 다스티와 아스티다. 모스카토 다스티는 피에몬테 주민들이 사랑하는 저알콜 와인이다. 아스티는 한때 아스티 스푸만테라 불렸던 살짝 스위트한 상업용 스파클링 와인이다. 현재는 드물게 드라이한 스타일로도 만들어진다.

마지막으로 피에몬테 동쪽 끝단에 롬바르디와 접경한 알레산드리아가 있다. 몬페라토산맥의 석회질 언덕에 있다. 알레산드리아는 레드 와인인 바르베라와 돌체토로 잘 알려져 있다.

'피에몬테의 모든 것은 장소를 반영한다.
이곳 사람들은 대대로 그들이 먹고, 마시고,
창조한 문화에 오롯이 장소를 담았다
와인은 우리에게 하여금 장소, 시간, 사람,
경험이 자연 세계와 얼마나 강력하게 이어져
있는지 사색하게 만든다. 바로 여기서 의미가
생성된다.'
-로언 야콥센 미국 작가

## 바롤로와 바르바레스코

두 눈을 감고 알프스 산기슭의 어둡고 싸늘한 가을밤을 상상해 보자. 전원 벽돌집에 난롯불이 타닥타닥 타들어 가고, 낡은 오븐에서 노릇노릇 익어 가는 사냥감 또는 돼지고기 통구이가 군침 도는 냄새를 풍기며 온 집을 가득 메운다. 손수 빚은 아뇰로티와 얇고 납작한 타야린을

## 피에몬테 포도 품종

### 화이트

◇ **아르네이스**
같은 이름을 가진 신선하고 드라이한 와인을 만든다. 1960년대 말, 멸종 위기를 벗어나 현재 바롤로 북부의 로에로 지역에 널리 재배되고 있다.

◇ **샤르도네**
보조 품종이지만, 소수의 최상급 생산자 손을 거쳐 천상의 와인으로 재탄생되고 있다.

◇ **코르테제**
바삭하고 단순하고 드라이한 가비 와인을 만든다.

◇ **모스카토**
뮈스카의 이탈리아어 명칭이다. 피에몬테에서는 뮈스카 블랑 아 프티 그랭을 가리킨다. 과일과 꽃 풍미의 스파클링 와인인 아스티와 모스카토 다스티를 만드는 데 사용한다. 피에몬테에서는 모스카토 비안코(백색 뮈스카) 또는 모스카토 카넬리라고도 알려져 있다.

◇ **나세타**
1990년대 멸종 위기에서 벗어난 재래 품종이다. 노벨로 마을에서 아로마와 광물성이 느껴지는 드라이한 화이트 와인을 만든다.

◇ **티모라소**
나세타처럼 멸종 위기에서 구조된 재래 품종으로 현재 흥미로운 와인을 만드는 데 사용한다. 바삭하고 아로마가 강한 드라이 와인을 만든다.

### 레드

◇ **바르베라**
피에몬테에서 가장 널리 재배되는 품종이다. 같은 이름으로 강렬하고 입안을 가득 메우는 다즙한 와인을 만든다. 자연스러운 산미와 낮은 타닌감 덕분에 현지 주민의 식탁에 자주 오르는 와인이다.

◇ **브라케토**
현지 품종이다. 라즈베리 풍미의 스위트한 스파클링 와인인 브라케토 다퀴(Brachetto d'Acqui)를 만든다. 특히 초콜릿과 환상의 궁합을 자랑한다.

◇ **돌체토**
체토라 불리는 과일 풍미의 단순한 와인을 만든다.

◇ **프레이자**
희귀하지만 환상적인 와인을 만드는 재래 품종이다. 딸기 아로마와 풍미, 옅은 빨간색, 강한 산미와 타닌감이 특징이다.

◇ **그리뇰리노**
피에몬테 고대 품종으로 프레이자처럼 색이 옅다. 그러나 대담한 풍미와 뚜렷한 구조감을 가졌다.

◇ **네비올로**
피에몬테 주요 품종이며, 이탈리아에서 가장 유명한 청포도에 속한다. 복합미, 구조감, 타닌감, 장기간의 숙성력으로 유명하다. 전설적인 레드 와인 바롤로와 바르바레스코를 만든다.

◇ **루케**
비교적 희귀한 재래 품종이다. 복합적인 향신료, 제비꽃, 붉은 과일의 풍미를 지녔다.

◇ **우바 라라, 베스폴리나**
보조적인 블렌딩 품종으로 가티나라와 게메 와인을 만드는 데 네비올로와 혼합해서 사용한다.

먹음직스럽게 조리해서 화이트 트러플을 아낌없이 흩뿌린다. 여기에 와인까지 곁들이면 그야말로 금상첨화다. 마치 다른 세상으로 이끌려 온 듯한 기분이 든다. 앞서 설명했듯, 바롤로와 바르바레스코는 랑게 언덕에서 생산한다. 바롤로 생산자는 약 360명이며, 바르바레스코는 200명이 조금 넘는다. 두 와인 모두 고대 품종인 네비올로로 만든다. 어릴 때는 가공할 만한 타닌감이 입안을 강타한다. 그러나 피노 누아처럼 나이가 들면 '타르와 장미'를 연상시키는 기품 있는 아로마와 풍미를 갖춘다. 여기에 감초, 제비꽃, 가죽, 포르치니 버섯, 말린 잎, 야생 딸기 풍미가 가미된다. 마치 폭풍이 몰아치는 파도처럼 풍미가 휘몰아친다.

보통 바롤로가 더 가파른 언덕에서 재배되기 때문에 비교적 강건하고 견고하다는 말이 있다. 그러나 필자는 생산자나 특정 장소의 영향에 따라 크게 달라진다고 생각한다.

역사적으로 바롤로와 바르바레스코는 2,200만㎡(2,200헥타르)의 바롤로 포도밭과 785만㎡(785헥타르)의 바르바레스코 포도밭에 산재한 여러 구획의 와인을 혼합한 결과물이었다. 1980~1990년대 피에몬테 와인 양조자들은 방향을 완전히 틀었다. 오늘날 프랑스 부르고뉴를 제외하고 전 세계 어디에도 피에몬테만큼 산지에 치중한 와인 지역이 없다. 아무리 규모가 작은 생산자도 여러 포도밭에서 다양한 와인을 생산한다. 이때 포도밭을 크뤼라고 부르는데, 피에몬테에서 수십 년째 사용한 프랑스 용어다. 그러나 바르바레스코와 바롤로 크뤼들이 각각 2007년과 2010년에 공식적으로 MGA(Menzioni Geografiche Aggiuntive)로 인정됐다. 이탈리아에서

는 모두가 풀네임 대신 MGA라는 약칭을 사용한다(239페이지의 'MGA란 무엇인가?' 참조).

MGA는 코무네(comune)라 불리는 이탈리아의 주요 행정구역에 퍼져 있다. 바롤로는 11개 코무네에서 생산되며, 각각 나름의 명성을 떨치고 있다. 예를 들어 바롤로(Barolo), 라 모라(La Morra), 카스틸리오네 팔레토(Castiglione Falletto), 몬포르테 달바(Monforte d'Alba), 세라룽가 달바(Serralunga d'Alba), 노벨로(Novello), 그린차네 카부르(Grinzane Cavour), 베르두노(Verduno), 디아노 달바(Diano d'Alba), 케라스코(Cherasco), 로디(Roddi) 등이다. 바르바레스코는 생산량이 훨씬 적으며, 작은 코무네 네 곳에서 생산된다. 바르바레스코(Barbaresco), 네이베(Neive), 트레이소(Treiso) 그리고 산 로코 세노 데이비오(San Rocco Seno d'Elvio)의 일부 구역이 이에 속한다.

1980년대 후반까지 바롤로와 바르바레스코는 15~20년간 숙성을 거쳐 통렬한 타닌감을 누그러뜨리지 않으면 마시기 힘들 정도였다. 심지어 25~30년까지 인내해야 하는 예도 있었다. 이를 참지 못하고 겁도 없이(어리석게) 와인을 개봉한다면, 혀가 오그라드는 듯한 감각을 감내해야 했다.

바롤로와 바르바레스코의 이런 통렬함에는 여러 요소가 원인으로 작용한다. 첫째, 네비올로는 유전적으로 타닌 함유량이 높다(흔히 바롤로에서 타르 맛이 난다고 묘사하는데, 이는 풍미뿐 아니라 실제 입안에 느껴지는 타닌감을 가리키는 표현이다). 게다가 네비올로는 만숙하는 품종이기 때문에 예부터 늦가을에 수확했다. 유난히 추운 해에 포도가 완전히 익지 못하면(지구온난화

어느 여름날의 세라룽가 달바(Serralunga d'Alba) 포도밭

엘리오와 루시아 알타레(왼)는 현대식 바롤로의 탄생을 이끈 선구자다.

이전에는 이런 경우가 흔했다), 와인이 거칠거칠한 사포처럼 느껴졌다. 피에몬테의 추운 저장실에서도 발효가 간헐적으로 멈추다가 몇 개월이 지나서야 비로소 완만하게 진행됐을 것이다(효모는 따뜻한 환경에서 가장 활발하게 활동한다). 결국 피에몬테 와인 양조자들은 네비올로가 기나긴 과정을 거쳐 순리대로 발효되길 속절없이 기다릴 수밖에 없었다. 포도 껍질에서 타닌이 추출되더라도 어쩔 수 없었다. 이 과정에서 의도치 않게 와인의 통렬한 맛을 악화시키는 경우가 자주 발생했다. 와인을 배럴에 장기간, 심지어 수십 년간 숙성시킨 결과, 은은한 과일 향이 사라지고 때론 와인이 산화되기도 했다. 배럴은 주로 보티(botti)라 부르는 오래된 대형 슬라보니아 오크통을 사용했다.

1980년대, 피에몬테 '현대주의' 양조자들은 바롤로와 바르바레스코가 위대한 이탈리아 레드 와인의 '공룡'이 될지도 모른다는 걱정에 와인 양조법을 완전히 뒤바꿨다. 온도조절형 탱크를 도입해서 네비올로를 따뜻한 온도에서 신속하게 발효시킴으로써 떫은 타닌감을 어느 정도 낮추는 데 성공했다. 또한 펌핑 오버 기법을 사용해 포도 껍질을 와인과 섞어줌으로써 와인 색을 충분히 추출하는 동시에 발효 시간을 최소화해서 거친 타닌감을 완화했다. 마지막으로 배럴(보티 또는 작은 프랑스 오크통) 숙성과 병 숙성을 분리해서 과일 풍미와 유연함을 손상하지 않는 방법을 터득했다. 반면 전통적 바롤로 양조자들은 새 방식으로 양조한 와인이 조금 더 부드럽고 다육질이긴 하나, 진정한 바롤로가 아니라고 치부했다.

한편 2000년대 들어 대부분의 분란이 종식됐다. 피에몬테 전역에서 전통식과 현대식의 이점만 취합해 밸런스와 우아미를 겸비한 와인을 만들기 시작한 것이다. 기후변화도 이에 한몫했다. 기후가 따뜻해지면서 네비올로가 완숙기에 도달한 결과, 타닌의 거친 맛이 줄어들었다. 10년 만에 역사상 가장 흥미롭고, 복합적이고, 숙성력이 뛰어난 바롤로와 바르바레스코가 탄생한 것이다. 피에몬테는 기존의 명성을 뛰어넘으며 다시 정상의 자리에 올랐다.

마지막으로 숙성에 관한 설명을 덧붙이겠다. 어린 바롤로와 바르바레스코가 이전에 비해 마시기 좋아졌지만, 여전히 만족도가 떨어지는 건 사실이다. 그러므로 최상의 만족도를 끌어내길 바란다면, 최대한 오래 기다렸다

피에몬테 와인의 발전을 위해 끊임없이 노력하는 안젤로 가야

## MGA란 무엇인가?

바롤로와 바르바레스코는 부르고뉴 와인을 제외하고 세계에서 가장 산지에 치중한 와인이다. 바롤로 협회와 지방정부는 수년간 포도 재배학을 연구한 결과, 2010년에 MGA(Menzioni Geografiche Aggiuntive, 추가 지리적 명칭) 목록을 공표했다. MGA는 사실상 소구역에 해당하는 작은 포도밭 구획이다. 과거에는 이 소구역을 프랑스어로 크뤼(cru)라 불렀다. 각각의 코무네 안에 여러 MGA가 있다. 그리고 각각의 MGA 내에 여러 와인 생산자가 있다. 예를 들어 몬포르테 달바라는 코무네 안에 유명 MGA가 여럿 있는데, 그중 하나가 부시아(Bussia)다. 부시아 MGA 내에 수많은 와인 생산자가 있다. 바롤로 지

역에는 MGA가 총 181개 있다. 이 중 170개는 기존 크뤼이고, 11개가 추가됐다. 바롤로 와인에 해당 MGA에서 재배한 포도를 최소 85%만큼 사용하면, 라벨에 MGA 이름과 코무네 이름을 함께 표기할 수 있다. 유명한 MGA는 브루나테(Brunate), 부시아(Bussia), 카누비(Cannubi), 체레퀴오(Cerequio), 체레타(Cerretta), 프랑시아(Francia), 지네스트라(Ginestra), 몬프리바토(Monprivato), 라베라(Ravera), 로체 델라눈치아타(Rocche dell'Annunziata), 로체 디 카스틸리오네(Rocche di Castiglione), 사르마사(Sarmassa), 비냐 리온다(Vigna Rionda), 빌레로(Villero) 등이다. 바르바레스코의 경우, MGA 66개가 있다.

마시길 권한다. 바롤로와 바르바레스코는 시간이 지날수록(최소 8~10년) 다양한 층위의 풍미와 풍성한 질감을 발현하며 어릴 때는 상상조차 못 한 진가를 드러내기 시작한다. 바롤로와 바르바레스코는 법적 숙성기간이 이탈리아에서 가장 긴 와인이다(포도 수확 연도 이듬해부터 3년). 바롤로와 바르바레스코 리제르바(riverva)의 경우, 최소 숙성기간은 5년이지만, 많은 최고급 양조장이 이보다 훨씬 길게 숙성시킨다.

## 바르베라

바르베라(Barbera)가 '야만적(barbaric)'이라는 단어와 어감이 비슷하다고 느껴질 수 있다. 그러나 바르베라는 피에몬테에서 가장 다즙하고 직관적으로 맛있다고 느껴지는 와인이다. 저녁 시간에 피에몬테 레스토랑 아무 데나 들어가 보라. 거의 모든 테이블에 바르베라가 놓여 있다.

바르베라는 피에몬테에서 가장 흔한 품종이다. 역사적으로 네비올로 전용이던 최상의 토질로 구성된 남향 비탈면을 제외하곤, 피에몬테 전역에서 재배됐다. 와이너리에서도 이복동생과 다름없는 취급을 받으며, 2등급으로서 큰 주목을 받지 못했다. 그러나 1980년대 모든 것이 바뀌었다. 와인 생산자인 자코모 볼로냐와 레나토 라티가 바르베라를 진흙 속의 다이아몬드로 보기 시작했다. 이들은 바르베라를 좋은 토양에 심고, 생산율을 제한하고, 충분히 익은 후에 수확하고, 세심하게 양조하고, 새로운 소형 프랑스 오크통에 숙성시켰다. 그 결과 품질이 대폭 개선됐다. 자코모 볼로냐가 소유한 브라이

### 바롤로와 바르바레스코 최상급 생산자

- 알도 콘테르노(Aldo Conterno)
- 아르날도 리베라(Arnaldo Rivera)
- 브루노 자코사(Bruno Giacosa)
- 체레토(Ceretto)
- 칠리우티(Cigliuti)
- 콘테르노 판티노(Conterno Fantino)
- 도메니코 클레리코(Domenico Clerico)
- E. 피라 & 필리(E. Pira & Figli)
- 엘리오 알타레(Elio Altare)
- 엘리오 그라소(Elio Grasso)
- 엘비오 코뇨(Elvio Cogno)
- 가야(Gaja)
- GD 바이라(GD Vajra)
- 자코모 콘테르노(Giacomo Conterno)
- 자코노 페노키오(Giacomo Fenocchio)
- 주세페 마스카렐로(Giuseppe Mascarello)
- 주세페 리날디(Giuseppe Rinaldi)
- 라 스피네타(La Spinetta)
- 루차노 산드로네(Luciano Sandrone)
- 루이지 바우다나(Luigi Baudana)
- 루이지 에이나우디(Luigi Einaudi)
- 마르카리니(Marcarini)
- 마로네(Marrone)
- 마솔리노(Massolino)
- 미켈레 키아를로(Michele Chiarlo)
- 모카가타(Moccagatta)
- 오데로(Oddero)
- 파올로 스카비노(Paolo Scavino)
- 피오 체자레(Pio Cesare)
- 프루노토(Prunotto)
- 레나토 라티(Renato Ratti)
- 로베르토 보에르치오(Roberto Voerzio)
- 비에티(Vietti)

## 화이트 트러플: 피에몬테의 또 다른 보물

전 세계에 70종이 넘는 트러플 가운데 매혹적 맛을 지닌 피에몬테의 화이트 트러플은 그야말로 군계일학이다. 주로 오크나무, 밤나무, 너도밤나무의 뿌리에 서식하는 외생 근균(인근 식물의 뿌리와 공생관계를 맺음)으로 땅속에서 약 30cm 이상 자란다. 마침 피에몬테 포도들과 비슷하게 늦가을에 성숙기를 거친다.

화이트 트러플은 땅속에서 자라기 때문에 사람이 찾기란 불가능하다. 따라서 후각이 발달한 동물의 힘을 빌려야 한다. 보통 개와 암컷 돼지를 훈련해서 화이트 트러플 냄새를 추적하게 만든다(돼지는 트러플을 파내자마자 먹어 치우는 습성이 있어 선호도가 떨어진다). 트러플 사냥꾼(trifalao)들은 주로 밤에 홀로 은밀히 트러플을 채집한다. 그리고 다음 날, 마치 불법 약물을 거래하듯 쉬쉬하며 트러플을 판다(2020년 기준, 파운드당 1,500~4,000달러).

화이트 트러플의 매혹적으로 축축하고 머스키한 신랄함은 안드로스테놀(androstanol) 등과 같은 여러 성분 때문이다. 안드로스테놀은 인간의 고환과 난소, 수퇘지의 타액에서 발견되는 페로몬으로 인간에게 강력한 심리적 영향을 미친다.

화이트 트러플은 저주를 받아 기형적으로 변한 것처럼 기괴한 크림색 혹이 달린 형상이다. 크기는 자갈부터 야구공까지 다양하며, 이보다 더 큰 것은 찾

큼직한 화이트 트러플 옆에 슬라이서가 놓여 있다. 화이트 트러플은 버터 향이 어우러진 탈리아리니에 화룡점정을 찍을 것이다.

아보기 힘들다. 가격은 기겁할 정도로 비싸지만, 극히 소량만 있어도 요리를 변신시키기 충분하다. 피에몬테에서는 홈메이드 파스타, 리소토, 폴렌타, 스크램블드에그, 송아지 카르파초, 송아지 타르타르 위에 생트러플을 슬라이스해서 올린다(화이트 트러플을 절대 조리하지 않는다). 트러플의 톡 쏘는 흙 풍미가 바르바레스코와 바롤로의 흙 풍미를 극대화한다. 알바 지역에서는 매년 가을에 중세풍 회랑 밑에서 트러플 시장이 열린다. 트러플 사냥꾼들은 각자 채집한 트러플을 저울 옆에 진열해 놓는다. 트러플 수천 송이가 모여서 만든 아로마가 시장에 진동한다. 레스토랑 경영자들은 트러플을 대량으로 구매할 때 경호원을 대동하기도 한다.

다 양조장에서 생산한 1982년산 싱글 빈야드 바르베라인 브리코 델루첼로네(Bricco dell'Uccellone)는 바르베라의 운명을 완전히 뒤바꾼 와인으로 기록된다. 오늘날 수많은 생산자가 맛이 뛰어난 바르베라를 생산한다. 빨간 체리, 제비꽃, 감초, 다크초콜릿이 입안을 가득 메우는 듯한 풍미와 훌륭한 구조감이 특징이다. 한편 현대식 바르베라는 바롤로나 바르바레스코처럼 타닌감이 강하진 않지만, 어릴 때는 타닌감이 꽤 느껴진다. 바르베라 품종은 기본적으로 산미가 좋다. 따라서 최상급 바르베라 와인도 음식과 뛰어난 궁합을 자랑할 정도의 활기를 갖는다.

앞서 설명했듯, 바르베라는 라벨에 바르베라라고 적는다(즉, 산지가 아니라 포도 품종을 표기한다). 단, 예외도 있다. 니차 몬페라토(Nizza Monferrato) 코무네를 둘러싼 마을들이 생산한 바르베라는 다른 지역에 비해 복

합미와 응축도가 뛰어나다고 알려져 있다. 2014년, 니차 몬페라토는 DOCG 지위를 획득했다. 따라서 라벨에 산지(니차)만 표기하고, 포도 품종(바르베라)은 적지 않는다.

추천할 만한 바르베라 와인은 콘테르노 판티노(Conterno Fantino), 자코모 콘테르노(Giacomo Conterno), 마솔리노(Massolino), 엘비오 코뇨(Elvio Cogno), 타키노(Tacchino), 자코모 볼로냐/브라이다(Giacomo Bologna/Braida), 레나토 라티(Renato Ratti), 귀도 포로(Guido Porro), 도메니코 클레리코(Domenico Clerico), 프루노토(Prunotto), 비에티(Vietti) 등이다.

## 네비올로 랑게, 가티나라, 게메

네비올로는 바롤로와 바르바레스코 이외에도 네비올로 랑게, 가티나라, 게메 등 수많은 와인을 만든다. 네비올

로 랑게는 다른 와인과 조금 다른 점이 있는데, 바롤로와 바르바레스코처럼 유명한 랑게 산기슭에서 생산된다. 또한 가티나라나 게메보다 생산량이 훨씬 많다. 네비올로 랑게와 네비올로 달바에 사용되는 포도는 외딴 지역에서 재배되기 때문에 바롤로와 바르바레스코와 같은 정교함, 복합미, 파워는 없다. 그럼에도 네비올로 랑게는 충분히 좋은 와인이며, 바롤로와 바르바레스코의 높은 가격이 부담스러울 때 대체하기 좋은 저렴한 와인이다. 게다가 파워가 부족해서 유명한 자매 격인 바롤로와 바르바레스코만큼 오래 숙성시킬 필요가 없다.

가티나라와 게메는 랑게 북쪽에 서늘한 알프스 산기슭의 빙하토에서 생산된다. 둘 다 바롤로와 바르바레스코보다 빈약하며, 풍미가 단순하며, 때론 맹렬한 타닌감이 느껴진다. 맛이 상당히 혹독해서 이탈리아인들은 항상 음식을 곁들인다. 실제로 육즙이 많은 구이요리나 크리미한 리소토와 만나면 와인의 맛이 확 달라진다. 가티나라와 게메는 보통 소량의 우바 라나 또는 베스폴리나(10% 이하)를 혼합한다. 이 두 보조 품종은 네비올로를 부드럽고 온화하게 중화시키는 역할을 한다. 미국에서 가장 유명한 가티나라는 트라발리니에서 만든 네모진 병에 담긴 와인이다.

흥미롭게도 피에몬테 북부에서는 네비올로를 스파나(Spanna)라고도 부른다. 따라서 가티나라와 게메는 종종 네비올로가 아닌 스파나로 만들었다고 말하기도 한다. 라벨에 스파나라는 문구가 있다면, 피에몬테 북부에서 재배한 네비올로로 만든 가장 기본적인 와인이다. 소박함은 스파나를 가장 잘 묘사한 표현이라 할 수 있다.

## 돌체토

돌체토는 돌체토 품종으로 만든 와인으로 단단하고 스파이시한 과일 향과 약간의 쌉쌀한 초콜릿 풍미가 대조를 이룬다. 비교적 산미와 타닌감이 낮고, 바르베라보다 부드럽고 구조감이 약해서 벌컥벌컥 마시기 편하다. 피에몬테 주민들이 매일 밤 즐겨 찾는 와인이며, 주로 피에몬테 전채요리인 안티파스토 미스토와 함께 마신다. 와인으로 만들지 않은 돌체토 포도는 향신료와 섞어서 코냐를 만든다. 코냐는 현지 경성 치즈에 곁들여 먹는 와인 콤포드다.

돌체토는 피에몬테 곳곳에 있는 특정 구역에서 생산된다. 특히 최상급 돌체토는 알바 부근(돌체토 달바)과 돌리아니(돌체토 디 돌리아니)에서 만들어진다. 이 두 곳은 16세기 문서를 근거로 자칭 돌체토의 본고장이라 일

컫는다. 돌체토는 피에몬테 고대 품종의 자연 교잡으로 생겨났다. 바로 모이산(Moissan)과 돌체토 비안코(Dolcetto Bianco)다(적색 돌체토와는 완전히 다른 품종이다). 두 고대 품종은 더 이상 재배되지 않지만, 이탈리아 포도나무 보관소에 존재하기 때문에 DNA 분석이 가능했다.

## 피에몬테의 화이트 와인

220년 전만 해도 피에몬테에서 화이트 와인은 조연 취급을 받았다(모스카토는 제외). 그러나 2000년대 화이트 와인에 관심이 싹트기 시작했다. 특히 멸종 직전에 구조된 피에몬테의 토종 화이트 와인에 관심이 높아졌다. 역사적으로 가장 유명한 와인은 바로 가비다. 리구리아와 접경한 남동부의 가비 마을에서 재배한 코르테제 품종으로 만든 와인이다. 코르테제는 재배가 쉽고 편하다. 코르테제는 이탈리아어로 '기질이 좋다'는 뜻이다. 가비는 한때 이탈리아 최고의 드라이 화이트 와인으로 여겨졌다. 특히 리구리아 리비에라에 거주하는 제네바 귀족층이 현지 명물인 페스토 요리와 어울리는 광물성 풍미의 드라이 화이트 와인으로 즐겨 찾았다. 그러나 이탈리아 국가 차원에서 가비는 프리울리 베네치아 줄리아와 트렌티노알토아디제 지역의 인상적인 화이트 와인들보다 뒤처진다. 피에몬테 내에서도 가비의 인기는 아르네이스, 나세타, 티모라소보다 못하다.

아르네이스는 피에몬테 방언으로 '악동'이란 뜻이다. 현재 리구리아 해안에 줄지은 현대풍 레스토랑의 해산물 요리와 멋들어지게 어울리는 와인으로 꼽는다. 배, 멜론, 살구의 가벼운 풍미와 드라이하고 생기 넘치는 미디엄 보디의 와인으로 대부분 알바 북서부의 로에로 구릉지대에서 생산된다. 특히 마노레의 아르네이스인 트레 피에(Tre Fie)는 광물성, 멜론, 백도의 풍미가 군침을 흐르게 만드는 명물이다(트레 피에는 피에몬테 방언으로 '세 딸들'이란 의미다). 이 밖에도 최상급 아르네이스 생산자는 테누타 라 페르골라(Tenuta la Pergola), 팔레토 디 브루노 자코사(Falletto di Bruno Giacosa), 비에티(Vietti) 등이다.

1990년대, 엘비오 코뇨 가족은 노벨로 코무네의 네비올로 포도밭 사이에서 청포도 재래종인 나세타 포도나무를 발견했다. 코뇨 가족은 조심스럽게 나세타를 재배하기 시작했고, 투린 대학 과학자들의 도움으로 나세타 품종을 멸종 위기에서 구조했다. 나세타 와인은 신선함, 산뜻함, 소금과 후추를 연상시키는 광물성, 쌉쌀한 아몬

## 고상함의 대명사, 베르무트

마르티니에서 빼놓을 수 없는 재료인 베르무트는 1700년 대 피에몬테에서 최초로 개발되어 상업적으로 판매됐다. 가볍게 강화한 와인으로 무려 백여 가지의 식물이 들어간다. 나무껍질, 씁쓸한 허브, 향신료, 생강, 사프란, 과일, 퀴닌 때때로 대황까지 들어간다. 오늘날 약쑥을 넣기도 한다. 약쑥은 20세기 초반에 정신착란을 일으킨다는 이유로 수십 년간 금지됐었다(거짓으로 판명). 사실 베르무트란 이름은 약쑥을 뜻하는 독일어 'wermut'에서 유래했다.

베르무트 생산자는 각자 자신만의 (비밀) 레시피를 보유하고 있다. 화이트 와인이나 레드 와인 중 하나를 베이스 와인으로 사용할 수 있다. 선명한 쓴맛, 단맛, 감칠맛이 동시에 느껴지는 진귀한 풍미가 특징이다. 몇몇 대기업이 괜찮은 상업용 베르무트를 생산하긴 하지만, 아무래도 장인이 손수 빚은 베르무트가 가장 맛있다. 이탈리아뿐 아니라 유럽과 미국에도 소규모 장인 생산자가 점점 늘고 있다. 추천할 만한 생산자는 이탈리아의 베르토(Berto)와 카르파노 안티카 포르물라(Carpano Antica Formula), 미국의 매타이아손(Matthiasson)과 언쿠트 베르무트(Uncouth Vermouth), 스페인의 라 코파(La Copa)와 라 피본(La Pivón) 등이다.

드, 복숭아 크림의 진한 풍미가 특징이다. 현재 피에몬테에는 약 35명 되는 생산자가 이 환상적인 화이트 와인을 만든다. 엘비오 코뇨 이외에도 다니엘레 콘테르노(Daniele Conterno)의 나세타도 마셔 보길 추천한다. 티모라소도 멸종 위기에서 벗어난 재래 품종이다. 비네티 마사(Vigneti Massa)의 발테르 마사는 티모라소 포도나무를 찾아 자신의 포도밭은 물론 이웃의 포도밭까지 샅샅이 뒤졌다. 티모라소는 피에몬테 남동부에 있는 콜리 토르네시 지역의 따뜻한 구릉지대에서 자란다. 해산물 레스토랑이 늘어선 리구리아와 상당히 가깝다. 와인은 산뜻하고 아삭한 편이며, 꽃과 살구 크림의 풍미와 좋은 숙성력을 갖췄다.

마지막으로 샤르도네는 피에몬테 재래종은 아니지만 이곳에서 슈퍼스타급으로 성장할 가능성이 크다. 피에몬테의 서늘한 기후와 석회질 구릉지대가 정교하고 복합적인 샤르도네를 만들기에 최적의 조건을 구성하기 때문이다.

## 아스티, 모스카토 다스티, 기타 스파클링 와인

만약 이 세상 사람이 모두 모여 성대한 런치 파티를 즐기는 자리에서 단 한 종류의 와인을 마음껏 마실 수 있다면, 단연코 최상급 아스티가 가장 어울릴 것이다! 차갑게 칠링한 풍성한 거품의 스푸만테(이탈리아어로 '스파클링 와인'을 뜻함)는 무더운 날에 마시는 시원한 복숭아 주스처럼 거부할 수 없는 매력이 있다. 아쉽게도 2차 세계대전 이후 열악한 환경에서 제조한 달콤한 상업용 아스티 스푸만테가 수출되면서 싸구려 스파클링 와인이라는 이미지가 형성됐다(다행히 지금은 그런 이미지가 사그라들었다). 오늘날의 최상급 아스티(1990년대부터 이름에서 '스푸만테'가 빠짐)는 그때와는 완전히 다르다. 사탕처럼 단맛이 아니라 잘 익은 복숭아와 살구를 연상시키는 아찔한 과일 향에 가깝다. 2017년, 라이트한 세미 스위트 버전과 드라이 버전(아스티 세코)도 출시됐다. 전자는 알코올 함량이 약 9%며, 후자는 11.5%다.

아스티는 피에몬테 남동부 전역에서 재배되는 모스카토(뮈스카 블랑 아 프티 그랭) 품종으로 만든다. 유명한 산지는 아스티, 알바, 카넬리 마을이다. 카넬리는 1800년대 후반부터 아스티를 생산하기 시작했다. 현재는 아스카 생산의 중심지로 이곳에서는 모스카토 품종을 종종 모스카토 카넬리라 부른다.

아스티는 대부분 전통 샴페인 양조법(병 속에서 2차 발효 진행)이 아니라 대형 여압 탱크를 이용한 샤르마(Charmat) 방식으로 만든다. 와인은 탱크 안에서 필요한 만큼 발효시켜서 모스카토 품종의 감각적인 과일 풍미는 그대로 보존한다. 판매용 와인은 수확 직후 만들기 때문에 아스티 생산자들은 일반적으로 라벨에 빈티지를 표기하지 않는다.

지오르지오 리베티가 카시나 라 스피네타에서 직접 키운 모스카토를 맛보고 있다.

모스카토 다스티는 아스티의 고급스러운 사촌 격이다. 일반적으로 샤르마 방식으로 제한된 양을 소량씩 만든다. 잘 익은 복숭아, 살구, 오렌지 풍미가 거품에서 자글대는 다즙하고 은은한 단맛을 가진 와인이다. 필자는 하루 종일도 마실 수 있다(진심이다. 알코올 함량도 약 5%밖에 되지 않는다). 이 덕분에 이탈리아 와인 애호가 사이에서 매우 섬세한 와인으로 선호도가 굉장히 높다. 그런데 흥미롭게도 미국의 모스카토 다스티 소비량이 이탈리아에 비해 훨씬 더 많다.

모스카토 다스티는 아스티처럼 거품이 풍성한 스푸만테가 아니라 잔거품이 자글거리는 프리찬테(frizzante)다. 라벨에 항상 빈티지를 표기하며, 제대로 칠링해서 마셔야 한다. 피에몬테에서는 크리스마스 아침에 모스카토 다스티를 한 잔 마시는 전통이 있다. 최상급 생산자는 카시나 라 스피네타-리베티(Cascina La Spinetta-Rivetti), 이카르디(Icardi), 비냐이올리 디 산토 스테파노(Vignaioli di Santo Stefano), 비에티(Vietti) 등이다.

아스티는 피에몬테 최고의 스파클링 와인인 반면, 모스카토 다스티는 현지 특산물에 가깝다. 한편 피에몬테에서는 알타 랑가 DOCG의 일부로 피노 누아와 샤르도네를 사용해서 소량의 아름다운 스파클링 와인을 만든다. 샹파뉴 전통 양조법에 따라 병 속에서 2차 발효를 시키며, 대체로 본드라이(엑스트라 브뤼) 와인이다. 에토레 제르마노(Ettore Germano)의 스파클링 와인이 대표적 예다.

## 피에몬테 음식

이탈리아 북부 요리는 몇십 년 전만 해도 대외적으로 잘 알려지지 않았다. 북부 요리는 가벼운 게 특징이라는 말도 있지만, 이는 피에몬테 요리를 전혀 모르고 하는 소리다. 피에몬테는 알프스의 추운 그늘에 묻혀 있어 든든한 자양분이 되어 줄 원기 왕성하고 푸짐한 요리가 발달했으며, 체온을 따뜻하게 유지하기 위해 레드 와인을 즐겨 마셨다.

프랑스와 국경을 접한 피에몬테는 한때 사보이아 공국의 일부였다. 이때 호사스러운 프랑스 식재료가 피에몬테에 소개됐다. 에밀리아로마냐를 제외하고 이탈리아에서 버터, 크림, 달걀을 가장 폭넓게 사용한다. 고기도 마찬가지다. 이탈리아 어느 지역을 가도 피에몬테처럼

건장한 남성이 먹음직한 고깃덩어리(가금류, 송아지, 돼지고기, 양고기구이)가 한 끼 식사로 나오는 곳이 없다. 놀랍게도 육식 잔치를 벌이기 전에도 엄청난 양의 안티파스토 미스토가 나온다. 피에몬테식 안티파스토 미스토는 달걀 프리타타, 소시지, 콩, 소고기 타르타르 등 최대 20종의 전채요리 집대성으로 십여 명 이상은 거뜬히 먹고도 남을 양이다.

피에몬테에서 가장 매력적인 애피타이저로는 바냐 카

피에몬테에서 흔히 볼 수 있는 그리시니

우다(bagna cauda)를 꼽는다. 이탈리아어로 '따뜻한 목욕'이란 뜻으로, 포도 수확기에 항상 챙겨 먹는 푸짐한 가을 제철 요리다. 엑스트라버진 올리브기름, 버터, 안초비, 마늘을 섞어서 끓기 직전까지 가열한 다음 다양한 채소(카르둔, 피망, 펜넬, 파, 무, 비트, 상추)를 뜨거운 기름에 찍어 먹는다. 채소를 냄비에서 입까지 가져올 때 기름을 식탁보에 뚝뚝 흘리지 않도록 빵을 식용 접시처럼 채소를 얹어서 함께 먹는다.

피에몬테 파스타 중에는 탈리아리니(tagliarini)와 아뇰로티(agnolotti)가 유명하다. 탈리아리니는 얇고 납작한 에그누들이다. 녹인 버터와 세이지만 넣어서 단순하면서도 풍성한 파스타를 완성한다. 참고로 타야린(tajarin)은 탈리아리니보다 더 얇고 맛있는 버전이다. 가을에는 마법 같은 화이트 트러플 슬라이스를 파스타에 얹는다. 반짝이는 노란 가다 위로 화이트 트러플이 눈송이처럼 내린다. 이때 바롤로를 곁들이면 천국을 맛볼 수 있다. 아뇰로티는 반달 모양의 작은 라비올리다. 라비올리 안에 호박이나 송아지고기와 세이지를 채운 다음 녹인 버터를 뿌린다.

이탈리아 북부를 가로지르면 광활한 벼와 옥수수밭이 펼쳐진다. 쌀과 옥수수가 풍부한 만큼 리소토와 폴렌타도 파스타처럼 피에몬테 일상식이다. 진한 고깃국물, 현지 특산물인 아르보리오 쌀(피에몬테는 이탈리아 최대 쌀 생산지다), 흙 풍미의 야생 버섯을 넣은 피에몬테 리소토는 거부할 수 없는 매력을 뽐낸다. 폴렌타는 팬에 버터를 두르고 얇게 부쳐서 주로 구이요리에 싸 먹는다. 피에몬테 식당은 손님이 테이블에 앉기 무섭게 큼직한 브레드스틱(그리시니)을 내놓는다. 손님이 식당에 도착해서 잠시라도 배고픔을 느끼지 못하게 하려는 배려다. 브레드스틱은 테이블 다리처럼 긴 것도 있고, 크고 통통한 것도 있다.

# 위대한 피에몬테 와인

## 화이트

### 가야(GAJA)
**가이아 & 레이 | 샤르도네 | 랑게 | 샤르도네 100%**

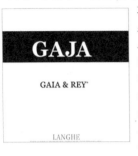

피에몬테는 바롤로, 바르바레스코와의 관계가 워낙 깊어서 세계 최고로 관능적인 샤르도네가 피에몬테에 있다는 사실이 뜻밖일 것이다. 가이아 & 레이가 바로 그 주인공이다. 테이블에 다른 와인이 한가득 있어도, 매혹적이고 화려한 자태를 뽐내며 모든 시선을 사로잡고야 만다. 입 안에 머금는 순간 크림, 견과류, 브리오슈의 풍성한 풍미가 흘러넘친다. 야망이 넘치고 능동적인 안젤로 가야는 초기에 바르바레스코로 입지를 다진 다음 바롤로로 명성을 쌓았다. 세계 방방곡곡을 누비며 온갖 레스토랑과 기자에게 피에몬테 와인을 홍보했다(그를 만나 사람 대부분이 피에몬테 애호가가 됐다고 한다). 가히 피에몬테의 전설이라 할 수 있다. 가이아 & 레이가 이를 증명하듯, 가야의 와인은 매력적인 강렬함과 파워가 넘친다. 최상급 와인은 비현실적으로 육중한 풍성함과 구조감을 뽐내면서도 동시에 정교한 날카로움을 유지한다. 물론 가격도 기함할 정도로 비싸다.

## 레드

### 비에티(VIETTI)
**트레비뉴 | 바르베라 다스티 | 바르바레 100%**

바르바레를 마시기에 완벽한 순간이 존재한다. 팔팔 끓는 물에 파스타를 넣는 순간이다. 바르베라는 음식을 위해 만들어진 와인이라 해도 과언이 아니다. 이탈리아에는 그런 와인이 많다고 생각하겠지만, 바르베라와 음식의 화학적 궁합은 어딘가 남다르다.

신선함, 과일 향, 타닌의 절묘한 견고함의 조합이 푸짐한 파스타를 비롯한 수많은 음식의 맛을 한층 돋운다. 필자는 특히 비에티가 만든 적당한 가격의 훌륭한 바르베라 와인을 좋아한다. 흙, 향신료, 에스프레소, 다크 체리의 풍미가 일품이다. 트레비뉴라는 이름은 세 개의 작은 포도밭에서 유래했다는 의미를 지녔다.

### 도메니코 클레리코(DOMENICO CLERICO)
**트레비뉴 | 바르베라 달바 | 바르베라 100%**

작고한 도메니코 클레리코는 피에몬테 현대주의 와인 양조자 중 하나다. 1980년대, 그의 와인은 아름다운 아로마와 풍성함으로 이름을 알리기 시작했고, 현재까지 명성을 이어가고 있다. 몬트포르테 달바의 최상위 MGA에 속하는 클레리코 바롤로도 뛰어난 와인이지만, 개인적으로 클레리코의 바르베라를 언급하지 않을 수 없었다. 다즙한 생기, 유연함, 목구멍을 가득 메우는 과일 풍미를 음미해 보라. 잘 익은 베리와 자두가 가득한 그릇에 키르슈바서를 뿌린 장면이 연상된다. 클레리코의 바르베라는 몬트포르테 달바에 있는 최상위 MGA 세 곳(지네스트라, 모스코니, 산 피에트로)에서 재배한 포도를 사용한다. 그래서 와인 이름도 트레비뉴(세 개의 포도밭)다. 클레리코의 바르베라는 'Trevigne'고, 비에티의 바르베라는 'TreVigne'이므로 혼동하지 않도록 주의하자.

### 가야(GAJA)
**바르바레스코 | 네비올로 100%**

안젤로 가야는 훌륭한 피에몬테 와인을 수없이 많이 만들었지만(앞서 가야의 샤르도네에 대한 설명을 참고하라), 가장 심혈을 기울인 가야 와이너리의 결정체는 다름 아닌 바르바레스코다. 바르바레스코는 항시 풍성한

풍미를 품고 있지만, 타닌이라는 상자에 잠겨 있는 풍미를 개방시키려면 다년간의 숙성이라는 열쇠가 필요하다. 필자는 가야의 기본적인 바르바레스코를 좋아한다. 감초, 체리, 바닐라, 무화과, 흙 풍미와 고혹적인 우마미가 아름답게 어우러진다. 가보를 담보로 내놓아야 구할 수 있다는 가야의 최상급 바르바레스코는 싱글 빈야드 소리 틸딘(Sorì Tildìn)이다. 어릴 때는 육중하고 고집스럽지만, 시간이 흐를수록 매혹적인 아로마와 풍미가 파도처럼 휘몰아치는 감각적 면모를 드러낸다. 가야의 와인은 언제나 두 가지를 요구한다. 바로 인내심과 돈이다.

### 엘리오 코뇨(ELIO COGNO)
**브리코 페르니체 | 라베라 | 바롤로 | 네비올로 100%**

'정교함은 단순함이 아닌 복합미를 의미한다.' 엘리오 코뇨의 공동 소유주이자 와인 양조자인 발테르 피소레와 그의 아내인 나디아는 이렇게 말했다. 코뇨의 모든 와인은 정교함이 뚜렷하다. 환상적인 바

르베라(필록세라를 피해간 덕분에 본래 뿌리에서 그대로 자람), 절묘한 바르바레스코, 다양한 바롤로 그리고 라베라라 불리는 MGA에서 만든 브리코 페르니체까지 뚜렷한 정교함이 느껴진다. 브리코 페르니체는 축축한 숲 바닥, 야생 딸기, 말린 허브, 석류, 카르다몸이 조화롭게 어우러지는 천상의 맛을 낸다. 감칠맛과 무성함이 동시에 느껴지며, 바롤로처럼 최면적인 아로마와 긴 피니시로 마음을 사로잡는다. 브리코 페르니체는 '자고새의 언덕 꼭대기'라는 뜻이다.

## 루이지 바우다나(LUIGI BAUDANA)
**바우다나 | 바롤로 | 네비올로 100%**

루이지와 피오리나 바우다나는 세라룽가 코무네에서 가장 오래된 와인 양조 가문이었다. 바우다나 가문이 생산량을 제한해서 전통식으로 만든 바롤로 양조법은 비공개였다. 현재 2만 6,000㎡(2.6헥타르)의 바우다나 양조장은 다른 피에몬테 가문인 바이라 가문의 소유가 되어 유기농법과 생물역학 농법으로 운영되고 있다. 바이라는 루이지 바우다나를 별도의 브랜드처럼 운영하고 있다. 바우다나의 바롤로 와인인 바우다나는 최대 50년 묵은 포도나무 과실로 만들며, 극상의 섬세함과 강렬함을 지녔다. 매우 섬세한 타닌감이 만들어 낸 아름다운 구조감 덕분에 질감이 실크처럼 부드럽다. 숙성기간이 길어질수록 더욱 부드러워진다. 또한 라즈베리, 체리, 보이즌베리 천연 잼과 같은 스위트한 과일 풍미가 일품이다. 전통 바롤로의 힘은 우아함에 있다.

## 자코모 페노키오(GIACOMO FENOCCHIO)
**빌레로 | 바롤로 | 네비올로 100%**

만약 당신이 1894년부터 바롤로 마을에서 포도를 재배했다면, 현대식 접근법을 포용하기 쉽지 않았을 것이다. 그러나 진정 위대한 와인을 추구한다면, 전통식과 현대식을 융합시킬 것이다. 마치 날실과 씨실이 합쳐진 고급 옷감처럼 말이다. 작고한 자코모 페노키오도 전통과 현대의 조화를 추구했으며, 그의 가족이 페노키오의 철학을 이어가고 있다. 바롤로를 포도 껍질과 함께 장시간 발효시킨 후 대형 슬라보니아 오크통에 숙성시킨다. 동시에 현대식 접근법에 따라 포도가 완전히 익은 후에 수확한다. 페노키오 바롤로는 어릴 때(특히 카스틸리오네 팔레토 코무네의 빌레로 MGA의 와인) 다풍하며, 베리류 과일, 스위트한 파이프담배, 바닐라, 포르치니 버섯의 아로마가 느껴진다. 그러나 곧이어 장엄한 구조감이 뒤따른다. 빌레로의 바롤로는 묵직하고 인상적이다. 과일

풍미, 산미, 타닌감을 조화롭게 하나로 엮는다.

## 오데로(ODDERO)
**비냐 리온다 | 바롤로 | 리제르바 | 네비올로 100%**

오데로의 바롤로는 경이로운 향과 파워가 넘친다. 최고의 빈티지는 야생 딸기, 라벤더, 향신료, 장미꽃잎, 스위트한 파이프담배, 말린 잎의 미묘한 향기를 발산한다. 입 안에 머금은 순간 레드 베리류와 포르치니 버섯의 감각적 풍미가 폭발하며, 긴 여운이 끝없이 이어진다. 구조감이 매우 견고해서 최소 10년은 숙성시켜야 맛이 부드럽고 좋아진다. 실제로 오데로는 리제르바를 와이너리 저장고에 최소 10년간 숙성시킨 후에야 출시한다. 비냐 리온다(Vigna Rionda)라는 MGA 명칭은 이탈리아어로 '둥글다'는 뜻의 '로투나(rotuna)'에서 유래했다. 세라룽가 달바 코무네에 있는 포도밭의 둥근 형상을 빗댄 이름이다. 오데로 가문의 역사는 라 모라 코무네에서 포도를 재배하기 시작한 18세기로 거슬러 올라간다. 1997년, 피에몬테 음식과 와인을 너무나도 사랑했던, 현재 고인이 된 자코모 오데로는 '국립 알바 트러플 연구소(Centro Nazionale Studi Tartufo d'Alba)'를 설립했다.

## 자코모 콘테르노(GIACOMO CONTERNO)
**몬포르티노 | 바롤로 | 네비올로 100%**

몬포르티노는 와인 비평가가 선정한 완벽한 바롤로의 최종 리스트에 항상 이름을 올리는 와인이다. 얼마나 감각적이고 부드러운지, 와인잔을 내려놓기 힘들 정도다. 세상에서 가장 심오한 와인이라는 평을 받는다. 이국적인 흙 풍미는 마음을 사로잡는 매력이 있으며, 화이트 트러플처럼 심오하고 순수한 원시적 풍미는 다른 세상에 속한 듯한 느낌을 선사한다. 생산량도 워낙 미미한데다 모든 콜렉터가 몬포르티노를 원하기 때문에 이 와인을 손에 넣기란 하늘의 별 따기다(필자는 와인 저장고에 7만 병을 보유한 피에몬테 전설의 라 차우 델 토르나벤토 레스토랑에서 마셨던 몬포르티노가 마지막이었다). 자코모 콘테르노의 첫 번째 와인은 1920년산 바롤로 리제르바였다. 그는 고향인 몬포르테 달바의 지명을 따서 몬포르티노라 이름을 붙였다. 1980년대~1990년대 최고의 전통 바롤로 양조자 중 하나이자 그의 아들인 지오바니가 와이너리를 물려받았고, 현재는 지오바니의 아들인 로베르토가 아버지와 할아버지의 신념을 이어가고 있다. 세라룽가 달바 코무네의 우수한 석회질 토양에서 재배한 포도를 사용한다.

# THE VENETO 베네토

이탈리아 최대 와인 생산지에 속하는 베네토는 아마로네(Amarone), 발폴리첼라(Valpolicella), 소아베(Soave), 프로세코(Prosecco) 등 유명 클래식 와인을 생산하는 지역이기도 하다.

베네토와 주도인 베네치아라는 지명은 기원전 1000년에 이곳에 정착했던 베네티 부족의 이름에서 유래했다. 베네치아는 중세 시대 무역의 중심지이자 주요 항구로써 동쪽의 비잔틴 제국과 북유럽 신생 국가를 이어 주는 역할을 했다. 당시의 와인, 향신료, 음식 거래와 예술, 건축, 유리공예의 성행은 베네치아가 이탈리아에서 가장 고급스러운 도시로 성장하는 데 밑거름이 됐다.

베네토는 베네치아와 아드리아 해안부터 내륙의 평평한 농경지를 거쳐 알프스 산기슭과 북서쪽의 트렌티노 알토아디제/쥐트티롤 경계선까지 뻗어 있다. 토지가 대부분 비옥하고 생산성이 매우 높아서 1960~1970년대에 야심찬 규모의 포도 재배가 이루어졌다. 소아베, 발폴리첼라를 비롯한 베네토 와인들이 열악한 품질로 대량 생산되어 저렴한 와인이 핫케이크처럼 팔리는 미국

## 베네토 와인 맛보기

이탈리아 3대 클래식 와인이 베네토 출신이다. 바로 화이트 와인인 소아베, 레드 와인인 발폴리첼라와 아마로네다.

몇몇 베네토 와인은 포도를 수확한 이후 아파시멘토(appassimento)라 불리는 건조과정을 거쳐서 포도 속 당분을 응축시킨다. 이 방식으로 만드는 클래식 와인 두 종류가 있는데, 드라이 레드 와인인 아마로네와 스위트 레드 와인인 레초토 디 발폴리첼라다.

가장 유명한 베네토 와인 중 하나는 스파클링 와인인 프로세코다. 최고급 프로세코는 코넬리아노 발도비아데네 프로세코 수페리오레다.

마시에서 코르비나 포도를 아마로네 와인으로 만들기 전에 선반(아파시멘토)에 펼쳐 놓고 건조한다.

## 아파시멘토와 파시토

아파시멘토(appassimento)와 파시토(passito)는 베네토 와인을 이해하는 데 매우 중요한 단어다. 아파시멘토는 수확한 포도를 건조해서 건포도화하고 포도 속의 당분을 응축시키는 작업이다. 건조작업은 수개월이 소요되며, 포도송이를 멍석이나 선반에 넓게 펼치거나 특수한 건조실에 매단다. 드라이 와인(아마로네 등)과 스위트 와인(레초토 디 발폴리첼라 등) 모두 이 방식으로 만든다. 파시토는 아파시멘토 과정을 거쳐 포도 전체 또는 일부를 건조한 후에 만든 모든 와인을 가리키는 비교적 보편적인 용어다.

## 피에몬테 대표 와인

### 대표적 와인

**아마로네(AMARONE)** - 레드 와인

**코넬리아노 발도비아데네 프로세코 수페리오레 (CONEGLIANO VALDOBBIADENE PROSECCO SUPERIORE)** - 화이트 와인(스파클링)

**피노 그리조(PINOT GRIGIO)** - 화이트 와인

**프로세코(PROSECCO)** - 화이트 와인(스파클링)

**소아베(SOAVE)** - 화이트 와인

**발폴리첼라(VALPOLICELLA)** - 레드 와인

**발폴리첼라 리파소(VALPOLICELLA RIPASSO)** - 레드 와인

### 주목할 만한 와인

**바르돌리노(BARDOLINO)** - 레드 와인

**비안코 디 쿠스토차(BIANCO DI CUSTOZA)** - 화이트 와인

**카베르네 소비뇽(CABERNET SAUVIGNON** - 레드 와인

**샤르도네(CHARDONNAY)** - 화이트 와인

**메를로(MERLOT)** - 레드 와인

**레초토 델라 발폴리첼라(RECIOTO DELLA VALPOLICELLA)** - 레드 와인(스위트)

**레초토 디 소아베(RECIOTO DI SOAVE)** - 화이트 와인(스위트)

과 영국으로 선적됐다. 베네토 와인의 판매량은 치솟았고, 명성은 반대로 곤두박질쳤다.

현재까지 저렴한 상업용 버전이 슈퍼마켓 한구석을 차지하고 있다. 그러나 소아베를 필두로 최상급 소규모 생산자들이 품질 혁명을 꾀하고 있다.

1700년대, 기후가 비교적 서늘한 베네토는 북부 와인 산지로서 전통적인 양조 기준을 넘어서는 농밀한 레드 와인을 만들기 시작했다. 햇볕이 쨍쨍한 남부 지역에서나 볼 법한 풀보디 레드 와인이었다. 이는 아파시멘토(appassimento)라 불리는 작업 덕분에 가능했다. 수확한 포도를 선반에 깔거나 서늘한 건조실에 매달아서 건조함으로써 포도 속 당분을 응축시키는 작업이다. 아파시멘토의 목적은 예나 지금이나 드라이 와인의 알코올 함량과 보디감을 높이거나 스위트 와인을 만들기 위함이다.

아파시멘토 방식으로 만드는 베네토 와인으로는 드라이 와인인 아마로네, 스위트 와인인 레초토 디 발폴리첼라와 레초토 디 소아베가 있다. 아파시멘토 방식이 아니라 보트리티스 시네레아(귀부병)에 감염된 포도로 만든 몇몇 와인은 농축도가 이보다 훨씬 높다. 일례로 베네토의 유명 스위트 와인인 마쿨란의 토르콜라토는 보트리티스균에 가볍게 감염된 베스파이올로(Vespaiolo) 재래 품종으로 만들며, 동시에 아파시멘토 작업도 거친다(뛰어난 밸런스와 건포도, 바닐라, 녹차, 구운 견과류 풍미가 도드라지는 와인이다). 토르콜라토 DOC의 이름은 이탈리아어로 '휘감다'라는 뜻이다. 베네토 인부들이

포도송이 꼭지를 노끈으로 휘감아서 공중에 매단 데서 유래했다. 포도를 개별적으로 공중에 매달기 때문에 완벽한 건조가 가능하다.

마지막으로 베네토는 이탈리아에서 가장 큰 성공을 거둔 스파클링 와인의 본고장이다. 바로 프로세코다. 최고급 프로세코(코넬리아노 발도비아데네 프로세코 수페리오레 DOCG)는 베네치아에서 50km 떨어진 구릉지대에서 생산된다. 이 구역은 입이 떡 벌어질 정도로 아름다운 풍경 덕분에 유네스코 문화유산으로 지정됐다.

국제와인기구(OIV)에 따르면, 2016년 이래 이탈리아는 세계 최대 스파클링 와인 생산국으로 등극했다. 이 같은 성취에 프로세코의 비약적인 성공이 크게 이바지했다. 프로세코는 와인을 매년 6억 6,000만 병 생산하며 이탈리아 전체 생산량의 10% 이상을 책임진다.

## 땅과 포도 그리고 포도원

베네토 북부와 동부는 산이 꽤 많지만, 이웃 동네인 트렌티노알토아디제와 프리울리 베네치아 줄리아에 비하면 알프스의 영향을 적게 받는 편이다. 아디제강과 포강은 베네토의 광활한 평지를 가로질러 아드리아해로 흘러든다. 덕분에 밀, 옥수수, 쌀, 채소, 과일 그리고 포도나무가 햇볕을 듬뿍 받고 무성하게 자라는 비옥한 땅이 형성됐다(폴렌타와 리소토가 이곳 특산 요리다). 위대한 와인은 비옥한 토양이 아니라 오히려 그 반대의 토양에서 탄생하는 까닭에 베네토의 최상위 포도밭들은 구릉지대 부근에 있다. 배수가 잘되는 화산토에 모래, 진흙, 자갈이 골고루 섞여 있다.

베네토는 북부, 서부, 중부 등 세 지역으로 나뉜다. 트레비소(이탈리아 치커리의 중심 산지) 위쪽의 베네토 북부 구릉지대에서 코넬리아노 발도비아데네 프로세코 수페리오레가 만들어진다.

서부 끝의 가르다 호수와 몬테 레시니 화산지대 부근에서 아마로네, 소아베, 발폴리첼라, 바르돌리노 등 전통 와인과 소박한 화이트 와인인 비안코 디 쿠스토차가 생산된다. 특히 후자는 현지 술집에서 마셨을 때 최고의 맛을 발휘한다. 서부의 주요 도시인 베로나는 이탈리아 와인 수도 중 하나다. 이탈리아 최대 와인박람회인 비니

베로나에 있는 줄리엣의 발코니.
오, 로미오, 당신은 왜 로미오인가요?

탈리(Vinitaly)가 베로나에서 50년째 매년 열리고 있다. 셰익스피어의 불운의 연인인 로미오와 줄리엣이 사랑에 빠졌다가 죽음에 이른 곳도 바로 이곳, 베로나다. 베네토는 베네치아부터 비첸차까지 다양한 와인의 본고장이다. 단순한 타입의 메를로, 카베르네 소비뇽, 샤르도네, 단조롭지만 비싼 피노 그리지오, 홍미로운 브레간제, 콜리 베리치, 콜리 에우가네이까지 광범위한 종류를 망라한다.

## 소아베

소아베는 베네토 서부의 성곽으로 둘러싸인 소아베 마을에서 생산된다. 부근에 베로나가 자리 잡고 있다. 한때 고급 베네토 와인 중 하나였지만, 1960~1990년대 과잉 생산된 결과, 명성이 추락했다. 이 시기에 소아베 지역은 평평한 계곡 지대를 흡수하며 영역을 크게 넓혔고, 트레비아노 토스카노라는 밋밋한 포도 품종을 대량 재배해서 저렴하고 단조로운 와인을 대량 생산했다.

이후 소아베는 품질 혁명을 통해 과거의 명성을 되찾는다. 오늘날 '진짜' 소아베는 전통적 재래 품종인 가르가네가(소아베 DOC의 경우 최소 70%)와 트레비아노 디 소아베(트레비아노 토스카노가 아님)로 만들며, 밸런스를 잡기 위해 샤르도네를 추가하기도 한다. 몬테포르테 달포네와 소아베 마을 위쪽의 소아베 클라시코(Soave Classico) 구역에서 소아베를 생산한다. 회산토와 석회암으로 구성된 작고 가파른 구릉지대다. 이보다 품질이 한 단계 높은 DOCG는 소아베 클라시코 수페리오레

## 와인잔의 역사와 이탈리아가 초기에 미친 영향

태초부터 음료를 담는 용기는 자연의 형상을 그대로 본떴다. 둥글게 오므린 두 손, 동물 뿔, 둘로 쪼갠 박, 꽃과 줄기 등 단순한 이미지와 역사를 거쳐 발견된 재료들이 합쳐져 놀라울 정도로 다양한 와인 용기가 탄생했다. 고대 시대의 동물 가죽부터 오늘날의 플라스틱 텀블러까지 굉장히 광범위하다.

이 중 와인을 담을 운명을 타고난 용기가 있다면, 단연코 유리일 것이다. 기원전 1년 지중해와 근동 지역은 입으로 유리를 불어서 술잔, 비커, 병을 만들었다. 이 초기 유리 용기는 매우 희귀했다.

놀랍게도 현대의 유리 제조법은 근본적으로 고대 방식과 같다. 기본적으로 실리카가 함유된 평범한 모래를 소다회, 석회석과 섞는다. 그리고 혼합물을 1,700°C의 강불에 가열해서 녹인다. 녹은 혼합물 방울을 입 또는 기계로 불어서 모양을 잡는다.

16~17세기 이탈리아 베네치아 부근의 무라노섬에서 유리 제조술은 정점에 이른다. 유리 제조업자들은 사실상 포로로 섬에 붙들렸다. 섬에서 도망치거나 베네치아 유리 제조 비법을 발설하는 자는 사형에 처했다. 무라노 유리는 현재까지도 유럽에서 최고급품으로 취급한다.

한편 영국의 유리 제조술은 큰 혁신을 거듭할 기회를 우연히 포착한다. 1674년 조지 레이븐스크로프트라는 유리 상인이 녹인 유리에 소량의 산화납과 부싯돌을 넣으면 가단성이 좋아진다는 사실을 발견했다. 납 함유 크리스털을 원하는 디자인대로 깎고 정교한 문양을 새길 수 있게 됐다. 게다가 납 함유 크리스털은 단순한 유리 용기보다 훨씬 반짝이고 내구성도 좋았다.

유리잔의 한층 아름다워진 외관은 와인의 투명도와 품질을 개선해서 보기에도, 마시기에도 좋게 만드는 원동력으로 작용했다.

유리 제조술이 개발되고 19세기 초까지 유리잔은 귀족층 위주로 특별한 날에만 사용됐다. 와인잔 한 개만 구매해도 대단한 투자처럼 여겨졌고, 최고급 만찬에서 손님 여러 명이 유리잔 한 개를 여러 번 돌려썼다. 집주인이 엄청난 부자인 경우, 만찬용 유리잔의 밑바닥을 일부러 둥근 모양으로 주문 제작했다. 이런 유리잔은 파티에 활기를 불어넣었다. 내용물이 넘치지 않으려면 잔을 완전히 비워야만 내려놓을 수 있었기 때문이다. 이 유리잔이 요즘 텀블러의 전신이다.

19세기에 들어 블로잉 기법의 발전과 함께 유리 생산은 비약적 발전을 이룩한다. 대량 생산이 가능한 유리 회사가 생겨났고, 몰드를 이용한 유리 제조술이 발명됐다. 대량 생산이 가능해지자 가격도 내려갔다. 유리잔은 예전보다 훨씬 상징적인 의미를 갖게 됐다. 최고급 만찬에서 모든 손님의 자리에 샴페인용 잔, 화이트 와인용 잔, 레드 와인용 잔, 셰리나 포트와인용 잔 등 다양한 유리잔을 놓게 됐다.

이 시기에 가장 큰 궁금증을 유발하는 부분은 화이트 와인용 잔이 레드 와인용 잔보다 작게 만들어졌다는 대목이다. 화이트 와인이 잠재적 복합미와 중요성이 상대적으로 부족하다고 여겼던 걸까? 또는 산소와 접촉할 필요성이 적다고 생각한 걸까? (둘 다 틀리다) 어떤 학자들은 화이트 와인을 여성성과 결부시켰기 때문에 와인잔도 작게 만들었다고 추측한다(필자는 페미니스트로서 한숨이 절로 나온다). 아니면 이보다 단순하고 실질적인 이유가 있을 것이다. 냉장고가 발명되기 이전, 화이트 와인은 저장실에서 차가워진 상태 그대로 서빙됐다. 잔이 작은 이유도 화이트 와인을 조금씩 자주 따라서 최대한 차가운 상태를 유지하기 위함이었을 것이다.

21세기 초 와인잔 종류는 현기증이 날 정도로 다양해졌다. 포도 품종이나 와인 산지에 맞춰서 디자인한 잔은 물론 심지어 바삭함, 대담함 등 풍미의 콘셉트에 따라 특수 제작된 와인잔도 출시됐다.

## 베네토 포도 품종

# 화이트

◇ **샤르도네**
소아베 블렌드에 사용하는 중요한 보조 품종이다. 매력적인 국제 스타일의 현대식 와인에도 사용하는데, 이런 와인은 적당히 괜찮은 편이다.

◇ **가르가네가**
베네토에서 가장 중요한 포도이며, 재래종이다. 소아베의 주요 품종이며, 트레비아노 디 소아베(베르디키오 비안코)와 함께 블렌딩한다.

◇ **글레라**
현재 크로아티아 영토인 이스트리아 반도의 재래종으로 추정된다. 프리울리 베네치아 줄리아 북부와 국경을 접하고 있다. 유명한 스파클링 와인인 프로세코와 코넬리아노 발도비아데네 프로세코 수페리오레의 주요 품종이다.

◇ **피노 비안코(피노 블랑)**
재배율은 낮지만, 블렌딩 품종으로서 와인에 훌륭한 보디감을 부여한다.

◇ **피노 그리조(피노 그리)**
괜찮은 수준의 중성적 맛을 내는 라이트한 와인을 만든다.

◇ **트레비아노 디 소아베**
이름과는 달리 트레비아노가 아닌 베르디키오 출신 품종이다. 가르가네가와 블렌딩해서 소아베와 비안코 디 쿠스토차를 만드는 좋은 품질의 포도다.

◇ **트레비아노 토스카노**
중성적 맛을 내는 품종으로 저렴한 버전의 소아베와 베네토 화이트 와인을 만든다.

◇ **베스파욜라**
이탈리아어로 말벌을 뜻하는 '베스파(vespa)'에서 유래한 이름으로 베네토 재래종이다. 잘 익은 포도에 몰려드는 말벌을 본뜬 것이다. 흥미로운 드라이 화이트 와인과 유명한 스위트 와인을 만든다.

# 레드

◇ **카베르네 소비뇽**
주목할 만한 소수를 제외하고 별로 중요하지 않은 와인을 만드는 데 사용한다.

◇ **코르비나 베로네제**
간단하게 코르비나라 불리는 주요 적포도 품종으로 재래종이다. 훌륭한 구조감과 복합적인 아로마 덕분에 코르비오네와 더불어 아마로네, 발폴리첼라, 바르돌리노에 큰 비중을 차지하는 블렌딩 품종이다. 포도의 검은색 때문에 이탈리아어로 까마귀를 뜻하는 '코르보(corvo)'에서 이름을 땄다고 알려져 있다.

◇ **코르비오네**
중요한 재래종이다. 코르비오네는 '큰 코르비나'라는 뜻이지만, DNA 감식 결과 두 품종은 아무 관련이 없다고 밝혀졌다. 보통 보트리바와 같은 포도밭에 혼합 재배한다. 코르비오네는 코르비나와 더불어 아마로네, 발폴리첼라, 바르돌리노의 주요 품종이다. 와인에 코르비나보다 더 묵직한 보디감과 강한 타닌감을 가미한다.

◇ **메를로**
주로 단순하고 마시기 쉽지만 특징이 없는 와인을 만든다.

◇ **몰리나라**
아마로네, 발폴리첼라, 바르돌리노에 소량만 들어가는 품종이다.

◇ **오셀레타**
한때 멸종됐다고 알려졌으나 1990년대에 구조된 희귀한 블렌딩 품종이다. 소수의 생산자가 아마로네, 발폴리첼라에 소량씩 넣는다. 어두운색과 강렬한 타닌감이 장점이다.

◇ **론디넬라**
아마로네, 발폴리첼라, 바르돌리노에 들어가는 포도 중 코르비나, 코르비오네 다음으로 중요한 품종이다. 론디넬라는 '작은 제비'란 뜻으로 포도 잎이 제비 꼬리를 닮았다 해서 붙여진 이름이다.

(Soave Classico Superiore)다. 보통 재식 밀도가 높고 생산율이 낮은 산비탈 포도밭에서 재배한 농익은 포도를 사용한다.

최상급 소아베 클라시코와 클라시코 수페리오레는 개성이 차고 넘친다. 신선함, 선명함, 시트러스, 광물성, 강철 풍미와 동시에 소아베(이탈리아어로 '감미로움', '부드러움'이라는 뜻)가 느껴진다. 피에로판(Pieropan)의 소아베 클라시코의 산뜻한 라임 풍미는 산속에서 얼음처럼 차가운 개울물을 마시는 듯한 초월적인 청량함을 선사한다.

소아베 중 명실상부한 챔피언은 방금 언급한 피에로판과 안셀미(Anselmi)다. 피에로판은 라 로카(La Rocca)와 칼바리노(Calvarino)라 불리는 정교한 싱글 빈야드 소아베를 만든다. 안셀미는 카피텔 포스카리노(Capitél Foscarino)라는 싱글 빈야드 소아베를 만든다. 사실 로베르토 안셀미는 상업용 소아베에 반대한다는 의미로 몇 년 전부터 소아베라는 명칭을 포기했다. 1999년 빈티지부터 모든 안셀미 와인은 라벨에 IGT와 양조원 이름만 표기한다. 이외 추천할 만한 정상급 생산자는 프라(Prà), 베르타니(Bertani), 구에리에리 리차르디(Guerrieri Rizzardi), 칸티니 디 카스텔로(Cantini di Castello), 지니(Gini), 코펠레(Coffele), 라 카푸치나(La Cappuccina), 이나마(Inama), 타멜리니(Tamellini) 등이다.

베네토는 매년 가르가네가 품종을 사용해서 아파시멘토 기법으로 소량의 스위트 소아베를 생산한다. 레초토 디 소아베(Recioto di Soave)는 농익은 포도를 특수 건조실에 보내서 건포도화하고 포도 속 당분을 응축한다. 당분이 모두 알코올로 변하기 전에 발효가 멈추기 때문에 레초토 디 소아베는 스위트해진다. 비록 소량만 생산하지만, 경이로운 맛을 선사하는 진정한 베네토 명물 중 하나다. 피에로판의 레초토 디 소아베인 레 콜롬바레(Le Colombare)와 안셀미의 이 카피텔리(I Capitelli)를 추천한다.

## 피노 그리조 델레 베네치에

피노 그리조 델레 베네치에(Pinot Grigio delle Venezie)는 이름만 보고 짐작하게 되는 것과는 달리 베네토에만 국한되지 않는다. 베네토를 비롯해 프리울리 베네치아 줄리아, 트렌티노(알토 아디제는 미포함)를 아우르는 광활한 지역에서 재배한 피노 그리조로 만든 와인을 일컫는다. 무맛에 가까운 저렴한 와인이지만, 매년 약 2,000만 상자가 수출되는 주요 자금줄이다. 지난 20년간 피노 그리조 재배량도 꾸준히 증가했다. 이탈리아의 피노 그리조 재배 면적은 2000~2015년에만 532% 증가했다.

## 프로세코와 코넬리아노 발도비아데네 프로세코 수페리오레

베네토 전역에서 생산하는 스파클링 와인이자 이탈리아의 유명한 벨리니 칵테일의 주재료인 프로세코는 글레라 품종(법적 비율 85%)을 주로 사용하며, 종종 제르디소, 비안케타, 페레라 등의 재래종을 소량 섞기도 한다. 프로세코 로제의 경우, 피노 누아를 최대 15%까지 섞는다.

필자가 수십 년 전에 프로세코를 처음 마셨을 때, 모든 프로세코가 이처럼 지루할 거라고 생각했다. 하지만 그건 착각이었다. 내가 마셨던 와인은 저렴한 기본 프로세코였던 것이다. 사실 이런 와인이 프로세코의 대부분을 차지한다. 베네토와 프리울리의 비옥한 평지에서 생산되며, 기억에 크게 남지도 않는 벌컥벌컥 마시는 용도다(가격도 대체로 싸다).

프로세코 수페리오레의 본고장인 코넬리아노 발도비아데네의 눈부시게 아름다운 포도원 전경

코넬리아노 발도비아데네 프로세코 수페리오레 DOCG는 품질과 풍미가 이보다 훨씬 뛰어나다. 풀네임은 제대로 발음하기도 어려운데, 다행히 줄여서 프로세코 수페리오레라 부른다. 소규모의 프로세코 수페리오레 포도밭은 코넬리아노와 발도비아데네 마을 부근의 유서 깊은 고지대에 있다. 베네치아와 돌로미테산맥(남부 석회암 알프스산맥의 일부)의 중간에 있으며, 현지 가족 3,000여 명이 포도밭을 관리한다. 이곳 포도나무는 대부분 고목이며, 무려 100년 묵은 나무도 있다.

프로세코 수페리오레 중 리베(rive)로 지정된 특별한 종류가 있다. 리베는 매우 가파른 산비탈의 비좁은 산마루에 직접 재배한 귀한 포도밭이다. 알프스산맥의 빙하 이동으로 형성한 산비탈이며, 한때 바다로 뒤덮였던 고대 해저가 건조화된 지형이기도 하다. 이곳에는 리

## 벨리니

이탈리아 전설의 여름철 칵테일인 벨리니는 얼음처럼 차가운 스파클링 와인 프로세코와 신선한 백도즙의 조합이다. 1930년대 베네치아의 해리스 바(Harry's Bar)에서 벨리니를 발명했다. 복숭아가 무르익는 매년 여름, 남자 직원 한 명을 별도로 고용해서 복숭아 손질을 전담으로 맡긴다. 작고 무른 이탈리아 백도(황도는 절대 사용하지 않음)를 잘라서 씨를 제거한 다음 손으로 신선한 즙을 짠다. 그러면 바텐더가 갓 짠 백도즙을 프로세코에 섞어서 긴 유리잔(와인잔은 절대 사용하지 않음)에 담아낸다. 오늘날 냉동 백도즙을 아무 스파클링 와인에 섞어서 벨리니를 만들지만, 베네토에서는 프로세코를 사용하지 않는 이상 진정한 벨리니로 취급하지 않는다.

네치아의 해리스 바에서 몇 번째인자 모를 벨리니를 제조하고 있다.

베 지위를 획득한 프로세코 마을이 43개 있다. 보통 와인 라벨에 코무네 지명, 빈티지와 함께 리베라는 단어도 표기된다.

마지막으로 최고급 프로세코 수페리오레를 맛보고 싶다면 반드시 알아둬야 할 명칭이 있다. 바로 카르티체(Cartizze)다. 사실 카르티체는 코넬리아노 발도비아데네의 그랑 크뤼다. 발도비아데네 마을의 면적 108만 ㎡(108헥타르)에 달하는 작고 아름다운 고지대에 있는 포도원이며, 이탈리아를 통틀어 땅값이 가장 비싼 곳이기도 하다. 토양은 이회토(석회암의 일종)와 사암에 치중돼 있다. 와인은 프로세코 중에 가장 매력이 넘치며 리소토와 천상의 궁합을 자랑한다.

> **오후가 되면, 모든 베네치아 술집은 잔에 계속해서 프로세코를 채운다. 세련된 베네치아 주민들은 고된 일과 끝에 프로세코를 마시면 기력이 보충된다고 믿는다.**

샴페인처럼 병 속에서 2차 발효를 시키는 프로세코는 소량에 불과하다. 프로세코 대부분(기본 프로세코와 프로세코 수페리오레)은 샤르마 기법에 따라 병 대신 대형 탱크에서 발효시킨다. 2차 발효는 최소 30일 동안만 진행되며, 이 과정을 통해 글레라의 신선한 아로마와 과일 풍미가 더욱 도드라진다. 참고로 샤르마 기법은 샤르마마르티노티(Charmat-Martinotti)라고도 부른다. 1895년에 이탈리아의 페데리코 마르티노티(Federico Martinotti)가 최초로 개발했으며, 그로부터 10년 후에 프랑스의 유젠 샤르마(Eugène Charmat)가 개조했기 때문이다. 한편 샹파뉴 전통식으로 병 속에서 2차 발효시킨 프로세코는 장기간 쉬르 리 숙성을 시킨 결과 효모와 빵 반죽 풍미가 비교적 짙다.

프로세코는 전 세계 대부분의 스파클링 와인과 마찬가지로 대체로 드라이하다. 보통 브뤼거나 부드러운 엑스트라 드라이이다.

### 코넬리아노 발도비아데네 프로세코 수페리오레의 최상급 생산자

- 안드레올라(Andreola)
- 비안카 비냐(Bianca Vigna)
- 비솔(BISOL)
- 보르골루체(Borgoluce)
- 카르페네 말볼티(Carpenè Malvolti)
- 말리브란(Malibràn)
- 마소티나(Masottina)
- 몬텔비니(Montelvini)
- 페를라제(Perlage)
- 움베르토 보르톨로티(Umberto Bortolotti)
- 발 도카(Val d'Oca)
- 빌라 산디(Villa Sandi)

## 아마로네

전 세계적으로 따스한 양지에서 잘 익은 포도가 맺히고, 잘 익은 포도에서 육중하고 농후한 레드 와인이 탄생한다. 이 단순한 명제를 통해 베네토처럼 서늘한 지역들은 역사적으로 비교적 라이트한 레드 와인과 바삭한 화이트 와인을 만드는 데 만족해야 한다는 사실을 터득했다. 그런데 베네토는 어떻게 시럽처럼 농밀하고 강렬한 풀보디 와인인 아마로네로 유명해졌을까? 바로 아파시멘토라 불리는 특수한 기법 덕분이다. 그럼, 아마로네가 만들어지는 과정을 살펴보자.

'엄청난 쓴맛'이라는 의미를 지닌 아마로네는 발폴리첼라 지역의 베로나 마을 부근에서 생산된다. 포도는 발폴리첼라와 똑같은 품종들을 사용한다. 코르비나와 코르비노네(법적 비율 최소 45%)가 주를 이루며, 론디넬라는 5~30%를 차지한다. 기타 승인된 적포도(OARG, Other Authorized Red Grapes)는 최대 25% 사용할 수 있는데, OARG 중 한 품종의 비중이 10%를 넘어선 안 된다. 아마로네의 경우, OARG는 오셀레타(Oseleta), 네그라라(Negrara)를 포함해 20여 종이 있다.

발폴리첼라에 사용할 포도는 정규적인 수확시기에 딴다. 이때 소량의 포도(약 40%)를 남겨서 조금 더 익힌 후에 수확하는데, 바로 이 포도를 아마로네를 만드는 데 사용한다. 잘 익은 최상급 포도를 송이째 대나무 선반에 펼치거나 프루타이오(fruttaio)라 불리는 서늘한 건조실에 3~4개월 동안 매달아 놓는데, 구체적인 건조 기간은 생산자마다 다르다. 그러면 포도가 쪼그라들면서 당분과 풍미를 응축시킨다. 포도가 건조되고 건포도화되면(현재는 컴퓨터로 통제하는 탈수 장치 사용), 수분이 증발해서 포도의 무게가 1/3만큼 줄어든다. 마지막으로 포도를 으깨서 발효시키면, 풍성한 풀보디 와인이 완성된다. 알코올 함량은 15~16%로 기본적인 발폴리첼라(평균 약 12%)보다 훨씬 높다. 아마로네는 2년 이상 숙성시킨 후에 출시된다(리제르바는 4년). 아마로네는 전통적으로 대형 슬로베니아 배럴인 보티 안에서 숙성시켰다. 오늘날에도 전통 배럴이 존재하지만, 현대적인 생산자들은 작은 프랑스 오크통을 선호한다.

노동집약적인 아파시멘토 작업은 와인 가격을 높이는 데 한몫한다. 그런데 비가 많이 내리는 북부성 기후 때문에 작업 자체가 리스크가 크다. 자칫하면 곰팡이(보트리티스 시네레아처럼 생산자가 선호하는 곰팡이가 아님)가 생겨서 눅눅한 냄새가 밸 수 있다. 그러나 최상급 포도를 선별해서 건조하고 양조 기술이 흠잡을 데 없이 뛰어날 경우, 아마로네는 포트와인 같은 응축력과 모카, 검은 감초, 무화과, 흙 풍미를 발산한다.

마지막으로 아마로네는 근본적으로 드라이한 레초토 델라 발폴리첼라다. 사실 1950년대 최초로 만들어진 아마로네는 '레초토 델라 발폴리첼라 아마로네'라 불렸다. 스위트한 레초토 델라 발폴리첼라와 구분하기 위해서다. 1960년대, 레초토 델라 발폴리첼라 아마로네 생산자는 일곱 명에 불과했다. 1990년대, 레초토라는 단어를 생략하고 아마로네를 앞으로 끌어와서 현재의 이름인 아마로네 델라 발폴리첼라 또는 짧게 아마로네가 완성됐다. 오늘날 아마로네 생산자는 350명가량이다.

---

### 아마로네와 파르미자노의 만남

흔히 모든 레드 와인이 치즈와 어울린다고 생각한다. 그러나 많은 경우 치즈의 짜고 기름진 맛이 레드 와인의 풍미를 도려내서 밋밋하고 중성적으로 만들어버린다. 그러나 아마로네는 예외다. 아마로네는 훨씬 강렬한 치즈와 만나도 대등하다. 15~16%의 알코올 농도, 포트와인 같은 보디감, 초콜릿, 모카, 말린 무화과의 깊은 쓴맛, 흙 풍미를 갖춘 강렬한 아마로네는 치즈에 어울리는 가장 위대한 드라이 레드 와인 중 하나로 여겨진다. 이탈리아에서는 주로 잘 숙성시킨 한입 크기의 파르미자노 레자노와 아마로네를 매치한다.

---

### 아마로네의 최상급 생산자

- 알레그리니(Allegrini)
- 베갈리 로렌초(Begali Lorenzo)
- 베르타니(Bertani)
- 달 포르노 로마노(Dal Forno Romano)
- 마르케시 푸마넬리(Marchesi Fumanelli)
- 마리온(Marion)
- 마시(Masi)
- 미켈레 카스텔라니(Michele Castellani)
- 주세페 퀸타렐리(Giuseppe Quintarelli)
- 로콜로 그라시(Roccolo Grassi)
- 세레고 알리기에리(Serego Alighieri)
- 스페리(Speri)
- 테데스키(Tedeschi)
- 테누타 산탄토니오(Tenuta Sant'Antonio)
- 토마시(Tommasi)
- 토마소 부솔라(Tommaso Bussola)
- 체나토(Zenato)
- 치메(Zýmē)

## 발폴리첼라와 바르돌리노

발폴리첼라는 아마로네와 마찬가지로 코로비나와 코르비노네(최소 45%)를 주요 품종으로 사용한다. 여기에 론디넬라(최대 30%)와 기타 적포도 품종들이 소량씩 들어간다(기타 적포도 품종은 단독으로 10%를 넘길 수 없음). 발폴리첼라는 개성이 뚜렷한 다섯 종류로 나뉜다.

먼저 발폴리첼라는 라이트한 기본 와인이다. 라벨에도 간단히 발폴리첼라라고 표기한다. 발폴리첼라 명칭이 허용된 광범위한 지역 어디서나 생산할 수 있으며, 와인을 숙성시키지 않는다. 발폴리첼라 클라시코는 이보다 품질이 조금 더 좋다. 소규모의 오리지널 발폴리첼라 구역에서 생산된다.

발폴리첼라 클라시코 수페리오레는 이보다 품질이 더 높다. 출시 전에 반드시 오크통에 1년간 숙성시켜야 하며, 실제로도 좀 더 좋은 품질의 포도를 사용한다. 말린 체리와 감초 풍미를 기분 좋게 풍기지만, 그래도 여전히 소박한 와인에 속한다.

발폴리첼라 리파소는 풍미와 보디감이 훨씬 강렬하다. 갓 만든 발폴리첼라 와인을 아마로네 효모 찌꺼기(아마로네를 숙성시키고 남은 효모 세포, 포도 껍질과 씨의 걸쭉한 덩어리)위에서 재숙성시켜서 만든다. 풍미가 굉장히 뛰어난 아마로네 효모 찌꺼기와 접촉한 상태로 두어 주 동안 두기 때문에 풍미, 색깔, 타닌감, 구조감이 깊어진다.

리파소(ripasso)라는 단어는 '가로지르다', '다시 하다'라는 의미의 동사인 '리파사레(ripassare)'에서 파생했다. 리파소라는 오랜 기법은 페우달 메차드리아(feudal mezzadria) 시스템을 연상시킨다(272페이지의 '메차드리아 법과 '잡다한' 농장' 참고). 특히 마시(Masi)는 발폴리첼라 리파소 생산에 선구자 역할을 했다. 마시가 최초로 만든 발폴리첼라 리파소는 캄포피오린(Campofiorin)이라 불린다.

마지막으로 다섯 번째 발폴리첼라 종류는 중세 시대로 거슬러 올라간다. 바로 레초토 델라 발폴리첼라다. 레초토 델라 발폴리첼라는 아마로네의 전신이다. 따라서 아마로네처럼 가장 많이 익은 포도를 사용한다. 수확한 포도를 특수한 건조실에서 건조하고 건포도화해서 당분을 응축시킨다. 아마로네의 경우, 거의 모든 당분이 알코올로 변환하기 때문에 드라

이 와인이 된다. 그러나 레초토 델라 발폴리첼라는 모든 당분이 알코올로 변하기 전에 발효를 멈추기 때문에 스위트 와인이 된다. 레초토 델라 발폴리첼라는 매우 소량만 생산되며, 스위트하지만 사카린처럼 지나치게 달지 않은 풍성함을 자랑한다. 유연하고 복합미가 뛰어난 레드 와인으로 잘 숙성된 탈레조와 같은 부드럽고 크리미한 이탈리아 치즈와 잘 어울린다.

**레초토(recioto)라는 단어는 이탈리아 방언으로 '귀'를 뜻하는 '레체(recie)'에서 파생됐다. 이 경우 포도송이에서 양쪽 귀처럼 돌출된 부위를 가리킨다. 포도가 햇볕에 노출되면 돌출된 귀 부분이 가장 많이 익기 때문이다.**

다양한 스타일을 아우르는 최상급 발폴리첼라 생산자로는 알레그리니(Allegrini), 베갈리 로렌초(Begali Lorenzo), 보스카이니(Boscaini), 불리오니(Buglioni), 코르테 산탈다(Corte Sant'Alda), 달 포르노 로마노(Dal Forno Romano), 주세페 퀸타렐리(Giuseppe Quintarelli), 마시(Masi), 몬테 델 프라(Monte del Frà), 무셀라(Musella), 테데스키(Tedeschi), 토마소 부솔라(Tommaso Bussola), 체나토(Zenato) 등이 있다.

한편 바르돌리노는 발폴리첼라의 대용품으로 여겨지며 같은 포도 품종을 사용하지만, 발폴리첼라와는 사뭇 다르다. 가르다 호수 부근의 바르돌리노 마을에서 이름을 땄다.

바르돌리노는 벌컥벌컥 마시기 쉬운 단순한 와인으로 빨간색보다는 분홍색에 가깝다. 보디감이 매우 가벼우며, 옅은 체리 풍미와 종종 날카로운 향신료 풍미가 느껴진다. 가르다 호수를 따라 줄지은 트라토리아(이탈리아의 소규모 식당 -역자)에서 바르돌리노를 카라프에 담아서 피자와 함께 즐긴다. 바르돌리노 클라시코는 마을을 둘러싼 오리지널 구역에서 생산하며, 단순한 바르돌리노보다 훨씬 흥미롭다. 바르돌리노를 저렴한 로제 스파클링 와인으로도 만든다. 이를 키아레토(Chiaretto)라 부르며, 특히 여름에 인기가 매우 높다.

# 위대한 베네토 와인

## 스파클링 와인

### 비솔(BISOL)

크레데 | 코넬리아노 발도비아데네 프로세코 수페리오레 | 브뤼 | 논빈티지 | 글레라 85%, 피노 비안코 10%, 베르디소 기타

진정 훌륭한 프로세코 수페리오레는 입에 머금는 순간 하루 종일 마시고 싶다는 기분이 든다. 비솔의 스파클링 와인인 크레데(Crede)가 대표적 예다. 크레데는 현지 방언으로 한때 고대 해저였던 발도비아데네의 엽리구조 구릉지대를 덮은 진흙 토양을 일컫는다. 사랑스럽고 신선한 와인은 뛰어난 순도, 섬세한 과일 풍미, 장난기 넘치는 거품, 생강/복숭아/바닐라 풍미의 바삭함을 가졌다. 비솔 가문은 무려 1542년부터 와인을 만들었다.

## 화이트

### 피에로판(PIEROPAN)

라 로카 | 소아베 | 클라시코 | 가르가네가 100%

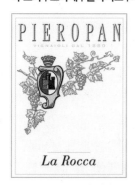

피에로판 가문은 1800년대 말, 소아베에 정착하자마자 최상급 소아베 클라시코 생산자로 인정받았다. 특히 전설의 라 로카(La Rocca)를 비롯해 최초로 싱글 빈야드 와인을 만들었다. 라 로카는 해발 305m의 계단식 백악질 구릉지대에서 재배한 포도로 만든다. 밀랍 같은 풍성한 질감을 가졌으며 광물성, 향신료, 신선한 바다 염분의 풍미가 진동한다. 크림 같은 부드러움과 맛있는 라임 같은 신선함을 가졌다. 라 로카의 싱글 빈야드 자매 격인 소아베 클라시코 칼바리노(Calvarino)는 가장 우아하고 복합적인 소아베 중 하나로 복숭아, 펜넬, 백후추 풍미를 발산한다. 참고로 칼바리노라는 이름은 예수 그리스도가 사망한 십자가상(Calvary)과 관련이 있다.

### 이 캄피(I CAMPI)

캄포 불카노 | 소아베 클라시코 | 가르가네가 85%, 트레비아노 디 소아베 15%

이 캄피('밭'이라는 뜻)는 2006년에 프라(Prà) 와이너리의 소유주인 그라자노 프라의 조카인 플라비오 프라가 설립했다. 가르가네가가 듬뿍 담긴 은수저를 입에 물고 태어난 셈이다. 캄포 불카노 포도밭은 베로나 동쪽의 몬테포르테 달로네 구릉지대에 있다. 프라는 토양에 검은 화산석이 가득해서 와인이 강한 광물성을 띨 것이라고 믿었다. 캄포 불카노는 가르가네가의 사랑스러운 장점을 가장 잘 보여 주는 와인이다. 먼저 복숭아와 바닐라의 풍미가 폭발한 다음 곧이어 세이지, 타임, 루콜라의 파릇파릇한 풍미가 뒤따른다. 크리미함과 광물성이 밀고 당기는 줄다리기가 환상적이면서도 기분 좋다. 이런 최상급 소아베가 보여 주는 극상의 우아함 덕분에 이탈리아 정상급 화이트 와인의 대열에 위대한 소아베가 합류할 수 있는 것이다.

## 레드

### 이나마(INAMA)

오라토리오 디 산 로렌초 | 카르메네레 | 리제르바 | 콜리 베리치 | 카르메네레 100%

카르메네레는 칠레의 위대한 적포도 품종으로 필자의 머릿속에 영원히 각인돼 있다. 그러나 베니스 서쪽의 콜리 베리치 구릉지대는 19세기 중반부터 카르메네레를 재배했다. 가족이 운영하는 작은 와이너리인 이나마는 카르메네레를 사용해서 놀라운 리제르바 와인을 만든다. 와인은 심오함, 감칠맛, 광물성이 번뜩이며 백후추, 그린 타바코, 카시스의 풍성한 풍미층이 파도처럼 휩쓸고 지나간다. 와인을 디캔터에 따라서 풍미를 개방시키면(빽빽한 구조감 때문에 디캔터는 필수다), 폭죽처럼 터지는 풍미를 맛볼 수 있다. 이탈리아식으로 조리한 티본스테이크와 고기가 잔뜩 들어간 라자냐를 먹을 타이밍이다. 오라토리오 디 산 로렌초라는 이름은 11세기에 세워지고 12세기에 포도나무를 재배한 작은 로마네스크풍 교회에서 따왔다.

## 알레그리니(ALLEGRINI)

**아마로네 델라 발폴리첼라 | 클라시코 | 코르비나 45%, 코르비노네 45%, 오셀레타와 론디넬라 기타**

알레그리니의 아마로네 와인은 어릴 때 막강한 타닌 감, 알코올, 풍성함으로 무장한 엄청난 육중함을 발휘한다. 아마로 같은 고급스러운 쓴맛과 균형을 이루는 검은 무화과, 건포도, 바닐라, 검은 감초 풍미는 10년 이상 숙성시킨 후에야 비로소 진정한 맛과 복합미를 서서히 드러낸다. 필자가 느끼기에 피니시는 결코 수그러들 기미가 없다. 구은 양고기나 오리고기가 간절하게 생각나게 만드는 타입이다. 알레그리니 가문은 16세기부터 베네토에서 와인을 만들었다. 아마로네 이외에도 코르비나 품종을 100% 사용한 두 싱글 빈야드 와인도 유명하다. 바로 라 그롤라(La Grola)와 라 포자(La Poja)다. 14세기 궁전을 복원한 알레그리니 가문의 빌라 델라 토레 저택에는 무시무시한 사자 형상의 석조 벽난로가 설치돼 있다. 17세기에는 종교, 영성, 자연과 문화의 관계에 새로운 접근법을 시도하려는 지식인, 예술가, 성직자가 모이는 장소로 쓰였다. 역사적 접근법은 종종 복음주의라 일컫는다.

## 테누타 산탄토니오(TENUTA SANT'ANTONIO)

**안토니오 카스타녜디 | 아마로네 델라 발폴리첼라 | 코르비나와 코르비오네 70%, 론디넬라 20%, 크로아티나와 오셀레타 기타**

테누타 산탄토니오의 아마로네는 달콤한 검은 무화과, 검은 감초부터 야생 허브, 사르사, 바닐라 빈까지 복합적 층위의 아로마와 풍미를 지녔다. 소프라노의 높은음처럼 훌륭한 발사믹 식초 풍미와 이탈리아 아마로의 복합적인 쓴맛이 잘 어우러진다. 특히 정교함, 밸런스, 캐시미어 같은 질감으로 유명하다. 포도를 이른 시기에 수확하고(그래서 포도의 당도가 전반적으로 낮음) 최상의 빈티지에만 와인을 만드는 덕분이다. 테누타 산탄토니오는 1989년에 카스타녜디 가문의 네 형제가 설립했다. 발폴리첼라 동부에 위치하며, 이곳 토양은 석회암과 섞여 있다. 캄포 데이 질리('백합밭'이라는 뜻)는 가장 중요한 포도밭이다. 네 형제의 아버지인 안토니오에게 헌정한 안토니오 카스타녜디는 명실상부하게 훌륭한 와인이다.

## 마시(MASI)

**마차노 | 아마로네 델라 발폴리첼라 클라시코 | 코르비나 75%, 론디넬라 20%, 몰리나라 기타**

보스카이니 가문은 1772년에 바요 데 마시(Vaio dei Masi)라 불리는 작은 계곡에 진귀한 포도밭을 획득하면서부터 와인을 만들기 시작했다. 마차노(Mazzano)는 고대의 작은 계단식 이회토 포도밭이며, 높이 305m 이상의 산비탈에 있다. 마차노에서 재배한 포도로 최상의 해에만 제한된 수량으로 환상적인 싱글 빈야드 아마로네를 만든다. 칠흑 같은 색깔, 명확성, 파워, 우아미, 생생한 생명력이 놀라운 균형을 이루고 있다. 볶은 커피콩, 블랙 올리브, 검은 무화과, 검은 감초, 바닐라 빈, 이국적 향신료, 쌉쌀한 초콜릿의 아로마와 풍미가 와인잔에서 요동친다. 이탈리아 북부의 작은 식당에서 마시 같은 아마로네를 마실 때는 푸짐한 고깃덩이나 짜고 강렬한 치즈 덩어리를 함께 먹는다.

1950년대 최초로 만들어진 아마로네는 '레초토 델라 발폴리첼라 아마로네'라 불렸다. 스위트한 레초토 델라 발폴리첼라와 구분하기 위해서다. 이후 이름에서 레초토라는 단어를 생략하고 아마로네를 맨 앞에 배치했다.

# FRIULI VENEZIA GIULIA 프리울리 베네치아 줄리아

이탈리아 북동부에 작은 귀처럼 돌출된 프리울리 베네치아 줄리아(줄여서 프리울리)는 문화적, 역사적으로 번영한 지역이다. 수 세기에 걸쳐 북부 유럽과 근동 지역의 여러 민족이 이곳을 거쳐 지중해로 향했다. 육로 향신료 루트는 비잔틴 제국부터 프리울리를 거쳐 베네치아로 이어진다. 1866년에 이탈리아에 합병되기 이전, 프리울리는 오스트리아-헝가리 제국의 전략적 지중해 항구지역이었다. 근래 유럽연합의 팽창과 함께 프리울리는 유럽 서부와 중동부를 잇는 지정학 요충지로 부상했다.

프리울리 주민들은 수백 년간 다채로운 민족적 영향, 문화적 다양성, 정치적 수완, 활발한 상업을 겪은 결과, 역동성과 무엇이든 할 수 있다는 자신감을 느끼게 됐다. 프리울리는 이탈리아에서 가장 야망적이고 경제적으로 성공한 와인 산지에 속한다. DOC와 DOCG 와인이 총 생산량 대부분을 차지한다. 와인에서 이들의 열정을 맛볼 수 있을 정도다. 프리울리 와인은 공통적으로 뚜렷한 존재감이 있다. 평범한 와인은 거의 찾아볼 수 없다. 강렬함, 응축력, 창의성을 발휘하며, 게르만족 특유의 명확성, 집중력, 견고함을 소유하고 있다.

이탈리아처럼 레드 와인만 '진짜' 와인으로 간주하는 나라에서 프리울리는 짜릿한 화이트 와인 산지로 주목받는다. 특히 피노 그리지오, 피노 비안코, 소비뇽 블랑, 리볼라 잘라는 샤르도네만큼 훌륭하다.

그중에서도 프리울리 주민들의 마음을 사로잡은 최고의 화이트 와인은 바로 프리울라노(Friulano)다. 이웃 국가인 슬로베니아를 비롯해 많은 국가에서 소비뇨나세(Sauvignonasse)라 알려져 있다(이름과는 달리 소비뇽 블랑과는 아무런 상관없으며, 완전히 다른 품종이다). 한때 프리울라노 라벨에 토카이 프리울라노(Tocai Friulano)라고 표기할 때가 있었다. 이 때문에 헝가리의 토커이(Tokaji) 와인과 관련 있다는 혼동을 빚었는데, 다행스럽게도 2007년에 이탈리아 법에 따라 표기가 금지됐다.

260페이지 상자 글에 나오는 포도 품종들은 싱글 버라이어탈 와인과 수많은 화이트 블렌드 와인에 사용된다. 예를 들어 예르만(Jermann)이 소비뇽 블랑, 샤르도네, 리볼라 잘라, 말바시아를 블렌딩해서 만든 빈티지 투니나(Vintage Tunina)와 보르고 델 틸리오(Borgo del

## 프리울리 베네치아 줄리아 와인 맛보기

이탈리아에서 가장 강렬하고 짜릿한 화이트 와인이 프리울리에서 대거 생산된다.

최상급 와인에는 프리울라노, 리볼라 잘라 등 재래종과 소비뇽 블랑, 샤르도네 등 국제적 품종을 사용한다.

화이트 와인이 워낙 유명하지만, 레드 와인도 상당히 큰 비중을 차지하며 맛도 훌륭하다. 특히 스키오페티노, 피뇰로, 타첼렌게, 레포스코 등 적포도 재래종과 메를로, 카베르네 소비뇽, 카베르네 프랑이 유명하다.

Tiglio)가 프리울라노, 리슬링, 소비뇽 블랑을 블렌딩해서 만든 스튜디오 디 비안코(Studio di Bianco) 등이다.

프리울리가 화이트 와인으로 유명하긴 하지만, 매우 훌륭한 레드 와인도 생산한다. 특히 움푹 들어가고 따뜻한 지형에서 생산하는 메를로 와인이 일품이다. 이 밖에도 스키오페티노(Schioppettino), 피뇰로(Pignolo), 타첼렌게(Tazzelenghe), 레포스코(Refosco) 등 환상적인 재래종 네 개가 있다. 이 중 앞의 세 품종은 한때 멸

슬로베니아 국경 부근의 고대 도시인 치비달레 델 프리울리는 고대 로마 시대의 북동부 전초기지였다

종 위기였으나 열성적인 이탈리아 와인 애호가들 덕분에 조금씩 되살아나고 있다.

프리울리에는 스위트 와인도 있다. 이탈리아에서 가장 희귀하고 절묘한 디저트 와인 두 개가 모두 프리울리에서 만들어진다. 바로 라만돌로(Ramandolo)와 피콜리트(Picolit)다. 가장 가벼운 보디감과 절묘함을 겸비한 라만돌로는 베르두초(Verduzzo) 품종으로 만들며, 구리 같은 광택과 은은한 허브 풍미가 있다. 라만돌로를 만드는 가족들은 중세 마을인 라만돌로 근처에서 약 50만㎡(50헥타르) 면적의 포도밭을 경작한다. 최상급 생산자는 조반니 드리(Giovanni Dri), 론키 디 만차노(Ronchi di Manzano), 리본(Livon), 론키 디 찰라(Ronchi di Cialla) 등이다.

### 세 개의 베네치아

프리울리 베네치아 줄리아, 트렌티노알토아디제, 베네토 등 이탈리아 3대 북동부 지역을 합쳐서 트레 베네치에(세 개의 베네치아)라 부른다. 베네치아 공화국과의 역사적 관계 때문이며, 현재까지도 역사 이상의 관계로 얽혀 있다. 이탈리아에서 가장 세련된 고품질 화이트 와인이 트레 베네치에에서 생산된다. 북쪽에 장엄한 알프스산맥과 접하고 있어 북부성 기후를 띠며, 지중해 기질과 상당히 다른 행동 양상을 보인다. 수 세기 전부터 독일, 오스트리아, 스위스, 크로아티아, 슬로베니아의 영향을 받았기 때문이다. 베네치아 줄리아의 '줄리아'라는 이름은 줄리어스 시저에서 따온 것이다. 프리울리는 '줄리어스의 시장'이란 뜻의 라틴어 포룸 율리(Forum Iulii)에서 유래했다. 현재의 치비달레 도시로 유명한 동부 와인 구역인 콜리 오리엔탈리(Colli Orientali)에 있다.

피콜리트는 기록에 따르면 무려 12세기로 거슬러 올라가는 고대 품종이다. 작은 포도송이에 빗대어 작다는 의미의 이탈리아어 피콜로(piccolo)에서 유래했다. 안타깝게도 피콜리트의 유전적 돌연변이는 꽃이 수분돼서 과실이 맺히는 성공률이 절반에 불과하다. 그 결과, 피콜리트 와인은 매우 고가에 속한다. 최상급 피콜리트 스위트 와인은 섬세함과 부드러운 꿀 풍미를 지녔다. 대표적 예는 리비오 펠루가(Livio Felluga), 론키 디 찰라(Ronchi di Cialla), 도리고(Dorigo) 등이다. 피콜리트

는 드물지만 드라이 와인으로도 만들어진다. 크리미함과 바삭함을 동시에 가졌으며, 광물성과 감칠맛이 느껴지는 맛있는 와인이다. 피콜리트 드라이 와인으로 아퀼라 델 토레(Aquila del Torre)의 오아지 비안코(Oasi Bianco)를 추천한다.

## 땅과 포도 그리고 포도원

프리울리 베네치아 줄리아는 면적 7,770㎢의 작은 지역이다. 대도시인 로스앤젤레스보다 훨씬 작다. 그러나 작은 면적에도 불구하고 유명한 포도 품종이 십여 개 이상이다. 참고로 과거에는 훨씬 더 많았다. 19세기 말에 필록세라가 프리울리를 덮치기 이전에는 무려 350종 이상이 서식했다.

알프스산맥이 프리울리 북부 경계선을 형성하고 있으며, 북부 절반이 극심한 산악지대다. 따라서 거의 모든 포도밭(약 240㎢)이 남부에 몰려 있다. 최상급 포도밭은 비탈진 알프스산맥 주변이나 아드리아해에서 내륙으로 뻗은 평지에 있다. 산맥과 바다가 병렬로 있어 낮에는 온화하고 저녁에는 서늘하다. 이러한 환경 덕분에 최상급 프리울리 와인들은 팽팽한 구조와 정확한 밸런스를 갖는다. 물론 태양이 따사롭게 내리쬐는 알프스산맥의 남쪽을 말하는 것이다. 한쪽 산비탈은 온기와 햇빛에 모두 노출되어 청포도와 적포도 모두 충분히 긴 성숙기를 거친다.

프리울리에서 가장 높은 명성을 자랑하는 와인 구역은 콜리 올리엔탈리('동쪽 언덕'이라는 뜻)와 콜리오 고리자노(또는 콜리오)다. 둘 다 동쪽 끝의 슬로베니아 국경 부근에 있다. 최상급 포도밭은 배수력이 뛰어난 계단식 언덕에 자리 잡고 있다. 이곳 토양은 잘 바스러지는 사암, 칼슘이 풍부한 이회토(현지에서는 폰카라 부름), 아드리아해에서 나온 해양 화석이 뒤섞여 있다. 클래식한 최상급 와인은 대부분 프리울리 동부에서 생산된다. 한편 프리울리 그라베(Friuli Grave)라 불리는 프리울리 서부는 은은함, 우아함, 절제미를 갖춘 와인으로 명성을 얻고 있다.

**프리울리 현지 방언으로 계단식 언덕 꼭대기를 론키(ronchi)라 부른다. 론키 또는 단수로 론코(ronco)라는 단어는 론코 데이 타시('오소리의 언덕 꼭대기'라는 뜻)처럼 포도밭 또는 양조장 이름의 첫 글자로 쓰인다.**

## 프리올리 대표 와인

### 대표적 와인

**카베르네 프랑(CABERNET FRANC)** - 레드 와인

**샤르도네(CHARDONNAY)** - 화이트 와인

**프리울라노(FRIULANO)** - 화이트 와인

**메를로(MERLOT)** - 레드 와인

**피노 비안코(PINOT BIANCO)** - 화이트 와인

**피노 그리조(PINOT GRIGIO)** - 화이트 와인

**레포스코(REFOSCO)** - 레드 와인

**리볼라 잘라(RIBOLLA GIALLA)** - 화이트 와인

**소비뇽 블랑(SAUVIGNON BLANC)** - 화이트 와인

**스키오페티노(SCHIOPPETTINO)** - 레드 와인

스키오페티노 포도는 질감이 거의 아삭한 수준이다

### 주목할 만한 와인

**카베르네 소비뇽(CABERNET SAUVIGNON)** - 레드 와인

**피콜리트(PICOLIT)** - 화이트 와인(드라이, 스위트 와인)

**피뇰로(PIGNOLO)** - 레드 와인

**라만돌로(RAMANDOLO)** - 화이트 와인(스위트 와인)

**타첼렌게(TAZZELENGHE)** - 레드 와인

프리올리는 세련된 화이트 와인으로 세계에 이름을 알렸는데, 이는 자신만의 고유한 접근법을 고집한 덕분이다. 1970~1980년대, 전도유망한 와인 산지 대부분이 배럴 발효와 오크통 숙성을 거친 그럴싸한 와인을 만드는데 주력했다. 그러나 프리올리 생산자들은 오히려 정반대의 와인을 고집했다. 팽팽하고 역동적인 화이트 와인은 용수철이 튀어 오를 듯한 산미와 포도의 순수한 맛을 살린 풍미를 자랑한다. 이는 현재까지도 프리올리 와인의 대표적 특징이지만, 배럴 숙성한 화이트 와인 생산량도 늘어나는 추세다.

> ### 포도나무의 탄생
> 라우셰도(Rauscedo)는 와인 애호가들에게도 낯선 용어다. 그러나 프리올리의 작은 라우셰도 마을의 라우셰도 너서리(Rauscedo Nursery)는 세계 최대 포도 묘목 재배원 중 하나다. 면적 16㎢(1,600헥타르)의 용지에 다양한 품종과 클론 수천 개가 자라며, 면적 15㎢(1,500헥타르)의 추가 용지에는 '어미나무'인 꺾꽂이용 대목이 있다. 라우셰도 너서리는 매년 4,000개 품종/클론/대목을 조합한 포도나무 6,000만~8,000만 그루를 판매한다.

프리올리는 레드 와인, 화이트 와인에 이어 가장 독특한 세 번째 종류의 와인도 생산한다. 바로 오렌지 와인이다. 점토 암포라 또는 조지아의 크베브리(qvevri)를 땅에 묻어서 와인을 숙성시키는 고대 장인 방식을 따른다. 오렌지 와인은 포도 껍질과 수개월간 접촉한 화이트 와인의 일종이다. 이때 포도 껍질에서 타닌이 추출되어 드라이하고 견고한 질감이 형성되며, 쌉쌀한 오렌지 껍질과 말린 과일 아로마, 펑키한 풍미, 대표적 특징인 흐린 주황색(작가인 마리사 로스는 켈로그 마스코트인 호랑이 토니와 같은 주황색이라 표현했다)을 띤다. 처음에는 생소할지 몰라도 깊이 알수록 매력이 넘치는 와인이다. 오렌지 와인 생산자들은 대체로 내추럴 와인 옹호자이며(39페이지 참조), 와인 여과 작업을 생략하거나 와인에 이산화황을 넣지 않는다. 프리올리와 슬로베니아는 내추럴 와인의 본고장이다. 그라브네르(Gravner), 라디콘(Radikon), 라 카스텔라다(La Castellada) 등 프리올리의 정상급 오렌지 와인 생산자들은 열광적인 팬층을 보유하고 있다. 사실 이런 와인은 풍미보다는 지적인 면에서 훨씬 흥미롭다.

## 프리울리 포도 품종

### 화이트

◇ **샤르도네**
주요 품종이다. 단순한 와인은 물론 복합적인 와인을 만드는 데도 사용한다.

◇ **프리울라노**
프리울리의 대표적 포도로 크리미한 동시에 바삭한 질감을 더해 환상적이고 복합적인 와인을 만든다. 다른 나라에서는 소비뇨나세(Sauvignonasse)로 알려져 있다.

◇ **피콜리트**
재래 품종으로 희귀한 디저트 와인과 때때로 드라이 와인을 만드는 데 사용한다. 꽃이 수분되기 전에 쉽게 떨어지는 유전적 특성 때문에 소량만 생산된다.

◇ **피노 비안코(피노 블랑)**
놀라울 정도로 좋은 프리울리 와인을 만든다. 종종 샤르도네와 블렌딩한다.

◇ **피노 그리조(피노 그리)**
유명한 품종이다. 라이트 보디에서 미디엄 보디, 적당한 품질에서 훌륭한 품질까지 넓은 범위를 망라한다.

◇ **리볼라 잘라**
매우 중요한 품종이다. 풍부한 아로마, 복숭아, 이국적인 시트러스 풍미의 매력적인 와인을 만든다.

◇ **소비뇽 블랑**
신선함이 넘치고 새큼함과 야생성이 느껴지는 인상적인 와인을 만든다.

◇ **베르두조**
재래 품종으로 프리울리에서 가장 매력적인 디저트 와인인 라만돌로를 만든다.

### 레드

◇ **카베르네 프랑**
유명한 적포도 품종으로 단독 또는 혼합으로 쓰인다. 프리울리에서는 19세기 말에 처음 재배됐다. 보통 산도가 높고 보디감이 얄팍하지만, 크랜베리 풍미의 좋은 와인을 만든다.

◇ **카베르네 소비뇽**
프리울리에서 카베르네 프랑보다 재배량은 적지만 더 일찍 재배되기 시작했다. 와인이 대체로 얄팍하고 팽팽하다.

◇ **메를로**
프리울리에서 가장 흔히 재배하는 적포도 품종이다. 소박한 스타일에서 실크처럼 부드러운 타입까지 다양한 품질의 와인을 만든다.

◇ **피뇰로**
희귀한 재래 품종으로 독특함, 타닌감, 허브 풍미의 레드 와인을 만든다.

◇ **레포스코**
몇몇 품종을 총칭하는 이름이다. 가장 주된 품종은 레포스코 달 페둔콜로 로소(Refosco dal Peduncolo Rosso)다. 잉크처럼 검붉은색의 마시기 쉬운 새큼한 와인이나, 엄청나게 복합적이고 심오한 와인을 만든다.

◇ **스키오페티노**
세련된 적포도 재래종이다. 예리함, 기분 좋은 날카로움, 응축도, 복합적인 과일과 향신료 풍미가 있는 와인을 만든다.

◇ **타첼렌게**
'혀를 자른다'는 의미를 가졌다. 보통 대담하고 산도가 높은 와인을 만든다. 프리울리와 슬로베니아 서부의 재래 품종이다.

프리울리 화이트 와인은 어떤 스타일이든 풍미의 농축도가 매우 뛰어나다. 다른 지역의 피노 그리조는 수돗물처럼 느껴지기도 한다. 하지만 최상급 프리울리 피노 그리조는 배, 복숭아, 아몬드 풍미를 발산한다(스키오페토의 피노 그리조 와인을 마셔 보라). 샤르도네도 마찬가지다. 최상급 프리울리 샤르도네는 개성이 넘치며, 정교함과 풍성함을 겸비했다.

프리울라노는 프리울리 와인 중 가장 설명하기 까다롭다. 가벼운 아로마, 고급스러운 미디엄 보디감 그리고 때때로 스모키한 풍미가 스쳐 간다. 아로마와 풍미는 말린 꽃, 수지성 허브, 백후추에서 광물성, 대담한 향신료 때론 바닐라 크림 케이크까지 광범위하다. 론코 델 네미츠(Ronco del Gnemiz)는 생물역학 농법으로 재배한 60년 묵은 포도나무 과실로 산 추안(San Zuan)이라 불리는 환상적인 프리울라노를 만든다.

리볼라 잘라 품종으로 만든 와인도 상당히 매력적이다. 복숭아, 꽃, 시트러스의 유쾌한 풍미와 신선함이 넘쳐흐른다. 이처럼 훌륭한 포도가 프리울리와 슬로베니아 이외 지역에서 거의 재배되지 않는다는 사실이 놀라울 따름이다. 참고로 슬로베니아에서는 레불라(Rebula)라 부른다.

프리울리의 소비뇽 블랑(줄여서 소비뇽)은 야생적이고 새큼한 맛, 후추 풍미, 펜넬과 세이지를 연상시키는 풋풋함을 가진 멋진 와인이다. 필자는 프리울리에서 열린 여름 파티에서 최고로 맛있는 와인과 음식의 궁합을 경험했다. 우리는 모두 얼음처럼 시원한 프리울리 소비뇽을 마시고 있었다. 그 가족의 할머니가 정원 한가운데서 신선한 세이지 잎에 체스트넛 반죽옷을 입혀 감자칩처럼 올리브기름에 튀겼다. 우리는 바삭하고 따뜻한 세이

## 커피의 도시

프리울리는 와인으로 유명한 지역이지만, 주도인 트리에스테에 또 다른 명물이 있다. 바로 커피다. 유럽 최초로 커피를 수입한 도시 중 하나로 무려 1830년대 설립된 커피하우스도 있다. 트리에스테는 현재도 여전히 거대한 커피 생산 중심지다. 특히 일리(Illy) 본사가 이곳에 있다. 트리에스테는 정치적으로 복잡한 격동의 역사가 있다. 2차 세계 대전 이후 동맹국, 이탈리아 파시스트, 유고슬라비아 공산주의자의 팽팽한 교차점에서 독립 국가 지위를 유지하다가 1954년에 마침내 이탈리아에 합병됐다.

트리에스테에서 커피와 와인은 비등비등한 인기를 누린다.

지 튀김을 할머니에게 건네받기 무섭게 걸신들린 듯이 소비뇽과 함께 먹어 치웠다. 아아, 아직도 그날의 감동을 잊을 수 없다.

역동적인 프리울리 레드 와인 대부분은 프리울리 또는 국경 너머 슬로베니아의 재래 품종으로 만든다. 스키오페티노는 멸종 위기에 놓였지만, 1970년대에 론키 디 찰라의 소유주인 파올로 라푸치가 포도나무 70그루를 구조해서 은밀하게 번식시켰다(당시 스키오페티노는 프리울리에서 공식적으로 인정받은 품종이 아니었다).

스키오페티노 품종으로 만든 와인은 후추, 향신료, 검은 체리, 크랜베리의 선명한 풍미와 라이트한 보디감이 특징이다. 스키오페티노라는 이름은 '딱딱 소리를 내다', '펑 터지다'라는 뜻의 스코피에타레(scoppiettare)라는 단어에서 유래했다. 이탈리아 와인 전문가인 이안 다가타에 따르면, 입안에서 폭발하는 아삭한 베리류 풍미를 빗댄 것이라고 한다. 피뇰로도 한때 멸종 위기였지만, 1970년대에 몇 그루를 발견해서 힘겹게 키운 결과 다시 재배되기 시작했다. 피뇰로라는 이름은 작은 솔방울 모양의 포도송이와 까다로운 재배 조건으로 인한 낮은 생산량을 빗댄 것이다. 레포스코는 몇몇 현지 품종을 총칭하는 이름이다. 이 중 가장 널리 재배되는 품종은 레포스코 달 페둔콜로 로소(문자 그대로 '붉은 줄기의 레포스코'란 뜻)다. 프리울리에서는 농후한 블루베리, 블랙베리 풍미의 선명한 산미를 가진 훌륭한 일상용 와인을 만든다. 타첼렌게('혀를 자른다'는 뜻)는 신랄한 날카로움을 가졌다. 프리울리와 슬로베니아 서부의 토종 품종이다. 메를로와 카베르네 와인은 프리울리에서 한 세기 훨씬 전부터 생산됐다. 과거에는 소박하고 가벼우며, 얄팍한 와인이었다. 그러나 현재는 기후변화와 현대 와인 양조 기술 덕분에 품질이 향상됐다. 특히 미아니(Miani), 레 비녜 디

차모(Le Vigne di Zamò), 모스키오니(Moschioni), 메로이(Meroi), 스키오페토(Schiopetto), 다미잔(Damijan), 비에 데 로만(Vie de Romans), 라 카스텔라다(La Castellada) 등 최상급 메를로가 대거 포진해 있다.

### 프리울라노의 최상급 생산자

- 아바치아 디 로자초(Abbazia di Rosazzo)
- 바스티아니치(Bastianich)
- 에노프리울리아(EnoFriulia)
- 프란체스코 페코라리(Francesco Pecorari)
- 예르만(Jermann)
- 리비오 펠루가(Livio Felluga)
- 마르코 펠루가(Marco Felluga)
- 미아니(Miani)
- 피에르파올로 페코라리(Pierpaolo Pecorari)
- 론키 디 찰라(Ronchi di Cialla)
- 론코 데이 타시(Ronco dei Tassi)
- 론코 델 계미츠(Ronco del Gnemiz)
- 스테베르얀(Števerjan)
- 빌라 루시츠(Villa Russiz)
- 레 비녜 디 차모(Le Vigne di Zamò)

프리울리의 대표 디저트인 티라미수의 매력에 저항할 사람은 없다(티라미수는 물론 에스프레소로 만든다!).

### 프리울리의 명물, 프로슈토 햄

프로슈토는 이탈리아 전역에서 생산되지만, 오직 두 종류만 일품으로 인정받는다. 바로 프로슈토 디 산 다니엘레와 프로슈토 디 파르마다. 전자는 프리울리의 산 다니엘레 언덕 마을 부근에서 생산하고, 후자는 에밀리아 로마냐의 파르타 마을 부근에서 생산한다. 프로슈토 디 산 다니엘레는 달큼함, 풍성한 육질, 부드러운 질감, 산호색이 특징이며, 오직 세 가지 돼지 품종만 사용해서 만든다. 바로 랜드레이스(Landrace), 이탈리아 대백종(Large White), 듀록(Duroc)이다. 돼지들은 천연 곡물과 이탈리아 치즈의 기름진 유장을 먹고 자란다. 몸무게가 160kg에 도달한 개체만 선별한다.

생햄을 훈연 또는 가열하지 않은 상태로 400일간 저장한다(가공 처리하지 않은 햄이 미국에 수입되려면 엄격한 USDA 규정을 충족해야 하며, 이탈리아도 USDA 검사를 거쳐야 한다). 먼저 고기를 소금에 푹 절인 후 마사지하고, 두드리고, 문지른 다음 뻣뻣한 쇠솔과 물로 씻어 낸다. 특수 설계된 건물 천장에 달린 긴 수직 창에 고기를 매달아서 건조한다. 프리울리 주민들의 말에 따르

프로슈토의 맛과 품질을 검수하고 있다.

면 소금기를 품은 따뜻한 아드리아해의 공기와 알프스의 차가운 공기가 섞이면 완벽한 조합이 완성된다고 한다. 그 결과 놀라울 정도로 복합적인 풍미가 형성돼 프리울라노 또는 리볼라 잘라를 절로 갈망하게 된다. 프로슈토 디 산 다니엘레는 유럽에서 최초로 PDO(Protected Designation of Origin, 원산지 명칭 보호) 지위를 인정받았으며, 모든 고기에 인증 도장이 찍혀 있다.

## 위대한 프리울리 와인

### 화이트

### 에디 케베르(EDI KEBER)
케이(K) | 콜리오 | 프리울라노, 리볼라 잘라, 말바시아 이스트리아나의 필드 블렌드

몇십 년 전만 해도 프리울리 화이트 블렌드 와인 대부분은 필드 블렌드였다. 즉, 여러 품종을 한 포도밭에 혼합 재배하고 동시에 수확해 섞어서 발효시켰다. 케이(K)라 불리는 에디 케베르의 와인도 여전히 기존 방식을 고수한다. 크리미하고 신선하며, 생생한 광물성과 후추 풍미가 가득하다. 또한 카모마일, 허브, 백도, 노란 자두의 풍미가 느껴진다. 에디 케베르는 진정한 가족 경영 양조장이다. 엄마, 아빠, 아들, 딸이 모든 일을 분담해서 책임진다. 포도밭들은 콜리오 구역에 있는데, 이곳은 폰카(ponca)라 불리는 귀중한 토양이 깔려 있고 쉽게 바스러

지는 이회토와 돌이 뒤섞여 있다. 양조장은 슬로베니아 국경에서 돌을 던지면 닿을 거리에 있다. 와인에 들어가는 여러 품종 중 특히 말바시아 이스트리아나는 이웃 국가인 슬로베니아와 크로아티아의 최상급 품종으로 알려져 있다.

### 론코 델 게미츠(RONCO DEL GNEMIZ)
살리치 | 소비뇽 블랑 | 콜리 오리엔탈리 | 소비뇽 블랑 100%

환상적인 명확성을 자랑하는 싱글 빈야드 소비뇽 블랑으로 대부분의 전형적인 소비뇽 블랑과는 사뭇 다르다. 풀 같은 풋풋함과 거친 면이 전혀 없다. 오히려 약간의 백도, 멜론, 바닐라, 세이지, 목초지의 아로마와 풍미가 기다란 끈처럼 펼쳐진다. 둥

글고 응축력 있는 와인이 입안에서 활동적인 생기와 강한 신선함을 발산한다. 와인잔을 손에서 내려놓기 힘들 정도다. 프리울리 정상급 와이너리에 속하는 론코 델 게미츠는 세레나 팔라졸로와 그녀의 아들들이 소유 및 운영하고 있다. 프리울리 방

언으로 론코 델 계미츠는 '이방인의 언덕'이란 뜻이다. 1960년대부터 유기농법으로 포도원을 꾸리기 시작한 세라나와 그녀의 아버지를 바라보는 현지 주민들의 시선을 반영한 이름이다. 오늘날 세레나의 생물역학 농법 포도밭은 로자조 언덕의 폰카(ponca) 토양에 자리하며, 풍성하고 복합적인 화이트 와인을 대거 생산한다.

## 예르만(JERMANN)
**빈티지 투니나 | 샤르도네, 소비뇽 블랑, 리볼라 잘라(소량), 말바시아(소량), 피콜리트(선택) *품종 비율은 비공개**

최상급 프리울리 생산자가 만든 이탈리아에서 가장 미묘하고 선명한 화이트 와인인 빈티지 투니나 (Vintage Tunina)는 프리울리 화이트 블렌드의 무한한 잠재력을 여실히 보여 준다. 빈티지 투니나는 아마도 이탈리아에서 최초로 팬층을 보유한 화이트 와인일 것이다. 크리미하고 바삭한 질감과 강력한 꽃/과일/광물성 풍미는 인상주의 화풍을 연상시킨다(많은 이탈리아 와인 전문가가 화이트 트러플을 아낌없이 뿌린 요리에 완벽하게 어울리는 화이트 와인으로 꼽는다. 화이트 트러플의 본고장인 피에몬테 와인도 아닌데 말이다). 투니나는 포도원의 본래 주인이자 카사노바의 애인 중 하나였던 여성의 이름이다.

## 레드

## 론키 디 찰라(RONCHI DI CIALLA)
**스키오페티노 디 찰라 | 콜리 오리엔탈리 | 스키오페티노 100%**

1970년대, 론키 디 찰라의 소유주인 파올로와 디나 라푸치는 프리울리 재래종을 재배해서 와인을 만든다는 포부를 품고 올리베티 타자기 판매업을 접고 프리울리에 방치된 땅을 매입했다. 당시 스키오페티노(Schioppettino)는 공식적으로 멸종된 품종이었다. 남은 흔적이라곤 낡은 필사본과 나이 든 마을주민의 기억뿐이었다. 파올로와 디나 라푸치는 마침내 근처에 생존한 스키오페티노 나무 70그루를 발견해서 힘겹게 번식시켰다. 이처럼 스키오페티노를 멸종 위기에서 구조했지만, 이탈리아 정부가 공식적으로 승인하지 않는 이상 한번 멸종된 품종을 사용하는 것은 불법이었다. 라푸치 가문은 포기하지 않았고, 결국 오늘날 스키

오페티노는 프리울리의 명물로 인정받기에 이른다. 론키 디 찰라의 스키오페티노 와인은 향신료, 인센스, 바닐라, 흑후추의 풍미가 휘몰아치는 환상적이고 우아하며 이국적인 와인이다. 질감은 이탈리아산 고급 가죽 장갑처럼 부드럽다.

## 스키오페토(SCHIOPETTO)
**리바로사 | 메를로 90%, 카베르네 소비뇽 10%**

메를로와 카베르네 소비뇽은 프리울리에서 긴 역사가 있다. 과거에는 얄팍하고 다소 스파이시한 레드 와인을 만들었지만, 현재는 기온이 따뜻해지고 와인 기호가 바뀐 덕분에 풍미와 구조감이 강하면서도 엄청나게 신선함을 보유한 와인을 만든다. 예를 들어 리바로사(Rivarossa)처럼 말이다. 집에서 먹는 두툼한 스테이크 옆자리에 어울리는 묵직한 레드 와인이다. 흙과 베리류의 깊은 풍미 가운데 향신료 풍미가 도드라진다. 현재 로톨로 가문이 소유한 스키오페토는 1960년대에 프리울리 현대 와인의 선구자인 마리오 스키오페토가 설립했다. 스키오페토는 카프리바 대주교에게서 첫 포도밭을 구매했다. 트리에스테 북서쪽에 있는 대주교의 성을 둘러싼 밭이었다. 스키오페토는 이탈리아에서 가장 아름다운 피노 그리조와 피노 비안코도 만든다.

## 리비오 펠루가(LIVIO FELLUGA)
**소소 | 리제르바 | 콜리 오리엔탈리 |**
**레포스코 달 페둔콜로 로소, 메를로, 피뇰로 *품종 비율은 비공개**

소소(Sossó)는 매우 정교하고 감각적인 와인으로 피노 누아와 자주 결부된다. 소소는 포도나무 고목이 자라는 언덕 밑에 흐르는 개울의 이름을 딴 것이다. 따뜻한 라즈베리, 초콜릿, 석류, 감, 바닐라의 풍미와 벨벳 같은 질감이 입안에 퍼지며

느린 황홀감을 선사한다. 이 모든 풍성함과 동시에 생생함과 신선함을 갖추고 있기에, 구운 고기와 크리미한 치즈와도 놀라울 정도로 잘 어울린다. 리비오 펠루가(집필 당시 100세)는 마리오 스키오페토와 더불어 프리울리 현대 와인의 선구자로 이 지역에 현대 양조 기술을 도입한 장본인이다. 1956년, 이탈리아에 DOC 체계가 창설되기 이전에 펠루가는 프리울리의 옛날 지도가 그려진 와인 라벨을 사용했다. 현재는 리비오의 아들인 안드레아 펠루가가 와이너리를 운영한다.

# TUSCANY 토스카나

토스카나는 이탈리아 와인 산지의 정수다. 르네상스가 태동하고 교회가 절대 권력을 행사한 역사 때문에 토스카나 와인은 예술, 종교와 강한 유대관계를 맺고 있다. 동시에 빵 한 조각에 곁들이거나 식재료로 사용하는 등 일상적인 식사를 구성하는 가장 소박한 음식이기도 했다.

토스카나는 이탈리아에서 가장 역사적인 4대 레드 와인의 본고장이다. 바로 키안티(Chianti), 키안티 클라시코(Chianti Classico), 브루넬로 디 몬탈치노(Brunello di Montalcino), 비노 노빌레 디 몬텔풀차노(Vino nobile di Montepulciano)다. 이 밖에도 볼게리 연안 지역의 유명한 와인을 비롯해 수많은 와인을 생산한다. 키안티는 영어를 사용하는 특정 나이의 와인 애호가에 대한 향수를 불러일으킨다. 1970년대, 키안티는 낭만적인 보헤미안의 전형이자 반문화 운동가의 예산에 걸맞은 와인이었다. 그러나 붉은 체크무늬 테이블보 위에서 향락적 밤을 장식하던 키안티는 대체로 형편없는 와인이었다. 1970년대 말, 촛대로 쓰이는 키안티 빈 병은 두 배로 늘었고, 키안티의 명성과 가격은 바닥을 쳤다.

## 토스카나 와인 맛보기

토스카나는 이탈리아에서 가장 중요하고 역사적인 레드 와인(키안티, 키안티 클라시코, 브루넬로 디 몬탈치노, 비노 노빌레 디 몬테풀차노)과 현대적인 볼게리 와인의 본고장이다.

가장 중요한 적포도 품종은 산지오베제다. 모든 주요한 전통 와인에 빠짐없이 들어가며, 이탈리아 최고의 적포도 품종으로 여겨진다.

1970~1980년대 와인 혁명으로 토스카나 전역의 와인 품질이 대폭 향상됐다. 그중 비교적 대담하고 보디감이 묵직하며, 국제 스타일인 와인들을 슈퍼 투스칸(Super Tuscan)이라 총칭한다.

최상급 토스카나 생산자들은 정신을 바짝 차리고 재도약을 도모했다. 그리고 현대 와인 세계에서 가장 극적이고 성공적인 혁명을 일으킨다(231페이지의 '이탈리아의 고급 와인 혁명' 참고).

정상급 토스카나 와인은 모두 산지오베제를 주 품종으로 사용한다(볼게리와 몇몇 슈퍼 투스칸 와인은 예외). 산지오베제는 피노 누아처럼 수백 개 클론과 유전적 돌연변이를 가진 까다롭고 성가신 고대 품종이다. 이들은 대부분 각기 다른 맛이 난다. 그러나 토스카나 산지오베제들은 하나의 공통점이 있다. 이들은 묵직하고 과일 풍미가 짙은 블록버스터 같은 와인과는 거리가 멀다. 반대로 앙상할 정도로 마른 근육질, 소금기, 에스프레소 같은 쓴맛이 느껴진다. 이런 특징이 전혀 흥미롭지 않을 것이다. 그러나 엑스트라버진 올리브기름을 듬뿍 넣은 파스타가 눈앞에 있다면, 산지오베제의 매력이 선명하게 다가온다. 다른 이탈리아 지역과 마찬가지로 토스카나에서도 음식과 와인은 떼놓을 수 없는 관계다. 무엇보다 산지오베제 와인과 토스카나 현지 음식은 서로의 장점을 극대화하는 방향으로 함께 진화했기 때문에 이 둘의 관계는 절대적이다.

토스카나에서 산지오베제 다음으로 중요한 적포도는 메를로와 카베르네 소비뇽이다. 메를로는 19세기 중반

볼게리로 향하는 '사이프러스나무 도로'

## 최초의 이탈리아인, 에트루리아인

기원전 900~27년, 로마제국 이전에 토스카나는 움브리아 서부, 라치오 북부와 더불어 에트루리아인의 고향이었다. 많은 역사학자가 에트루리아인을 최초의 순수한 토종 이탈리아인이라고 추정한다. 에트루리아 언어는 현재 일부만 판독이 된다. 그러나 정교한 에트루리아 무덤, 장례식 그림, 무덤의 유물 등을 살펴보면, 의식에 집착하는 미신적 문화가 있었음을 짐작할 수 있다. 예를 들어 갓 도살한 동물의 내장, 새들의 비행경로, 천둥 번개를 '읽고' 점술을 행했다. 무덤 벽화에는 와인, 춤, 운동경기로 가득한 향락적 연회 장면이 그려져 있다. 켈트족, 그리스와의 무역을 통해 부를 쌓은 에트루리아 가문은 높은 절벽에 두꺼운 벽과 탑으로 둘러싸인 번영한 마을에서 살았다. 에트루리아의 화려한 군 행사는 이탈리아의 다음 문명인 로마에 지대한 영향을 미쳤다. 기원전 3세기 말, 로마는 에트루리아를 정복해서 해산시켰다. 고대 로마는 에트루리아인을 투시(Tuscī)또는 에트루시(Etruscī)라 불렀는데, 이것이 현재 토스카나의 어원이다.

쯤 이탈리아에 들어왔고, 20세기에 이탈리아 북부(베네토, 프리울리, 트렌티노알토아디제)에 널리 재배됐다. 그로부터 몇십 년 후, 토스카나에 확산했다. 카베르네도 토스카나에서의 역사가 꽤 깊다. 코시모 디메디치 3세 대공이 18세기에 토스카나에 들여왔다고 알려져 있다. 카베르네는 카르미냐노라는 소규모 와인 구역에서 보조 품종으로 쓰인 경우를 제외하곤 그리 중요한 품종이 아니었다. 그러나 1940년대 볼게리에서 카베르네를 재배하기 시작하면서, 사시카이아 와인에 들어가는 품종으로 자리 잡았다. 1970년대 말부터 1980년대까지 카베르네는 슈퍼 투스칸 와인에 주 품종으로 쓰이면서 잠재력이 널리 알려졌다.

토스카나는 레드 와인과의 유대감이 너무 강렬해서 유명한 디저트 와인인 빈 산토(vin santo)를 제외한 화

산지오베제는 토스카나와 강력한 유대관계에 있지만, 사실 아틸라이 남부에서 유래한 품종이다. 산지오베제의 부모 품종은 칼리브리아 지역의 칼라브레세 디 몬테누오보와 이탈리아 전역에서 재배하는 실리에졸로(이탈리아어로 '작은 체리'라는 뜻)다. 산지오베제라는 이름은 '목성의 피'를 뜻하는 라틴어 단어인 산귀스 조비스(sanguis Jovis)에서 파생된 것으로 보인다.

이트 와인 대부분은 뒷전으로 밀리는 경향이다. 그러나 고품질의 드라이 화이트 와인도 소량 생산되며, 관광객 사이에서 유명한 상업용 와인인 베르나차 디 산지미냐노도 있다.

토스카나의 언덕배기 마을인 산 지미냐노와 중세 석탑이 13세기 돌담으로 둘러싸여 있다. 돌담 밖에서 재배하는 베르나차 품종으로 베르나차 디 산 지미냐노 와인을 만든다.

필자의 첫 이탈리아 여행에서 멘토인 필립 디 벨라르디노(미국에서는 '필리포'라 부름)는 이렇게 말했다. "이탈리아 와인과 음식에 대해 반드시 알아야 할 사항이 있어요." 그래서 내가 물었다. "그게 뭔데요, 필리포?" 그러자 그가 답했다.

"이탈리아인은 와인을 너무 많이 마신 경우, 와인을 많이 마셨다고 말하지 않고 음식을 아직 충분히 먹지 않았다고 말해요." 이탈리아를 이해하는 데 이 말 한마디면 충분했다.

## 토스카나의 대표 와인

### 대표적 와인

**볼게리(BOLGHERI)** - 화이트, 레드 와인

**볼게리 사시카이아(BOLGHERI SASSICAIA)** - 레드 와인

**브루넬로 디 몬탈치노(BRUNELLO DI MONTALCINO)** - 레드 와인

**키안티(CHIANTI)** - 레드 와인

**키안티 클라시코(CHIANTI CLASSICO)** - 레드 와인

**모렐리노 디 스칸사노(MORELLINO DI SCANSANO)** - 레드 와인

**슈퍼 투스칸(SUPER TUSCANS)** - 레드 와인

**비노 노빌레 디 몬테풀차노(VINO NOBILE DI MONTEPULCIANO)** - 레드 와인

**빈 산토(VIN SANTO)** - 화이트 와인(스위트)

### 주목할 만한 와인

**카르미냐노(CARMIGNANO)** - 레드 와인

**칠리에졸로(CILIEGIOLO)** - 레드 와인

**몬테쿠코 산지오베제(MONTECUCCO SANGIOVESE)** - 레드 와인

**로소 디 몬탈치노(ROSSO DI MONTALCINO)** - 레드 와인

**로소 디 몬테풀차노(ROSSO DI MONTEPULCIANO)** - 레드 와인

**베르나차 디 산 지미냐노(VERNACCIA DI SAN GIMIGNANO)** - 화이트 와인

## 땅과 포도 그리고 포도원

토스카나에 관해 확실한 사실이 하나 있다. 바로 곧은 길이 어디에도 없다는 사실이다. 토스카나는 지형의 68%가 언덕으로 이루어져 있다. 구불구불하고 울퉁불퉁한 구릉지대에 마법 양탄자 같은 작은 포도밭들이 올리브나무, 사이프러스나무, 반송나무, 성, 수백 년 묵은 벽돌집 사이사이를 수놓은 풍경을 보면, 사랑에 빠지지 않을 수 없다. 고대부터 예술가와 시인들은 토스카나 하늘을 깃털로 솔질한 것처럼 선명하게 빛나는 햇빛에 매료됐다.

토스카나는 서부 연안의 티레니아해, 리구리아해부터 북동부 내륙의 아펜니노산맥까지 펼쳐진다. 아펜니노산맥은 토스카나를 에밀리아로마냐, 마르케, 움브리아로부터 분리하는 역할을 한다. 토스카나의 면적은 2만 3,300㎢로 이탈리아에서 다섯 번째로 큰 지역이다.

역사적 와인 구역은 대부분 토스카나 중부에 몰려 있다. 북쪽의 피렌체, 중부의 시에나, 남쪽의 몬탈치노에 있다(몬탈치노는 브루넬로로 유명한 작은 언덕 마을이다). 토스카나 중부는 기온이 따뜻하다. 밤에는 포도가 천연 산도를 유지하기 적합할 정도로 서늘하다. 토양의 구성은 매우 다채로운데, 중부 산비탈은 대체로 배수력이 매우 뛰어나다. 진흙, 석회암, 사암, 갈레스트로(무른 편암 비슷한 암석), 알베레세(입자가 고운 석회질 이회토)가 섞여 있다.

볼게리는 비교적 역사는 짧지만 분명 흥미로운 와인 산지다. 토스카나 서쪽 연안의 거대한 마레마 지역에 속해 있다. 볼게리에는 평지와 언덕이 골고루 있으며, 토스카나 중부보다 습도가 높다. 사시카이아를 비롯해 명성 높은 와인들로 선망받는 지역이다.

## 키안티

키안티 와인 구역은 토스카나 중부 대부분을 커버하는 거대한 영역으로 면적이 154㎢(1만 5,400헥타르)에 달한다. 피렌체 부근의 '키안티산맥'에서 '키안티 와인'을 만들었다는 기록에 따르면, 키안티는 무려 13세기부터 와인을 만들기 시작했다. 최초의 키안티 와인이 화이트 와인이었다는 흥미로운 기록도 있다.

키안티는 소구역 일곱 군데에서 생산한다. 키안티 클라시코도 여기에 속한 것처럼 보이지만, 아니다. 키안티와 키안티 클라시코는 서로 다른 와인이며, DOCG 등급도 다르다(230페이지의 '약칭 지옥: DOC, DOCG, IGT, VdT' 참고). 즉, 키안티 클라시코 구역에서 키안

# 토스카나 포도 품종

## 화이트

### ◇ 샤르도네

보조 품종으로 소량만 생산되는 고가의 화이트 와인에 사용한다.

### ◇ 말바시아 비안카 룽가

수십 년 전, 키안티 와인을 가볍게 만들기 위한 블렌딩 청포도로 사용했다. 현재는 유명한 토스카나 디저트 와인인 빈 산토에 들어가는 포도로 명성이 높다.

### ◇ 트레비아노

토스카나에서 재배한 트레비아노는 트레비아노 토스카노라 부른다. 중성적 맛을 지닌 품종으로 프랑스에서는 위니 블랑으로 알려져 있다. 과거에는 말바시아 비안카 룽가와 함께 키안티 와인에 섞어 넣었다. 보통 단조로운 화이트 테이블 와인을 만드는 데 사용한다. 그러나 디저트 와인인 빈 산토에는 유용하게 쓰인다(빈 산토의 복합미는 포도 품종 이외의 요인에서 비롯된 것이긴 하다).

### ◇ 베르멘티노

놀라울 정도로 훌륭한 드라이 화이트 와인을 만든다. 특히 볼게리에서 신선함과 풍미가 가득한 화이트 와인을 만든다.

### ◇ 베르나차

산 지미냐노라는 아름다운 언덕 마을 주변에서 재배된다. 전통적 품종이지만, 베르나차 품종으로 만든 와인은 대부분 매우 단순하다.

## 레드

### ◇ 알레아티코

토스카나 재래종이다. 토스카나 연안 너머의 엘바 섬에서 주로 재배하며, 스위트한 레드 와인을 만든다.

### ◇ 카베르네 프랑

보조 품종이다. 볼게리, 카르미냐노에서 카베르네 소비뇽에 카베르네 프랑을 섞어서 레드 와인을 만든다.

### ◇ 카베르네 소비뇽

수많은 IGT 와인과 슈퍼 투스칸, 유명한 볼게리 레드 와인과 소규모 와인 구역인 카르미냐노의 레드 와인에 단독 또는 혼합으로 쓰인다. 또한 산지오베제에 소량 섞어서 현대식 키안티와 키안티 클라시코를 만드는 데 쓴다.

### ◇ 카나이올로

역사적으로 옛 키안티 블렌드에 산지오베제 다음으로 높은 비중을 차지하는 적포도였다.

### ◇ 칠리에졸로

이탈리아어로 '작은 체리'라는 뜻의 토스카나 재래종이다. 블렌딩 품종으로 쓰거나 마레마라는 토스카나 남부 지역의 싱글 버라이어탈 와인을 만드는 데 쓴다.

### ◇ 콜로리노

옛 키안티 블렌드에 들어가는 전통적인 블렌딩 품종이다. 구조감과 색의 깊이를 더한다.

### ◇ 마몰로

보조 품종이다. 주로 기본적인 토스카나 와인과 키안티 블렌드에 사용한다. 마몰로라는 이름은 포도 특유의 아로마인 '제비꽃'을 의미한다.

### ◇ 메를로

토스카나에 수적으로 많지는 않지만, 산지오베제에 이어 두 번째로 널리 재배하는 적포도 품종이다. 일부 IGT 와인과 슈퍼 투스칸 또는 볼게리 레드 와인의 블렌딩 품종으로 쓴다. 또한 산지오베제에 소량 섞어서 현대식 키안티와 키안티 클라시코를 만드는 데 쓴다.

### ◇ 프티 베르도

조 품종이다. 일부 IGT 와인, 슈퍼 투스칸 또는 보게리 레드 와인의 블렌딩 품종으로 쓴다.

### ◇ 산지오베제

토스카나에서 유명한 모든 전통 레드 와인을 만드는 주요 품종이다(키안티, 키안티 클라시코, 브루넬로 디 몬탈치노, 비노 노빌레 디 몬테풀차노, 모렐리노 디 스칸사노). 산지오베제는 브루넬로, 프루뇰로, 모렐리노 등 유의어가 많다.

### ◇ 시라

보조 품종이다. 카베르네 소비뇽과 섞어서 볼게리 레드 와인을 만들거나, 산지오베제와 혼합해서 IGT 와인을 만드는 데 쓴다. 종종 싱글 버라이어탈 와인도 만든다.

## 슈퍼 투스칸이 슈퍼스타인 이유

토스카나는 1970~80년대에 수많은 슈퍼스타급 이 탈리아 와인을 배출했다. 이들 와인은 장소보다는 스타일로 구분된다. 화려함, 높은 타닌 함량에 따른 강한 구조감, 풍만한 보디감, 새 오크통에서 배어난 바닐라 풍미가 주된 특징이다. 적포도만 주재료로 사용하며, 과거에는 이탈리아 법에 따라 비니 다 타볼라(vini da tabola), 즉 테이블 와인 등급에만 지정됐었다. 그러나 높은 가격과 고급스러운 상표명이 등급을 무색하게 만들었다. 와인 작가들은 이들 와인에 슈퍼 투스칸이란 별칭을 붙였다. 이후 이탈리아 DOC/DOCG 법이 개정됨에 따라 본래 슈퍼 투스칸이었던 몇몇 와인은 현재 키안티 클라시코 DOCG 또는 볼게리 DOC로 등극했다. 나머지 슈퍼 투스칸 와인들은 IGT 등급이다. 그러나 슈퍼 투스칸 이라는 멋들어진 용어는 그대로 쓰인다. 와인 애호가가 코르크 마개를 뽑을 때 어떤 맛인지 짐작하는데 도움이 되기 때문이다. 최상급 슈퍼 토스칸을 다음과 같이 정리했다.

| 와인 명 | 생산자 | 주요 품종 |
| --- | --- | --- |
| 카마르칸다(Ca'Marcanda) | 가야(Gaja) | 카베르네 소비뇽 |
| 카마르티나(Camartina) | 퀘르차벨라(Querciabella) | 카베르네 소비뇽 |
| 체파렐로(Cepparello) | 이졸레 에 올레나(Isole e Olena) | 산지오베제 |
| 데디카토 아 발테르 (Dedicato a Walter) | 포조 알 테조로(Poggio al Tesoro) | 카베르네 프랑 |
| 엑스첼수스(Excelsus) | 카스텔로 반피(Castello Banfi) | 메를로/카베르네 소비뇽 |
| 플라차넬로 델라 피에베 (Flaccianello della Pieve) | 폰토디(Fontodi) | 산지오베제 |
| 폰탈로로(Fontalloro) | 펠시나(Fèlsina) | 산지오베제 |
| 구아도 알 타소(Guado al Tasso) | 안티노리(Antinori) | 카베르네 소비뇽/ 카베르네 프랑/메를로 |
| 이 소디 디 산 니콜로 (I Sodi di San Niccolo) | 카스텔라레 디 카스텔리나 (Castellare di Castellina) | 산지오베제 |
| 레 페르골레 토르테 (Le Pergole Torte) | 몬테베르티네(Montevertine) | 산지오베제 |
| 마세토(Masseto) | 테누타 델로르넬라이아 (Tenuta dell'Ornellaia) | 메를로 |
| 몬테 안티코(Monte Antico) | 몬테 안티코(Monte Antico) | 산지오베제 |
| 올마이아(Olmaia) | 콜 도르차(Col d'Orcia) | 카베르네 소비뇽 |
| 오르넬라이아(Ornellaia) | 테누타 델로르넬라이아 (Tenuta dell'Ornellaia) | 카베르네 소비뇽 |
| 페르카를로(Percarlo) | 산 주스토 아 렌텐나노 (San Giusto a Rentennano) | 산지오베제 |
| 사마르코(Sammarco) | 카스텔로 데이 람폴라 (Castello dei Rampolla) | 카베르네 소비뇽 |
| 사시카이아(Sassicaia) | 테누타 산 귀도 (Tenuta San Guido) | 카베르네 소비뇽 |
| 솔라이아(Solaia) | 안티노리(Antinori) | 카베르네 소비뇽 |
| 숨무스(Summus) | 카스텔로 반피(Castello Banfi) | 카베르네 소비뇽 |
| 티냐넬로(Tignanello) | 안티노리(Antinori) | 산지오베제 |
| 비냐 달체오(Vigna d'Alceo) | 카스텔로 데이 람폴라 (Castello dei Rampolla) | 카베르네 소비뇽 |

티를 만들 수 없으며, 키안티 구역에서 키안티 클라시코를 만들 수 없다.

과거에 키안티는 적포도(산지오베제, 카나이올로, 콜로리노)와 청포도(말바시아 비안카 룽가, 트레비아노)를 혼합한 블렌드였다. 이 제조법은 1800년대 중반에 바론 베티노 리카솔리(이탈리아 2대 총리)가 공식화했다. 리카솔리 가문은 키안티가 만들어진 초창기인 13세기부터 가문이 소유한 브롤리오 성에서 토스카나 와인을 양조했다. 리카솔리는 키안티에 말바시아 청포도를 소량 섞으면 와인이 어릴 때도 마시기 쉽고 생동감이 높아진다고 주장했다. 이 공식에 집착한 것이 재앙의 시작이었다.

키안티의 인기가 높아질수록 높은 생산율로 재배한 청포도를 더 많이 첨가해서 와인은 갈수록 가벼워졌다. 말바시아뿐 아니라 단조로운 맛이 나는 트레비아노(트레비아노 토스카나)도 사용했다(트레비아노는 프랑스에서 위니 블랑으로 알려져 있으며, 중성적 맛의 위니 블랑을 증류해서 코냑을 만든다). 청포도는 와인에 아무런 특성도 가미하지 못할뿐더러 키안티를 빈약하고 가벼운 레드 와인으로 만들어 버린다. 2차 세계대전 때는 트레비아노와 말바시아의 비중이 30%를 초과한 키안티도 있었다.

### 토스카나의 경계선

토스카나에 곧은 길이라? 다음은 키안티 클라시코의 공식 문서를 발췌한 내용이다. 지역의 경계선들을 그림 그리듯 재치 있게 묘사했다.

'여기서부터 노새 길을 따라 해발 257m까지 내려가면 마찻길이 나온다. 마찻길은 카스텔누오보 베라르덴가로 향하는 도로로 이어진다. 도로를 따라 해발 354m를 올라가 보자. 경계선은 말레나 모르타 협곡 강물이 보로 스푸냐토와 합류하는 지점까지 이어진다. 그리고 말레나 모르타를 따라 피알리까지 계속해서 올라간다.'

한편 포도밭도 문제였다. 이탈리아 정부는 전쟁의 여파로 경제적 타격을 입은 와인 생산자들에게 농업개발자금을 지급했고, 키안티 지구는 토양이 포도 재배에 적합 여부와 상관없이 무조건 확장됐다. 그리고 이웃 동네인 에밀리아로마냐에서 생산율이 높은 산지오베제 클론을 들여왔다. 1967년, 키안티는 DOC에 지정됐지만 와인의 품질은 완전히 무너졌다. 1970년대 중반, 키안티는 와인 자체보다는 밀짚으로 감싼 병 모양으로 더 주목받았다.

피렌체에서 키안티 지구까지 차를 타고 가다 보면, 그레베 중세도시를 마주치게 된다. 일요일은 삼각형 모양의 광장에서 장이 서는 중요한 날이다.

키안티 와인산업이 몰락할 위기에 처하자, 몇몇 혁신적인 생산자들이 행동에 나섰다. 그렇게 영감을 받은 와인이 바로 사시카이아이다. 토스카나 연안 근처의 볼게리에서 만든 와인으로 당시에는 잘 알려지지 않았다. 이후 사시카이아의 자손 격인 티냐넬로는 슈퍼 투스칸이라는 완전히 새로운 범주의 값비싼 테이블 와인(비니 다 타볼라)이 탄생하는 기반을 마련했다(268페이지의 '슈퍼 투스칸이 슈퍼스타인 이유' 참조). 이는 고품질의 키안티와 키안티 클라시코에 새로 초점을 맞추는 계기가 됐다. 그 결과 1984년, 키안티는 DOCG로 승격됐다. 오늘날, 현대식 기본 키안티는 법적으로 산지오베제를 70% 이상, 기타 허용된 적포도 품종(카나이올로, 콜로리노, 메를로, 그리고 가장 흔히 사용되는 카베르네)을 30%만큼 사용해야 한다. 그리고 청포도는 10%를 넘어선 안 된다(오늘날은 청포도를 아예 넣지 않는 키안티가 대다수다).

앞서 언급했듯, 키안티는 소구역 일곱 군데에서 생산한다. 이 소구역에서 만든 키안티(라벨에 소구역 명칭을 표기)는 라벨에 단순히 키안티라고 적혀 있는 와인보다 품질이 한 단계 더 높다. 게다가 산지오베제의 최소 혼합 비율이 70%가 아니라 75%다. 소구역 일곱 군데는 다음과 같다(북동쪽에서 시계방향 순서). 콜리 피오렌티니(Colli Fiorentini), 키안티 루피나Chianti Rufina), 콜리 아레티니(Colli Aretini), 콜리 세네시(Colli Senesi), 콜리네 피자네(Colline Pisane), 몬테스페르톨리(Montespertoli), 몬탈바노(Montalbano) 등이다.

소구역에서 생산한 최상급 키안티는 매우 정교한데, 특히 키안티 루피나가 유독 훌륭하다. 정상급 키안티 루피나 중 군계일학은 프레스코발디 가문이 소유한 카스텔로 디 니포차노(Castello di Nipozzano) 양조장의 와인이다. 셀바피아나(Selvapiana)의 키안티 루피나도 탁월하다.

## 키안티 클라시코

역사적으로 가장 풍성하고 육중한 보디감의 키안티를 생산하는 지역은 피렌체와 시에나 중간의 작고 오래된 중부 언덕 마을인 키안티 스토리코('역사적인 키안티'라는 뜻)다. 오늘날 키안티 클라시코라 불린다. 이곳 포도밭 대부분은 한때 선사시대 호수였던 시에나 유역을 바라보고 있다. 근처의 티레니아해에서 불어오는 서늘하고 건조한 미풍은 습도를 낮춰 준다. 따라서 포도는 지중해의 따뜻한 낮과 서늘한 저녁이 교차하는 오랜 여름을 거쳐 서서히 성숙한다. 이 중 최상급 포도는 남향 또는 남서향 비탈면에 심는다. 1996년, 키안티는 독특성을 인정받아 DOCG에 등극했다(이전에는 키안티의 소구역에 속했다).

키안티 클라시코는 법적으로 산지오베제를 최소 80% 포함해야 한다(대다수가 산지오베제를 100% 사용한다). '기타 적포도 품종'은 최대 20%까지 사용할 수 있다. 키안티 클라시코에 사용하는 기타 적포도는 주로 카

### 토스카나 엑스트라버진 올리브기름

지중해 지역에는 수백 년 전부터 포도나무와 올리브나무가 문자 그대로 서로 뒤엉킨 채 자랐다. 토양이 너무 건조해서 다른 식물은 살아남기 힘들었다. 특히 토스카나에서 두 작물의 유대관계는 매우 깊다. 와인 양조장에서 최상급 올리브기름도 함께 만드는 경우도 흔하다. 특히 토스카나의 엑스트라버진 올리브기름은 세계 최상품으로 취급된다. 올리브는 프란토이아(frantoia), 마라이올로(maraiolo), 레치노(leccino) 등 세 개 품종을 사용한다. 각각 과일 풍미, 향신료 풍미, 풍성함으로 유명하다. 토스카나는 이른 시기에 올리브 열매를 수확한다. 서리가 내리기 전, 열매가 아직 초록색일 때 수확하는 것이다. 그 결과 기름은 노란빛이 도는 초록색을 띠며, 허브 같은 신선함, 폭발하는 과일 풍미, 후추 같은 얼얼한 맛을 느끼게 된다.

안티노리 가문의 와인 양조법 역사는 1385년까지 거슬러 올라간다.

## 검은 수탉

갈로 네로('검은 수탉'이란 뜻)는 수십 년째 키안티 클라시코의 상징이며, 모든 키안티 클라시코 라벨에 찍혀 있다. 갈라 네로는 13세기 초반의 중세 전설과 관련 있다고 알려져 있다. 당시 피렌체와 시에나는 키안티의 통치권을 두고 노골적인 적대감을 드러냈다. 양측은 휴전을 맺고, 수탉이 첫 울음을 터뜨리는 동틀 녘에 양쪽 도시에서 각각 기사를 출발시키기로 했다. 그리고 두 기사가 만나는 지점을 경계선으로 정했다. 시에나와 피렌체는 각각 흰 수탉과 검은 수탉을 선택한 후, 작은 우리에 닭들을 가두고 며칠간 먹이를 주지 않았다. 기사들이 출발하는 날, 검은 수탉이 닭장을 나오자마자 동이 트기도 전에 울기 시작했다. 덕분에 피렌체 기사는 일찍 출발해서 시에나 기사를 마주칠 때쯤 시에나보다 훨씬 많은 영토를 차지할 수 있었다. 그 결과 키안티 구역 대부분이 피렌체에 속하게 됐다(필자는 잘 모르겠지만, 분명 이 이야기가 주는 교훈이 있을 것이다).

나이올로, 콜로니로, 카베르네 소비뇽, 메를로다. 청포도는 허용되지 않는다.

최상급 기본 키안티 클라시코는 자두, 말린 체리, 소금 그리고 때론 약간의 향신료 풍미를 지닌다. 키안티 클라시코 리제르바는 이보다 구조감, 복합미, 우아미가 뛰어나다. 법적으로 최소 2년간 숙성시키며, 이 중 3개월은 병 속에서 숙성시켜야 한다. 그러나 많은 생산자가 이보다 길게 숙성시키며, 대부분 새 프랑스 오크통에 짧게라도 숙성시킨다. 리제르바는 엄선한 포도밭에서 자란 포도를 사용해서 최상의 빈티지 해에만 생산한다. 이처럼 최상의 해에 생산한 리제르바는 초콜릿, 삼나무, 말린 오렌지, 흙, 연기, 가죽 안장, 광물성, 소금, 향신료 등 파도처럼 넘실대는 정교한 풍미와 아로마가 넋을 잃게 만든다. 희한하게도 풍미가 은은한 동시에 폭발적으로 느껴지며, 와인을 삼킨 후에도 입안에 오래 감돈다.

리제르바보다 한 단계 높은 등급은 그란 셀레치오네다. 2013년에 만들어진 등급으로 2010년 빈티지 와인부터 해당한다. 그란 셀레치오네 키안티 클라시코는 양조장에서 직접 재배한 포도(대부분 싱글 빈야드)로 만들어야 한다. 또한 30개월의 숙성기간(이 중 3개월은 병 속 숙성)을 거쳐야 하며, 사전에 특별 시음단의 테스트를 거쳐 승인을 받은 후에만 와인을 판매할 수 있다. 그란 셀레치오네는 매년 생산되지 않으며, 일단 생산되면 극도로 정교한 맛을 뽐낸다. 예를 들어 카스텔로 폰테루톨리의 키안티 클라시코 그란 셀레치오네는 압도적인 선

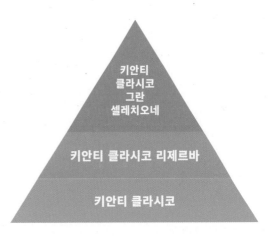

명함, 우아미, 생기를 발산한다.

키안티 클라시코에는 아홉 군데 유명 와인 마을이 있다. 그런데 터무니없게도 와인 라벨에 마을 이름을 표기하지 못하는 관습이 있다. 이 책을 집필하는 시점을 기준으로 이를 바꾸려는 움직임이 거세게 일었다. 향후 라벨에서 그레베(Greve), 라다(Radda), 가이올레(Gaiole), 카스텔누오보 베라르데냐(Castelnuovo Berardegna), 카스텔리나(Castellina), 바르베리노 발 델사(Barberino Val d'Elsa), 타바르넬레 발 디 페자(Tavarnelle Val di Pesa), 산 카샤노 발 디 페자(San Casciano Val di Pesa), 포지본시(Poggibonsi) 등의 마을 이름을 보게 될 것이다.

## 메차드리아 법과 '잡다한' 농장

이탈리아에서는 1960년대 후반까지 토지 소유자와 인부의 관계는 메차드리아(mezzadria) 법에 따라 사실상 소작제도에 가까웠다. 이탈리아 시골 지역은 수 세기 동안 여러 파토리아(fattorìa, 대규모 농장)로 나뉘었으며, 부유한 귀족과 다름없는 토지 소유자들은 농장에 모습을 거의 드러내지 않았다. 파토리아는 각각 10~12개 포데레(podére, 소규모 농장)로 나뉘었다. 포데레 한 곳의 면적은 약 8만㎡(8헥타르)이며, 메차드리(mezzadri, 소작농) 한 가족이 관리했다. 포데레의 농업방식은 상당히 잡다했다. 올리브, 옥수수, 밀, 와인용 포도, 채소, 과일, 양, 닭이 한데 뒤섞여 자랐다. 가난한 소작농 가족은 말 그대로 생존에 필요한 모든 것을 키웠다. 총생산량 중 51%는 지주의 몫이었고, 나머지 49%는 메차드리가 노동의 대가로 가져갔다. 참고로 메차드리의 메차(mezza)는 '절반'이라

는 뜻이다. 본질상 소작제도와 다름없는 메차드리아 시스템 때문에 소작농은 끝없는 빈곤에서 벗어나지 못했고, 지주는 무급 노동에 의지해 농업을 겨우 유지하는 무능한 상태를 유지했다.

1950~1960년대, 메차드리아 시스템은 큰 여파를 남기고 서서히 사라졌다. 그 과정에서 이탈리아 농장은 대거 방치됐고, 농업은 산업화했으며, 사회 구조상 농부들은 보수가 좋은 직업을 찾아서 도시로 떠났다. 이후 도시 거주민들은 토스카나의 방치된 땅들을 매입해서 제2의 집처럼 활용했다. 이곳 와인 양조장들은 여전히 파토리아 또는 페데레라 불린다. 예를 들어 파토리아 펠시나, 파토리아 디 폰테베르티네, 포데레 일 팔라치노 등이다. 몇몇 소규모 포도밭은 과거의 모습을 여전히 유지한 채, 다양한 포도 품종을 과실나무, 올리브나무와 함께 혼합 재배한다.

## 키안티 클라시코 리제르바의 최상급 생산자

- 안티노리(Antinori)
- 바디아 아 콜티부오노(Badia a Coltibuono)
- 카시나 디 코르니아(Casina di Cornia)
- 카스텔라레 디 카스텔리나(Castellare di Castellina)
- 카스텔로 델라 파네레타(Castello della Paneretta)
- 카스텔로 디 아마(Castello di Ama)
- 카스텔로 데이 람폴라(Castello dei Rampolla)
- 펠시나(Fèlsina)
- 폰테루톨리(Fonterutoli)
- 폰토디(Fontodi)
- 일 몰리노 디 그레이스(Il Molino di Grace)
- 이졸레 에 올레나(Isole e Olena)
- 레 친촐레(Le Cinciole)
- 라 포르타 디 베르티네(La Porta di Vertine)
- 카스텔로 디 볼파이아(Castello di Volpaia)
- 몬산토(Monsanto)
- 몬테 베르나르디(Monte Bernardi)
- 몬테피칼리(Monte-Ficali)
- 오르마니 포데레(Ormanni Podere)
- 포데레 라 카펠라(Podere La Cappella)
- 퀘르차벨라(Querciabella)
- 로카 디 카스타뇰리(Rocca di Castagnoli)
- 로카 디 몬테그로시(Rocca di Montegrossi)
- 산 펠리체(San Felice)
- 발 델레 코르티(Val delle Corti)
- 빌라 카파조(Villa Cafaggio)

## 브루넬로 디 몬탈치노

현지 방언으로 '작은 검은색'이란 뜻의 브루넬로는 토스

카나에서 가장 사랑받는 와인이자 가장 오래된 와인이기도 하다. 키안티 클라시코에서 차를 타고 남쪽으로 한 시간가량 가다 보면 바위 언덕에 성벽으로 둘러싸인 오래된 중세 마을이 등장한다. 이곳 몬탈치노에 브루넬로 생산자 200여 명이 있다. 최상급 포도밭 대부분은 해발 580m에 자리 잡고 있으며, 태양의 후광이 언덕을 감싸는 경관이 펼쳐진다(다소 외진 지역이라서 무려 1960년에 처음으로 포장도로가 깔렸다!). 브루넬로 디 몬탈치노는 1980년에 DOCG 등급을 받았다.

몬탈치노의 기후는 비교적 따뜻해서 와인이 대체로 키안티나 키안티 클라시코보다 묵직하고 살집이 많다. 와인은 언제나 산지오베제를 단독으로 사용해서 만든다. 최상급 와인은 흙, 블랙 체리, 블랙 라즈베리, 에스프레소, 제비꽃, 타르, 시나몬, 가죽, 소금기가 뒤섞인 어둡고 복합적인 아로마와 풍미층을 지녔다. 최고의 빈티지는 놀라운 우아함, 유연함, 감칠맛, 응축도를 자랑한다. 풍미는 와인잔을 뛰어넘을 것처럼 생동감이 넘친다.

브루넬로 디 몬탈치노의 포도밭 면적은 약 36㎢(3,600헥타르)로 키안티 구역의 1/5도 채 되지 않는다. 토양은 진흙, 편암, 화산토, 퍼석한 갈레스트로가 층층이 겹쳐 있으며, 키안티에 비해 석회암 비중이 높다. 몬테 아미아타산맥이 암석 커튼처럼 남동으로 펼쳐져 급작스러운 비와 우박에서 포도밭을 보호한다.

브루넬로 디 몬탈치노도 키안티와 마찬가지로 산지오베제로 만든다. 큰 그림으로 보면 맞다. 그러나 엄밀히

따지자면, 수백 년 동안 몬탈치노 주변 환경에 맞춰 변형해온 산지오베제 클론 그룹이다. 역사적으로 이 그룹을 브루넬로(Brunello) 클론 또는 줄여서 브루넬로라 부른다. 브루넬로 클론은 키안티와 키안티 클라시코 구역에 적응한 수십, 수백 개 산지오베제 클론과는 다르다.

1870년대, 클론의 존재가 과학적으로 밝혀지기 전부터 페루초 비온디산티는 일 그레포(Il Greppo)라는 자신이 소유한 몬탈치노 포도밭에서 몇몇 꺾꽂이 묘를 선별해서 번식시켰다. 비온디산티는 선별한 포도나무를 산지오베제 대신 브루넬로라 불렀다. 그는 브루넬로 포도를 사용해서 남다른 방식으로 와인을 만들었다. 발효 전에 포도 줄기를 제거했고, 와인을 더 오래 숙성시켰다. 그 결과 풍미, 강렬한 색깔, 수십 년의 숙성력을 갖춘 와인이 탄생했다. 비온디산티는 브루넬로라는 이름으로 와인을 판매했다. 그러자 다른 몬탈치노 생산자들도 그를 따라 하기 시작했다. 몬탈치노 와인의 행보가 완전히 뒤바뀐 것이다.

브루넬로 디 몬탈치노는 다른 이탈리아 와인에 비해 법적 숙성기간이 더 길다. 일반적인 브루넬로 디 몬탈치노는 4년(이 중 2년은 오크통 숙성)이고, 리제르바는 5년(이 중 2년은 오크통 숙성)이다. 전통적 생산자는 오크 풍미를 최소화하고 포도 본연의 풍미를 살리기 위해 크고 오래된 슬라보니아 오크통을 사용한다. 나머지 생산자는 새로운 소형 프랑스 오크통을 사용하므로 와인에 타닌, 바닐라, 향신료 풍미가 가미된다.

**동생 격인 로소 디 몬탈치노는 형인 브루넬로보다 가볍고 과일 풍미가 강하며, 복합미가 덜한데다 가격이 저렴하다. 비교적 연식이 어리고 등급이 낮은 포도밭의 과실로 만들며, 와인의 의무적 숙성기간도 없다.**

### 브루넬로 디 몬탈치노의 최상급 생산자

- 알테시노(Altesino)
- 안티노리(Antinori)
- 아르자노(Argiano)
- 반피(Banfi)
- 비온디산티(Biondi-Santi)
- 카날리키오(Canalicchio)
- 카사노바 디 네리(Casanova di Neri)
- 카사누오바 델라 체르바이에(Casanuova della Cerbaie)
- 카제 바세(Case Basse)
- 카스틸리온 델 보스코(Castiglion del Bosco)

- 체르바이오나 디 디에고 몰리나리(Cerbaiona di Diego Molinari)
- 차치 피콜로미니 다라고나(Ciacci Piccolomini d'Aragona)
- 콜 도르차(Col d'Orcia)
- 콘티 코스탄티(Conti Costanti)
- 파토리아 데이 바르비(Fattoria dei Barbi)
- 페로(Ferro)
- 포르나치나(Fornacina)
- 가야(Gaja)
- 이 두에 치프레시(I Due Cipressi)
- 일 포조네(Il Poggione)
- 라 포르투나(La Fortuna)
- 라 세레나(La Serena)
- 레 포타치네 고렐리(Le Potazzine Gorelli)
- 피에베 산타 레스티투타(Pieve Santa Restituta)
- 피니노(Pinino)
- 포데레 스코페토네(Podere Scopetone)
- 포조 안티코(Poggio Antico)
- 포조 디 소토(Poggio di Sotto)
- 테누타 디 세스타(Tenuta di Sesta)
- 우첼리에라(Uccelliera)
- 발디카바(Valdicava)
- 빌라 이 치프레시(Villa I Cipressi)

## 비노 노빌레 디 몬테풀차노

토스카나의 몬테풀차노 마을은 에트루리아 시대부터 와인을 만들었지만, 18세기가 돼서야 비노 노빌레(vino nobile)라 불리기 시작했다. 비노 노빌레라는 명칭은 이 와인을 꾸준히 마시던 상류층, 시인, 교황을 일컫는다. 최상급 비노 노빌레는 응축된 향신료, 감칠맛, 매력적인 쓴맛, 신선한 산미가 특징이다. 참고로 저품질 비노

몬테풀차노 중세 도시의 피아차 그란데 광장

노빌레는 빈약하고 시큼하며 구조감, 과일 향, 풍미가 부족하다.

비노 노빌레는 브루넬로 디 몬탈치노처럼 고유한 산지오베제 클론 그룹을 주재료로 사용한다. 이를 프루뇰로 젠틸레(Prugnolo Gentile)라 통칭한다(프루뇰로는 '작은 프룬'을 뜻하며, 프룬의 모양, 색, 아로마를 닮은 포도에서 따온 이름이다). 와인은 산지오베제(프루뇰로)를 최소 70% 사용해야 하며, 다른 토스카나 품종은 소량만 넣는다. 청포도의 혼합비율은 5% 이하로 제한되는데, 생산자 대다수가 청포도를 아예 사용하지 않는다.

몬테풀차노 포도밭은 키아나 계곡의 남부 끝단에 있는 시에나 도시를 에워싸고 있다. 키아나 계곡은 키아니나라는 흰 털과 검은 혀를 가진 소로 유명하다. 세계에서 가장 큰 소 품종으로 토스카나 특산 요리인 비스테카 알라 피오렌티나(거대한 티본스테이크)의 식재료다. 몬테풀차노 포도밭은 넓고 확 트인 비탈면에 있다. 높이는 해발 180m로, 브루넬로 디 몬탈치노 포도밭 높이의 절반도 채 되지 않는다. 토양은 대체로 사질 점토다. 기본적인 비노 노빌레 디 몬테풀차노의 법적 숙성기간은 2년(이 중 1년은 오크통 숙성)으로 브루넬로 디 몬탈치노보다 짧다. 리제르바는 3년(이 중 1년은 오크통 숙성)이다. 비노 노빌레 디 몬테풀차노는 1980년에 DOCG 등급을 인정받았다.

마지막으로 산지오베제로 만든 토스카나 와인인 노빌레 디 몬테풀차노와 몬테풀차노 품종을 혼동하지 않도록 주의하자. 몬테풀차노 품종은 이탈리아 중부와 남부 전역에서 재배되며, 아브루치 지역의 특산물이다(아아, 이탈리아는 진정 혼돈의 늪과 같다).

**로소 디 몬테풀차노와 비노 노빌레 디 몬테풀차노의 관계는 로소 디 몬탈치노와 브루넬로 디 몬탈치노의 관계와 동일하다. 동생격인 로소 디 몬테풀차노는 비노 노빌레보다 가볍고, 과일 풍미가 강하며, 복합미가 덜하고, 가격이 저렴하다. 비교적 연식이 어리고 등급이 낮은 포도밭 과실로 만들며, 와인의 의무적 숙성기간도 없다.**

## 마레마와 볼게리

마레마는 토스카나 남부의 서쪽 연안과 라치오(토스카나 남쪽에 있는 지역)의 서쪽 연안을 가로지르는 드넓은 와인 산지다. 저지대 평야인 마레마는 모기가 득실대는 습한 늪지대였지만, 20세기에 배수 작업을 거친 이후 포도 재배지로서의 새로운 가능성이 열렸다.

오늘날 마레마는 모렐리노 디 스칸사노를 비롯한 수많은 와인을 생산하고 있다. 모렐리노는 산지오베제를 최소 85% 넣어서 만든 충만한 과일 풍미의 부드러운 DOCG 와인이다. 참고로 모렐리노는 산지오베제의 또 다른 이름이기도 하다. 산지오베제를 90% 이상 사용해서 만든 몬테쿠코 산지오베제 DOCG도 뛰어난 구조감을 자랑하는 맛있는 와인들이다. 몬테쿠코 생산지는 비록 규모는 작지만, 포도 재배에 유리한 환경을 갖춘 구역으로 명성을 얻기 시작했다. 그만큼 햇볕이 잘 들고 건조한 미풍이 불어서 포도가 성숙기에 썩을 걱정이 없는 내륙의 고지대다.

그러나 누가 뭐래도 마리마에서 가장 유명한 지역은 바로 볼게리다. 해안을 따라 바다와 수평하게 솟아오른 서향 구릉지대 고원이다. 최상급 포도밭은 대부분 이곳 언덕에 몰려 있다. 토양에 돌이 많고, 덜 비옥하며, 석회암이 섞여 있는 데다 해안에서 서늘하고 건조한 미풍이 불어와 습도를 낮춰주기 때문이다.

사시카이아는 '돌밭'을 의미하는 역사적인 와인이다. 티냐넬로와 함께 이탈리아 고급 와인 혁명을 촉발한 장본인이다. 그러나 사시카이아의 성공은 결코 단기간에 이뤄진 것도, 보장된 것도 아니었다. 사실 1940년대 등장한 최초의 사시카이아는 기대를 벗어난 이상한 풍미 때문에 상업적으로 판매되지 못했다. 사시카이아가 출시된 것은 그로부터 20년 이상이 지난 1968년 빈티지부터였다. 그동안 저명한 이탈리아 와인 양조학자인 자코모 타키스가 와인 품질을 개선하는 데 크게 이바지했다. 오늘날 사시카이아는 초창기와 마찬가지로 카베르네 소비뇽을 주요 품종으로 사용한다(법적 혼합비율 80%). 2013년, 테누타 산 귀도가 이탈리아 사시카이아 양조장 중 최초로 DOC 등급을 받았다(자세한 내용은 231페이지의 '사시카이아와 이탈리아의 고급 와인 혁명' 참조). 사시카이아가 세계적으로 큰 주목을 받자, 볼게리도 투자 순위의 밑바닥에서 단숨에 선두로 올라섰다. 현재까지 그 유명세를 이어가고 있는 생산자는 그라타마코(Grattamacco), 테누타 델로르넬라이아(Tenuta dell'Ornellaia), 레 마키올레(Le Macchiole), 미켈레 사타(Michele Satta), 카마르칸다(Ca'Marcanda), 과도 알 타소(Guado al Tasso) 등이다.

테누타 델로르넬라이아에서 카베르네 포도를 선별하는 작업을 하고 있다. 이렇게 선별한 최상품 포도로 오르넬라이라는 슈퍼 투스칸 와인을 만든다.

볼게리 레드 와인 중에는 사시카이아 말고도 DOC 등급을 받은 와인들이 있다. 이들은 대체로 구조감이 매우 뛰어나며, 풍성한 과일 풍미가 중심을 단단히 잡고 있는 강렬한 와인이다. 카베르네 소비뇽, 카베르네 프랑, 메를로가 반드시 들어가야 하며, 산지오베제 또는 시라는 최대 50%, 프티 베르도는 최대 30%까지 들어간다(산지오베제도 허용되긴 하나 습기에 약하기 때문에 볼게리 레드 와인에는 보르도 품종이 중점적으로 사용된다). 볼게리 레드 와인은 최소 1년간 숙성시켜야 한다. 라벨에 볼게리 수페리오레(주로 최상급 양조장 와인)라고 표기하려면, 2년간 숙성시켜야 하며 이 중 1년은 오크통에서 숙성시켜야 한다. 포조 알 테조로(Poggio al Tesoro), 레 세레 누오베 델로르넬라이아(Le Serre Nuove dell'Ornellaia), 카마르칸다(Ca' Marcanda) 모두 환상적인 볼게리 레드 와인을 만든다.

볼게리는 화이트 와인과 로제 와인도 만든다. 사실 초창기에 볼게리는 레드 와인보다 화이트 와인으로 유명했다. 최상급 화이트 와인은 베르멘티노 포도 품종을 사용하며, 아삭함, 드라이함, 뚜렷한 신선함, 지중해의 야생 허브 풍미가 일품이다.

## 베르나차 디 산 지미냐노

토스카나의 모든 면이 레드 와인을 마시고 싶은 분위기를 자아내지만, 베르나차 디 산 지니냐노라는 역사적인 화이트 와인도 존재한다. 베르나차는 예로부터 '입을 맞추고, 핥고, 깨물고, 톡 쏘는 와인'이라 했다. 베르나차 와인은 베르나차 디 산 지미냐노 품종으로 만드는데, 이 포도는 오늘날 유명한 관광지가 된 피렌체에서 남서부로 1시간가량 운전하면 있는 산 지미냐노 중세 언덕 마을을 둘러싼 산비탈에서 재배된다. 와인을 양조할 때 스테인리스스틸 탱크를 사용하기 때문에 테루치 & 푸토드와 같은 최상급 현대식 베르나차는 어리고 아삭하다. 베르나차 와인은 1993년에 DOCG 등급을 받았음에도 불구하고, 무미건조한 와인이 무수히 많다. 와인의 품질이 그저 그런 까닭은 이름에 베르나차라는 단어가 들어가는 여러 포도 품종 중 베르나차 디 산 지니냐노가 가장 단조로운 편이기 때문이다.

## 빈 산토

수백 가지의 이탈리아 화이트 와인 중 가장 유명한 와인은 빈 산토다. 전통적으로 부활절 기간(Holy Week)에 포도를 압축하며, 수백 년간 이탈리아 성직자들이 미사에서 마신 와인이라는 뜻에서 이름의 의미도 '성스러운 와인'이다. 또한 토스카나에서는 아무리 소박한 식사 자리에도 에스프레소 다음의 마지막 순서로 빈 산토를 마시며, 이때 칸투치라 불리는 작고 뭉툭한 비스코티를 항상 곁들인다. 칸투치는 두 번 구운 아몬드 쿠키로 빈 산토에 찍어 먹는 용도다.

보통 빈 산토는 설탕 조림 맛과는 거리가 멀다. 대신 구운 견과류, 바닐라, 무화과, 스파이시한 향신료 풍미가 나며, 영롱한 호박색이나 네온 주황색 등 초현실적인 색을 띤다. 실제 당도는 전적으로 생산자에게 달려 있다.

당도가 무려 29%(리터당 잔당 290g)에 달하는 와인도 있고, 드물지만 본드라이 빈 산토도 있다.

토스카나에는 가정용 또는 손님 접대용으로 집에서 직접 빈 산토를 만드는 가정이 많다. 물론 상업용 버전도 있는데, 그중 최고는 노동집약적인 고대 아파시멘토 기법을 쓰기 때문에 장인적인 동시에 가격이 비싸다. 먼저 3~6개월간 포도(트레비아노 토스카노와 소량의 말바시아 비안카 룽가)를 통풍이 잘되는 건조실 또는 다락의 서까래에 매달아서 일부 건조한다. 그러면 포도의 수분 절반이 증발해서 당분이 응축된다. 건조과정이 끝나면 포도를 으깬 다음 마드레(madre)와 섞는다. '어머니'를 뜻하는 마드레는 지난 배치(batch)에서 남은 걸쭉한 잔여물이다. 그런 다음 밀봉한 소형 배럴에 넣고 머스트와 함께 2~5년간 천천히 발효시킨다. 배럴은 빈산타이아(vinsantaia)라 불리는 따뜻한 다락방에 보관한다. 주로 오크나무로 만든 배럴을 사용하며, 통의 4/5만 채운다. 그러나 와인에 복합미를 극대화하기 위해 향나무, 벚나무, 아카시아, 밤나무 배럴에서 발효시킨 후 최종적으로 모두 섞는 생산자도 있다(이웃 지역인 에밀리아로마냐도 최상급 발사믹 식초를 만들 때 복합적 풍미를 가미하기 위해 여러 종류의 나무 배럴을 사용한다. 자칫 잘못하면 토스카나 와인 양조자가 만든 와인도 빈 산토가 아닌 맛있는 식초가 돼 버릴지도 모른다).

잠시 포도 이야기로 돌아가 보자. 트레비아노 토스카노는 분명 세상에서 가장 지루한 드라이 화이트 와인을 만드는 품종이다. 그러나 빈 산토는 개성이 넘치는 맛있는

칸투치와 빈 산토는 완벽한 페어링을 자랑한다.

와인인 것을 보면, 빈 산토의 양조법과 숙성방식은 포도의 중성적인 맛을 사그라뜨리는 힘이 있음이 틀림없다. 한편 빈 산토는 토스카나의 여러 DOC 구역에서 생산되므로, 라벨에도 빈 산토 디 카르미냐노(vin santo di Carmignano), 빈 산토 델 키안티 클라시코(vin santo del Chianti Classico) 등 DOC 명칭이 표기된다. 그중 최상급 생산자는 카페차나(Capezzana), 아비뇨네시(Avignonesi), 펠시나(Fèlsina), 폰토디(Fontodi), 이졸레 에 올레나(Isole e Olena), 바디아 아 콜티부오노(Badia a Coltibuono), 로카 디 몬테그로시(Rocca di Montegrossi), 셀바피아나(Selvapiana), 빌라 산타나(Villa Sant'Anna) 등이 있다. 또한 이보다 규모가 큰 생산자인 안티노리(Antinori)와 프레스코발디(Frescobaldi)는 매우 좋은 빈 산토를 수량 제한 없이 생산하므로 훨씬 쉽게 접할 수 있다.

## 토스카나 음식

토스카나는 르네상스가 태동한 지역인 만큼 고상함, 부유함, 화려함을 떠올리게 만든다. 따라서 토스카나 음식도 이런 특성을 반영해 호화롭고 정교하다는 기대를 하게 된다.

토스카나 음식은 호화로울 순 있어도 결코 정교하진 못하다. 토스카나 요리는 단순 그 자체다. 비스테카 알라 피오렌티나(7.6cm 두께의 키아나 소고기구이)처럼 특별한 경우에 먹는 요리를 제외하고 일상적인 식사는 콩과 빵이 전부다. 다른 지역 사람들은 이를 보고 만자파지올리(mangiafagioli), 즉 '콩 먹는 사람'이라 비아냥거리기도 한다.

토스카나 음식에 콩도 매번 등장하지만, 빵은 훨씬 더 흔하다. 토스카나 요리는 빵이라는 핵심 재료를 중심으로 발전했다 해도 과언이 아니다. 토스카나에서는 일찍이 포크의 상용화가 이루어졌지만, 빵도 끼니마다 음식을 입까지 이동시키는 중요한 역할을 했다.

파네 토스카노(토스카나 빵)는 소금 없이 만들기 때문에 여느 이탈리아 빵과는 맛이 매우 다르다. 또한 전통적으로 버터를 절대 곁들이지 않는다. 토스카나 어린이들은 등굣길에 스키아차타(schiacciata)라는 납작한 빵을 우적우적 씹으면서 걸어간다. 종종 설탕이나 와인용 포도로 단맛을 낸다. 점심 또는 저녁 전에는 항상 크로스티니(crostini)라는 얇은 토스카나 빵을 먹는다. 전통적으로 흙 풍미가 가득한 간 페이스트를 바르거나 독특하게 구운 야생 버섯을 올려 먹기도 한다.

파네 토스카나(소금 없이 만든 토스카나 빵)에 후추 향을 풍기는 토스카나 엑스트라버진 올리브기름을 발라 먹는다.

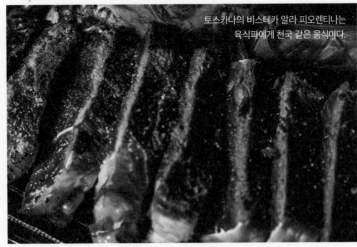
토스카나의 비스테카 알라 피오렌티나는 육식파에게 천국 같은 음식이다.

그러나 가장 맛있게 먹을 수 있는 토스카나 빵은 페툰타(fettunta)다. 잘 익은 녹색 올리브를 여과하지 않고 압착한 엑스트라버진 올리브기름을 바른 토스카나 빵이다. 사실 페툰타는 올리브를 수확한 직후인 늦가을에 올리브기름이 절정에 이른 상태에서만 먹을 수 있다. 페툰타라는 이름은 페타(fetta)에서 유래했다. 인부들은 갓 압착한 강렬한 풍미의 신선한 엑스트라버진 올리브기름을 바른 빵을 페타라 불렀다.

토스카나는 요리에도 빵을 자주 사용한다. 특히 살짝 상한 빵을 요리에 잘 활용한다. 리볼리타(ribollita)는 토스카나에서 가장 고향 같은 편안함을 주는 수프인데, 살짝 오래된 빵, 검은 토스카나 양배추, 콩을 넣어서 만든다. 판차넬라(panzanella)는 소박하면서도 맛있는 토스카나 샐러드인데, 살짝 오래된 빵에 물을 조금 묻힌 다음 신선한 토마토, 바질, 양파, 셀러리, 올리브기름과 함께 버무린다. 전형적인 토스카나 요리책인 『콘 포코 오 눌라(Con Poco o Nulla)』에는 오래된 빵을 활용하는 열 가지 방법이 실려 있다.

소금 없이 만든 빵은 밋밋하다 못해 풍미가 거의 느껴지지 않는다. 토스카나 제빵사가 의도적으로 이렇게 만들었다니 놀랍겠지만, 사실 빵 자체는 전혀 문제가 되지 않는다. 빵, 올리브기름, 와인이 삼두체제를 구성하는 토스카나에서 무미한 파네 토스카나는 후추 풍미의 토스카나 올리브기름을 완벽하게 받쳐준다. 여기에 미세하게 짠맛이 느껴지는 토스카나의 산지오베제 와인을 곁들이면 맛있는 페어링이 완성된다. 소금과 후추, 와인과 빵, 액체와 고체. 이보다 완벽한 조합이 어디 있단 말인가? 이처럼 소소하지만 경탄스러운 맛의 조화는 아마도 일상적 삶에서 비롯됐을 것이다. 음식 역사학자들에 따르면, 토스카나에서 소금은 세금이 매우 높게 책정된 귀하고 비싼 식재료였다. 어쩌면 파네 토스카노는 절세의 수단이었을지도 모른다.

## 위대한 토스카나 와인

### 레드 와인

#### 퀘르차벨라(QUERCIABELLA)
**키안티 클라시코 | 산지오베제 100%**

식사를 하지 않은 상태에서 좋은 키안티 클라시코를 마신다면, 음식이 매우 당길 것이다. 퀘르차벨라를 한 모금 머금는 순간, 기름진 미트소스 파스타 또는 잘 숙성되어 바삭하고 드라이한 파르미자노 레자노 치즈가 몹시 당긴다. 감미로운 감칠맛, 기저에 깔린 신선한 산미, 다즙한 레드베리 풍미, 정교하고 은은한 타닌감, 클래식한 짠맛이 어우러져 음식과 기가 막히게 맞아떨어진다. 퀘르차벨라는 본모습을 서서히 드러내는 부끄러운 타입의 키안티 클라시코가 아니다. 혀에 닿자마자 체리, 파이 베리, 말린 잎, 흙, 바닐라 빈의 통합된 풍미가 폭발한다.

퀘르차벨라는 '아름다운 오크'라는 뜻이다. 양조장은 1974년에 설립됐으며, 이탈리아에서 최초로 유기농법과 생물역학 농법으로 포도를 재배한 생산자 중 하나다.

## 카스텔로 디 볼파이아(CASTELLO DI VOLPAIA)

**키안티 클라시코 | 리제르바 | 산지오베제 100%**

볼파이아는 11세기 무렵 라다 코무네 부근의 언덕 꼭대기에 세워진 성벽으로 둘러싸인 마을이다. 1172년, 볼파이아는 마을에서 포도를 재배하기 시작했다. 수백 년의 세월이 흐르면서 한때 웅장했던 교회와 탑을 비롯한 마을과 포도밭은 대부

분 방치되고 황폐해졌다. 그러나 1996년 초, 스티안티 마스테로니 가문이 마을 부지와 포도밭을 매입해서 공들여 재건했다. 오늘날 볼파이아('여우굴'이라는 뜻)는 번성한 시골 마을의 모습을 되찾았고, 거의 모든 마을주민이 양조업에 직간접으로 종사하고 있다. 와인은 전통적 맛, 제비꽃, 잘 익은 체리, 말린 잎, 아시아 향신료, 트러플의 아름다운 풍미와 아로마, 숲을 거니는 듯한 매혹적인 향기를 갖는다.

## 셀바피아나(SELVAPIANA)

**비녜토 부체르키알레 | 키안티 루피나 | 리제르바 | 산지오베제 100%**

훌륭한 산지오베제는 레드 베리, 장미, 타르, 향신료, 광물성 아르마와 풍미 외에도 팽팽함, 근육질, 군살 없는 풍성함을 동시다발적으로 발휘하는 형용하기 힘든 능력을 지녔다. 셀바피아나의 비녜토 부체르키알레 (Vigneto Bucerchiale)가 대표적인 예다. 그러나 이 와인이 유독 뛰어난 이유는 약간의 감미로운 짠맛과 고귀한 쓴맛 덕분이다. 와인의 짜고 쓴 풍미가 주변의 다른 풍미를 극대화하기 때문에 맛있는 파스타를 함께 먹으면 천상의 맛을 느끼게 된다. 준티니 가문이 소유한 셀바피아나는 200년 전부터 키안티 루피나에서 와인을 양조했다. 참고로 루피나는 키안티 구역에서 가장 작은 소구역이다. 현재 페데리코와 실비아 준티니 A. 마세티 남매가 양조장을 소유 및 운영하고 있다. 두 남매는 셀바피아나의 오랜 매니저였던 프란코 마세티의 자녀인데, 자식이 없던 셀바피아나 소유주인 프란세스코 준티니가 가문의 이름과 양조장을 이어가기 위해 두 남매를 입양했다.

## 일 포조네(IL POGGIONE)

**비냐 파가넬리 | 브루넬로 디 몬탈치노 | 리제르바 | 산지오베제 100%**

일 포조네의 비냐 파가넬리는 바닐라, 딸기, 말린 허브, 숲, 에스프레소, 엽궐련 상자, 고급 가죽, 차이(Chai) 차, 골동품 가게의 정겨운 냄새의 다층적 풍미와 아로마를 장착한 순수하고 강렬한 충격을 선사한다. 그러나 긴박했던 첫

인상과는 달리 입안에서는 느릿하고 우아하게 퍼진다. 감미로운 시간이 여유를 부리며 끝을 향해 서서히 다가가다가 오랫동안 감도는 피니시의 여운을 남긴다. 비냐 파가넬리는 진정으로 호화로운 브루넬로다. 프란체스키 가문이 소유한 일 포조네는 풍성하고 농후한 브루넬로로 명성이 자자하다. 비냐 파가넬리는 일 포조네 양조장에서 가장 오래된 포도밭으로 무려 1964년부터 재배됐다. 비냐 라가넬리 리제르바는 최상의 빈티지에만 제한된 수량으로 생산되며, 대형 프랑스 오크통에 4년간 숙성시킨 다음 장기간 병 속에서 추가로 숙성시킨다.

## 비온디산티(BIONDI-SANTI)

**브루넬로 디 몬탈치노 | 리제르바 | 산지오베제 100%**

1870년대, 페루치오 비온디는 할아버지인 클레멘테 산티의 업적을 이어받아 산지오베제의 브루넬로 클론들을 발굴하고 번식시키는 데 성공했다. 비온디산티 가문은 2차 세계대전 이전까지 유일하게 라벨에 브루넬로라고 표기한 와인을 만들었다. 이후 다른 생산자들이 비온티산티 가문의 발자취를 따라 브루넬로 와인을 만들기 시작하면서 브루넬로 디 몬탈치노가 탄생했다. 비온티산티는 여전히 몬탈치노에서 가장 전설적이고 전통적인 생산자로 남아 있다. 리제르바와 일반 브루넬로 와인 모두 기본적으로 백여 년째 같은 방식으로 양조하며, 완벽한 환경을 갖춘 고지대 포도밭에서 생산한 포도를 사용한다. 와인의 흙 아로마와 풍미가 크랜베리, 타르트 체리, 빨간 자두, 모카, 향신료 풍미에 우아하게 감겨든다. 비온디산티 브루넬로는 육중한 파워를 자랑하는 와인은 아니다. 어릴 때는 타닌 속에 숨어 있다가 시간이 흐를수록 서서히 진화하면서 본모습을 드러낸다. 수십 년간 숙성시킨 비온티산티 브루넬로를 반드시 마셔봐야 하는 이유도 이 때문이다.

## 폰토디(FONTODI)
### 플라차넬로 델라 피에베 | 산지오베제 100%

키안티 클라시코 중심부에 있는 폰토디에는 콘카 도로('황금 조개'라는 뜻)라는 유명한 계곡이 원형 경기장처럼 포도밭을 감싼 형태다. 폰토디의 최상급 와인인 플라차넬로 델라 피에베(Flaccianello della Pieve)는 피에베 마을의 십자가를 딴 이름이며, 엄선한 산비탈 포도밭에서 재배한 포도로 만든다. 현존하는 가장 수려한 산지오베제 와인 중 하나로 토스카나 특유의 풍미와 명확성을 지녔다. 뛰어난 정교함, 실크 같은 질감, 월등한 복합미를 자랑하며, 인센스, 축축한 흙, 제비꽃, 따뜻한 라즈베리의 풍미를 폭발적으로 발산한다. 그 사이로 산지오베제 특유의 바다소금 풍미와 광물성이 넘실거린다. 특히 폰토디는 교과서적인 키안티 클라시코로 유명하다. 비냐 델 소르보(Vigna del Sorbo)라 불리는 키안티 클라시코 그란 셀레치오네는 그야말로 환상적이다. 1968년에 폰토디를 설립한 마네티 가문은 와인 양조업에 뛰어들기 전에 몇 세대에 걸쳐 토스카나에 살면서 테라코타 타일 생산업에 종사했었다.

## 포조 알 테조로(POGGIO AL TESORO)
### 손드라이아 | 볼게리 수페리오레 | 카베르네 소비뇽 65%, 메를로 25%, 카베르네 프랑 10%

포조 알 테소로의 손드라이아(Sondraia)는 카베르네 소비뇽, 메를로, 카베르네 프랑 블렌드의 아름다움과 신선함을 보여 주는 대표적인 예다. 매끈함, 세밀한 집중도와 더불어 놀랍도록 복합적인 풍미를 지녔다. 감, 석류, 에스프레소, 검은

감초, 녹색 후추 열매, 야생 허브, 바닐라가 휘몰아치는 가운데 토스카나 특유의 희미한 감칠맛과 짠맛이 모든 풍미를 부드럽게 감싸 안는다. 매우 고급스러운 타닌감이 우아한 구조감을 완성한다. 포조 알 테조로는 알레그리니 가문이 소유한 볼게리 양조장이다(알레그리니 가문은 베네토에서 만든 아마로네와 싱글빈야드 레드 와인으로 유명하다). 포조 알 테소로 양조장은 코르크참나무와 우산소나무로 뒤덮인 카스타네토 카르두치 구릉지대의 보호를 받는다. 손드라이아 포도밭은 작은 바닷가 마을인 레 손드라이에 근처에 있다.

## 안티노리(ANTINORI)
### 과도 알 타소 | 볼게리 수페리오레 | 카베르네 소비뇽 60%, 카베르네 프랑 20%, 메를로 20%

'오소리 개울'이란 뜻의 과도 알 타소(Guado al Tasso)는 면적 10㎢(1,000헥타르)에 달하는 양조장으로 티레니아 해안을 따라 볼게리 구릉지대까지 이어진다. 소유주는 안티노리 가문이다. 안티노

리 양조장은 토스카나에서 가장 절묘하고 흥미로운 와인을 만든다. 1등급 보르도 와인의 완벽한 구조감과 정교한 타닌감을 토스카나 스타일로 풀어냈다. 카시스, 엽궐련 상자, 흑연, 키르슈바서, 바닐라 빈, 제비꽃, 카르다몸, 커민 등 익숙하면서도 이국적인 아로마와 풍미가 소용돌이친다. 질감은 벨벳 위에 실크를 덧댄 듯하다. 무엇보다 정확한 밸런스가 수십 년의 숙성력을 보장한다. 안티노리 가문의 또 다른 필살기는 과도 알 타소의 사촌 격인 티냐넬로(Tignanello)다. 1971년에 처음 만들어졌으며, 카베르네보다 산지오베제를 주재료로 사용한다. 최상의 빈티지에만 생산되며, 이탈리아에서 가장 강렬하고 풍성한 와인 중 하나다.

# 스위트 와인

## 카페차나(CAPEZZANA)
### 빈 산토 디 카르미냐노 | 리제르바 | 트레비아노 토스카노 90%, 산 콜롬바노 10%

필자는 카페차나의 빈 산토를 토스카나에서 가장 정교한 빈 산토로 꼽는다. 고도의 정교함, 활기, 복합미, 길이감을 갖춘 스위트 와인으로 그 자체가 하나의 실존하는 세상 같다. 처음에는 구운 견과류 풍미가 용솟음치다가 어느새 살구, 오렌

지 껍질, 검은 무화과, 향신료와 뒤섞인다. 풍성함에 넋을 잃을 때쯤 훌륭한 아마로처럼 달콤 씁쓸한 복합미가 굽이치기 시작한다. 카페차나의 빈 산토는 당도가 29%(리터당 잔당 290g)에 달하지만, 결코 설탕 같은 단맛이 아니다. 숙성기간은 이례적으로 긴 편인데, 체리나무, 오크나무, 밤나무 통에 6년간 숙성시킨다. 카페차나는 소규모 와인 구역인 카르미냐노 최고의 와이너리이며, 콘티 보나코시 가문이 5대째 소유 및 운영하고 있다.

# SICILY 시칠리아

시칠리아는 이탈리아 최대 지역(약 2만 6,000㎢)이자 최고의 와인 산지에 속한다. 지중해 중심부라는 지정학적 이점 때문에 페니키아, 그리스, 아랍, 노르만, 스페인 등 수많은 권력의 지배를 받았다. 다양한 세력의 통치 기간 내내 포도 재배학은 크게 번성했다. 실제로 시칠리아 와인은 고대에 가장 유명한 와인에 속했다. 로마제국 시대, 마메르티네(Mamertine)라는 시칠리아 스위트 와인이 지배계층에게 큰 인기를 끌었고, 특히 줄리어스 시저가 가장 사랑한 와인으로 알려져 있다.

지중해의 삼위일체인 와인, 올리브기름, 빵의 존재감이 시칠리아보다 뚜렷한 지역은 없을 것이다. 내륙의 언덕지대, 척박한 토양, 안정적인 일조량은 이탈리아 '삼위일체'의 생산에 안성맞춤이다. 일례로 밀밭이 넘실대는 시칠리아 중심부는 로마제국의 주요한 곡창지대였다. 게다가 전략적 지점에 있는 항구도시들 덕분에 과거는 물론 현재까지도 '삼위일체'의 무역이 비교적 쉬웠다.

시칠리아는 20세기 내내 풀리아, 캄파니아, 바실리카타, 칼라브리아를 마비시켰던 와인에 관한 사고방식 때문에 혹독한 대가를 치렀다. 즉, 질보다 양이 우선이라는 사고방식이었다. 시칠리아는 포도 생산량을 한계까지 밀어붙였고, 와인을 닥치는 대로 만들었다. 역설적이게도 고대 와인으로 명성을 날렸던 시칠리아섬은 20세기에 벌크와인과 저렴한 비노 다 타볼라를 대량으로 쏟아내는 지역으로 전락했다.

시칠리아의 옛 테라코타 암포라가 포도밭 근처에 놓여 있다.

## 시칠리아 와인 맛보기

시칠리아는 이탈리아 최대 와인 산지에 속한다. 2000년대의 와인 품질 혁명 덕분에 근 100년 만에 가장 훌륭하고 매력적인 와인들이 탄생했다.

시칠리아 최고의 와인 산지는 에트나산이다. 유럽 최대 활화산으로 해발 1,100m의 산비탈에서 포도를 재배한다.

시칠리아는 드라이한 테이블 와인 외에도 마르살라 주정강화 와인으로 유명하다. 최상급 마르살라는 경이로움과 복합미를 겸비했다.

21세기에 접어들면서 와인 품질에 대한 대역전이 벌어졌다. 2010년, 유럽연합의 와인 지원 프로그램이 실마리가 됐다. 시칠리아도 소규모 포도밭 수천 곳을 재건해서 재활성화했다(2017년 이래 유럽연합 지원의 최대 수혜국은 이탈리아였다. 이탈리아는 매년 3억 유로 이상을 지원받아 포도 재배산업을 육성 및 현대화하고 자국 와인을 세계에 홍보했다). 오늘날 시칠리아는 훌륭하고 매력적인 와인 산지로 자리 잡았다(와인 대부분은 아직 세계적으로 알려지지 않은 포도 품종들로 만든다).

오늘날 시칠리아에서 가장 흥미로운 와인을 만드는 지역은 에트나산이다. 유럽 최대 활화산으로 현재까지도 분화를 되풀이하고 있다(집필 시점을 기준으로 가장 최근에는 2021년 1월과 2월에 화산이 폭발해서 분화구 중심과 남동쪽 산비탈로 용암이 분출했다).

믿기 힘들지만, 20년 전부터 에트나 활화산에서 포도를 재배하기 시작한 생산자가 약 300명에 달한다. 포도밭은 미네랄이 풍부하고 검은 용암 토양으로, 매우 가파른 산비탈에 있다. 해발 300~1,100m로 이탈리아에서 고도가 가장 높은 포도밭에 속한다. 이처럼 테루아르가 극심해 포도밭 대부분은 오래되고 마른 용암석으로 벽을 쌓은 계단식이다. 그리고 포도나무는 알베렐로('관목', '덤불'이라는 뜻) 스타일로 심는다. 버팀목 하나로 포도나무 한 그루를 지탱하는 방식이다. 검은 토양, 흰 눈이 뒤덮인 산꼭대기, 반짝이는 푸른 바다가 극명히 대조되는 절경은 지구상에서 가장 황홀한 와인 산지를 빚어낸다.

포도나무를 심은 에트나산의 용암류 줄기를 콘트라다(contrada)라 부른다. 각각의 콘트라다는 고도, 토양, 외에트나산은 활화산이기 때문에 토양의 구성이 다양하고 끊임없이 진화한다.

용암이 식어서 굳은 자리에 포도나무를 심었는데, 용암의 나이, 깊이, 구성요소는 모두 제각각이다.

화산분출물은 근처 지면을 뒤덮고 때론 공중에 분출되어 매우 멀리까지 퍼져 나간다.

시간이 흐르면서 용암, 화산재, 부석, 화산성 자갈층이 풍화돼서 복합적인 토양층을 이룬다.

에트나 활화산 산비탈에서 와인생산자 300명이 포도를 재배하고 있다는 사실이 믿기 힘들 정도다. 해당 사진은 2018년 화산 폭발 장면이다.

관, 미기후 등 여러 요소에 따라 정의한다. 아직 공식 명칭은 없으며, 작은 역사 마을에 가깝다. 각각의 마을은 여러 포도밭 구획으로 구성된다(콘트라다를 잇는 길은 너무 좁아서 걷거나 오토바이만 지나다닐 수 있다). 에트나산에는 콘트라다가 130개 이상 있다. 보통 와인 라벨에 콘트라다 이름이 표기된다(콘트라다는 포도밭 구획을 지칭하는 용어로 다른 시칠리아 지역에서도 사용한다).

> "포도밭이 화산 위에 있다는 사실이 당연히 걱정된다. 화산은 언제든 분출할 수 있으니 말이다. 그러나 걱정은 오히려 위대한 와인을 만들고자 하는 열정을 북돋는다."
> -알베르토 타스카 달메리타,
> 타스카 달메리타 CEO

콘트라다 대부분은 전통적으로 서늘한 북쪽 산비탈에 몰려 있다. 이곳은 밤낮 기온 차가 크기 때문에 와인(레드, 화이트)의 신선함과 산미를 보존하는 데 유리하다. 그러나 에트나산의 기후는 대체로 서늘하고 비가 많이 내리고 불규칙하다(덥고 습한 해양성 공기와 산비탈을 타고 내려온 차가운 공기가 충돌하기 때문이다). 그 결과 수확 시기가 11월까지 지연되는 경우도 발생한다.

에트나산에는 DOC가 여럿 있다. 에트나 비안코 DOC는 카리칸테를 60% 사용해야 한다. 카리칸테(Carricante)는 광물성과 시트러스 풍미, 프랑스 샤블리를 연상시키는 면도칼처럼 날카로운 산미를 가진 청포도 품종이다. 에트나 비안코 수페리오레 DOC는 카리칸테를 80%까지 사용해야 하며, 밀로(Milo) 지역에서 생산한 포도만 사용한다.

에트나 로소 DOC는 네렐로 마스칼레제(Nerello Mascalese)를 80% 사용해야 한다. 구조감이 매우 뚜렷한 최상급 적포도 품종으로 색은 옅은 편이다. 리제르바는 4년간 숙성시켜야 하며, 이 중 1년은 오크통에서 숙성시켜야 한다.

에트나산에서 재배되지만, 에트나 DOC 명칭을 사용할 수 없는 적포도 품종들도 있다. 이 중 가장 유명한 와인은 빈딩 몬테카루보 시라(Vinding Montecarrubo Syrah)다. 라벨에는 단순히 'Sicilia IGT'라 표기한다. 세계적으로 유명한 와인 생산자인 피터 빈딩디에스가 만든 시라 와인으로 섬세한 풍성함이 매력이다.

에트나산의 최상급 와인들은 지형만큼이나 극적이다. 그라치의 데트나 비안코 DOC는 광물성, 짜릿함, 아삭한 산미, 라임과 펜넬의 풍미를 지닌 화이트 와인이다. 토

르나토레(Tornatore)는 또 다른 에트나 비안코 DOC로 바닷소금 향과 야생 허브 맛을 지녔다. 프랭크 코넬리센의 문제벨 비안코(Munjebel Bianco)도 강력하게 추천하는 와인이다(카리칸테 50%, 크레카니코 도라토 50%). 이국적인 엉뚱함과 기분 좋은 쿰쿰함이 특징이다. 40년 묵은 포도나무 과실로 만든 대담하고 탁한 호박색 와인이며, 오렌지차, 망고, 향신료, 재, 광물성 풍미를 자아낸다.

에트나산의 레드 와인은 네렐로 마스칼레제(Nerello Mascalese, 산지오베제와 만토니코 비안코의 자연 교잡종)를 주요 품종으로 사용하고, 네렐로 카푸초(Nerello Cappuccio, '검은 두건'이라는 뜻)를 섞기도 한다. 네렐로 마스칼레제는 대체로 색이 옅지만 타닌 함유량과 산도가 높고, 네렐로 카푸초는 색이 더 어둡지만 명성은 더 낮다.

> "우리의 농사 철학은 '인간은 결코 자연의 복잡함과 상호작용을 온전히 이해하지 못한다'는 사실을 수용하는 것에서 시작한다. 인간에게는 '전체'를 이해하는 신성한 능력을 주지 않았다. 우리는 이 '집합체'의 일부에 불과하며, 인간은 결코 신이 아니다. 따라서 자연을 수용하고 따르는 것이 우리의 지침이다."
> -프랭크 코넬리센,
> 아지엔다 아그리콜라 프랭크 코넬리센

네렐로 마스칼레제의 명성답게 에트나산의 레드 와인은 은은한 색을 띤다(심지어 피노 누아보다 옅다). 그래도 방심하지 말자. 백악질, 깔깔한 타닌감, 높은 산도, 차를 오래 우린 듯한 쓴맛이 입안을 강타한다. 필자는 네렐로 마스칼레제의 특성이 피노 누아와 네비올로의 중간이라고 생각한다. 실제로 에트나 레드 와인을 이탈리아 남부의 바롤로라고 간주해도 무방하다. 대표적 예로 그라치

## 시칠리아 포도 품종

### 화이트

◇ **카리칸테**

에트나 산비탈에서 거의 독점적으로 재배하는 고품질 품종이다. 광물성, 시트러스 풍미 그리고 산도가 매우 높은 와인을 만든다. 종종 샤블리와 비교된다.

◇ **카타라토 비안코**

시칠리아에서 생산량이 가장 높은 청포도다. 과거에 마르살라를 만드는 데 사용했다. 현재는 드라이한 화이트 테이블 와인의 블렌딩 품종이다. 또는 벌컥벌컥 마시는 용도의 단순한 와인부터 시트러스 풍미가 입안을 가득 채우는 고품질 와인을 만드는 데 단독으로 쓰인다.

◇ **샤르도네**

1990년대에 최초로 재배한 국제적 품종이다. 시칠리아 와인생산자들이 점점 재래종을 선호하면서 샤르도네의 인기가 줄어드는 추세다.

◇ **그레카니코 도라토**

보조 품종이지만 고품질 포도다. 베네토에서 소아베에 들어가는 가르가네가와 동일하다.

◇ **그릴로**

중요한 품종이다. 카타라토 비안코와 치비보(알렉산드리아 뮈스카)의 자연 교잡종이다. 광물성 풍미의 신선한 드라이 화이트 와인의 재료이자 고품질 마르살라의 주요 품종이다.

◇ **인촐리아**

오래된 재래종으로 안소니카(Ansonica)라고도 알려져 있다. 드라이 화이트 와인에 단독 또는 혼합으로 쓰이며, 마르살라의 블렌딩 품종으로 사용된다.

◇ **말바시아 디 리파리**

중요한 품종이다. 말바시아 델레 리파리 DOC(Malvasia delle Lipari DOC)에 사용한다. 이는 리파리 화산섬과 시칠리아 북동쪽 해안 부근의 작은 섬들에서 생산하는 훌륭한 파시토 와인이다.

◇ **치비보**

중요한 품종으로 알렉산드리아 뮈스카로도 알려져 있다. 주로 모스카토 파시토 디 판텔레리아(Moscato Passito di Pantelleria)를 만드는 데 사용한다. 이는 시칠리아 남부 해안의 판텔레리아 화산섬에서 만드는 유명한 디저트 와인이다.

### 레드

◇ **프라파토**

전통적 포도 품종으로 체라수올로 디 비토리아 DOCG(Cerasuolo di Vittoria DOCG)의 블렌딩 품종으로 쓰인다. 또는 가벼운 보디감, 풍성한 아로마를 가진 다즙한 와인을 만드는 데 단독으로 쓰인다.

◇ **네렐로 마스칼레제**

에트나산에서 가장 많이 재배하는 중요한 고품질 적포도 품종이다. 색이 옅고, 산도와 타닌 함량이 높으며, 기분 좋은 팽팽함과 생기를 가진 레드 와인을 만든다.

◇ **네렐로 카푸초**

에트나산에서 재배되지만, 네렐로 마스칼레제에 비해 특징과 복합미가 부족하다. 종종 네렐로 마스칼레제에 섞여서 와인의 색을 짙게 만드는 역할을 한다.

◇ **네로 다볼라**

최다 생산량을 자랑하는 고품질 적포도로 시칠리아 전역에서 재배한다. 향신료와 잘 익은 과일 풍미, 풀보디감의 부드러운 와인을 만든다. 체라수올로 디 비토리아 DOCG를 만드는 주요 품종이다.

◇ **페리코네**

성한 붉은 과일 풍미, 뚜렷한 타닌감과 구조감을 가진 고대 품종이다. 주로 네로 다볼라와 블렌딩해서 사용한다.

◇ **시라**

시칠리아에서 가장 흔히 재배하는 국제적 품종이며, 네로 다볼라 다음으로 두 번째로 생산량이 많다. 놀라울 정도로 훌륭한 와인을 만든다.

(Graci), 파소피시아로(Passopisciaro), 페데그라치아니(Fedegraziani), 테레 네레(Terre Nere)에서 만든 에트나 로소가 있다. 프랭크 코넬리센의 네렐로 마스칼레제 와인인 수수카루(Susucaru)는 라벨에 'IGT Sicily'라고 표기하지만, 에트나산의 고지대 포도밭에서 생산된다. 코넬리센이 추구하는 '액체 암석' 와인에 걸맞게 암석, 후추, 제비꽃의 아로마와 풍미가 진동한다. 색깔은 일렉트릭 퍼플에 가깝다.

물론 에트나산 이외에도 시칠리아 전역과 주변 섬에서도 화이트 와인과 레드 와인을 만든다. 최상급 청포도 품종인 그릴로(Grillo, '귀뚜라미'라는 뜻)는 카타라토 비안코(Catarratto Bianco)와 치비보(Zibibbo)의 교잡종이다. 본래 마르살라에 들어가는 품종이며 현재도 여전히 쓰인다. 그릴로는 목초지 같은 아로마, 이국적인 오렌지 풍미, 짠맛이 스쳐 가는 피니시가 특징인 독특하고 짜릿하며 신선한 화이트 와인을 만든다. 최상급 생산자

## 판텔레리아와 리파리의 매혹적인 와인

시칠리아 해안 부근에 있는 두 화산섬은 세상에서 가장 육감적이며 지독할 정도로 맛있는 디저트 와인을 만든다. 바로 모스카토 파시토 디 판텔레리아(Moscato Passito di Pantelleria)와 말바시아 델레 리파리(Malvasia delle Lipari)다.

판텔레리아는 맑은 날에 튀니지가 보일 정도로 북아프리카 북부 연안과 가깝다. 현재 길이는 14km에 달하지만, 섬 하단의 식은 용암이 수축하고 가스가 빠져나가서 섬 크기가 점점 작아지고 있다. 아랍이 4세기 (700~1123년) 동안 판텔레리아를 지배했으며, 이때 처음으로 포도나무를 섬에 들여왔다. 아랍은 이 섬을 빈트 알리야(Bint al-Riyah, '바람의 딸'이라는 뜻)라 불렀다. 북아프리카 판텔레리아섬에 부는 시로코(sirocco)라는 돌풍을 빗댄 이름이다. 시로코는 허리케인 풍속에 버금가는 사납고 뜨거운 사하라 돌풍이다. 아랍이 섬에 들여온 포도는 치비보(Zibibbo)인데 알렉산드리아 뮈스카의 현지 명칭이다. 아랍어로 '건포도'를 뜻하는 자비브(zabib)라는 단어에서 유래했다.

판텔레리아에 심은 치비보는 매서운 돌풍 때문에 포도나무가 부러지지 않도록 분재처럼 손질해서 움푹한 지면에 밀착시킨다. 유네스코는 이 고대 포도 재배 관습을 인류무형문화유산으로 인정했다.

태양이 작열하는 판텔레리아 포도밭에 맺힌 큼직한 고당도 치비보 포도송이는 농익은 아로마가 넘쳐흐르는 모스카토 디 판텔레리아를 빚어낸다. 모스카토 디 판텔레리아의 자매 격인 파시토 디 판텔레리아 (Passito di Pantelleria)는 시럽 같은 질감의 환상적인 와인으로, 전자보다 더 유명하고 복합적이다. 더 세심한 양조법이 요구되며, 극히 소량만 생산된다.

파시토 디 판텔레리아의 경우, 치비보 포도 일부를 8월에 직접 수확한 다음 돗자리나 선반에 조심스럽게 펼쳐 놓고 햇볕에 3~4주간 건조한다(아파시멘토 기법). 그러면 포도가 다디단 건포도로 쪼그라든다(오늘날 일부 생산자는 건포도화 속도를 높이기 위해 온실효과를 극대화한 플라스틱시트 터널 속에 포도를 넣

고 건조한다). 9월이 되면 포도밭에 남은 포도가 꽤 많이 익는다. 이 포도를 수확해서 압착하면 아주 단 포도즙이 나온다. 여기에 말린 포도를 소량 넣고 함께 발효시킨다. 이때 말린 포도는 손으로 줄기를 제거해야 한다. 발효 기간은 2달 정도다.

네온 주황색의 정교한 파시토 디 판텔레리아를 마시면, 롤러코스터를 타고 감미로운 감각 사이를 질주하는 기분이 든다.

최상급 파시토 디 판텔레리아의 쌍두마차는 마르코 데 바르톨리(Marco de Bartoli)의 부쿠람(Bukkuram, 아랍어로 '포도나무의 아버지'라는 뜻)과 도나푸가타(Donnafugata)의 벤 리에(Ben Ryé, 아랍어로 '바람의 아들'이라는 뜻)다.

리파리는 에올리에 제도에 속한 섬이다. 에올리에 제도는 시칠리아 북동부 앞바다에 일곱 개 작은 섬으로 이루어져 있으며, 섬들을 뒤덮은 흑요석(검고 단단한 화산암)으로 유명하다. 바로 이곳에서 말바시아 델레 리파리가 생산된다. 말바시아 디 리파리 포도로 만든, 시칠리아의 또 다른 훌륭한 파시토 디저트 와인이다. 소수의 소규모 생산자만 있는데, 특히 카를로 하우네르(Carlo Hauner)는 가슴이 시릴 정도로 훌륭한 주황 호박색 말바시아 델레 리파리를 만든다.

도나푸가타에서 파시토 디 판텔레리아를 만들기 위해 치비보 포도의 줄기를 손수 제거하고 있다.

그릴로 포도나무 고목

는 테누타 라피탈라(Tenuta Rapitalà), 타스카 달메리타(Tasca d'Almerita), 첸토파시(Centopassi) 등이다. 모치아(Mozia)라 불리는 타스카 달메리타의 그릴로는 시칠리아 앞바다의 모치아섬에서 생산된다. 한때 페니키아가 정착했던 작은 섬이다. 첸토파시의 그릴로를 생산하는 포도원은 팔레르모 남부의 코를레오네 마을 부근에 있는데, 유죄 판결을 받은 마피아 일원에게서 몰수한 것이다.

시칠리아에서 만드는 최상급 레드 와인(에트나섬 제외) 대부분은 네로 다볼라를 주요 품종으로 사용한다. 네로 다볼라는 깊이, 다즙함, 매력을 갖춘 짙은 검은색 와인을 만든다. 오늘날 수십 개 양조장이 네로 다볼라(단독 또는 혼합)를 집중적으로 사용해서 와인을 만들고 있으며, 그중 일부는 놀랄 정도로 복합적이고 과일 풍미가 풍부한 와인을 만든다. 최상급 생산자는 카루소 에 미니니(Caruso e Minini), 코스(COS), 발리오 델 크리스토 디 캄포벨로(Baglio del Cristo di Campobello), 코스탄티노(Costantino), 레 카세마테(Le Casematte), 플라네타(Planeta), 파타시아(Fatascià), 마라비노(Marabino), 타스카 달메리타(Tasca d'Almerita) 등이다. 특히 타스카 달메리타는 풍성하고 스파이시한 네로 다볼라를 기반으로 만든 로소 델 콘테(Rosso del Conte)로 유명한 회사다. 1970년에 처음 생산됐으며, 시칠리아 최초의 현대식 싱글 빈야드 와인이다.

네로 다볼라에 프라파토를 최대 50%까지 섞으면, 시칠리아의 유일한 DOCG인 체라수올로 디 비토리아가 된다. 체라수올로라는 이름은 시칠리아어로 '체리'를 뜻하는 체레사(ceresa)에서 유래했다. 실제 최상급 와인은 향긋한 체리 아로마를 풍긴다. 시칠리아 남동부 해안 부근에 있으며, 철분이 풍부한 붉은 모래흙 위에 석회암이 깔린 지형으로 유명하다. 코스(COS)의 체라수올로를 한번 마셔 보라. 체리, 라즈베리, 백후추의 풍미가 폭발한다.

역사적으로 시칠리아에서 가장 유명한 와인은 마르살라(Marsala)라는 스위트한 주정강화 와인이다. 저렴한 마트용 마르살라도 수두룩하지만, 최상급 생산자가 만든 마르살라는 매우 맛이 훌륭하다. 마르살라는 기본적으로 그릴로, 카타라토 비안코, 인촐리아 품종으로 만들며, 때에 따라 페리코네, 네로 다볼라, 네렐로 마스칼레제를 소량 섞는다. 와인 이름은 고대 항구도시인 마르살라에서 따왔다. 마르살라는 평지와 낮은 언덕에 포도밭이 펼쳐져 있는 시칠리아 서쪽 끝단의 트라파니 지역에 있다. 시칠리아는 그리스·로마 시대부터 유명한 와인을 만들었지만, 우리가 오늘날 알고 있는 마르살라는 1770년대에 영국인 존 우드하우스가 '발명'했다. 그는 춥고 비가 많이 내리는 영국에서 포트, 크림 셰리, 마데이라처럼 몸을 덥혀주는 와인 수요가 높은 것을 보고 스위트한 주정강화 와인이 단박에 히트치리라 예견했다. 그의 예상은 정확히 맞아떨어졌다. 단기간에 대규모 마르살라 생산 기업들이 생겨났고, 도시의 경제 상황도 좋아졌다. 그러나 이후 두 세기 동안, 마르살라의 품질은 수집용에서 요리용으로 하락했다. 1980년대, 마르살라는 작지만 중요한 전환점을 맞이했고, 현재 극히 소량이지만 고품질 마르살라가 다시 생산되고 있다.

마르살라는 오로(금색), 암브라(호박색) 그리고 매우 희귀한 루비노(루비색) 등 세 가지 색으로 출시된다. 그리고 각 색마다 3단계로 당도가 나온다(모든 마르살라는 최소한 조금이라도 스위트하다). 가장 드라이한 세코(잔당 4%), 단맛이 뚜렷한 세미세코(잔당 4~10%), 매우 스위트한 돌체(잔당 10% 이상) 등이다. 모두 알코올 함량은 17~18%까지 강화한다. 각각의 카테고리 안에서도 오크통(때론 체리나무) 숙성기간에 따라 등급이 나뉜다. 소위 '괜찮은' 마르살라는 숙성기간이 1년, 수페리오레는 2년, 수페리오레 리제르바는 4년, 베르지네는 5년이다. 숙성기간이 가장 길고 품질이 가장 훌륭하며 풍성한 베르지네 스트라베초는 무려 10년이다.

마르살라 양조법은 워낙 다양한데다 복잡하며, 마르살라 타입에 따라 생산기술도 다르다. 그래도 대부분의 최상급 마르살라는 페르페툼(perpetuum) 기법을 사용하는데, 셰리를 만드는 솔레라 과정과 비슷하다. 배럴을 등급별로 나눈 복잡한 체계에 따라 어린 와인과 나이 든 와인을 점진적으로 섞어나가는 방식이다.

마르살라 생산자 중 마르코 데 바르톨리(Marco de Bartoli)는 가장 인정받는 양조장으로 베초 삼페리(Vecchio Samperi)라 불리는 마르살라를 만든다.

# 위대한 시칠리아 와인

## 화이트 와인

### 타스카 달메리타(TASCA D'ALMERITA)/ 테누타 휘태커(TENUTA WHITAKER)
**모치아 | 그릴로 | 시칠리아 | 그릴로 100%**

기분 좋은 개성이 넘치는 모치아(Mozia)는 석호로 둘러싸인 작은 모치아섬에서 만든 환상적인 그릴로 와인이다. 모치아섬은 지중해에서 가장 중요한 고대 페니키아 정착이자 조개껍데기를 활용해 최초로 보라색 와인을 만든 곳이기도 하다. 모치아 와인은 파도 비말 같은 신선함, 산뜻한 아삭함, 신선하고 잘 익은 복숭아, 백후추, 레몬그라스의 맛있는 풍미가 어우러진다. 모치니섬은 전기가 없어서 40년 이상 묵은 포도나무에서 직접 과실을 따야 한다. 그리고 작은 상자에 담은 채로 평지선을 타고 본토로 들어가서 압착한 후 와인으로 만든다. 모치아는 타스카 달메리카와 휘태커 재단이 모치아섬의 역사적 포도밭을 재건하기 위해 합작 투자한 결실이다.

### 플라네타(PLANETA)
**에트나 비안코 | 시칠리아 | 카리칸테 100%**

바닐라를 뿌린 백도와 광물성이 에트나 화산에서 분출한 걸

까? 플라네타의 환상적인 비안코를 마시면, 실제로 이런 기분이 든다. 둥글고 크리미한 와인에 생생한 광물성을 주입한 듯한 다층성과 매우 긴 여운이 일품이다. 워낙 마시기도 쉬워서 한번 시작하면 멈추기 힘들 정도다. 플라네타 가문은 1600년대에 시칠리아에 양조장을 세웠다. 에트나산에 있는 포도밭은 검은 화산토, 재, 암석, 광물이 뒤섞여 있는 고대 용암류다.

## 레드 와인

### 코스(COS)
**프라파토 | 시칠리아 | 프라파토 100%**

신선한 딸기와 체리를 가득 채운 수영장에 다이빙하는 느낌을 선사하는 코스의 프라파토(Frappato)는 이 품종이 얼마나 신선하고 베리 풍미가 풍성한지 여실히 보여 준다. 와인의 아름다운 순수성과 생기는 평범함을 초월한다. 따뜻한 날 저녁, 프

라파토를 살짝 칠링하면 옅은 빨간색 와인이 밤저녁을 얼마나 환히 빛내는지 볼 수 있다. 떫은 타닌감을 걱정할 필요도 없다. 그저 맛있는 과일 풍미만 가득하다. 코스는 1980년에 시칠리아 십 대 소년을 타깃으로 설정한 여름 프로젝트로 시작했지만, 현재 시칠리아의 정상급 장인 생산자 중 하나로 자리매김했다. 코스의 소유주(현재 두 명)는 동시대 시칠리아 와인 생산자 중 최초로 암포라를 활용해서 와인을 발효 및 숙성시켰으며, 유기농법과 생물역학 농법으로 포도를 재배하고 있다. 코스의 체라수올로 디 비토리아 역시 놀랍도록 뛰어나다.

### 마라비노(MARABINO)
**로소 디 콘트라다 파리노 | 시칠리아 | 네로 다볼라 100%**

시칠리아 남동부의 태양이 작열하는 뜨거운 노토 계곡(튀니지의 수도 튀니스보다 위도가 낮음)에 있는 마라비노는 과수원, 올리브나무, 포도밭을 생물역학 농법으로 함께 재배하

는 양조장이다. 콘트라다 파리노 포도밭 구획은 코초 델 파로코('성직자의 머리'라는 뜻) 언덕에 있으며, 네로 다볼라의 오래된 클론들도 함께 재배한다. 포도밭이 북향인 덕분에 아프리카 북쪽에서 불어오는 시로코라는 사하라 돌풍의 피해로부터 안전하다. 이곳에서 최상의 상태로 자란 네로 다볼라는 농익은 달콤한 레드 베리, 키르슈바서, 빨간 감초, 모로코 향신료 풍미가 담긴 드라이한 고급 레드 와인을 만든다. 선명한 집중도, 다층성, 긴 피니시, 섬세한 타닌감이 이탈리아 치즈와 매우 잘 어울린다.

### 그라치(GRACI)
**에트나 로소 | 에트나 | 시칠리아 | 네렐로 마스칼레제 100%**

2004년, 에트나 활화산의 북향 비탈면에 세워진 작은 양조장인 그라치는 아름다운 레드 와인인 에트나 로소(Etna Rosso)를 생산한다. 네렐로 마스칼레제 와인을 마실 때는 조금 긴장하는 것이 좋다. 은은한 색깔과 감미로운 크랜베리, 사워 체리(sour cherry), 흙 풍미가 퍼지다가 타닌이 철문처럼 철커덩 내려온다. 해결책은 매우 이탈리아답다. 바로 음식을 먹는 것이다! 네렐로 마스칼레제는 식탁에 시칠리아 스파게티가 놓여 있을 때 자신의 존

재 이유를 명백히 드러낸다. 알베르토 그라치는 시칠리아 출신인 할아버지가 하늘나라로 떠나자 고인의 소박한 와인을 잊지 못하고 결국 투자은행가로서의 경력을 포기하고 밀라노를 떠나 모험적인 투자를 감행했다. 해발 550m의 에트나 산비탈 땅을 매입해서 환상적인 와인을 만들기 시작했다.

## 페데그라치아니(FEDEGRAZIANI)

**프로푸모 디 불카노 | 에트나 | 시칠리아 | 네렐로 마스칼레제, 네렐로 카푸초, 알리칸테 부셰, 프란치시**

페데그라치아니의 프로푸모 디 불카노(Profumo di Vulcano)는 시칠리아에서 가장 비싸고 심오한 와인 중 하나로 에트나산의 북향과 북서향 비탈면(해발 370-1,100m)의 화산재 토양에서 자란 100년 묵은 여러 재래종이 혼재하는 필드 블렌드에서 생산된다. 와인은 달콤하게 잘 익은 다크 체리, 바닐라, 키르슈바서 풍미의 구름 위에 둥둥 떠 있는 기분을 선사한다. 그리고 과일 풍미에 구운 고기즙을 연상시키는 우마미의 감칠맛이 군데군데 섞여 있다. 에트나 레드 와인은 대부분 강렬한 타닌감이 있는데, 프로푸모 디 불카노는 순수한 벨벳 질감과 화려하고 긴 피니시가 느껴진다. 페데그라치아니의 기본적인 에트나 로소는 체리가 듬뿍 들어간 다크 초콜릿의 풍미가 일품이다. 페데리코 그라치아니는 와인 양조자가 되기 전에 소믈리에였다. 1998년에는 이탈리아 소믈리에 협회에서 최고의 이탈리아 소믈리에로 선정됐다.

## 타스카 달메리타(TASCA D'ALMERITA)

**로소 델 콘테 | 콘테아 디 스클라파니 | 시칠리아 | 네로 다볼라 55%, 페리코네 25%, 기타 적포도 20%**

1970년대에 로소 델 콘테(Rosso del Conte)가 처음 만들어질 당시, 다른 시칠리아 와인보다 시대에 앞서 있었다. 그 시대에는 높은 생산율이 지배적이었기 때문에 질보다 양을 중시했다. 주세페 타스카 백작은 시칠리아도 최상급 프랑스 와인처럼 인상적이고 숙성력이 좋은 와인을 만들 수 있다고 주장했다. 그리고 시칠리아 중부에 자신이 소유한 레갈레알리 양조장의 싱글 빈야드에서 특별한 리저브 와인을 만들었다. 이것이 시칠리아 최초의 싱글 빈야드 와인이다. 오늘날 이 와인은 무르익은 과일들이 폭발하는 듯한 매력을 발산한다. 체리, 라즈베리, 보이즌베리, 딸기 등 농익은 붉은 과일을 농축시킨 가장 순수한 풍미가 소용돌이치며, 그 위에 바닐라, 향신료, 후추를 흩뿌린

듯하다. 이것이야말로 시칠리아에서 가장 쾌락적이고 감미로운 레드 와인이다.

## 빈딩 몬테카루보(VINDING MONTECARRUBO)

**비뇰로 | 시칠리아 | 시라 100%**

덴마크 출신 피터 빈딩디에스는 남아공, 스페인, 보르도, 헝가리(로열 토카이 와인 회사의 공동창립자) 등 세계 여러 나라에서 훌륭한 와인을 만들고 있다. 비뇰로(Vignolo)는 에트나산의 고대 산호초 조각이 섞인 용암류 토양에서 만든 시라 와인이다. 비뇰로는 가장 전형적인 시라의 특징을 보인다. 향신료, 흙, 에스프레소, 석류즙, 바닐라 빈의 폭발적인 풍미를 최대치로 발산하며, 풀보디감, 두툼한 벨벳 같은 질감, 느리고 긴 피니시를 선사한다. 빈딩디에스의 모든 와인처럼 비뇰로도 이목을 끄는 타입이다.

# 스위트 와인

## 도나푸가타(DONNAFUGATA)

**벤 리에 | 파시토 디 판텔레리아 | 판텔레리아 | 치비보 100%**

아름다움의 극치를 보여 주는 벤 리에(Ben Ryé, 아랍어로 '바람의 아들'이라는 뜻)는 이탈리아의 정교한 장인적 스위트 와인이다. 시칠리아 남서부 해안 부근의 돌풍이 부는 판텔레리아 화산섬에서 재배한 치비보(알렉산드리아 뮈스카) 품종을 사용하며, 풍성하고 선명하지만 심하게 달지는 않다. 특히 경성 치즈와 함께 마시면 압도적으로 맛있다. 재배한 포도 일부를 조금 이른 시기에 수확해서 선반에 펼쳐놓고 3~4주간 햇볕에 말리면, 포도가 쪼그라들면서 포도 속 당분이 응축된다. 나머지 포도는 본래 시기에 맞춰 9월에 수확한다. 제 시기에 수확한 포도를 발효시킬 때, 말린 포도를 직접 줄기를 따서 소량씩 발효조에 추가한다. 최종 와인은 네온 주황색을 띠며, 쾌락에 서서히 잠기게 만든다.

로마제국 시대, 마메르티네(Mamertine)라는 시칠리아 스위트 와인이 지배계층에게 큰 인기를 끌었고, 특히 줄리어스 시저가 가장 사랑한 와인으로 알려져 있다.

# OTHER IMPORTANT WINE REGIONS 기타 주요 와인 산지

트렌티노알토아디제/쥐트티롤 | 롬바르디아 | 리구리아 | 에밀리아로마냐 | 움브리아 | 아브루초 | 사르데냐 | 이탈리아 남부(캄파니아, 풀리아, 바실리카타, 칼라브리아)

이탈리아는 전역이 포도밭의 보고다. 알프스산맥에 걸쳐 있는 트렌티노알토아디제/쥐트티롤부터 북아프리카 너머의 시칠리아섬까지, 그야말로 포도밭이 없는 지역이 없을 정도다. 심지어 로마 교외에도 자체적인 로마 DOC 포도밭이 있다. 앞서 '빅 파이브' 지역(피에몬테, 베네토, 프리울리 베네치아 줄리아, 토스카나, 시칠리아)을 챕터별로 다뤘다. 이번 챕터에서는 그다음으로 중요하다고 생각하는 이탈리아 지역들과 각 지역에서 생산하는 특색 있는 와인들을 소개하겠다.

## 트렌티노알토아디제/쥐트티롤

이탈리아에서 트렌티노알토아디제/쥐트티롤보다 북쪽에 자리 잡은 와인 산지는 없다. 해발 1,100m의 좁은 알프스 계곡에 청정한 포도밭이 드리워져 있고, 그 뒤로 돌로마테(남부 석회암 알프스의 일부)산맥의 가파른 암벽이 장대하게 직립해 있다. 그야말로 세상에서 가장 수려한 포도밭 절경이 아닐 수 없다. 높은 고도에도 불구하고 태양이 내리쬐는 남향을 바라보는 덕분에 포도가 완숙할 정도로 따뜻하다. 토양도 이상적이다. 빙하와 충적 퇴적물로 형성된 자갈, 모래, 진흙 토양에 석회암이 섞여 있으며 배수력이 뛰어나다.

트렌티노알토아디제/쥐트티롤(정치적 이유로 이름이 길다)은 트렌티노, 볼차노 등 두 구역으로 구성된다. 남부의 트렌티노는 이탈리아어가 주 사용 언어지만, 북부의 볼차노는 독일어가 주 언어다. 참고로 볼차노의 풀네임은 볼차노알토아디제인데, 관용적으로 이곳 와인을 지칭할 때는 줄여서 알토아디제라 한다. 독일에서는 알토아디제를 쥐트티롤('티롤 남부'라는 뜻)이라 부른다. 휴우, 참으로 복잡하기도 하다.

알토아디제 지역은 이탈리아에서 두 번째로 긴 아디제강으로 얼기설기 엮여 있으며, 북쪽의 오스트리아 바로 밑에 안락하게 들어앉아 있다. 알토아디제는 1차 세계대전 이후 오스트리아에서 이탈리아로 넘어왔으며, 현재 이탈리아에서 1인당 GDP가 가장 높다. 알토아디제는 다소 강제적인 '이탈리아화' 정책에도 불구하고 여전히 독일 문화가 여러모로 남아 있다(일례로 폴렌타보다 굴라시를 선호함). 와인 라벨에도 두 언어가 동시에 쓰여 있어서 상당히 복잡하다.

두 지역의 최상급 생산자들은 고급 와인의 명확성과 순수성에 있어서 게르만족다운 감성과 이념을 공유한다. 몇몇 예를 들자면, 테누타 라게더(Tenuta Lageder), J. 로프스타터(J. Hofstätter), 티펜브루너(Tiefenbrunner), 카

리구리아 포도밭에서 바라보는 리구리아해의 전망이 가장 아름답다.

손 히르슈프룬(Casòn Hirschprunn), 기를란(Girlan), 칸티나 트라민(Cantina Tramin), 테를란(Terlan), 엘레나 발슈(Elena Walch), 칼턴 피알(Kaltern Vial), 포라도리(Foradori), 켈러리 날스 마그레이트(Kelleri Nals Magreid) 등은 눈부시게 아름다운 와인을 만든다.

트렌티노알토아디제/쥐트티롤은 광범위한 레드 및 화이트 와인을 생산하며, 다양한 재래종 및 국제 품종을 사용한다. 재배 면적이 넓은 품종부터 나열하자면 스키아바(베르나슈), 피노 그리조, 게뷔르츠트라미너, 피노 블랑, 샤르도네, 라그레인, 피노 누아, 소비뇽 블랑 순이다. 만약 당신의 와인 취향이 모험적이라면, 트렌티노알토아디제/쥐트티롤의 고대 재래종으로 만든 레드 와인에 매력을 느낄 것이다. 특히 스키아바(Schiava)는 레드 커런트, 쌉쌀한 아몬드, 꽃 풍미의 라이트하고 아삭하며 스파이시한 와인을 만든다. 스키아바 와인을 살짝 칠링하면, 매운 음식과 아주 잘 어울린다. 사실 스키아바는 단일 품종이 아니라 이 지역에 서식하는 네 개 품종(스키아바 젠틸레, 스키아바 그리자, 스키아바 그로사, 스키아바 롬바르다)을 총칭하는 용어다. 독일에서는 스키아바를 베르나슈(Vernatsch)라 한다. 라틴어로 '토종', '재래종'을 의미하는 'vernaculus'라는 단어에서 파생했다. 존탈러(Sonntaler)라 불리는 쿠르타슈(Kurtatsch)의 스키아바/베르나슈 와인을 마셔 보라. 무려 100년 전에 심은 포도나무 과실을 일부 사용해서 만든 와인이다.

어두컴컴한 색을 띤 테롤데고(Teroldego) 품종도 있다. 산도와 타닌 함량이 높은 스파이시한 포도며, 트렌티노의 캄포 로탈리아노 평야의 자갈투성이 빙하토에서 가장 잘 자란다. 그라나토(Granato)라는 포라도리 테롤데고를 마셔 보라. 가장 대표적인 예다. 테롤데고라는 이름은 '티롤의 금'이란 의미의 티롤(Tirol)과 오로(oro)에서 파생한 것으로 보인다. 테롤데고는 피노 누아의 자손이자 라그레인(Lagrein)의 한쪽 부모(다른 쪽 부모는 현재 멸종된 야생종)로 추정된다. 라그레인은 짙은 색, 쓴맛, 투박함, 풍성한 과일 풍미가 있는 재래종이다. 개성이 넘치는 와인을 만들지만, 배럴에 숙성시키지 않으면 타닌감이 너무 강하고 날카롭게 느껴질 수 있다. 이 적포도 품종들은 프리울리의 타첼렝게, 스키오페티노와 더불어 예리한 쓴맛, 날카로움, 서늘한 기후의 와인을 만든다. 이는 다른 나라에서 찾아볼 수 없는 독보적인 이탈리아 레드 와인이다.

화이트 와인도 간단하게 살펴보자. 트렌티노알토아디제/쥐트티롤은 세계 정상급 피노 블랑 산지에 속한다. 다른 나라의 피노 블랑은 대체로 마실 만하지만 본질적으로 평

포라도리에서 거대한 암포라를 이용해서 테롤데고를 만들고 있다. 엘리자베타 포라도리는 암포라를 활용한 현대식 와인 양조의 선구자다.

범함을 벗어나지 못한다. 반면 알토아디제의 최상급 피노 블랑(피노 비안코)은 짜릿한 광물성이 전율하는 일등품이다. 칼턴 피알(Kaltern Vial)의 피노 블랑이나 견과류 풍미가 일품인 알로이스 라게더(Alois Lageder)의 하베를레(Haberle)를 추천한다.

짜릿한 광물성 와인의 경우, 알토아디제의 케르너(Kerner)가 단연 최고다. 케르너는 1929년에 적포도 스키아바와 리슬링을 교잡한 품종으로 입안을 가득 메우는 시원하고 신선한 광물성과 은은한 과일 풍미가 특징이다.

이탈리아 북부와 가장 밀접한 관계에 있는 청포도는 피노 그리조다. 보통 피노 그리조는 흰 티셔츠와 같은 매력을 지녔는데, 알토아디제 빙하곡(옆 동네인 프리울리도 마찬가지)에서 생산한 피노 그리조는 신선함과 순수함을 겸비한 섬세한 화이트 와인의 느낌을 자아낸다. 마치 알로이스 라게더와 엘레나 발슈의 피노 그리조처럼 말이다. 게뷔르츠트라미너는 트렌티노알토아디제/쥐트티롤의 특산물이다. 트라미네르 아로마티코(Traminer Aromatico) 또는 짧게 트라미너라 부른다. 선명한 꽃 향, 풍성한 풍미, 퇴폐미, 우아함, 매끈함이 동시에 느껴진다. 사실 게뷔르츠트라미너는 별도의 품종이 아니라 고대의 '조상 품종' 중 하나인 사바냥의 클론이다(57페이지의 '포도 품종 이해하기' 참조). 포예르 에 산드리(Pojer e Sandri)와 같은 생산자의 손을 거치면, 게뷔르츠트라미너는 거부할 수 없이 매혹적인 순수함, 생기, 선명함을 발산한다. 누스바우머(Nussbaumer)라 불리는 칸티나 트라민(Cantina Tramin)의 드라이 게뷔르츠트라미너는 마치 고압 전류

롬바르디아의 프란차코르타에 있는 베를루키 와이너리의 오래된 스파클링 와인 저장실이다.
바를루키는 1961년에 롬바르디아 최초로 스파클링 와인을 만들었다.

가 흐르는 듯한 아로마와 풍미로 마음을 사로잡는, 세계에서 가장 강렬한 게뷔르츠트라미너다.

샤르도네는 19세기 중반에 트렌티노알토아디제/쥐트티롤의 주요 품종으로 자리 잡았다. 이곳의 샤르도네는 광물성 풍미의 신선한 스틸 와인뿐 아니라 소량의 스파클링 와인도 만든다. 이 지역 최초의 스파클링 와인은 20세기 초에 줄리오 페라리(자동차 기업과 무관)에 의해 탄생했다. 페라리는 현재까지도 트렌티노알토아디제/쥐트티롤뿐 아니라 이탈리아 최상급 스파클링 와인 하우스 중 하나다. 트렌티노는 전통 샴페인 양조방식에 따라 병 속에서 2차 발효를 시킨다. 이를 '트렌토도크(trentodoc)'라 부르며, 트렌토 DOC(Trento DOC)이라는 명칭을 사용한다. 샤르도네와 피노 누아를 혼합해서 만들며, 때때로 피노 블랑과 피노 뫼니에를 섞기도 한다.

마지막으로 다룰 특산물은 바로 비노 산토(vino santo)다. 이 역시 트렌티노 지역에서 생산한다. 역사적으로 미사에 사용하는 와인이고, 포도를 부활절 기간(Holy week)에 압축한다는 이유로 이름도 '성스러운 와인(holy wine)'이란 뜻이다. 감미롭고 실크처럼 부드러운 호박색 디저트 와인이며, 아파시멘토 방식으로 포도를 건조한다. 토스카나의 빈 산토와는 다르며, 가르다 호수 북쪽의 발레 데이 라기와 트렌토 서쪽의 구릉지대에서 생산하는 특산물이다. 트렌티노의 비노 산토는 노시올라(Nosiola) 재래종을 최소 85% 사용해야 한다. 건조실 선반에 포도를 펼쳐 놓고 수개월간 건조한 후, 와인을 배럴에서 2~3년간 발효시킨다. 노시올라라는 이름은 이탈리아어로 '헤이즐넛'을 의미하는 노촐라(nocciola)라는 단어와 와인의 은은한 견과류 풍미에서 비롯됐다.

## 롬바르디아

중북부에 있는 롬바르디아는 이탈리아에서 최다 인구를 자랑하는 주요 산업도시다. 롬바르디아의 중심도시인 밀라노는 월등한 상업적 두각을 드러내며 유행에 빠르게 발맞추는 패션 및 금융 도심지다. 비즈니스가 워낙 활발해서 와인산업이 비집고 들어갈 틈조차 없어 보인다. 그러나 롬바르디아에도 와인산업이 존재한다. 이곳은 이탈리아가 아닌가!

주요 와인 생산지는 롬바르디아 경계선을 따라 세 구역으로 나뉜다. 이 중 베네토 부근의 동쪽 끝단에 있는 프란차코르타(Franciacorta) DOCG가 가장 유명하다. 나머지 둘은 에밀리아로마냐 인근의 남서부 구석에 있는 올트레포 파베제(Oltrepò Pavese)와 스위스에서 가까운 북쪽의 발텔리나(Valtellina)다.

스파클링 와인은 이탈리아 북부 전역에서 생산되지만, 롬바르디아의 프란차코르타는 전통 샴페인 양조법으로 이탈리아에서 가장 정교한 드라이 스파클링 와인을 빚어낸다(물론 트렌티노알토아디제/쥐트티롤의 트렌토도크 생산자들은 동의하지 않겠지만 말이다). 최상급 프란차코르타 스파클링 와인은 부드러운 크림 같은 거품과 엄격한 우아미를 뽐낸다. 참고로 프란차코르타라는 이름은 13세기에 면세구역(curtes francae)으로 지정된 데서 유래했다.

롬바르디아는 평화로운 전원지대다(과거에 수많은 수녀원과 수도원의 고향 같은 장소였으며, 현재는 호화로운 농촌 체험 관광지다). 1970년대, 베를루키의 성공을 필두로 스파클링 와인 산지로 입소문을 타기 시작했다. 현재 벨라비스타(Bellavista), 카델 보스코(Ca'del Bosco), 카

## 최후의 포도원

물물교환이 항상 성공적인 건 아니지만, 1498년에 밀라노의 루도비코 스포르차 공작은 성공적인 거래를 성사한다. 위대한 화가/과학자/발명가인 레오나르도 다빈치의 그림과 작은 포도원을 맞바꿀 것이다. 열성적인 와인 애호가였던 다빈치는 거래를 받아들이고 '최후의 만찬'을 그리기 시작했다. 나중에 최후의 만찬은 밀라노의 산타 마리아 델레 그라치에 성당에 걸리게 된다. 다빈치가 받은 포도원은 1943년까지 존속했으나, 2차 세계대전 때 연합군의 폭격에 맞아 화재로 소실됐다. 2007년, 이탈리아 포도 재배학자와 유전학자들이 다빈치의 포도밭 현장을 발굴했는데, 아이러니하게도 현장을 뒤덮은 잔해와 재가 오히려 포도밭을 보호하고 있었다. 생존한 포도나무 뿌리의 DNA를 감식한 결과, 다빈치는 말바시아 디 칸디아 아로마티카를 재배했던 것으로 밝혀졌다. 현재까지도 롬바르디아의 올트레포 파베제에서 재배하는 품종이었다. 2015년, 과학자들은 생존한 포도나무 뿌리를 살려 다빈치의 포도원을 무제오 비냐 디 레오나르도(Museo Vigna di Leonardo)라는 이름으로 재건했으며, 현재 방문객에게 개방하고 있다.

발레리(Cavalleri) 등 명망 높은 스파클링 와인 기업들이 이곳에 기반을 두고 있다. 특히 벨라비스타의 그란 쿠베(Gran Cuvée)를 꼭 마셔 보길 바란다.

프란차코르타의 스파클링 와인은 국제적인 고급 스파클링 와인의 모델을 따른다. 주요 품종은 샤르도네와 피노 누아(현지에서는 피노 네로라 부름)지만, 피노 블랑(피노 비안코)과 소량의 에르바마트(Erbamat)의 혼합도 허용한다. 에르바마트는 산도가 높은 재래종으로 지구온난화의 대비책인 셈이다. 와인은 논빈티지 또는 빈티지(프란차코르타 밀레지마토)로 생산되며, 금빛 스파클링 와인은 물론 로제 와인도 생산된다. 프란차코르타 스파클링 와인은 꽤 긴 시간 동안 쉬르 리 숙성을 거친다(프란차코르타 논빈티지는 18개월, 프란차코르타 리제르바는 60개월). 마지막으로 사텐(satèn)이라 불리는 특별한 스타일의 프란차코르타 와인이 있다. 실크처럼 부드럽다는 의미에서 영어 단어 새틴(satin)과 유사한 명칭을 갖게 됐다. 사텐은 브뤼 스파클링 와인이며, 병 속 압력이 5기압으로 다른 전형적인 스파클링 와인(6기압)보다 살짝 낮다. 따라서 보통 프란차코르타보다 기포가 적고 부드럽다(기압을

낮추기 위해, 2차 발효 전에 추가하는 리쾨르 덱스페디시옹의 당도가 보통 기준보다 적다. 따라서 추후에 기포 형태로 터지는 이산화탄소가 적게 생성된다).

한편 프란차코르타와 같은 지역이면서 동쪽의 가르다 호수와 가까운 루가나(Lugana)라는 소구역이 있다. 루가나 DOC는 투르비아나(Turbiana) 포도로 만든 신선한 꽃 풍미를 지닌 드라이 화이트 와인이다. 투르비아나는 이곳에 서식하는 베르디키오(Verdicchio) 클론의 현지 명칭이다. 차갑게 칠링한 루가나 수페리오레는 이곳 특산 요리인 가르다 호수에서 잡은 신선한 송어와 완벽한 궁합을 이룬다.

올트레포 파베제는 곳곳에 남아 있는 중세 요새가 웅장한 풍경을 그려내는 성곽도시다. 서쪽에 피에몬테와 경계선을 접하고 있다. 밀라노에서 차로 30분 거리이며, 롬바르디아 와인의 대다수가 이곳에서 생산된다. 면적 136㎢(1만 3,600헥타르)의 구릉지대가 이탈리아 북부의 주요 강줄기인 포강의 남쪽에 펼쳐진 지형을 일컬어 올트레포('포 너머'라는 뜻)라는 이름이 붙여졌다.

올트레포 파베제 와인은 대부분 벌컥벌컥 마시는 용도이거나 품질이 이보다 조금 나은 수준이다. 포도는 여러 품종을 사용하는데, 주된 품종은 피노 누아(주로 스파클링 와인), 크로아티나(적포도 재래종), 바르베라, 리슬링, 피노 그리조, 우바 라라, 피노 블랑, 모스카토 등이다(모스카토 디 스칸초라는 매우 희귀하고 붉은 포도알 품종이 이곳에서 자라는데, 풍성한 아로마의 스위트 파시토 레드

**밀라노의 산타 마리아 델레 그라치아 성당**

와인인 포스카토 디 스칸초 DOCG를 만든다. 희귀한 품종인 만큼 와인도 매우 희귀하다).

그런데도 올트레포 파베제 와인은 상당히 복잡하다. 한때 단독 DOC였으나, 2007년 이래 쪼개지고 또 쪼개진 결과 현재 여섯 개 DOC로 개정됐다. 각각 다른 품종을 다른 비율로 섞어서 독자적인 스타일의 와인을 생산한다. 올트레포 파베제(Oltrepò Pavese), 부타푸오코(Buttafuoco), 보나르다(Bonarda), 산구에 디 귀다(Sangue di Guida), 피노 네로(Pinot Nero), 피노 그리조(Pinot Grigio) 등이다. 상위 DOC인 올트레포 파베제를 제외한 나머지 다섯 개 DOC의 명칭 뒤에는 델롤트레포 파베제(dell'Oltrepò Pavese)가 붙는다(예를 들어 부타푸오코 델롤트레포 파베제 DOC).

이 밖에도 크루아제(Cruasé)라는 마시기 쉬운 지역 특산 스파클링 와인인 올트레포 파베제 메토도 클라시코 DOCG가 있다. 크루아제는 피노 누아를 주요 품종으로 전통 샴페인 양조법에 따라 병 속에서 2차 발효를 거친 로제 와인이다. 크루아제라는 이름은 '귀한 땅 한 점'이란 뜻의 크루아(crua)와 로제(rosé)가 합쳐진 것이다.

롬바르디아의 세 번째 와인 생산지는 발텔리나다. 북쪽 끝단의 가파른 알프스의 산자락에 있으며, 춥지만 햇볕이 잘 든다. 비탈면이 너무 가팔라서 계단식으로 만들어야 하며, 케이블에 매단 양동이를 이용해서 포도를 아래로 운반해야 하는 때도 있다. 발텔리나는 세계에서 가장 북쪽에 있는 네비올로 재배지다. 네비올로로 만든 일반적인 바텔리나 와인은 단순하고 얄팍하며 거칠다. 발텔리나 수페리오레 DOCG는 이보다 품질이 높으며, 네비올로 비중이 90%에 달한다. 일반적인 바텔리나 와인은 숙성기간이 1년이지만, 발텔리나 수페리오레는 최소 2년이다. 발텔리나 수페리오레를 만드는 소구역은 5곳이다. 바로 그루멜로(Grumello), 사셀라(Sassella), 인페르노(Inferno), 마로자(Maroggia), 발젤라(Valgella) 등이다. 이 중 여름 태양을 온전히 누리는 인페르노 포도원에서 생산한 와인이 가장 맛이 훌륭하고 보디감이 묵직하다(인페르노는 이탈리아어로 '지옥'이라는 뜻이다).

마지막으로 스포르차토 디 발텔리나 DOCG(Sforzato di Valtellina DOCG)가 있다. 롬바르디아의 아마로네 버전으로 아파시멘토 방식으로 포도를 건조해서 당분을 응축시킨다. 네비올로 품종 중 최상급만 수확한 다음 통풍이 잘되는 건조실에 4개월가량 매달아서 건조한다. 1월 말쯤, 포도의 본래 중량보다 40% 줄어들면서 포도즙이 응축된다. 포도를 발효시킨 후, 짙은 색의 강렬한 풀바디 드라이 와인을 출시 전에 2년간 숙성시킨다.

## 리구리아

이탈리아 리비에라로 알려진 리구리아는 프랑스 국경에서부터 남쪽으로 토스카나까지 초승달 모양으로 굽어진 지역이다. 주도인 제노아는 이탈리아에서 가장 분주하고 유서 깊은 항구도시다. 제노아부터 연안을 따라 펼쳐진 계단식 포도밭은 아펜니노 산비탈에 붙박인 듯한 형상을 띠며, 오른쪽의 리구리아해까지 내려간다(배를 타야만 접근이 가능한 포도밭도 있다). 포도밭이 산비탈에 붙어 있는 탓에 부지가 워낙 부족해서, 포도원 자체도 작고(대부분 가족 운영) 와인도 극소량만 생산된다. 포도밭이 가파르다는 것은 농사가 힘겹고 느린 수작업으로 진행됨을 의미한다. 그러나 공들인 노력에도 불구하고 리구리아 와인 대부분은 벌컥벌컥 마시는 용도보다 품질이 조금 더 낮은 수준으로, 현지 요리의 뒷맛을 씻어 내리는 용도다(해산물, 페스토, 엑스트라버진 올리브기름 모두 리구리아 특산품이다). 현재는 의무적으로 고품질 와인을 만들고 있다.

리구리아에는 여러 DOC(DOCG는 아님)가 있으며, 화이트, 레드, 로제 와인으로 유명하다. 핵심 품종은 베르멘티노, 보스코, 알바롤라, 돌체토, 산지오베제, 칠리에졸로, 로세제 등이다. 와인은 중요한 세 종류가 있는데, 친쿠에 테레(Cinque Terre), 베르멘티노(Vermentino), 돌체아쿠아(Dolceacqua)다.

친쿠에 테레 산지는 제노아의 남동쪽에서 토스카나 방향으로 이어지며, 이름을 번역하면 '다섯 개의 땅'이란 뜻이다. 다섯 곳의 어촌마을 부근에서 와인이 생산된 데서 유래한 이름이다. 친쿠에 테레는 단순하면서도 맛있어서 인기가 많은 화이트 와인이다. 포도는 보스코 품종 40%, 알바롤라, 베르멘티노를 사용해서 바삭함과 생기를 띠며, 리구리아 생선 수프와 매우 잘 어울린다. 참고로 보스코는 이곳 DOC에서 유일하게 해안 계단식 포도밭에서 재배하도록 허락한 품종이다. 스위트 파시토 버전인 친쿠에 테레 샤케트라(Cinque Terre Sciacchetrà)는 희귀하지만, 리구리아 주민 사이에서 추종자를 거느릴 정도로 인기가 있다. 말린 포도를 사용하며, 꿀, 파도의 비말, 아몬드 풍미가 특징이다.

베르멘티노 화이트 와인과 돌체아쿠아 레드 와인은 제노아의 서쪽에서 프랑스 방향으로 이어지는 구역에서 생산된다. 베르멘티노 포도 품종은 스페인에서 현재 프랑스령인 코르시카를 거쳐 이탈리아로 유입됐다고 추정된다. 베르멘티노 품종은 맛있고 신선하며, 활기차고 소금기가 느껴지는 화이트 와인을 만든다. 리구리아뿐 아니라 사르데냐, 토스카나, 코르시카에서도 생산된다. 개인적으로 베르멘티노는 바람 부는 지중해의 섬 향기와 풍미를 품은 바닷소금이 확 퍼지는 듯한 끝맛이 느껴진다. 리구리아에서 베르멘티노는 피가토(Pigato)라고 알려져 있다.

돌체아쿠아의 공식 명칭은 로세세 디 돌체아쿠아(rossese di Dolceacqua)이며, 이탈리아 리비에라 최고의 적포도 품종인 로세세(Rossese)로 만든다. 국경을 접한 프랑스의 프로방스에서는 티부랑(Tibouren)으로 알려져 있는데, 어디서 어디로 넘어왔는지는 확실치 않다. 중요한 사실이 또 있다. 로세세라는 단어가 들어가는 리구리아 레드 와인은 많지만, 가파른 계단식 해안 포도밭에서 자란 포도로 만든 돌체아쿠아는 이보다 더 상급으로 취급한다. 레드 커런트, 제비꽃, 딸기의 풍미와 아로마, 옅은 색, 아삭함, 라이트 보디감의 돌체아쿠아는 해산물 맞춤형 레드 와인이다.

## 에밀리아로마냐

'이탈리아에서 단 한 번의 식사 기회가 있다면 어디로 갈지 이탈리아인에게 물어보라. 가장 먼저 본인의 어머니 집을 추천하고, 다음으로 에틸리아로마냐를 추천할 것이다.' 린 로제토 카스퍼의 권위 있는 요리책, 『훌륭한 식탁』의 서문을 여는 글귀다. 실제로 미식에 대한 열정이 넘치는 에밀리아로마냐는 이탈리아 요리의 궁극을 보여 주며, 주도인 볼로냐는 풍성한 요리를 빗대 '라 그라사(la grassa, 지방)'라는 별명이 붙을 정도다. 파르미자노 레자노, 발사믹 식초, 프로슈토 디 파르마, 라자냐 볼로네제처럼 필연적인 쾌락을 세상에 선사하는 지역에서 와인은, 뭐랄까, 장난스럽다는 표현이 가장 잘 어울린다. 에밀리아로마냐에는 키안티 클라시코, 브루넬로 디 몬탈치노, 바롤로, 바르바레스코처럼 유명한 와인이 없다. 대신 거품이 끝없는 바다처럼 자글대는 보라빛 람브루스코

(Lambrusco)가 있다.

에밀리아로마냐 음식을 위대하게 만드는 요인은 와인을 상대적으로 열악하게 만든다. 바로, 이 지역을 가로지르는 포강 유역이다. 언제든 쓸 수 있는 풍성한 물과 영양분은 다른 식용 작물에는 유리할지언정 포도에는 불리하다. 포도 생산율이 높아져서 와인이 얄팍하고 단순해지기 때문이다(물론 소수의 생산자가 최적의 포도밭에서 재배한 최상의 포도로 환상적인 와인을 만들기도 한다). 그러나 에밀리아로마냐 주민들은 크게 개의치 않는다. 괜찮은 레스토랑 아무 데나 들어가 보면, 자랑스럽게 람브루스코를 벌컥벌컥 들이켜는 모습을 여기저기서 볼 수 있다.

에밀리아로마냐는 이름에서 알 수 있듯, 사실상 두 지방이다. 에밀리아는 볼로냐 서쪽을 말하며, 명실상부 람브루스코의 본고장이다. 에밀리아 음식의 주된 지방은 버터(올리브기름이 아님)다. 기름진 고기 소스를 더해 한층 더 기름져진 파스타에는 강력한 람브루스코의 아삭한 산미가 제격이다. 로마냐는 동부(올리브기름 산지)를 말하며, 레드 와인 대부분이 산지오베제를 베이스로 만든 드라이한 스틸 와인이다. 참고로 로마냐 최고의 드라이 화이트 와인인 알바나 디 로마냐(Albana di Romagna)는 별다른 특징이 없음에도 1987년에 이탈리아 화이트 와인 최초로 DOCG 등급을 받았다.

에밀리아로마냐는 뭐니 뭐니 해도 거품이 자글자글하고 환상적인 맛을 내는 람브루스코의 고장이다. 최상급 람브루스코는 드라이하고 신선하며, 선명하고 짭짤한 와인이다. 보통 보라색에 가까운 짙은 빨간색을 띤다. 또한 과일 향이 풍성하며, 무더운 날에 차가운 야생 딸기를 먹는 느낌이다. 안타깝게도 사람들 대부분이 접하는 람브루스코는 조합에서 만든 달콤한 상업용이다. 칸티네 리우니테는

친쿠에 테레 포도밭이 리구리아 해안 바로 옆에 우뚝 솟아 있다.

## 지상 최고의 식초

와인의 '또 다른 자아'는 바로 식초다. 발사믹 식초는 스페인의 그란 레세르바 셰리 식초와 더불어 세계 2대 식초에 속한다. 참고로 식초(vinegar)는 프랑스어로 '신 와인'을 뜻하는 뱅 애그르(vin aigre)에서 파생했다.

일반적인 식초는 박테리아가 발효액 속의 알코올을 아세트산으로 전환함으로써 생성된다. 전환과정은 빠르게 진행되며, 최종 결과물은 투박하고 날카롭다. 반면 전통적인 발사믹 식초는 절묘하게 부드럽고 농축도가 깊으며, 시럽 같은 질감에 단독으로 마셔도 좋을 만큼 달콤하다. 이탈리아에서는 디저트 와인처럼 작은 유리잔에 담아서 홀짝홀짝 마시기도 한다. 한편 전통적이라는 단어가 매우 중요하다. 저렴한 마트용 '발사믹 식초'가 수두룩하기 때문이다. 마트용은 캐러멜로 단맛과 색을 낸 평범한 레드 와인 식초에 불과하며, 주로 캔자스산이다.

진짜 발사믹 식초는 에밀리아로마냐의 모데나 레조마을 인근에서만 생산된다. 최고가의 최상품은 라벨에 '아체토 발사미코 트라디치오날레 디 모데나(aceto balsamico tradizionale di Modena)' 또는 '디 레조(di Reggio)'라 쓰여 있으며, 유럽연합에서 DOP(Denomination of Protected Origin) 등급을 받았다. 라벨에 트라디치오날레를 빼고 '아체토 발사미코 디 모데나'라 적힌 상품은 이보다 품질이 낮다. 가격은 언제나 기함할 정도로 비싸다. 발사미코 드라디치오날레의 경우, 90ml짜리 작은 병하나가 적당히 비싼 와인 한 병 값보다 3~5배 더 비싸다. 전통 발사믹 식초를 만드는 힘든 수작업 과정을 가격에 반영하기 때문이다. 먼저, 으깬 포도(주로 트레비아노 또는 람브루스코 품종) 머스트를 발효시키지 않은 상태로 끓여서 달콤한 시럽으로 조린다. 이 시럽을 발효시키면 식초로 변한다. 식초를 더 농축시키기 위해 다양한 나무(오크, 밤나무, 체리나무, 보리수나무, 뽕나무, 노간주나무, 물푸레나무 등) 배럴에 순차적으로 크기를 줄여 가며 최소 12년에서 수십 년까지 숙성시킨다. 이 과정에서 수분이 나뭇결 사이로 증발하며, 남은 액체는 더욱 농밀하고 풍성해진다. 각각의 나무들은 식초의 최종 풍미에 다채로운 뉘앙스를 가미한다. 수작업을 거쳐 장기간 숙성시킨 식초는 수 세기 전부터 이탈리아 가정에서 사랑을 받았지만, 정작 발사믹이란 이름은 18세기에 처음으로 등장했다. 인고의 시간을 견디며 식초를 만들던 이탈리아 농가의 다락방에서 풍기던 'balmy(향유)'라는 단어에서 파생된 이름이다.

이탈리아에서는 전통 발사믹 식초를 매우 선별적으로 사용한다. 올리브기름이나 녹인 버터에 소량 흩뿌리거나(쏟아붓기엔 너무 비쌈) 구운 채소나 생선 요리에 살짝 뿌린다. 여름에는 신선한 딸기에 뿌려 먹고. 가을에는 얇게 저민 생포르치니 버섯에 뿌려 먹는다. 그러나 대부분의 이탈리아인에게 가장 경건한 조합은 트라디치오날레 발사믹 식초를 몇 방울 떨어뜨려 촉촉하게 적신 파르미자노 레자노다.

이탈리아 최대 와인 생산자 조합으로 탄산음료 같은 람브루스코를 매년 1억 3,000만 병씩 생산한다.

모든 람브루스코 와인은 같은 이름인 람브루스코 품종으로 만든다. 람브루스코는 이탈리아어로 '야생 포도나무'란 뜻이다. 포도 이름에 람브루스코 또는 람브루스카라는 단어가 들어가는 품종이 최소 13종에 달하며, 클론은 수십 개가 넘는다. 이름에서 알 수 있듯, 모두 야생에서 발견된 여러 고대 재래종을 재배했을 가능성이 높다. 에밀리아로마냐에는 각종 람브루스코 품종이 서로 근접한 구

역(옆 동네 등)에서 재배된다. 이 중 가장 주요한 3대 람브루스코 품종은 람브루스코 디 소르바라(Lambrusco di Sorbara), 람브루스코 그라스파로사(Lambrusco Grasparossa), 람브루스코 살라미노(Lambrusco Salamino)이며, 각각 고유한 DOC 와인을 만든다. 람브루스코 디 소르바라는 꽃 풍미와 신선함이 특징이다. 람브루스코 그라스파로사는 떫은 타닌감이 강렬한 와인이다. 람브루스코 살라미노는 왜 이런 이름을 붙였는지 짐작이 될 텐데, 바로 긴 원통형 포도송이가 살라미를 닮은 때문이다.

이탈리아인이 프리찬테라 부르는 와인이 바로 람브루스코다. 프리찬테는 스푸만테보다 기포가 적다. 대부분 샤르마 방식에 따라 여압 탱크를 사용해서 만든다. 그러나 소량의 최상급 람브루스코는 전통 샴페인 방식에 따라 병 속에서 2차 발효를 시키거나 페티앙 나튀렐 양조법인 메토드 안세스트랄을 따른다. 와인 애호가라면 누구나 좋아할 풍성한 풍미의 장인적 람브루스코는 한때 에밀리아 내에서도 특수한 전문 지역에서만 구할 수 있었다. 그러나 현재는 상황이 뒤바뀌었다. 소규모 생산되는 환상적인 람브루스코가 수출되기 시작하면서 예전보다 훨씬 접하기 쉬워진 것이다. 예를 들어 벤투리니 발디니(Venturini Baldini), 파토리아 모레토(Fattoria Moretto), 피오리니(Fiorini), 프란체스코 베첼리(Francesco Vezzelli), 리니(Lini), 테누타 페데르차나(Tenuta Pederzana) 등이 있다.

물론 에밀리아로마냐에 람브루스코 외에 다른 와인도 있다. 그중 주목할 만한 두 와인은 콜리 볼로녜시 피뇰레토 DOCG(Colli Bolognesi Pignoletto DOCG)와 구투르니오 DOC(Gutturnio DOC)다. 전자는 약간의 쓴맛이 느껴지는 단순하고 아삭한 드라이 화이트 와인(스틸, 스파클링)이며, 주재료는 피뇰레토 품종(그레케코 디 토디 품종의 동의어)이다. 후자는 바르베라와 현지 품종인 크로아티나를 혼합한 투박하고 맛있는 와인이다(과거에 크로아티나와 보나르다가 똑같다고 오해했는데 DNA 감식 결과 사실이 아니라고 밝혀졌다). 구투르니오는 현재도 뭉툭한 흰색 세라믹 그릇에 담아서 마시기도 한다. 농부들이 돈이 없어서 스템이 달린 와인잔을 사지 못했던 소작농 시절을 회상하기 위해서다.

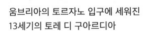

움브리아의 토르자노 입구에 세워진 13세기의 토레 디 구아르디아

## 움브리아

움브리아는 이웃 지역인 토스카나보다 면적이 작은 전원지대로 저평가된 곳이다. 이탈리아 정중앙에 있으며, 지형은 평화롭고 완만하며, 햇볕마저 따사롭다. 움브리아가 가장 사랑하는 아시시의 성 프란시스코(동물의 수호 성자)가 살기 딱 어울리는 곳이다. 이 지역에서 가장 아름다운 성당도 산 프란체스코 대성당이다.

움브리아에서 가장 유명한 화이트 와인은 오르비에토(Orvieto)다. 움브리아 남부의 중세 언덕마을인 오르비에토에서 생산하는 기본적인 드라이 와인으로 품질도 나쁘지 않다. 와인은 그레케토 디 오르비에토(Grechetto di Orvieto) 품종을 최소 60% 사용하며, 중성적인 무맛을 내는 트레비아노 토스카노(이곳에서는 프로카니코라 부르는데, 해당 품종의 클론임), 베르델로(Verdello), 드루페조(Drupeggio)를 혼합한다. 오르비에토 클라시코는 품질이 이보다 한 단계 높다. 중부에 있는 작은 원조 산지인 오르비에토 구역에서 생산한다. 안티노리, 루피노를 비롯해 몇몇 토스카나 대기업이 오르비에토 드라이 화이트 와인을 생산한다. 오늘날 오르비에타노 로소 DOC(Orvietano Rosso DOC)는 오르비에토를 레드 와인으로도 만든다. 향기로운 적포도 희귀종인 알레아티코, 카베르네 프랑, 카베르네 소비뇽, 카나이올로, 칠리에졸로, 기타 품종을 사용하며, 소량만 생산된다.

움브리아는 전통 청포도를 사용해 오르비에토처럼 소박한 와인을 만들지만, 이 밖에도 야심 차게 만든 화이트 와인도 몇 있다. 가장 유명한 와인은 안티노리의 체르바로 델라 살라(Cervaro della Sala)다. 안티노리 CEO인 렌초 코타렐라와 그의 형제인 리카르도 코타렐라가 샤르도네와 그레케토를 섞어서 만든 풍성한 와인이다. 참고로 리카르도 코타렐라는 이탈리아 최고의 와인 양조 컨설턴트다. 이탈리아의 한 일류 잡지는 농담 삼아 그를 성자라 부르기도 했다.

움브리아의 역사적인 최상급 레드 와인은 대부분 페루자 마을을 둘러싼 언덕에서 생산된다. 특히 토르자노 로소 리제르바(Torgiano Rosso Riserva), 몬테팔코 사그란티노(Montefalco Sagrantino) 등 두 DOCG가 유명하다. 전자는 토르자노라는 작은 마을에서 생산하며, 산지오베제를 주재료 또는 단독으로 사용한다. 리제르바가 아닌 기본 토르자노 로소는 주재료인 산지오베제에 여러 품종을 섞는다. 참고로 토르자노는 '야누스의 탑'이라는 뜻의 토레 디 자노(Toree di Giano)에서 파생된 이름이다(야누스는 출입문의 수호신이자 1월의 어원인 로마 신). 토르자노와 관련해 기억해 두면 좋은 이름이 있는데, 바로 룬가로티(Lungarotti)다. 가족이 운영하는 와이너리로 수십 년째 최상급 와인을 생산하고 있다. 룬가로티의 박물관은 관광객이 놓쳐선 안 될 고대 와인과 올리브기름 가공품을 전시한다.

몬테팔코 사그란티노는 미디엄 보디의 토르자노 로소 리제르바와 달리 짙은 보라색의 강건한 와인이다. 육중하고 농익어 응집력이 강하다. 사그란티노 재래종으로 만들며, 다량의 타닌 머스트를 완화하기 위해 법적으로 37개월간 숙성시키고, 이 중 1년은 오크통에서 숙성시켜야 한다. 사그란티노는 한때 움브리아에서 멸종 위기에 처했으나, 1960년대에 아르날도 카프라이 와이너리의 마르코 카프라이 등 현지 재배자들이 구조했다.

마르코 카프라이는 사그란티노 품종을 멸종 위기에서 구한 사람 중 하나다.

## 아브루초

풍부한 일조량, 건조한 기후, 구릉성 지형, 아드리아 해안에서 불어오는 미풍, 높은 고도(포도밭의 3/4이 해발 610m 이상 위치)를 갖춘 아브루초는 포도나무에 최적화된 산지다. 이탈리아 중부에 있는 아브루초는 이탈리아 최대 와인 산지에 속하며, 포도밭 총면적이 320㎢(3만 2,000헥타르)에 달한다. 그러나 안타깝게도 와인 대부분이 거대 조합에서 쏟아 내는 저렴한 기본 와인이다. 그러나 소수의 장인 양조장이 만드는 와인이 이탈리아 최상품으로 취급될 만큼 훌륭하다(추후 자세히 다룰 예정). 이 지역의 메인 와인은 몬테풀차노 다브루초(Montepulciano d'Abruzzo)다. 아브루초 전역에서 크고 작은 생산자가 두루두루 만드는 레드 와인이다. 같은 이름인 몬테풀차노 품종을 주재료로 사용한다(두통 유발에 주의하라! 비노 노빌레 디 몬테풀차노에는 몬테풀차노 품종이 들어가지 않는다. 이 와인은 산지오베제 품종을 사용하며 토스카나에서 생산된다).

양심적인 생산자가 만든 몬테풀차노 다브루초는 복합미, 향신료, 깊은 과일 풍미가 있다. 예를 들어 마샤렐리(Masciarelli)의 빌라 제마(Villa Gemma)는 극상의 풍성함을 자랑한다. 대부분 매력적인 투박함, 부드러운 질감, 두텁고 기분 좋은 과일 풍미가 특징이다. 시렐리(Cirelli)나 티베리오(Tiberio)의 몬테풀차노 와인을 마셔 보라. 최상급 몬테풀차노 와인을 생산하는 DOCG는 두 곳이 있다. 콜리네 테라마네 몬테풀차노 다브루초(Colline Teramane Montepulciano d'Abruzzo)와 툴룸(Tullum)이다. 툴룸은 테레 톨레시(Terre Tollesi)라고도 알려져 있다.

아브루초의 특산품은 체라수올로 다브루초 DOC(Cerasuolo d'Abruzzo DOC)다. 체라수올로는 '옅은 체리 색 빨강'이란 뜻으로 특히 여름철에 어울린다. 신선하면서도 구조감이 매우 뛰어나 맛있는 로제 와인이며, 과일 풍미가 발산되도록 칠링해서 마시는 것이 가장 좋다.

가장 유명한 화이트 와인은 트레비아노 다브루초 DOC(Trebbiano d'Abruzzo DOC)다. 최상급은 시트러스와 광물성을 띠며, 트레비아노 아브루체제(Trebbiano Abruzzese) 품종으로 만든다. 트레비아노 아브루체제는 추리소설의 주제로 삼아도 될 정도로 정체를 파악하기 힘든 품종이다. 다만 풍미가 매우 강해서 중성적 맛의 트레비아노 토스카노와는 관계가 없다. 안타깝게도 라벨에 트레비아노 다브루초라고 표기된 와인이 모두 트레비아노 아브루체제 품종으로 만들었는지도 확실치 않다. 이 중에는 봄비노 비안코(Bombino Bianco) 품종으로 만든 와인도 있고, 방금 언급한 무딘 트레비아노 토스카노로 만든 것도 있다. 결국 직접 마셔 보고 무슨 품종인지 짐작하는 수밖에 없다. 그래도 (진짜) 트레비아노 아브루체제는 가족 중심의 소규모 생산자 사이에서 뜨거운 관심을 받고 있다. 마지막으로 군계일학 같은 소수의 장인 생산자가 최고의 몬테풀차노와 트레비아노 아브루체제 와인을 만든다. 이 와인은 아브루초뿐 아니라 이탈리아를 통틀어 가장 위대하다고 여겨진다. 그중 최고의 양조장은 발렌티(Valenti)와 에미디오 페페(Emidio Pepe)이며, 둘 다 대단히 훌륭하고 비싼 와인을 만든다.

## 사르데냐

샤르데냐(영어로 사르디니아)는 지중해에서 가장 큰 두 섬(나머지는 시칠리아섬) 중 하나다. 페니키아, 비잔틴, 아랍, 로마, 카탈루냐 등 고대의 모든 지중해 권력이 거쳐 간 곳이기도 하다. 현지어인 사르도는 이탈리아어, 스페인어,

에미디오 페페의 환상적인 몬테풀차노 다브루초는 수십 년째 편견에 맞서 새로운 기준을 세웠다.

바스크어, 아랍어가 기묘하게 혼합된 언어다.

샤르데냐는 이탈리아 본토에서 약 200km 거리에 있는 외진 섬이며, 주민들도 배타적인 편이다(북부만 예외적으로 유럽 부유층의 구미에 맞는 고급 리조트들이 있다). 광활한 해안지대에도 불구하고, 현지 주민은 오랜 선대부터 어부보다 양치기가 많았다. 산과 바위가 많은 이곳의 주된 생업도 가축 방목이다.

샤르데냐 와인은 단순한 와인, 맛있는 와인, 매우 훌륭한 와인 등 범위가 다양하다. 칸노나우(Cannonau)등 주요 품종을 비롯해 많은 포도가 스페인 품종이다(스페인은 1400년대부터 1700년대 초까지 3세기 동안 샤르데냐 섬을 지배했다). 칸노나우의 경우, 스페인산 가르나차와 같은 품종이라는 연구 결과도 있고 가르나차의 클론이라는 주장도 있다. 반대로 본래 이탈리아 토종인데 스페인으로 넘어갔다는 연구 결과도 있다. 두 품종 모두 오래됐고 유전적으로 다양해서 현재까지 논쟁이 끊이지 않고 있다.

칸노나우는 샤르데냐 섬 전역에서 재배된다. 기분 좋은 드라이함, 스파이시함, 뛰어난 구조감을 가진 적포도로 건조한 샤르데냐섬을 닮은 덤불과 말린 허브 풍미를 발산한다. 단독으로 쓰여도 훌륭하지만, 가끔 블렌딩하는 경우도 있다. 그러나 순수주의자들은 카베르네 소비뇽과 같은 국제적 품종과 블렌딩하는 것은 칸노나우의 영혼을 해치는 일이라고 믿는다.

샤르데냐의 또 다른 적포도 품종은 카리냐노(Carignano)와 지로(Girò)다. 카리냐노는 매력적인 흙 풍미가 특징이며, 스페인의 카리냥(또는 카리녜나)과 같은 품종으로 추정된다. 지로는 매우 희귀한 고대 품종으로 대부분 샤르데냐의 중심도시 칼리아리 부근에서 재배된다. 달콤한 레드 와인을 만드는데 사용하며, 이탈리아 와인 전문가 이안 아가타의 표현에 따르면 '설탕에 조린 레드 체리, 밀크 초콜릿, 알코올에 담근 자두'와 같은 사랑스러운 아로마를 풍긴다.

주목할 만한 화이트 와인이 두 개 있다. 첫째, 베르나차 디 오리스타노(Vernaccia di Oristano)는 오렌지 껍질, 말린 살구, 쌉쌀한 아몬드를 연상시키는 환상적인 본드라이 와인이다. 셰리 와인과 똑같게 플로르(flor) 성분을 생성하며, 솔레라(solera) 과정을 거친다. 또한 통제된 환경에서 몇 년간 산소에 노출해 피노 셰리와 매우 흡사한 헤이즐넛 아로마와 풍미가 생기게 된다. 아틸로 콘티니(Attilo Contini)의 안티코 그레고리(Antico Gregori) 베르나차 디 오리스타노 리제르바는 가격이 비싸긴 하지만, 이탈리아에서 가장 환상적인 벤치마킹 와인이다. 여담이지만, 베르나차는 서로 뚜렷이 다른 여러 포도를 포함한 그룹을 총칭하는 용어이며, 이 포도들은 모두 이름에 베르나차라는 단어가 들어간다. 다만 사르데냐의 베르나차와 토스카나의 베르나차 디 산 지미냐노는 서로 다른 품종이다. 참고로 베르나차는 'vernacular(토착어)' 또는 'native(토종)'과 연관된 단어다.

둘째, 베르멘티노(Vermentino)는 뛰어난 드라이 화이트 와인으로 이탈리아 와인 애호가라면 매일 밤 마실 만한 하우스 와인이다. 이탈리아 베르멘티노의 약 75%가 사르데냐에서 생산되며, 베르멘티노의 풍미에 버금가는 이탈

## 110세 이상의 샤르데냐 초고령자

샤르데냐의 누오로 지역은 세계에서 100세 이상 고령자가 가장 많은 곳이다. 특히 110세 이상의 초고령자 중 남성의 수가 놀라울 정도로 많다(전 세계적으로 초고령자는 보통 여성이다). 샤르데냐 인구를 조사하던 연구원들은 초반에 남자들이 거짓말을 한다고 생각했다(소위 '최고령' 남자 사이에서는 나이를 과장하는 일이 드물다). 그러나 교회와 행정기록을 살펴보니, 샤르데냐 초고령 남자들의 말은 사실이었다. 그렇다면 장수의 비결이 무엇일까? 연구원들에 따르면, 산에서 양을 치면서 하루 종일 몸을 활발하게 움직이고, 통밀 사우어도우 빵, 과일, 페코리노 치즈(오메가-3 지방산이 풍부한 양젖 치즈), 유향 기름(현지 유향나무에서 추출한 수지성 기름)으로 구성된 식단을 먹기 때문이다.

장수의 비결은? 하루에 와인을 3잔 이상 마시는 것이다.

또한 아침, 점심, 저녁에 걸쳐 하루에 3~4잔씩 와인을 마신다(그렇다, 아침부터 와인을 마신다). 연구원들은 샤르데냐의 최대 품종인 칸노나우 재래종(가르나차와 같은 품종 또는 클론으로 추정)으로 만든 레드 와인이 노인에게 유익한 항산화 작용과 인지기능을 보존하는 데 도움 된다고 추측한다.

리아 화이트 와인을 찾아보기 힘들 정도다. 베르멘티노의 아로마와 풍미는 건조한 사르데냐섬 자체를 그대로 반영하며, 야생 라벤더, 로즈메리, 세이지, 오레가노, 타임 등 섬에서 자라는 수지성 허브와 스쳐 가는 바람결을 연상시킨다. 여기에 톡 쏘는 신선한 엑스트라버진 올리브기름을 뿌린 지중해 생선구이 요리를 곁들이면 완벽한 식사가 마련된다. 사르데냐 남부의 석회질 토양에서 재배한 포도는 세상에서 가장 풍성하고 크리미한 베르멘티노를 만든다. 아르졸라스(Argiolas)의 이스 아르졸라스(Is Argiolas)를 마셔 보면, 무슨 말인지 단번에 이해할 것이다.

마지막으로 전 세계의 코르크 대부분이 포르투갈산인데, 사르데냐는 비록 규모는 작지만 훌륭한 코르크 산업을 보유하고 있다.

## 이탈리아 남부: 캄파니아, 풀리아, 바실리카타, 칼라브리아

고대 그리스인들은 이탈리아를 오노트리아(Oenotria), 즉 '와인의 땅'이라 칭송했는데 이는 특히 이탈리아 남부 부츠의 '발가락, 발뒤꿈치, 발목'을 일컫는 표현이었다. 햇볕이 따사롭게 내리쬐는 바위투성이 산악지대에서 환상적인 포도 품종이 대거 재배된다. 여기에 생산자들의 헌신적인 노력이 더해져 포도 재배의 기반이 한층 풍요로워졌다. 고대 로마 시대, 이탈리아 남부는 흥미롭고 수요가 높은 와인의 보고였다. 이 중 로마인들이 가장 칭송했던 와인인 팔레르노도 있었다. 팔레르노는 세계 최초의 1등급 또는 그랑 크뤼 와인일 것이다. 캄파니아의 몬테 마시코 산비탈에서 생산되며, 와인이 갈색빛 호박색을 띨 때까지 수년간 숙성시킨다. 포도는 그레코(Greco) 청포도 또는 알리아니코(Aglianico) 적포도를 사용한다.

그러나 상서로운 시작은 유망해 보였던 미래로 이어지지 못했다. 오늘날 이탈리아 남부의 4대 지역(캄파니아, 풀리아, 바실리카타, 칼라브리아)은 마시기 쉬운 와인은 대거 생산하지만, 유명한 고품질 와인은 상대적으로 소량만 생산된다. 이 지역들은 역사적으로 이탈리아에서 가장 가난한 시골 지역이었다. 20세기에 자본 부족과 뜨거운 기후는 높은 생산량으로 이어졌고, 다시 말해 품질보다 양을 중시하는 기조가 남부 와인산업을 지배했다.

그래도 이탈리아 남부를 무시해선 안 된다. 이탈리아의 타고난 재능 중 하나가 바로 와인 품질 혁명이니 말이다.

### • 캄파니아

캄파니아는 와인보다 나폴리와의 불협화음, 아름다운 아말피 해안, 카프리섬의 청록빛 바닷물로 더 유명하다. 그

러나 사실상 풀리아와 더불어 이탈리아 남부에서 가장 흥미로운 2대 와인 산지에 속한다. 1970년만 해도 캄파니아에 주요 와이너리가 세 곳밖에 없었지만, 현재는 100개 이상 존재한다. 더욱이 포도 품종도 100개에 달하며, 적포도인 알리아니코, 청포도인 피아노(Fiano), 팔란기나(Falanghina), 그레코(Greco) 등 남부에서 가장 인상적인 4대 고대 품종도 있다.

캄파니아의 4대 고대 품종은 베수비오산의 북동쪽에 있는 아벨리노의 화산토에 서식한다. 베수비오산은 활화산이며, 1944년에 마지막으로 분출했다. 서기 79년에는 엄청난 위력의 화산 폭발로 헤르쿨라네움과 폼페이가 사라졌다. 두 도시는 각각 높이 23m, 5m의 화산재와 암석에 파묻혔다. 이처럼 화산 분출물이 도시 곳곳을 '진공 포장'한 덕분에 당시 일상의 기록(공예품, 음식, 와인이 담긴 암포라, 옷, 건물 등)이 그대로 보존됐다.

이탈리아 남부에서 가장 유명하고 중요한 생산자 중 하나이자 1878년에 설립된 마스트로베라르디노(Mastroberardino)는 3대 고대 포도 품종(알리아니코, 그레코, 피아노)을 보존하겠다는 사명을 품었다. 1990년대 말, 마스트로베라르디노 가문은 이탈리아 고고학자, 과학자와 함께 빌라 데이 미스테리(Villa dei Misteri) 프로젝트에 착수했다. 화산재에 파묻혔던 포도 씨의 DNA를 분석해서(현재 '고고학 품종'이라 부름) 베수비오 산비탈에 심은 것이다. 고대에 존재했을 포도밭을 재현한 것이다.

알리아니코는 남부에서 가장 유명한 레드 와인인 타우라시(Taurasi) DOCG의 기본을 구성하는 적포도다. 흙빛에 가까운 색을 띠며, 환상적인 쌉쌀한 맛의 초콜릿, 가죽, 타르 아로마와 풍미가 있다. 또한 남부에서 몇 안 되는 긴 숙성력을 가진 와인이다. 마스트로베라르디노는 두 종류의 감각적인 타우라시를 생산한다. 바로 나투랄리스 히스토리아(Naturalis Historia)와 '뿌리'라는 뜻의 라디치(Radici)다.

알리아니코를 제외하고, 오늘날 캄파니아에서 가장 맛있는 최상급 와인은 대부분 화이트 와인이다. 특히 두 DOCG 와인이 출중한데, 그레고 디 투포(Greco di Tufo)와 피아노 디 아벨리노(Fiano di Avellino)다. 각각 그레코 디 투포 품종과 피아노 디 아벨리노 품종으로 만든다. 두 와인의 특징은 이 지역의 화산토와 구릉지대에서 비롯됐다. 언덕이 많은 지형 덕분에 서늘한 기후의 높은 고도에서 청포도를 재배하므로 포도의 산미를 보존하는 데 유리하다. 페우디 디 산 그레고리오, 마스트로베라르디노 등 두 생산자가 만든 그레코 디 투포는 라임 에

서기 79년 베수비오 화산 폭발로 화산재와 암석에
파묻혀 사라져 버린 폼페이 유적을 발굴했다.

이드처럼 청량하며, 중심부에 응축된 에너지가 폭발하는
듯한 활기를 띤다. 두 생산자가 만든 피아노 디 아벨리노
도 탁월한데, 아로마는 덜하지만 풀보디감이 강하고 왁스
같은 질감을 가졌다.

추가로 알아 두면 좋은 두 청포도 품종이 있다. 팔란기나
(Falanghina)와 코다 디 볼페(Coda di Volpe)다. 팔란
기나는 약간의 향신료와 쌉쓸한 오렌지 껍질 풍미가 있는
감미로운 화이트 와인을 만들며, 전통적으로 해산물 또는
버팔로 모차렐라 피자와 페어링한다. 코다 디 볼페는 과
일 풍미의 스파이시한 와인을 만든다(문자 그대로 '여우
꼬리'라는 뜻으로, 길게 늘어진 포도송이가 풍성한 여우
꼬리를 닮았다 해서 붙여진 이름이다). 또한 라크리마 크
리스티(Lacryma Christi) 화이트 와인의 주요 품종이기
도 하다('그리스도의 눈물'이란 뜻으로, 정식 명칭은 베수
비오 DOC다). 라크리마 크리스티란 이름은 천사 루시퍼
의 전설과 관련이 있다. 루시퍼가 천국에서 추방당할 때
천국의 조각을 훔친 상태로 나폴리만에 떨어졌다고 한다.
그리스도는 슬픔에 눈물을 흘렸고, 그의 눈물이 떨어진
자리마다 포도나무가 자랐다고 한다.

캄파니아는 이 5종의 포도 이외에도 우리가 한 번도 들어
보지 못한 포도가 무수히 많다. 당연히 그 포도로 만든 와
인도 마셔 보지 못했을 것이다. 개인적으로 나폴리만에
있는 아스키아섬의 세나티엠포(Cenatiempo)에서 만든
레프코스(Lefkòs)가 떠오른다. 비안콜렐라(Biancolella)
와 포레스테라(Forestera)를 블렌딩해서 만든 크림 같은
질감의 이국적인 화이트 와인으로 백도와 햇살을 교차시
킨 듯한 맛을 낸다.

## • 풀리아

그리스 부근부터 아드리아해를 따라 길고 가늘게 펼쳐진
풀리아(영어로 아풀리아)는 일조량이 풍부하고 비옥한 땅
이다. 이탈리아 부츠에서 뾰족하게 돌출된 부분부터 뒤꿈
치까지 해당하는 지역이다. 오래전부터 이탈리아 최고의
와인 산지에 속했으며, 농업에 적합한 환경 덕분에 올리
브 생산량도 월등하다(이탈리아 총생산량의 절반가량 차
지). 심지어 천 년 이상 묵은 올리브나무도 있다.

안타깝게도 와인 대부분은 기본적이고 저렴한 편이다. 그
러나 저렴한 가격에 매일 마시기 좋은 일찬 레드 와인도
존재한다.

주요 적포도 품종은 네그로아마로(Negroamaro), 네로
디 트로이아(Nero di Troia), 프리미티보(Primitivo)다.
참고로 네그로아마로는 라틴어로 검은색을 뜻하는 네그
로와 이탈리아어로 쓴맛을 뜻하는 아마로가 합쳐진 이름
이다. 세 품종 모두 투박하지만 맛은 훌륭하다.

네그로아마로는 뜨겁고 매우 건조한 유명 와인 산지인
살렌토반도의 주요 품종이다. 살렌토반도에서는 네그로
아마로를 사용해서 살리체 살렌티노(Salice Salentino)
와인을 만든다. 이탈리아 레스토랑의 와인 리스트에
서 찾아볼 수 있는 저렴하면서도 유명한 와인이며, 특
히 타우리노(Taurino)의 살리체 살렌티노는 안정적으
로 좋은 맛을 낸다. 이보다 훌륭한 품종인 수수마니엘로
(Susumaniello)는 살렌토반도에서 자라는 재래종이다.
블랙 체리 풍미를 물씬 풍기는 넉넉하고 다즙한 와인을
만든다. 마세리아 리 벨리(Masseria li Veli) 와이너리는
멸종 위기에 빠진 수수마니엘로를 구조한 장본인이며, 현
재 이곳에서 만든 수수마니엘로 와인을 최고로 쳐준다.

네로 디 트로이아는 우바 디 트로이아(Uva di Troia)라고도 불리며, 투박한 레드 와인인 카스텔 델 몬테 네로 디 트로이아 리제르바 DOCG(Castel del Monte Nero di Troia Riserva DOCG)를 만드는 재래종이다.

풀리아 전통 가옥인 트룰리는 원뿔형 지붕이 달린 석회석 오두막이다.

프리미티보는 캘리포니아에서 진판델로 알려진 적포도 품종이다. 프리미티보와 진판델 모두 크로아티아 품종인 츠를예나크 카슈텔란스키(Crljenak Kaštelanski)이며, 크로아티아에서는 트리비드라그(Tribidrag)라고 알려져 있다. 트리비드라그가 언제 고향인 크로아티아의 달마티아 해안에서 이탈리아 남부로 넘어와서 프리미티보로 불리게 됐는지는 확실치 않다(진판델이 크로아티아에서 미국으로 바로 넘어왔는지 아니면 중간에 이탈리아를 거쳐서 왔는지도 불확실하다). 풀리아에서는 프리미티보를 사용해서 짙은 과일 풍미와 미디엄 보디 드라이 와인을 만든다(캘리포니아 진판델과는 전혀 다르다). 또는 프리미티보 디 만두리아 돌체 나투랄레 DOCG(Primitivo di Manduria Dolce Naturale DOCG)를 만드는 데도 사용된다. 이는 희귀한 스위트 레드 와인으로 최상의 빈티지 해에만 생산되며 포도나무에서 건포도화할 수 있는 프리미티보 품종만 전적으로 사용한다.

풀리아는 전략적 위치와 농업 잠재력 때문에 지난 2,000년간 수십 개 제국과 무리의 통치를 받았다. 그러나 지하수 부족이라는 고질적 문제가 항상 지역발전의 발목을 잡았다. 그런데 17세기에 트룰리(trulli)라 불리는 기발한 가옥을 짓기 시작했다. 원추형 지붕이 달려 있으며 모르타르를 쓰지 않은 석회석 오두막이다. 보통 기반암을 파서 만든 수조 바로 위에 지어졌다. 오늘날 이트리아 계곡의 포도밭 근처에서 트룰리가 발견된다.

## • 바실리카타

바실리카타는 이탈리아에서 가장 면적이 작고 극심한 산악지대다. 이탈리아 최대 산맥 중 하나인 아페니노 산맥의 봉우리와 산기슭이 바실리카타 지형의 절반을 차지한다. 이오니아 연안과 티레니아 연안을 짧게 접하고 있지만 대부분 고립된 내륙 지역이다. 전반적으로 바실리카타는 극도로 가난하며(2000년 전에 로마가 산림을 완전히 파괴함) 와인도 매우 기본적이다. 그러나 중요한 와인이 하나 있는데, 알리아니코 품종으로 만든 알리아니코 델 불투레 수페리오레(Aglianico del Vulture Superiore) DOCG 레드 와인이다. 최상급 포도를 재배하는 불투레 사화산의 이름을 땄다. 다른 진지한 이탈리아 레드 와인에 비하면, 실제 가치보다 가격이 너무 낮게 형성돼 있다. 가장 높은 평가를 받는 생산자는 에우베아(Eubea), 칸티네 델 나타이오(Cantine del Nataio), 도나토 단젤로(Donato d'Angelo), 테레 델리 스베비(Terre degli Svevi), 비셀리아(Bisceglia) 등이다.

## • 칼라브리아

이탈리아 부츠의 발가락에 해당하는 칼라브리아는 바실리카타처럼 가난하며, 매우 건조한 산악지대다. 사실 포도나무보다 올리브나무, 오렌지 과수원이 훨씬 더 많다(얼그레이 애호가는 주목하라. 전 세계 베르가모트 생산량의 90% 이상이 칼라브리아에서 나온다). 그렇지만 스위트 파시토 와인을 비롯한 훌륭한 와인이 이곳에서 생산된다.

가장 주요한 칼라브리아 와인은 치로(Cirò)다. 포도 풍미가 강한 미디엄 보디의 스파이시한 레드 와인이며 갈리오포(Gaglioppo) 고대 품종으로 만든다. 최상급 생산자는 리브란디(Librandi)다. 참고로 고대 그리스 올림픽 선수들이 치로를 마셨다는 전설이 내려온다.

칼라브리아(그리고 이탈리아) 최남단에는 비안코의 외딴 해안 마을이 있다. 칼라브리아에서 가장 유명한 파시토 화이트 와인이 이곳에서 생산된다. 바로 시트러스 풍미의 스위트한 그레코 디 비안코(Greco di Bianco)다. 현지에서는 그레코 비안코 품종으로 만들었다고 알려졌지만, 사실 고대 품종인 말바시아 디 리파리와 다른 여러 품종을 혼합한 것으로 밝혀졌다. 별로 놀랍지는 않다. 이탈리아 남부의 대부분 지역은 고대에 여러 통치자의 지배를 받았기 때문에 무역을 통해 다양한 문화에 노출된 역사가 있다.

# SPAIN

대서양

프랑스

바스크 지방

산티아고데
콤포스텔라

리베이라 사크라

산세바스티안

피레네

갈리시아

비에르조

리오하

카탈루냐

발데오라스

리베라 델 두에로

캄포데보르하

바르셀로나

리아스바이사스

두에로강

에브로강

페네데스
프리오랏

토로

칼라타유드

루에다

마드리드

카스티야
라만차

후미야

발렌시아

세비야

안달루시아

지중해

헤레즈-헤레스-셰리

지브롤터 해협

모로코

카나리아 제도는 스페인에서 남서쪽으로 1401km 떨어져있다

카나리아 제도

알제리

모로코

0    100 km

필자가 와인 업계에 입문하고 가장 먼저 찾은 유럽 국가는 스페인이었다. 1970~1980년대 당시 스페인은 미지의 세계였다. 극도로 남성적이고, 자긍심이 강하며, 배타적이었다. 반갑게 차오를 외치는 이탈리아와 삶의 환희로 가득한 프랑스와는 사뭇 달랐다. 투우 경기를 처음 보러 갔던 날이 기억난다. 막바지에 황소가 죽자 투우사가 황소의 귀를 잘라 피가 뚝뚝 떨어지는 살덩어리를 내 무릎에 던졌다. 스페인은 감정적 나약함과 거리가 멀었다. 현재까지도 스페인 레드 와인에는 맹렬함과 강함이 관통한다.

스페인 사람들은 와인 양조에 관해 이야기할 때 와인을 '제조하다 혹은 생산하다(fabricar)'라는 표현 대신 '공들여 만든다(elaborar)'는 단어를 사용한다. 스페인 와인 양조자가 공들여 만든다고 말하는 것은 생각과 시간, 창조하고 돌보는 노동을 모두 내포하는 개념이다. 이는 단순히 와인을 생산하는 것과는 다르다. 지난 20년간 스페인 고급 와인은 실로 정교하게 만들어졌다. 특히 최근 10년간 스페인은 총체적인 와인 르네상스를 구축했다. 필자는 『더 와인 바이블』의 2차 개정판에 '스페인 와인과 음식의 새로운 황금기가 시작됐다'고 썼다. 그리고 현재 황금기는 절정에 달했다.

스페인은 희로애락이 담긴 자국 역사를 사랑한다. 세르반테스, 이사벨라 여왕과 페르디난드 2세, 고야, 피카소, 엘 시드, 달리, 테레사 수녀의 공동체 정신이 스페인을 더욱 풍성하게 만든다. 그러므로 스페인을 이해하려면 역사와 전통을 알아야 한다.

스페인은 세계에서 포도 재배면적이 가장 넓다. 또한 포도나무의 나이가 많고, 생산율이 낮으며, 건조한 기후를 상쇄하기 위해 심든 거리가 넓은 편이다.

포도 재배는 페니키아 민족에 의해 근동의 초기 농경지대로부터 서쪽으로 확산했다. 참고로 페니키아는 가나안 족속의 후손으로 추정되는 뱃사람으로 현재 레바논에 해당하는 해안 도시를 장악했었다. 기원전 1,100년 페니키아 민족이 스페인 남부의 주요 항구도시인 카디스에 정착했을 당시, 스페인에는 이미 야생 포도나무가 자생하고 있었다. 기원전 600년, 스페인에 포도의 작물화가 본격적으로 시작됐다.

이후 고대 로마는 스페인 와인산업을 크게 성장시켰다. 라가(돌로 만든 얕고 거대한 통)를 스페인에 들여옴으로써 대량의 포도를 한꺼번에 발로 으깨서 와인 생산량이 급증했다.

15세기 초에 로마제국이 몰락하자 이베리아반도는 서고트족을 비롯한 여러 부족의 잇따른 지배를 받았다. 서기 711년, 남부에서 진격한 무어인(아프리카 북서부의 이슬람과 베르베르 종족)이 이베리아반도 대부분을 단숨에 장악하며 혼돈의 시대는 막을 내렸다. 이후 이슬람의 지배는 무려 7세기 넘게 지속됐다. 1492년, 무어인이 최후의 보루였던 그라나다 왕국에서 패배하면서 스페인의 단일 기독교 왕국의 시대가 열렸다(같은 해에 크리스토퍼 콜럼버스가 항해를 떠나 카리브해 섬들과 아메리카대륙을 차례로 발견했다).

스페인 와인산업은 점점 현대화되고 있지만, 스페인 와인 양조자들은 여전히 옛날 방식을 존중한다. 이런 마음가짐을 가장 잘 증명하는 것이 바로 포도 재래종에 대한 숭배다. 스페인은 다른 유럽 국가와는 달리 카베르네 소비뇽, 샤르도네 등 국제 품종을 우선시하고 재래종을 등한시한 적이 단 한 번도 없다. 오히려 스페인 포도 재배자들은 멘시아(Mencía), 고데요(Godello), 온다리비 수리(Hondarribi Zuri), 카리녜나(Cariñena), 그라시아노(Graciano), 베르데호(Verdejo), 파레예다(Parelleda) 등 다수의 재래종을 열렬히 추종한다.

와인을 배럴에 장기간 숙성시키는 전통도 스페인이 '옛 지혜'를 얼마나 중시하는지 증명한다. 역사적으로 스페인은 화이트·레드 와인을 그 어느 나라보다 길게 배럴 숙성시키는 것으로 유명했으며, 심지어 20년이 넘는 때도 있었다. 현재 스페인 와인의 배럴 숙성기간은 대부분 10년 이하지만, 일례로 10년간 숙성시킨 리오하 그란 레세르바 레드 와인은 여전히 세계적인 명성을 누린다.

이베리아반도를 지형적으로 표현하자면, 대서양에 우

## 전통의 계승자, 로페스 데 에레디아

위대한 스페인 와인은 전통의 풍미를 지닌다. 고목, 옛 기술, 세심하게 관리한 오래된 배럴 등 전통에서 비롯되는 풍미와 아로마다. 무엇보다 와인과 자연의 유대를 중시하는 전통 철학이 존재한다. 그 누구보다 전통을 존중하는 독보적인 스페인 와이너리가 있다. 바로 1877년에 리오하에 설립된 로페스 데 에레디아(R. López de Heredia)다. 이곳의 포도밭과 양조장 작업방식은 한 세기가 넘도록 바뀌지 않았다. 발효 작업은 72년 묵은 대형 오크통에서 이루어지며, 심지어 140년 넘은 배럴도 있다. 로페스 데 에레디아의 비냐 톤도니아 비안코 레세르바(Viña Tondonia Bianco Reserva)를 마셔 보라. 비우라 포도를 주재료로 10년간 숙성시킨 화이트 와인이다. 풍성한 견과류 바닐라, 광물성, 이국적인 시트러스 풍미에 묻은 세월의 미학이 넋을 홀린다. 또한 입안을 금빛 물결로 흠뻑 적시며 당대 최고 와인으로서의 존재감을 또렷이 주장한다.

1877년에 설립된 로페스 데 에레디아

## 노인과 와인

소설가 어니스트 헤밍웨이(1899~ 1961)처럼 스페인을 사랑한 미국인도 없을 것이다. 헤밍웨이는 증류주 애호가로 소문났지만, 유서 깊은 리오하 양조장 파테르니나를 25년간 해마다 방문했다. 이때 투우사가 항상 동반했다. 1959년에 마지막으로 양조장을 찾을 때도 『오후의 죽음』에 영감을 준 전설의 투우사 안토니오 오르도네스도 함께였다. 많은 사랑을 받은 『파리는 날마다 축제』에서는 다음과 같이 서술했다. '유럽은 와인을 건강하고 일상적인 음식이자 행복, 안락, 기쁨을 선사하는 존재로 여긴다. 와인을 마시는 행위는 속물주의, 허용, 이단이 아니라 음식을 섭취하는 것처럼 자연스럽고 필수적이다.'

어니스트 헤밍웨이와 투우사 안토니오 오르도네스

뚝 솟은 거대한 암석이다. 그러나 지척에 바다가 있음에도 스페인은 지독하게 더운 나라라는 인식이 지배적이다. 위도상 다른 유럽 국가보다 남쪽에 있다는 사실이 이런 이미지를 구축하는 데 일조했을 것이다. 실제 스페인 몇몇 지역은 이미지처럼 뜨겁긴 하다(스페인이 지구온난화에 대한 인식을 높이고 국제적 대응을 촉구하는 일등 공신이라는 사실이 전혀 놀랍지 않다). 2019년, 스페인 와인 회사 토레스와 미국 와인 회사 잭슨 패밀리 와인은 IWCA(국제 와이너리 기후변화 대응)를 공동 설립했다. 한편 스페인에는 기후가 온화한 지역도 많다. 스페인 최상급 포도원 대부분은 산악지대나 스페인 중부 메세타의 해발 300m에 자리잡고 있다. 이곳은 날씨가 비교적 서늘하며 특히 밤 기온이 훨씬 낮다.

국제와인기구(OIV)에 따르면, 스페인은 포도 재배 면적이 9,640㎢(96만 4,000헥타르)로 세계에서 가장 넓다. 그러나 와인 생산량은 세계 최대가 아니다. 스페인의 와인 생산량은 10년째 이탈리아, 프랑스 다음인 세 번째로 많다. 토양이 극도로 건조하고 척박하며, 생산율이 낮고 나이가 많은 포도나무가 많기 때문이다.

과거에는 포도나무 고목을 현재처럼 보호하고 중시하지 않았다. 그러나 고목은 최상급 스페인 와인을 만드는 원천이다.

스페인은 100여 종에 가까운 포도 품종을 재배한다. 이 중 가장 유명한 품종은 템프라니요(Tempranillo)다. 전설의 와인 리오하(Rioja)와 리베라 델 두에로(Ribera del Duero)를 비롯해 수많은 스페인 와인을 만드는 품종이다. 템프라니요는 스페인 전역에서 재배하지만 쉽게 현지화하는 특징 때문에 한 지역의 템프라니요와 이웃 지역의 템프라니요가 아로마, 풍미, 질감이 매우 다른 경우도 발생한다. 심지어 스페인 산지마다 명칭도 달라서, 템프라니요는 이름이 20여 개에 달한다.

스페인 편에서는 여섯 군데 주요 와인 산지(리오하, 리제라 델 두에로, 셰리를 생산하는 헤레스, 페네데스, 리아스 바이사스, 프리오라트)를 챕터별로 다룰 예정이다. 그다음에는 열 군데 와인 소구역을 살펴볼 예정인데, 각각 고유한 매력으로 훌륭한 와인을 빚어내는 산지다.

# RIOJA 리오하

한 세기 반 동안 리오하는 스페인 발군의 와인 산지로 여겨졌다. 포도밭은 에브로강을 따라 120km에 걸쳐 양쪽 유역으로 퍼져 있으며, 면적은 658㎢(6만 5,800 헥타르)에 달한다. 포도밭 뒤편에 펼쳐진 험준한 산맥은 황량한 분위기를 자아낸다. 리오하는 화이트 와인, 로제 와인, 스파클링 와인 등 모든 종류를 생산하지만, 전설적인 명성은 단연코 조생 품종인 템프라니요를 베이스로 한 레드 와인에서 비롯된다. 참고로 템프라니요라는 이름은 '이르다'는 뜻의 스페인어 템프라노(temprano)에서 파생됐다.

리오하는 종종 스페인의 보르도라 불릴 만큼 여러 방면에서 프랑스와 관련이 깊다. 역사는 중세 시대의 산티아고 순례길로 거슬러 올라간다. 이 길은 리오하를 거쳐 스페인 북부를 가로질러 서부의 갈리시아에 있는 산티아고 데 콤포스텔라의 야고보 무덤을 찾아가는 경로이며, 프랑스 순례자와 유럽 신자 수백 명이 이 길을 걸었다.

리오하 와인은 오크통에 장기간 숙성시킨다는 역사적 특징이 있는데, 이 역시 프랑스 관습의 영향을 받은 것이다. 1780년, 마누엘 퀸타노라는 리오하 와인 양조자가 프랑스 대형 오크통에 와인을 숙성시키는 보르도 양조법을 도입했다. 오크통은 돌로 만든 라가보다 훨씬 비쌌

지만, 오크 숙성에 의한 와인의 변화는 퀸타노의 예상을 뛰어넘었다. 1850년대, 마르케스 데 무리에타와 마르케스 데 리스칼도 프랑스 오크통을 사용해서 와인을

엘시에고 마을에 마르케스 데 리스칼 양조장과 프랭크 게리가 디자인한 물결 모양의 다채로운 지붕의 현대적인 호텔이 있다.

숙성시켰는데, 이번에는 대형이 아니라 소형 오크통이었다. 두 인물은 현재까지도 리오하 최고의 생산자라 일컫는 두 양조장의 설립자다. 이 둘은 프랑스에서 배럴을 수입하는 대신 북아메리카에서 오크 목재를 가져와서 직접 소형 배럴로 제작하는 새로운 기술이 훨씬 경제적임을 깨달았다(스페인은 자국이 아메리카를 발견했다는 생각이 강해서 북아메리카에 대해 역사적 친밀감을 느낀다).

1850~1860년대는 프랑스 포도 재배자들에게 역경의 시기였는데, 리오하와 페네데스에서는 이 상황을 역이용했다. 처음에는 기생성 곰팡이인 흰가루병이 프랑스 포도밭을 공격하더니 치명적인 필록세라 기생충이 연이어 포도밭을 덮쳤다. 프랑스 상인과 네고시앙(스페인어로 코미시오나도)은 와인 수요를 맞추기 위해 리오하로 향했고, 와인 판매가 폭등했다. 리오하 포도밭 면적은 한 세대 만에 162㎢(1만 6,200헥타르)로 증가했다. 리오하에 와인을 사러 왔다가 이곳에 정착해서 양조장을 직접 운영하는 프랑스인도 생겼다. 현지의 소규모 포도 재배자에게 와인이 아닌 포도를 구매해서 직접 와인을 양조하고 소형 오크통에 숙성시켰다. 그 결과 신입 양조자들은 프랑스 와인과 흡사한 맛을 낼 수 있었다.

1863년 리오하의 시골 마을 하로와 북부 연안의 빌바오 마을을 잇는 최초의 철도가 놓이면서 리오하 와인을 프랑스로 수출하기 훨씬 쉬워졌다. 1882년, 하로에 최초의 전화기가 놓였으며, 그로부터 8년 후에 최초의 전등이 설치됐다. 하로는 와인 공동체의 중추로 거듭났고, 리오하 와인은 프랑스 시장에 필수품으로 자리매김하는 등 상업이 번성했다.

그러나 21세기에 접어들면서 파티는 끝났다. 1901년에 필록세라가 리오하에 침범해서 포도밭의 70%를 파괴했다. 그 사이 해결책이 등장했다. 플록세라에 내성이 있는 미국 포도나무 대목을 유럽 나무에 접목하는 방안이었다. 프랑스 포도 재배자들은 재빨리 포도밭 재건에 돌입했다. 리오하에 정착했던 프랑스인도 자국으로 돌아갔고, 리오하 와인 시장도 무너졌다.

이후 리오하에 최악의 암흑기가 이어졌다. 주요 시장이 사라졌으니, 산업도 침체했다. 수많은 포도 재배자는 경제적으로 궁핍해졌고, 결국 포도밭을 팔고 고향을 떠났다. 1차 세계대전, 스페인 내란, 대공황, 2차 세계대전이 잇따라 발생했고, 경제는 나아질 기미를 보이지 않았다. 스페인에 빈곤이 만연하자, 스페인 정부는 포도나무를 제거하고 그 자리에 밀을 심었다. 리오하는 1970년대가 돼서야 겨우 다시 일어섰다. 리오하에서 1970년은 '세기의 빈티지'라고 불리며 리오하 와인산업의 터닝포인트가 됐다. R. 로페스 데 에레디아 비냐 톤도니아 그란 레세르바 1970년, 파우스티노 그란 레세르바 1970년, 라 리오하 알타 비냐 아르단자 1970년은 현재까지도 스페인의 보물 대접을 받는다.

1980년대 스페인은 재정 안정성을 되찾았고, 투자자들은 환상적인 리오하 와인에 눈독 들이기 시작했다. 수십 년간 재정적 어려움에 쪼들렸던 양조장들이 미처 팔지 못했던 와인이 그 긴 시간 동안 미국산 배럴통에 담긴 채 있었다. 경제가 호전될 때쯤 거의 모든 양조장에서 장기간 하는 배럴 숙성이 당연한 과정이 됐다. 이제 리오하의 트레이드마크가 된 것이다. 예를 들어 유명한 마르케스 데 무리에타는 1942년산 그란 레세르바를 41년 후인 1983년에 출시했다(양조장은 와인이 그제야 비로소 준비됐다고 설명했다).

이처럼 일부 전통 와인들은 우아미, 부드러움, 흙 풍미를 갖춘 훌륭한 맛을 냈다. 그러나 메마르고, 얄팍하고, 과일 풍미가 전혀 없는 와인도 있었다. 1990년대 중반, 시계추가 반대 방향으로 흔들리기 시작했다. 자칭 현대적 양조장들은 포도를 더 익혀서 수확하고, 새 프랑스 오크통에 짧게 숙성시켜서, 외향적이고 발산적인 와인을 만들었다. 어두운색, 강한 구조감, 토탄 풍미를 가진 이 와인을 '표현력이 강하다'는 의미에서 알타 엑스프레시온(alta expresion) 와인이라 불렀다.

### 열차를 놓치지 말라

리오하의 비공식 주도인 하로의 오래된 기차역에서는 매년 '라 카타 델 바리오 데 라 데스타시온(La Cata del Barrio de la Estación)'이 열린다. 하로 기차역 부근의 역사 지구에 있는 상징적인 일곱 개 양조장이 개최하는 대규모 와인 및 타파스 파티다. 바로 보데가스 빌바이나스(Bodegas Bilbaínas), CVNE(Compañía Vinícola del Norte de España), 보데가스 고메스 크루사도(Bodegas Gómez Cruzado), R. 로페스 데 에레디아(R. López de Heredia), 보데가스 무가(Bodegas Muga), 라 리오하 알타(La Rioja Alta), 보데가스 로다(Bodegas RODA) 등이다. 스페인 최고의 기차 여행을 경험하게 될 것이다.

## 땅과 포도 그리고 포도원

리오하는 스페인 북부 해안의 산세바스티안, 빌바오, 비스케이만에서 남쪽으로 겨우 97km 거리에 있지만, 해양성 기후가 아니다. 외딴 칸타브리아 산등선(피레네의 돌출부)과 작은 산맥들이 대서양의 온화한 효과와 매서운 북풍을 막는 방패 역할을 한다.

스페인의 포도밭은 보통 고도가 해수면과 비슷한데, 리오하는 해발 460m의 광활한 고원에 있다. 리오하는 리오하 알타(Rioja Alta), 리오하 알라베사(Rioja Alavesa), 리오하 오리엔탈(Rioja Oriental) 등 소지역 세 곳으로 나뉜다. 리오하 오리엔탈은 '동향 리오하'라는 뜻이다. 2018년 전에는 '저지대 리오하'라는 의미의 리오하 바하(Rioja Baja)라 불렸다.

리오하 알타와 리오하 알라베사는 전통적으로 최상의 구조감, 응축력, 산도를 갖춘 최상급 포도를 생산해 왔다. 상대적으로 고도가 높고 대서양을 향해 남서쪽 끝단에 있어서 기후가 서늘한 편이기 때문이다. 리오하 오리엔탈은 남동쪽의 산비탈 아랫면에 있어서 뜨겁고 건조한 편이다. 리오하에서 가장 면적이 넓으면서도 유일하게 지중해성 기후를 가진 지역이다. 리오하 오리엔탈에서 생산한 포도는 보디감이 더 묵직하고, 산도가 낮으며, 정교함이 다소 떨어지는(항상 그런 건 아님) 와인을 만든다.

리오하 포도나무는 50세가 넘은 경우가 많다.

그래도 과거의 풍미를 완전히 지우기엔, 전통에 대한 존중이 리오하 와인에 워낙 깊게 각인돼 있었다. 지금은 현대적 양조장들도 과거와 현재를 골고루 반영한 와인을 만들려고 세심한 노력을 기울이고 있다. 그리고 상징적인 전통적 양조장들은 세계 어느 레드 와인도 따라갈 수 없는 천상의 부드러움과 유연함을 갖춘 완벽한 정통 와인을 만들고 있다. 실제로 R. 로페스 데 에레디아, 마르케스 데 무리에타 등의 전통적 양조장들은 100년 넘도록 스타일에 변화가 거의 또는 전혀 없다.

와인 가격에 대해서도 잠시 얘기해 보자. 장기간 숙성시킨 전통 리오하 와인 그란 레세르바는 세계에서 가장 합리적인 가격을 자랑한다. 10년 이상 숙성시켜 유연하고 복합적인 그란 레세르바가 신세계의 샤르도네보다 저렴하다. 이토록 훌륭한 와인을 이처럼 합리적인 가격에 마실 수 있는 곳은 세상에 리오하가 유일무이하다. 반면 시장에는 가격이 매우 낮은 저품질 리오하 와인도 있다. 그러므로 너무 싼 가격에 혹하지 말자. 언뜻 보기에도 좋아 보인다면, 그만큼의 값어치를 하는 법이다.

**리오하는 스페인에서 최초로 1991년에 DOC 등급을 받은 지역이다. DOC 등급을 받으려면, 와인 양조와 포도 재배에 높은 기준을 충족해야 한다. 스페인에서 리오하 외 DOC에 지정된 지역으로 프리오라트가 있다.**

"와인은 단순한 삶의 방식이 아니다. 우리 가족은 와인 덕분에 인생의 모든 것을 배웠다. 2,000년 전 리오하에 퀸틸리아노라는 철학자가 살았다. 그는 '오랫동안 같은 일을 하는 것은 여러 일을 하는 것보다 어렵다'고 말했다. 와인은 우리에게 고요한 절개와 인내를 가르친 선생이며, 사랑 없이는 존재할 수 없는 것이다. 우리는 비냐 톤도니아를 매년 똑같이 만들려고 노력한다. 우리 증조부가 일군 포도밭은 지난 143년간 우리를 시험했다."
-마리아 호세 로페스 데 에레디아,
R. 로페스 데 에레디아 양조장

리오하의 토양은 세 가지 타입으로 구성된다. 석회암과 사암이 섞인 진흙, 철분이 풍부한 진흙, 에브로강의 충적층으로 이루어진 양토. 최상급 포도밭은 석회암과 사암이 섞인 진흙이며, 리오하 알라베사와 리오하 알타에서 주로 발견된다. 이 중에는 40년 전에 만들어진 포도밭도 있다. 포도나무 고목은 생산율은 낮지만, 풍미의 응축도가 높아서 귀하게 여겨진다.

리오하 와인은 초창기에 모델로 삼았던 보르도 와인처럼 전통적으로 여러 품종을 블렌딩한 와인이다. 레드 와인의 경우, 최상급 포도이자 가장 큰 비중을 차지하는 품종은 템프라니요다. 포도 유전학자에 따르면, 템프라니요는 1,000년 전쯤에 에브로강 계곡에서 유래했으며, 알비요 마요르(Albillo Mayor, 리베라 델 두에로의 청포도 재래종)와 베네딕토(Benedicto, 잘 알려지지 않은 멸종 위기 품종)의 자연 교잡종이다.

## 리오하 최상급 생산자

- 바론 데 레(Barón de Ley)
- 보데가 란사가(Bodega Lanzaga)
- 보데가스 아르타디(Bodegas Artadi)
- 보데가스 베로니아(Bodegas Beronia)
- 보데가스 빌바이나스(Bodegas Bilbaínas)
- 보데가스 브레톤(Bodegas Breton)
- 보데가스 콘타도르(Bodegas Contador)
- 보데가스 코빌라(Bodegas Covila)
- 보데가스 란(Bodegas Lan)
- 보데가스 데 라 메르케사(Bodegas de la Marquesa)
- 보데가스 오스타투(Bodegas Ostatu)
- 보데가스 페리카(Bodegas Perica)
- 보데가스 비니콜라 레알(Bodegas Vinícola Real)
- 콘티노(Contino)
- 쿠네(CUNE)
- 쿠네 임페리알(CVNE Imperial)
- 엘 코토(El Coto)
- 페르난도 레미레스 데 가누사(Fernando Remírez de Ganuza)
- 핀카 아옌데(Finca Allende)
- 핀카 발피에드라(Finca Valpiedra)
- 라 리오하 알타(La Rioja Alta)
- 마르케스 데 카세레스(Marqués de Cáceres)
- 마르케스 데 리스칼(Marqués de Riscal)
- 무가(Muga)
- R. 로페스 데 에레디아(R. López de Heredia)
- 레메유리(Remelluri)
- 로다(RODA)
- 시에라 칸타브리아(Sierra Cantabria)
- 비냐 에르미니아(Viña Herminia)
- 이하르(Yjar)
- 이시오스(Ysios)

리오하에서는 템프라니요에 스페인 재래종 세 개를 혼합할 수 있다. 바로 가르나차(프랑스어로 그르나슈), 마수엘로(프랑스어로 카리냥), 그라시아노('은혜롭다'는 뜻) 등이다. 그라시아노는 재배하기 까다롭고 생산율도 낮아서 생산량이 적다. 그러나 아름다운 꽃 아로마, 홀

륭한 산미, 그리고 라즈베리, 차, 월계수의 강렬한 풍미 덕분에 재배량이 늘고 있다. 현재 리오하는 꾸준히 블렌드 와인을 만들지만, 템프라니요만 단독으로 사용해서 만든 와인도 증가하는 추세다.

리오하 와인의 88%는 레드 와인이지만, 화이트 와인

### 리오하라는 이름의 유래

리오하는 11세기에 지어진 이름으로, 에브로강의 일곱 개 지류 중 하나인 리오 오하(Rio Oja)에서 유래한 것으로 짐작된다. 리오 오하와 산티아고 순례길이 교차하는 지점에 산토 도밍고 데 라 칼사다라는 유명한 수도원이 있었다. 수많은 순례자가 스페인 북부를 횡단하는 길에 들렀던 중요한 수도원이다. 자연스럽게 리오 오하 부근의 리오하도 우선 방문하는 목적지로 자리 잡았다.

(비안코), 로제 와인(로사도), 스파클링 와인 생산량도 늘어나고 있다. 화이트 와인 대부분은 비우라를 주요 품종으로 사용한다. 최상급 화이트 와인은 단순하고 신선하다. 뉴욕타임스의 와인 전문 기자인 에릭 아시모프는 재치 있게 '똑똑한 피노 그리조'라는 별명을 붙여 줬다. 그러나 마트에는 끔찍하게 맛없는 싸구려 와인도 있으니 조심하자. 오늘날 비우라 이외에도 허가된 청포도 품종으로 싱글 버라이어탈 리오하 화이트 와인을 만들 수 있다.

리오하에는 매우 중요하고 또 다른 스타일의 화이트 와인이 존재한다. 장기간 숙성시킨 감미로운 금빛 화이트 와인으로 견과류, 송진, 꿀, 스카치 사탕, 선명한 광물성 풍미, 산화력을 지녔다. 옛날 스타일의 전통적 화이트 와인이며, 인상적인 역사와 전통성을 갖췄다. 오늘날 마르케스 데 무리에타, R. 로페스 데 에레디아, 보데가 오스타투, 레메유리, 보데가스 콘타도르, 보데가스 페리카, 보데가스 비니콜라 레알 등 여러 생산자가 있다.

리오하의 로제 와인에 대해서는 별로 언급할 내용이 없다. 다만 최상급 로제 와인은 맛이 좋고, 단순하며, 터무니없이 저렴하다.

마지막으로 가장 최신 스타일의 리오하 와인은 스파클링 와인이다. 에스푸모소스 데 칼리다드 데 리오하(Espumosos de Calidad de Rioja) 또는 짧게 에스푸모소스 데 리오하라 불리는 화이트, 로제 화이트 와인은 전통 샴페인 양조법에 따라 병 속에서 2차 발효를 시킨다. 지역에서 허가된 포도 품종은 모두 사용이 가능하

# 리오하 포도 품종

## 화이트

### ◇ 샤르도네

화이트 와인의 블렌딩 품종으로 쓰거나, 싱글 버라이어탈 리오하 화이트 와인에 단독으로 사용한다. 리오하 스파클링 와인에도 들어간다.

### ◇ 가르나차 블란카

주로 풍성함과 보디감을 가미하기 위해 블렌딩 품종으로 사용한다. 숙성시킨 전통 리오하 화이트 와인의 중요한 요소다.

### ◇ 말바시아

보조 품종이지만, 아로마를 가미하는 중요한 블렌딩 품종이다.

### ◇ 마투라나 블란카, 투룬테스

현지 보조 품종으로 블렌딩하거나 단독으로 사용한다. 리오하의 투룬테스는 리베라 델 두에로의 알비요 마요르와 같다. 그러나 아르헨티나의 토론테스와는 아무런 관련이 없다.

### ◇ 소비뇽 블랑

신선한 싱글 버라이어탈 화이트 와인을 만든다. 종종 비우라와 함께 블렌딩한다.

### ◇ 템프라니요 블란코

템프라니요의 청포도 돌연변이로 1980년대에 리오하 오리엔탈 구역에서 발견됐다. 단독 또는 블렌딩 품종으로 쓰이며, 산뜻한 화이트 와인을 만든다.

### ◇ 베르데호

리오하 옆 동네인 루에다의 주요 품종으로 더 유명하다. 리오하 블렌드 와인 또는 싱글 버라이어탈 와인에 단독으로 쓰인다.

### ◇ 비우라

중리오하의 주요 청포도 품종이다. 숙성시키지 않고 어릴 때 마시기 좋은 단순한 와인을 만든다. 또는 장기간 숙성시키는 매혹적인 그란 레세르바를 만든다. 페네데스의 마카베오와 같은 품종이다.

## 레드

### ◇ 그라나차

리오하의 주요 품종으로 보디감과 다즙함을 더한다. 프랑스에서는 그르나슈로 알려져 있다.

### ◇ 그라시아노

강렬한 색, 꽃 아로마와 풍미가 있는 주요 품종으로 따뜻한 기후 덕분에 산미가 오래 유지된다. 대부분의 리오하 블렌드 와인에 소량만 들어간다. 그라시아노 비중이 높은 와인도 추종자가 많다.

### ◇ 마투라나 틴타

고대 재래종이다. 법적으로 블렌드에 사용할 수 있지만, 실제로는 소량만 재배된다.

### ◇ 마수엘로

일부 리오하 레드 와인에 사용하는 투박한 품종이다. 프리오라트에서는 카리녜나, 프랑스에서는 카리냥으로 알려져 있다.

### ◇ 템프라니요

거의 모든 리오하 레드 와인에 들어가는 주요 품종이다. 아로마, 풍미, 정교함, 숙성력을 더한다.

---

다. 크리안사 등급의 스파클링 와인은 최소 15개월 동안 쉬르 리 숙성을 시켜야 하며, 레세르바 등급은 24개월, 그란 아냐다 등급은 36개월간 숙성시켜야 한다.

과거 리오하에는 양조장이 600여 개가 있었는데, 대부분 땅을 소유하지 못해서 소규모 재배자 1만 5,000여 명에게서 포도를 구매했다. 현재도 대다수 양조장이 재배자에게서 포도를 구매하고 있으며, 포도원의 20%가 양조장을 소유하고 있다.

## 리오하의 와인 등급

양조장이 법적으로 따라야 할 의무는 없지만, 리오하에는 와인의 숙성력을 기준으로 만든 등급 체계가 있다(310페이지의 '리오하 와인의 숙성 등급' 참고). 리오하 와인의 숙성 등급은 크리안사(Crianza), 레세르바(Reserva), 그란 레세르바(Gran Reserva)로 나뉜다.

먼저 등급의 중추적인 역사적 기반은 숙성기간이긴 하지만, 이것이 유일한 요인은 아니라는 점을 알아야 한다. 포도밭과 양조장의 품질도 중요하다. 실제로 2019년에 리오하 규정도 이의 중요성을 인정하는 방향으로 개정됐다. 예를 들어 과거와는 달리 현재는 리오하 와인의 앞 라벨에 포도를 재배한 지방이나 마을의 지명을 명시할 수 있게 됐다. 리오하에는 145개 마을이 있으며, 시간이 지날수록 리오하 와인 라벨에 더 많은 마을 이름을 볼 수 있게 될 것이다.

**리오하 와인의 숙성 등급**

**크리안사**

**화이트 와인, 로제 와인** 최소 1년 6개월 숙성(이 중 6개월은 오크통 숙성)

**스파클링 와인** 최소 15개월간 쉬르 리 숙성

**레드 와인** 최소 2년 숙성(이 중 1년은 오크통 숙성), 수확 후 3년째에 출시

**레세르바**

**화이트 와인, 로제 와인** 최소 2년 숙성(이 중 6년은 오크통 숙성)

**스파클링 와인** 최소 2년간 쉬르 리 숙성

**레드 와인** 최소 3년 숙성(이 중 1년은 오크통 숙성, 6개월은 병 속 숙성)

**그란 레세르바**

**화이트 와인** 최소 4년 숙성(이중 1년은 오크통 숙성)

**레드 와인** 최소 5년 숙성(이중 2년은 오크통 숙성, 나머지 3년은 병 속 숙성)

**그란 아냐다**

**스파클링 와인** 최소 3년간 쉬르 리 숙성

2017년에 싱글 빈야드 와인(비녜도 싱굴라레)도 등급을 부여받았다. 양조장은 싱글 빈야드 지위를 획득하기 위해 규제위원회에 신청서를 제출해야 한다. 자격을 획득하려면 다음의 조건을 충족해야 한다. 포도밭 나이가 최소 35년이어야 하고, 수작업으로 포도를 수확해야 하며, 생산율이 낮아야 한다. 또한 양조장은 최소 10년간 같은 포도원에서 포도를 구매해야 한다.

그럼 숙성 조건을 다시 살펴보자. 가장 기본적인 와인은 제네리코(genérico)라 부르며, 숙성 조건이 전혀 없는 매우 어린 와인이다. 다음은 크리안사(스페인어로 '양육' 또는 '육아'라는 뜻)이며, 어리고 마시기 쉬운 와인이다. 레세르바는 흙, 낡은 안장가죽 풍미의 유연한 와인이며 숙성기간이 더 길다. 정상급 포도밭에서 재배한 양질의 포도를 이용해 좋은 빈티지 연도에 생산된다. 마지막으로 그란 레세르바는 특별한 해에만 만드는 스틸 와인이다. 최고 중에서도 최상급 포도밭에서 재배한 포도만 사용하며 매우 희귀한 와인이다. 최상급 그란 레세르바 레드 와인은 실크 같은 부드러움과 느긋한 감미로움을 발현한다. 시가를 피우는 스페인 남자의 거친 목을 축여 주는 문화적 필수품 같은 존재다. 마지막으로 그란 아냐다(Gran Anada)는 36년간 쉬르 리 숙성을 시킨 최상급 스파클링 와인에 해당하는 등급이다.

### 리오하 음식

리오하에서는 방심했다간 어린 양고기구이를 게걸스럽게 먹어 치우는 자신을 발견하게 되며, 봄철에는 신선한 화이트 아스파라거스를 매일 먹게 된다. 리오하의 두 특산물은 그만큼 중독성이 강하다. 그러나 양고기와 화이트 아스파라거스는 시작에 불과하다. 리오하 음식은 단순한 요리법, 푸짐한 음식, 기본적인 식재료가 특징이다. 비옥한 에브로강 유역에는 다채로운 채소가 심어 있다. 주변 언덕에는 염소, 양, 토끼, 메추라기, 야생동물의 서식지다(1~2개월 자란 어린 염소 고기인 카브리토를 벽돌 오븐에 구우면 맛이 끝내준다). 보통 애피타이저로 마늘을 넣어서 뜨겁게 달군 엑스트라버진 올리브기름에 세타라는 야생 버섯을 자글자글 구워서 먹는다. 스페인 내륙지방에서도 많이 먹는 엠부티도(돼지고기 가공품)와 장인이 만든 치즈도 일품이다. 이런 음식이 주는

갓 수확한 화이트 아스파라거스는 리오하의 특산물이다.

제집 같은 단순한 편안함은 우아미, 흙 풍미, 실크 같은 질감을 갖춘 리오하 와인과 아름다운 조화를 이룬다.

# 위대한 리오하 와인

## 화이트 와인

### 레메유리(REMELLURI)

**블란코 | 리오하 | 가르나차 블란카, 루산, 마르산, 비오니에, 샤르도네, 소비뇽 블랑, 모스카텔, 프티 쿠르뷔를 사용하는 것으로 추정**

레메유리의 리오하 레드 와인도 매우 훌륭하지만, 장기간 숙성시킨 리오하 화이트 와인도 스페인 최고의 복합미를 자랑한다. 흥미로운 조합의 포도들을 사용하며, 진귀한 아름다움과 우아함을 자아낸다. 또한 노란 자두, 코코넛 밀크, 마멀레이드, 데니시 페이스트리, 파인애플, 백후추, 말린 허브, 리오하 시골 내음을 닮은 수지성 수풀 아로마가 짙게 퍼진다. 풍미도 이처럼 복합적인 궤도를 그리다가 광물성으로 마무리 짓는데, 생선구이가 몹시 당기게 만든다. 레메유리 양조장의 기원은 톨로뇨 수도원이 해당 용지에 농사를 지었던 14세기까지 거슬러 올라간다. 현재의 와이너리는 1967년에 설립됐으며, 정식 명칭은 라 그란하 누에스트라 세뇨라 데 레메유리(La Granja Nuestra Señora de Remelluri)다. 놀랍게도 레메유리 사장인 텔모 로드리게스는 20대였던 1994년에 생애 첫 와인을 만들었다고 한다.

### 보데가스 비니콜라 레알(BODEGAS VINÍCOLA REAL)

**200 몽헤스 | 레세르바 | 블란코 셀레시온 에스페시알 | 리오하 | 비우라 70%, 말바시아 20%, 가르나차 블란카, 모스카텔**

와인 이름이 200 몽헤스(200 Monges, 200명의 수도승)이라니, 정말 흥미롭지 않을 수 없다. 또한 그 환상적인 맛에 당해 낼 자가 없다. 호화로운 견과류 풍미와 크림 같은 질감, 짜릿한 산미가 있으며, 장기간 오크통에서 숙성시킨 전통적인 리오하 화이트 와인이면서도 예상과는 달리 오크 풍미가 전혀 도드라지지 않는다. 대신 은은한 흙 풍미와 황홀한 광물성이 치솟는다. 여기에 수지성 허브, 구운 파인애플, 시트러스 껍질, 캐러멜, 소금 풍미가 묻어난다. 보데가스 비니콜라 레알은 1989년에 설립됐으며, 한때 고등교육의 활발한 중심지였던 산 마르틴 데 알벨다 수도원 유적지 부근에 있다. 수도원의 영향력이 절정에 이르렀던 10세기에 수도승 200명이 이곳에 거주하며 일했다. 레세르바 셀레시온 에스페시알은 보통 8년간 숙성시킨 후에 출시된다.

## 레드 와인

### 라 리오하 알타(LA RIOJA ALTA)

**비냐 아라나 | 그란 레세르바 | 리오하 | 템프라니요 95%, 그라시아노**

라 리오하 알타의 최상급 와인의 놀라운 특징은 어린 나이의 신선함과 원숙한 나이의 성숙함이 동시에 느껴진다는 것이다. 비냐 아라나(Viña Arana) 그란 레세르바가 대표적 예다. 처음에는 바닐라, 향신료, 흙 풍미가 물결처럼 스쳐 갔다가 낡은 책, 낡은 안장가죽, 헌 가구가 가득한 골동품점을 연상시키는 아로마와 풍미가 밀려온다. 라 리오하 알타 와인은 실크 같은 절묘한 질감과 강력하고 장대한 구조감이 항상 공존한다. 라 리오하 알타는 직접 제작한 미국산 오크 배럴에 와인을 숙성시키는데, 배럴이 가장 감미로운 풍미를 추출할 때까지 숙성시킨다. 라 리오하 알타는 1890년에 설립됐으며, 리오하와 바스크 출신의 다섯 가문이 함께 와인을 만들기로 합심한 일이 계기가 됐다. 이때 여성을 초대 회장으로 선출했는데, 당시 스페인에서는 매우 이례적인 일이었다.

> 최상급 그란 레세르바 와인은 실크 같은 부드러움과 느긋한 감미로움을 발현한다. 시가를 피우는 스페인 남자의 거친 목을 축여 주는 문화적 필수품 같은 존재다

### 레메유리(REMELLURI)

**레세르바 | 리오하 | 템프라니요 90%, 가르나차, 그라시아노**

만약 작가가 와인을 마셨는데 테이스팅 노트를 어떻게 적을지 바로 떠오르지 않는다면, 이는 긍정적인 신호다. 레메유리의 정교하고 탁월한 레세르바와 이에 버금가는 그란 레세르바가 딱 그러하다. 당신이 와인을 마시는 게 아니라 와인이 당신을 마시는 듯한 느낌이다. 인센스, 다크 초콜릿, 바닷소금, 향신료, 검은 감초, 담배의 위풍당당한 향이 일품이다. 또한 환상적이고 강력한 볼륨과 속도감이 있다. 필자는 보통 한 양조장의 레드 와인과 화이트 와인(앞서 언급한 '블란코' 참조)을 모두 다루지 않지만, 레메유리는 현재 리오하에서 가장 흥미로운 와인을 생산하는 양조장이다.

## 무가(MUGA)

**토레 무가 | 리오하 | 템프라니요 75%, 마수엘로 15%, 그라시아노 10%**

무가는 1932년에 설립된 가족 경영 양조장이며, 예로부터 전통 스타일의 와인으로 유명했다. 특히 프라도 에네아(Prado Enea)라는 정교한 그란 레세르바는 최상의 해에만 생산되며, 가문이 직접 제작한 배럴과 대형 통에 숙성시킨다. 1990년대, 무가는 토레 무가(Torre Muga)를 양조하기 시작했다. 새 프랑스 오크통에 숙성시키는 현대적 와인인데, 오늘날 높은 인기를 구가하고 있다. 사실 '현대적'이라는 표현이 조심스럽다. 왜냐하면 토레 무가는 농후함, 집중도, 강력한 타닌감과 동시에 낡은 가죽, 낡은 책 등 아름다운 전통적 아로마와 풍미도 지녔기 때문이다.

## R. 로페스 데 에레디아(R. LÓPEZ DE HEREDIA)

**비냐 톤도니아 | 레세르바 | 리오하 | 템프라니요 75%, 가르나차 15%, 마수엘로, 그라시아노**

비냐 톤도니아(Viña Tondonia) 레세르바와 그란 레세르바는 압도적인 우아미와 정교함을 빼면 시체다. 최상의 빈티지를 마시면, 잠에서 깨어나기 직전에 모든 감각이 몽환적일 때와 비슷한 느낌이 든다. 약간의 향신료, 바닷소금, 숲, 버섯, 축축한 흑색토 등 대단히 복합적이고 은은한 아로마와 풍미를 지녔다. 그러나 실제로 이런 와인은 뭐라 형용할 수 없다(필자는 로페스 데 에레디아의 레세르바를 '아이스크림밖에 못 먹어 본 사람이 트러플을 처음 맛보고 그 심오한 풍미에 사로잡힌 듯하다'고 묘사한 적 있다). 비냐 톤도니아는 장기간 숙성시킨 정교한 와인으로 강력함과는 거리가 먼 고요한 와인이다(대체로 6년간 배럴 숙성시키며, 추가로 6~8년간 병 속에서 숙성시킨 후 출시한다). 스페인에서 높은 명성을 누리며 클래식 리오하 중 최상급으로 취급받는다. 톤도니아라는 이름은 양조장 부근의 에브로강 유역의 굽이진 지형을 일컫는다. 이곳을 따라 리오하와 바스크 지역을 잇는 중세 길이 이어진다.

## 쿠네 임페리알(CVNE IMPERIAL)

**그란 레세르바 | 리오하 | 템프라니요 85%, 그라시아노 10%, 마수엘로**

1879년에 설립된 쿠네는 숙성시킨 리오하 와인의 섬세함, 심오함, 복합미를 완벽하게 보여 주는 훌륭한 그란 레세르바를 만든다. 은은한 아로마와 트러플, 차, 말린 잎, 향신료, 카시스, 다크 초콜릿, 장미 잎, 낡은 안장가죽 풍미가 와

인 곳곳에 숨어 있다(풍미가 돌연 휘몰아치면서 30년 전의 스페인으로 필자를 데려간다). 쿠네 임페리알의 소유주는 쿠네(CUNE) 와이너리다. 쿠네(이름에 'V'가 아닌 'U'가 들어감) 역시 은은하고 호사스러운 크리안사부터 옛 스타일의 레세르바와 그란 레세르바까지 뛰어난 와인을 만든다. 쿠네(CVNE)와 쿠네(CUNE) 둘 다 콤파니아 비니콜라델 노르테 데 에스파냐(Compañía Vinícoladel Norte de España)의 약자다.

## 마르케스 데 카세레스(MARQUÉS DE CÁCERES)

**가우디움 | 리오하 | 템프라니요 75%, 그라시아노**

1970년에 설립된 마르케스 데 카세레스는 리오하 정상급 양조장 중 하나지만, 가우디움(Gaudium)은 전통 스타일과는 거리가 멀다. 가우디움은 1994년에 처음 양조됐으며, 현대식 리오하 와인에 가깝다. 농후한 체리 풍미가 중심부를 풍성하게 채우며, 향신료, 차, 코코아, 흙 풍미가 조화롭게 어우러진다. 한편 농익은 타닌감이 활공하는 구조감은 나파 밸리의 카베르네 애호가마저 감동할 정도다. 이처럼 극적인 풍미에도 불구하고 리오하의 명성에 걸맞은 우아미를 갖췄다.

## 로다(RODA)

**로다 I | 레세르바 | 리오하 | 템프라니요 95%, 그라시아노**

로다 I(RODA I) 레세르바는 강력하다는 말로는 부족하다. 석회질 토양에서 자라나 50년 묵은 포도나무로 만든 로다 I는 타닌과 구조감이 누그러지려면 10년은 족히 기다려야 하는 절대적인 육중함을 지녔다(이보다 어린 빈티지는

디캔터에 옮겨서 개방시켜야 한다). 이렇게 하면 로다 I도 전통 리오하 와인과 다를 바 없이 절묘하고 실크 같은 질감을 갖게 된다. 어두운 흙, 토탄, 담배 상자, 향나무, 블랙 체리, 코코아, 바닐라 등 뚜렷한 리오하 와인의 풍미를 들어 있다. 껍질을 바싹하게 구운 양갈비 요리를 곁들이면 와인의 풍미가 훨씬 생생하게 살아난다. 로다 I의 언니 격인 시르손(Cirsion)은 리오하 와인 중 가장 복합적이며, 한 병당 300달러로 가격도 가장 비싸다. 강력한 여동생과 대비되는 우아함과 절제미를 갖췄다.

스페인 사람에게 고급 와인을 오크통에 숙성시키는 것은 도덕적 의무와도 같다. 리오하에 압도적으로 많은 배럴 수가 이를 증명한다. 리오하의 전체 배럴 수는 약 140만 개로 집계되며, 배럴을 1만 개 이상 소유한 양조장도 있다. 예를 들어 R. 로페스 데 에레디아, 무가 등 일부 양조장은 자체 작업장에서 직접 제작한 배럴만 사용한다. 라오하의 배럴 대부분이 새것이 아니다. 오래된 배럴의 은은한 풍미와 연화 작용이 관건이기 때문이다.

# RIBERA DEL DUERO 리베라 델 두에로

리베라 델 두에로는 마드리드에서 북쪽으로 차로 2시간 거리에 있는 카스티야 이 레온 지방에 속한다. 이곳은 험준한 메사와 돌출성이 고원으로 구성된 험난한 지형이 끝없이 펼쳐진다. 가장 높은 산등성이에 석성이 요새처럼 우뚝 서 있다. 스페인 중세의 영광과 남성적 힘이 명백하게 드러난다.

햇볕이 쨍하고 건조한 고원에 있는 포도밭도 험난하긴 마찬가지다. 척박한 땅에 불쑥 튀어나온 늙은 포도나무가 번뇌하듯 울퉁불퉁 뒤틀려 있다. 세계의 다른 모든 포도밭은 땅이 나무를 단단히 붙들고 있는 형세라면, 리베라 델 두에로는 정반대로 근육질의 포도나무가 땅을 지탱하는 형상을 띤다.

리베라 델 두에로는 기본적으로 레드 와인 산지다. 화이트 와인과 단순한 로제 와인도 생산되지만, 대부분 현지에서 모두 소비된다. 최상급 레드 와인은 대담함, 응축력, 농후함, 입안을 가득 채우는 듯한 느낌과 더불어 볶은 커피, 코코아, 토탄, 검은 감초의 어두운 풍미를 지녔다. 최고 중의 최고는 윤택함과 세련미까지 겸비했다. 특히 베가시실리아(Vega-Sicilia)에서 만든 유니코(Unico)와 같은 이름의 양조장에서 만든 핑구스(Pingus) 등 두 와인이 가장 출중하다.

오늘날 리베라 데 두에로에는 300개에 가까운 와인 양조장이 있다. 1984년만 해도 20개에 불과했지만, 최근 몇십 년간 많이 증가했다. 양조장 대부분은 레드 와인을 만들며, 틴토 피노(Tinto Fino)를 단독으로 사용한다. 틴토 피노는 틴타 델 파이스(Tinta del País)라고도 불리며, 둘 다 템프라니요 품종이다. 그러나 카스티야 이 레온 농업기술연구소에 따르면, 리베라 델 두에로의 템프라니요 클론은 수 세기에 걸친 현지화 과정 끝에 리오하의 템프라니요와는 상당히 다르다고 한다. 리베라 델 두에로의 열악한 기후 덕분에 틴토 피노는 포도 알갱이가 작고 껍질이 두꺼워진 결과, 리오하의 템프라니요보다 강렬하고 농후한 맛을 낸다.

리베라 델 두에로라는 지명은 이베리아반도에서 세 번째로 긴 두에로강의 이름을 딴 것이다. 두에로강은 스페인 북부 중앙의 아주 높은 메세타(고도 750~850m의 고원)를 가로질러 포르투갈의 도우로강으로 낙하해서 종국에는 대서양으로 흘러 들어간다.

바야돌리드 구역의 리베라 델 두에로 포도나무

**리베라 델 두에로의 척박한 땅에 불쑥 튀어나온 늙은 포도나무는 번뇌하듯 울퉁불퉁 비틀려 있다. 세계의 다른 모든 포도밭은 땅이 나무를 단단히 붙들고 있는 형세라면, 리베라 델 두에로는 정반대로 근육질의 포도나무가 땅을 지탱하는 형상을 띤다.**

두에로강은 35km 너비의 계곡을 형성하며, 양쪽에 꼭대기가 평편한 산이 솟아 있다. 포도밭은 곡물, 사탕무 밭과 혼재하며, 계곡의 북쪽과 남쪽에 115km 길이의 선을 그리며 여기저기 흩어져 있다. 이 지역의 공식 와인 등급(Denominación de Origen, DO)에 따르면 리베라 델 두에로는 카스티야 이 레온 내의 네 개 구역에 걸쳐 있다. 포도밭 대부분이 몰려 있는 중심부의 부르고스(Burgos), 서쪽의 바야돌리드(Valladolid), 남쪽의 세고비아(Segovia) 그리고 동쪽의 소리아(Soria) 등이다. 리베라 델 두에로는 무려 2,500년 전의 와인 유적을 간직한 오래된 와인 산지다. 12~16세기의 와인 저장 동굴이 현재까지 남아 있다. 리베라 델 두에로의 역사는 무엇보다 정치에 깊게 얽혀 있다. 중세 시대에 카스티야는 스페인 국왕이 무어인에 맞서 싸운 전쟁터였다. 무어인은 711년에 스페인을 정복한 이슬람교도다. 삭막하고 둔중한 성과 요새도 이 시기에 지어진 것이다. 이런 혼란 속에서도 포도는 재배됐지만, 15세기에 가톨릭 왕국이 스페인을 재정복한 이후에야 리베라 델 두에로는 정치항쟁에서 벗어나 온전한 와인 산지로 거듭날 수 있었다. 바야돌리드에 스페인 왕의 궁전이 세워지고, 15세기 말에 페르디난드 왕과 이사벨라 여왕이 이곳에서 결혼식을 올렸다.

역사적으로 스페인에서 가장 유명한 베가시실리아 양조장

## 리베라 델 두에로 와인 맛보기

스페인 정복자라는 이미지를 가진 리베라 델 두에로는 바위투성이의 황토색 메사 지형이다. 최상급 와인은 모두 틴토 피노를 주 품종으로 사용한 레드 와인이다. 틴토 피노는 템프라니요 클론 집단을 일컫는 명칭이다.

전설적인 스페인 레드 와인인 베가시실리아의 우니코와 스페인 최고 인기를 구가하는 핑구스가 이곳에서 생산된다.

최상급 리베라 델 두에로 와인은 뛰어난 응축도와 풍성한 질감을 자랑하며, 스페인 레드 와인을 통틀어 숙성기간이 가장 긴 편에 속한다.

20세기 초부터 1980년대까지 리베라 델 두에로는 주로 싸고 거친 레드 와인으로 유명했다. 대부분 1950년대에 조합들이 정부 보조금을 받아 대량 생산한 와인이었다. 그러다 1980년대에 대대적인 변화가 일어났다. 베가세실리아는 평범함이 범람하는 가운데 고고한 섬처럼 고품질 와인을 선보이면서 큰 성공을 거두었고, 자본과 기술을 끌어들이고 품질에 대한 열정을 불 지폈다.

오늘날 리베라 델 두에로에는 스페인에서 가장 성공한 와이너리가 몇몇 존재한다. 역사적인 베가시실리아, 현대적인 알리온(Alión), 아방가르드한 핑구스(Pingus)와 아알토(Aalto) 등이 카스티야 N122번 고속도로를 따라 줄지어 있어 이 거리를 '골든 마일'이라는 뜻에서 미야 데 오로(milla de oro)라 부른다. 마우로(Mauro), 아바디아 레투에르타(Abadia Retuerta) 등 중요한 와인 양조장도 미야 데 오로에 있지만, 리베라 델 두에로 경계선 바로 바깥에 있다.

베가시실리아에 대해 몇 마디 덧붙이겠다. 베가시실리아는 왕족, 정치인, 수집가의 사랑을 한 몸에 받아온 전설적인 양조장으로 스페인 초등학생들도 알 정도로 명성이 자자하다. 1864년부터 포도를 재배했는데, 돈 엘로이 레칸다라는 와인 양조자가 보르도에서 공부를 마치고 카스티야로 돌아올 때 카베르네 소비뇽, 메를로, 말베크, 피노 누아 나뭇가지 1만 8천 개를 가져왔다. 이 포도들을 틴토 피노에 섞어서 최초의 베가시실리아 와인

## 와인보다 비싼 샤프란

와인을 제외한 스페인 중부(특히 카스티야 이 레온)에서 가장 귀중한 농작물은 샤프란이다. 샤프란은 파에야를 비롯해 많은 스페인 요리에 필수인 식재료이며, 세계에서 가장 비싼 향신료로 알려져 있다. 2020년대 초반, 유명 브랜드인 프린세사 데 미나야는 샤프란을 1파운드당 약 5,000파운드에 판매했다. 샤프란은 크로커스 사티버스(Crocus sativus) 꽃의 암술이며, 매년 가을에 손으로 수확한다. 보통 여자들이 신속하면서도 세심하게 작업하는데, 어린 보라색 꽃을 채취해서 선홍색 암술대를 떼어 내 말리면 샤프란이 된다. 대략 5만~7만 개 꽃에서 1파운드의 샤프란이 만들어진다. 놀랍게도 손이 빠른 수확자는 하루에 꽃을 3만 송이까지 채취할 수 있다. 크로커스 사티버스는 스페인 외에도 이탈리아, 그리스, 모로코, 인도, 중국, 이란 등지에서 재배된다. 현재 이란은 세계 샤프란의 95%를 생산한다.

꽃의 암술이 바로 샤프란이다.

을 만들었다. 처음부터 레칸다의 목표는 최고 품질의 와인을 만드는 것이었다. 베가시실리아 포도밭은 총면적이 210만㎡(210헥타르)에 달하고 석회암이 섞인 최상급 밭이다. 틴토 피노가 포도밭의 80%를 차지하며 나머지는 카베르네 소비뇽, 메를로, 말베크가 차지한다. 베가시실리아는 최소 10년 묵은 고목의 포도로만 와인을 양조하며 양조장에는 무려 1900년대 초반부터 재배된 포도밭 구획도 있다.

베가시실리아 와인은 세 종류인데, 발부에나 5(Valbuena 5), 레세르바 에스페시알(Reserva Especial), 우니코(Unico) 등이다. 선명한 아름다움을 지닌 발부에나 5는 발부에나 데 두에로 마을의 이름을 딴 와인이며, 5년간 숙성시킨 후에 출시되기 때문에 이런 이름이 붙었다. 높은 명성을 구가하는 레세르바 에스페시알은 여러 빈티지를 혼합한 와인이다. 마지막으로 우니코는 극도로 희귀하며, 수요가 매우 높다(317페이지의 '위대한 리베라 델 두에로 와인' 참조).

우니코는 스페인어로 '유일하다'는 뜻이며, 대단히 훌륭하다. 와인 양조자가 와인이 완벽하게 준비됐다고 느낄 때까지 대형 오크통과 소형 오크통에 연달아 숙성시킨다. 사실상 숙성기간이 10년 미만인 경우가 거의 없으며, 정기적인 판매 일정도 없다. 예를 들어 양조장은 1982년산과 1968년산 우니코를 1991년에 동시에 출시했다. 각각 9년, 23년간 숙성시킨 셈이다. 우니코는 이런 관행 덕분으로 세계에서 가장 오래 숙성시킨 레드 와인에 속한다.

베가시실리아는 두 단어가 결합해서 탄생한 이름이다. 베가는 강기슭을 따라 이어지는 밭을 의미하며, 시실리아는 세인트 시실리아 교회에서 파생된 이름이다. 912년에 지어진 교회로 현재 베가시실리아가 있는 강기슭 부근에 자리 잡고 있다.

베가시실리아는 한 세기 동안 유니콘 같은 존재였다. 그런데 1970년대에 페스쿠에라(Pesquera)라는 또 다른 양조장이 등장해서 독특한 특징을 뽐내는 와인으로 명성을 쌓기 시작했다. 1980년대 두 양조장 모두 세계적으로 입소문을 타기 시작하면서 새로운 자본과 실력자가 몰려들기 시작했다. 그중 가장 영향력 있는 와인 양조자는 덴마크 출신이자 보르도에서 경력을 쌓은 피터 시섹이었다. 시섹은 초반에 컨설턴트로 고용됐으나 리베로 델 두에로의 잠재력을 깨닫고 1995년에 도미니오 데 핑구스(Dominio de Pingus)라는 양조장을 직접 설립하기에 이른다. 이후 핑구스는 스페인에서 가장 비싼 스타급 와인으로 부상했다. 핑구스와 이에 버금가는 자매 격인 플로르 데 핑구스(Flor de Pingus)는 세계에서 가장 뛰어난 와인으로 자주 거론된다.

리베라 델 두에로의 새로운 시대가 개막한 것이다.

## 리베라 델 두에로 포도 품종

### 화이트

◇ **알비요 마요르**
틴토 피노(템프라니요)의 부모 중 한쪽이다. 틴토 피노와 함께 심거나 단독으로 재배하며, 라 리베라 블란카(La Ribera Blanca)라는 현지 화이트 와인을 소량씩 생산하는 데 사용한다.

### 레드

◇ **카베르네 소비뇽**
리베라 델 두에로의 포도 재배량에서 1%밖에 되지 않으며, 베가시실리아 양조장이 전량 생산한다. 베가시실리아는 메를로, 말베크도 소량씩 생산한다.

◇ **틴토 피노**
모든 레드 와인에 거의 독점적으로 사용되는 주요 품종이다. 현지에서는 틴타 델 파이스라고도 알려져 있다. 템프라니요와 같은 품종이지만, 틴토 피노를 구성하는 템프라니요 클론들은 리오하나 다른 스페인 지역에서 재배되는 템프라니요 클론과 구별된다.

### 땅과 포도 그리고 포도원

리베라 델 두에로는 부드러운 어조의 이름과 대조되는 혹독한 기후를 가졌다. 햇볕은 매우 강렬하며, 연간 일조량이 약 2,300시간이다. 반면 강우량은 많지 않다. 여름은 덥고, 기온이 38℃를 넘는 날이 많다. 겨울은 매서울 정도로 춥다. 포도 성숙기 동안 일교차도 극심하다. 오후에는 극도로 덥고 저녁에는 매우 춥다. 차가운 밤 기온은 포도 재배에 유익하다(포도나무가 휴식을 취하고 산미를 보존하는 데 도움 된다). 그러나 기후가 온화한 여느 지역과 마찬가지로 리베라 델 두에로도 양조장이 포도 재배와 와인 양조에 세심한 주의를 기울이지 않는다면, 알코올 향이 강하고 두터우며 뉘앙스가 부족한 와인이 만들어진다.

리베라 델 두에로의 포도밭 면적은 230㎢(2만 3,000헥타르)를 살짝 넘는다. 포도밭 면적이 650㎢(6만 5,000헥타르)인 리오하에 비하면 적은 편이다. 게다가 나이가 꽤 많아서 생산율이 매우 낮은 포도나무도 상당히 많다(80년 이상 묵은 포도나무 비율이 11%다). 포도 생산율이 에이커당 1.5~2.5톤(헥타르당 22~37헥토리터)밖에 되지 않는다.

리베라 델 두에로의 토양은 크게 두 종류다. 두에로강과 좁은 지류 부근은 모래 침전물, 자갈, 오래된 강바닥 암석 등으로 구성돼 있다. 최상급으로 취급되는 고지대 포도밭은 라데라(ladera)라 불리는 산비탈에 있으며, 석회암과 진흙의 비중이 더 크다.

두레오강 자체는 그리 넓지도 깊지도 크지도 않지만, 그래도 이 지역을 관통하면서 건조하고 혹독한 기후를 완화한다. 강물이 습도를 높여 주고, 여름에는 강둑이 계곡을 휩쓸고 지나가는 뜨겁고 건조한 바람을 막아 주는 완충제 역할을 한다. 봄과 가을에는 강이 온기를 안정적으로 조절해서 서리를 막는 데 도움 된다.

### 리베라 델 두에로의 최상급 생산자

- 아알토(Aalto)
- 알리온(Alión)
- 알론소 델 예로(Alonso del Yerro)
- 아스트랄레스(Astrales)
- 도미니오 푸르니에르(Dominio Fournier)
- 도미니오 데 핑구스(Dominio de Pingus)
- 에밀리오 모로(Emilio Moro)
- 고요 가르시아 비아데로(Goyo García Viadero)
- 이스마엘 아로요발소티요(Ismael Arroyo-ValSotillo)
- 라 오라(La Horra)
- 레가리스(Legaris)
- 페냘바 에라이스(Peñalba Herráiz)
- 페레스 파스쿠아스(Pérez Pascuas)
- 프로토스(Protos)
- 베가시실리아(Vega Sicilia)
- 비냐 사스트레(Viña Sastre)

### 크리안사, 레세르바, 그란 레세르바

리오하를 비롯한 여느 스페인 와인 산지와 마찬가지로 리베라 델 두에로 와인도 포도의 품질과 와인의 숙성기간에 따라 와인 등급이 매겨진다(법적 의무는 없다). 리베라 델 두에로의 와인 등급은 크리안사, 레세르바, 그란 레세르바 등으로 나뉜다. 다만, 리베라 델 두에로의 3대 최상급 양조장(핑구스, 아알토, 베가시실리아)은 이 등급체계를 사용하지 않는다.

크리안사는 품질이 괜찮고 마시기 쉬운 레드 와인이며

체리파이, 흙, 바닐라 풍미와 아로마를 풍긴다. 레세르바는 이보다 나은 포도밭에서 자란 상급 포도로 만든다. 전반적인 응축도가 뛰어나고 질감이 더 살집 있게 느껴진다. 그란 레세르바는 최상급 포도밭에서 생산되며 최상의 세련미와 복합미를 가졌다. 레세르바와 그란 레세르바는 상당히 희귀하며 평균보다 좋은 해에만 만들어진다.

리베라 델 두에로 와인의 등급 분류 기준은 리오하와 비슷하되, 완전히 똑같지는 않다. 또한 리베라 델 두에로에서는 레드 와인에만 등급을 적용한다. 각 등급의 정의는 다음과 같다.

## 크리엔사

**레드 와인** 최소 2년 이상 숙성(이 중 1년은 오크통 숙성)

## 레세르바

**레드 와인** 최소 3년 이상 숙성(이 중 1년은 오크통 숙성, 나머지 2년은 병 속에서 숙성)

## 그란 레세르바

**레드 와인** 최소 5년 이상 숙성(이 중 2년은 오크통 숙성, 나머지 3년은 병 속에서 숙성)

### 순수한 육식

리베라 델 두에로의 전설적인 요리를 꼽자면, 레차소가 있다. 레차소는 무게 7kg 미만의 모유만 먹인 새끼 양고기 요리다. 이 지역 곳곳에 있는 최고의 아사도르(주막 같은 현지 구잇집)에서도 보통 레차소, 날카로운 나이프와 포크, 리베라 델 두에로 와인 한 병을 내온다. 아사도르에서 몇 블록 떨어진 곳에서부터 어린 양고기구이의 먹음직스러운 냄새가 풍겨 와서 그냥 지나치기란 불가능하다.

아사도르 셰프 겸 주인은 양치기에게 직접 양을 구매해서 직접 양을 잡는다. 양념은 오직 소금과 후추만 사용하며 양고기를 쿠엔코에 담아서 옛날식 벽돌 오븐의 장작불에 서서히 굽는다. 겉면은 바삭하게 그을리고 속은 녹아내릴 것처럼 부드럽게 구워서 살점이 뼈에서 스르륵 분리되게 요리한다. 레차소는 순수한 육식을 경험하게 해 준다. 여기에 리베라 와인까지 곁들이면 금상첨화다.

# 위대란 리베라 델 두에로 와인

## 도미니오 푸르니에르(DOMINIO FOURNIER)
**크리엔사 | 리베라 델 두에로| 틴토 피노 100%**

도미니오 푸르니에르는 뼛속까지 리베라 델 두에로 그 자체다. 타닌이 견고한 기둥처럼 풍미를 지탱하는 인상적인 와인이며, 특히 레세르바는 이런 특징이 확연히 두드러진다. 그러나 필자는 도미니오 푸르니에르의 크리엔사를 선호한다. 근육질이 느껴지면서도, 훌륭한 싱글몰트 스카치 같은 흙과 토탄의 은은한 풍미와 호사스러운 레드 커런트의 호사스러움이 일품이다. 또한 고급 가죽을 연상시키는 환상적인 아로마, 프랑스와 미국 오크통에 숙성시킨 와인의 감미로운 바닐라 향기가 느껴진다.

## 페레스 파스쿠아스(PÉREZ PASCUAS)
**비냐 페드로사 | 라 나비야 | 레세르바 | 리베라 델 두에로 |**

**틴토 피노 100%**

바냐 페드로사(Viña Pedrosa)는 리베라 델 두에로의 전통 와인 중 하나로 다른 현지 와인보다 보디감은 약하지만, 여러모로 야성적이고 투박하고 극적이고 타닌감이 강하다. 또한 동물 털, 땀, 해진 가죽, 타르, 사냥감 고기 등 듣기에는 거북하지만 실제로는 근사한 맛을 내는 아로마와 풍미로 가득하다.

여기에 에스프레소, 바닐라 빈, 검은 감초, 장뇌의 풍미가 더해진다. 라 나비야는 페레스 파스쿠아스의 싱글 빈야드이며, 포도밭은 해발 730m에 자리 잡고 있다. 필자가 스페인에서 처음으로 페레스 파스쿠아스의 비냐 페드로사를 마셨을 때(그란 레세르바도 반드시 마셔 봐야 한다) 뭉근하게 끓인 짭짤한 고기 스튜를 함께 먹었는데, 그때의 기억이 뇌리에 박혀 잊히지 않는다.

## 비냐 사스트레(VIÑA SASTRE)
**파고 데 산타 크루스 | 그란 레세르바 | 리베라 델 두에로 | 틴토 피노 100%**

몇몇 리베로 델 두에로 와인은 힘과 응축도가 너무 강해서, 처음에는 본 모습을 꼭꼭 숨기고 싶은 것처럼 보인다. 그러나 비냐 사스트레의 파고 데 산타 크루스(Pago de Santa Cruz)는 그렇지 않다. 축축한 숲, 짙은 양질토, 볶은 커피콩, 검은 감초, 풍성한 체리 키르슈바서, 매력적인 땀 냄새를 연상시키는 환상적인 흙 풍미와 아로마를 숨김없이 발산한다. 파고 데 산타 크루스는 유기농법으로 재배한 80년 이상 묵은 포도나무 과실로 만든 싱글 빈야드 와인이다.

## 아알토(AALTO)
**리베라 델 두에로 | 틴토 피노 100%**

두 겹 벨벳 같은 질감이 현실적으로 가능할까? 그러나 아알토처럼 부드러움과 묵직하고 검은 과일 풍미로 입안을 휘감는 와인을 홑겹 벨벳으로 묘사하기엔 부족한 감이 있다. 아알토의 진정한 심오함은 타닌감에서 드러난다. 와인이 워낙 견고하므로 타닌이 존재함은 분명하다. 그러나 떫거나 거친 맛이 조금도 없다. 오히려 정반대로 황홀한 우아함과 석류 주스 풍미가 느껴진다. 게다가 모든 위대한 와인과 마찬가지로 숙성력도 매우 길다. 1999년에 마리아노 가르시아 페르난데스가 파트너들과 함께 아알토를 설립하자 스페인은 이 놀라운 뉴스로 떠들썩했다. 가르시아 페르난데스는 유명한 스페인 와이너리인 베가시실리아에서 30년간 수석 와인 양조자이자 테크니컬 디렉터로 일한 경력이 있기 때문이다.

## 라 오라(LA HORRA)
**코림보 I | 리베라 델 두에로 | 틴토 피노 100%**

라 오라는 리베라 델 두에로 양조장이지만, 리오하 생산자인 로다가 운영한다. 라 오라 와인은 강렬함, 응축도, 강력한 타닌감을 지녔다. 코림보 I(Corimbo I)는 유기농법과 생물역학농법으로 백악질 석회암 토양에서 재배한 50년 묵은 포도나무 과실로 만든다. 참고로 코림보는 양조장 포도밭에 자라는 엉겅퀴 꽃의 독특한 패턴을 일컫는 이름이다. 와인은 월등한 명확도와 팽창력을 가졌으며, 블랙베리, 볶은 커피, 장작불, 샌들우드, 바닐라 빈의 선명한 풍미를 발산한다. 코림보 I는 여느 리베라 델 두에로 와인과 마찬가지로 투박함과 우아미를 겸비하며, 특히 어릴 때 이런 특징이 도드라진다. 이 와인은 빈티지로부터 10년쯤 지난 후에 개봉하는 것이 좋다. 이때 오븐에서 갓 나온 구이요리를 곁들이면 더없이 훌륭하다.

## 도미니오 데 핑구스(DOMINIO DE PINGUS)
**플로르 데 핑구스 | 리베라 델 두에로 | 틴토 피노 100%**

피터 시섹은 보르도에서 경력을 쌓은 덴마크 출신 와인 양조자로 1995년에 처음으로 핑구스를 선보였다. 이는 리베로 델 두레오는 물론 스페인을 통틀어 한 세기 만에 등장한 혁명적인 와인이었다. 플로르 데 핑구스(Flor de Pingus)는 극도로 희귀한 형제 격인 핑구스와 마찬가지로 육중한 파워를 지닌 견고한 와인이다. 와인이 어릴 때나 개봉한 직후에는 완강하고 견고하다. 그러나 와인을 숙성시키거나 디캔터에 옮겨 담으면, 아름다운 본모습이 드러난다. 타바코, 검은 감초, 가죽, 블랙베리 잼, 짭짤한 광물성 풍미가 물결친다. 와인을 두 모금쯤 마시면, 바싹 구운 뼈에 붙은 두툼한 스테이크가 절로 생각난다. 플로르 데 핑구스는 핑구스와 마찬가지로 생물역학 농법으로 재배한 포도나무 고목의 과실로 만든다. 플로르 데 핑구스의 여동생 격인 PSI는 스페인 최고 품질을 자랑하는 와인에 속한다. PSI는 시섹과 리베라의 가난한 현지 재배자들의 합작품으로, 현지 재배자들이 포도나무 고목을 보존하도록 장려하는 것이 목표다.

## 베가시실리아(VEGA SICILIA)
**우니코 | 리베라 델 두에로 | 틴토 피노(주 품종), 카베르네 소비뇽(소량)**

최고의 우니코 빈티지는 위대한 보르도 와인의 구조감과 깊이 그리고 위대한 부르고뉴 와인의 우아함과 매력을 겸비했다는 평을 받는다. 또는 스페인어로 '유일하다'는 의미인 우니코라는 이름이 완벽하다는 의견도 있다. 필자가 느끼기에 우니코처럼 정교함, 원초적 힘, 즉각성, 생기를 가진 와인은 매우 드물다. 심오한 원시적 특성과 매혹적인 우마미를 지녔다. 또한 카시스, 돼지고기 식품부터 차, 다크 초콜릿까지 광범위한 풍미가 와인 한 병을 모두 비울 때까지 끊임없이 이어진다. 1970년대 말, 한 젊은 기자가 스페인에 관한 글에 우니코보다 훌륭한 스페인 풍미는 없다고 서술했다. 필자는 수십 년이 흐른 지금까지도 그 말에 동의한다.

# JEREZ THE SHERRY REGION 헤레스 셰리 산지

모든 셰리 와인에 어김없이 등장하는 헤레스-세레스-셰리(Jerez-Xérès-Sherry)라는 이름은 스페인에서 가장 마력적이고 환상적인 주정강화 와인의 다양한 역사를 담고 있다. 스페인어로 헤레스라 불리는 지역에서 만든 와인을 프랑스어로 세레스, 영어로 셰리라 부른다. 와인 애호가 사이에서 셰리를 둘러싼 오해가 존재하긴 하지만, 셰리는 위대한 5대 클래식 와인(포트, 마데이라, 샴페인, 토커이 어수, 셰리)에 당당히 이름을 올린다. 때마침 정상급 소믈리에와 믹솔로지스트들 덕분에 십여 년 전부터 셰리 열풍이 다시 불기 시작했다.

헤레스는 기본적인 화이트 테이블 와인도 만들지만, 3세기 전부터 명성을 쌓아서 많은 와인 애호가가 익히 알고 있는 셰리도 만든다. 셰리는 주정강화 와인으로 포도 증류주(neutral grape spirit)를 추가해서 알코올 함량을 15~22%로 높인 것이다. 2021년 새로운 규정에 따라 강화하지 않고 자연적인 방식으로 알코올 도수를 15%까지 올린 와인도 셰리로 분류할 수 있게 된다.

셰리는 대부분 강화 작업 외에도 신중하고 체계적인 산소 노출 과정을 거친다. 산소 노출 정도는 와인 종류에 따라 달라진다. 그러나 강화 작업과 산소 노출 과정만으로 셰리의 환상적인 맛과 복합미를 모두 설명할 수 없다. 셰리처럼 감각과 뇌를 일깨우는 와인은 세상 어

## 아랍의 명맥이 담긴 셰리

중세 시대에 유럽이 문화적, 지적 암흑기를 거치는 동안 스페인은 무어인에게 800년 가까이 지배를 받았다. 급진적이고 강력한 무어인은 하나의 민족이 아니라 중동과 북아프리카 무슬림 부족 무리로 안달루시아를 통해 유럽으로 진격했다. 흰 벽으로 둘러싸인 코르도바 마을은 칼리프가 다스리는 무어인의 수도이자 서유럽 핵심 도시로 부상했다. 10세기 무렵, 코르도바는 유럽 도시 최초로 가로등, 하수도시설, 공공 식수대를 갖췄으며, 인구는 50만 명에 달했다. 또한 병원 50개, 공중목욕탕 300개, 학교 60개, 도서관 20개, 모스크 1,000개 이상을 지었다. 광적인 종교심이 짧게 불긴 했지만, 코르도바의 칼리프는 놀랍게도 세속적이었다. 수 세기 동안 무슬림, 기독교, 유대인이 칼리프의 통치 아래 조화롭게 지냈다. 이처럼 자유롭고 개방적이며 관용적인 분위기 속에서 무슬림은 알코올을 금지하는 코란의 규정을 무시했다. 아랍의 헤게모니가 막을 내릴 때쯤 셰리는 칼리프의 식탁에 당연히 오르는 음료라는 인식이 학자들 사이에 확고히 자리 잡았다.

헤레스 데 라 프론테라의 성스러운 구세주 성당

플라멩코 여성 댄서

디에도 없다. 이번 챕터에서는 이처럼 훌륭한 복합미를 갖춘 셰리(헤레스의 테이블 와인 말고)를 집중 조명하겠다. 또한 극명하게 다른 여러 종류의 셰리도 자세히 다루겠다.

한편 포도밭과 해변은 서로 연관성이 없어 보이지만, 셰리는 안달루시아 해안에 작은 쐐기 형태의 지대에서 생산된다. 마치 1960년대 영화에 나오는 스페인 같다. 로마의 땅과 발뒤꿈치를 구르는 플라멩코 댄서, 기타와 시가, 투우와 술집, 백색 마을과 소중한 말들 그리고 세계에서 가장 먹음직스러운 갑각류의 향연이 이어진다. 콜럼버스가 서쪽으로 항해를 시작한 장소도 바로 이곳의 황량한 백색 백악질 해안이다. 만약 역사가 짐작하는 대로 콜럼버스가 이때 와인을 가져갔다면, 셰리는 미국에서 마시는 최초의 유럽 와인이었을 것이다.

## 땅과 포도 그리고 포도원

셰리는 스페인 남서부 안달루시아 해안의 달처럼 눈부시게 새하얗고 황량한 지역에서 생산된다. 포도밭은 북쪽 내륙의 헤레스 데 라 프론테라라는 매력적인 마을부터 카디스만의 작은 해안 마을인 푸에르토 데 산타 마리아와 과달키비르강 어귀의 대서양 연안의 산루카르 데 바라메다까지 삼각형 모양으로 펼쳐져 있다. 이 최상급 포도밭에서 생산한 최고급 셰리는 규제위원회로부터 헤레스 수페리오르(Jerez Superior)라는 명칭을

부여받는다.

셰리 지역은 천 년 전에 광활한 바다였다. 그래서 현재 지형도 잔물결이 일렁이는 해저처럼 생겼다. 최고의 토양도 해양 퇴적물 잔해, 백악질 탄산칼슘(석회암 포함), 선사시대 바다 화석으로 구성돼 있으며, 주로 언덕 꼭대기에서 발견된다. 알바리사(albariza)라 불리는 토양으로 삭막한 느낌이 감도는 흰색에 잘 바스러지며 케이크 믹스처럼 가볍고 수분 보유력이 매우 뛰어나다. 특히 스페인 남부는 여름에 긴 가뭄에 시달리기 때문에 뛰어난 수분 보유력이 도움이 된다. 또한 알바리사 토양은 주로 고도가 가장 높은 곳에 있어 해풍을 그대로 맞는다. 해풍은 포도의 산미를 보존하는 데 유리하다. 알바리사보다 등급이 낮은 토양으로는 아레나(arena)와 바로(barro)가 있다. 아레나는 주로 해안 바로 옆에 있는 모래 토양이다. 바로는 저지대의 비옥한 갈색 진흙 토양으로 이곳에는 주로 옥수수와 사탕무를 심는다.

헤레스에서 가장 많이 재배하는 포도 품종은 팔로미노 피노(줄여서 팔로미노)이며, 셰리의 95%를 차지한다. 팔로미노라는 이름은 예상과 달리 말 품종이 아니라 13세기에 알폰소 10세의 기사였던 페르난 야녜스 팔로미

**셰리는 정부가 1933년에 최초로 DO로 지정한 와인이다.**

### 셰리 와인 맛보기

셰리는 스페인에서 가장 복합적이고 노동집약적인 와인이다. 매우 힘든 양조과정을 거쳐 만든 수제 와인인 만큼 세계에서 가장 매력적인 와인이라는 명성을 누리고 있다.

셰리는 다양한 스타일로 만들어지는 주정강화 와인이다. 인상적인 본드라이 와인부터 매혹적인 스위트 와인까지 종류가 매우 다양하다.

셰리는 스페인에서 가장 황홀한 음식을 만드는 지역 중 하나이며, 타파스를 최초로 만든 곳이기도 하다. 셰리는 이 음식들과 전형적인 조합을 이룬다.

# 셰리 포도 품종

## 화이트

◇ 베바, 카뇨카소, 만투오 카스테야노, 만투오 데 필라스, 페루노, 비히리에가

필록세라 발병 이전에 헤레스에서 자라던 청포도 품종이다. 2021년부터 셰리를 만드는 데 사용하도록 허가됐다. 현재 소량만 재배한다.

◇ 모스카텔 비안코

현재 단독으로 와인을 만드는 일은 거의 드물고, 주로 혼합해서 사용한다. 알렉산드리아 뮈스카로도 알려져 있다.

◇ 팔로미노

정확히는 팔로미노 피노(Palomino Fino)다. 모든 종류의 셰리 와인에 들어가는 주요 품종이다.

◇ 페드로 시메네스

수확한 포도를 매트에 깔고 햇빛에 건조해서 페드로 시메네스라는 디저트 셰리 와인을 만드는 데 사용한다.

헤레스의 알바리사 토양에서 자라는 팔로미노 품종

## 셰리의 최상급 생산자

- 바르바디요(Barbadillo)
- 보데가스 트라디시온(Bodegas Tradición)
- 엘 마에스트로 시에라(El Maestro Sierra)
- 에밀리오 루스타우(Emilio Lustau)
- 에키포 나바소스(Equipo Navazos)
- 페르난도 데 카스티야(Fernando de Castilla)
- 곤살레스 비야스(González Byass)
- 이달고(Hidalgo)
- 루이스 페레스(Luis Pérez)
- 오스보르네(Osborne)
- 산데만(Sandeman)
- 발데스피노(Valdespino)

헤레스에는 주요한 포도 품종이 두 종류 더 있다. 둘 다 청포도이며, 희귀하지만 훌륭한 와인을 만든다. 첫째는 모스카텔 비안코(알렉산드리아 뮈스카)다. 다른 품종과 혼합해서 스위트 와인을 만들거나 단독으로 사용해서 환상적인 디저트 와인을 만든다. 둘째는 페드로 시메네스(줄여서 PX)다. 안달루시아 현지 품종이며, 페드로 시메네스라 불리는 스위트 셰리 와인을 만든다. PX는 진지한 와인 애호가라면 반드시 마셔 봐야 할 와인으로 최상의 감각적 경험을 선사한다. PX는 마치 와인잔에 담긴 당밀처럼 보인다. 시럽처럼 농밀하고 어두운 마호가니 색을 띤 와인은 장인적 창의성, 풍성함, 정교한 단맛의 정수를 보여 준다(잔당 리터당 500g 또는 50%).

## 셰리 양조법

셰리를 양조하고 숙성시키는 과정을 이해하려면, 먼저 셰리가 한 종류가 아니라 현저히 다른 일곱 개 스타일의 와인이라는 사실을 알아야 한다. 스펙트럼의 한쪽 끝에는 만사니야(manzanilla)와 피노(fino)가 있다. 짜릿함, 아삭함, 녹색 흙 풍미가 특징이다. 스펙트럼의 중간에는 아몬티야도(amontillado), 팔로 코르타도(palo cortado), 올로로소(oloroso)가 있다. 건장함과 구운 견과류 풍미가 특징이다. 스펙트럼의 다른 쪽 끝에는 크림(cream) 셰리와 페드로 시메네스(Pedro Ximénez)가 있다. 달콤함, 호사스러운 토피와 무화과 풍미가 특징이다.

셰리의 풍미, 질감, 아로마는 종류 불문하고 우리가 예상하는 화이트 와인, 레드 와인과는 전혀 다르다. 셰리의 풍미는 독자적인 세계 그 자체다. 이는 셰리를 만드는 독특한 솔레라 기법 때문이다. 솔레라 기법은 오래된 배럴을 복잡한 체계에 따라 단계별로 블렌딩하고 숙

노의 이름을 딴 것이다. 팔로미노는 세계에서 가장 산도가 낮은 편에 속하며, 생산율도 엄청나게 높다. 포도송이 자체도 매우 크다. 팔로미노 1송이의 크기가 나파 밸리의 카베르네 소비뇽 4~5송이에 맞먹을 정도다.

팔로미노는 아로마, 풍미, 특징 등 모든 면에서 무미건조하다. 그러나 이런 중성적인 면 때문에 오히려 인기가 있다. 포도 자체가 흰 도화지처럼 단순하므로 알바리사 토양과 솔레라 기법을 투영한 셰리의 개성이 더욱 잘 살아난다(솔레라에 관해서는 추후 자세히 다룰 예정).

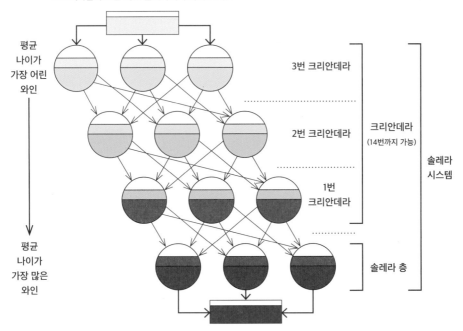

소브레타블레 또는 다른 솔레라에서 가져온 와인

평균
나이가
가장 어린
와인

3번 크리안데라

2번 크리안데라

크리안데라
(14번까지 가능)

1번
크리안데라

솔레라
시스템

평균
나이가
가장 많은
와인

솔레라 층

병입, 블렌딩 또는 다른 솔레라에 섞을 셰리

성시키는 방법이다. 와인을 어떤 방식과 비율에 따라 솔레라 기법을 적용하는지에 따라 셰리의 스타일이 달라진다.

### • 솔레라 방식의 원리

셰리는 스타일마다 독자적인 솔레라 방식을 따른다. 과연 솔레라가 무엇이며, 솔레라 시스템의 원리는 무엇일까? 간단하게 설명하자면 다음과 같다. 팔로미노 포도를 이른 시기(주로 8월)에 수확한다. 포도가 갓 익은

검은색 보타(600리터 미국산 오크통)로 쌓은 솔레라

상태이며, 잠재적 알코올 함량은 약 12%다. 포도를 으깨서 포도즙을 발효시킨다(주로 스테인리스스틸 탱크). 이 부분은 여느 화이트 와인 양조법과 다를 바 없다. 이 시점에서 포도 증류주를 첨가해서 살짝 주정을 강화하기도 한다. 피노와 만사니야는 알코올 함량이 15%에 도달할 때까지 조금만 강화한다. 올로로소처럼 묵직한 스타일은 알코올 함량이 17%에 도달할 때까지 조금 더 강하게 강화한다.

주정강화 와인을 배럴에 부어서 6개월~1년간 놓아두고 복합미를 살린다. 이 초기 단계를 소브레타블레(sobretable)라 부른다. 이 작업이 끝나면, 솔레라 과정에 들어가서 단계적인 블렌딩과 숙성작업을 거쳐 셰리가 된다.

솔레라 시스템을 구성하려면, 보타(bota)라 불리는 600리터짜리 미국산 오크 배럴을 피라미드 형태로 쌓아야 한다. 그러려면 배럴이 수백 또는 수천 개 필요하다. 그리고 어린이가 블록을 쌓듯 배럴을 단계별로 여러 줄 쌓아 올린다. 솔레라는 최대 14단계까지 거치지만, 배럴은 3~4줄까지만 쌓는다. 만약 솔레라가 14단계인 경우, 3~4줄로 쌓은 배럴 무더기를 여러 개 만든다. 만약 배럴을 14층까지 쌓아 올리면, 아래쪽 배럴이 무게를 견디지 못하고 부서질 위험이 있기 때문이다. 사실상 배럴을 4줄만 쌓아도 솔레라 높이는 압도적으로

높아 보인다.

제일 아래쪽 배럴에 가장 오래된 셰리가 담겨 있다. 이 배럴에서 사카(saca)라 불리는 소량의 셰리를 빼낸 후 병입해서 판매한다. 영문학도라면 흥미로워할 여담이 있는데, 셰익스피어가 셰리를 사케(sacke)라 부른 것도 사카에서 유래한 것이다. 맨 아랫줄을 '솔레라 층'이라 부른다. 스페인어로 '바닥'을 의미하는 수엘로(suelo)에서 파생된 명칭이다. 맨 아랫줄에서 셰리를 빼낸 양만큼 바로 윗줄의 와인을 빼내서 아랫줄을 다시 채운다. 아래에서 두 번째 줄을 '1번 크리아데라'라 부른다. 이곳에는 두 번째로 오래된 셰리가 담겨 있다.

1번 크리아데라에서 와인을 빼낸 후, 바로 윗줄의 와인을 같은 양만큼 빼내어 1번 크리아데라를 다시 채운다. 그 윗줄을 '2번 크리아데라'라 부른다. 다음에는 그 윗줄인 '3번 크리아데라'의 와인을 같은 양만큼 빼내어 2번 크리아데라를 다시 채운다. 이런 식으로 계속 반복한다. 소량의 와인이 단계별로 아랫줄 배럴로 이동하면서 더 오래된 와인과 서서히 섞이는 것이다. 셰리의 스타일에 따라 솔레라 과정을 더 느리게 진행하는 때도 있는데, 이에 따라 최종적인 풍미가 결정된다. 솔레라 시스템의 가장 윗줄은 소브레타블레 초기 단계를 거친 당해 연도의 와인으로 채운다.

### 셰리라는 이름의 유래

셰리의 이름은 오랜 역사를 담고 있다. 기원전 10세기, 페니키아인은 이 스페인 북부지역을 세라(Xera)라고 불렀다. 이후 로마인은 세레(Ceret)라 불렀다. 아랍인은 18세기에 헤레스 마을을 셰리쉬(Sherrish)라 불렀다. 영국이 이곳 와인을 수입하기 시작하면서 아랍어 명칭을 그대로 사용하되 셰리(Sherry)라고 살짝 바꿔서 불렀다. 13세기에 스페인이 이 지역을 정복한 이후 명칭을 세레스(Xerés)라고 변경했다. 시간이 흐르면서 세레스(Xerez)에서 현재 헤레스(Jerez)로 바꾸었다.

위쪽 크리아데라에서 뽑은 와인으로 아래쪽 크리아데라를 채우는 작업을 로시오(rocío)라 부른다. 로시오는 '아침 이슬'이라는 의미로 크리아데라 간에 와인을 이동할 때 얼마나 섬세하게 작업해야 하는지를 반영한다. 배럴에서 와인을 빼내어 다른 배럴을 채우는 연속적인 과정을 코레르 에스칼라스(correr escalas)라 부른다.

### 배럴 - 검정과 갈색

찬연스레 빛나는 스페인 남부의 햇볕을 쬐다가 어두침침한 셰리 저장실로 들어가 보라. 참으로 경이로운 경험이 될 것이다. 신비로운 정적과 압도적 크기 때문에 종종 대성당이라 불리는 셰리 저장실은 인상적인 검은 배럴로 가득한데, 그 모습이 마치 어슴푸레한 빛 속에서 고요하게 기다리는 황소와 같다. 전형적인 셰리 저장실에는 이런 캐스크(보타 또는 부트라 부름)가 보통 십만 개가량 있다. 배럴은 미국산 오크나무로 제작하며, 크기는 기본적인 보르도 배럴의 약 3배에 달하고, 용량은 약 600리터다. 모든 배럴은 칠흑색 무광 수성 페인트로 칠하기 때문에 강력하고 극적인 외관을 갖는다.

'음계를 연주한다'는 사랑스러운 의미이며, 일 년에 여러 번 반복한다.

이처럼 어린 와인을 오래된 와인과 연속적으로 소량씩 섞기 때문에 셰리 대부분은 특정 빈티지가 없다. 사실상 셰리는 광범위한 연도의 와인을 복합적인 만화경처럼 혼합한 최종 결과물이다. 셰리의 90%가 빈티지를 표기하지 않지만, 솔레라가 시작된 연도를 라벨에 표기하는 경우는 흔하다. 또한 법적으로 한 해에 솔레라의 40%까지만 빼내어 판매할 수 있다.

미로 같은 솔레라 시스템이 흥미로운 까닭은 맨 아랫줄에 도달한 셰리가 얼마나 오래된 와인인지 절대 알 수 없다는 점 때문이다. 여기에는 두 가지 배경이 있다. 첫째, 솔레라 시스템이 한번 갖춰진 이후에는 배럴이 완전히 비워지는 일이 절대 없다. 실제로 현재 셰리 배럴은 평균 100년 정도 됐다. 그리고 평균 200년 묵은 셰리 배럴을 갖춘 양조장도 수두룩하다. 둘째, 윗줄에서 소량 빼낸 와인을 아랫줄에 섞은 다음 절대 휘젓지 않는다. 따라서 배럴 속 와인은 완벽히 균일화되지 않는다. 그 결과 각 배럴은 솔레라가 시작된 이래 단 한 번도 추출되지 않은 와인 분자를 포함하고 있으며, 이 중에는 무려 200년 묵은 와인 분자도 존재한다는 뜻이다.

그러나 셰리가 진정한 셰리가 되려면 솔레라라는 물리적인 과정 이상의 것이 필요하다. 피노는 왜 피노가 되고, 올로로소는 왜 올로로소가 되는 걸까? 현재는 이 의문이 풀렸지만, 과거에 셰리는 설명할 수 없는 초자연적인 현상이었다.

# 세리의 일곱 가지 스타일

세리는 다채로운 스타일의 스펙트럼을 자랑한다. 화이트 와인처럼 가볍고 드라이하고 아삭한 만사니야와 피노부터 압도적인 견과류 풍미, 토파즈와 마호가니를 넘나드는 다양한 색을 가진 풀보디감의 팔로 코르타도와 올로로소까지 가지각색이다. 세리는 다음과 같이 크게 일곱 가지 스타일로 분류된다.

## 만사니야

최고의 찬사를 받는 우아하고 라이트한 스타일이며, 법적으로 작은 해변 마을인 산루카르 데 바란메다에서만 생산된다. 습윤한 바다 공기가 건조하고 짭짤한 향기와 파도를 닮은 요오드 아로마를 완성한다. 마치 막 캐낸 굴 아로마를 연상시킨다. 만사니야는 섬세하고 아삭한 특징을 가졌으며, 풍미는 산루카르 주변의 해변 습지에서 자라는 카모마일(카밀레)을 닮았다는 평이 많다. 만사니야란 이름도 카모마일이란 뜻이다. 만사니야의 특징은 전적으로 플로르(flor) 효모에 달려 있다. 플로르는 와인이 숙성되면서 표면에 노랗게 피어오르는 효모다. 플로르의 존재 여부와 노출 정도에 따라 만사니야의 특징이 결정된다. 만사니야는 극도로 섬세해서 양조장 대부분이 주문받는 즉시 와인을 병입해서 출고한다. 만사니야는 신선한 상태에서 차갑게 칠링해서 마셔야 한다. 종종 만사니야의 소울메이트격인 감바스 알 아히요(마늘과 올리브기름에 볶은 새우요리)를 곁들인다. 만사니야 대부분의 알코올 함량은 15%이거나 이보다 살짝 더 높다. 만사니야 파사다(manzanilla pasada)는 최소 7년간 숙성한 만사니야를 가리킨다.

## 피노

피노는 세리 중에서 정교함과 복합미가 가장 뛰어나다. 색깔은 연하며, 세리치고 알코올 함량은 낮은 편이다. 톡 쏘는 드라이함은 한 번 맛보면 잊기 힘들 정도로 훌륭하며, 아로마는 비가 내린 정원에 물씬 풍기는 이끼 향을 닮았다. 또한 톡 쏘는 이스트와 아몬드 아로마 덕분에 해산물 요리와 가장 잘 어울리는 와인으로 꼽힌다. 피노의 특징은 장기간 공기에 노출하는 방식이 아니라 만사니야처럼 플로르에서 비롯된 것이다. 만사니야만큼 섬세하진 않지만, 그래도 연약하므로 최고의 신선도를 유지한 상태에서 제대로 칠링해서 마셔야 한다. 피노를 개봉하면 여느 화이트 와인과 마찬가지로 2~3일 안에 마셔야 한다. 알코올 함량은 대체로 15~17%다. 라벨에 피노 비에호(fino viejo)라고 표기된 피노는 최소 7년간 숙성시킨 와인이다.

## 아몬티야도

만사니야와 피노는 공기와의 장기간 접촉이 아닌 플로르에 의해 고유한 특징이 발현되지만, 아몬티야도는 두 요인의 영향을 모두 받는다. 색깔은 아름다운 토파즈/호박색이다. 아몬티야도를 만드는 초기 단계는 피노와 다소 비슷하다. 4~6년간 솔레라 작업을 거친 이후, 알코올 함량이 만사니야와 피노보다 살짝 높아지도록 강화한다. 이 시점에서 또 다른 솔레라 과정을 거치는데, 이때는 플로르의 보호를 받지 못해서 공기와 접촉하게 된다. 그 결과 토파즈/호박 색깔과 새틴 같은 질감을 갖게 된다. 그리고 헤이즐넛, 신선한 블랙 타바코, 말린 과일, 향신료의 풍성하고 복합적인 풍미를 띠게 된다. 본래 갖고 있던 톡 쏘는 특징은 플로르에 의한 것이다. 이런 특징 덕분에 많은 사람이 아몬티야도를 완벽한 세리라고 생각한다. 본드라이 아몬티야도를 만드

는 생산자도 있고, 스위트한 페드로 시메네스를 소량 가미해서 미디엄 드라이 아몬티야도를 만드는 생산자도 있다. 라벨에 당도를 표기한 예도 있고, 아닌 예도 있다. 알코올 함량은 16~22%다.

## 팔로 코르타도

팔로 코르타도는 희귀하고 독특하면서도 유난히 심오하고 복합적인 타입의 세리다. 윤기가 흐르는 마호가니 색을 띠며, 와인의 가장자리 부분은 몽환적인 초록빛이 반짝인다. 팔로 코르타도는 여전히 미스터리한 존재이며, 양조장들도 명확하게 일관된 정의를 내리지 못한다. 그러나 공통된 의견이 있는데, 처음에는 올로로소처럼 보이지만 시간이 지날수록 전형적인 올로로소보다 우아하고 복합적인 양상을 띤다는 것이다. 팔로 코르타도의 정체가 드러나기 시작하면서 구운 호두, 말린 잎, 신선한 타바코, 동물 털, 북부 아프리카 향신료를 연상시키는 아로마와 풍미가 솟구치며, 원시시대의 무성함을 닮은 질감이 느껴진다. 이런 질감은 와인의 높은 글리세린 함량 때문인데, 그 결과 수액처럼 찐득하고, 실크 같고, 걸쭉한 질감을 갖게 된다. 동시에 아몬티야도처럼 드라이하고 살짝 톡 쏘는 아로마를 지니며, 유즙처럼 버터리한 특징을 갖는다. 이처럼 드라이 아몬티야도를 닮은 향기와 정교함, 드라이 올로로소를 연상시키는 풍만함을 동시에 갖춘 이중성은 초현실적인 경험을 선사한다. 세리 감정가들은 팔로 코르타도가 세련된 와인의 정점을 보여 준다고 평가한

다. 팔로 코르타도의 알코올 함량은 17~22%다.

## 올로로소

스페인어로 올로로소는 '향기가 강렬하다'는 뜻인데, 올로로소는 실제로도 그런 스타일이다. 올로로스는 장기간 숙성시킨 셰리 와인이며, 플로르의 보호나 영향을 전혀 받지 않는다. 드라이 셰리 중 공기에 가장 많이 노출하는 와인이다. 이 때문에 와인은 깊고 풍성한 마호가니 색을 띠며, 실제 견과류보다 10배는 더 강한 견과류 풍미를 지닌다. 또한 높은 글리세린 함량 때문에 강력함, 풀보디감, 번지르르한 질감을 느끼게 된다. 보통 올로로소의 원재료는 피노처럼 프리 런(free run) 즙이 아니라 이보다 살짝 묵직한 느낌의 압착한 즙이다. 또한 포도 증류주를 비교적 강하게 가미해서 알코올 함량을 17~20%로 만들며, 이후 솔레라 과정도 상대적으로 느리게 진행한다. 그 결과, 올로로소는 농후하고 육질이 강하게 느껴지는 셰리가 된다. 본래 올로로소는 전통적인 드라이 와인이지만, 오늘날 페드로 시메네스를 소량 섞어서 드라이한 피니시를 부드럽게 만드는 생산자도 등장했다.

## 크림 셰리

본래 영국 시장에 수출할 목적으로 만든 크림 셰리는 마호가니 색을 띠며, 올로로소의 잔당량이 리터당 115g(또는 11.5%)이 되도록 당을 추가해서 만든다. 크림 셰리 중에는 당도가 이보다 훨씬 높은 와인도 있다. 저렴하고 진흙처럼 두터우며 사카린 맛이 나는 와인부터 초콜릿, 감초, 무화과, 말린 과일, 구운 견과류를 연상시키는 짜릿하고 우아한 와인까지 품질이 다양하다. 강렬하고 맛있는 스페인 칵테일을 만드는 데도 사용한다. 크림 셰리, 캄파리, 레드 베르무트를 섞은 다음 얼음과 레몬을 살짝 첨가하면 된다. 크림 셰리의 알코올 함량은 15~22%다. 페일 크림(pale cream)이라 부르는 '화이트 와인' 버전도 있다. 단순하고 스위트하며 일반 크림 셰리보다 알코올 함량이 낮다.

## 페드로 시메네스

흑단색의 스위트한 셰리 와인으로 당밀처럼 어둡고 진득한 느낌이다. 셰리 대부분이 팔로미노 품종을 사용하지만, 페드로 시메네스는 페드로 시메네스 청포도 품종으로 만든다. 청포도로 만든 와인의 색이 어찌나 어두운지 놀라울 따름이다! 수확한 포도를 밀짚 돗자리에 놓고 스페인의 강렬한 햇빛에 일주일간 건조해서 원하는 수준만큼 당분을 농축한다. 저녁에는 매트 위를 덮어서 포도가 아침이슬에 젖지 않게 방지한다. 이후 솔레라 작업을 거치면, 잔당량이 리터당 400~500g(40~50%)에 이른다. 소테른보다 당도가 세 배 이상 높은 셈이다. 페드로 시메네스는 디저트 와인으로 마시거나 경성 치즈와 멤브리요를 곁들인다. 앞서 언급했듯, 페드로 시메네스는 다른 셰리 와인의 당도를 높이는 데도 사용된다. 그러나 페드로 시메네스의 깊은 쾌락에 온전히 빠져들고 싶다면, 스페인 사람들처럼 바닐라 아이스크림이나 럼 레이즌 아이스크림에 부어서 어른용 선데 아이스크림을 만들어 먹어 보자.

다양한 스타일의 셰리가 선보이는 다채로운 색의 향연은 초현실적인 아름다움을 자아낸다.

### • 피노와 만사니야 양조법: 플로르의 마법

모든 셰리는 플로르의 존재 여부와 밀접하게 관련돼 있다. 플로르는 셰리 와인의 표면에 밀랍 같은 거품 막을 형성하는 노르스름한 효모다. 플로르는 '꽃'이란 뜻으로 효모가 자기 세포를 복제해서 증식하는 과정을 빗댄 것이다.

플로르를 이해하기 위해서 양조자가 피노를 만들고 있다고 가정하자. 먼저 양조자가 팔로미노 포도를 으깬다. 이때 포도를 압착하는 것이 아니다. 프리 런 즙을 발효시킨 다음 증류주를 살짝 첨가해서 강화한다. 그런 다음 와인을 셰리 보타에 옮겨 담는다. 이때 보타를 끝까지 가득 채우지 않고, 3/4만 채운다. 셰리 양조자들은 이 공간을 '공기 두 줌'이라는 뜻에서 도스 푼토스(dos puntos)라 부른다.

배럴 속 만사니야 셰리 표면에 응고된 우유처럼 플로르가 떠 있다.

다음 단계에 놀라운 일이 벌어진다. 와인 표면에 플로르 막이 형성되기 때문이다. 효모가 증식하고 점점 쌓이면서 응고된 우유처럼 변한다.

한 세기 전만 해도 셰리 양조자들은 플로르의 께름칙한 모습을 보고 단순히 와인이 상했다고 여겼다. 그러나 생각은 서서히 바뀌었다. 플로르와 함께 솔레라 과정을 거친 와인은 라이트하고, 신선하고, 매우 건조하다는 사실을 발견한 것이다. 이는 마치 하늘이 내린 축복 같았다. 무더운 현지 기후에 완벽하게 부합하는 와인이었다. 오늘날 와인 양조학자들은 플로르가 사카로미세스라는 복합적인 야생효모의 네 개 그룹이라는 사실을 안다. 헤레스의 습한 환경에 자연스럽게 발생하는 효모 그룹이며, 이 중 가장 지배적인 효모는 카로미세스 베티쿠스(Saccharomyces beticus)다.

이 효모 그룹은 당분 대신 산소와 알코올을 소비하는 신진대사 능력을 보유하고 있다. 사실 이 효모 그룹은 산소가 필요하기에 표면에 떠오르도록 진화했다. 와인 표면에 떠오르면, 배럴 속의 산소와 가까워지기 때문이다. 수많은 셰리 양조장에 거대한 창문이 항상 열려 있고, 해풍의 영향을 극대화하기 위해 바다를 바라보는 위치에 있는 이유도 효모 그룹이 산소가 필요하기 때문이다.

플로르 효모 그룹이 알코올과 산소를 먹으면 아세트알데하이드가 생성되면서 셰리 특유의 아로마가 발현된다. 이상하게 들리겠지만, 이 냄새는 희미한 견과류, 멍든 사과, 김빠진 사이다 향으로 묘사되곤 한다. 신기하게도 셰리에서 풍기는 이 은은한 냄새는 상당히 매혹적이다.

이상하게도 플로르를 헤레스에서 다른 지역 또는 나라로 옮기면, 금세 죽거나 돌연변이가 된다. 결국 캘리포니아, 칠레, 이탈리아, 심지어 다른 스페인 지역에서 만든 셰리는 진정한 셰리가 아닌 셈이다.

플로르는 피노를 만드는 데 필요하다. 플로르 효모 그룹은 왁스 같은 세포 덕분에 와인 표면에 떠오른다. 그리고 주변 산소를 먹어 버려서 피노가 산화되지 않게 막는다(배럴의 1/4은 산소로 채워져 있다). 플로르는 계절에 따라 피노 안을 앞뒤로 움직인다. 즉, 플로르는 물질의 투과를 막는 절대적인 방패가 아니다. 피노도 조금 산화될 수 있으며, 이에 따라 복합미가 살아난다.

플로르는 만사니야를 만드는 데도 필요하다. 만사니야 산지처럼 습윤한 환경에서 플로르는 와인을 숙성시키는 일 년 내내 덮개 역할을 한다. 그 결과 산소 노출이 최소화되고, 와인은 정교하고 날카로운 섬세함을 띠게 된다. 헤레스 지역은 전반적으로 습한데 만사니야 산지는 유독 다른 마을보다 훨씬 더 습하다. 이토록 습한 환경에서 어떻게 만사니야가 만들어지는 걸까? 만사니야는 법적으로 산루카르 데 바라메다 해안 마을의 연안에 있는 양조장에서만 만들어야 한다. 이곳은 소금기 어린 공기와 평균 78%의 습도가 독특한 중기후를 형성한다. 만사니야는 이런 해양성 중기후에 매우 의존적이기 때문에 숙성 중인 만사니야 배럴을 다른 셰리 구역으로 옮기거나 습한 해풍이 불어오는 해안에서 멀리 떨어진 양조장으로 옮기면, 만사니야는 피노로 변하고 말 것이다!

아몬티야도는 피노 셰리로 만든다. 피노의 알코올 함량이 살짝 높아지도록 강화한 후에 다른 솔레라 시스

### 끔찍한 '요리용 셰리'와 환상적인 셰리 식초

미국의 모든 마트에 있는 소위 '요리용 셰리'는 진짜 셰리가 아니다. 이는 저렴한 베이스 와인에 짠맛과 구운 캐러멜 풍미를 인위적으로 첨가한 식품이다. 이 끔찍한 식품은 요리에 풍미를 더하기는커녕 셰리의 이미지만 실추시킨다.

한편 셰리 식초는 정반대다. 최고급 셰리 식초는 최고급 발사믹 식초처럼 비싸고 훌륭하며, 견과류와 향신료의 복합적이고 달짝지근한 풍미를 지녔다. 셰리 식초는 오래된 솔레라 시스템에서 공들여 응축하고 숙성시킨 셰리로 만든다. 심지어 셰리 식초에 부여하는 DO 등급도 있으며, 헤레스 지역에서만 생산된다. 진짜 훌륭한 셰리 식초는 라벨에 레세르바라고 표기돼 있으며, 최소 2년간 숙성시켜야 한다. 그런데 반드시 손에 넣어야 하는 영약 같은 셰리 식초는 바로 그란 레세르바 페드로 시메네스다. 최소 10년간 숙성시키며, 어두운 마호가니색을 띤다. 그란 레세르바의 선명한 풍미와 벨벳 같은 식감은 오래 숙성시킨 위대한 와인을 마시는 듯한 착각을 불러일으킨다.

텀으로 옮기는데, 이때 와인은 플로르라는 보호막이 없는 상태다. 따라서 아몬티야도가 산소에 노출되기 때문에 짙은 색과 견과류 풍미를 띠게 되며, 피노보다 알코올 도수도 높다.

### • 올로로소, 크림 셰리, 페드로 시메네스

셰리 양조자들은 얼마 전까지만 해도 신비롭고 예측 불가능한 플로르의 생성 여부에 따라 와인이 피노가 될지, 만사니야가 될지 짐작했다. 만약 보타에 플로르가 생성되지 않으면 올로로소가 된다고 예상하고, 그에 맞도록 와인을 관리하고 숙성시켰다.

현재는 의도적으로 올로로소를 만든다. 프리 런 즙을 약하게 주정강화하는 방법 대신 포도를 압착해서 추출한 즙을 충분히 주정강화해서 플로르의 생성을 막는다(플로르 효모 그룹도 다른 효모처럼 알코올 도수가 약 16.5% 이상이 되면 죽는다). 올로로소는 높은 알코올 도수와 포도 껍질에서 추출된 타닌 덕분에 우아하고 라이트한 피노나 만사니야보다 둥글고 묵직한 질감을 느끼게 한다.

올로로소는 피노나 만사니야보다 솔레라 과정을 느리게 진행한다. 셰리 양조자들은 올로로소를 솔레라에 더 오래 머물게 함으로써 풍성한 캐러멜 토피와 깊은 풍미를 가미한다.

올로로소를 솔레라에서 추출한 다음 바로 병입하면 드라이 와인이 된다. 또는 매우 달콤한 페드로 시메네스 포도즙을 소량 섞으면 오프드라이 와인이 된다. 만약 페드로 시메네스를 충분히 가미해서 최종 블렌드의 잔당량이 리터당 115g(11.5%) 이상을 넘어가면 크림 셰리가 된다.

최초의 크림 셰리는 20세기 초에 영국을 겨냥해서 만든 상품이다. 크림 셰리는 풍성하고 체온을 높이는 데

페드로 시메네스 포도가 햇볕에 건조되어 색이 짙어졌다.

## 셰리의 사촌, 몬티야모릴레스

헤레스 동북쪽에 몬티야모릴레스라는 와인 산지가 있다. 무어인의 옛 수도인 코르도바 근처다. 이곳의 불타는 여름 태양 아래 페드로 시메네스 포도는 무르익어서 당도가 매우 높아진다. 그 결과 와인의 알코올 함량은 자연적으로 15.5%에 이르게 된다. 엄밀히 말하자면 몬티야는 셰리가 아니지만, 셰리와 매우 닮았다. 플로르가 생성되고, 솔레라에서 숙성시키며, 피노, 아몬티야도 등과 비슷한 스타일로 빚어진다. 단, 알코올 도수가 자연적으로 높다는 것이 셰리와 결정적으로 다른 점이다. 그래서 몬티야는 포도 증류주를 넣어서 강화할 필요가 없다. 현재까지도 몇몇 몬티야는 티나하(tinaja)라 불리는 대형 토기 안에서 발효시킨다.

최상급 몬티야 생산자로는 1729년에 설립한 알베아르 (Alvear)와 1844년에 설립한 토로 알발라(Toro Albala)가 있다. 특히 알베아르의 피노는 스페인 남부의 강렬함과 활기를 품고 있다. 또한 레몬, 백악, 올리브, 후추, 향신료, 아몬드 케이크, 구운 견과류의 풍미가 폭발한다. 토로 알발라의 페드로 시메네스(333페이지 참조)의 경

몬티야모릴레스의 티나하

우, 이 걸쭉한 검은빛 와인을 충분히 표현할 단어가 존재하지 않는다. 누구도 겪어 보지 못한 초현실적이고 호사스러운 경험을 선사한다.

---

도움이 되기 때문에 영국의 혹독한 겨울철에 적격했다. 크림 셰리의 인기가 높아지자 늘어나는 수요를 맞추기 위해 저렴한 버전을 만드는 쉬운 길을 택하는 경우가 잦아졌다. 오늘날의 저렴한 크림 셰리는 밋밋한 베이스 와인을 배럴 몇 개에 빠르게 옮겨 담은 후 단맛을 강하게 첨가한 식품이며, 특징이나 복합미는 전혀 찾아볼 수 없다.

'셰리의 일곱 가지 스타일'에서 살펴봤듯, 페드로 시메네스 포도는 희귀한 스타일의 셰리로 빚어진다. 페르도 시메네스 와인 대부분은 검은색에 가까우며, 질감은 메이플시럽보다 진득하다. 디저트 와인이라기보다는 디저트 그 자체다(굉장히 인상적인 풍미의 조합을 경험하고 싶다면, 다크 초콜릿과 설탕에 조린 오렌지 껍질 풍미가 있는 PX를 마셔 보길 권한다). 당도와 강렬함을 디저트 수준까지 끌어올리기 위해 수확한 포도를 작열하는 태양 아래 펼쳐 놓고 2~3주간 건조해서 쪼글쪼글하게 만든다. 포도 속 당분이 충분히 응축되면, 포도를 서서히 발효시켜서 와인으로 만든다. 와인의 잔당량은 리터당 40g(40%)이다.

알마세니스타가 만든 특별한 셰리가 있다. 알마세니스타는 자신의 가문이 관리하는 소형 솔레라를 물려받은 사람을 가리키며 주로 의사, 변호사, 사업가 등이다. 유명한 대규모 셰리 회사들은 특색 있는 알마세니스타 셰리들을 여럿 구매해서 혼합하는 방식으로 자신만의 복합적인 셰리를 만든다. 1970년대 에밀리오 루스타우 회사는 알마세니스타 셰리들을 개별적으로 병입하기 시작했다. 그리고 라벨에 루스타우 이름과 함께 알마세니스타 이름도 함께 표기한다.

### • 엔 라마 셰리

1999년, 보데가스 바르바디요는 엔 라마(en rama)라 불리는 새로운 타입의 셰리를 최초로 선보였다. 엔 라마는 '날 것'이라는 뜻이다. 초기에 시간은 좀 걸렸지만 2015년부터 셰리 애호가 사이에서 엔 라마의 인기가 폭증했다. 엔 라마를 만들 때는 여과를 매우 약하게 하거나 아예 하지 않는다. 1970~1990년대에 셰리 대부분은 세밀한 여과 작업을 거쳤다. 그 결과 침전물이나 탁한

## 최초의 위대한 브랜디, 브랜디 데 헤레스

스페인은 세계 정상급 브랜디 생산국이며, 브랜디 대부분은 헤레스에서 만들어진다. 헤레스에 있는 거의 모든 셰리 양조장이 브랜디도 양조하는 것이다. 코냑을 포함한 모든 브랜디는 포도나 다른 과일을 증류한 것이다(브랜디 데 헤레스는 아이렌 포도 품종 사용). 이것이 곡류를 증류한 스카치나 위스키와 가장 대비되는 점이다.

알렘빅(Alembic) 증류기는 중세 시대 초기에 무슬림 부족들이 이베리아반도를 정복하면서 헤레스에 들여왔다. 아랍인들은 알렘빅으로 과일과 식물 에센스를 증류해서 약과 향수를 만들었다. 이후 기독교인들이 아랍의 기술을 도입해서 포도를 증류했다. 이렇게 만든 흰색 증류주를 초반에는 현지 와인(셰리의 전신)을 주정강화하는 데 사용했고, 나중에는 도수가 높은 음료로써 그 자체를 마셨다. 증류기와 브랜디 양조 기술은 스페인 남부에서 북쪽으로 프랑스를 거쳐서 서유럽 전역으로 확산했다. 최상급 헤레스 브랜디는 셰리와 마찬가지로 복잡한 수작업과 솔레라 시스템을 거친다(세계 다른 나라의 코냑, 아르마냑, 여타 브랜디에는 솔레라 기법을 사용하지 않는다). 솔레라 시스템은 한때 셰리를 담았던 오크통으로 구성되기 때문에, 브랜디 데 헤레스는 여타 브랜디보다 더 깊고 풍성하며, 감미롭고 산도가 낮다. 게다가 헤레스의 브랜디 양조자들은 브랜디 풍미를 다방면으로 조절하기 위해 여러 스타일의 셰리를 담았던 배럴을 사용한다. 예를 들어 곤살레스 비야스(González Byass)의 레판토(Lepanto)라는 그란 레세르바 브랜디는 드라이 올로로소와 피노를 담았던 배럴에 숙성시킨다. 그 결과, 상당히 오묘하고 드라이한 브랜디가 완성된다. 이와는 정반대의 스펙트럼에는 산체스 로마테(Sánchez Romate)의 그란 레세르바 브랜디인 카르데날 멘도사(Cardenal Mendoza)가 있다. 이 경우에는 스위트 올로로소를 담았던 배럴을 사용하기 때문에 꿀과 바닐라 풍미가 짙다.

브랜디 데 헤레스는 솔레라에 머무는 기간에 따라 크게 세 종류로 나뉜다. 그러나 생산자 대부분이 의무적으로 정해진 최소기간보다 훨씬 오래 숙성시킨다.

**브랜디 데 헤레스 솔레라** 최소 평균 6개월

**브랜디 데 헤레스 솔레라 레세르바** 최소 평균 1년

**브랜디 데 헤레스 솔레라 그란 레세르바** 최소 평균 3년

스페인의 솔레라 그란 레세르바 브랜디는 사촌 격인 최상급 코냑보다 훨씬 저렴하다는 사실도 주목할 만하다.

느낌은 전혀 없이 투명하고 안정적인 와인이 탄생했다. 엔 라마 셰리는 배럴에서 바로 나와 신선하고 생기 넘치는 셰리이며, 자잘한 포도 껍질과 큼직한 입자들을 걸러내기 위해 최소한의 여과 과정만 거친다. 보통 엔 라마는 다른 셰리보다 색이 깊고 풍미가 강렬하다. 또한 특별히 엄선한 배럴을 사용하기 때문에 특성이 굉장히 뚜렷하다. 만사니야부터 올로로소까지, 모든 스타일의 셰리를 엔 라마로 만들 수 있으며 라벨에 기존 스타일이 표기된다. 엔 라마 셰리는 주로 5월에 출시된다. 오늘날 엔 라마를 비롯한 셰리 대부분은 과거보다 훨씬 순하고 성기게 여과하는 추세다.

## 오래되고 희귀한 셰리

앞서 설명했던 셰리 대부분은 전통적으로 빈티지가 없다. 느리게 진행되는 솔레라 시스템을 거쳐야만 셰리가 탄생하기 때문이다. 사실상 배럴에 담긴 와인 입자가 얼마나 오래 솔레라 시스템에 머물렀는지 알아낼 방법이 없어 셰리의 정확한 나이는 미스터리로 남아있다. 2000년, 헤레스와인협회는 네 개 스타일의 셰리(아몬티야도, 팔로 코르타도, 올로로소, 페드로 시메네스)에 한해 법적 나이를 규정하는 명칭을 도입했다. 참고로 만사니야, 피노처럼 솔레라가 상대적으로 빠르게 진행되는 스타일의 경우, 해당 규정이 적용되지 않는다. 다만, 만사니야 파사다와 피노 비에호는 예외다. 해당 규정의 명칭은 VOS와 VORS다. 둘 중 하나의 명칭을 받으려면, 강도 높은 감각 평가와 탄소연대측정을 거쳐야 한다. 한편, 명성이 높은 셰리 중에는 VOS, VORS보다 나이가 많은 와인도 있다.

### VOS(Vinum Optimum Signatum)

라틴어로 '매우 오래된 셰리'라는 뜻이며, 와인의 평균 나이가 최소 20년인 경우에만 라벨에 VOS라고 표기할 수 있다. 솔레라에 어린 와인도 있고 오래된 와인도 있겠지만, 모든 와인의 평균 나이가 최소 20년이어야 한다.

### VORS(Vinum Optimum Rarus Signatum)

라틴어로 '매우 오래되고 희귀한 셰리'라는 뜻이며, 와인의 평균 나이가 최소 30년인 경우에만 라벨에 VORS라고 표기할 수 있다. 솔레라에 30년 이상 된 와인도 있고 이보다 어린 와인도 있겠지만, 모든 와인의 평균 나이가 최소 30년이어야 한다.

## 셰리의 온도와 신선도

만사니야와 피노는 신선함이 가장 중요하다(두 와인 모두 플로르가 생성되며, 옅은 색을 띤다). 헤레스에서 피노와 만사니야는 샴페인처럼 차갑게 칠링해서 마시며 개봉한 후에는 하루를 넘기지 않고 모두 소진해야 한다. 일반적으로 식사와 함께 한 병을 모두 소진하기는 하지만, 스페인에서는 아예 하프 보틀을 판매하기도 한다.

반면 아몬티야도, 올로로소, 팔로 코르타도, 크림 셰리는 서늘한 상온에 맞추며, 개봉 후에는 풍미가 살짝 줄어들긴 하지만 수개월간 보관할 수 있다. 이 스타일의 셰리들은 개봉 즉시 마실 필요가 없다. 그리 섬세한 편도 아니고, 양조과정에 이미 산소에 살짝 노출되기 때문이다. 페드로 시메네스를 첨가하는 경우, 당분이 방부제 역할을 하기도 한다.

그런데 신선도는 개봉 이후의 보관기간에만 국한된 문제는 아니다. 피노와 만사니야는 솔레라를 벗어나고 1년이 지난 시점부터 강렬한 특징이 점차 줄기 시작한다. 그렇다고 와인이 상한 건 아니다. 그래도 소비자로서는 셰리를 구매하기 전에 이것이 얼마나 오래된 식품인지 알고 싶다. 안타깝게도 셰리 대부분은 빈티지가 없어서 얼마나 오래됐는지 알기 어렵다. 그래도 간혹 라벨에 병입 날짜를 표기하는 양조장도 있으며, 소비기한(drink by)을 적는 양조장도 한두 곳 있다. 또는 로트 번호(lot code)를 표기하기도 하는데, 양조장마다 로트 표기 방법이 달라서 로트 번호를 이해하기란 사실상 불가능하다.

## 헤레스 음식

안달루시아에는 심장이 고동치는 투우 경기와 플라멩코, 대성당과 모스크, 피노 와인과 축제가 있으며, 덩달아 훌륭한 음식에 대한 기대도 높아진다. 실제로 모든 와인 산지는 음식과 와인의 궁합이 뛰어나다. 헤레스 와인 역시 현지 음식과 치밀한 관계를 맺고 있다. 그러므로 셰리와 음식이 얽힌 맥락을 이해하지 않고서 와인을 제대로 이해하기란 거의 불가능하다. 그렇다면 그 내막을 파헤쳐 보자.

헤레스는 감각적인 해산물을 언제든지 마음껏 즐길 수 있다. 정갈하게 차려 내는 해산물 요리를 말하는 게 아니다. 소매를 걷어붙이고 껍질을 까고 으깨고 찢어서 머리부터 꼬리까지 씹고 국물까지 후루룩 마신 다음에 손가락까지 쪽쪽 빨아먹는 스타일의 해산물 요리다.

헤레스 전역이 해산물을 열렬히 사랑하지만, 특히 산루카르 데 바라메다와 푸에르토 데 산타 마리아가 유난스럽다. 이 두 곳은 싱싱한 바다 내음, 신선하고 시원한 피노와 만사니야가 생선요리를 갈망하게 만드는 해안 도시다. 산루카르는 시원한 바람과 함께 저녁이 찾아오고 바다 저편에 희미한 불빛이 은색으로 저물어 가는 해 질 무렵이 가장 좋은 시간대다. 이럴 때 바호 데 기아 해변의 카사 비고테 같은 바에 가서 랑구스틴(작은 바닷가재) 플래터에 산루카르의 명물 만사니야를 곁들이길 추천한다.

그다음에는 푸에르토 데 산타 마리아에도 가 보라. 리베라 데 마리스코와 리베라 델 리오 해변도로에 어부가 운영하는 바, 노천카페와 마켓, 타스카(여관) 등이 진주목걸이처럼 다닥다닥 붙어서 줄지어 있다. 이곳저곳 차례로 돌아다니며 얼음처럼 차갑고 신선한 피노와 함께 다양한 생선요리를 맛보는 것이 이곳의 묘미다. 랑고스티노(가시가 있는 랍스터), 감바스(새우), 시갈라(가재), 보케론(멸치튀김), 페르세베(생김새는 기괴한데 맛이 뛰어나서 스페인 해산물 애호가들이 사랑하는 거북손 조개 요리) 등 가지각색이다.

해산물과 셰리를 음미하는 중간중간 스파이시한 그린 올리브를 먹는다. 올리브를 살짝 으깨서 갓 짠 엑스트라버진 올리브기름, 마늘, 셰리 식초에 절인 요리다.

헤레스 주민들은 저녁 10시쯤 바를 돌아다니며 요리 순례를 시작한다. 그리고 12시쯤 해산물과 셰리 잔치가 절정에 이른다. 저녁 10시 전에는 수녀원처럼 거리가 고요하다. 셰리 지역 자체가 심야 바와 같다.

레스토랑의 경우, 벤타에 훌륭한 식당이 많다. 벤타는 여행객을 위한 여관으로 시작한 캐주얼 식당이다. 벤타와 기타 레스토랑에서는 크리스천과 아랍의 요리 문화를 융합한 안달루시아 특별 요리를 맛볼 수 있다. 먼저 오리, 자고새, 메추라기 등 현지 고기구이를 셰리 와인에 재운다. 그리고 사프란, 커민, 고수, 아몬드, 꿀, 무화과, 서양 대추, 건포도 등 아랍인이 들여온 향신료와 식재료를 넣는다.

가장 유명한 안달루시아 요리 중 하나인 가스파초의 전신은 아랍의 영향을 받은 차가운 수프인 아호 블란코('흰 양파'란 뜻)일 것이다. 아호 블란코는 아몬드를 가루로 빻은 다음 마늘, 식초, 빵, 물, 올리브기름을 섞은 퓌레다. 참고로 아몬드는 아랍인이 요르단에서 스페인으로 들여왔다. 수 세기가 흘러서 콜럼버스가 미국에서 스페인으로 토마토를 들여온 이후, 아몬드를 토마토로 대체해서 똑같은 방식으로 만든 퓌레가 바로 가스파초다. 알다시피 가스파초에 들어간 식초와 마늘은 와인의 맛을 압살해버리기 마련이다. 그러나 피노는 다르다! 피노는 가스파초 맞춤형 와인과 다름없다.

안달루시아, 특히 헤레스에 하몬이 없는 음식점은 없다. 최고급 스페인 하몬은 최고급 이탈리아 프로슈토처럼 길고 힘든 과정을 거쳐 탄생한다. 먼저 바닷소금으로 햄을 문지른 다음 공중에 매달아서 물기를 뺀다. 그런 다음 긴 세로 창이 달린 방에 두고 산바람에 햄을 말려서 숙성시킨다. 이후 지하 저장고에 보관한다. 종국에 소금은 모두 씻겨 내려가고, 햄은 단맛과 매끈한 질감을 갖게 된다. 화학 처리는 하지 않는다. 처음부터 끝까지 자연적인 숙성 과정은 18개월 정도 소요된다. 스페인 하몬은 이베리코, 랜드레이스 등 두 종류의 돼지로 만든다. 랜드레이스는 세라노(serrano) 햄을 만드는 흰 돼지다. 이베리코는 검은 발굽을 가졌으며, 한때 이베리아반도에 살던 멧돼지와 연관이 있다고 알려져 있다. 이베리코는 야생 뿌리, 구근, 옥수수, 밀, 도토리 등을 먹기 때문에 랜드레이스보다 복합미, 단맛, 견과류, 심오한 풍미를 지닌다. 최상급 이베리코는 하부고 마을에서 생산된다. 셰리 바로 북쪽의 우엘바 지방에 있는 마을이다. 많은 유럽 감정가가 하부고 하몬을 세계 최고의 생햄으로 여기며, 심지어 최고급 프로슈토를 능가한다고 평가한다. 헤레스 최고의 레스토랑, 여관, 바에서는 하부고 하몬을 종이처럼 얇게 썬 다음 접시에 펼쳐서 상온에 내놓는다. 순수주의자들

## 황소 요리

토로 데 리디아는 투우 경기를 위해 키운 황소 고기로 안달루시아 특별 요리다. 황소 고기를 레드 와인에 넣고 몇 시간 동안 끓이는데 특히 안심, 꼬리, 고환 부위의 인기가 좋다. 과거에 교육 수준이 낮고 가난한 사람들은 투우 경기용 황소 고기를 먹으면 황소의 힘, 용기, 정력을 얻을 수 있다고 믿었다.

황소 고기는 투우 경기장 외곽의 작은 도살장에서 구매할 수 있다. 토로 데 리디아는 안달루시아 시장과 레스토랑에서 판매된다. 투우 경기용 황소는 풀만 먹여서 키운 유기농 고기라는 점 때문에 특별히 더 각광받는다. 물론 투우 경기에 반대하는 사람은 토로 데 리디아도 반대한다. 현재 스페인 카탈루냐 지역과 카나리아 제도는 투우 경기를 금지하지만, 헤레스에서는 여전히 성행한다.

은 하부고 하몬에 오직 셰리 하나만 곁들인다. 그러다 보니 자연스럽게 어떤 스타일의 셰리가 가장 잘 어울리는지 의견이 다분하다. 참고로 필자는 하몬에 팔로 코르타도를 선호하는 편이다.

크기가 작은 보케론(멸치)

## 타파스의 기원

셰리 그리고 스페인 남부와 가장 관련이 깊은 음식은 단연코 타파스다. 타파스는 일종의 한 입 거리 음식으로 19세기 말에 안달루시아 바에서 유래한 것으로 짐작된다. 본래 무료로 제공되는 음식으로 늦은 아침에 커피를 마신 후나 점심 전에 내놓았다. 별다른 식기 도구 없이 쉽게 먹을 수 있으며, 보통 아침나절에 마시는 셰리 잔 위에 얹어서 나온다. 파리를 쫓기 위한 덮개 역할인 셈이다. 바 소유주들은 타파스를 활용하면 손님들이 더 오래 머물고, 더 많이 먹고 마시게 유도할 수 있다는 사실을 깨달았다. 사실이었다. 어쨌든 적어도 스페인 남부에서는 오후 3시 전까지 점심을 판매하지 않기 때문에 식사를 하려면 꽤 오랜 시간을 기다려야 한다. 타파스라는 단어는 '덮다'라는 뜻의 타파르(tapar) 동사에서 파생됐다. 오늘날 단순한 것에서 복잡한 형태까지 수백 가지의 다채로운 타파스가 존재한다.

셰리 잔 위에 얹은 감바스 알 아히(새우 마늘 요리)

# 위대한 셰리 와인

### 이달고(HIDALGO)
**만사니야 | 라 히타나 | 엔 라마 | 팔로미노 피노 100%**

이달고의 라 히타나(La Gitana, '집시'라는 뜻)는 초현실적인 명확성과 실선 같은 섬세한 특징을 지닌 만사니야며, 와인을 마시는 초마다 거미줄 같은 복합미가 느껴진다. 녹색 이끼, 녹색 올리브, 씁쓸한 아몬드, 바닐라의 풍미 층에 이어 아삭한 광물성이 상쾌한 파도처럼 철썩 내리치며, 피니시로 견과류와 민트 풍미가 일렁인다. 만사니야를 즐기는 데

MANZANILLA
**LA GITANA**

많은 것이 필요치 않다. 그저 토요일 밤에 차가운 만사니야 한 병과 함께 구운 아몬드, 으깬 그린 올리브, 숙성시킨 만체고 치즈만 있으면 충분하다. 여기에 함께 와인을 즐길 친구만 한 명 더 있으면 금상첨화다. 1792년에 설립된 이달고는 스페인에서 아주 오래된 양조장 중 하나다.

### 발데스피노(VALDESPINO)
**피노 | 이노센테 | 팔로미노 피노 100%**

헤레스의 피노 중 이노센테(Inocente)는 가장 우아하고 정교한 와인이다. 가장 먼저 이끼, 아몬드, 바다의 아로마가 당신을 끌어당긴다. 그러다가 어느 순간 파도의 비말, 광물성, 아삭한

사과, 강렬하고 선명한 견과류 풍미가 물결친다. 피니시에서는 초현실적이고 시원한 여운이 매우 길게 이어진다. 원래 피도 대부분은 탱크에서 발효시키지만, 이노센테는 위대한 전통적 피노로서 배럴에서 토착효모와 함께 발효시킨다. 그리고 10년가량 묵은 후에야 병입한다. 솔레라에서 숙성시키는 기간이 다른

피노에 비해 두 배, 세 배 더 긴 편이다. 발데스피노의 기원은 1264년으로 거슬러 올라간다. 당시 알론소 발데스피노 기사는 승전을 거둔 상으로 헤레스 최대 포도밭인 마차르누도의 절반가량과 토지 30헥타르를 부여받았다. 발데스피노는 헤레스에서 가장 환상적이고 풍성한 팔로 코르타도스 중 하나인 비에호 C.P.(Viejo C.P.)도 생산한다. 팽팽함, 소금기, 광물성, 뛰어난 집중도가 특징이며 솔레라에서 평균 25년간 숙성시킨다.

### 윌리엄 & 험버트(WILLIAMS & HUMBERT)
**아몬티야도 | 할리파 | 솔레라 에스페시알 | VORS | 팔로미노 피노 100%**

이 드라이한 아몬티야도는 만사니야 솔레라에서 플로르와 함께 8년간 첫 생애를 보낸다. 그 결과 우아미, 순수함, 아로마가 극치에 달한다. 이후 윌리엄 & 험버트가 할리파(Jalifa)라 부르는 아몬티야도는 솔레라에서 22년간 추가로 숙성된다. 그 결과

와인은 구운 헤이즐넛, 구운 호두, 씁쓸한 오렌지, 브리오슈, 바닷소금 풍미를 은은하게 발산한다. 어찌나 표현력이 강하고 활기가 넘치는지, 역동성이 느껴질 정도다. 그러나 이러한

강렬함에도 불구하고 동시에 하늘을 날아갈 듯 가볍다. 살짝 칠링한 할리파에 달고 짠 하몬을 얇게 저며서 곁들이면 환상적인 아페리티프가 완성된다. 할리파는 때론 칼리파(Khalifa)라고도 쓰며, '상사' 또는 '왕'이란 뜻으로 한때 이 지역을 다스리던 코르도바의 칼리프(아랍인)를 일컫는다.

## 곤살레스 비야스(GONZÁLEZ BYASS)
**팔로 코르타도 | 아포스톨레스 | VORS | 팔로미노 피노 85%, 페드로 시메네스 15%**

와인 애호가라면 곤살레스 비야스의 야생적 매력이 넘치는 아포스톨레스(Apóstoles)를 놓쳐선 안 된다. 매년 하프 보틀로 극히 소량만 생산된다. 곤살레스 비야스는 1862년에 스페인 여왕 이사벨 2세를 기리기 위해 특별히 압축한 포도로 솔레라를 구축했는데, 여기에 담긴 와인이 바로 아포스톨레스다. 그로부터 한 세기가 지난 후, 곤살레스 비야스의 동굴 저장실에서 10만 개가 넘는 배럴이 발견됐다. 이 솔레라에서 추출한 영롱한 영약은 구운 오렌지 색깔에 형광 초록빛이 가장자리에 맴돌았다. 구운 견과류, 감귤 껍질, 브라운 버터, 바닷소금, 크렘 브륄레, 캐러멜 풍미가 너무 선명하고 농후해서 마치 중력이 끌어당기는 듯한 느낌을 준다. 질감은 고운 새틴과 같다.

## 에밀리오 루스타우(EMILIO LUSTAU)
**올로로소 | 엠페라트리스 에우헤니아 | VORS | 팔로미노 피노 100%**

최상의 올로로소는 심오하고 무성한 풍미가 쓰나미처럼 밀려오는데, 엠페라트리스 에우헤니아(Emperatriz Eugenia)가 대표적 예다. 견과류보다 견과류 풍미가 짙은 본드라이 와인이며, 셰리의 모든 감각적 지평을 아우르며 복합적이고 우아한 풍미가 가득하다. 토피, 서양 대추부터 다크 초콜릿, 바닐라, 다크 타

바코, 구운 견과류, 시트러스 껍질, 바닷소금 등 끝없는 풍미의 깊이에 정신이 아찔하다. 사실 헬레스에는 훌륭한 올로로소가 많지만, 필자는 항상 엠페라트리스 에우헤니아가 가장 감명스럽다고 생각한다. 입안에 서서히 그려지는 기다란 감각적 포물선은 믿기 힘들 정도로 감미롭다. 루스타우는 헤레스에서 가장 뛰어난 알마세니스타 셰리도 생산한다.

## 곤살레스 비야스(GONZÁLEZ BYASS)
**크림 셰리 | 마투살렘 | VORS | 팔로미노 피노 75%, 페드로 시메네스 25%**

마투살렘(Matusalem)을 마시면, 캐시미어 담요를 두른 듯한 느낌이 든다. 와인이 선사하는 쾌락적 쾌감에 곧바로 무장해제 돼 버린다. 마투살렘은 크림 셰리지만, 오래 숙성시켜 복합미가 최고조에 이른 감미로운 올로로소와 같은 맛이 난다. 실제로 와인에서 단맛이 느껴지지 않는다. 오히려 검은 무화과, 캐러멜, 바닷소금, 어두운 건포도, 강렬한 향신료, 파워풀한 흙 풍미가 슬로 모션처럼 느리게 물결친다. 동시에 호화롭고, 절묘하다. 양조법도 복잡하다. 먼저 최상급 포도밭에서 수확한 팔로미노 피노를 으깨서 올로로소 솔레라에 담는다. 그동안 페드로 시메네스는 부피가 40%만큼 줄어들 때까지 에스파르토(아프리카수염새 풀) 매트에 깔고 햇빛에 건조한다. 그러면 와인의 응축도가 매우 높아진다. 각각 다른 솔레라에 약 15년간 숙성시킨 후에 혼합한다. 그런 다음 혼합한 와인을 마투살렘 솔레라에서 15년간 추가로 숙성시킨다. 오직 헤레스에만 존재하는 와인이다.

## 토로 알발라(TORO ALBALÁ)
**페드로 시메네스 | 돈 PX 콘벤토 셀렉시온 | 몬티야모릴레스 | 페드로 시메네스 100%**

돈 PX 콘벤토 셀렉시온(Don PX Convento Selección) 1946년 빈티지는 필자가 마셔 본 최고의 스위트 와인이다. 유체가 이탈하는 듯이 초현실적인 감각적 경험이었다. 이 와인을 설명하는데 퇴폐미라는 단어로는 불충분하다. 이 와인에 사용된 포도는 2차 세계대전이 끝날 무렵 햇빛에 말린 것이다. 그런데도 첫 번째 배치(batch)는 2011년이 돼서야 실제로 병입됐다. 토로 알발라의 콘벤토 셀렉시온은 특별한 연도에만 생산하며, 오랫동안 여러 배치에 걸쳐 병입한다. 토로 알발라는 셰리라고 알려졌지만 실제로는 헤레스 부근의 몬티야모릴레스에 있다. 대부분의 훌륭한 페드로 시메네스 와인도 이곳에서 생산된다. 색은 초록빛이 감도는 검은 마호가니 색이며, 와인잔을 타고 흐르는 모습이 마치 크리스마스 푸딩의 액체 버전 같다. 풍미는 매우 씁쓸한 최고급 초콜릿, 검은 무화과, 미소된장, 장뇌, 카페오레, 타바코, 도톰한 검은 건포도 등 감칠맛과 단맛이 공존한다. 와인의 숙성력은 놀라울 정도로 뛰어나다. 숙성기간이 심지어 와인을 맛보고 싶어 하는 사람의 수명을 넘어서기도 한다. 콘벤토 셀렉시온은 시토 수도회의 이름을 딴 것이며, 아몬티야도 배럴에 장기간 숙성시킨 오래 묵은 와인들로 구성돼 있다. 토로 알발라는 감미로운 와인도 많이 생산하며, 빈티지가 오래된 환상적인 와인도 여전히 존재한다. 필자는 토로 알발라 와인이라면 무엇이든 기꺼이 마실 것이다.

# PENEDÈS 페네데스

페네데스는 스페인 예술, 문학, 철학, 금융, 문화의 중심지인 카탈루냐에 위치한 와인 산지다. 카탈루냐는 정치에 열성적인 지방이며(강력한 분리주의 운동이 수십 년째 진행 중임), 모든 주민이 카탈루냐어를 우선으로 사용하며 스페인어는 그다음이다. 창의력과 천재성이 넘치는 지역이기도 하다. 미술가인 호안 미로, 살바도르 달리, 파블로 피카소도 모두 카탈루냐 출신이다. 또한 전위적 건축가 안토니 가우디, 체로 연주자 파블로 카살스, 오페라 가수 몬트세라트 카바예와 호세 카레라스 등 수많은 인물이 이곳에서 배출됐다. 페란 아드리아 셰프도 카탈루냐 출신이다. 아드리아는 스페인뿐 아니라 전 세계에서 가장 위대한 셰프라고 불린다.

페네데스는 지중해에서 가장 활발한 도시인 바르셀로나와도 깊은 연관이 있다. 바르셀로나의 강렬한 음식, 문화, 밤문화가 페네데스로 확산하면서 다른 무료한 와인 산지에는 없는 매력이 생겼다. 페네데스는 카탈루냐의 수많은 DO 중 하나에 불과하지만, 프리오라트와 더불어 가장 중요한 지역이다.

페네데스의 와인 양조는 뿌리 깊은 역사를 담고 있다. 암포라와 이집트 와인 토기가 발견된 유적을 살펴보면 기원전 700년경 페니키아인들이 페네데스에 와인을 소개했다는 사실을 알 수 있다. 참고로 페니키아는 현재

## 페네데스 와인 맛보기

페네데스는 카바, 클라식 페네데스, 코르피나트 등 전통 샴페인 양조법 또는 페티앙 나튀렐(메토드 앙세스트랄) 양조법으로 만든 스페인 스파클링 와인으로 유명하다.

페네데스는 스파클링 와인 이외에도 다양한 스틸 와인을 생산한다. 특히 유명 대기업 토레스가 만든 와인이 유명하다.

페네데스는 전통과 현대가 공존한다. 스페인 재래 품종(사렐로, 파레야다, 마카베오, 카리녜나)과 국제적 품종(카베르네 소비뇽)이 함께 재배된다.

레바논과 시리아 연안에 해당하는 지역에 거주했던 고대 지중해 문명이다.

페네데스 지역은 자연적 경계가 매우 뚜렷하다. 북쪽에는 장엄한 몬세라트산맥이 펼쳐져 있다. 멀리서 보면 톱날처럼 생겼으며, 매서운 북풍으로부터 페네데스를 보

페네데스 지하에 수많은 카바 와인이 쉬르 리 숙성을 거치고 있다.

## 몬세라트 수도원, 카탈루냐 문화의 상징

세계에서 가장 멋진 산맥의 비죽비죽한 산봉우리에 세워진 몬세라트 수도원은 라 모레네타에게 헌정된 것이다. 라 모레네타는 '검은 피부의 작은 사람'이라는 뜻으로 12세기의 검은 성모마리아 상이다. 누군가는 산맥이 뒤틀린 사람의 형상과 같다고 말하며, 누군가는 비죽비죽한 톱날 같다고 말한다. 사실 몬세라트는 카탈루냐어로 '톱니 산'이라는 뜻이다. 수도승들은 하나님이 산에 톱질을 했다고 말한다.

몬세라트에 거주하는 대규모 베네딕토회는 카탈루냐 문화를 보존한다는 사명을 품고 있어 카탈루냐 주민에게서 많은 사랑을 받는다. 오죽하면 카탈루냐에 몬세라트, 줄여서 몬세(Montse)라는 이름을 가진 여자아이가 수천 명에 달한다. 또한 카탈루냐 남녀는 몬세라트 수도원을 거쳐야 진정한 부부로 여겨진다. 따라서 이곳은 결혼식 행사로 언제나 북적인다.

과거에 몬세라트는 정치적 은신처로도 활용됐다. 프란시스코 프랑소 장군의 독재 시절 수도회가 빌려준 방에서 학자, 예술가, 정치가, 학생들이 모임을 했다. 그래서 수도원에서 몇 마일 떨어진 산비탈에서 군사경찰들이 기다리는 경우가 허다했다.

수도원에는 카탈루냐 예술작품을 전시한 박물관도 있고, 희귀한 필사본과 판화를 비롯해 서적 20만 권을 보유한 도서관도 있다. 또한 무려 13세기에 설립된 유럽 최고령 음악학교인 에스콜라니아도 있다. 성가대원인 남자아이 50명이 수도원에 살면서 수도승들과 공부도 하고, 방문객을 위해 노래도 부른다.

호한다. 동쪽과 남쪽에는 지중해가 있다. 지형은 온화한 해안지대(페네데스 저지대)부터 해발 790m 이상의 서늘한 고지대(페네데스 고지대)까지 계단식으로 비죽비죽 솟아 있다. 면적은 259㎢(2만 5,900헥타르)로 그리 크지 않지만, 다양한 중기후와 토양이 곳곳에 편재해 있다.

오늘날 페네데스는 맛이 훌륭한 스틸 와인을 생산한다. 특히 유서 깊은 가문 소유의 토레스(Torres)는 스페인에서 가장 혁신적이고 역동적인 와이너리며, 기후변화 대응에 앞장서는 몇 안 되는 양조장이다(340페이지의 '토레스, 스페인과 페네데스의 아이콘' 참조).

그러나 페네데스에서는 스파클링 와인이 가장 지배적이고 유명하다. 라벨에는 카바, 클라식 페네데스, 코르피나트 등의 문구를 표기한다(차후에 자세히 설명할 예정). 이 중 카바의 연간 생산량만 2억 4,000만 병에 달한다. 이러한 연유로 이번 챕터에서는 스파클링 와인을 위주로 다룰 계획이다.

## 카바

카바는 코도르니우 양조장 대표인 돈 호세 라벤토스의 발명품이다. 그는 1860년대 가문의 스틸 와인을 판매하기 위해 유럽 전역을 돌아다녔다. 그러다가 샹파뉴 지역의 스파클링 와인에 매료된 나머지 페네데스로 돌아와서 자신만의 스파클링 와인을 발명하기에 이른다. 그는 1872년에 현지 청포도 품종 세 개로 전통 양조법에 따른

안토니 가우디가 디자인한 라 사그라다 파밀리아 대성당

## 페네데스 포도 품종

### 화이트

◇ **샤르도네**
주로 카바를 만드는 데 사용하며, 여기에 재래 품종도 함께 섞는다. 와인에 정교함과 아로마를 가미한다. 스틸 와인에도 사용한다.

◇ **마카베오**
스파클링 와인과 스틸 와인을 만드는 주요 품종이다. 와인에 신선함, 순수함, 과일 풍미, 아삭한 산미를 가미한다. 리오하에서는 비우라로 알려져 있다.

◇ **뮈스카**
소량만 재배되며, 환상적인 과일 아로마의 사랑스럽고 라이트한 드라이 화이트 와인을 만드는 데 사용한다. 가장 주된 뮈스카 종류는 뮈스카 블랑 아 프티 그랭이다.

◇ **파레야다**
스파클링 와인을 만드는 주요 품종이다. 와인에 섬세함과 아로마를 가미한다. 가끔 스파클링 와인에도 들어간다.

◇ **수비라트 파렌**
페인 남서부의 에스트레마두라 토종 품종인 알라리헤(Alarije)의 카탈루냐어 이름이다. 주로 스틸 와인에 사용하며, 종종 스파클리 와인에도 들어간다.

◇ **사렐로**
스파클링 와인과 스틸 와인을 만드는 주요 품종이다. 와인에 보디감, 산미, 강력하고 독특한 흙 풍미를 가미한다.

### 레드

◇ **카베르네 소비뇽**
스틸 와인을 만드는 데 단독으로 사용한다. 또는 깊이, 구조감, 복합미, 숙성력을 더하기 위한 블렌딩 와인으로 사용한다.

◇ **카리네나**
스페인 토종의 주요 품종이며, 스틸 와인을 만드는 데 사용한다. 와인에 알코올, 보디감, 타닌감을 가미한다. 리오하에서는 마수엘로, 프랑스에서는 카리냥이라 부른다.

◇ **가르나차 네그레**
스페인에서는 가르나차, 프랑스에서는 그르나슈라 부른다. 페네데스에서는 보조 품종으로 사용한다. 스틸 와인, 로제 와인, 스파클링 와인에 보디감과 매운맛을 더한다.

◇ **모나스트렐**
스페인 품종으로 페네데스에서는 보조 품종으로 사용한다. 스틸 와인, 로제 와인, 스파클링 와인에 보디감을 더한다. 프랑스에서는 무르베드르라 부른다.

◇ **피노 누아**
일부 스파클링 와인에 들어가는 주요 품종이다. 소량만 재배한다.

◇ **수몰**
보조 품종이며, 빨간 과일 풍미와 신선한 산도를 가진 재래종이다. 종종 스파클링 와인에 사용한다. 스페인 카나리아 제도에서도 재배한다.

◇ **트레파트**
산도가 높은 재래 품종이며, 소량만 재배한다. 주로 로제 스파클링 와인에 사용한다.

◇ **울 데 예브레**
카탈루냐어로 '토끼 눈'이란 의미이며, 템프라니요의 현지 이름이다. 스틸 레드 와인을 만드는 주요 품종이다. 와인에 정교함, 산미, 숙성력을 더한다.

---

### 시인의 언어

페네데스와 프리오라트에서 사용하는 카탈루냐어는 11세기에 등장한 언어다. 그러나 15세기에 페르디난드 2세와 이사벨라 여왕의 통치 아래 카스티야-레온 왕국과 아라곤 왕국이 에스파냐(스페인)로 통일되면서 서서히 사라졌다. 이후 스페인어가 스페인의 공식 언어가 됐다. 19세기에 스페인 르네상스라 불리는 경제·문화적 부흥기를 맞이하면서, 카탈루냐어는 문학적 언어로 재탄생했다. 특히 조크 플로랄스(Jocs Florals, '꽃의 게임'이란 뜻)라 불리는 시 공모전이 발단이었다. 그러나 스페인 내전(1936~1939년)의 참담한 여파로 공식 석상에서 카탈루냐어 사용이 금지됐고, 가정에서만 사용하는 수준으로 후퇴했다. 1970년대 말, 스페인에 민주주의가 회복되면서 카탈루냐 지역에서 카탈루냐어가 다시금 활발하게 사용되기 시작했다.

카탈루냐 주민들은 자긍심이 하늘을 찌를 듯이 높다.

## 지로팔레트

1970년대 초반 카탈루냐 와인 회사 프레셰네트(Freixenet)는 지로팔레트(gyropalette)를 발명했다. 스페인어로 '해바라기'를 뜻하는 히라솔(girasol)이라 불리기도 한다. 이는 샴페인의 침전물을 병 입구로 모으는 작업인 르뮈아주를 흉내 낸 둥근 형태의 철제 프레임이다. 샹파뉴 지역에서는 두 세기 넘게 르뮈아주 작업을 일일이 손으로 했다. 시간과 비용이 극도로 많이 소요되는 작업이었다. 반면 지로팔레트는 스파클링 와인을 수백 병 담을 수 있으며, 컴퓨터 조작을 통해 프레임을 기울이고 회전시킨다. 수많은 연구를 통해 지로팔레트가 전통 르뮈아주 방식 못지않게 침전물을 병 입구로 모이게 하는데 효과적이라는 사실이 증명됐다. 오늘날 지로팔레트는 전 세계에서 널리 사용되고 있다.

스페인 최초의 스파클링 와인을 만드는 데 성공한다. 당시 라벤토스 가문을 비롯해 진보적인 와인 양조 가문은 매주 일요일에 10시 미사를 마치고 모였다. 와인에 대해 토론하고 정보를 교환하는 소규모 모임이었다. 이 모임에서 야심 찬 생각이 형태를 갖추기 시작했다. '현지 스틸 와인을 모조리 스파클링 와인으로 바꿔서 페네데스를 스페인의 '샹파뉴 지역'으로 만들면 어떨까?'라는 발상이었다.

오늘날 페네데스에 카바 생산자는 약 220명이다. 대부분 소규모지만, 이 중 두 곳은 세계 최대 스파클링 와인 회사다. 바로 앞서 언급한 코도르니우와 프레셰네트다. 카바는 샹파뉴처럼 지역명이 아니라 와인의 한 종류다. 카바는 '카바 DO'의 규정을 따라야 하며, 스페인 8대 와인 산지 중 어느 곳에서 만들어도 무방하다. 카바의 95% 이상이 바르셀로나 남서쪽의 페네데스에서 생산되지만, 이곳에서 수백 마일 떨어진 지역(발렌시아, 에스트레마두라, 리오하)에서도 카바가 생산된다. 이러한 연유로 품질을 중시하는 페네데스의 소규모 생산자들은 두 등급을 만들었다. 바로 클라식 페네데스와 코르피나트다. 여기에 대해서는 나중에 자세히 다루겠다.

스페인 스파클링 와인의 라벨에 카바라고 표기하려면 전통 양조법에 따라 병 속에서 2차 발효를 시켜서 기포를 생성시켜야 한다.

샴페인도 같은 과정을 거치지만, 두 와인은 공통점이 거의 없다. 보통 카바는 모든 사람이 즐길 수 있는 저렴한 음료다. 필자가 바르셀로나의 한 레스토랑에 갔을 때 일이다. 웨이터가 우리에게 카바를 공짜로 끊임없이 따라주는 것이 아닌가? 이유인즉슨 우리가 목말라 보였다는 것이다. 세례식에서도 모두가 카바를 마신다. 심지어 아기까지도 공갈 젖꼭지를 카바에 담가서 빨아먹는다. 카바가 '카바'가 되려면, 무엇보다 허용된 포도 품종을 사용해야 한다. 법적으로 아홉 개 품종이 허용된다. 청포도인 샤르도네와 수비라트, 역사가 깊은 3대 청포도

옛 방식으로 카바에 데고르주망 작업을 하고 있다.

최대 코르피나트 생산자인 레카레도의 유기농 포도밭에서는 현재까지도 말을 이용해서 밭을 간다.

재래종인 사렐로, 마카베오와 파레야다, 적포도인 피노 누아, 트레파트, 가르나차, 모나스트렐 등이다.

이 중 가장 중요한 3대 카바 품종은 사렐로, 마카베오 그릭 파레야다다. 먼저 사렐로는 둥근 보디감, 강력하고 독특한 흙과 버섯 풍미를 지녔다(생산율이 높으면, 약간 고무장화 같은 냄새가 난다). 마카베오는 과일 풍미, 신선함, 풍성한 아로마를 가졌다. 파레야다는 가장 섬세한 품종으로 알려져 있다. 이 3대 품종에 샤르도네를 가미하면, 우리에게 익숙한 사과와 배 풍미가 난다. 코르도니우가 1984년에 최초로 카바에 샤르도네를 가미해서 안나 데 코도르니우(Anna de Codorníu)를 만들었다. 오늘날 카바에 샤르도네를 넣은 경우가 흔해졌으며, 샤르도네를 단독으로 사용해서 카바를 만드는 경우도 많다.

로제 카바도 있다. 로제 카바는 전체 카바의 8.5%에 불과하지만, 생산량이 꾸준히 증가하는 추세다. 로제 카바는 풀보디이며, 허용된 적포도 품종을 사용해서 분홍색을 낸다.

카바는 대부분 드라이 와인이며, 브뤼라고 지칭한다. 그러나 브뤼 네이처, 엑스트라드라이 등 다른 레벨도 있으며, 이들 명칭은 샴페인과 같은 방식으로 규정된다(130페이지의 '샴페인의 당도' 참고).

카바는 다른 스파클링 와인, 샴페인과 마찬가지로 논 빈티지, 빈티지 와인이 있다. 카바에 블렌딩하는 스틸 와인의 가짓수는 대체로 적은 편이다. 일반적인 카바는 의무 숙성기간도 그리 까다롭지 않은데, 최소 9개월만 쉬르 리 숙성을 거치면 된다. 그러나 품질을 중요시하는 생산자는 이 기간보다 훨씬 길게 숙성시키며, 대다수

가 레세르바 카바(최소 18개월간 쉬르 리 숙성)와 그란 레세르바 카바(최소 30개월간 쉬르 리 숙성)를 만든다.

## 스페인 최상급 스파클링 와인 생산자

- 아구스티 토레요 마타(Agustí Torelló Mata)
- 알타 알레야 미르힌(Alta Alella Mirgin)
- 칸 페이세스(Can Feixes)
- 칸 살라(Can Sala)
- 카바스 일(Cavas Hill)
- 세예르 데 레스 아우스(Celler de les Aus)
- 샤텔(Chatel)
- 코도르니우(Codorníu)
- 다바티스(D'Abbatis)
- 그라모나(Gramona)
- 우게트(Huguet)
- 일로파르트(Ilopart)
- 하우메 세라(Jaume Serra)
- 훌리아 베르네트(Julia Bernet)
- 후베 & 캄스(Juve & Camps)
- 마리아 카사노바스(Maria Casanovas)
- 마스 칸디(Mas Candí)
- 메스트레스(Mestres)
- 미로(Miro)
- 몬 마르살(Mont Marçal)
- 나달(Nadal)
- 페레 벤투라(Pere Ventura)
- 라벤토스 이 블랑(Raventós i Blanc)
- 레카레도(Recaredo)
- 로저 굴라르(Roger Goulart)
- 사바테 이 코카(Sabaté i Coca)
- 수마로카(Sumarroca)
- 토레요(Torelló)
- 빌라르나우(Vilarnau)

환상적인 레세르바와 그란 레세르바를 찾고 싶다면, 몬마르살(Mont Marçal), 수마로카(Nuria Claverol)의 누리아 틀라베롤(Núria Claverol), 페레 벤투라(Pere Ventura)를 참고하라.

2016년 이보다 품질이 높은 네 번째 등급이 창설됐다. 바로 파라헤 칼리피카도(Paraje Calificado)다. 카탈루냐어로는 파라체 칼리피카트(Paratge Qualificat)라고 알려져 있다. 파라헤 칼리피카도는 최소 36개월 이상 쉬르 리 숙성을 거쳐야 한다. 와인의 맛은 놀랍도록 훌륭하다. 2016년, 코도르니우는 아르스 콜렉타(Ars Collecta)를 출시했다. 무려 90개월간 쉬르 리 숙성을 한 싱글 빈야드와 싱글 버라이어탈 와인 컬렉션이다. 아르스 콜렉타는 현존하는 카바 중 가장 복합적이고 맛이 뛰어나며 가격도 가장 비싸다. 이를 계기로 카바는 새로운 품질의 궤도에 올라서게 된다.

꼭 특별한 날이 아니어도 좋다.

### 클라식 페네데스와 코피나트 스파클링 와인

비교적 최근에 등장한 파라헤 칼리피카도를 제외하고, 카바 대부분은 역사적으로 헐값에 팔리던 단순한 와인이었다. 몇십 년 전부터 소규모 생산자 수십 명이 카바의 낮은 명성을 개탄하며, 페네데스에 엄격한 기준과 규정만 있으면 훌륭한 스파클링 와인이 탄생할 거라고 주장했다.

2010년대, 이 철학적 주장은 현실화됐다. 2014년 한 생산자 무리가 분열돼 나와서 클라식 페네데스(Clàssic Penedès) 명칭을 만들었다. 생산자들은 이 스파클링 와인을 카바라 부르지 않았다. 클라식 페네데스는 반드시 페네데스 지역에서만 생산하고, 100% 유기농 포도만 사용하며, 최소 15개월간 쉬르 리 숙성을 시키고, 전통 샴페인 양조법 또는 페티앙 나튀렐 방식으로 만들어야 한다.

2015년 또 다른 생산자 무리가 이보다 더 엄격한 규정을 만들었다. 창립자 아홉 명으로 구성된 코르피나트 협회는 페네데스의 정상급 스파클링 와인 생산자들을 대표했다.

코르피나트는 100% 지속할 수 있는 유기농법(사실상 생명 역학 농법)으로 운영하는 페네데스 포도밭에서 와인을 생산해야 한다. 사용한 포도의 90%는 토착 품종이며, 포도는 손으로 수확하고, 모든 양조과정이 해당 양조장에서 이루어져야 한다. 또한 모든 코르피나트 와인은 최소 18개월간 쉬르 리 숙성을 거쳐야 한다.

참고로 코르피나트라는 이름은 카탈루냐어로 '심장'을 뜻하는 코르(cor)와 '태어나다'를 의미하는 나트(nat)를 합성한 것이다.

코르피나트 와인은 앞 라벨에 코르피나트 인증이 붙어 있다. 이 책을 집필하는 시점을 기준으로 코르피나트 생산자로는 세예르 파르다스(Celler Pardas), 그라모나(Gramona), 사바테 이 코카(Sabaté i Coca), 마스 칸디(Mas Candí), 일로파르트(Ilopart), 토레요(Torelló), 나달(Nadal), 칸 페이세스(Can Feixes), 레카레도(Recaredo), 훌리아 베르네트(Julia Bernet) 등이 있다.

### 카탈루냐 음식

스페인에서 가장 복합적이고 양념이 풍성한 카탈루냐 음식은 해안, 농지, 산의 이야기를 담고 있다. 흥미로운 사실은 해산물과 고기를 조합하고(헤이즐넛 소스를 뿌린 랍스터와 닭고기 요리, 초콜릿 소스를 버무리고 돼지고기로 속을 채운 어린 오징어 요리), 고기와 과일을 매치시킨다는 것이다(배를 넣고 구운 어린 거위고기, 마르멜루와 꿀을 넣은 토끼고기).

매우 중요한 4대 소스가 각각의 식재료를 하나로 묶어주는 역할을 한다. 바로 알리올리, 소프리토, 피카다, 로메스코다. 이들은 전형적인 소스 형태는 아니지만, 버터와 크림으로 가려지지 않는 존재감이 뚜렷한 양념이다. 먼저 알리올리는 마요네즈처럼 생겼으며, 마늘과 올리

## 토레스, 스페인과 페네데스의 아이콘

미구엘 토레스 카르보는 스페인에서 가장 혁신적인 초창기 와인 양조자 중 하나다.

1870년에 설립된 토레스는 스페인 최대 와이너리 (연간 400만 상자의 와인 생산)에 속한다. 이뿐만 아니라 야심 차고 개성이 강한 카탈루냐의 전형적인 성향을 완벽하게 대표하는 가족 소유의 양조장이다. 토레스는 페네데스 이외 지역의 토착 품종 250개 이상을 시범적으로 재배하고 있다. 예를 들어 프랑스의 시라와 슈냉 블랑, 독일의 리슬링과 뮐러 투르가우, 이탈리아의 네비올로, 미국의 진판델 등이다. 이보다 더 중요한 사실은 토레스 양조장이 지난 30년 동안 멸종 위기의 카탈루냐 고대 품종들을 되살려서 다시 재배하는 데 성공했다는 것이다. 토레스의 포도 재배자들은 고대 품종이 점점 뜨거워지는 기후변화에 잘 적응하리라고 추측한다. 이유는 고대 품종들은 일찍이 9~14세기에 '중세 온난기'라 불리는 기후변화에서 살아남은 전적이 있기 때문이다.

토레스는 스페인에서 가장 혁신적인 와인 양조법을 선보인 초창기 양조장이었다. 1970년 스페인에서 거의 모든 화이트 와인은 나무통에 담아서 양조하고 숙성했기 때문에 부분적인 산소 접촉이 불가피했다. 그러나 토레스는 스페인 최초로 온도조절용 스테인리스스틸 탱크를 사용해서 비냐 솔(Viña Sol)이라는 산뜻하고 신선한 100% 파레야다 화이트 와인을 만들었다.

토레스가 이룩한 위대한 업적 중 최고의 와인은 바로 마스 라 플라나(Mas La Plana)다. 과거에는 그란 코로나스 블랙 라벨(Gran Coronas Black Label)이라 불렸으며, 100% 카베르네 소비뇽으로 만든다.

1979년, 고 미요(Gault Millau) 언론사가 프랑스 파리에서 주최한 유명한 블라인드 테스트에서 마스 라 플라나(당시에는 카베르네, 켐프라니요, 모나스트렐을 블렌딩함)가 어느새 보르도와 같은 대열에 합류하더니 결국 1등을 차지했다. 이를 계기로 토레스 와인의 품질이 높다는 명성이 굳건해졌으며, 마스 라 플라나는 스페인 와인산업 자체에 대한 인식을 바꾼 전환점이 됐다.

토레스는 하이메와 미구엘 토레스가 1970년에 설립한 양조장이다. 이후 3대 자손인 미구엘 토레스 카르보가 양조장 최초로 와인을 직접 병입했다(과거에는 통에 든 와인을 판매함). 그러나 토레스가 가장 많이 성장과 혁신을 이룩한 시기는 미구엘 A. 토레스 대였다. 그는 부르고뉴에서 포도 재배학과 와인 양조학을 공부했으며, 진취적인 리더십을 발휘했다. 그는 리베라 델 두에로, 리오하 그리고 칠레에도 와이너리를 설립했다. 1995년, 토레스는 토레스 차이나를 설립하기에 이른다. 토레스 차이나는 중국에서 토레스 와인뿐 아니라 십여 개 국가에서 수입한 와인 수백 종도 함께 판매했다. 토레스는 캘리포니아 소노마의 마리마르 양조장과도 제휴 관계다. 마리마르 양조장은 미구엘의 여자 형제인 마리마르 토레스가 운영하는 작은 와이너리로 전망이 매우 밝다. 오늘날 토레스는 스페인의 거의 모든 와인 산지에서 사업을 진행하고 있으며, 5대 자손인 미구엘 토레스 마차섹과 그의 여자 형제인 미레이아가 기후 위기에 대응하는 글로벌 이니셔티브의 선두 주자로 활동하고 있다.

브기름을 섞은 소스다(스페인어로는 'alioli', 카탈루냐어로는 'allioli'라 적는다). 소프리토는 토마토와 양파를 올리브기름에 조리한 소스로 기본적인 풍미를 내는데 사용한다(카탈루냐어로 소프레지트·sofregit라 한다). 피카다는 마늘, 아몬드, 올리브기름을 섞은 페이스트 소스이며 여기에 파슬리, 초콜릿, 사프란, 헤이즐넛을 섞기도 한다. 주로 음식을 걸쭉하게 만드는 양념으로 활용한다. 로메스코는 잘게 다진 아몬드 또는 헤이즐넛을 말린 피망과 토마토에 섞는다. 요리 베이스와 소스로 두루두루 활용한다(카탈루냐어로 삼파이나·samfaina라 한다).

카탈루냐 음식은 종종 극적이긴 하나 전혀 야단스럽지 않다. 가장 사랑받는 전통음식은 판 콘 토마테이며, 카탈루냐어로는 파 암 토마게트다. 구운 시골빵에 잘 익은 토마토를 문질러 바른 다음 올리브기름과 소금을 뿌린 음식이다. 보통 판 콘 토마테에 구운 멸치 또는 햄(mountain ham) 슬라이스를 곁들여 먹으며, 차가운 카바가 있다면 금상첨화다.

또 다른 전형적인 카탈루냐 음식으로 사르수엘라(카탈루냐어로 자르주엘라)가 있다. 조개와 해산물이 듬뿍 들어간 스튜로 부야베스와 비슷하다. 바칼라(카탈루냐어로 바칼라오)는 소금에 절인 대구를 브란다다(카탈루냐어로 브란다데) 등 다양한 형태의 요리로 만든 것이다. 브란다다는 대구에서 소금기를 빼낸 다음 감자, 올리브기름, 다량의 마늘과 섞은 음식으로 매시트포테이토와 비슷하다. 마르 이 문타냐는 카탈루냐어로 '바다와 산'이란 뜻인데, 생선과 고기를 같이 하는 요리다. 때론 닭고기와 새우를 넣거나 토끼고기, 아귀, 달팽이를 넣기도 한다.

디저트로는 크레마 카탈라나가 있다. 크리미하고 진한

부야베스에 버금가는 카탈루냐 음식인 사르수엘라(자르주엘라)

커스터드 위에 캐러멜라이징한 설탕 막이 있다. 프랑스 디저트인 크렘 브륄레의 카탈루냐 버전이다. 그러나 카탈루냐인들이 이 설명을 들으면 발끈할 것이다. 그들은 크렘 브륄레가 크레마 카탈라나에서 영감을 얻은 것이지, 그 반대가 아니라고 주장한다. 게다가 꽤 많은 음식 역사학자가 이에 동의한다.

한편 세계에서 가장 유명한 레스토랑으로 꼽힌 엘 불리가 카탈루냐에 있었다. 코스타 브라바 해안에 있는 작은 레스토랑이었던 엘 불리는 지난 반세기 동안 미식의 예술적, 과학적 발전에 가장 큰 영향을 미쳤다. 뉴욕타임스는 엘 불리 설립자인 페란 아드리아 셰프를 '지구상에서 가장 상상력이 풍부한 오트 퀴진(고급 요리) 발명가'라고 찬사를 보냈다. 엘 불리는 2011년에 문을 닫았지만, 전 세계 미식가들은 여전히 아드리아의 다음 행보를 주시하고 있다.

### 말바시아

말바시아는 단일 품종의 명칭처럼 보이지만, 사실 훌륭한 디저트 와인들을 만드는 고대 품종 집단을 지칭한다. 마데이라섬의 맘시(Malmsey), 시칠리아 부근 리파리 제도의 말바시아 델레 리파리, 바르셀로나 남부 시체스 해안 마을의 백암질 토양에서 자란 포도로 만든 말바시아 등이 여기에 속한다.

20세기 초, 스페인 내전이 발발하기 전에 시체스의 말바시아는 유럽 상류층 식탁에 자주 올랐다. 내전이 끝난 후, 시체스 해안이 부유한 동네로 바뀌면서 포

도밭이 점차 사라졌다. 오늘날 매우 적은 수의 양조장만 남아서 명맥을 이어가고 있으며, 이들이 만든 말바시아 와인은 마니아층을 보유하고 있다.

시체스의 기본 말바시아 와인과 레세르바는 포도 일부를 햇빛에 말려서 건포도로 만든다. 와인은 은은하고 섬세한 살구, 크림, 구운 견과류 풍미, 극상의 우아함, 완벽한 균형감을 갖췄으며, 단맛은 거의 느껴지지 않는다.

# RÍAS BAIXAS 리아스 바이사스

리아스 바이사스는 스페인 북서부 끝단에 있는 작은 화이트 와인 산지다. 1990년대에 이름을 알리기 시작하면서 스페인 화이트 와인 역사에 새로운 장을 열었다. 주정강화한 셰리, 스파클링 와인인 카바, 장기간 오크통에서 숙성시킨 후에 출시하는 전통식 화이트 와인인 리오하를 제외하고 세계의 이목을 끌었던 스페인 와인은 대부분 화이트 와인이 아니라 레드 와인이었다.

그러나 1980년대 말과 1990년대 초, 온도조절용 스테인리스스틸 탱크 등 현대기술의 발전 덕분에 스페인의 모든 정상급 와이너리에서 화이트 와인을 만들게 됐다. 품질도 대폭 개선됐다. 그중에서도 포르투갈 바로 위쪽 대서양에 자리 잡은 갈리시아 남부의 외딴 와인 산지, 리아스 바이아스가 선두를 달리고 있다. 리아스 바이아스는 갈리시아 5대 와인 DO 구역 중 하나지만, 갈리시아 지방의 명성을 높인 주역이다.

리아스 바이사스는 갈리시아어인 리아스(rías)에서 따온 이름이다. 리아스는 갈리시아 남부 저지대(비아이스)의 대서양 연안을 따라 바닷물이 날카로운 코발트색 검들처럼 육지로 깊게 파고든 피오르(fjord) 지형과 비슷하다. 리아스 바이사스는 세계에서 가장 사랑스러운 와인 산지로 꼽힌다. 짙은 푸르름이 아일랜드나 웨일스에 온 듯한 착각을 불러일으키며, 고대 로마 시대의 돌

### 리아스 바이사스 와인 맛보기

스페인에서 가장 맛있는 화이트 와인이 북서부의 작은 와인 산지인 리아스 바이사스에서 생산된다.

리아스 바이사스 최고의 화이트 와인은 알바리뇨 품종으로 만든다. 와인병 라벨에도 항상 알베리뇨라고 표기한다. 이를 제외한 스페인 와인 대부분은 와인병에 포도 품종 대신 산지명을 표기한다.

알바리뇨는 신선하고 아삭한 와인으로 해산물과 매우 잘 어울린다.

벽에 진홍색 야생 장미가 흐드러지게 핀다. 오렌지 나무가 산들바람에 춤을 추고, 산에서 깨끗하고 맑은 바람이 불어온다. 하늘에는 둥글 레몬 셔벗처럼 생긴 태양이 뭉실뭉실한 구름 사이로 얼굴을 감췄다가 다시 내민다. 이런 풍경 한가운데 포도밭을 찾는 기분은 마치 아무도 모르는 비밀장소를 찾아낸 듯하다.

기독교에서 가장 중요한 길인 산티아고 순례길은 스페인 북부를 가로질러 갈리시아의 리아스 바이사스에서 끝이 난다. 중세 시대 사람들은 이곳이 세상의 끝이라고 믿었다.

리아스 바이사스의 무성한 포도밭에 새벽안개가 자욱하게 드리웠다.

## 산티아고 순례길

수천 년 전부터 전 세계의 순례자 수억 명이 스페인 북부를 가로질러 성 야고보의 무덤을 찾아 서쪽 갈리시아 연안의 산티아고 데 콤포스텔라 도시로 향했다. 중세 시대 사람들은 이곳을 세상의 끝이라 믿었다. 성 야고보의 무덤은 기독교에서 가장 중요한 성지가 됐으며, 이곳으로 향하는 길에는 산티아고 순례길이라는 이름이 붙었다. 스페인에서 가장 중요한 마을, 교회, 와인 산지가 이 길 곳곳에 있어서 순례자들에게 휴식, 음식, 와인을 제공한다. 특히 신앙

산티아고 순례길 로고

이 깊은 순례자의 경우, 무릎을 꿇고 걸었기 때문에 10년이 걸리기도 했다. 순례자들은 가리비 모양을 종교적 상징으로 삼았다. 자신의 믿음과 가치를 상징하기 위해 가리비 모양의 배지를 모자와 망토에 달았다. 실제로 산티아고 데 콤포스텔라의 눈부신 대성당 벽면과 돌벽에 가리비 모양이 새겨져 있다. 오늘날 매년 30만 명 이상이 산티아고 순례길을 걷는다. 산티아고 데 콤포스텔라의 구시가지는 유네스코 문화유산으로 등재됐다.

최상급 리아스 바이사스 와인은 주로 알바리뇨 청포도 품종으로 만든다. 와인 라벨에는 리아스 바이사스라는 지명이 아닌, 알바리뇨라는 품종명을 표기한다. 이것이 스페인의 다른 와인 산지와 크게 대비되는 점이다. 다른 산지들은 포도(예: 템프라니요)가 아니라 지명(예: 리오하)을 명시한다.

알바리뇨는 독특한 풍미를 지녔다. 샤르도네처럼 풍만하지도 않고, 훌륭한 리슬링처럼 광물성도 아니고, 소비뇽 블랑 같은 야생성 또는 허브 풍미와 거리가 멀다. 알바리뇨는 이국적인 시트러스, 복숭아부터 마르멜루, 분홍색 자몽까지 풍미가 광범위하다(여기에 키위를 추가하는 감식가도 있는데, 과거에 키위 과수원이었던 밭에 포도를 심었기 때문으로 짐작된다). 보통 알바리뇨는 발효 및 숙성 과정에 오크통을 사용하지 않으므로 이런 풍미는 천연적인 것이다. 질감의 경우, 최상급 알바리뇨는 가벼운 크림과 아삭한 짜릿함의 중간 지점이다. 예를 들어 파소 세뇨란스(Pazo Señorans)처럼 환상적인 알바리뇨 와인은 생기 넘치는 과일 풍미가 폭발하는 동시에 크리미한 우아함이 느껴진다.

고대 품종인 알바리뇨는 포르투갈 북동부에서 유래했으며, 갈리시아 경계 부근으로 확산됐다(포르투갈에서 현재도 재배하는 품종이며, 비뉴 베르드(vinho verde)라는 포르투갈 와인을 만드는 데 사용한다).

흥미로운 사실은 알바리뇨와 이의 사촌 격인 현지 품종들은 갈리시아에서 수 세기 전부터 재배됐지만, 알바리뇨 와인은 수십 년 전까지만 해도 벌컥벌컥 마시는 소박한 와인에 불과했다. 갈레고(갈리시아 시민)들은 가난

한 현지 어부들로 와인 양조법을 독학으로 배웠으며, 와인을 만드는 데 매우 적은 돈만 투자했다. 어차피 현지 사람들은 매번 와인을 남김없이 마셨기 때문에 품질을 개선해야 한다는 상업적 동기가 전혀 없었다.

1980년대 말, 대대적인 변화가 일어났다. 필자가 1986년에 리아스 바이사스를 처음으로 방문했을 당시 상업적 양조장은 다섯 곳밖에 없었다. 그런데 불과 2년 후에 80곳으로 늘어났다. 2019년, 양조장 수는 160곳을 넘어섰고 포도 재배자는 5,000명 이상에 달했다. 포도 재배자는 각각 평균 0.5에이커(약 2,000㎡) 미만의 포도를 재배한다. 이러한 붐을 일으킨 사람들은 부유하고 교육 수준이 높은 새로운 갈레고 계층으로 지역에 대한 자부심이 매우 높았다. 지난 20년간 변호사, 의사, 사업

나무에 주렁주렁 달린 알바리뇨 포도 사이로 햇빛이 듬성듬성 비친다.

가로 구성된 작은 컨소시엄이 가족 단위의 포도밭을 매입해서 재배하기 시작했다. 이들은 현대식 장비에 투자하고, 유럽 와인 학교 출신의 젊고 숙련된 와인 양조자를 고용해서 소규모의 최첨단 양조장을 구축했다. 흥미로운 사실은 리아스 바이사스의 와인 양조장 절반 이상이 여성이다.

산티아고 루이스 양조장의 로사 루이스. 그녀의 아버지 산티아고는 '알바리뇨의 아버지'라 불린다.

## 땅과 포도 그리고 포도원

갈리시아의 서부 연안은 비가 많이 내리는 지역이다. 연간 강우량은 114~165cm에 달한다. 그런데 절묘하게도 포도나무가 휴면기에 들어가는 겨울에 비가 내리고, 수확기인 초가을에는 비가 내리지 않는다. 그래도 높은 습도가 흰곰팡이, 곰팡이, 진균성 질병을 일으킬 위험이 있다. 다행히 알바리뇨는 포도알이 작고 껍질이 두꺼운 덕분에 습기로 인한 질병에 유난히 강하다.

게다가 늙은 포도나무 대부분은 파라(parra)라 불리는 격자 구조물을 타고 올라가게 길들어 있다. 파라는 2~3m 높이의 철제 구조물로 화강암 기둥이 지탱하고 있다. 수확 기간에는 트랙터가 파라 밑으로 지나가며 인부들은 발판 사다리를 타고 올라가서 머리 위에 주렁주렁 달린 포도를 딴다. 이런 구조는 이슬 피해를 방지하는 데 좋으며, 공기 순환에도 좋다. 때론 근처 바다에서 불어오는 해풍도 공기 순환에 도움이 된다.

리아스 바이사스는 포도밭 다섯 곳이 여기저기 흩어져 있는 작은 DO 산지이며, 총면적은 약 40.5㎢(4,050헥타르)에 달한다. 리베이라 도 우야(Ribeira do Ulla)와 발 도 살녜스(Val do Salnés)는 북쪽 끝에 있다. 콘다도 도 테아(Condado do Tea)는 가장 내륙에 있는 산악지대다. 소우토마이오르(Soutomaior)는 크기가 가장 작다. 오 로살(O Rosal)은 리아스 바이사스 전역에서 자라는 장미 이름을 땄으며, 포르투갈 국경 바로 위쪽이다. 최상급 포도밭은 일조량을 최대화하기 위해 남서쪽

## 리아스 바이사스 포도 품종

### 화이트

◇ **알바리뇨**
주요 품종이다. 리아스 바이사스 포도 재배의 95% 이상을 차지한다.

◇ **로레이라**
보조 품종이다. 종종 아로마를 가미하기 위해 알바리뇨와 혼합한다.

◇ **트레이사두라**
보조 품종이다. 종종 보디감과 아로마를 가미하기 위해 알바리뇨와 혼합한다.

을 바라보고 있으며, 배수력이 좋은 모래와 화강암질 토양이며, 진흙과 석회암이 섞인 토양도 있다.

리아스 바이사스의 모든 양조장은 한 종류의 알바리뇨 와인만 만든다. 이곳에는 레세르바, 그란 레세르바 같은 등급이 존재하지 않는다. 멘시아(Mencía), 카이뇨 브라보(Caíño Bravo)와 같은 적포도 품종도 어느 정도 재배하지만, 레드 와인은 소량만 생산하며 주로 보디감이 가볍다.

### 최상급 알바리뇨 생산자

- 아데가스 그란 비눔(Adegas Gran Vinum)
- 알바마르(Albamar)
- 아스 락사스(As Laxas)
- 보우사 도 레이(Bouza do Rei)
- 피야보아(Fillaboa)
- 포르하스 델 살녜스(Forjas del Salnés)
- 그란바산(Granbazán)
- 라 카냐(La Caña)
- 라가르 데 세르베라(Lagar de Cervera)
- 루스코 도 미뇨(Lusco do Miño)
- 마르틴 코닥스(Martín Códax)
- 팔라시오 데 페피냐네스(Palacio de Fefiñanes)
- 파소 데 바란테스(Pazo de Barrantes)
- 파소 데 세뇨란스(Pazo de Señorans)
- 킨타 데 코우셀로(Quinta de Couselo)
- 라울 페레스(Raúl Pérez)
- 산티아고 루이스(Santiago Ruiz)
- 사라테(Zarate)

## 리아스 바이사스 음식

리아스 바이사스를 비롯한 갈리시아 전역은 해산물 애호가의 천국이다. 생선으로 유명한 스페인 내에서도 최고의 해산물 산지로 꼽히기 때문이다. 갈리시아 북부의 칸타브리아 해안과 서부의 대서양 연안은 바닷물이 육지로 좁고 길게 파고든 만(피오르)들 때문에 들쭉날쭉하게 생겼다(각각 리아스 아틀라스, 리아스 바이사스라부름). 이 만들은 물고기가 대거 이동하는 통로가 된다. 갈리시아의 어획량은 유럽 최대 수준이다.

갑각류는 오염되지 않고 깨끗하며, 종류도 다양하다. 가리비, 홍합, 큰 새우, 작은 새우, 랍스터, 가재, 게, 조개, 가시 달린 랍스터, 소라, 굴, 새조개 등 아찔할 정도로 다양하다. 조리법은 매우 단순하다. 어떠한 장식도, 고명도, 소스도 없다. 그저 아찔할 정도로 순수한 바다 풍미만 존재할 뿐이다.

거북손 조개는 흉측하게 생긴 외관과는 달리 맛은 매우 훌륭하다.

갈리시아는 상상을 초월할 정도로 흉측하면서도 맛있는 해산물로도 유명하다. 바로 거북손 조개다. 성인 엄지 크기의 거북손 조개는 잠수부들이 수확한다. 보호헬멧을 착용한 잠수부들은 '죽음의 해안'이라 불리는 위험천만한 코스타 데 라 무에르테의 거친 파도 속으로 뛰어든다. 매년 잠수부 여러 명이 거북손을 채집하려다 목숨을 잃는다. 따라서 거북손의 가격이 비싼 건 당연지사다.

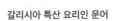
갈리시아 특산 요리인 문어

달짝지근하고 부드러운 문어구이는 갈리시아의 또 다른 특산품이다. 매주 일요일에 미사가 끝나면, 여관 식당과 바는 에메랄드빛 올리브기름을 뿌린 문어와 바삭한 시골빵을 먹는 가족들로 북적인다. 문어 옆에는 보통 엠파나다가 있다. 엠파나다는 가리비, 장어, 감자, 정어리, 참치 또는 돼지고기에 후추, 토마토, 양파, 마늘을 넣고 올리브기름에 볶은 재료를 반으로 접힌 반죽 안에 채운 요리다. 그리고 모든 테이블에는 칠링한 알바리뇨 와인이 놓여 있다. 갈리시아 요리는 켈트족 뿌리의 영향을 받아 감자를 이용한다. 칼도 가예고는 갈리시아에서 가장 유명하고 소박한 스튜다. 감자, 케일, 콩, 돼지고기(귀, 꼬리 부위), 매운 소시지를 넣으며, 때론 송아지 고기와 닭고기를 넣는다. 모든 갈레고는 자신의 어머니가 요리한 칼도 가예고를 사랑한다.

**고대 켈트족의 유산은 갈리시아 음악에 확연히 드러난다. 가이타는 현지 전통악기인데 스코틀랜드 백파이프와 외관과 소리가 매우 유사하다.**

### 갈레고

갈레고(갈리시아 사람)들은 스페인에서 와인과 해산물을 가장 많이 소비한다. 근면한 켈트족 후손인 그들은 현대식 수송경로가 구축되기 전까지 지형적으로 다른 지역과 고립돼 있었다.

갈레고는 바스크와 카탈루냐처럼 독자적인 갈리시아 언어를 사용함으로써 독립성과 개별성을 확보했다. 갈리시아어는 스페인어와 포르투갈어를 섞은 켈트어처럼 들린다. 지역 내에서 공식 언어로 인정받았으며, 학교에서도 스페인어와 함께 갈리시아어를 가르친다.

# PRIORAT 프리오라트

프리오라트라는 이름은 중세 시대의 기적에서 유래했다. 1163년 마을 주민이 천국의 계단을 오르내리는 천사들의 환영을 목격했다. 이듬해 아라곤의 알폰소 2세 왕은 작은 마을과 카르투지오 수도원을 발견한다. 수도원은 라 카르토이사(카르투지오 수도원의 카탈루냐어 이름), 마을은 스칼라 데이('신의 계단'이라는 뜻)라 불렸다. 수도승들이 거주한다는 중요한 사실 덕분에 스페인어로 '작은 수도원'을 의미하는 프리오라토라는 이름이 붙여졌다.

오늘날 수도원은 방치된 지 오래지만, 부근의 작은 마을은 여전히 스칼라 데이(카탈루냐로 에스칼라 데이)라 불린다. 그리고 한때 수도원 소유였던 낡은 건물들은 지역에서 가장 오래된 정상급 양조장들로 사용되고 있다. 스칼라 데이 와인은 카르토이사(Cartoixa)라 부른다. 가르나차와 카리녜나 품종을 블렌딩한, 육중하고 짭짤하며 맛있는 와인이다.

이 고립된 카탈루냐 지역은 지중해 연안의 타라고냐보다 내륙 쪽에 있는데, 고대 로마인이 이곳에서 납과 은을 채굴하기 수 세기 전부터 포도나무가 자랐다. 그러나 1835년에 스페인 정부가 종교 재산을 몰수하기 시작했고, 1880년대에 필록세라가 창궐하자, 이 지역은 서서히 황폐해졌다. 1970년대, 인구가 대폭 줄면서 대부분 마을

에 노인만 남게 됐다.

1990년대 말, 대대적인 변화가 찾아왔다. 흥미로운 와인들이 높은 인기를 끌면서 프리오라트가 국제무대에 이름을 알리기 시작한 것이다. 심지어 몇몇 와인들은 최상급 리오하 와인보다 네 배가 높은 가격이 책정됐다. 오늘날 프리오라트는 리오하와 더불어 유일

스칼라 데이의 카르투지오 수도원(카르토이사)의 폐허

## 프리오라트 포도 품종

# 레드

◇ **카베르네 소비뇽**

중요한 블렌딩 품종이다. 보통 카리녜나, 가르나차가 주요 베이스인 와인에 소량만 섞으며, 구조감을 더한다.

◇ **카리녜나**

스페인 토착종으로 프리오라트 2대 품종에 속한다. 최상급 포도밭의 최고령 포도나무에서 자란 포도는 강렬함, 깊이, 구조감을 더한다. 리오하에서는 마수엘로, 프랑스에서는 카리냥이라 부른다.

◇ **가르나차**

프리오라트의 주요 적포도 품종이다. 풍성함, 다즙함, 보디감, 농후함을 더한다. 스페인 토착종으로 프랑스에서는 그르나슈라 부른다.

◇ **메를로**

보조 품종이다. 카리녜나, 가르나차를 베이스로 만든 와인에 보조적인 블렌딩 품종으로 사용한다. 구조감과 둥글둥글함을 더한다.

◇ **시라**

메를로처럼 보조적인 블렌딩 품종으로 사용한다. 깊이와 스파이시함을 더한다.

◇ **템프라니요**

블렌딩에 사용하는 보조 품종이다. 아로마와 산미를 더한다.

프리오라트는 가르나차 고목을 보물처럼 귀하게 여긴다.

하게 스페인 최고 등급인 DOC(Denominacion de Origen Calificada)을 구가한다. 카탈루냐어로는 DOQ (Denominacio d'Origen Qualificada)다.

정상급 프리오라트 와인들은 스페인 최고의 강력함, 잉크 같은 짙은 색, 풀보디감을 자랑한다. 타닌과 알코올 함량이 높아서 구조감이 매우 견고하며, 포트와인과 비슷한 두께감을 느낄 수 있다. 또한 농익은 블랙베리, 진한 초콜릿, 감초, 담배 상자, 광물성 풍미를 발산한다. 이러한 응축도는 생산율이 낮은 베에스 빈예스(velles vinyes, '오래된 포도나무'란 뜻)의 결과물이다. 법적으로 1945년 이전에 심은 포도나무 과실로 만든 와인의 경우에만 라벨에 '베에스 빈예스'라는 문구를 표기할 수 있다. 이는 1945년에 찍은 항공사진으로 확인이 된다. 베에스 빈예스는 격자 구조물을 사용하지 않고 나무의 머리 위로만 가지가 자라도록(head-trained) 길들이는데, 리코레야(llicorella)라는 돌투성이의 척박한 점판암 토양 위로 일그러지고 뒤틀린 형상으로 돌출돼 있다. 리코레야는 거무스름한 색깔 때문에 '감초(licorice)'라는 의미의 이름이 붙었다. 크기가 너무 작아서 '분재 포도나무'라는 별명도 있다. 프리오라트의 낮은 몹시 뜨겁고, 밤은 매우 서늘하다. 이처럼 건조하고 척박하고 무자비한 땅에서는 포도나무와 올리브나무를 제외한 그 어떤 작물도 살아남기 힘들다.

이러한 연유로 프리오라트에서 포도밭과 빈티지는 매우 중요하다. 포도밭이 열악하거나, 해당 빈티지에 날씨가 극심하게 덥거나, 와인 양조과정이 열악한 경우 와인이 머리가 뽑힐 듯한 타닌감과 극도로 높은 알코올 도수(15~16%) 때문에 가혹한 맛이 날 수 있다. 반면 좋은 포도밭과 좋은 빈티지는 환상적인 와인을 빚어낸다. 프리오라트에는 면적 20㎢(2,000헥타르)의 산악지대에 돌로 지은 중세 마을 열 곳이 여기저기 흩어져 있다. 포도밭 대부분은 고도 900m 이상으로 100년 묵은 가파른 계단식 비탈면에 자리 잡고 있다. 점판암 산비탈은 미끄럽고 여름철 열기가 작열하지만, 포도밭 작업은 여전히 손으로 이루어지며 말과 노새가 이를 거들 뿐이다. 프리오라트 레드 와인은 두 토착종을 주재료로 사용한다. 바로 가르나차와 카리녜나다. 프랑스 남부에서 널리 재배하는 품종으로 각각 그르나슈, 카리냥으로 알려져 있는데, 특히 스페인에서 가장 많이 생산된다. 프리오라트에서 이 두 품종은 100년 넘게 탁월한 와인을 빚어왔다. 와인의 특징은 섹시하고 스파이시한 흙 풍미, 감미로움, 농밀함을 들 수 있다. 오늘날 최상급 프리오라트 와인들은 비중의 60~90%가 두 품종으로 이루어져 있다. 여기에 카베르네 소비뇽, 카베르네 프랑, 메를로, 시라, 템프라니요 등 허가된 품종을 소량 섞기도 한다.

'프리오라트는 작은 수도원 지역이다. 몇몇 작은 마을이 고대 수도원을 둘러싼 형상이 신비로운 기운을 태동시킨다. 숨을 들이쉴 때도, 와인을 마실 때도 영성이 느껴진다.'
-알바로 팔라시오스, 보데가 알바로 팔라시오스 소유주이자 와인 양조자

프리오라트에는 고급 화이트 와인이 드물지만, 최근에 환상적인 새 와인이 등장했다. 클로 모가도르의 넬린(Nelin)은 가르나차 블란카와 마카베오를 혼합한 와인이다. 오크 배럴, 시멘트 통, 점토 암포라, 스테인리스스틸 탱크를 혼합해서 사용하기 때문에 이국적인 드라이 셰리와 같은 맛이 난다.

프리오라트는 자체적인 와인 등급을 보유하고 있다. 스페인에서 가장 세밀하고 심도 깊은 등급체계에 속한다. 포도가 자란 장소를 중시한다는 점에서 스페인보다는 프랑스 부르고뉴와 더 가깝다. 그런데 프리오라트 등급체계에는 부르고뉴에는 없는 요소를 포함한다. 바로 포도나무의 수령이다. 등급이 높아질수록 포도나무 수령도 많아진다. 다음은 프리오라트 등급체계를 오름차순으로 정리한 것이다.

### DOQ 프리오라트(DOQ Priorat)

기본적인 지역 와인으로 프리오라트에서 재배한 포도라면 어떤 품종이든 상관없이 사용할 수 있다.

### 비 데 빌라(Vi de Vila)

부르고뉴의 마을 와인과 동급이다. 프리오라트 규제위원회가 지정한 구역에서만 와인을 생산할 수 있다.

알바로 팔라시오는 프리오라트 와인 산지를 개척한 선구자 중 한 명이다.

### 비 데 파라체(Vi de Paratge)

유명한 장소나 역사적으로 포도 품질을 인정받아 온 지역에서 생산한 와인이다. 부르고뉴의 리외디, 클리마에 해당한다. 프리오라트에는 파라체가 450개 있다. 최소 15년 묵은 포도밭의 비율이 전체의 90%가 돼야 한다.

### 비냐 클라시피카다(Vinya Classificada)

명성 높은 포도밭에서 생산한 싱글 빈야드 와인이며, 프르미에 크뤼와 동급이다. 최소 20년 묵은 포도밭의 비율이 80%가 돼야 한다. 참고로 카탈루냐 전역에 비 데 핀카(Vi de Finca)라는 비슷한 개념이 있다. 이는 같은 포도밭에서 연속으로 최소 10년간 생산된 싱글 빈야드 와인을 일컫는다. 프리오라트에 대표적인 비냐 클라시피카다는 두 곳이 있는데, 클로 모가도르(Clos Mogador)와 발 야크(Vall Llach)의 마스 데 라 로사(Mas de la Rosa)다.

### 그란 비냐 클라시피카다(Gran Vinya Classificada)

프리오라트의 싱글 빈야드 그랑 크뤼다. 생산율을 극도로 낮은 수준으로 제한해야 하며, 가르나차와 카리네나의 비중이 최소 90%여야 한다. 최소 35년 묵은 포도밭의 비율이 80%여야 하며, 나머지 포도밭의 수령은 최소 10년이어야 한다.

## 최상급 프리오라트 생산자

- 보데가 알바로 팔라시오스(Bodega Alvaro Palacios)
- 세예르 칼 플라(Celler Cal Pla)
- 세예르 발 야크(Celler Vall Llach)
- 세예르 리폴 산스(Celler Ripoll Sans)
- 클로 에라스무스(Clos Erasmus)
- 클로 피게라스(Clos Figueras)
- 클로 마르티네트(Clos Martinet)
- 클로 모가도르(Clos Mogador)
- 코스테르스 델 시우라나(Costers del Siurana)
- 페레르 보베트(Ferrer Bobet)
- 마스 덴 힐(Mas d'en Gil)
- 마스 도이스(Mas Doix)
- 마스 이그네우스(Mas Igneus)
- 마스 로마니(Mas Romani)
- 니트 데 닌(Nit de Nin)
- 스칼라 데이(Scala Dei)

크로 모가도르의 르네 바르비에르 메예로. 유명한 프리오라트 와인 양조자였던 그의 아버지, 르네 바르비에르 3세가 양조장을 설립했다.

프리오라트 와인은 리오하나 리베라 델 두에로 와인과 는 달리 절대 미국산 오크통에 숙성시키지 않는다. 대신 프랑스산 오크통을 선호한다. 프랑스는 여러 와인 이름 에도 영향을 미쳤다. 클로 모가도르, 클로 데 로바크, 클 로 에가스무스, 클로 마르티네트 등 '클로(Clos)'는 프 랑스어로 고품질 와인을 만드는 작고 특정한 포도밭을 의미하는 개념이다. 프리오라트 와인은 일부를 제외하 고 대부분은 드라이 와인이다. 일부 양조장은 스위트 한 주정강화 레드 와인도 만든다. 이를 비스 돌세스(vis dolçes)라 부르는데, 카탈루냐어로 '스위트 와인'이란 뜻이다. 시럽 같은 질감과 초콜릿을 씌운 체리 풍미가 있는 프리오라트 스위트 와인은 맛이 매우 뛰어나며, 가 격도 품질에 상응한다.

앞서 설명했듯, 1990년대 이전에는 가난하고 늙은 농부 들이 당나귀 한 마리만 데리고 포도밭에서 힘들게 직접 일하는 경우가 대다수였다. 그런데 1990년대 초에 자금 력, 사업 능력, 선견지명을 모두 갖춘 몇몇 와인 양조자 와 야심 찬 재배자들이 프리오라트의 잠재성을 발견했 다. 이대로 포기하기엔 고급 와인을 생산할 잠재성이 너 무 높다는 것이었다. 이때 선구적 역할을 했던 양조장은 코스테르스 델 시우라나, 클로 모가도르, 클로 마르티네 트, 클로 에라스무스, 알바로 팔라시오스 등이다. 이들 모두 와인의 복합미, 숙성력, 높은 가격 면에서 세계적 명성을 쌓은 양조장이다.

클로 에라스무스는 독학으로 공부한 와인 양조자 다프

네 글로리안이 소유주이며, 풍성한 풍미들이 입안에서 자유롭게 춤을 추는 매혹적인 와인을 만든다. 무엇보다 가르나차를 가장 잘 표현한 와인으로 꼽는다. 클로 모가 도르는 보르도에서 공부한 와인 양조자 르네 바르비에 르가 설립했으며, 이국적인 향신료, 감칠맛, 가르다몸, 중국의 오향분 풍미가 어우러진 와인을 만든다. 보데 가 알바로 팔라시오스는 프리오라트 와인 중 수집가들 에게 가장 인기 많은 두 와인을 만든다. 바로 레르미타 (L'Ermita)와 핀카 도피(Finca Dofí)다. 레르미타는 프 리오라트에서 최초로 그란 비냐 클라시피카다에 지정 됐다. 뛰어난 응축력과 무성함을 지녔으며, 가르나차가 주재료다. 이론상 형제 격인 핀카 도피보다 파워가 약하 다. 핀카 도피는 가르나차, 카베르네 소비뇽, 시라, 메를 로를 혼합한 와인이며, 복합미가 상당하다. 대위법이라 는 표현이 굉장히 잘 어울리는 와인인데, 풍성하면서도 늘씬하고, 정교하면서도 근육질이 느껴지며, 과일과 향 신료 풍미가 절묘하게 어우러진다.

이처럼 기술, 에너지, 열정을 갖춘 선구적인 양조장들 덕분에 프리오라트는 완전히 뒤바뀌었다. 이런 변화를 명확하게 보여 주는 통계자료가 있다. 프리오라트 규제 위원회에 따르면, 1980년대 중반과 1990년대 중반 사 이에 당나귀 가격이 10,000% 증가했다.

프리오라트는 또 다른 와인 산지로 빈틈없이 둘러싸여 있다. 바로 몬산트('성스러운 산'이라는 뜻)다. 몬산트는 프리오라트의 동생과 같다. 몬산트 포도밭은 대체로 프 리오라트보다 고도가 낮으며, 와인은 별로 복합적이지 않은 편이다. 그러나 일부 몬산토 포도밭은 프리오라트 와 마찬가지로 가르나차와 카리녜나를 기반으로 하며, 화강암질 점판암 토양이며, 포도밭 수령도 많다. 최상급 몬산토 와인은 프리오라트 와인과 맛과 느낌이 매우 유 사하지만, 대체로 가격은 더 낮다.

# OTHER IMPORTANT WINE REGIONS 기타 주요 와인 산지

바스크 지역 | 비에르소 | 칼라타유드와 캄포 데 보르하 | 카스티야라만차 | 후미야 | 리베이라 사크라 | 루에다 | 토로 | 발데오라스

## 바스크 지역

스페인 북부의 바스크 지역은 음식과 와인이 모두 유명하며 굉장히 특색 있다. 바스크 지역의 산 세바스티안 도시는 유럽의 미식 수도로 알려져 있다. 세상 어디에서도 볼 수 없는 진미가 모험을 즐기는 미식가들을 기다리고 있다.

바스크 지역은 대서양 연안의 얼음장처럼 차가운 비스카야만(영어로 비스케이만)을 따라 프랑스 국경의 산악지대까지 이어진다. 포도밭은 어두운 석회암 절벽에 있으며, 점판암 회색빛의 바다 위로 외팔보처럼 아찔하게 매달려 있는 형상이다. 가장 중요한 와인은 환상적인 아삭함을 자랑하는 화이트 와인이며, 해산물과 환상의 궁합을 이룬다.

바로 차콜리(Txakoli)라는 와인인데, 혀가 꼬일 정도로 발음하기 어렵다. 종종 차콜리나(Txakolina)라고 정정해서 부르기도 한다. 때론 스페인어나 프랑스어로 차콜리(chacoli)라고 쓰기도 한다. 차콜리라는 이름은 아랍어로 '얇음'을 뜻하는 차칼렛(chacalet)이라는 단어에서 파생됐다(와인이 얼마나 매끈한지 곧이어 설명하겠다).

차콜리는 현지에서 같은 이름으로 불리는 청포도 집단 세 개를 주재료로 사용한다. 바로 온다리비 수리(Hondarribi Zuri)다. DNA 감식 결과에 따르면, 온다리비 수리는 쿠르뷔 브랑(Courbu Blanc), 크라우첸(Crouchen), 노아(Noah) 중 하나다. 주리는 바스크어로 '흰색'이라는 뜻이다. 온다리비아는 프랑스 국경 근처의 스페인 마을이다. 온다리비 벨차(Hondarribi Beltza)라 불리는 적포도 품종도 있다. 벨차는 '검은색'이라는 뜻이다. 온다리비 벨차는 이름에 온다리비라는 단어가 들어가긴 하지만 온다리비 수리와는 아무런 관련이 없다. 대신 카베르네 프랑의 자손으로 짐작된다.

차콜리는 크게 세 종류이며, 바스크어 명칭은 다음과 같다. 헤타리아코 차콜리나(Getariako Txakolina, 게타리아 마을 주변에서 만든 차콜리), 비스카이코 차콜리나(Bizkaiko Txakolina, 비스카야 지역 내 마을 수십 군데서 만든 차콜리), 아라바코 차콜리나(Arabako Txakolina, 알라바 북서부에서 만든 차콜리) 등이다.

차콜리는 아삭하고, 앙상하게 느껴질 정도로 드라이하며, 알코올 함량이 낮고, 가벼운 기포가 자글거린다. 차콜리를 마실 때는 '브레이킹(breaking·부수다)'이라는 특이한 방법을 사용한다. 차콜리를 수십 센티미터 높이에서 작은 텀블러잔을 향해 붓는다(기본적으로 와인이 잔 밖으로 튀어 나가는 게 일반적인 과정인 것 같다). 와인이 공기를 가로지르면서 풍미가 깨어나고, 향과 맛이 훨씬 선명해진다.

가장 유명한 차콜리는 초민 에차니스(Txomin Etxaniz)다. 필자는 모든 소믈리에에게 '초민 에차니스 헤타리아코 차콜리나'를 세 배 빠르게 발음해 보라고 시켜 보고 싶다.

차콜리를 '브레이킹'하고 있다.

## 비에르소

비에르소는 스페인 북서부 카스티야 이 레온의 레온 지방에 있는 외딴 산악지대다. 비에르소 서쪽에는 갈리시아 해안지역과 주요 DO 산지인 리아스 바이사스가 있다. 비에르소의 기후는 건조하고 뜨겁지만, 다행스럽게도 시원한 해풍이 비에르소 고원을 향해 불어온다.

비에르소의 와인 역사는 북부 스페인의 수많은 와인 산지와 마찬가지로 고대 로마 시대부터 시작됐다. 당시 이 지역은 이베리아반도에서 가장 큰 금광 지대였다. 현재까지도 고대 로마 시대의 금광이 남아 있다. 가장 유명한 금광은 유네스코 세계문화유산으로 지정된 라스 메둘라스다.

유네스코 세계문화유산으로 지정된 비에르소의 라스 메둘라스

비에르소 산악지대의 토양은 점판암과 석영이 섞여 있으며, 이곳 와인의 독특한 풍미를 만들어 낸다. 주요 적포도 품종은 멘시아이며, 주요 청포도 품종은 고데요다. 멘시아는 향신료, 사냥감, 광물성 풍미가 돋보이는 극적인 적포도다. 필자가 느끼기에 시라와 피노 누아의 중간쯤이다. DNA 감식 결과, 멘시아는 이베리아 고대 품종인 알프로셰이로(Alfrocheiro)와 파토라(Patorra)의 자손으로 밝혀졌다. 한편 고데요는 스페인에서 정상급 청포도에 속한다. 최상급 고데요는 견과류와 향신료 풍미, 감미로움, 풍성함, 짠맛이 특징이다. 에밀리오 모로(Emilio Moro)가 만든 라 레벨리아(La Revelia)라는 고데요 와인을 마셔 보라. 고급 부르고뉴 화이트 와인과 혼동될 것이다.

비에르소는 현대 스페인 와인계에 1998년 등장했다. 유명 스페인 양조장인 알바로 팔라시오스가 조카인 리카르도 페레스와 함께 고대 포도밭을 매입해서 데센디엔테스 데 호세 팔라시오스(Descendientes de José Palacios)라는 비에르소 최고의 양조장을 설립한 것이 시작이었다. 참고로 알바로 팔라시오는 프리오라트 와인 산지를 다시 일으키는데 일조한 인물이다. 라울 페레스라는 또 다른 와인 양조자도 울트레이아 센 야크스(Ultreia Saint Jacques)라는 맛있고 표현적인 멘시아 와인을 만든다. 참고로 리카르도 페레스와 성은 같지만 서로 아무런 관련이 없다. 스페인에서 태어난 미국 출신 슈퍼 셰프인 호세 안드레스가 투자자다.

## 칼라타유드와 캄포 데 보르하

리오하 남동쪽에 작은 DO 지역이 나란히 붙어 있다. 칼라타유드와 캄포 데 보르하다. 필자가 별개의 두 지역을 하나로 묶어서 다루는 이유는 두 지역이 샤토뇌프 뒤 파프에 버금가는 위대한 가르나차 와인을 만드는 작은 제국과도 같기 때문이다.

두 지역의 지형은 매우 험난하다. 고도는 해발 300~900m로 높은 편이고, 건조한 붓처럼 생긴 구릉지대가 미국 네바다주를 연상시킨다. 토양은 쉽게 바스러지는 검붉은 점판암에 석회암, 철, 진흙이 섞여 있다. 뜨겁게 달궈진 점판암 토양에 자란 야생 타임와 로즈메리가 가리그(garigue)를 닮은 정제된 허브 아로마를 발산한다. 50년 전, 칼라타유드의 포도밭은 현재보다 10배 더 넓었으며, 캄포 데 보르하는 그보다 훨씬 더 넓었다. 그러나 1980년대, 유럽연합이 포도밭을 갈아엎고 싶어 하는 농부들에게 보조금을 지급했다. 현재 칼라타유드에 남은 포도밭은 35k㎡(3,500헥타르)를 웃돌며, 캄포 데 보르하는 64k㎡(6,400헥타르)에 불과하다.

칼라타유드와 캄포 데 보르하의 그르나슈는 섬세하고 절제된 와인이 아니다. 검은빛, 농후함, 씹히는 느낌, 입맛을 돋우는 맛, 키르슈바서 과일, 광물성, 향신료 등 특징이 아무리 많아도 전혀 과하지 않다.

두 지역 모두 레드 와인이 주를 이루지만, 훌륭한 화이트 와인도 존재한다. 예를 들어 카탈라유드에 50년 이상 묵은 포도나무 과실로 만든 마카베오 와인은 풍미와 아로마가 매우 또렷하다.

주목할 만한 칼라타유드 와이너리로는 발타자르(Baltasar), 라스 로카스(Las Rocas) 등이 있다. 캄포 데 보르하에는 보르사오(Borsao), 쿠에바스 데 아롬(Cuevas de Arom), 알토 몬카요(Alto Moncayo) 등이 있다.

## 카스티야라만차

마드리드 남쪽에 반원처럼 생긴 지역이 카스티야라만차로 스페인 중부의 장엄한 메세타 대고원에 있다. 카스티야라만차는 막대한 와인 생산량에도 불구하고, 외국인에게는 돈키호테라는 소설 속 인물로 더 잘 알려져 있다.

카스티야라만차는 세계 최대 와인 산지에 속한다(나파 밸리의 100배). 역사적으로 스페인에는 프랑스의 랑그도크루시용 같은 존재다. 맛있고 저렴한 와인이 넘쳐나는 안락하고 든든한 곳이다. 오늘날 품질을 중시하는 가족 운영 와이너리 수십 곳의 전면에 나서서 지역의 변화를 꾀하고 있다. 실제로 스페인의 파고스(pagos, 최상급 와인을 전문적으로 생산하는 소규모 양조장) 대부분이 이 광활한 고원에서 발견된다. 한편 수많은 와인 조합들도 이전보다 품질이 개선된 와인을 생산하고 있다. 카스티야라만차는 와인 산지로서 타고 난 자연적 자산이 많다. 일단 고도가 해발 1,100m로 높은 편이다. 하루 온도 차가 매우 커서 저녁에는 서늘하고, 낮에는 일조량이 많아 건조하다. 토양은 석회암이 산재해 있다(석회암을 오직 부르고뉴, 샹파뉴와 연결 짓는 사람에겐 다소 충격적인 사실이다). 포도밭 대부분은 60~80년 전에 심어진 것이다. 무엇보다 놀라운 사실은 여전히 낮은 가격을 유지하고 있다는 점이다.

이처럼 모험적인 재배환경 덕분으로 카스티야라만차에는 40종이 넘는 포도 품종이 자란다. 토착종 청포도인 아이렌, 토착종 적포도인 보발, 모나스트렐, 템프라니요, 가르나차, 국제 품종인 비오니에, 시라, 카베르네 소비뇽까지 상당히 광범위하다. 그중 가장 주목할 만한 토착종은 어두운색의 포도 껍질이 특징인 리스탄 프리에토(Listán Prieto)다. 리스탄 프리에토는 16세기에 아르헨티나, 칠레, 멕시코 등지로 확산했다. 이후 캘리포니아에도 수출돼서 미션(Mission)이라는 이름이 붙었다. 리스탄 프리에토는 미국에서 최초로 재배한 유럽 품종(비티스 비니페라)이다.

필자는 맛있는 카스티야라만차 와인을 꽤 많이 마셔 봤지만, 마지막으로 아이렌에 관해 이야기하고자 한다. 아이렌은 세계 최대 생산량을 자랑하는 포도 품종 중 하나다. 20세기, 스페인에서 아이렌은 주로 허름한 바나 화물차 휴게소에서 파는 와인이었다. 아이렌 대다수가 싸구려 브랜디로 증류됐고, 유럽연합 국가에 저렴한 스파클링 와인에 섞을 블렌딩용으로 수출됐다. 그러나 오늘날 아이렌의 잠재성을 알아본 카스티야라만차 생산자 수십 명이 최고 품질을 목적으로 아이렌 와인을 공들여 만들기 시작했다. 그 결과 새롭고 신선하며, 짜릿하고 과일 풍미와 광물성이 돋보이는 스틸 와인(스파클링 와인이 아님)을 만드는 데 성공했다. 새로운 아이렌 와인은 일상적인 저녁 식사에 곁들일 만한 훌륭한 화이트 와인이다. 예를 들어 블라인드 테스트에서 아이렌 와인과 저렴한 가격의 전형적인 피노 그리지오를 비교한다면, 피노 그리지오는 아이렌의 상대가 되지 못한다.

돈키호테는 사람들의 기억 속에 카스티야라만차의 풍차를 각인시켰다.

## 후미야

스페인에서 가장 흥미진진한 신흥 와인 산지는 북부에 몰려 있다. 그런데 후미야는 마드리드 남쪽에 있으며, 지중해 연안에서 내륙으로 80km만큼 떨어져 있다. 고도는 높은 편이며, 건조한 계곡 측면에 알리칸테, 알바세테, 무르시아 등 남부 마을이 자리 잡고 있다. 낮은 타들어 갈 것처럼 뜨겁지만, 해발 400~800m의 높은 고도 덕분으로 밤에는 서늘해서 포도 재배에 유리하다. 주요 포도 품종은 적포도인 모나스트렐이다. 포도가 늦게 성숙하는 만생종이기 때문에 일조량이 많이 필요하다. 모나스트렐은 스페인 토착종이지만, 한 세기 전부터 프랑스, 호주, 캘리포니아 등지에 전파돼서 무르베드르 또는 마타로라는 새 이름을 얻었다. 모나스트렐 와인은 대체로 투박하고 활기찬데다가 마시기 쉬우며, 과일 풍미와 농익은 맛이 난다. 그러나 진중하고 복합적인 버전도 존재한다. 모나스트렐 와인은 할인 가격에 널리 수출되고 있다. 신기하게도 후미야의 모나스트렐 포도나무는 접목하지 않은 경우가 대다수다. 필록세라가 이곳의 건조한 토양에 침투하지 못했기 때문이다. 시라, 템프라니요, 가르나차, 메를로, 카베르네 소비뇽도 모나스트렐에 블렌딩할 목적으로 소량씩 재배한다.

## 리베이라 사크라

스페인 북서부 끝단의 갈리시아 지방은 알바리뇨 청포도가 자생하는 리아스 바이사스 DO 산지로 유명하다. 그런데 갈리시아 안쪽의 산악지대에도 다른 토착종으로 환상적인 와인을 만드는 DO 산지가 여럿 있다. 그중 리베이라 사크라와 발데오라스가 가장 유명하다.

리베이라 사크라는 가파른 미뇨(Miño) 구릉지대와 실(Sil)강 계곡을 따라 'S'자를 그리고 있다. 와인 양조 역사는 로마 시대까지 거슬러 올라간다. 중세 시대에 수도승들이 돌로 만든 계단식 포도밭을 관리했다. 이 지역은 포도 재배에 매우 유리한 세 가지 이점이 있다. 생산율이 낮은 포도나무 고목, 해양성과 대륙성 기후가 반반 섞인 서늘한 기후, 화강암과 점판암 그리고 석회암으로 구성된 토양이다. 그러나 이런 장점에도 불구하고 필록세라, 1차·2차 세계대전, 스페인 내전, 1960~1970년대 스페인 청년층의 탈농촌화가 연달아 발생하면서 이름 없는 산지로 전락했다.

그러나 리베이라 사크라의 매력이 입증되는 건 시간 문제였다. 젊고 선구적인 와인 양조자들에게 리베이라 사크라는 그냥 지나치기엔 너무 매력적이었다. 이들은 1990년대에 현지 농부들과 협력해서 옛 포도밭을 복원하고 재건하는 데 힘썼다.

리베이라 사크라의 주요 포도 품종은 동쪽의 비에르소와 마찬가지로 적포도인 멘시아다. 멘시아는 야생성, 사냥감, 향신료 풍미와 아로마를 발산한다. 그러나 리베이라 사크라의 멘시아는 서늘한 기후 덕분에 상대적으로 더 '서늘하고(cool)' 매끈한 스타일이다. 청포도인 고데요도 유명하다. 리베이라 사크라의 고데요 와인은 광물성, 후추, 마르멜루의 풍미, 왁스와 크림 같은 질감을 가졌다. 대표적 예로 알바레도홉스 고데요(Alvaredo-Hobbs Godello)가 있다.

가을철 리베이라 사크라의 계단식 포도밭 풍경

## 루에다

루에다는 스페인에서 가장 많이 팔리는 아삭하고 생기 넘치는 화이트 와인이다. 루에다라는 이름은 마드리드에서 북쪽으로 2시간 거리(175km)에 있는 카스티야 이 레온의 루에다 마을에서 따온 것이다. 루에다는 높은 고원에 있는데, 두에로강이 이 고원을 둘로 쪼개며 관통한 이후 포르투갈로 흘러 들어간다. 루에다는 미풍이 끊임없이 불고 밤에 매우 추운 것으로 유명하다.

필자는 깨끗하고 신선하며, 은은한 허브 향이 퍼지는 루에다를 떠올릴 때마다 소비뇽 블랑이 생각난다. 실제로 소비뇽 블랑은 루에다의 역사에 중요한 부분을 차지한다. 루에다는 1970년이 돼서야 주요 와인 산지로 부상했다. 현재는 작고한 전설의 프랑스 와인 학자 에밀 페노가 유서 깊은 리오하 회사인 마르케스 데 리스칼의 제안을 받아들인 것이다. 페노의 임무는 스페인에서 보르도 화이트 와인(세미용과 소비뇽 블랑이 주재료)처럼 신선하고 아삭하며, 광물성을 지닌 화이트 와인을 생산할 장소를 물색하는 것이었다.

페노는 모두의 예상을 깨고 루에다를 선정했고, 현지 품종인 베르데호의 잠재력을 매우 높게 평가했다. 당시 루에다는 평범한 주정강화 와인을 생산하는 시골 벽지에 불과했다.

오늘날 베르데호의 포도밭 면적은 160㎢(16만 헥타르) 인데, 이 중 85%가 베르데호다. 이 중 100년 이상 묵은 나무는 세계에서 가장 오래된 청포도 나무다. 나머지 포도밭은 대부분 소비뇽 블랑이 차지한다. 소비뇽 블랑은 보통 베르데호나 비우라(리오하의 주요 청포도 품종)와 블렌딩한다. 비오니에와 샤르도네도 허용된 품종이다. 2020년, 루에다는 새 법률에 따라 세 종류의 와인을 허용했다. 그란 비노 데 루에다(Gran Vino de Rueda) 의 포도밭은 최소 30년을 묵어야 하며 생산율이 낮아야 한다. 그란 아냐다(Gran Añada) 스파클링 와인은 전통 샴페인 양조법을 따라야 하며, 최소 36개월간 쉬르리 숙성을 거친 빈티지 와인이어야 한다. 루에다 팔리도 (Rueda Pálido)는 주정강화 와인으로 오크 배럴에 최소 3년간 숙성시켜야 한다. 모두 소량만 생산되며, 옛 방식을 그대로 답습하되 고품질을 지향한다.

최상급 루에다 생산자는 마르케스 데 리스칼(Marqués de Riscal), 벨론드라데 이 루르통(Belondrade y Lurton), 보데가스 나이아(Bodegas Naia), 호세 파리엔테(José Pariente), 디에스 시글로스(Diez Siglos), 텔모 로드리게스(Telmo Rodríguez), 베르데루비 (Verderrubi) 등이다.

## 토로

토로는 스페인 중부 고원지대에 있는 사모라 지방의 두에로강 유역에 있는 작은 와인 산지다. 토로는 마을 십여 개를 포함하고 있으며, 이 중 가장 중요한 마을의 이름도 토로다. 토로의 기후는 부근의 리베라 델 두에로와 마찬가지로 볕이 잘 들고 건조하며, 낮에는 매우 덥고 밤에는 춥다. 토양도 마찬가지로 모래와 고대 강바닥 암석이 섞여 있다.

토로는 엄청나게 강력하고 두꺼우며, 타닌감이 강한 틴타 델 토로 레드 와인으로 유명하다. 틴타 델 토로는 현지에 토착화된 템프라니요 클론이다(가르나차와 소량의 베르데호도 생산된다). 100년 이상 묵은 포도나무 과실로 만든 최상급 토로 와인은 쌉쌀한 초콜릿, 담배, 말린 향신료, 먼지(이상하게 보이지만 맛은 훌륭함) 풍미, 검은빛, 단단한 질감을 갖는다. 그러나 저렴한 저품질 와인은 혹독한 맛과 높은 알코올 함량 때문에 머리가 깨질 듯이 아플 수도 있으니 주의하자.

토로에서 가장 유명한 양조장을 살펴보자. 캄포 엘리세오(Campo Eliseo)는 국제 와인 컨설턴트인 미셸 롤랜드와 프랑스의 뤼르통 가문이 합작으로 설립했다. 핀티아(Pintia)는 베가시실리아가 소유한 양조장이다. 누만시아(Numanthia)는 모엣 헤네시 루이뷔통(LVMH)이 소유한 양조장이다. 누만시아의 포도밭 절반은 70~200 년 전에 심은 포도나무로 구성돼 있다.

## 발데오라스

발데오라스는 갈리시아 동쪽에 있는 산악지대로 카스티야 이 레온과 경계를 접하고 있다. 갈리시아에서 가장 흥미로운 와인 산지로 아직 밝혀지지 않은 정보가 많다. 스페인에서 가장 흥미롭고 복합적인 청포도 품종인 고데요의 영적 고향이다. 비에르소, 리베이라 사크라와 마찬가지로 적포도 품종인 멘시아의 매력이 돋보이는 곳이기도 하다. 실제로 가바 도 실(Gaba do Xil), 비르세 데 갈리르(Virxe de Galir) 등의 발데오라스 양조장에서 만든 멘시아 와인은 농후함, 향신료, 검은 후추, 사냥감, 나무숲 등 야생적인 아로마와 풍미로 가득하다. 블라인드 테스트에서 북부 론 와인으로 착각할 수도 있다(가격은 훨씬 저렴하다).

잠깐 고데요 이야기로 돌아가자. 1970년대 전, 고데요는 스페인 북부에서 멸종될 위기에 놓였었다. 당시 갈리시아에 고데요 포도밭 면적은 3~4헥타르에 불과했다. 그런데 루이스 이달고와 오라시오 페르난데스 프레사가 고데요 품종을 구조해서 다시 재배하는 데 성공했다. 오늘날 발데오라스에 고데요의 재배 면적은 12㎢(1,200헥타르)가 넘는다. 발데오라스의 고데요는 풍성하고 둥근 질감, 입안을 가득 채우는 느낌, 복합미, 천연 산미가 주는 매력적인 긴장감이 특징이며 숙성력도 매우 높다. 보통 배럴에 숙성시키며, 아름다운 노란빛을 띤다. 고데요는 특히 샤르도네를 많이 마셔 본 사람에게 완벽한 모험이 될 것이다. 앞서 언급한 비르세 데 갈리르와 가바 도 실 모두 훌륭한 고데요와 멘시아 와인을 생산한다.

발데오라스는 배수력이 뛰어난 점판암과 화강암 토양, 서늘하고 건조하고 볕이 잘 드는 산악 기후, 높은 고도(700m)로 유명하다. 와인 양조 역사는 로마 시대까지 거슬러 올라가며, 당시의 고고학적 유물이 현재까지도 많이 남아 있다. 성 야고보의 무덤을 찾아 산티아고 순례길에 오른 순례자들은 수 세기 전부터 발데오라스를 잘 알았다.

### 란사로테 섬, 수천 개 운석이 추락했다는 소문은 사실일까?

스페인 카나리아 제도의 동쪽 끝에 있는 란사로테 섬에는 만 개가 넘는 기이한 검은 구멍이 다닥다닥 패여 있다. 멀리서 보면 마치 섬 전체가 수천 개 운석에 맞은 듯한 형상이다. 사실 이건 포도밭이다. 세상에서 가장 기이한 포도밭으로 꼽힌다.

란사로테섬과 이곳의 주요 와인 산지인 라 헤리아(La Geria)는 아프리카 연안에서 130km밖에 떨어져 있지 않다. 란사로테의 강우량은 사하라 사막의 일부 지역보다 적다. 1700년대 화산 폭발로 인해 최상급 밭을 비롯한 섬 전체가 용암과 재로 뒤덮였다. 그러나 현지 농부들은 포기하지 않고 '에나레나도(enarenado)'라는 건식 경작법을 도입했다. 에나레나도는 '모래로 뒤덮였다'는 뜻이다. 그런데 알고 보니 섬을 뒤덮은 피콘(picón)이라는 화산토가 밤공기로부터 수분을 흡수해서 보유하는 능력이 굉장히 뛰어났다. 따라서 수분을 포착하기 위해 밭에 너비 4m, 깊이 2m 되는 구멍을 파서 포도나무를 심었다. 그리고 단단한 알갱이로 구성된 피콘 화산토로 구멍을 채웠다. 피콘 화산토는 심지어 상공을 지나는 구름으로부터 수분을 포착할 정도로 흡수력이 뛰어났다. 구멍 둘레에는 소코(zoco)라는 46cm 높이의 반원형 돌벽을 쌓았다. 구멍과 돌벽은 대서양에서 카나리아 제도로 향해 불어오는 강풍으로부터 포도나무를 보호했다. 격자 구조물이 없어 포도나무 덩굴은 땅 위에 가로로 퍼져 나갔다.

오늘날 란사로테섬의 포도밭에는 주로 말바시아 품종을 심는다. 말바시아와 리스탄 프리에토 품종은 스페인 탐험가들이 1500년대에 카나리아 제도에서 멕시코, 남아메리카로 전파한 포도 품종이다. 이 두 품종은 칠레, 아르헨티나, 캘리포니아의 와인 산업의 초석이 됐다.

란사로테섬의 포도밭은 세계 어디에도 존재하지 않는 특이한 형태를 띠고 있다.

PORTU-GAL

스페인

바이소코르고
시마코르고
도루수페리오르

미뉴

오포르토

도루강

도루

당

바이하다

스페인

대서양

알렌테주

세투발

리스본

0          50 km

마데이라

↗

리스본 북동쪽 970km 지점

포르투갈은 와인산업의 현대화에도 불구하고 서유럽에서 가장 전통에 충실한 나라다. 몇몇 와인의 경우, 포도를 라가르(lagar)라는 옛 석조 통에 담아서 발로 직접 으깨며, 북동부 산악지대에 있는 와인 산지들은 온전히 수작업으로 포도를 수확한다. 수십 년 전에 소달구지가 다니던 흙길은 수십억 유로의 유럽연합 개발기금 덕분에 현재 매끄러운 고속도로로 탈바꿈했다. 그러나 고속도로 부근의 포도밭 대부분은 여전히 수 세기 전의 모습을 그대로 유지하고 있다. 포르투갈의 와인은 시간이 매우 느리게 흐르는 장소의 맛을 그대로 담고 있다.

포르투갈이 이처럼 전통을 고수하는 가장 큰 이유는 포트와인의 중요성 때문이다. 포트는 포르투갈에서 가장 유명한 와인으로 스페인의 셰리, 프랑스의 샴페인처럼 장인적 전통식으로 세심하게 손으로 만든다. 포트는 스위트한 주정강화 와인이며, 과급기를 장착한 듯한 강력한 풍미를 경험할 수 있다. 1700년대부터 품질 개선에 힘써 온 결과, 세계에서 가장 주목할 만한 와인으로 여겨진다. 포르투갈 최고의 와인인 만큼 이번 챕터에서는 포트와인을 먼저 살펴보고, 이에 버금가는 포르투갈의 매혹스러운 보물 마데이라를 차례로 소개하겠다. 마지막으로 좋은 테이블 와인을 생산하는 신흥 와인 산지도 빼놓지 않고 소개할 예정이다. 이번 챕터에서 포르투갈의 모든 와인 산지를 다룰 순 없지만 미뉴, 도루, 당, 바

## 최상급 포르투갈 와인

### 정상급 와인

**알렌테주(ALENTEJO)** - 화이트, 레드 와인

**바이하다(BAIRRADA)** - 레드, 스파클링 와인

**당(DÃO)** - 화이트, 레드 와인

**도루(DOURO)** - 화이트, 레드 와인

**마데이라(MADEIRA)**
- 화이트 와인(주정강화; 드라이, 스위트)

**포트(PORT)** - 레드 와인 (주정강화: 스위트)

**비뉴 베르드(VINHO VERDE)** - 화이트 와인

### 주목할 만한 와인

**세투발(SETÚBAL)** - 화이트 와인(주정강화: 스위트)

이하다, 알렌테주 등 와인의 품질 혁명이 일어난 지역은 짚고 넘어갈 생각이다.

포르투갈은 가히 포도밭으로 뒤덮여 있다고 해도 과언이 아니다. 캘리포니아의 1/4 크기밖에 되지 않는 작은 나라의 포도밭 면적이 거의 1,940㎢ (19만 4,000헥타르)에 달한다. 과거에는 이보다 더 넓었지만, 안타깝게

도루강 계곡에 펼쳐진 포도밭은 세계에서 가장 근사한 광경을 빚어낸다.

도 소규모 포도밭을 버리고 농촌을 떠나는 사람이 늘어남에 따라 포도밭 면적도 줄어들었다.

포르투갈와인협회(Vine and Wine Institute of Portugal)에 따르면, 현재 포르투갈에는 370종 이상의 포도 품종이 자라고 있으며, 이 중 250종이 토착종이다. 대부분 품종이 초창기 포도 경작지인 페니키아(현재의 레바논과 일부 시리아 지역)와 아나톨리아(튀르키예)에서 포르투갈로 넘어온 것으로 추정된다.

포르투갈 포도들은 이때부터 생존을 위해 처절하게 몸부림쳤다. 오늘날 살아남은 품종들은 자연적인 유전자 변이를 통해 건조하고 더운 기후와 황폐화한 땅에 적응한 결과, 기후변화에도 불구하고 밸런스가 뛰어난 신선한 와인을 만드는 놀라운 적응력을 보여 줬다. 이런 성공적인 사례를 토대로 다른 유럽 와인 산지(특히 보르도)에서 몇몇 포르투갈 품종을 도입해서 자국의 등급제 와인에 사용하도록 승인했다.

# PORT 포트와인

포르투갈이 포트와인의 어머니라면, 영국은 포트와인의 아버지다. 유명 포트와인 회사의 설립자도 샌드맨, 크로프트, 다우, 그레이엄, 코번, 월 등 영국식 이름이 많다. 실제 영국인은 포트와인의 창시자이자 열렬한 숭배자다. 사실 포트는 최근까지 '가장 성차별적인 음료'라는 수식어가 있었다. 포트는 전형적인 남성의 술로 여성이 방을 나간 후에 비로소 시가와 함께 내오는 것이 일반적이었다. 물론 이제는 여성이 방을 나가지 않아도 되는 시대다.

**포트라는 이름은 도루강('금빛 강'이란 뜻) 어귀에 있는 오포르투에서 유래했다. 오포르투는 대서양의 주요 항구도시이자 포르투갈에서 리스본 다음으로 큰 도시다.**

고대 로마인은 도루강의 가파른 기슭에서 생산된 다즙한 레드 와인을 높이 평가했다. 그러나 독창적인 영국인들이 이 단순하고 가벼운 와인을 체온을 높여 주는 초창기 포트와인 버전으로 탈바꿈한 것은 그로부터 수 세기가 지난 후였다. 포트의 탄생 설화도 있지만, 사실상 포트는 단 한 번의 창조 행위로 탄생했다기보다는, 지속적인 발견의 결과물이다.

전해지는 이야기에 따르면, 젊은 영국인 상인 두 명이 1670년대에 영국 시장에 팔릴 만한 와인을 찾으러 포르투갈에 왔다고 한다. 당시 영국과 프랑스 간 정치적 경쟁이 심화함에 따라 영국에서 프랑스 와인의 인기가 급락하던 상황이었다. 두 상인은 도루강 인근의 라메구 마을 외곽에 있는 한 수도원을 들렀다. 그곳 수도원장이 대접한 와인은 그들이 마셔 본 와인 중 가장 부드럽고 달콤하며 흥미로웠다. 상인들이 끈질기게 비결을

> **포트와인 맛보기**
>
> 스위트 주정강화 와인인 포트는 세상에서 가장 복합적이고 숙성력이 뛰어나다.
>
> 진정한 포트와인은 오직 포르투갈의 도루강 계곡에서만 생산된다. 도루강 계곡은 유래가 깊은 와인 산지로 험준하고 가파른 암석 비탈면에 포도밭이 자리하며, 여름철에는 태양이 뜨겁게 작열한다.
>
> 포트와인은 다양한 스타일로 생산되며, 각각 비범하고 특색 있는 경험을 선사한다.

묻자, 수도원장은 발효 중인 와인에 브랜디를 첨가한다고 털어놓았다.

그러나 이건 그저 민화에 불과하다. 17세기 무렵 와인에 포도 증류주를 첨가해서 주정을 강화한 까닭은 단지 영국으로 운송하는 동안 와인이 상하지 않게 하기 위함이었다. 초반에 증류주의 양은 약 3%로 적었다. 그러나 1820년 빈티지가 놀라운 품질을 보이자, 수출자들은 포트와인을 달리 생각하게 됐다. 그해 포트와인은 유난히 풍성하고 원숙하며 천연 단맛이 진했다. 이에 따라 판매량이 급증했다. 이듬해 수출자들은 전년도의 성공을 이어가고 싶었다. 와인의 발효 시기를 앞당겨서 당도를 높이기 위해, 전보다 더 이른 시기에 더 많은 양의 브랜디를 첨가했다. 예상은 적중했다. 이후 수십 년에 걸쳐 와인에 첨가하는 포도 증류주의 양은 점차 늘어갔고, 전보다 훨씬 달고 강화된 와인이 만들어졌다.

## 팩토리 하우스(와인, 금, 상아, 향신료 무역의 장)

1786~1790년에 오포르투에 세워진 팩토리 하우스는 유럽에 마지막으로 남은 팩토리 하우스 중 하나다. 본래 팩토리(factory)는 팩토(factor)라 불리는 상인들로 구성된 무역 조합이었다. 1500년대 초에 영국은 런던에서 아프리카, 인도, 중국으로 통하는 무역로를 따라 요새처럼 장엄하게 생긴 팩토리 하우스들을 지었다. 팩토리 하우스는 회원만 출입이 가능한 만남의 장소로 사용됐다. 영국 상인들은 이곳에서 와인, 금, 상아, 향신료 사업을 벌였다. 팩토리 하우스는 영국 사회생활의 장으로도 활용됐다. 오포르투 지점처럼 호화스러운 다이닝 룸, 디저트 룸, 도서관, 응접실, 지도의 방, 집필실, 무도회장을 갖춘 팩토리 하우스가 많았다. 흥미롭게도 1843년까지 오포르투 팩토리 하우스는 여성이 만찬에 참석하지 못하게 했다. 따라서 회원들끼리 장시간 식사하는 자리에 포트와인, 보르도 와인, 샴페인이 넘쳐났지만 여성은 이를 함께 즐기지 못했다. 그래도 무도회처럼 여성이 필요한 자리에는 참석이 허용됐다. 현재 오포르투 팩토리 하우스는 몇몇 포트와인 수출자의 소유가 됐다. 회원이 되려면 영국 출신이면서 포트와인 회사의 임원이어야 한다. 회원은 매년 빈티지 포트와인 20상자의 연회비를 지불한다. 팩토리 하우스는 대중에게 개방되지 않지만, 팩토리 하우스 소유주들은 매년 손님을 대거 초대해 팩토리 하우스의 역사와 화려함을 체험할 기회를 제공한다.

다우스의 1979년산 빈티지 포트와인이 언제든 개봉되길 기다리고 있다.

도루 계곡의 험준한 비탈면의 경도는 35-70도이며, 계단식 밭은 높이가 4.6m에 이른다. 여름에 용광로처럼 뜨거운 이곳은 포르투갈에서 가장 일하기 험난한 포도밭으로 꼽힌다.

## 땅과 포도 그리고 포도원

포트와인은 전 세계에서 오직 한 곳, 도루강 계곡의 포트 산지에서만 생산한다. 포트 산지는 길이 110km의 지정된 구역으로 유네스코 세계문화유산에 등재된 곳이기도 하다. 도루강은 스페인에서 '두에로강'으로 불리는데, 스페인 마드리드 부근에서 시작해서 서쪽으로 바위투성이 고원을 지나 국경을 넘어간다. 포르투갈에서는 메마르고 바위가 많아 척박한 땅을 피오르(fjord)처럼 관통해서 전국을 횡단하다가 마침내 오포르투에서 대서양으로 흘러 들어간다. 도루강은 매우 거대해서 오늘날 포르투갈 수력발전 공급량의 30% 이상을 차지한다. 도루의 포도밭은 인간의 굳은 의지를 보여 준다. 그만큼 도루는 포도나무가 자라기 힘들 정도로 무자비한 환경이다. 멀리서 보면, 원형경기장처럼 생긴 계단식 포도밭이 강 계곡을 따라 끝없이 펼쳐진다. 수작업으로 만든 높고 좁은 계단식 밭은 매우 가파른 둑처럼 깎여 있으며, 편암과 화강암이 드문드문 섞여 있다. 암석 비탈면은 흙이 거의 없어 여러 세대에 걸쳐 망치와 철주를 이용해서 일일이 손으로 바위를 작게 쪼갰다. 이후, 다이너마이트를 터뜨리는 방법이 일반화됐다.

한편 편암과 화강암의 존재는 매우 중요하다. 둘 다 배수가 잘되기 때문에 포도나무 뿌리가 수분을 찾아 바위틈으로 최대 20m까지 깊이 파고든다. 뿌리는 땅속 깊은 곳에서 안정적인 환경을 찾아내고, 뿌리 자체도 견고해진다. 이는 도루에서 매우 중요한 조건이다. 여름철 낮 기온이 타들어 가는 것처럼 뜨거우므로 포도나무가 생존하려면 충분한 양의 물을 확보해야 한다.

도루의 여름은 현지에서 '지옥의 3개월'이라 불릴 만큼 악명 높다. 보통 낮 기온이 43℃(110°F)를 웃돌기 때문에 포도나무는 낮에 활동을 중단하고 밤에 비로소 잎의 영양소를 포도로 보낸다. 다행히 세라 두 마랑 산맥이 포르투갈 서부의 차갑고 습윤한 대서양 기후를 막아주기 때문에 덥지만 건조하다.

맹렬한 더위, 까다로운 지형, 비포장도로 때문에 1950년

## 포트의 포도 품종

### 화이트

◇ **코데가, 고베이우, 말바시아 피나, 하비가투, 비오지뉴**

드물게 재배하는 품종이며, 화이트 포트와인 한 종류에만 사용한다(여기에 얼음과 라임을 곁들이면, 도루의 진토닉이 완성된다). 테이블 와인을 만드는데 도 사용한다.

### 레드

◇ **소상**

어두운색의 포도이며, 비냥(Vinhão)이라고도 한다. 산미 보존력이 뛰어나 포트 블렌드에 신선함을 가미하기 위해 소량을 첨가한다.

◇ **틴타 바호카**

'검은 바로크'라는 뜻이다. 와인에 알코올, 보디감, 초콜릿의 풍미와 아로마를 가미한다. 테이블 와인을 만드는 데도 사용한다.

◇ **틴투 캉**

'붉은 개'라는 뜻이다. 포트 블렌드에 섬세함, 향신료 풍미를 가미한다.

◇ **틴타 호리스**

스페인 토착종이며, 스페인에서는 템프라니요라고 부른다. 보디감과 레드 베리의 풍미와 아로마를 가미한다.

◇ **토리가 프란카**

품질이 높은 주요 만숙형 품종이다. 꽃과 제비꽃 아로마와 풍성함을 가미한다.

◇ **토리가 나시오날**

색, 타닌, 구조감, 풍미, 아로마를 가미한다. 강렬한 구조감 때문에 포트와인계의 카베르네 소비뇽처럼 여겨진다.

---

대 전까지는 도루에서 만든 어린 와인(포트와인이 되기 전 단계)을 컬러풀한 페니키아식 배(barco rabelo)에 실어 오포르투와 자매도시인 빌라 노바 드 가이아로 신속하게 운송했다. 수출업자들은 이곳 창고(lodge)에서 와인을 블렌딩하고 숙성시켰다.

> '포트와인은 평평하고 쉬운 포도밭에서 생산되지 않는다. 우리는 이곳에서 신의 도움 없이 최상급 와인을 만들기 위해 치열한 전투를 벌이고 있다.'
> –아르몬도 알메이다, 포도 재배자

오늘날 포트와인의 40%가 빌라 노바 드 가이아에 있는 수출업자들의 창고에서 블렌딩, 숙성, 병입된다. 도루에서 창고까지 탱크 트럭으로 운송하는데 비좁은 도로, 급커브길, 갓길과 가드레일이 없는 절벽 도로임을 고려하면 실로 대단한 운전 기술이 아닐 수 없다.

과거에 포트와인은 법적으로 수출업자의 창고에서만 숙성시킬 수 있었다. 대규모 수출업자가 포트 무역을 독점하고 소규모 재배자가 자체 브랜드를 만들지 못하게 제한하기 위한 시스템이었다. 그러나 1986년에 상황이 바뀌었다. 현재는 포트와인의 약 60%가 농가 양조장(quinta)에서 직접 숙성, 병입, 반출된다.

도루에는 14만 개가 넘는 포도원이 있다. 그 지역에 사는 포도 재배자 약 4만 명과 포트와인 수출업자 약 20개 사가 포도원을 소유하고 있는데, 포도 재배자들이 소유한 포도원 면적은 평균 1에이커도 되지 않는다. 도루의 포도원은 소구역 세 곳으로 나뉘며, 세 구역 모두 포도를 재배한다. 대서양 연안의 오포르투부터 내륙으로(동쪽에서 서쪽으로) 차례대로 바이소 코르고(Baixo Corgo),

콘번은 숙성 중인 포트와인 배럴로 가득한 대형 창고를 소유하고 있다.

## 포도의 뛰어난 현지 적응성

풍미의 관점에서, 포트는 세상에서 가장 역설적인 와인이다. 보통 극도로 뜨거운 날씨에 완전히 농익은 포도로 와인을 만들면, 게다가 알코올 도수를 높여서 와인의 주정을 강화하면, 와인이 두꺼우면서 약간 둔하고 건포도 풍미가 짙지만 신선함과 생기와는 거리가 멀다고 생각한다. 그러나 훌륭한 포트와인은 신선하고 선명하며, '서늘한' 블루베리와 멘톨 풍미를 지닌다. 포트와인 생산자들에 따르면, 포도가 수 세기 동안 현지에 적응한 덕분에 이런 역설적인 신선함을 지니게 됐다. 포도는 태양이 작열하는 환경에서도 산미를 보존하는 법을 '배웠다.' 또한 포트와인의 촉감적 풍미는 광물성에서 비롯된 것이며, 좋은 빈티지 해에 광물성은 더욱 도드라진다고 한다. 그리고 이런 광물성은 편암 토양에서 일부분 비롯된 것이라고 한다.

이다. 그래서 포도밭 사이가 아무리 가까워도, 가지에서 재배하는 포도의 품질은 서로 다르다.

## 최상급 포트와인 수출업자

- A. A. 페헤이라(A. A. Ferreira)
- 코번스(Cockburn's)
- 크로프트(Croft)
- 다우스(Dow's)
- 폰세카(Fonseca)
- 그레이엄스(Graham's)
- 니에포르트(Niepoort)
- 킨타 두 인판타두(Quinta do Infantado)
- 킨타 다 노발(Quinta do Noval)
- 킨타 다 호마네이라(Quinta do Romaneira)
- 킨타 두 베수비오(Quinta do Vesúvio)
- 라무스 핀투(Ramos Pinto)
- 샌드맨(Sandeman)
- 스미스 우드하우스(Smith Woodhouse)
- 테일러 플래드게이트(Taylor Fladgate)
- 월스(Warre's)

시마 코르고(Cima Corgo), 도루 수페리오르(Douro Superior) 등이다. 비아소 코르고(코르고 저지대)는 기본적인 포트와인을 만든다. 이보다 품질이 높은 포트와인과 빈티지 포트는 시마 코르그(코르고 고지대)나 도루 수페리오르에서 만든다. 코르고는 도루강의 주요 지류인 코르고 강 주변을 일컫는 명칭이다.

대략 이런 식으로 분류하긴 하지만, 도루는 여전히 범주화하기 까다로운 지역이다. 굽이치는 강물, 햇빛이 비치는 방향의 변화, 고도의 차이(370~520m) 때문에 중기후가 셀 수 없이 많은데다 서로 연관성마저 없기 때문

에이드리언 브리지는 플래드게이트 파트너십의 회장 겸 CEO이며, 도루의 옹호자다.

1930년대 초, 포르투갈 정부 기관은 포도밭 상태를 파악하기 위해 A부터 F까지 등급을 매겼다. A등급의 포도는 포트와인으로 보내졌고, F등급의 포도는 테이블 와인용으로 전락했다. 당시 테이블 와인은 투박하고 저렴했으며, 기껏해야 2등급 취급을 받았다. 현재까지도 도루의 포도밭 등급 체계는 세상에서 가장 복잡하다고 여겨진다. 각각의 등급은 고도, 토양의 종류, 바람의 막아 주는 보호막 존재 여부, 햇빛의 방향, 기후, 포도나무 수령, 포도 품종, 식재 밀도, 생산율 등을 기준으로 점수가 매겨진다.

기후가 뜨거우면, 와인의 복합미를 높이기 위해 블렌딩을 활용한다. 실제 모든 포트와인도 여러 품종을 섞은 블렌드다. 오래된 포도밭은 현재까지도 여러 품종을 혼합 재배한다. 현대의 포도밭만 품종을 구획마다 구분해 심는다.

도루에서 가장 중요한 5대 품종(모두 적포도)은 토리가 프란카, 토리가 나시오날, 틴타 바호카, 탄투 캉, 탄타 호리스 등이다. 이 중 군계일학은 토리가 프란카와 토리가 나시오날이다. 토리가 프란카는 정교함, 풍성함, 부드러움, 제비꽃 아로마가 일품이다. 토리가 나시오날은 강렬한 색, 타닌감, 대담함이 뛰어나다. 그래도 다섯 품종 모두 결정적인 공통점이 있다. 포도알이 작고, 포도 껍질이 두껍다는 점이다. 이는 도루의 강렬한 태양과 열기,

## 포트와인은 개봉 후 얼마나 보관할 수 있을까?

포트는 주정을 강화한 데다 당도도 높아서 개봉 후 보관기관이 일반 테이블 와인보다 더 길다. 정확한 기간은 포트가 얼마나 오래되고 섬세한지 등 여러 요일에 따라 달라진다. 예를 들어 토니 포트처럼 이미 산소에 노출된 스타일의 포트는 개봉 후 꽤 오랫동안 보관이 가능하다. 개봉 후 다 마시지 못한 포트와인은 종류 불문하고 반드시 냉장 보관해야 한다. 다음은 가장 흔한 포트와인 세 종류의 개봉 후 보관기간에 대한 가이드라인이다.

| 포트 종류 | 개봉 후 보관기간 |
|---|---|
| 숙성한 토니 포트 | 1~3개월 |
| 레이트 보틀트 빈티지 (LBV) | 1주~1개월 |
| 빈지티, 싱글 킨타 빈티지 | 1일(섬세한 빈티지 포트), 약 2주(비교적 어리고 활기찬 포트) |

가뭄을 견디는 데 유리하다. 포도알이 작다는 것은 포도즙도 적게 나온다는 뜻이다. 그만큼 생산율이 극도로 낮기에 와인의 농축도가 높아진다.

### 포트 양조법

포트 양조법을 요약해서 말하면 다음과 같다. 발효 중인 레드 와인에 포도 증류주를 4:1의 비율로 섞는다. 그러나 사실 포트를 만드는 과정은 이보다 훨씬 복잡하며 신비롭다.

먼저 포트용 적포도를 으깬다(사실 다른 와인은 이 과정이 매우 지루하지만, 포트는 그렇지 않다). 과거에는 포도를 라가르에 담고 손 또는 발만으로 으깼다. 라가르는 높이 60cm의 석조통 또는 시멘트통으로, 하루치 포도 수확량을 담기 충분한 크기였다. 이런 통을 사용할 경우, 포도즙에 닿는 포도 껍질의 표면적이 넓어지기 때문에 색과 풍미가 매우 빠르게 추출된다.

남자 일꾼들은 하루 종일 포도를 수확한 후, 반바지를 입고 라가르에 뛰어들어서(물론 발을 먼저 깨끗이 씻음) 몇 시간 동안 푸르죽죽한 자주색 포도 더미를 밟아 으깬다. 초저녁에 하는 포도 밟기 의식은 상당히 장중하

게 진행된다. 일꾼들은 미끄러운 포도 더미에서 넘어지지 않게 서로 단단히 팔짱을 끼고 군대처럼 열을 지어서, 감독관(카파타스)이 외치는 구령과 박수 소리에 맞춰 행군하듯 발을 구른다. 그러나 밤이 무르익으면, 리브라다데(libradede)가 시작되고 여자들과 연주자들이 등장한다. 여자들이 라가르에 뛰어들면 남자들이 파트너를 선택한다. 그리고 모두가 음악에 맞춰 왈츠, 폴카, 포크댄스를 춘다.

도루에서는 빈티지 포트용 포도의 경우 여전히 사람이 발로 밟아서 포도를 으깬다. 필자도 킨타 두 베수비오에서 새벽 2시까지 라가르에서 춤을 췄던 즐거운 기억이 있다(당시 사진은 절대 공개할 생각이 없다). 다만, 아무도 알려 주지 않은 비밀이 있는데 다리가 보라색으로 물든 상태가 한 달 이상 지속된다!

신비롭게도 사람의 발은 포도를 으깨는 데 가장 이상적인 형태를 띠고 있다. 포도를 발로 밟으면, 포도가 부서지고 껍질이 터진 다음 껍질과 즙이 섞이면서 감미로운 풍미와 색이 추출된다. 이때 절묘하게도 쓴맛을 내는 타닌이 함유된 포도 씨는 부서지지 않는다.

크로프트의 킨타 다 호에다의 아름다운 돌담 계단식 포도밭

1970년대 도루에 전기가 들어오기 전까지는 포도 밟기가 일반적이었다. 그러나 이후로는 포도 파쇄기 겸 줄기 제거기를 사용하기 시작했다. 그리고 1990년대 말, 사이밍턴 가문이 혁신적인 발명품을 도입했다. 바로 로봇식 라가르였다. 대형 스테인리스스틸 통에 달린 기계식 '다리'가 위아래로 움직이며 포도를 부드럽게 으깨는 방

식이다. 심지어 기계식 다리의 온도를 사람의 다리 체온과 비슷한 37℃로 조절도 가능하다.

사이밍턴 가문은 로봇식 라가르를 2000년 수확분에 최초로 사용했고, 현재는 모든 정상급 포트회사가 사용한다. 로봇식 라가르는 장점이 매우 많다. 무엇보다 밤새 가동이 가능하며, 포도 밟기가 끝나 즉시 통을 기울여서 포도즙과 껍질을 신속하고 정확하게 탱크에 옮겨 담을 수 있다. 과거에는 이 작업을 손으로 했기 때문에 몇 시간이 소요됐고, 그동안 와인에 알코올과 타닌이 형성됐다. 필자가 조사차 포르투갈을 방문했을 때 똑같은 포트를 발로 밟은 버전과 로봇식 라가르로 만든 버전을 각각 시음해 봤다. 둘 다 훌륭했지만, 군이 하나를 선택해야 한다면 후자를 골랐을 것이다. 후자가 풍성함, 부드러움, 밀도가 더 높았다.

포도를 밟아 으깬 다음 탱크에 부어서 발효시키면 포도 속의 당분이 알코올로 변환한다. 동시에 포도 껍질에서 풍미, 색깔, 아로마가 추출된다. 36시간 정도 지나서 전체 당분의 절반가량이 알코올로 변환했을 때 발효를 멈춰야 한다.

## 포트와인의 전형적인 파트너

포트와인은 블루치즈, 초콜릿, 구운 견과류, 크렘 브륄레 등 포트 자신처럼 심오한 풍미를 지닌 환상적인 짝꿍이 꽤 많다. 예를 들어 빈티지 포트는 블루치즈(특히 스틸턴과 고르곤졸라)와 환상적인 궁합을 이루며 포르투갈 산악지대에서 생산된 치즈(대부분 이름에 'serra'라는 단어가 들어감)와도 굉장히 잘 어울린다. 쾌락주의자들은 빈티지 포트(LBV 포함)에 달콤쌉쌀한 초콜릿을 페어링한다. 고급 초콜릿은 복합적인 풍미를 발산하는데, 포트는 이를 감당할 수 있는 몇 안 되는 와인이다. 토니 포트의 경우 아몬드, 호두케이크, 크렘 브륄레와 매치하면 감미로움이 폭발한다. 그러나 토니 포트의 감미로움을 가장 극대화하는 파트너는 다름 아니라 사이밍턴 가문의 말베도스 양조장에서 매일 오후 판매하는 오렌지 티 케이크다(제발 그 레시피를 공유해 줬으면 좋겠다!).

## 현대 와인병의 탄생

우리는 와인병에 너무 익숙해진 나머지 와인병이 상당히 최근에 발명됐다는 사실을 잊곤 한다. 과거에 와인은 배럴에서 바로 뽑아서 판매하거나 소비됐다. 포트는 1775년경 원통형 유리병에 담겨서 성공적으로 판매된 세계 최초의 와인이다. 사실 원통형 유리병의 출현 덕분에 빈티지 포트가 탄생한 셈이다. 와인을 병에 담은 채로 장시간 눕혀서 발효 및 숙성시킬 수 있게 됐기 때문이다.

발효를 멈추기 위해 알코올 도수 77%(약 150프루프)의 중성적 포도 증류주(맑은 브랜디)가 담긴 통에 와인을 붓는다. 증류주의 알코올이 와인 속의 효모를 죽이기 때문에 발효가 멈춘다. 그 결과 잔당이 리터당 약 70g(7%)이고, 알코올 도수가 약 20%로 강화된 스위트 와인이 만들어진다.

이는 모든 포트와인이 거치는 초기 과정이자 1단계에 불과하다. 포트를 숙성시키는 2단계도 매우 중요하다. 포트는 스타일에 따라 숙성 방법도 달라진다.

포트와인의 소울메이트인 스틸턴 블루치즈

## 포트와인의 종류

포트와인은 분류하는 기준과 희귀 스타일을 포함하는
여부에 따라서 종류가 열 개에 달하기도 한다. 제각각
고유한 특성이 있지만, 이름이 워낙 비슷비슷해서 모두
기억하거나 구분하기 상당히 까다롭다. 그래서 이번 섹
션에서는 가장 유명한 다섯 가지 종류를 살펴보겠다. 이
들 모두 와인 애호가라면 누구나 알고 싶고, 알아 두면
좋은 와인이라고 생각한다.

시작하기 전에 포트 전문가인 폴 뮈니에가 내게 알려 준
팁을 공유하고자 한다. 그가 말하길, 모든 포트는 크게
두 범주로 분류된다. 즉, 크렘 브륄레 같은 포트가 있고,
초콜릿케이크 같은 포트가 있다. 크렘 브륄레형 포트는
나무 배럴에 장기간 숙성시키며, 배럴 틈새로 들어온 공
기에 노출된다. 또한 크렘 브륄레 같은 흑설탕 풍미를
지녔다. 대표적인 예로 토니 포트가 있으며, 실제로 크
렘 브륄레와 함께 먹으면 훨씬 맛있다.

초콜릿 향 포트는 병 속에서 장시간 숙성시키므로 공기
에 거의 노출되지 않는다. 검붉은 색깔과 레드 베리, 코
코아 또는 초콜릿의 응축된 풍미를 지닌다. 이처럼 병
속에서 숙성시킨 포트의 대표적인 예가 빈티지 포트이
며, 초콜릿과 매치하면 환상적인 맛을 낸다.

지금까지 넓은 의미에서 포트의 스타일을 분류하는 간
단한 방법을 살펴봤다. 이제 가장 중요한 다섯 가지 스
타일의 포트와인과 각각의 특징을 알아보자. 다섯 가
지 포트와인은 토니 포트, 리저브 포트, 레이트 보틀드
빈티지(LBV) 포트, 빈티지 포트, 싱글킨타 빈티지 포
트 등이다.

## 토니 포트

토니는 포트 중에서 가장 절묘한 스타일의 와인이다. 구
운 견과류, 흑설탕, 무화과, 이국적 향신료, 크렘 브륄레,
바닐라의 풍미는 어른을 위한 세련된 쿠키도우처럼 느
껴진다. 위대한 토니의 질감은 실크처럼 부드럽다. 테일
러 플래드게이트 30년산, 그레이엄스 20년산 등과 같은
토니는 짜릿한 쾌락을 선사한다.

여기서 '토니 포트'란 정확하게는 장기간 숙성시킨 토니
포트를 말한다. 반대로 어린 토니 포트처럼 단순하고 짧
게 숙성시킨 타입도 존재하지만, 수출용은 아니다. 정리
하자면, 여기서 말하는 토니 포트는 장기간 숙성시킨 토
니 포트를 지칭한다.

토니 포트는 여러 해에 만든 포트를 블렌딩한 것이다.
각각의 포트는 배럴에 보관한 것이다. 토니 포트의 라벨

에는 30년, 40년, 50년 등 기간이 표기돼 있으며, 50년
을 넘는 것도 있다. 라벨에 표기된 기간은 블렌딩한 와
인의 평균 나이이며, 이는 어림치가 아니다. 포트 수출
업자는 최종 블렌드에 들어간 모든 와인을 서류에 기록
해서 포트와인협회에 제출해야 한다. 그러면 협회의 전
문가 집단이 시음한 후 토니 포트를 인정하면 비로소 판
매가 가능해진다.

토니 포트에 들어가는 블렌딩 와인들은 대부분 품질이
높다. 실제로 이들 와인은 빈티지가 선언된 해의 빈티지
포트인 경우가 많다(373페이지의 '빈티지 선언' 참고).
그러나 토니 포트와 빈티지 포트는 맛이 완전히 다르
다. 왜냐하면 토니 포트는 와인이 황갈색/적갈색을 띨
때까지 배럴에서 10년간 숙성시키며, 빈티지 와인은 배
럴에서 고작 2년만 숙성시키기 때문이다. 포르투갈에서
는 흔히 토니 포트는 섬세하고, 빈티지 포트는 파워풀
하다고 말한다.

그렇다면 10년 묵은 토니와 30년, 40년, 50년 이상 묵은
토니는 각각 무엇이 다를까? 포트는 배럴에 머무는 시
간이 길어질수록 극적인 변화를 겪는다. 타닌감이 부드

## 희귀한 세 종류의 포트와인

가끔 희귀한 스타일의 포트와인을 마주칠 때가 있다. 각각 매혹적이고 진귀한 경험을 선사할 것이다.

### 콜레이타 포트(COLHEITA PORT)

싱글 빈티지로 만든 토니 포트를 콜레이타 포트라 부른다. 콜레이타는 포르투갈어로 '수확'이라는 뜻이다. 놀랍지만, 포트 수출업자들은 종종 수확 후 50년 이상 지난 후에 와인을 출시하기도 한다. 보통 라벨에 빈티지를 표기하지만, 상표명을 붙일 때도 있다. 예를 들어 테일러 플래드게이트의 사이온(Scion)은 1855년산 토니 포트다. 콜레이타는 희귀한 포트와인 중에서도 가장 희귀한 종류이며, 가격도 그에 상응한다.

### 크러스티드 포트(CRUSTED PORT)

영국 상인들이 발명한 와인으로 빈티지 포트를 담았던 배럴들의 찌꺼기를 섞어서 숙성시킨 것이다. 와인병에 묵직한 침전물(크러스트)이 남기 때문에 크

러스티드 포트라는 이름이 붙었다. 노동자를 위한 대담한 풀보디감의 포트이며, 여러 해의 와인을 블렌딩하되 여과는 하지 않는다(혼합한 와인의 평균 나이는 3~4년이다). 와인에 침전물이 있어 반드시 디캔팅을 해야 한다.

### 가하페이라 포트(GARRAFEIRA PORT)

이례적으로 훌륭한 싱글 빈티지 해에 만든 포트와인이다. 나무통에서 짧게 숙성시킨 다음 봉봉(bonbonne)이라 불리는 대형 유리병에서 장기간(20~40년) 숙성시킨다. 숙성이 끝나면, 와인을 디캔팅한 후 750ml짜리 표준 병에 담아서 판매한다. 가하페이라라는 단어는 '와인 저장실' 또는 '병에 담은 와인을 보관하는 곳'이란 뜻이다. 가하파(garrafa)는 포르투갈어로 '병'을 의미한다. 가하페이라라는 용어는 주정강화하지 않은 고품질의 포르투갈 테이블 와인을 지칭하기도 한다.

러워지고, 당분과 산도가 응축되며, 과일 풍미가 은은해진다. 예를 들어 10년 묵은 토니 포트는 견과류, 무화과, 말린 과일 풍미가 솟구친다. 타닌감과 단맛이 동시에 느껴지면, 둘 중 어느 하나 도드라짐 없이 균형이 잘 맞는다. 반면 30년 묵은 토니 포트는 풍미가 서로 절묘하게 섞여서 복합미가 극대화된다. 따라서 와인을 묘사하기가 거의 불가능해진다. 그렇다면 50년 묵은 토니 포트는 어떨까? 작가들은 펜을 내려놓을 수밖에 없을 것이다. 당도에 관해 짧게 설명하겠다. 위대한 토니 포트의 경우, 첫맛이 달고 피니시는 드라이하다. 산미, 알코올, 타닌이 단맛의 균형을 잡아 주기 때문이다.

토니 포트는 포르투갈, 프랑스, 영국, 미국에서 가장 사랑받는 포트와인이다. 예상했듯 토니 포트는 겨울철 저녁 식사 후에 마시기 매우 좋다. 그러나 여름철에도 기가 막히게 어울린다. 특히 10년, 20년 묵은 토니 포트를 칠링해서 아페리티프로 마시면 그야말로 환상적이다.

### • 리저브 포트

리저브 포트는 가격이 적당하고, 품질이 괜찮으며, 매일 마시기 좋은 와인이다. 선명한 레드 베리 풍미 덕분에 미국과 영국에서 인기가 많다. 보통 와인에 상표명을 붙

인다. 예를 들어 다우스의 AJS, 폰세카의 빈 27(Bin 27), 그레이엄스의 식스 그레이프스(Six Grapes), 샌드맨의 파운더스 리저브(Founder's Reserve), 월스의 워리어(Warrior)는 모두 리저브 포트다. 리저브 포트는 품질이 괜찮은 와인(최상급은 아님)들을 블렌딩한 다음 배럴에서 4~6년간 숙성시킨 후 병입해서 판매한다.

### • 레이트 보틀드 빈티지 포트

레이트 보틀드 빈티지(LBV) 포트는 이름처럼 '뒤늦게 병입한 빈티지 포트'가 아니다. LBV는 리저브 포트보다 품질이 한 단계 높으며, 가격은 적당한 수준이다. 리저브 포트와는 달리 매년 생산하며, 싱글 빈티지다. 포도는 최상급은 아니지만 품질이 괜찮은 포도밭에서 생산한다. 배럴에 4~6년간 숙성시킨 후 병입한다. 즉, 빈티지 포트보다 배럴에 머무는 시간이 길다. 무엇보다 LBV는 괜찮은 레스토랑에서 흔히 파는 와인이다. LBV는 수출업자가 출시한 즉시 마셔도 괜찮으며, 디캔팅은 할 필요가 없다.

LBV는 아주 만족스럽고 맛있는 와인이다. 그러나 빈티지 포트와 비교해 보면, 확실히 풍성함, 복합미, 세련미가 덜하다. LBV의 하위 종류로 '전통식 LBV(traditional

LBV)'또는 '봉 속에서 숙성시킨 LBV(bottle-matured LBV)'가 있다(이름이 너무 많아서 헷갈릴 수 있다). 이는 일반적인 LBV와는 달리 여과를 하지 않는다. 따라서 침전물이 있기 때문에 디캔팅을 해야 한다.

### • 빈티지 포트

와인 애호가라면 누구나 한 번 이상 마셔 보고 싶은 포트와인이다. 포트 중에 가장 인기가 높으며, 가격도 가장 비싸다. 빈티지 포트는 전체 포트 생산량의 6%밖에 되지 않는다. 포트 수출업자들이 빈티지를 선언하는, 이례적으로 훌륭한 해에만 생산한다. 빈티지 포트에는 빈티지로 선언한 해에 최상급 포도밭에서 생산한 포도만 사용한다.

빈티지 와인은 처음은 배럴에서 2년간 숙성시켜서 파워풀한 느낌을 누그러뜨린다. 그런 다음 병 속에서 산소와의 접촉이 차단된 상태로 장기간 숙성시키는데, 이 단계가 핵심이다. 빈티지 포트는 병 속에서 서서히 숙성되면서 일체감과 정교함이 점차 높아진다. 보통 10년간 숙성시키는 것이 기본이며, 수십 년간 숙성시키는 경우도 흔하다. 실제로 1950년대에 만든 빈티지 포트는 현재까지도 놀라울 정도로 활기가 넘친

다. 필자는 1955년산 코번의 맛을 아직도 잊지 못하는데, 이제껏 마셔본 와인 중 가장 부드러운 실크 질감을 가졌다.

그런데 빈티지 포트의 숙성에 관한 생각이 조금씩 바뀌고 있다. 도루의 포도 재배학과 와인 양조학이 크게 발전한 덕분에 매우 대담하고 어린 빈티지 포트도 놀라운 맛을 내게 됐다. 필자는 최근 도루(Douro) 여행에서 어린 빈티지 포트를 마셨는데, 우아미와 생동감이 놀랍도록 뛰어났다. 최고의 빈티지 해에 생산한 빈티지 포트는 출시 직후에 마셔도 여전히 환상적인 맛을 낸다. 예를 들어 2017년은 포트와인 역사를 통틀어 가장 위대한 빈티지로 기록된다. 2019년에 출시된 2017년산 빈티지 포트는 감미로움과 목 넘김이 예상을 뛰어넘을 정도로 훌륭하다.

빈티지 포트는 강렬함, 균형감, 풍성함을 유지하기 위해 정제 또는 여과 작업을 하지 않는다. 게다가 포트용 포도는 껍질이 두껍고 타닌이 많다. 따라서 빈티지 포트는 침전물이 상당히 많아 항상 디캔팅을 해야 한다. 포트 수출업자들이 빈티지로 선언하지 않은 해의 경우, 포도는 빈티지 포트 대신 싱글킨타 빈티지 포트를 만드는 데 사용된다.

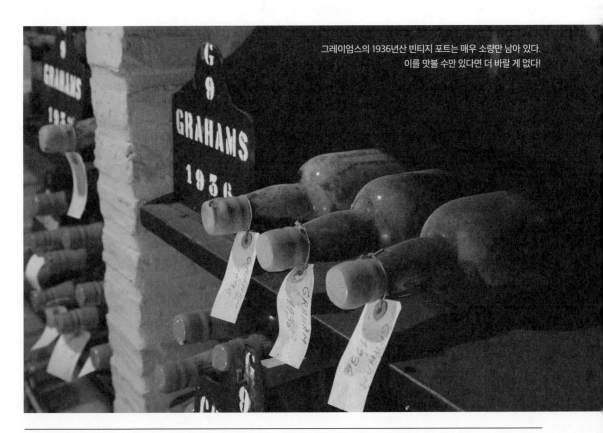

그레이엄스의 1936년산 빈티지 포트는 매우 소량만 남아 있다. 이를 맛볼 수만 있다면 더 바랄 게 없다!

---

### • 싱글킨타 빈티지 포트

킨타(quinta)는 '농장'이라는 뜻이다. 그러나 도루에서 킨타는 유명한 포도원을 의미한다. 킨타의 면적은 수십에서 수백 에이커까지 매우 광범위하며, 프랑스 샤토처럼 집과 정원까지 포괄하는 개념이다. 싱글킨타 빈티지 포트에 사용하는 포도는 이름에서 짐작할 수 있듯 싱글 빈티지 해에 킨타에서 생산한 포도다. 바꿔 말하면, 최상급 포도원은 특수한 중기후에 놓여 있어서, 빈티지가 전혀 선언되지 않은 해에도 이례적으로 훌륭한 와인을 만들 수 있다는 뜻이다.

싱글킨타의 소유주는 소규모 포트 수출회사일 수도 있다. 일례로 킨타 다 인판타두는 자신과 똑같은 이름의 싱글킨타 빈티지 포트를 만든다. 대규모 포트 수출회사가 소유주일 때도 있다. 예를 들어 유명한 킨타 드 바르젤라스의 소유주는 테일러 플래드게이트이며, 킨타 두 베수비오의 소유주는 사이밍턴 가문이다. 사이밍턴 가문은 그레이엄스, 월스, 다우스 등의 수출회사도 소유하고 있다. 싱글킨타 빈티지 포트는 어떤 경우에도 해당 킨타에서 재배한 포도만 사용해야 한다(그에 반해 빈티지 포트는 여러 킨타의 포도를 사용하며, 소규모 개인 포도 재배자 수십 명이 재배한 포도도 사용한다). 중요한 사실이 있는데, 포트 수출업자들은 빈티지 포트를 만든 해에는 싱글킨타 빈티지 포트를 만들지 않는다. 그 이유는 빈티지 포트라고 선언한 해에 킨타에서 생산한 포도는 모두 빈티지 포트에 들어가므로 싱글킨타 빈티지 포트를 만들 수 없기 때문이다. 예를 들어 빈티지 포트가 선언된 해에 킨타 두스 말베두스의 포도는 그레이엄스의 빈티지 포트를 만드는 데 사용된다. 빈티지 포트가 선언되지 않은 해에는 킨타 두스 말베두스의 포도로 킨타 두스 말베두스 싱글킨타 빈티지 포트를 만든다. 싱글킨타 빈티지 포트는 블렌딩만 제외하곤 여느 빈티지 포트와 똑같은 방식으로 양조한다. 여과 작업이 생략되며, 장기간의 병 속 숙성이 요구된다. 또한 와인에 침전물이 발생하기 때문에 마시기 전에 디캔팅을 해야 한다. 싱그킨타 빈티지 포트는 빈티지 포트와 마찬가지로 2년 후에 출시되며, 구매자는 그로부터 10년 이상 숙성시킨다. 싱글킨타 빈티지 포트는 보통 빈티지 포트보다 가격대가 조금 낮은 편이다.

### 디캔팅, 마시기, 숙성, 저장

디캔팅은 숙성 과정에서 침전물이 생기는 포트에만 필요하다. 빈티지 포트, 싱글킨타 빈티지 포트, 전통식 LBV 포트, 크러스티드 포트 등이 여기에 포함된다. 이외의 다른 종류는 침전물이 그만큼 생기지 않는다.

포트를 디캔팅하는 법은 쉽다. 포트의 침전물은 다른 와인보다 비교적 무거운 편이다(10페이지의 '침전물과 주석산' 참고). 그래서 저장실에 병을 눕혀 놓으면, 침전물이 눕혀 놓은 쪽 면에 들러붙는다. 그러므로 병 속 내용물이 섞이지 않게 조심스럽게 들고 디캔터나 와인잔에 천천히 부으면 된다. 가능하다면 와인병을 하루 전에 미리 세워놓아서 침전물을 최대한 바닥에 가라앉히는 것도 좋은 방법이다.

와인의 나이나 섬세한 정도에 따라 디캔팅 시점은 마시기 직전이 될 수도 있고, 몇 시간 전이 될 수도 있다. 이는 개인이 판단할 문제이지만, 가능한 한 산소의 노출을 최소화하는 것이 안전하다. 와인을 잔에 따라 놓으면 와인이 살짝 산화될 수 있기 때문이다.

포트의 서빙과 관련해서 매우 오래되고 신기한 전통이 있다. 바로 테이블 위에서 와인병을 건네는 방향이다. 전통에 따르면, 포트와인 병은 항상 오른쪽에서 왼쪽으로 시계방향을 따라 건네야 한다. 이 관습의 출처는 불분명하지만, 샌드맨 가문이 조사한 바에 따르면 모든 원운동은 시계방향(deasil)이어야 한다는 켄트족의 미신에서 유래했다고 한다. 즉, 원을 그리며 움직이는 사람이 오른손을 중앙으로 뻗어야 한다. 오른손 방향으로 동쪽에서 서쪽으로 움직이는 것은 태양의 이동 방향과도 일치하기 때문에 '신성한 순서'라고 여겨졌다. 'deadsil(시계방향)'이라는 단어는 스코틀랜드게일어로 '오른손'을 의미하는 dess 또는 deas와 '방향'을 의미하는 iul에서 파생된 것이다.

포트를 마시는 법은 쉽다. 아무 크기의 와인잔을 사용해도 무방하다. 단, 포트를 스월링할 만큼의 공간이 필요하므로 너무 작은 잔은 피하는 것이 좋다. 포트는 보통 한 잔에 74~104ml 정도 따른다. 테이블 와인보다 살짝 적게 따르면 된다.

숙성의 경우 구입 즉시 마셔도 되는 종류가 있는가 하면, 제대로 보관하면 잘 숙성돼서 맛이 향상되는 종류도 있다. 후자의 대표적 예가 바로 빈티지 포트와 싱글 킨타 빈티지 포트다. 이 두 종류는 30년 이상은 거뜬히 보관할 수 있다.

이 둘을 제외한 나머지 종류(토니, 리저브, LBV)는 출시된 즉시 마셔도 되지만 2~3년(때론 이보다 길게)간 품질의 저하 없이 보관할 수 있다. 포트의 숙성 여부를 눈으로 즉각 확인할 방법이 있다. 바로 마셔도 되는 포트는 스토퍼 타입의 코르크(비틀어서 여는 캡이 달린 코르크)가 끼워져 있다. 이는 와인병의 포일을 벗기면 바로 보인다. 한편, 숙성시켜야 품질이 향상되는 포트는 일반 코르크(코르크 따개가 필요함)로 봉인돼 있다. 이런 종류는 눕혀서 보관해야 한다. 보통 포트 병은 검은색이다. 포트의 신선함을 장기간 유지하고 산화를 방지하기 위해서다.

> **전 세계의 포트와인**
>
> 미국, 호주, 남아프리카공화국은 자국에서 만든 주정강화 와인의 라벨에 수십 년간 '포트'라고 표기했다. 포르투갈 보루 계곡의 정통 포트 생산자들은 이 사실에 매우 분개했다. 호주와 남아프리카공화국은 마침내 이런 관행을 중지했다. 그러나 미국은 여전히 포르투갈 출신이 아닌 '포트'를 만드는 주요 생산국으로 남아 있다.

# 위대한 포트와인

## 테일러 플래드게이트(TAYLOR FLADGATE)

**바르젤라스 | 비냐 벨랴 | 빈티지 포트**

테일러 플래드게이트는 1692년에 '테일러, 플래드게이트 & 이트먼'이란 이름으로 설립됐으며, 풍성하고 강렬한 빈티지 포트로 명성을 쌓았다. 두 세기 동안 빈티지 포트의 명성을 지탱한 것은 테일러 플래드게이트의 킨타 드 바르젤라스에서 생산한 와인이었다. 이는 최상급 북향 포도밭 양조장으로 순수하고 정교한 와인으로 유명했다. 바르젤라스(Vargellas) 양조장의 포도나무 고목(비냐 벨랴)의 과실은 이 희귀한 빈티지 포트를 만드는 데 사용되며, 전 세계 수집가에게 큰 사랑을 받고 있다. 와인은 투명한 짙은 자주색을 띠며, 순수하고 위풍당당한 타닌 구조감(최대 100년의 숙성력 의미)을 가졌다. 풍미는 매우 육감적이다. 제비꽃, 카르다몸, 야생 베리, 카시스, 블랙 체리 리큐어, 담배 상자, 고급 가죽의 풍미가 동시에 휘몰아치며 톡 쏘는 맛이 뚜렷하게 느껴진다. 그런데 반직관적으로 되게도 심오하고 풍성한 풍미의 소용돌이 가운데 바르젤라스 비냐 벨랴 빈티지 포트의 신선함이 높게 날아오른다. 진정 놀랍도록 훌륭한 와인이다.

## 그레이엄스(GRAHAM'S)

**빈티지 포트**

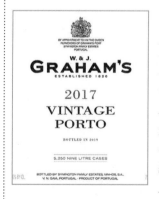

그레이엄스는 세상에서 가장 감각적인 빈티지 포트다. 블랙베리, 검은 자두, 검은 감초, 다크초콜릿, 록 로즈, 베르가모트, 유칼립투스, 짓이긴 세이지의 풍미가 쓰나미처럼 입안을 강타한 후 폭포처럼 부드럽게 흘러내린다. 실제로 절묘한 캐시미어의 질감이다. 그레이엄스는 1820년에 스코틀랜드 출신의 윌리엄과 존 그레이엄 형제가 설립했다. 두 형제는 도루에서 가장 정교한 킨타라고 평가받는 킨타 두스 말베두스를 획득한다. 사이밍턴 창립자인 앤드루 제임스 사이밍턴의 환상적인 커리어도 1882년에 그레이엄스에서 시작됐다. 그로부터 약 100년 후, 사이밍턴 가문은 포트 수출회사를 매입했다. 그레이엄스의 모든 빈티지 포트의 포도는 아직도 발로 밟아서 으깬다.

## 킨타 다 호마네이라(QUINTA DA ROMANEIRA)
### 빈티지 포트

킨타 다 호마네이라는 면적 4㎢(400 헥타르)로 도루에서 부지가 가장 넓다. 가파른 계단식 포도밭은 도루강 기슭부터 구릉지대의 비탈면까지 길게 이어진다. 양조장을 따라 계곡, 협곡, 곳 등이 워낙 많아서 중기후도 매우 다양하다. 그 결과 빈티지 포트는 빼어난 질감, 복합미, 풍성함을 지닌

다. 킨타 다 호마네이라는 모든 포도를 자체적으로 생산하며 빈티지 포트의 포도도 항상 발로 밟아서 으깬다. 와인이 어릴 때는 육중하고 흠잡을 데 없이 완벽한 구조감을 드러내고 아직 만개하지 않은 화려한 풍미를 예고한다. 크리스천 실리는 킨타 다 호마네이라의 공동 소유주인데 그는 또 다른 훌륭한 포트 수출 회사인 킨타 두 노발의 총지배인이다.

## 다우스(DOW'S)
### 빈티지 포트

최고 중의 최고 빈티지로 선언된 해에 다우스가 생산한 빈티지 포트는 엄청난 깊이와 강렬함을 지닌다. 필자는 다우스의 2017년산 빈티지 포트를 출시 직후에 마신 적 있다. 마치 전류가 흐르는 보이즌베리 수영장 한가운데 풍덩 빠진 듯한 경험이었다. 그런데 다우스의 포트는 달콤하면서도 반직관적으로 되게도 많은 와인 애호가가 좋아하는 정교하면서도 드라이하고 약간 스파이시한 풍미를 낸다. 게다가 심오한 꽃의 '푸르름'도 느껴지는데 제비꽃, 라벤더, 스피어민트, 록 로즈 등 시원하고 서늘한 멘톨 풍미가 물결친다. 다우스는 1798년에 부르누 다 실바라는 포르투갈 상인이 설립했다. 당시 수많은 영국인과 스코틀랜드인이 포르투갈로 이주해 회사를 설립하는 상황에서 부르누 다 실바는 오히려 런던에 자리를 잡았다. 이후 1912년, 앤드루 제임스 사이밍턴이 다우스의 주식을 매입했고 현재는 온전히 사이밍턴 가문의 소유가 됐다. 다우스의 빈티지 포트는 킨타 두 봄핌(Quinta do Bomfim)과 킨타 다 세뇨라 히베이라(Quinta da Senhorada Ribeira, '강의 숙녀'라는 뜻)의 포도를 사용한다. 빈티지 포트가 선언되지 않은 해에는 두 양조장의 포도로 싱글킨타 빈티지 포트를 만든다.

## 킨타 두 베수비오(QUINTA DO VESÚVIO)
### 빈티지 포트

도루 계곡에서 가장 아름다운 전통 양조장으로 인정받는 킨타 두 베수비오는 1500년대 중반에 설립됐다. 찬란한 햇빛이 내리비치는 남향 강기슭에 외팔보처럼 아찔하게 매달린 형상이며, 입이 떡 벌어질 만큼 눈부신 풍경이 사방에 펼쳐진다. 대

서양에서 내륙으로 120km 떨어진 곳에 있으며, 스페인 국경에서 45km 거리밖에 되지 않는다. 일꾼 수백 명이 수십 년에 걸쳐 편암과 암석을 쪼개 만든 계단식 포도밭은 수백 년째 도

루의 보석이라는 찬사를 누린다. 현재 포도밭(대부분 오래된 필드 블렌드), 네오 바로크풍 주택과 교회는 사이밍턴 가문이 소유하고 있다. 빈티지가 선언되지 않은 해에는 킨타 두 베수비오 싱글킨타 빈티지 포트를 만든다. 포트는 어떤 경우에도 전량 발로 밟아서 으깬다. 킨타 두 베수비오 빈티지 포트는 어릴 때 블루베리 쿨리스(묽은 소스-역자), 짓이긴 제비꽃, 생강, 코코아, 검은 무화과, 스피어민트, 광물성 풍미가 폭발한다. 시간이 지나서 숙성되면, 풍미가 나른하고 더디게 움직이며, 질감은 유연하고 실크처럼 부드러워진다.

## 폰세카(FONSECA)
### 빈티지 포트

폰세카가 1815년에 설립된 이래 모든 폰세카 빈티지 포트는 기마렌스(Guimaraens) 성을 가진 양조자의 손을 거쳐 탄생했다(현재는 다비드 기마렌스). 폰세카는 파워풀한 빈티지 포트로 유명하다. 아로마부터 피니시까지, 모든 것이 대담하고 인상적이다. 와인이 어릴 때는 야생 레드베리, 삼나무, 낡은 가죽, 제비꽃, 검은 자두, 인센스 아로마와 풍미가 정교한 타닌층을 뚫고 폭발한다. 폰세카는 상당히 규모가 큰 포트 수출 회사다. 빈티지 포트 외에도 환상적인 토니 포트와 빈 27(Bin 27) 리저브 포트로도 유명하다.

## 킨타 두 노발(QUINTA DO NOVAL)
### 빈티지 포트

킨타 다 노발은 면적 1.5㎢(150 헥타르)의 싱글 킨타를 소유하고 있으며, 빈티지 포트를 만들 때는 오직 자체 생산한 포도만 엄선해서 사용한다(때론 아주 작은 구역의 포도만 사용한다). 와인이 어릴 때는 떫은 타닌감이 살짝 느껴지며, 키르슈바서, 장뇌, 검은 자두, 달콤한 블랙베리의 순수하고

선명하고 풍성한 풍미를 지닌다. 시간이 흘러서 숙성되면, 풍미가 하나로 융합되면서 조화롭고 섬세한 포트로 변모한다. 킨타 두 노발은 나시오날(Nacional)이라는 세컨드 빈티지 포트도 생산한다. 나시오날은 면적 2만 4,000㎡(2.4헥타르)의 접목하지 않은 포도밭의 과실을 사용한다. 나시오날 빈티지 포트가 선언된 해에는 오직 200~300상자만 생산되며, 출시하기 무섭게 수집가들이 싹쓸이해 간다.

# MADEIRA 마데이라

주정강화, 산화, 200년간의 숙성을 거친 마데이라에 대적할 와인은 이 세상에 존재하지 않는다. 최상급 마데이라는 세계 최장의 숙성력과 형용할 수 없는 매혹적인 복합미를 갖는다. 위대한 마데이라는 와인잔에 얌전히 머물러 있지 않는다. 톡톡 튀는 맛깔스러움이 비명을 지르며 튀어 오른다. 그럼 마데이라 이야기를 시작해 보자. 마데이라 와인은 작고 험준한 화산군도에서 가장 큰 주도인 마데이라섬(일랴 다 마데이라, '숲의 섬'이란 뜻)에서 생산된다. 마데이라섬과 작은 자매 섬들은 지리학적으로 아프리카에 더 가깝지만(모로코 연안에서 500km 거리) 명실상부한 포르투갈 지방이다(북동쪽으로 1,000km 거리). 마데이라섬은 1419년 또는 1420년(기록이 다름)에 포르투갈의 엔히크 항해왕자가 발견했다. 엔히크 왕자는 주앙 곤살베스 사르쿠 선장에게 아프리카 연안을 탐색해서 동인도 및 중국행 선박이 머물 기항지를 건설하라고 지시했다.

'지난 500년간 창조된 와인 중 마데이라를 능가하는 와인은 존재하지 않는다. 마데이라는 불과 열기로 주조한 초현실적인 음료다. 마데이라의 포도나무는 500년 전 화재로 타 버린 원시림의 재를 양분으로 삼으며, 140억 년 전 바다에서 솟아오른 암석 위에 뿌리내렸다.'
-매니 버크, 『마데이라, 포도나무 섬 (Madeira, the Island Vineyard)』공저자

그런데 정작 마데이라가 장악한 시장은 다름 아닌 미국이었다. 미국 건국의 아버지들도 독립선언서 서명식에서 마데이라를 마셨고, 프랜시스 스콧 키도 미국 국가인 '성조기'를 작곡할 때 마데이라를 마셨다(저녁 식사 때마다 한 파인트를 마셨다고 한다). 토머스 제퍼슨, 벤저민 프랭클린, 존 애덤스(그는 아내에게 대륙회의에서 엄청난 양의 마데이라를 마셨다는 내용의 서신을 보냄)

100년 이상 묵은 돌리베이라 마데이라는 당신보다 나이가 많을 것이다.

도 마데이라를 무척 사랑했다. 18세기 말, 마데이라 생산량의 1/4가량이 미국 식민지에 수출됐으며, 식민지 부유층 사이에서 마데이라 파티(미국 칵테일파티의 전신)가 성행했다.

미국의 거침없는 마데이라 사랑은 마데이라의 풍미가 얼마나 매력적인지 잘 보여 준다. 그런데 마데이라의 인기에는 세속적인 요인도 일조했는데, 바로 세금이다. 1665년 영국 정부는 영국 항구에서 세금을 납부하고 출항한 영국 선박에 선적한 유럽산 물품이 아니면 영국 식민지에 수입되지 못하게 했다. 그러나 마데이라에서 출항한 상품은 예외였다. 마데이라 상인들은 이 허점을 적극적으로 활용했고 볼티모어, 보스턴, 뉴욕, 사바나, 찰스턴, 필라델피아의 상인과 밀접한 교역 관계를 구축했다. 식민지에서 미국산 옥수수와 면화가 흘러나왔고 마데이라 와인이 유입됐다.

## 땅과 포도밭

마데이라에서 포도를 재배하려면 초인적인 노력이 필요하다. 험난한 지형과 습윤한 해양성 기후는 포도 재배의 성공을 막는 큰 장애물이며, 복잡하고 까다로운 와인 양조과정(곧 자세히 다룰 예정)을 포함해 마데이라의 모든 것이 가히 기적이라 할 수 있다.

마데이라 본섬과 작은 자매 섬들은 대서양 아래 잠긴 거대한 산맥의 꼭대기다(과거에는 잃어버린 아틀란티스 대륙이라고 믿는 사람도 있었다). 이 산꼭대기들은 본래 화산이었으며, 아코디언처럼 나란히 쌓인 현무암(굳은 용암) 봉우리들이 좁고 긴 협곡으로 분리돼 있다. 포도밭은 본섬에 모두 몰려 있다. 현재 포도밭 면적은 445만㎡(445헥타르)를 웃도는데, 1800년대 말 오이듐과 필록세라가 연이어 발생하기 전에는 현재보다 5배 더 넓었다.

연안에는 바나나와 사탕수수가 광범위하게 재배되며 포도는 산봉우리 부근의 고도 180~400m의 비탈면에서 재배된다. 그러나 수직에 가까운 비탈면에서 포도를 재배하기 어려웠기에 도루처럼 수 세기 전에 수작업으로 계단식 밭을 만들었다. 불가피하게 포도밭이 작은 구획인 경우가 많았는데, 이를 현지에서는 '정원'이라는 뜻의 자르딩(jardim)이라 불렀다. 현실적으로 기계를 사용하기 불가능한 지형인 탓에 현재까지도 상당한 비용을 들여서 수작업으로 포도를 가꾸고 수확한다. 마데이라섬은 로스앤젤레스, 예루살렘과 같은 위도에 있지만, 런던보다 비가 많이 내린다. 다행히도 포도나무가 휴면기에 들어가는 겨울철(10~4월)에 비가 내린다. 그래도 곰팡이와 흰곰팡이의 위협은 여전히 존재하며, 격자 구조물을 이용해서 포도나무를 지면과 이슬로부터 높이 띄우기도 한다. 그러나 이보다 더 위협적인 존재가 있으니, 바로 레스테(leste)다. 레스테는 사하라 사막에서 불어오는 뜨거운 돌풍으로 포도나무를 모래와 먼지로 뒤덮으며 몇 주간 온도를 38℃ 이상 상승하게 만든다.

### 역경을 딛고 생존한 위대한 마데이라

미국독립혁명 당시 마데이라 와인 생산자는 20명이 넘었지만, 21세기 후반에는 10명 이하로 대폭 감소했다. 1870년대 필록세라 사태에서 대부분 오래된 빈티지 와인을 비축함으로써 겨우 살아남았다. 오늘날 마데이라 생산자는 크게 세 곳으로 함축된다. 필자는 세 곳의 와인을 모두 마셔봤는데, 부디 당신도 세 곳의 와인을 되도록 연식이 오래된 마데이라를 찾아서 꼭 맛보길 바란다.

캘리포니아 소노마의 레어 와인(Rare Wine Co.)은 돌리베이라(d'Oliveira)를 대표한다. 돌리베이라는 가문이 운영하는 마데이라 생산자이며, 1800년대 빈티지 마데이라를 보유하고 있다. 레어 와인은 비뉴스 바르베이투(Vinhos Barbeito)와 공동으로 히스토릭 시리즈(historic series) 마데이라를 생산하고 있다. 히스토릭 시리즈는 한때 보스턴, 뉴욕, 사바나, 뉴올리언스에 판매되던 최상급 마데이라를 기반으로 만든 와인이다.

마데이라 와인 컴퍼니(Madeira Wine Company)는 블랜디스(Blandy's), 코사르트 고르돈(Cossart Gordon) 등 역사적 브랜드를 비롯한 최상급 브랜드를 다수 보유하고 있다. 사이밍턴 가문은 마데이라 와인 컴퍼니의 일부 지분을 갖고 있으며, 이 밖에도 다른 정상급 포트와인 회사의 소유주이기도 하다.

마지막으로 주스티누스(Justino's)의 경우, 마데이라 전문가인 바르톨로뮤 브로드벤트가 브로드벤트(Broadbent)라는 이름으로 마데이라 스페셜 셀렉션을 선보이고 있다.

마데이라 제도는 대서양에 잠긴 거대한 화산 산맥의 꼭대기들이다.

## 마데이라 양조법

마데이라는 포트처럼 주정강화 와인(부피당 알코올 함량 17~20%)이지만, 처음에는 강화한 와인이 아니었다. 대항해 시대(15세기 말~16세기)에 아프리카, 동인도, 신세계로 향하는 상선들은 비축 식량으로 강화하지 않은 포트를 싣고 갔다. 그러나 찌는 듯한 열기 때문에 강화하지 않은 와인은 금세 상했다. 그런 이유로 와인을 안정화하기 위해 사탕수수를 증류한 알코올을 소량 첨가했다. 이후 17세기 말, 단순히 증류한 알코올 대신 브랜디를 첨가했는데, 이는 와인 보존력을 높일 뿐 아니라 풍미까지 향상했다.

브랜디를 첨가해서 강화한 마데이라는 엄청난 상품으로 거듭났다. 적도의 열기 속 흔들리는 배 위에서 숙성된 마데이라는 감미로운 풍성함과 벨벳 같은 질감을 겸비한 와인으로 둔갑했다. 게다가 와인에 내재된 산미 덕분에 놀라울 정도로 신선했다. 당시 가장 명성이 높은 마데이라는 비뉴 다 호다(vinhos da roda)였다. 포르투갈에서 출발해서 인도에 갔다가 다시 포르투갈로 돌아오는 왕복 유람선에 실은 마데이라였다. 비뉴 다 호다는 선풍적인 인기만큼 생산비용도 터무니없이 높았다. 따라서 생산자들은 본국을 떠나지 않고도 지구 반 바퀴를 돈 것과 같은 효과를 내는 방법을 찾기 시작했다. 와인 양조자들은 처음에는 여느 와인과 같은 방식으로 마데이라를 만들었다. 포도를 수확한 다음 발로 밟거나 다른 방식으로 으깨고 압착해서 배럴이나 탱크에 담고 발효시켰다.

마데이라에는 포도 20여 종이 허용된다. 이 중 가장 많이 사용하는 청포도는 세르시알(Sercial), 베르델료(Verdelho), 테한테스(Terrantez), 부알(Bual, 보알, 말바시아 피나라고도 함), 맘시(Malmsey, 말바시아 브란카 드 상 조르즈와 같음)이며, 적포도는 틴타 네그라 몰리(Tinta Negra Mole)가 있다. 역사학자들은 대부분 품종이 15세기에 포르투갈 북부에서 섬으로 유입된 것으로 믿는다. 뒤에 설명하겠지만 틴타 네그라 몰리를 제외한 모든 품종은 각각의 마데이라 스타일을 만들기 위해 단독으로 사용된다(375페이지의 '포도와 마데이라 종류' 참조).

### 마데이라 서빙과 마시는 법 (초콜릿칩 쿠키 맛있게 먹는 법)

마데이라는 스월링할 공간이 충분한 큰 와인잔에 마시는 것이 가장 좋다. 세르시알과 베르델료처럼 드라이한 스타일은 차갑게 마신다. 부알과 맘지처럼 스위트한 스타일은 조금 서늘한 상온에 맞춘다.

모든 스타일의 마데이라는 천연 산미가 중심을 단단히 잡고 있어서 단독으로 마셔도 극도의 신선함이 느껴지지만, 음식에도 상당히 잘 어울린다. 세르시알과 베르델료는 환상적인 아페리티프다. 부알과 맘지는 그 자체로 디저트가 될 수 있지만, 짜릿한 산미 덕분에 크림, 초콜릿, 바나나(바나나 포스터 등)로 만든 리치한 디저트와 최고의 궁합을 이룬다. 필자가 세상에서 가장 좋아하는 궁합은 초콜릿칩 쿠키와 맘지 마데이라다.

### 스텐실 와인병

수백 년 전에는 빈티지 마데이라 병에 종이 라벨을 붙이는 대신 스텐실을 찍었다. 나이 든 여성들이 생산자 주택에 모여서 수작업으로 스텐실을 찍었는데, 당시 마데이라섬이 워낙 외지고 가난해서 본토에서 비싼 종이를 배로 실어 오기 힘들었기 때문이다. 게다가 종이 라벨은 세월과 습기에 쉽게 훼손되기 때문에 습한 양조환경과 해상운송에는 적합하지 않았다.

거의 60년 묵은 빈티지 와인에 스텐실이 찍혀 있다.

마데이라는 포트와 마찬가지로 발효 중인 포도에 구체적인 시점에 맞춰 브랜디를 첨가한다. 브랜디가 효모를 죽여서 발효를 멈추게 만들며, 포도 천연의 당분이 강화된 와인에 그대로 남게 된다. 브랜디를 첨가하는 시점에 따라 와인의 당도가 달라진다. 브랜디를 발효 초기 단계에 첨가하면, 천연 당분이 많이 남는다. 브랜디를 발효가 끝날 무렵에 첨가하면, 마데이라는 드라이 와인에 가까워진다.

그런데 포도와 와인의 당분만 마데이라의 토피, 캐러멜, 버터스코치, 코코아, 카레 풍미를 만드는 건 아니다. 만들고자 하는 마데이라의 품질에 따라 와인을 가열하는 방법이 달라진다. 쿠바 드 칼로르(cuba de calor)는 저렴한 기본 마데이라를 만드는 방법이다. 강화한 베이스 와인을 구불구불한 스테인리스스틸 가열 코일이 달린 대형 캐스크에 담는다. 그런 다음 와인을 최대 50℃까지 서서히 가열하며, 이는 최소 3개월간 지속된다. 이때 와인을 최대한 천천히 가열하는 것이 매우 중요하다. 너무 빨리 가열하면 와인에 살짝 탄 냄새가 배고 숙성이 너무 빠르게 진행될 수 있다.

아르마젱 드 칼로르(armazém de calor)는 주정강화 와인을 담은 대형 캐스크를 사우나처럼 가열하는 특수 설계한 방에 저장하는 방식이다. 쿠바 드 칼를로보다 부드러운 방식으로 6개월에서 1년까지 지속된다.

한편 최고급 마데이라(전체 마데이라의 10% 미만)는 수 세기 전에 행했던 방식 그대로 자연적인 방식으로 가열한다. 이를 칸테이루(canteiro)라 한다. 최상급 와인을 생산자 창고에 있는 특수한 방에 저장하는데, 이 방은 뜨거운 마데이라 태양 아래 있어서 엄청난 열기가 쌓인다. 마데이라는 이 방에서 아무런 방해도 받지 않고 20년 또는 100년까지도 머문다.

중요한 사실은 와인 캐스크를 가득 채우지도, 공간을 새로 채워 넣지도 않는다는 점이다. 시간, 열기, 산소의 조합이 와인을 매우 부드럽게 만든 결과, 아무도 흉내 낼 수 없는 매혹적인 질감과 풍미를 빚어낸다.

그러나 이게 끝이 아니다. 가열과정이 끝나면, 와인을 서서히 식힌다(그동안 쌓인 열기를 없애기 위해 1년 이상 놓아두기도 한다). 열기를 식힌 후에 와인을 숙성시킨다.

마데이라용 포도를 옛 방식을 따라 발로 밟아서 으깬다.

바르베이투 포도밭에서 틴타 네그라 몰리 품종이 익어가고 있다.

최상급 마데이라의 경우, 숙성 과정이 상당히 길고 복잡하다. 와인을 다양한 나무로 만든 캐스크에 담는데, 미국산 오크, 밤나무, 브라질 새틴나무, 마호가니 캐스크를 사용한다. 앞서 설명했듯, 와인 캐스크를 끝까지 가득 채우지 않는다. 와인을 서서히 산화시켜서 풍미를 부드럽게 만들기 위해 일부러 비워 두는 것이다.

믿기 힘들겠지만, 고급 마데이라는 보통 20년의 가열 과정 이후에 추가로 20년 이상의 숙성 과정을 거친 후에야 비로소 병입된다(이후 병 속에 담긴 채로 누군가의 저장실에서 추가로 숙성될 것이다). 결론적으로 위대한 마데이라는 40년 이상의 양조과정을 거쳐 탄생하는 것이다!

## 포도와 마데이라 종류

훌륭한 마데이라는 청포도 품종 다섯 개로 만든다. 마데이라 와인협회는 과거에 이를 '고귀한 품종'이라 불렀고, 현재는 '추천 품종'이라고 한다(개인적으로 예전 명칭이 더 매력적이다). 추천 품종은 세르시알, 베르델료, 테한테스, 부알, 맘시 등이다. 사실 마데이라가 복잡한 이유는 바로 이 이름들 때문이다. 이는 포도 품종명이기도 하지만 마데이라 종류의 명칭이자 당도의 단계별 명칭이기도 하다(각 종류의 정확한 잔당량은 376페이지의 '마데이라 종류별 당도'를 참고하라).

### 세르시알

법적으로 엑스트라드라이 또는 드라이 스타일을 만든다. 세르시알 품종은 섬에서 가장 서늘한 포도밭에서 자라며, 톡 쏘는 기본 와인을 만든다. 그 결과 마데이라는 짜릿함, 우아미, 상큼함, 짠맛, 드라이함, 견과류 풍미가 있는데, 개인적으로 단맛을 뺀 캐러멜 같다고 생각한다.

### 베르델료

미디엄 드라이 스타일이다. 베르델료 품종은 약간 따뜻한 포도밭에서 자라며, 포도가 비교적 쉽게 익는다. 그 결과 마데이라는 뛰어난 밸런스와 세르시알보다 묵직한 풀보디감을 갖춘다.

### 부알

미디엄 스위트 스타일이다. 보알(Boal)이라고도 쓴다. 부알 품종은 따뜻한 포도밭에서 자라며, 가벼운 풍성함을 지닌 응축된 마데이라를 만든다. 부알은 맘시 마데이라나 포트보다 가볍다는 이유로 인도의 영국 장교 클럽에서 큰 인기를 끌었다. 부알은 말바시아 피나와 같은 품종이다.

## 마데이라 종류별 당도

이 정보는 생각보다 찾기 힘들다. 주제 자체가 복잡하고 규정이 바뀐 데다, 개인마다 규정을 다르게 해석하고, 여기에 정치와 수학까지 개입하기 때문이다. 어쨌든 마데이라 회사인 주스티누스의 주앙 테이세이라 덕분에 다음의 수치를 정리할 수 있었다. 한 가지 기억해 둘 사항이 있다. 고급 마데이라는 대체로 산도가 높기에, 예를 들어 잔당량이 8%라도 여전히 짜릿하고 드라이한 맛이 날 수 있다.

**세르시알(엑스트라드라이, 드라이)**
리터당 잔당 35~65g(3.5~6.5%)

**베르델료(미디엄 드라이)**
리터당 잔당 52~80g (5.2~8%)

**부알(미디엄 스위트)**
리터당 잔당 80~98g (8~9.8%)

**테한테스(미디엄 드라이, 미디엄 스위트)**
리터당 잔당 52~98g (5.2~9.8%)

**맘시(스위트)**
리터당 잔당 98g 이상(9.8% 이상)

## 테한테스

마데이라치고 드물게 미디엄 드라이 또는 미디엄 스위트 스타일이다. 테한테스는 재배하기 매우 까다로운 희귀 품종이다. 와인의 보디감은 베르델료와 부알의 중간 정도다.

## 맘시

가장 스위트한 스타일이다. 말바시아(말바시아 브란카드 상 조르즈)라고도 불린다. 섬에서 가장 따뜻한 남쪽 포도밭에서 자라며, 농익은 포도를 생산한다. 그 결과 놀랍도록 풍성한 마데이라를 만든다.

마지막으로 저렴하고 기본적인 마데이라도 있다는 사실을 알아 두자. 이런 와인에서는 위의 다섯 가지 품종의 정교함이나 복합미가 거의 느껴지지 않는다. 보통 품질의 마데이라는 대부분 적포도인 틴타 네그라 몰리로 만들며, 드라이, 미디엄 드라이, 미디엄 스위트, 스위트 와인으로 출시된다. 이런 기본 마데이라 중에서는 라이트한 스타일의 레인워터(Rainwater)가 인기가 많다.

칸테이루 방식에 따라 마데이라 배럴을 뜨거운 다락방에서 20년 이상 숙성시킨다.

레인워터는 와인 캐스크를 우연히 빗속에 놓아두었다가 탄생한 와인이라는 뜻에서 붙여진 이름이다. 그러나 필자는 모든 기본 마데이라는 마시기보다는 요리에 사용하는 게 더 낫다고 생각한다(저렴한 기본 마데이라는 유일하게 필자가 스토브 근처에 있어도 괜찮다고 말하는 와인이다. 와인이 열기에 손상되지 않기 때문이다).

## 마데이라 품질 등급

마데이라는 종류도 다양하지만, 품질에도 등급이 있다(라벨에 표기함). 낮은 등급부터 차례로 살펴보면 3년산, 5년산, 10년산, 15년산, 솔레라, 콜레이타, 프라스케이라(빈티지 마데이라) 등이다.

### 3년산 마데이라

틴타 네그로 몰리 품종으로 만든다. 빠른 가열과정을 거친 후 최소 3년간 숙성시킨다. 이때 주로 캐스크가 아닌 탱크를 사용한다. 라벨에 종종 'finest(최상품)'라고 표기하지만, 사실 요리용으로 더 적합하다.

### 5년산 리저브 마데이라

추천 품종(세르시알, 베르델료, 테한테스, 부알, 맘시)을 사용하는 마데이라 중 가장 품질 등급이 낮다. 블렌드 와인이며, 블렌딩에 사용한 가장 어린 와인은 최소 5년간 캐스크에서 숙성된 와인이다.

### 10년산 스페셜 리저브 마데이라

5년산보다 품질이 높으며, 추천 품종을 사용한다. 블렌딩에 사용한 가장 어린 와인은 최소 10년간 캐스크에서 숙성된 와인이다. 10년산 스페셜 리저브 마데이라는 탱크가 아닌 캐스크에서 자연적인 가열과정을 거쳐야 한다.

### 15년산 엑스트라 리저브 마데이라

10년산보다 품질이 높다. 가장 어린 블렌딩 와인은 최소 15년간 숙성된 와인이다. 탱크가 아닌 캐스크에서 숙성시키며, 주로 추천 품종을 사용한다.

### 솔레라 마데이라

매우 희귀한 싱글 빈티지 와인이며, 칸테이루 가열방식을 사용한다. 반드시 추천 품종을 사용해야 하며, 셰리처럼 솔레아에서 최소 5년간 머물며 복잡한 블렌딩 과정을 거친다.

### 사람보다 수명이 긴 와인

굉장히 오래된 와인을 마시고 싶다면, 마데이라가 정답이다. 예를 들어 1960년대 보르도 와인을 찾기란 하늘의 별 따기만큼 어렵고 가격마저 좌절하게 하지만, 마데이라는 100년 이상 묵은 와인도 손쉽게 찾을 수 있다. 실제로 1776년 미국 건국 당시에 생산된 프라스케이라(빈티지) 마데이라도 여전히 존재한다고 한다. 필자는 블랜디스의 1811년산 마데이라를 마신 적 있는데, 정교함이란 개념을 재정립하게 된 경험이었다. 100년 묵은 마데이라가 특별한 이유는 매혹적인 복합미와 생기 때문이다. 고급 마데이라는 평생 최고의 상태를 유지하며 자신의 주인보다 오래 살아남는다. 산화 및 숙성 과정을 미리 거친 결과, 불멸의 존재로 거듭나는 것이다. 수십 년간 상하지 않고 뜨거운 여름을 견딜 수 있는 와인! 냉장 기술이 발명되기 이전인 식민지 시대에 미국 남부에서 이 사실은 상당한 매력으로 다가왔다.

### 콜레이타 마데이라

'수확(harverst)' 마데이라라고도 불린다. 한 해에 자란 포도로 만들며, 최소 5년간 숙성한 후 병입한다. 흥미롭게도 포르투갈에서는 이를 빈티지 마데이라라고 부르지 않는다. 왜냐하면 빈티지라는 용어는 빈티지 포트에만 사용되기 때문이다. 최초의 콜레이타 마데이라는 블랜디스가 2000년에 출시한 1994년 맘시였다. 콜레이타는 품종의 제한이 없다는 점을 제외하곤 사실상 이른 시기에 병입한 프라스케이라와 다름없다.

### 프라스케이라 마데이라

가장 높은 품질 등급이며, 눈부시게 아름다운 복합미를 지녔다. 프라스케이라 마데이라는 월등히 뛰어난 싱글 빈티지 와인이다. 법적 명칭은 아니지만, 빈티지 마데이라라고 불리기도 한다(콜레이타 마데이라 참조). 놀랍게도 가열과정이 끝나면 캐스크에서 최소 20년간 숙성시킨 후 병 속에서 추가로 2년간 숙성시킨다. 반드시 추천 품종을 사용해야 한다.

# PORTUGUESE TABLE WINES 포르투갈 테이블 와인

역사적으로 포르투갈은 두 면모를 지녔다. 하나는 포트 와인을 생산하는 유명한 포르투갈이고, 다른 하나는 드라이 테이블 와인을 생산하는 무명의 포르투갈이다. 이 두 세계는 겹치는 부분이 전혀 없었다. 포트와인은 세계적 명성을 누리는 데 반해, 테이블 와인은 한두 개를 제외하곤 대부분 포르투갈만 마시는 단순한 와인에 불과했다. 현재는 판도가 완전히 바뀌었다. 유럽에서 가장 저평가된 드라이 레드 와인과 화이트 와인 대부분이 포르투갈에서 나온다. 게다가 포르투갈 해안지역뿐 아니라 로마인이 수세기 전부터 와인을 만들었던 스페인과 국경을 접한 외진 내륙 산악지대에서도 와인이 생산된다. 수많은 포르투갈 테이블 와인은 놀라운 가치를 지니고 있으며, 세계 최고가의 와인(특히 레드 와인)을 선보이는 정상급 와인 생산자들도 있다.

포르투갈 테이블 와인은 대부분 많은 품종을 블렌딩해서 만든다. 아직도 포도밭에서 여러 품종을 혼합 재배하는 경우가 흔하다. 이들 품종은 이베리아반도 밖에서는 거의 발견되지 않으며, 페니키아 토착종이거나 포르투갈에서 자연교잡으로 생겨난 경우가 많다. 실제로 포르투갈에서 사용하는 포도 370종 중 250종이 토착종이다. 프랑스나 스페인의 와인 산지에서는 흔히 소수의 품종만 재배하지만, 포르투갈에서는 한 곳에서 청포도와 적포도를 각각 20~40종씩 재배하는 경우가 흔하다.

코르크 오크나무에서 코르크 껍질을 수확하고 있다.

## 미뉴

포르투갈 북서쪽 끝의 스페인 국경 바로 밑에 과수원과 농작물로 가득한 비옥한 초록빛 구릉지대가 있다. 이곳은 예부터 포도나무가 퍼걸러(pergola)를 타고 올라가게 키운 덕분에 이슬과 습기의 피해를 방지하고 퍼걸러 아래에는 감자, 옥수수, 콩을 심을 수 있었다. 이곳이 바로 대서양에 그대로 노출된 미뉴라는 지역이다. 포르투갈에서 가장 농업이 활발하며, 대담하고 신선한 화이트 테이블 와인을 생산한다. 이 중 포르투갈에서 가장 유명한 화이트 와인인 비뉴 베르드(vinho verde)도 이곳에서 생산된다. 문자 그대로 '녹색 와인'이라는 뜻의 비뉴 베르드는 본래 라이트하고, 알코올 함량이 적으며, 자잘한 기포가 있고, 소박한 생선 요리에 어울리는 데다, 어릴 때(녹색) 마시기 좋은 저렴한 와인이었다. 그러나 이제는 180도 바뀌었다. 현재의 비뉴 베르드는 짜릿한 광물성, 라임과 스타프루트 풍미를 지닌 진중한 고품질 와인이다. 필자는 킨타 다 하자(Quinta da Raza), 킨타 다스 아르카스(Quinta das Arcas), 킨타 드 솔레이루(Quinta de Solheiro), 안셀무 멘지스(Anselmo Mendes)에서 생산한 비뉴 베르드를 좋아한다. 수많은 고품질 와인이 미뉴의 북단에 있는 몬상 에 멜가수(Monção e Melgaço)에서 생산된다. 비뉴 베르드는 단독 또는 20여 개 청포도 품종으로 만든다. 최상급 와인은 알바리뉴(Alvarinho), 트라자두라(Trajadura), 로레이루(Loureiro)로 만든다(스페인 리아스 바이사스에서는 각각 알바리뇨, 트레이사두라, 로레이라라고 불린다). 또한 포르투갈 청포도 품종으로 환상적인 신선함과 시트러스 풍미가 일품인 아린투(Arinto)도 사용한다.

비뉴 베르드는 레드 와인이 아닌, 화이트 와인이 큰 비중을 차지하고 있다. '녹색' 레드 와인은 수출되지 않지만, 포르투갈에 갈 기회가 있다면 꼭 맛보길 권한다. 충격적인 밝은 자주색 레드 비뉴 베르드는 일반 레드 와인만큼 톡 쏘는 산미를 갖는다. 포르투갈인들이 말하길 콩, 돼지고기, 기름진 대구요리에 완벽하게 어울린다.

비뉴 베르드는 미뉴에 있는 여러 DO 중 하나에 불과하다. 라벨에 단순하게 미뉴라고 표기하는 화이트 와인도 있다. 이는 최상급 비뉴 베르드 못지않게 훌륭하며, 아방가르드하고 흥미롭다. 또한 일반적으로 비뉴 베르드에 사용하지 않는 품종을 기반으로 한다. 대표적 예가 킨타 드 코벨라(Quinta de Covela)의 빼어난 드라이 화이트 와인인

미뉴에는 포도나무를 고대 방식으로 재배하기도 한다.

포르투갈 테이블 와인의 65%가 레드 와인이며, 30%가 화이트 와인이다. 로제 와인은 과거에는 유명했지만, 현재는 포르투갈 전체 테이블 와인 중 겨우 5%로 점점 비중이 줄어드는 추세다.

# 포르투갈 테이블 와인의 포도 품종

## 화이트

### ◇ 알바리뉴
유명한 포르투갈 품종이다. 미뉴 지역의 비뉴 베르드를 만드는 주요 품종이다. 스페인 갈리시아에서는 알바리뇨라고 불린다.

### ◇ 안탕 바스
알렌테주의 주요 품종이다. 화이트 와인에 아로마와 열대과일 풍미를 더한다. 알렌테주에서는 종종 아삭한 아린투와 혼합한다.

### ◇ 아린투
북부의 미뉴부터 남부의 알렌테주까지, 포르투갈 전역에서 블렌드 와인 수십 개를 만드는 데 사용한다. 신선함, 아삭함, 과일 풍미를 더한다. 비뉴 베르드에 사용할 때는 페데르냐(Pederña)라 부른다.

### ◇ 아베수
미뉴 지역에서 블렌드 와인을 만들 때 사용하는 풀보디감의 청포도다. 와인에 진중함을 더한다.

### ◇ 비칼
바이하다, 당에서 블렌드 와인에 첨가해서 아로마, 산미, 과일 풍미를 가미한다. 가을철 우기가 다가오기 전에 포도가 익기 때문에 바이하다의 스파클링 와인의 주요 품종으로 쓰인다.

### ◇ 엔크루자두
당의 주요 품종으로 좋은 보디감과 산미를 가진 고급 와인과 단순한 와인을 모두 만든다.

### ◇ 고베이우
일명 고베이우 헤알라 부른다. 보조 품종이지만 생기 있는 과일 풍미로 높은 평가를 받는다. 도루의 화이트 테이블 와인과 화이트 포트의 블렌딩 와인 중 하나로 사용한다.

### ◇ 로레이루, 트라자두라
주로 두 품종을 섞거나, 아린투(페데르냐)와 혼합해서 비뉴 베르드를 만드는 데 사용한다.

### ◇ 말바시아 피나
도루 또는 당의 토착종이다. 오늘날 당의 화이트 와인을 만드는 데 주요 품종으로 사용한다. 마데이라에서는 보알(Boal)이라고 부른다.

### ◇ 호페이루
매우 오래된 이베리아반도 품종인 시리아(Síria)은 이름이 20개가 넘는데, 그중 알렌테주에서 부르는 이름이다. 알렌테주 전역에서 자라는 주요 품종이다. 북쪽의 도루에서도 자라며, 이곳에서는 코데가(Códega)라 부른다. 대담한 과일 풍미와 꽃 풍미를 가미한다.

### ◇ 베르델료
마데이라를 만드는 주요 품종으로 유명하지만, 알렌테주에서도 자라며 블렌드 와인에 신선함과 아삭함을 더한다.

### ◇ 비오지뉴
도아로마가 풍부한 고품질 품종으로 주로 도루에서 자란다. 신선함, 풀보디감, 높은 숙성력을 지닌 와인을 만든다.

## 레드

### ◇ 알프로셰이루
주로 당에서 발견되는 고품질 품종이다. 짙은 색깔, 고급스러운 타닌감, 표현력이 강한 베리 아로마와 풍미를 지닌 와인을 만든다.

### ◇ 알리칸테 부셰
850년대 프랑스에서 만든 품종으로 짙은 색과 과일 풍미를 지닌 적포도다. 현재는 포르투갈과 스페인에서도 재배된다. 알렌테주에서 깊은 과일 풍미의 부드럽고 고급스러운 와인을 만들며, 종종 트린카데이라(Trincadeira)와 혼합한다.

### ◇ 아라고네즈
스페인의 템프라니요와 같은 품종이다. 알렌테주와 도루의 주요 품종이며, 이곳에서는 틴타 호리스(Tinta Roriz)라 부른다. 대담한 과일 풍미를 지닌 와인을 만든다.

### ◇ 아잘 틴투, 소상, 비냥
주요 품종이다. 주로 세 품종을 섞어서 날카롭지만 신선한 레드 비뉴 베르드를 만든다.

### ◇ 바가
포르투갈어로 '베리'란 뜻이다. 거의 모든 포르투갈 지역에서 재배하지만, 특히 바이하다에서 주요 품종으로 사용한다. 타닌감과 산도가 강한 레드 와인을 만든다.

### ◇ 바스타르두
매우 오래된 고대 품종으로 프랑스 동부 쥐라의 토착종이다. 프랑스에서는 트루소(Trousseau)라 부른다. 도루와 당에서 자라며, 다른 품종과 혼합 재배하는 오래된 포도밭이 많다.

### ◇ 카스텔랑
생존력이 강하며 널리 재배되는 오래된 포르투갈 품종이다. 페리키타(Periquita)라고도 부른다. 짙은 색, 높은 숙성력, 풀보디감의 와인을 만든다. 알렌테주를 비롯한 여러 지역의 주요 품종이다.

### ◇ 자엥
국경 너머 스페인에서는 멘시아(Mencía)라 부른다. 당에서 스파이시하고 활기차며, 마시기 쉬운 레드 와인을 만든다.

### ◇ 토리가 나시오날, 틴타 바호카, 토리가 프란카, 틴투 캉
강한 구조감과 짙은 색을 가진 품종으로 몇몇 다른 품종과 혼합해서 포트를 만든다. 도루와 때론 당에서도 테이블 와인을 만드는 데 사용한다.

### ◇ 트린카데이라
알렌테주의 주요 적포도 품종이다. 블렌드 와인에 짙은 색, 구조감, 향신료 풍미를 가미한다. 틴타 아마렐라(Tinta Amarela)라고도 부른다.

## 그때 그 시절의 랜서스와 마테우스

미국 베이비부머 세대가 대학생이 돼서 와인에 입문하면 저녁 데이트에서 주로 마시는 2대 와인이 있다. 바로 랜서스와 마테우스다. 기포가 자글대는 보헤미안 스타일의 살짝 스위트한 포르투갈 로제 와인이다(이미지는 전과 달라졌지만 여전히 출시되는 와인이다).

랜서스는 역사적인 포르투갈 회사 J. M. 다 폰세카의 와인이며, 미국 출신의 와인 상인 헨리 베허가 1944년에 고안한 상품이다. 그는 2차 세계대전 이후 미국인의 입맛을 사로잡을 로제 와인을 찾고 있었다. 베허는 스페인 화가인 벨라스케스가 그린 '라스 란사스(창기병)'라는 그림을 가장 좋아했는데, 랜서스란 이름도 여기서 딴 것이다. 랜서스는 초창기에 작은 암포라를 흉내 낸 적갈색 도자기 병에 담아서 팔았다.

마테우스는 이보다 2년 앞선 1942년에 포르투갈 회사 소그라프(Sogrape)의 설립자 페르난도 방 젤레르 게데스가 발명했다. 바가, 틴타 바로카, 토리가 프란카 등 여러 품종을 블렌딩한 와인이며, 병 모양은 1차 세계대전에서 군인들이 들고 다니던 수통을 모델로 삼아서 플라스크 형태로 출시됐다. 블렌드 출시 이후 십억여 병이 판매됐다. 엘리자베스 2세 여왕이 사보이 호텔에서 저녁 식사에 마테우스를 주문하곤 했다고 알려져 있으며, 전설의 기타리스트 지미 헨드릭스는 잔에 따르지도 않고 병 째 마셨다고 한다.

---

에디상 나시오날(Edição Nacional)이며, 아베수 품종만 단독으로 사용한다.

## 도루

도루는 포트로 유명한 지역이지만(358페이지 참조), 훌륭한 드라이 레드 테이블 와인을 만드는 산지이기도 하다. 좋은 예로는 킨타 두 베수비오 폼발 두 베수비오(Pombal do Vesúvio), 프라트 & 사이밍턴(Prats & Symington)의 크리세이아(Chryseia), 와인 & 소울(Wine & Soul)의 핀타스(Pintas), 카사 페헤이리냐(Casa Ferreirinha)의 킨타 다 레다(Quinta da Leda), 킨타 두 발라두(Quinta do Vallado), 킨타 다 코르트(Quinta da Côrte), 킨타 두 크라스투(Quinta do Crasto), 콘세이투(Conceito) 등이 있다.

그리고 이 리스트에 도루와 포르투갈에서 가장 유래가 깊은 테이블 와인을 추가하고 싶다. 바로 카사 페헤이리냐의 바르카 벨랴(Barca Velha)다. 깊은 파워풀함과 복합미를 지닌 와인으로 포르투갈에서 신화적 지위를 누리고 있으며, 가격도 매우 높다(2021년 기준 700달러). 첫 번째 빈티지(토리가 프란카, 토리가 나시오날, 틴타 캉, 틴타 호리스의 블렌드)는 1952년이었다. 2021년 기준으로 지금까지 딱 20차례만 생산됐으며, 와인이 충분히 숙성됐다고 판단될 때만 출시된다(10년 이상 지난 후에 출시되기도 함). 바르카 벨랴의 소유주는 포르투갈 최대 와인

바르카 벨라의 첫 번째 빈티지

회사인 소그라프다.

도루의 다른 테이블 와인들도 바르카 벨랴 못지않다. 토탄, 검은 감초, 향신료, 다즙하고 검은 무화과 풍미와 구조감을 지닌 파워풀한 와인들이다(주정강화하거나 달지 않은 포트와인을 상상해 보라). 도루 테이블 와인은 주로 새 프랑스산 오크 배럴에 일정기간 숙성시키며, 독특한 수지성 수풀과 암석 아로마를 띤다. 마치 포도밭 돌담에 자라는 록 로즈의 향과 비슷하다.

도루의 포도밭은 무른 편암으로 구성된 황량한 암석 구릉지대다. 지형이 거의 수직단층이라서 포도나무 뿌리가 땅속 깊이 파고들기 좋다(도루처럼 매우 뜨겁고 건조한 지역에 유용한 환경). 한때 맹렬했던 도루강 물줄기가 빚어낸 깊은 협곡 위로 가파른 계단식 포도밭(경사 30~60%)이 솟아 있으며, 이는 세상에서 가장 아름다운 포도밭으로 꼽힌다.

극심한 열기, 부족한 강우량, 토양의 부재로 이곳에서는 포도 이외의 작물은 살아남기 힘들다. 생산율은 낮고, 포도 재배는 느리고 어렵다. 오래된 포도밭은 전부 여러 품종을 혼합 재배한다(이곳 포도밭은 대부분 수십 년 전에 심어졌다). 이 포도들은 포트와인을 위해 재배되지만, 이제 포트와인을 만들고 남은 포도로 테이블 와인을 만드는 시대는 지났다. 테이블 와인 생산에 대한 열정이 높아지고 있으며, 테이블 와인을 염두에 두고 포도를 재배하는 포도밭(빨리 그늘짐, 북향, 높은 고도)이 생겨나는 추세다.

도루 테이브 와인(레드, 화이트)을 만드는 데 허용된 포도 품종은 거의 40종에 달한다. 이 중 적포도는 포트와인용 품종과 같다(토리가 프란카, 토리가 나시오날, 틴타 호리스, 틴타 바로카, 틴투 캉, 소상, 틴타 다 바르카). 청포도는 말바시아 피나, 비오지뉴, 고베이우 등이다.

## 당

당은 포르투갈에서 복합적이고 정교한 와인을 생산할 잠재성이 가장 높은 지역으로 꼽힌다. 1980년대 말, 포르투갈 정부가 당에서 재배한 포도 전량을 조합에 판매해야 한다는 어처구니없는 법을 폐지한 이후, 당 와인의 품질이 현저히 개선됐다. 오늘날 당는 바이하다처럼 걸출한 와인을 만들고자 고품질을 추구하는 독립적인 생산자들을 끌어들이고 있다.

당는 도루강에서 남쪽으로 48km 떨어진 곳의 화강암 고원(해발 400~500m)에 있다. 당은 삼 면이 산과 숲으로 둘러싸여 있다. 덕분에 대서양의 냉기와 습기로부터 안전하며, 작물의 성장 시기가 지중해처럼 길다. 낮과 밤의 기온 차가 크기 때문에 포도가 충분히 익으면서도 산미가 유지된다. 그래서 레드 와인과 화이트 와인 모두 신선함과 활기가 넘친다.

당에서 재배하는 포도 품종은 50가지가 넘는다. 그중 대다수가 오래된 포도밭에서 혼합 재배된다. 최상급 품종은 자엥, 토리가 나시오날, 틴타 호리스 등이 있다. 자엥은 스파이시하고 활기 넘치는 적포도로 스페인에서 멘시아라 불린다. 토리가 나시오날과 틴타 호리스는 구조감이 강한 적포도로 포트의 주재료다. 최상급 청포도 품종은 엔크루자두다. 풀보디감과 생생한 산미를 동시에 갖춘 와인을 만드는데, 포르투갈에는 이처럼 상반되는 두 특징을 겸비한 와인이 많다.

최상급 당 와인 생산자는 킨타 다 펠라다(Quinta da Pellada), 킨타 드 사에스(Quinta de Saes), 킨타 두스 호케스(Quinta dos Roques), 킨타 다스 마리아스(Quinta das Marias), 카사 다 파사렐라(Casa da Passarella), 킨타 다 롬바(Quinta da Lomba) 등이다.

## 바이하다

바이하다는 포르투갈어로 '진흙'을 뜻하는 바후(barro)에서 파생된 이름이지만, 이곳 토양은 석회암이 많아서 와인에 독특한 특징을 부여한다. 바이하다는 동쪽 당의 화강암 지대와 서쪽의 대서양 사이에 있다. 바다와 가까워서 습윤하고 바람이 많이 불며, 수확시기에 내리는 비가 골칫거리다. 주요 포도 품종은 바가(Baga)다. 다즙함, 산미, 타닌감이 느껴지는 적포도이며, 필리파 파투(Fílipa Páto)처럼 재능 있는 와인 양조자의 손을 거치면, 어린 바롤로를 닮은 와인이 탄생한다. 훌륭한 바가는 제비꽃, 검은 후추, 블랙베리, 검은 감초의 탁월한 아로마와 풍미를 발산한다. 대표적 예로 파투의 포스트케.스(Post-Quer.S)가 있다. 법적으로 라벨에 바이하다 클라시코라고 표기한 와인은 바가의 비중이 최소 50%이고, 30개월간 숙성시켜야 한다. 이 밖에도 십여 종의 적포도와 청포도가 재배되며, 이 중에는 풍성한 화이트 와인을 만드는 비칼이라는 재래종도 있다.

과거에는 대형 와인 회사(마테우스도 이곳에서 시작함)들이 바이하다를 지배했었다. 그러나 최근 몇십 년간 대형 회사들이 이곳을 떠나면서 포도 재배자들 수백 명과 계약을 해지했다. 포르투갈의 젊은 장인 와인 양조자들에게는 이것이 기회였다. 그들은 곧바로 포도 재배자들과 계약을 맺었고, 100년 이상 묵은 고목(격자 구조물을 사용하지 않음)의 포도를 확보했다.

비가 많이 내리는 지역에서는 포도가 충분히 익기 힘들다. 만약 포도의 산도가 높고 토양이 석회암이라면, 스파클링 와인이 하나의 대안이 될 수 있다. 실제로 투박한 레드, 로제 스파클링 와인을 포함한 포르투갈 스파클링 와인의 20%가량이 바이하다에서 생산된다. 전통적으로 바이하다 스파클링 와인은 현지 특산 요리인 젖먹이 돼지고기구이와 페어링한다(바이하다의 주요 도로를 따라 젖먹이 돼지고기 레스토랑이 줄지어 있다).

최상급 바이하다 와인 생산자는 루이스 파투(Luís Páto), 필리파 파투 & 윌리엄 바우터스(Fílipa Páto & William Wouters), 카베스 상 조앙(Caves São João), 캄포라르구(Campolargo) 등이다.

## 알렌테주

알렌테주는 포르투갈 최대 규모의 와인 산지로 포르투갈 남동부 전역을 아우른다. 뜨겁고 건조한 이곳 구릉지대에

필리파 파투와 윌리엄 바우터스

서 와인 이외에도 올리브기름과 곡물이 생산되며, 세계 코르크 생산량의 절반이 알렌테주에서 만들어진다. 그러나 부유층이 대대손손 물려주는 양조장과 목장을 제외하면, 알렌테주는 포르투갈에서 가장 빈곤한 지역이다. 현재 알렌테주는 농촌 체험관광과 스파 휴양지로 탈바꿈하고 있다. 킨타(농장)를 아름다운 시골 여관으로 바꾼 것이다. 과거에는 수확한 포도 대부분을 조합에 판매해서 기본적인 지역 와인을 만들었다. 현재는 다섯 개 주요 구역(포르탈레그르, 보르바, 헤돈두, 헤겡구스, 비디게이라)을 중심으로 포도 재배자가 직접 와인까지 만드는 경우가 많아졌다. 다섯 개 구역 모두 스페인과 근접한 알렌테주 동부에 있으며, 토양은 화강암, 편암, 석회암으로 구성돼 있다. 최근 포르투갈 북부 출신 와인 양조자들이 이곳 양조장을 매입해서 알렌테주의 잠재성이 화두가 되고 있다.

알렌테주는 기본적으로 레드 와인 산지다. 그러나 대부분 정상급 포르투갈 와인 산지가 그렇듯, 알렌테주도 구조감이 뚜렷한 레드 와인과 신선한 화이트 와인을 모두 생산한다. 적포도는 아라고네스(Aragonez), 트린카데이라(Trincadeira), 알리칸테 부셰(Alicante Bouschet), 토리가 나시오날(Touriga Nacional), 토리가 프란카(Touriga Franca) 그리고 최근에 합류한 카베르네 소비뇽과 시라 등 수많은 품종이 있다. 청포도도 마찬가지

로 안탕 바스(Antão Vaz), 호페이루(Roupeiro), 아린투(Arinto), 페르낭 피르스(Fernão Pires) 등 주요 품종을 비롯해 수많은 품종이 재배된다. 주목할 만한 와인으로 에르다드 두 에스포랑(Herdade do Esporão), 에르다드 두 소브로주(Herdade do Sobroso), 에르다드 두 모샹(Herdade do Mouchão), 에르다드 두 페수주(Herdade do Peso), 킨타 다 폰트 소투(Quinta da Fonte Souto) 등이 있다. 참고로 알렌테주에서 에르다드(here)는 대형 목장이나 주택을 의미한다.

고대 로마 시대에는 나무가 부족했기 때문에 와인을 암포라처럼 생긴 탈랴(talha)라는 대형 도자기 용기에 넣고 만들었다. 오늘날 조합들은 탈랴를 더 이상 사용하지 않지만, 몇몇 장인적 와인 양조자는 1세기 전에 만들어진 탈랴를 이용해서 옛 양조 기술을 부활시켰다. 비뉴 드 탈랴를 만드는 방법은 다음과 같다. 여러 적포도, 청포도 품종을 줄기째 탈랴에 담고 발효시킨다. 그런 다음 용기를 밀봉하고 와인을 포도 껍질과 함께 수개월간 놓아둔다. 이후 용기 아래쪽으로 와인을 빼내서 판매한다. 레드 비뉴 드 탈랴 틴투는 포도 줄기를 제거한 후 올리브기름을 부어서 산소와의 접촉을 막은 채로 1년을 추가로 숙성시킨다. 살짝 거칠고 펑키(funky)하며, 산화된 비뉴 드 탈랴는 지역의 특산품이며, 와인마다 맛이 조금씩 다르다.

# 위대한 포르투갈 테이블 와인

## 화이트 와인

### 킨타 다 하자(QUINTA DA RAZA)
**비뉴 베르드 | 미뉴 | 알바리뉴 60%, 트라자두라 40%**

필자는 베르드라는 단어 때문인지, 비뉴 베르드를 생각할 때마다 봄이 생각난다. 신선하고 생기 넘치는 목초지의 아로마와 풍미가 느껴지기 때문이다. 킨타 다 하자는 비뉴 베르드를 한 단계 더 끌어올렸다. 크리미한 보디감과 시트  러스 풍미는 이국적인 크렘 브륄레에 라임을 뿌린 듯하다. 아삭한 광물성은 대서양에서 갓 튀어나온 것처럼 느껴진다. 가문이 소유한 킨타는 스페인 국경 근처의 화강암 산악지대에 있지만, 눈부신 햇빛과 건조한 환경은 감미로운 복합미가 도드라지는 비뉴 베르드를 빚어낸다.

## 레드 와인

### 필리파 파투 & 윌리엄 바우터스(FÍLIPA PÁTO AND WILLIAM WOUTERS)
**노사 칼카리우 | 바이하다 | 바가 100%**

필리파 파투보다 열정적인 와인 양조자가 또 있을까? 그녀는 할머니와 아버지(지역 유명 인사)에게 포도 재배법과 와인 양조법을 전해 받았다. 그녀는 셰프이자 소믈리에인 남편 윌리엄 바우터스와 함께 바가와 바이하다의 잠재력을 세계에 알리겠다는 포부  를 품었다. 이 둘은 80~130년 묵은 포도밭에서 생물역학 농법으로 아름다운 구조감을 지닌 레드 와인, 노사 칼카리우(Nossa Calcário)를 탄생시켰다. 향신료, 가죽, 타바코, 펜넬, 코코아, 바닐라의 풍미가 입안을 강타하며, 황홀한 신선함과 생기가 한데 아우러진다. 자연주의자인 필리파는 포도밭 주변에 자라는 알로에를 우려내서 햇빛을 차단할 목적으로 포도나무에 뿌린다.

## 킨타 다 펠라다(QUINTA DA PELLADA)
파프 | 당 | 토리가 나시오날, 바가, 기타 품종의 필드 블렌드

16세기에 설립된 킨타 다 펠라다의 소유주이자 와인 양조자인 알바루 카스트루는 거침없는 전통주의자다. 그는 포도나무 고목과 필드 블렌드를 재배한다(무려 40종을 혼합 재배하는 포도밭도 있다!). 파프(Pape)는 달콤한 블랙베리, 바닐라, 시나몬, 바다소금의 풍미와 해진 가죽, 타르의 다소 어두운 풍미를 장착한 최고의 와인이다. 필자는 파프의 풍성함, 파워 그리고 형용할 수 없는 '구세계스러움'을 사랑한다.

## 킨타 다 폰트 소투(QUINTA DA FONTE SOUTO)
비냐 두 소투 | 알렌테주 | 알리칸테 부셰 50%, 시라 50%

검은 과일, 장미 향, 감미로운 향신료 풍미를 갖춘 비냐 두 소투(Vinha do Souto)의 감미로움과 벨벳처럼 부드러운 질감이 입안을 휘젓는다. 또한 맛깔스럽게 감칠맛이 감도는 달콤한 야생 블랙베리 풍미를 물씬 풍긴다. 필자는 이처럼 풍성함, 명확성, 완벽한 가벼움을 동시에 갖춘 와인을 만날 때마다 감탄을 금치 못한다. 마치 공중에 높이 뛰어오른 발레리나를 감상하는 듯하다. 게다가 고급스러운 타닌감 덕분에 구조감도 탄탄한데다 놀랍도록 신선하다. 이 와인에 사용하는 포도는 상 마메드산맥의 밤나무 숲과 인접한 높이 500m의 포도밭에서 공수한다. 고도가 꽤 높은 이 구역은 포르탈레그르라 불리며, 날씨는 알렌테주 평원보다 더 서늘하다.

## 프라트 & 사이밍턴(PRATS & SYMINGTON)
크리세이아 | 도루 | 토리가 나시오날 75%, 토리가 프란카 25%

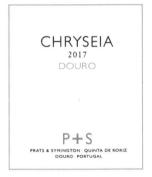

그리스어로 '금색'을 뜻하는 크리세이아(Chryseia)는 포르투갈에서 가장 훌륭한 테이블 와인 중 하나다. 극도의 풍성함, 감칠맛, 스파이시함을 띠며, 검은 무화과, 씁쓸한 초콜릿, 코코아, 흙, 시나몬의 엄청난 풍미가 와인 잔 너머로 돌진해 온다. 이런 강렬함 이면에는 생생한 광물성과 제비꽃 풍미가 정교함과 밸런스를 빚어낸다. 이처럼 응축력과 동시에 활기와 우아함까지 갖춘 와인은 오래된 포르투갈 토착종의 적응력을 증명한다. 크리세이아는 포르투갈의 사이밍턴 가문과 보르도의 브루노 프라트(코스 데스투르넬의 전 소유주)의 합작품이다. 와인은 대부분 킨타 드 호리스 포도밭의 최상급 구역에서 생산되는데, 이 구역은 빈티지 포트에 사용할 포도도 공급한다.

## 킨타 두 베수비오(QUINTA DO VESÚVIO)
도루 | 토리가 나시오날 55%, 토리가 프란카 40%, 틴타 아마렐라

킨타 다 베수비오는 언덕 일곱 개의 산마루와 계곡을 굽이굽이 가로지르며, 사이밍턴 가문이 소유한 가장 귀중한 양조장으로 꼽힌다. 사이밍턴 가문은 도루 최대 포도밭 소유주이며(면적 1,006만㎡의 포도밭이 킨타 27개에 걸쳐 있음), 아름다운 부지를 대거 소유하고 있다. 킨타 두 베수비오는 세계적으로 유명한 빈티지 포트와 파워풀한 구조감과 뛰어난 숙성력을 갖춘 레드 와인을 생산한다. 특히 타닌감이 뛰어나게 정교하며, 다크베리, 멘톨, 바닐라, 토탄, 도루의 유명한 록 로즈 아로마와 풍미는 참으로 매혹적이다. 킨타 두 베수비오의 포도는 항상 서늘한 밤에 사람이 직접 발로 밟아서 으깨며, 음악과 춤이 함께한다.

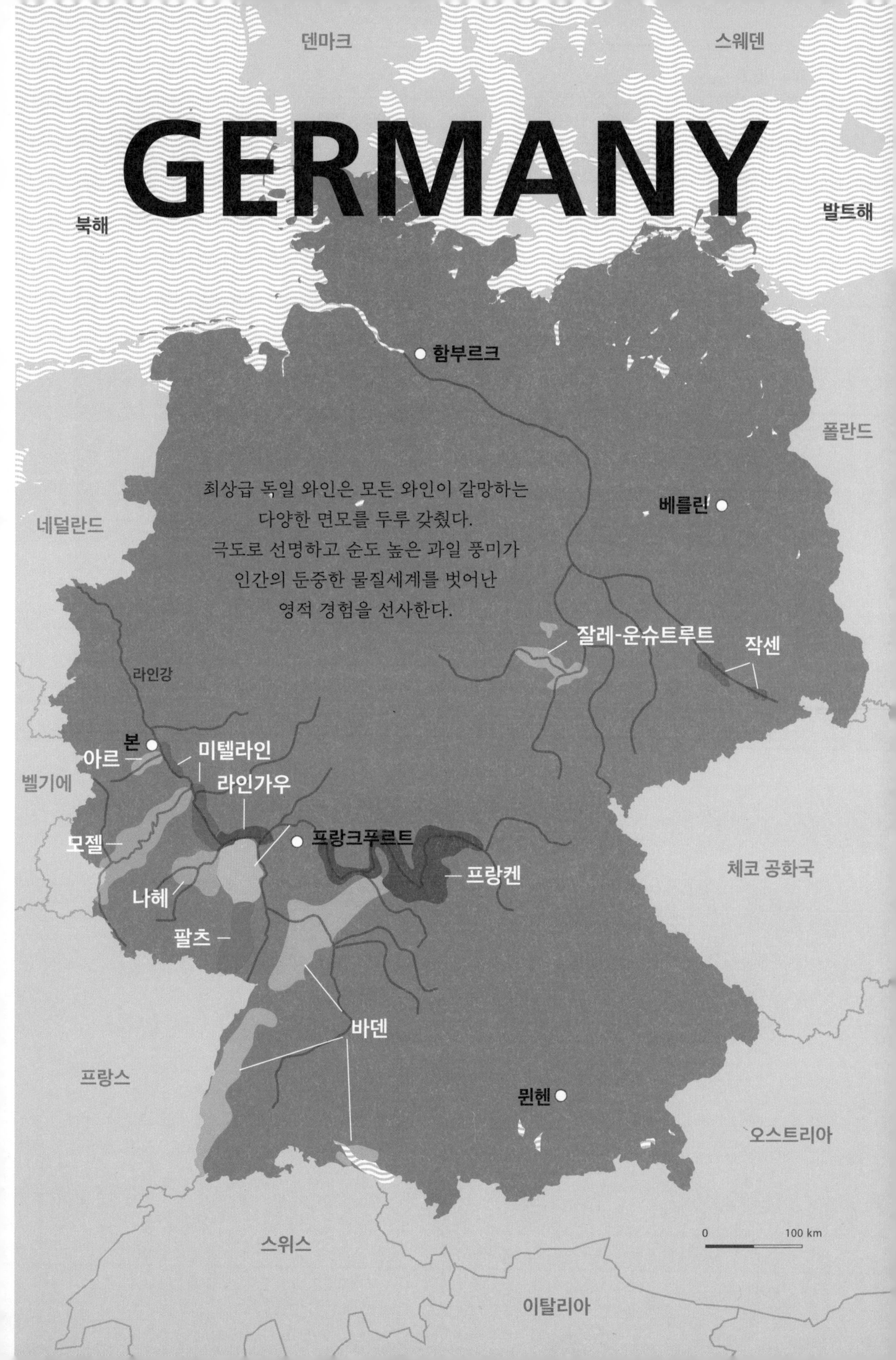

# GERMANY

북해

덴마크

스웨덴

발트해

함부르크

폴란드

베를린

최상급 독일 와인은 모든 와인이 갈망하는
다양한 면모를 두루 갖췄다.
극도로 선명하고 순도 높은 과일 풍미가
인간의 둔중한 물질세계를 벗어난
영적 경험을 선사한다.

네덜란드

라인강

잘레-운슈트루트

작센

본

미텔라인

라인가우

아르

벨기에

모젤

프랑크푸르트

프랑켄

체코 공화국

나헤

팔츠

바덴

뮌헨

프랑스

오스트리아

스위스

0          100 km

이탈리아

20세기까지만 해도 박식한 와인 애호가들 사이에서 위대한 와인 생산국은 프랑스와 독일 단 두 곳이라는 의견이 지배적이었다. 몇몇 걸출한 와인 산지(포르투갈의 포트, 스페인의 셰리 등)를 제외하고 프랑스와 독일 와인의 우월함에 누구도 대적하지 못했다. 최고급 와인의 가격도 이 두 나라보다 비싼 곳이 없었다. 19세기 와인 경매와 소매가에서 최고급 독일 리슬링이 초고가의 보르도 1등급과 부르고뉴 그랑 크뤼보다 비싸게 책정되기도 했다.

독일의 포도밭은 몽골, 뉴펀들랜드와 같은 북위 49~51도 선상에 있는데, 이곳은 유럽에서 포도가 안정적으로 익을 수 있는 북쪽 한계선이다(지난 10년간 지구온난화로 인해 스칸디나비아에도 포도밭이 생겼지만, 아직 상업적 중요성은 없다). 독일 와인의 눈부신 매력도 북부에 있다는 사실에서 비롯된다(다른 요인도 추후 설명할 예정). 최상급 독일 와인은 모든 와인이 갈망하는 다양한 면모를 두루 갖췄다. 극도로 선명하고 순도 높은 과일 풍미가 인간의 둔중한 물질세계를 벗어난 영적 경험을 선사한다.

물론 독일도 다른 나라처럼 평범한 제네릭 와인도 만든다. 그런데 독일 와인이라곤 이 달고 저렴한 와인밖에 마셔 보지 못한 사람이 대부분이다. 그래서 독일 와인은

---

### 독일 와인 맛보기

독일은 세상에서 가장 우아한 화이트 와인을 만드는 나라다. 일례로 최상급 리슬링은 놀랍도록 순수하고 정교하다.

---

세계 포도밭의 1.5% 미만이 독일에 있으며, 독일 포도밭은 유럽 최북단에 있다.

---

최고급 독일 와인 대부분은 드라이 또는 살짝 오프 드라이다. 예외적으로 늦게 수확한 포도로 만든 값비싼 디저트 와인인 베렌아우스레제(Beerenauslese, BA), 트로켄베렌아우스레제(Trockenbeerenauslese, TBA), 아이스바인(eisweine)도 있는데, 이 중 후자가 가장 달다.

---

달다고 잘못 단정 지어 버린다. 그러나 최상급 독일 와인은 정반대로 드라이하다. 필자가 독일 와인의 당도에 대한 오해를 풀어 주겠지만, 일단 이번 챕터는 기본 와인 대신 최상급 와인을 주로 다루고 있다. 누구도 놓쳐선 안 될 장대한 와인들을 말이다.

독일 최고의 와인 양조장 중 하나인 뮐러카투아르의 겨울철 포도밭 풍경

## 테루아르의 장점과 단점

북부 위도에서는 아무리 미묘한 테루아르의 특성도 크게 두드러지기 마련이다. 산등성 그늘이 포도밭에 드리웠다는 단순한 이유만으로도 과일이 익어서 깊이 있고 강렬한 와인을 만들리라는 희망이 산산이 부서진다. 그래서 독일은 포도밭(면적 1,030㎢) 위치를 세상에서 가장 신중하게 결정한다. 가장 이상적인 위치는 햇빛과 온기를 최대한 확보할 수 있는 남향, 서향, 동향 산비탈이다(북쪽이 어딘지 알려면 포도밭이 없는 산비탈을 찾으면 된다). 독일의 포도밭 대부분은 남서부의 라인강과 모젤강 계곡 또는 지류에 몰려 있다. 강줄기가 혹독하고 때론 극심한 기후를 완화하기 때문이다. 현재 독일 기후는 전에 비해 온화해졌지만, 농작물 성장 시기의 평균 온도는 여전히 18℃(65℉)에 불과하다.

토양도 과실의 성숙에 일조한다. 독일의 좋은 포도밭은 모두 점판암, 화강암 등의 암석으로 구성된 토양에 자리를 잡고 있다. 이 암석들은 열 흡수력과 보유력이 뛰어나서, 날이 저물고 밤이 되면 온기를 서서히 방출한다. 이처럼 퍼즐 조각들이 완벽히 맞춰져야 와인이 겨우 만숙에 이르며, 여전히 신선함과 산미가 넘치는 상태가 된다. 산미는 독일 와인의 대표적 특징이다. 보통 독일 와인의 산도는 리터당 7~9g이다. 참고로 샴페인의 산도는 5~6g이다. 최상급 독일 와인은 높은 천연 산도 덕분에 명확

퀸스틀러의 유명한 베르크 로트란트 포도밭이 뤼데스하임 마을의 라인강 위로 가파르게 솟아 있다

성, 정교함, 투명성을 지닌다. 실제로 입 안에 머금으면 강렬한 풍미에도 불구하고 공기처럼 가볍게 느껴진다. 무게감 대신 긴장감을 띠기 때문이다. 긴장감이란 와인의 산미와 과일 풍미 사이를 질주하는 역동적인 에너지와 같다. 라인가우에 있는 바인구트 퀸스틀러의 군터 퀸스틀러는 독일 리슬링의 산미가 '그곳에 있는지 없는지도 모른다'고 설명한다.

산미의 최대 장점은 풍미를 보존해 준다는 것이다. 그래서 세계 최고 산도의 독일 와인은 숙성력도 세계 최고 수준이다. 아마 샴페인을 제외한 그 어떤 화이트 와인도 독일 와인보다 오래 유지되지 못할 것이다. 필자는 몇 년 전에 운 좋게도 라인가우의 1934년산 슈프라이처 리슬링 아우스레제(Spreitzer Riesling Auslese)를 맛볼 기회가 있었다. 활공하는 산미와 아마도 약간의 단맛 덕분에 놀라운 복합미, 스파이시함, 활기를 띠는 적갈색 와인이었다.

독일 와인 양조자들은 산도를 매우 중요시하기 때문에 이를 양적이 아닌 질적인 것으로 생각한다. 산미가 조화로우면 '둥글다', '정교하다'는 식으로 표현한다. 산미를 감각적인 것으로도 생각한다. 칠판을 손톱이나 유리로 긁으면 나는 소름 끼치는 소리처럼 말이다. 그래서 산미가 '시다', '요란하다', '단단하다'는 식으로 표현한다. 모젤 지역의 셀바흐오스터의 와인 양조자인 요하네스 셀바흐는 이를 '할리우드 산미'라고 부른다.

독일 와인, 특히 리슬링은 독특한 광물성을 지녔다. 광물성은 대체로 과일, 꽃, 허브가 아닌 풍미에 대한 은유다. 광물성은 산미와 다르다. 보통 광물성은 와인에서 짠맛으로 발현된다. 최상급 독일 와인은 암석의 광물

---

### 최상급 독일 와인

#### 정상급 와인

**리슬링(RIESLING)** – 화이트 와인(드라이, 스위트)

**슈페트부르군더(SPÄTBURGUNDER)** – 레드 와인

#### 주목할 만한 와인

**그라우부르군더(GRAUBURGUNDER)** – 화이트 와인

**뮐러투르가우(MÜLLER-THURGAU)** – 화이트 와인

**쇼이레베(SCHEUREBE)**
– 화이트 와인(드라이, 스위트)

**젝트(SEKT)** – 화이트 와인(스파클링)

**질바너(SILVANER)** – 화이트 와인

**바이스부르군더(WEISSBURGUNDER)** – 화이트 와인

## 독일의 엉뚱한 포도원 이름

왠지 독일은 포도원 이름을 엉뚱하게 짓지 않을 것 같다. 그런데 의외로 기발한 이름이 수십 개에 달한다. 그중 유명한 포도원을 몇 개 추려봤다.

**에젤샤우트(ESELSHAUT)** 당나귀 가죽
**골드트룁헨(GOLDTRÖPFCHEN)** 작은 금빛 빗방울
**힘멜라이히(HIMMELREICH)** 천국의 왕국
**호니히재켈(HONIGSÄCKEL)** 꿀단지(성적인 의미 내포)
**예수이텐가르텐(JESUITENGARTEN)** 예수회 정원
**유퍼마우어(JUFFERMAUER)** 처녀들의 벽

**칼프(KALB)** 송아지
**카첸바이서(KATZENBEISSER)** 고양이를 무는 사람
**룸프(LUMP)** 멍청이, 얼간이
**노넨가르텐(NONNENGARTEN)** 수녀의 정원
**자우마겐(SAUMAGEN)** 돼지의 위장
**슈네켄호프(SCHNECKENHOF)** 달팽이의 집
**운게회르(UNGEHEUER)** 괴물
**뷔르츠횔레(WÜRZHÖLLE)** 양념 지옥
**츠바이펠베르크(ZWEIFELBERG)** 의심의 언덕

성을 지녔다. 마치 축축한 암석을 핥는 듯한 맛을 낸다. 고급 독일 와인에서 투명성, 긴장감, 광물성이 감지되는 까닭은 최고의 와인 양조자들이 단호한 순수주의자 겸 미니멀리스트이기 때문이다. 그들은 포도 천연의 풍미를 바꾸거나 이에 영향을 미칠 만한 행위를 절대 하지 않는다. 상업적 효모도 사용하지 않고, 당분을 첨가하지도 않고, 새 소형 오크 배럴에 발효 또는 숙성시키지 않는다. 전 세계의 모든 비개입주의 와인 양조자는 '장소가 와인을 통해 말하게 하라'는 주의지만, 정상급 독일 양조장들은 실제로 이를 실천한다. 독일 와인 전문가이자 작가인 테리 타이즈는 '(훌륭한) 와인 양조는 텍스트가 아닌 폰트 크기를 통제하는 것'이라 표현했다.

끝으로 포도의 성숙과 기후변화에 대해 짧게 알아보자. 1980년대 이전, 일부 독일 와인 산지에서는 익은 포도를 10년에 겨우 두세 해만 성공적으로 수확할 수 있었다. 현재는 지구온난화 때문에 거의 매년 포도가 익는다. 그래도 현재까지는 여름이 무더웠던 해가 적었던 만큼, 포도는 여전히 느리게 성숙한다. 이는 분명한 장점인데, 느리게 익은 포도는 빨리 익은 포도보다 복합적인 풍미가 향상될 가능성이 더 높다.

그러나 독일에서도 지구온난화는 문젯거리다. 기후변화가 불규칙한 강우, 위험한 늦서리, 대대적인 홍수(2021년에 독일 와인 산지에 발생한 홍수로 수십 명이 사망하고 양조장이 무너짐), 예측 불가능한 날씨 등 포도에 치명적인 환경을 초래하기 때문이다. 게다가 2019~2020년 겨울은 독일이 기상을 기록하기 시작한 1881년 이래 두 번째로 기온이 높았다. 포츠담 기후영향연구소의 보고에 따르면, 2040년경 독일은 그르나슈, 메를로, 카베르네 프랑을 재배할 수 있는 환경으로 변할 것으로 예상된다. 과거에 이 적포도들을 독일에서 재배한다는 건 상상조차 할 수 없었다.

## 땅과 포도 그리고 포도원

먼저 포도 품종을 살펴보자. 독일은 주로 화이트 와인을 생산한다. 독일의 와인 총생산량의 65%가 화이트 와인이며, 레드 와인은 30%를 겨우 넘는다.

독일에서 재배하는 140개 포도 품종 중 단 20여 종만 상업적 중요성이 있으며, 이 중 리슬링이 가장 위상이 높다. 전 세계 리슬링의 40%가량이 독일에서 재배되며 최상급 독일 와인은 모두 리슬링으로 만든다. 최고의 정교한 와인을 만들기 위해 절대 리슬링과 다른 품종을 섞지 않는다. 부르고뉴의 최상급 피노 누아처럼 고급 리슬링도 단독으로 사용해야 한다. 블렌딩은 포도의 풍미를 분산시키기 때문이다.

**독일 포도밭의 절반을 단 세 품종이 차지하고 있다. 바로 리슬링, 뮐러투르가우, 슈페트부르군더(피노 누아)다.**

리슬링 다음으로 독일에서 중요한 청포도는 뮐러투르가우다. 뮐러투르가우 와인은 부드럽고 괜찮지만 기억에 남을 정도로 인상적이진 않다. 뮐러투르가우는 스위스 출신 포도 육종가인 헤르만 뮐러가 1882년에 가이젠하임

포도 재배기관에서 발명했다. 19세기 말부터 20세기 초까지 독일 과학자들이 만든 수십 가지의 교잡종 중 하나로, 리슬링과 마들렌 로열(Madeleine Royale)의 교배로 탄생한 품종이다. 목표는 리슬리의 복합미와 풍미를 그대로 유지한 채 리슬링보다 강하고 빨리 익고 생산율이 높은 새로운 품종을 개발하는 것이었다. 현재 쇼이레베(Scheurebe) 등의 교잡종들도 괜찮은 와인을, 때론 훌륭한 와인을 만들지만 여전히 리슬링을 당해 내지 못한다. 독일의 레드 와인은 특히 독일인에게 많은 사랑을 받는다. 북단에서 레드 와인을 만든다는 사실 자체가 이미 승리한 셈이다. 최상급 레드 와인은 가격도 비싸며, 출시되는 즉시 현지에서 매진된다. 오늘날 적포도 재배율은 독일 전체 포도밭의 35%가 넘는다.

독일에서 가장 중요하면서도 널리 재배되는 적포도는 슈페트부르군더(Spatburgunder, 피노 누아)다. 독일에서는 슈페트부르군더를 굉장히 오래전부터 재배했으며, 그 시기는 무려 14세기까지 거슬러 올라간다(라인가우는 오래전부터 독일 최고의 피노 누아 산지였는데,

세계 최초로 피노 누아의 클론을 생성하는 시도는 1927년에 라인가우의 아스만스하우스젠에서 시행됐다). 독일의 기후가 전보다 따뜻해지자, 포도 품종에 대한 새로운 관심에 불을 지폈다. 심지어 젊은 와인 양조자들은 독일을 '새로운 부르고뉴'라 여긴다 해도 과언이 아니다. 독일이 파워보다 정교함과 순수함을 강조하는 서늘하고 우아한 피노 누아의 새로운 원천이라는 것이다(필자가 마셔본 피노 누아 중 가장 인상적이고 아름다우며 선명했던 와인은 라인가우의 장엄한 수도원이자 와인 양조장인 클로스터 에버바흐(Kloster Eberbach)의 1943년산 피노 누아다. 당시 와인은 50년산이었는데 여성과 어린이가 2차 세계대전이 끝나기 직전에 수확한 포도로 만든 것이었다).

도른펠더는 스페트부르군더 다음으로 중요하며, 다즙하고 단순한 적포도 품종이다. 이 밖에도 포르투기저(Portugieser), 트롤링거(Trollinger), 슈바츠리슬링(Schwartzriesling, 피노 뫼니에), 블라우프렌키슈(Blaufränkisch) 등 적포도 품종이 소량씩 재배된다.

## 독일 포도 품종

### 화이트

◇ 그라우부르군더
피노 그리와 같은 품종이다. 주로 독일 남부에서 생산하며, 풍미가 좋고 육중하며 상당히 대중적인 와인을 만든다.

◇ 케르너
리슬링과 적포도인 트롤링거(Trollinger)의 교잡종이다. 생산량은 적지만, 특히 팔츠에서 감미로운 와인을 만드는 데 사용한다.

◇ 뮐러투르가우
유명한 품종이다. 리슬링 다음으로 재배 면적이 두 번째로 넓지만, 품질은 리슬링에 비해 훨씬 떨어진다. 리슬링과 테이블 와인용 품종인 마들렌 로열(Madeleine Royale)의 교잡종이다.

◇ 리슬링
독일에서 가장 위대한 품종이며, 놀랍도록 정교하고 우아하며 숙성력이 뛰어나다. 모든 최상급 포도밭과 독일 13대 와인 산지 모두에서 재배된다.

◇ 쇼이레베
저평가된 품종이며, 안타깝게도 생산량이 감소하고 있다. 독일 포도 재배학자 게오르그 쇼이가 1916년에 리슬링과 아로마가 풍성한 희귀종인 부케트라우베(Bukettraube)를 교잡해서 탄생한 품종이다. 쇼이레베 와인은 그레이프프루트 풍미와 짜릿한 산미가 있다.

◇ 질바너
프랑스 알자스 지역의 실바네(Sylvaner)와 같은 품종이다. 훌륭하진 않지만 좋은 품질의 와인을 안정적으로 만든다. 프랑켄에서 가장 많이 생산하는 품종이다.

◇ 바이스부르군더
피노 블랑과 같은 품종이다. 보조 품종이며, 중성적인 와인과 좋은 품질의 와인을 만든다. 최상품은 주로 바덴과 팔츠에서 생산된다.

### 레드

◇ 도른펠더
재배량은 그리 많지 않다. 과일, 포도 풍미의 유명한 와인을 만든다.

◇ 슈페트부르군더
피노 누아의 독일식 이름이다. 독일에서 가장 중요한 적포도이며 리슬링, 뮐러투르가우 다음으로 세 번째로 널리 재배된다. 수 세기 전부터 독일에서 재배됐다. 라이트하고 스파이시한 고가의 와인을 만든다.

## 독일 와인 라벨 읽기

독일의 와인 라벨은 완전히 단순한 것부터 굉장히 복잡한 것까지 다양하다. 복잡한 라벨은 처음에는 살짝 당혹스러울 수 있지만, 사실상 정보의 나열일 뿐이다. 이런 라벨에는 생산자, 마을, 포도밭, 포도 품종, 성숙한 정도, 당도, 빈티지 등이 적혀 있다. 예를 들어 'Selbach-Oster Zeltinger Sonnenuhr Riesling Spätlese Trocken 2019'를 읽어 보자. 셀바흐오스터(Selbach-Oster)는 생산자다. 젤팅(Zelting)은 마을 이름이고, 어(er)는 '~의'란 뜻이다. 조넨우어(Sonnenuhr)는 포도밭이고, 리슬링은 포도 품종이다. 슈페트레제(spätlese)는 성숙도를 가리키며, 트로켄(trocken)은 당도를 의미한다(트로켄은 '드라이'라는 뜻이다). 그리고 2019년 빈티지다.

모젤에서 가장 큰 코헴 성은 마을과 모젤강 위에 자리 잡고 있다. 서기 1100년에 세워진 옛 성의 택지에 우뚝 서 있다.

최상급 보르도 샤토의 한 해 와인 생산량이
최상급 독일 양조장이 10년간 생산한 양보다 많다.

## 독일의 뿌리(로마에서 부르고뉴까지)

서기 100년에 사용했던 와인 칼이 라인강 부근의 로마 요새 유적지에서 발견됐다. 이는 로마가 독일의 초창기 와인 양조 역사에 큰 영향을 미쳤음을 의미한다. 그러나 독일 포도 재배 및 와인 양조에 관한 최초 기록은 보르도 출신 작가 아우소니우스가 썼다. 아우소니우스는 370년경 '모젤라'라는 시를 썼는데, 구불구불한 모젤강과 강줄기를 따라 가파르게 솟아 있는 포도밭을 형용한 시다. 중세 시대에 수도승들이 포도밭을 공들여 재배했는데 현재 가장 유명한 포도밭들이 이에 속한다. 바로 이 시기가 독일 포도 재배의 전성기였다. 당시 포도밭 넓이는 현재보다 네 배 더 넓다고 추정된다. 1500년경 독일 와인의 황금기가 사그라들었다. 기후가 추워지고 더 좋은 와인이 수입됐기 때문이다. 가장 설득력 있는 원인은 맛있는 맥주가 생산됐다는 것이다. 마지막으로 중요한 변화는 1803년에 일어났다. 당시 나폴레옹이 라인 지역을 점령했고 교회가 포도밭을 소유하는 시대는 끝이 났다. 독일의 광활한 포도밭도 부르고뉴처럼 잘게 쪼개져서 수천 명에게 경매로 팔렸다. 오늘날 독일의 와인산업 구조는 부르고뉴와 가장 많이 닮았다.

이제 땅과 포도밭에 대해 알아보자. 독일의 와인 생산량은 전 세계 생산량의 1.5% 미만이지만, 포도 재배자는 4만 3,000명이 넘는다. 최상급 양조장들은 대체로 소규모다. 최상급 보르도 샤토의 한 해 와인 생산량이 최상급 독일 양조장이 10년간 생산한 양보다 많다. 그러나 작은 규모에도 불구하고 일류 양조장들은 열 가지 종류 이상의 와인을 생산하며, 30~40가지 와인을 만드는 예도 흔하다. 이는 와인 양조자 대부분이 여러 포도밭에서 작업하며 다양한 품종을 사용하고, 성숙도와 당도를 다양하게 생산하기 때문이다. 이처럼 까다롭고 세세한 작업방식 덕분에 각기 다른 와인 수십 종이 탄생하는 것이고, 독일 와인이 독일다운 이유도 이 때문이다. 와이너리는 주로 포도밭 가장자리의 작은 마을에 자리 잡고 있다. 독일 전통 와인은 라벨에 와이너리 이름뿐 아니라 마을과 포도밭 이름도 표기한다. 과거에 학식 있는 와인 애호가들은 와인을 구매할 때 가장 먼저 포도밭의 명성을 확인했고, 다음에는 생산자의 이름을 기준으로 삼았다. 그런데 한번 생각해 보라. 1970년대 전까지 포도밭 이름은 3만 개가 넘었다. 1971년 와인 법에 따라 포도밭은 약 2,500개로 줄었지만, 여전히 입이 떡 벌어지는 수치다.

독일은 13개 와인 산지로 나뉜다. 이 중 모젤, 라인가우, 팔츠 등 세 곳이 가장 중요하다. 먼저 이 세 지역을 집중적으로 살펴본 다음 여섯 지역을 짧게 다루겠다.

## 독일 와인 분류법

독일 와인이 어떻게 체계화되고 분류되는지 이해하기는 어렵지 않지만, 그렇다고 명확한 편도 아니다. 그러므로 필자가 차근차근 설명하겠다. 먼저 앞뒤 맥락을 살펴보자. 독일 와인을 이해하는 데 맥락이 관건이다. 지난 10년간 현대의 독일 와인 양조자들은 자신들의 아버지 세대가 꿈꾸던 기후를 누릴 수 있음에 열광했다. 과거에는 포도가 완숙하는 일이 매우 드물었는데 지금은 꾸준히 일어나는 일이다. 그러나 기후변화는 난제도 초래했다. 독일의 꼼꼼한 와인 법, 분류법, 와인 종류는 기후변화 이전에 정립된 것이다. 독일 와인 문화에 깊숙이 자리 잡은 복잡한 옛 시스템을 포기해야 하는 걸까? 일부 와인 양조자는 그래야 한다고 주장한다. 기후변화의 현실을 직시한 이들은 현재 만드는 와인 종류를 과감히 재고하고, 다른 유럽 국가 특히 프랑스와 비슷하게 범주를 나누고 분류하기 시작했다. 이에 따라 2021년 독일은 다른 유럽연합 국가와 비슷한 새로운 와인 법을 도입했다. 새 법이 명시하는 시스템은 이전과는 완전히 다르며 향후 몇 년에 걸쳐 단계별로 적용될 예정이다. 문제는 이것이다. 지금부터 향후 몇 년까지 전통 시스템과 현대 시스템이 공존하게 된다. 전통 시스템은 1971년에 제정된 광범위한 와인 법을 기반으로 수십 년간 시행됐다. 반면 현대 시스템은 유명 와인 양조장 200여 곳이 모인 독일 프래디카트 와인 양조장 협회(Verband Deutscher Prädikatsweingüter, VDP)라는 사설 기관이 비교적 최근에 시행했다. 독일 와인을 진정으로 이해하려면, 이 두 시스템을 모두 알아야 한다. 이에 관한 설명은 392~395페이지에 나와 있다.

한편 라인가우를 비롯한 일부 지역은 위의 두 시스템 대신 지역협회에서 만든 자체적인 시스템과 분류법을 따른다. 이 책에서 세부적인 지역 시스템을 일일이 다루진 않겠지만, 와인 라벨에서 마주칠 수 있는 몇몇 등급 용어 위주로 간단히 짚고 넘어가겠다.

---

### • 전통 시스템

과거에는 포도가 성숙하기 힘든 환경이었고 기후도 녹록지 않았던 탓에 고급 독일 와인은 법적으로 두 기준으로 분류됐다. 바로 성숙도와 당도였다. 전통 시스템은 여전히 유효하며, 많은 와이너리가 이를 따르고 있다. 전통 시스템은 성숙도와 당도를 다음과 같이 분류한다.

### 성숙도 분류

성숙도는 포도 머스트의 밀도를 측정하는 욀슐레(Oechsle)에 의해 평가된다. 여기에 대해서는 다음 문단에서 자세히 설명하겠다. 아래는 성숙도를 오름차순으로 정리한 것이다.

---

**카비네트(Kabinett)**

---

**슈페트레제(Spätlese)**

---

**아우스레제(Auslese)**

---

**베렌아우스레제(Beerenauslese, BA)**

---

**아이스바인(Eiswein)**

---

**트로켄베렌아우스레제(Trockenbeerenauslese, TBA)**

---

### 당도 분류

---

**트로켄(Trocken)** 드라이. 잔당 0.9%(리터당 9g) 미만

---

**할프트로켄(Halbtrocken)** 하프 드라이. 잔당 1.8%(리터당 18g) 미만

---

**밀드(Mild) 또는 리플리크(Lieblich)** 약간 스위트함. 잔당 1.8~4.5%(리터당 18~45g)

---

**수스(Süss)** 스위트. 잔당 4.5%(리터당 45g) 이상

전통 시스템에서 반드시 알아야 할 개념이 하나 있다. 와인이 여러 성숙도와 당도 별로 생산된다는 것이다. 예를 들어 리슬링 카비네트는 카비네트 트로켄(드라이)이 될 수도, 카비네트 할프트로켄(하프 드라이), 카비네트 마일드(약간 스위트함)가 될 수 있다. 리슬링 슈페트레제도 마찬가지로 드라이, 하프 드라이, 약간 스위트한 와인으로 만들어진다. 다른 와인도 마찬가지다.

이처럼 풍미에 대한 2차원적 접근방식을 이해하면, 카비네트 할프트로켄과 아우스레제 트로켄의 감각적 차이를 상상할 수 있다. 전자는 성숙도가 낮지만(카비네트) 와인에 잔당이 좀 있다(할프트로켄). 후자는 성숙도가 꽤 높지만(아우스레제) 드라이(트로켄)하다. 다르게 표현하자면, 전자는 설익은 칸탈루프 멜론에 설탕을 살짝 뿌린 것과 같다. 그리고 후자는 매우 잘 익은 칸탈루프 멜론이지만, 설탕은 전혀 뿌리지 않은 상태와 같다. 성숙도와 당도는 이처럼 명백히 다른 개념이다.

앞서 설명했듯, 당도는 최종 와인에 남아 있는 당분을 그램으로 수치화한 것이다. 와인에는 천연 당분이 남아 있을 수도 있고, 전통 독일 와인 양조자가 와인에 슈스레제르베(süssreserve)를 살짝 첨가했을 수도 있다. 참고로 슈스레제르베는 수확한 포도를 발효시키지 않은 채 즙을 내서 천연 단맛이 난다(슈스레제르베를 첨가하는 것은 아이스티에 달콤한 시럽을 첨가하는 것과 같다).

독일에서 성숙도는 포도 머스트의 밀도를 나타내는 욀슐레로 측정한다. 머스트는 으깬 포도의 걸쭉한 액체다(다른 나라에서는 브릭스, 보메 등 다른 측정 단위를 사용한다).

욀슐레는 1830년에 이 측정 단위를 발명한 물리학자 페르디난드 욀슐레의 이름을 딴 것이다. 흥미로운 사실은 욀슐레의 당도 등급을 충족하는 조건이 해당 지역의 기후에 따라 달라진다는 점이다. 예를 들어 라인가우에서 슈페트레제를 만들려면, 모젤보다 포도의 욀슐레가 더 높게 나와야 한다. 왜냐하면 모젤은 라인가우보다 북쪽에 있고 더 추워서 역사적으로 포도가 성숙하기 더욱 어려운 환경이다. 따라서 공평한 경쟁의 장을 마련한다는 취지에서 모젤 생산자가 스페트레제를 만들기 위해 도달해야 하는 욀슐레 레벨이 라인가우 생산자보다 낮게 설정된 것이다. 완벽하게 합리적인 시스템이다.

성숙도 등급은 포도를 수확할 당시의 성숙도를 기준으

## 휘발유 향이 정확히 무엇일까?

리슬링의 특징을 묘사하는 말 중에 휘발유(petrol)란 단어가 있다. 강력하고 독특한 휘발유 아로마는 사람에 따라 호불호가 갈린다. 휘발유 아로마는 트리메틸 하이드로 나프탈렌(TDN) 때문이다. 과학적연구조사에 따르면, 리슬링에 TDN 분자가 생성될가능성이 다른 품종에 비해 여섯 배나 더 높다고 한다. TDN 생성에는 여러 요인이 있지만, 가장 큰 요인은 리슬링 포도가 자라면서 햇빛에 과도하게 노출되는 것이다(세심한 정상급 포도 재배자들은 리슬링 포도송이가 잎에 가려지게 만든다). 흥미롭게도코르크는 생산된 TDN의 50%까지 흡수할 수 있다.그러므로 리슬링 와인병의 마개가 스크루캡인 경우코르크 마개일 때보다 휘발유 아로마가 더 강하다.또한 병 속에서 오래 숙성하는 만큼, 와인 속의 TDN함량도 증가한다. 그러나 많은 리슬링 생산자가 오래된 리슬링에서 나는 이 특이한 냄새는 절대 TDN이 아니라고 지적한다. 오히려 세이지, 레몬그라스,라임 마멀레이드, 꿀, 콩소메, 토스팅 등의 풍미가 섞여서 신비로운 풍미를 발산하는 것이라고 설명한다.

로 삼는다(와인에 최종으로 남은 당분의 양이 아니다).기후변화 전, 최상급 포도밭에서는 다음의 상황이 일상적이었다. 가을이 오면, 와인 양조자는 날씨가 추워지고 눈이 내리기 전에 포도 일부를 조기에 수확한다.설익은 포도는 알코올 함량이 낮고, 매우 라이트한 와인(카비네트)을 만든다. 한편 기상악화의 위험을 무릅쓰고 수확하지 않은 포도가 아직 남아 있다. 며칠 또는몇 주가 지난 후, 와인 양조자는 다시 포도밭으로 나가서 상하지 않은 포도 중 일부를 수확해서 두 번째 와인(슈페트레제)을 만든다. 이 와인은 첫 번째보다 성숙도가 살짝 더 높고, 보디감도 더 묵직하다. 두 번째 수확이후에도 포도밭에 여전히 수확하지 않은 포도들이 남아 있다. 만약 진눈깨비나 눈의 피해를 보지 않는다면,이 포도들로 세 번째 와인(아우스레제)을 만든다. 이 와인은 슈페트레제보다 묵직하고, 풍성하고, 성숙도가 높다. 이 과정을 계속 이어 나간다. 운이 좋은 해에는 카비네트부터 아이스바인까지, 여섯 등급의 와인을 모두만들 수 있다.

### • 현대 VDP 시스템

21세기에 들어서면서 200명 이상의 최상급 독일 양조장을 비롯한 수많은 포도 재배자는 전통식 와인 분류법과 개념이 새로운 독일 기후의 현실에 맞지 않음을 절감하고, 현대식 시스템을 주관하는 사립기관을 창설했다.이 중 대부분의 와이너리가 독일 프래디카트 와인 양조장 협회(Verband Deutscher Prädikatsweingüter,VDP)라 불리는 이 사설 기관에 속해 있다. 모든 VDP회원은 독수리가 포도송이를 품고 있는 문양의 VDP로고를 와인병에 대문짝만하게 붙여서, 소속을 명확히밝힌다.

VDP는 독일의 모든 최상급 포도밭이 기후변화로 인해 매년 슈페트레제에서 아우스레제의 성숙도에 도달할 수 있게 됐다는 사실을 전제로 삼는다. 따라서 와인을 드라이 스타일로 만들어도 풍미의 강도와 보디감을충분히 확보할 수 있다는 것이다. 또한 와인을 드라이스타일로 만들어야만 테루아르를 와인에 제대로 반영

### 성숙도 vs 당도

다음을 보고 칸탈루프 멜론의 풍미를 상상해 보자.

 **칸탈루프 1** 설익은 칸탈루프에 설탕을 전혀 뿌리지 않음.

**칸탈루프 2** 설익은 칸탈루프에 설탕을 조금 뿌림.

 **칸탈루프 3** 설익은 칸탈루프에 설탕을 많이 뿌림.

**칸탈루프 4** 잘 익은 칸탈루프에 설탕을 전혀 뿌리지 않음.

 **칸탈루프 5** 잘 익은 칸탈루프에 설탕을 조금 뿌림.

칸탈루프 1은 리슬링 카비네트 트로켄과 같다. 칸탈루프 2는 리슬링 카비네트 할프트로켄과 같다. 칸탈루프 3은 리슬링 카비네트 밀드와 같다. 칸탈루프 4는 리슬링 슈페트레제 트로켄과 같다. 칸탈루프 5는리슬링 슈페트레제 할프트로켄과 같다. 이런 식으로계속된다. 이처럼 각각의 성숙도 레벨마다 다양한당도 레벨이 존재한다.

### 전통식 성숙도 등급

독일 전통 시스템(현대 VDP 시스템이 아님)에서 고급 와인은 6등급의 성숙도로 만들어진다. 6등급은 바로 다음과 같다.

### 카비네트(Kabinett)

수확 기간 초기에 딴 포도로 만든 와인이다. 알코올 함량이 낮고, 보디감이 라이트하다. 독일 와인 애호가들이 평소 저녁 식사에 전형적으로 마시는 와인이다. 드라이, 오프드라이, 밀드 등급이 있다.

### 슈페트레제(Spätlese)

슈페(Spä)는 '늦은'이란 뜻이다. 즉, 슈페트레제 와인은 카비네트보다 늦게 수확한 포도로 만든다. 카비네트에 비해 포도가 더 성숙한 상태며, 와인의 과일 풍미도 더 짙고 보디감도 살짝 더 묵직하다. 드라이, 오프드라이, 밀드 등급이 있다. 잔당이 들어 있는 슈페트레제라도 그리 달게 느껴지지 않는다. 포도의 높은 산도가 단맛을 상쇄시키기 때문이다.

### 아우스레제(Auslese)

아우스(Aus)는 '선별하다'라는 뜻이다. 아우스레제의 경우, 선별한 포도송이에서 농익은 포도(종종 보트리티스에 감염됨)를 손으로 수확해서 만들기 때문에 풍성함, 풍미의 강도, 가격이 한 단계 더 높다. 기온이 따뜻한 최고의 해에만 생산하며, 무성함과 꽤 단맛을 지닌다. 독일인들은 주로 일요일 오후에 경성 치즈와 함께 아페리티프로 아우스레제를 마신다.

### 베렌아우스레제(Beerenauslese, BA)

베렌(beeren)은 '베리'라는 뜻이며, 베렌아우스레제는 문자 그대로 '베리를 선별해서 수확했다'는 의미다. 손으로 수확하며 매우 농익은 포도알(포도송이가 아님)로 만들며, 희귀하고 값비싼 스위트 와인이다. 보통 BA에 사용하는 포도는 귀부병(보트리티스 시네레아)에 감염된 상태라서 풍성하고 깊은 꿀 풍미를 지닌다.

### 아이스바인(Eiswein)

문자 그대로 '아이스와인'이란 뜻인데, 자연적으로 언 상태의 매우 농익은 포도로 만들기 때문이다. 얼어 있는 포도를 한 알 한 알 손으로 딴다. 언 포도를 압착하면, 얼음(포도 속의 수분)에서 달고 산도가 높으며 농축된 즙이 분리되어 나온다. 오직 농축된 즙으로만 와인을 만들기 때문에 전기처럼 찌릿한 강렬함이 느껴질 정도로 당도와 산도가 높다. 아이러니하게도 기후변화는 독일 와인산업에 여러모로 득이 됐지만, 아이스바인 생산에는 해가 됐다. 왜냐하면 기후가 살짝 따뜻해지자 보트리스 곰팡이가 발병해서 포도의 수분을 거의 먹어 버렸기 때문이다! 그래서 얼어 버릴 수분이 거의 남지 않게 됐다. 2020년, 독일 생산자 단 한 명만 아이스바인을 만들었다.

### 트로켄베렌아우스레제(Trockenbeerenauslese, TBA)

문자 그대로 '건조된 베리(trocken beeren)를 선별해서 수확했다'는 의미인데 독일 와인 중 가장 풍성하고 스위트하며, 희귀하고 비싼데, 환상적으로 맛있다. 이례적으로 훌륭한 빈티지 해에만 생산되며 보트리티스에 감염돼 건포도처럼 쪼글쪼글해진 포도알로만 만든다. TBA 한 병을 만들려면 일꾼 한 명이 하루 종일 포도알을 선별해서 따야 한다. 당분이 극도로 농축된 상태이기 때문에 포도가 잘 발효되지 않는다. 그 결과 많은 TBA 와인의 알코올 함량은 6% 이하로, 소테른 알코올 함량의 절반 수준이다.

할 수 있다고 주장한다. 당도는 와인의 진정한 품질을 덮어 버린다는 것이다(오크도 그런 경우가 많다). 그 결과 현대 VDP 시스템하에 만들어진 와인 대부분은 드라이(트로켄)하다.

그렇다면 슈페트레제와 같은 용어는 앞으로 어떻게 되는 걸까? 현대 VDP 시스템상에서 기존 용어(슈페트레제, 아우스레제, 베렌아우스레제, 트로켄베렌아우스레제)는 스위트 스타일의 와인을 지칭하는 데만 사용된다.

그러므로 현대 시스템에서 슈파트레제 등의 용어가 보이지 않는 이상, 고급 독일 와인은 드라이 스타일이다(영어 전공자와 와인 애호가들이 전통 시스템의 성숙도 등급이 현대 시스템에서는 당도 등급을 지칭한다는 사실을 안다면, 몹시 괴로울 것이다).

현대 VDP 시스템에는 테루아르의 품질과 면적을 기준으로 분류한 포도밭 등급도 있다. 포도밭 등급은 부르고뉴 시스템과 거의 비슷하며, 네 등급으로 나뉜다. 다음은 높은 등급부터 낮은 순서로 정리한 것이다.

그로세 라게
= 그랑 크뤼

에어스테 라게 = 프르미에 크뤼

오르츠바인 = 빌라주 와인

구츠바인 = 양조장이 소유한
기본 품질의 포도밭에서 생산한 기본 와인

(상위 두 등급인 그로세 라게와 에어스테 라게는 와인 병목을 감싸고 있는 캡슐에 항상 표기돼 있다. 오르츠바인과 구츠바인은 VDP 규정에 따라 표기가 선택이므로, 이를 표기하는 양조장도 있고 안 하는 양조장도 있다).

최상위 등급은 VDP 그로세 라게(부르고뉴의 그랑 크뤼와 동급)다. 고급 미와 숙성력이 가장 뛰어난 와인을 지속해서 생산한 포도밭을 가리킨다. 무려 18세기에 만들어진 권위 있는 포도밭 지도들을 살펴보면, 그로세 라게 포도밭 대부분이 매우 특별하다고 표시돼 있다. 그로세 라게(그랑 크뤼) 포도밭에서 만든 드라이 와인을 그로세스 게벡스(Grosses Gewächs) 또는 이니셜만 따서 GC라 부른다. GC 와인은 간단히 말해서 독일에서 가장 위대한 드라이 와인이다. 2024년부터 GC 와인은 매년 손으로 포도를 수확해야 하며, 품질과 전형성(Typicity)을 검증하기 위한 시음 테스트를 거쳐야 한다. 물론 그로세 라게 와인도 스위트할 수 있다. 이런

경우, 전통 용어(슈파트레제, 아우스레제, 베렌아우스레제, 트로켄베렌아우스레제, 아이스바인) 중 하나를 사용한다.

VDP 체계에서 그로세 라게보다 한 단계 낮은 등급은 에어스테 라게(부르고뉴의 프르미에 크뤼와 동급)다. 이보다 한 단계 낮은 오르츠바인은 부르고뉴의 빌라주 와인과 동급이다. 마지막으로 품질 피라미드에서 가장 낮은 등급은 구츠바인이다. 이는 양조장이 소유한 적당한 품질의 포도밭에서 자란 포도로 만든 입문용 와인이다. 구츠바인보다 낮은 제네릭 와인 등급들도 있지만, 이처럼 너무 기본적인 와인들은 거의 수출되지 않기 때문에 이 책에서는 다루지 않았다.

시스템이 바뀌면 다시 배우는 게 힘들긴 하지만, 사실 최상급 VDP 양조장들이 도입한 신규 시스템은 상당히 쉬운 편이다. 새로운 시스템상에서 독일 와인은 세계의 고품질 와인과 비교가 가능해진다. 게다가 소비자가 어떤 와인이 최고의 테루아르 출신인지 알아채기 쉬운 용어들을 사용한다. 예를 들어 키드리히 그래펜버그(Kiedrich Gräfenberg)라는 마을과 포도밭 이름을 몰라도, 라벨에서 그로세 게벡스라는 문구만 보고도 독일 최상급 포도밭에서 생산한 그랑 크뤼급 와인이라는 사실을 알 수 있다.

## 독일 음식

프랑스와 이탈리아처럼 매력적인 미식의 나라들이 주변에 포진하고 있어서일까? 독일은 유럽의 위대한 음식 문화권에서 빛을 잃고 저평가된 경향이 있다. 그러나 이는 명백한 실수다. 독일 음식은 세간에 알려지지 않은 일급비밀과 같다.

독일에는 두 종류의 요리 세계가 있다. 첫째는 옛날식 독일 음식이다. 부르스트(소시지), 족발, 덤플링, 감자 샐러드, 슈페츨레, 사우어크라우트, 흑빵 등 중세 시대의 만찬과 닮았다. 춥고 습한 북부 기후에 맞춰 몸에 필요한 간단하면서도 든든하고 알찬 음식이었다. 둘째는 현대식 독일 음식이다. 사냥감 새, 야생 버섯, 방대한 종류의 민물고기(강꼬치고기, 송어 등), 세상에서 가장 달콤한 체리, 라즈베리, 딸기, 연두색의 연한 물냉이, 마타리 상추, 상추 등 식재료가 넘치도록 많다. 완벽함을 추구하는 독일의 모습은 포르쉐와 메르세데스에만 국한되지 않는다.

## 젝트

아마도 가장 발음하기 쉬운 독일어 단어인 젝트 (sekt)는 스파클링 와인을 뜻한다. 젝트는 저렴한 와인과 고급 와인 등 뚜렷이 구분되는 두 타입이 있다. 저렴한 젝트는 라이트하고 맑고 단순한 와인이며, 거의 모든 젝트가 저렴한 버전이다. 독일 포도 또는 다른 유럽 국가의 벌크 와인으로 만들며, 기포는 벌크 과정(2차 발효를 병이 아닌 대형 여압 탱크에서 진행)의 결과물이다. 고급 젝트는 저렴한 버전과 차원이 다르다. 독일 스파클링 와인 시장에서 차지하는 비중은 매우 적지만, 꾸준히 증가하는 추세다. 이 고품질 젝트는 전통 샴페인 양조법에 따라 소량만 생산된다. 포도는 대체로 리슬링, 바이스부르군더(피노 블랑), 그라우부르군더(피노 그리)를 사용하며, 와인 라벨에 포도를 생산한 마을 또는 포도밭 이름을 표기한다. 고급 젝트는 짜릿한 매력을 가진 스파클링 와인이다. 고급 젝트의 양조 목적은 커스터드처럼 둥글고 크리미한 샴페인이 아니라 플루트 연주 같은 순수함과 아삭함이 넘치는 와인이다. 최상급 생산자는 다팅(Darting), 페핑겐(Pfeffingen),

하이스라트 폰 뷜(Reichsrat von Buhl), 팔츠의 뷔르클린볼프(Bürklin-Wolf), 라인헤센의 후베르트 겐스(Hubert Gänz), 라인가우의 퀸스틀러(Künstler), 나어의 슐로스구트 디엘(Schlossgut Diel), 모젤의 프라이헤어 폰 슐라이니츠(Freiherr von Schleinitz) 등이다.

독일을 여행하다 보면, 이 두 세계가 어떻게 자주 맛깔스럽게 어우러지는지 경험할 수 있다. 물론 독일의 전통 빵처럼 절대 변하지 않는 것도 있다. 오스트리아 빵을 제외하곤 독일 빵이 유럽에서 단연 최고다. 필자는 독일 브로트(빵)를 먹어 보기 전까지 유럽인들은 수 세기 전에 어떻게 빵만 먹고 살았는지 의문이었다. 그러나 브로트를 한 입 베어 먹는 순간 모든 궁금증이 풀렸다. 어둡고, 쫄깃하고, 묵직하고, 영양가 있고, 풍미가 가득한 브로트는 그 자체로 훌륭한 한 끼 식사였다. 가장 유명한 빵은 품퍼니켈(호밀 흑빵)이다. 품퍼니켈은 검은 호밀 가루 비중이 높고 녹말이 캐러멜라이징될 때까지 천천히 오랫동안 굽기 때문에 묵직하고 시큼한 풍미가 나며 검은색에 가까운 색을 띤다. 한편 과거의 향수를 가장 잘 불러일으키는 빵은 바로 슈톨렌이라는 독일식 크리스마스 빵이다. 슈톨렌은 견과류와 과일 정과를 듬뿍 넣은 효모 빵이며, 빵을 구운 후에 버터와 정제 설탕을 넉넉하게 올린다. 독일은 지역마다 다양한 버전의 슈톨렌이 있으며, 특히 양귀비 씨를 넣은 바이에른의 몬슈톨렌이 유명하다.

빵과 수프는 요리학 또는 철학적으로 매우 가깝다고 여겨지곤 하는데, 독일도 이에 걸맞은 수프의 나라다. 예를 들어 환상적인 카르토펠수펜(kartoffelsuppen, 감자수프), 고기와 채소가 주재료인 든든한 수프(꿩고기와 렌틸콩 수프, 헝가리의 굴라시와 같은 독일의 굴라쉬수페) 들이 있다. 특히 함부르크 알주페(장어 수프), 흑송어 수프 등 놀랍도록 풍부한 생선 수프도 존재한다.

필자가 독일을 처음 방문할 때만 하더라도 이 나라는 채식주의자에게 최악인 '소시지의 나라'라고 생각했다. 그러나 내 예상은 완전히 빗나갔다. 독일의 채소와 과일에 대한 열정에는 햇빛이 부족한 나라에만 존재하는 강렬함이 있다. 특히 사우어크라우트처럼 양배추(지역에 따라 크라우트 또는 콜이라 부름)와 아스파라거스(스파르겔)를 활용한 전형적인 독일 음식에서 채소의 존재가 두드러진다. 사우어크라우트는 양배추를 잘라서 소금에 절인 다음 달짝지근한 신맛이 배어날 때까지 발효시킨다. 붉은 양배추를 양파, 사과와 함께 와인 소스에 푹 삶은 요리도 있고, 독일에서 많이

## 경건함은 부족하지만 매력 넘치는 와인 라벨

최초의 리브프라우밀히(liebfraumilch, '성모의 젖'이란 뜻) 와인은 수 세기 전에 리브프라우키르헤(Liebfraukirche, '성모의 교회'란 뜻) 주변 포도밭에서 생산됐다. 리브프라우키르헤는 1296년에 카푸친 수도회가 보름스 도시 외곽에 설립한 교회다. 단순하고, 살짝 스위트하며, 저렴한 리브프라우밀히는 뮐러투르가우, 리슬링, 질바너, '기타 포도들' 등을 혼합해서 만든다. 1909년에 처음으로 마돈나 리브프라우밀히라는 브랜드를 달고 출시됐다. 곧이어 시셀 가문(여행 경력이 많은 유명한 독일 와인 상인이 시셀(Sichel) 리브프라우밀히를 출시한다. 이 와인은 수십 년간 영어권에서 가장 잘 팔리는 독일 와인이었다. 1925년, 시셀 리브프라우밀히의 인기가 너무 높아지자, 시셀 가문은 이보다 더 매력적인 라벨을 만들기로 한다. 파란 하늘 배경에 갈색 의복을 입은 의젓한 수녀가 그려진 라벨이었다. 이후 라벨은 조금씩 바뀌었다. 처음에는 수녀들의 숫자가 적어졌다. 그리고 수녀들이 날씬해지더니, 나중에는 찌푸린 인상이 사라졌다. 1958년에는 수녀의 의복이 파란색으로 바뀌었다. 오늘날 블루 넌(Blun Nun)의 라벨에는 하늘색 의복을 입은 푸른 눈의 금발 수녀가 포도 바구니를 들고 모나리자도 질투할 만한 요염한 미소를 짓고 있다.

나는 곰보버섯과 아스파라거스를 함께 볶는 요리도 있다. 매년 5월에 아스파라거스 제철이 다가오면, 독일의 많은 셰프가 기존 메뉴를 일시 중단하고 수십 종류의 아스파라거스 요리에 집중한다.

소박한 감자(카르토펠)의 경우, 수많은 독일식 감자 요리는 아일랜드인도 무릎을 꿇을 정도로 매력적이다. 독일 국민 요리인 사우어브라텐의 전형적인 반찬인 카르토펠클뢰센(kartoffelklossen, 감자 덤플링)은 무수히 많은 버전이 있다. 사우어브라텐은 소고기를 와인에 최대 4일간 재운 다음 녹아내릴 것처럼 부드러워질 때까지 천천히 삶는 시큼한 고기찜이다. 또 다른 푸짐한 감자 요리로 카르토펠푸펀(kartoffelpuffern, 감자전)과

커리 부르스트는 1,500가지 독일 부르스트 중 가장 인기가 많다.

## 독일 맥주 VS 와인

독일의 와인 사랑도 대단하지만, 맥주에 대한 열정은 타의 추종을 불허한다. 최근 몇 년간 독일의 1인당 맥주 소비량은 연간 약 98리터다. 그에 비해 와인은 19리터에 그쳤다. 미국의 1인당 맥주 소비량이 약 98리터인 것은 독일과 비슷한 수준인데, 이 중 몇몇 주가 엄청난 소비량을 보였다 (몬태나주는 159리터다!). 과거, 독일에서는 와인과 마찬가지로 수도승들이 맥주 양조를 주도했다. 맥주의 풍미를 살리고 신선함을 보존하려면 홉을 첨가해야 한다는 것 등 맥주 양주에 중요한 사실들을 발견한 이도 수도승들이다.

카르토펠잘라트(kartoffelsalat, 베이컨을 넣은 뜨거운 감자샐러드) 등이 있다. 감자 반찬 대신에 슈페츨레(spätzle)를 먹기도 한다. 뇨키의 독일 버전인데, 달걀과 밀가루를 섞은 반죽을 포테이토 라이서(감자 짜개)처럼 생긴 슈페츨레 제조기로 누른다. 그런 다음 슈페츨레 반죽을 파스타처럼 짧게 삶는다. 부드럽고 풍성한 슈페츨레는 소스에 묻혀 먹기 좋다.

한편 소스는 고기에도 잘 어울린다. 독일처럼 돼지고기와 소고기가 푸짐한 나라에서 고기를 먹지 않는 건 말도 안 된다. 사우어브라텐 이외에도 수많은 버전의 푸짐한 소고기 스튜, 리슬링을 넣고 조린 송아지 요리, 비너 슈니첼(Wiener schnitzel, 송아지 고기를 치대서 빵가루를 입힌 다음 튀긴 오스트리아 요리로 독일에서 매우 유명함) 등이 있다.

부르스트는 독일의 정신적 일부이기 때문에 일상 언어에서 표가 난다. 독일인은 어려운 결정을 할 때, '부르스트가 달린 문제다(Es geht um die Wurst)'라고 말할 정도다. 독일 부르스트는 지역별 요리의 특징을 보여준다는 점에서 프랑스 치즈와 같다. 독일에는 1,500종의 부르스트가 있다고 추산되는데, 그중 프랑크푸르트, 레버부르스트, 브라트부르스트가 가장 유명하다. 프랑크푸르트의 경우, 프랑크푸르트 시에서 돼지 다리 살만 들어간 오리지널 버전을 여전히 만들며 머스터드 소스를 듬뿍 뿌려서 먹는다. 레버부르스트는 돼지고기 또는 소고기로 만들며 거친 질감부터 파테처럼 매끈하고 부드러운 질감까지 다양하다. 브라트부르스트는 캐러웨이라는 향신료로 양념한 스파이시하고 거친 질

감의 돼지고기 소시지다. 마지막으로 카레부르스트는 독일 전역에서 판매하는 패스트푸드의 일종이며 돼지고기 소시지를 쪄서 튀긴 다음에 카레 케첩을 버무린 것으로 인기가 상당히 많다.

독일은 광활한 숲을 보유한 만큼 고품질의 사냥감 고기로도 유명하다. 독일은 밤을 넣은 사슴고기, 와인에 조린 야생 토끼고기, 레드 커런트 그레이비를 곁들인 꿩고기 등을 창안했다.

디저트 부문은 독일이 타고났다 해도 과언이 아닐 정도로 베이커리와 페이스트리의 범위

키르슈바서

와 가짓수가 방대하다. 최고의 디저트 대부분 과일이 주재료다. 그만큼 독일에는 체리 등 핵과류, 사과 등 과실류 그리고 온갖 종류의 체리가 넘쳐난다. 특히 체리는 힘베어(야생 라즈베리), 요하니스베어(커런트), 프라이젤베렌(크랜베리의 일종) 등이 자주 쓰인다. 전형적인 디저트로는 아펠슈트루델(사과 슈트루델이며, 헝가리식으로 돌돌 말지 않고 코블러처럼 만듦), 아펠판쿠헨(사과 팬케이크), 츠베체겐쿠헨(잘 익은 보라색 자두가 듬뿍 들어간 자두 케이크) 등이 있다.

쿠아르크는 모든 독일인의 어린 시절 향수를 불러일으키는 전형적인 컴포트 푸드이자 디저트이며, 보통 복숭아 또는 체리를 곁들어 먹는다. 쿠아르크는 진하고 시큼한 맛으로 크림치즈와 리코타의 중간쯤 된다.

마지막으로 라인강을 따라 체리가 흐드러진 과수원에서 수확한 체리가 있다. 체리를 오드비(맑은 브랜디)로 증류하면 키르슈바서가 된다. 키르슈바서는 식후 소화를 돕는 역할을 하며, 독일의 매력적인 초콜릿 디저트인 블랙 포레스트 케이크의 필수 식재료이기도 하다. 독일인들은 키르슈바서를 체리 토르테, 체리 푸딩, 체리 팬케이크, 체리슈바서 휘핑크림 등 온갖 음식에 활용한다.

# THE MOSEL 모젤

모젤은 독일에서 가장 황홀하고 우아한 와인이 생산되는 지역이다. 면적은 88㎢(8,800헥타르)에 달하며, 고혹적이면서도 왠지 으스스한 분위기를 자아내는 모젤 강이 뱀처럼 깊은 협곡을 따라 흐른다. 모젤강의 지류에는 자르강과 루버강이 있다.

모젤강은 룩셈부르크와 프랑스가 만나는 지점에서 독일로 흘러 들어가서 북동쪽으로 급격하게 휘어져서 240km가량 흘러가다가 코블렌츠 마을 부근에서 라인강과 합류한다.

모젤에서 가장 위대한 포도는 리슬링이다. 그러나 이는 지나치게 단순화된 설명이다. 리슬링은 모젤을 통해 크리스털처럼 투명함을 지닌 와인으로 재탄생한다. 마치 영하의 날씨에 찬란하게 빛나는 햇살과 같다. 입안에서는 돌진하고 폭발하며, 솟구치는 속도감을 보여 준다. 모젤의 리슬링은 동적으로 살아 있다.

여기에는 다양한 이유가 존재한다. 모젤의 포도밭은 독일은 물론 세계에서도 가장 가파른 편에 속한다. 젤팅 마을부터 베른카스텔 마을까지 펼쳐진 포도밭은 지구상에서 가장 긴 수직 포도밭이다. 따라서 포도밭 작업도 그 어느 곳보다 힘들고 위험하다(이곳은 60세 전후의 여성이 전형적인 일꾼인데, 얼음이 꽁꽁 언 11월 중반에 나이 든 여자가 위험천만한 절벽을 오르내리는 광경을 상상해 보라). 모젤의 포도밭은 독일에서 가장 북단에 있는 포도밭이기도 하다.

북부 와인 산지의 가파른 경사는 각각 장단점이 있다. 경사면이 차가운 바람을 막아주며, 계곡이 좁은 경우 온

모젤강의 만곡부가 내려다보이는 브렘 마을의 포도밭 전경

## 세상에서 가장 가파른 포도밭

모젤강의 브렘 마을 부근에 있는 칼몬트는 독일은 물론 세계에서 가장 가파른 포도밭이다. 칼몬트는 '바위산' 정도로 해석될 수 있는데, 4억 년보다 훨씬 전, 모젤 강물에 깎여서 형성됐다. 또한 1,500년 전부터 이곳에서 포도를 재배했다. 경사 65도의 칼몬트는 수직으로 된 포도밭처럼 보이며, 강 위로 포도나무가 외팔보처럼 전판암 절벽에 악착같이 매달린 듯한 형상이다. 포도나무를 단단히 붙들기 위해서 언덕에 작은 계단식 밭을 만들고 돌벽으로 보강했다. 그러나 돌벽이 계속 바스러져서 강 위로 떨어지기 때문에 재건할 필요가 있다. 포도를 수확하는 작업이 극도로 힘들기에 안타깝지만 면적 22만㎡ 중 13㎡(22헥타르 중 13헥타르)만 재배되고 있으며, 그마저도 매년 감소하고 있다. 현재까지 생산되는 칼몬트 와인 중 프란센(Franzen) 와이너리의 그로세스 게벡스 리슬링은 으깬 얼음처럼 팽팽한 산미와 신선한 라임을 베어 문 듯한 맛을 낸다.

기를 가둬두는 역할도 한다. 반면 경사가 가파르면, 포도나무가 쬐는 일조량도 제한적이다(날씨가 좋은 해에는 프로방스 일조량의 1/3만큼 햇볕을 쬔다). 고급 와인을 만들려면, 포도밭이 햇볕과 온기를 최대한 누릴 수 있는 완벽한 장소에 있어야 한다. 모젤의 포도밭은 모두 남향 비탈면이다. 강이 북향으로 휘어진 강기슭의 비탈면에는 포도밭이 없다. 또한 최상급 포도밭은 강과 가까운 곳에 있다. 수면에 반사된 햇빛과 그 위로 순환하는 비교적 따뜻한 공기가 포도의 성숙을 돕기 때문이다. 중요한 요소가 하나 더 있다. 모젤의 유명한 조각난 점판암 토양(회청색 또는 그을린 주홍색)이다. 점판암 조각은 낮에 온기를 품었다가 밤이 되면 천천히 열을 방출한다. 점판암은 뛰어난 열 보유력 외에도 다공성이 있어서 폭우가 내릴 때 심각한 침식작용을 막아주는 이점도 있다(소중한 점판암 조각이 산비탈 아래로 미끄러져 내려간 경우, 사람이 직접 다시 들고 올라온다). 한편 우리는 식물의 신진대사는 매우 복잡하며, 포도나무가 실제로 암석과 토양에서 광물성을 흡수할 수 없다는 사실도 잘 안다. 그러나 모젤 와인(특히 리슬링)은 차가운 산속 계곡의 젖은 암석 같은 고유한 풍미를 지닌다. 모젤에서는 이를 '점판암' 풍미라고 표현한다. 그 어떤 독일 와인도 이 같은 풍미를 흉내 내지 못한다. 최상급 모젤 생산자들은 미틀모젤(Mittelmosel)이라

**시퍼(Schiefer)는 독일어로 '점판암'(엽리 구조의 매끈한 변성암)이라는 뜻이다. 라이(lay)라는 현지 사투리어도 점판암을 의미한다. 베른카스틀러 라이(Bernkasteler Lay) 등 유명 포도밭 이름에 라이라는 단어가 왜 자주 등장하는지 알 수 있다.**

불리는 중심부에 몰려 있다. 베른카르텔, 위르지크, 트리텐하임 등 유명 마을도 이곳에 있다. 이 작은 구역에서 베른카스텔러 독토르, 위르지거 뷔르츠가르텐 등 유명한 와인이 생산된다.

모젤의 대표적 토양인 청회색 점판암 조각은 와인에 '점판암' 풍미를 가미한다.

## 모젤의 마을과 포도밭

최상급 모젤 와인은 라벨에 포도밭 또는 포도밭과 마을을 동시에 표기함으로써 출처를 명확히 밝힌다. 다음은 모젤의 마을(대문자로 표기)과 포도밭 이름을 나열한 것이다. 여러 마을의 포도밭 이름이 같기도 하다. 예를 들어 존네우어('해시계'란 뜻)란 이름의 포도밭을 가진 마을이 이번 챕터에 여럿 등장한다.

**아일(AYL)** 쿠프(Kupp)

**베른카스텔(BERNKASTEL)** 브라텐회프헨(Bratenhöfchen), 독토르(Doctor), 그라벤(Graben), 라이(Lay), 마타이스빌트헨(Matheisbildchen)

**브라우네베르크(BRAUNEBERG)** 유퍼(Juffer), 유퍼 존네우어(Juffer Sonnenuhr)

**에르덴(ERDEN)** 프랄라트(Prälat), 트레프헨(Treppchen)

**그라흐(GRAACH)** 돔프로브스트(Dompropst), 힘멜라이히(Himmelreich)

**메르테스도르프(MERTESDORF)** 압스트베르크(Abstberg), 헤렌베르크(Herrenberg)

**오크펜(OCKFEN)** 보크슈타인(Bockstein), 헤렌베르크(Herrenberg)

**피스포르트(PIESPORT)** 골드트룁헨(Goldtröpfchen)

**위르지크(ÜRZIG)** 뷔르츠가르텐(Würzgarten)

**벨렌(WEHLEN)** 존네우어(Sonnenuhr)

**빌팅겐(WILTINGEN)** 브라우네 쿠프(Braune Kupp), 브라운펠스(Braunfels), 고테스푸스(Gottesfuss)

**첼팅겐(ZELTINGEN)** 힘멜라이히(Himmelreich), 샤르초프베르크(Scharzhofberg), 슐로스베르크(Schlossberg), 존네우어(Sonnenuhr)

유명한 3대 존네우어('해시계'란 뜻) 포도밭도 미틀모젤에 몰려 있다. 바로 벨레너 존네우어, 브라우네베르거 유퍼 존네우어, 젤팅거 존네우어다. 1600년대 초, 햇볕이 가장 잘 드는 최상위 3대 비탈면에 점심시간과 퇴근 시간을 알기 위해 거대한 해시계를 설치했는데, 바로 이 해시계 덕분에 존네우어라는 이름이 붙여졌다. 해시계 부근의 포도나무가 가장 일조량을 많이 받아서 가장 풍성한 와인을 만들기 때문에, 이 구획을 별도의 포도밭으로 관리하기 시작했다. 오늘날 존네우어 포도밭들은 모젤에서 최상급으로 취급받는다. 또한 부르고뉴처럼 소유주 여러 명이 이 포도밭을 잘게 쪼개서 소유권을 나눠 갖는다. 예를 들어 벨레너 존네우어 포도밭에만 13곳이나 되는 와인 양조장이 있다.

모젤은 먼 북부 위도와 등골이 찌릿한 산미 때문에 매우 스위트한 와인으로 유명하다. 그렇다, 스위트 와인이라고 했다. 모젤에서 생산한 BA, TBA, 아이스바인은 찐득한 설탕 시럽과는 거리가 멀다. 대신 팽팽하고 생기 넘치는 단맛을 지닌다. 단맛과 대조되는 산미 덕분에 에너지가 넘쳐흐르는 것이다. 이 점이 전 세계 다른 디저트 와인과 대비되는 점이다. 보통 디저트 와인을 좋아하지 않는 와인 애호가도 모젤의 디저트 와인에는 속절없이 빠져든다.

## 산도와 당도의 무한 루프

독일에서는 와인의 산도를 모르면, 당도를 가늠하기 불가능하다. 예를 들어 리슬링이 A, B 등 두 병이 있다고 가정해보자. 각각 리터당 잔당량은 25g(2.5%)이다. A의 산도는 5g, B는 9g이다. A는 당도를 중화시킬 산도가 낮기 때문에 살짝 스위트하다. 그러나 B는 잔당이 2.5%라도 산도가 높기 때문에 아삭하고 드라이하다. 사실 단맛은 항상 다른 풍미와 함께 고려해야 한다. 에스프레소를 생각해보라. 설탕 1/4티스푼을 첨가한다고 에스프레소가 달게 느껴질까? 아니다. 대신 에스프레소의 쓴맛이 살짝 완화될 것이다. 같은 맥락에서 모젤 리슬링 카비네트처럼 산도가 높은 와인에 당분이 조금 남았다고 해서 와인이 스위트해지지 않는다. 그저 와인의 아삭한 산미를 누그러뜨릴 뿐이다. 산도와 당도는 별개로 치부하지 말고, 언제나 함께 고려해야 한다.

젤팅겐 마을 위쪽의 포도밭에 해시계(존네우어)가 설치돼 있다.

## 최상급 모젤 와인 생산자

- 카를 뢰벤(Carl Loewen)
- 클레멘스 부슈(Clemens Busch)
- 다니엘 폴렌바이더(Daniel Vollenweider)
- 독토르 로젠(Dr. Loosen)
- 에곤 뮐러(Egon Müller)
- 프리츠 하크(Fritz Haag)
- 하이만뢰벤스타인(Heymann-Löwenstein)
- 요 요스 크리스토펠(Joh. Jos. Christoffel)
- 요 요스 프륌(Joh. Jos. Prüm)
- 카를스뮐레(Karlsmühle)
- 카르프슈라이버(Karp-Schreiber)

- 막스 페르드 리히터(Max Ferd. Richter)
- 막시민 그륀하우스(Maximin Grünhaus)
- 밀츠 라우렌티우스호프(Milz-Laurentiushof)
- 라인히스그라프 폰 케셀슈타트(Reichsgraf von Kesselstatt)
- 라인홀트 하르트(Reinhold Haart)
- 상트 우어반스호프(St. Urbans-Hof)
- 슐로스 리저(Schloss Lieser)
- 셀바흐오스터(Selbach-Oster)
- 폰 회벨(von Hövel)
- 바인구트 크네벨(Weingut Knebel)
- 빌리 셰퍼(Willi Schaefer)
- 칠리켄(Zilliken)

# 위대한 모젤 와인

## 화이트 와인

### 막시민 그륀하우스(MAXIMIN GRÜNHAUS)
**압츠베르크 | 리슬링 | 그로세스 게벡스(GG) | 모젤 | 리슬링 100%**

필자는 막시민 그륀하우스를 1882년에 설립한 폰 슈베르트 가문의 위대한 리슬링은 짜릿한 산미, 넘치는 과일 풍미, 공기 같은 우아미를 갖췄다고 묘사한 글을 읽은 적이 있다. 이후 훌륭한 압츠베르크 포도밭에서 생산한 리슬링을 접하고 나서야 비로소 그 참뜻을 이해했다. 다즙한 감귤, 캔털루프 멜론, 패션프루트, 그레이프푸르트가 함께 얼었다가 액화돼서 공기보다 가벼워진 느낌이었다. 이 드라이 와인의 순수함은 놀랍도록 훌륭하다. 암석의 광물성이 아삭한 크리스털의 백색광처럼 다가온다. 압츠베르크 포도밭은 작은 루버 계곡에 있다. 이곳은 경사가 50%로 그리 가파르지 않고 완벽한 남향이라서 이처럼 선명한 강렬함과 서늘한 풍성함을 갖춘 와인을 만들 수 있다. 압츠베르크는 그로세 라게(그랑 크뤼) 포도밭이며, 이곳에서 생산한 와인도 크로세스 게벡스(그랑 크뤼 와인) 등급이다.

### 독토르 로젠(DR. LOOSEN)
**위르지거 뷔르츠가르텐 | 리슬링 | 알테 레벤 | 그로세스 게벡스(GG) | 모젤 | 리슬링 100%**

만약 산 공기, 신선한 복숭아, 이국적인 라임, 깊은 지하의 크리스털을 섞는다면, 독토르 로젠이 만든 드라이 리슬링의 아름다움과 복합미에 이를 것이다. 광물성과 과일 풍미는 굉장한 마력을 발산하며 압도적인 풍미가 독특한 파장을 타고 진동한다. 와인의 훌륭한 혈통서를 고려하면 이처럼 위대한 리슬리의 탄생은 그리 놀라운 일이 아니다. 이 와인의 포도는 자기 뿌리에

서 130년간 묵은 고목의 과실이다 (필록세라는 모젤의 점판암 토양에서 생존하지 못했다). 이는 현재 가문의 역사가 200년 이상 된 양조장의 수장인 어니 로젠의 끈질긴 노력 끝에 탄생한 와인이다. 그는 이 와인을 만들기 위해 모젤에서 가장 가파르기로 소문난 뷔르츠가르텐('향신료 정원'이란 뜻) 포도밭에서 작업했다. 위르지크 마을에 있는 뷔르츠가르텐 포도밭의 토양은 선명한 적색의 희귀한 화산 모래다. 뷔르츠가르텐은 그로세 라게(그랑 크뤼) 포도밭이다. 따라서 이 드라이 와인도 그로세스 게벡스(그랑 크뤼 와인) 등급이다.

## 에곤 뮐러(EGON MÜLLER)

**샤르츠호프베르그 | 리슬링 | 슈페트레제 | 모젤 | 리슬링 100%**

가파른 점판암으로 형성된 샤르츠호프베르그 포도밭은 순수함, 짜릿함, 정교함을 겸비한 황홀한 리슬링을 생산하는 독일 최고의 포도밭에 속한다. 포도밭의 높은 위상과 에곤 뮐러의 놀라운 와인 양조 기술이 결합하면 말 그대로 불꽃이 튄다. 와인은 강렬한 블랙홀과 같아서 주변의 모든 것을 빨아들여 맛있는 우주진으로 둔갑시켜버린다. 여기에 살구와 복숭아의 결정체가 둥둥 떠다닌다. 광물성의 평범함을 초월하며, 모든 위대한 슈페트레제가 그러하듯 산미가 진동한다. 생애 단 한 번은 반드시 경험해 봐야 할 와인이다. 에곤 뮐러 양조장은 1979년부터 뮐레 가문의 소유였다.

## 셀바흐오스터(SELBACH-OSTER)

**젤팅거 슐로스베르크 | 리슬링 | 슈페트레제 | 모젤 | 리슬링 100%**

필자는 약 25년 전부터 셀바흐 가문을 알았다. 셀바흐오스터의 와인을 마실 때면, 얼음처럼 차가운 날 바닥에 쌓인 눈을 밟으며 그들의 응접실로 가서 리슬링을 마시던 첫날이 기억난다. 그때나 지금이나 셀바흐오스터의 리슬링은 클래식함, 정교함, 점판암, 광물성 풍미를 지니고 있으며, 다즙한 산미와 입안 가득한 맑은 과일 풍미가 정곡을 찌른다. 가파른 슐로스베르크 포도밭(데본기의 파란 점판암)에서 생산한 리슬링은 전통 슈페트레제의 진수를 보여 준다. 잘 익은 과일 풍미와 풍성함을 지닌 이 와인은 알코올 도수가 겨우 9%로 하루 종일도 마실 수 있다(과거에는 그런 사람이 많았다). 서늘한 복숭아로 가득한 수영장에 라임 종유석이 뚝뚝 떨어지는 장면을 상상해 보라. 이 와인의 자매 격인 셀바흐오스터 벨레너 존네우어 아우스레제는 금빛 과일의 과수원을 통째로 삼킨 듯한 느낌을 선사한다. 요하네스 셀바흐는 모젤에서 가장 사려 깊고, '모젤다움'의 순수성을 가장 잘 해석해 내는 와인 양조자다.

## 빌리 셰퍼(WILLI SCHAEFER)

**그라허 힘멜라이히(GRAACHER HIMMELREICH) | 리슬링 | 슈페트레제 | 모젤 | 리슬링 100%**

빌리 셰퍼를 묘사하는 데 '감동'이라는 단어 하나면 충분하다. 빌리 셰퍼의 힘멜라이히 포도밭에서 생산한 리슬링은 불꽃놀이가 한창인 밤하늘에서 살구, 복숭아, 아삭하고 시원한 광물성이 줄줄 흘러내리는 것과 같다. 빌리 셰퍼의 리슬링은 항상 레이저 같은 집중도와 심벌즈 소리처럼 폭발하는 생기를 지닌다. 빌리 셰퍼 그라허 돔프롭스트 리슬링 아우스레제 #11(Willi Schaefer Graacher Domprobst Riesling Auslese#11)은 팽팽한 광물성 위에 살구 글레이즈를 뿌린 듯이 환상적인 맛을 낸다. 빌리 셰퍼는 그의 아들인 크리스토프와 며느리인 안드레아와 함께 와인을 만든다. 빌리 셰퍼 와이너리의 양조 역사는 무려 1121년까지 거슬러 올라간다.

## 스위트 와인

## 프리츠 하크(FRITZ HAAG)

**브라우네베르거 유퍼 존네우어 | 리슬링 | 베른아우스레제 | 모젤 | 리슬링 100%**

필자는 이 훌륭한 베른아우스레제를 처음 마셨을 때, 고상하고 귀한 와인과의 만남이 얼마나 큰 충족감을 안겨주는지 절감했다. 자연이 만들어 낸 음악 그 자체였다. 매혹적인 풍성함과 실선처럼 섬세한 단맛(잔당 약 26%)을 갖췄으며 복숭아, 감귤, 재스민차, 바닐라 빈, 광물성 풍미가 입안으로 끊임없이 흘러들어 온다. 가격도 기함할 정도로 비싸지만(2021년, 하프 보틀에 300달러 이상), 충분히 투자할 만한 숭고한 사치다. 프리츠 하크 양조장은 1605년에 설립됐으며, 하크 가문이 소유한 포도밭은 모젤에서 가장 훌륭하다고 정평이 나 있다. 특히 브라우네베르크 마을의 오래된 해시계 부근에 있는 유퍼 존네우어 포도밭이 가장 뛰어나다. 프리츠 하크의 와인들은 명확성과 수정처럼 맑은 것으로 유명하다. 유퍼 존네우어 포도밭을 둘러싼 유퍼 포도밭에서 생산한 드라이 리슬링 GG 와인 또한 걸작으로 으깬 점판암 풍미가 일품이다.

# THE RHEINGAU 라인가우

세계 최고의 화이트 와인 생산국이라는 독일의 역사적 명성은 대체로 라인가우에서 비롯됐다. 오늘날 이 작은 와인 산지(면적 32㎢)는 모젤과 팔츠가 쏟아 내는 맛있는 와인의 도전을 받고 있지만, 라인가우는 여전히 독일에서 가장 유구한 와인 양조 역사를 보유한 곳이자 지역적 와인 등급 체계의 온상이기도 하다(등급에 관해서는 곧 자세히 다룰 예정).

라인가우는 평화롭고 귀족적인 와인 산지다. 나무가 빽빽하게 우거진 타우누스산맥이 뒤편에 우뚝 솟아 있으며, 끝없이 길게 연결된 산비탈 위로 포도밭 융단이 굽이굽이 펼쳐진다. 어찌 보면 타우누스산맥이 와인 산지를 만들었다고 볼 수 있다. 북쪽으로 흐르던 라인강이 타우누스산맥에 가로막혀 급격하게 서쪽으로 32km가량 방향을 틀었다가 다시 북쪽으로 흘러가니 말이다. 그 결과, 차가운 북풍을 막아 주는 산맥을 등진 형태의 이상적인 남향 산기슭이 탄생했다. 라인강도 북쪽 경로가 막히는 바람에 오히려 다른 지역보다 강폭이 훨씬 넓어졌다. 이는 기후를 완화하는 거대한 태양 반사판처럼 작용한다. 이토록 이상적인 만큼 로마 시대부터 포도 재배가 활성화된 것은 당연한 일이었다.

라인가우의 포도 재배는 그리 멀지 않은 남서쪽의 부르고뉴와 다른 독일 지역과 마찬가지로 중세 시대에 크게 번성했다. 수도승들은 숲과 암석 언덕을 개간해서 점판암, 뢰스, 석회암, 이회토, 사암으로 구성된 토양에 포도나무를 심었다. 오늘날 최상급 포도밭들이 있는 곳이다. 1100년에 클로스터 요하니스베르크 베네딕토회 수도원(현재의 슐로스 요하니스베르크 와인 양조장)이 설립됐고, 1136년에 클로스터 데베르바흐 시토회 수도원이 세워졌는데, 두 수도회의 건립이 중대한 변환점이 됐다.

> ### 독일 최초의 귀부병 와인
> 독일의 아우스레제, 베렌아우스레제, 트로켄베렌아우스레제는 귀부병(보트리티스 시네레아)에 걸린 포도를 일부 또는 전적으로 사용해서 만든다. 독일 최초의 귀부병 와인은 1775년에 가인가운의 슐로스 요하니스베르크에서 만든 슈레트레제인 것으로 추정된다. 그러나 이것이 유럽 최초의 귀부병 와인은 아니다. 유럽 최초라는 영광은 1600년대 헝가리의 토커이 어수에게 돌아간다.

라인가우는 주로 리슬링을 생산하는데 아스만하우젠 마을은 피노 누아를 전문적으로 생산한다.

두 대형 수도원이 수익성이 가장 좋은 상품인 와인을 유럽 전역에 판매하는 거대 기업으로 성장한 것이다.

수 세기 전부터 라인가우의 주된 포도 품종은 리슬링이었다. 예를 들어 1720년에 슐로스 요하니스베르크는 리슬링 재배만 허용했고 1775년에 최초의 싱글 빈야드 리슬링을 생산하기에 이른다. 현재 라인가우 포도밭의 80%가량이 리슬링을 재배하는데, 독일 와인 산지 중 가장 비중이 높다. 라인가우 리슬링은 모젤 리슬링과 완전히 다르다. 훨씬 풍성하고, 둥글고, 흙 풍미가 강하며, 리슬링에 이런 표현이 적합한지 모르겠지만, 관능적이다. 대신 모젤 리슬링처럼 고드름 같은 날카로움과 점판암 풍미는 없다. 대신 라인가우 리슬링에 딱 어울리는 표현이 있는데, 바로 군침이 도는 과일 풍미다. 최상급 라인가우 와인은 놀랍도록 광범위한 풍미를 지닌다. 와인을 머금는 순간 제비꽃, 카시스, 살구, 꿀 등 온갖 풍미가 입안에 퍼진다.

라인가우는 모젤보다 훨씬 남쪽에 있어 햇볕이 더 강하다. 따라서 역사적으로 포도의 성숙이 훨씬 쉽고 안정적이며, 와인의 보디감도 살짝 더 묵직하고 과일 풍미도 진하다. 동시에 포도의 산미가 높아서 와인은 곡선처럼 휘어지는 우아함을 띠게 된다. 이처럼 과실의 높은 성숙도와 고급스러운 산미가 만나서 전설적인 아우스레제, 베렌아우스레제, 트로켄아우스레제를 만든다. 어찌나 감미로운지, 와인잔에 남은 마지막 한 방울까지 핥고 싶게 만든다. 게다가 숙성된 이후에는 강렬함과 아름다움이 궁극에 달해 실제로 와인잔을 핥게 된다. 2021년, 필자는 32년산 발타자르 레스 하텐하임 누스브루넨 아우스레제(Balthasar Ress Hattenheim Nussbrunnen Auslese)를 개봉한 적이 있다. 선명함과 유연함을 동시에 지닌 와인은 마치 가을철 햇살을 마시는 기분이었다.

라인가우의 또 다른 주요 품종은 슈페트부르군더(피노 누아)다. 이 품종은 쌉쌀한 아몬드 풍미를 지닌 스파이시한 레드 와인을 만든다. 라인가우에 수도원의 지배가 절정에 달했던 시절, 슈페트부르군더는 예수의 보혈과 마지막 만찬을 상징하는 레드 와인으로 리슬링만큼 귀하게 여겨졌다. 20세기, 아스만스하우젠 마을은 피노 누아 생산의 중심지가 됐다. 현재 독일에서 가장 유명한 슈페트부르군더 포도밭도 라인가우 서쪽 끝의 가파른 남향 포도밭인 아스만스하우저 횔렌베르크(Assmannshauser Höllenberg)다.

한편 라인가우는 독일 와인 등급의 긴 여정이 시작된 곳이다. 1700년대, 라인가우는 카비네트(kabinett) 와인

### 라인가우 마을과 포도밭

라인가우 와인의 라벨에는 포도밭 이름 또는 마을과 포도밭 이름을 동시에 표기해서 출처를 밝힌다. 다음은 라인가우 마을(대문자)과 포도밭 이름이다. 모젤과 마찬가지로, 여러 마을이 같은 이름의 포도밭이 있는 것도 있다. 예를 들어 호흐하임과 요하니스베르크에 각각 휠레(Hölle, '지옥'이라는 뜻)라는 이름의 포도밭이 있다.

**아스만스하우젠(ASSMANNSHAUSEN)** 프랑켄탈(Frankenthal), 힌터키르히(Hinterkirch), 휠렌베르크(Höllenberg)

**엘트빌(ELTVILLE)** 랑게스튀크(Langenstück), 라인베르크(Rheinberg), 존넨베르크(Sonnenberg)

**에르바흐(ERBACH)** 마르코브룬(Marcobrunn), 슐로스베르크(Schlossberg), 지겔스베르크(Siegelsberg)

**가이젠하임(GEISENHEIM)** 클로이저벡(Kläuserweg), 묀히슈파트(Mönchspfad), 로텐베르크(Rothenberg)

**할가르텐(HALLGARTEN)** 융퍼(Jungfer), 쇤헬(Schönhell)

**하텐하임(HATTENHEIM)** 누스브루넨(Nussbrunnen), 파펜베르크(Pfaffenberg), 비셀브루넨(Wisselbrunnen)

**호흐하임(HOCHHEIM)** 헤렌베르크(Herrenberg), 휠레(Hölle), 쾨니긴 빅토리아베르크(Königin Victoriaberg)

**요하니스베르크(JOHANNISBERG)** 골다첼(Goldatzel), 휠레(Hölle), 클라우스(Klaus), 포겔장(Vogelsang)

**키드리히(KIEDRICH)** 그라펜베르크(Gräfenberg), 바세로스(Wasseros)

**라우엔탈(RAUENTHAL)** 바이켄(Baiken), 게른(Gehrn), 로텐베르크(Rothenberg)

**뤼데스하임(RÜDESHEIM)** 베르크 로제네크(Berg Roseneck), 베르크 로트란트(Berg Rottland), 베르크 슐로스베르크(Berg Schlossberg), 비쇼프스베르크(Bischofsberg)

**빙켈(WINKEL)** 하젠슈프룽(Hasensprung), 예수이텐가르텐(Jesuitengarten)

1100년에 수도원으로 설립됐다가 이후 와인 양조장으로 바뀐 슐로스 요하니스베르크의 웅장한 외관이다. 요하니스베르크는 '요한(세례 요한)의 산'이란 뜻이다.

### 호크

호크(hock)는 라인 와인의 영국식 이름으로 라인가우의 호흐하임(hochheim) 마을을 영어식으로 바꾼 것이다. 초창기에 호크는 호흐하임에서 만든 와인을 의미했다가, 나중에는 라인가우 와인을 아우르는 광범위한 용어로 발전했다. 이후에는 라인 와인을 모두 지칭하는 개념으로 바뀌었다. 빅토리아 여왕은 '호크 한 병이면 의사도 필요 없다'는 찬사를 남겼다.

을 시작으로 성숙도에 따라 와인을 분류하기 시작했다(당시 카비네트 철자는 'cabinet'이었는데, 일반 가정이 캐비닛에 놓고 매일 마시기 좋은 기본적인 라이트 보디 와인이라는 뜻에서 유래했다). 1775년, 귀부병에 걸려서 괴상하게 생긴 포도를 독일 최초로 압착했더니 놀랍도록 훌륭한 와인이 탄생한 사건을 계기로 슈페트레제, 아우스레제 등 포도를 선별적으로 늦게 수확하는 개념도 생겨났다.

현재 라인가우 생산자들은 옛 지도와 역사 기록을 활용해서 최상급 포도밭을 분리하고 분류하는 작업을 수십 년째 추진하고 있다. 독일 프래디카트 와인 양조장 협회(Verband Deutscher Prädikatsweingüter, VDP)라는 강력한 사설 기관도 여기서 시작됐다.

라인가우포도재배자협회(Rheingauer Weinbauverband) 등 비교적 규모가 작은 라인가우 지역협회도 이곳에서 큰 영향력을 발휘하며, 자체적인 등급 용어를 별도로 사용하는 기관도 많다. 예를 들어 RGG라는 용어는 라인가우 그로세스 게벡스의 약자로 최상급 포도밭에서 생산한 최상급 와인을 가리킨다.

### 리슬링이 사랑받는 열 가지 이유(내림차순)

10. 수정같이 맑고, 황홀할 정도로 아삭하다.

9. 날카로운 광물성 풍미를 지녔다.

8. 궁극의 신선함과 서늘함을 지녔다.

7. 오크 풍미가 전혀 없다.

6. 모든 음식과 잘 어울린다.

5. 아무리 최상급이라도 비싸지 않다.

4. 입안에서 매끈함과 명확성이 느껴진다.

3. 드라이하다(리슬링은 소수만 스위트하다).

2. 짜릿함, 운동성, 에너지가 느껴진다.

1. 햇살을 그대로 얼린 듯한 맛이 난다. 다른 포도에는 없는, 오직 위대한 리슬링에서만 느껴지는 순수성이 있다.

### 최상급 라인가우 와인 생산자

- 아우구스트 케셀러(August Kesseler)
- 발타자르 레스(Balthasar Ress)
- 프레드 프린츠(Fred Prinz)
- 게오르그 브로이어(Georg Breuer)
- 요제프 라이츠(Josef Leitz)
- 클로스터 에버바흐 헤시셰 스타츠바인귀터 (Kloster Eberbach Hessische Staatsweingüter)
- 퀸스틀러(Künstler)
- 페터 야콥 퀸(Peter Jakob Kühn)
- 로베르트 바일(Robert Weil)
- 슐로스 요하니스베르크(Schloss Johannisberg)
- 슐로스 쇤보른(Schloss Schönborn)
- 슈프라이처(Spreitzer)

# 위대한 라인가우 와인

## 화이트 와인

### 슈프라이처(SPREITZER)

할가르테너 헨델베르크 | 리슬링 | 알테 레벤 | 트로켄 | 에어스테 라게 | 라인가우 | 리슬링 100%

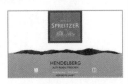

슈프라이처의 알테 레벤('오래된 포도나무'란 뜻) 드라이 리슬링은 공기 같은 가벼움을 지녔다. 그렇다고 풍미가 가볍다는 말은 아니다. 전혀 그렇지 않다. 가장 먼저 광물성 풍미가 입안을 가득 메운다. 그다음에는 라임, 생강, 살구 마멀레이드 풍미가 솟구친다. 순도 높은 순수성이 반향하고, 칼날처럼 날카로운 명확성이 느껴진다. 놓쳐선 안 될 또 다른 슈프라이처 와인이 있다. 렌헨 포도밭의 소구역인 아이젠베르크('철의 언덕'이란 뜻)에서 생산한 외스트리허 렌헨 슈페트레제 303(Oestricher Lenchen Spatlese 303)이다. 1920년에 아이젠베르크의 포도가 303도 윅슬레라는 기록적인 수치에 도달했었다. 이는 2003년 유럽의 불볕더위 이전까지 가장 높은 수치였다. 슈프라이처 양조장은 1641년에 설립됐으며, 현재도 슈프라이처 가문이 소유하고 있다.

### 슐로스 요하니스베르크(SCHLOSS JOHANNISBERG)

실버락 | 리슬링 | 트로켄 | 그로세스 게벡스(GG) | 라인가우 | 리슬링 100%

슐로스 요하니스베르크는 독일에서 가장 위대한 와인 양조장이다. 772년, 샤를마뉴 대제가 눈이 가장 빨리 녹는 이상적인 장소(현재 포도밭 위치)를 발견함에 따라 슐로스 요하니스베르크의 역사가 시작됐다. 이후 13세기 동안 슐로스 요하니스베르크의 운명은 항상 리슬링과 함께였다. 1700년대, 위대한 리슬링이 세상에 알려진 것도 단순히 리슬링이 아닌, 요하니스베르크 리슬링으로서 이름을 떨친 것이었다. 현재까지도 요하니스베르크 리슬링은 순수하고 감미로운 사치를 선사한다. 이 본드라이 GG 와인을 개봉하는 순간 목초지, 숲, 신선한 비, 과수원의 아로마가 퍼진다. 또한 크리스털처럼 맑은 순수성이 용수철 같은 활기찬 운동성을 보여 준다. 진정 호사롭고 초현실적이며, 활력이 넘치는 와인이다.

### 로베르트 바일(ROBERT WEIL)

키드리히 그라펜베르크 | 리슬링 | 트로켄 | 그로세스 게벡스(GG) | 라인가우 | 리슬링 100%

로베르트 바일의 그라펜베르크 포도밭에서 생산한 리슬링은 다이아몬드의 광휘와 명확성을 지녔다. 상쾌하고 활력 넘치는 산미와 깨끗한 광물성이 빚어낸 생기는 모든 리슬링 애호가의 인정을 받을 만하다. 로베르트 바일의 모든 와인은 응축된 과일 풍미(잘 익은 백도와 신선한 라임), 힘, 깊이를 지닌다. 동시에 신선함이 진동한다. 로베르트 바일 양조장은 1875년에 설립됐으며, 현재도 바일 가문이 운영하고 있다. 키드리히 마을에 있는 크라펜베르크 포도밭은 양조장에서 가장 귀한 그로세스 라게(그랑 크뤼) 포도밭이며, 경사 60도의 가파른 남향 암석 산마루에 있다. 그라펜베르크는 '백작의 언덕'이란 뜻이다. 로베르트 바일의 와인은 독일, 오스트리아, 러시아 황실 가문에서 큰 사랑을 받았다.

### 퀸스틀러(KÜNSTLER)

호흐하임 키르헨스튀크 | 리슬링 | 트로켄 | 그로세스 게벡스(GG) | 라인가우 | 리슬링 100%

퀸스틀러는 라인가우 최고의 리슬링을 대거 생산하는 양조장이다. 이 흥미롭고 완벽한 와인은 실선같이 섬세하며, 풍미가 은은하게 퍼진다. 유명한 호흐하임 마을의 그로세스 라게(그랑 크뤼) 포도밭인 키르헨스튀크('교회 음악'이란 뜻)에서 생산한 절묘한 GG 와인은 리슬링이 가질 수 있는 극상의 감미로움과 풍성함을 보여 준다. 또한 구운 살구와 잘 익은 복숭아 풍미가 폭발적인 광물성과 함께 소용돌이치며, 피니시는 길게 내리쬐는 밝은 햇살 같다. 퀸스틀러는 키르헨스튀크 포도밭에서 크리스털처럼 맑은 임 스타인(Im Stein, '바위에서'라는 뜻) 리슬링도 생산하는데, 살구와 레몬그라스 풍미가 발레리나가 춤을 추는 듯하다.

### 발타자르 레스(BALTHASAR RESS)

하텐하임 누스브루넨 | 리슬링 | 트로켄 | 그로세스 게벡스(GG) | 라인가우 | 리슬링 100%

필자는 위대한 리슬링의 산미를 사랑한다. 리슬링의 산미는 단순히 존재하는 게 아니라, 사방으로 쏜살같이 뛰어다닌다. 마치 디스코볼 불빛처럼 말이다. 하텐하임에 있는 누스브루넨 포도밭에서 생산한 발타자르 레스의 리슬링은 짜릿한 광물성 산미가 가득하며 다즙한 천도복숭아와 라임 풍미까지 느껴진다. 여기에 사랑스러운 살구 풍미도 추가된다. 날카로운 산미와 둥글둥글한 풍성함의 조합으로 와인은 시간이 지날수록 깊은 아름다움을 띤다. 필자는 누스브루넨 포도밭에서 생산한 1989년산 발타자르 레스 아우스레제를 32년간 숙성시킨 와인을 마셔 봤는데 아름다운 복합미와 광물성이 일품이었다. 양조장의 역사는 발타자르 레스가 하텐하임에 게스트하우스를 설립하고 투숙객을 위해 와인을 만들기 시작한 1870년대로 거슬러 올라간다. 현재 와이너리는 14대와 15대 후손이 운영하고 있다. 발타자르 레스는 라인가우에서 최초로 유기농법을 포도밭에 적용했다.

# THE PFALZ 팔츠

팔츠는 독일에서 가장 혁신적인 와인 산지에 속한다. 독일 와인 양조의 전형적인 이미지는 팔츠에 해당하지 않는다. 팔츠에서는 개성과 창의성이 가장 중요시된다. 따라서 팔츠의 와인 양조자들은 다른 독일 지역보다 훨씬 다양한 포도 품종을 사용해서 더 훌륭한 와인을 만든다. 팔츠의 가장 주된 품종은 리슬링이지만, 총면적(240㎢)의 25%밖에 되지 않는다. 그래도 팔츠가 상당히 큰 지역임을 고려한다면, 25%도 대단히 많은 양이다. 폭넓은 토양 종류도 다양한 와인과 풍미의 열쇠다. 점판암 비율은 낮지만, 대신 붉은 기가 도는 사암, 진흙, 석회질 이회토, 백악질 양토가 주를 이룬다.

팔츠는 엄밀히 따지자면 독일 라이란트에 속하지만, 그렇다고 팔츠 기후가 다른 지역처럼 라인강의 영향을 받진 않는다. 라인강은 동쪽으로 몇 마일 거리에 있지만, 강에 인접한 주요 포도밭은 없다. 대신 하르트산의 영향이 지배적이다. 프랑스 보주산의 남쪽 측면이며 남북으로 뻗어 있다. 보주산이 알자스 와인 산지에 햇볕이 쨍하고 건조한 기후를 제공하듯 숲으로 뒤덮인 하르트산도 평지부터 하르트산의 동쪽까지 뻗어 있는 팔츠 포도밭을 보호한다.

팔츠는 위도상 비교적 남쪽에 있고 일조량도 충분한데다 최근 몇 년간 지구온난화로 기온이 높아져서 포도

팔츠의 주요 와인 마을 중 하나인 다이데스하임

## 팔츠의 마을과 포도밭

최상급 팔츠 와인은 라벨에 포도밭 이름 또는 포도밭과 마을 이름을 동시에 표기한다. 다음은 주목할 만한 마을(대문자)과 포도밭을 나열한 것이다. 모젤과 라인가우와 마찬가지로 팔츠도 여러 마을이 같은 이름의 포도밭을 소유한 경우가 있다.

**다이데스하임(DEIDESHEIM)** 그라인휘벨 (Grainhübel), 호헨모르겐(Hohenmorgen), 기젤베르크(Kieselberg), 라인휠레(Leinhöhle)

**포르스트(FORST)** 프로인트스튀크 (Freundstück), 예수이텐가르텐 (Jesuitengarten), 키르헨스튀크 (Kirchenstück), 무젠항(Musenhang), 운게호이어(Ungeheuer)

**기멜딩겐(GIMMELDINGEN)** 랑엔모르겐 (Langenmorgen), 만델가르텐(Mandelgarten)

**칼슈타트(KALLSTADT)** 사우마겐(Saumagen)

**쾨닉스바흐(KÖNIGSBACH)** 이디그(Idig)

**무스바흐(MUSSBACH)** 에젤스하우트 (Eselshaut)

**루퍼츠베르크(RUPPERTSBERG)** 호에부르크 (Hoheburg), 누스빈(Nussbien), 라이터파트 (Reiterpfad)

**웅슈타인(UNGSTEIN)** 베텔하우스 (Bettelhaus), 헤렌베르크(Herrenberg)

**바헨하임(WACHENHEIM)** 뵐리히(Böhlig), 게륌펠(Gerümpel), 골드바헬(Goldbächel), 레흐바헬(Rechbächel)

의 성숙도가 높은 편이다. 그 결과 팔츠의 와인은 과일 풍미가 상당히 외향적이다. 독일 와인의 영혼인 산미도 팔츠에서는 다르게 발현된다. 팔츠의 산미는 날카롭거나 울부짖지 않는다. 대신 최상급 팔츠는 크리미한 산미와 뚜렷한 인장력을 갖는다. 이처럼 성숙도가 살짝 더 높고, 산미가 더 부드러워서 팔츠의 본드라이(트로켄) 와인은 모젤의 트로켄 와인보다 뻣뻣한 느낌이 훨씬 덜하다.

팔츠에는 쾰러카투아르, 메스머, 다팅, 링겐펠더, A. 크리스트만, 독토르 뷔르클린볼프, 오이겐 뮐러 등 독일에서 가장 선풍적인 와인을 만드는 생산자들이 있다. 특히 뮐터카투아르의 맹렬한 생동감은 말로 형용할 수 없다. 뮐터카투아르의 모든 와인은 압도적인 명확성을 뽐낸다. 번쩍 빛이 나는 칼이나 고드름에 반사되는 햇빛처럼 말이다.

팔츠의 가장 주된 품종인 리슬링도 독특한 특징이 있다. 이국적인 시트러스 풍미를 지닌 리슬링도 있고 생강과 후추 풍미를 발산해서 가까운 태국 레스토랑으로 달려가게 만드는 리슬링도 있다.

그런데 팔츠에는 리슬링 말고도 성공적인 품종이 대거 포진해 있다. 최상급 양조장들은 소규모 구역으로 나눠서 다양한 품종을 재배한다. 청포도는 바이스부르군더(피노 블랑), 그라우부르군더(피노 그리), 케르너, 쇼이레베 등이 있다. 그리고 적포도는 도른펠더, 슈페트부르군더(피노 누아) 등이 있다.

독토르 뷔르클린볼프는 정교하고 숙성력이 뛰어난 리슬링으로 유명하다. 그림은 1900년산 빈티지다.

## 최상급 팔츠 와인 생산자
- A. 크리스트만(A. Christmann)
- 독토르 뷔르클린볼프(Dr. Bürklin-Wolf)
- 독토르 다인하르트(Dr. Deinhard)
- 독토르 폰 바서만요르단(Dr. von Bassermann-Jordan)
- 독토르 베어하임(Dr. Wehrheim)
- 오이겐 뮐러(Eugen Müller)
- 기스두펠(Gies-Duppel)
- 클라우스 네케라우어(Klaus Neckerauer)
- 쾰러루프레히트(Koehler-Ruprecht)
- 링겐펠더(Lingenfelder)
- 메스머(Meßmer)
- 뮐러카투아르(Müller-Catoir)
- 오코노미라트 렙홀츠(Ökonomierat Rebholz)
- 페핑겐(Pfeffingen)
- 라이흐스라트 폰 불(Reichsrat von Buhl)
- 테오 밍게스(Theo Minges)

팔츠라는 이름은 라틴어로 '궁전'을 의미하는 팔라티누스라는 단어에서 파생됐다. 팰러타인(palatine)은 왕실의 특권을 부여받은 귀족이고, 팰러티네이트(palatinate)는 그 귀족이 다스리는 영역이다. 오늘날 영국은 팔츠를 팰러티네이트라 부르기도 한다. 한때 귀족(palatine)이 다스리던 지역이기 때문이다.

## 미성년자 관람 불가

사진에 나온 리슬리의 라벨에 적힌 포도밭 이름은 예수이텐가르텐(Jesuitengarten, '예수회의 정원'이란 뜻)이다. 그러나 만약 이것이 미국 와인이었다면, 가슴과 알몸 노출을 엄격하게 금지하는 미국 관세무역부의 승인을 받는 데 전혀 도움이 되지 않을 것이다. 라벨은 유명한 스위스 화가 알루아 발메이가 1904년에 바서만요르단 가문을 위해 그린 작품을 재현한 것이다. 그때 이후로 바서만요르단 가문이 만든 와인 라벨에 꾸준히 사용됐다. 이 작품은 로마 황제 프로부스(서기 276~282)를 그린 것이다. 그는 로마 황제 중 최초로 알프스 북부의 와인 양조를 허락했다. 이에 바커스의 딸이 거의 헐벗은 모습으로 나타나 그에게 포도잎으로 만든 왕관을 씌워 주며 감사를 표했다고 한다. 다음 페이지에서 설명하겠지만, 와인 자체는 그야말로 선풍적이다.

# 위대한 팔츠 와인

## 화이트 와인

### 오이겐 뮐러(EUGEN MÜLLER)
**포스터 운게회르 | 리슬링 | 카비네트 | 트로켄 | 팔츠 | 리슬링 100%**

오이겐 뮐러의 3대, 4대 후손인 커트와 스테판 뮐러는 석회암, 사암, 자갈로 구성된 훌륭한 운게회르('괴물'이라는 뜻) 포도밭에서 와인잔 위로 풍미가 튀어오르는 리슬링을 만든다. 이 본 드라이 카비네트 와인은 다즙하고 전류가 흐르는 것처럼 생기가 넘친다. 또한 백도, 라임 껍질, 레몬 머랭 파이, 스타프루트, 살구, 천도복숭아, 으깬 광물, 허브 등 다른 카비네트보다 훨씬 복합적이고 다층적인 풍미를 지녔다. 양조장은 1767년에 통 제작소로 지어졌다가 나중에 와이너리로 바뀌었다.

### 뮐러카투아르(MÜLLER-CATOIR)
**헤렌레텐 | 리슬링 | 에어스테 라게 | 팔츠 | 리슬링 100%**

독일 애호가 대부분이 그렇듯, 필자도 뮐러카투아르 와인이라면 무엇이든 기꺼이 마실 것이다. 뮐러카투아르는 독일 최고의 양조장 중 하나이며

와인은 모든 면에서 놀랍도록 훌륭하다.
그중에서 에어스테 라게(프르미에 크뤼) 포도밭인 헤렌레텐에서 생산한 매혹적인 드라이 리슬링을 소개하고자 한다. 왜냐하면 위대한 와인 중에서도 매우 희귀한 재능이 있기 때문이다. 바로 스타프루트, 라임, 멜론, 살구의 풍미가 넘쳐흐르는 동시에 무게감이 전혀 느껴지지 않는다는 점이다. 헤렌레텐의 리슬링은 우주진이다. 수정 같은 프리즘이 햇살을 여러 풍미로 쪼갠다. 풍미는 잔 안에 머무르지 않고, 물질의 속박에서 벗어나 잔 위를 떠다닌다. 이런 와인을 영적이라고 표현한다. 뮐러카투아르는 1744년에 설립됐으며, 현재 9대 후손이 운영하고 있다. 헤렌(Herren)은 중세 시대에 포도밭을 소유한 영주의 이름이며 레텐(letten)은 사질 토암과 석회암층이 섞인 토양을 일컫는다.

### 독토르 뷔르클리볼프(DR. BÜRKLIN-WOLF)
**가이스빌 | 리슬링 | 트로켄 | 그로세스 게벡스(GG) | 팔츠 | 리슬링 100%**

가족이 운영하는 독토르 뷔르클리볼프 양조장은 1597년에 설립됐으며, 루퍼츠베르크 마을의 가이스빌 포도밭의 유일한 소유자다. 가이스빌 포도밭은 중세 시대부터 인정받은 곳이며, 현재 유기농법으로 재배된다. 1828년의 로열 바이에른 포도밭 등급에서 가이스빌 포도밭(미텔하츠산맥의 산기슭에 있음)

은 1등급을 받았다. 와인을 마셔보면 그 이유를 쉽게 알 수 있다. 이 파워풀한 본드라이 리슬링은 밀랍과 라놀린 중간쯤 되는 극도로 호화스러운 질감을 가졌다. 게다가 순수한 후추와 소금기 어린 신선함, 복숭아, 미라벨, 살구 풍미도 풍긴다. 독토르 뷔르클리볼프의 바헤하이머 리슬링 아우스레제도 놓쳐서는 안 될 와인이다. 풍성한 무게감과 사랑스럽도록 스위트한 풍미를 지녔으며, 저녁이 끝날 무렵 짭짤한 치즈와 함께 마시면 매우 좋다.

### 독토르 폰 바서만요르단(DR. VON BASSERMANN-JORDAN)
**호헨모르겐 | 리슬링 | 트로켄 | 그로세스 게벡스(GG) | 팔츠 | 리슬링 100%**

바서만요르단 와인의 가장 놀라운 특징은 바로 속도감 넘치는 풍미가 그려내는 안무다. 먼저, 향신료와 미네랄 폭풍이 몰아친다. 그런 다음 시트러스, 라임 마멀레이드, 금귤, 메이어 레몬, 베르가못의 소프라노 같은 풍미와 신선함이 빠르게 밀려온다. 와인이 어떻게 이런 놀라운 능력을 발휘할 수 있는지 아무도 모른다. 그저 이 와인을 마시는 경험이 황홀하다는 것밖에 모른다. 요르단 가문(이후 바서만요르단으로 바뀜)은 1718년에 다이데스하임 부근의 남향 산비탈에 양조장을 설립했다. 나중에 그랑 크뤼 포도밭으로 등극할 운명을 지닌 최고의 장소였다. 호헨모르겐과 같은 최상급 리슬링은 현재까지도 나무 캐스크에서 숙성시키며, 생물역학 농법으로 포도를 재배한다.

### A. 크리스트만(A. CHRISTMANN)
**이디그 | 리슬링 | 트로켄 | 그로세스 게벡스(GG) | 팔츠 | 리슬링 100%**

쾨닉스바흐 마을의 이니그 포도밭은 풍성하고 건조하며, 크리스털처럼 맑은 리슬링을 생산한다. 또한 암석 위에 와인을 뿌린 듯한 광물성을 강하게 띤다(포도밭 토양은 주로 석회암으로 구성). 분지 형태의 남향 포도밭은 태양의 온기를 최대한 품었다가 포도의 풍미를 극대화하는 데 일조한다. 강렬한 풍미는 라임, 아시아 배, 말린 오렌지 껍질, 목초지의 녹색 풍미를 연상시킨다. 필자는 서늘한 햇볕이 떠오른다. A. 크리스트만 와이너리는 현재 크리스트만 가문의 7대, 8대 자손이 운영하고 있다. 이디그는 그로세 라게(그랑 크뤼) 포도밭이며, 따라서 이곳에서 생산한 와인도 그로세스 게벡스(그랑 크뤼) 등급이다.

# OTHER IMPORTANT WINE REGIONS 기타 주요 와인 산지

**아르 | 바덴 | 프랑켄 | 미텔라인 | 나헤 라인헤센**

모젤, 라인가우, 팔츠는 역사적으로 유럽에서 가장 중요한 화이트 와인 생산지이자 독일에서 가장 유명하고 명성 높은 와인 산지다. 그런데 아르, 바덴, 프랑켄, 미텔라인, 나헤, 라인하센 등 이웃 지역에서도 품질이 매우 좋은 와인을 생산하며, 때로 위대한 와인도 만든다.

## 아르

독일에서 가장 작은 와인 산지 중 하나인 아르는 서부에서 가장 북단에 자리 잡고 있다. 아르강이 경계선을 이루고 있으며, 미텔라인의 본의 남쪽 지점에서 라인강과 합류한다. 숲으로 뒤덮인 거친 암석 지대가 매우 아름답다. 아르는 동서로 약 85km가량 펼쳐져 있으며, 본 주민들이 자주 찾는 와인 산지 겸 휴양지다.

햇볕이 쨍한 남향 점판암 산비탈은 슈페트부르군더(피노 누아) 재배지다. 실제로 아르에서 생산되는 전체 와인의 65%가 슈페트부르군더이며, 85%가 레드 와인이다(독일 와인 산지 중 가장 높은 비중이다). 슈페트부르군더에 관한 최초의 기록은 1788년까지 거슬러 올라가며, 부르고뉴에서 꺾꽂이순을 가져왔다는 내용이 언급돼 있다. 최상급 생산자는 J. J. 아데노이어(J. J.

Adeneuer), 메이어네켈(Meyer-Näkel), 장 스토덴(Jean Stodden) 등이다.

## 바덴

바덴의 와인은 단일적 특성을 갖지도, 가질 수도 없다. 큰직한 땅덩어리들이 듬성듬성 흩어져 있는 지형이 극도의 다양성을 빚어냈기 때문이다. 바덴의 한쪽 지역은 뷔르츠부르크에서 그리 멀지 않은 독일 중심부에 있다. 또 다른 지역은 스위스 부근의 보덴제(콘스탄스 호수)에 있다. 그리고 가장 크고 중요한 지역은 라인강과 평행을 이루며 하이델베르크에서 남쪽으로 바젤까지 이어지는 구간이다.

이 구간의 남부(대략 바젤부터 유명한 온천마을인 바덴바덴까지)에 최상급 와인 산지가 몰려 있다. 바로 서쪽에는 프랑스 알자스가 붙어 있고, 동쪽에는 블랙 포레스트가 있다. 특히 카이저스툴(Kaiserstuhl, '제왕의 옥좌'란 뜻) 사화산 주변 지역의 와인이 높은 평가를 받는다.

이곳은 독일에서 가장 온화한 포도밭 지역에 속하며, 와인도 그런 맛이 난다. 독일 와인의 기준에서 이곳 와인

독일 서부에서 가장 북단에 위치한 아르 와인 산지는
피노 누아를 전문적으로 생산한다.

은 풀보디감에 산미가 약하고 벌컥벌컥 마시기 위한 용도다. 모젤의 철학이나 스타일과는 천지 차이다.

바덴에서 가장 주된 포도는 슈페트부르군더이며, 전체 포도 재배량의 40% 가까이 차지한다. 그리고 매일 마시기 좋은 청포도 품종이 그 뒤를 잇는다. 뮐러투르가우, 그라우부르군더(피노 그리), 바이스부르군더(피노 블랑) 그리고 당연히 리슬링도 있다. 다만 리슬링은 매우 소량만 재배된다. 서쪽으로 겨우 20km 거리의 보주 산 너머에 리슬링을 왕처럼 대접하는 알자스가 있는데도 말이다.

바덴 와인의 대다수가 조합에서 만들어진다. 재배자의 4/5가 포도를 조합에 판매하는 실정이다. 가장 큰 조합은 바디셔 빈저켈러(Badischer Winzerkeller)인데, 바덴 와인의 1/3 이상을 생산할 정도로 규모가 거대하다.

사실 바덴은 와인보다 음식이 더 유명하다. 바덴의 숲들은 사냥감 고기, 베리류, 야생 버섯으로 가득하다. 그중에서도 사슴고기, 지역 베이컨, 블랙 포레스트 햄, 프라이젤베렌(작고 달콤한 크랜베리의 일종), 하이델베렌(허클베리) 등은 그야말로 전설적이다. 바덴에는 키르슈바서, 크림, 타트체리 등을 섞은 요리가 많으며, 물론 블랙 포레스트 초콜릿케이크도 절대 빼놓을 수 없는 바덴의 특산 요리다.

블랙 포레스트에 서식하는 야생 버섯

## 프랑켄

라인가우에서 정동향으로 프랑크푸르트를 넘어가면 프랑켄이라는 'W' 형태의 와인 산지가 있다. 그 위로 마인 강이 'S'자를 그리며 흐른다. 프랑켄도 여느 독일 지역과 마찬가지로 강력한 수도회가 12세기부터 가파른 석회암 비탈면에 최고의 포도밭들을 개간했다. 바이에른 북부에 있는 프랑켄은 기후가 극심하고 봄철 서리가 흔하게 발생하기 때문에 수확량이 날씨에 따라 변동이 심하다. 그러나 뷔르츠부르크의 놀라운 바로크 건축물과 복스보텔(땅딸막하고 아랫부분이 불룩한 전통 병으로 법적으로 관리함)에 담긴 가볍고 신선한 와인을 찾는 관광객의 발걸음을 어느 무엇도 막지 못한다(복스보텔은 '염소의 음낭'으로 번역됨).

프랑켄 와인은 가늘지만 튼튼한 느낌이다. 보통 본드라이로 만들며, 약간의 날카로움을 띤다. 큰 즐거움을 주는 와인이지만 일반적으로 라인가우, 팔츠, 모젤 와인과 같은 우아미, 투명성, 선명한 과일 풍미는 거의 없다. 여기서 '일반적으로'라는 표현에 주목하자. 왜냐하면 이포프(Iphof) 마을의 한스 비르싱에서 만든 쇼이레베 트로켄은 굉장히 신선하고 크리미하며, 스피어민트와 그레이프푸르트 풍미가 노래하는 환상적인 와인이기 때문이다.

근대에 들어와서 프랑켄은 주로 실바네 품종과 밀접한 관계를 맺었었다. 현재는 뮐러투르가우도 많이 재배되며, 케르너와 쇼이레베 등 몇몇 청포도 품종도 인기를 끌고 있다.

독일 최대 조합 중 하나인 바디셔 빈저켈러의 거대한 와인 저장실

### 리슬링과 음식의 환상적인 궁합

독일 리슬링은 높은 산도와 오크의 방해를 받지 않는 맑고 순수한 풍미 덕분에 음식과 페어링했을 때 매우 흥미롭고 다채로운 맛을 낸다. 독일에서는 구운 소시지부터 돼지고기구이까지, 거의 모든 돼지고기 요리에 리슬링을 곁들인다. 칼처럼 날카로운 산미는 고기의 느끼함과 단맛을 상쇄한다. 그런데 리슬링은 샐러드나 간단한 채소 요리와도 기막히게 잘 어울린다. 라이트 보디감과 전체적으로 신선한 특징은 음식의 가볍고 신선한 풍미를 극대화한다. 그 중에서 가장 인상적인 페어링은 리슬링과 복합적인 아시아 요리다. 칠리, 간장, 라임, 마늘 등 톡 쏘는 강한 양념이 서로 대비되는 풍미를 자아낸다. 많은 와인이 이런 음식 앞에서 무너지지만, 리슬링은 그렇지 않다.

프랑켄에 있는 바로크 양식의 뷔르츠부르크 마을과 마리엔베르크 요새. 마리엔베르크 요새는 1200년 초에 마인강이 내려다보이는 언덕 꼭대기에 지어졌다.

최상급 프랑켄 와인 생산자로는 호르스트 자우어(Horst Sauer), 퓌르스트 뢰벤스텐(Fürst Löwensten), 한스 비르싱(Hans Wirsching), 암 스타인(Am Stein), 베네딕트 발테스(Benedikt Baltes), 루돌프 퓌르스트(Rudolf Fürst), 스타틀리허 호프켈러(Staatlicher Hofkeller), 율리우슈피탈(Juliusspital) 등이 있다.

## 미텔라인

미텔라인(라인 중부)은 헨젤과 그레텔에서 튀어나온 듯한 곳이다. 동화에 나올 법한 중세 시대 성 40개와 귀족이 살았던 성의 잔해가 라인강 위로 웅장한 자태를 드러낸다. 양쪽 강기슭에는 포도밭이 가파르게 솟아 있다. 그곳에는 바하라흐, 보파르트 등 진귀한 마을이 대거 포진해 있으며, 반 목조 가옥들은 엽서에 등장하는 그림 같다. 영국 낭만주의 풍경화가 윌리엄 터너도 햇살이 하늘을 아름답게 비추는 영묘한 자태를 화폭에 담기 위해 이곳을 찾았을 정도다(그림 형제의 동화를 바탕으로 제작한 헨젤과 그레텔 오페라의 경우, 엥겔베르트 훔퍼딩크가 보파르트에서 작곡했다).

미텔라인은 면적 470만㎡(470헥타르)의 작은 지역이다. 포도밭은 모젤강이 라인강으로 흘러 들어가는 지점의 북쪽과 남쪽에 있으며, 대부분이 리슬링이다. 북쪽 구간은 본(Bonn) 근처까지 이어지는데, 주요 포도밭 대부분은 남쪽의 코블렌부터 빙겐까지 뻗어 있다. 라인강

이 빙겐에서 급격하게 방향을 트는 지점이 미텔라인이 끝나는 경계선이며, 여기서부터 라인가우가 시작된다. 필록세라가 발발할 당시, 미텔라인의 많은 재배자가 포도에서 체리로 작물을 바꿨다. 소수의 최상급 와인 양조장만 남아서 매우 훌륭한 리슬링과 젝트를 생산한다(쿠블렌츠는 거의 2세기 동안 젝트 생산의 중심지였다). 최상급 리슬링은 모젤 와인을 연상시키는 투명함과 광물성을 지닌다.

안타깝게도 미텔라인 포도밭은 수 세기째 계속 감소세에 있다. 땅은 농사짓기 까다롭고, 다른 지역과의 경쟁은 너무 치열하며, 최상급 양조장의 수가 너무 적기 때문에 명성을 쌓아서 궁극적으로 와인 가격을 높일 수 없기 때문이다. 포도밭이 눈에 띄게 특출나지 않은 이상, 수익 부족으로 결국 버려진다(이후에는 절대 포도밭으로 다시 사용되지 않는다. 유럽연합법에 따르면, 수년간 버려진 포도밭은 자연 상태로 복귀시켜야 하며, 더 이상 상업적 목적으로 사용해선 안 된다).

그럼에도 불구하고 최상급 와인 양조장들은 매우 좋은 와인을 생산하고 있다. 특히 요헨 라첸베르거(Jochen Ratzenberger)의 리슬링은 무서울 정도로 강렬하고 웅장하며, 광물성이 짙다. 아돌프 바인가르트(Adolf Weingart)의 리슬링도 눈부신 투명성으로 마음을 사로잡는다. 토니 조스트(Toni Jost)의 리슬링은 순수하고 맛있으면서도 복잡하지 않은 맛을 낸다.

## 강 한가운데 세워진 성

미텔라인에서 가장 인상적인 풍경은 좁은 강 한가운데 세워진 팔츠그라펜스타인성이다. 프랑스 소설가 빅토르 위고는 이 성을 두고 '라인강에 영원히 떠 있는 돌로 만들어진 배'라고 표현했다. 이 성은 1327년에 통행료를 수거할 목적으로 작은 팔츠 섬에 지어졌다(실제 1866년까지 징수함). 팔츠그라펜스타인성은 양쪽 강기슭 마을들과 함께 일했으며, 통행료를 내지 않은 배는 통과하지 못하도록 라인강에 쇠사슬을 설치했다. 통행료를 내기 거부하는 배의 선장은 우물에 떠 있는 나무 판자에 감금시켰다.

## 나헤

사실 나헤를 '기타 지역'에 넣기까지 많은 고민을 했다. 나헤 리슬링은 모젤의 최상급 리슬링에 버금갈 정도로 훌륭하기 때문이다. 나헤강은 모젤 바로 남쪽에 평행하게 흐르며, 라인가우가 끝나는 지점인 빙겐 부근에서 라인강으로 흘러 들어간다. 나헤 지역은 비교적 건조하고 서늘하며, 햇볕이 쨍하다.

리슬링은 나헤의 전부라 해도 과언이 아니다. 최상급 리슬링은 선명함, 용수철 같은 에너지, 뛰어난 복합미가 동시에 느껴진다. 또한 핵과류 풍미가 아름다운 곡선을 그리는데, 마치 선명한 산미가 몰아치는 가운데 복숭아와 살구가 균형을 이루는 듯하다. 우아함, 극도의 강렬함, 폭발할 듯한 풍미가 동시에 밀려온다. 된호프(Dönnhoff), 셰퍼프뢰리히(Schäfer-Frölich), 슐로스구트 딜(Schlossgut Diel)이 만든 위대한 슈페트레제가 증명하듯, 나헤 리슬링은 맹렬함, 실선처럼 섬세한 우아함, 금빛 광물성을 지녔다.

나헤의 포도 재배는 모젤과 마찬가지로 로마 시대부터 시작됐다. 18세기, 대형 수도원들이 서늘하고 가파른 점판암, 유문암, 사암 비탈면에 포도를 재배했다. 나헤 포도밭은 세 면이 언덕으로부터 보호받지만, 서늘한 공기가 꽤 많이 유입된다. 이는 모든 최상급 와인이 지닌 짜릿한 산미를 만드는 주요인이다.

필자는 나헤의 고급 와인 생산자 중 앞서 언급한 세 명을 최상위 그룹으로 꼽는다. 된호프, 셰퍼프뢰리히, 슐로스구트 딜은 지구상 어느 리슬링과도 견줄 수 있는 세계적 수준의 리슬링을 만든다. 이보다 한 단계 아래에

팔츠그라펜스타인 중세 성과 그 너머 언덕의 구텐펠스성

얼어붙은 리슬링 포도로 된호프 아이스바인 와인을 만든다.

나헤의 된호프 리슬링은 복잡하고 명확하고 순수하며 정교한 풍미를 띤다. 마치 일본도처럼 망치로 두드린 철편을 반으로 접어서 단접한 것처럼 풍미층이 서로 융합한다. 된호프 리슬링은 독일에서 가장 생기 넘치는 와인이기도 하다. 고함을 지르며 제멋대로 입안을 휘젓고 다닌다. 된호프의 크뢰텐풀 리슬링 그로세스 게벡스와 오베르호이저 브뤼케 리슬링 스페트레제도 황홀할 정도로 맛있다.

이 산으로 둘러싸여 있어서 농사에 적격이다. 아스파라거스, 옥수수, 사탕무, 과수원 과일이 모두 평지에서 재배된다. 좋은 포도밭은 완만한 언덕에 있다. 그러나 예외도 있다. 예를 들어 로터 항(Roter Hang, '붉은 비탈면'이란 뜻)은 로트리겐데(rotliegende)라는 붉은 사암으로 구성된 길이 5km의 가파른 급경사면에 있다. 니어슈타인(Nierstein), 낙켄하임(Nackenheim), 오펜하임(Oppenheim) 등 유명 와인 마을의 최상급 포도밭은 페텐할(Pettenhal), 히핑(Hipping), 올베르크(Olberg) 등이며, 라인강가 근처에 자리 잡고 있다.

라인헤센의 대부분 지역은 품질이 그저 그런 와인을 생산한다. 저렴한 리브프라우밀히(397페이지의 '경건함은 부족하지만 매력 넘치는 와인 라벨' 참조)와 유럽 마트를 겨냥한 무미건조하고 달짝지근한 세일용 와인을 대거 생산한다.

그러나 1990년대와 2000년대에 와인의 품질 개선 운동이 일어났고, 이후 소수의 최상급 양조장(대부분 VDP 회원)이 생겨났다. 예를 들어 생물역학 농법을 실천하는 위트만(Wittman) 양조장이 키르스피엘(Kirchspiel) 포도밭에서 생산한 GG 와인은 폭발적인 파워, 과일과 광물성의 강력한 풍미를 장착했다. 바그너스템펠(Wagner-Stempel)이 시퍼사임(Siefersheim)에서 만든 날카롭고 극적인 리슬링은 액화된 돌 풍미를 띤다. 이 두 환상적인 생산자 이외에도 군더로흐(Gunderloch), 켈러(Keller), 드라이시가커(Dreissigacker), 셰첼(Schätzel)이 만든 리슬링을 추천한다.

도 환상적인 생산자가 많은데, 독토르 크루시우스(Dr. Crusius), 크루거룸프(Kruger-Rumpf), 엠리히쉰레버(Emrich-Schönleber), 헥사머(Hexamer), 야콥 슈나이더(Jakob Schneider) 등이다. 그리고 위대하진 않지만 괜찮은 와인을 만드는 나헤 양조장도 있다. 20세기 초에 설립된 공기업으로 독일에서는 (준비하시라) 슈타트리헤 바인바우도마네 니더하우젠 슐로스보켈하임(Staatliche Weinbaudomane Niederhausen-Schlossbockelheim)이라 부른다(자, 빠르게 3번 읽어 보자).

## 라인헤센

라인헤센은 면적 270㎢(2만 7,000헥타르)에 육박하는 독일 최대 와인 산지이며 라인강의 '접힌 무릎 부분'에 해당하는 라인가우 남쪽에 있다. 햇볕이 쨍쨍하고 삼면

라인헤센의 켈러 양조장이 만든 희귀한 3대 리슬링

바인피어텔
캄프탈
크렘스탈
바하우
트라이젠탈
비엔나
비엔나
카르눈틈
테르멘레기온
잘츠부르크
체코 공화국
독일
도나우강
비엔나
비엔나
루스트
노이지들러 호수
부르겐란트
슬로바키아
헝가리
그라츠
슈타이어마르크
스위스
이탈리아
슬로베니아
크로아티아

오스트리아 최상급 와인 양조자들은 와인의 위대함이 순수성에서 비롯되며,
양조자가 품을 수 있는 가장 고결한 목표는 땅의 풍미를 발현시키는 것이라고 믿는다.

오스트리아는 유럽에서 가장 짜릿하고 흥미로운 와인을 만든다. 일단 마셔 보면 쉽게 이해가 된다. 오스트리아 와인, 특히 화이트 와인은 파워와 우아미 사이의 시너지와 에너지가 절대적이다. 와인 대부분이 철저히 드라이하지만, 디저트에 곁들이거나 디저트 자체로도 좋은 스위트 와인도 있다.

오스트리아의 포도 재배는 14세기에 켈트족이 중부 유럽에 수많은 최상급 와인 산지를 개간하면서 시작됐다. 이후 포도밭은 로마제국의 손에 넘어갔다. 중세 시대에는 프랑스, 독일, 이탈리아와 마찬가지로 오스트리아 포도밭도 수도회가 공들여 관리하기 시작했다. 그러나 오스트리아 와인의 틀을 형성한 시기는 정치적 격동기였던 21세기였다.

오스트리아라 불리는 미국 메인주 크기의 현대 국가는 1919년에 오스트리아-헝가리 제국이 생제르맹 조약에 의해 와해되면서 생겨났다. 1차 세계대전 이후 제국 대신 체코슬로바키아, 헝가리, 유고슬라비아 그리고 전보

다 훨씬 작아진 오스트리아가 생겨난 것이다. 신생 오스트리아는 전쟁으로 인해 경제적으로 불안정하고 취약해진 상태였다. 따라서 과거에 만들던 고품질 수제 와인 대신 벌컥벌컥 마시기 좋으면서 저렴하고 살짝 달짝지근한 와인을 만들기 시작했다. 자국민과 관광객도 충분히 만족했고, 수출도 쉽게 되었다.

1985년 와인 품질의 하락은 기어코 바닥을 쳤다. 부패한 와인 중개인 무리가 저렴한 와인에 묵직하게, 그리고 단맛을 내기 위해 디메틸렌 글리콜(부동액 성분)을 첨가하는 사건이 발생했다. 다행히 사상자는 없었지만, 이 사건은 전 세계로 퍼졌다. 저렴한 오스트리아 와인을 공급하는 대중 시장은 무너졌고, 소수의 고급 와인 생산자(주로 가족이 운영하는 소규모 양조장)만 남아 새로운 오스트리아 와인산업을 일으키기 위해 밑바닥부터 시작하게 된다.

마침내 그들은 성공하기에 이른다. 현재의 열정적인 오스트리아 와인 생산자들에게 최상급 와인은 종교 그 자

## 오스트리아 와인 맛보기

오스트리아 와인은 유럽에서 가장 흥미로운 와인으로 꼽힌다.

오스트리아는 주로 드라이 화이트 와인에 주력한다. 주요 청포도 품종은 후추 풍미의 그뤼너 펠트리너와 광물성 풍미의 리슬링이다.

블라우프렌키슈 레드 와인은 오스트리아의 숨은 영웅이다. 매끈하고 스파이시한 토종 와인으로 음식과 잘 어울린다.

니더외스터라이히의 캄프탈 지역에 있는 그뤼너 펠트리너 포도밭이 역사적인 스티펀 마을의 구릉지대에 펼쳐져 있다.

체이며, 땅을 존중하는 마음은 절대적인 신념이다. 독일의 최상급 생산자와 마찬가지로 오스트리아 최고의 와인 생산자들도 와인의 위대함이 순수성에서 비롯되며 양조자가 품을 수 있는 가장 고결한 목표는 땅의 풍미를 발현시키는 것이라고 굳게 믿는다.

육지에 둘러싸인 오스트리아는 체코 공화국, 슬로바키아, 독일, 헝가리, 슬로베니아, 이탈리아, 스위스와 국경을 접한다. 잘츠부르크, 인스브루크 등이 속한 서부지역은 관광과 스키로 유명하다. 포도밭은 모두 이국적인 동부지역에 몰려 있다. 사실 오스트리아는 일찍이 아시아와 유럽을 잇는 무역로였다. 이에 따라 동양과 서양의 사고방식, 철학, 예술의 영향을 모두 받았다. 언어는 독일어를 사용하지만, 독일보다 훨씬 열정적이고 거친데다, 즉흥적이며 멜랑콜리한 편이다. 어쨌든 지크문트 프로이트와 볼프강 아마데우스 모차르트의 고향이 아닌가!

### 오스트리아 와인 명칭 시스템 DAC

1990년대 말 오스트리아 와인산업은 서유럽 국가들을 따라 와인 명칭 시스템을 도입했다. 1991년, 드디어 DAC(Districtus Austriae Controllatus) 시스템이 시행됐다. 최초의 DAC는 니더외스터라이히의 바인비어텔이며 2003년 그뤼너 펠트리너를 위한 명칭이었다. 현재 총 16개 DAC가 있으며 각 지역에서 허용하는 주된 역사적 포도 품종만 사용해야 한다.

오스트리아의 주요 와인 산지는 니더외스터라이히, 부르겐란트, 슈타이어마르크다. 수도인 빈도 와인 산지다. 사실 빈은 세계 대도시 중 유일하게 와인을 상업적으로 생산한다. 이 산지들을 챕터별로 하나씩 살펴볼 예정이다. 오스트리아 포도밭 면적은 460㎢(4만 6,000헥타르)에 달한다. 포도 재배자는 1만 4,000명이 조금 넘으며, 와이너리는 4,200개에 달한다.

오스트리아는 일반적으로 화이트 와인 생산국이다. 와인 총생산량의 2/3가 화이트 와인이지만, 굉장히 맛있는 레드 와인도 생산된다(다음에 자세히 다룰 예정). 최상급 화이트 와인은 모두 그뤼너 펠트리너 아니면 리슬링이다. 오스트리아 리슬링은 전체 포도 재배량의 4%에 불과하지만, 놀랍도록 훌륭하다. 광물성이 질고 극적이며 세련되고 유리처럼 순수하다. 바하우 지역의 리트

아흐라이텐(Ried Achleithen)에서 만든 루디 피흘러(Rudi Pichler)의 리슬링은 대담한 풍미가 분출하는 듯한 인상을 준다. 한편 그뤼너 펠트리너는 전체 포도 재배량의 약 30%를 차지하며, 지금보다 훨씬 더 많은 관심을 받아 마땅하다. 크림 같은 질감, 선명한 과일 풍미, 파도처럼 물결치는 광물성, 그윽하게 퍼지는 라임 껍질 풍미, 무엇보다 은은한 백후추 풍미를 지닌 위대한 그뤼너 펠트리너는 명실상부한 스타급이다. 그뤼너 펠트리너는 사바냥과 현재 거의 멸종한 독일 품종 상트 게오르게너레베(St.Georgener-Rebe)의 자연교잡으로 태어난 고대 품종이다.

오늘날 기후변화가 오스트리아에 악영향을 미치고 있으며, 특히 그뤼너 펠트리너와 리슬링의 아삭함과 광물성이 위협받고 있다. 이런 상황에서 너무 늦기 전에 더 많은 사람이 오스트리아 와인을 접하길 바란다. 2020년 니더외스터라이히의 일부 지역은 수확시기가 몇십 년 전보다 한 달 더 빨라졌다. 또한 알프스의 고산기후도 더는 알프스답지 않게 변하고 있다. 이에 따라 포도 재배자들은 그뤼너 펠트리너와 리슬링을 전보다 높은 고도에 심기 시작했지만, 사용할 수 있는 토지가 제한적이다. 그뤼너 펠트리너는 갈수록 크리미하고, 묵직하고, 풍성해지고 있다. 많은 와인 양조자는 오스트리아가 미래에 레드 와인을 지배적으로 생산하게 되리라고 예견한다.

오스트리아 화이트 와인의 축복이 그뤼너 펠트리너라면 레드 와인의 축복은 블라우프렌키슈(Blaufränkisch)다. 고대 청포도인 구애 블랑(Gouais Blanc)과 희귀 적포도인 블라우어 침메트라우베(Blauer Zimmettraube)의 자연 교잡종으로 매우 오래된 품종이다. 블라우프렌키슈라는 이름은 '파란색'이란 뜻의 블라우(blau)와 '고급 와인'을 지칭하는 옛 독일 명칭인 프렌키슈(fränkisch)의 합성어다. 오스트리아의 블라우프렌키슈는 명확성, 매끈함, 맛있는 산림지대 블루베리 풍미와 숲 풍미, 약간의 얼얼함이 특징이다. 무엇보다 스파이시한 고기 요리에 완벽하게 어울리는 와인이다. 이런 매력에도 불구하고 블라우프렌키슈는 오스트리아의 주된 적포도 품종이 아니다. 그건 바로 츠바이겔트(Zweigelt)다. 츠바이겔트는 블라우프렌키슈와 생로랑(St. Laurent)의 교잡종으로 과일 풍미의 다즙하고 마시기 쉬운 와인을 만든다. 오스트리아 와인은 대부분 드라이하지만, 스위트 와인도 소량 생산된다. 스위트 와인 생산지로는 부르겐란트를 꼽을 수 있는데, 이곳은 다른 지역보다 살짝 더 따뜻

돌담이 계단식 포도밭을 지탱하는 바하우 지역의 모습

하고 습해서 보트리티스가 잘 발생한다. 게다가 현존하는 가장 선풍적인 디저트 와인 토커이 어수로 유명한 헝가리를 자극제로 삼아 계속 발전하는 추세다.

오스트리아 스위트 와인의 종류를 살펴보자. 오스트리아에도 독일처럼 베렌아우스레제(BA), 이례적으로 좋은 해에 농익은 포도 또는 보트리티스에 감염된 포도로 만든 트로켄베렌아우스레제(TBA), 자연적으로 얼어붙은 포도로 만든 아이스바인 등이 있다. 그런데 가장 주된 스위트 와인은 아우스브루흐(ausbruch)다. 아우스브루흐는 보트리티스에 감염된 포도와 자연적으로 건조된 포도로만 만들어야 한다.

한편 오스트리아 최상급 와인 산지는 척박하고 배수가 잘되는 침식성 토양이다. 주로 모래, 자갈, 점판암, 양질토, 뢰스(석영, 장석, 운모 등 입자가 고운 풍적토), 편마암(입자가 거친 광물층이 줄무늬 구조를 이루는 변성암) 등으로 구성된다.

## 최상급 오스트리아 와인

### 대표적 와인

**블라우프렌키슈(BLAUFRÄNKISCH)** - 레드 와인

**그뤼너 펠트리너(GRÜNER VELTLINER)**
- 화이트 와인(드라이, 스위트)

**리슬링(RIESLING)** - 화이트 와인(드라이, 스위트)

**소비뇽 블랑(SAUVIGNON BLAN)** - 화이트 와인

**생로랑(ST. LAURENT)** - 레드 와인

**바이스부르군더(WEISSBURGUNDER)**
- 화이트 와인(드라이, 스위트)

**츠바이겔트(ZWEIGELT)** - 레드 와인

### 주목할 만한 와인

**블라우부르군더(BLAUBURGUNDER)** - 레드 와인

**푸르민트(FURMINT)** - 화이트 와인(스위트)

**겔버 무스카텔러(GELBER MUSKATELLER)**
- 화이트 와인(드라이, 스위트)

**트라미너(TRAMINER)** - 화이트 와인(드라이, 스위트)

**벨슈리슬링(WELSCHRIESLING)**
- 화이트 와인(드라이, 스위트)

## 오스트리아 포도 품종

### 화이트

◇ **샤르도네**
오스트리아에서는 모리용(Morillon)이라고도 부르며, 보조 품종이다. 최상급 샤르도네 드라이 와인은 팽팽한 특징을 띤다. 품질이 좋은 스위트 와인으로도 만들어진다.

◇ **푸르민트**
보조 품종이지만, 부르겐란트의 유명한 스위트 와인인 아우스부르흐(ausbruch)에 흔히 사용하는 품종이다.

◇ **겔버 무스카텔러**
일명 무스카텔러라고도 한다. 뮈스카 블랑 아 프티 그랭과 같은 품종이다. 주로 슈타이어마르크와 부르겐란트에서 자란다. 향기롭고 무성한 드라이 와인과 환상적인 스위트 와인을 만든다.

◇ **그뤼너 펠트리너**
미뉴 지역에서 블렌드 와인을 만들 때 사용하는 풀보디감의 청포도다. 와인에 진중함을 더한다.

◇ **리슬링**
재배량은 적지만 명성과 품질 면에서 중요한 품종이다. 힘차고 생기 넘치는 탁월한 와인을 만든다.

◇ **소비뇽 블랑**
슈타이어마르크의 작은 지역에서 주로 재배한다. 풀과 이국적인 훈연 풍미를 지닌 아삭하고 품질이 좋은 와인을 만든다.

◇ **트라미너**
사바냥이라고도 부른다. 게뷔르츠트라미너의 조상이다. 드라이 와인과 스위트 와인을 만들며, 주로 슈타이어마르크에서 생산된다.

◇ **바이스부르군더**
주요 품종이다. 피노 블랑과 같은 품종이다. 주로 크리미함부터 짜릿함까지 아우르는 광범위한 스타일의 드라이 와인을 만든다.

◇ **벨슈리슬링**
이름에 리슬링이란 단어가 들어가지만, 리슬링의 한 종류가 아니다. 오히려 크로아티아 품종인 그라셰비나(Graševina)에 가깝다. 단순하고 직설적인 와인을 만들며, 보트리티스에 감염된 늦수확 와인을 만든다.

### 레드

◇ **블라우부르군더**
피노 누아의 오스트리아식 이름이다. 대체로 라이트하고 단순한 와인을 만든다.

◇ **블라우프렌키슈**
주요 재래종이다. 대담하고, 스파이시하고, 복합적이며, 때론 구조감이 뚜렷한 와인을 만든다. 다른 지역에서는 렘베르거(Lemberger)라고도 부른다.

◇ **생로랑**
체리, 베리, 향신료 풍미가 강한 다즙하고 발랄하고 맛있는 와인을 만든다.

◇ **츠바이겔트**
오스트리아에서 재배량이 가장 많은 적포도 품종이다. 블라우프렌키슈와 생로랑의 교잡종이다. 잉크처럼 짙은 색, 과일 풍미, 가시 돋친 듯한 날카로움이 캘리포니아의 진판델을 연상시킨다.

# LOWER AUSTRIA 니더외스터라이히

니더외스터라이히(영어로 Lower Austria)는 오스트리아 최대 와인 산지로, 오스트리아 전체 포도밭의 50% 이상(약 280㎢)을 차지한다. 니더외스터라이히는 '오스트리아 하부'를 의미하는 영어식 이름처럼 남쪽에 있는 게 아니라, 도나우강을 따라 북동부 모퉁이에 들어앉아 있다. 니더외스터라이히는 여덟 개 와인 구역으로 구성되며, 거대한 아치 형태로 빈을 둘러싸고 있다. 각 구역의 명칭은 바하우(Wachau), 크렘스탈(Kremstal), 캄프탈(Kamptal), 트라이젠탈(Traisental), 바그람(Wagram), 바인피어텔(Weinviertel), 카르눈툼(Carnuntum), 테르멘레기온(Thermenregion) 등이다.

주요 화이트 와인은 그뤼너 펠트리너와 리슬링이다. 전자는 정교하고 크리미하며 백후추 풍미가 진동하며, 후자는 상쾌하고 꾸밈없으며 때론 고드름처럼 날카로운 산미를 띤다. 품질이 좋은 벨슈리슬링과 바이스부르군더(피노 블랑) 와인도 생산한다.

프랑스 루아르 계곡(특히 쿨레 드 세랑의 졸리 가문)을 제외하고, 니더외스터라이히는 오늘날 세계적으로 확산된 생물역학 농법 운동의 발상지다. 1970년대 초, 바하우의 니콜라이호프와 캄프탈의 로이머와 같은 생산자들은 당시 의견이 분분했던 루돌프 스타이너의 신화적 철학을 포도 재배에 적용했다. 루돌프 스타이너는 농업이 우주와 달의 영향을 받는 전체론적 무한 루프라고 믿었다(28페이지의 '생물역학' 참조). 오늘날 니더외스터라이히의 수많은 최상급 생산자가 유기농 인증을 받은 포도밭에서 수십 년째 생물역학 농법을 실천하고 있다.

### '1ÖTW'가 무엇인가?

오스트리아는 독일과 마찬가지로 수십 년째 최상급 포도밭을 분류하는 작업을 진행 중이다. 특히 니더외스터라이히의 캄프탈, 크렘스탈, 트라이젠탈, 바그람 구역에서 가장 활발하게 진행되고 있다. 이곳의 오스트리아 전통 와이너리 협회(Traditionsweingüter Österreich)는 최상급 포도밭 61개를 에어스테 라게(Erste Lage), 즉 프르미에 크뤼 등급으로 분류했다. 와인 라벨에 에어스테 라게라는 문구와 함께 '1ÖTW'라는 정형화된 그래픽을 볼 수 있다. 그로세스 라게(그랑 크뤼)에 대해서는 다음에 설명하겠다.

니더외스터라이히에서 가장 명성 높은 구역은 바하우다. 유네스코 세계문화유산으로 지정됐으며, 면적은 12㎢(1,200헥타르)로 여덟 개 구역 중 가장 작다. 최상급 바하우 화이트 와인은 풍미의 명확성, 우아미, 용수철 같은 에너지를 갖는다. 도나우강은 천 년 동안 바하우를 유유히 흐르며 석영과 장석이 대량 섞인 편마암을 깎아서 뢰스로 만들었다. 그리고 마지막 빙하기 때 가파른 동향 산비탈과 노두에 뢰스가 켜켜이 쌓였다. 바로 이곳이 리슬링과 그뤼너 펠트리너를 재배하는 최고의 포도밭과 평화로운 와인 산지가 됐다. 그리고 강기슭을 따라 동화 속에 나올 법한 마을, 수도원, 성, 레스토랑이 줄줄이 생겨났다. F.X. 피흘러(F. X. Pichler), 루디 피흘러(Rudi Pichler), 알칭거(Alzinger), 니콜라이호프(Nikolaihof), 프라거(Prager) 등은 이름만 들어도 기대감에 부풀게 만드는 바하우 와인 생산자들이다.

바하우 포도밭은 헝가리 판노니아 평야의 뜨겁고 건조한 동풍과 북쪽의 알프스산맥을 타고 내려오는 냉풍이 만나는 길목에 자리를 잡았다(크렘스탈과 캄프탈도 나란히 있다). 이 덕분에 낮과 밤의 온도 차가 매우 크다.

이는 최종 와인의 복합미를 향상하는 요인이다. 또한 도나우강이 전반적으로 기후를 완화하는 데 일조한다. 바하우는 오스트리아에서 유일하게 와인을 슈타인페더(steinfeder), 페더슈필(federspiel), 스마라크트(smaragd)로 분류한다. 이는 최상급 바하우 생산자 협회(Vinea Wachau)에서 만든 용어다.

**슈타인페더** 가당하지 않은 와인이며, 알코올 도수가 11.5% 이하다(슈타인페더는 솜털이 달린 현지 풀 종류인데, 협회에서 와인이 '앙증맞다'고 해서 시적으로 붙인 이름이다).

**페더슈필** 가당하지 않은 와인이며, 알코올 도수가 최소 11.5% 이상, 12.5% 이하다. 펠더슈필이란 이름은 매를 부리는 현지 스포츠에서 유래했다.

**스마라크트** 스마라크트는 '에메랄드'란 뜻이며, 이곳 포도밭에서 일광욕하기 좋아하는 활기찬 연두색 도마뱀의 이름이기도 하다. 알코올 도수는 최소 12.5%다. 성숙도가 가장 높으며 최상급으로 친다.

스마라크트 도마뱀.
보디감이 가장 묵직한 바하우 와인의 이름도 스마라크트다.

바하우 레드 와인은 그리 유명하지 않지만, 요세프 야멕(Josef Jamek)은 군침이 도는 츠바이겔트를 만든다. 야멕 와이너리는 뒤른스타인 마을 부근의 도나우강 강가에 가족이 운영하는 훌륭한 레스토랑과 여관도 있다. 뒤른스타인은 1192년에 오스트리아의 레오폴트 5세 공작이 영국의 사자왕 리처드를 감옥에 가둔 옛 마을이다). 바하우 옆에는 명성 높은 두 와인 구역이 있다. 바로 캄프탈과 크렘스탈이다. 두 구역은 오스트리아에서 가장 훌륭하고 짜릿한 수제 그뤼너 펠트리너와 리슬링을 만든다. 기억해야 할 주요 생산자는 슐로스 고벨스부르크(Schloss Gobelsburg), 니글(Nigl), 브륀들마이어(Bründlmayer), 히르슈(Hirsh), 히들러(Hiedler), 로이머(Loimer) 등이다. 캄프탈과 크렘스탈은 바하우 바로 동쪽에 있으며 도나우강 북부의 부드러운 뢰스 토양에 있다. 기후는 바하우와 비슷하며 최상급 포도밭 대부분이 가파른 남향 계단식이다.

마지막으로 트라이젠탈, 바그람, 바인비어텔, 카르눈툼, 테르멘레기온에 대해 짧게 설명하겠다.

트라이젠탈은 도나우강의 지류인 트라이젠 강기슭에서 계단식 포도밭을 경작하는 작은 구역이다. 토양이 상당히 특이한데, 뢰스가 아니라 대부분 석회질 퇴적암이다. 와인(특히 스타급 그뤼너 펠트리너)은 보디감이 묵직하고, 산미가 단단하며, 스파이시함과 광물성이 진하다.

바그람(2007년 전에는 도나우란트였음)은 해양 침전물 위에 자갈과 뢰스 토양이 있다는 점이 특징이다(바그람은 '해변'이라는 뜻의 단어 'Wogenrain'에서 파생됐다). 한편 바그람은 레드 와인, 특히 츠바이겔트와 블라우부르군더(피노 누아)가 유명하다. 바그람에는 20세기의 거대한 어거스틴 수도원과 스티프트 클로스터노이부르크(Stift Klosterneuburg) 궁이 있다. 후자는 과거에 바벤베르크와 합스부르크 왕가가 머물던 궁이었으며 현재는 오스트리아에서 가장 큰 사립 와인 양조장이다.

바인비어텔은 니더외스터라이히에서 가장 큰 와인 구역으로, 도나우강부터 북쪽의 체코 국경선과 동쪽의 슬로바키아 국경선까지 뻗어 있다. 또한 지형, 토양, 기후에 따른 와인의 품질이 매우 다양하다. 그뤼너 펠트리너 생산량이 가장 많지만, 과일 풍미가 짙은 츠바이겔트를 비롯한 레드 와인도 대거 생산된다.

카르눈툼은 빈 동쪽에 있는 작은 와인 구역으로 오스트리아와 슬로바키아가 만나는 국경선에 맞닿아 있다. 헝가리 판노니아 평야의 뜨겁고 건조한 바람이 이곳으로 불어온다. 토양은 대체로 무거운 양질토와 가벼운 뢰스로 구성된다. 여기에 따뜻한 기온이 더해져서 강인한 노동자 같은 레드 와인을 만든다. 특히 츠바이겔트와 블라우프렌키슈가 주를 이루며, 좋은 품질의 그뤼너도 생산된다.

테르멘레기온은 빈 바로 밑에 있다. 봄에 기온이 높은 경우가 많아서 테르멘레기온이라는 이름이 붙여졌다. 이곳은 희귀한 청포도 품종이 자란다. 바로 로트기플러(Rotgipfler)와 지어판들러(Zierfandler)다. 보통 이 둘을 섞어서 지역 특산 와인을 만드는데, 육중한 과일 풍미와 스파이시한 오렌지 풍미가 특징인 묵직한 화이트 와인이다.

### 최상급 그뤼너 펠트리너 생산자

- 브륀들마이어(Bründlmayer)
- 에메리히 크놀(Emmerich Knoll)
- 프란츠 히르츠베르거(Franz Hirtzberger)
- F. X. 피흘러 (F. X. Pichler)
- 히들러(Hiedler)
- 히르슈(Hirsch)
- 홀차펠(Holzapfel)
- 레오 알친거(Leo Alzinger)
- 로이머(Loimer)
- 니글(Nigl)
- 프라거(Prager)
- 루디 피흘러(Rudi Pichler)
- 슐로스 고벨스부르크(Schloss Gobelsburg)

# BURGENLAND 부르겐란트

부르겐란트는 니더외스터라이히에 이어 오스트리아에서 두 번째로 큰 와인 산지다. 면적은 130㎢(1만 3,000 헥타르)이며, 동쪽에 헝가리와 국경을 접하고 있다(부다페스트와 겨우 210km 거리다). 오스트리아-헝가리 제국 시대에 부르겐란트와 헝가리를 아우르는 거대하고 연속적인 포도밭이 형성됐다.

앞서 설명했듯, 부르겐란트는 주로 풍성한 스위트 와인과 놀라운 레드 와인으로 유명하다. 가장 인기가 높은 스위트 와인은 아우스브루흐(ausbruch), 베렌아우스레제, 트로켄베렌아우스레제이며, 부르겐란트 북부와 헝가리 사이에 있는 초자연적인 노이지들 호수(오스트리아에서는 노이지들러제라 부름)에 의해 생산된다. 호수의 너비는 316㎢이며, 깊이는 60~200cm라서 호수 중간까지 걸어서 갈 수 있다. 호수는 깊이가 얕은데다 다량의 따뜻한 습기를 내뿜어서 항상 증발할 위기에 놓여 있다(과학자들에 의하면, 1만 6천~2만 년 전에 호수가 형성된 이후 완전히 말라서 자취를 감춘 적이 최소 100번에 달한다). 한편 호수는 갈대와 풀이 매우 좋아하는 장소라서, 현지에 초가지붕 제작산업이 발달했다. 또한 황새, 찌르레기를 비롯한 새들도 호수를 좋아해서, 이곳은 유럽 최대의 새·야생동물 보호구역이 됐다. 그런데 포도도 갈대와 새만큼 호수를 사랑한다. 이곳은 포도가 '부패'하기에 매우 좋은 장소다.

포도나무는 얕은 호수 주변의 모래, 돌, 백암질 토양에

## 슈납스

오스트리아에서는 슈납스(schnapps)를 '우리가 들어봤거나 전혀 들어 보지 못한 모든 과일과 베리류'로 만든다(예를 들어 당근 슈납스는 정말 끝내준다). 슈납스는 프랑스의 오드비와 이탈리아의 그라파처럼 숙성시키지 않은 맑은 증류주(약 40프루프)로 보통 식후에 마신다. 오스트리아 가정은 보통 집에서 직접 만들며 이에 대해 자부심을 느낀다. 가장 흔한 풍미는 자두이며 이 밖에 엘더베리, 마르멜루, 주니퍼베리(노간주나무), 살구, 체리, 블루베리, 블랙베리, 로완베리(마가목)로 만든 슈납스도 굉장히 흥미롭다.

심는다. 안개가 껴서 습하고 따뜻한 공기는 거대한 가습기가 되어 이곳을 보트리티스가 자라기 좋은 완벽한 페트리 접시로 만든다. 그 결과 부르겐란트의 아우스브루흐, BA, TBA는 감미로운 순수성과 선명한 보트리티스 풍미를 지닌다.

물론 새들이 달콤한 포도의 유혹을 그냥 지나칠 리 없다. 실제로 새들이 모든 작물을 먹어 치우는 경우도 발생한다. 포도 재배자들이 새들을 쫓기 위해 고요한 포도밭에 몇 분마다 총소리 또는 천둥소리가 울려 퍼지게 하는 장치를 설치했음에도 불구하고, 소용없을 때가 있다. 부르겐란트의 스위트 와인에는 다양한 포도 품종이 사용된다. 벨슈리슬링, 겔버 무스카텔러, 샤르도네, 트라미너, 쇼이레베 등이 있고 때론 헝가리의 토커이 어수의 주재료인 푸르민트도 사용한다.

노이지들 호수의 동쪽 기슭은 상대적으로 풍요롭고 살집과 흙 풍미가 느껴지는 스위트 와인을 만든다. 언덕진 서쪽 기슭의 다소 소박한 와인과 대비되는 점이다. 서쪽 기슭의 노이지들러제 휘겔란트는 루스트(Rust)의 마을이다. 이곳은 중세 시대부터 중부 유럽에서 가장 뛰어난 와인 마을에 속했다. 1681년 루스트는 레오폴트 1세(당시 신성로마제국 황제이자 헝가리, 크로아티아, 보헤미아의 왕이면서 오스트리아의 대공이었음)에게 금 5만 길더와 아우스뷔르헤 3만 리터를 지불하고 정치적 독립과 종교적 자유를 획득했다.

한편 보트리티스가 충분히 형성되지 않아서 좋은 아우스브루흐, BA, TBA를 만들 수 없는 해의 경우 부르겐란트 포도 재배자들은 종류가 다른 스위트 와인을 만든다. 바로 희귀한 스트로바인(strohwein, '짚 와인'이란 뜻)이며, 호수의 갈대로 엮은 돗자리에서 건조한 포도로 만든다. 겨울이 유난히 추운 해에는 포도를 일부러 얼어붙게 만들어서 찌릿한 전류처럼 강렬한 아이스바인을 만든다.

부르겐란트에는 레드 와인도 있다. 화려한 스위트 화이트 와인과 복합적인 드라이 레드 와인을 모두 만든다니, 처음에는 의외라고 느껴질 수 있다. 그러나 부르겐란트 남쪽으로 노이지들 호수를 넘어 미텔부르겐란트(부르겐란트 중부)와 쥐트부르겐란트(부르겐란트 남부)로 가면, 레드 와인의 비중이 매우 높아진다. 부르

광활하고 수심이 얕은 노이지들 호수가 내뿜는 따뜻한 습기 덕분에 부르겐란트의 아우스브루흐 와인이 탄생했다.

겐란트 레드 와인은 한때 품질이 그저 그런 수준이었지만 소규모 품질 혁명을 거쳐서 현재는 매우 높은 수준으로 올라섰다.

가장 주된 적포도 품종은 블라우프렌키슈다. 고품질 와인은 색이 짙고 대담하며, 라즈베리, 블루베리, 크랜베리, 신양벚나무 체리, 톡 쏘는 백후추, 광물성의 풍미를 발산한다. 또한 뚜렷한 구조감, 매끈한 질감, 벨벳 같은 부드러움, 다즙함을 갖는다(카베르네 프랑과 시라를 섞었다고 상상해 보라).

사랑받는 현지 적포도 품종이 두 개 더 있다. 츠바이겔트와 생로랑이다. 츠바이겔트는 포도와 블랙 체리 풍미가 가득하며, 복잡하지 않다. 생로랑은 정상급 생산자의 손을 거치면 환상적인 레드 와인으로 탄생한다. 라즈베리와 크랜베리 풍미가 가득하고 꽃과 스파이시한 풍미가 훅 밀려온다. 참고로 생로랑은 오스트리아

식으로 'Sankt Laurent'이라 표기하기도 한다. 우마툼(Umathum)이 만든 폼 스타인(Vom Stein) 생로랑 와인은 환상적이다.

**최상급 블라우프렌키슈 와인 생산자**

- 에른스트 트리바우머(Ernst Triebaumer)
- 게젤만(Gesellmann)
- 한스 이글러(Hans Igler)
- 한스 & 아니타 니트나우스(Hans and Anita Nittnaus)
- 하인리히 실비아(Heinrich Silvia)
- 이비(Iby)
- 크루츨러(Krutzler)
- 모릭(Moric)
- 파울 아스(Paul Achs)
- 프릴러(Prieler)
- 로시 슈스터(Rosi Schuster)
- 우마툼(Umathum)
- 발너(Wallner)

# STYRIA 슈타이어마르크

오스트리아의 남부 알프스 국경선에 있는 슈타이어마르크는 포도밭 면적이 44.5㎢(4,450헥타르)에 달하는 작은 지역이다. 슈타이어마르크는 레이스 커튼이 달린 집들과 황록색 언덕 위로 포도밭이 물결치는 매우 아름다운 곳이다(보통 포도밭에 클라포테츠라는 목조 풍차가 있는데 새를 쫓기 위해 요란한 소리를 내는 망치를 달았지만, 이에 속지 않고 오히려 풍차에 앉는 새도 있다). 슈타이어마르크는 호박 산지이기도 하다. 탁월한 오스트리아 특산품인 호박씨 기름도 이곳에서 생산한다(425페이지 참조).

최상급 슈타이어마르크 와인은 예리하고 역동적인 특징과 밝고 초점이 명확한 풍미가 환상적이다. 대부분 포도밭은 햇볕이 쨍쨍한 쥐트슈타이어마르크(슈타이어마르크 남부), 베스트슈타이어마르크(슈타이어마르크 서부), 불칸란트 슈타이어마르크(몇몇 사화산이 있는 남동부)에 몰려 있다. 토양은 점판암, 이회토, 석회암, 편마암, 편암, 현무암, 모래, 양질토 등 다양하다.

샤르도네(슈타이어마르크에서는 모리용이라 부름)는 이곳에서 역사가 길다. 19세기에 프랑스 샹파뉴 지역에서 샤르도네 포도나무를 이곳으로 들여왔다. 대개 슈타이어마르크 샤르도네는 프랑스의 샤블리처럼 직선적이고 팽팽한 스타일로 만들어진다. 오스트리아의 일급 비밀이자 가장 놀라운 것은 슈타이어마르크 스타일의

요란한 소리를 내는 클라포테츠 목조 풍차는 (이론상으론) 새를 쫓기 위한 용도다.

### 호박씨오일 - 호박의 소명

오스트리아의 호박씨오일은 이탈리아의 엑스트라 버진 올리브오일처럼 식문화의 아이콘이다. 호박씨오일은 주로 슈타이어마르크 남부지방에서 자라는 작은 연두색 줄무늬 호박의 씨로 만든다. 먼저 소중한 호박씨를 추출해서 손으로 세척한다. 그리고 씨를 로스팅해서 으깬 다음 압착한다. 깊은 에메랄드 빛 초록색 오일은 번지르르한 질감과 강렬한 견과류 풍미를 띤다. 오스트리아인들은 호박씨오일을 빵을 비롯한 모든 음식에 뿌려 먹거나 호박수프 등 수프에 적당량을 첨가한다. 보통 와인 생산자가 호박씨오일을 생산하는 경우가 많으며, 최상급 수제 호박씨오일은 희귀하고 비싸다.

세상에서 가장 맛있는 별미의 재료가 이 둥근 호박에 들어 있다.

소비뇽 블랑이다. 와인의 짜릿함, 레몬 풍미, 야생적이고 야외에 적합한 특징, 톡 쏘는 느낌 등은 좋은 프랑스 상세르와는 사뭇 다르다. 소비뇽 블랑과 모리용 이외에 주목할 만한 품종은 벨슈리슬링, 바이스부르군더, 트라미너, 겔버 무스카텔러 등이 있다. 특히 후자는 뮈스카 그룹 중 최고로 꼽히는 뮈스카 블랑 아 프티 그랭의 오스트리아식 이름으로, 매끈하며 건조하고 신선한 특징을 지닌다.

슈타이어마르크는 로제 와인도 유명하다. 특히 쉴허(schilcher)가 가장 잘 알려져 있다. 쉴허를 만드는 블라우어 빌트바허(Blauer Wildbacher, 블라우프렌키슈의 친척) 품종은 슈타이어마르크 서부에서만 자라며 산도가 매우 높다. 쉴허는 이 지역의 또 다른 특산물인 숙성된 훈연 베이컨과 최고의 궁합을 자랑한다.

# VIENNA 빈

파리에도 그저 그런 포도밭이 있으며, 로마에도 토마토 옆에 포도나무가 한두 그루 심겨 있다. 그런데 빈은 세계 대도시 중 유일하게 와인을 상업적으로 생산하는 와인 산지다. 빈의 경계선 안에 있는 포도밭 면적은 6.5㎢(650헥타르)에 이르며, 정부의 보호프로그램 덕분에 이 땅을 노리는 부동산개발업자로부터 안전하게 보호받는다.

빈은 오스트리아어로 'Wien'이라고 표기하는데, '와인'을 뜻하는 'wein'에서 유래한 듯 보이지만 사실 그렇지 않다. 이는 켈트의 어원으로 '흰 강' 또는 '야생적인 강'이란 뜻이며, 도나우강을 빗댄 것이다. 빈 도시 자체는 낭만적이고 활기가 넘친다. 마치 파리처럼 과거의 비밀을 간직한 채 반짝이는 듯하다.

빈의 포도밭은 중세 시대부터 현지 주민의 갈증을 해소하기 위해 재배됐다. 보통 수도승이나 귀족이 포도밭을 경작했으며, 같은 구역에 여러 품종의 적포도와 청포도를 나란히 심었다. 그리고 포도를 한꺼번에 수확해서 함께 압착하는 필드 블렌드였다. 이 전통식 와인을 게미슈터 자츠(gemischter satz, '혼합 재배'란 뜻)라 부르는데, 오늘날 빈 와인 생산량의 1/3에 못 미친다. 이런 와인은 복합미가 전혀 없어도 여전히 환상적이다. 리슬링, 피노 브랑, 그뤼너 펠트리너, 게뷔르츠트라미너로 만든 와인의 풍미를 상상해 보라.

오늘날 빈의 상급 포도밭은 현대식으로 단일 품종만 심는다. 빈의 서부는 미네랄이 풍부한 석회질 토양이라서 리슬링, 샤르도네, 피노 블랑의 품질이 상당히 좋다. 빈의 남부는 토양이 비교적 어둡고 무거워서 보디감이 묵직한 청포도와 츠바이겔트 등의 적포도가 자란다.

빈의 포도 재배는 호이리게(heurige)라는 전통 와이너리 겸 카페가 생겨난 토대가 됐다. 사람들은 호이리게

빈 최대 노천시장인 나슈마르크트에서는 오스트리아와 튀르키예의 음식을 모두 만날 수 있다.

에서 와인을 마시고, 먹고, 수다를 떨고, 토론하고, 손을 맞잡으며 시간을 보냈다. 오늘날 호이리게는 오스트리아 전역에서 찾아볼 수 있으며, 빈에는 가장 오래된 호이리게가 몇몇 있다. 예를 들어 450석이 마련된 호이리게 마이어 암 파르프라츠는 무려 1638년에 지어진 것이다. 심지어 베토벤이 교향곡 제9번을 작곡한 장소라고 전해져 내려온다.

## 오스트리아 음식

오스트리아 음식은 헝가리와 더불어 중부 유럽에서 가장 정교하고 매력적이다. 수프 하나만으로 에세이를 쓸 수 있을 정도다. 그중 최고는 호박 수프다. 모든 최고급 레스토랑과 가정에서 자신만의 레시피로 호박 수프를 요리한다. 수프에 휘핑크림을 섞은 다음 볶은 호박씨 기름을 뿌리는 퇴폐미 가득한 버전도 있다. 무릇 와인 생산국에 가면, 거품이 자글자글한 바인수페('와인 수프'란 뜻)를 반드시 맛봐야 하는 법이다. 바인수페는 주로 리슬링 또는 그뤼너 펠트리너로 만들며, 여기에 비프스톡, 파프리카, 크림을 섞는다.

스트루델은 오스트리아 어디에나 있다. 야생 버섯, 구운 양배추, 햄, 조개, 허브, 치즈 등을 넣은 짭짤한 버전과 사과, 자두, 견과류, 체리, 살구를 넣은 단 버전이 있다. 스트루델에 내장을 넣기도 한다. 오스트리아인들은 양과 송아지의 혀, 심장, 췌장, 뇌 등을 얇은 반죽에 감싼 것을 매우 좋아한다.

오스트리아 빵을 보다가 다른 서유럽 빵들을 보면 스티로폼처럼 빈약하게 느껴진다. 오스트리아 빵은 주로 잡곡빵이며 허브, 향신료, 견과류가 들어간다. 구운 양파와 호두 빵, 호박씨 빵, 아니스와 흑후추 빵도 있다. 필자가 먹어 본 세계 최고의 빵은 슈타이어마르크의 그라츠 시에 사는 오스트리아 제빵사 후버트 아우어가 만든 빵이다. 아우어 빵은 이 회사 전용으로 특별 재배한 스펠트 밀 등 옛 곡물을 사용한다.

### 호이리게 - 와인 양조자가 요리하는 레스토랑

오스트리아에서 가정식 요리와 현지 와인을 맛보고 오스트리아 일상에 흠뻑 취해 보고 싶다면 호이리게(heurige)보다 완벽한 장소는 없다. 호이리게는 여럿이 모여서 음식을 먹고 와인을 마실 수 있는 공간이며, 보통 와인 양조자의 주택에 붙어 있다. 호이리게 대부분은 1784년에 모든 오스트리아인은 와인 등 직접 만든 음식을 판매할 수 있다는 칙령이 시행된 이후 생겨났다. 전통적으로 호이리게에서 파는 빵, 수프, 샐러드, 스트루델, 소시지는 모두 와인 양조자와 그의 가족이 직접 만든 것이다. 빈 이외의 지역에서는 부쉔쉔케(buschenschenke)라 부르는데, 문에 매단 전나무 가지 때문에 붙여진 이름이다.

## 빈의 커피하우스

유명한 정신분석학자를 배출한 빈 같은 도시에서 커피숍을 가는 행위는 복잡한 의식과도 같다. 공공장소임에도 불구하고 사회적이기보다는 오히려 내밀하고 극도로 사적이다. 전통적으로 빈의 커피하우스는 오직 커피를 마시기 위한 공간이다.

역사적으로 커피하우스는 정치인, 예술가, 학자 등 직업 또는 사회적 계급에 따라 분류됐다. 사람마다 홀로 독점하는 자리가 있었다. 커피하우스에서 최소 1시간가량 있기도 하지만, 대개는 몇 시간 또는 하루 종일 머물렀다. 커피는 첨가하는 우유량에 따라 금색, 옅은 금색, 블론드, 짙은 금색 등 색깔별로 주문했고, 작은 쟁반에 각설탕과 물 한 컵을 함께 서빙했다. 손님들은 주로 커피하우스에서 제공하는 신문을 읽거나, 커피숍 테이블을 개인 책상 삼아 홀로 글을 쓰거나 일을 했다. 웨이터가 모든 손님과 각자의 커피 취향을 훤히 꿰고 있어서, 말을 한마디도 하지 않아도 됐다. 짝을 지어 오는 손님들은 각자 조용히 글을 읽거나, 대화를 나눴다.

현대생활은 빈 커피하우스를 바꿔놓았지만, 큰 변화는 없다. 낮에는 엄숙한 분위기가 그대로 유지된다. 그러나 저녁에는 굴라시와 스트루델을 판매하며, 오페라와 극

빈 커피하우스의 적막한 분위기

장을 찾는 사람들로 활기를 띤다.

빈에 늦가을과 겨울이 찾아오면 커피는 피아커(fiaker)로 둔갑한다. 피아커는 럼과 휘핑크림을 첨가해 강화된 커피다. 피아커는 한때 커피를 손에 든 사람들을 태우고 빈 거리를 활보하던 무개 마차의 이름이기도 하다.

---

오스트리아인에게 전형적인 오스트리아 음식이 무엇인지 물으면, 대다수가 비너 슈니첼을 꼽는다. 송아지 고기를 반죽해서 둥글고 납작한 메달 모양으로 빚은 다음, 거친 통밀 빵가루를 입혀서 바삭하게 튀긴 음식이다. 또 다른 고기 요리로는 사슴고기, 사냥감 새고기, 멧돼지고기, 온갖 종류의 돼지고기, 타펠슈피츠(삶은 소고기) 등이 있다. 보기보다 맛이 훨씬 훌륭하며, 보통 압펠크렌 퓌레를 곁들인다. 압펠크렌은 신선한 고추냉이에 삶은 사과와 구운 감자를 섞은 퓌레다.

고기와 감자, 빵과 수프는 너무 기본적인 조합이라서 환상적인 맛과는 거리가 멀어 보인다. 그러나 오스트리아는 동서양의 교차로였던 만큼 요리 또한 절대 평범하지 않다. 주방 너머로 새어 나오는 아로마는 단순한 채소와 고기 냄새가 아니다. 생강, 파프리카, 커민, 캐러웨이, 딜, 마늘, 양귀비 씨, 육두구, 시나몬, 주니퍼가 어우러진 이국적인 향기가 넋을 잃을 정도로 황홀하다.

오스트리아의 또 다른 맛있는 요리는 오스트리아-헝가리 제국이 남기고 간 것이다. 그중 가장 유명한 두 요리는 바로 크뇌델(덤플링)과 굴라시다. 크뇌델은 고기, 허브, 치즈(선택)를 섞은 빵 버전이 있고, 과일, 잼, 설탕(선택)이 들어간 단 덤플링 버전이 있다. 보통 수프, 고기, 디저트와 함께 먹는다. 굴라시는 파프리카를 잔뜩 넣은 소고기 스튜이며, 친구들과 오페라 또는 연극을 관람한 후에 흔히 먹는 요리다.

벌써 배부르면 안 된다. 오스트리아 디저트는 너무 맛있어서 현지인들도 종종 아침으로 먹거나 커피와 함께 먹는다. 전형적인 디저트로는 압펠스트루델(사과 스트루델), 톱펜스트루델(단맛을 첨가한 생치즈와 건포도를 넣어서 만들며, 바닐라 커스터드 소스와 함께 먹음), 린처토르테(린츠 도시 이름을 딴 라즈베리와 견과류 토르테), 자허토르테(진한 초콜릿 토르테, 빈의 자허 호텔이 붙인 이름), 양귀비 씨를 듬뿍 넣은 푸딩 등이 있다. 빈에서 가장 호화로운 디저트 가게는 바로 데멜(Demel)이다. 세계 최고의 카페/페이스트리 가게라고

빈의 데멜 베이커리 창가에
진열된 페이스트리

할 수 있다. 데멜은 약 95가지 종류의 케이크와 토르테를 만든다. 특히 과일이 듬뿍 들어간 완벽한 스트루델과 다크 초콜릿 디저트는 주문하지 않고는 못 배긴다. 이 모든 디저트가 고풍스러운 나무 선반에 화려하게 진열돼 있으며, 능숙한 웨이트리스가 주문한 디저트를 갖다준다. 디저트에 가장 잘 어울리는 짝꿍은 휘핑크림을 올린 풍성한 비엔나커피다. 데멜은 우아한 쇼핑 거리인 콜마르크트(Kohlmarkt, '양배추 시장'이란 뜻) 14번가에 있다.

실제 양배추를 사려면, 북적거리는 노천시장인 나츠마르크트(Naschmarkt)에 가야 한다. 사과만 한 보라색 무화과, 신선한 사우어크라우트가 담긴 나무 배럴, 복잡하게 진열된 향긋한 튀르키예 빵, 올리브, 치즈 등 온갖 식재료가 모두 있다. 튀르키예 이민자는 오늘날 오스트리아 인구의 큰 비중을 차지한다. 튀르키예의 풍요로운 전통 음식이 오스트리아 주류 음식과 어우러져 맛있는 결과물이 지속해서 탄생하고 있다.

## 크루아상이 진짜 프랑스 빵일까?

제국주의적인 튀르크 부족들은 수 세기 동안 오스트리아를 서유럽 침략을 하기 위한 전략적 진입로로 여겼다. 1600년대 오스트리아를 점령할 당시, 두 가지 긍정적인 결과를 남겼다. 둘 다 음식에 관련된 것이다. 첫째, 커피콩을 튀르키예에서 빈으로 들여와서 오스트리아 음료 문화에 혁명적 변화를 일으켰다. 둘째, 빈의 제빵사들이 튀르키예 지배를 벗어난 것을 기념하기 위해 크루아상을 만들었다. 진한 빵 반죽의 초승달 모양은 튀르키예 국기의 상징을 본뜬 것이다. 이후 크루아상은 빈에서부터 프랑스로 전파됐다.

크루아상의 출생지는
오스트리아 빈이다.

# 위대한 오스트리아 와인

## 화이트 와인

### 프라거(PRAGER)
**박스툼 보덴스타인 | 리슬링 | 스마라크트 | 니더외스터라이히, 바하우 | 리슬링 100%**

프라거의 소유주인 독토르 토니 보  덴스타인은 생물학자이자 지질학자이며, 와인에 홀린 사람이다. 바하우에서 가장 가파르고 고도가 높은 장소에 다양한 클론을 재배하는 포도밭을 개간하고, 헥타르당 1만 5,000종의 식물을 심었다. 그는 이 묘목장 같은 밭을 박스툼(Wachstum)이라 부른다. '성장' 또는 '크뤼'라는 뜻이

며, 이곳에서 생산한 와인은 프라거에서 인기가 가장 높다. 이 환상적인 리슬링도 25종류의 리슬링 클론으로 만들었으며 복숭아, 재스민, 천도복숭아, 살구, 생강, 광물성 풍미가 물결친다. 또한 직선 같은 성질, 명확성, 날카로운 드라이함, 풍성함, 길이감을 지녔다.

### 로이머(LOIMER)
**리트 로이저베르크 | 리슬링 | 1ÖTW | 니더외스터라이히, 캄프탈 | 리슬링 100%**

 로이머 가문은 긴박함이 느껴지는 짜릿한 리슬링을 만든다. 로이저베르크(Loiserberg) 포도밭에서 생산된 리슬링은 라임 풍미로 상대를 흠뻑 적신다. 그리고 광물성이 쏜살같이 밀려와서, 작은 돌멩이들이 입안에서 리듬에 맞춰 춤을 춘다. 다음 차례는 스타프루트다. 이처럼 운동성이 강한 와인은 묘

사하기 상당히 어렵다. 형용사보다는 동사가 더 필요하다. 최대한 설명해 보자면, 이 리슬링은 세련되고 순수하다. 에어스테 라게(프르미에 크뤼) 포도밭에서 생산한 와인이며, 니더외스터라이히에서 지정한 대로 라벨에 1ÖTW라 표기한다. 점판암 토양의 같은 포도밭에서 생산한 로이머의 다정하고 둥근 그뤼너 펠트리너 와인도 매우 훌륭하다. 로이머 가문은 열렬한 생물역학 농법 실천 농가다.

### 슐로스 고벨스부르크(SCHLOSS GOBELSBURG)
**리트 레너 | 그뤼너 펠트리너 | 리저브 | 에어스테 라게 | 니더외스터라이히, 캄프탈 | 그뤼너 펠트리너 100%**

도나우강 부근의 양조장 중 가장 오래됐으며, 캄프탈 지역의 최상급 생산자 중 하나다. 슐로스 고벨스부르크의 와인 양조 역사는 무려 1171년까지 거슬러 올라간다. 슐로스('성'이란 뜻)는 부근의 스티프트 츠베틀 수도원의 수도승들이 소유했고, 와이너리는 무스브루거 가문이 운영했다. 그뤼너 펠트리너와 리

슬링은 언제든 폭발할 준비가 된 에너지 공을 단단하게 붙들고 있는 느낌이다. 에너지 공이 폭발하면 광물성, 핵과류, 신선함이 터져 나온다. 슐로스 고벨스부르크의 레너(Renner) 싱글 빈야드(리트)에서 나온 날카로우면서도  크리미한 그뤼너가 그 어느 와인보다 그 특징을 잘 보여 준다. 얼음처럼 차가운 산 공기를 흠뻑 들이마시는 것처럼 순수하고 선명하다. 여기에 후추의 당당한 풍미가 울부짖는다.

### 니글(NIGL)
**키르헨베르크 | 그뤼너 펠트리너 | 니더외스터라이히, 크렘스탈 | 그뤼너 펠트리너 100%**

 오스트리아 와인과 사랑에 빠진 사람이라면 누구나 니글이라는 이름을 듣자마자 기대감에 부풀 것이다. 니글의 와인은 크리스털처럼 투명하면서도 크리미하며, 농밀한 풍미가 언제라도 터질

듯한 역동적 에너지를 가졌다. 그야말로 지구상에서 가장 파워풀한 와인에 속하며, 젖살이라곤 전혀 찾아볼 수 없다. 젠프텐베르크 산기슭의 계단식 싱글 빈야드(리트) 키르헨베르크 포도밭에서 생산된다. 필자는 내가 와인을 마시는 게 아니라, 와인이 나를 마시는 기분이 든다. 토양은 귀한 편암, 편마암, 뢰스로 구성된다. 포도밭의 수령은 최대 75세다. 마르틴 니글의 작은 와인 저장실에서 오크 배럴이 발견된 적은 단 한 번도 없다.

## 레드 와인

### 우마툼(UMATHUM)
**폼 스타인 | 생로랑 | 부르겐란트 | 생로랑 100%**

조세프 페피 우마툼은 생로  랑으로 놀라운 와인을 만든다. 형광 보라색 와인에서 다즙한 야생 라즈베리, 크랜베리, 흑후추, 샌달우드, 카르다몸, 중국 오향분 풍미가 솟구친다. 이런 와인을 바로 신선한 레드 와인이라 부르는 것이며, 입안을 가득 메우는

황홀한 신선함이 마치 하얀 무언가를 마시는 듯하다. 타닌의 떫은맛도 전혀 없다. 생로랑은 피노 누아처럼 물 흐르듯 자연스럽게 목구멍으로 흘러 들어간다. 우마툼은 레드 와인을 전문으로 생산하는 오스트리아 와인 양조자 중 가장 유명하며, 모든 포도밭을 생물역학 농법을 재배한다. 생로랑 이외에도 츠바이겔트와 블라우프렌키슈도 매우 뛰어나다.

## 모릭(MORIC)

루츠만스부르크 | 블라우프렌키슈 | 알테 레벤 | 부르겐란트 |
블라우프렌키슈 100%

모릭의 소유주이자 와인 양조자인 홀란트 빌리히는 반은 운동가이고 반은 주창자이다. 그는 평가에서 높은 점수를 받으려는 '획일화된 와인'에 격렬하게 반대한다. 또한 '패스트 머니를 위해 패스트푸드에 어울리는 패스트 와인'을 만드는 와인업계도 신랄하게 비판한다. 그는 가벼운 대화를 나눌 만한 타입이 아니다. 그의 와인도 가볍지 않다. 그는 계단식 산비탈의 오래된 포도밭에서 부르고뉴 그랑 크뤼에 쏟을법한 장인적 세심함으로 블라우프렌키슈를 만든다. 그렇게 공들여 만든 와인의 대형버스급 풍미가 잔을 뚫고 나온다. 백후추, 오렌지 껍질, 크랜베리, 석류, 소나무 숲 풍미가 당신을 덮치듯 밀려온다. 구조감도 장대하고, 피니시도 길다. 와인이 어릴 때는 극적이고 인상적이며, 시간이 흐를수록 성숙미가 깊어진다.

## J. 하인리히(J. HEINRICH)

실비아 하인리히 | 블라우프렌키슈 | 알테 레벤 | 부르겐란트 |
블라우프렌키슈 100%

부모님께 J. 하인리히 양조장을 물려받은 실비아 하인리히는 광물성 풍미의 우아한 와인부터 풍성하고 강렬한 와인까지 일곱 가지 스타일의 블라우프렌키슈를 만든다. 그녀가 리트 골드베르크 포도밭에서 만든 블라우브렌키슈는 광물성, 백후추, 제비꽃 풍미가 폭발한다. 필자는 이 와인을 매일이라도 마실 수 있다. 그런데 필자는 알테 레벤(오래된 포도나무) 과실로 만든 실비아 하인리히(Silvia Heinrich)라는 짙은 보라색 블라우프렌키슈를 가장 좋아한다. 감미롭고 풍성한 과일 풍미가 기뻐 날뛰며 휘몰아치는 기분이다. 야생 라즈베리, 보라색 자두, 바닐라, 사르사(sarsaparilla) 풍미가 고함을 지르며 와인을 휘젓다가 긴 피니시로 마무리된다.

# 스위트 와인

## 하이디 슈로크(HEIDI SCHRÖCK)

아우프 덴 플뤼겔 디어 모르겐뢰테 | 루스터 아우스브루흐 |
부르겐란트, 노이지들러제 휘겔란트 | 벨슈리슬링 50%,
바이스부르군더 40%, 소비뇽 블랑 10%

아우프 덴 플뤼겐 디어 모르겐뢰테(Auf den Flügeln der Morgenröte)라는 아름다운 이름은 '붉은 새벽 날개 위에'라는 뜻이다. 달짝지근하지만 시럽처럼 달콤하진 않으며, 마르멜루, 밀감, 마멀레이드, 향신료 풍미를 띤다. 하이디 슈로크의 아우스브루흐(ausbruch)는 언제나 우아하며, 등골이 찌릿한 산미가 단맛을 상쇄한다. 하이디 슈로크는 세어클 루스터 아우스브루흐(Cercle Ruster Ausbruch)의 수장이다. 이는 헝가리의 토커이 어수처럼 전통 아우스브루흐 와인을 재활성화하기 위해 설립한 조직이다.

## 파일러아르팅거(FEILER-ARTINGER)

겔버 무스카텔러 | 루스터 아우스브루흐 | 부르겐란트 |
겔버 무스카텔러 100%

파일러아르팅거의 아우스부르흐가 담긴 잔에는 이 세상에 맛있는 살구가 모두 담겨 있는 듯하다. 그러나 처음 몇 초만 그렇다. 곧이어 기분 좋게 시원한 패션프루트 소르베 풍미가 이어진다. 그다음에는 목초지와 꽃의 풍미가 뒤따른다. 이처럼 끝없이 이어지는 호화롭고 쾌락적인 풍미의 향연은 침을 고이게 만드는 짜릿한 산미가 단단히 붙든다. 파일러아르팅거 와이너리는 1900년대 초, 러스트에 설립됐다. 러스트는 오스트리아 아우스부르흐의 심장부와 다름없는 도시다. 파일러 가문은 오스트리아에서 가장 훌륭한 스위트 와인을 지속해서 선보이고 있다. 아우스부르흐 생산량은 매우 적다. 고작 세 줄의 겔버 무스카텔러 포도나무에서 보트리티스에 감염된 포도만 손으로 따기 때문이다.

# SWITZERLAND

알프스와 와인이라는 두 단어가 한 문장에 등장하는 경우는 흔치 않다. 그러나 캘리포니아 면적의 1/10밖에 안 되는 작은 스위스도 어엿한 와인 산지다. 실제로 이 알프스 나라의 26개 주 모두 와인을 생산한다. 그리고 스위스는 생산한 와인을 한 방울도 남기지 않고 현지에서 모두 소비한다.

스위스의 주요 와인 산지는 프랑스어, 이탈리아어, 독일어 등 세 가지 주요 공식 언어로 나눠서 생각할 수 있다(로망슈어도 있는데 사용하는 인구가 극소수다). 먼저 프랑스어를 사용하는 여섯 개 주요 와인 산지는 발레(Valais, 스위스 포도밭의 1/3 차지), 보(Vaud), 제네바(Geneva) 그리고 세 곳의 호수 지역이다. 이탈리아어를 사용하는 와인 산지는 티치노(Ticino)다. 독일어를 사용하는 와인 산지는 그냥 독일어권 스위스라 부른다. 각 지역에 퍼져 있는 소규모 포도밭은 경사가 40~50도

에 육박할 정도로 수직에·가까운 산비탈에 위험천만하게 매달려 있다. 수확한 포도는 산비탈을 오르내리는 모노레일이나 헬리콥터(!)로 옮겨야 한다. 산악지대가 워낙 춥고 까다로워서 전체 포도밭 면적은 약 150㎢(1만 5,000헥타르)로, 스위스 면적의 0.4%에 불과하다. 나파 밸리의 포도밭보다 적은 수준이다. 스위스 토양은 진흙, 모래, 자갈, 석회암, 편암, 화강암 등 매우 다양하다. 이처럼 폭넓은 종류의 토양은 아프리카와 유라시아 지각판이 충돌하고 접히고 포개진 결과물이다(6,500만 년 전에 시작된 지각변동으로 알프스가 형성됐다). 또한 200~300만 전에 빙하가 전진과 후퇴를 반복하면서 땅이 침식되고 긁혀서 생긴 결과물이기도 하다.

스위스는 의외로 레드 와인 생산국이다. 주된 품종은 피노 누아이며, 보통 라이트하고 섬세한 레드 와인을 만든다. 또한 피노 누아와 가베를 혼합해서 가볍고 맛있

스위스 남서부 발레 지역에 비죽비죽 솟은 빙하곡. 스위스 포도밭의 1/3이 이곳에 몰려 있다.

아찔할 정도로 가파른 스위스 포도밭은 경사가 40~50도에 육박할 정도로 위험천만한 산비탈이다. 그래서 포도를 수확하려면 종종 모노레일의 힘을 빌려야 한다.

으며 과일 풍미가 강한 레드 와인도 만든다. 이 와인을 돌(Dôle)이라 부르는데, 발레의 특산품 중 하나다. 비교적 온난하고 햇볕이 강한 남부 지역인 티치노에서는 20세기 초부터 메를로를 재배했다. 메를로는 가볍고 매끈하며 때론 스파이시한 와인을 만든다. 그러나 스위스에서 가장 매력적인 적포도 품종은 발레의 코르날랭(Cornalin)일 것이다. 루주 드 페이(Rouge de Pays)라고도 알려져 있으며, 스위스에서 멸종될 위기에 처했다가 1970년대에 구조된 두 북부 이탈리아 품종의 자연 교잡종이다. 코르날랭은 다즙함, 스파이시함, 체리와 석류를 연상시키는 기분 좋은 쓴맛을 가진 와인을 만든다. 주요 청포도 품종은 샤슬라(Chasselas)다. 팡당(Fendant)이라고도 불리며, 스위스에서 널리 재배된다. 샤슬라는 광물성 풍미를 지닌 절묘하고 드라이한 와인을 만드는데, 사람의 기호에 따라 호불호가 갈린다. 일본 와인 비평가 가쓰유키 다나카는 스위스 샤슬라를 '필자가 경험한 와인 중 무(無)의 상태에 가장 가깝다'고 찬사를 보냈다. 스위스에서는 오전 10시 이전에 마시면 좋은, 몇 안 되는 와인으로 사랑받는다.

이 밖에도 샤르도네, 사바냥, 피노 그리, 아르빈(Arvine), 아미뉴(Amigne) 등의 청포도 품종이 있다. 샤르도네와 사바냥은 산 너머 국경을 접한 프랑스 쥐라에서도 유명한 품종이다. 스위스 토착종인 아르빈과 아미뉴는 발레의 특산물이다. 아르빈은 고대 품종으로 신선함, 이국적인 과일 풍미, 짭짤한 광물성을 지닌 드라이 와인을 만들며, 나무에 매달린 채 건조한 보트리티스 감염 포도로 만든 매우 스위트한 와인도 만든다. 현지에서는 이를 플레트리(flétri) 와인이라 부른다.

아미뉴는 쌉쓸한 밀감 풍미를 지닌 세미 스위트 또는 스위트 와인을 만든다. 와인 라벨에 귀여운 벌의 개수(한 마리, 두 마리, 세 마리)로 당도를 표기한다.

## 우유의 변신

세상 모든 어린이는 치즈보다 밀크초콜릿을 더 좋아할 것이다. 밀크초콜릿은 스위스가 발견한 것이다. 1875년, 브베시에 살던 스위스 양초 생산자 다니엘 피터가 밀크초콜릿을 발명했다. 유럽에 석유램프 경쟁이 심해지면서, 피터는 양초 제작을 포기하고 처가의 초콜릿 사업에 합류했다. 영리한 사업가였던 피터는 초콜릿의 영양가를 높이면 초콜릿 시장이 커지리라 예견했다. 특히 어린이의 입맛을 사로잡을 수 있을 거라고 믿었다. 당시 이유식 제조업자이자 친구였던 앙리 네슬레의 도움을 받아 우유가 상하지 않게 유지하면서 알프스 암소의 우유와 코코아를 섞는 비법을 개발했다. 그로부터 4년 이후, 두 사람은 네슬레 회사를 설립한다.

# HUNGARY

체코 공화국

폴란드

우크라이나

슬로바키아

카르파티아 산맥

오스트리아

토커이-헤지얼여

보드로그강

에게르

마트라

부다페스트

나기숌로

버더초니

벌러톤호수

섹스자르드

빌라니시클로시

루마니아

크로아티아

세르비아

슬로베니아

0　　　　100 km

중부 유럽에서 헝가리만큼 와인 양조의 전통을 고수하는 나라가 없다. 유일한 라이벌이라곤 오스트리아 정도밖에 없다. 그러나 오스트리아 와인은 2000년대 초반부터 인정받기 시작했고, 헝가리 와인은 수 세기 훨씬 전부터 명성이 높았다. 17~20세기, 헝가리의 와인 문화는 유럽에서 프랑스, 독일 다음인 세 번째로 수준이 높았다.

가장 큰 특징은 1700년대에 헝가리에서 가장 유명한 와인 산지인 토커이 헤지얼여(Tokaj-Hegyalja)에서 와인 품질에 따라 순위를 매기는 시스템이 최초로 개발됐다. 부르고뉴와 보르도에서 공식 등급 체계가 만들어지기 훨씬 전부터 토커이는 상급 포도밭들을 1등급, 2등급, 3등급으로 지정했고 포도밭과 양조과정은 엄격한 칙령에 따라 매우 높은 수준으로 관리된다.

토커이의 오레무스는 화산암 언덕에 길이 4km가량의 미로 같은 저장실을 팠다.

그런데 등급 체계에 들어가기에 앞서 반드시 알아야 할 중요한 부분이 있다. 토커이 어수(Tokaji Aszú) 와인은 1600년대에 탄생한 이후 수 세기 동안 세계에서 가장 진귀하고 사랑받는 스위트 와인이었다. 이때가 스위트 와인의 절정기였다. 유럽의 모든 귀족, 교황, 왕족은 앞다투어 토커이를 손에 놓으려 했다. 천상의 복합적 풍미는 물론 한 모금만 마셔도 죽은 사람도 되살아난다는 소문이 돌 정도였다.

현재의 헝가리는 중부 유럽 중심 위치에 있다. 북쪽에는 슬로바키아, 북동쪽에는 우크라이나, 동쪽에는 루마니아, 남쪽에는 세르비아, 크로아티아, 슬로베니아, 서쪽에는 오스트리아와 국경을 접한다. 그러나 1867년부터 1차 세계대전 말까지 오스트리아-헝가리 제국은 세계 최대 강대국이자 유럽에서 러시아 제국 다음인 두 번째로 큰 나라였다. 오스트리아-헝가리 제국은 절정기에 헝가리와 국경을 접한 모든 나라인 보스니아, 헤르체고비나, 체코 공화국을 정복했으며 이탈리아, 몬테네그로,

### 헝가리 와인 맛보기

헝가리는 중부 유럽에서 가장 중요한 와인 산지 중 하나다. 그러나 1949년부터 1989년까지 40년 동안 공산주의 체제 때문에 20세기 후반에는 소련 이외의 지역에는 잘 알려지지 않았다.

토커이 어수는 헝가리에서 가장 뛰어난 와인이자 근대 세계 최초의 위대한 스위트 와인으로 여겨진다.

헝가리가 규모는 작지만 방대한 종류의 포도 품종을 자랑한다. 헝가리 품종인 푸르민트, 유흐파르크, 체르세기 퓌세레시와 국제 품종인 샤르도네, 카베르네 프랑, 카베르네 소비뇽 등이 있다.

보드로그강 위로 아침 안개가 자욱하게 피어오른다.
안개는 로열 토카이 와인 회사의 포도밭에 보트리티스 시네레아가 형성되기 좋은 습한 환경을 만든다.

폴란드의 일부 지역까지 점령했다.

포도 재배는 적어도 로마 시대 때부터 번성했다. 우랄산 맥에 사는 헝가리의 조상인 마자르족이 9세기에 헝가리를 지배할 당시에도 이미 전역에 포도밭이 있었고, 포도 재배와 와인 양조가 안정적으로 자리가 잡혀 있었다고 한다. 마자르족은 그들의 특이한 언어를 헝가리에 도입시켰다. 이처럼 인도유럽어족에 속하지 않은 언어는 유럽에 몇 개 없다. 우랄어족에 속하는 헝가리어를 발음하다 보면, 입안에 자갈을 한가득 물고 있는 느낌이다. 사실 헝가리어, 튀르키예어, 바스크어, 그리스어는 유럽에서 유일하게 와인 용어의 어원이 라틴어가 아니다. 일례로 헝가리어로 와인은 보르(bor)다.

## 땅과 포도 그리고 포도원

헝가리는 초원, 과수원, 숲, 포도밭으로 둘러싸인 내륙국이다. 헝가리에는 광활하지만 다소 황량한 판노니아 평야가 펼쳐져 있으며, 중심에는 중부 유럽에서 가장 큰 벌러톤 호수가 있다. 북쪽에는 카르파티아산맥, 서쪽에는 알프스산맥이 있다. 북에서 남으로 유유히 흐르는 도나우강(헝가리어로 두너 강)은 헝가리를 둘로 나눈다. 미국의 미시시피강처럼 말이다.

헝가리인들은 성격이 화끈하고 열정적이며, 과거와 현재를 동시에 사는 것처럼 보인다. 문화적 특징은 옛 방식, 오페라하우스, 말, 왈츠, 사워크림이 잔뜩 들어가고 파프리카 향이 짙은 요리들, 초콜릿 소스를 뿌린 팬케이크 등으로 정의된다.

포도 품종도 굉장히 다양하다. 헝가리 서부의 벌러톤 지역에만 76가지 품종이 자란다. 포르투갈보다 조금 더 큰 나라에서 이렇게 다양한 품종이 자란다니 놀라울 따름이다. 이처럼 품종이 폭넓은 까닭은 헝가리가 위도상 비교적 북쪽 위치에 있어(프랑스 부르고뉴와 같음) 사늘한 기후에 적합한 품종들이 잘 자라기 때문이다. 게다가 산들이 보호막 역할을 하며, 벌러톤 호수가 혹독한 기후를 완화하는 역할을 하므로 대담한 적포도 품종들이 잘 익는다.

헝가리의 최상급 품종을 간단히 살펴보면 푸르민트, 하르슐레벨뤼, 유흐파르크, 커더르커 등이 있으며, 중부 유럽에 흔한 3대 품종인 올러스리즐링, 켁프런코시, 츠바이겔트도 포함된다. 또한 소비뇽 블랑, 게뷔르츠트라미너, 피노 그리(쉬르케버러트), 카베르네 소비뇽, 메를로, 카베르네 프랑 등 유명 국제 품종도 존재한다.

---

### 최상급 헝가리 와인

#### 대표적 와인

**카베르네 프랑(CABERNET FRANC)** - 레드 와인

**카베르네 소비뇽(CABERNET SAUVIGNON)** - 레드 와인

**샤르도네(CHARDONNAY)** - 화이트 와인

**체르세기 퓌세레시(CSERSZEGI FŰSZERES)** - 화이트 와인

**에그리 비커베르(EGRI BIKAVÉR)** - 레드 와인

**푸르민트(FURMINT)** - 화이트 와인(드라이, 스위트)

**하르슐레벨뤼(HÁRSLEVELŰ)** - 화이트 와인(드라이, 스위트)

**이르샤이 올리베르(IRSAI OLIVÉR)** - 화이트 와인

**유흐파르크(JUHFARK)** - 화이트 와인

**커더르커(KADARKA)** - 레드 와인

**켁프런코시(KÉKFRANKOS)** - 레드 와인

**메를로(MERLOT)** - 레드 와인

**뮈스카(MUSCAT)** - 화이트 와인(드라이, 스위트)

**올러스리즐링(OLASZRIZLING)** - 화이트 와인

**쉬르케버라트(SZÜRKEBARÁT)** - 화이트 와인

**토커이 어수(TOKAJI ASZÚ)** - 화이트 와인(스위트)

**토커이 에센치어(TOKAJI ESZENCIA)** - 화이트 와인(스위트)

**츠바이겔트(ZWEIGELT)** - 레드 와인

#### 주목할 만한 와인

**키라이레안커(KIRÁLYLEÁNYKA)** - 화이트 와인

**오토넬 무슈코타이(OTTONEL MUSKOTÁLY)** - 화이트 와인

**사모로드니(SZAMORODNI)** - 화이트 와인(드라이, 스위트)

## 토커이 어수 - 구름 위를 떠다니는 듯한 단맛

토커이 어수의 당도는 예부터 푸토뇨시(puttonyos)라는 단위로 측정했다. 이는 전통적으로 어수 포도를 담던 '바구니'를 의미하는 푸토니(puttony)에서 파생한 단어다. 다음은 와인의 당도가 충족시켜야 하는 단계별 푸토뇨시다(3단계와 4단계는 2014년에 법적으로 폐지됐지만, 토커이 어수의 숙성력이 워낙 길어서 아직 시장에 존재해서 아래에 포함했다). 사실상 푸토뇨시 단계별로 정해진 수치를 훨씬 초과하는 토커이 어수를 만드는 양조장이 상당히 많다. 예를 들어 라벨에 5푸토뇨시라 적혀 있지만, 실제 잔당량은 기준치인 12~15%를 초과한 20%다. 참고로 토커이 에센치어(Tokaji Eszencia)는 리터당 잔당량이 무려 350~900g(35~90%)이다! 비교하자면, 프랑스 소테른은 잔당이 약 120(12%)으로 대략 4푸토뇨시의 토커이 어수에 해당한다. 도커이 어수의 당도가 지나치게 쾌락적으로 보이겠지만, 포도의 높은 천연 산미 덕분에 세계에서 가장 균형감이 뛰어난 스위트 와인으로 평가받는다. 실제로 토커이 어수의 산도는 샴페인보다 거의 두 배나 더 높다.

**3 푸토뇨시** 잔당 리터당 60~90g(6~9%)

**4 푸토뇨시** 잔당 리터당 90~120g(9~12%)

**5 푸토뇨시** 잔당 리터당 120~150g(12~15%)

**6 푸토뇨시** 잔당 리터당 150~180g(15~18%)

**토커이 어센치어** 잔당 리터당 350~900g(35~90%)

---

헝가리에서 생산하는 와인의 종류를 살펴보면, 생산량의 70% 이상이 화이트 와인이다. 또한 대부분의 와인 라벨에 포도 품종과 와인 산지를 표기한다. 알아 두면 좋은 점이 있는데, 헝가리 관습에 따라 이름에서 성을 먼저 표기하기도 한다. 예를 들어 데메테르 졸탄(Demeter Zoltán)이란 브랜드의 소유주이자 와인 양조자는 졸탄 데메테르다.

헝가리의 포도밭은 약 640㎢(6만 4,000헥타르)이며, 주요 와인 산지 22곳이 산재한다. 이 중 여섯 개 산지가 역사적 와인 품질에 따라 가장 중요한 산지로 꼽힌다.

**벌러톤(Balaton)** 와인 구역인 버더초니(Badacsony), 나기숌로(Nagy-Somló) 포함

---

**퍼논(Pannon)** 섹스자르드(Szekszárd), 빌라니시클로시(Villány-Siklós) 포함

---

**두너(Duna)**

---

**에게르(Eger)** 에게르(Eger), 마트러(Mátra) 포함

---

**토커이(Tokaj)**

---

**노스 트런슈다누비어(North Transdanubia)**

---

산지 여섯 곳 중 토커이의 명성이 가장 높다. 토커이는 카르파티아산맥을 따라 북동쪽 끝에 있으며, 슬로바키아, 우크라이나와 국경을 접한다. 또한 언급했듯 이곳이 바로 그 유명한 토커이 어수가 생산되는 곳이다. 헝가리의 전설적 레스토랑 경영주인 게오르게 랑은 토커이 어수가 '초겨울 햇살처럼 반짝이는 풍미를 띤다'고 묘사했다. 그럼 토커이 지역부터 자세히 알아보자.

### 토커이 지역과 토커이 어수의 진화 과정

천년의 와인 역사에서 정치, 전쟁, 질병이 한꺼번에 닥쳐서 와인 산지와 와인이 사라질 위기에 처한 경우가 굉장히 많다. 그중에서도 토커이 지역과 토커이 어수 와인만큼 통렬한 역사를 겪은 곳도 없을 것이다.

토커이의 멸망 위기는 20세기에 치명적인 필록세라 전염병이 포도밭을 초토화한 사건이 시초였다. 그로부터 수십 년간 1차 세계대전, 오스트리아-헝가리 제국 해체, 2차 세계대전이 헝가리 와인산업과 포도밭을 완전히 무너뜨렸다. 1949년, 당파적인 공산주의 체제는 와이너리와 포도밭을 몰수해서 국유화시켰다. 정교하고 개성 넘치는 토커이 와인은 대형 국영조합의 양조장에서 대량으로 혼합됐다.

그 후로 수년간 소규모 고급 양조장이 살아남기 힘든 시간이 지속됐다. 포도밭은 버려지고, 장비는 노후화되고, 포도의 품질도 급격하게 악화했다. 전통 양조법은 사라지고, 싸고 빠른 방식이 그 자리를 대신했으며,

# 헝가리 포도 품종

## 화이트

◇ **샤르도네**

헝가리 전역에서 생산량이 증가하고 있는 주요 국제 품종이다.

◇ **체르세기 퓌세레시**

헝가리에서 널리 재배되는 품종으로 매일 마시기 좋은 시트러스 풍미의 아삭한 화이트 와인을 만든다. 퓌세레시는 '스파이시하다'라는 의미로 헝가리인들이 즐겨 쓰는 단어다. 이 단어는 스파이시한 파프리카를 달짝지근한 파프리카, 훈연한 파프리카와 구별할 때도 사용한다.

◇ **푸르민트**

헝가리 유명 스위트 와인인 토커이 어수에 사용되는 가장 중요한 품종이다. 드라이 와인을 만들 때도 사용한다. 산도가 매우 높다.

◇ **하르슐레벨뤼**

꽃과 과일 풍미의 드라이 와인과 스위트 와인을 만든다. 토커이 어수에서 두 번째로 중요한 와인이다.

◇ **이르샤이 올리베르**

주요 품종으로 매일 밤 마시기 좋은, 부드럽고 풍미가 은은한 화이트 와인을 만든다.

◇ **유흐파르크**

희귀하지만 독특한 토착종이다. 푸르민트, 하르슐레벨뤼와 혼합해서 아로마가 풍성하고 아삭한 드라이 화이트 와인을 만든다. 또한 의도적으로 산소와 접촉시킨 강렬하고 농후한 나기숌

로 화이트 와인을 만든다.

◇ **키라이레안커**

포도 풍미가 진한 대중적이고 라이트하며, 신선한 와인을 만든다. 키라이레안커는 '어린 공주'란 뜻이다.

◇ **올러스리즐링**

지역 전역에서 자라는 주요 품종이지만, 도나우강 서쪽에 있는 트런슈다누비어의 특산물이다. 이름과는 달리 진짜 리슬링이 아니다. 크로아티아에서는 그로셰비나(Graševina), 독일과 오스트리아에서는 벨슈리슬링(Welschriesling)이라 부른다.

◇ **오토넬 무슈코타이**

뮈스카 오토넬(Muscat Ottonel)이라고도 한다. 주로 마트라와 토커이에서 자라며, 알자스의 뮈스카 오토넬과 비슷한 고급 드라이 와인을 만든다. 스위트 와인을 만드는 블렌딩 포도로도 사용한다.

◇ **사르가 무슈코타이**

문자 그대로 '노란 뮈스카'라는 뜻이며, 뮈스카 블랑 아 프티 그랭의 헝가리식 이름이다. 토커이 어수에서 세 번째로 중요한 품종이다. 토커이 지역에서는 뮈스카 뤼넬(Muscat Lunel)이라고도 부른다.

◇ **소비뇽 블랑**

샤르도네처럼 헝가리 전역에서 생산량이 증가하고 있는 주요 국제 품종이다.

◇ **쉬르케버라트**

피노 그리로도 알려져 있다. 특히 벌러

톤 호수 부근에서 재배한 쉬르케버라트를 높게 평가한다.

◇ **제터, 쾨베르쇨뢰, 커버르**

보조 품종이다. 보트리티스에 쉽게 감염돼서 높은 당도에 도달할 수 있는 특징 덕분에 토커이 어수를 만드는 데 사용한다. 제터는 과거에 오레무시(Orémus)라고 불렀다.

## 레드

◇ **카베르네 소비뇽, 메를로, 카베르네 프랑**

이 국제 품종들은 헝가리에서 2번째, 3번째, 4번째로 가장 많이 재배되는 품종이다.

◇ **커더르커**

오스트리아-헝가리 제국 시대에 가장 주된 품종이었으며, 현재 다시 부흥하고 있다. 라이트 보디감, 스파이시함, 섬세함을 지닌 레드 와인을 만든다. 섹사르드와 에게르의 특산물이다.

◇ **켁프런코시**

헝가리에서 가장 주된 적포도 품종이며, 다른 나라에선 블라우프렌키슈(Blaufränkisch)로 알려져 있다. 종종 메를로, 카베르네 소비뇽과 블렌딩한다. 에그리 비커베르(Egri Bikavér, '에게르의 황소의 피'란 뜻)의 주요 품종이다.

◇ **츠바이겔트**

빌라니시클로시에서 꽤 좋은 품질의 와인을 만드는 데 사용하지만, 오스트리아에서 더 유명하며 이보다 더 좋은 품질의 레드 와인을 만드는 데 쓰인다.

## 토커이 어수 - 부와 명예를 가진 영약

토커이 어수처럼 왕족으로부터 열렬한 사랑을 받는 와인은 없을 것이다. '와인의 왕이자 왕의 와인'이란 수식어도 18세기 초 트란실바니아 왕자인 라코치 페렌츠 2세가 프랑스의 루이 14세에게 토커이를 선물한 이래 프랑스 궁정이 토커이 어수 없이 살 수 없게 된 데서 유래했다. 이후 헝가리의 프란츠 요세프 왕은 영국의 빅토리아 여왕에게 토커이 어수를 생일선물로 보냈으며, 여왕이 사망할 때까지 매달 1병씩 보냈다고 한다. 1900년, 빅토리아 여왕

모든 토커이가 그러하듯 키라이우드바르도 500ml 용량의 특수한 병에 담겨 있다.

은 마지막이자 81세 생일에 972번째 토커이 어수를 받았다(토커이 어수가 죽어 가는 사람도 살린다는 주장이 실현되지 못한 것이다). 베토벤, 리스트, 하이든, 괴테, 하인리히 하이네, 프리드리히 실러, 요한 슈트라우스, 볼테르 등 예술가, 작가, 음악가에게도 토커이 어수는 창의성과 영감을 주는 소소한 원천이었다. 러시아의 표트르 대제와 프랑스의 나폴레옹 3세도 토커이를 엄청나게 많이 마셨다. 일례로 나폴레옹은 매년 30~40배럴의 토커이 어수를 구매했다. 영약 같은 토커이를 마시는 행위는 종교적 경험에 가까웠다.

와인 양조업은 고된 단순노동으로 전락했다. 토커이 어수는 한때 뛰어난 맛, 높은 치유력, 감각을 일깨우는 관능미로 러시아 파견군대가 표트르 대제에게 바칠 와인을 넉넉하게 확보하기 위해 정기적으로 이곳에 들를 정도로 훌륭했지만, 1980년대 중반에는 그때와 전혀 다른 모습이었다.

그러나 토커이 어수는 결국 살아남는다. 1989년, 헝가리는 민주주의 체제로 전환했고, 헝가리 정부는 서유럽 와인 양조자들을 초대해서 토커이 지역과 토커이 어수 와인을 부활시키려고 노력했다. 그해 가을, 제이콥 로칠드, 영국 와인 전문가 휴 존슨, 저명한 보르도 와인 양조자 피터 빈딩디어스 등 주요 투자자들과 헝가리 와인 생

알라나토커이의 완만한 포도밭은 한때 합스부르크 왕실 가문의 소유였다.

산자 63명이 모여 로열 토커이 와인 컴퍼니를 설립했다. 이후 수많은 외국 투자자, 컨설턴트, 와인 양조자가 그 뒤를 따랐다. 보르도의 포므롤에 있는 샤토 클리네의 라보르드 가문은 샤토 파이조시(Château Pajzos)라는 토커이 회사의 설립을 도왔다. 유명 스페인 양조장 베가 시실리아의 알바레스 가문은 오레무시를 설립했다. 프랑스 다국적 보험회사이자 보르도의 샤토 피숑 바롱과 샤토 쉬뒤로를 소유한 AXA는 디스노쾨(Disznókő)를 세웠다. 토커이 지역과 토커이 어수는 5년도 채 되지 않아 부활했다.

토커이 지역은 북동쪽으로 190km 거리에 부다페스트가 있고, 슬로바키아 국경과 근접한 곳에 있다. 구릉지대에 마을 27개가 퍼져 있고, 고대 화산의 잔재가 남아 있다. 2021년 기준, 토커이 지역의 포도밭 면적은 50㎢(5,000헥타르)를 넘어섰다. 이는 나파 밸리의 약 1/4에 해당하는 면적이다. 최상급 생산자 70여 명이 토커이 어수와 드라이 와인을 생산하며, 가족 양조장의 수백 명이 자체적으로 소비하거나 현지에 판매할 목적으로 소

**토커이 어수는 '중부 유럽의 소테른'이라 부른다. 그러나 그 반대가 돼야 한다. 기록에 따르면 헝가리의 토커이 지역이 세계 최초로 스위트 귀부 와인을 만들었으니 말이다. 프랑스의 소테른이 만들어지기 무려 두 세기 전이다.**

량의 와인을 만든다. 그래서 포도밭 한 개 평균 크기가 3,200㎡(0.32헥타르)밖에 되지 않는다.

토커이 지역은 드라이 와인과 스위트 와인을 모두 만든다. 그러나 희귀하고 복합적인 스위트 와인인 토커이 어수는 전체 와인 생산량의 4~6%에 불과하다. 중세 시대에 토커이 어수는 종교적 경험처럼 신비로운 존재로 여겨졌으며, 많은 포도밭이 왕실의 소유였다. 어수 포도를 최초로 언급한 기록은 파브리치우시 벌라스 식서리의 노멘클라투라에서 발견됐다. 1600년대 중반, 마테 셉시 러츠코라는 성직자가 푸르민트 포도로 실험했다. 포도가 쪼글쪼글해져서 괴상한 모습으로 부패할 때까지 수확하지 않고 나무에 그대로 놓아두었다. 그랬더니 기적처럼 포도에서 흘러나온 즙은 꿀처럼 매혹적인 맛을 내면서도 그리 달지 않았고, 훨씬 다면적이었다. 러츠코는 이 포도즙을 전년도에 생산한 일반 테이블 와인에 섞었는데, 이것이 토커이 어수의 전신이다.

## 토커이 어수 서빙과 음용법

토커이 어수는 보통 소량씩 마신다. 한 잔에 60ml씩 따르는 게 관습이다. 또한 가볍게 칠링하되, 얼음처럼 차갑게 마시지는 않는다. 토커이 어수는 숙성할 필요 없이 출시된 즉시 마시면 된다. 물론 숙성시켜도 무방하다. 와인의 높은 당도와 산도가 방부제 역할을 하기 때문이다(중부 유럽 왕실 가문에서는 100년 가까이 숙성시키기도 한다). 또한 당도와 산도 덕분에 토커이 어수를 개봉해도 수개월간 냉장 보관할 수 있다. 토커이 어수는 단독으로 마셔도 완벽 그 자체지만, 풍성함과 산미 덕분에 다양한 요리에도 잘 어울린다. 헝가리에서는 전통적으로 진한 초콜릿 크림으로 속을 채운 크레페(펄럭신탁), 살구 케이크 등 기념식 디저트와 토커이 어수를 매치시킨다. 또는 풍성하고 짭짤한 푸아그라나 블루치즈(스틸턴, 로크포르)와 페어링해도 쾌락적인 맛을 경험할 수 있다.

## • 토커이 어수 양조법

모든 귀부 와인과 마찬가지로 토커이 어수도 특정한 기후 조건에 좌지우지된다. 건강하게 잘 익은 포도가 보트리티스 곰팡이에 감염되려면, 적정량의 습도와 온도를 반드시 갖춰야 한다. 습도와 온도가 너무 낮으면 보트리티스가 형성되지 않고, 너무 높으면 불쾌한 맛을 내는 회색 곰팡이처럼 해로운 곰팡이가 발생한다.

토커이는 보트리티스에 최적화된 환경을 갖추고 있다. 이 지역을 반원처럼 감싼 카르파티아산맥이 차가운 바람을 막아 준 덕분에 온화한 가을 날씨가 오래 지속된다. 토커이 지역은 화산재(투퍼)와 뢰스로 덮인 화산 언덕들을 따라 체크 부호 형태를 이루고 있다(뢰스는 석영, 장석, 운모, 기타 광물로 구성된 고운 입자의 풍적토다). 화산재와 뢰스는 쉽게 따뜻해지는 특징을 가진 토양이다. 체크 부호 아래쪽에서는 매우 중요한 보드로그강이 토커이 마을 부근의 티서강과 만난다. 따뜻한 언덕이 강에서 올라온 습기를 몇 시간 동안 잡아 두기 때문에 보트리티스가 발생하기 좋은 완벽한 환경이 조성된다.

토커이에 사용하는 3가지 주요 청포도는 이 목적에 매우 적합한 특징을 지닌다. 첫째, 푸르민트는 토커이 포

## 최초의 귀부 와인 - 헝가리의 공적

독일, 프랑스, 오스트리아, 헝가리는 4세기 전부터 귀부 와인으로 유명했다. 그런데 네 국가 중 헝가리가 최초로 징그러운 보트리티스 시네레아 곰팡이에 뒤덮인 포도로 굉장히 맛있는 와인을 만들 수 있다는 사실을 발견했다. 1600년대 중반, 헝가리의 토커이 헤지얼여 지역에서 만든 토커이 어수는 잘 만들어진 사치품이었다. 보트리티스에 감염된 포도로 와인을 만드는 기술은 헝가리에서 오스트리아 부르겐란트를 거쳐 독일에 전파됐다. 독일은 1775년에 라인가우의 슐로스 요하니스베르크 양조장에서 처음으로 슈페트레제라는 귀부 와인을 만들었다. 보르도에서는 귀부 와인을 언제부터 만들었는지 명확하지 않지만, 샤토 디켐 양조장에서 1847년경에 처음으로 소테른이라는 귀부 와인을 선보인 것으로 알려져 있다. 헝가리보다 두 세기나 뒤처진 것이다.

보트리티스에 감염돼 쪼그라든 포도알을 손으로 한 알 한 알 수확한다

도 재배량의 60%가량을 차지한다. 산도가 높고, 늦게 성숙하며, 껍질이 얇아서 보트리티스에 쉽게 감염된다. 둘째, 하르슐레벨뤼(Hárslevelű, '라임 잎'이란 뜻)는 두 번째로 중요한 포도이며, 푸르민트와 마찬가지로 산도가 높고 아로마가 짙으며 풍성하다. 셋째, 사르거 무슈코타이는 세 번째로 중요한 포도이며, 와인에 '양념'을 더하는 용도로 쓰인다. 뮈스카 블랑 아 프티 그랭으로도 알려져 있으며, 아로마와 아삭한 산도가 모두 강하다. 세 포도 모두 천연 산도를 갖고 있어 아무리 단 토커이 어수라도 밸런스가 뛰어나며, 사카린이나 설탕 조린 맛이 나지 않는다. 1990년대, 제타(전 오레무시), 쾨베르 솔로, 카바르 등 세 품종이 추가로 허용됐으며, 토커이 어수에 소량씩 첨가하기도 한다. 세 포도 모두 보트리티스에 쉽게 감염되며, 매우 높은 당도에 도달할 수 있다. 유익한 보트리티스 곰팡이는 수분을 찾아 눈에 보이지 않는 포도 껍질의 미세한 구멍으로 침투해서 포자를 퍼뜨린다(포도가 빨리 자라면 껍질에 미세한 구멍이 생긴다). 포도 껍질이 상하면서 구멍이 더 벌어지고, 포도 속의 수분이 증발한다. 이처럼 포도가 건조되는 과정에서 당분이 응축되고 산도가 높아진다. 또한 보트리티스 곰팡이에 의해 새로운 풍미 화합물(특히 테르펜과 티올의 전구물질)이 생성된다. 이는 와인에서 오렌지, 시트러스, 살구, 핵과류, 약간의 캐러멜과 버섯, 극상의 이국적인 꿀 풍미로 발현된다.

안타깝지만 어려움도 존재한다. 보통 보트리티스는 포도밭에 산발적으로 형성되기 때문에 포도송이와 포도알에 따라 발생할 수도 있고 아닐 수도 있다. 또한 보트리티스가 조금 생성되거나 아예 나타나지 않은 해에는 토커이 어수도 생산되지 않는다.

생산자마다 방식은 조금씩 다르지만, 일반적인 토커이 어수 양조법은 다음과 같이 진행된다. 가을 내내 완벽하게 부패한 어수 포도를 손으로 수확한다. 이때 송이째 따는 게 아니라 포도알을 한 알 한 알 딴다. 와이너리에서 어수 포도를 가볍게 으깨서 부드러운 반죽 형태로 만든다. 보트리티스에 감염되지 않은 나머지 포도를 별도로 수확해서 일반적인 화이트 와인을 만든다. 그런 다음 이 베이스 와인에 어수 포도 반죽을 다양한 비율로 섞는다. 이때 어수의 비율은 푸토뇨시로 측정한다. 전통적으로 어수 포도를 담던 무릎 높이의 통 한 개가 1푸토뇨시다. 이 통은 포도 20~25kg, 포도 반죽은 20리터가량 담는다. 베이스 와인에 첨가하는 푸토뇨시 비율에 따라 최종 와인의 당도가 결정된다.

과거에 와인은 괸치(gönci)라는 전통 배럴에서 발효시켰다. 배럴 제작으로 유명한 괸츠(Gönc) 마을의 이름을 딴 것이다. 괸치는 약 140리터의 와인을 담을 수 있다. 자, 이제부터 산수를 좀 해야 한다. 배럴 용량이 140리터이므로 라벨에 2푸토뇨시라 적힌 토커이 어수의 경우, 베이스 와인 100리터에 어수 반죽 40리터를 섞는다. 최고 높은 당도 레벨은 6푸토뇨시인데, 엄밀히 따지자면 이는 소테른보다 당도가 높다. 그러나 실제로는 소테른보다 달게 느껴지지 않는다. 높은 산도가 단맛을 누그러뜨리기 때문이다. 오늘날 토커이 어수를 만들 때는 배럴 대신 주로 스테인리스스틸 통을 사용한다. 그리고 라벨에 표기하는 푸토뇨시 단계도 괸치 대신 와인의 잔당량을 기준으로 삼는다(436페이지 '토커이 어수, 구름 위를 떠다니는 듯한 단맛' 참조).

어수 포도를 수확할 당시의 당분 응축도에 따라서 어수 반죽을 베이스 와인에 짧게는 8시간 길게는 3일 동안 담가둔다. 이후 단맛이 배어난 와인을 어수 반죽으로부터 따라낸 다음 어둡고, 비좁고, 축축하고, 케케묵은 토커이 저장실에서 와인을 추가로 발효시킨다. 이 저장실은 수 세기 전에 튀르키예 침공 시기에 파놓은 은신처다. 2차 발효는 높은 당분 함량이 효모의 활동을 더디게 만들 때까지 몇 년간 소요된다. 현재 법에 따르면, 토커이 어수는 최소 3년간 숙성(이 중 18개월은 배럴 숙성)시킨 다음에 출시해야 한다. 와인병은 땅딸막한 500ml짜리 토커이 어수 전용 병을 사용한다. 이는 일반 와인병의 2/3 크기다.

과거에는 토커이 어수 와인을 숙성시킬 때 배럴을 가득 채우지 않았다. 셰리의 플로르처럼 효모들이 생성될 수 있는 공간을 남겨 두는 것이다. 이 효모들과 산화된 일부 와인은 토커이 와인에 독특한 풍미를 가미했다. 그러나 현재는 배럴과 통을 가득 채워서 산화를 방지하고 순수한 과일 풍미를 보존한다.

토커이 어수 중에서 가장 호사스럽고 쾌락적인 와인이 있다. 바로 토커이 에센치어(Tokaji Eszencia)다. 여기서 에센치어는 '에센스' 또는 '정수'를 의미한다. 토커이 에센치어는 이례적으로 좋은 빈티지 해에 극히 소량만 생산되며, 가격도 어마어마하게 비싸다. 토커이 에센치어의 양조법은 다음과 같다. 어수 포도를 담은 작은 캐스크 아래로 방울방울 떨어지는 포도즙을 받는다. 이때 포도를 전혀 압착하지 않고, 포도 자체 무게만으로 포도알이 눌려서 즙이 새어 나오게 한다. 전통적으로 캐스크 바닥의 마개에 거위 털을 꽂아놓고, 이곳으로 포도즙이

로열 토커이 와인 컴퍼니의 지하 저장실. 저장실 벽과 아치형 천장은 토커이 지역의 전형적인 검은 곰팡이에 뒤덮여 있다.

흘러나오게 한다. 이 영약은 잔당이 45~90%이며, 달콤한 시럽 같다. 효모들의 활동성이 더뎌지면서 본래 역할을 거의 하지 못하는 상태가 되기 때문이다. 샤토 파이조시가 선보인 전설의 1993년 빈티지 토커이 에센치어는 알코올 도수가 4.7%가 되기까지 4년간 발효시켰고, 로열 토커이 와인 컴퍼니의 1993년 빈티지 토커이 에센치어는 6년이 지난 후에도 여전히 발효 중이었다. 에센치어 대부분은 최종 알코올 도수가 2~5%다. 토커이 에센치어의 전류가 흐를 듯한 꿀 색깔, 호사스러운 풍성함, 농후한 살구와 복숭아 풍미가 관통하는 듯한 감각을 선사한다. 필자를 비롯한 수많은 와인 애호가가 그 황홀함 앞에서 할 말을 잃는다. 꿀처럼 느리게 흐르고 끈적이는 점성 때문에 유리잔 대신 그릇처럼 움푹 들어간 특수한 스푼을 사용해서 먹기도 한다. 토커이 에센치어는 세상에서 가장 숙성력이 높은 와인 중 하나이며, 수백 년의 기간도 버틸 수 있다.

### ・토커이 어수 분류체계

토커이는 세계 최초로 포도밭을 품질에 따라 등급을 매겼다. 보르도의 1855년 등급 체계보다 100년 이상 앞선 1730년경, 헝가리 학자이자 철학자, 과학자, 신학자인 마치아스 벨은 토커이 포도밭을 분류하는 등급 체계를 창안했다. 프리마에 클라시스(Primae Classis), 세쿤데 클라시스(Secundae Classis) 등 라틴어 명칭으로 1등급, 2등급, 3등급으로 구분했다. 차르파스(Csarfas), 메제스 마이(Mézes Mály) 등 두 포도밭에는 프로 멘사 케사리스 프리무스(Pro Mensa Caesaris Primus)라는 특별한 명칭이 주어졌다. 이는 가장 높은 최상급 등급이며, '왕실 식사를 위해 선택됐다'는 뜻이다.

## 파프리카 - 화끈한 열정

말린 카프시쿰 아눔 고추가 시장 벽에 주렁주렁 매달려 있다. 이 고추를 빻은 가루가 헝가리 대표 향신료인 파프리카다.

헝가리 식재료를 대표하는 파프리카가 3세기 전만 해도 헝가리에 알려지지 않았다니, 믿기 힘들 정도다. 그러나 파프리카를 비롯해 토마토, 사워 체리, 커피, 필로(헝가리가 스트루델로 재창조함) 등 헝가리 주요 음식들은 모두 튀르키예 점령 시기에 튀르키예인이 전파했다. 그러나 파프리카는 헝가리에서 진정한 추종자와 존재 이유를 찾았다. 화끈하고 열정적인 헝가리인들은 음식도 극적인 스타일을 좋아한다. 파프리카 치킨(퍼프리카시 치르케)도 톡 쏘는 사워크림과 감미로운 파프리카가 서로 결투하는 듯한 맛이다. 헝가리는 파프리카를 일곱 개 타입으로 나눈다. 가장 순한 타입, 가장 단 타입, 가장 밝은 빨간색(퀼륀레게시), 갈색에 가장 매운 타입(에뢰시) 등이다. 최상급 파프리카는 세게드 지역에서 나온다. 신기하게도 파프리카를 만드는 데 사용하는 고추는 야채 중에서도 비타민C 함량이 가장 높다. 헝가리 생리학자 얼베르트 센트기외르기는 파프리카에 대한 수많은 실험을 진행했으며, 비타민C 발견으로 1937년에 생리학·의학 부문 노벨상을 받았다.

총 173개 정상급 포도밭이 분류됐으며, 1737년 칙령으로 공식화됐다. 40년간 공산주의 체제하에서 포도밭은 열악한 상태에 놓였고, 등급 체계는 큰 의미가 없었다. 그러나 1995년, 토커이의 최상급 생산자들이 모여서 토커이 르네상스라는 협회를 세웠다. 옛 등급 체계의 중요성을 회복시키는 것이 목표였다. 현재는 토커이 어수 와인 라벨에 베트셰크(Betsek), 센트 토마시(Szt. Tamás) 등 포도밭 이름과 등급이 표시된다. 참고로 이 두 와인은 모두 1등급이다.

## 헝가리의 테이블 와인

헝가리 공산주의 체제가 1989년에 몰락하기 이전까지 40년간 거대 국영기업이 포도밭을 경작했고, 대형 조합이 와인을 양조했으며, 모님펙스라는 국영 무역기관이 와인 수출을 통제했다. 헝가리에서 소비되지 않은 와인은 벌크, 탱커 트럭에 실어서 소련이나 동독에 독점 판매됐다. 와인 품질은 형편없었다. 유일한 예외는 포도 재배를 허가받은 농부가 험준한 산비탈의 '취미용 포도밭'에서 생산한 와인뿐이었다.

## 최상급 토커이 어수 생산자

· 얼러너토커이(Alana-Tokaj)
· 샤토 퍼이조시(Château Pajzos)
· 데메테르 졸탄(Demeter Zoltán)
· 디스노쾨(Disznókő)
· 도보고(Dobogó)
· 헤트쇨뢰(Hétszőlő)
· 이스트반 셉시(István Szepsy)
· 키라이우드바르(Királyudvar)
· 오레무시(Oremus)
· 로열 토커이 와인 컴퍼니(Royal Tokaji Wine Companya)

공산주의 몰락 이후 10년간 희망이 싹텄다. 그러나 포도밭 소유권, 외국인 투자, 신정부의 규제 때문에 혼란스러웠다. 오늘날 헝가리 와인산업은 여전히 현대화 과정에 있으며, 예전보다 개선된 와인들이 주목받고 있다. 등록된 와이너리는 약 1,300곳이며, 등록된 포도 재배자는 3만 5,000명이다. 포도밭 면적이 너무 작아서 와인을 직접 상업적으로 생산하지 못하는 포도 재배자도 있다.

와인의 품질을 개선하려는 움직임은 소수의 지역에만 국한됐다. 일례로 벌러톤 지역의 주요 와인 구역인 버더초니는 현재 크로아티아 국경선 근처까지 뻗어 있는데 샤르도네, 소비뇽 블랑, 쉬르케버라트(피노 그리), 올러스리즐링 등 화산토에서 자란 포도를 사용해서 화이트 와인을 만든다.

한편 벌러톤 지역의 나기숌로는 헝가리에서 가장 작고 아름다우며, 외딴 와인 구역에 속한다(최근까지 포장도로와 전기도 없었다). 이곳 화산토에서 자란 푸르민트, 하르슐레벨뤼, 유흐파르크 포도는 페케테 벨러의 유흐파르크('양의 꼬리'란 뜻)처럼 선명하고 짭짤하며, 광물성 풍미를 띠는 화이트 와인을 만든다. 합스부르크 제국 시절(13~19세기 초), 임산부가 나기숌로의 유흐파르크를 마시면 아들을 낳는다는 말이 있었다(페미니즘이 아직 존재하지 않았던 시절이라 그렇다).

푸르민트, 하르슐레벨뤼, 유흐파르크 삼총사는 나무통에 숙성하고 부분적으로 산화시킨 강력하고 농후한 나기숌로 전통 화이트 와인을 만드는 데도 사용됐다. 외지 사람들은 이 전통 와인의 맛이 후천적으로 얻어진 것으로 생각한다. 그러나 헝가리인들은 이 산화된 화이트 와인이 진한 소스, 강렬한 양파, 사워크림이 들어간 헝가리 음식에 완벽하게 어울린다고 주장한다.

섹스자르드와 빌라니시클로시는 헝가리 남부의 파논 지역에 있는 와인 구역이다. 이 두 구역은 가장 역동적이고 현대적인 면모를 갖추고 있으며 헝가리 최고의 레드 와인을 생산한다. 섹스자르드의 특산품인 커더르커는 오스트리아-헝가리 제국 때 가장 주된 적포도였지만, 공산주의 시절에 멸종 위기에 처했었다. 그러나 오늘날 다시 주목받고 있으며 파프리카 요리에 가장 이상적인 레드 와인이라 여겨진다. 커더르커는 라이트 보디감, 잘 익은 체리, 백후추, 담배 상자의 아로마와 풍미를 지닌다. 헤이만 & 피아이(Heimann & Fiai)의 다즙하고, 신선하고, 복합적인 커더르커를 마셔 보라. 한편 빌라니시클로시는 기후가 따뜻하며, 소규모 정상급 생산자들이 카베르네 소비뇽, 카베르네 프랑, 메를로, 츠바이겔트, 켁프런코시(Kékfrankos)로 풀보디 레드 와인을 만든다.

켁프런코시(일명 블라우프렌키슈)에 관해 설명하자면 헝가리의 켁프런코시 생산량은 오스트리아의 블라우프렌키슈보다 훨씬 많다. 그리고 두 곳 모두에서 훌륭한 와인을 만든다. 예를 들어 오스트리아 부르겐란트 국경 바로 너머에 있는 헝가리의 소프론에서 활동하는 와인 생산자인 웨트제르(Wetzer)는 신선한 야생 블루베리와 라즈베리를 연상시키고 굉장히 선명하며 스파이시한 켁프런코시 와인을 만든다.

헝가리 북부의 토커이 부근에 북부 마시프(Northern Massif)를 따라 에게르와 마트러가 있다. 에게르는 라이트 보디감의 레드 와인과 에그리 비커베르('황소의 피'란 뜻)라는 인상적인 이름의 드라이 레드 와인으로 유명하다. 마트러는 화이트 와인 산지이며, 한때 조합에서 파는 끔찍한 맛의 블렌드 와인의 온상지였다. 현재는 세계적인 내추럴 와인 운동의 중심지이자 스킨콘택트 오렌지 와인을 만드는 품질 중심의 젊은 생산자들의 천국으로 거듭났다. 올러스리즐링, 사르거 무슈코타이, 샤르도네, 소비뇽 블랑, 샤슬라를 재배한다(특히 로숀치 로게르는 귤 풍미를 지닌 사랑스러운 샤슬라 와인을 만든다). 마트러의 또 다른 특산품은 키라이레안커다. 은은한 아로마를 발산하는 화이트 와인으로 게뷔르츠트라미너의 맛과 약간 비슷하다. 특히 헝가리 남자들이 좋아하는 와인이지만, 이름은 '어린 공주'란 뜻이다. 마지막으로 토커이가 있다. 1990년대에 포도 재배와 와인 양조가 대대적으로 개선됐는데, 이때 토커이 어수뿐 아니라 화이트 테이블 와인의 품질까지 크게 향상됐다. 푸르민트는 매우 아삭한 본드라이 화이트 와인을 만들며, 대담하고 묵직하다. 데메테르 졸탄, 벌러서, 버르터, 그로프 데겐펠드, 로열 토커이 와이너리에서 만든 환상적인 드라이 푸르민트 와인을 추천한다. 오토넬 무슈코타이는 잘 익은 복숭아, 살구, 마르멜루 풍미를 지녔다. 하르슐레벨뤼는 비교적 섬세하고 향기로우며, 활기차고 살짝 크리미하다. 보트(Bott)의 쿨차르(Kulcsár)라는 싱글 빈야드 하르슐레벨뤼는 오렌지, 향신료, 라이트 크림을 혼합한 맛이 난다. 토커이 어수처럼 푸르민트, 무슈코타이, 하르슐레벨뤼를 혼합해서 드라이 스틸 와인 이외의 스타일을 만들기도 한다. 예를 들어 키켈레트(Kikelet)는 푸르민트와 하르슐레벨뤼를 혼합해서 스파클링 와인(헝가리어로 페주괴)을 만든다.

토커이 지역은 드라이 와인 말고 스위트 와인도 만든다. 토커이 어수가 아닌, 늦수확 스위트 와인이다. 늦수확 토커이 와인은 매우 농익은 포도로 만들며, 귀부 포도가 일부 들어가긴 하지만 그게 중점은 아니다. 와인을 추천하자면 이 두 가지로, 오레무시 토카이 푸르민트 노블 레이트 하베스트와 샤토 파이조시 무슈코타이다. 토커이 지역에서 생산하는 또 다른 타입의 와인도 있다. 사모로드니(szamorodni)이며, 폴란드어로 '자란 그대로' 또는 '있는 그대로'라는 뜻이다. 토커이 어수를 만들 정도로 귀부 포도가 충분히 생성되지 않은 경우, 세 주요 토커이 품종을 사용해서 만든 블렌드 와인이 바로 사모로드니다. 사모로드니는 드라이(사라즈)와 스위트(에데시) 버전이 있다. 드라이 버전의 경우, 배럴을 가득 채우지 않아서 와인이 일부 산화되기 때문에 셰리와 비슷하게 매력적인 구운 견과류 특징이 들어 있다.

# 위대한 헝가리 와인

## 화이트 와인

### 보트(BOTT)
**쿨차르 | 하르슐레벨뤼 | 토커이 헤지얼여 | 하르슐레벨뤼 100%**

하르슐레벨뤼는 헝가리어로 '라임 잎'이란 뜻이다. 와인은 정교한 아름다움과 꽃 풍미를 지녔다. 돌투성이 백악질 토양의 쿨차

르(Kulcsár) 포도밭의 50년 묵은 포도나무 과실로 만든 하르슐레벨뤼 와인은 신선함의 대명사다. 밀감, 카피르 라임, 시트러스보다 더 시트러스 같은 풍미를 발산하며, 스파이시함과 크리미함이 공존한다. 보트는 조세와 주디트 보도 부부가 운영하는 작은 와이너리다. 남편은 포도밭, 아내는 양조장에서 일하며 토착종으로 독보적인 와인을 만든다.

### 데메테르 졸탄(DEMETER ZOLTÁN)
**푸르민트 | 토카이 헤지얼여 | 푸르민트 100%**

졸탄 데메테르는 프랑스 부르고뉴와 나파 밸리에서 와인을 공부했다. 그 후 헝가리로 돌아와서 스타급 와인 양조자 이슈트반 셉시의 키라이우드바르 양조장에서 일했다. 데메테르는 셉시와

함께 헝가리 드라이 와인의 부활에 일조했고, 마침내 1996년에 독립해서 최초의 섬세한 드라이 푸르민트 와인과 하르슐레벨뤼 와인을 만든다. 푸르민트는 세심한 주의를 기울이지 않으

면 흰 도화지처럼 무미건조해진다. 그러나 데메테르의 손을 거치면 풍성함, 짜릿함, 광물성, 시트러스 풍미가 조화롭게 어우러지는 와인으로 재탄생한다. 데메테르의 와이너리는 1790년에 지어진 오래된 와인 저장실인데, 독특한 스타일의 1인 양조장이다(쓰레기장에서 발견한 베이비 그랜드피아노를 소파 위에 매달아 놓았다). 데메테르는 현재 헝가리의 살아 있는 전설로, 환상적인 토커이 어수와 전통 샴페인 방식을 이용한 푸르민트 스파클링 와인을 만든다.

## 레드 와인

### 헤이만 & 피아이(HEIMANN & FIAI)
**커더르커 | 섹사르드, 포르콜라브뷜지 | 커더르커 100%**

오스트리아-헝가리 제국 시절 커더르커는 가장 주된 품종이었다. 그러나 공산주의 체제 중반부에 커더르커 재배량은 전체 포도밭의 1%로 추락했다. 커더르커는 수많은 위대한 품종과 마찬가지로 생산율이 낮고 포도밭 환경에 민감하다. 따라서 산업용 벌크와인이 목적이라면, 커더르커는 적합하지 않다. 오늘날 커더르커는 헤이만 & 피아이('헤이만과 아들들'이란 뜻)처럼 최상급 소규모 가족 운영 양조장들을 중심으로 부활하고 있다. 헤이만 & 피아이는 커더르커를 멸종 위기에서 구조하는 데 큰 역할을 했다. 헤이만은 섹사르드(Szekszárd)의 포르콜라브 밸리(Porkoláb Valley)에서 커더르커 클론 세 종류를 재배한다. 와인은 고품질 피노 누아와 살짝 비슷하다. 보디감은 가볍지만 담배 상자, 흑후추, 석류, 라즈베리의 깊고 풍성한 풍미를 지닌 레드 와인이다. 질감은 순수한 실크 같다.

## 웨트제르(WETZER)

**켁프런코시 | 소프론 | 켁프런코시 100%**

헝가리의 켁프런코시는 오스트리아의 블라우프렌키슈와 같다. 헝가리 북서쪽의 알프스 산기슭에 있는 소프론 지역은 오스트리아의 부르겐란트와 겨우 몇 마일 거리다(소프론은 한때 부르겐란트의 주도였다). 켁프런코시/블라우프렌키슈는 원체 훌륭한 중부 유럽 적포도 품종이라서, 와인도 물론 유명하다. 페테르 베트제르의 와인도 상당히 매력적이다. 전류가 흐르는 듯한 푸른 과일, 라즈베리 쿨리스의 신선함, 선명한 스파이시함이 물결처럼 스쳐 간다. 켁프런코시는 타닌감이 강한 와인은 아니지만, 훌륭한 구조감을 지녔다. 26~60년 묵은 포도나무가 자갈, 석회석, 뢰스 토양에서 자란다. 소프론은 서늘한 지역인데, 켁프런코시는 늦게 성숙하는 품종이라서 11월까지 포도를 수확하지 않는 때도 있다.

## 스위트 와인

### 디스노쾨(DISZNÓKŐ)

**토커이 어수 | 프리마에 클라시스 | 5푸토뇨시 | 토커이 헤지얼여 | 푸르민트 65%, 제터 20%, 하르슐레벨뤼 15%**

디스노쾨의 토커이 어수가 지닌 단맛과 아삭함의 모순은 무서울 정도로 완벽하다. 구름 사이로 눈부시게 빛나는 햇빛 같은 달콤한 오렌지가 고드름처럼 날카로운 산미로 서서히 스며든다. 농익어 감미로운 복숭아와 새큼한 라임 마멀레이드가 공존한다. 여기에 평범한 감칠맛을 넘어서 깨끗한 소금 결정의 짠맛이 느껴진다. 이 와인에 대한 글을 쓰자니, 로르샤흐(Rorschach) 감각 검사를 치르는 느낌이다. 어디서 시작해서 어디서 끝내야 할까? 결점 하나 없는 완벽한 밸런스는 두 숫자로 드러난다. 와인의 잔당은 13.4%(리터당 134g)이고, 산도는 10.9g이다. 게다가 달콤한 풍미뿐 아니라 실크 같은 비현실적인 질감마저 황홀하다. 디스노쾨는 1992년에 프랑스 대형 보험회사 AXA 밀레짐에 인수된 이래 지속적인 부흥기를 걷고 있다. AXA 밀레짐은 보르도의 샤토 피숑 바롱 등 전 세계에 양조장을 여럿 소유하고 있다. 디스노쾨의 계단식 포도밭은 1413년에 최초로 언급될 정도로 역사가 깊으며, 1737년 토커이 어수 등급에서 프리마에 클라시스(1등급)에 지정됐다. 디스노쾨라는 이름은 '멧돼지 바위'라는 뜻으로, 포도밭 중앙에 놓인 커다란 화산석을 지칭한다.

## 로열 토커이 와인 컴퍼니(ROYAL TOKAJI WINE COMPANY)

**토커이 어수 | 뉼라소 | 프리마에 클라시스 | 6푸토뇨시 | 토커이 헤지얼여 | 푸르민트 70%, 하르슐레벨뤼 30%**

뉼라소(Nyulászó) 프리마에 클라시스 포도밭에서 생산한 토커이 어수는 카펫 위를 구르는 강아지처럼 생동감이 넘친다. 물론 복합미는 굉장히 진중하다. 펜넬, 세이지, 마르멜루, 금색 건포도, 살구, 페이스트리 크림, 레몬 버베나의 풍미가 세상에서 가장 전율스러운 오렌지 풍미와 함께 소용돌이친다. 소용돌이가 잦아들 때쯤 광물성이 반딧불처럼 입안을 환히 밝힌다. 18%의 잔당(리터당 180g)은 리터당 10g의 산도가 상쇄시킨다. 뉼라소는 '토끼를 잡는다'는 뜻의 마자르어 동사다. 로열 토커이의 토커이 와인은 언제나 세련됐고, 풍성하며, 달콤한 풍미가 구름을 떠다니는 듯이 가볍게 느껴진다. 로열 토커이 와인 컴퍼니는 1990년에 영국인 와인 전문가 휴 존슨을 포함한 투자자 그룹이 설립했다.

## 얼러너토커이(ALANA-TOKAJ)

**토커이 에센치어 | 프리마에 클라시스 | 토커이 헤지얼여 | 푸르민트, 제터, 하르슐레벨뤼, 사르거 무슈코타이(비율은 비공개)**

몽환적이고 감동적인 실키함, 도취될 듯한 풍성함, 금빛 풍미를 지닌 토커이 에센치어 극히 소량만 생산된다. 참고로 얼러너토커이는 에센치어(Eszencia)의 철자를 'Essencia'라고 표기한다. 생산 수량이 800병 이하로 매우 적어서 일일이 수작업으로 병입한다. 토커이 에센치어는 훌륭한 안무를 추는 듯하다. 가볍고 경쾌한 단맛이 아찔하고 황홀한 정신착란을 일으킬 정도로 입안에서 팽창한다. 와인의 잔당이 무려 38%(리터당 380g)에 이르지만, '달다'는 표현은 적합하지 않다. 베르가모트, 캐러멜, 파인애플, 감귤, 망고, 향신료가 섞여 복합적인 풍미가 산미(리터당 11.6%)의 전류를 타고 넘실거리기 때문이다. 얼러너토커이의 포도밭은 한때 합스부르크 왕실 가문의 소유였다. 1등급 포도밭이 두 곳 있는데, 베트셰크(Betsek)와 키러이(Kiraly)다. 와인 양조자 어틸러 가보르 네메트는 포도의 응축된 풍미를 극대화하기 위해 생산율은 대폭 낮추고(현재 보르도의 샤토 디켐보다 낮은 수준), 수확시기를 12월, 1월로 최대한 늦췄다. 와인은 보통 6년 이상 숙성시킨 후 출시한다.

# SLOVENIA

슬로베니아는 이웃 국가(오스트리아, 헝가리, 크로아티아, 이탈리아의 프리울리 베네치아 줄리아)처럼 유명하진 않지만 이들과 비슷한 기후, 지형, 역사를 공유한다. 무엇보다 환상적인 와인을 생산할 능력을 갖추고 있다.

슬로베니아의 고급 와인산업은 역사적으로 세심하게 가꾼 포도밭과 일류 와이너리를 중심으로 성장했는데, 과거에 정치적 격동기를 겪어야 했다. 슬로베니아 최초의 와인 양조는 켈트족과 일리리아족이 포도를 재배하고 와인을 만들기 시작한 기원전 500년으로 거슬러 올라간다. 로마제국이 몰락한 서기 600년부터 오스트리아-헝가리 제국이 멸망한 1918년까지, 최상급 포도밭 대부분은 수도승들이 관리했다.

그러나 21세기에 대대적인 변화가 일어났다. 오스트리아-헝가리 제국이 1차 세계대전의 여파로 해체된 이후, 슬로베니아는 유고슬라비아 연방에 속하게 됐다. 2차 세계대전 이후, 슬로베니아는 소련의 동구권으로 들어갔다. 이후 수십 년간 전쟁과 불안정한 재정 때문에 와인 품질은 곤두박질쳤고, 공산주의 정권이 낮은 품질의 저렴한 와인 생산을 강요한 탓에 나아질 기미가 보이지 않았다.

그러나 1991년 6월 25일 슬로베니아와 크로아티아가 최초로 소련으로부터 독립을 선언했고, 이후 유럽연합에 가입한다. 슬로베니아는 헝가리처럼 공산주의 체제에서 벗어나 과거 찬란했던 와인의 영광을 되찾기 위해 각고의 노력을 기울였다.

슬로베니아 포도 재배자는 3만 명에 이르지만, 와인산업은 상당히 세분돼 있다. 포도 재배자 중 밭 면적이 1만㎡(1헥타르) 미만인 경우가 90%에 달한다. 그러나 포도 품종은 놀랍도록 다양하다. 푸르민트, 소비뇽 블랑, 카베르네 소비뇽, 블라우프렌키슈 등 수십 가지가 넘는다.

슬로베니아의 포도밭 면적은 약 160㎢(1만 6,000헥타르)이며, 크게 세 지역으로 나뉜다. 바로 프리모르스카(Primorska), 포드라브예(Podravje), 포사브예(Posavje) 등이다.

**천연의 아름다움으로 '유럽의 푸른 보석'이라 불리는 슬로베니아는 강들이 평지와 계곡을 십자 형태로 가로지르며 곳곳에 버섯 숲과 과일나무를 자라게 한다. 포도나무는 강 계곡 위의 산비탈에서 자란다.**

아드리아해 부근 코페르시의 흐라스토블예 지역에 있는 12세기에 지어진 홀리 트리니티 교회에서 보이는 포도밭 전경. 1500년대, 튀르키예의 침략으로부터 교회와 내부의 유명한 벽화를 보호하기 위해 교회 주변에 높은 돌벽을 쌓았다.

마리보르에 있는 400년 묵은 자메토브카 포도나무는 세계에서 가장 오래된 포도나무로 알려져 있다.

프리모르스카와 포드라브예는 포도밭 면적은 비슷하지만, 고급 와인에 있어서는 프리모르스카가 한 수 위다. 프리모르스카는 최근 20년간 와인 품질을 가장 많이 향상한 지역에 속한다. 포도 품종도 굉장히 다채롭다. 청포도는 라슈키 리즐링(Laški Rizling, 그라셰비나·Graševina), 샤르도네, 소비뇽 블랑, 말바지야 이스타르스카(Malvazija Istarska), 레불라(Rebula, 리볼라 잘라·Ribolla Gialla) 등이 있다. 적포도는 레포슈크(Refošk, 레포스코·Refosco), 메를로, 블라우프렌키슈 등이 있다. 프리모르스카는 대체로 지중해성 기후를 띤다. 그리고 네 개 구역으로 구성되는데, 각각 독특한 지형을 갖추고 있다. 바로 비파바 밸리(Vipava Valley), 코페르(Koper), 크라스(Kras), 고리슈카 브르다(Goriška Brda) 등이다. 각 구역에 대해 간단히 살펴보자.

눈부시게 아름다운 비파바 밸리는 이탈리아와 중부 유럽 사이의 회랑 역할을 한다. 그리고 두 청포도 토착종을 전문으로 소량씩 생산한다. 바로 피넬라(Pinela)와 젤렌(Zelen)이다. 바티츄(Batic)는 규모는 작지만 꽤 유명한 가족 운영 양조장이며, 비파바 밸리에서 환상적인 와인을 만든다. 바티츄 가족은 강인한 철학과 영적 신념이 있다. 날이 흐린 날에는 '신이 와인을 보지 못한다'는 이유로 와인을 만들지 않는다. 또한 가족 구성원 중 누구도 포도 재배나 와인 양조 학교를 다니지 않는다. 타고난 직감, 행위의 순수성, 자연과의 교감을 유지하기 위해서다. 바티츄는 자리아(Zaria)라는 씁쓸하고 짭짤한 과일 풍미의 탁한 오렌지 와인을 만든다. 이는 피넬라, 젤렌, 레불라의 필드 블렌드이며, 스킨콘택트를 많이 한다. 오렌지 껍질, 벌집,

복숭아씨, 바닷소금, 다즐링 차, 광물성, 흙, 마멀레이드 등 심오하고 기묘한 풍미를 지닌 독특한 와인이다.

코페르는 아드리아해를 향해 볼록 튀어나와 있으며, 슬로베니아에서 가장 따뜻한 와인 구역이다. 레포슈크(레포스코) 적포도와 말바지야 이스타르스카 청포도를 사용해서 와인을 만든다. 특히 후자는 스파이시함, 훌륭한 광물성, 복숭아 아로마를 지녔다. 비나코페르(Vinakoper)의 말바지야를 마셔 보라.

크라스는 이탈리아어로 카르소(Carso) 또는 카르스트(Karst)라고도 불린다. 가파른 석회석 고원(동굴로 유명함)이 이탈리아 북동부와 접한 슬로베니아 국경을 따라 트리에스테 도시의 북쪽까지 뻗어 있다. 크라스에서 생산하는 전통 와인을 테란(Teran)이라 부르는데, 테라노 품종(레포슈크 또는 레포스코)으로 만들며 신선함, 타닌감, 산미를 지닌 레드 와인이다. 테란 생산자들은 프로슈토(프르슈트)를 직접 만드는 전통이 있다. 묵직한 엉덩이 살을 염장할 때 테란 발효조 위에 매달아서 프로슈토에도 깊은 진홍색이 배이게 만든다.

고리슈카 브르다는 짧게 브르다('언덕'이란 뜻)라고도 부르며, 슬로베니아에서 가장 칭송받는 와인 구역이다. 브르다가 끝나는 지점과 이탈리아 프리울리 베네치아 줄리아의 콜리오가 시작되는 지점이 어딘지 정확하게 구분하기 힘들다. 브르다는 카베르네/메를로 블렌드 와인으로 가장 유명하고, 레불라로 만든 화이트 와인도 유명하다. 이 와인은 크베브리(kvevri)라는 대형 암포라에 껍질과 함께 담아서 숙성시킨다. 이때 크베브리는 단단히 밀봉해서 수개월간 땅에 묻어 놓는다. 조지아가 크베브리(qvevri)

슬로베니아 수도 류블랴나는 커피숍과 와인바로 유명하다.

를 이용해서 오렌지 와인을 만드는 것과 흡사하다. 대표 사례로 카바이(Kabaj) 양조장에서 레불라를 베이스로 만든 암포라(Amphora)라는 오렌지 와인이 있다. 이밖에도 브르다에는 모비아(Movia), 에디 시므취크(Edi Simčic), 마르얀 시므취크(Marjan Simčic), 코치얀쳬츄 자누트(Kocijančič Zanut) 등의 최상급 생산자가 있다.

포드라브예 지역은 슬로베니아 북동쪽 구석에 있다. 포드라브예는 라슈키 리즐링(그라셰비나)으로 단순한 화이트 와인을 만든다. 또한 쉬폰(Šipon, 푸르민트), 렌스키 리즐링(리슬링), 샤르도네, 소비뇽 블랑으로 품질이 좋은 와인도 만든다. 최상급 지역은 라드고나카펠라(Radgona-Kapela), 류토메르오르모쥬(Ljutomer-Ormož), 마리보르(Maribor) 등이다. 마리보르에는 세계에서 가장 오래된 포도나무가 있다. 바로 400년 이상 묵은 쟈메토브카 적포도 나무이며, 현재까지도 이 나무에 맺힌 과실로 와인을 만든다. 최상급 생산자는 마로프(Marof), 풀루스(Pullus), 츠른코(Črnko) 등이다.

마지막으로 포사브예는 프리모르스카의 남동쪽에 있다. 슬로베니아에서 규모가 가장 작은 와인 산지며, 레드 와인에 가장 헌신적인 지역이기도 하다. 이곳의 벨라 크라이나(Bela Krajina) 와인 구역은 훌륭한 모드라 프란킨야(Modra Frankinja, 블라우프렌키슈) 와인을 만들며 돌레니스카(Dolenjska) 구역은 츠비셰크(Cviček)라는 옅은 색의 아삭한 레드 와인으로 유명하다. 츠비셰크는 블라우프렌키슈, 적포도 토착종 쟈메토브카, 리슬링을 혼합한 와인이다.

# CROATIA

사파이어 빛으로 물든 만과 1,100개의 작은 섬, 요트가 수놓은 낭만적인 포구 등 크로아티아보다 근사한 해안지대는 상상하기 어려울 정도다. 크로아티아에 가면 옛 유럽과의 만남이 기다리고 있다.

크로아티아 와인 역사는 북쪽 이웃 국가인 슬로베니아와 매우 닮아 있다. 켈트족과 일리리아족은 기원전 수백 년부터 수백 종의 토착종 포도로 와인을 만들기 시작했다. 중세 시대에는 수도회를 중심으로 고급 와인이 소량씩 생산됐다.

그러나 1차 세계대전과 20세기에 처참한 변화가 닥쳤다. 전쟁의 여파로 크로아티아가 슬로베니아처럼 유고슬라비아 연방에 속했다가, 이후 소련의 통제하에 놓이게 됐다. 포도 재배자들은 소수의 대형 조합에 포도를 판매할 수밖에 없었고, 와인은 저렴한 현지 소비용으로 전락했다. 1991년 6월 25일, 새 시대가 열렸다. 크로아티아가 슬로베니아와 함께 독립을 선언한 것이다. 그리고 2013년에 유럽연합에 가입함으로써 어렵사리 정치적, 재정적 안정성을 쟁취했음을 보여 줬다. 이때 크로아티아 와인의 르네상스 시대는 이미 진행 중이었다.

크로아티아는 규모는 작지만 지형적으로 매우 다채롭다.

## 마이크 그리치 - 포쉽과 샤르도네의 왕

마이크 그리치는 나파 밸리에서 가장 유명한 와인 생산자 중 하나다. 그는 샤토 몬텔레나 샤르도네라는 독보적인 와인을 만든 장본인이며 이 와인은 '파리의 심판'이라 불리는 전설의 1976년 시음회에서 1위를 차지했다. 마이크 그리치는 1923년에 크로아티아의 달마티아 해안에 있는 작은 마을에서 11명 형제자매 사이에서 태어났다. 1차 세계대전 이후, 여느 가난한 가정과 마찬가지로 그리치의 가족 역시 직접 재배해 음식을 해 먹고 직접 양조한 와인을 마셨다. 마이크 그리치는 자그레브대학에 입학해서 화학, 와인학, 미생물학, 토양생물학, 기상학, 관개, 식물, 포도를 공부했다. 1958년 그는 여행 가방 하나만 달랑 들고 나파 밸리로 떠났다. 그리고 10년 만에 로버트 몬다비 와이너리의 수석 와인 학자 자리를 꿰찬다. 그리고 이곳에서 전설의 1969 카베르네를 탄생시킨다. 1977년 그리치는 그리치 힐스(Grgich Hills) 와이너리를 설립한다. 그리고 1996년에 크로아티아로 돌아와서 그리치 비나(Grgić Vina)를 설립한다. 그리치 비나의 대표 상품은 포쉽(Pošip)과 플라바츠 말리(Plavac Mali)다.

자그레브의 돌라츠 파머스 마켓은 빨간 우산 아래에서 판매하는 신선한 현지 상품과 홈메이드 음식으로 유명하다.

부메랑처럼 생긴 지형의 북쪽에는 슬로베니아, 헝가리와 국경을 접한다. 동쪽은 세르비아, 보스니아, 헤르체고비나와 맞닿아 있으며 서쪽에는 반짝이는 하늘빛 아드리아 해가 펼쳐진다. 포도밭 면적은 230㎢(2만 3,000헥타르)이며, 토착종 약 130개와 국제 품종을 재배한다. 그러나 대부분 품종이 소량만 재배돼서 상업적 와인으로 생산되는 경우는 드물다.

와인 산지는 크게 네 구역으로 나뉜다. 북부 연안의 이스트리아(Istra)반도, 남부 연안의 달마티아(Dalmatia) 그리고 내륙에 있는 크로아티아 고지대(Croatian Uplands)와 슬라보니아/다누베(Slavonia/Danube)다.

이스트리아는 북부 연안에 있는 구릉지대로 이탈리아의 프리울리 베네치아 줄리아 부근의 슬로베니아와 국경을 접한 환상적인 와인 산지다. 가장 주된 포도는 (아마) 토착종인 말바지야 이스타르스카(Malvazija Istarska)이며, 이탈리아에서는 말바시아 이스트리아나(Malvasia Istriana)라고 알려져 있다. 포도 이름이 말바지야로 시작하는 품종은 수십 개지만, 말바지야 이스타르스카는 이들과 아무런 유전적 관계가 없다. 크로아티아에서 말바지야 이스타르스카는 강력하고 스파이시한 와인을 만든다. 또는 완전 반대로 피쿠엔툼(Piquentum) 양조장의 와인처럼 팽팽함, 라임 풍미, 신선함을 지닌 선명한 와인이 되기도 한다. 이스트리아의 토양은 메를로, 카베르네 소비뇽, 테란

크로아티아 출신 캘리포니아 와인 양조자인 마이크 그리치가 설립한 그리치 비나 양조장은 달마티아 해안의 페예샤츠반도에 있다.

이스트리안 오타는 크로아티나 국민 음식 중 하나다. 훈연한 돼지갈비, 구운 베이컨, 감자, 후추, 다량의 마늘을 넣은 캐서롤 요리로 언제나 와인을 곁들여 먹는다.

(테라노, 레포슈크, 레포스코라고도 부름) 등의 적포도 품종에 매우 적합하다. 특히 테란은 날카로운 타닌감을 지닌 레드 와인을 만들며, 이스트리아와 슬로베니아의 특산품이기도 하다. 이스트리아의 일부 토양은 철 성분이 많아서 높이 평가된다.

그러나 크로아티아의 최상급 레드 와인은 훨씬 남쪽에 있는 달마티아에서 생산된다. 이곳은 햇볕이 쨍쨍하고 따뜻한 지중해성 기후를 띠며, 가파른 계단식 포도밭이 바다 위로 솟아 있다. 사실 달마티아는 진판델의 조상이 태어난 곳이다. 크로아티아에서는 과거에 트리비드라그(Tribidrag)라 불렀고, 현재는 츠를예나크 카슈텔란스키(Crljenak Kaštelanski)라 부른다. 진판델이 크로아티아에서 유래했다는 사실은 1990년대 중반에 포도나무의 유전자 검사 기술이 발명된 이후 가장 먼저 밝혀진 사실이었다. 오늘날 달마티아의 가장 주된 포도는 진판델과 비슷한 플라바츠 말리(Plavac Mali) 적포도다. 플라바츠 말리의 부모는 트리비드라그와 도브리치츠(Dobričić)다.

달마티아의 펠예샤츠반도에 있는 밀로슈(Miloš)의 플라바츠 말리는 강력하고 농후한 과일 풍미를 지닌 레드 와인이며, 현지에서는 (놀라지 마시라) 큼직하고 통통한 생굴과 함께 마신다.

달마티아에는 연안 부근의 섬들을 중심으로 청포도가 수십 종이나 자란다. 그중 데비트(Debit), 트르블얀(Trbljan), 부가바(Vugava), 포쉽(Pošip) 등이 유명하다. 특히 필자가 가장 좋아하는 포쉽은 풍성하고 아삭한 드라이 화이트 와인을 만든다. 포쉽은 코르출라(Korčula)섬의 특산품이며, 개인적으로 수영복을 입는 자리에 잘 어울리는 와인이라고 생각한다. 토레타(Toreta)의 포쉽은 산뜻한 광물성이 느껴지며, 크로아티아에서는 돼지고

기구이, 석탄에 페카(peka) 스타일로 요리한 문어 요리와 완벽한 짝꿍이라고 생각한다.

아름다운 크로아티아 해변을 따라 와인 산지가 즐비하지만, 내륙에도 중요한 와인 생산지가 있다. 크로아티아 고지대(Croatian Uplands)는 수도 자그레브를 둘러싸고 있으며, 기후가 비교적 서늘한 구릉지대다. 소비뇽 블랑, 푸르민트(크로아티아어로 푸쉬펠), 토착종인 슈크를레트(Škrlet)를 이용해서 광물성 풍미의 신선한 화이트 와인을 만든다. 참고로 슈크를레트는 '성홍열'이란 뜻이며 포도 껍질의 빨간 반점 때문에 붙여진 이름이다. 크로아티아 고지대는 스파클링 와인산업의 중심지이기도 하다. 대체로 샤르도네, 피노 누아를 사용해서 전통 샴페인 양조법에 따라 만든다.

크로아티아 고지대보다 더 내륙으로 들어가면 헝가리, 세르비아와 국경을 접한 슬라보니아/다누베 와인 산지가 있다. 포도밭의 80% 이상이 크로아티아 주요 품종인 그라셰비나(라슈키 리즐링, 벨슈리슬링) 토착종을 재배한다. 유난히 추운 해에는 크라셰비나로 아이스와인을 만들기도 한다.

마지막으로 크로아티아에는 와인 생산자가 4만 5,000명 등록돼 있다. 이 중 대부분은 포도밭 면적이 1만㎡(1헥타르) 미만인 가족 단위의 생산자이며, 부로 생산자 가족이 마실 와인만 생산한다. 그러나 약 500명 생산자 그룹은 시음실을 갖추고 있으며, 직접 만든 고급 와인을 상업적으로 판매한다. 한편 약 140명 중간 규모 와인 생산자로 구성된 그룹이 새롭게 등장했다. 이들은 면적 10만㎡(10헥타르) 이상의 포도밭을 경작한다. 이들은 크로아티아 와인을 중부 유럽에서 가장 흥미로운 와인으로 만들겠다는 포부를 품고 있다.

# GREECE

북마케도니아 공화국

불가리아

알바니아

구메니사

아만데오

테살로니카

나우사

할키디키 반도

올림포스산

람사니

렘노스

에피루스

테살리아

에게해

튀르키예

코르푸섬

케팔로니아

파트라

사모스

네메아

아티카

아테네

이오니아해

만티니아

펠로폰네소스 반도

산토리니

로데스

그리스는 바다와 땅으로 이루어진
나라처럼 보인다.
1만 4,000km에 이르는 연안 지대와
바다는 압도적인 아름다움을
자아낸다.

크레타

크레타섬
아르하네스

지중해

0          100 km

리비아

서구 문명의 발상지인 그리스는 와인 문화가 형성된 곳이기도 하다. 고대 그리스인에게 와인은 디오니소스 신이 인간에게 내린 선물이었다. 그것도 인간이 직접 섭취할 수 있다는 엄청난 중요성을 지닌 선물이었다. 디오니소스의 선물은 와인이 가치 있고 호화스러운 축복이자 불가분한 종교의식 그 자체라는 인식을 구축했다. 호머, 플라톤, 아리스토텔레스, 히포크라테스, 갈레노스는 모두 와인의 미덕과 와인이 생각, 건강, 창의력에 미치는 유익한 영향에 대한 글을 썼다. 당시 그리스 귀족 남성들이 와인을 마시며 나눈 지적 대화가 심포지엄의 시초가 됐다. 남성만 참여할 수 있었던 심포지엄은 서구 철학의 토대를 마련했다.

그리스는 북쪽으로 불가리아, 북마케도니아, 알바니아와 국경을 접하고 동쪽은 튀르키예와 맞닿아 있다. 그러나 그리스는 바다와 땅으로 이루어진 나라라는 인상이 강하다. 세 바다(동쪽의 에게해, 서쪽의 이오니아해, 남쪽의 지중해)가 산악지대를 비죽비죽 비집고 들어가서 작은 만과 울퉁불퉁한 반도들이 형성됐다. 그리스 해안 부근에는 6,000개 이상의 섬이 있다. 이 중 사람이 사는 섬은 200개 이하이며, 인구가 1,000명 이상인 섬은 50여 개밖에 되지 않는다. 1만 4,000km에 이르는 연안 지대와 바다는 압도적인 아름다움을 자아낸다. 북서쪽의 작은 지역을 제외하고 그리스에서 바다와 80km 이상 떨어진 지역은 없다.

그리스가 와인을 만들기 시작한 시기는 명확하지 않다. 다만, 최초의 포도 재배는 6,000~8,000년 전에 시

작됐으며, 유전학자인 호세 부야모즈 박사는 해당 지역을 '포도의 비옥한 삼각형'이라 부른다. 타우루스산맥(튀르키예 동쪽), 자그로스산맥 북부(이란 서쪽, 코카서스산맥(조지아, 아르메니아, 아제르바이잔)을 잇는 삼각형 지대. 이 삼각형에서부터 비옥한 초승달 지대인 시리아, 이라크, 레바논, 요르단, 팔레스타인까지 포도 재배가 확산했다. 비옥한 초승달 지대에서 생산한 와인이 이집트로 수출되면서 고급 와인산업이 발전했다.

산토리니 화산섬은 에게해에 있는 거대한 흑색 분화구이자 유명한 그리스 화이트 와인인 아시르티코의 고향이다.

4,000년 전, 그리스와 이집트 간 무역이 활성화된 덕분에 미노스 문명의 중심지인 크레타섬과 그리스 남부도 포도를 재배하기 시작했다. 고대 그리스는 윤리부터 정치까지 모든 부문에 영향을 미쳤다. 그리고 그리스의 영향력은 와인 무역과 와인이 형성한 사회적 관계를 통해 지중해 지역까지 퍼져 나갔다.

## 와인처럼 검은 바다

호머는 그의 대서사시 '오디세이'에서 지중해를 '와인처럼 검은 바다'라고 묘사했다. 이 시구의 의미를 두고 수많은 비평가 사이에서 논쟁이 벌어졌다. 왜 그냥 '짙은 파란색 바다'라고 하지 않았을까? 알고 보니 호머가 살던 시대에는 '파란색'이란 단어가 존재하지 않았다. 그리스어, 중국어, 히브리어 등 고대 언어에서 파란색이란 단어를 전혀 사용하지 않은 경우가 많았다고 한다. 이 신기한 사실을 최초로 발견한 학자는 윌리엄 글래드스턴 영국 총리이다. 글래드스턴의 1880년대 연구를 토대로 여러 학자와 언어학자가 전 세계 언어를 연구한 결과, 색깔을 나타내는 단어는 시간에 걸쳐 단계적으로 생겨났다. 검은색과 흰색(또는 옅은 색과 짙은 색)은 언어에서 최초로 등장한 색깔 단어다. 그다음에 사용된 색 단어는 빨간색(피와 와인의 색)이었다. 이후 노란색과 초록색이 차례로 생겨났다. 색깔은 보는 사람의 눈에만 있는 게 아니었다. 우리도 호머처럼 색을 지칭하는 단어가 없다면 그 색을 보지 못할 수도 있다. 그렇지 않은가?

고대 그리스인은 와인에 묵직한 보디감과 짜릿하고 매혹적인 아로마를 더하기 위해 송진을 첨가했다. 송진을 와인에 첨가하는 것 이외에도 와인을 담았던 암포라(토기)의 다공성 내벽에도 송진을 발랐다. 과거에는 암포라에 와인을 담아서 발효시키고, 저장하고, 운송했다. 때론 야생화나 화정유를 와인에 첨가했는데, 플라톤은 와인의 본래 아로마보다 훨씬 감미롭다고 생각했다. 고대 그리스인들은 몸이 자연적으로 조화로운 상태로 돌아가려면 건강한 아로마가 필요하다고 믿었다. 특히 와인의 꽃 향은 뇌에 좋다고 생각했으며, 꽃 아로마가 술에 취하는 것을 막아준다고 여겼다.

고대 그리스는 술에 취하는 것을 매우 해롭다고 여겼다. 따라서 와인을 항상 물에 희석해 마셨으며, 때론 와인과 물을 1:3의 비율로 섞어서 마셨다. 그리스인으로서는 와인을 그대로 마시는 건 야만인이나 하는 짓으로 여겨졌다. 기원전 4세기, 신화에 대한 풍자시로 유명했던 그리스 시인 에우불루스는 디오니소스에게 바치는 시에서 다음과 같이 절제를 중시하는 그리스인의 성향을 노래했다.

> '나는 절제를 위해 크라테
> (Krater, 큰 와인잔) 석 잔을 채운다네.
> 가장 먼저 비우는 첫 잔은 건강을 위해
> 두 번째 잔은 사랑과 쾌락을 위해
> 세 번째 잔은 숙면을 위해서 마신다네.
> 잔을 모두 비우고 나면
> 현명한 손님은 집으로 돌아가지.
> 네 번째 잔은 오만, 다섯 번째는 소란,
> 여섯 번째는 광란, 일곱 번째는 멍든 눈,
> 여덟 번째는 경찰, 아홉 번째는 구토와 복통,
> 그리고 열 번째는 광기를 일으켜
> 가구를 내던지게 만든다네.'

기원전 4세기의 뿔잔.
손잡이에 그리스 신 디오니소스의 얼굴이 새겨져 있다.

이 시에는 석 잔을 넘기지 말라는 그리스인의 지혜가 담겨 있다. 영국 와인 전문가 휴 존슨은 이 시를 보고 과거에는 석 잔이 절제의 기준이었음을 깨달았다. 그는 와인병 용량이 750ml인 이유도 여기서 비롯됐다고 생각했다. 두 명이 각각 석 잔씩 마실 수 있는 양이기 때문이다.

## 최상급 그리스 와인

### 대표적 와인

아민테오(AMYNTEO) - 레드, 로제, 스파클링 와인

아르하네스(ARCHANES) - 레드 와인

아시르티코(ASSYRTIKO) - 화이트 와인

크레테(CRETE) - 화이트, 레드 와인

구메니사(GOUMENISSA) - 레드 와인

할키디키(HALKIDIKI) - 화이트, 레드 와인

코치팔리(KOTSIFALI) - 레드 와인

리아티코(LIATIKO) - 레드 와인

말라구시아(MALAGOUSIA) - 화이트 와인

만티니아(MANTINIA) - 화이트, 로제 와인

마브로다프니 오브 파트라(MAVRODAPHNE OF PATRAS) - 레드 와인(스위트)

모스코필레로(MOSCHOFILERO) - 화이트 와인

뮈스카 오브 파트라(MUSCAT OF PATRAS) - 화이트 와인(스위트)

뮈스카 오브 사모스(MUSCAT OF SAMOS) - 화이트 와인(스위트)

나우사(NAOUSSA) - 레드 와인

네메아(NEMEA) - 레드 와인

파트라(PATRAS) - 화이트 와인

랍사니(RAPSANI) - 레드 와인

레치나(RETSINA) - 화이트 와인

로데스(RHODES) - 화이트 와인

로볼라(ROBOLA) - 화이트 와인

산토리니(SANTORINI) - 화이트 와인

사바티아노(SAVATIANO) - 화이트 와인

슬롭스 오브 멜리톤(SLOPES OF MELITON) - 화이트, 레드 와인

비디아노(VIDIANO) - 화이트 와인

시노마브로(XINOMAVRO) - 레드 와인

### 주목할 만한 와인

빈산토(VINSÁNTO) - 화이트 와인(스위트)

## 현대 그리스 와인산업의 발전

고대 역사상 가장 중요한 와인 생산지였던 그리스는 현대사회의 고급 와인으로 전화하기까지 가파른 오르막길을 올라야 했다. 그리스는 고전기 이후 중세 시대에 비잔틴 제국의 일부였으며, 최상급 그리스 와인은 수도승들이 수도회 전통에 따라 만들었다. 그러나 1204년 콘스탄티노플의 함락과 함께 비잔틴 제국도 몰락했다. 이후 400년간 오스만 제국이 그리스를 점령했고 유럽 최상급 와인 생산지로서의 명성도 무너졌다. 오스만 제국이 포도 재배를 금지하진 않았지만, 와인 생산에 혹독한 규제와 세금을 물렸다. 몇몇 정상급 산지에서는 수도승들이 와인을 계속 생산했지만, 수량이 극히 제한적이었다. 수도승이 만든 와인을 제외하면 그리스 와인은 가난한 농부가 자신이 마시려고 만든 것에 불과했다.

그리스 와인산업은 20세기까지 대체로 저개발 상태였다. 1890년대 말, 다른 유럽 국가들과 마찬가지로 그리스에도 필록세라 전염병이 발병해서 파괴적인 여파가 수십 년간 지속됐다. 이후 두 번의 세계대전이 터졌고 그리스는 내전에 시달렸다. 1960년대, 그리스 와인 대부분은 배럴에 담긴 채 벌크로 팔렸고, 구매자는 각자 항아리를 가져와서 와인을 담아 갔다.

1980년대에 그리스가 유럽연합에 가입한 이후에야 비로소 그리스 와인산업은 품질 향상에 힘쓰기 시작했다. 즉, 포도 생산율을 대폭 낮추고, 포도 재배 기술을 개선하고, 현대 장비를 도입하고, 수십 년간 제대로 닦지도 않고 관리도 하지 않은 오래된 오크 캐스크를 새 오크 배럴로 교체했다.

오늘날 그리스 와인산업은 소수의 잘 조직화한 대기업과 환상적인 고품질 와인을 다수의 소규모 가족 운영 양조장으로 구성한다. 와인 대기업은 D. 쿠르타키스(D.

## 암포라 - 고대 필수품

와인을 담았던 최초의 고대 용기는 바로 암포라다. 암포라는 바닥이 뾰족하고, 손잡이 고리 두 개가 달린 테라코타 항아리다. 암포라가 등장한 정확한 시기와 장소는 알려지지 않았지만, 암포라의 역사는 최소 기원전 2000년경으로 거슬러 올라간다. 당시 가나안(현재 레바논과 이스라엘 일부)과 이집트 사이에 와인과 음식을 운송하는 데 가나안이라 불리는 항아리를 사용했다. 기원전 13세기, 그리스를 오고 가는 선박에서 와인을 담는 용기로 이런 항아리를 사용했으며, 미케네 왕족의 무덤에서도 항아리를 발견했다. 즉, 지중해 전역에서 암포라를 사용했다는 것이다. 인류학자들은 육지와 지중해 바닥에서 암포라 조각을 수십만 개나 발굴했다. 이는 고대 지중해 와인 무역이 엄청난 규모였음을 보여 준다.

소형 암포라는 용량이 약 9.5리터였으며 운송용 암포라는 25리터 이상으로 이보다 큼직했다. 여기에 와인까지 담으면 무게가 상당히 무거웠기 때문에 두 사람이 양쪽에서 항아리를 들 수 있게 손잡이가 두 개였다. 뾰족한 바닥은 여차하면 세 번째 손잡이로 활용할 정도로 실용적이었다. 이런 디자인은 선박에도 매우 적합했는데, 뾰족한 바닥을 모래에 묻고, 손잡이끼리 서로 묶어서 항아리를 단단하게 고정했다. 운송하지 않을 때는 암포라를 벽에 기대어 놓거나 링 스탠드에 똑바로 세워놓았다.

한편 그리스 도시국가마다 독특한 모양의 암포라를 제작했다. 고고학자들은 암포라의 다양한 모양이 시장에서 다양한 종류의 와인을 판매했음을 의미한다고 주장한다. 또한 암포라를 굽기 전에 와인 종류, 원산지, 생산 연도를 손잡이에 찍어 놓은 경우도 많다. 와인이 박테리아 때문에 식초로 변질하는 사태를 막기 위해 비좁은 암포라 입구를 밀봉했다. 짚이나 풀에 송진을 먹인 마개가 가장 흔히 사용됐으며, 마개 위에 진흙을 덧발랐다.

송진은 다른 용도로도 사용했다. 암포라가 다공성이어서 내벽에 송진을 발라서 와인이 증발하거나 산화하는 것을 방지했다. 이때 내벽에 바른 송진이 알코올에 녹아들었기 때문에 초기 그리스 와인에서는 톡 쏘는 송진 풍미가 났다. 이 와인이 현대 레치나(retsina)의 전신인 셈이다.

Kourtakis), 찬탈리(Tsantali), 카비노(Cavino), 부타리(Boutari) 등이다. 소규모 생산자는 대부분 2008년 금융 위기로 본업을 포기하고 시골(주로 그리스 섬)로 내려가서 와이너리를 시작한 사업가들이다. 그리스 관광산업의 빠른 성장과 소규모 생산자들의 뛰어난 와인 수출 수완이 바로 성공의 비결이다.

그리스 경제지 <더 애널리스트>에 따르면, 현재 그리스에는 약 1,700개 와이너리가 있다. 이들 대부분은 자신의 포도밭에서 재배한 포도를 사용하거나, 18만 곳의 소규모 재배자에게서 포도를 구매한다. 이 소규모 재배자의 평균 포도밭 면적은 약 5,000㎡(0.5헥타르)다.

## 땅, 포도 그리고 포도원

그리스는 면적이 13만 2,000㎢로 미국 루이지애나 주보다 작고 쿠바보다 조금 더 크다. 그리스 곳곳에 산악지대가 있어서 염소와 양치기가 주된 사업이다. 경작지가 매우 귀하며 모든 밭에는 포도나무와 올리브나무가 심어 있다. 두 작물은 그리스의 척박하고 건조한 토양에서도 잘 자란다. 토양은 대체로 석회석과 사암이 혼재하며 화산석 토양인 섬들도 있다.

그리스의 지중해성 기후는 포도 재배에 이상적이다. 포도나무가 휴지기에 들어가는 겨울에 주로 비가 내린다. 일조량도 풍부하고 바다에 반사되는 햇빛까지 추가된다. 따라서 포도의 성숙은 전혀 문제가 되지 않는다. 다만 과도한 일조량과 열기를 상쇄하기 위해 오늘날 최상급 포도밭은 비교적 서늘한 남향 산비탈에 있다.

해풍도 도움이 된다. 그리스의 포도밭은 서늘하고 건조한 해풍이 불어오는 지점과 가까우므로 곰팡이나 해충의 피해가 거의 없다. 그래서 수 세기 전부터 그리스 포도밭 대부분은 유기농법으로 재배된다.

그러나 강한 해풍은 문제가 되기도 한다. 키가 큰 포도나무(높이 1.5m 이상)에 익숙한 사람은 강한 해풍이 불어오는 그리스 섬들의 포도나무를 보면 깜짝 놀랄 수밖에 없다. 이곳에서는 포도나무를 쿨루라(kouloura) 방식으로 둥글게 틀어서 지면에 밀착시킨다. 마치 화환이나 얕은 바구니처럼 생겼다. 이런 방식으로 가꾼 포도나무를 스테파니(stefáni) 또는 왕관이라 부른다. 바람을 막기 위해 스테파니의 중심에 포도가 달리도록 가지를 길들인다.

그리스는 6,000개 섬으로 구성된 독특한 지형 때문에 다양한 포도 품종이 자라게 됐다. 고대 토착종만 해도 80~200개로 추정된다. 그리스 와인 전문가인 곤스탄티노스 라자라키스 MW에 따르면, 고립된 지역에 이제껏 세상에 알려지지 않았던 멸종 위기의 품종들이 이제는 구조돼서 점차 확산하고 있다고 한다. 현재의 그리스 과학자, 포도 재배학자, 와인 양조자들은 이 토착종들을 구하는 데 혈안이 되어 있다. 샤르도네, 카베르네 소비뇽 등 국제 품종들은 1970~1980년대에 열성적으로 재배했지만, 이제는 무관심에 가까울 정도다.

그리스에서 가장 유명하고 맛있는 와인의 주요 품종은 청포도와 적포도가 각각 절반씩 차지하고 있다. 그러나 와인 총생산량의 60%는 화이트 와인이다. 와인 스타일은 드라이에서 스위트, 스틸 와인에서 스파클링 와인까지 광범위하다. 오렌지 (스킨콘택트) 와인을 만드는 전위적 양조장도 많다. 그중에는 라벨에 '옛날식'이라는 뜻의 팔레오케리지오(paleokerisio)라는 문구를 표기하는 예도 있다.

사실 와인 라벨은 하나의 골칫거리다. 그리스 와인 라벨은 그리스인이 아닌 이상 알아보기 굉장히 힘들다. 포도 품종(아시르티코, 시노마브로 등)을 표기하는 예

## 레치나

그리스를 방문한 사람은 누구나 레치나와 사랑에 빠지거나 혐오하게 된다. 레치나는 송진 풍미의 톡 쏘는 와인으로, 실제 그리스 타베르나(선술집)에서는 일종의 통과의례처럼 레치나를 마신다. 오늘날 레치나는 그리스 테이블 와인 총생산량 중 약 10%를 차지한다. 주요 생산지는 소나무 숲으로 유명한 그리스 중부다. 여러 청포도 품종을 사용하지만, 가장 많이 사용하는 사바티아노(Savatiano)와 로디티스(Roditis)는 매우 독특한 버전의 레치나를 빚어낸다. 알레포 소나무의 천연 송진을 발효 중인 포도즙에 소량 첨가하면, 아무도 흉내 낼 수 없는 레치나 특유의 소나무와 발사믹 풍미, 테레빈유 아로마, 약간의 쌉쌀한 맛이 난다. 환상적이고 극적인 레치나 두 종류를 추천하자면, 사바티아노로 만든 마르쿠 빈야

좋거나 나쁘거나

드 레치나(Markou Vineyards Retsina)와 가이아(Gai'a) 양조장이 로디티스로 만든 리티니티스 노빌리스(Ritinitis Nobilis) 등이 있다.

## 그리스 포도 품종

### 화이트

◇ **아이다니**
아이다니를 아시르티코, 아티리와 블렌딩해서 산토리니(Santorini)라는 단순한 화이트 와인을 만든다.

◇ **아시르티코**
산토리니의 에게섬에서 재배하는 주요 토착종인데, 현재는 그리스 본토에서도 재배한다. 아시르티코를 단독으로 사용해서 매우 대중적이고 신선하며, 광물성 풍미가 나는 드라이 와인과 오크통에 숙성시키는 풀보디 와인을 만들 수 있다. 또한 산토리니의 스위트 와인인 빈산토의 주요 품종이며, 레치나를 만드는 데도 사용한다.

◇ **아티리**
산토리니의 고대 토착종이다. 주로 아시르티코, 아이다니와 섞어서 산토리니라는 단순한 화이트 와인을 만든다.

◇ **말라구시아**
1980년대 멸종 위기에서 구조한 주요 고대 품종이며, 현재는 주요 품종으로 자리 잡았다. 꽃, 과일 풍미의 풀보디감 와인에 근사하고 씁쓸한 시트러스 피니시를 느끼게 한다.

◇ **모스코필레로**
포도 껍질이 분홍색이고 매우 대중적인 화이트 와인과 때론 로제 와인을 만드는 데 사용한다. 가벼운 스파이시함, 향긋함, 꽃, 장미꽃잎 풍미를 지니며, 만티니아라는 펠로폰네소스반도의 와인을 만드는 품종이다.

◇ **뮈스카 블랑 아 프티 그랭**
뮈스카 오브 파트라, 뮈스카 오브 사모스라는 대중적이면서 가볍게 주정강화한 스위트 와인을 만든다.

◇ **로볼라**
그리스 이오니아 섬들과 펠로폰네소스반도의 토착종이다. 이탈리아 리볼라 기알라(Ribolla Gialla)와 철자가 비슷하지만, 아무 관련이 없다. 향긋한 레몬과 광물성 풍미가 있는 와인을 만든다. 특히 케팔로니아섬에서 유명하다.

◇ **로디티스**
주로 파트라스와 펠로폰네소스 반도에서 단순하고 아삭한 드라이 화이트 와인을 만드는데 사용한다. 종종 레치나에도 사용된다.

◇ **사바티아노**
아네테 부군의 아티카 지역을 비롯해 널래 재배되는 품종이다. 감칠맛, 야생 허브와 라임 풍미, 뚜렷한 표현력을 지닌 드라이 테이블 와인을 만든다. 레치나의 주요 품종이다.

◇ **비디아노**
크레타 섬의 다프네스 지역에서 농익은 과일 풍미를 띠는 크리미하고, 입안을 가득 채우는 풀보디 와인을 만드는데 사용한다. 그리스 와인 양조자 사이에서 새로이 각광받는 품종이다.

### 레드

◇ **아기오르기티코**
시노마브로 다음으로 중요한 품종이다. 생조지라는 이름으로도 알려져 있다. 네메아(Nemea)라는 체리 풍미의 스파이시한 드라이 와인을 만든다.

◇ **코치팔리**
크레타섬에만 존재하는 품종이다. 아르하네스(Archanes)라는 부드러운 풀보디 와인을 만드는 주요 품종이다.

◇ **리아티코**
크레타섬에서 주로 자라는 적포도 품종으로 옅은 색, 풀보디감, 과일 풍미, 스파이시함이 특징이다. 현재 소소한 부흥기를 겪고 있다.

◇ **림니오**
아리스토텔레스가 언급했던 독특한 고대 품종이다. 스파이시함과 흙 풍미가 특징이다. 렘노스섬의 토착종이지만, 현재는 그리스 북부 전역에서 자란다. 할키디키반도의 와인을 만드는 주요 블렌딩 와인이다.

◇ **만딜라리아**
크레타섬과 에게 섬들에서만 자란다. 타닌감이 상당히 강하다. 코치팔리에 소량의 만딜라리아를 섞어서 아르하네스라는 크레타섬의 와인을 만든다.

◇ **마브로다프니**
주요 품종이다. 펠로폰네소스 반도의 숙성된 스위트 주정강화 레드 와인인 마브로다프니 오브 파트라스를 만드는 주요 품종이다.

◇ **네고스카**
부드럽고 산도가 낮은 품종이다. 시노마브로와 섞어서 구메니사(Goumenissa) 와인을 만든다.

◇ **스타브로토, 크라사토**
올림포스산에서 자라는 보조 품종이다. 시노마브로와 섞어서 랍사니(Rapsani) 와인을 만든다.

◇ **시노마브로**
그리스에서 가장 중요한 레드 품종이며, 그리스 전역에서 대량으로 재배된다. 나우사(Naoussa)라는 타닌감과 흙 풍미가 강한 와인을 만든다. 구메니사의 주요 품종이기도 하다.

도 있고, 산지(랍사니, 구메니사, 산토리니 등)을 적는 예도 있는가 하면, 품종과 산지를 모두 표기하는 예도 있기 때문이다. 안타깝게도 라벨에 적힌 이름이 포도인지 산지인지 쉽게 구분할 방도가 없다. 설상가상 그리스 지명은 철자가 여러 개인 것도 있다. 로마자로 표기하는 그리스어를 발음대로 영어 알파벳으로 옮기는 표준화된 규칙이 없기 때문이다. 이 챕터에 등장하는 그리스 지명은 가장 흔히 쓰이는 영어 철자를 따랐다. 그러나 그리스 와인 라벨에 표기된 이름들은 그리스 내에서도 철자가 다르다.

가장 중요한 포도 품종부터 살펴보자. 최상급 청포도 중 가장 유명한 포도는 아시르티코다. 그리스 품종 중 최초로 국제적 사랑을 받은 포도다. 말라구시아와 모스코필레로는 훌륭한 꽃 향이 특징이며, 그리스 최고의 아페리티프를 만든다. 사바티아노는 그리스 특산품 레치나를 만든다. 그런데 생산율을 낮추고 세심한 양조과정을 거치면 환상적인 허브, 시트러스 풍미의 드라이 화이트 와인이 탄생한다.

가장 중요한 적포도 품종들도 알아보자. 아기오르기티코는 부드럽고 신선한 레드 와인을 만든다. 마브로다프니는 아주 맛있는 스위트 레드 와인을 만든다. 시노마브로는 대담하고 타닌감이 강하다. 시노마브로는 '시고 검다'는 뜻으로, 미식적 관점에서 다소 도전적인 의미를 지녔다.

그리스 포도밭 면적은 1,090㎢(10만 9,000헥타르)이며, 다섯 개 광활한 구역으로 나뉜다.

## 그리스 북부(Northern Greece)

## 테살리아(Thessaly)와 그리스 중부(Central Greece)

## 펠로폰네소스반도(Peloponnese)
## 이오니아 제도(Ionian Islands)

## 에게 제도(Aegean Islands)

## 크레타섬(Crete)

이 다섯 지역의 최상급 산지 34곳이 유럽연합 명칭 PDO(Protected Designation of Origin)에 지정돼 있다. 그리고 이보다 등급이 낮은 PGI(Protected Geographical Indication)에 지정된 산지가 120곳 이상이다.

그리스 북부는 알바니아, 북마케도니아, 불가리아와 국경을 접하며 에피루스, 마케도니아, 트라케를 포함한 광활한 지역이다. 와인 산지는 구메니사, 나우사, 아민테오, 슬롭스 오브 멜리톤, 마운트 아토스(Mt. Athos) 등이 있다. 이 중 나머지 둘은 할키디키반도에 있는데, 할키디키는 에게해에 손가락 세 개가 비죽 튀어나온 것처럼 생겼다.

그리스 북부에서 주목할 만한 청포도는 쌉쌀한 시트러스 맛의 희귀한 말라구시아가 있다. 말라구시아는 1990년대에 멸종 위기였지만, 와인 양조자 반겔리스 게로바실리우의 노력으로 구조됐다. 시노마브로 적포도 품종과 타닌감이 강한 시노마브로 와인은 그리스 북부의 특산품이다. 주로 나우사, 구메니사, 고지대인 아민테오에서 생산된다. 필자는 시노마브로가 그리스의 바롤로라고 생각한다. 그만큼 산도와 타닌 함량이 광장히 높은 몇 안 되는 포도 중 하나다. 시노마브로 와인도 바롤로처럼 혹독한 산미와 타닌감을 누그러뜨리려면 수년간 숙성시켜야 한다. 마지막으로 할키디키반도의 슬롭스 오브 멜리톤에서는 카베르네 소비뇽과 카베르네 프랑이 성공을 거두었다. 특히 고대 적포도 토착종인 림니오와 섞은 와인이 큰 인기를 끌고 있다. 도멘 포르토 카라스(Domaine Porto Carras)의 카라스 가문은 프랑스 유명 와인 학자였던 에밀 페노의 도움을 받아 이 지역을 개척하는 데 크게 일조했다.

테살리아와 그리스 중부는 각각 산악지대와 평지라는 매우 다른 지형의 조합으로 그리스 본토의 큰 부분을 차지하고 있다. 테살리아의 랍사니 와인 산지는 그리스에서 가장 높은 올림포스산 기슭에 있다. 이곳에서는 시노마브로를 두 적포도 보조 품종과 블렌딩한다. 스타브로토와 크라사토다. 크라사토는 '와인색'이란 뜻으로 고대에 자주 쓰던 표현이었다. 호머도 '오디세이'에서 오디세우스가 '와인처럼 검은 바다'를 건넜다고 표현했다

### 마운트 아토스 - 여성 금지 구역

그리스 할키디키반도 동쪽 끝의 '세 손가락'을 구성하는 마운트 아토스 와인 산지가 있다. 그리스 정교회 수도승들이 1,000년 넘게 와인을 계속 생산해 온 곳이다. 과거에는 아시르티코, 림니오 등 토착종으로 와인을 만들었지만 현재는 카베르네 소비뇽과 메를로도 재배한다. 그리스에서 '성스러운 산'으로 알려진 마운트 아토스에는 수도원 20곳(다른 거주지는 없음)이 있으며, 수도승 1,700명이 이곳에서 금욕적이고 고립된 삶을 살고 있다. 마운트 아토스에는 오직 남자만 거주하고 방문할 수 있다. 남자만 허용하는 원칙 때문에 그리스가 유럽연합 가입을 승인받았을 때 국경 개방 조약에서 특별 면제를 받았다.

## 세계 최고령 포도나무

산토리니의 그리스 화산섬의 혹독한 바람과 강렬한 태양으로부터 포도를 보호하기 위해 재배자들은 포도나무를 둥글게 길들여서 '스테파니(왕관)'로 만든다. 스테파니는 바닥에 납작하게 놓인 화환처럼 생겼으며, 포도들은 스테파니 중앙에 있다. 산토리니의 포도나무들은 80~100년 전부터 둥근 형태로 길들었다. 그전에는 포도 생산율이 거의 제로에 가까웠다. 그래서 재배자들은 나무 몸통을 거의 바닥 높이로 자름으로써 포도나무를 '재생'시켰다. 안정적으로 자리 잡은 나무의 휴면눈에서 새로운 뿌리가 뻗어 나갔고, 뿌리 위로는 완전히 새로운 나무가 재탄생했다. 포도나무는 2~3년 뒤에 와인을 만들 정도로 충분한 양의 포도를 맺었다. 산토리니 포도 재배자들이 보관 중인 역사 기록에 따르면, 이 섬의 포도나무들은 지난 몇 세기 동안 5번 이상 이런 재생 방식을 거쳤다고 한다. 만약 80년마다 재생 작업을 했다고 치면, 이곳의 포도나무 뿌리들은 최소 400년

포도나무 고목이 스테파니(왕관) 형태로 자라고 있다.

을 묵었다는 뜻이다. 그렇다면 이 섬의 포도나무들이 세계에서 가장 나이가 많을까? 그렇다. 재생 작업은 매년 포도나무를 가지치기하는 작업과 별반 다르지 않으니 말이다.

(453페이지의 '와인처럼 검은 바다' 참조). 그리스 중부의 주요 와인 산지는 아티카다. 아테네를 둘러싼 지역이다. 이곳에서 생산되는 와인은 대부분 단순한 테이블 와인이다. 그리스에서 가장 널리 재배되는 품종으로 꼽으며, 레치나의 재료인 사바티아노 토착종의 원산지이기도 하다. 그러나 도멘 파파기아나코스(Domaine Papagiannakos) 등 최상급 생산자들은 완전히 다른 레벨의 사바티아노 와인을 만든다. 이들은 사바티아노 고목의 과실로 야생 허브와 마르멜루 풍미를 띠는 환상적인 와인을 생산한다.

그리스 중부의 남동쪽에는 펠로폰네소스반도가 있다. 그러나 너비 6.4km, 길이 32km의 코린트지협을 제외하곤 사면이 바다로 둘러싸여 있어 사실상 거대한 섬이나 마찬가지다. 펠로폰네소스반도와 서쪽의 이오니아 제도에는 포도밭이 산괴 사이의 계곡이나 고원보다는 산간 지역에 몰려 있다. 이오니아 제도에서 가장 중요한 산지는 케팔로니아(Cephalonia)다. 이곳에서는 로볼라 품종으로 레몬, 광물성 풍미의 드라이 화이트 와인을 만든다. 특히 높은 고도에서 재배한 로볼라는 산토리니의 유명한 아시르티코 화이트 와인에 필적한다. 펠로폰네소스반도의 주요 와인 산지는 그리스에서 가

장 중요한 3대 산지이기도 하다. 바로 네메아, 만티니아, 파트라스다.

네메아 와인은 아가멤논의 궁정 와인으로 여겨졌으며, 높은 평가를 받는 아기오르기티코 적포도로 만든다. 네메아 와인은 단단함, 뚜렷한 구조감, 스파이시한 후추 풍미를 발산한다. 만티니아 와인은 스파이시하고 향긋한 드라이 화이트 와인으로 모스코필레로 품종으로 만든다. 파트라스는 세 가지 스타일의 와인을 생산한다. 첫째, 파트라는 가장 단조로운 스타일이며, 로디티스 품종으로 만든 단순한 드라이 화이트 와인이다. 둘째, 뮈스카 오브 파트라스는 이보다 특이하고 흥미로운 스타일이다. 뮈스카 블랑 아 프티 그랭으로 만든 녹진한 디저트 와인이며, 주정강화하는 때도 있으나 아닌 때도 있다. 셋째, 마브로다프니 오브 파트라스는 가장 특색 있는 스타일이며, 최상급은 오직 마브로다프니 품종만 사용한다. 참고로 마브로다프니는 '검은 월계수'란 뜻이다. 마브로다프니 오브 파트라스의 저렴한 버전에는 블랙 코린트(Black Corinth) 포도들이 들어간다. 블랜 코린트는 건포도로 유명하다. 복합적이고 두텁고 스위트한 마브로다프니 오브 파트라스는 호박색부터 마호가니색까지 다채로우며, 주정강화하고 살짝 산화시켰다.

그리고 토니 포트처럼 배럴에서 수년간 숙성시킨다. 그리스인들은 오후에 마브로다프니 오브 파트라스를 마시며 무화과나 오렌지를 먹는 전통이 있다(초콜릿과의 조합도 환상적이다). 그리스 정교회의 성찬식 때도 이 와인을 사용한다.

에게 제도는 소수 민족 거주지처럼 독립적이고 환상적인 소규모 와인 산지다. 이곳은 바람이 많이 불고, 토양이 척박하며, 물도 최소한만 있어 포도를 재배하기 어렵다. 렘노스, 사모스 등 에게 제도의 북부 섬들은 뮈스카 품종, 특히 뮈스카 블랑 아 프티 그랭이 지배적으로 많다. 특히 튀르키예 연안 근처에 있는 사모스섬은 뮈스카 오브 사모스로 유명하다. 이 품종은 향긋하고 스파이시한 드라이 와인과 살짝 주정강화한 살구 풍미의 스위트 와인을 만든다. 로데스, 산토리니 등 에게 제도의 남부 섬들은 아시르티코, 아티리, 모넴바시아 등의 청포도와 만딜라리아 등의 적포도를 재배한다.

이 중 현대에 가장 명성이 높아진 섬은 산토리니다. 그리스에는 산토리니가 전설의 아틀란티스 섬이라고 믿는 사람도 있다. 초현실적인 장관을 이루는 산토리니 화산섬은 하나로 이어진 것처럼 보이는 파란 하늘과 파란 바다 사이에 낀 검은 대형 분화구다. 포도밭 토양은 칠흑 같은 용암석에 구멍이 숭숭 뚫려 있어서 으스스한 느낌마저 감돈다. 용암석은 여러 차례 분출했던 고대 화산의 잔류물이다. 이 중 어떤 화산은 기원전 1627~1600년에 분출했는데, 역사상 두 번째로 가장 큰 화산폭발이었다. 이때 약 60㎦의 암석이 분출된 것으로 추정되는데 이는 근처 크레타섬의 미노아 문명을 멸망시킬 정도로 파괴적인 재앙이었다.

산토리니의 포도밭은 세계에서 가장 오랫동안 지속해서 재배된 포도밭이다. 그러나 포도나무 수령을 정확히 계측하기가 까다롭다. 왜냐하면 산토리니에서는 뿌리와 뿌리 위쪽 부분의 나이가 다르기 때문이다(459페이지의 '세계 최고령 포도나무' 참조). 현재, 이 귀한 포도밭 면적은 10㎢(1,000헥타르)에 달하는데, 농촌개발과 관광산업 발전 때문에 포도밭 면적이 매년 감소하고 있다.

과거에 산토리니 와인은 대부분 아시르티코 품종으로 만들었다. 짭짤한 광물성과 아삭함이 특징이었다. 와인의 단순한 순수성과 신선함이 산토리니섬의 단순한 해산물 요리와 완벽하게 어울렸다. 현재는 오크통에서 양조하거나 숙성시키는 경우가 많고, 점점 농익은 스타일로 변해 가는 추세다. 와인이 전보다 묵직해지고 광범위해졌지만, 필자 생각에 활기 넘치는 과거의 매력을 잃어버린 듯하다.

산토리니섬은 빈산토 와인으로도 유명하다. 빈산토(vinsánto)는 토스카나 디저트 와인인 빈 산토(vin santo)를 연상시키는 스위트 디저트 와인이다. 다만, 빈 산토는 '신성한 와인'이란 뜻인 데 반해 빈산토는 산토리니 와인'의 줄임말이며 철자에 띄어쓰기도 없다. 산토리니의 빈산토 주재료는 아시르티코 품종이다. 먼저 포도를 매트에 펼쳐 놓고 2주간 햇볕에 건조해서 당분을 응축시킨다. 포도가 반숙(half-baked) 상태에 이르면 포도를 발효시킨다. 이후 와인을 오래된 배럴에 10년간 숙성시켜서 그윽하고 풍성한 풍미를 가미한다.

마지막으로 크레타섬은 그리스에서 가장 큰 섬이다. 수많은 그리스 와인 전문가들은 크레타섬이 산토리니 못지않게 흥미롭다고 평가하지만, 명성은 아직 그에 미치지 못한다. 포도밭은 산간 지대에 있으며, 대부분 크레타섬 또는 주변 섬의 토착종을 심는다. 크레타섬의 주요 품종은 비디아노다. 비디아노는 크리미한 풀보디감 와인을 만드는데, 필자 생각에 샤르도네 애호가라면 분명 비디아노 와인도 좋아할 것이다. 최상급 적포도 품종은 리아티코, 코치팔리, 만딜라리아 등이 있다. 리아티코는 피노 누아의 스파이시한 버전이다. 코치팔리는 부드러운 풀보디감이 특징이고, 만딜라리아는 타닌감이 또렷하다. 보통 코치팔리와 만딜라리아를 블렌딩해서 유명한 아르하네스 레드 와인을 만든다.

## 그리스 음식

프랑스는 음식으로 깊은 인상을 남기고, 이탈리아는 음식으로 사람을 매혹하지만, 그리스는 진짜배기 음식들을 비밀에 부치기로 했다. 유럽에서 가장 흥미롭고 건강한 음식이라 자부할 만한데 비밀이라니, 안타까울 따름이다. 그리스는 산이 많고 건조한 지형 때문에 대규모 농경이 불가능하다. 대신 치즈, 요거트, 올리브, 채소 등 훌륭한 식품 대부분이 장인적 시스템을 거쳐 탄생한다. 현재까지도 그리스 도시에서 일하는 남녀들은 가을이 되면 가족이 있는 고향으로 돌아가서 올리브, 포도, 과일, 채소 수확을 돕는다.

그리스 음식은 본질적으로 종교와 연관돼 있다. 필자가 아는 한, 그리스처럼 단식이 일상생활(특히 사순절과 강림절)에 큰 부분을 차지하는 나라가 없다. 그리스인에게 금식과 성찬, 절약과 풍요는 불가분하게 얽혀 있다. 그리스 요리에는 채소와 올리브기름을 주재료로 만든 소박한 음식도 있고, 명절을 위해 정성껏 구운 풍성한 빵을 비롯해 호화로운 크리스마스와 부활절 만찬도 있다. 그리스 식사는 초지일관 느긋하게 진행된다. 그리스는 메인 코스로 바로 들어가지 않고, 메제(meze)라는 뿌리 깊은 의식으로 식사를 시작한다. 메제는 스페인의 타파처럼 한입 크기의 음식이며, 이를 구성하는 음식과 개념을 모두 지칭한다. 보통 와인이나 우조(ouzo)에 맞춰 각양각색의 메제를 선보인다. 우조는 그리스인들의 사랑을 듬뿍 받는 아니스 향의 현지 술이다. 메제로 티로피타키아라는 치즈로 속을 채운 한입 크기의 금색 삼각형 모양의 바삭한 필로가 나오기도 하고, 케프테데스라는 민트와 아니스로 향을 입힌 작은 양고기 완자가 등장하기도 한다. 차치키라는 걸쭉한 요거트, 마늘, 딜, 오이를 넣은 짜릿한 딥핑소스도 있고, 타라마살라타라는 잉어알, 올리브기름, 레몬을 섞은 크리미한 딥핑소스도 있다. 필자는 올리브기름과 와인 식초를 넣은 감자 퓌레인 스코르달리아를 가장 좋아하는데, 요리사에 따라 마늘을 아이올리보다 더 많이 넣기도 한다. 가장 전통적인 메제 중 하나는 돌마다키아다. 이는 봄에 딴 연한 포도 잎으로 레몬과 딜 향을 입힌 밥을 돌돌 감싼 요리다. 가장 간단하면서도 그리스에서 절대 빠지지 않는 메제

그리스에는 올리브가 풍성하다.

다. 가장 유명한 버전은 시금치를 넣은 스파나코피타다. 가지, 치즈, 호두 향을 입힌 우조와 오레가노를 필로 크러스트로 감싼 멜리차노피타도 있다. 요리사가 직접 공수한 야생 푸성귀로 속을 채운 호르토피타는 아마도 그리스인들이 가장 소중하게 생각하는 피타일 것이다. 호르토피타의 풍미는 민들레 잎, 소렐, 펜넬, 레몬밤 등 무수히 많지만 그리스인이라면 누구나 자신의 어머니가 만든 호르토피타를 즉각 알아챈다. 필자가 먹어 본 가장 감각적인 피타는 홈메이드 필로 반죽에 그리스 북부산에서 자란 크리미한 호박 퓌레로 속을 채운 피타였다. 필로는 그리스 음식에 절대 빼놓을 수 없는 요소다. 오늘날 그리스에서는 상업적으로 생산된 정형화된 필로 반죽을 마트에서 판매한다. 단번에 노릇하고 바삭하게 구워지는 매우 얇은 반죽이다. 그러나 외딴 마을의 나이든 여성들은 여전히 반죽을 직접 빚은 다음 길고 가느다란 밀대로 믿기 힘들 정도로 얇게 편다.

그리스는 길고 빈곤한 역사 때문에 채소, 샐러드, 콩류를 중시하는 음식문화가 형성됐으며 현재도 그리스 음식의 주재료를 구성한다. 그리스 마트에는 광택이 흐르는 가지, 토마토, 오이, 애호박, 리크, 콜리플라워, 펜넬, 당근, 수십 가지 야생 푸성귀와 재배한 채소가 높이 쌓여 있다. 리크, 애호박 같은 채소는 주로 신선한 민트와 딜을 섞은 레몬 밥으로 속을 채워서 먹는다. 또는 라구로 요리하거나 구워서 아브골레모노 소스를 뿌려 먹는다. 아브골레모노는 달걀, 레몬즙, 육수로 만든 진노랑 소스로 그리스 전역에서 쉽게 볼 수 있다. 치킨 육수를 사용하면, 코토수파 아브골레모노(치킨 수프)의 베이스 소스로 활용할 수 있다.

이제 샐러드로 넘어가 보자. 신선한 샐러드로 식사를 마무리하는 관습은, 프랑스에는 유감이지만, 고대 그리스에서 유래했다. 그러나 오늘날에는 샐러드를 가장 먼저 먹는 게 일반화됐다. 전형적인 그릭 샐러드가 가장 유

## 부활절 달걀의 발생지

그리스인들은 부활절 달걀모양 밀크초콜릿을 맛있게 먹고, 뒤뜰에서 플라스틱 달걀을 찾아다니는 행위를 '그리스답'고 여긴다. 부활절 달걀에 색칠하는 관습은 그리스에서 유래한 것으로, 그리스인들은 이를 당연한 종교의식으로 받아들인다. 보통 성목요일(부활절 전주의 목요일)에 달걀을 색칠하고, 성토요일(부활절 전주 토요일) 자정 미사 후에 금식을 깨는 의미로 달걀을 먹는다. 그리스에서는 부활절 달걀을 항상 예수의 보혈을 상징하는 빨간색으로 색칠하며, 달걀은 삶과 회생을 의미한다. 그리스 북부의 일부 지역에서는 달걀에 부활의 상징인 새를 그리기도 한다.

가 있다. 바로 올리브다. 그리스가 서구 문명의 요람일 때부터 그리스는 다양하고 풍부한 올리브로 유명했다. 그리스 올리브는 프랑스나 이탈리아 올리브보다 톡 쏘는 향이 더 강하다. 왜냐하면 수 세기째 이어 온 장인적 방식으로 올리브를 수확하고 염장하기 때문이다.

메제 다음에는 메인 코스가 아니라 피타의 차례다. 피타는 그저 납작한 빵이 아니라 짭짤한 필로 크러스트 파이

명한데, 이는 훌륭한 버전도 있지만 다소 형편없는 버전도 있다. 제대로 만든 그릭 샐러드는 다즙하고 잘 익은 토마토, 아삭한 오이, 신선한 페타치즈, 풍성하고 짭짤한 칼라마타 올리브, 질 좋은 앤초비, 산뜻한 피망, 톡 쏘는 오레가노, 푸른 금빛의 매콤한 엑스트라버진 올리브기름, 매력적인 레드 와인 식초로 구성된다. 상추는 선택 사항이다.

그리스는 수천 마일에 이르는 연안 지대 덕분에 해산물의 천국이 됐다. 항구 앞의 수수한 타베르나(선술집)에 앉아 있으면 주방에서 신선하고 맛있는 생선 통구이 냄새가 은은하게 퍼져 나온다. 그리스에는 온갖 종류의 생선이 있으며 그릴 구이 말고도 소금구이, 포도 잎에 감싸서 굽기, 페타치즈와 함께 굽기, 올리브기름에 튀기기 등 다양한 방식으로 요리한다. 생선을 끓여서 온갖 종류의 부야베스를 만들기도 한다. 그러나 그리스 해산물 요리의 정수는 세계에서 가장 호화스러운 두족류인 문어(흐타포티)와 오징어(칼라마리아)다. 특히 섬세한 바다 풍미를 발산하는 문어에 소금을 입혀서 석탄에 구운 다음 레몬과 올리브기름을 뿌리면, 유일무이한 요리가 탄생한다.

'그리스' 하면 떠오르는 음식을 말해 보라면 많은 사람이 양고기를 꼽을 것이다. 실제로 양고기는 그리스에서 사랑받는 식재료다. 이를 한 번에 보여 주는 예가 부활절이다. 그리스는 부활절에 양고기 꼬치를 먹는 전통이

있다. 양고기를 구울 때는 로즈메리 가지를 올리브기름에 담갔다가 양고기에 바른다. 양고기는 부활절에만 반짝 등장했다 사라지는 요리가 아니다. 양고기는 그리스 어디에나 있다. 타베르나에서는 수블라키를 판매하는데, 양고기 다리 부위를 꼬치에 끼워서 겉은 검고 바싹하게 그을리고 속을 촉촉하게 굽는다. 양고기에 레몬 절임을 넣은 진흙 구이도 있다. 민트, 쌀, 건포도, 호두를 넣은 매콤한 스튜도 있다. 꿀, 건포도, 계피, 식초, 케이퍼를 넣은 캐서롤도 있다. 참고로 타임 향을 입힌 크레타섬의 꿀이 유명하다. 이 중에서도 특히 무사카가 일품이다. 무사카는 다진 양고기, 가지, 토마토, 계피, 페타치즈를 켜켜이 쌓은 다음 베샤멜소스를 얹어서 진흙 항아리에 구운 요리다.

마지막으로 디저트가 있다. 그리스인들은 고기라면 꽤 오랫동안 먹지 않고 참을 수 있지만, 디저트는 항상 곁에 있어야 한다. 손님이 갑자기 찾아오면, 마르멜루, 호두, 피스타치오, 베르가모트, 무화과 또는 오렌지로 만든 시럽 질감의 잼을 대접한다. 바클라바 등 꿀에 흠뻑 적셔서 궁극의 단맛을 낸 온갖 종류의 페이스트리도 있다. 튀긴 반죽에 꿀과 견과류를 입힌 티플레스는 집에 떠도는 악령을 좇아낸다고 여겨진다. 혹시라도 손님이 만족하지 못했을 때를 대비해서 대부분의 그리스 가정은 참깨, 아몬드, 호두, 꿀로 만든 쿠키, 타르트, 비스킷을 풍족하게 갖춰 놓는다.

# 위대한 그리스 와인

## 화이트 와인

### 산토 와인스(SANTO WINES)
**볼캐닉 테루아르(VOLCANIC TERROIR) | 아시르티코 | 산토리니 | 아시르티코 100%**

눈부시게 아름다운 산토리니 화산섬을 세계에 알린 아시르티코 화이트 와인은 오늘날 다양한 스타일로 만들어진다. 그러나 필자는 오리지널 스타일을 가장 선호한다. 오크의 흔적이 전혀 없는 신선하고 순수한 본드라이 스타일이다. 산토 와인스의 아시르티코가 대표적 예다. 60~80년 묵은 포도나무 과실로 만든 이 와인은 전형적인 아시르티코답게 레몬과 소금기 어린 공기를 그대로 포착한 아삭함을 지녔다. 또한 불꽃 같은 광물성과 산미 덕분에 아시르티코 와인은 해산물과 굉장히 잘 맞는다.

### 도멘 파파기아나코스(DOMAINE PAPAGIANNAKOS)
**사바티아노 | 올드 바인스 | 그리스 중부, 마르코풀로 | 사바티아노 100%**

과거에 사바티아노는 그저 그런 품질의 레치나를 만드는 포도로 간과됐다. 그러나 이제는 새로운 세대의 역동적인 그리스 와인 양조자들이 사바티아노로 환상적이고 맛있는 와인을 빚어낸다. 이들은 도멘 파파기아나코스에게 고마워해야 한다. 사바티아노로 고품질 와인을 만들 수 있다고 믿고 실제로 증명해 낸 최초의 양조자이기 때문이다. 40년 묵은 포

도나무 과실로 만든 사바티아노 와인이 대표적 예다. 타임, 로즈메리, 펜넬, 세이지 등 야생 허브 풍미가 질주하며 와인에 활기를 더한다. 와인의 레몬과 소금 풍미는 투통한 그리스 올리브, 후무스, 페타치즈를 먹고 싶게 만든다. 도멘 파파기아나코스의 북향 포도밭은 아테네 외곽의 석회암 구릉지대에 물결처럼 펼쳐져 있다.

### 오에놉스(OENOPS)

**알파(APLÁ) | 마케도니아, 드라마 | 말라구시아 60%, 아시르티코 30%, 로디티스 10%**

그리스 최고의 3대 청포도가 어우러져 활기차고 아름답게 균형 잡힌 드라이 화이트 와인이 탄생한다. 꽃과 복숭아 아로마가 당신을 유혹하며, 소금과 시트러스의 새큼한 풍미가 그리스 해안에 앉아 있는 듯한 기분을 선사한다. 소나무 숲과 신선한 세이지의 만남을 연상시키며 신선하고 황홀한 풋풋함도 매력적이다. 2015년, 와인 양조자 니코스 카라차스는 그리스 북부의 드라마에 오에놉스 양조장을 설립했다. 그는 드라마 곳곳에서 발견한 오래된 포도밭에서 소량의 수제 와인을 생산하고 있다. 오에놉스가 크레타섬의 헤라클리온 산악지대의 포도밭에서 생산한 크리미하고 활기찬 비디아노(Vidiano) 와인도 환상적이다.

## 레드 와인

### 티미오풀로스(THYMIOPOULOS)

**시노마브로 | 영 바인스 | 마케도니아, 나우사 | 시노마브로 100%**

나우사 지역의 고원에서 생물역학 농법으로 재배한 포도밭에서 놀랍도록 활기찬 레드 와인이 탄생한다. 특히 시트러스와 다크 체리 아로마, 흙과 향신료 풍미가 그야말로 일품이다. 필자는 이처럼 고목이 아닌 어린 포도나무 과실을 사용했다고 라벨에 당당하게 밝히는 와인은 처음 봤다. 시노마브로는 네비올로와 마찬가지로 활기찬 산미와 타닌감을 지닌다. 그래서 라이트 보디 와인이면서도 입안에 강렬한 인상을 주며 스파이시한 양고기 요리와도 기막히게 잘 어울린다. 와이너리를 소유한 아포스톨로스 티미오풀로스는 그리스 토착종 개발에 헌신한 신세대 와인 양조자 중 하나다. 시노마브로 영 바인스(Young Vines)는 '지구와 하늘(Earth and Sky)'이라 불리는 시노마브로 올드 바인스(Old Vines)의 남동생 격이다.

### 알파 이스테이트(ALPHA ESTATE)

**헤지호그 빈야드(HEDGEHOG VINEYARD) | 시노마브로 | 마케도니아, 아민테오 | 시노마브로 100%**

와인 양조자 안젤레스 이아트리디스는 마케도니아 아민테오

산악지대의 해발 640m의 북향 고원에서 감각적이고 순수한 싱글 빈야드 시노마브로 와인인 헤지호그를 생산한다. 라이트 보디 와인이지만 날카롭고 쫄깃한 타닌감을 지녔으며, 달콤한 체리, 크랜베리, 향신료 풍미가 이어진다. 뒤이어 에스프레소와 다크초콜릿을 연상시키는 고상한 쓴맛이 파도처럼 연속해 밀려온다. 그다음은 라즈베리와 바닐라의 향연이 시작된다. 빠르게 스쳐 가는 풍미들이 놀랍도록 매혹적이다. 명망 높은 그리스 화학자이자 와인 학자인 이아트리디스는 포도 재배학자 마키스 마브리디스와 함께 1997년에 알파 이스테이트를 설립했다. 약간의 스파이시함을 지닌 알파 이스테이트의 터틀 빈야드 말라구시아(Turtles Vineyard Malagousia)도 매우 훌륭하다.

### 도멘 스쿠라스(DOMAINE SKOURAS)

**그랑 퀴베 | 네메아 | 펠로포네스 | 아기오르기티코 100%**

시노마브로 와인이 입안에서 맹렬하고 빠르게 휘몰아친다면 아기오르기티코는 나른하고 느긋하게 흐른다. 특히 도멘 스쿠라스의 그랑 퀴베(Grande Cuvée)는 부드럽고 유연한 질감과 검은 감초, 블랙베리, 흑후추의 길고 복합적인 풍미가 마음을 진정시킨다. 도멘 스쿠라스는 그리스에서 최고 명성을 자랑하는 와이너리 중 하나로, 부르고뉴에서 와인을 공부한 조지 스쿠라스가 1986년에 설립했다. 네메아 지역의 해발 1,036m 높이의 산에 위치한 포도원은 유럽 최고 높이를 자랑한다. 스쿠라스는 그리스에서 최초로 그리스 토착종과 국제 품종의 혼합을 시도한 와인양조자다. 현재 스쿠라스의 주력 상품으로 꼽히는 메가스 오에노스(Megas Oenos)는 그리스 최초로 아기오르기티코와 카베르네 소비뇽을 블렌딩한 와인이다. 메가스 오에노스 역시 감미로움, 부드러움, 복합미, 그리스 해안 지형을 연상시키는 아로마를 품고 있다.

그리스인들은 만취의 폐해를 극도로 지양했다. 그래서 항상 와인을 물에 희석해서 마셨으며, 심지어 와인과 물을 1:3의 비율로 섞기도 했다. 그리스인들의 관점에서 와인을 그대로 마시는 건 야만인이나 하는 짓으로 여겨졌다.

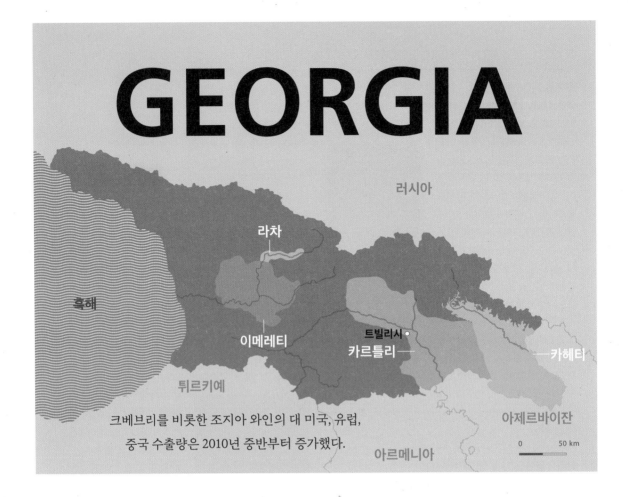

# GEORGIA

러시아

라차

흑해

이메레티

트빌리시
카르틀리 ——

—— 카헤티

튀르키예

아제르바이잔

크베브리를 비롯한 조지아 와인의 대 미국, 유럽,
중국 수출량은 2010년 중반부터 증가했다.

0          50 km

아르메니아

성직자에게서 전화가 걸려 오는 일은 흔치 않다. 그런데 10년 전 어느 여름날, 나파 밸리의 사무실에 앉아 있는데 갑자기 전화벨이 울렸다. 수화기를 들어 보니 조지아 카헤티에 사는 한 수도승이었다. 그는 11세기에 세운 알라베르디 수도원의 와인 양조자였다. 그는 자신과 동료들이 만든 와인을 내게 소개하고 싶다는 의사를 밝혔다. 다음날 검은 로브를 입고 큼직한 동방 정교회 십자가 목걸이를 걸고 수염 난 남성 한 명이 내 사무실로 걸어 들어왔다. 그리고 조지아 와인 양조자 10명이 그 뒤를 따라 들어왔다. 그리고 자리에 앉아서 민요를 부르기 시작했다. 술을 마시기 전에 노래를 부르는 게 조지아의 오랜 전통이라고 했다.

그들이 가져온 와인은 대부분 야광 주황색이었다. 큼직한 달걀 모양의 진흙 용기에 와인을 양조한 다음 밀랍을 발라서 땅속에 완전히 묻는 것이다. 필자는 크베브리에 양조한 와인을 그때 처음 마셔봤다.

조지아는 세계에서 가장 오래된 농경사회에 속한다. 흑해와 카스피해 사이의 산악지대에 있는 조지아는 유럽과 아시아의 교차로에 해당한다. 조지아 바로 남쪽에 튀르키예가 있고, 북쪽에는 러시아와 거대한 코카서스산맥이 있다. 면적은 18만 1,300㎢로 아일랜드보다 조금 더 작다. 미국 국립과학원(NAS)이 발표한 생체분자, 고고학, 식물 고고학 연구에 따르면, 조지아는 8,000년 훨씬 이전부터 와인을 만들었다고 한다.

조지아는 튀르키예, 이란, 이라크, 아르메니아, 아제르바이잔과 더불어 세계에서 가장 일찍 포도를 재배하기 시작한 나라다(92페이지의 '고대 와인' 참조). 조지아는 토착종만 525종이 넘는 것으로 추정되며, 세계에서 가장 풍요로운 포도나무 유전자풀을 보유한 나라다. 오늘날 조지아 와인 양조자들은 멸종 직전의 토착종을 최대한 많이 찾아내서 보존하려고 엄청난 노력을 기울이고 있다.

조지아가 과거에 정치적 격동기를 겪는 동안 와인은 문화적 통로였다. 기원전 4세기부터 1800년 러시아의 첫 점령기까지, 조지아는 거의 지속적인 침략에 시달렸다. 마케도니아, 로마, 페르시아, 비잔틴 제국, 튀르키예, 몽골 등 모두 조지아를 자국 영토라 주장했으며, 한 번 이상 점령한 때도 있었다. 1800년대 말, 필록세라가 조지

조지아 수도승들은 4,000년간 조지아 와인의 전통을 지켜왔다.

2017년, 생체분자 고고학자인 패트릭 맥고번 박사와 과학자 무리는 조지아 수도 트빌리시 남쪽에 있는 유적지 두 곳에서 발견한 대형 항아리들 속의 화학물질을 분석했다.

그 결과 항아리들은 8,000년 전의 유물이며 와인을 발효, 숙성, 저장하는 용기로 쓰였다는 사실이 밝혀졌다. 이는 조지아가 유럽과 근동에서 가장 오래된 와인 양조 역사를 가졌음을 증명한다.

조지아는 지진 활동이 빈번한 유라시아 지각판 위치에 있다.
지진 활동으로 코카서스산맥이 형성됐다.

장엄한 코카서스 산맥은 흑해부터 카스피해까지 뻗어 있으며, 조지아와 러시아가 맞닿은 북쪽 국경선의 일부를 구성한다.

아 포도밭을 초토화했다. 와인산업이 다시 회복되기 시작한 시기는 조지아가 소련에 흡수된 1922년부터였다. 그러나 헝가리, 슬로베니아 등 다른 공산주의 국가와 마찬가지로 조지아의 고급 와인산업도 무너졌다. 1991년 조지아는 정치적 독립을 획득한다. 그러나 1992~1993년, 러시아가 조지아의 두 지역, 남오세티아와 압카지아를 점령한다.

이 모든 역경에도 불구하고 조지아 고급 와인산업은 현재 부흥기를 맞이했다. 조지아의 포도밭은 490㎢ (4만 9,000헥타르)에 달한다. 2000년대 초기에는 장인적 양조방식으로 돌아가려는 움직임이 활발했다. 2016~2020년, 조지아의 10대 와인 구역에 등록된 와이너리 수는 400개에서 약 1,600개로 증가했다. 게다가 포도를 구매해서 집에서 와인을 직접 담가 먹는 가

### 조지아 음식, 음료 그리고 건배사

중부 유럽에서 가장 정교하고 흥미로운 음식 문화는 바로 조지아식 수프라(연회)다. 진짜 연회는 아니지만 단순한 식사 자리보다는 복잡하고 화려하다. 호두, 마늘, 호로파(fenugreek), 석류, 금잔화 등 귀한 식재료를 활용한 요리들이 등장한다. 그러나 수프라가 특색 있고 독특한 이유는 다름 아닌 타마다 덕분이다. 타마다는 저녁 식사 자리를 주재하는 일종의 영적 지도자이자 건배 사회자(toastmast)다. 타마다는 음식을 먹고 와인을 마시는 내내 감동적이고 철학적인 건배사를 제의하는 역할

을 맡는다. 처음에는 신을 위해, 그다음에는 조지아, 평화, 고인, 어린이와 새 생명, 노인, 우정, 사랑을 차례로 언급한다. 좋은 타마다는 화려한 언변, 총명함, 빠른 두뇌 회전, 유머 감각을 모두 갖춰야 한다. 수프라에는 언제나 건배사를 제안하는 손님들이 있으므로 타마다는 그런 사람들에게 밀리지 않아야 한다. 타마다가 건배사를 하는 동안 모든 남자는 자리에서 일어나야 한다. 그리고 건배사에 담긴 철학과 교훈을 감상하고 고찰하는 마음으로 조용히 와인을 마신다.

90% 이상이 단 세 품종으로 만들어진다. 가장 주된 청포도는 르카치텔리(Rkatsiteli)이며, 그다음은 므츠바네(Mtsvane)다. 참고로 므츠바네는 조지아 토착종이다. 르카치텔리도 조지아 토착종으로 간주하지만, 명확한 근거는 없다. 주요 적포도는 사페라비(Saperavi)이며, 조지아 남서부 지역의 토착종이다.

르카치텔리는 척박한 환경에도 잘 견디는 강인한 품종이며, 높은 산미, 풋사과와 광물성 풍미를 띤다. 므츠바네는 시트러스 풍미와 향긋함이 특징이다. 주로 이 둘을 혼합해서 쓴다. 사페라비는 붉은 과육을 가진 몇 안 되는 포도 중 하나다. 오죽하면 이름도 '염색'이라는 뜻이다. 사페라비는 잉크처럼 짙은 색깔, 야생 베리, 후추, 감초, 사냥감 고기의 풍미를 지닌다. 세 품종 모두 조지아 전통식에 따라 크베브리에서 양조하거나 현대식으로 스테인리스 탱크 또는 오크 배럴에 양조한다.

정도 수천 가구에 달한다. 실제로 조지아 전역에서 포도나무가 무성히 자라는 모습을 볼 수 있다. 그러나 상업적 와인 생산과 포도밭의 약 75%는 한 동부 지역에 몰려 있다. 코카서스 산기슭에 있는 카헤티라는 지역이다. 조지아처럼 작은 나라에 놀랍도록 다채로운 기후와 지형이 존재한다. 북부에는 빙하, 북동부에는 알프스 초원, 남부에는 사막, 남서부에는 다우림, 남동부에는 비옥한 강 계곡이 있다. 토양도 충적토, 응회암, 모래, 진흙, 석회석 등 매우 광범위하다. 조지아의 지형이 이처럼 다양한 까닭은 흑해와 가깝고, 수백 개 강이 조지아를 십자형으로 가로지르며, 지진 활동이 빈번한 유라시아 지각판으로 코카서스산맥을 비롯해 구불구불한 산악지대가 형성돼 있기 때문이다.

조지아에서 생산한 와인의 70%가량은 화이트 와인이며, 나머지는 레드 와인이다. 수백 가지의 품종이 이곳에서 자라지만, 와인의

### 크베브리 와인 양조법

조지아도 몇십 년 전부터 스테인리스스틸 탱크와 오크 배럴을 사용하기 시작했지만, 그래도 대부분의 와이너리는 천 년간 지속해 온 크베브리 양조법을 고수한다. 초대형 크베브리는 성인 남성이 안으로 들어가서 설 수

1881년, 와인 양조자와 아직 땅속에 묻지 않은 크베브리의 모습

## 특별한 인종

조지아인들은 코카서스 인종의 주요 그룹으로 여겨지지만, 유럽이나 아시아의 주요 민족 중 어느 범주에도 속하지 않는다. 조지아 학자와 역사학자에 따르면, 현대 조지아인의 조상은 신석기 시대부터 코카서스 남부와 아나톨리아(현재의 튀르키예) 북부에 살았다고 한다. 조지아어는 카르트벨리어족에 속하며, 인도·유럽 어족, 튀르크어족, 셈어족과는 관련이 없다. 또한 아름답고 고유한 문자체계를 갖고 있다.

있을 만큼 크다. 크베브리는 사촌 격인 암포라와는 달리 와인을 운송하는 데 사용되지 않는다. 오히려 크베브리는 땅속에 한 번 묻으면, 절대 옮기지 않는다. 땅속의 서늘한 기온이 안정적으로 유지돼서 와인의 발효와 숙성에 제격이다. 하지만 크베브리를 청소하는 일을 매우 까다롭다. 조지아 와인 양조자들은 포도를 수확하기 몇 주 전에 크베브리 안으로 들어가서 매일 두세 번씩 내부를 닦는다.

조지아 와인 양조자들은 지역마다 조금씩 다른 방식으로 와인을 만든다. 그러나 기본적인 과정은 다음과 같이 진행된다. 먼저 포도를 으깨서 크베브리에 넣는다. 이때 잘 익은 포도 줄기의 일부를 함께 넣기도 한다. 포도 껍질과 용기 내부에 붙어 있던 효모가 발효를 시작한다(상업적 효모는 첨가하지 않음). 발효가 끝나면 돌이나 유리로 된 마개로 크베브리를 밀봉하며, 그 위에 밀랍을 바르기도 한다. 그리고 약 6개월간 그대로 놓아둔다. 포도 껍질, 효모 찌꺼기, 기타 고체 물질들이 바닥에 가라앉으면서 와인이 맑아진다. 포도 껍질과 오래 접촉해서 효모 분해가 일어나면, 본래 흰색이던 포도즙은 주황색 와인으로 바뀌고, 빨간색 즙은 주황빛이 감도는 레드 와인으로 둔갑한다. 다른 나라에서는 이 화이트 와인을 '오렌지 와인'이라 부르지만, 조지아에서는 '호박 와인(amber wine)'이란 명칭이 더 세련됐다며 이렇게 부르길 선호한다. 2013년, 고대 조지아 전통 크베브리 와인 양조법(공식 명칭)은 유네스코 무형 문화유산에 등재됐다.

조지아에서는 5대 크베브리 장인 가문이 수작업으로 크베브리를 제작한다. 전 세계적으로 스킨콘택트 오렌지 와인과 소위 '내추럴 와인'의 생산량이 증가하면서, 크베브리 수요도 증가하는 추세다(39페이지 참조).

크베브리 와인은 풍미와 질감이 매우 독특하다. 송진과 달콤 쌉싸름한 맛이 나기도 하며, 싱글 몰트 스카치처럼 훈연과 토탄 풍미가 느껴지기도 한다. 어떤 품종을 사용하는지에 따라 야생 허브, 말린 오렌지 껍질, 말린 살구, 호두 껍데기, 바닷소금, 광물성, 생강, 향신료 차의 풍미를 띤다. 발효 단계와 발효 후 침용 과정에 들어가는 포도 껍질(때론 줄기)에서 타닌이 추출되기 때문에 크베브리 와인은 대체로 떫은 타닌감과 수렴성을 띠는데 이는 쉽게 익숙해질 수 있는 감각이 아니다. 또한 구매자가 주의할 점이 있다. 크베브리 와인은 양조과정을 최대한 단순화하기 때문에 미생물로 인한 와인의 부패를 방지하는 이산화황을 거의 첨가하지 않는다. 따라서 크베브리를 위생적으로 세심하게 관리하지 않거나, 와인을 운송하고 보관할 때 낮은 온도를 유지하지 못한 경우, 구매한 와인에서 심한 악취가 날 수 있다.

**조지아 와인은 라벨에 스타일(드라이, 세미 스위트 등),
포도 품종 또는 와인 산지를 표기한다.
또한 유럽연합의 PDO 명칭 체계를 따른다.
이 책을 집필하는 시점을 기준으로 조지아에는 24개 PDO가 있다.**

고대의 비옥한 초승달 지대는 현재의 이라크가 있는 페르시아만부터 북쪽으로 메소포타미아와 아나톨리아(현재의 튀르키예)를 거쳐 남쪽으로 이집트까지 아치 모양으로 뻗어 있었다. 초승달 동쪽의 지중해 연안이 현재의 이스라엘이며, 이곳은 와인의 옛 고향 중 하나다. 이스라엘은 1948년에 재건된 젊은 국가지만, 고고학적 근거에 따르면 이 지역의 와인 양조 역사는 5,000년 전에 시작됐다. 예를 들어 구약에 등장하는 유명한 가나안 항아리는 가나안(대략 현재의 이스라엘과 레바논의 위치) 상인들이 이집트와 상품, 음식, 와인을 거래할 때 사용한 수단이었다. 가나안 항아리는 암포라의 전신이다.

### 점적관수
#### - 이스라엘이 세계에 선물한 포도 재배농법

전 세계의 거의 모든 와인 산지는 이스라엘이 1960년대 발명한 점적관수 농법을 사용한다. 점적관수는 1897년에 폴란드에서 정통 유대교 가정에서 태어난 심카 블라스가 개발했다. 블라스는 1차 세계대전과 폴란드-소비에트연방 전쟁에 참전했고, 엔지니어링을 공부했다. 이후 1930년대에 이스라엘로 이주했으며, 네게브에 물을 공급하기 위해 이스라엘 수자원공사를 설립했다. 그는 거대한 나무가 파이프에서 새는 물방울을 맞고 자란 것을 우연히 보고 점적관수를 고안해 냈다. 1960년대, 블라스는 아들의 도움을 받아 블라스 관개 시스템을 개발해서 특허를 받았다. 긴 스파게티 모양의 관을 통해 물을 이동시키는 블라스 관개 시스템은 마찰을 이용해 유속을 늦추고, 플라스틱 분사기를 통해 물을 방출하는 방식이다. 블라스 관개 시스템은 가장 먼저 키부츠에서 시행됐고, 이후 전 세계로 퍼졌다.

이스라엘은 너비 137km, 길이 470km이며, 지중해 동쪽 끝단에 있다. 이스라엘은 미국의 뉴저지주에 쏙 들어올 정도의 크기다. 이스라엘의 북쪽과 북동쪽에는 레바논과 시리아가 있다. 동쪽에는 요르단과 흑해가 있다(흑해는 수면이 해수면보다 400m 정도 낮으며, 지구상에서 가장 낮은 지점이다). 남서쪽에는 이집트가 있다. 현재 팔레스타인 영토(서안지구, 가자지구)가 이스라엘 내에 있는데, 이곳은 분쟁지역이다.

포도밭은 이스라엘 전역에 있지만, 명성 높은 포도밭은 상부 갈릴리, 골란고원처럼 서늘하고 고도가 높은 지역

예루살렘의 '정원 무덤'에 있는 와인 틀
일각에서는 예수 그리스도가 묻혔다가 다시 살아난 무덤이 이곳이라고 믿는다

고대 이스라엘은 와인을 마시는 문화가 성행한 것으로 추측되지만, 안타깝게도 이는 634년 아랍의 정복과 이슬람 통치의 시작으로 끝을 맞이했다. 술은 금지됐고 포도나무는 모두 뽑혀 버렸다. 이후 이슬람은 13세기 동안 이스라엘 지역을 지배했다. 1500년에 오스만 제국이 이스라엘을 점령했을 때를 포함해서 말이다. 이스라엘은 1차 세계대전이 끝날 때까지 튀르키예의 지배를 받았다. 이러하니 일부 학자들이 이스라엘을 '세계 최고령이자 최연소' 와인 산지 중 하나라고 여기는 것도 무리는 아니다.

현대 이스라엘 와인산업은 1882년에 유태인 자선 사업가이자 보르도의 샤토 라피트 로칠드의 소유주였던 바롱 에드몽 드 로칠드가 현대 이스라엘 최초의 두 와이너리 설립을 지원하면서 시작됐다. 이스라엘을 아직 튀르키예가 통치하고 있는 정치적으로 민감한 시기였다. 리숀 레시온과 지크론 야코프(해안 평야의 카르멜 해안의 위치)에 설립한 와이너리들은 관개용 단독 우물과 대형 와인 지하 저장실을 포함한 대규모의 정교한 건축 프로젝트였다. 참고로 이스라엘 최초의 전화선이 관리사무실과 와인 저장실에 설치됐다. 에드몽 드 로칠드는 이스라엘의 따뜻한 기후를 고려해 프랑스 남부 품종인 카리냥과 카베르네 소비뇽을 심기로 했다. 1890년, 와인용 포도 수확 없이 수 세기를 보낸 이스라엘은 마침내 와인을 다시 생산하기 시작했다.

과 중앙 산지 부근의 유대 고원(Judean Foothills)과 유대 구릉지(Judean Hills)에 집중돼 있다. 그러나 고대부터 와인을 생산했을 정도로 포도 재배에 적합한 환경임에도 불구하고 이스라엘은 격동의 와인 역사를 보유하고 있다.

근동지역에서 와인은 수천 년 동안 일상생활에서 중요한 부분을 차지했다. 이스라엘 고대유물청(Israeli Antiquities Authority)은 이를 뒷받침할 고대 와인 공산품(가나안 항아리, 와인 틀, 와인잔 등)을 대거 발굴했다. 예를 들어 2018년에 텔아비브 남쪽 게데라 부근 유적지에서 가나안 항아리 10만 개 잔해가 발견됐다. 모두 한 세라믹 공장에서 만든 것으로 추정된다.

지구상에서 가장 낮은 바다인 사해와 맞닿은 포도밭

## 희망의 마을

화려한 색감의 추상화를 그린 다비드 애시캐나지는 다운증후군을 가진 채 태어났다. 그는 튤립 와이너리의 대표 와인인 블랙 튤립을 매우 좋아했다. 2003년, 이차키(Yitzhaki) 가문은 이즈르엘 계곡이 내다보이는 언덕 꼭대기에 튤립 와이너리를 세웠다. 이차키 가문의 목표는 크파르 티크바(히브루어로 '희망의 마을'이란 뜻) 주민들에게 좋은 와인을 제공하는 것이었다. 크파르 티크바는 인지장애, 발달장애, 정서장애를 앓는 성인 200명이 모인 공동체다. 현재 튤립 와이너리는 매년 30만 병의 와인을 생산하며, 크파르 티크바 구성원들이 포도밭과 양조장의 작업을 도맡아 하고 있다.

1906년, 에드몽 드 로칠드는 두 와이너리(카르멜 오리엔탈리)에 대한 지분 일부를 유대인식민화협회(Palestine Jewish Colonization Association)에 양도했고, 포도밭은 소정의 금액만 받고 현지 포도 재배자들에게 임대했다.

그러나 와인산업을 하루 만에 완성할 수는 없다. 숙련된 와인 양조자, 포도밭 노동자, 자본, 마케팅 및 영업 기술이 전혀 없는 이스라엘은 처음부터 시작해야 했다. 에드몽 드 로칠드의 프로젝트 이후, 유럽에서 이주해 온 유대인들은 땅을 매입해서 작은 포도밭을 일구기 시작했다. 1957년, 에드몽 드 로칠드의 아들인 제임스 드 로칠드는 자신의 아버지가 소유한 이스라엘 와인 자산 전부(카르멜 오리엔탈리 포함)를 최초의 두 와이너리에 포도를 제공하던 재배자들에게 기부했다. 이후 카르멜 오리엔탈리는 이름을 카르멜으로 바꿨으며, 현재 이스라엘에서 가장 큰 와이너리다.

당시 레드 와인 대부분은 카리냥 베이스였고, 오프드라이 화이트 와인은 세미용 베이스였다. 1976년, 이스라엘

와인 생산의 90%를 차지하던 카르멜은 소형 프랑스 오크 배럴에 숙성시킨 스페셜 리저브 카베르네 소비뇽을 출시했다. 이 와인이 바로 품질 혁명을 촉발했다.

1980~1990년대는 이스라엘 와인산업이 대대적인 발전을 이룩한 시기다. 와이너리가 설립되고, 현대기술이 도입되고, 포도밭이 새 지역에 생겨났다. 1990년대, 독학하거나 캘리포니아에서 와인을 배운 양조자들이 부티크 와이너리를 만들었다. 젊은 이스라엘 와인 양조자들이 세계를 누비며 다양한 와인을 폭넓게 경험하면서 관점과 야망도 커졌고, 덩달아 와인산업도 확장됐다.

오늘날 이스라엘에는 와이너리가 300곳이나 존재하며, 이 중 70여 개가 주요 상업적 와이너리에 해당한다. 포도밭 면적은 90㎢(9,000헥타르)다. 카르멜(Carmel), 바르칸(Barkan), 테퍼버그(Teperberg), 골란 하이츠 와이너리(Golan Heights Winery) 등 대형 와이너리 열 곳이 전체 와인 생산의 90% 이상을 차지한다.

어느 정보를 참고하는지에 따라 이스라엘 와인 산지는 다섯 개 또는 여섯 개로 나뉜다. 아담 몬트피오리와 같은 이스라엘 현지 와인 전문가들과 와인 양조자들 대부분은 여섯 개 지역으로 나눈다. 북쪽부터 남쪽 순서로 나열하면 다음과 같다.

### 갈릴리

---

### 골란고원

---

**해안 평야** 지크론 야코브 하나디브 밸리(Zichron Yaacov-Hanadiv Valley), 유대 연안(Judean Coast) 등

---

**중앙 산지** 길보아 산(Mt. Gilboa), 숌론 구릉지(Shomron Hills), 유대 구릉지(Judean Hills), 네게브 유대(Negev Judea) 등

---

**유대** 유대 고원(Judean Foothills), 라키시(Lachish) 등

---

**네게브** 라마트 아라드(Ramat Arad), 미츠페 라몬(Mitzpe Ramon) 등

---

이스라엘은 매우 다채로운 지중해성 기후를 지녔다. 북쪽의 상부 갈릴리는 비교적 서늘하며, 토양 일부는 응회암이다. 산이 많은 지형이라서 포도밭이 높은 고도에 자

리 잡고 있다. 캘리포니아 와인 양조자 제프 모건과 작고한 나파 밸리 와인 양조자 레슬리 루드는 이곳에 커버넌트 이스라엘(Covenant Israel) 양조장을 위해 시라를 심었다. 골란고원은 해발 1,100m의 화산 고원으로 상당히 서늘하다. 야든 와이너리(Yarden Winery)가 이곳에서 블랑 드 블랑 스파클링 와인을 만든다.

이스라엘 중부의 예루살렘 부근에 있는 유대 구릉지는 프로방스와 비슷한 느낌이다. 토양에 석회암이 섞여 있기도 하며, 포도밭은 늦은 오후의 직사광선을 피하려고 북향에 심기도 한다. 포도밭이랑은 지중해에서 불어오는 서늘한 바람을 누리기 위해 동서 방향으로 심는다.

이스라엘 남부 절반은 네게브 사막이며, 카르멜은 이곳에 와이너리를 세웠다. 물론 이스라엘은 사막에서도 꽃을 피우는 것으로 유명하지만, 물 부족 현상은 여전히 만성적인 문제다(사실 가장 큰 문제는 포도나무를 뿌리까지 씹어 먹는 낙타다).

봄과 가을에는 혹독한 캄신(khamsin)이 불어온다. 아라비아 사막에 부는 뜨겁고 매서운 모래 돌풍인데, 열기와 바람 때문에 포도밭의 모든 작업이 중단된다. 이스라엘의 또 다른 걱정거리는 물론 불안과 전쟁이다.

이스라엘의 포도 품종은 약 120종에 달하지만, 상업적으로 재배되는 품종은 20개 미만이다. 카리냥은 수십 년째 와인산업의 중추를 담당하고 있다. 카리냥 와인 중에는 레카나티(Recanati), 비트킨(Vitkin) 등 구조감과 흙 풍미가 강한 와인도 있다. 카리냥, 시라, 기타 프랑스 남부 품종들은 이스라엘 기후에 매우 적합하다. 이즈르엘 밸리(Jezreel Valley), 돌턴(Dalton), 커버넌트 이스라엘(Covenant Isreal) 등의 와이너리는 프랑스 남부 포도 재배를 이스라엘에서 말하는 '지중해 방향'으로 옮기려고 노력 중이다.

'지중해 방향'의 일환으로 이스라엘은 1972년에 카리냥과 포르투갈 품종 소종(Souzão)을 교잡해서 아르가만(Argaman)을 발명했고 1990년대에 상업적 와인으로 만들었다. 아르가만은 아람어로 '짙은 보라색'이란 뜻이며, 블렌드 와인에 색을 더하기 위해 만든 품종이다. 그러나 와인 양조자들은 아르가만의 잠재력이 단순히 색깔을 가미하는 데 그치지 않는다고 본다. 이즈르엘 밸리 와이너리의 설립자인 야콥 널다비드는 25년 넘게 아르가만 와인을 만들었다. 그가 만든 아르가만은 샌달우드, 알후추, 인센스 아로마를 지닌 생생하고 환상적인 와인이다.

그런데도 왕좌는 여전히 카베르네 소비뇽이 차지하고 있다. 이스라엘에서 재배량이 가장 많으며 버라이어탈 와인 또는 메를로, 프티 베르도, 카베르네 프랑과 섞여서 매끈함, 다즙함, 피망, 자두, 담배 풍미가 있는 블렌드 와인으로 만들어진다. 도멘 뒤 카스텔(Domaine du Castel)과 야티르(Yatir)는 유대 구릉지에서 뛰어난 카베르네 베이스 블렌드 와인을 만든다. 1848 와이너리(1848 Winery)와 실로(Shiloh)도 이곳에서 매우 훌륭한 카베르네 프랑 와인을 생산한다. 갈릴리에서도 비냐미나(Binyamina), 프사고트(Psagot), 오르 하가누즈(Or Haganuz), 스토우드미어(Stoudemire), 디포드(Ephod) 등이 구조감과 밸런스가 뛰어나고 스파이시한 카베르네 소비뇽을 대거 생산한다. 참고로 비냐미나는 포도나무 고목의 과실로 더 케이브(The Cave)라는 블렌드 와인을 만든다.

"우리는 이즈르엘 계곡에서 지중해 포도 품종을 생산하는 데 집중하고 있다. 지중해 품종은 태양을 사랑하며, 우리 지역의 고유함이자 '이스라엘의 정체성'을 대변해 준다. 예수님이 어떤 와인을 마셨는지 모르지만(우리 와이너리에서 겨우 몇 킬로미터 거리에 살았음) 카베르네, 메를로, 프티 베르도는 분명 아니다."
-이즈르엘 밸리 와이너리 설립자인 야콥 널다비드

카베르네 소비뇽과 유사한 품종으로 카베르네와 그르나슈의 교잡종인 마르셀란(Marselan)이 있다. 마르셀란도 이스라엘에서 잘 자라는 품종이다. 특히 타보르(Tabor) 와이너리는 야생성과 흙 풍미를 지니며 스파이시한 마르셀란 와인을 만든다.

필자가 이스라엘 와인을 마셔본 결과 화이트 와인이 전반적으로 레드 와인보다 덜 성공적이다. 주요 화이트 와인은 소비뇽 블랑과 샤르도네이다. 리슬링, 게뷔르츠라미너, 뮈스카 오브 알렉산드리아 등으로 만든 향긋한 화이트 와인도 많다.

한편 이스라엘은 토착종을 찾고 연구하는 작업을 추진하고 있다. 장기간의 이슬람 통치 때문에 현재 남아 있는 품종은 와인용이 아니라 생식용 포도다. 다행히 다양한 토착종으로 상업적 와인이 생산되고 있다. 청포도 토착종은 다부키(Dabouki), 함다니(Hamdani 또는 마라위·Marawi), 잔달리(Jandali) 등이 있다. 청포도 토착종은 바라디 아스마르(Baladi Asmar), 비투니(Bittuni) 등이 있다. 특히 레카나티(Recanati)의 비투니는 선명한 체리, 레드 커런트 풍미, 신선한 다즙함을 지닌 사랑스러운 와인이다.

## 코셔 와인

이스라엘 와인에 관한 가장 큰 오해는 코셔 와인 (Kosher wine)과 같은 와인이라는 것이다. 그러나 이스라엘 와인과 코셔 와인은 동의어가 아니다. 실제로 모든 코셔 와인이 이스라엘 와인이 아니듯, 모든 이스라엘 와인도 코셔 와인이 아니다.

유대교 전통에서 와인은 신성한 음료이기 때문에 안식일(샤바트)을 비롯한 종교의식에 자주 사용된다. 매주 안식일에서는 와인잔을 들고 축복(키두시)을 낭송한다. 코셔라는 단어는 '순수하다', '적합하다'는 뜻이다. 즉, 코셔 와인이 안식일을 지키는 정통 유대인에 적합한 음료라는 것이다. 이런 와인은 포도가 와이너리에 들어가는 순간부터 와인이 병입되는 순간까지 오직 안식일을 지키는 유대인만 다룰 수 있다. 비유대인이나 안식일을 지키지 않는 유대인은 양조과정에 참여할 수는 있지만, 와인이 배럴이나 탱크에 있을 때는 건드릴 수 없다. 또한 효모부터 청징제까지, 코셔 와인에 사용되는 모든 것들도 코셔여야 한다.

코셔 와인은 메부샬(mevushal), 비(非)메부샬(non-mevushal) 등 두 종류로 나뉜다. 메부샬은 히브리어로 '요리하다', '끓이다'라는 뜻이다.

비메부샬 코셔 와인, 즉 끓이지 않은 코셔 와인은 오직 안식일을 지키는 유대인만 양조하고, 다루고, 병입하고, 인증하고, 개봉하고, 잔에 부을 수 있다. 어떤 의미에서 가장 등급이 높은 코셔 와인인 셈이다. 비유대인이 비메부샬 코셔 와인을 만지면, 와인이 영성을 잃기 때문에 성찬식에 적합하지 않다고 여긴다. 안식일을 엄격하게 준수하는 유대인은 비유대인이나 안식일을 지키지 않은 유대인이 만진 비메부샬 코셔 와인을 마시지 않는다.

**이스라엘 예루살렘 산에 있는 사고 와이너리는 예수 그리스도의 탄생지와 가장 가까운 와이너리다. 포도밭을 재건할 당시 현장에서 고대 동굴이 발견됐는데 그 안에 66~73년도 동전이 있었다. 동전의 한쪽 면에는 포도나무 잎사귀 모양과 히브리어로 '유대민족의 자유를 위해'라고 새겨져 있으며, 다른 쪽 면에는 암포라 모양이 찍혀 있었다.**

반면 메부샬 코셔 와인은 이보다 훨씬 흔하게 볼 수 있다. 메부샬 와인은 빠르게 저온살균, 즉 가열한 와인이다. 유대인, 비유대인, 안식일을 지키는 유대인, 지키지 않는 유대인 모두 메부샬 와인을 구매하고, 개봉하고, 마실 수 있다. 레스토랑이나 행사에서 제공하는 코셔 와인은 모두 메부샬 와인이다.

종교학자들은 코셔 와인이 두 종류로 나뉘게 된 배경에는 오랜 역사가 있다고 한다. 예부터 유대교 종교 당국은 와인이 성찬뿐 아니라 사교적 목적으로도 활용된다는 사실을 알았다. 와인은 사회적 교류를 활성화하는 윤활유 역할을 한다. 초창기 유대인 학자들은 이런 사회적 교류를 두려워했다. 유대문화가 해체되고 유대인이 다른 문화에 동화되는 시초가 되리라고 생각해서였다. 그 이유로 코셔 와인을 두 버전으로 만들었다. 메부샬 와인을 문자 그대로 가열해서 맛과 품질을 낮췄다. 도덕적으로 '살균'한다는 의미도 포함됐을 것이다.

현재는 메부샬 와인을 실제로 끓이거나 짧게 저온살균하지도 않는다. 대신 플래시 데탕트(flash détente) 기법을 사용한다. 와인 대신 포도를 빠르게 가열한 후 진공 상태에서 신속하게 냉각시키는 방식이다. 플래시 데탕트는 저온살균보다 부드러운 방법이며 최종 와인의 풍미에 미치는 영향이 덜하다. 이 덕분에 메부샬 와인과 비메부샬 와인 간의 풍미 격차가 감소했다.

와인의 코셔 여부는 와인의 품질과 아무런 관련이 없지만, 코셔 와인은 이스라엘 와인산업 발전에 어느 정도 영향을 미쳤다. 와인 양조자들은 세계의 수많은 위대한 와인을 맛보고 서로 정보를 공유하며 많은 것을 배운다. 그러나 안식일을 지키는 유대인 와인 양조자들은 코셔가 아닌 와인을 마시지 않는다. 따라서 훌륭한 '기준'을 제시하는 위대한 와인에 대한 경험이 제한적일 수밖에 없다.

한편 미국에는 강력한 코셔 와인 협회들이 있다. 미국 최초의 코셔 와인은 1800년대 유대인 이민자들이 콩코드 품종과 유대인 인구가 몰려 사는 동부 연안에 번성했던 미국 토착종을 사용해서 만들었다. 유대인들은 와인의 '섹시한' 풍미를 감추기 위해 대량의 당분을 첨가했다. 시간이 흐르면서 미국산 코셔 와인은 텁텁한 쿨에이드(Kool-Aid)처럼 시럽 같은 단맛이 나는 저품질 와인이라는 인식이 굳어졌다. 오늘날 고급 코셔 와인(메부샬, 비메부샬)이 프랑스, 아르헨티나, 캘리포니아, 이스라엘 등 전 세계에서 생산되고 있음에도 이런 이미지가 남아 있다는 사실이 참으로 안타깝다.

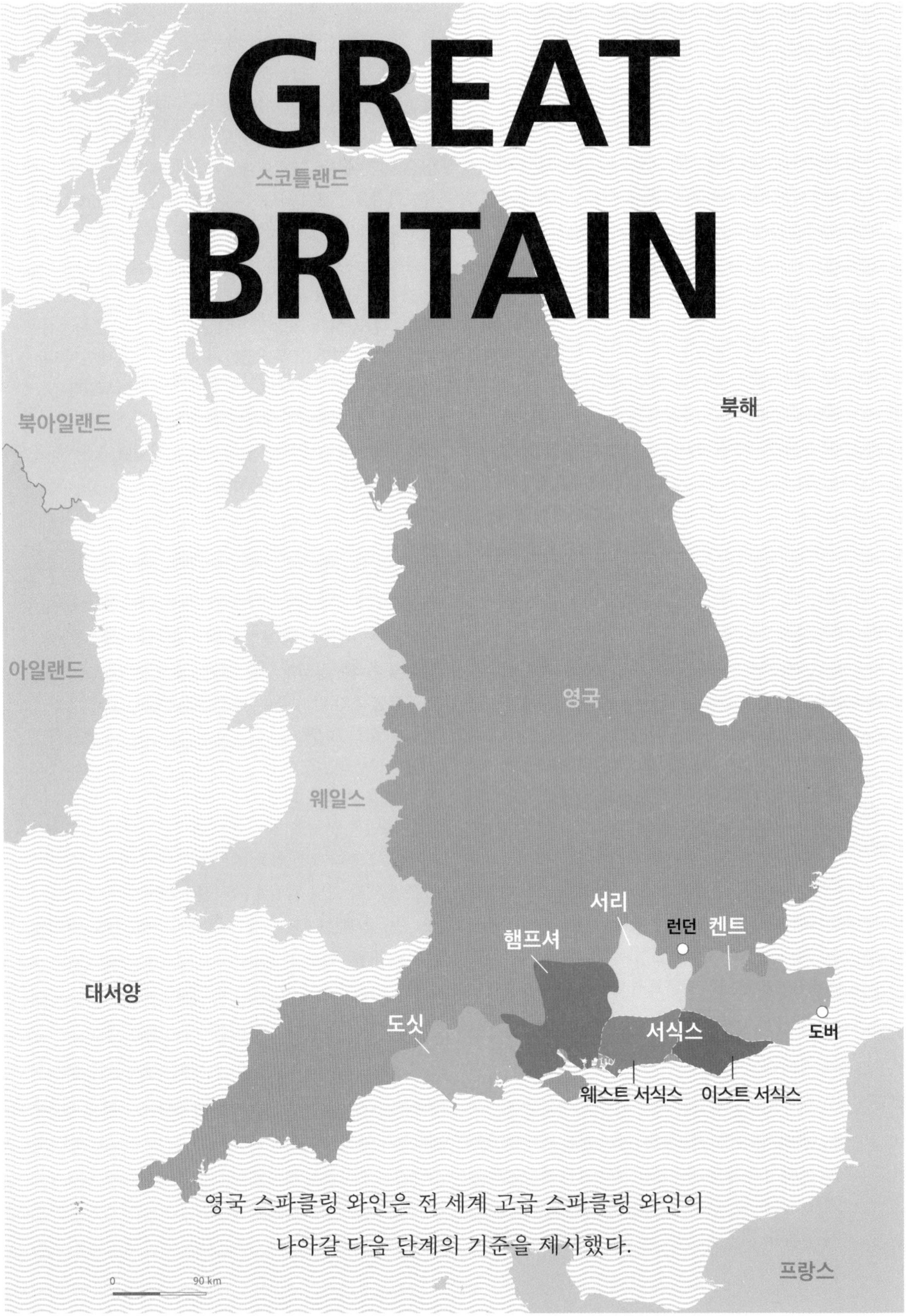

# GREAT BRITAIN

스코틀랜드

북아일랜드

북해

아일랜드

영국

웨일스

서리

햄프셔

런던 켄트

대서양

도싯

서식스

도버

웨스트 서식스   이스트 서식스

영국 스파클링 와인은 전 세계 고급 스파클링 와인이
나아갈 다음 단계의 기준을 제시했다.

프랑스

0        90 km

샹파뉴 지역에서 북서쪽으로 130km 거리에 순백의 백악질 토양이 땅 밖으로 그대로 드러나 있다. 눈을 감고 차가운 공기를 들이마시면, 마치 샹파뉴에 있는 듯하다. 그러나 정신 차리자! 여기는 영국이다.

작지만 중요한 영국 와인산업의 급부상은 21세기에 가장 놀라우면서도 영감을 주는 사건이었다. 이를 예상치 못했던 이유는 수십 가지에 달한다. 영국에는 와인 양조 전통도 없고, 숙련된 와인 양조자와 포도 재배자도 부재한데다, 비가 많이 내리는 끔찍한 날씨 때문에 와인산업 전망이 암울했었다. 이것이 영감을 주는 이유는 이런 제한적 요소가 줄어들고 있고, 영국 와인이 품질과 생산량 면에서 기대를 넘어섰기 때문이다.

따뜻하고 햇볕이 쨍쨍했던 2018년이 분수령이었다. 그해에 영국 와인 1,320만 병이 생산됐고, 그중 900만 병이 스파클링 와인이었다. 참고로 전해의 스파클링 와인 생산량은 400만 병이었다. 2018년에는 포도나무 160만 그루를 새로 심고, 2019년에는 320만 그루를 추가로 심었다. 무엇보다 포도밭 면적이 10년 전에 비해 160% 이상 증가했다. 요컨대 영국 스파클링 와인이 난데없이 등장해서 전 세계 고급 스파클링 와인이 나아갈 다음 단계의 기준을 제시한 셈이다.

잠시 잉글랜드와 영국이라는 용어와 스파클링 와인에 대해 짚고 넘어가겠다. 현재 잉글랜드와 웨일스 모두 와인(스파클링, 스틸)을 생산하기 때문에 이 챕터의 제목

을 영국(Great Britain)이라 붙였다. 다만, 가장 성공적인 와인이자 영국 와인산업을 국제무대에 올려놓은 주역은 모두 잉글랜드에서 생산된다. 그리고 이 와인은 모두 샴페인 전통 양조방식에 따라 병 속에서 2차 발효를 시킨 스파클링 와인이다. 이번 챕터에서도 이 스파클링 와인을 중점적으로 다룰 예정이다.

『영국 와인』(The Wines of Great Britain)의 저자인 스테판 스켈턴은 영국이 4세기부터 1970년대까지 포도 재배에 끊임없이 쏟아부은 노력을 글로 근사하게 풀

니팀버 포도밭에 방목하는 양떼들은 와이너리 손님을 맞이해 주는 (비공식) 직원이다.

어냈다. 특히 1960년대 이래 낙관주의적 무리가 매년 포도밭을 조금씩 재배하기 시작했는데, 대부분 와이너리를 운영할 준비도, 자금도 부족했다. 안타깝게도 이들이 심은 포도는 뮐러투르가우처럼 추운 기후에 적합한 독일 교잡종, 세이블 블랑(Seyval Blanc)과 바쿠스(Bacchus)처럼 내한성이 있는 하이브리드 품종이었다. 그러나 이런 와인을 판매할 시장은 전혀 없으며, 품질도 형편없다는 의견이 지배적이었다.

1986년 시카고 출신의 스튜어트와 샌디 모스 부부는 의료 장비 사업을 은퇴하고 잉글랜드 남부를 여행하며 골동품을 수집하고 있었다. 아름다운 전원 풍경에 푹 빠진 모스 부부는 이곳에 저택을 매입했다. 서식스의 니팀버 저택은 유명한 영국 토지대장에 니티브레하(Nitimbreha)라는 이름으로 언급돼 있다. 과거에 헨리 8세가 토머스 크롬웰에게 주었다가 이후 그의 네 번째 왕비인 앤 클리브스에게 선물한 저택이다. 모스 부부는 큰 그림을 그렸다. 그들이 보기에 잉글랜드 남부는 샹파뉴 지역과 유사점이 많고, 무엇보다 땅 자체가 샹파뉴와 똑같은 백악질 토양이었다. 미국에서 온 모스 부부가 니팀버에 샤르도네, 피노 누아, 피노 뫼니에를 심자, 현지인들은 의구심을 품었다.

모스 부부의 첫 번째 스파클링 와인은 1992년산 블랑 드 블랑이다. 이 와인은 국제 와인·주류경연대회(IWSC)에서 금메달을 받았다.

그다음은 1993년산 샤르도네, 피노 누아, 피노 뫼니에 블렌드 와인을 선보였다. 이번에도 IWSC에서 금메달

을 획득했다. 이후 출품한 와인도 비슷한 결과를 얻었다. 모스 부부가 양조장을 판매한 이후에도 니팀버는 세계대회에서 금메달을 수십 개나 땄다.

모스 부부의 노력은 훌륭한 도약판으로 작용했다. 현재 영국에는 와이너리 30여 곳에서 전통 샴페인 양조방식으로 스파클링 와인을 생산한다. 포도는 직접 재배하거나, 농부가 기른 포도를 구매한다. 이 중 최고의 와이너리는 니팀버와 채플 다운(Chapel Down)이다. 거스본(Gusbourne), 딕비(Digby), 브라이드 밸리(Bride Valley), 위스턴(Wiston), 엑스턴 파크(Exton Park), 해팅리 밸리(Hattingley Valley) 등 품질 중심을 소규모 생산자도 있다. 이들은 대부분 2000년대 시작했으며, 현재도 빠른 성장세를 보인다. 잉글랜드 남부는 런던과 가까워서 땅값이 비싸므로 품질에 치중한 생산자만 게임에 뛰어들고 있다. 샴페인 하우스도 여럿 있다. 그중 테텡제(Taittinger)와 브랑켄포메리(Vranken-Pommery)가 선두에 있으며, 각각 도멘 에버몬드(Domaine Evremond), 루이스 포메리(Louis Pommery)라는 영국 스파클링 회사를 갖고 있다.

## 영국의 최상급 스파클링 와인 생산자

- 볼니 와인 이스테이트(Bolney Wine Estate)
- 브라이드 밸리(Bride Valley)
- 딕비(Digby)
- 엑턴 파크(Exton Park)
- 거스본(Gusbourne)
- 해팅리 밸리(Hattingley Valley)
- 랭햄(Langham)
- 니팀버(Nyetimber)
- 리지뷰(Ridgeview)
- 수그루(Sugrue)
- 위스턴 이스테이트(Wiston Estate)

## 땅, 포도 그리고 포도원

영국의 최상급 포도밭은 잉글랜드 남부를 동서 방향으로 거의 직선처럼 가로지른다. 켄트의 영국해협 부근에서 시작해서 서쪽으로 푸른 벨벳 같은 구릉지를 넘어 이스트 서식스, 웨스트 서식스 햄프셔를 지나 도싯까지 차례로 이어진다. 오래된 석조 집, 산울타리가 쳐진 좁은 길, 양들이 수놓은 언덕, 토끼가 노니는 정원 등으로 마치 베아트릭스 포터가 지은 『피터 래빗 이야기』 속에 들어온 기분이다. 영국과 프랑스 간의 거리는 해저터널 처널(Chunnel)로 겨우 50km밖에 되지 않는다.

카운티들은 노스 다운스(North Downs), 사우스 다운

감미로운 영국 산미를 맛보고 있다.

사우스 다운스 경사면의 푸른 벨벳 같은 완만한 언덕에 포도밭이 펼쳐져 있다.
토양은 샹파뉴 지역과 같지만, 잉글랜드 남부는 해안에 있는 와인 산지다.

스(South Downs) 등 두 급경사면에 있다. 두 경사면은 풍화와 침식을 거쳐 언덕 꼭대기, 산등성이, 계곡을 형성했다.

포도밭은 언덕 정상에 휘몰아치는 해풍을 피해 주로 계곡에 있다. 경사면 하부에는 두꺼운 백악질 지층이 있다. 이는 7000만~9000만 년 전, 영국 남부와 유럽 북서부를 거대하고 얕은 바다가 뒤덮고 있을 때 쌓인 지층이다. 이 백악질 지층은 도버의 백색 절벽과 샹파뉴 고유의 풍미를 내는 샹파뉴 지역의 백악질 토양과 같다. 잉글랜드의 경우, 백악질 대신 배수성이 좋은 녹색 사암(greensand)이 있거나 두 종류가 뒤섞여 있다. 녹색 사암은 백악기 전에 바다 최하층에 쌓인 사암이다.

잉글랜드 남동부는 샹파뉴 지역과 여러모로 유사하지만, 결정적인 차이가 있다. 바로 위치가 해안이라는 점이다. 남동부는 비교적 따뜻하고 건조한 편이지만 그래도 여전히 잉글랜드기 때문에 최고의 포도밭조차도 비, 흰곰팡이, 부패 위기와 사투를 벌인다. 포도나무 사이로 햇빛과 공기가 최대한 많이 들어올 수 있도록 이랑 간격도 넓게 잡는다. 포도 생산율이 매우 낮으므로, 와인 양조자들은 극도로 선택적으로 포도를 수확한다. 사실 영국의 최상급 스파클링 와인 생산자들은 샴페인 클론보다 생산율이 낮은 샤르도네나 피노 누아의 부르고뉴산 클론을 심는다. 잉글랜드의 기후는 전반적으로 샹파뉴보다 서늘하다. 그래서 잉글랜드 스파클링 와인이 '영국 산미'를 가졌다고 종종 묘사한다. 즉, 산도가 높다는 뜻이다.

### 영국식 산미

영국의 스파클링 와인 생산자들은 흔히 자국 와인에 '영국식 산미'가 있다고 표현한다. 그 말인즉슨, 산도가 높다는 뜻이다. 많은 영국 스파클링 와인은 리터당 산도가 8~9g에 달한다. 참고로 샴페인의 산도는 5~6g이다. 그 결과, 최상급 영국 스파클링 와인은 짜릿함, 뻣뻣함, 아삭함, 기분 좋게 톡 쏘는 느낌을 지닌다

그러나 기후변화가 모든 것을 바꿔놓았다. 날씨가 좋은 해에 잉글랜드 남부는 전례 없이 뜨거운 한여름을 겪게 됐다. 이로써 포도가 성숙하는 데 필요한 환경이 조성됐다. 실제로 비교적 서늘했던 7월 온도가 2010년 이래 1.5~2℃만큼 상승했다. 그 결과, 영국 스파클링 와인은 포도가 익기 직전의 복합미를 획득한 동시에 전반적으로 서늘한 기후에서 오는 명확성과 우아함까지 갖추게 됐다.

영국 스파클링 와인은 최소 9개월간 쉬르 리 숙성을 거치며, 대부분의 와이너리가 이 기간을 훨씬 초과한다. 와인은 대부분 브뤼(brut)이며, 잔당량은 리터당 7~11g(0.7~1.15) 수준이다. 많은 양조장이 대부분 와인에 빈티지를 기재하며, 금빛 와인 외에도 블랑 드 블랑, 로제 스파클링 와인도 생산된다. 마지막으로 영국 스파클링 와인은 잉글랜드 PDO(Protected Designation of Origin) 또는 웨일스 PDO에 지정돼 있다.

# 위대한 영국 스파클링 와인

## 니팀버(NYETIMBER)

**블랑 드 블랑 | 브뤼 | 샤르도네 100%**

니팀버에서 생산하는 훌륭한 스파클링 와인들 중 하나만 고르기란 쉽지 않다. 그중에서도 황홀한 풍미를 뽐내는 블랑 드 블랑은 경이로울 지경이다. 처음 한 모금을 머금으면 순수함, 뻣뻣함, 백악질 풍미가 느껴진다. 광물성이

수천 개 광점처럼 와인 속을 질주한다. 크렘 브륄레, 브리오슈, 생크림, 바닷소금, 프렌치바닐라 커스터드 풍미가 파도처럼 밀려온다. 그 중심에는 오븐에 넣기 직전 빵 반죽의 중독성 있는 아로마가 있다. 니킴버 양조장은 1086년에 설립됐으며, 정복자 윌리엄이 잉글랜드와 웨일스에서 토지조사를 한 후 작성한 토지대장에 언급돼 있다. 최초의 니팀버 와인은 1992년산 블랑 드 블랑이다. 2006년, 네덜란드 출신 에릭 헤레마가 니팀버를 매입했다.

## 리지뷰(RIDGEVIEW)

**블랑 드 블랑 | 빈티지 | 브뤼 | 샤르도네 100%**

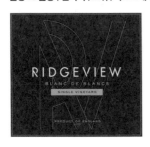

초창기 영국 스파클링 와인 생산자인 크리스틴과 마이크 로버츠 부부가 1995년에 리지뷰 양조장을 설립했다(마이크는 영국 와인 생산자협회 회장을 지냈다). 현재는 로버츠 부부의 자식인 타마라(CEO)와 시몬(와인 양조자)이 양조장을 운영한다. 리지뷰의 와인 중 특히 블랑 드 블랑이 탁월하며, 산뜻한 백악질 풍미, 커스터드 같은 풍성함, 메이어 레몬, 마르멜루, 티 비스킷, 살구 글레이즈의 사랑스러운 풍미가 돋보인다. 또한 석회석, 진흙, 부싯돌 포도밭 덕분으로 광물성과 산미가 넘치지만 3년간의 쉬르 리 숙성 덕분에 크리미한 질감을 갖고 있다.

## 거스본(GUSBOURNE)

**빈티지 | 브뤼 | 리저브 | 켄트 |**
**피노 누아 50%, 샤르도네 40%, 피노 뫼니에 10%**

거스본의 스파클링 와인은 잉글랜드 남부의 시골을 떠오르게 만든다. 신선한 목초지, 산울

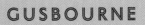

타리, 비 온 뒤의 맑은 공기가 연상된다. 필자는 2017년에 거스본 양조장을 처음 방문하고, 깊은 인상을 받았다. 거스본의 브뤼 리저브는 미묘한 과일 풍미층과 풍성하고 밝은 산미를 갖춘 장인적 와인이다. 장기간의 쉬르 리 숙성 덕분에 기포와 무스가 매우 섬세하다. 거스본의 모든 와인은 3년 이상 쉬르 리 숙성을 거친다. 거스본은 2004년에 잉글랜드의 완만한 언덕 비탈면에 부르고뉴 클론들을 심었다. 오리지널 거스본 양조장은 1410년에 건립됐다.

## 딕비(DIGBY)

**빈티지 | 브뤼 | 리저브 |**
**샤르도네 65%, 피노 뫼니에 20%, 피노 누아 15%**

딕비는 2010년에 트레버 클러프와 제이슨 험프리스가 세웠다(딕비는 1630년에 현대 영국 와인병을 발명한 케넬름 딕비의 이름을 땄다). 그들은 샹파뉴의 관행에 따라 여러 지역(켄트에서 도싯까지)의 재배자로부터 포도를 구매한 다음 복합적인 퀴베를 혼합한다. 그들의 마법 같은 손길을 거치면 와인에서 다층적 풍성함, 짜릿함, 활기 넘치는 신선함이 더해진다. 특히 브뤼 리저브는

톡 쏘는 백악질과 석회암 풍미, 감귤, 라임, 휘핑크림, 생강의 은은한 풍미가 일품이다. 매우 정교한 '영국 산미'가 느껴지며, 실제로 10년간 묵힌 빈티지 와인도 갓 데고르주망한 것처럼 느껴진다.

# THE UNITED STATES

"와인은 세상에서 가장 문명화된 물질이자 가장 완벽에 가까운 자연적 사물이다.
그 어떤 감각적 물질보다 폭넓은 즐거움과 감동을 선사한다.
-어니스트 허밍웨이, 『오후의 죽음』에서

흔히 미국은 개척정신이 있다고 한다. 그런데 개척정신이 가장 생생하게 살아 있는 분야가 바로 와인산업이다. 미국은 현재 세계 4위 와인 생산국이며 모든 주에서 와인을 생산한다. 매년 생산자 수가 증가하고 있고 현재 와이너리 수도 1만 1,000개가 넘는다.

미국은 세계 최대 와인 소비국이기도 하다. 프랑스는 이미 십여 년 전 미국에 세계 최대 와인 소비시장이란 타이틀을 빼앗겼다. 미국은 엄청난 인구수 덕분에 매년 3,310만 헥토리터의 와인을 소비한다. 그러나 1인당 기준으로 보면, 미국은 1위가 아니라 18위다. 놀랍게도 미국 성인 중 40%는 주로 종교적 이유로 와인, 맥주, 증류주 등 알코올을 마시지 않는다. 유럽 국가 대부분의 금주율이 12% 미만임을 고려하면, 미국의 이런 금주 현상은 유럽과 매우 다른 양상이다. 2019년, 미국 성인의 14%가 자국에서 판매된 와인 대부분을 소비했다.

그러나 변화가 일어나고 있다. 미국 사회에 와인 문화

## 폭발적 성장

미국은 1960년대에 문화, 정치, 경제, 사회의 격동기를 겪었다. 와인산업도 이 시기에 폭발적으로 성장하기 시작했다.

| 미국 와이너리 수 | | |
|---|---|---|
| 주 | 1960년 | 2021년 |
| 캘리포니아주 | 256 | 4,763 |
| 워싱턴주 | 15 | 1,050 |
| 오리건주 | 0 | 908 |
| 뉴욕주 | 15 | 471 |

나파 밸리에 있는 루드 이스테이트의 마운틴 비더 포도밭에서 쌀쌀한 새벽 공기를 마시며 포도를 따러 가고 있다. 해발 1,500피트(해발 460m) 높이의 포도밭 아래로 안개 밭이 펼쳐진다.

## 세계 최대 규모의 와이너리

미국 최대 와이너리 갤로(Gallo)는 세계 최대 규모를 자랑하는 가족기업이다. 갤로는 와인을 연간 약 8,300만 병 생산한다. 이는 포르투갈 연간 생산량보다 1,300만 병이나 더 많은 수치다.

갤로의 시작은 미약했다. 1933년 불황과 금주법의 그늘이 드리운 때, 어니스트 갤로(당시 24세)와 훌리오 갤로(23세) 형제는 캘리포니아 센트럴 밸리의 먼지투성이 모데스토 농촌에 와이너리를 세우기로 결심한다. 두 형제는 와인을 양조해 본 경험

도 전혀 없고, 장비는 물론 포도밭, 양조자, 심지어 돈도 없었다. 그러나 모데스토 공립도서관에서 와인 양조 서적을 읽고, 장비를 빌리고, 대출을 받아서 포도를 구매한 뒤 첫 번째 와인을 만들어 냈다. 오늘날 갤로는 갤로 형제가 소유한 추가적인 와인 브랜드 60개와 더불어 미국인이 가장 많이 마시는 브랜드로 성장했다. 갤로는 이처럼 저렴한 와인도 대거 생산하지만, 나파 밸리와 소노마에서 비싼 고급 와인도 생산한다.

가 예전보다 폭넓게 자리 잡혀가고 있다. 불과 50년 전만 해도 이렇지 않았다. 와인 학교, 와인 숍, 와인바, 화려한 와인 리스트를 선보이는 레스토랑을 해안지역뿐 아니라 미국 전역에서 볼 수 있다. 소믈리에도 입소문을 타고 있다. 무엇보다 미국 와인 애호가들이 새로운 글로벌 스타일의 와인들을 두 팔 벌려 환영한다는 점이다. 조지아 오렌지 와인, 잉글랜드 스파클링 와인, 중국 카베르네 소비뇽 등 각종 세계 와인이 미국을 첫 데뷔 무대로 삼고 있다.

## 미국 와인 역사 개관

미국은 세계 국토 면적 순위 4위를 차지한 광활한 나라다. 국토 면적이 무려 900만㎢에 달한다. 미국의 포도 재배 역사는 크게 둘로 나뉘며, 각각 두 해안지역을 중심으로 독립적으로 흘러갔다.

미국 동부 해안은 17세기 초에 처음으로 유럽산 비티스 비니페라 품종으로 와인을 만들려고 시도했다. 그러나 대부분 실패로 끝났다. 토머스 제퍼슨은 버지니아주가 고급 와인을 만들기 적합한 환경으로 생각하고, 자신이 거주하는 몬티첼로에 포도원을 설립했다. 제퍼슨과 포도 재배 지지자들은 미국 전역에 번성한 미국산 야생 포도나무 때문에 상당히 곤란했다. 설상가상 미국 토착종으로 만든 와인은 맛도 별로였다. 이후 이민자들은 지속해서 유럽산 포도나무를 미국 동부 해안에 들여왔다. 그러나 유럽산 포도나무도 온갖 질병과 해충, 특히 이민자들도 알지 못했던 최악의 해충인 필록세라로 인해 계속 죽어 나갔다(29페이지 참조).

뉴욕과 버지니아 정착민들은 단념하지 않고 미국 토착종으로 더 나은 맛의 와인을 만들 방법을 연구하기 시작했다. 토착종끼리 교잡해 보고 나중에는 토착종과 유럽산 비니페라 품종을 교배해서 하이브리드 품종을 발명한 결과, 드디어 성공을 거뒀다. 남북전쟁이 발발할 때쯤, 동부 해안은 토착종, 교잡종, 하이브리드 품종을 기반으로 작지만 안정된 와인산업을 구축하는 데 성공한다. 비니페라 품종이 성공적으로 자리 잡기까지 한 세기 넘게 걸린 셈이다.

### 조지 워싱턴의 청구서

미국의 초기 대통령들은 모두 열렬한 와인 애호가였다. 초대 대통령인 조지 워싱턴의 이야기부터 꺼내 보자면, 그는 1787년 9월 15일에 헌법 제정을 앞두고 이를 기념하기 위해 '헌법 제정자들'과 지인들을 필라델피아의 시티 태번(City Tavern)에 불러 모았다. 그날 저녁, 현재 가치로 약 1만 7,300달러의 비용이 발생했다. 손님 55명이 마데이라 54병, 보르도 와인 60병, 위스티 8병, 포터(맥주) 22병, 사과주 8병, 맥주 12통, 펀치 7병을 마셨다(직원과 연주자들은 추가로 21병을 마셨다). 그날 유리잔도 상당히 많이 깨졌는데, 이 값도 함께 청구됐다. 이 청구서는 미군 제1 기병단 기록보관소에 보관돼 있다.

한편 서부에서도 독자적인 와인 문화가 부상했다. 1630~1660년대, 스페인 성직자 두 명이 포교 활동을 위해 엘 파소 부근의 리오 그랜드 밸리와 뉴멕시코의 산타페를 찾았다. 프레이 안토니오 데 아르테아가(카푸친 수도회)와 프레이 가르시아 데 산 프란시스코 데 수니가(프란체스코 수도회)였다. 이 둘은 성찬식 때 사용할 와인을 만들기 위해 스페인 품종인 리스탄 프리에토를 심었다. 리스탄 프리에토는 헤르난 코르테스 등 정복자들이 한 세기 전 멕시코에서 들여온 품종이며, 멕시코에서는 이를 미시온(Misión)이라 불렀다.

한편 멕시코에서는 프란시스코 수도승들과 스페인 병사들이 바하칼리포르니아에서 알타 칼라포르니아로 북상했다. 그리고 1769년 건립한 산 디에고 데 알칼라를 필두로 여러 선교지를 세웠다. 각각의 선교지는 말로 한 시간 거리에 있으며 포도밭을 갖추고 있었다. 물론 포도밭에는 리스탄 프리에토(미시온)를 심었고, 훗날 미시온은 미션(Mission)이라는 영어식 이름으로 불리게 된다.

산 디에고 데 알칼라 스페인 선교지가 1769년에 설립될 당시 스페인의 소유였지만, 이후 멕시코로 소유권이 넘어갔다. 그러나 설립된 지 77년 만에 미국 캘리포니아주의 최초 선교지가 됐다. 이곳 포도원에는 스페인 품종인 리스탄 프리에토가 심어 있다.

## 미국포도재배지역(AVA)

미국은 1978년에 와인 산지를 지리적으로 정비하는 과정에 돌입했다. 미국 주류담배과세무역청(TTB)은 최초의 미국포도재배지역(American Viticultural Areas, AVA)의 자격요건을 마련했다. AVA는 유럽 명칭 시스템과 달리 포도 재배나 와인 양조방식을 규정하지 않고, 단순히 지역의 경계만 지정한다. 1980년 6월에 미주리의 오거스타가 최초의 AVA로 지정됐다. 1981년 1월에 두 번째로 나파 밸리가 지정됐으며 이듬해 캘리포니아의 산타크루즈 마운틴스, 소노마 밸리, 산타 마리아 밸리 등의 지역이 승인됐다. 최대 규모의 AVA는 어퍼 미시시피 리버 밸리이며 면적이 7만 7,000㎢(770만 헥타르)에 이른다. 반대로 최소 규모의 AVA는 캘리포니아 멘도시노의 콜 랜치로 면적이 14만㎡(24헥타르)다. 현재 미국에는 총 255개 AVA가 있다.

보였다.

그러나 운명은 그렇게 흘러가지 않았다. 이후 반세기 동안 필록세라, 1차 세계대전, 금주법, 대공황, 2차 세계대전이 잇따라 터지면서 두 해안지역의 와인산업은 처참히 무너졌다. 특히 금주법은 미국을 와인이 아닌 증류주 소비국으로 완전히 바꿔 놓았다(484페이지의 '미국 와인 문화를 무너뜨린 금주법' 참조).

암흑기를 끝까지 버틴 와이너리도 있었고 새로 운영을 시작하는 와이너리도 조금씩 생겨났지만, 2차 세계대전이 끝날 무렵 미국 와인 문화는 크게 쇠퇴했다. 대규모 와이너리가 와인 생산을 장악했고, 이들이 만든 와인 대부분은 저렴하고 달콤한 제네릭 블렌드 와인이었다. 누가 만들었는지, 어디서 왔는지, 무슨 와인인지 상관없이 모두 비슷한 맛이 났다.

1970년대가 돼서야 비로소 뉴욕과 캘리포니아를 중심으로 현대 와인의 시대가 열렸다. 오리건과 워싱턴주도 뒤따라 와인산업을 개시했다.

미국은 다시 와인 국가를 향한 발돋움을 다시 시작했다. 그러나 소중한 시간이 이미 너무 많이 허비됐다.

18세기가 끝날 무렵, 알타 칼리포르니아 선교지와 포도밭이 북쪽의 샌프란시스코와 소노마까지 확산했다. 이곳은 본래 스페인 왕실의 소유였는데, 1821년에 멕시코가 스페인으로부터 독립한 이후 멕시코령이 됐다. 1846년 멕시코는 알타 칼리포르니아를 미국에 양도했고 명칭도 캘리포니아로 바뀌었다. 그로부터 4년 후 캘리포니아는 미국의 주가 됐다.

1849년 시에라 풋힐스에 금이 발견되면서 가난하고 젊은 유럽 이민자(대부분 남성)가 캘리포니아로 대거 유입됐다. 그러다 금광이 고갈되자 큰돈을 벌지 못한 수천 명 이민자들은 본업으로 돌아갔다. 대부분 농업에 종사하거나 포도를 재배했다.

1950년대 말, 전 세계 모험가들과 개인주의자들이 자석에 이끌리듯 캘리포니아로 몰려들었다. 이 중 헝가리 귀족인 어고스톤 허러스티와 필란드 선장이자 모피 상인인 귀스타브 니바움도 있었다. 어고스톤 허러스티는 1857년에 소노마의 부에나 비스타 와이너리를 설립했으며, 이는 미국에서 가장 오랫동안 지속해 운영된 와이너리다. 귀스타브 니바움은 1879년에 나파 밸리에 인상적인 샤토 스타일의 잉글누크 와이너리를 설립했다. 1880년대 서부 해안에 와인산업이 번성했고 미국은 유럽처럼 모두가 와인을 즐기는 국가로 변모하는 듯

## 미국 포도밭은 어디에 있을까?

2021년 기준, 미국의 포도밭 면적은 4,000㎢(40만 헥타르)에 달했다.

| 주 | 제곱킬로미터(헥타르) 근사치 |
|---|---|
| 캘리포니아주 | 2,500(250,000) |
| 워싱턴주 | 240(24,000) |
| 오리건주 | 150(15,000*) |
| 뉴욕주 | 140(14,000**) |

*가장 최근에 받은 2019년 오리건 자료
**가장 최근에 받은 2011년 뉴욕 자료. 뉴욕의 1만 4,000헥타르의 포도밭 중 9,700헥타르는 콩코드 품종을 재배하는 데, 콩코드는 와인이 아니라 포도 주스, 포도 젤리를 만드는 데 사용된다.

# 미국 와인 문화를 무너뜨린 금주법

14년 가까이 지속된 금주법은 현재 미국의 음주문화를 형성하는데 가장 큰 영향을 미친 정치적 사건이다. 금주법은 미국 와인문화의 싹을 잘라버리고, 미국을 단숨에 칵테일과 증류주 소비국으로 둔갑시켰다. 1920년 1월 16일부터 시행된 미국 수정헌법 제18조는 1933년 12월 5월까지 모든 알코올음료의 제조, 판매, 운송을 금지시켰다. 이를 제정한 미네소타의 앤드루 J. 볼스테드 하원 의원의 이름을 따서 볼스테드 법이라고도 불린다.

14년 가까이 지속된 금주법은 현재 미국의 음주문화를 형성하는데 가장 큰 영향을 미친 정치적 사건이다. 금주법은 미국 와인 문화의 싹을 잘라버리고, 미국을 단숨에 칵테일과 증류주 소비국으로 둔갑시켰다. 1920년 1월 16일부터 시행된 미국 수정헌법 제18조는 1933년 12월 5월까지 모든 알코올음료의 제조, 판매, 운송을 금지했다. 이를 제정한 미네소타의 앤드루 J. 볼스테드 하원 의원의 이름을 따서 볼스테드 법이라고도 불린다.

금주법이 발효될 당시 캘리포니아에는 와이너리가 800개에 달했지만, 금주법이 끝날 무렵 그중 140개만 남았다. 와이너리 대부분은 사제, 목사, 라비(새로운 종교 그룹이 대거 형성)를 위한 성찬식 와인과 코셔 와인, 급증하는 환자와 노인을 위한 '강장제' 와인(와인, 소금, 소고기 육수의 혼합)을 만들어 판매하며 근근이 버텼다. 특히 폭 매손 와이너리의 '약용 샴페인'은 최고의 '치료약'으로 인기가 높았다.

금주법이 시행되기 전 수십 년간 미국 와인산업은 그야말로 황금기였다. 독일, 스위스, 스위스 출신의 야심 찬 이민자들이 구축한 와인산업은 유럽의 법과 토지 권리에 구애받지 않고 빠르게 성장했다. 미국 와인은 1900년 파리만국박람회를 비롯해 수십 개 국제대회에서 수상했다. 유럽과 비슷하며 활기찬 와인과 음식 문화가 서서히 자리 잡아가던 중이었다.

그러나 금주법 옹호자들은 10여 년에 걸쳐 정치적 영향력을 키웠고, 투표권을 얻은 여성들이 이를 주도했다(여성과 어린이는 남성의 알코올 남용 피해자였다). 정부 역시 쉽게 넘어갔다. 1차 세계대전 직후 연방소득세가 도입됨에 따라 주세에 의존하지 않게 됐기 때문이다.

커지는 반감에도 불구하고 와인 생

금주법 집행을 담당하는 미국 연방 요원들이 불법 위스키를 폐기하고 있다.
금주법을 시행하는 동안 불법 위스키 생산량이 치솟았다.

THE AMERICAN ISSUE

*A Saloonless Nation and a Stainless Flag*

Volume XXVI     WESTERVILLE, OHIO, JANUARY 25, 1919     Number 4

# U.S. IS VOTED DRY

## 36th STATE RATIFIES DRY AMENDMENT JAN. 16

### Nebraska Noses Out Missouri for Honor of Completing Job of Writing Dry Act Into the Constitution; Wyoming, Wisconsin and Minnesota Right on Their Heels

## JANUARY 16, 1919, MOMENTOUS DAY IN WORLD'S HISTORY

금주법은 1919년에 미국의 거의 모든 주에서 비준받아 1920년에 국법이 됐다. 미국 와인산업은 금주법 때문에 무너졌다가 거의 반세기 만에 겨우 회복됐다.

산자들은 의외로 낙관적 태도를 유지했다. 와인은 성경과 토머스 제퍼슨의 음료이니, 당연히 면제되리라 믿었다. 심지어 금주법이 제정된 이후에도 금주법이 곧 중단돼서 1920년에 포도를 수확할 수 있으리라고 굳게 믿었다.

아이러니하게도 금주법을 시행하는 동안 포도 생산량과 가정에서의 와인 제조량은 오히려 늘었다. 볼스테드 법에 따라 모든 시민은 '비알코올성' 사과주와 과일주스를 연간 최대 200갤런(약 757리터)까지 생산할 수 있었다. 와이너리와 중개인들은 즉시 전국의 가정에 포도, 포도 농축액(가장 유명한 '바인글로'는 8가지 종류로 출시됨) 심지어 압축된 포도 '벽돌'까지 판매하기 시작했다. 포도 벽돌에는 친절한 경고문까지 함께 딸려 왔다. '경고: 포도 벽돌을 1갤런 용기에 설탕, 물과 함께 넣고 밀봉한 다음 7일간 방치하면 불법 주류가 생성될 수 있으니 주의하시오.' 1927년, 7만 2,000여 대의

기차 칸을 가득 채운 포도를 동쪽으로 운송했다.

와인 밀수를 자행하기도 했다. 다소 위험하긴 하지만, 안면을 튼 세관원에게 뇌물을 충분히 쥐여 주면, 유럽 와인을 미국 해안으로 들여올 수 있었다. 금주법이 시행된 14년 동안, 미국 엘리트들이 마신 프랑스 샴페인이 무려 7,000만 병에 달한다고 한다.

한편 도수가 높은 증류주 밀수사업도 번창했다. 스피크이지(speakeasy)라는 시끌벅적한 불법 술집도 생겨났다. 이 용어는 영국의 암흑가 용어인 '스피크 소프틀리 숍(speak softly shop)'에서 유래했다. 이는 독한 술을 저렴하게 파는 밀수업자의 집을 일컫는다.

금주령이 끝날 무렵, 금주를 강요하는 사회실험은 실패로 드러났다. 현재 뉴욕 한곳에만 스피크이지 수가 3만 2,000개가 넘는다. 이는 금주법 때문에 문을 닫은 술집보다 두 배나 더 많은 수치다.

스피크이지에서의 과음 행태는 미국 내 알코올 소비에 대한 또 다른 냉담한 반응을 일으켰다. 또한 가정에서의 와인 제조도 이미 망가진 와인산업에 오히려 해가 됐다.

금주령이 끝날 무렵, 캘리포니아의 최상급 포도나무는 모조리 뽑혀 나갔고, 동부로 오래 운송하는 동안 상자 속에서 썩지 않고 버틸 정도로 질긴 껍질을 가진 열등한 품종으로 대체됐다. 시간이 흐를수록 고급 와인에 대한 수요도 사라지고, 저렴하고 달콤한 주정강화 와인이 그 자리를 대신했다. 1967년이 돼서야 캘리포니아는 싸구려 스위트 와인 대신 고급 테이블 와인을 다시 생산하기 시작했다. 그러나 당시 미국의 와인 양조자 대부분은 과거의 와인 지식이나 전통에 무지했다. 심지어 20세기 후반에 가장 성공적인 와인 양조자인 로버트 몬다비, 어니스트 갤로, 홀리오 갤로조차도 도서관에서 책을 읽으며 와인 양조법을 독학해야 했다.

# CALIFORNIA 캘리포니아

'우리는 익숙한 옛것을 복원한 동시에
경이로운 새것을 창조했다
(Partimque fifiguras rettulit antiquas,
partim nova monstra creavit).'
-오비드, 『변신 이야기 I』, 436~437절

캘리포니아는 와인의 캐멀롯이다. 경이로운 아름다움과 숭고한 이상이 실재하는 공간이자 가능성의 한계가 존재하지 않는 와인 산지다. 캘리포니아는 미국에서 세 번째 큰 주로, 프랑스 면적의 약 3/4에 달하며, 미국 와인 생산량의 90%를 차지한다. 캘리포니아의 와인 역사는 두 세기 반 전으로 거슬러 올라간다. 당시 멕시코에서 부상한 스페인 정복자들과 프란체스코 수도승들은 소박한 선교지와 그 주변에 작은 포도밭을 만들었다. 이를 시작으로 점차 성장해서 현재 세계에서 가장 성공한 와인 산지 중 하나가 됐다.

오늘날 캘리포니아에서 '모든 것이 가능하다'는 확신은 여전히 확고하다. 캘리포니아에서는 혁신, 비국교, 야망, 전통에 대한 고찰, 와일드 웨스트의 '할 수 있다'는 철학이 하나로 융합된다. 캘리포니아의 포도 재배자들과 와인 양조자들은 시간을 허투루 보내는 법이 없으며 어느 누구도 시간 낭비를 하지 않는다.

캘리포니아에는 4,800개 와이너리가 있으며 대규모 양조장(세계 최대 규모의 갤로 와이너리 등)부터 창고에서 구매한 포도로 와인을 만드는 작은 상업적 와이너리까지 실로 다양하다.

캘리포니아 와인 산지는 2,500㎢(25만 헥타르)이며 북쪽의 멘도시노 삼나무 숲에서부터 햇볕이 따사로운 테메큘라 구릉지를 넘어 남쪽의 로스앤젤레스까지 1,100km 이상 이어진다.

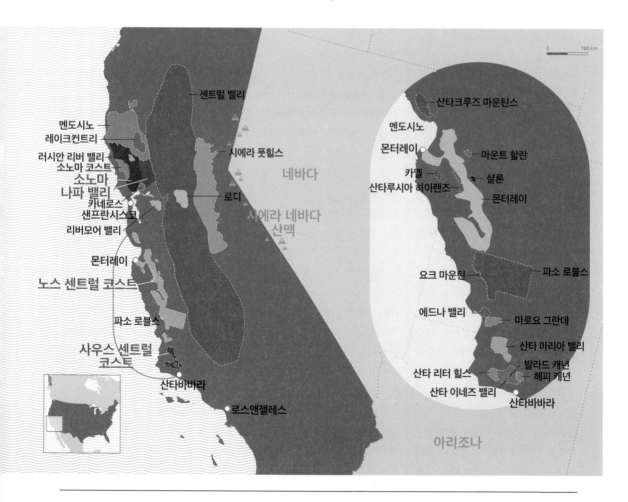

나파 밸리의 일출

## 캘리포니아 와인 맛보기

미국 와인의 90% 이상이 캘리포니아에서 생산된다.

캘리포니아는 따뜻한 계곡, 추운 해안지역 등 다양한 지형을 토대로 갖가지 종류의 품종으로 다채로운 스타일의 와인을 만든다.

캘리포니아의 와인 역사는 두 세기 반 전에 시작됐지만, 현재 세계에서 가장 현대적이고 기술 집약적인 와인 산지로 꼽힌다.

캘리포니아는 영토가 광활한 만큼 기후, 토양, 지질도 극명하게 다르다. 그러나 전반적으로 따뜻하고 매우 건조하며 일조량이 풍부하다. 그 결과, 캘리포니아 와인은 탈지유가 아닌 크림 같은 질감, 풍성함, 잘 익은 과일 풍미를 갖췄다. 한 와인 양조자의 말에 따르면, 캘리포니아 와인은 '나 여기 있소'라고 외치는 와인이다.

역사학자들은 캘리포니아라는 이름이 16세기에 카르시 로드리게스 데 몬탈보가 쓴 스페인 소설 '에스플란디안의 모험'에서 유래했다고 본다. 소설 속에 등장하는 가상의 동인도 섬은 칼라피아라는 흑인 여왕과 흑인 여전사들만 사는 곳이다. 이 소설은 스페인이 전설의 섬이라 믿었던 바하 반도와 멕시코를 정복할 당시 큰 인기를 끌었다.

### 시작과 재도약

캘리포니아 와인산업은 시작부터 신의 축복을 받은 것 같다. 앞서 설명했듯 1700년대 중반 멕시코에서 북상한 스페인 정복자들과 선교단은 알타 칼리포르니아에 선교지를 차근차근 넓혀 갔다. 가톨릭 미사에 와인이 필요했고, 성직자와 정복자들이 마실 와인도 필요했다. 와인은 그들에게 양식(와인은 주요 열량 원)이자 힘든 일상의 위로였다.

그들이 가져온 포도나무 가지는 리스탄 프리에토였다. 약 두 세기 전, 스페인에서 멕시코로 전파된 품종이었다. 멕시코는 선교단이 선교지에 이 포도를 심은 이후부터 이를 미시온(Misión)이라 불렀고, 이후 캘리포니아는 철자를 영어식으로 미션(Mission)이라 바꿨다.

19세기 들어 캘리포니아 정착민들은 작은 포도밭을 직접 일구기 시작했다. 처음에는 주로 미션을 심었다. 1820년대, 상업적 와이너리가 로스앤젤레스에 생겨났고, 몇 년 후 소노마와 나파에도 생겼다. 당시 로스앤젤레스 동쪽 포도밭을 1에이커당 75센트에 구매할 수 있었다.

1850년대 이후에도 캘리포니아에는 밝은 미래가 이어졌다. 1849년 골드러시 덕분에 인구수가 폭증했다. 일례로 샌프란시스코 인구는 1848년 800명에서 1850년 2만 5,000명으로, 2년 만에 폭발적으로 증가했다. 덩달아 와인 수요도 증가하고, 와인 생산자 인력 풀도 커졌다. 또한 맛이 더 뛰어난 진판델이 품종 선택에서 미션을 앞질렀다. 와인산업 거점지도 점차 북쪽의 소노마와 나파로 옮겨갔다. 소노마와 나파의 계곡이 로스앤젤레스보다 포도 재배에 더 적합했기 때문이다.

골드러스 직후 부에나 비스타(Buena Vista, 1857년), 찰스 크루그(Charles Krug, 1861년), 슈램스버그(Schramsberg, 1862), 잉글누크(Inglenook, 1879년) 등 위대한 와이너리들이 설립됐다. 이런 폭발적 성장도 충분치 않다는 듯, 캘리포니아에 수출의 기회가 열렸다. 유럽에 흰가루병, 노균병에 이어 뿌리를 갉아먹

1890년대 슈램스버그 라벨

는 필록세라까지 발병하는 바람에 포도밭이 초토화됐기 때문이다.

이처럼 와인 시장은 활기를 띠며 급성장했지만, 당시 와인 양조는 어려운 사업이었다. 초창기 캘리포니아 와인

## 캘리포니아의 중국인 와인 생산자

1849년 골드러시 물결을 타고 중국 이민자가 캘리포니아에 대거 유입됐다. 대부분 가난한 노동자와 농부였는데, 광산이나 대륙횡단철도 건축 현장에서 작업을 마친 후 소노마와 나파 밸리의 신생 와이너리로 달려가 일을 도왔다. 1860~1880년대 중국인 포도원 일꾼들은 밭을 개간하고, 포도나무를 심고, 와이너리를 짓고, 포도를 수확했다. 슈램스버그와 부에나 비스타의 동굴을 포함해서 캘리포니아의 인상적인 지하 저장실도 중국인 일꾼들이 손으로 직접 파낸 것이다. 나파 밸리의 근사한 메도우드(Meadowood) 리조트는 한때 중국인 일꾼 수백 명이 살던 중국인 캠프였다. 메도우드에서부터 몇 마일 거리에 있는 역사적 와이너리 잉글누크에 1870년대 수기로 작성한 급여명세서가 남아 있는데, 이에 따르면 중국인 일꾼들은 다른 동료들보다 시간당 급여가 훨씬 적었다고 한다. 역사학자 잭 첸에 따르면, 1870년대 말 경

1896년경 나파 밸리에 살던 중국 어린이들

제 위기는 중국인 노동자 반대운동으로 이어졌고 결국 1882년 미국 의회에서 중국 이민자의 미국 입국을 금지하는 중국인 배제법이 채택됐다. 1890년 와인 산지에서 일하던 중국인 대부분은 인종차별, 저임금, 열악한 근로조건의 압박을 이기지 못하고 미국을 떠났다.

생산자는 양조법을 배울 학교도 기술적 도움도 없었고, 심지어 자신들이 심은 포도가 무슨 품종인지도 몰랐다 (수입한 포도나무가 무슨 품종인지 대충 짐작만 할 뿐이었다). 또한 포도를 심은 땅에 대한 경험도 없고, 의지할 전통도 없고, 장비도 거의 없었다(1862년 병 제조공장이 세워지기 전까지 병도 부족했다). 그래도 캘리포니아 주민들은 굳센 의지를 다지고 전속력으로 전진했다. 그러다 1880년대 중반, 결국 필록세라가 캘리포니아를 덮쳤다. 1890년, 필록세라는 캘리포니아 전역에 심각한 피해를 줬다. 당시 캘리포니아 포도밭은 비티스 비니페라 품종을 뿌리부터 길러낸 것이었기 때문이다.

그러나 20세기 초, 필록세라에 내성이 있는 미국산 대목에 비니페라 접수를 접목하는 해결책이 등장했다. 이에 따라 캘리포니아 산업도 빠르게 회복됐다.

그때까지만 해도 와인 생산자들은 힘겹게 쌓아 올린 성공이 한순간에 사라질 수도 있다는 사실을 깨닫지 못했을 것이다. 그러나 1920년 1월 16일 볼스테드 법에 따라 금주령이 시행됐다. 그로부터 14년 후인 1933년 12월에 금주령이 끝날 무렵 남아 있는 와이너리는 140개에 불과했다. 아이러니하게도 양조장들은 초창기 캘리포니아 와인 양조자들이 만들던 성찬용 와인을 만들며 힘든 시기를 버텼다(484페이지 '미국 와인 문화를 무너뜨린 금주법' 참조).

캘리포니아 와인 생산자들은 포기하지 않았다. 와인 생산은 서서히 회복세를 거쳐 1960년대 후반에서 1970년대 초반에 비로소 궤도에 올랐고, 이를 기점으로 경이로운 속도로 발전했다. 다음의 두 사건을 비교해 보면, 변화의 규모가 더욱 극명하게 느껴진다. 1966년, 캘리포니아에서 가장 잘 팔리던 와인은 저렴한 스위트 '포트'였다. 당시 캘리포니아에서 널리 재배하던 카리냥 또는 톰슨 시들리스(Thompson Seedless)로 만든 와인이었다. 그로부터 10년 후, 캘리포니아 고급 와인은 프랑스 심사위원들을 깜짝 놀라게 할 만큼 훌륭한 와인으로 거듭났다. 전설의 1976년 '파리의 심판' 시음회에서 스택스 리프 와인 셀러스(Stag's Leap Wine Cellars)의 카베르네 소비뇽과 샤토 몬텔레나 (Chateau Montelena)의 샤르도네가 샤토 무통 로칠드, 샤토 오브리옹, 도멘 롤로 뫼르소샤름 등 유명 와인을 제치고 각각 레드 와인, 화이트 와인 부문에서 1위를 차지한 것이다. 당시 두 와인의 가격은 한 병당 10달러 미만이었다.

프랑스 심사위원들은 어린 와인 부문 시음회에서 현란

**다시 돌아온 필록세라**

1980년대 중반, 캘리포니아 근대 와인산업에서 가장 충격적인 사건이 발생했다. 모두의 예상을 깨고 필록세라가 다시 돌아온 것이다! 이번에는 '바이오타입 B'라는 변종으로 변형해서 AxR1 대목에 접목한 포도나무를 무섭도록 빠르게 초토화했다(29페이지의 '필록세라: 와인이 영영 사라질 뻔한 사건' 참고). 포도재배자들은 절망스러웠다. AxR1 대목에 접목했던 나무를 하나하나 다시 심어야 했고, 비용은 10억 달러에 육박했다. 그러나 하늘이 무너져도 솟아날 구멍이 있다고 하지 않았던가. 캘리포니아 포도재배자들은 수십 년간 쌓은 경험과 과학적 자료를 토대로 포도나무를 그들의 땅에 더욱 적합한 품종(클론 포함)으로 바꾸었다. 특히 나파 밸리는 본래 다양한 청포도와 적포도로 유명했지만, 현재 훌륭한 카베르네 소비뇽 산지로 세계적 명성을 누리게 됐다.

하고 과일 풍미가 짙은 캘리포니아 와인이 절제미와 복합미를 갖춘 프랑스 와인보다 돋보였기에 우승할 수밖에 없었다고 설명했다. 그리고 와인이 성숙할 시간이 주어진다면, 시간이 흐를수록 프랑스 와인의 우월성이 극명해질 거라고 주장했다.

> "와인은 나이가 들수록 어릴 때는 결코 가질 수 없는 아름다움과 만족감을 갖게 된다. 우리는 이러한 아름다움과 만족감에서 완전성을 느낀다. 오래된 와인이 경이롭고 감동적인 이유는 우리 인생에서 너무나도 많은 부분이 불완전하기 때문이다."
> -스택스 리프 와인 셀러스 창립자, 워렌 위니아스키

파리 시음회의 공동주최자였던 영국 와인 전문가 스티븐 스퍼리어는 이 말을 그대로 시행했다. 2006년, 최초 시음회에 출품했던 레드 와인들을 각각 30년이 지난 후에 다시 모아 레드 와인 부문 시음회를 그대로 재현했다.

## 최상급 캘리포니아 와인

### 대표적 와인

카베르네 프랑 - 레드 와인

카베르네 소비뇽, 카베르네 블렌드 - 레드 와인

샤르도네 - 화이트 와인

메를로 - 레드 와인

피노 누아 - 레드 와인

론 스타일 블렌드 - 레드, 화이트 와인

소비뇽 블랑 - 화이트 와인

스파클링 와인 - 화이트, 로제 와인

시라 - 레드 와인

진판델 - 레드 와인

### 주목할 만한 와인

프티 베르도 - 레드 와인

프티트 시라 - 레드 와인

영국인, 프랑스인, 미국인 심사위원 두 팀이 숙성된 와인들을 시음했다. 이번에는 캘리포니아 레드 와인이 1위부터 5위까지 모두 차지했다. 1위는 리지 몬트 벨로 빈야드(Ridge Monte Bello Vineyard) 카베르네 소비뇽 1971년산, 2위는 스택스 리프 와인 셀러스(Stag's Leap Wine Cellars) 카베르네 소비뇽 1973년산, 3위는 하이츠 마사스 빈야드(Heitz Martha's Vineyard) 카베르네 소비뇽 1970년산, 공동 3위를 차지한 마야카마스(Mayacamas) 카베르네 소비뇽 1971년산 그리고 5위는 클로 뒤 발(Clos du Val) 카베르네 소비뇽 1972년산이었다.

### 땅과 포도 그리고 포도원

약 2억 년 전, 캘리포니아 와인에 영향을 미칠 중대한 지질학적 사건이 발생했다. 태평양 북부 지각판과 북아메리카판이 충돌한 결과, 캘리포니아 서부(오리건, 워싱턴 주, 브리티시컬럼비아)와 시에라네바다산맥이 형성된 것이다.

해양판들이 북아메리카 밑으로 들어가면서 거대한 해구가 형성됐다. 이곳에 해저퇴적물, 암석, 굳은 용암이 쏟아지면서 해구가 채워졌고, 북아메리카 대륙의 서쪽에 땅덩어리(현재의 캘리포니아 연안)가 생성됐다.

나파 밸리에 있는 스택스 리프 디스트릭트의 구릉지를 따라 파인 리지 포도밭이 펼쳐져 있다.

## 캘리포니아 포도 품종

### 화이트

◇ **샤르도네**
캘리포니아에서 가장 많이 재배하는 청포도 품종이다. 단조롭고 오크 풍미가 있는 스타일부터 경이롭고 복합적인 스타일까지 다양한 와인을 만든다. 최상급 샤르도네는 대부분 서늘한 지역에서 생산된다.

◇ **슈냉 블랑**
역사적으로 저그 와인(값싼 와인)을 만드는 데 사용됐다. 굉장히 맛있는 와인을 만들 수 있지만, 얼마 전부터 재배량이 감소하는 추세다.

◇ **피노 그리**
캘리포니아에서는 이탈리아어식으로 피노 그리지오라고도 부른다. 벌컥벌컥 마시기 쉬운 가벼운 와인을 만든다.

◇ **소비뇽 블랑**
주요 품종이다. 시트러스 풍미의 산뜻하고 단순한 드라이 와인을 만든다. 또한 최상급 보르도 화이트 와인의 영감을 받은 복합적인 와인도 만든다. 최상급 포도밭에서 생산하고 뛰어난 숙성력을 지닌 최고급 소비뇽 블랑을 슈퍼 소비뇽(Super Sauvignon)이라 부른다.

◇ **세미용**
생산량은 매우 적지만 수요는 높다. 소비뇽 블랑과 혼합해서 슈퍼 소비뇽을 만든다.

### 레드

◇ **카베르네 프랑**
카베르네 프랑으로 만든 환상적인 싱글 버라이어탈 와인이 증가하고 있다. 카베르네 소비뇽, 메를로, 소량의 카베르네 프랑을 혼합해서 캘리포니아 최상급 레드 블렌드를 만든다.

◇ **카베르네 소비뇽**
적포도 중 가장 중요한 품종이며, 캘리포니아에서 가장 널리 재배되는 포도다. 특히 나파 밸리에서는 파워, 복합미, 숙성력을 갖춘 싱글 버라이어탈 와인과 레드 블렌드를 만드는 데 사용한다.

◇ **카리냥**
프랑스 품종 카리냥의 캘리포니아식 철자는 'Carignane'이다. 역사적으로 저그 와인을 만드는 데 사용했다. 그러나 생산율을 낮춰서 재배한 카리냥은 시라, 무르베드르, 그르나슈와 섞어서 론 스타일의 블렌드 와인을 만든다.

◇ **그르나슈**
역사적으로 저그 와인을 만드는 데 쓰였다. 그러나 생산율을 낮춰서 재배한 그르나슈를 시라, 무르베드르, 카리냥과 혼합해서 스파이시하고 다즙한 고품질 론 스타일 블렌드 와인을 만드는 사례가 증가하고 있다. 맛있는 로제 와인을 만드는 데도 사용한다.

◇ **말베크**
현재는 보조 품종이지만, 재배량이 증가하고 있으며 전망도 매우 밝다. 보통 카베르네 소비뇽, 카베르네 프랑, 메를로와 섞어서 카베르네 블렌드 와인을 만든다.

◇ **메를로**
주요 품종이다. 좋은 레드 와인을 안정적으로 만들어 내는 품종이며 종종 매우 감각적인 와인도 만든다. 단독으로 쓰거나, 카베르네 소비뇽과 혼합해서 레드 블렌드 와인을 만든다.

◇ **미션**
캘리포니아의 역사가 담긴 품종으로 골드러시 때까지 캘리포니아 포도밭을 점령했던 품종이다. 18세기에 스페인 탐험가와 성직자가 멕시코에서 캘리포니아로 미션을 들여왔다. 스페인 품종 리스탄 프리에토와 같은 품종이다. 소량이지만 현재까지 캘리포니아에서 재배된다.

◇ **프티 베르도**
보조 품종이지만 '검은색/파란색' 풍미와 강렬한 타닌감 때문에 중요도가 높아지고 있다. 소량의 프티 베르도를 카베르네 소비뇽, 카베르네 프랑, 메를로와 혼합해서 레드 블렌드 와인을 만든다.

◇ **프티트 시라**
투박하고 타닌감이 강한 풀보디 와인을 만든다. 금주법 시대에 동부 해안 와인 생산자들은 집에서 프티트 시라와 진판델로 와인을 만들었다. 캘리포니아에서 프티트 시라(Petite Sirah 또는 Petite Syrah라고 표기함)라 부르는 품종은 프랑스 품종 뒤리프(Durif)와 같다. 뒤리프는 플루쟁(Peloursin)과 시라의 교배종이다.

◇ **프티 누아**
주요 품종이다. 서늘한 지역에서 자란 프티 누아는 복합적이고 유연하며 흙 풍미가 있는 와인을 만든다. 스파클링 와인을 만드는 데도 사용한다.

◇ **시라**
캘리포니아에서 재배하는 론 품종 중에서 가장 명성이 높다. 집중도, 짙은색, 향신료와 후추 풍미, 두툼함, 풍성함, 복합미를 모두 갖춘 와인을 만든다. 보통 무르베드르, 그르나슈, 카리냥과 혼합해서 론 스타일의 블렌드 와인을 만든다.

◇ **진판델**
캘리포니아에서 세 번째로 많이 재배하는 적포도 품종이다. 화이트 진판델 같은 스위트 핑크 와인부터 투박하고 농후한 레드 와인까지, 다양한 스타일의 와인을 만든다. 진판델은 크로아티아 재래종으로 1820년 이후 미국으로 유입됐다.

보이는 것처럼 매우 맛있는 와인들이다.

약 2,000만 년 전, 태평양판이 갑자기 방향을 바꾸었다. 북아메리카 아래로 밀고 들어가는 대신, 북쪽으로 향하면서 대륙판과 마찰을 일으키고 해안과 단절되며 산안드레아스 단층, 화산, 내륙 해, 습곡을 만들어 냈다. 이때 형성된 지형이 현재 수많은 와인 산지가 있는 캘리포니아 해안산맥을 구성한다. 지질학자들은 캘리포니아 해안산맥을 따라 3만 년마다 화산 폭발이 일어났다고 추정한다.

이 모든 대변동의 결과로 캘리포니아는 놀랍도록 다양한 지형과 기후를 갖게 됐다. 미국 전역에 있는 온갖 종류의 기후, 지형, 동식물을 캘리포니아에서 모두 볼 수 있다. 그러나 캘리포니아는 대체로 와인용 포도를 재배하기에 너무 춥거나 너무 덥다. 태평양 해안 근처 주민들은 여름에도 다운재킷을 입는다. 반면 내륙으로 130km 거리에 있는 거대한 타원형의 센트럴 밸리는 마치 오븐처럼 뜨겁다. 최상급 와인 산지는 대부분 이 두 극단 사이 위치에 있다.

"(캘리포니아는) 어머니의 정원처럼 평화로운 낙원이 아니다. 캘리포니아 해안지대는 거대한

힘으로 의해 부서진 바위들의 집합체다. 파도는 자신이 창조한 아름다움에 분노하듯 맹렬하게 달려든다. 바다는 가장 뜨거운 여름에도 숨이 멎을 만큼 매서운 냉기를 품고 있다. 해안지역은 미래의 충격을 투영하는 듯한 칼날 같은 단층에 기대어 있다. 바로 이곳, 세상의 끝에 포도나무가 심어 있다. 와인은 인간이 하찮게 느껴지는 자연 속에서 찰나일지라도 인간의 권리를 주장하기 위해 존재한다."

-클레어 툴리, 캘리포니아의 마스터 오브 와인

그러나 이게 다가 아니다. 캘리포니아 고급 와인 산지는 독특한 기후 현상 덕분에 존재하는 것이다. 먼저 알래스카에서 시작된 차가운 해류가 남쪽으로 하강해서 캘리포니아 해안에 밀려온다. 한류가 너무 차가운 나머지 용승을 일으켜서 태평양 해저의 냉랭한 바닷물까지 밀려 올라온다. 이 차가운 바닷물을 타고 불어오는 해풍은 해안가 포도밭의 열기를 식혀 주는 역할을 한다.

한편 내륙 깊은 곳에 있는 계곡도 광활한 센트럴 밸리 덕분에 냉랭한 기운을 받는다. 센트럴 밸리의 기온이 높아지면, 뜨거운 공기가 상승하면서 반진공 상태가 형성된다. 그러면 차가운 해양 공기와 안개가 해안산맥의 모든 만과 틈으로 빨려 들어간다. 아침에 해안산맥 정상에 올라서서 계곡 아래를 내려다보면, 포도밭 대신 거대한 카푸치노 윗면 같은 광경이 펼쳐진다.

이처럼 온도의 상승과 하강 주기가 매일같이 반복된다.

## 캘리포니아 샤르도네 - 언행일치

1990년대 말, 미국에서 오크 풍미의 묵직한 캘리포니아 샤르도네의 인기가 도리어 '샤르도네만 아니면 된다(Anything But Chardonnay, ABC)'라는 반발을 일으킨 적이 있다. 현재 캘리포니아 와인 양조자들은 샤르도네의 우아미와 밸런스의 발현을 강조한다. 그러나 언행일치하는 경우는 아직까지 드물다. 포도밭은 서늘한 장소로 옮겨갔지만, 양조방식과 사고방식은 여전히 그대로인 듯하다. 게다가 짙은 오크 풍미의 묵직하고 농익은 캘리포니아 샤르도네를 선호하는 소비층도 여전히 그대로다. 만약 당신이 'ABC파'라면, 다음의 샤르도네를 추천한다. 과숙한과는 거리가 먼, 순수하고 극미한 스타일의 샤르도네.

멜빌(MELVILLE)의 클론 76-이녹스(CLONE 76-INOX)
스크라이브(SCRIBE)
리토라이(LITTORAI)
카본(CARBONE)
피이(PEAY)
매시칸(MASSICAN)의 하이드 빈야드(HYDE VINEYARD)
매티아손(MATTHIASSON)의 린다 비스타 빈야드 (LINDA VISTA VINEYARD)
플라워스(FLOWERS)의 캠프 미팅 리지(CAMP MEETING RIDGE)
핸젤(HANZELL)

## 샤르도네와 던지니스 크랩의 풍성한 조합

미국은 추수감사절부터 겨울까지 대부분 지역에서 디킨스 소설에 등장할 법한 푸짐한 요리를 즐기는 한편, 캘리포니아는 호화로운 서부 해안식 만찬을 즐긴다. 바로 던지니스 크랩이다. 바삭한 사워도 빵, 차가운 샤르도네와 함께 먹는 던지니스 크랩은 절대 놓쳐선 안 될 풍성하고 호화스러운 요리다. 이 세상에 4,000종이 넘는 크랩 중 미식가들은 몇 종류만 알면 되는데, 그중에서도 가장 맛있는 종이 바로 던지니스 크랩이다. 던지니스 크랩의 연평균 어획량은 2,200만kg에 달한다. 한 마리당 무게는 약 1.8kg이며, 순살은 중량의 20% 이상을 차지한다. 던지니스 크랩은 순수하고 다즙하며 달콤한 풍미로 유명하다. 보통 차가운 크랩에 따뜻하게 녹인 버터와 신선한 레몬만 곁들여 먹는데, 이때 샤르도네가 함께 등장한다. 풍성함, 버터, 광물성 풍미를 지닌 샤르도네만큼 버터에 버무린 게살과 잘 어울리는 와인이 없다.

풍성한 샤르도네와 어울릴 준비가 돼 있다.

세상에서 가장 극심한 기후적 양면성을 띠는 와인 산지지만, 이는 캘리포니아 포도 재배에 중대한 필수 측면이다. 이런 기후 특성이 없었다면, 캘리포니아는 고급 와인을 생산하기에 너무 더웠을 것이다.

캘리포니아는 알바리뇨, 프리울라노, 산지오베제, 카르메네르 등 약 75종의 포도 품종을 재배한다. 그러나 고급 와인은 주로 다섯 가지 품종을 사용한다. 중요한 순서대로 나열하자면, 카베르네 소비뇽, 샤르도네, 피노 누아, 진판델 그리고 메를로다. 소비뇽 블랑과 시라도 상당한 양의 고급 와인을 만들지만, 재배 면적이 상대적으로 적다.

그렇다면 일곱 가지 주요 품종을 하나씩 살펴보자.

### • 샤르도네

샤르도네는 캘리포니아에서 가장 주된 청포도 품종으로 재배 면적은 370㎢(3만 7,000헥타르)다. 샤르도네는 풀보디, 농익음, 낮은 산도, 토스팅, 버터 풍미를 지닌 버전(과도한 맛)부터 얇음(lean), 짜릿함, 신선함, 아삭함을 띠며 오크 풍미가 거의 또는 전혀 없는 버전까지 다양한 스타일로 만들어진다(492페이지의 '캘리포니아 샤르도네 - 언행일치' 참조). 나파 밸리의 상징적인 와이너리인 스토니 힐(Stony Hill)에서 샤블리와 흡사한 샤르도네를 생산했는데, 이것이 바로 얇은 샤르도네의 전신이다. 스토니 힐은 본래 육필로 작성한 메일링 리스트(고객 명단)을 통해서만 와인을 판매했었다. 스토니 힐이 최초의 샤르도네 빈티지(1952년)를 1.95달러에 출시했을 당시 캘리포니아의 샤르도네 재배 면적은 80만㎡(80헥타르) 미만이었다. 현재는 태평양 해안에 줄지어 있는 서늘한 지역에서 최고의 균형감을 자랑하는 최상급 샤르도네가 대거 생산된다.

한편 캘리포니아 샤르도네 대부분은 클론 04(Clone 04)로 알려져 있다. 클론 04는 20세기 초에 웬트(Wente)라는 와인 양조자 가문이 프랑스 몽펠리에 대학에서 캘리포니아로 가져온 웬트 집단 중 하나다(웬트 클론에 대한 자세한 정보는 527페이지의 '리버모어 밸리' 참조). 그러나 캘리포니아에는 웬트 외에도 수많은 프랑스(특히 부르고뉴)산 클론과 필드 집단이 있다.

### 최상급 샤르도네 생산자

- 오 봉 클리마(Au Bon Climat)
- 브루어클리프턴(Brewer-Clifton)
- 카본(Carbone)
- 샤플레(Chappellet)
- 다이어톰(Diatom)
- 두몰(DuMOL)
- 에드나 밸리(Edna Valley)
- 판테스카(Fantesca)
- 파 니엔테(Far Niente)
- 플라워스(Flowers)
- 핸젤(Hanzell)
- 허드슨(Hudson)
- 키슬러(Kistler)
- 콩스가드(Kongsgaard)
- 리토라이(Littorai)
- 매시컨(Massican)
- 매티아슨(Matthiasson)
- 멜빌(Melville)
- 마운트 에덴(Mount Eden)
- 오쇼네시(O'Shaughnessy)
- 폴 라토(Paul Lato)
- 피이(Peay)
- 피터 미셸(Peter Michael)
- 래미(Ramey)
- 로어(ROAR)
- 로치올리(Rochioli)
- 샌디(Sandhi)
- 스크라이브(Scribe)
- 쉐이퍼(Shafer)
- 스토니 힐(Stony Hill)
- 스리 스틱스(Three Sticks)
- 트레페덴(Trefethen)
- 윌리엄스 셀리엄(Williams Selyem)

**・소비뇽 블랑**

캘리포니아 소비뇽 블랑은 지난 20년간 혁혁한 품질 개선에도 불구하고 여전히 저평가되고 있다. 최상급 소비뇽 블랑은 몇 년 전부터 섬세함과 잠재력에 있어서 보르도 정상급 화이트 와인에 버금간다는 말까지 나오고 있다. 적당한 가격에 매일 밤 마시기 좋은 소비뇽 블랑의 경우, 산미와 깨끗하고 신선한 풍미 덕분에 음식과 함께 마시기에 가장 좋은 캘리포니아 화이트 와인으로 꼽힌다.

품질이 극적으로 향상된 이유는 무엇일까? 정답은 포도밭과 경제에 있다. 20년 전, 캘리포니아 와이너리 대부분은 소비뇽 블랑의 가격을 약 18달러에 책정했다. 당시 소비뇽 블랑은 재배하기 비싼 품종이었다. 일꾼 여럿을 장시간 포도밭에 투입해서 이 기운 넘치는 품종을 지속해서 길들이고, 울타리를 쳐주고, 잎을 관리해야만 균형 있게 길러 낼 수 있었다. 과거에는 많은 캘리포니아 와이너리가 소비뇽 블랑 재배에 돈을 많이 들이지 않았기 때문에 와인에서 얄팍하고 잡초 같은 맛이 났다.

지금은 완전히 달라졌다. 소비뇽 블랑을 원하는 소비자가 늘어남에 따라 와이너리들도 더 좋은 포도밭에 소비뇽 블랑을 재배해서 품질을 대폭 향상했다. 이 중에서도 최상급 소비뇽 블랑을 슈퍼 소비뇽이라 부른다(506페이지의 '슈퍼 소비뇽' 참조).

한편 캘리포니아에서 재배하는 소비뇽 블랑은 대부분 클론 01(Clone 01)이다. 클론 01은 1880년대에 보르도에서 캘리포니아로 들여온 품종들이다. 캘리포니아 최상급 생산자들은 소비뇽 뮈스케(Sauvignon Musqué) 또는 클론 27(Clone 27)이라 불리는 향긋한 클론과 루아르 밸리

풍성하고 짜릿한 캘리포니아 소비뇽 블랑은 품질이 극적으로 개선됐다.

에서 가져온 클론 530(Clone 530)이라 불리는 짜릿한 맛의 클론을 재배한다.

캘리포니아 소비뇽 블랑은 퓌메 블랑(Fumé Blanc)이라 불리기도 한다. 이는 1960년대에 소노마의 드라이 크릭 밸리에 있는 드라이 크릭 빈야드(Dry Creek Vineyard)가 만든 마케팅 용어인데, 나중에 로버트 몬다비가 차용해서 더욱 유명해졌다.

### 최상급 소비뇽 블랑 및 슈퍼 소비뇽 생산자

- 어센도(Accendo)
- 아담어스(ADAMVS)
- 아니모(Animo)
- 아리에타(Arietta)
- 아켄스톤(Arkenstone)
- 침니 록(Chimney Rock)
- 크로커 & 스타(Crocker & Starr)
- 퀴베종(Cuvaison)
- 아이젤(Eisele)
- 그로스(Groth)
- 아우어글래스(Hourglass)
- 일루미네이션(Illumination)
- 인트라다(Intrada)
- 카멘(Kamen)
- 래일(Lail)
- 매시칸(Massican)
- 메리 에드워즈(Merry Edwards)
- 피터 미셸(Peter Michael)
- 로버트 몬다비(Robert Mondavi)
- 루드(Rudd)
- 스파츠우드(Spottswoode)
- 세인트 수페리(St.Supéry)
- 턴불(Turnbull)
- 빈야드 29(Vineyard 29)

**・카베르네 소비뇽**

카베르네 소비뇽은 캘리포니아 와인을 세계적 수준으로 끌어올린 주역이다. 캘리포니아에서 가장 매력적인 품종으로 막강한 파워, 구조감, 응축력을 지녔다. 1980년대 이래 캘리포니아의 최상급 카베르네는 매년 무성함, 풍성함, 복합미가 높아졌다. 특히 나파 밸리는 가장 명망 높고 값비싼 카베르네를 생산한다. 카베르네의 육중한 보디감은 품종의 품질 개선, 포도나무의 바이러스 감염률 감소, 재배방식 개선 등 여러 요인으로 완성됐다. 그런데 여기에 기후변화도 일조했다. 세계 다른 와인의 경우와 마찬가지로, 기온이 상승함에 따라 와인의 알코올 함량이 높아진 결과 보디감도 더 묵직해진 것이다. 1970년대 캘리포니아 카베르네의 알코올 도수는 12.5%였지만, 현재는 14%를 웃돈다.

캘리포니아에서 가장 매력적이고 파워풀한 카베르네 소비뇽의 부모는 클론 07, 08, 11 등 세 종류다. 세 클론은 아일랜드 이주민인 제임스 콘캐넌이 보르도(샤토 마르고로 추정)에서 캘리포니아로 들여온 것이다. 그는 1883년에 샌프란시스코 동부의 리버모어 밸리에 콘캐넌

(Concannon) 와이너리를 설립했다. 콘캐넌의 포도 중개인은 전설의 샌프란시스코 변호사이자 기자였던 찰스 웨트모어였다. 그는 크레스타 블랑카(Cresta Blanca) 와이너리를 설립했다. 금주법 시대에 수많은 카베르네 품종 집단이 사라졌지만, '보르도/콘캐넌 품종 집단'은 13년의 금주령 기간을 버티고 끝까지 살아남았다. 콘캐넌 와이너리가 샌프란시스코 대교구의 미사주 공급처로 변모했기 때문이다. 1960년대, 캘리포니아 대학 데이비스 캠퍼스의 식물지원 부서(Foundation Plant Services)는 콘캐넌의 포도나무 가지를 가져와서 바이러스무병 식물로 복제했다. 1970년대, 캘리포니아의 유명 와이너리들이 클론 07, 08, 11을 널리 재배하게 됐다.

캘리포니아에서 카베르네 소비뇽은 메를로, 카베르네 프랑, 말벡, 프티 베르도와 더불어 레드 와인의 주재료로 사용된다.

### 최상급 카베르네 소비뇽 및 보르도 스타일 레드 블렌드 생산자

- 어센도(Accendo)
- 아담어스(ADAMVS)
- 아켄스톤(Arkenstone)
- 베반(Bevan)
- 본드(BOND)
- 브랜드(Brand)
- 카디날(Cardinale)
- 케이머스(Caymus)
- 샤플레(Chappellet)
- 침니 록(Chimney Rock)
- 클리프 리드(Cliff Lede)
- 클로 뒤 발(Clos du Val)
- 콜긴(Colgin)
- 컨티뉴엄(Continuum)
- 코리슨(Corison)
- 코넬(Cornell)
- 크로커 & 스타(Crocker & Starr)
- 달라 발레(Dalla Valle)
- 데이나(Dana)
- 디터트(Detert)
- 다이아몬드 크릭(Diamond Creek)
- 도미너스 이스테이트(Dominus Estate)
- 던(Dunn)
- 아이젤(Eisele)
- 파 니엔테(Far Niente)
- 파비아(Favia)
- 푸토(Futo)
- 갈리카(Gallica)
- 가르줄로(Gargiulo)
- 그레이스 패밀리(Grace Family)
- 그로스(Groth)
- 할란(Harlan)
- 하이츠(Heitz)
- J. 데이비스(J. Davies)
- 조던(Jordan)
- 조셉 펠프스(Joseph Phelps)
- 케플링어(Keplinger)
- 라 조타(La Jota)
- 래일(Lail)
- 라크미드(Larkmead)
- 로코야(Lokoya)
- 롱 메도우 랜치(Long Meadow Ranch)

- 루이스 M. 마티니(Louis M. Martini)
- 맥도날드(MacDonald)
- 매티아손(Matthiasson)
- 마야카마스(Mayacamas)
- 멜카(Melka)
- 메멘토 모리(Memento Mori)
- 모를레 패밀리(Morlet Family)
- 니켈 & 니켈(Nickel & Nickel)
- 오푸스 원(Opus One)
- 오쇼네시(O'Shaughnessy)
- 아웃포스트(Outpost)
- 패러다임(Paradigm)
- 폴 홉스(Paul Hobbs)
- 피터 미셸(Peter Michael)
- 플럼잭(PlumpJack)
- 포트(Pott)
- 프라이드(Pride)
- 프로제니(Progeny)
- 프로몬토리(Promontory)
- 퀸테사(Quintessa)
- 렐름(Realm)
- 레버리(Reverie)
- 리지(Ridge)
- 로버트 몬다비(Robert Mondavi)
- 루드(Rudd)
- 스케어크로우(Scarecrow)
- 슈레이더(Schrader)
- 스크리밍 이글(Screaming Eagle)
- 쉐이퍼(Shafer)
- 실버 오크(Silver Oak)
- 스노든(Snowden)
- 스파츠우드(Spottswoode)
- 스태글린 패밀리(Staglin Family)
- 스택스 리프 와인 셀러스(Stag's Leap Wine Cellars)
- 텐치(Tench)
- 토르(TOR)
- 트레스 페를라스(Tres Perlas)
- 턴불(Turnbull)
- 바인 힐 랜치(Vine Hill Ranch)
- 빈야드 29(Vineyard 29)

### 메를로

캘리포니아 메를로의 평판은 시소처럼 오르락내리락한다. 강렬한 풍미, 구조감, 복합미를 갖춘 메를로를 만드는 진중한 생산자(라 조타, 마운트 브레이트, 샤플레, 가르줄로 등)도 있는가 하면, 부드럽고 해가 없는 메를로를 만드는 생산자도 넘쳐난다.

그러나 캘리포니아 최상급 메를로는 전혀 부드럽지 않다. 산에서 자라는 포도로 만들기 때문에 타닌 함량이 상당히 높다. 최상급 메를로는 황홀한 구조감과 파워를 지니며, 고품질 카베르네 소비뇽처럼 매혹적이다. 라 조타의 메를로 와인을 한 모금만 마셔도 바로 알 수 있다.

만약 훌륭한 카베르네를 만들기로 정평이 나 있는 와이너리라면, 메를로도 최상급일 가능성이 높다.

> "카베르네 소비뇽 애호가들이 추구하는 카베르네의 면모가 메를로에도 존재한다."
> -덕혼 빈야드의 부회장 P. J. 알비소

세계적으로 위대한 와인은 포도를 수확하고 선별하는 과정부터 수작업으로 세심하게 진행된다.

"와인을 개봉하는 단순한 물리적 행위는
지구 역사상 그 어떤 정부도 하지 못한
행복을 인류에게 가져다준다.
아무리 잘 조직화한 종교라도 단단한
코르크 마개를 당겨서 '펑'하고 터뜨리는
맛있는 소리에 비교하면 영적인 쥐덫에
불과하다. 와인을 잔에 따를 때 일어나는
기포의 웅장함은 지구상 모든 강의
자궁이자 원천에서 들리는 소리와 같다."

-미국 시인이자 작가 짐 해리슨,
'와인' 에세이에서

## ·피노 누아

필자는 피노 누아를 지난 10년간 캘리포니아에서 가장 품질이 많이 향상된 와인으로 꼽는다. 피노 누아는 재배해서 고급 와인으로 만들기 까다로운 품종으로 악명 높다. 그런데도 실크 같은 질감, 복합미, 깊은 풍미를 지닌 동시에 정교함과 우아미까지 갖춘 와인으로 탄생하다니 놀라울 따름이다. 무엇보다 최상급 캘리포니아 피노 누아는 아름다움과 명확성을 지녔다. 즉, 풍미가 혼동되거나 분산되지 않는다. 만약 풍미가 소리라면, 피노 누아는 산에서 울리는 교회 종소리 같다.

피노 누아 포도밭은 캘리포니아 연안을 따라 북쪽 멘도시노의 앤더슨 계곡부터 남쪽 로스앤젤레스와 가까운 산타 이네즈 계곡까지 800km 넘게 이어진다. 두 계곡 사이에 차가운 태평양 해풍의 지대한 영향을 받은 환상적인 AVA포도원들이 포진해 있다. 예를 들어 소노마 코스트(Sonoma Coast), 웨스트 소노마 코스트(West Sonoma Coast), 포트 로스시뷰(Fort Ross-Seaview), 러시안 리버 밸리(Russian River Valley), 카네로스(Carneros), 산타루시아 하이랜즈(Santa Lucia Highlands), 아로요 그란데 밸리(Arroyo Grande Valley), 산타 리타 힐스(Sta. Rita Hills), 산타 이네즈 밸리(Santa Ynez Valley), 산타 마리아 밸리(Santa Maria Valley) 등이다.

피노 누아의 클론 간 차이는 와인의 풍미에 큰 영향을 미친다. 캘리포니아 최상급 피노 누아 밭에서는 광범위한 종류의 피노 누아 클론들이 자라고 있다. 예를 들어 포마드(Pommard) 또는 UC 데이비스 04(UC Davis 04)라 불리는 전통적 클론, 부르고뉴에서 스위스를 거쳐 캘리포니아와 오리건으로 유입된 바덴스빌(Wadenswil), 소위 '디종 클론 집단'이라 불리는 113, 114, 115, 667, 777 클론 등이 있다. 디종 클론 집단은 1987~1988년에 오리건주립대학이 최초로 오리건에 가져와서 심었으며, 이후 남하해서 캘리포니아로 전파됐다.

### 최상급 피노 누아 생산자

· 알마 로사(Alma Rosa)
· 에이션트(Ancient)
· 오 봉 클리마(Au Bon Climat)
· 오베르(Aubert)
· 비엔 나시도(Bien Nacido)
· 브루어클리프턴(Brewer-Clifton)
· 칼레라(Calera)
· 캠브리아(Cambria)
· 카피오(Capiaux)
· 참이설(Chamisal)
· 데이비스 바이넘(Davis Bynum)
· 도멘 카네로스(Domaine Carneros)
· 도멘 드 라 코트(Domaine de la Côte)
· 도넘(Donum)
· 두몰(DuMOL)

· 페일라(Failla)
· 플라워스(Flowers)
· 폭슨(Foxen)
· 핸젤(Hanzell)
· 히르슈(Hirsch)
· 조셉 스완(Joseph Swan)
· 코스타 브라운(Kosta Browne)
· 래티샤(Laetitia)
· 리토라이(Littorai)
· 마카신(Marcassin)
· 맥킨타이어(McIntyre)
· 멜빌(Melville)
· 메리 에드워즈(Merry Edwards)
· 마운트 에덴(Mount Eden)
· 폴 라토(Paul Lato)
· 피이(Peay)
· 피터 미셸(Peter Michael)
· 피소니(Pisoni)
· 라디오코토(Radio-Coteau)
· 로어(ROAR)
· 로치올리(Rochioli)
· 세인츠베리(Saintsbury)
· 삼사라(Samsara)
· 샌디(Sandhi)
· 샌포드(Sanford)
· 스크라이브(Scribe)
· 시 스모크(Sea Smoke)
· 스리 스틱스(Three Sticks)
· 월트(Walt)
· 윌리엄스 셀리엄(Williams Selyem)
· 래스(Wrath)

## ·시라

최상급 프랑스 시라는 육질, 백후추, 매력적 야생성을 띠며, 최상급 호주 시라즈는 유칼립투스, 감초, 풍성한 과일 풍미를 띤다. 최상급 캘리포니아 시라는 이 둘을 섞은 듯한 흥미로운 와인이다.

시라는 피노 누아와 마찬가지로 캘리포니아에서 최근 10년간 품질이 대폭 개선됐다. 최상급 시라는 대담하고 복합적인 풍미를 발산하며, 황홀하게 부드러운 질감을 가졌다. 시라는 '보자마자 사랑에 빠지는 타입'은 아니지만, '볼수록 매력 있는 스타일'이다. 한번 시라의 매력에 빠지면, 미친 듯이 빠져들 수밖에 없다.

시라는 미로 같은 경로를 통해 수차례에 걸쳐 캘리포니아에 들어왔다. 1936년에 캘리포니아 대학 데이비스 캠퍼스의 해롤드 올모 교수가 프랑스 몽펠리에 대학에서 시라 나뭇가지를 가져온 것이 시초였다. 그로부터 수년이 흐른 후, 나파 밸리의 크리스천 브라더스 와이너리가 시라 나무를 심었다. 그리고 또 시간이 흐른 후에 조셉 펠프스 빈야드가 시라를 심었고, 1974년에 최초로 캘리포니아 시라 와인을 출시했다.

이와 비슷한 시기에 프랑스에서 시라 나뭇가지가 새로 들어왔다. 이번에는 프랑스 국립 포도 재배기술원(ENTAV)에서 보내온 것이었다. 캘리포니아 와인 양조자들이 사용할 수 있는 시라 목록에 'ENTAV 클론'이 추가됐다. 한편 호주의 빅토리아에 있는 빅토리아 식물연구소(Victoria Plant Research Institute)에서도 시라즈(시라)를 캘리포니아로 보내왔다. 먼저 벤타나 빈야드의 몬터레이 카운티(Monterey County)가 시라즈를 먼저 재배했고, 1970년대 말경 많은 캘리포니아 와인 양조자가 시라즈를 재배하기 시작했다.

이 시점에서 프랑스와 올모가 다시 등장한다. 올모 교수는 자신이 가르치는 박사 과정 학생이었던 게리 에버를(에버를 와이너리)에게 나뭇가지를 준다. 이 나뭇가지는 북부 론의 코트 로티에 있는 에르미타주의 샤푸티에 와인 가문의 막스 샤푸티에에게 몇 년 전에 받은 것이었다. 이제 캘리포니아에 '샤푸티에 클론'도 추가됐다.

1989년, 타블라스 크릭(Tablas Creek)은 캘리포니아에 시라를 가져와서 파소 로블스에 있는 자신의 포도밭과 묘목장에 심었다. 샤토뇌프 뒤 파프에 있는 샤토 보카스텔이 타블라스 크릭의 지분 일부를 소유하고 있다. 이로써 캘리포니아 와인 양조자들이 살 수 있는 시라 나무가 더 늘어났다.

그리고 많은 사람이 짐작하듯, 캘리포니아 최고의 시라는 '샘소나이트 클론'이다. 이는 여행 가방에 몰래 들여온 시라 나뭇가지다.

## 최상급 시라 및 론 스타일 블렌드 생산자

- 알반(Alban)
- 아모르 파티(Amor Fati)
- 아넛로버츠(Arnot-Roberts)
- 칼레라(Calera)
- 콜긴(Colgin)
- 코팽(Copain)
- 동키 & 고트(Donkey & Goat)
- 에드먼즈 세인트 존(Edmunds St. John)
- 페일라(Failla)
- 알콘(Halcón)
- 호나타(Jonata)
- 케플링어(Keplinger)
- 콩스가드(Kongsgaard)
- 라지어 메러디스(Lagier Meredith)
- 멜빌(Melville)
- 오하이(Ojai)
- 피이(Peay)
- 피에드라사시(Piedrasassi)
- 라디오코토(Radio-Coteau)
- 리스(Rhys)
- 루삭(Rusack)
- 삼사라(Samsara)
- 상귀스(Sanguis)
- 산스 리지(Sans Liege)
- 삭숨(Saxum)
- 스크라이브(Scribe)
- 쉐이퍼(Shafer)
- 시네 쿠아 논(Sine Qua Non)
- 타블라스 크릭(Tablas Creek)
- 자카 메사(Zaca Mesa)

필자의 와인저장고에 있는 오래된 진판델 와인들. 이 와인들이 만들어질 당시 진판델은 캘리포니아에서 가장 주된 적포도 품종이었다.

### • 진판델

카베르네 소비뇽이 1998년에 진판델을 앞지르기 전까지 진판델은 캘리포니아에서 가장 널리 재배되는 적포도 품종이었다. 현재는 카베르네, 피노 누아 다음인 세 번째로 많이 재배되는 품종이다. 진판델 대부분은 순하고 달짝지근하고 저렴한 진판델 화이트 와인으로 만들어진다. 그러나 최상급 포도는 입안을 가득 채우는 묵직한 과일 풍미가 돋보이는 드라이 진판델 레드 와인으로 재탄생하는데, 마치 거부할 수 없는 강아지 같은 사랑스러움을 띤다. 캘리포니아 최고의 진판델 포도밭에는 최고령 진판델 포도나무가 심어 있다. 이 중 소노마 베드록 와인 컴퍼니라는 와이너리가 최고급 진판델을 전문적으로 생산한다. 울퉁불퉁 뒤틀린 진판델 고목은 소량의 포도만 맺지만, 이 포도는 풍성함, 깊이, 파워를 지닌 와인을 만들어 낸다. 털리(Turley)의 진판델처럼 메가와트급 파워를 가진 와인도 있다. 참고로 미국에는 포도나무 고목을 분류하는 기준은 없지만, 보통 40년 이상 묵은 나무를 고목이라 한다(사람과 마찬가지로 40대가 넘어가면 늙은이 취급을 한다).

진판델은 캘리포니아 전역에서 자라지만, 상급 진판델은 대체로 따뜻한 와인 산지에서 생산된다. 특히 소노마 카운티의 드라이 크릭 지역, 아마도르와 엘도라도의 골드러시 카운티, 파소 로블스, 멘도시노 카운티의 내륙 지역 등이다.

진판델은 높은 알코올 도수 때문에 호불호가 갈린다. 사실 알코올 도수가 낮은 진판델은 만들기 힘들다. 하나의 포도송이에서도 포도알의 성숙도가 고르지 못한 품종으로 악명 높기 때문이다. 늦여름이 다가오면 하나의 포도송이에 완벽히 잘 익은 포도알, 건포도처럼 변해 버린 포도알, 설익어서 단단한 포도알이 모두 달려 있다. 이런 포도송이를 으깨면 와인이라기보다는 달고 신 소스 같은 맛이 난다. 따라서 와인 양조자 대부분은 설익은 포도알이 모두 익을 때까지 기다린다. 이미 농익은 포도는 그때쯤이면 건포도처럼 변해 버린다. 이처럼 포도송이 자체의 당도가 높아서 와인의 알코올 도수도 불가피하게 높아진다.

진판델을 숙성시키는 경우는 드물지만, 최상급 진판델을 숙성시키면 훌륭한 맛이 난다. 필자는 1988년산 셔터 홈(Sutter Home) 진판델을 구매해서 25년간 숙성시켰다가 2013년에 개봉했다. 그랬더니 부르고뉴 와인의 정교함과 흡사해져 근사한 맛이 났다.

보통 진판델을 '미국 포도'라 부르지만, 사실상 진판델은 유럽 비티스 비니페라 품종의 후손이다(유럽에는 진판델이란 이름의 포도를 재배하는 곳이 없다). 진판델은 1990년대 말에 최초로 DNA 감식을 받은 품종이다. 이 과정에서 진판델이 과거에 트리비드라그(Tribidrag)라 불렸다가 현재 츠를예나크 카슈텔란스키(Crljenak Kaštelanski)라 불리는 크로아티아 품종과 같다는 사실이 밝혀졌다. 이탈리아 남부에서는 프리미티보(Primitivo)라 부른다. 19세기 초, 크로아티아가 속해 있던 오스트리아-헝가리 제국에서 미국으로 여러 품종을 들여왔는데, 이때 진판델도 함께 섞여 들어왔다. 그러나 진판델이라는 이름의 유래는 아직 밝혀지지 않았다.

나파 밸리의 라지어 메러디스 와이너리는 진판델 와인의 라벨에 진판델 대신 트리비드라그라 표기한다. 캘리포니아 대학 데이비스 캠퍼스의 명예교수이자 진판델 DNA 감식을 진행했던 과학자인 캐롤 메러디스 박사는 라지어 메러디스 와이너리의 공동 소유주다. 진판델의 유전적 혈통을 밝혀낸 것은 그녀의 가장 유명한 업적에 속한다.

## • 스파클링 와인

1970~1980년대에 식견 있는 와인 애호가들은 캘리포니아 스파클링 와인과 샴페인을 구분할 수 있었다. 그러나 지금은 이 둘을 구분하기 어려워졌다. 최상급 캘리포니아 스파클링 와인도 이제는 복합미, 우아미, 풍성함, 길이감을 갖추게 됐기 때문이다.

물론 샴페인과 맛이 완벽히 똑같진 않다. 일단 두 지역의 기후가 극명히 다르다(캘리포니아 스파클링 와인 생산지도 서늘한 편이긴 한다). 또한 샹파뉴는 석회질 토양이지만, 캘리포니아는 그렇지 않다. 필자는 최상급 캘리포니아 스파클링 와인의 특징을 대위법적 긴장감(contrapuntal tension)이라 표현한다. 크리미함과 산미의 환상적인 감각적 양극성이 캘리포니아 스파클링 와인의 매력을 극대화한다.

단, 여기서 말하는 캘리포니아 스파클링 와인은 전통 샴페인 양조법에 따라 병 속에서 2차 발효를 시킨 와인을 가리킨다. 캘리포니아에는 안드레(André), 토츠(Tott's), 쿡스(Cook's) 등 대형 탱크에서 양조하고 저렴한 스파클링 와인도 넘쳐나지만, 이는 전통식 스파클링 와인과는 급이 전혀 다르다.

캘리포니아 최초의 전통식 스파클링 와인은 1890년대 중반, 소노바에 정착한 체코슬로바키아 출신 코벨(Korbel) 삼 형제에 의해 탄생했다. 코벨 삼 형제는 샤슬라, 리슬링, 트라미너, 무스카텔 등 여러 품종을 사용했다. 그런데 불경기가 닥쳤다. 1960년대 금주법 시대는 캘리포니아 스파클링 와인의 암흑기였다. 이 시기에 생산된 스파클링 와인은 대부분 샤르마 기법으로 만든 저렴한 거품 와인이었다. 오직 코벨과 나파 밸리의 한스 코넬 와이너리만 전통 샴페인 양조법을 고수했다.

오후에 도멘 카메로스의 테라스에 앉아서 이곳에서 만든 환상적인 스파클링 와인을 맛보는 것만큼 황홀한 경험이 없다.

## 캘리포니아 스파클링 와인과 프랑스 샴페인 비교

캘리포니아 스파클링 와인과 프랑스 샴페인은 서로 비교될 수밖에 없다. 양조방식, 발효과정 등 두 와인의 맛에 영향을 미치는 여러 요소를 다음과 같이 정리했다. 아래 표는 전통 샴페인 양조법으로 만든 캘리포니아 스파클링 와인만 다루고 있으며 샤르마(벌크) 기법으로 만든 와인은 포함하지 않는다.

| 지역 | 캘리포니아 | 프랑스 |
|---|---|---|
| 와인 양조 기술 | 전통식 | 샴페인 전통식 |
| 포도 품종 | 샤르도네, 피노 누아, 피노 뫼니에 (때때로 드물게) | 샤르도네, 피노 누아, 피노 뫼니에 |
| 스파클링 와인 타입 | 논빈티지, 빈티지, 프리스티주 퀴베(가끔) | 모든 회사가 논빈티지를 생산 이례적으로 훌륭한 해에 빈티지와 프리스티주 퀴베 생산 |
| 와인 스타일 | 블랑 드 블랑, 로제, 블랑 드 누아 | 블랑 드 블랑, 로제, 블랑 드 누아(때때로) |
| 당도 | 법적으로 정해진 당도 기준은 없으나, 최상급 생산자들은 프랑스 기준을 따름 | 엑스트라 브뤼: 0~0.6%<br>브뤼: 1.2% 미만<br>엑스트라 드라이: 1.2~1.7%<br>섹: 1.7~3.2%<br>드미섹: 3.2~5% |
| 논빈티지의 베이스와인 가짓수 | 2~50개 | 수십~수백 개 |
| 논빈티지의 베이스와인 햇수 | 보통 1~3년 | 무제한적이지만 보통 3~6년 |
| 쉬르 리 숙성기간 | 캘리포니아는 대체로 프랑스 기준을 따름 | 논빈티지와 빈티지 모두 최소 12개월(단 논빈티지는 15개월, 빈티지는 3년 이후부터 판매 가능) |
| 연간 생산량 | 약 1,260만 병 | 약 2억 4,000만 병 |
| 포도 구입처 | 회사 대다수가 상당 부분의 포도를 직접 재배 | 회사 대다수가 샹파뉴 재배자 1만 6,100명에게 포도 대부분을 구매 |
| 포도밭 기후 | 서늘한 편 | 매우 서늘함 |
| 토양 | 포도밭에 따라 매우 다양 | 주로 백악질 석회암과 이회토 |

1960년대 중반, 슈램스버그(Schramsberg) 와이너리의 설립과 함께 캘리포니아 스파클링 와인의 새 시대가 개막했다. 최초의 슈램스버그 와인은 샤르도네를 사용했다. 그 당시 캘리포니아에 샤르도네 포도밭은 80헥타르에 불과했다.

샹파뉴 주민들도 맛있는 슈램스버그 스파클링 와인과 캘리포니아의 신생 고급 와인들을 주목했다. 캘리포니아의 특정 지역은 샤르도네와 피노 누아 재배에 매우 적합했고, 샹파뉴와는 달리 면적도 충분하게 넓고 가격도 저렴했다. 1973년, 모엣&샹동 샴페인 하우스는 나파 밸리에 80만㎡(80헥타르)의 밭을 헥타르당 2,500달러를 조금 넘게 주고 매입했다. 그렇게 도멘 샹동이 태어났다. 이후 15년간 정상급 샴페인 회사 대여섯 곳과 스페인 스파 클링 와인 대기업 프레이제네트(Freixenet), 코도르니우 (Codorníu)는 캘리포니아에 합작회사 또는 자회사를 설립했다.

캘리포니아 3대 스파클링 와인 하우스는 슈램스버그(창립자 데이비스 가문이 현재도 운영), 도멘 카네로스(테텡제 샴페인 하우스가 지분 일부 소유), 로드레 이스테이트(로드레 샴페인 하우스 소유)다. 이 세 회사와 품질 중심의 캘리포니아 스파클링 와인 회사 대부분이 샴페인과 비슷한 방식을 따른다(500페이지의 '캘리포니아 스파클링 와인과 프랑스 샴페인 비교' 참조).

### 최상급 캘리포니아 스파클링 와인 하우스

- 도멘 카네로스(Domaine Carneros)
- 도멘 샹동(Domaine Chandon)
- 글로리아 페레(Gloria Ferrer)
- 아이언 호스(Iron Horse)
- J. 빈야드(J. Vineyards)
- 폴라 코넬(Paula Kornell)
- 로드레 이스테이트(Roederer Estate)
- 슈램스버그(Schramsberg)

### · 디저트 와인과 포트 스타일 와인

캘리포니아 디저트 와인과 포트 스타일 와인은 그다지 유명하지 않다. 한 가지 원인을 꼽자면, 기후 때문이다. 캘리포니아는 소테른을 만드는 보트리티스 시네레아 같은 유익균이 형성되기에는 날씨가 너무 건조하다. 또 다른 이유는 문화다. 필록세라와 금주법이 수십 년간 잇따라 발생하는 동안 캘리포니아에서 생산한 와인 대부분이 주정을 강화하고 저렴하며 달짝지근한 저그 와인이었던 것이다. 이런 와인은 숙취를 유발한다는 안 좋은 인상만 남겼다.

그럼에도 불구하고 캘리포니아에도 꽤 맛있는 주정강화 와인이 존재한다. 다만 많이 없을 뿐이다.

1957년 베링어(Beringer) 와이너리는 소비뇽 블랑과 세미용으로 나파 밸리 최초의 귀부병 와인을 만들었다. 베링어의 와인 양조자인 마이런 나이팅게일과 그의 아내 앨리스는 갓 수확한 포도에 보트리티스 포자를 주입하는 방법을 수년간 연구했다. 이 와인은 현재도 10년에 몇 차례씩 생산된다.

안개가 자욱한 멘도시노 카운티의 앤더스 밸리에 있는 나바로 빈야드(Navarro Vinyards) 와이너리는 환상적인 클러스터 셀렉트 레이트 하베스트 리슬링(Cluster Select Late Harvest Riesling)으로 유명하다. 1983년에 처음으로 포도밭에서 자연적으로 보트리티스에 감염된 포도로 귀부병 와인을 만들었다.

돌체(Dolce) 와인은 캘리포니아에서 가장 쾌락적이고 세련된 귀부병 와인으로 칭송받는다. 1985년에 처음 자연적으로 보트리티스에 감염된 세미용과 소비뇽 블랑으로 귀부병 와인을 만들었다. 돌체는 나파 밸리 남동쪽 구석의 쿰스빌에 있는 포도밭에서 생산되는데, 포도밭의 아락한 지형 때문에 아침마다 안개와 습기가 많이 몰린다. 늦가을이 되면, 고생스러운 수확 작업이 6주간 진행된다. 특별히 숙련된 일꾼이 포도밭을 수시로 드나들며 특수 가위로 귀부병에 걸리지 않은 포도알을 잘라낸다. 그러다 보면 한 송이에 포도가 한 알만 남기도 한다. 당연히 와인 가격도 비싸다.

뮈스카 포도는 유럽에서 수 세기 동안 온갖 종류의 스위트 와인으로 만들어졌다. 그러나 캘리포니아에는 그리 많지 않다. 가장 유명한 생산자는 콰디(Quady)이며, 센트럴 밸리에서 생산한 오렌지 뮈스카, 블랙 뮈스카, 뮈스카 블랑 아 프티 그랭을 사용해서 엘렉트라(Electra), 에센시아(Essensia), 엘리시움(Elysium) 등 굉장히 맛있고 활기 넘치는 뮈스카 와인을 만든다.

캘리포니아의 포트 스타일 와인은 온갖 종류의 집합체다. 토리가 나시오날, 틴타 캉, 틴타 호리스 등 포르투갈 전통 품종을 사용해서 고급 포트와인을 만드는 와이너리는 소수에 불과하다. 그래도 진판델, 프티트 시라로 만든 훌륭한 포트 스타일 와인도 있다. 특히 콰디 와이너리가 가장 독보적인데, 스타보드(Starboard)라는 시트러스, 모카 풍미의 풍성한 포트 스타일 와인을 만든다.

## 캘리포니아 와인 산지

과학적 측면에서 캘리포니아 포도밭은 각양각색이다. NASA 기술을 적용해서 컴퓨터로 모니터링하는 포도밭이 있는가 하면, 두껍고 구불구불한 몸통에 무성한 잎을 길게 내려뜨린 100년 묵은 진판델 나무가 고독한 룸펠슈틸츠헨 난쟁이처럼 듬성듬성 있는 포도밭도 있다.

다음에는 캘리포니아 주요 와인 산지를 살펴볼 계획이다. 필자 생각에 위대한 와인이 가장 많이 포진해 있는 나파 밸리, 소노마 카운티, 사우스 센트럴 코스트 등 세 지역을 먼저 소개하겠다. 그러나 캘리포니아에는 훌륭한 와인 산지가 워낙 많아서 여기에 반박하는 사람도 분명히 있을 것이다. 그래서 '빅 스리(big three)' 지역에 이어서 북쪽에서 남쪽 순서로 멘도시노, 레이크 카운티, 시에라 풋힐스, 카네로스, 로디, 리버모어, 산타크루즈 마운틴스, 몬터레이, 산타루시아 하이랜즈, 샬론, 마운트 할란 & 카르멜 밸리, 파소 로블스, 요크 마운틴, 에드나 밸리 & 아로요 그란데 밸리 등의 지역도 함께 다룰 예정이다.

# NAPA VALLEY 나파 밸리

오푸스 원 와이너리의
고요한 지하 저장실에 배럴이 가득하다.

**4,000년 전, 나파 밸리는 혈기 왕성한 와포(Wappo) 인디언 부족의 터전이었지만, 현재는 원주민의 흔적을 거의 찾아볼 수 없다. 나파라는 이름은 와포 사투리로 '풍부하다'라는 뜻이다.**

샌프란시스코에서 북쪽으로 80km 떨어진 곳에는 캘리포니아주에서 가장 유명한 와인 산지인 나파 밸리가 있다. 그런데 놀랍게도 와인 생산량은 캘리포니아 전체 와인의 4%에 불과하다.

거의 150년 동안 나파 밸리는 미국에서 가장 야심 차고 유능하며 열정적인 와인 양조자들을 끌어들였다. 현대역사에서 가장 역동적인 와인 양조자로 꼽히는 로버트 몬다비와 바롱 필리프 드 로칠드가 웅대한 오푸스 원(Opus One)을 세운 곳도 나파 밸리 말고 어디겠는가? 개빈 뉴섬 캘리포니아 주지사가 지분을 소유한 와이너리들도 나파 밸리 말고 어디겠는가? 캘리포니아 와인 가격이 최초로 한 병당 100달러를 넘어선 지역도 나파 밸리 말고 어디겠는가? 와인 한 병당 가격이 최초로 1,000달러를 넘은 지역도 바로 이곳 나파 밸리다. 전자는 1987년산 다이아몬드 크릭 레이크 빈야드 카베르네 소비뇽이며, 후자는 2014년산 스크리밍 이글 와인이다. 참고로 스트리밍 이글의 메일링 리스트(고객 명단)에 이름을 올리려면 약 12년을 대기해야 한다.

비평가들은 나파 밸리가 자만심이 강하다고 비난한다. 어쩌면 그럴지도 모른다. 그러나 필자는 그것이 인생을 충만하게 살아가고자 하는 거대한 욕망이라 생각한다. 나파 밸리 최초의 상업적 포도밭은 1838년 또는 1839년에 조지 칼버트 욘트가 심었다. 그는 노스캐롤라이나 사냥꾼이자 홈스테드 정착민이었다. 욘트빌(Yountville)은 그의 이름을 딴 도시명이다. 욘트는 멕시코 알타 칼리포르니아의 니콜라스 구티에레스 대행 주지사에게서 멕시코 토지 두 곳을 받았다. 이 토지는 현재의 욘트빌, 오크빌, 러더퍼드, 하웰 마운틴 등의 포도 재배 지역을 아우를 정도로 넓었다.

1846년 멕시코는 캘리포니아를 미국에 양도했다. 이후 몇십 년 동안 찰스 크루그(1861년), 슈램스버그(1862년), 베링어(1876), 잉글누크(1879년) 등 상징적이고 건축학적으로 인상적인 와이너리들이 설립됐다. 잉글누크는 늠름한 선장이자 모피 상인인 귀스타브 니바움이 세운 양조장이다. 이때가 나파 밸리의 첫 번째 황금기다. 와이너리 대부분은 드라이 와인, 스위트 와인, 레드 와인, 화이트 와인 등 각양각색의 와인을 만들었다. 특히 당시에 독일 출신 와인 양조자가 많았기 때문에 유독 리슬링이 인기가 높았다.

1880년대 말 나파 밸리의 와이너리는 140곳을 조금 넘었다. 와인 품질도 갈수록 매우 높아져서 뉴욕과 샌프란시스코 와인 전문가들이 사 갈 정도였다. 당시 캘리포니

## 전설의 로버트 몬다비

미국 최고의 와인 산지라는 나파 밸리의 명성은 와인 품질뿐 아니라 지칠 줄 모르는 와인 양조자들의 열정 덕분이다. 그중 가장 중요한 인물을 꼽자면, 바로 작고한 로버트 몬다비를 들 수 있다.

1913년 미네소타 버지니아에서 태어난 몬다비는 가난하지만 근면한 이탈리아 이민자 부모 밑에서 자랐다. 금주법 시대에 큰돈을 벌게 된 몬다비 가족은 캘리포니아 로디로 이사해서 과일 포장 사업을 시작했다. 그들은 포도 상자를 기차에 실어서 동부의 가정용 와인 양조자들에게 보냈다. 볼스테드 법이 가정 내 와인 양조를 허용했던 허점을 노린 것이다. 몬다비 가족은 사업에 큰 성공을 거두었고, 1940년대 초에 나파 밸리에서 가장 유명했던 찰스 크루그 와이너리를 매입했다. 로버트는 비즈니스와 마케팅을 전담했고, 그의 형인 피터는 와인 양조를 담당했다.

그러나 1965년 그의 어머니와 형은 로버트 몬다비가 아내에게 밍크코트를 선물하는 등 돈을 흥청망청 쓴다는 이유로 그를 해고한다. 이에 로버트는 10km 떨어진 오크빌 마을로 이사해서 53세의 나이에 자신의 이름을 딴 와이너리를 설립한다. 수년간 지속된 형과의 법적 소송과 가족과의 불화에도 불구하고 그는 로버트 몬다비 와이너리를 세계적인 캘리포니아 와인 브랜드로 키워냈다. 또한 캘리포니아 와인을 세계적 수준으로 끌어올리기 위해 끝없는 열정을 쏟아부었다. '캘리포니아 와인은 세계 최고의 와인들과 어깨를 나란히 한다'는 그의 신념은 누구를 만나든 반복적으로 강조하는 구절이 됐다.

몬다비는 국제적 명성을 얻게 됐고, 세계 최초로 와인 글로벌 합작 계약을 맺는다. 몬다비는 샤토 무통 로칠드의 바롱 필리프 드 로칠드와 오푸스 원(Opus One) 설립 계약을 바롱의 침실에서 체결했는데, 당시 바롱은 파자마 차림이었다고 한다.

몬다비는 찰스 크루그 와이너리에서 나파 밸리 최초의 여성 투어 가이드(시급 2달러)였던 두 번째 부인 마그리트 비버를 만났다. 몬다비와 마그리트 비버 부부는 예술, 음악, 요리와 함께 와인을 즐기는 웰빙 및 문화 탐방 프로그램을 야심 차게 선보였다.

2004년, 몬다비의 자녀들과 와이너리 투자자들 간 갈등이 빚어졌다. 이에 따라 로버트 몬다비 와이너리는 컨스틸레이션 브랜즈에 13.6억 달러에 부채와 함께 인수됐다. 로버트 몬다비는 그로부터 4년 후에 사망했다.

아 와인은 대부분 벌크로 팔렸지만, 나파 밸리의 최상급 양조장들은 와인을 병에 담아서 판매하기 시작했다. 이를 가장 먼저 시행한 양조장은 잉글누크였는데, 와인병 라벨에 'Sold only in Glass(와인병으로만 판매)'라는 문구를 자랑스럽게 표기했다.

나파 밸리도 다른 와인 산지처럼 1890~1950년대에 암흑기를 겪었다. 필록세라, 1차 세계대전, 금주법, 대공황, 2차 세계대전이 연타를 날린 결과였다.

그러나 1960~1970년대, 두 번째 황금기가 시작됐다. 미국에 '자연으로 돌아가자'는 운동이 발발했고, 수많은 전문가와 기업가에게 나파 밸리는 대지와 가깝게 살아가기 완벽한 장소로 여겨졌다. 그들은 토마토조차 재배해 본 적 없었지만, 사업수완과 습득 능력이 월등했다. 1970년대 초반, 던과 몰리 샤플레, 잭과 제이미 데이비스(슈램스버그), 존과 재닛 트레페덴, 조셉 펠프스, 매리와 잭 노박(스파츠우드), 댄 덕혼, 존 쉐이퍼, 짐 바레트(샤토 몬텔레나), 레이 덩컨(실버 오크), 워렌 위니어스키(스택스 리프 와인 셀러스) 등 다수의 인물이 모여서 집단이 형성됐다. 이 야심 찬 와인 양조자들 덕분에 나파 밸리는 10년 만에 재기해서 빠르게 성장했다.

이후로도 성장 속도는 줄어들 기미를 보이지 않았다. 현재 나파 밸리의 와이너리는 475개에 달하며, 와인 브랜드만 천여 개가 넘는다. 이 중 92%가 가족 소유의 와이너리다.

나파 밸리는 1981년에 소노마 밸리와 함께 AVA로 지정됐다. 나파 밸리 AVA는 작지만 깔끔하게 구성돼 있다. 북서쪽에서 남동쪽으로 48km가량 뻗어 있으며 너비는 1.6~8km에 불과하다. 산파블로만에서 시작해서 마운트 세인트헬레나 사화산에서 끝나며, 양측에 산맥이 솟아 있다. 동쪽에 바카산맥, 서쪽에 마야카마스 산맥이다. 나파 밸리의 와인 양조자 리 허드슨은 평화롭고 아름다운 이곳을 '농업의 요세미티'라 부른다. 이 작은 지역에 180k㎡(1만 8,000헥타르)의 포도밭이 있다.

## 1960년대 말의 나파 밸리

1966년, 비틀즈가 <옐로 서브마린>을 발매했고, 스타트렉의 첫 번째 에피소드가 방영됐으며, <닥터 지바고>가 영화관에서 상영됐다. 당시 나파 밸리에서 가장 인기 많은 와인은 잉글누크의 캐스크(Cask) 카베르네 소비뇽이었다. 한 병당 5달러에 팔렸는데 캘리포니아에서 가장 비싼 와인이었다. 나파 밸리에 여성 와인 양조자는 한두 명밖에 없었는데 모두 독학으로 와인을 배웠다. 이때까지 미국 와인 학교에 여성이 입학한 사례는 단 한 번도 없었다. 나파 카운티 농업위원회(Napa County Agricultural Commission)에서 나파 밸리의 포도밭 면적을 처음으로 발표한 해이기도 하다. 당시 나파 밸리의 포도밭 면적은 지금의 몇분의 일밖에 안

됐지만 놀랍게도 포도 품종은 80여 종에 달했다(적포도 42종, 청포도 38종). 1966년 나파 밸리에서 가장 많이 재배된 적포도는 프티트 시라, 진판델, 가메였다. 가장 많이 재배된 청포도는 프랑스 품종 콜롱바르, 소비뇽 베르, 소비뇽 블랑이었다. 1966년에 포도 재배도 유행했지만, 나파 밸리의 가장 주된 산업은 목축업이었으며, 자두 재배와 낙농업(그해 달걀 450만 다스 이상 판매)이 그 뒤를 이었다. 마이클 몬다비 같은 어린이들이 자두 수확을 도울 수 있도록 공립학교 등교 시간도 늦춰졌다. 나파 밸리의 주요 도시인 세인트헬레나에 최초의 신호등이 설치된 것은 그로부터 6년이 지난 후였다.

잘 모르는 사람이 나파 밸리를 보면 지리적으로 균일해 보이지만, 실상은 완전히 다르다. 벤치 랜드, 협곡, 흙무더기(산사태로 형성), 충적선상지(산 정상의 흙과 암석이 강줄기를 타고 계곡 아래에 쌓여서 형성) 등 지형이 굉장히 불규칙하다.

토양도 무척 다양하다. 토양학자들은 세계 토양을 12개 목으로 분류하는데, 그중 6개 목이 나파 밸리에 존재한다. 작은 면적에 비해 놀랍도록 많은 수치다. 6개 목 하위에 백여 종 이상의 토양이 있다. 토양이 이처럼 다양한 데는 여러 요인이 작용했다. 일단 고대 화산이 폭발하면서 나파 밸리의 땅이 높이 치솟았다가 무너졌다. 또한 지각판이 엄청난 충격과 함께 충돌하면서 산맥이 솟아올랐고, 나파 밸리는 태평양 퇴적물로 뒤덮이게 됐다. 나파강의 주기적인 범람도 하나의 요인으로 작용했다. 이런 지질학적 요인과 이질적인 와인 양조 스타일이 합

처진 결과, 한동네에 있는 여러 와이너리가 같은 품종을 사용해도 서로 완전히 다른 와인을 만들게 된 것이다.

나파 밸리의 지형적 다양성은 변화무쌍한 기후 때문에 더욱 강조된다. 여름에 서늘한 남동부 끝단에서 산파블로만을 마주하고 있는 사람은 스웨터를 꼭 여미고 있지만, 같은 시각 북쪽의 캘리스토가에 있는 사람은 수영복만 걸치고 있다. 이른 아침에 800m 높이의 산에 있는 포도밭은 따뜻한 햇살을 듬뿍 받지만, 60m 높이의 산자락에 있는 포도밭에는 서늘한 안개층이 깔려 있다. 지금까지 살펴본 다양성 외에도 나파 밸리 와인을 맛볼 때 고려할 요인이 하나 더 있다. 바로 포도가 나파 밸리의 동쪽과 서쪽 중 어느 측면에서 재배됐는지다.

이유는 이렇다. 동쪽 포도밭은 바카산맥을 따라 해가 지는 서쪽과 일직선상에 있어서 늦은 오후에 햇빛과 온기를 많이 받는다. 그 덕에 하웰 마운틴, 스택스 리프 디스트릭트, 오크빌과 러더퍼드 동부 등 동쪽 포도밭의 포도들은 매우 잘 익는다. 숙성시킨 와인은 단일성, 굉장히 높은 집중도, 풀보디감을 지닌다.

반면 서쪽 포도밭(다이아몬드 마운틴, 마운틴 비더, 세인트헬레나, 오크빌과 러더퍼드 서부)은 주로 동향이다. 비교적 서늘한 아침햇살을 받아서 안개가 많다. 이곳 와인은 단일성이 없는 편이다. 반면 훨씬 세련됐다고 주장하는 사람이 많다. 나파 밸리의 서쪽은 숲이 빽빽하게 우거져 있다. 그러나 2016~2020년에 여러 차례 발생한 산불 때문에 나파 밸리 남서쪽 숲이 심각하게 파괴됐다. 남북, 동서, 높이의 고저 등 나파 밸리 와인의 맛에 영향을 미치는 요소들은 마치 홀로그램 같다. 그러나 나파

1881년에 설립된 오크빌 그로서리는 반드시 들러야 하는 명소다.

### 나파 밸리와 기후변화

캘리포니아의 다른 지역과 마찬가지로 나파 밸리도 기후변화에 심각한 영향을 받았다. 1880년대 말부터 나파 밸리의 연평균 기온은 1.5℃만큼 상승했다. 무엇보다 심각한 문제는 가뭄과 산불이다. 캘리포니아 전역이 메가 가뭄 지역으로 간주한다. 또한 나파 밸리는 산불 때문에 2017년, 2018년, 2020년에 대피 발령이 내려졌다. 나파 밸리는 기후 위기에 대응하고 지속가능성을 높이기 위해 두 가지 프로그램을 시행하고 있다. 프로그램명은 '나파 그린 빈야드'와 '나파 그린 와이너리'다. 이는 에너지 절약, 수자원 효율성 개선, 폐기물 방지, 탄소 감축 및 포집, 재생농업을 통한 토양 개선, 농약 없애기, 산림 보호, 사회적 공정성 향상 등 100여 가지 기준을 내세운 인증 프로그램이다. 2020년 기준, 나파 밸리 와이너리의 90% 이상이 해당 프로그램을 실천하고 있다.

밸리 전역의 공통된 특징도 있다. 근처의 태평양 덕분에 기온일교차가 극심하다는 것이다. 심지어 밤낮 온도차가 22℃에 달하기도 한다. 따라서 포도나무가 낮에는 광합성을 하고 밤에는 쉬는 이상적인 환경이 조성된다. 나파 밸리에는 수많은 포도 품종이 자라지만, 그중 최고는 단연 카베르네 소비뇽이다. 나파 밸리는 그 어느 캘리포니아 와인 산지보다 풍성하고 복합적인 카베르네를 해마다 가장 많이 생산한다.

최상급 카베르네 소비뇽 와인 중 일부는 100% 카베르네 소비뇽 품종으로 만든다. 그러나 대부분은 메를로와 카베르네 프랑을 블렌딩하며 소량의 프티 베르도를 섞기도 한다. 한 나파 밸리 와인 양조자는 응축력 있는 짙은 색의 프티 베르도는 여러 품종을 매끈하게 이어 주는 '회반죽'과 같다고 묘사했다. 최근 들어 최상급 카베르네 소비뇽은 라벨에 카베르네 소비뇽이라는 품종 대신 양조장 이름을 표기하는 경우가 늘었다. 예를 들어 할란 이스테이트의 카베르네 베이스 레드 와인은 라벨에 '할란 이스테이트'라는 이름만 적혀 있다. 달라 발레의 라벨에도 '달라 발레'라고만 적혀 있다.

카베르네 프랑에 관해서도 짧게 알아보자. 그의 자손인 카베르네 소비뇽이 훨씬 유명하긴 하지만, 카베르네 프랑도 나파 밸리에서 훌륭한 품종으로 취급된다. 카베르네 프랑은 희귀성, 높은 수요, 테루아르에 민감하게 반응하는 특성 덕분에 수년째 나파 밸리에서 가장 비싼 가격에 팔린다. 카베르네 프랑을 평균 수준의 포도밭에서 재배하면, 맛은 평균을 밑돈다. 따라서 이 까

**2021년 기준, 나파 밸리의 최상급 포도밭의 가격은 에이커당 50만 달러(헥타르당 120만 달러) 이상을 기록하며 미국에서 가장 비싼 농경지로 올라섰다.**

1949년에 세운 나파 밸리의 상징적인 간판이다.

## 슈퍼 소비뇽

필자는 나파 밸리를 중심으로 캘리포니아에 새로 출현한 최상급 소비뇽 블랑을 가리켜 2017년에 처음으로 '슈퍼 소비뇽'이란 용어를 사용했다. 이전에는 이 용어가 사용된 적이 없으며, 최상급 보르도 화이트 와인에 버금가는 고품질 소비뇽 블랑 자체가 존재하지 않았다.

슈퍼 소비뇽은 복합미, 광물성, 매혹적인 풍성함과 짜릿함을 갖췄다. 슈퍼 소비뇽의 포도는 우수한 포도밭에서 생산된다. 과거에는 카베르네, 메를로를 심기에 조건이 충분치 않은 밭에 소비뇽 블랑을 재배했다. 소비뇽 블랑은 달걀 모양의 콘크리트 용기, 새 배럴, 오래된 배럴, 스테인리스스틸 탱크, 스테인리스스틸 드럼, 암포라 등 다양한 용기에 양조한 후, 각각의 와인을 혼합해서 만든다. 나파 밸리와 캘리포니아의 슈퍼 소비뇽은 과거와는 근본적으로 다른 와인인 셈이다.

슈퍼 소비뇽을 생산한 초창기 나파 밸리 와이너리는 다음과 같다.

어센도(ACCENDO)

아담어스(ADAMVS)

퀴베종(CUVAISON)

아이젤(EISELE)

인트라다(INTRADA)

래일(LAIL)

루드(RUDD)

스파츠우드(SPOTTSWOODE)

턴불(TURNBULL)

다로운 포도는 좋은 밭에 심어야 한다. 최근 들어 나파 밸리에 소량씩 생산되는 환상적인 고품질 카베르네 프랑 와인이 늘고 있다. 필자가 추천하는 생산자는 디터트(Detert), 크로커 & 스타(Crocker & Starr), 샤플레(Chappellet), 포트(Pott) 등이다.

카베르네 프랑은 카베르네 소비뇽의 한쪽 부모. 다른 쪽 부모는 소비뇽 블랑이다. 카베르네 소비뇽이 번성하는 장소에서는 카베르네 블랑도 잘 자란다. 2010년대 나파 밸리의 소비뇽 블랑은 대대적인 품질 혁명을 거쳤다. 콩가드 샤르도네(Kongsgaard Chardonnay), 카본 샤르도네(Carbone Chardonnay) 등 몇몇을 제외하면, 최상급 나파 밸리 소비뇽은 정상급 나파 밸리 샤르도네를 능가한다.

지난 수십 년간 소수의 품종을 집중적으로 재배했지만, 최근 나파 밸리 와인 양조자들은 기후변화에 대비하고자 포르투갈, 스페인, 프랑스, 그리스, 이탈리아 남부에서 번성하는 내열성 품종들을 연구하고 있다. 한때 카베르네 소비뇽만 전적으로 재배하던 포도원도 작은 구획을 마련해서 템프라니요, 알리아니코, 토리가 나시오날, 수장(Souzão), 아시르티코 등을 시범적으로 재배하고 있다.

"가장 인상적인 와인은 생생하게 살아 숨 쉬며 변화한다. 이런 와인은 화학물질 미사용, 천연효모 사용, 최소한의 개입, 통기성 좋은 저장실에서 한 엘르바주(élevage)의 산물이다. 우리처럼 와이너리를 운영하는 행운을 누리는 사람들은 이런 단순한 전통 방식을 넘어 생태계와 공동체를 아우르는 테루아르에 관해 심도 있게 고찰해야 한다. 우리는 아름다운 포도 산지의 번영과 애초에 이런 명성을 가능케 한 자연을 보호하는 일 사이에서 균형을 유지해야 한다."
-다이아나 스노우든, 나파 밸리의 스노우든 빈야드의 공동 소유주이자 와인 양조자, 프랑스 부르고뉴의 도멘 뒤작크의 와인 학자

## 나파 밸리 AVA

나파 밸리에는 소규모 AVA 16곳이 있다. AVA는 주로 산 지역에 몰려 있으며 나머지는 낮은 언덕과 계곡 바닥에 자리 잡고 있다. 여기서 '계곡 바닥'이란 산 지역과 대비되는 용어다. 그런데 나파 밸리에서 계곡 바닥이라 불리는 곳은 사실상 '실제 바닥'보다 몇백 피트 높은 위치

에 있다. 여기서 실제 바닥은 나파 밸리를 북남 방향으로 가로지르는 나파강을 가리키며, 나파강은 다른 지대보다 고도가 낮다. 나파강은 너무 작아서 나파 밸리 방문객들은 강이 존재하는지도 모를 정도다.

계곡 바닥과 낮은 언덕에서 가장 주요한 AVA는 스택스 리프 디스트릭스, 오크빌, 러더퍼드, 세인트헬레나 등이다. 나파 밸리 남쪽 끝에 있는 카네로스 AVA는 나파 밸리와 소노마, 양쪽에 모두 걸쳐있다. 산 지역에서 가장 주요한 AVA는 하웰 마운틴, 다이아몬드 마운틴 디스트릭트, 스프링 마운틴 디스트릭트, 마운트 비더 등이다. 그럼 산 지역 AVA를 하나씩 살펴보자.

산 지역의 AVA와 포도밭은 매우 높이 평가된다. 이곳 와인은 응축력과 구조감이 굉장히 뛰어난 동시에 섬세함까지 갖췄기 때문이다. 산의 상부 지역은 고도가 790m이며 안개층보다 높다. 이곳 포도는 매일 장시간 햇빛을 듬뿍 받지만, 고도가 높아서 기온이 서늘하다. 산 지역의 토양은 깊이가 얕고 척박한 까닭에 포도나무가 작고 포도알 크기도 블루베리만 하다. 레드 와인에서 포도알이 작다는 것은 포도즙 대비 껍질의 비율이 높다는 뜻이다. 따라서 산 지역의 와인은 타닌감이 주는 구조감이 매우 뚜렷하다.

나파 밸리 동쪽에 있는 하웰 마운틴은 나파 밸리에서 가장 건조하고 더운 AVA다. 또한 깊이가 얕고 돌이 많은 화산토로 유명하다. 이곳 와인은 타닌 함량과 숙성력이 매우 높다. 하웰 마운틴의 '와인 양조 아버지(father of winemaking)'는 랜디 던(Randy Dunn)이다. 던 빈야드 카베르네 소비뇽은 호사스럽고 아름다운 구조감을 지니며, 미국에서 숙성력이 가장 길다고 알려져 있다. 하웰 마운틴 AVA의 또 다른 최상급 생산자로는 아담어스(ADAMVS), 오쇼네시(O'Shaughnessy), 아웃포스트(Outpost), 케이드(Cade) 등이 있다.

나머지 세 AVA는 모두 나파 밸리의 서쪽에 위치하며, 포도밭은 대부분 동향이다. 다이아몬드 마운틴은 입자가 고운 화산회토에 다이아몬드처럼 생기고 반짝이는 흑요석 조각이 섞여 있다고 해서 붙여진 이름이다. 이곳에서 가장 유명한 와이너리는 다이아몬드 크릭이다. 스프링 마운틴은 세인트헬레나 서쪽에 있는 여러 산봉우리의 집합체다. 스프링 마운틴은 이 구역에 천연 샘(srping)과 개울이 많다고 해서 붙여진 이름이다. 오래 전부터 이 샘물과 개울물을 먹고 자란 광활한 삼나무 숲도 있었지만, 현재는 대부분 파괴됐다. 비교적 서늘하고 습한 편임에도 2020년에 산불이 발생했기 때문이다. 당

시 산불로 케인(Cain), 셔윈(Sherwin), 베렌(Behren), 뉴턴(Newton) 등의 와이너리가 잿더미가 돼 버렸다. 한편 화재로 일부만 소실된 로코야(Lokoya) 와이너리는 매우 감미롭고 순수하며 선명한 카베르네 소비뇽을 생산한다. 프라이드(Pride)와 바네트(Barnett)도 환상적인 카베르네를 선보인다.

마운트 비더는 나파 밸리의 하위 AVA 중 가장 면적이 넓다. 그러나 암석이 많고 가파른 산악지대와 빽빽한 숲 덕분에 포도밭은 전체 면적의 약 7%에 불과하다. 유명한 와이너리는 포트(Pott), 프로제니(Progeny), 마야카마스(Mayacamas), 마운틴 브레이브(Mt. Brave), 라지어 메러디스(Lagier Meredith) 등이다. 라지어 메러디스의 공동 소유주인 캐롤 매러디스 박사는 세계적으로 유명한 포도 전문 유전학자이자 포도나무 DNA를 분석해서 유전적 부모를 밝혀내는 프로세스의 공동 발명자다.

이번에는 나파 밸리의 계곡 바닥과 낮은 언덕에 있는 AVA를 알아보자. 가장 유명한 AVA는 오크빌과 러더퍼드다. 지질학적으로 설명하자면, 이곳은 거대한 충적선상지(서쪽) 또는 화산 산사태 지형(동쪽)으로 이루어져 있다. 오크빌과 러더퍼드는 남북 방향으로 나란히 붙어 있으며 나파 밸리의 중심부에 있다. 특히 오크빌에는 할란(Harlan), 스케어크로우(Scarecrow), 스크리밍 이글(Screaming Eagle), 오푸스 원(Opus One), 본드 스트리트 에덴(Bond St. Eden), 하이츠(Heitz), 바인 힐 랜치(Vine Hill Ranch), 프로몬토리(Promontory), 로버트 몬다비(Robert Mondavi) 등 나파 밸리에서 가장 유명한 와이너리들이 대거 포진해 있다. 특히 미식가라면 절대 놓쳐선 안 될 식료품점이 있다. 1881년에 설립된 이래 캘리포니아에서 가장 오랫동안 지속해 운영된 오크빌 그로서리다.

코리슨 와이너리의 와인 저장실 입구 차어로 보이는 마야카마스 산맥

### 미국 최초의 농업 보호지역

1968년, 나파 카운티 감리위원회는 나파 밸리를 미국 최초의 농업 보호지역(AG Preserve)으로 지정하는 역사적 법안을 통과시켰다. 농업 보호지역 법령은 상업 활동을 매우 엄격하게 제한한다. 나파 밸리에는 소도시를 제외하곤 메이시스, 스타벅스, 홀푸드마켓, 쇼핑몰, 6차선 고속도로가 없다. 대신 농업 보호지역 법령은 나파 밸리의 땅을 '가장 효율적으로 이용할 것'을 강제한다. 오늘날 나파 밸리는 농업 보호지역 법령에 깊이 감사하고 있다. 해당 법령 지지자들은 비교 대상으로 차로

몇 시간 거리에 있는 산타클라라 카운티를 예로 든다. 1940년대, 산타클라라 카운티는 나파 밸리와 거의 흡사했다. 농장, 목장, 과수원, 포도밭이 가득했다. 그러나 1970년대, 산타클라라 카운티는 전자, 트랜지스터, 반도체 회사들로 가득 찬 대형 주차장과 다름없는 모습으로 변했고 포도밭 한 점도 찾기 힘들어졌다. 1971년, 산타클라라 카운티는 스스로 실리콘 밸리라는 별명을 붙였고, 나파 밸리는 경각심을 더욱 높였다.

오크빌과 러더퍼드의 바로 북쪽에 세인트헬레나 AVA가 있다. 세인트헬레나 AVA는 나파 밸리의 심장과도 같은 세인트헬레나 소도시를 에워싸고 있다. 세인트헬레나는 모래시계의 중앙처럼 나파 밸리가 좁아지는 지점이며, 이곳 지형은 낮의 열기를 가둬 두는 역할을 한다. 나파 밸리에서 가장 비좁은 지역이기 때문에 계곡을 쉽게 횡단할 수 있다. 동쪽과 남쪽의 거리가 1.6km밖에 되지 않는다. 세인트헬레나의 포도밭은 대부분 서쪽 산기슭을 에워싸고 있다. 이곳도 역시 카베르네 소비뇽이 가장 지배적이며, 코리슨(Corison), 스파츠우드(Spottswoode), 찰스 크루그(Charles Krug), 크로커 & 스타(Crocker & Starr) 등 최상급 와이너리도 주로

카베르네 소비뇽 와인을 만든다.

계곡 바닥 AVA 중 가장 유명한 곳은 스택스 리프 디스트릭트다. 길이 3마일, 너비 1마일에 달하는 작은 구역이다. 나파 밸리 남동쪽 구석의 낮은 언덕에 있다. 햇빛이 듬성듬성 비치는 장엄한 현무암 절벽 위로 사냥꾼을 피해 높이 뛰어오른(leap) 거대한 수사슴(stag)을 닮은 동화 같은 형상 덕분에 스택스 리프(Stags Leap)라는 이름이 붙여졌다. 암석으로 된 작은 언덕 아래에 상서로운 분위기의 카베르네 포도밭이 드넓게 펼쳐진다. 최상급 와이너리는 쉐이퍼(Shafer), 스택스 리프 와인 셀러스(Stag's Leap Wine Cellars), 침니 록(Chimney Rock), 클로 뒤 발(Clos du Val) 등이다.

# 위대한 나파 밸리 와인

## 스파클링 와인

### 슈램스버그(SCHRAMSBERG)˙

**J. 슈램 | 빈티지 | 브뤼 | 노스 코스트 | 샤르도네 85%, 피노 누아 15%**

J. 슈램(J. Schram)은 역사적 나파 밸리 와이너리인 슈램스버그의 프리스티주 퀴베(최고급)로, 1960년대 중반에 전통 샴페인 양조법으로 만든 캘리포니아 고급 스파클링 와인의 근대기를 이끈 와인으로 평가받는다. J. 슈램에 사용하는 포도의 절반이 나파 밸리에서 재배되며, 나머지는 해안의 서늘한 지역에서 자란다. 그럼에도 이 와인을 언급한 이유는 일단 양조장이 나파 밸리에 있고, J. 슈램이 절대 놓쳐선 안 되는 와인이기

때문이다. 8년간 쉬르 리 숙성을 거친 덕분에 프렌치바닐라 같은 크리미한 질감이 일품이다. 그러나 필자가 이 본드라이 스파클링 와인을 사랑하는 가장 큰 이유는 바로 탄력성과 터질 것 같은 에너지 때문이다. 마치 체조 선수가 힘 있고 우아한 자태로 울퉁불퉁한 평형대를 자유롭게 뛰어다니는 것 같다. 슈램스버그는 나파 밸리의 낮은 언덕 지대에 최초로 설립된 와이너리이며, 설립자인 제이콥 슈램스의 이름을 땄다.

## 화이트 와인

### ADAMVS(아담브스)

**소비뇽 블랑 | 나파 밸리 | 소비뇽 블랑 100%**

나파 밸리의 슈퍼 소비뇽은 복합적이고, 매혹적이며, 맛있는 화이트 와인이다. 생기와 신선함이 진동하는 가운데 당신을 풍성하고 호화로운 풍미의 세계로 안내한다. 아담브스의 소비뇽은 이런 면에서 굉장히 인상적이다. 식물, 백도, 신선한 세이지

잎, 베르가모트, 레몬 머랭, 향신료, 바닐라의 풍미, 번뜩이는 광물성, 라놀린 같은 질감, 저릿할 정도로 긴 피니시 등 형형색색의 맛과 향이 만화경처럼 어우러진다. 하웰 마운틴에 있는 아담브스는 정교하게 설계된 작은 양조장이며, 생물역학 농법으로 재배된다. 양조장을 방문하면 희귀종의 양, 풀어놓고 기르는 닭들, 당나귀인 버터컵과 맥지가 손님들을 맞이한다. 데니스와 스테판 아담스가 양조장의 소유주이며, 보르도의 생테밀리옹에 있는 샤토 퐁플레가드(Château Fonplégade)도 소유하고 있다.

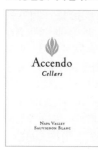

## 어센도(ACCENDO)

**소비뇽 블랑 | 나파 밸리 | 소비뇽 블랑 70%, 세미용 15%, 소비뇽 뮈스케 15%**

어센도는 라틴어로 '밝히다', '영감을 주다', '일깨우다'라는 뜻이다. 어센도의 소비뇽 블랑도 이런 역할을 한다. 금빛 와인의 크리미함, 풍성함, 광물성이 조화롭게 맞물린다. 마치 프렌치바닐라 커스터드에 바닷소금 결정을 흩뿌린 듯하다. 필자는 특히 팽팽하면서 동시에 나른한 질감을 사랑한다. 어센도의 소비뇽은 나파 밸리의 세련된 슈퍼 소비뇽의 선두 주자다. 어센도는 바트와 대프니 아라우조의 두 번째 성공작이다. 첫 번째 성공작은 칼리스토가에 있는 아이젤 빈야드인데, 몇 년 전에 샤토 라투르의 소유주에게 매각했다. 다프니 아라우조는 필자에게 항상 이렇게 말했다. "난 과일 향 와인을 만들고 싶지 않아요. 난 언제나 천상의 와인을 만들고 싶었답니다." 어센도의 소비뇽이 실제로 그러하다.

## 콩스가드(KONGSGAARD)

**더 저지 | 샤르도네 | 나파 밸리 | 샤르도네 100%**

존 콩스가드는 캘리포니아 샤르도네 양조자들의 '대부'이자 전설이다. 건장하고 조용한 '산사람'인 그는 고도 700m에 있는 자기 와이너리에 방문객을 거의 받지 않는다. 콩스가드는 작은 저장실의 와인 탱크와 배럴에게 클래식 실내악 연주를 들려준다. 그는 캘리포

니아에서 최초로 복합적이고 매혹적인 샤르도네를 만들었다. 단순히 잘 익은 포도를 왕창 넣고, 쉬르 리 숙성과 오크 숙성을 시킨 샤르도네가 아니다. 풍성함과 활기가 출구로 튀어나와서 정신이 혼미해질 정도로 호사스럽게 퍼져 나가는 놀라운 샤르도네다. 콩스가드의 샤르도네는 평균 300상자만 생산되며, 출시되는 즉시 와인 수집가와 샤르도네 애호가들이 앞다투어 채

간다. 더 저지(The Judge)라는 와인 이름은 1958~1984년에 고등법원 판사를 지낸 콩스가드 아버지의 직함을 딴 것이다.

## 레드 와인

### 디터트(DETERT)

**카베르네 프랑 | 나파 밸리, 오크빌 | 카베르네 프랑 85%, 카베르네 소비뇽 15%**

카베르네 프랑은 환경에 민감하며 구체적인 테루아르가 필요한 품종이다. 어디서나 잘 자라는 품종이 아니다. 그런 면에서 디터트가 있는 마야카마스산맥은 최적의 장소다. 디터트의 와인은 쾌락이 열 배 증폭된 듯한 와인이다. 블랙베리, 라즈베리, 민트, 초콜릿, 바닐라를 믹서에 갈아 버린 것의 세련된 버전 같다. 어두운 보라색을 띠며, 강력한 원초적 힘과 타닌감을 지녔다. 디터트 포도밭은 1870년에 처음으로 재배됐다. 카베르네 프랑은 1949년에 처음 심었는데, 현재 나파 밸리의 최고령 카베르네 프랑 포도밭이다. 윌리엄 페르디난드 디터트의 세 증손주가 현재 양조장을 소유하고 있다. 디터트 포도밭은 그 유명한 투 칼론(To Kalon) 포도밭의 일부다. 증손주 중 한 명인 톰 가레트가 현재 와인을 만든다.

### 코리슨(CORISON)

**크로노스 빈야드 | 카베르네 소비뇽 | 나파 밸리 | 카베르네 소비뇽 100%**

캐시 코리슨은 나파 밸리에서 40년 이상 와인을 만들었으며 와이너리를 소유한 최초의 여성 와인 양조자다. 그녀는 선구자답게 묵직함과 우아함 사이의 균형을 유지하는 자신만의 와인 스타일을 구축했다. 코리슨의 카베르네는 신비롭고 신선하며 생기가 넘친다. 그녀는 포도의 산미를 보존하기 위해 나파 밸리에서 가장 일찍 포도를 수확하는 편이다. 그녀의 카베르네는 실크 같은 질감, 카시스, 제비꽃, 서늘한 블루베리 풍미 등 카베르네의 전형적인 아름다움도 갖고 있다. 코리슨 카베르네를 10년 이상 숙성시키면, 숭고한 맛이 난다.

### 크로커 & 스타(CROCKER & STARR)

**카베르네 프랑 | 나파 밸리, 세인트헬레나 | 카베르네 프랑 100%**

무무성한 캘리포니아 숲속의 제비꽃밭, 스피어민트와 야생 세이지, 라즈베리와 다크초콜릿, 고수와 검은 감초. 나파 밸리 최고의 카베르네 프랑에는 언제나

어둠, 스파이시함, 신선한 풋풋함이 공존한다. 크로커 & 스타의 공동 소유주이자 와인 양조자인 팸 스타는 카베르네 프랑 전문 양조자다. 그녀가 만든 카베르네 프랑은 정교한 밸런스, 섬세한 타닌감, 휘몰아치는 풍미가 특징이다. 복합미가 굉장히 뛰어나며, 순수한 풍미층이 천천히 한 꺼풀씩 벗겨진다.

## 메멘토 모리(MEMENTO MORI)
**카베르네 소비뇽 | 나파 밸리 | 카베르네 소비뇽 100%**

메멘토 모리는 라틴어로 '당신도 언젠가 죽는다는 사실을 기억하라'는 뜻이다. 그러나 메멘토 모리 와이너리는 '당신이 살아 있다는 사실을 기억하라'는 뜻이다. 메멘토 모리 설립자 세 명인 헤이즈 드럼라이트, 아드리엘 라레스, 아담 크라운은 3년 동안 포도밭을 물색했다. 포도 재배자들과 논의하고, 나파 밸리의 최상급 와인들을 시음한 결과, 포도밭 다섯 곳을 선정했다. 메멘토 모리의 카베르네 소비뇽은 블랙베리, 보이즌베리, 체리, '파란' 특징을 더하는 블루베리 등 완벽한 과일 풍미층이 켜켜이 쌓인 환상적인 와인이다. 육감적 과일의 유혹 다음에는 삼나무, 향신료, 바닐라, 다크초콜릿 풍미가 결정타를 날린다. 쾌락의 수준이 평범함을 초월하며, 그 와중에 정갈함을 잃지 않는다. 당신이 살아 있다는 사실을 기억하라.

## 콜긴(COLGIN)
**나인 이스테이트 | 나파 밸리 | 카베르네 소비뇽 70%, 카베르네 프랑 15%, 메를로 10%, 프티 베르도 기타**

콜긴의 나인 이스테이트(IX Estate)는 당신을 무장 해제시켜 버리는 와인이다. 강렬한 아로마, 깊고 감미로운 풍미, 실크와 벨벳이 만난 듯한 질감 등 모든 면이 황홀하다. 처음에는 파워풀하게 다가오다가 당신을 초콜릿처럼 서서히 녹여 버린다. 나인 이스테이트는 매우 다층적이다. 풍미도 다양하지만, 풍미의 종류도 다양하다. 농익은 블랙베리와 바닐라의 달콤함, 육즙의 감칠맛, 아니스와 주니퍼의 스파이시함, 바다 공기의 소금기, 월계수의 신선함이 모두 담겨 있다. 나인 이스테이트의 포도밭은 오크빌 동쪽 언덕의 돌출성이 산비탈에 있으며 밭에는 철분 가득한 화산토가 깔려 있다. 콜긴의 소유주는 앤 콜긴, 그녀의 남편인 조 웬더 그리고 모엣 헤네시 루이비통이다.

## 렐름(REALM)
**문레이서 | 나파 밸리, 스택스 리프 디스트릭트 | 카베르네 소비뇽 90%, 메를로**

프티 베르도렐름의 역사는 전형적인 미국 성공담이다. 돈은 없지만 젊고 똑똑한 기업가가 실패 직전의 와인 브랜드를 맡는다. 그는 타고난 비즈니스 감각, 노력, 결단력을 발휘해서 투자자와 유능한 와인 양조자를 설득해서 렐름을 나파 밸리 최고의 와이너리로 키워낸다. 렐름은 10년도 채 안 돼서 대담하고 복합적인 와인으로 이름을 알렸으며, 현재 굉장히 긴 대기자 명단을 보유하고 있다. 필자는 렐름 와인 중 벨벳 같은 부드러움과 선명한 풍미를 지닌 문레이서(Moonrace)를 가장 좋아한다. 서늘함, 강렬함, 호사스러움을 동시에 녹여 낸 와인이다.

## 컨티뉴엄(CONTINUUM)
**세이지 마운틴 빈야드 | 나파 밸리 |**
**카베르네 소비뇽 50%, 카베르네 프랑 30%, 프티 베르도 10%, 메를로**

컨티뉴엄은 로버트 몬다비 와이너리가 컨스틸레이션 브랜즈에 팔렸을 당시 로버트 몬다비의 자녀인 팀과 미샤 몬다비가 설립한 와이너리다. 시작은 씁쓸했지만, 컨티뉴엄이란 이름에서 남매의 결연한 의지가 느껴진다. 컨티뉴엄은 나파 밸리 동쪽의 프리처드 힐의 곳에 있다. 카베르네 블렌드는 강렬한 블랙베리, 어둡고 씁쓸한 코코아 풍미, 힘찬 타닌 구조감, 아름다운 바이올렛 풍미를 발산하는 산지대 와인이다. 월등한 명확성과 긴 여운은 한때 최상급 로버트 몬다비 와인이 지녔던 고유한 특징을 그대로 빼닮았다.

## 래일 빈야드(LAIL VINEYARDS)
**J. 다니엘 퀴베 | 카베르네 소비뇽 | 나파 밸리 | 카베르네 소비뇽 100%**

래일의 소유주인 로빈 래일은 잉글누크를 설립한 귀스타브 니바움의 4대손이다. 와인은 언제나 로빈 래일의 운명이었다. 로빈은 도미너스(보르도의 크리스티앙 무엑스와 파트너십 체결)를 비롯한 여러 와인 벤처에서 커리어를 쌓았다. 그리고 1995년에 자신만의 와이너리를 설립해서 클래식한 카베르네와 나른하고 풍성한 소비뇽 블랑을 전문적으로 생산하기 시작했다. 그녀의 아버지를 기리기 위해 만든 J. 다니엘 퀴베(J. Daniel Cuvée)는 래일 빈야드의 대표 상품이다. 이 와인은 한 마디로 완전무결하다. 극도로 순수하고 명확한 풍미는 크렘 드 카시스, 야생 베리, 숲 바닥, 아시아 향신료를 연상시킨다. 풍미의 집중도가 매우 깊지만, 풍미 자체는 그리 무겁지 않다. 우아하게 비상하는 듯한 구조감은 고딕풍 대성당의 아치형 구조물처럼 고풍스럽다.

# SONOMA COUNTY 소노마 카운티

소노마 카운티는 샌프란시스코 바로 북쪽에 있으며 태평양을 접하고 있다. 면적은 4,047㎢(40만 4,700헥타르)로, 인접한 나파 카운티보다 훨씬 광활하다. 면적이 크다는 것은 계곡, 산, 강둑, 평원, 벤치 랜드(작은 오르막) 등 조각보처럼 다양한 지형으로 이루어져 있음을 의미한다. 이 조각보 위에 와인 구역 19개가 있으며 각기 다른 기후와 토양을 갖고 있다.

소노마 카운티는 역사적, 심리사회적, 문화적 관점에서 나파와 꽤 다르다. 소노마는 나파보다 훨씬 빠른 시기인 19세기 초부터 포도밭을 경작하기 시작했다. 또한 포도 재배자와 와인 양조자들은 유서 깊은 전통 농가의 일원이다. 느긋한 시골 분위기가 만연하며 사치스러운 복장을 한 사람도 없다. 소노마 주민들이 모이면 트랙터나 도쿄의 와인 판매에 관해 이야기한다. 그러나 최상급 와인 생산자 사이에서는 여느 캘리포니아 지역처럼 혁신적인 와인 작업이 이루어진다.

소노마 카운티는 아름다운 목가적 자연경관 덕분에 캘리포니아의 프로방스라 불린다. 포도밭, 사과 과수원, 채소밭, 작은 목장(수제 치즈는 지역 특산품), 양 농장, 묘목장이 섞여 있으며 울퉁불퉁한 해안을 따라 양식장도 있다. 힐즈버그에는 미쉐린 가이드에서 별 셋을 받은 캘리포니아 최고 레스토랑 싱글 스레드(Single Thread)도 있고, 미국 최초의 상업적 표고버섯 농장도 있다. 1~2월에는 전 세계의 맥주 애호가 수백 명이 러시안 리버 브루어리(Russian River Brewery)에 모여 알코올 도수 10.25%의 홉 향이 짙은 트리플 IPA인 플리니 더 영거를 마신다.

아침에 소노마를 방문하면 이곳의 기후가 왜 특별한지 체감할 수 있다. 태평양 해안에서 피어오른 차가운 공기가 내륙으로 흘러와서 산을 휘감는다. 계곡과 강둑을 채운 찬 수증기는 안개로 변한다. 소노마는 음양의 조화처럼 안개와 햇볕이 밀려왔다 쓸려 가길 매일 반복한다. 물론 해안지대(소노마 코스트 AVA, 러시안 리버 밸리 AVA)는 비교적 서늘하고 내륙지대(알렉산더 밸리, 록 파일)는 비교적 따뜻하다. 그러나 소노마는 전반적으로 낮에는 따뜻하고 밤에는 서늘하다. 포도가 충분히 고르게 성숙할 수 있는 이상적인 조건이다.

소노마는 넓은 면적, 좋은 기후, 다양한 지형과 고도 등의 조건이 맞물려 여러 포도 품종이 번성할 수 있는 환경이 조성됐다. 실제로 소노마에는 60개 품종이 자라고 있다.

일부 역사학자에 따르면 소노마 최초의 포도 재배자는 스페인 사람이 아니라 러시아 어부들이라고 한다. 19세기 초 수달과 물개를 사냥하던 러시아 어부들은 포트 로스 부근의 해안지대에 공동체를 설립했다. 참고로 포트 로스라는 지명은 그들의 고향인 로시야(Rossiya)에서 유래했다고 한다. 1820년대 초 스페인 사람들도 포도를 재배하기 시작했다. 프란체스코 수도승들은 최북단 선

플라워즈 포도밭 아래의 시 뷰 리지 계곡은 매일 아침 안개와 태평양 공기로 가득 찬다.

### 소노마라는 이름

소노마라는 이름의 기원에 관해 수많은 학설이 있지만, 소노마의 의미가 '달의 계곡'이라는 게 통설이다. 이는 캘리포니아가 아직 멕시코령일 당시 소노마 마을을 설립한 마리아노 바예호 군사령관이 주장한 번역이다. 한편 코에 관련된 설도 있다. 바예호 가문에서 일하던 미국 원주민 하인이 들려준 옛날이야기에 따르면, 스페인과 멕시코가 아메리카대륙에 상륙하기 훨씬 이전에 코가 유난히 큰 아기가 태어났다고 한다. 그 아기는 자라서 부족장이 됐고, 소노마는 '큰 코를 가진 부족장의 땅'이라는 의미를 지니게 됐다. 그러나 인류학자들은 소노마가 와포(Wappo) 부족이 마을 이름 뒤에 붙이던 접미사였을 것으로 생각한다. 1990년에 사망한 최후의 와포어 사용자인 로라 소머설에 따르면, 소노마는 '버려진 야영지'라는 뜻이다.

교지인 미션 샌프란시스코 솔라노 주변에 포도나무를 심었다. 이 선교지는 소노마 마을에 현재까지 남아 있다. 그러나 멕시코 정부는 선교지들을 인수했다(스페인으로부터 독립한 멕시코는 1821년에 캘리포니아에 대한 소유권을 행사했다). 그로부터 약 20년 후인 1846년 캘리포니아는 미국에 합병됐고, 1850년에 미국의 주가 됐다. 이처럼 정치적으로 불안정한 시기에 소노마의 포도나무는 캘리포니아 북부 전역으로 확산했다.

그런데 소노마의 북부지역 포도 재배 발상지로써의 역할이 더욱 공고해진 시기는 '캘리포니아 와인산업의 아버지'인 아고스톤 하라스티(Agoston Haraszthy)가 등장한 후였다. 하라스티는 인디아나 존스, 제임스 본드, 토머스 제퍼슨을 섞어 놓은 듯한 인물로 재산을 모으고 날리고를 여러 차례 반복한 헝가리인 거상이었다. 그는 법을 전공했고, 폴란드 백작부인과 결혼했다. 그러나 마자르 독립운동에 참여했다가 정치적 망명자가 됐다. 그러나 하라스티는 원대한 계획을 세웠다. 그는 부동산에 투자했고, 주 의원이 됐으며, 샌프란시스코 조폐창을 이끌었다. 그리고 소를 기르고 과수원을 운영했으며, 1857년에 부에나 비스타 와이너리를 설립했다. 면적 1.2㎢(120헥타르)의 비스타 와이너리는 당시 캘리포니아에서 가장 큰 양조장이었다. 그의 또 다른 업적은 캘리포니아 입법부를 설득해서 유럽으로 포도 재배를 공부하러 간 것이다. 그는 1861년에 프랑스, 독일, 스페인, 이탈리아 등 300종의 포도나무 가지 10만 개를 갖고 소노마로 돌아왔다. 하라스티는 소노마를 포도 재배 천국이라 여겼다. 그의 성공적인 홍보 덕분에 몇 년 후에 프랑스, 독일, 이탈리아 와인 양조자들이 소노마에 몰려들었고, 토지 가격은 에이커당 6달러에서 150달러로 껑충 뛰었다. 소노마에 상당수의 사람이 몰려들기 시작할 때쯤, 하라스티는 다른 모험에 뛰어들었다(당시 조폐창 기금을 횡령했다는 혐의를 받고 있었다). 이번에는 럼이었다. 그는 1869년에 니카라과에서 강에 빠져 악어에게 잡아먹혔다고 전해진다.

"19세기 말에서 20세기 초에 캘리포니아 포도 재배 선구자들이 심은 포도나무들은 살아 있는 역사다. 이 포도나무들은 1, 2차 세계대전, 금주법, 끊임없이 변화하는 시장에서 살아남았다. 우리는 선구자들에게서 영감을 얻으며, 실제 그들이 심은 포도밭에서 일하고 있다. 이처럼 100년 이상 생존한 존재는 우리 인간의 존경을 받아 마땅하며, 엄청나게 좋은 와인을 생산할 것이 틀림없다."
-모건 트웨인 피터슨, 베드록 와인 컴퍼니의 공동 소유주이자 와인 양조자(MW), 히스토릭 빈야드 소사이어티의 공동 창립자

소노마로 이주한 이탈리아인 중 세계 최대 와인 회사인 E. & J. 갤로를 세운 어니스트와 훌리오 갤로 형제도 있다. 두 형제는 공립도서관에서 빌린 와인 양조 책을 읽고 소노마로 향했다. 그들은 처음에 뜨거운 센트럴 밸리의 모데스토 농가에서 와이너리를 시작했지만, 소노마가 캘리포니아 최고의 와인 산지가 되리라고 일찍이 예감했다. 갤로 형제는 소노마 포도 구매량을 매년 늘려가며 베이스 와인에 혼합해서 와인의 품질을 높였다. 오늘날 갤로 형제는 소노마에 수천 에이커의 땅을 소유하고 있으며 여러 소노마 브랜드 이름으로 매우 좋은 와인을 출시하고 있다.

소노마의 유구한 역사는 이 지역의 수많은 오래된 포도밭에 여전히 살아 숨 쉰다. 이 포도밭에는 진판델, 무르베드르, 카리냥, 프티트 시라, 알리칸테 부셰, 그르나슈 등 각종 적포도 품종이 심어 있다. 한 포도밭에 여러 품종을 혼합 재배하기도 한다. 몇몇 와이너리는 오래된 포도원과 함께 일하고 있다. 그중 베드록 와인 컴퍼니는 오래된 포도밭을 보존하는 역할을 맡고 있다. 베드록은

소노마의 드라이 크릭 밸리 포도밭의 진판델 고목에 새싹이 돋아났다.

100년 이상 묵은 포도밭들에서 매년 약 20종류의 와인을 생산한다. 일례로 베드록 포도밭의 진판델 포도밭은 1854년에 심어졌는데, 필록세라가 한 차례 지나간 후 신문재벌 윌리엄 랜돌프 허스트의 아버지 조지 허스트 상원의원이 1888년에 다시 심었다.

## 소노마 카운티 AVA

소노마의 19개 AVA는 서로 구역이 조금씩 겹치기 때문에 약간 헷갈릴 수 있다. 예를 들어 소노마 코스트 AVA는 소노마 밸리, 러시안 리버 밸리, 소노마 마운틴, 페탈루마 갭과 조금씩 겹쳐 있다. 다음은 소노마에서 가장 주요한 AVA이며, 괄호 안의 명칭(appellation) 구역은 해당 AVA 안에 있다(일부만 겹쳐 있는 게 아니라 구역 전체가 해당 AVA 내부에 있다).

**소노마 코스트(Sonoma Coast)** 웨스트 소노마(West Sonoma Coast), 포트 로스시뷰(Fort Ross-Seaview)

**러시안 리버 밸리(Russian River Valley)** 그린 밸리(Green Valley), 초크 힐(Chalk Hill)

**알렉산더 밸리(Alexander Valley)**

**나이츠 밸리(Knights Valley)**

**드라 크릭 밸리(Dry Creek Valley)**

**소노마 밸리(Sonoma Valley)** 소노마 마운틴(Sonoma Mountain), 문 마운틴 디스트릭트(Moon Mountain District), 베네트 밸리(Bennett Valley)

"내가 욕심부리는 게 있다면, 그건 바로 와인이다. 눈앞에 아름다운 와인이 있으면, 한 병을 모두 마셔 버린다. 내 몸이 수용하는 한계를 넘었음에도 여전히 모두 비워 버린다. 상당히 탐욕적이다. 그럴 때면 이런 생각이 든다. 내가 언제 또 이 맛을 경험할 수 있을까? 투명한 잔, 온도, 향기, 와인이 완벽하게 어우러진 지금, 이 순간이 언제 또 올까? 바다 위 푸른 언덕 또는 어스름한 조명에 풍만한 아로마로 가득하고 고즈넉한 레스토랑 또는 부둣가에 어부가 운영하는 카페에 앉아 있는 지금, 이 순간처럼 생생하게 살아 있는 느낌을 언제 또

느낄 수 있을까? 황홀한 마지막 한 방울을 비워 낼 때까지 이런 생각이 꼬리에 꼬리를 물고 이어진다. 와인은 아무리 마시고 마셔도 영원히 충족되지 않는다."
-M.F.K. 피셔, 『미식가를 위한 알파벳(An Alphabet for Gourmets)』 중에서. 그녀는 소노마 밸리에서 일생 대부분을 살았다.

소노마 최대 명칭 구역은 소노마 코스트이며, 면적은 1,940㎢에 달한다. 멘도시노 카운티와 접한 소노마 북경 경계선부터 남쪽의 샌프란시스코까지 펼쳐지고 최대 너비는 태평양 연안부터 내륙으로 64㎞까지 뻗어 있다. 소노마 코스트가 1987년에 AVA로 지정될 때만 해도 이에 반대하는 포도 재배자, 와인 양조자, 와인 상인이 수두룩했다. 토지가 너무 광활하고 이질적이어서 테루아르에 공통점이 없다는 이유 때문이었다. 그러나 그들은 태평양 연안의 소노마 코스트 중심지에 '웨스트 소노마 코스트 빈트너스(West Sonoma Coast Vintners)'라는 와이너리 협회를 만들었다.

소노마의 외딴 서부 해안지대는 수십 년간 포도를 재배하기에 너무 춥고 안개가 많이 끼고 바람이 심하다는 인식이 강했다. 그래서 소를 기르는 목축업만 행해졌다(여름 저녁 6시경 해변의 짙은 안개가 빗방울로 변한다). 그러나 1990~2000년대, 플라워스, 히르슈, 리토라이, 페이, 키슬러 등의 와이너리가 피노 누아와 샤르도네를 심어서 순수하고 우아하며, 매우 맛있는 와인을 빚어내기 시작했다. 중요한 점은 포도밭 대부분이 안개층 위쪽의 높은 암석 산비탈에 있어서 햇빛을 최대한 받을 수 있다는 것이다. 웨스트 소노마 코스트 빈트너스는 결국 성공을 거두었다. 2022년에 웨스트 소노마 코스트라는 별도의 AVA로 인정받은 것이다.

웨스트 소노마 코스트 안에는 작은 AVA가 또 있다. 바로 명망 높은 포트 로스시뷰 AVA로 높은 해안 절벽에 있다. 웨스트 소노마 코스트와 포트 로스시뷰는 그 사이에 있는 플라워스, 페이, 히르슈, 페일라, 피터 미셸, 리토라이, 옥시덴탈, 윌리엄스 셀리엄, 블루 팜, 마르티넬리에 포도를 공급하며, 이 와이너리들은 피노 누아, 샤르도네를 비롯해 소노마에서 가장 순수하고 균형감 있는 와인을 생산한다. 오늘날 이곳에서 시라도 재배하며, 특히 라디오코토의 라 네블리나(La Neblina)라는 풍성하고 스파이시한 시라는 절대 놓쳐선 안 되는 와인 중 하나다. 러시안 리버 밸리는 소노마에서 두 번째로 서늘한 지

역이며, 피노 누아와 샤르도네의 또 다른 온상지다. 강줄기는 북쪽의 멘도시아 카운티에서 시작해서 구불구불 자유롭게 휘어지다가 남쪽의 알렉산더 밸리를 지나 서쪽으로 휘어져서 태평양으로 흘러 들어간다. 러시안 리버 밸리는 강줄기가 서쪽으로 휘어지는 지점을 둘러싸고 있다. 기후는 꽤 서늘한 편이다. 러시안 리버 밸리 일부와 이 안에 있는 작은 그린 밸리 AVA는 태평양에서 16km 거리밖에 되지 않는다. 저녁 안개가 러시안 리버 밸리로 밀려오기 시작하면, 기온은 낮 온도에 비해 20~22℃만큼 떨어진다. 피노 누아와 샤르도네를 키우기 이상적인 환경이다.

러시안 리버 밸리의 피노 누아와 샤르도네는 아름다움과 복합미를 지녔다. 윌리엄스 셀리엄, 코스타 브라운, 두몰, 메리 에드워즈, 스리 스틱스, 로치올리, 키슬러, 래미, 리토라이, 오베르, 모를레 패밀리 등이 생산한 훌륭한 피노 누아와 샤르도네가 넘쳐난다. 고품질의 피노 누아와 샤르도네를 양조하는 능력과 전반적으로 서늘한

기온을 고려하면, 소노마 카운티에서 가장 정교한 스파클링 와인(J. 빈야드, 아이언 호스)이 바로 이곳 러시안 리버 밸리와 그린 밸리 포도로 만들어진다는 사실이 별로 놀랍지 않다. 끝으로, 러시안 리버 밸리는 소비뇽 블랑으로 유명한 산지는 아니지만, 메리 에드워즈 와이너리의 소비뇽은 절대 놓쳐선 안 될 와인이다. 라벨에는 님프들이 알몸으로 춤추는 장면이 그려져 있다.

러시안 리버 밸리의 토양은 종류가 다양하지만 골드리지의 토양이 가장 높은 평가를 받는다. 고운 사양토에 배수성이 뛰어나고 비옥도가 낮다. 일부 지역은 진흙 토양이며 강 쪽 벤치 랜드는 충적토로 이루어져 있다.

알렉산더 밸리는 소노마 카운티의 북쪽 끝단에 있고 내륙에 길고 따뜻한 포도나무가 회랑처럼 뻗어 있다. 여름철 오후 3시경 알렉산더 밸리를 처음 방문한 사람은 이곳이 캘리포니아에서 가장 뜨거운 지역이라고 생각할 것이다. 그러나 저녁이 찾아오면 상황은 달라진다. 러시안 강과 강 유역을 뱀처럼 유영하는 안개 덕분에 기온이

## 호그 아일랜드 오이스터 컴퍼니

소노마 코스트의 1번 고속도로 부근에 굴 애호가라면 절대 놓쳐선 안 되는 호그 아일랜드 오이스터 컴퍼니 본점이 있다. 1983년 해양 생물학자인 존 핑거와 테리 소여는 500달러를 투자해서 호그 아일랜드 오이스터 컴퍼니를 세웠다. 본래 두 사람은 낮에는 과학자로 일하고 저녁에는 굴 농장에서 일했다. 오늘날 호그 아일랜드 오이스터 컴퍼니는 매년 굴과 조개를 500만 개나 양식한다. 굴은 호그 아일랜드의 부화장에서 번식된다. 유생의 길이가 2cm에 달하면, 그물망(프랑스 양식업을 적용한 기술)으로 옮겨진다. 그물망에 담긴 굴들은 토말레스 만(Tomales Bay) 바닥에 머무르며, 매

일 190리터의 바닷물이 굴 껍데기 사이로 유입된다. 굴 회사명이 호그(돼지) 아일랜드라는 사실이 이상하게 보이겠지만, 이 이름은 1870년대에 돼지를 한가득 싣고 가던 바지선에 화재가 발생했던 사건에서 유래했다. 불이 발생한 시각에 마침 배가 토말레스만 입구를 지나고 있던 것이다. 선장은 배가 가라앉기 직전 섬에 정박했다. 그다음은 예상한 그대로다. 놀란 돼지들이 섬으로 도망쳐서 다시 잡아 와야 했다. 이때부터 이 섬을 호그 아일랜드라고 부르기 시작했다. 이 이야기를 너무 좋아했던 핑거와 소여는 회사명을 호그 아일랜드 오이스터 컴퍼니로 짓기로 결정했다.

소노마에서 가장 맛있는 굴 양식장

내려간다. 안개는 강렬한 아침 해가 떠오를 때까지 강에 머무른다. 이곳은 카베르네 소비뇽의 영역이며 파워풀한 풀보디 샤르도네도 일부 생산된다. 최상급 와이너리 중 조던은 매년 미국 전역에 있는 레스토랑에서 가장 많이 팔리는 카베르네 소비뇽을 생산한다.

알렉산더 밸리 옆에 나이츠 밸리가 있다. 나이츠 밸리는 피터 미셸이라는 인물을 제외하곤 그리 유명하지 않다. 아이러니하게도 피터 미셸은 런던과 캘리포니아에 기반을 둔 테크놀로지 기업가인데, 1989년에 엘리자베스 여왕에게 기사 작위를 받았다. 피터 미셸 와이너리는 마운트 세인트헬레나의 가파르고 울퉁불퉁한 서향 산비탈에 57헥타르의 포도밭을 소유하고 있으며 나이츠 밸리 이외에도 다수의 포도밭을 갖고 있다. 나이츠 밸리에서 피터 미셸 와이너리는 프랑스 이름을 가진 다섯 가지 크리미하고 감미로운 샤르도네로 유명하다. 또한 레 파보(Les Pavots)라는 카베르네 소비뇽은 집중도와 구조감이 매우 뛰어나서 나파 밸리 와인이라는 오해를 받을 정도다.

드라이 크릭 밸리는 소노마를 통틀어 가장 매력적인 와인 산지다. 이곳은 마치 시간이 멈춘 듯하다. 완만한 황금빛 언덕에 점을 찍어 놓은 듯한 포도나무 고목들이 검은 가지를 하늘 높이 쳐들고 있다. 드라이 크릭은 좋은 카베르네와 론 스타일 블렌드도 생산하지만, 무엇보다 진판델의 동의어처럼 취급된다. 진판델 중에는 살집이 느껴지는 육중한 스타일도 있고 과일 향의 부드러운 스타일도 있다. 최상급 진판델의 공통된 특징은 육감적 풍만함을 뽐내는 매혹적인 베리 풍미다. A. 라파넬리(A. Rafanelli)의 순수하고 선명한 진판델은 블랙베리가 한 가득 담긴 그릇에 크림 한 덩이를 올리고 향신료를 흩뿌린 듯하다.

끝으로 소노마 밸리와 그 안에 있는 작은 AVA(소노마 마운틴, 문 마운틴 디스트릭트, 베네트 밸리)를 살펴보자. 이 AVA들은 소노마 카운티 남부의 마야카마스산맥 끝자락에 있다. 둔덕과 협곡 위로 오르락내리락 펼쳐지는 포도밭들은 밸리 오브 더 문, 글렌 엘런 등 환상적인 이름을 갖고 있다. 소노마 밸리는 경이로울 정도로 지형과 기후가 복잡하게 얽혀 있으며 그만큼 포도 품종도 다양하다. 그중 최고의 와인을 꼽자면, 스리 스틱스와 핸젤의 피노 누아, 베드록 와인 컴퍼니의 베드록 빈야드 헤리티지 진판델, 소노마/나파 경계선 부근의 코넬과 프라이드의 카베르네 소비뇽, 루이스 M. 마티니 몬테 로소 카베르네 등이 있다.

# 위대한 소노마 와인

## 화이트 와인

### 키슬러(KISTLER)
**레 노아제티에 | 샤르도네 | 소노마 코스트 | 샤르도네 100%**

나파 밸리의 콩스가드를 제외하고 키슬러는 풍성하고 풍만한 샤르도네 세계에서 단연 최고다. 프랑스어로 헤이즐넛 나무를 뜻하는 레 노아제티에(Les Noisetiers) 샤르도네 와인은 감미로움, 복합미, 진한 크렘 브륄레 같은 크리미함이 특징이다. 또한 풍성함 가운데 아름다움과 균형감을 잃지 않는다. 풍미는 과수원 과일, 배 타르트, 구운 헤이즐넛, 바클라바, 신선한 바다의 광물성을 연상시킨다. 키슬러는 소노마 곳곳에 퍼져 있는 포도밭에서 총 11종류의 샤르도네를 만든다. 샤르도네에 들어가는 포도는 키슬러 소유의 헤리티지 셀렉션 샤르도네 포도밭(생산율이 낮은 싱글 빈야드)에서 생산된다. 레 노아제티에에는 소노마 골드리지 사질토로 구성된 네 군데 포도밭의 포도를 블렌딩해서 만든다.

### 핸젤(HANZELL)
**샤르도네 | 소노마 밸리 | 샤르도네 100%**

핸젤은 제임스 젤러바흐 대사(2차 세계대전 이후 유럽 부흥을 위한 마셜 플랜 창안에 참여)가 1953년에 설립한 와이너리이며, 수십 년간 소노마의 블루칩과 같은 존재였다. 젤러바흐의 아내인 한나(Hana)의 이름을 땄으며, 소노마 밸리가 보이는 마야카마스산맥의 남쪽 끝에 있다. 핸젤의 완전무결한 샤르도네는 명성에 걸맞은 매력을 보유하고 있다. 핸젤의 샤르도네는 과함이 없다. 오크나 버터 풍미 또는 스위트함이 전혀 없다. 대신 풋사과, 오렌지 마멀레이드, 배 퓌레, 신선한 라임, 광물성을 연상시키는 팽팽하고 밝은 풍미가 아름답게 어우러진다. 젤레바흐는 1940~1950년대에 부르고뉴에서 오랜 시간을 보내면서 핸젤에 대한 영감을 얻었다. 수십 년이 흐른 지금, 그 연관성이 보인다.

# 레드 와인

## 플라워스(FLOWERS)

**시 뷰 리지 빈야드 | 피노 누아 | 소노마 코스트 | 피노 누아 100%**

이 와인을 마시면, 발레리나가 공중으로 날아오르는 장면이 그려진다. 그 우아함에 가려진 고요한 힘이 느껴진다. 또한 선명한 생기가 느껴지며, 에너지가 진동한다. 플라워스의 피노 누아는 얼린 라즈베리, 체리, 크랜베리의 시원한 풍미와 실키한 질감이 특징이다. 또한 광물성과 맛있는 감칠맛을 동시에 지녔다. 1998년에 심은 시 뷰 리지 빈야드는 바다와의 거리가 겨우 3km이며, 높이 430~570m의 융기선 위에 자리 잡고 있다. 조앤과 월트 플라워스는 1989년에 소위 '극한의 소노마 코스트'에 플라워스 와이너리를 개척했다. 플라워스의 공동 소유주인 후니스(Huneeus) 가문은 나파 밸리의 퀸테사 와이너리도 소유하고 있다.

## 리토라이(LITTORAI)

**더 해븐 빈야드 | 피노 누아 | 소노마 코스트 | 피노 누아 100%**

테드와 헤이디 레몬은 1993년에 리토라이를 설립했다. 이 둘은 재생농법이라 불리는 생물역학 농법에 매우 열성적이다. 리토라이는 생물역학을 구성하는 양, 퇴비 더미, 건조실을 갖춘 작은 통합적

농가다. 테드와 헤이디가 더 해븐 빈야드의 부지를 선정한 기준은 이곳이 태평양의 차가운 바람과 햇빛에 노출된 높이 370m의 남향 산비탈이기 때문이다. 리토라이라는 이름은 라틴어로 '해안'을 뜻하는 리토르(Littor)의 복수형이다. 리토라이의 피노 누아는 꾸밈이 없다. 또한 아름다움과 혹독함을 동시에 지녔다. 마치 캘리포니아처럼 말이다. 더 해븐 빈야드의 피노 누아는 레드 벨벳다움과 스파이시함의 대명사다. 다크 체리가 폭풍처럼 휘몰아치다가 서늘한 바닐라 풍미가 햇살처럼 내리쬔다. 테드 레몬은 리토라이를 설립하기 전에 부르고뉴 정상급 양조장 세 곳에 몸담았었다.

## 윌리엄스 셀리엄(WILLIAMS SELYEM)

**루이스 맥그레거 이스테이트 빈야드 | 피노 누아 | 러시안 리버 밸리 | 피노 누아 100%**

윌리엄스 셀리엄은 매년 러시안 리버 밸리와 소노마 코스트의 서늘한 포도밭에서 피노 누아 15종류를 생산한다. 모두 너무 훌륭하기에, 해마다 어떤 와인을 선택해서 글을 써야 할지 상당히 고민스럽다. 지난 몇 년간, 루이스 맥그레거 빈야드(Lewis MacGregor Vineyard)가 꾸준히 선두를 차지했다(칼렌가리 빈야드의 피노 누아가 아쉽게 2등을 차지했다). 이 와인은 표현력이 놀랍도록 뛰어나다. 순수한 크랜베리, 석류, 짜릿한 감귤, 말린 장미꽃잎, 샌달우드, 스타 아니스, 카르다멈이 켜켜이 쌓여 풍요로운 풍미층을 형성한다. 와인은 깃털처럼 가볍고 천연 실크처럼 부드럽게 느껴진다. 또한 마침표가 없는 문장처럼 긴 여운이 끝없이 이어진다. 윌리엄스 셀리엄의 설립자는 버트 윌리엄스와 에드 셀리엄이다. 전형적인 시골 사람이자 지극히 평범한 두 사람이 전혀 평범하지 않은 피노 누아를 단호하게도 단 100박스만 생산한다. 와이너리는 1998년에 존 다이슨에게 팔렸다. 그는 뉴욕주 농업위원과 상업위원('아이 러브 뉴욕' 캠페인 주최자)을 지냈다. 2021년, 부르고뉴의 도멘 파블레가 와이너리의 파트너가 됐다.

## 코스타 브라운(KOSTA BROWNE)

**피노 누아 | 소노마 코스트 | 피노 누아 100%**

'피노 누아=섬세함', '소노마 코스트=서늘한 우아함'이라는 공식이 떠오른다면 생각을 잠시 멈춰보자. 필자의 지인이 한 말을 빌리자면 코스타 브라운은 '스테이크하우스 피노 누아'를 만든다. 육중함을 사랑하는 와인 애호가라면 좋아할 수밖에 없을 것이다. 사르사파릴라(sarsaparilla), 체리 콜라, 튀르키예 향신료 차 등 과숙하면서도 묘하게 맛있는 풍미가 휘몰아친다. 와인의 중심 풍미는 라즈베리 잼을 넣은 도넛을 연상시킨다. 포도밭 일부가 해안과는 거리가 먼, 따뜻한 내륙에 있다는 사실을 알고 나면 왜 이런 풍미를 띠는지 이해가 간다. 코스타 브라운의 소노마 코스트 피노 누아는 풍성함과 쾌락 이외에도 복합미와 길이감을 갖췄다. 코스타 브라운은 1997년에 한 웨이터와 바텐더가 설립했다. 그들은 팁으로 번 돈을 모아서 포도를 사서 직접 와인을 양조했다. 이후 10년에 걸쳐 두각을 드러내기 시작했고 엄청난 재정적 성공을 거뒀다. 현재 소유주는 덕혼 와인 컴퍼니다.

→

## 라디오코토(RADIO-COTEAU)
**라스 콜리나스 | 시라 | 소노마 코스트 | 시라 100%**

라스 콜리나스(Las Colinas) 는 캘리포니아에서 가장 감미롭고 복합적인 시라에 속한다. 시라 대부분이 사냥감 고기 풍미를 띠는 데 반해, 라스 콜리나스('언덕'이라는 뜻)는 라즈베리 퓌레, 빨간 자두, 백후추 등 과일과 향신료 풍미를 내뿜다가 멘톨, 덤불, 수풀의 풍미

가 엮여 든다. 순수함, 신선함, 풍미의 강렬함은 와인에 대한 갈망을 자아낸다. 라디오코토는 독학으로 와인 양조자가 된 에릭 서스먼이 설립했다. 그의 와인 양조 철학은 보르도의 샤토 무통 로칠드, 부르고뉴의 도멘 뒤 콩트 아르망과 도멘 자크 프리외르의 영향을 받았다. 라디오코토라는 이름은 프랑스 북부 론에서 쓰는 '언덕에서의 방송'이란 뜻의 표현에서 따왔다. 구어로는 '입소문'이란 뜻이다. 라스 콜리나스와 라디오코토이 또 다른 환상적인 시라인 더스티 레인(Dusty Lane)의 포도밭은 유기농법과 생물역학 농법으로 재배된다.

## 스크라이브(SCRIBE)
**베이커 레인 빈야드 | 시라 | 소노마 코스트 | 시라 100%**

필자는 이 와인을 마실 때마다 표현할 단어가 바로바로 떠오르지 않아서 항상 애를 먹는다. 블랙 라즈베리, 흑후추, 블랙 올리브, 오렌지 껍질, 차, 멘톨, 바닐라, 젖은 암석, 육즙, 향신료로 가득한 주방 찬장, 맛있는 우마미 등 각종 풍미가 폭발하기 때문이다. 그러나 와인의 최대 매력은 바로 생명력이다. 내부에서 느껴지는 퀄리티와 천둥 번개가 치기 직전 공기에서 느껴지는 서늘한 에너지를 닮았다. 아마도 와인의 활력이 유지되는 이유는 놀랍도록 낮은 와인 도수에 있을 것이다. 세바스토폴 마을 부근의 완만한 언덕에 있는 베이커 레인 빈야드(Baker Lane Vinyard)에는 시라와 비오니에 품종이 뒤섞여 있다. 스크라이브는 2007년에 앤드루와 아담 마리아니 형제가 설립했다. 두 형제는 20대에 낡은 칠면조 농장을 매입해서 부지와 건물을 복구하고 포도, 채소, 꽃을 생물역학 농법으로 재배했다.

## A. 라파넬리(A. RAFANELLI)
**진판델 | 드라이 크릭 밸리 | 진판델, 프티트 시라(극소량)**

진판델의 풍미는 이상하거나 혼란스러울 수 있다. 그러나 라파넬리 가문의 진판델은 콘서트홀에 단 하나의 선율이 울려 퍼

지는 것처럼 명확하고 선명하다. 순수함 또한 탁월하다. 블랙베리, 라즈베리, 보이즌베리 등 풍미가 깊고 활기가 넘친다. 또한 혼미할 정도로 감각적인 부드러움을 지녔다. A. 라파넬리의 진판델 포도나무는 100년 가까이 생존한 고목이며, 생산율이 낮다. 그렇기에 진판델의 장점이 극대화되는 것이다.

## 루이스 M. 마티니(LOUIS M. MARTINI)
**몬테 로소 빈야드 | 카베르네 소비뇽 | 소노마 밸리 |**
**카베르네 소비뇽 95%, 카베르네 프랑**

1899년, 루이스 M. 마티니는 아버지를 만나기 위해 12살의 나이에 이탈리아 제노바에서 미국 샌프란시스코로 떠난다. 그로부터 7년 후 그의 아버지는 루이스 M.에게 와인 양조법을 가르치기 위해 이탈리아로 다시 보낸다. 이후 루이스 M.은 캘리포니아로 돌아와서 나파 밸리 최고의 와이너리를 설립

했을 뿐 아니라, 1938년에 소노마에서 가장 위대한 카베르네 소비뇽을 생산하는 포도밭을 매입한다. 마야카마스산맥 꼭대기에 있는 포도밭은 붉은 기가 감도는 화산토로 이루어져 있다. 그는 이 포도밭 이름을 몬테 로소(Monte Rosso)라 지었다. 이후 마티니 몬테 로소 카베르네는 전설의 위치에 오르게 된다. 이 와인은 특히 숙성시켰을 때 결코 무시할 수 없는 아름다움과 웅장함을 지닌다. 다크 체리, 광물성, 코코아, 숲의 신선함 등 쾌락적인 풍미가 물결치며, 이 풍성한 풍미를 잡아 주는 뚜렷한 구조감과 섬세한 타닌감이 느껴진다.

태양이 내리쬐는 산타바바라 포도밭 뒤로오크나무숲 언덕이 펼쳐진다

# THE SOUTH CENTRAL COAST 사우스 센트럴 코스트

로스앤젤레스에서 북쪽으로 한 시간 반가량 차로 이동하면 산타바바라 카운티가 있다. 산타바바라 카운티에는 대규모 AVA 두 곳이 있는데, 바로 산타 마리아 밸리와 산타 이네즈 밸리다. 더 세밀하게 들어가 보면, 산타 이네즈 밸리 안에 소규모 AVA가 세 곳 있다. 바로 산타 리터 힐스, 밸러드 캐니언, 해피 캐니언이다. 이 모든 AVA를 합쳐서 사우스 센트럴 코스트라 부른다.

1980~1990년대 사우스 센트럴 코스트는 자금은 부족하지만 실력은 넘치는 젊고 독립적인 와인 양조자들의 천국이었다. 나파와 소노마에서 약 531km 떨어진 이곳은 포도밭 가격이 훨씬 저렴했고 다른 와인 양조 스타일에 맞춰야 하는 압박이 전혀 없었다. 경쟁이 아닌 협력이 이곳의 철학으로 자리 잡았다. 사우스 센트럴 코스트는 자신만의 와인 문화를 구축했다.

산타 이네즈와 산타 마리아 밸리는 아름다움에 부족함이라곤 전혀 없는 매혹적인 와인 산지다. 봄과 가을철 햇살은 사람을 꿰뚫어 보는 듯한 초현실적인 투명함을 지닌다. 언덕은 여성의 부드러운 곡선을 그린다. 거대한 메사가 장엄하게 펼쳐지다가 깊게 파인 협곡 사이로 깎아지르듯 떨어진다. 고대 오크나무들은 뒤틀린 팔로 스스로 옭아맨 형상이다. 소와 말이 한가로이 풀을 뜯는 광경을 어디서나 볼 수 있다. 딸기밭은 끝없이 펼쳐진다. 이곳에 한 시간만 머물러도 평온한 분위기에 동화돼서 정말 좋은 피노 누아를 마시는 것이 국민의 기본권이자 인생의 필수요소처럼 느껴진다.

사우스 센트럴 코스트는 역설적이게도 캘리포니아에서 가장 오래된 와인 산지인 동시에 가장 최근에 생긴 지역이다. 18세기에 스페인 선교지와 포도밭이 마치 목걸이처럼 이곳까지 주렁주렁 이어졌다. 그러나 필록세라, 1차 세계대전, 금주법, 대공황 2차 세계대전이 이곳 와인 산지를 초토화했다. 사우스 센트럴 코스트는 소와 말을 키우는 목축지로 돌아갔다. 1970~1980년대에 들어서야 비로소 몇몇 독립적인 와인 양조자 무리가 사우스 센트럴 코스트에 작은 와이너리(샌포드, 오 봉 클리마, 폭슨, 롱고리아, 자카 메사 등)를 세우기 시작하면서 와인 양조의 물결이 일기 시작했다. 곧이어 대형 와인 회사도 뒤따라 설립됐는데, 잭슨 패밀리 와인즈가 1986년에 설립한 캠브리아가 대표적 예다. 가장 최근에 소형 와인 회사를 중심으로 세 번째 물결이 일었다. 그 중심에는 교육을 받지 않고 독학으로 와인 양조를 공부한 소믈리에들이 있다. 그들은 인디 성향이 강한 사우스 센트럴 코스트가 운명 같은 장소였다. 가장 좋은 예시는 라지 파르(Raj Parr)다. 그는 미국에서 가장 유명한 소믈리에로 손에 꼽혔다. 그는 소믈리에 세계를 떠나 와인 양조자인 사시 무어맨과 파트너십을 맺고 2010년에 샌디 와이너리, 2013년에 도멘 드 라 코트를 설립했다.

사우스 센트럴 코스트는 위도상 남쪽에 있음에도 불구하고 캘리포니아에서 가장 서늘한 와인 산지에 속한다. 원인은 주요 계곡이 놓인 방향 때문이다. 과거 캘리포니아에 지각변동이 발생했을 당시 산맥들이 남북 방향으로 형성됐고, 계곡들도 기본적으로 남북 방향으로 흐르게 됐다(예를 들어 나파, 소노마, 센트럴 밸리를 생각해 보라). 그런데 이례적으로 산타 이네즈와 산타 마리아 와인 산지는 동서 방향으로 형성됐다. 그 이유로 차가운 해풍과 안개가 태평양에서 내륙으로 빠르게 유입되는 통로가 됐다. 그 결과, 서쪽 포도밭의 여름철 기온은

## 비엔 나시도

필자가 1980년대 초에 처음으로 산타바바라 와인 산지를 방문할 당시 비엔 나시도(Bien Nacido)는 이미 입소문을 타고 있었다(<플레이보이>에 게재할 글을 쓰러 갔었다. 에헴, 플레이보이에 사진만 실리는 게 아니다). 당시에는 산타바바라 카운티(그땐 그리 유명하지 않았음)의 산타 마리아 밸리에 유명한 와이너리가 있다는 사실이 매우 색다른 기삿거리였다. '잘 태어났다'라는 의미의 비엔 나시도라는 이름만으로 모든 게 설명됐다. 1980~1990년대 산타 마리아 밸리에서 생산되는 위대한 와인 대다수가 라벨에 비엔 나시도 빈야드라는 이름을 달고 있었다. 아름다운 전경이 펼쳐지는 경사진 포도밭은 1973년에 개간됐으며 밀러 가문이 여러 세대를 걸쳐 재배하고 있다. 면적 240헥타르에 달하는 거대한 포도밭으로 주로 샤르도네, 피노 누아, 시라가 심어 있다. 또한 알파벳 순서대로 작은 구역으로 나뉘어 있으며 포도 나무 묘목장도 있다. 와인 양조자들은 예나 지금이나 특정 이랑에 따라 계약을 맺는다. 그로부터 수십 년 후, 밀러 가문도 비엔 나시도 와이너리를 운영하기 시작했다. 비엔 나시도 빈야드(Q구역의 이랑 여덟 줄)의 비엔 나시도 피노 누아는 전형적으로 '잘 태어난' 와인이다.

21℃ 안팎이다. 이곳 토양 역시 태평양의 영향을 받았다. 대부분 고대 해저에 남은 정적토 위에 풍화된 모래가 두껍게 쌓여 있다. 실제로 산타 리터 힐스를 비롯한 계곡의 서쪽 지역은 수 세기에 걸쳐 풍화된 모래 언덕이며, 토양에 규조류가 풍부하게 섞여 있다.

두 주요 지역은 산타 마리아와 산타 이네즈다. 산타 마리아는 가장 북단 위치에 있으며 바로 남쪽에 산타 이네즈가 있다. 산타 이네즈 안에는 작은 명칭 구역 세 곳이 있다. 바로 산타 리터 힐스, 밸러드 캐니언, 해피 캐니언이다.

이 셋 중 산타 리터 힐스가 가장 유명하다. 산타 이네즈 밸리의 서늘한 서쪽 끝단에 있으며 태평양에 그대로 노출돼 있다. 과거에는 포도를 재배하기에 너무 추운 지역으로 여겨졌다. 그러나 1970년 리처드 샌포드와 그의 파트너 미셸 베네딕트는 큰 위험을 감수하고 이곳에 피노 누아를 심었다(현지 주민들은 이 둘이 미쳤다고 생각했다). 당시 베네딕트는 식물학자였고, 샌포드는 베트남 전쟁에서 해군 구축함의 항해사로 복무한 이력이 있으며 캘리포니아대학 버클리에서 지질학을 전공했다. 이 둘이 설립한 샌포드 & 베네딕트는 캘리포니아 전설의 양조장으로 거듭났으며, 캘리포니아를 근사하고 우아한 피노 누아 산지로 탈바꿈하는 계기를 마련했다. 현재 와이너리 60여 개가 산타 리터 힐스에 있거나 이곳에서 생산한 포도로 와인(주로 피노 누아, 샤르도네)를 만든다.

이곳에서 동쪽 내륙으로 이동해서 서늘한 바다와 벌어지면, 따뜻한 밸러드 캐니언과 해피 캐니언이 등장한다.

**이곳에 한 시간만 머물러도 평온한 분위기에 동화돼서 정말 좋은 피노 누아를 마시는 것이 국민의 기본권이자 인생의 필수요소처럼 느껴진다.**

시라는 이곳에서 가장 장래성이 높은 품종이다. 두 구역 모두 포도를 재배하기 전에는 목장이었다. 1940~1950년대 할리우드 감독들이 <론 레인저> 같은 서부 영화를 찍은 장소이기도 하다. '하이 호 실버' 노래에 등장하는 실버라는 말도 해피 캐니언에 살았다.

샤르도네는 산타 마리아 밸리와 산타 이네즈 밸리 포도 생산량의 약 30%를 차지한다. 이곳 포도로 만든 샤르도네는 캘리포니아에서 가장 독특하고, 크리미하고, 풍성하며, 풍미층을 관통하는 선명한 산미가 느껴진다. 다이어톰, 랜포드, 샌디, 오 봉 클림, 멜빌 이스테이트, 폴라토 등을 예로 들 수 있다. 무성한 질감과 짙은 이국적 과일(마르멜루, 베르가모트, 카피르 라임) 풍미를 동시에 지니며, 해양 화석이 가득한 해저 사암에서 비롯됐다고 추정되는 소금기와 광물성도 느껴진다. 오랜 와인 양조자 릭 롱고리아는 이런 특징을 '백암질, 암석, 소금'이라 표현했다.

사우스 센트럴 코스트의 피노 누아는 순수한 맛, 호화스럽고 밝고 우아한 과일과 향신료 풍미, 가벼운 숲과 흙 풍미를 띤다. 또한 얼린 딸기 같은 시원함과 입안에서 터질 듯한 긴장감을 지닌다. 이는 포도나무의 봉오리가 일찍 터지고, 매우 길고 부드러운 생장 기간을 지내기 때문이다(와인의 복합미를 형성하는 가장 주된 요소).

## 와인 게토

산타바바라 카운티는 거리적으로 할리우드에서 가장 가까운 와인 산지다. 그러나 이곳 롬폭 마을에 위치한 '와인 게토'는 스타일적으로 할리우드와 극적으로 상반되는 시크한 매력을 지녔다. 평범한 산업단지에 위치한 와인 게토에는 작은 테이스팅 룸과 기본적인 와인양조 설비가 몰려 있다. 1998년에 와인 게토에 가장 먼저 입성한 와인양조자는 릭 롱고리아였다. 이 과정에서 산업단지형 와이너리 모델이 구축됐으며, 미국의 다른 지역에도 이를 본뜬 와인 게토가 형성되기 시작했다. 당시 롱고리아는 멋들어진 와이너리를 지을 돈이 없었는데, 마침 자신의 포도밭 부근의 산업단지가 눈에 띄었던 것이다. 현재 와인 게토에는 피에드라사시(Piedrasassi), 피들헤드(Fiddlehead), 채닌(Chanin) 등 20여개 브랜드가 입주한 소박한 빌딩들이 들어서 있다. 느긋한 분위기, 동지애, 푸드 트럭, 와인 등의 요소가 모여 오늘날의 산타바바라 카운티의 고유한 특징을 완성시켰다.

와인 양조자 그레그 브루어는 이렇게 말했다. "캘리포니아 포도의 성숙기는 크고 빠르게 뛰는 심장박동 같다. 그런데 이곳만 예외로 길고 느린 심장박동을 닮았다."

"난 소믈리에로서 피노 누아의 향기, 복합미, 잔 속에서 빠르게 진화하는 과정을 사랑했다. 현재는 와인 양조자로서 피노 누아가 얼마나 복잡한지 깨닫는다. 피노 누아는 재배하기 굉장히 까다롭다. 이 포도는 극단적인 것을 싫어한다. 수확률을 조금이라도 높이면, 와인이 너무 가벼워진다. 그렇다고 수확률을 너무 낮추면, 와인이 너무 짙어진다. 피노 누아는 어느, 누구의 말도 듣지 않고 자신의 길을 걸어간다. 자연도 큰 영향을 미치긴 하지만, 피노 누아는 재배자와 양조장의 개성을 반영하는 유일한 포도이기도 하다. 피노 누아에 당신의 각인이 새겨지는 것이다."
－라지 파르, 도멘 드 라 코트와 샌디의
공동 소유주이자 와인 양조자

끝으로 시라는 사우스 센트럴 코스트에 비교적 최근에 등장했지만 엄청난 관심을 끌고 있다. 비교적 따뜻한 구역에서 생산되면, 선명한 블루베리와 다크초콜릿 특징에 스파이시함과 라벤더가 섞여 있다. 상귀스(Sanguis)라는 와이너리 이름에서 알 수 있듯, 시라는 피와 힘을 연상시킨다. 상귀스 외에도 루삭(Rusack), 조나타(Jonata), 오하이(Ojai), 스톨프맨(Stolpman), 마거룸(Margerum), 조토비치(Zotovich) 등의 생산자가 있다.

태평양 부근의 산타 리터 힐스의 서쪽 끝단에 있는 도멘 드 라 코트의 포도밭

# 위대한 사우스 센트럴 코스트 와인

## 화이트 와인

### 다이어톰(DIATOM)

샤르도네 | 산타바바라 카운티 | 샤르도네 100%

다이어톰의 샤르도네는 풍성한 질감과 짭짤한 광물성을 동시에 지녔다. 와인 양조자 그레그 브루어는 '참치 뱃살이나 몽실몽실한 해양 생물' 같다고 묘사했다. 풍성한 캘리포니아 샤르도네는 보통 오크와 버터 풍미가 강하다. 그러나 이 와인은 다르다. 다이어톰의 샤르도네는 '보석을 걸어 낸' 와인이다. 프랑스 문학과 일본 예술에 지대한 영향을 받은 교수였던 브루어는 '여백의 미'와 '노골적인 것에 대한 두려움'에서 영감을 얻었다. 다이어톰이란 이름은 단세포 식물인 규조류에서 따왔다. 규조류는 유리 집처럼 투명한 오팔색 규산질 세포 껍데기를 가진 조류(algae)다. 지구상에 이런 구조를 가진 생물은 규조류가 유일하다.

### 폴 라토(PAUL LATO)

르 수브니르 | 시에라 마드레 빈야드 | 샤르도네 |
산타 마리아 밸리 | 샤르도네 100%

폴 라토 샤르도네는 버터크림 프로스팅을 얹은 바닐라 케이크 같다. 와인이 이처럼 풍성하고 크리미하면, 드라이함, 균형감, 복합미, 정교함은 기대하기 어렵다. 그런데 폴 라토의 샤르도네가 그 예상을 깬다. 처음에는 황금빛 사과와 잘 익은 배 풍미로 시작하며, 끝에는 짜릿한 레몬이 폭발한다. 폴 라토는 폴란드의 공산주의 체제에서 자랐다. 이후 캐나다로 이주해서 소믈리에 공부를 했다. 그는 교육의 열매를 맺어야겠다고 결심했다. 그는 운 좋게 짐 글렌드넌(오 봉 클리마)과 밥 린드퀴스트(쿠페)의 '셀러 래트(cellar rat, 와이너리 직원)'로 일하게 됐다. 이 둘은 사우스 센트럴 코스트의 기반을 세운 와인 양조자들이다. 이후로는 모든 일이 술술 풀렸다. 2002년, 라토는 작은 와이너리를 설립했다. 어느 날, 라토는 시에라 마드레 포도밭을 걷다가 1990년대에 로버트 몬다비가 심은 웬트(Wente) 셀렉션 샤르도네 구획을 발견하고, 이에 대한 소유권을 획득했다. 그는 몬다비가 남긴 '기념품(souvenir)'을 기리는 뜻에서 와인 이름을 르 수브니르(Le Souvenir)라 지었다.

## 레드 와인

### 도멘 드 라 코트(DOMAINE DE LA CÔTE)

라 코트 | 피노 누아 | 산타 리터 힐스 | 피노 누아 100%

프라이팬에 지글거리는 버섯 냄새, 가을 숲 냄새, 사랑하는 사람의 냄새. 도멘 드 라 코트의 피노 누아는 고유한 관능성을 띤다. 또한 깊은 풍미와 비현실적인 가벼움을 겸비했다. 순수한 맛과 과감한 표현력을 지닌 풍미가 돋보이며, 흙, 광물성, 짭짤함, 향신료가 잔잔하게 소용돌이 한다. 도멘 드 라 코트는 산타 리터 힐스의 동서쪽 끝단에 있는 여섯 개 포도밭의 집합체다. 규모가 작은 라 코트(La Côte) 포도밭은 태평양에서 겨우 11km 거리에 있는 고대 해저 토양 밭이다. 역동적인 와인 양조 2인조인 라지 파르(전 소믈리에)와 사시 무어맨(와인 양조자) 그리고 몇몇 투자자들이 와이너리를 소유하고 있다.

### 폭슨(FOXEN)

페 시에가 빈야드 | 피노 누아 | 산타 리터 힐스 | 피노 누아 100%

폭슨이란 이름은 1800년대 초반, 산타바바라에 입성한 영국인 선장 윌리엄 벤자민 폭슨의 이름을 딴 것이다. 폭슨은 멕시코 무상 불하 토지(Rancho Tinaquaic)를 매입했는데, 면적이 약 3,237헥타르에 달하며, 폭슨 캐니언이라 알려진 토지 대부분을 포함하고 있다. 폭슨의 고조 손자인 딕 도레는 1985년에 폭슨 와이너리를 설립했고, 오래된 대장장이 가게에서 첫 번째 빈티지 와인을 출시했다. 폭슨의 피노 누아는 40년 가까이 고전으로 인정받고 있다. 이 와인은 우아함을 걸친 채 바닐라 리본을 두른 사랑스러운 과일과 향신료 풍미를 발산한다. 절제미와 매력을 발산하는 최고급 피노 누아다. 페 시에가 빈야드(Fe Ciega Vinyard)는 산타 리터 힐스의 초창기 와인 양조자인 링 롱고리아가 1998년에 개간했으며, 스페인어로 '맹목적 믿음'이란 뜻이다. 현재 소유주는 오하이 빈야드 와이너리의 아담 톨매치다.

## 샌디(SANDHI)
**샌포드 & 베네딕트 | 피노 누아 | 산타 리터 힐스 | 피노 누아 100%**

샌디는 산스크리트어로 '동맹' 또는 '협력'을 의미한다. 자연과의 협력을 의도한 것일까? 아니면 와인의 감미로운 풍미 간의 동맹을 의미한 걸까? 필자는 둘 다라고 생각한다. 그만큼 와인은 순수하고, 맛있고, 지속성이 있다. 필자는 이 와인을 마실 때마다 차가운 라즈베리, 체리, 라임, 블루베리를 담은 큼직한 그릇이 생각난다. 질감은 붉은 실크와 같다. 샌디의 샌포드 & 베네딕트 포도밭의 와인은 모든 면에서 위대함이 묻어난다. 먼저 매우 유명한 포도밭에서 생산된 와인이다. 산타바바라 카운티에서 가장 오래된 피노 누아 포도밭이다 (1971년에 개간). 석회암과 규조토에서 자란 포도를 사용한다. 무엇보다 피노 누아 광신도인 사시 무어맨과 라지 파르의 손에서 탄생한 와인이다.

## 브루어클리프턴(BREWER-CLIFTON)
**피노 누아 | 산타 리터 힐스 | 피노 누아 100%**

필자는 그레그 브루어를 와인계의 시인이라 생각한다. 그의 와인은 심오하면서도 무언가를 탐구하는 듯하다. 그레그 브루어의 피노 누아는 리듬과 운율이 있다. 풍성하고 스파이시한 키르슈바서 같은 과일 풍미가 춤을 추며 와인잔 위로 튀어 오른다. 여기에 향신료, 제비꽃, 바닷소금이 느낌표를 찍어댄다. 그중 최고는 뒷맛을 장식하는 순수하고 짭짤한 우마미다. 또한 실크와 새틴이 만난 듯한 질감과 길고 느린 피니시가 아름다운 조화를 이룬다. 브루어클리프턴은 1995년에 그레그 브루어와 스티브 클리프턴이 설립했으며, 현재는 잭슨 패밀리 와인스가 소유하고 있다. 브루어는 현재도 여전히 와인을 양조하고 있다.

## 알마 로사(ALMA ROSA)
**엘 자발리 | 피노 누아 | 산타 리터 힐스 | 피노 누아 100%**

산타 리터 힐스의 대부격인 리처드 샌포드는 2005년에 알마 로사를 세웠고, 이후 조리치(Zorich) 가문에 양조장을 매각했다. 샌포드는 캘리포니아대학 버클리에서 지질학을 전공했다. 1983년에 엘 자발리(El Jabali, '멧돼지'라는 뜻) 포도원을 설립했고, 1983년에 피노 누아를 심었다. 엘 자발리는 이 지역 최고의 포도원이 됐으며, 독특하면서도 매우 매력적인 와인을 생산한다. 생강과 차를 연상시키는 풍미, 크랜베리와 딸기의 은은한 풍미, 우아함이 긴 파도를 타고 펼쳐진다.

## 샌포드(SANFORD)
**도미니오 델 팔콘 | 피노 누아 | 산타 리터 힐스 | 피노 누아 100%**

도미니오 델 팔콘(Dominio del Falcon, 스페인어로 '팔콘의 영역'이란 뜻), 샌포드의 높고 유명한 동향 산등성에 있는 라 린코나다(La Rinconada, 스페인어로 '모퉁이 장소'란 뜻) 포도밭의 작은 구획에서 생산된다. 이 와인은 쾌락적이며, 생기가 넘치고, 호화롭다. 갓 익은 아삭한 체리와 크랜베리의 시원한 풍미로 시작해서 장미꽃잎, 들장미, 숲 바닥 등 흙 풍미가 아름답게 펼쳐진다. 그리고 위대한 산타 리터 힐스의 피노 누아답게 짭짤한 광물성이 저변에 은은하게 깔려서 입안에 군침이 돌게 만든다. 샌포드는 1971년에 개성 넘치는 와인 생산자 리처드 샌포드가 설립했으며, 산타 리터 힐스 AVA의 첫 번째 와이너리다. 현재 소유주는 텔라토(Terlato) 와인 가문이다.

## 루삭(RUSACK)
**밸러드 캐니언 이스테이트 리저브 | 시라 | 산타바바라 카운티 | 시라 100%**

산타 이네즈 밸리의 동쪽에 파묻혀 있는 루삭은 오크나무가 듬성듬성 자란 구릉지에 있으며 한때는 말을 기르는 목장이었다. 1995년 피고측 변호사였던 제프 루삭과 디즈니 간부였던 앨리슨 위글리 루삭은 론 품종을 전문적으로 생산하는 와이너리를 설립하기로 결심했다. 루삭의 리저브 시라는 향신료, 소금, 광물성 풍미가 활발한 전자처럼 입속을 휘젓고 돌아다니는 감각적인 와인이다. 훌륭한 맛, 복합미, 아름다운 구조감 덕분에 육즙이 흐르는 고기구이와 돼지고기구이를 당장 먹고 싶게 만든다. 루삭은 캘리포니아 남부 연안과 샌타카탈리나섬에서 샤르도네와 피노 누아를 재배한다.

파소 로블스의 일몰

# CALIFORNIA'S OTHER IMPORTANT WINE REGIONS

캘리포니아의 기타 주요 와인 산지

---

멘도시노 | 레이크 카운티 | 시에라 풋힐스 | 카네로스 | 로디 | 리버모어 | 산타크루즈 마운틴스 | 몬터레이 | 산타루시아 하이랜즈 | 샬론, 마운트 할란 & 카르멜 밸리 | 파소 로블스 | 요크 마운틴 | 에드나 밸리 & 아로요 그란데 밸리

---

나파, 소노마, 사우스 센트럴 코스트 외에도 맛있고 환상적인 와인을 만드는 산지가 많다. 그중 가장 주요한 산지들을 북쪽에서 남쪽 순서로 간략하게 살펴보자.

## 멘도시노

멘도시노는 소노마와 나파 카운티 북쪽 위치에 있지만, 기온이나 스타일은 천지 차이이다. 이곳의 거대하고 눈부신 야생과 평온한 아름다움이 한 세기 전의 캘리포니아를 떠오르게 만든다.

멘도시노는 최근까지 금빛 풀밭, 거대한 삼나무, 4,000㎢(40만 헥타르) 이상의 대원시림이 산악지대를 뒤덮고 있었다. 그러나 2000년 이래 멘도시노와 근처 카운티에 대형 산불이 잇따라 발생해 큰 타격을 입었다. 2018년에 멘도시노에 발생한 초대형 산불은 1,860㎢(18만 6,000헥타르)를 불태우며 캘리포니아 역사상(2021년 기준) 최악의 산불로 기록됐다.

**멘도시노라는 이름은 16세기에 스페인 항해사들이 누에바에스파냐(뉴 스페인)의 안토니오 데 멘도사 총독의 이름을 따서 지은 것이다.**

멘도시노의 위협적인 해안선은 태평양의 차가운 코발트색 바닷물에 의해 억겁의 세월 동안 깎여서 형성된 것이다. 바람이 몰아치는 해안가는 예술가 마을이다. 내륙으로 깊숙이 들어가면, 건조하고 수풀이 많다. 멘도시노에서는 비즈니스 정장을 입은 사람보다 고래, 담비, 퓨마를 더 자주 마주친다.

그렇다고 비즈니스가 진행되지 않는다는 말은 아니다. 멘도시노는 캘리포니아의 '에메랄드 트라이앵글'이라 불리는 3대 카운티 중 하나로, 오래전부터 캘리포니아에 번창한 대마초산업의 중심지다. 에메랄드 트라이앵글에서 생산된 대마초는 테루아르를 반영해서 품질이 매우 뛰어나다고 여겨진다. 멘도시노의 대마초산업은 농업 노동력을 두고 와인산업과 경쟁하고 있다. 그러나 안타깝게도 농업 노동력이 감소하는 추세인 데다 두 작물의 수확 기간이 겹치는 상황에서 인부들은 현금을 지급하는 대마초 수확을 선호한다. 2021년 기준, 대마초 재배는 미국의 특정 주에서만 허가되기 때문에 대마초 재배자들은 연방은행에 예금하지 못한다. 따라서 대마초 사업과 금전거래는 모두 현금으로 이루어진다.

1850년대 멘도시노에 최초의 소규모 와이너리들이 생

겨났다. 대부분 골드러시에 실패한 탐사자와 농업으로 복귀한 농부들이었다. 그러나 금주법이 끝날 무렵 거의 모든 와이너리가 사라졌고, 포도밭 자리에 배 과수원이나 견과류 나무밭이 들어섰다. 멘도시노가 와인 산지의 모습을 되찾기까지 오랜 시간이 걸렸다. 1968년, 목재 사업가였던 바니 페처가 페처 빈야드(Fetzer Vineyard)를 설립하고 나서야 멘도시노는 비로소 와인 산지로 이름을 알리기 시작했다. 페처 빈야드는 유성처럼 빠르게 성장해서 미국 최대의 와이너리로 등극했다. 현재는 칠레 대기업인 콘차 이 토로가 페처 빈야드의 소유주다.

멘도시노의 면적 71㎢(7,100헥타르)에 달하는 포도밭은 항상 유기농법으로 재배됐다. 사실 멘도시노는 다른 캘리포니아 지역보다 훨씬 앞서서 유기농법과 지속 가능한 농법을 실천했다.

멘도시노의 따뜻한 동부지역에 있는 레드우드 밸리, 포터 밸리, 요크빌 하이랜즈는 카베르네 소비뇽, 시라, 진판델로 유명하다. 일례로 알콘(Halcón)의 시라는 프랑스 론 밸리에서 바로 튀어나온 듯한 선명함, 후추 풍미, 우마미를 뽐낸다.

멘도시노 최고의 AVA는 앤더슨 밸리로, 추운 해안지역의 바지 주머니처럼 비스듬히 기울어져 있다. 이곳은 거의 피노 누아만 재배한다. 캘리포니아의 우아한 라이트 보디 피노 누아는 대부분 앤더슨 밸리의 포도로 만든다. 리토라이의 세리스 빈야드(Cerise Vineyard), FEL의 웬들링 빈야드(Wendling Vineyard), 데이비스의 페링턴 빈야드(Ferrington Vineyards), 코팽의 아벨(Abel), 매기 호크의 졸리 빈야드(Jolie Vineyard), 윌리엄스 셀리엄의 버트 윌리엄스 모닝 듀 랜치 빈야드(Burt Williams' Morning Dew Ranch Vineyard), 라디오코토의 사보이 빈야드(Savoy Vineyard), 피이의 사보이 빈야드(라디오코토와 같은 포도밭) 등이 대표되는 예다.

멘도시노에는 캘리포니아 최고의 스파클링 하우스인 로드레 이스테이트(루이스 로드레 샴페인 하우스의 소유)도 있다. 로드레의 최상급 와인인 레르미타주(L'Ermitage)는 풍성한 효모 풍미, 복합미, 넘치는 생기, 순수한 맛이 특징이며, 풍미를 구성하는 분자 하나하나가 활발하게 움직이는 원시성이 돋보이는 와인이다.

끝으로 앤더슨 밸리는 리슬링, 게뷔르츠트라미너, 뮈스카(드라이, 스위트)를 전문적으로 생산하는 와이너리가 몰려 있다. 특히 나바로 빈야드(Navarro Vineyards)가 유명하다. 1974년에 설립된 나바로 빈야드는 캘리포니아에서 가장 사랑스러운 알자스 스타일 와인, 최고급 드라이 게뷔르츠트라미너, 귀부병 포도(캘리포니아에는 귀부병이 희귀함)로 만든 환상적인 늦수확 스위트 리슬링인 클러스터 셀렉트(Cluster Select)를 생산한다.

## 레이크 카운티

레이크 카운티는 캘리포니아 최대 천연호수인 클리어 레이크에서 이름을 따왔다. 레이크 카운티는 이웃인 멘도시노보다 작고 건조하며, 다양성도 덜하다. 포도밭 면적은 40㎢(4,000헥타르)이지만, 와이너리는 30개가 조금 넘는다. 대부분 마시기 쉬우며 단순하고 저렴한 카베르네 소비뇽과 소비뇽 블랑을 만든다. 사실 레이크 카운티는 주로 베링어, 셔터 홈, 캔달잭슨(이곳에서 시작) 등 대형 와이너리에 포도를 공급한다.

레이크 카운티 최초의 주요 포도밭은 영국 여배우 릴리 랭트리가 개간했다. 진취적이었던 그녀는 1880년대에 자신이 소유한 외딴 레이크 카운티 이스테이트의 비탈면에 포도를 심으면서 '캘리포니아에서 가장 위대한 클라레(claret)'를 만들겠다는 포부를 품었다. 이 중 일부는 구에녹(Guenoc) 와이너리에 속하게 됐으며, 현재 폴리 패밀리 와인즈(Foley Family Wines)의 소유가 됐다.

## 시에라 풋힐스

19세기 중반까지 캘리포니아 와인산업의 중심지는 로스앤젤레스였다. 그러나 1849년, 시에라 네바다 구릉지의 콜로마 마을 부근에서 금광이 발견되면서 와인산업은 북쪽으로 이동했다. 광산이 여기저기 확산됐고, 덩달아 포도밭과 작은 와이너리도 생겨났다. 1860년대, 캘리포니아 북부의 '골드 카운티들'의 포도나무는 거의 20만 그루에 달했다. 캘리포니아 최초로 미션 품종을 포기하고 이보다 맛이 좋은 진판델 등의 품종을 재배하기 시작한 와이너리도 생겨났다.

시간이 흘러서 금 매장량이 점차 줄더니 결국 광맥이 말라 버렸다. 덩달아 시에라 풋힐스의 인구도 감소했다. 이윽고 와인산업은 필록세라와 금주법의 2연타를 맞고 완전히 모습을 감췄다. 2차 세계대전 말, 시에라 풋힐스에는 유령의 집처럼 변해버린 와이너리와 버려진 포도밭이 즐비했다.

1970년대에 소규모 르네상스가 시작됐다. 현재 와이너리 수는 150개를 웃돌며, 포도밭 면적은 31㎢(3,100헥타르)를 넘어섰다.

시에라 풋힐스에는 외딴 카운티 여덟 곳이 남북 방향으로 나란히 이어져 있으며 대부분 네바다와 접한 캘리포니아 동쪽 경계선을 따라 줄지어 있다. 여덟 곳 중 가장 중요한 카운티 두 곳은 엘도라도와 아마도르다. 옛 서부의 정신과 개인주의가 살아 있는 강인하고 아름다운 지역이다.

**엘도라도 카운티는 전설 속에 존재하는 황금 생명체인 엘도라도에서 이름을 따왔다. 스페인 정복자들은 엘도라도가 그들을 황금의 나라로 인도한다고 믿었다.**

산이 많은 엘도라도 카운티는 화강암질 화산토가 깔려 있으며 캘리포니아 포도밭 중 가장 고도가 높다. 일례로 마드로냐 빈야드(Madroña Vineyards)는 높이가 900m에 달한다. 시에라 네바다산맥에 3,000m 높이의 산봉우리에서 불어오는 바람으로 인해 밤에는 매우 서늘하다. 일부 와인의 스파이시함도 이런 서늘한 기온 덕분에 형성된 것으로 짐작된다. 동키 & 고트 와이너리의 론 스타일 블렌드 와인인 더 베어(The Bear)는 필자가 마셔 본 캘리포니아 와인 중 가장 스파이시하고 후추 풍미가 강했다(한 와인의 이름에 동물이 셋이나 들어가다니!).

아마도르 카운티는 엘도라도보다 따뜻하다. 화강암과 사양토로 구성된 낮은 구릉지가 넓게 펼쳐져 있다. 아마도르는 1970년대에 처음으로 현대 와인 무대에 등장했다. 이빨을 붉게 물들이는 대담한 진판델은 수많은 와인 애호가의 마음을 단숨에 사로잡았다. 이 강렬한 풍미의 포도는 금주법 이전부터 존재했던 매우 오래된 포도밭에서 생산됐는데, 주로 가정용 와인 양조자들에게 포도를 제공했었다. 이 오래된 아마도르 포도밭의 진가를 가장 먼저 알아본 와이너리는 나파 밸리에 본사를 둔 셔터 홈이었다. 1971년, 셔터 홈은 최초의 아마도르 카운티 진판델을 출시했다. 셰난도아 밸리(Shenandoah Valley)의 디버 랜치(Deaver Ranch)에서 생산한 포도로 만들었으며, 풍미가 입안을 가득 채우는 와인이었다. 현재 시에라 풋힐스에는 30종 이상의 포도를 재배한다. 그러나 역시나 최상급 와인은 지중해 적포도 품종(진판델, 시라, 무르베드르) 와인과 론 스타일 블렌드다.

## 카네로스

샌프란시스코에서 북쪽으로 64km 거리에 있는 카네로스(또는 로스카네로스)는 나파와 소노마 카운티의 남쪽 끝단에 넓게 펼쳐진다. 와이너리는 30개 이상이며 포도밭 면적은 40㎢(4,000헥타르)에 달한다. 카네로스는 마을 하나 없는 고요한 지역이다. 한때 양 떼밖에 없었던 바람 부는 완만한 구릉지는 포도밭으로 뒤덮여 있다. 참고로 스페인어로 카네로스는 '숫양'을 의미한다.

카네로스의 특이점은 샌파블로만에서 가깝다는 것이다. 샌파블로만은 샌프란시스코만의 북부 끝단에 있다. 샌파블로만은 차가운 해풍이 따뜻한 나파와 소노마 밸리로 유입되는 거대한 깔때기 역할을 한다. 그 결과 이곳 포도밭(특히 피노 누아, 샤르도네)은 과도한 열기에 노출되지 않으면서도 햇빛을 충분히 받는다.

샤르도네와 피노 누아가 전문인 서늘한 지역답게 스틸 와인 품종으로 환상적인 스파클링 와인도 생산한다. 도멘 카네로스(샴페인 회사 테탱제가 일부 지분 소유)는 최상급 샴페인을 생산한다. 특히 프랑스어로 '꿈'을 의미하는 르 레브(Le Rêve)는 원시성, 우아함, 산뜻함, 풍성한 거품, 배와 황금빛 사과의 아삭하고 서늘한 풍미가 활기차게 느껴진다. 슈램스버그의 풍성하고 복합적인 풀보디 제이 슈램(J. Schram)에도 카네로스 포도가 일부 들어간다.

카네로스에 피노와 샤르도네만 있는 게 아니다. 비교적 따뜻한 지역에서 메를로, 시라, 카베르네 프랑 등의 품종도 재배된다.

카네로스에는 매우 유명한 포도원이 두 곳 있다. 바로 하이드 빈야드(Hyde Vineyard)와 허드슨 랜치(Hudson Ranch)다. 전자는 래리 하이드와 오베르 드 빌렌(그 유명한 부르고뉴의 도멘 드 라 로마네콩티)이 소유주이고, 후자는 크리스티나와 리 허드슨이 소유하고 있다. 사실 허드슨 랜치는 단순히 규모가 큰 포도원이 아니라 매우 인상적인 통합적 농장이다. 수요가 매우 높은 포도를 재배하고 판매할 뿐 아니라 재래종 양과 돼지도 기른다. 또한 올리브기름, 식초, 꿀, 와인을 만들며, 유기농 과일과 채소를 재배하고 판매한다.

이 두 포도원에서 포도를 구매하는 캘리포니아 정상급 와이너리는 키슬러, 오베르, 폴 홉스, 래미, 두몰, 스파츠우드, 페일라, 콩스가드 등이다. 필자가 가장 선호하는 카네로스 최상급 와이너리는 쿼베종(Cuvaison), 도멘 카네로스(Domaine Carneros), 허드슨(Hudson), 세인츠베리(Saintsbury), 트루차드(Truchard), 도넘(Donum) 등이다.

## 로디

로버트 몬다비의 부모인 체사레와 로사는 19세기에 이탈리아 마르케 지역에서 미국으로 이주했다. 1922년 금주법 시행 초반, 로디에 정착해서 농부들에게 구매한 포도를 동부의 가정용 와인 양조자들에게 실어 보내는 사업을 시작했다. 체사레와 로사는 로디 사업에서 큰 수익을 벌어들였고, 20년 후에 나파 밸리의 찰스 크루그 와이너리를 매입했다. 당시 찰스 크루그는 캘리포니아에서 가장 크고 유명한 와이너리 중 하나였다.

로디는 와인 애호가들에게 친숙한 지역은 아니지만, 캘리포니아 와인 역사에 중대한 역할을 했다. 특히 매일 밤 마시기 적당하며, 품질 좋고 저렴한 와인과 고목의 포도로 만든 와인을 공급하는 중요한 지역이다.

샌프란시스코에서 동쪽으로 140km 거리에 있는 로디는 뜨거운 산호아킨 밸리에 있다. 산호아킨 밸리는 미국 최대 농경지인 캘리포니아 센트럴 밸리를 구성하는 거대한 계곡 중 하나다. 그러나 태평양의 차가운 밤바람이 카르키네스 해협을 지나 면적 450㎢(4만 5,000헥타르)의 포도밭까지 불어와서 로디의 뜨거운 낮 기온을 완화한다.

1880년대, 이탈리아와 독일 이민자들이 로디에 처음으로 포도밭을 개간했다. 그들은 진판델, 알리칸테 부셰, 프티트 시라 등 맛이 좋고 강인하며 색이 짙은 품종을 집중적으로 재배했다. 오늘날 로디는 캘리포니아 최고령 진판델 포도나무들을 보유하고 있으며 이 중 일부는 필록세라 이전에 심어진 것으로 자기 뿌리 위에 그대로 자란 나무들이다.

로디는 캘리포니아 메를로의 30% 이상, 진판델의 35%, 프티트 시라의 40% 이상을 생산한다. 그러나 따뜻한 기온과 양질토 덕분에 이 밖에도 온갖 품종이 자란다. 알바리뇨, 카베르네 소비뇽, 베르델료, 템프라니요, 비오니에, 시라, 카리냥, 피노 그리, 산지오베제를 비롯한 총 75가지 각양각색의 품종이 상업적으로 재배되고 있다.

로디에는 와인용 포도 재배자 400명과 와이너리 90개가 있으며 대부분 소규모의 가족 운영체다. 로버트 몬다비 우드브리지, 델리카토 패밀리 빈야드(보타 박스 생산자), 트린체로 패밀리 이스테이트(서터 홈 포함) 등 캘리포니아에서 가장 유명한 3대 대형 와이너리도 로디에서 생산한 포도를 다량 구매하고 있다.

## 리버모어 밸리

샌프란시스코의 동남쪽에 있는 리버모어 밸리는 길이 24km의 작은 지역으로 캘리포니아에서 가장 역사적으로 영향력 있는 와인 산지다. 웬트, 콘캐넌, 크레스타 블랑카 등 한 세기 훨씬 전에 세워진 와이너리들도 있다. 캘리포니아의 여느 계곡과는 달리 리버모어 밸리는 동서로 뻗어 있다. 낮에는 태양이 쨍하고 불길처럼 뜨겁지만, 늦은 오후에는 강한 바람이 불어와서 저녁에는 기온

**캘리포니아의 샤르도네, 카베르네 소비뇽, 소비뇽 블랑은 리버모어 밸리에서 기원을 찾을 수 있다. 특히 소비뇽 블랑은 보르도의 유명한 샤토 디켐에서 리버모어로 나뭇가지를 가져온 것이다.**

이 22℃까지 떨어진다.

정상급 와이너리 중 웬트는 캘리포니아 와인산업(특히 샤르도네)에 크게 이바지했다. 현재 캘리포니아에서 재배하는 샤르도네 대부분은 유전적으로 웬트 셀렉션에서 나온 것이다. 예를 들어 캘리포니아에서 가장 많이 재배되는 샤르도네 클론인 클론 4(파운데이션 플렌트 사이언스 클론 04)가 있다. 웬트 셀렉션은 어니스트 웬트의 힘겨운 포도 유전자 연구의 결과물이다. 어니스트 웬트는 1912년에 샤르도네 연구를 시작한 웬트 와이너리의 설립자인 칼 H. 웬트의 아들이다. 당시 샤르도네는 캘리포니아에서 무명에 가까웠으며, 리버모어에서만 극히 소량이 재배됐다. 어니스트 웬트는 세계 최고의 포도 재배학교인 프랑스 몽펠리에 대학의 묘목장에서 샤르도네를 수입했다. 어니스트 웬트의 작업을 토대로 웬트 와이너리는 캘리포니아 최초로 라벨에 샤르도네 품종을 표기한 와인을 출시했다. 그것도 1933년에 금주법이 끝나기 직전인 1932년에 때마침 출시됐다. 현재 웬트 와이너리는 버터 풍미의 묵직한 스타일부터 오크 풍미가 없는 신선한 스타일까지 폭넓은 타입의 샤르도네를 선보이고 있다.

리버모어의 또 다른 역사적 와이너리는 콘캐넌이다. 아일랜드 이민자이자 신실한 가톨릭 신자인 제임스 콘캐넌이 웬트와 같은 해인 1883년에 설립했다. 제임스 콘캐넌의 아들인 조셉은 평생 5년마다 콘캐넌 뮈스카 드 프롱티냥(Concannon Muscat de Frontignan) 배럴을 교

20세기 초반에 선구자 역할을 했던 웬트 가문

황에게 보냈다. 조셉의 형제인 짐은 1961년에 캘리포니아 최초로 프티트 시라 품종을 라벨에 표기한 와인을 출시했다. 오늘날 콘캐넌의 소유주는 프란지아 박스 와인을 생산하는 미국 2위 와인 회사인 더 와인 그룹(The Wine Group)이다.

웬트와 콘캐넌은 리버모어의 야심찬 한 인물의 도움을 많이 받았다. 신문기자 출신 변호사였다가 와인 양조자로 전향한 찰스 웨트모어다. 그는 현재는 사라진 크레스타 블랑카 와이너리를 1882년에 설립하기 전에 캘리포니아 주의회를 설득해서 주립 포도 재배위원회를 창설했다. 웨트모어는 초대 의원장이 되자마자 유럽으로 날아가서 보르도의 샤토 디켐 등의 주요 공급원에서 소비뇽 블랑, 세미용 등 유명 품종의 꺾꽂이 묘를 공수했다. 이 꺾꽂이 묘들은 리버모어 포도밭의 모태가 되었다. 1950년대, 웬트 빈야드는 캘리포니아대학 데이비스 캠퍼스에 이 포도나무들을 기증했고, 대학은 이를 캘리포니아의 모든 포도밭에 제공했다. 그 결과, 현재 캘리포니아에서 가장 많이 재배하는 소비뇽 블랑 클론(클론 01)은 웨트모어가 샤토 디켐에서 가져온 것이다.

리버모어 밸리가 초기에 번영할 수 있었던 까닭은 역동적인 초창기 와인 양조자들, 지속 가능한 포도 재배뿐 아니라 샌프란시스코 대도시와의 근접성 덕분이었다. 그러나 안타깝게도 후자는 리버모어가 쇠퇴한 이유이기도 하다. 1960~1980년대의 끝없는 도시개발, 주택 건설, 산업단지 설립은 리버모어의 포도밭을 야금야금 먹어치웠다. 1980년대 말, 수천 에이커 포도밭이 흔적도 없이 사라졌다. 리버모어 밸리는 혁신적인 토지 복원을 시작했고, 현재 약 50개 와이너리가 생겨났다.

## 산타크루즈 마운틴스

샌프란시스코에서 남쪽으로 1번 고속도로를 따라 한 시간 반 거리에 있는 대학도시 산타크루즈 마운틴스는 나이 든 힙스터들과 열정적인 서퍼들의 안식처다. 산타크루즈는 실리콘 밸리 바로 옆에 있지만, 이 둘은 극과 극이다. 이곳은 산 공기가 매섭도록 날카로우며, 해양의 신선함이 느껴진다. 산타크루즈산맥은 위험천만한 산안드레아스 단층 바로 위에 아름답고 울퉁불퉁하게 형성돼 있다.

센트럴 코스트의 북부에 해당하는 산타크루즈 마운틴스는 협곡, 언덕, 험준한 경사지, 둔덕, 계곡이 복잡하게 얽혀 있다. 토양은 진흙, 양질토, 풍화된 화산암과 석회암 등 광범위하다. 이처럼 지형, 토양, 고도, 태양이 내리쬐는 방향의 다양성 덕분에 포도밭도 다채로운 중기후를 갖는다. 고도가 높은 포도밭(650m 이상)은 태평양을 바라보고 있으며 고도가 낮고 따뜻한 내륙을 바라보는 동향 포도밭에 비해 기온이 낮은 편이다. 서늘한 포도밭은 피노 누아와 샤르도네 재배에 적합하다. 따뜻한 포도밭에서는 카베르네 소비뇽과 진판델을 재배한다.

이곳의 포도밭은 재배환경이 까다롭고 생산율이 낮다. 따라서 이곳의 와이너리 75곳은 규모가 작은 편이며, 각자 개성이 뚜렷한 와인을 만든다. 최상급 와이너리는 리지 빈야드와 마운트 에덴 빈야드다.

리지 빈야드는 1959년에 스탠퍼드 연구소 엔지니어 네 명이 설립했다. 리지 빈야드의 와인은 와인 수집가의 목록 상위권을 차지하며, 특히 몬테 벨로(Monte Bello) 포도밭에서 생산한 매끈하고 독특한 카베르네 소비뇽의 인기가 매우 높다. 몬테 벨로는 비싼 캘리포니아 와인 중 유일하게 미국산(프랑스산이 아님) 오크통에서 숙성시킨다. 1976년 '파리의 심판' 시음회의 레드 와인 부문에서 5위를 차지했으며, 30년 이후에 벌어진 재심사에서 1위를 차지하며 모두를 놀라게 했다. 몬테 벨로 포도밭은 1855년에 산타크루즈 마운틴스에 개간됐으며, 1959년에 리지 빈야드에 판매됐다.

마운틴 에덴 빈야드는 1972년에 산꼭대기에 설립됐다. 이곳은 1940년대에 마틴 레이 와이너리가 있었던 곳이다. 마운트 에덴은 사랑스럽고 풍성하지만 과하지 않은 샤르도네와 복합적이고 원시적이며 흙 풍미를 띠는 피노 누아를 좋아하는 마니아층을 보유하고 있다. 주목할 만한 사례로 해리 왕자의 배우자인 메건 마클 서식스 공작부인은 윈저성에서 열린 왕실 결혼식에서 도멘 에덴 피노 누아를 선택했다.

## 몬터레이

샌프란시스코에서 남쪽으로 2시간 정도 차로 이동하면 거대한 아치 형태의 몬터레이만이 등장한다. 센트럴 코스트 북부에 있는 최대 AVA 구역인 몬터레이 카운티는 몬터레이만에서 이름을 딴 것이다. 포도밭 면적은 190㎢(1만 9,000헥타르)에 달하며, 살리나스 밸리라는 따뜻하고 비옥한 지역에는 수천 에이커의 채소밭이 있다. 살리나스 밸리의 별명은 '세계의 상추 도심지'다. 미국 상추의 50% 이상을 공급하며, 브로콜리, 셀러리, 시금치 생산량도 엄청나다. 살리나스 밸리는 존 스타인벡의 1939년 퓰리처상 수상작『분노의 포도』에도 등장한다.

18세기에 프란체스코 선교단이 몬터레이에 진출했지만, 진정한 와인 산지로 부상한 것은 1960~1970년대였다. 당시 나파와 소노마의 땅값이 천정부지로 치솟자 와인 양조자들이 다른 산지를 찾아 나선 것이다. 게다가 근처의 산타클라라 밸리(실리콘 밸리)에 도시개발이 진행되자, 접근성이 좋은 몬터레이가 기다렸다는 듯이 와인 산지로 부상했다.

본래 몬터레이에 관심을 보였던 와이너리들은 주로 대기업(갤로, 캔달잭슨, 컨스틸레이션 등)이었다. 이들은 대량생산 와인(주로 샤르도네)에 섞을 만한, 품질도 좋고 가격도 합리적인 포도 공급처를 찾고 있었다. 그러나 최근 10년간 새로운 부류의 와인 양조자가 몰려들기 시작했다. 현재 생산자 82명 중 소규모 수제 와인 와이너리의 비중이 증가하고 있다.

몬터레이 남부는 극도로 뜨겁지만, 북부는 흰 거품이 이는 몬터레이만(수달, 물개, 고래의 고향)에서 차가운 해풍이 불어오는 터널과도 같다. 나무가 구부러지고 바다를 바라보는 면이 손상된 모습에서 해풍의 혹독함이 느껴진다. 가벼운 바람은 포도나무에 유익하지만(열기를 식혀주고 흰곰팡이와 부패를 막아줌), 극심한 바람은 광합성 세포를 해쳐서 포도의 성숙을 방해할 위험이 있다. 그래도 서늘하면서도 바람을 막아주는 구역에서는 샤르도네가 무성하게 자란다. 사실 몬터레이는 샤르도네 재배 면적이 약 69㎢(6,900헥타르)로, 캘리포니아에서 가장 넓다. 또한 기후 덕분에 피노 누아도 잘 자란다. 상대적으로 카베르네 소비뇽과 메를로는 재배하기 까다로우며, 포도의 애매한 성숙도로 인해 와인에서 짙은 풋콩 향이 난다.

몬터레이 최대 생산자는 1972년에 설립된 J. 로어(J. Lohr)다. J. 로어는 매일 밤 마시기 좋은 환상적인 와인을 생산한다. 이 밖에도 알바트로스 리지(Albatross Ridge), 한(Hahn), 래스(Wrath), 샤이드 빈야드(Scheid Vineyards) 등의 와이너리가 있다.

## 산타루시아 하이랜즈

산타루시아 하이랜즈 AVA는 몬터레이 카운티 안에 있다. 산타루시아 하이랜즈는 풍성하고 대담하며 호화로운 피노 누아로 유명하다(반면 부르고뉴 와인을 사랑하는 전통주의자들은 피노 누아치고 너무 호화롭다고 혹평한다). 훌륭한 샤르도네와 인상적인 시라도 생산된다.

산타루시아 하이랜즈 AVA는 면적이 26㎢(2,600헥타르)이며 길이 29km의 산타루시아산맥의 동향 산기슭을 따라 물결치듯 펼쳐진다. 몬터레이에서 차를 타고 남쪽으로 벗어나면 포도밭을 쉽게 발견할 수 있다. 포도밭은 계곡에서 300~700m 높이의 틈으로 접혀 들어간 형상을 띠며 몬터레이만에서 아침저녁으로 불어오는 바람과 차가운 안개에 노출돼 있다. 이 바람은 미풍보다 훨씬 강한데 맥킨타이어 빈야드(McIntyre Vineyards)의 스티브 맥킨타이어는 다음과 같이 묘사했다. "픽업 트럭을 타고 계곡을 가다가 차 문을 열어 보라. 차 문이 완전히 뒤로 젖혀지고, 짐칸에 실렸던 물건은 순식간에 도로 위로 쏟아질 것이다." 반직관적이게도 바람은 산꼭대기보다 계곡 바닥에서 더 혹독하게 분다. 포도밭이 산비탈 중반에 있는 이유에 바람도 일조했다.

산타루시아는 매우 건조한 지역으로 연간 강수량이 25~36cm에 불과하다. 배수가 잘되는 사양토와 화강 풍화토가 계곡 아래로 쓸려 가서 충적선상지를 형성했다. 산타루시아는 다른 센트럴 코스트 북부지역과 비슷하게 세상의 소금처럼 고결한 농부와 목축가로 구성된 배타적 공동체다. 1870년대에 이탈리아와 스위스 이민자가 이곳에 정착했다. 외지인은 30년이 지난 후에야 비로소 현지인으로 간주한다.

이 지역에서 가장 유명한 이름은 개리다. 개리가 두 명 있는데, 어린 시절 트랙터를 타며 함께 놀던 친구라고 한다. 개리 피소니(Gary Pisoni)는 피소니 빈야드의 수장이자 여러모로 하이랜즈의 '초대 대사' 같은 존재다. 수십 년 전, 그는 채소 외에도 포도밭을 경작하자고 농부인 아버지를 설득했다. 그가 '250달러짜리 상추 시음회에 가본 적이 있느냐'고 반문하자, 아버지도 마침내

동의했다고 한다. 피소니가 1982년에 처음 심었던 2헥타르의 피노 누아 포도밭은 '부르고뉴 본로마네의 유명한 포도원에서 가져온 샘소나이트 클론'이라는 소문도 있다. 즉 여행 가방에 숨겨서 미국에 들여온 포도 나뭇가지라는 것이다. 흐음, 어쩌면 도멘 드 라 로마네콩티의 포도나무일지도 모르겠다.

또 다른 개리는 개리 프란시오니(Gary Franscioni)다. 그가 소유한 포도원의 이름은 뻔하지만 게리스(Garys')다. 그는 로어(ROAR) 와이너리도 소유하고 있는데, 몬터레이만에서 포도밭으로 불어오는 울부짖는(roar) 듯한 바람 소리를 빗댄 이름이다. 로어의 피노 누아와 샤르도네는 감미롭고 매혹적이다. 로셀라스 빈야드(Rosella's Vineyard), 개리스 빈야드(Garys' Vineyard), 시에라 마르 빈야드(Sierra Mar Vineyard)에서 생산한 로어 피노 누아는 파워, 감칠맛, 스파이시함을 지녔다. 처음 로어 와인을 마셔본 사람을 꼼짝 못 하게 만들어 버리는 마력이다.

피소니 빈야드와 로어 외에도 환상적인 피노 누아를 만드는 소규모 생산자가 수십 명에 달한다. 또한 산타루시아 하이랜즈 포도를 사용해서 피노 누아를 만드는 다른 지역 와이너리도 많다. 특히 필자는 맥킨타이어 빈야드 피노 누아와 탤벗(Talbott)의 슬리피 할로우 빈야드(Sleepy Hollow Vineyard) 피노 누아를 선호한다. 산타루시아 하이랜즈 포도를 사용하는 최상급 와이너리는 코스타 브라운(Kosta Browne), 피터 미셸(Peter Michael), 벨 글로스(Belle Glos), 참이설(Chamisal), 래스(Wrath) 등이다.

## 샬론, 마운트 할란 & 카르멜 밸리

몬터레이 카운티 안에 작은 AVA 구역 세 곳이 있다. 바로 샬론, 마운트 할란, 카르멜 밸리다. 샬론은 면적 12㎢(1,200헥타르)의 작은 구역이며, 샬론 빈야드(Chalone Vineyard) 와이너리는 가빌란 마운틴스(Gavilan Mountains)의 550m 높이에 있다. 1919년 샬론에 처음 포도밭을 개간한 사람은 부르고뉴 출신인 찰스 탐이다. 그는 이곳에서 석회암을 발견한 즉시 자영농지법(Homestead)에 따라 미국 정부로부터 토지를 공여받아 포도밭을 개간했다. 첫 번째 샬론 포도밭은 몬터레이 카운티에서 가장 오래됐으며, 현재까지도 포도를 생산한다. 포도나무를 심은 지 한 세기가 훨씬 넘었는데도 지금까지 슈냉 블랑을 생산하고 있다. 현재 샬론 빈야드의 소유주는 폴리 패밀리 와인스다.

1960년대 말에서 1970년대 초 예일과 옥스퍼드에서 공부한 조시 젠슨은 석회암을 찾아 캘리포니아를 찾았다. 그도 가빌란산맥에서 석회암을 발견했고 1975년에 마운트 할란에 칼레라 와인 컴퍼니를 설립했다. 칼레라는 다섯 종류의 우아한 싱글 빈야드 피노 누아를 생산하며 이 와인들은 부르고뉴 순수주의자들이 좋아할 만한 절제미와 섬세함을 지녔다. 와인 이름은 젠슨을 가르치던 교수들의 이름을 따서 붙였다. 현재 칼레라의 소유주는 나파 밸리에 기반을 둔 덕혼 와인 컴퍼니다.

카르멜 밸리는 그림엽서에 등장할 법한 관광지인 카멜 마을과 카멜강을 본뜬 이름이다. 이 산악지대에는 소수의 와이너리만 존재한다. 그중 주목할 만한 와이너리는 버나두스(Bernardus), 홀먼 랜치(Holman Ranch), 보에테 와이너리(Boëté Winery) 등이다. 좋은 포도밭은 대부분 따뜻한 동향 산등성이에 있다. 샤르도네, 피노 누아, 카베르네 소비뇽, 메를로 등의 품종을 재배한다.

## 파소 로블스

샌프란시스코와 로스앤젤레스의 중간 지점에 파소 로블스가 있다. 컨트리 앤드 웨스턴 분위기를 풍기는 투박한 지역이다. 빈 피드(bean feed)에 참여하거나 말이 맥주를 마시는 광경을 본 적이 없다면, 파인 스트리트 살룬 술집에서 매년 열리는 개척자의 날 파티에 참여하고 싶어질 것이다.

캘리포니아의 조용한 센트럴 코스트 중부에 있는 파소 로블스의 포도밭 면적은 166㎢(1만 6,600헥타르)다. 와이너리는 230개가 넘으며, 대부분 가족이 운영하는 소규모다. 20년 전만 해도 와이너리 수는 50여 개에 불과했다. 그러나 2000년대에 나파 밸리와 소노마 카운티의 땅값이 천정부지로 치솟자, 자금이 부족한 와인 양조자들에게 파소 로블스가 대안처럼 떠올랐다. 일례로 2021년에 나파 밸리의 카베르네 소비뇽 1톤의 평균가는 6,000달러를 웃돌았지만, 파소 로블스는 1,500달러 수준이었다.

파소 로블스의 남부와 북부는 대체로 서늘한 편인데 예외인 지역도 있다. 햇볕이 쨍쨍 내리쬐고 오크나무로 뒤덮인 구릉지는 서쪽의 산타루시아산맥이 단단한 커튼처럼 서늘한 태평양 바람을 막아 주기 때문에 매우 따뜻하다. 참고로 파소 로블스의 본래 명칭은 엘 파소 드 로블스이며, 스페인어로 '오크나무 골짜기'라는 뜻이다. 그러나 최상급 포도밭은 주로 서쪽에 몰려 있다. 서쪽은 태평양과의 거리가 겨우 10km밖에 되지 않으며, 따뜻한 동쪽 평지에 비해 서쪽은 언덕이 많고 서늘하다. 파소 로블스는 극심한 온도 차의 덕을 크게 본다. 뜨거운 낮과 서늘한 밤의 온도 차는 최대 28℃까지 이른다. 덕분에 최상급 와인에서 과숙하거나 지나친 맛이 나는 경우가 없다.

파소 로블스는 바다, 산맥, 넓은 강, 평지가 지척에 몰려 있는 지역답게 토양도 해양 퇴적토, 화강 풍화토, 화산암 등 굉장히 다양하다. 그러나 가장 귀한 토양은 탄화칼슘 함량이 높은 석회질 이판암 토양이다. 석회질 이판암은 주로 서쪽 구릉지에서 발견된다.

파소 로블스의 와이너리들은 수년 전부터 기후와 지형에 따라 AVA를 세분화해야 한다는 의견이 많았다. 그리고 2014년에 세분화 작업이 실현됐다. 주류담배과 세무역청은 미국 역사상 최대 규모의 AVA 프로젝트를 승인했고, 파소 로블스는 새로운 AVA 구역 11곳으로 세분화됐다. 바로 아델라이다 디스트릭스(Adelaida District), 크레스턴 디스트릭트(Creston District), 엘 포마르 디스트릭트(El Pomar District), 파소 로블스 에스트렐라 디스트릭트(Paso Robles Estrella District), 파소 로블스 제네시오 디스트릭트(Paso Robles Geneseo District), 파소 로블스 하이랜즈 디스트릭트(Paso Robles Highlands District), 파소 로블스 윌로우 크릭 디스트릭트(Paso Robles Willow Creek District), 산후앙 크릭(San Juan Creek), 산미구엘 디스트릭트(San Miguel District), 산타 마가리타 랜치(Santa Margarita Ranch), 템플턴 갭 디스

## 타블라스 크릭 - 론 품종 공급자

타블라스 크릭 빈야드는 1989년에 프랑스 샤토뇌프 뒤 파프의 샤토 드 보카스텔의 페랭 가문과 미국 수입업자이자 빈야드 브랜즈의 설립자인 로버트 하스가 설립했다. 이들은 론 품종을 재배하기 좋은 최적의 장소를 찾기 위해 4년간 캘리포니아 전역을 돌아다녔다. 그러다가 파소 로블스 서쪽에 있는 아델라이다 디스트릭트에 정착했다. 석회질 이판암 토양에, 낮에는 매우 따뜻하고 서늘한 태평양과 가까웠다. 이들은 토지 50헥타르를 매입한 후 샤토 드 보카스테의 포도나무를 수입하는 기나긴 과정을 거쳤다. 그리고 3년에 걸쳐 미국농부무(USDA)로부터 해당 포도나무가 바이러스 무병이라는 검증을 받았다. 포도나무(무르베드르, 그르나슈, 시라, 쿠누아즈, 루산, 비오니에, 마르산, 픽풀)는 유기농법으로 재배됐으며, 현재 론 스타일 와인 컬렉션을 만드는 원재료로 사용되고 있다. 이 컬렉션의 주력상품은 에스프리 드 타블라스(Esprit de Tablas)다. 깊고 원시적인 흙, 암석, 광물성 풍미에 체리와 향신료 풍미가

타블라스 크릭의 알파카와 양들이 각자 소임을 다 하고 있다.

휘몰아치는 복합적이고 쾌락적인 와인이다. 타블라스 크릭의 묘목장은 600개가 넘는 웨스트 코스트 와이너리와 포도밭에 론 품종 나뭇가지를 공급한다. 타블라스 크릭은 또 다른 면에서 캘리포니아 포도 재배의 선두를 점하고 있다. 타블라스 크릭은 생물역학 농법과 재생할 수 있는 포도 재배의 굳건한 지지자다. 포도밭에 방목한 250마리의 양, 알파카, 당나귀, 라마 등의 도움으로 건강한 토양의 미생물 환경을 개선하고, 탄소를 포착하고 포집해서 이산화탄소 배출을 제한한다.

트릭트(Templeton Gap District) 등이다. 각 AVA의 고유한 특성이 제대로 알려지기까지는 수년이 걸릴 것으로 예상된다.

품종의 경우 금주법 기간과 시행 기간이 끝난 후까지 주로 진판델과 프티트 시라를 재배했다. 이 중 일부는 동쪽의 가정용 와인 양조자들에게 보내졌다. 파소 로블스는 현재까지도 두 품종, 특히 진판델이 유명하다. 벨벳 질감, 높은 알코올 도수(약 16%)의 털리(Turley) 진판델도 이 지역에서 생산된다.

그러나 오늘날 파소 로블스에 가장 널리 재배되는 품종은 카베르네 소비뇽이다. 전체 포도 재배량의 약 50%를 차지하며, 농후하고 파워풀하고 구조감 있는 와인을 만든다. 카베르네 다음으로 많은 적포도 품종은 진판델, 메를로, 시라, 론 품종(그르나슈, 무르베드르) 등이다. 청포도 재배량은 매우 낮다.

시라와 론 품종과 관련해서, 캘리포니아의 시라 일부는 프랑스 북부 론 밸리의 샤푸티에 양조장에서 가져온 포도나무의 후손이다. 1975년에 와인 양조자 개리 에버럴이 파소 로블스의 에스트렐라 리버 와이너리에 이 시라를 심었다. 이후 1990년대 후반, 타블라스 크릭 빈야드는 방대한 묘목장을 설립해서 매년 20만 그루의 시라와 론 품종을 공급하게 됐다(531페이지의 '타블라스 크릭 - 론 품종 공급자' 참고).

## 캘리포니아의 거대 단층

두 지각판 사이에 위치한 산안드레아스 단층은 멕시코에서 위쪽으로 캘리포니아 서부를 지나 캘리포니아 북부의 유레카 마을 부근의 해안으로 1,200km가량 뻗어 있다. 지각판은 연간 3~4cm 가량의 매우 느린 속도로 계속해서 움직이는데 손톱이 자라는 속도와 비슷하다. 세계 어디에도 산안드레아스 단층처럼 두 지각판이 서로 근접하게 맞닿은 곳은 찾아보기 힘들다. 태평양판은 서쪽으로, 북아메리카판은 동쪽으로 서로 마찰하며 움직이기 때문에 이곳에는 매년 1만 개의 지진(대부분 소규모)이 발생한다. 단층 바로 위나 근처에 위치한 몇몇 캘리포니아 와인 밸리는 움직이는 지각판에 의해 서서히 마모된 풍화암이 길게 쪼개진 듯한 풍경을 연출한다.

파소 로블스의 정상급 와이너리로는 타블라스 크릭(Tablas Creek), 삭숨(Saxum), 털리(Turley), 라방튀르(L'Aventure), 다우 빈야드(Daou Vineyards), 에포크(Epoch), 에버럴(Eberle), 대형 와이너리인 J. 로어(J. Lohr) 등이 있다.

## 요크 마운틴

파소 로블스 근처의 산타루시아산맥 동쪽에 센트럴 코스트 중부에서 가장 작은 요크 마운틴 AVA가 있다. 요크 마운틴은 산타루시아 마운틴의 침식 지형인 탬플턴 갭 부근의 높이 460m에 있다. 태평양과의 거리는 겨우 11km이며, 기후는 서늘하다. 포도밭 면적은 40만㎡(40헥타르) 미만이다.

1896년, 요크 마운틴에 센트럴 코스트 최초의 와이너리 중 하나가 설립됐다. 본래 이름은 어센션 와이너리(Ascension Winery)이며, 나중에 요크 마운틴 와이너리로 바뀌었다. 요크 마운틴 와이너리는 인디애나 출신 목축업자인 앤드루 잭슨 요크가 전원지대에 있는 바위와 수제 벽돌로 만들었다. 요크가 심은 진판델 포도밭은 이 지역에서 가장 오래된 나무들이다. 오늘날 요크 마운틴 AVA의 최고 와이너리는 에포크 이스테이트(Epoch Estate)다.

## 에드나 밸리 & 아로요 그란데

에드나 밸리와 아로요 그란데는 면적이 각각 91㎢, 174㎢인 작은 포도 재배지다. 그러나 피노 누아와 샤르도네만큼은 일품이다. 파소 로블스에서 남쪽으로 약 64km 거리에 있으며 두 지역 모두 바다와 가까워서 서늘하고 축축한 해풍의 영향을 크게 받는다. 이 덕분에 에드나 밸리는 캘리포니아 와인 산지 중 생장 기간이 가장 길다. 아로요 그란데는 거의 하루 종일 안개에 휩싸여서 서늘한 기온이 유지된다.

에드나 밸리는 스페인 선교단이 미션 품종을 심은 초창기 재배지에 속한다. 그러나 1973년에 고스 가문이 참이설 빈야드를 설립하기 전까지 수 세기 동안 방치됐었다.

오늘날 에드나 밸리와 아로요 그란데에서 가장 유명한 피노 누아는 참이설과 래티샤에서 생산된다. 가장 유명한 샤르도네는 에드나 밸리 빈야드와 털리 빈야드에서 생산된다. 한편 알반 빈야드는 에드나 밸리 포도를 사용해서 캘리포니아에서 가장 감각적인 비오니에 와인을 만든다.

# WASHINGTON STATE 워싱턴주

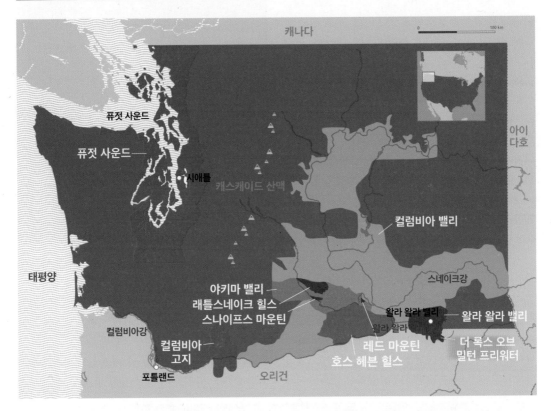

1981년, 레오네티 셀러는 최초의 카베르네 소비 농(1978년 빈티지)을 한 병당 10달러에 출시했다. 이는 워싱턴 주에서 유례없이 높은 가격이었다. <와인 앤드 스피릿츠> 잡지는 이 와인을 미국 최고의 카베르네 소비뇽이라 칭했다.

2001년 『더 와인 바이블』 초판이 출판될 당시 워싱턴에는 와이너리 100개와 AVA 구역 다섯 곳이 있었다. 최상급 카베르네 소비뇽이 슬슬 입소문을 타기 시작했지만 여전히 리슬링과 샤르도네가 지배적이었다. 사람들이 흔히 접하는 워싱턴 와인은 대부분 리슬링과 샤르도네로 만든 와인이었다.

그로부터 20년이 흐른 후 워싱턴에는 100곳이 넘는 와이너리와 AVA 20곳이 생겨났으며, 추가로 승인을 기다리는 곳도 있다. 워싱턴은 이제 미국에서 캘리포니아에 이어 두 번째로 중요한 와인 산지일 뿐 아니라 최상급 와인들(특히 카베르네 소비뇽, 메를로, 시라)은 미국 최고 수준이라는데 이견이 없다. 즉 워싱턴은 보통 100년

이 소요되는 와인 양조와 포도재배 발전을 단 20년 만에 이룩한 것이다. 게다가 발전 속도도 전혀 늦춰질 기미가 보이지 않는다.

워싱턴에 한 번도 가보지 않은 사람은 워싱턴이 고급 와인 산지처럼 느껴지지 않을 것이다. 어쨌거나 비가 많이 내리기로 유명한 지역이 아닌가? 오죽하면 스타벅스(시애틀에서 태동)와 같은 커피하우스들이 성행할 정도이니 말이다.

그러나 워싱턴의 포도밭은 시애틀과 거리가 멀다. 주로 건조한 사막 같은 남동쪽에 몰려 있다. 이마저도 20세기 초에 캐스케이드산맥 정상의 녹은 눈과 강을 이용해 대규모 관개 시스템이 구축된 이후부터 가능해졌다. 사실상 워싱턴을 남북으로 가로지르는 거대한 캐스케이드산맥이 비를 효과적으로 막아 주는 역할을 해서 워싱턴의 서부와 남동부는 버몬트와 애리조나처럼 보인다. 워싱턴 최고의 와인 산지는 워싱턴주의 1/3을 차지하는 광대한 컬럼비아 밸리다. 면적은 4만 5,000㎢(450만 헥타르)이며 북쪽은 캐나다, 동쪽은 아이다호, 남쪽은 오리건과 접하고 있다(컬럼비아 밸리 AVA의 일부 작은

구역은 사실상 오리건주에 속함). 과거에 워싱턴 와인 대부분은 컬럼비아 밸리 명칭을 달고 있었다.

그러나 컬럼비아 밸리 안에 있는 소규모 AVA 명칭을 표기한 와인도 점점 늘고 있다. 예를 들어 왈라 왈라(Walla Walla), 야키마 밸리(Yakima Valley), 레드 마운틴(Red Mountain), 호스 헤븐 힐스(Horse Heaven Hills) 등이 있다. 또한 신규 AVA 네 곳인 화이트 블러프스(White Bluffs), 더 번 오브 컬럼비아 밸리(The Burn of Columbia Valley), 구스 갭(Goose Gap), 록키 리치(Rocky Reach)도 있다.

컬럼비아 밸리 밖에 있는 AVA는 두 곳밖에 없다. 바로 퓨젓 사운드(Puget Sound)와 컬럼비아 고지(Columbia Gorge)다. 퓨젓 사운드는 유일하게 캐스케이드 서쪽에 있는 AVA이며 시애틀에서부터 남북 방향으로 뻗어 있다. 숨 막히게 아름답고 바람이 많이 부는 컬럼비아 고지는 컬럼비아강 양쪽으로 펼쳐진다. 워싱턴과 오리건이 공유하는 AVA가 세 곳이 있는데 바로 컬럼비아 고지, 왈라 왈라, 컬럼비아 밸리 등이다. 고지는 세계 윈드서핑의 수도이며 루이스 클라크 원정대가 태평양에 도달하기 위해 거쳐 간 진입로이기도 하다.

워싱턴 최초의 와인용 포도는 1860~1870년대에 이탈리아와 독일 이민자들이 습한 서부에 심었다. 대부분 미국

토착종과 하이브리드 품종이었다. 그로부터 한 세기 후 근대 와인산업의 기반이 야심 차게 시작됐다.

최초의 주요 와인 회사인 아메리칸 와인 그로워스(American Wine Growers)는 1954년에 설립됐다. 금주법 이후 토착종으로 저렴한 와인을 수백만 갤런씩 생산했던 두 회사(포머렐, 내셔널 와인 컴퍼니)의 합병으로 탄생했다. 1967년, 아메리칸 와인 그로워스는 비티스

컬럼비아 고지의 숲과 포도밭은 초현실적인 아름다움을 자아낸다.

## 생미셸

생미셸 와인 이스테이츠는 미국에서 일곱 번째로 큰 와이너리이며, 워싱턴 와인산업의 대모와 같은 존재다. 1980~2000년대, 생미셸은 자사의 자금과 포도 재배 및 와인 양조 기술을 동원해 워싱턴 와인산업을 수면 위로 끌어올렸다. 그리고 그 과정에서 레오네티(Leonetti), 우드워드 캐니언(Woodward Canyon), 카이유스(Cayuse), 베츠 패밀리(Betz Family) 등 수많은 최상급 소규모 와이너리를 배출했다. 생미셸의 '졸업생' 중 생미셸 '대학'에서 처음 일을 시작해서 현재 매우 유명해진 워싱턴 와인 양조자와 포도 재배자가 수두룩하다. 시카모어 파트너스 사모펀드 회사가 소유한 생미셸은 워싱턴에 면적이 10.5㎢(1,050헥타르)인 포도밭을 경작하고 있으며 당사와 계약을 맺은 포도 재배자들의 밭 면적은 100㎢(1만 헥타르)에 달한다. 이처럼 워싱턴 포도밭의 상당 부분이 생미셸에 포도를 공급하고 있다. 생미셸의 핵심 브랜드인 샤토 생미셸은 좋은 품질에서 매우 좋은 품질까지 매년 310만 상자의 와인을 생산한다. 생미셸은 이 밖에도 여러 브랜드를 소유하고 있다. 저렴하고 마시기 쉬운 미국 와인의 양대 산맥인 컬럼비아 크레스트(Columbia Crest)와 14핸즈(14 Hands), 노스스타(Northstar), 스프링 밸리(Spring Valley), 콜 솔라레(Col Solare, 이탈리아의 안티노리 가문과의 합작회사), 에로이카(Eroica, 독일의 독토르 로젠과의 합작회사) 등이 있다. 그리고 캘리포니아에도 콘 크릭(Conn Creek), 파츠 & 홀(Patz & Hall), 그리고 유명한 스택스 리프 와인 셀러스(Stag's Leap Wine Cellars) 등 와이너리 셋을 소유하고 있다.

비니페라 품종을 기반으로 새로운 와인 브랜드를 출시했다. 바로 생미셸 빈야드(Ste. Michelle Vineyards)였다. 당사는 이름이 '프랑스어'처럼 들린다며 매우 만족해했다. 당시 워싱턴의 비티스 비니페라 재배 면적은 80만㎡(80헥타르) 미만으로 추정된다. 그러나 당사는 카베르네 소비뇽, 피노 누아, 세미용, 그르나슈, 리슬링, 슈냉 블랑, 샤르도네 등 다양한 와인을 만들어 냈다. 그로부터 몇 년 후 신규 투자자들이 아메리칸 와인 그로워스를 인수한다. 그리고 사명을 생미셸 빈트너스(Ste. Michelle Vintners)로 변경하고 나파 밸리의 전설이자 당대 미국 최고의 와인 양조자였던 안드레 첼리스트체프(André Tchelistcheff)를 고문으로 채용한다. 생미셸 빈트너스는 이후 사명을 샤토 생미셸(Chateau Ste. Michelle)로 바꿨고 현재는 생미셸 와인 이스테이츠(Ste. Michelle Wine Estates)가 됐다.

두 번째 회사는 취미로 시작했다가 큰 성공을 거둔 어소시에이티드 빈트너스(Associated Vintners)다. 1950년대 워싱턴대학 심리학 교수인 로이드 우드번 박사는 비티스 비니페라 품종으로 와인을 만드는 데 매력을 느끼고 동료 학자들에게 도움을 청하게 된다. 우드번 박사의 팀은 전동차로 캘리포니아 포도를 시애틀까지 가져온 다음 우드번 박사의 창고에서 23리터 저그의 와인을 만들었다. 한 인터뷰에서 우드번 박사는 와인이 너무 맛없어서 얼음과 소다를 타서 마셨다고 고백했다. 우드번 팀의 실력은 점점 개선됐고 결국 어소시에이티드 빈트너스라는 팀명까지 지었다. 1967년 야키마 밸리에서 재배한 비니페라 품종(카베르네 소비뇽, 게뷔르츠트라미너, 피노 누아, 리슬링)으로 첫 번째 상업용 와인을 출시하기에 이른다. 어소시에이티드 빈트너스는 이후 컬럼비아 와이너리가 됐고 워싱턴에 최초로 시라를 심는 선견지명을 발휘한다.

그러나 생미셸 빈트너스와 어소시에이티드 빈트너스 모두 비니페라 포도의 공급 부족을 절감하고 직접 포도밭을 개간하기에 이른다. 1960년대 말부터 1970년대까지 포도밭 땅값은 에이커당 500~800달러였다. 당시 워싱턴 포도 재배에 관한 정보가 부족했던 탓에 두 선구적 회사는 리슬링처럼 서늘한 기후 품종과 카베르네 소비뇽처럼 따뜻한 기후 품종을 한 자리에 심고 최선의 결과가 나오길 기다렸다.

이후 워싱턴 와인산업은 수십 년에 걸쳐 서서히 품질 향상의 길로 걸어갔다. 처음에는 개선 속도가 느렸다. 예를 들어 워싱턴에서 리슬링은 대체로 단순한 와인을 만들고 카베르네 소비뇽이 훨씬 월등한 와인을 만듦에도 불구하고, 1985년 리슬링 재배량은 카베르네 소비뇽보다 세 배 더 많았다. 그러나 생미셸부터 소규모 양조장까지 모든 워싱턴 와이너리는 빠르게 습득해 나갔다. 와

## 워싱턴 대표 와인

### 대표적 와인

**카베르네 소비뇽** - 레드 와인

**샤르도네** - 화이트 와인

**메를로** - 레드 와인

**리슬링** - 화이트 와인(드라이, 스위트)

**시라** - 레드 와인

### 주목할 만한 와인

**카베르네 프랑** - 레드 와인

**그르나슈** - 레드 와인

**마들렌 앙주빈** - 화이트 와인

**소비뇽 블랑** - 화이트 와인

인 양조자 대부분이 여전히 독학으로 와인을 공부했고, 워싱턴은 모델로 삼을 만한 와인 산지도 없었다. 가장 가까운 오리건이나 캘리포니아는 기후와 지형이 너무 달랐다. 다른 주와 공유할 사항이라곤 '최고의 선생은 도전과 시행착오'라는 교훈뿐이었다.

## 땅과 포도 그리고 포도원

생미셸 와인 이스테이츠와 몇몇 대형 회사를 제외하고, 거의 모든 워싱턴 와이너리는 가족 중심의 소규모 운영체다. 워싱턴에는 초소형 와이너리도 많다. 독학으로 와인을 공부한 청년 와인 양조자들은 낮에 마이크로소프트 같은 IT회사에 다니면서 수제 와인을 100여 상자씩 만든다. 포도를 직접 발로 밟아서 으깨기도 한다. 이런 초소형 와이너리는 보통 와인을 시음할 수 있는 트렌디한 창고 지구에 모여 있어서, 현지 주민들의 발걸음을 끌어당긴다. 전반적으로 워싱턴 와인 공동체는 소박하고 우호적인 분위기를 형성한다. 한 와인 양조자는 내게 이렇게 말했다. "만약 당신 차가 길 한복판에서 고장 나면, 모두가 가던 길을 멈추고 당신을 도울 거예요." 워싱턴의 포도밭은 240㎢(2만 4,000헥타르)를 조금 넘는다. 이는 캘리포니아(2,500㎢)의 1/10 수준이다. 과거에 다양한 포도 품종을 실험한 결과, 현재 80종 이상의 품종이 이곳에서 자란다. 오늘날 가장 주요한 품종은 카베르네 소비뇽, 샤르도네, 리슬링, 메를로, 시라 등이다.

재배지는 캐스케이드산맥의 동쪽에 몰려 있으며 주로 계곡, 절벽, 강이 내려다보이는 광활한 고원, 강 부근에 있다. 포도밭은 남동부에 있고, 와이너리와 양조시설은 서부에 있어서 와인 양조자에게 포도를 확인하러 매주 1,600km를 운전하는 일은 일상과도 같다.

컬럼비아, 야키마, 스네이크, 왈라 왈라 등 차가운 산천이 없었다면, 워싱턴 남동부는 사막이었을 것이다. 워싱턴 서부는 연평균 강수량이 100~350cm인데 반해 남동부는 18cm밖에 되지 않는다. 그러나 강 계곡과 강물을 끌어오는 관개시설로 이 광활한 지대를 아름다운 방목장, 밀밭, 체리와 사과 과수원으로 탈바꿈했다.

건조한 기후는 워싱턴 포도 재배의 개성을 구성하는 하나의 요인에 불과하다. 워싱턴은 위도상 북부에 있어서 포도밭에 내리쬐는 일 평균 일조량이 캘리포니아의 소노마 카운티나 나파 밸리보다 2시간 더 많다. 기온도 꽤 높지만 위도 덕분에 평소에는 지나치게 뜨겁진 않다. 여기서 '평소'라는 단어에 주목해야 한다. 왜냐하면 워싱턴도 다른 와인 산지와 마찬가지로 기후변화를 겪고 있기 때문이다. 예를 들어 2021년 포도의 성장 기간에 온도가 37.7℃를 넘어가는 날이 30일 이상이었다. 이 현상을 상쇄하는 한 가지 장점은 밤낮 기온 차가 매우 커졌다는 것이다. 일교차가 28℃ 이상인 날이 이제는 흔해졌다.

이처럼 일조량이 길고 기온이 따뜻하고 일교차가 크면 포도의 당분과 타닌이 충분히 고르게 성숙하는 동시에 다량의 산이 그대로 유지된다. 이런 요인은 레드 와인의 구조감, 부드럽고 섬세한 타닌감, 신선함을 형성한다. 또한 와인에 균형감, 복합미, 생기, 풍성함, 맛있는 과일 풍미도 가미한다. 워싱턴 와인 양조자 여럿이 필자에게 일러준 지혜인데 사과가 잘 자라는 밭에서 와인용 포도도 잘 자란다고 한다. 참고로 사과는 워싱턴 최대 작물이다.

워싱턴에서 포도를 재배하는 데 아킬레스건이 있다면 바로 혹독하게 추운 겨울과 빠르게 이동하는 북극풍이다. 이 때문에 포도밭 기온이 단 몇 시간 만에 -18℃ 아래로 떨어질 수 있다. 이 경우, 식물 속 수분이 순식간에 얼어붙어서 포도나무가 말 그대로 터질 수 있다. 과거에 실제로 날씨가 극도로 추워져서 사과밭이 얼어붙고, 거대한 폰데로사 소나무의 모든 가지가 부러져서 땅에 떨어진 때도 있다. 이처럼 혹독한 겨울 날씨는 이제 전보다 드물게 찾아오지만, 그래도 7년에 한 번꼴로 극심한 추위로 포도나무가 죽는 일이 발생한다.

## 워싱턴 포도 품종

### 화이트

#### ◇ 샤르도네

주요 품종이다. 안정적으로 좋은 품질의 와인을 만들지만, 월등히 좋은 와인을 만드는 경우는 드물다.

#### ◇ 마들렌 앙주빈

보조 품종이다. 그러나 서늘하고 습한 퓨젓 사운드 AVA, 키르기스스탄, 캐나다에서는 주요 품종으로 사용한다. 퓨젓 사운드는 이 조생 품종을 기르는 세계에 몇 안 되는 지역 중 하나다. 마시기 쉬운 꽃 풍미의 드라이 와인을 만든다.

#### ◇ 리슬링

과거에는 주요 품종이었지만, 최근 몇 년간 생산량이 감소했다. 신선한 드라이 와인과 단순한 드라이오프 와인을 만든다.

#### ◇ 소비뇽 블랑

보조 품종이지만, 최상급 와인은 매력적인 신선함과 허브 맛을 띤다.

### 레드

#### ◇ 카베르네 프랑

보조 품종이지만, 잠재력이 있다. 보통 메를로, 카베르네 소비뇽과 혼합해서 사용한다.

#### ◇ 카베르네 소비뇽

주요 품종이다. 파워, 풍성함, 균형감, 구조감, 깊이를 갖춘 와인을 만든다. 단독으로 사용해서 버라이어탈 와인을 만든다. 또는 메를로, 카베르네 프랑과 블렌딩해서 보르도 스타일의 레드 와인을 만든다.

#### ◇ 그르나슈

현재 재배량이 많지 않은 보조 품종이다. 그러나 최상급 와인이 너무 사랑스러워서 많은 와인 양조자가 워싱턴에서 시라만큼 유명해질 것이라고 예견한다. 단독으로 사용하거나, GSM(그르나슈, 시라, 무르베드르) 블렌드에 들어간다.

#### ◇ 메를로

주요 품종이다. 집중도와 아름다운 균형감을 겸비한 레드 와인을 만든다. 단독으로 사용해서 버라이어탈 와인을 만들거나 카베르네 소비뇽과 블렌딩한다.

#### ◇ 시라

주요 품종이다. 특히 왈라 왈라 지역에서 사냥감 고기 풍미의 극적이고 스파이시한 미국 최고의 시라 와인을 만드는 데 사용한다.

워싱턴의 토양은 모래, 실트, 자갈, 뢰스, 화산재가 혼합돼 있으며 보통 현무암(굳은 용암) 기반암 위에 깔려 있다. 워싱턴의 기반암과 토양은 두 번의 지질학적 대변동의 결과물이다. 첫 번째, 약 1억 4,000만 년 전에 태평양판과 북아메리카판이 충돌하면서 마운트 세인트 헬렌스 등 연안과 평행한 화산지대가 형성됐다. 이 화산지대는 미국 서부의 북쪽 지역을 따라 반복적으로 폭발했다. 두 번째, 마지막 빙하기인 1만 5,000~1만 8,000년 전에 몬태나 상부의 거대한 얼음벽이 무너져 내렸다. 이 얼음이 녹았다 얼었다가를 반복하며 미줄라 홍수를 일으켰다. 이 대형 홍수로 인해 워싱턴의 컬럼비아 분지와 오리건, 아이다호, 몬태나가 완전히 침식됐다. 물줄기가 태평양으로 쏜살같이 흐르면서 모래, 실트, 자갈이 침전됐다.

워싱턴의 겨울은 워낙 추운데다 실트/모래 토양은 수분 보유력이 좋지 않기 때문에 필록세라는 최근 들어서야 나타나기 시작했다. 참고로 필록세라는 19세기 말에 전 세계 포도밭에 극심한 피해를 준 치명적인 해충이다.

따라서 워싱턴의 포도나무 대부분은 필록세라에 내성이 있는 뿌리에 접붙인 게 아니라 본래 뿌리부터 길러낸 나무들이다. 이것이 풍미에 영향을 미칠까? 워싱턴 와인 양조자들은 그렇다고 믿는다. '자기 뿌리'를 가진 포도나무가 만들어 낸 와인의 표현력이 더 뛰어나다는 것이다. 이들은 접목접착부(꺾꽂이 대목과 만나는 나무의 윗부분)가 식물의 세포조직과 절대 완벽하게 연결되지 않음을 지적한다. 꺾꽂이 대목에 포도나무를 접붙이는 것은, 테루아르와 포도나무 사이에 필터를 끼운 것과 마찬가지라고 주장한다. 그런데 2020년대 초 워싱턴 포도밭에 처음으로 필록세라에 감염된 구역이 발견됨에 따라 대목에 포도나무를 접붙이는 경우도 생겨나고 있다. 앞서 언급했듯, 컬럼비아 밸리는 워싱턴 최대 와인 산지다. 그러나 면적이 너무 광활하다 보니 와인끼리 공유하는 공통점이 별로 없다. 따라서 컬럼비아 밸리 AVA는 세분화해서 살펴볼 필요가 있다. 이 중 가장 중요한 구역은 야키마 밸리, 레드 마운틴, 호스 헤븐 힐스, 왈라 왈라 밸리다.

"워싱턴 와인산업은 점진적으로 성장했다. 우리는 같은 방향으로 천천히 나아갔으며, 무언가 우리 마음속에 불씨를 지폈다. 이제 아무도 워싱턴 와인 양조자들을 막을 수 없다."
-릭 스몰, 우드워드 캐니언의 소유주이자 와인 양조자

카이우스 소유주인 크리스토프 배런과 포도밭에서 일하는 짐수레 말

## 야키마 밸리와 레드 마운틴

워싱턴 와인 역사의 심장부인 야키마 밸리는 워싱턴 최초의 AVA다. 컬럼비아 밸리가 AVA로 지정되기 1년 전인 1983년에 AVA 자격을 획득했다. 1930년대 시애틀 출신 변호사인 윌리엄 브리먼이 이곳에 비니페라 포도를 심었다. 그는 야키마 밸리에 최초로 관수설비를 도입했고, 워싱턴에서 최초로 세미용, 루비 카베르네, 그르나슈, 피노 누아를 심었다. 치누크(Chinook), 서스턴 울프(Thurston Wolfe), 포르테우스(Portteus), 바너드 크리핀(Barnard Griffin) 등 워싱턴의 초창기 와이너리들도 야키마에 있다. 또한 수많은 와이너리가 야키마 포도(특히 샤르도네, 리슬링, 메를로, 카베르네 소비뇽, 시라, 그르나슈)를 구매한다. 부시 빈야드(Boushey Vineyard), 레드 윌로우 빈야드(Red Willow Vineyard) 등 워싱턴 유명 포도원들도 이곳에 있으며 보통 라벨에 포도원 이름이 표기된다.

야키마 밸리 안에 소규모 AVA가 여러 곳 있다. 래틀스네이크 힐스, 스나이프스 마운틴, 캔디 마운틴, 레드 마운틴 등이다. 이 중 가장 주요한 레드 마운틴은 야키마 강의 남서향 산비탈에 있다.

레드 마운틴은 산이라기보다는 커다란 언덕에 가깝다. 현지 와인 양조자들은 이를 '장대한 언덕'이라 부른다. 레드 마운틴은 워싱턴의 다른 AVA보다 뜨겁고, 건조하고, 바람이 많이 부는 편이다. 봄철에 붉은 털빕새귀리가 언덕을 뒤덮어서 레드 마운틴('붉은 산'이란 뜻)이란 이름이 붙여졌다. 바람, 열기, 알카리성 토양 때문에 포도알이 매우 작다. 적포도의 경우 포도알이 작으면 포도즙 대비 껍질 비율이 높아 타닌 함량도 높아진다. 어찌 보면 강력하고 단호하며 씹히는 듯한 느낌이 느껴지는 카베르네 소비뇽, 풀보디에 구조감이 뚜렷한 메를로, 시라, 무르베드르(싱클라인 와인을 마셔 보라), 그리고 파워풀하면서도 정교한 GSM 블렌드(리토럴 와인을 추천한다)가 탄생하는 것도 당연하다. 와인 양조자인 켈리 하이타워는 내게 "이곳 레드 마운틴에서 타닌과의 힘겨운 싸움은 불가피하다"고 말했다.

워싱턴의 역사적인 포도원 두 곳도 레드 마운틴에 있다. 시엘 뒤 슈발(Ciel du Cheval)과 클립선(Klipsun)이다. 클립선은 와인 생산자이기도 한데 엄청나게 파워풀한 카베르네를 만든다. 이 밖에도 숙성력이 뛰어난 환상적인 카베르네를 만드는 와이너리로 킬세다 크릭(Quilceda Creek), 콜 솔라레(Col Solare), 앤드루 야누크(Andrew Januik), 드릴 셀라스(DeLille Cellars), 키오나(Kiona), 하이타워(Hightower), 캔버스백(Canvasback), 포스 마주어(Force Majeure) 등이 있다.

## 호스 헤븐 힐스

'말의 천국'이란 뜻이 이름처럼 말들이 이곳을 천국이라 생각하는지는 모르지만, 카베르네 와인 양조자들은 확실히 그렇게 생각한다. 킬세다 크릭(Quilceda Creek), 트로트(Trothe), 야누크(Januik), 패싱 타임(Passing Time) 등의 와이너리가 만든 카베르네는 풍성하고 깊은 크렘 드 카시스 풍미와 고도의 정교함을 지니며, 레드 마운틴과는 달리 매우 부드러운 타닌감이 입 안에서 녹는 것처럼 느껴진다. 그런데 실크 같은 부드러움 이면에 엄청난 구조감이 숨겨져 있어서 시간이 흐를수록 우아하게 숙성된다. 샤토 생미셸의 카누 리지 이스테이트의 오래된 빈티지 와인들이 이를 증명한다.

호스 헤븐 힐스는 바람이 세차게 부는 컬럼비아 강기슭을 따라 펼쳐진다(강의 반대편은 오리건이다). 유명한 포도밭이 여러 개 있는데, 이 중 샹푸 빈야드(Champoux Vineyard)는 평론가들에게서 100점을 받은 카베르네 와인 수십 가지에 포도를 공급한다. 카베르네 외에도 메를로와 샤르도네도 유명하다.

## 왈라 왈라

워싱턴은 흥미로운 와인으로 가득한 지역이지만 필자는 가장 흥미로운 산지로 왈라 왈라를 꼽는다. 와인 산지를 다른 지역과 비슷하다고 묘사하는 건 별로지만 왈라 왈라를 40년 전의 나파 밸리와 비교하는 건 괜찮을 것이다. 나파 밸리는 워낙 영향력이 높은 성공한 산지이니 말이다.

왈라 왈라는 워싱턴 남동쪽 구석에 위치하며 오리건주와 경계선을 접하고 있다. 이곳 풍경은 황갈색 밀밭과 뒤섞인 포도밭이 끝없이 펼쳐진다. 사실상 왈라 왈라 AVA는 두 주에 걸쳐 있어서, 워싱턴 구역과 오리건 구역으로 나뉜다. 그런데 왈라 왈라 와이너리 대부분이 워싱턴 구역에 있어서 이 챕터에 포함했다.

왈라 왈라에는 워싱턴에서 가장 오래되고 역사적인 와이너리들이 포진해 있다. 레오네티 셀러와 우드워드 케니언은 1970년대 말에서 1980년대 초 이곳에서 양조업을 시작했다. 각 와이너리의 소유주인 개리 피긴스와 릭 스몰은 육군에서 훈련 담당 하사관으로 함께 복무했으며, 제대 후 와인을 독학했다. 이 둘은 피긴스의 1971년

형 트럭에 차가운 맥주를 싣고 돌아다니며 초기 왈라 왈라 AVA를 구상했다. 레오네티와 우드워드 케니언의 뒤를 이어 또 다른 초창기 와이너리들이 생겨났다. 레 콜 넘버41(L'Ecole No 41) 워터브룩(Waterbrook), 페퍼 브리지(Pepper Bridge), 세븐 힐스(Seven Hills), 카이유스(Cayuse) 등이다. 이후 3차 물결을 타고 소규모 와이너리들이 추가로 설립됐다. 그래머시 셀러스(Gramercy Cellars), 슬라이트 오브 핸드(Sleight of Hand), 델마스(Delmas), 레인반(Reynvaan) 등이다. 특히 역사적인 포도원인 세븐 힐스 빈야드는 여러 최상급 와인의 라벨에도 등장하는 이름이다.

왈라 왈라는 레드 와인의 영역이다. 환상적인 카베르네, 메를로, 그르나슈가 이곳에서 생산된다. 카이유스의 가드 온리 노우스(God Only Konws, '오직 신만 알고 있다'라는 뜻)라는 그르나슈 와인은 'OMG(하나님 맙소사)'라는 말이 절로 나온다. 무엇보다 미국에서 가장 위대하고 복합적이며, 놀라운 시라 와인들이 왈라 왈라 명칭을 달고 나온다. 이 와인들은 대체로 더 록스(The Rocks)라고 알려진 왈라 왈라 구역에서 나온다. 공식 명칭은 더 록스 디스트릭트 오브 밀턴프리워터(The Rocks District of Milton-Freewater)다. 그

호스 헤븐 힐스는 야생말들이 사랑할 수밖에 없는 곳이다.

현지 역사학자들에 따르면 호스 헤븐 힐스는 1881년 야키마 개척자이자 목축업자인 제임스 고든 키니가 지은 이름이다. 그는 야생말 무리가 적당히 고립되고 먹이도 풍부한 이곳에서 행복하게 노니는 모습을 보고 이런 이름을 떠올렸다고 한다.

레오네티 셀러의 공동 소유주 2세대인 크리스 피긴스의
자동차번호판이 모든 걸 설명해 준다.

## 워싱턴의 최상급 카베르네 소비뇽, 메를로, 시라 생산자

- 앤드루 야누크(Andrew Januik)
- 앤드루 윌(Andrew Will)
- 버라주 셀러스(Barrage Cellars)
- 베츠 패밀리(Betz Family)
- 케이든스(Cadence)
- 카이유스(Cayuse)
- 샤토 생미셸(Chateau Ste. Michelle)
- 코 딘(Co Dinn)
- 콜 솔라레(Col Solare)
- 드릴 셀러스(DeLille Cellars)
- 델마스(Delmas)
- 더블백(Doubleback)
- 피델리타스(Fidelitas)
- 포스 마주어(Force Majeure)
- 가디언(Guardian)
- 하이타워(Hightower)
- 호스파워(Horsepower)
- 야누크(Januik)
- 클립선(Klipsun)
- 레콜 넘버41(L'Ecole No 41)
- 레오네티 셀러(Leonetti Cellar)
- 리미널(Liminal)
- 롱 쉐도우스(Long Shadows)
- 매슈(Matthews)
- 물란 로드(Mullan Road)
- 노 걸스(No Girls)
- 오언 로(Owen Roe)
- 패싱 타임(Passing Time)
- 페퍼 브리지(Pepper Bridge)
- 킬세다 크릭(Quilceda Creek)
- 레인반(Reynvaan)
- 세븐 힐스(Seven Hills)
- 슬라이트 오브 핸드(Sleight of Hand)
- 스파크맨(Sparkman)
- 트로트(Trothe)
- 발드마 이스테이트(Valdemar Estate)
- 우드워드 캐니언(Woodward Canyon)
- W.T. 비트너스(W.T. Vintners)

러나 모든 일이 그리 단순하지 않다. 더 록스 AVA는 온전히 오리건 구역에 포함돼 있다. 그러나 더 록스의 와인을 만드는 와이너리들은 모두 워싱턴 구역에 있다. AVA 관련 규정 때문에 상당히 혼란스러운데, 워싱턴 와이너리가 더 록스 디스트릭트에서 재배한 포도로 와인을 만들 경우, '더 록스 디스트릭트 오브 밀턴프리워터 AVA'라는 문구 대신 '왈라 왈라 AVA' 문구만 사용할 수 있다. 따라서 와이너리가 뒷 라벨에 자세한 사항을 표기하지 않은 이상, 소비자는 이 왈라 왈라 시라(다른 품종도 마찬가지임)가 구체적으로 더 록스에서 생산된 포도인지 알 방법이 없다. 그러나 장담하건대, 더 록스 와인을 한번 마셔 보면, 다음에도 분명 그 맛을 기억할 수 있을 것이다.

더 록스 구역은 마지막 빙하기 말에 발생한 미줄라 홍수로 인해 거대한 강이 빠르게 흐르면서 남긴 암석 잔여물로 구성돼 있다. 자갈이 가득한 포도밭이 마치 샤토뇌프 뒤 파프에 온 듯한 착각을 불러일으킨다. 한 가지 차이점이 있다면, 자갈밭 깊이가 단순히 몇 피트가 아니라 50피트(15m)에 달한다는 사실이다.

더 록스의 시라는 미국의 '코트시라'다. 복합미, 파워풀한 감칠맛/소금기/우마미, 사냥감 고기, 베이컨 지방, 육즙, 블루베리, 블랙베리, 찌르는 듯한 흑후추와 향신료 풍미가 놀랍도록 훌륭하다. 또한 땀에 젖은 동물계 특징도 띤다. 현지인들은 이를 '록스 악취(Rocks funk)'라 부른다. 시라뿐만이 아니다. 더 록스 포도로 만든 그르나슈도 이와 같은 감칠맛/소금기/ 우마미를 지닌다. 더 록스 포도로 와인을 만드는 최상급 와이너리로는 버라주 셀러스(Barrage Cellars), 레이반(Reynvaan), 델마스(Delmas), 카이유스(Cayuse) 등이 있으며 카이유스의 두 브랜드인 호스파워(Horsepower)와 노 걸스(No Girls)도 있다.

## 날 위해 울지 마요, 왈라 왈라

와인과 장미? 이미 싫증 난다. 와인과 치즈? 이미 많이 먹어 봤다. 그렇다면 와인과 양파? 이제 관심이 좀 간다. 워싱턴 남동부의 왈라 왈라처럼 와인과 거대한 양파가 모두 유명한 지역은 세계 어디에도 없을 것이다. 연간 양파 수확량은 약 900만kg에 달한다. 조지아의 비달리아 양파, 하와이의 마우이 양파처럼 왈라 왈라 양파도 황 함량(눈물을 흘리게 만드는 성분)이 낮고, 마치 사과처럼 바로 먹을 수 있을 정도로 달짝지근하다.

야구공보다 크며, 엄청나게 맛있다.

# 위대한 워싱턴 와인

## 레드 와인

### 베츠 패밀리(BETZ FAMILY)
**라 코트 루스 | 시라 | 레드 마운틴 | 시라 100%**

베츠 패밀리 와이너리는 워싱턴에 기반을 둔 마스터 오브 와인인 밥 베츠가 시작한 소규모 수제 와인 양조장이다. 베츠 패밀리 와인은 월등한 아름다움, 유연함, 순수함을 지녔다. 페르 드 파미유(Père de Famille, '가족의 아버지'라는 뜻)라는 카베르네 와인은 놀랍도록 풍성하고 우아하다. 그러나 필자가 가장 좋아하는 베츠 와인은 라 코트 루스(La Côte Rousse, '붉은 산비탈'이란 뜻)다. 이 와인은 잘 익은 라즈베리 숲에 들어온 듯한 마법 같은 느낌을 선사한다. 또한 감미로운 감칠맛, 키르슈바서, 백후추의 풍미도 어우러진다. 마치 에너지와 신선함이 탭댄스를 추는 듯하다. 본래 레드 마운틴은 강렬한 타닌감으로 유명한데, 라 코트 루스는 묘하게 실크처럼 부드럽다.

### 카이유스(CAYUSE)
**카이유 빈야드 | 시라 | 왈라 왈라 | 시라 95%, 비오니에**

이 와인의 저변에 깔려 있는 암석, 소금, 가죽, 블랙 올리브, 흑후추 아로마를 맡는 즉시 왈라 왈라에서 최고로 유명한 더 록스 디스트릭트 포도임을 알아챌 수 있다. 고기와 베이컨의 우마미 풍미가 와인잔 밖으로 질주하며, 암석질 광물성이 채찍처럼 내리쳐서 마시는 사람에게 잠시 주춤하게 만든다. 카이유스 소유주이자 와인 양조자인 크리스토프 배런은 '남들이 뭐라 하든 상관없다'는 주의의 비범한 프랑스인이다. 그는 2002년에 워싱턴에 와서 더 록스(그는 '더 스톤'이라 불렀다)를 한번 보곤

미국의 샤토뇌프 뒤 파프를 찾았음을 깨달았다. 배런의 와인은 출시되기 무섭게 매진된다. 시라와 다른 론 품종으로 환상적인 와인을 만들며, 카이유스 외에 호스파워, 노 걸스 등 여러 브랜드의 이름으로 수많은 와인을 생산한다. 참고로 노 걸스는 여성의 강인함과 회복탄력성에 경의를 표하는 의미에서 지어진 이름이다. 엄밀히 말하자면 카이유스는 왈라 왈라 AVA의 오리건 구역에 속해 있다. 그러나 와이너리 자체가 워싱턴과 동급으로 취급되기 때문에 이번 챕터에서 다뤘다.

### 우드워드 캐니언(WOODWARD CANYON)
**이스테이트 리저브 | 왈라 왈라 | 카베르네 소비뇽 55%, 메를로 20%, 프티 베르도 10%, 시라, 말베크**

릭 스몰과 달리 퍼그맨 스몰은 1981년에 우드워드 캐니언을 설립하면서 왈라 왈라 와인산업의 선구자 대열에 합류했다. 릭은 본래 곡물 창고를 운영했었다. 그는 캘리포니아대학 데이비스 캠퍼스의 와인 양조학 수업에서 사용하는 교과서를 보면서 와인을 독학했다. 달시는 왈라 왈라 AVA를 위한 성명서를 작성하는 일을 도왔다. 우드워드 캐니언은 뛰어난 구조감, 실크처럼 부드럽고 섬세한 타닌감을 지닌 완벽한 이스테이트 리저브(Estate Reserve) 와인으로 유명하다. 풍성한 감칠맛, 카시스, 담뱃잎, 말린 세이지브러스(산쑥), 담배 상자, 야생 블랙베리 풍미가 입안에서 슬로우댄스를 추는 듯하다. 우드워드 캐니언의 와인은 숙성력이 뛰어나다는 오랜 전적을 보유하고 있다.

## 세븐 힐스(SEVEN HILLS)
**카베르네 소비뇽 | SHW 파운딩 빈야드 | 왈라 왈라 | 카베르네 소비뇽 90%, 메를로 10%**

와인의 최대 장점 중 하나는 원래 값어치의 두 배는 더 비싼 맛을 낸다는 것이다. 세븐 힐스의 카베르네 와인이 대표적 예다. 세븐 힐스의 왈라 왈라 와인들은 담배 상자, 블랙베리, 다크초콜릿, 바닐라 빈, 에스프레소, 시나몬, 경이로운 암석 풍미와 아로마가 뚜렷하게 드러난다. 또한 매끈한 구조감과 긴 피니시가 미국 서부의 '보르도'라는 워싱턴의 명성을 증명한다. 초창기 와인 양조자 네 명이 세븐 힐스를 운영하는 동업자이며, 왈라 와라에서 최초로 카베르네 소비뇽을 심었다. 이 와인은 30년 이상 묵은 포도나무에서 나왔다.

## 콜 솔라레(COL SOLARE)
**카베르네 소비뇽 | 레드 마운틴 | 카베르네 소비뇽 95%, 카베르네 프랑**

콜 솔라레의 소유주는 생미셸 와인 이스테이트와 이탈리아의 안티노리 가문이며, 1995년에 설립됐다. 워싱턴 주 최초의 조인트벤처 와이너리이며, 현재 워싱턴 와인의 고전처럼 여겨진다. 와인의 풍성하고 매끈한 질감, 카시스, 제비꽃, 담배, 향신료의 아름다운 아로마와 풍미가 돋보인다. 또한 벨벳처럼 묘하게 부드러운 느낌을 띠는데, 이는 레드 마운틴처럼 맹렬한 타닌감으로 유명한 지역에서 매우 얻기 힘든 특징이다. 콜 솔라레의 포도밭은 안티노리 가문의 토스카나 양조장을 그대로 본떠서 언덕 꼭대기에서부터 방사선 모양으로 개간했다. 콜 솔라레는 '동이 트는 언덕'이라는 뜻이다.

## 스파크맨(SPARKMAN)
**킹핀 | 카베르네 소비뇽 | 레드 마운틴 | 카베르네 소비뇽 90%, 프티 베르도 10%**

스파크맨의 소유주이자 와인 양조자인 켈리와 크리스 스파크맨은 킹핀(Kingpin)을 '실크 같은 영혼을 가진 건장한 괴물'이라 표현한다. 필자도 그렇게 생각한다. 킹핀은 레드 마운틴의 시그니처인 일체성 있는 타닌감을 띠지만, 그 견고한 구조감 안에서 카시스, 바닐라, 에스프레소, 제비꽃, 다크초콜릿, 으깬 암석, 향신료의 풍성한 아로마와 풍미가 물결친다. 파워풀한 와인은 때론 자승자박하는 경우가 발생한다. 그러나 킹핀은 노련한 카베르네답게 균형감과 정교함을 한껏 발휘하는 동시에 순수한 힘을 끌어낸다. 10년간 성숙시킨 킹핀은 천국의 맛을 낸다.

## 레오네티 셀러(LEONETTI CELLAR)
**이스테이트 리저브 | 왈라 왈라 | 리저브 | 왈라 왈라 | 카베르네 소비뇽 70%, 말베크 25%, 카베르네 프랑**

1977년, 개리와 낸시 피긴스는 게리의 조부모인 프란체스코와 로사 레오네티가 1906년에 설립한 농장에서 와인을 만들기 시작했다. 이 작은 레오네티 셀러가 당시 무명에 가까웠던 왈라 왈라 명칭을 단 최초의 와이너리다. 개리는 와인을 독학으로 배운 데다 포도 생산지도 유명하지 않은 곳이었지만, 와인의 맛은 충격적일 정도로 훌륭했다. 40년이 지난 지금 레오네티 셀러는 워싱턴에서 가장 위대한 와인 양조장 중 하나로 자리 잡았다. 레오네티 리저브는 표현력 있고 파워풀한 동시에 대성당을 떠받치는 고딕 아치처럼 우아하다. 또한 깊고 풍성한 카시스, 야생 블랙베리, 향신료, 바닐라 풍미가 크레셴도로 마무리된다.

## 킬세다 크릭(QUILCEDA CREEK)
**갈리친 비야드 | 카베르네 소비뇽 | 레드 마운틴 | 카베르네 소비뇽 100%**

킬세다 크릭은 워싱턴의 상징적인 카베르네 생산자로 수십 년째 마니아층을 거느리고 있다. 킬세다 크릭의 카베르네는 시장에 출시되기 전부터 매진되곤 한다. 와인의 질감은 순수한 벨벳 같다. 풍미는 선명한 블랙 체리/블랙베리와 가죽, 토탄, 에스프레소, 담배 상자 등 매혹적인 '검은' 아로마와 풍미 사이에서 절묘한 균형을 이룬다. 그러나 킬세다 크릭의 명성은 와인의 쾌락적 질감과 풍미뿐 아니라 입안에서 만개하는 운동감 덕분이기도 하다. 와인이 추는 느린 안무가 입안에서 생생하게 느껴진다. 이를 가장 잘 보여 주는 와인이 갈리친 빈야드(Galitzine Vineyard)의 카베르네다. 참고로 갈리친은 소유주 이름이 러시아식 철자이며, 영어식 철자는 'Golitzin'이다. 갈리친 가문은 1978년에 킬세다 크릭을 설립하면서 워싱턴에서 가장 오래된 와이너리 가문이 됐다. 갈리친 가문은 알렉산더 3세 러시아 황제의 양조자인 아브라우 두르소(Abrau Durso)의 와인 양조자였던 레프 세르게예비치 갈리친 왕자의 후손이다. 갈리친 가문은 안드레 첼리스트체프라는 또 다른 유명한 러시아 와인 양조자와도 관련이 있다. 첼리스트체프는 '미국 와인 양조의 교장'이라 불리는 나파 밸리의 전설적인 와인 양조자다.

# OREGON 오리건

오리건이 중세 시대에 와인 산지로 성장했던 것은 필시 수도승의 노력 덕분일 것이다. 금욕적 성향과 깊은 신앙을 가진 수도승들은 초조하고 가슴 떨리는 와인 양조 작업이 즐겁게 느껴졌을 것이다. 이곳은 부르고뉴와 마찬가지로 역사적으로 일조량과 열기가 부족하며 비와 서리의 위협이 항시 존재한다. 20년 전만 해도 오리건의 와인 양조자들은 역경에 익숙해지는 것 말고는 대안이 없었다.

1960~1980년대의 오리건도 그랬다. 데이비드 레트, 딕 에라스, 칼 크누센, 데이비드 아델스하임, 딕 폰지 등의 개척자들에게 너무나도 익숙한 모습이다.

오늘날 오리건은 완전히 다른 모습이 됐다. 기후변화 덕분에 이제 포도의 성숙도를 걱정할 필요가 없어졌다. 선글라스를 쓰다가 갑자기 우산을 써야 할 정도로 기후 패턴은 여전히 불규칙하지만, 오리건의 까다로운 환경에 맞춰 포도 재배를 대폭 개선한 결과 눈부신 성공을 이룩했다. 오리건은 어느 때보다 훌륭한 와인을 만들게 됐을 뿐 아니라 미국 최고의 와인도 생산하게 됐다.

"와인을 40년째 만들고 깨달은 사실이 있는데 포도가 너무 익은 상태에서 따면 정체성을 잃어버린다. 건포도는 모두 맛이 똑같다. 과숙한 포도를 따는 것은 테루아르의 소중함을 오븐에 넣고 구워버리는 것과 같다." -토니 소터, 소터 빈야드의 소유주이자 와인 양조자

중요한 사실은, 오리건 와인이 서늘함에서 탄생했다는 것이다. 포도나무가 휴면기에서 깨어나는 봄철도 서늘하다. 생장 기간 내내 밤에도 서늘하다. 포도를 수확하

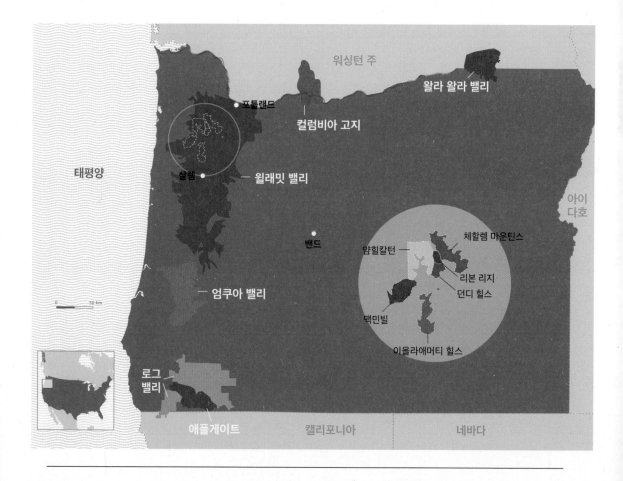

**오리건 와인 맛보기**

오리건의 특산품은 피노 누아와 샤르도네다. 이곳의 최상급 피포 누아와 샤르도네는 미국에서 가장 감각적인 와인에 속한다.

오리건의 비교적 서늘한 기후와 긴 생장 기간은 최상급 와인의 우아한 특징을 형성하는 핵심 요인이다.

오리건에는 신흥 와인 산지가 많지만, 최상급 와인 대부분은 오리건 북서부에 있는 윌래밋 밸리에서 생산된다.

는 9월 말에도 위도(북위 45도)상 낮이 짧고 대체로 서늘하다. 게다가 오리건은 포도에서 잼 같은 농익은 풍미가 아닌 살짝 설익은 풍미가 나야 한다는 철학을 갖고 있다. 이런 철학과 환경적 조건이 결합한 결과로 아름다움, 명확성, 섬세함을 갖춘 와인이 탄생했다. 오리건 와인은 풍성하지만 결코 무겁지 않다.

금주법 이전부터 소규모 와이너리들이 생겨나긴 했지만 오리건의 현대 와인산업은 1961년에 태동했다. 캘리포니아대학 데이비스 캠퍼스에서 농경학을 전공한 리처드 소머는 1961년에 엄쿠아 밸리의 힐크레스트 빈야드에 리슬링과 기타 품종을 심었다. 그로부터 5년 후 코밸리스 부근의 작은 묘목장을 운영하는 찰스와 셜리 코리, 더 에어리 빈야드의 설립자이자 캘리포니아대학 데이비스 캠퍼스 졸업자인 데이비드 레트는 윌래밋 밸리에 피노 누아를 심었다. 여담이지만 현지인들은 윌래밋과 대밋(dammit, '제기랄'이란 뜻)의 운율이 같다고 농담 삼아 말한다. 대학 교수들은 하나같이 비니페라 품종이 오리건과 맞지 않는다고 경고했다. 그러나 경고가 무색하게도 오리건 와인산업은 그렇게 탄생했다.

현재 오리건의 포도밭 면적은 150㎢(1만 5,000헥타르)이며 와이너리는 900여 개에 달한다. 대부분 주로 윌래밋 밸리에서 피노 누아와 샤르도네를 재배한다. 프랑스 부르고뉴 최고의 청포도와 적포도 품종을 말이다.

오리건 와인산업은 살짝 복잡하다. 가장 크고 유명한 주요 산지는 윌래밋 밸리다. 윌래밋 밸리는 포트랜드부터 남쪽으로 240km가량 이어진다. 파릇파릇하고 드넓은 녹색 구릉지가 물결처럼 펼쳐지는 윌래밋 밸리는 '서부의 버몬트'라는 수식어를 갖고 있다. 오리건 와인의 70% 이상이 이곳에서 생산되며, 최상급 와인 대부분도 이곳에서 만들어진다. 무엇보다 오리건 와인을 세계 무대에 올린 주역이 윌래밋 밸리이기 때문에 보통 '오리건 '와인'이라 하면 윌래밋 밸리 와인을 일컫는다. 이번 챕터도 윌래밋 밸리 위주로 다룰 예정이다.

"우리 윌래밋 밸리 와인 양조자들은 단순히 위대한
와인을 만들려는 노력을 넘어서서,
와인에 장소를 담아내려고 시도를 한다.
피노 누아 포도밭은 극도로 명확한 아로마와
굉장히 구체적인 타닌감을 표출한다. 와인에 여러
장소가 섞이면 맛은 훌륭할지라도, 단일 장소가
표출하는 극강의 순수성을 따라가지 못한다."
-데이비드 아델스하임, 아델스하임 빈야드 설립자

두 번째로 큰 산지는 서던 오리건(Southern Oregon)이며, AVA 다섯 곳으로 구성된다. 바로 움파 밸리(Umpqua Valley), 로그 밸리(Rogue Valley), 애플게이트 밸리(Applegate Valley), 엘크턴 오리건(Elkton Oregon), 레드 힐 더글라스 카운티(Red Hill Douglas County)다(546페이지의 '서던 오리건의 매력' 참고). 이곳은 오리건 와인 역사가 태동한 지역이지만, 현재도 꾸준히 성장하고 있으며 위대하진 않지만 좋은 품질의 와인을 꾸준히 생산한다.

이제부터 이야기가 좀 복잡해진다. 오리건은 다른 두 주와 AVA 네 곳을 공유한다. 다시 말해, 하나의 AVA가 여러 주의 영역으로 나뉘어 있다는 뜻이다. 오리건은 컬럼비아 밸리, 컬럼비아 고지, 왈라 왈라 AVA를 워싱턴주와 공유한다. 그리고 스네이크 리버 AVA를 아이다호와 공유한다.

왈라 왈라를 제외한 나머지 세 곳의 AVA의 오리건 구역에는 현재까지 포도밭이 거의 없다. 왈리 왈리의 경우, 더 록스 디스트릭트 오브 밀턴프리워터(일명 '더 록스')라는 작은 구역에서 미국에서 가장 극적이고 맛있는 시라가 생산된다. 더 록스의 훌륭한 바위투성이 포도밭은 대부분 왈라 왈라의 오리건 구역에 있다. 그러나 더 록스 와인을 만드는 와이너리들은 대부분 왈라 왈라의 워싱턴 구역에 몰려 있다. 그래서 더 록스 와인은 '워싱턴

## 데이비드 레티 - 파파 피노

1967년 2월 16일 자 <뉴버그 그래픽 팜 뉴스>에 실린 사진 속에 한 젊은 커플이 두꺼운 재킷과 작업용 부츠를 신고 뿌리를 한가득 실은 짐수레 뒤에서 환한 미소를 짓고 있다. 사진 캡션에는 이렇게 적혀 있다. '데이비드와 다이애나 레트, 최근 던디에 있는 존 마너 땅을 매입한 두 사람이 유럽 와인용 포도나무 뿌리 앞에서 포즈를 취하고 있다. 레트 부부는 20에이커의 농지에 자두나무를 제거한 후 고품질의 와인용 포도나무를 심을 계획이다.'

데이비드 레트는 1965년에 임대한 묘목장에 심었던 포도나무들을 자신이 매입한 땅에 옮겨 심으려는 것이다. 마을 농부들은 레트가 미쳤다고 생각했다. 실제로 레트는 한 아이디어에 홀려 있긴 했다. 바로 와인의 정교함과 복합미는 포도가 자라는 기후의 한계성과 연관이 있다는 생각이었다. 즉, 포도가 쨍쨍한 햇빛을 받으며 아무 노력 없이 쉽게 자라고 익으면, 절대 우아한 와인을 만들 수 없다는 것이다. 반면 포도가 혹독한 환경에서 힘겹게 자라고 햇빛도 포도가 겨우 익을 정도로 최소한만 받는다면, 우아한 와인을 만들 가능성이 조금이나마 생긴다. 레트는 캘리포니아대학 데이비스 캠퍼스에서 포도재배학 학위를 받았지만, 그의 철학은 1년간 프랑스 포도밭을 돌아다니면서 형성된 것이다. 그는 프랑스에서 포도도 하나의 삶과 같다는 교훈을 얻은 듯하다. 즉, 고통이 없으면 얻는 것도 없다는 것이다.

레트는 피노 누아를 염두에 두고 포도밭에 피노 누아, 피노 그리, 리슬링 등 서늘하고 제한적인 기후에 잘 적응하는 품종을 심었다. 그리고 와이너리 이름을 에어리 빈야드(Eyrie Vineyard)라고 지었다. 이후 다른 초창기 와인 양조자들도 레트 부부의 행보에 합류했다. 이 과정에서 오리건은 트렌드나 마케팅 전략을 기반으로 삼지 않고, 오직 테루아르라는 있는 그대로의 현실에 입각한 와인 산지를 구축했다. '파파 피노'라고 불렸던 데이비드 레트는 오늘날 오리건 피노 누아의 아버지로 여겨진다. 레트는 2008년에 세상을 떴다.

다이애나와 데이비드 레트는 1967년에 에어리 와이너리를 설립했고, 그 과정에서 윌래밋 밸리의 미래 경로를 바꿔 놓았다.

주' 챕터에서 다루기로 했다(540페이지 참조).

끝으로 오리건 와인 양조자들은 삶 자체가 하나의 스토리다. 독립적이지만 협동적 사고방식을 가진 그들은 대부분 '중퇴자'다. 대도시, IT기업의 운영자, 대학, 교수, 반문화주의, 신학자, 캘리포니아 양조자, 부르고뉴 양조자의 삶에서 '중퇴'한 사람들이다. 이들은 뼛속까지 타고난 농부다. 심지어 한 와인 양조자는 아내에게 '다이아몬드 반지랑 피노 누아 스완 클론 포도밭 3에이커 중 무엇을 원해요?'라고 프러포즈하면서, 자산 가치는 후자가 더 높다고 덧붙였다고 한다. 물론 이들 대부분은 와인 양조학 학위가 있지만, 오리건에서 학위는 별로 중요하지 않다. 자연이 가장 위대하면서도 엄격한 스승이니 말이다.

### 엄격한 오리건주법

오리건은 미국 와인법을 따르지만, 주법으로 더 엄격하게 규제할 수 있다. 오리건주법에 따르면, 피노 누아, 샤르도네, 피노 그리 와인은 라벨에 표기된 포도 품종 비중이 최소 90%여야 한다. 참고로 미국 와인법은 최소 75%로 규정하고 있다. 2030년까지 품종 비중을 100%로 높이는 법안이 현재 계류 중이다.

## 서던 오리건의 매력

현재 오리건에서 윌래밋 밸리와 그 안의 AVA 구역들을 최고로 치지만, 사실 오리건의 와인 역사는 다른 곳에서 시작됐다. 유진시에서 시작해서 남쪽으로 200km 거리의 캘리포니아 경계선까지 펼쳐지는 오리건 남부의 아름다운 구릉지다. 1852년 피터 브리트라는 정착민이 애플게이트 밸리에 포도밭을 심고 와이너리를 세웠다. 그로부터 한 세기가 지난 1961년 리처드 소머는 캘리포니아를 떠나 오리건 남부에 오리건 최초로 피노 누아를 심었다. 이번에는 엄쿠아 밸리였다. 오늘날 애플게이트 밸리, 엄쿠아 밸리, 엘크턴 오리건 AVA, 레드 힐 더글라스 카운티 AVA, 로그 밸리 AVA가 모여서 서던 오리건 AVA를 구성한다. 서던 오리건은 오리건에서 가장 따뜻한 지역이지만, 오리건답게 언덕과 높은 계곡 사이 곳곳에 서늘한 미기후가 존재한다. 서던 오리건에는 따뜻한 기후 품종과 서늘한 기후 품종이 모두 자란다. 가장 주요한 품종은 피노 누아지만, 시라, 카베르네, 템프라니요도 인기가 많다. 20년 전에는 이런 품종을 오리건에서 재배하는 게 터무니없다고 여겨졌다. 그러나 오리건은 터무니없는 행동이 선견지명으로 바뀔 수 있는 지역이다.

## 땅과 포도 그리고 포도원

오리건은 캘리포니아, 워싱턴처럼 흥미롭고 격렬한 지질학적 역사가 있다. 과거 오리건에서 무슨 일이 벌어졌는지 간단히 살펴보자.

약 1억 4,000만 년 전 태평양판이 북아메리카판과 충돌하면서 그 밑으로 파고 들어갔다. 태평양 연안 북서부에서도 대대적인 충돌로 지각판이 밀리면서 코스트산맥이 솟아올랐다. 코스트산맥은 바다와 평행하게 오리건에서 워싱턴까지 남북으로 뻗어 있다. 이렇게 형성된 산악지대는 천 년간 그대로 유지되고 있다. 그런데 1,500만~1,600만 년 전, 오리건주 반대편의 아이다호 경계선 근처에서 지면의 균열을 통해 화산 열극이 열리기 시작했다. 열극 사이로 용암이 분출해서 컬럼비아강에 쏟아졌고, 강줄기를 타고 서쪽으로 흘러 오리건 북부를 지나 연안에 이르렀다. 용암이 식으면서 층층이 쌓여 갔고 화산암의 일종인 현무암이 됐다.

### 오리건 대표 와인

**대표적 와인**

**샤르도네** - 화이트 와인

**피노 누아** - 레드 와인

**메를로** - 레드 와인

**스파클링 와인** - 화이트, 로제 와인

**주목할 만한 와인**

**피노 그리** - 화이트 와인

**리슬링** - 화이트 와인

**시라** - 레드 와인

이것은 시작에 불과했다. 마지막 빙하기인 1만 5,000~1만 8,000년 전 몬태나의 거대한 얼음벽이 무너지면서 방대한 양의 물이 시속 97km의 빠른 속도로 태평양에 유입됐다. 이때 컬럼비아강 유역 일부가 침수됐다. 이후 3000년에 걸쳐 미줄라 홍수가 반복적으로 발생하면서 현재 윌래밋 밸리에 거대한 호수가 생겼다. 홍수로 인해 그 자리에 있던 현무암이 침식됐고 계곡 바닥에 수백 피트의 비옥한 토양이 침전됐다.

현재로 빠르게 돌아와서 윌래밋 밸리의 최상급 포도밭들은 모두 이 비옥한 계곡 바닥 위에 존재하는 것이다. 이곳 토양은 세 가지 주요 타입으로 나뉜다. 첫째, 부서지고 침식된 현무암 더미가 있으며 그 위에 조리(Jory)라는 붉은 진흙이 뒤덮인 것도 있다. 둘째, 로렐우드(Laurelwood) 토양은 풍화되고 깨진 현무암 위에 뢰스, 실트, 먼지 등의 풍적토가 쌓인 것이다. 셋째, 윌러켄지(Willakenzie) 토양은 코스트산맥이 풍화되면서 형성된 퇴적암(이판암, 사암)이다.

윌래밋 구릉 정상 어디서나 과거의 흔적을 즉각 알아챌 수 있다. 비옥한 미줄라 홍수 토양이 깔린 계곡 바닥에는 포도가 없다. 대신 잔디, 묘목장, 헤이즐넛 과수원으로 뒤덮여 있다. 참고로 미국 헤이즐넛의 99%가 이곳에서 생산된다. 포도밭은 비탈면의 60m 높이에서부터 시작된다.

필자는 여수에 젖은 듯한 아름다운 포도밭을 아직도 잊지 못한다. 포도밭에 가려면 오크나무, 더글라스 전나무, 야생 블랙베리 주렁주렁 달린 자갈길을 지나야 한

## 오리건 포도 품종

### 화이트

#### ◇ 샤르도네
품질이 가장 뛰어난 청포도 품종이다. 매우 좋은 와인부터 월등하게 뛰어난 와인까지 다양한 품질의 와인을 만든다. 스파클링 와인에도 사용한다.

#### ◇ 피노 그리
재배 면적과 생산량이 가장 많은 청포도 품종이다. 피노 누아의 청포도 클론이며, 오리건에서는 누구나 좋아하는 단순한 화이트 와인을 만든다. 한 와인 양조자의 말을 빌리자면, '어떤 피노 누아를 고를지 고민하는 동안 마시기 좋은 와인'이다.

#### ◇ 리슬링
오리건 와인산업 초창기에 주요 품종이었다. 그러나 고급 와인이 샤르도네와 피노 누아에 치중되면서, 리슬링 재배량은 급격히 감소하는 추세다.

### 레드

#### ◇ 카베르네 소비뇽
보조 품종이다. 윌래밋 밸리가 아니라 오리건 남부의 따뜻한 지역에서 재배된다.

#### ◇ 피노 뫼니에
일부 스파클링 와인을 만드는 데 샤르도네, 피노 누아와 함께 세 번째 포도로 쓰인다.

#### ◇ 피노 누아
오리건에서 가장 명성 높은 품종이다. 윌래밋의 거의 모든 와이너리가 피노 누아를 재배한다. 향긋함, 우아함, 흙 풍미, 유연한 질감을 가진 와인을 만든다. 스파클링 와인을 만드는 주요 품종이기도 하다.

#### ◇ 시라
피노 누아 다음으로 재배 면적이 넓은 품종이다. 오리건 남부에서 급속도로 부상하는 품종이다. 오리건과 워싱턴이 공유하는 왈라 왈라 AVA에서는 이미 널리 재배되고 있다.

---

### 풍미에 토양을 담다
윌래밋 밸리의 수많은 와인 양조자는 현무암 토양이 우아함, 신선함, 꽃과 빨간 과일 풍미를 갖춘 피노 누아를 빚어내는 과정을 직접 목격했다. 한편 정적토는 와인에 묵직함, 감칠맛, 흙, 소금, 코코아, 블랙베리, 블랙 체리 풍미를 자아낸다.

---

다. 희귀종의 양들이 한가로이 풀을 뜯고 있으며 피처럼 빨간 헛간이 듬성듬성 보인다. 태평양에서 흘러든 청회색 뭉게구름은 침대에서 나가기 싫은 아이처럼 하늘에 잠잠히 걸려 있다.

1970년대, 이곳 땅값은 에이커당 1,000달러였다. 현재 매우 좋은 포도밭은 에이커당 6만 달러를 호가한다. 값비싼 와인을 생산한 오랜 이력을 가진 포도밭의 경우 땅값이 에이커당 10만 달러까지 올라간다.

오리건의 최상급 포도밭은 대부분 유기농법으로 재배된다. 실제로 수많은 와이너리가 온전한 통합형 농장으로 변모하고 있다. 즉, 와인도 만들고, 동물도 기르고, 작물도 재배하는 것이다. 또한 많은 와이너리가 주변 숲을 보호하고 토종 오크 삼림지대를 복원하는 데 힘쓰고 있다. 특히 LIVE 인증을 받은 와이너리가 매우 많은데

이는 태평양 연안 남서부 와이너리와 포도밭 중 환경에 미치는 영향을 최소화한 대상에게 부여되는 명칭이다. 기후를 살펴보면 윌래밋 밸리의 포도밭은 태평양의 습하고 추운 공격을 막아주는 코스트산맥의 보호를 받는다. 유일한 예외가 있는데, 코스트산맥의 틈에 있는 밴두저 코리더다. 폭풍이 틈 사이까지 들어오고 평소에는 풍속이 시속 40km에 달하는 바람이 포도나무를 압박한다. 연안 지역의 연간 강수량은 200cm인데 반해 윌래밋 밸리는 이의 절반 수준이다. 그래도 캘리포니아와 워싱턴에 비해 습한 편이다.

가장 중요한 사실은 포도나무가 휴지기에 들어가는 겨

맛있는 피노 누아

## 윌래밋 밸리에 있는 AVA들

2021년 기준, 윌래밋 밸리에 있는 AVA는 다음과 같다. 최상급 윌래밋 밸리 생산자들은 여러 AV에서 와인을 만든다.

**체할렘 마운틴스(CHEHALEM MOUNTAINS)** 현무암, 퇴적암, 뢰스 풍적토의 융기로 형성된 32km 길이의 산등성이다. 윌래밋에서 가장 큰 AVA다.

**던디 힐스(DUNDEE HILLS)** 현무암 위에 다량의 철이 함유된 조리 토양이 쌓인 작은 구릉지다. 윌래밋에서 가장 먼저 포도를 심은 지역에 속한다.

**이올라애머티 힐스(EOLA-AMITY HILLS)** 이올라, 애머티 등 작은 두 산맥으로 구성돼 있으며 밴 두저 코리더 바로 동쪽에 위치한다. 태평양에서 불어오는 차가운 바람 덕분에 꽤 서늘하다.

**로렐우드 디스트릭트(LAURELWOOD DISTRICT)** 체할렘 마운틴스의 북향과 동향 산비탈이다. 깨진 현무암 위에 뢰스 풍적토가 쌓인 로렐우드 토양이 이곳의 특징이다.

**로월 롱 톰(LOWER LONG TOM)** 윌래밋 밸리에서 가장 남단에 있다. 롱톰강을 따라 이어지는 구릉지에 포도밭이 있다.

**맥민빌(MCMINNVILLE)** 코스트산맥의 비 그늘(산맥이 습한 바람을 막아 바람이 불어오는 방향의 반대편 경사면에 비가 내리지 않는 지역)에 있으며 근처의 다른 AVA보다 더 따뜻하고 건조하다. 해양 퇴적암이 융기한 지형이다.

**리본 리지(RIBBON RIDGE)** 가장 작은 AVA다. 체할렘 마운틴스에 있는 오래된 실트/진흙 퇴적암 토양 더미다.

**투알라틴 힐스(TUALATIN HILLS)** 윌래밋에서 가장 북단 위치에 있는 AVA다. 코스트산맥과 체할렘 마운틴스의 보호를 받는다.

**밴 두저 코리더(VAN DUZER CORRIDOR)** 코스트산맥에 있는 거대한 틈이다. 윌래밋 AVA 중 가장 많이 해양에 노출돼 있다.

**얌힐칼턴(YAMHILL-CARLTON)** 얌힐과 칼턴 마을을 둘러싼 지역이다. 토양 입자가 거칠며 고대의 해양 퇴적암 토양이다.

울에 주로 비가 내린다는 것이다. 윌래밋 밸리의 생장 기간에는 햇빛이 쨍쨍하다. 북쪽에 있는 위도상 여름철에는 빛이 저녁 10시까지 비친다. 그런데도 비교적 서늘한 편이다. 생장 기간에 날씨가 서늘하면 포도가 느리게 익는다. 포도가 느리게 익는 점은 밝은 산미가 와인의 중심부를 관통하는 윌래밋 밸리 스타일의 우아한

흥미롭게도 윌래밋 밸리는 여성의 이름을 딴 최상급 포도밭과 와인이 가장 많은 지역이다. 이 작은 지역에 루이스, 제시, 아일린, 시그리드, 마저리, 낸시, 대프니, 엘리자베스 등의 이름을 가진 포도밭과 와인이 수없이 많다.

크리스텀 와이너리의 제시 포도밭은 아름다운 피노 누아의 원천이다.

최상급 피노 누아와 샤르도네의 특징을 결정짓는 중대한 기준이다.

### • 피노 누아

오리건, 특히 윌래밋 밸리는 피노 누아와 연관성이 매우 깊으므로 피노 누아 와인의 특징에 대해 간단히 설명하고 넘어가겠다.

1980년대 초, 필자가 데이비드 레트를 처음으로 인터뷰할 당시 그는 1966년에 윌래밋 밸리에 피노 누아를 심기로 결심한 이유가 '김빠진 체리 콜라 맛이 나지 않는 피노 누아'를 만들기 위해서였다고 말했다.

물론 윌래밋 밸리의 피노 누아는 절대 그런 맛이 나지 않는다. 윌래밋 밸리의 최상급 피노 누아는 일종의 복합미와 마력을 지녔다. 농후한 알코올성 블록버스터랑은 거리가 멀다. 대신 풍성하지만 무게감이 느껴지지 않는 유연한 과일 풍미를 띤다. 부르고뉴 수도승이 승인할 만한 그런 피노 누아다. 실제로 나파 밸리보다는 본로마네

### 윌래밋 밸리 피노 누아의 최상급 생산자

- 아델스하임(Adelsheim)
- 애넘 캐라(Anam Cara)
- 앤티카 테라(Antica Terra)
- 보 프레르(Beaux Frères)
- 벨 팡트(Belle Pente)
- 버그스트롬(Bergström)
- 베델 하이츠(Bethel Heights)
- 빅 테이블 팜(Big Table Farm)
- 브릭 하우스(Brick House)
- 브리튼(Brittan)
- 브로들리(Broadley)
- 체할렘(Chehalem)
- 크리스톰(Cristom)
- 드 퐁트(De Ponte)
- 도멘 드루앵(Domaine Drouhin)
- 도멘 세렌(Domaine Serene)
- 이브닝 랜드(Evening Land)
- 이브샴 우드(Evesham Wood)
- 그랜 모레인(Gran Moraine)
- 호프 웰(Hope Well)
- 켈리 폭스 와인스(Kelley Fox Wines)
- 켄 라이트(Ken Wright)
- 링구아 프랜카(Lingua Franca)
- 니콜라스 제이(Nicolas Jay)
- 패너애쉬(Penner-Ash)
- 레인 댄스(Rain Dance)
- 랩터 리지(Raptor Ridge)
- 레조낭스(Résonance)
- 시어(Shea)
- 소터(Soter)
- 스톨러(Stoller)
- 더 에어리 빈야드(The Eyrie Vineyard)
- 얌힐 밸리(Yamhill Valley)
- 지나 크라운(Zena Crown)

### 품질의 대약진

윌래밋 밸리의 개척자인 데이비드 아델스하임은 초창기의 상황을 다음과 같이 설명했다. "아무도 모르는 포도 품종을 아무도 모르는 장소에 심는다는 생각은 굉장히 순진했을 뿐 아니라 굳은 믿음이 있었기에 가능했다."

굳은 믿음은 단 한 세대 만에 와인 품질의 대약진으로 이어졌다. 이처럼 빠른 성장을 이룩한 와인 산지는 매우 드물다. 어떻게 이런 변화가 가능했을까? 윌래밋 밸리의 와인 양조자들은 몇 가지 요인을 나열한다. 첫째, 오리건과 프랑스 그리고 캘리포니아 등 다양한 지역 출신의 똑똑한 사람들이 모여서 빠르게 협력했고, 다양한 규모의 와이너리를 만들었다. 둘째, 여러 종류의 클론을 심었다. 오리건 토착종 클론, 때론 불법으로 여행 가방에 숨겨서 들여온 셀렉션 품종, 오리건주립대학이 프랑스에서 수입한 클론(디종 클론 등) 등이 있다. 셋째, 각자의 포도밭에 맞게 여러 종류의 꺾꽂이 대목을 사용했다. 넷째, 재식밀도를 높여서 포도나무끼리 경쟁을 시켰다. 다섯째, 포도의 성숙을 돕는 방향으로 격자 구조물을 설치했다. 여섯째, 포도알을 철저하게 솎아 낸다. 경제적으로 고통스럽지만, 꼭 필요한 작업이다.

전통에 가까운 와인이다.

윌래밋 밸리의 피노 누아는 테루아르를 그대로 반영하는 듯하다. 와인에서 숲, 야생 버섯, 감칠맛, 가시덤불, 알맞게 익은 베리 풍미가 느껴진다. 대부분의 최상급 피노 누아가 그렇듯, 이곳 피노 누아도 풍미가 만개하는 데 시간이 조금 걸린다. 와인을 잔에 따른 후 15~20분쯤 지나면, 풍미가 발산하면서 첫 모금에 식별하기 어려운 복합미를 뿜낸다. 그러나 와인을 숙성시킬수록 아로마와 풍미가 더욱 선명해진다. 필자가 마셔본 가장 매력적인 윌래밋 밸리 피노 누아는 15~30년간 숙성시킨 와인이었다.

> "(위대한 오리건 피노 누아는) 우아함에서 힘이 느껴진다. 피노 누아를 마셨을 때, 그레이스 켈리가 방으로 걸어 들어오는 듯한 맛을 내고 싶다."
> -롤린 솔스, ROCO 와이너리의 와인 양조자

### 레드 와인과 연어구이의 조합

미국에서 윌래밋 밸리 피노 누아와 연어구이의 조합은 '화이트 와인과 생선, 레드 와인과 고기'라는 진부한 공식을 깨뜨린 최초의 와인과 음식의 마리아주다. 풍성한 지방과 은은하고 그을린 풍미의 연어구이와 레드 와인치고 높은 산미와 흙 풍미를 지니고 유연한 피노 누아는 지상 최고의 궁합을 자랑한다. 게다가 피노 누아는 타닌 함량이 낮아서 금속 풍미가 없다. 보통 타닌 함량이 높은 품종을 생선과 매치하면 금속 맛이 난다. 매년 개최되는 국제 피노 누아 축제(International Pinot Noir Celebration)의 마지막 밤에 참석해 보면 피노 누아와 연어의 성공적인 조합을 제대로 느낄 수 있다. 미국에서 가장 재미있는 와인 이벤트로 치누크 연어 270kg과 셀 수 없이 많은 피노 누아가 소비된다.

중요한 사실은 윌래밋 밸리 피노 누아는 포도송이째 발효시킨다는 점이다. 즉, 포도알이 줄기에 달린 상태 그대로 송이째 발효조에 넣는 것이다(포도알만 넣는 경우와 대비된다). 여기서 줄기는 어떤 역할을 할까? 와인에 타닌감, 구조감, 감칠맛을 가미한다. 보그스트롬 와인스(Bergström Wines)의 조시 버그스트롬은 이를 윌래밋 밸리 피노 누아의 '우마미'라고 불렀다. 발효조에 포도를 가득 담아도, 포도 더미는 바로 으깨지지 않는다. 대신 포도알 속에서 세포 간 발효(intercellular fermentation)가 일어나서 와인 특유의 과일 풍미를 띠게 된다.

윌래밋 밸리 피노 누아에서 가장 중요한 특징은 바로 질감이다. 최상급 와인은 하나 같이 다즙한 느낌을 준다. 실크처럼 부드러운 수액이 입안에 착 감기는 듯한 질감이 거부하기 힘든 황홀한 감각을 선사한다.

### • 샤르도네

부르고뉴와 마찬가지로 오리건에서도 샤르도네는 서늘한 기후에 강한 피노 누아의 자매다. 『더 와인 바이블』의 2차 개정판을 집필할 당시, 윌래밋 밸리 샤르도네 품질의 밝은 미래를 조심스럽게 점쳐 봤다. 3차 개정판을 준비하는 지금, 강한 확신이 생겼다. 오늘날 최상급 윌래밋 밸리 샤르도네는 우아미와 명확성을 갖춘 동시에 굉장히 풍성하다. 시트러스, 견과류, 광물성 풍미가 물결친다. 스타일에 있어서는 캘리포니아보다 부르고뉴에 더 가까우며, 오크 배럴의 달짝지근하고 토스팅한 풍미는 거의 느껴지지 않는다. 윌래밋 밸리 와인 시음회에서는 부르고뉴와 마찬가지로 샤르도네를 피노 누아 다음에 내놓는다. 샤르도네가 더 묵직하고 풍미가 무성하기 때문이다.

윌래밋 밸리의 샤르도네 양조장은 어떻게 단 몇 년 만에 0개에서 60개로 늘어났을까? 많은 와인 양조자가 윌래밋 밸리에서 열린 샤르도네 기술 세미나 덕분이라고 한다. 매년 와인 양조자 80여 명이 익명으로 샤르도네 관련 정보를 거대한 데이터베이스에 입력한다. 모든 와인 양조자가 데이터를 활용할 수 있으며 덩달아 모든 와인을 시음해 볼 수 있다. 이런 대대적인 실험이 품질의 대도약으로 이어진 것이다.

### 윌래밋 밸리의 최상급 샤르도네 생산자

- OO와인스(OO Wines)
- 아델스하임(Adelsheim)
- 버그스트롬(Bergström)
- 빅 테이블 팜(Big Table Farm)
- 브리튼(Brittan)
- 도멘 드루엥(Domaine Drouhin)
- 그랜 모레인(Gran Moraine)
- 링구아 프랜카(Lingua Franca)
- 소터(Soter)
- 스톨러(Stoller)
- 지나 크라운(Zena Crown)

### 새로운 붐

처음에는 주춤했지만, 결국 붐을 일으켰다. 윌래밋 밸리는 서늘한 기후 품종인 피노 누아와 샤르도네를 전문적으로 생산한다. 그렇다면 스파클링 와인도 만들 수 있을까? 사실 스파클링 와인을 만들려면 특수한 기술과 장비가 필요하다. 윌래밋 밸리 와인산업 초창기에 스파클링 와인은 소수의 와이너리를 제외하곤 모두 논외로 치부했다. 그러나 현재 50개 이상의 소규모 와이너리가 스파클링 와인을 생산한다. 이 중 대부분이 앤드루 데이비스와 그가 설립한 더 레디언트 스파클링 와인 컴퍼니의 도움을 받았다. 데이비스는 스파클링 와인 양조장인 아가일(Argyle)의 공동 소유주이자 스파클링 와인 양조자인 롤린 솔스의 제자다. 데이비스는 소규모 와이너리들에게 필요한 장비와 전문지식을 제공했다. 윌래밋 밸리에 새로운 붐이 시작됐다.

# 위대한 윌래밋 밸리 와인

## 스파클링 와인

### 브리튼(BRITTAN)

**브뤼 | 윌래밋 밸리 | 피노 누아 55%, 샤르도네 45%**

이 와인에 대한 글을 쓰지 않는 이유들이 있다. 첫째, 생산량이 미미하다. 둘째, 브리튼의 샤르도네와 피노 누아가 워낙 출중해서 두 와인 중 하나를 쓰면 된다. 그런데 이 스파클링 와인은 어딘가 '나를 마셔요'라며 끌어당기는 매력이 있다. 상쾌함, 생강/브리오슈 풍미, 소프라노처럼 고조된 특징이 느껴진다. 브리튼의 공동 소유주인 로버트와 엘렌 브리튼은 와인업계에 잔뼈가 굵은 사람들이며, 처음에는 나파 밸리에서 시작했다. 로버트는 캘리포니아대학 데이비스 캠퍼스에서 와인 양조학과 포도 재배학 과정을 전공하기에 앞서 물리학과 철학을 공부했고 스택스 리프 와이너리의 와인 양조자로 10년 넘게 근무했다. 엘렌은 기업금융 분야를 떠나 루드 이스테이트의 비즈니스를 맡았다. 이후 둘은 윌래밋 밸리로 이주했다. 그리고 2004년 맥민빌에 52헥타르의 땅을 샀으며, 자신들의 소명을 찾았다.

### 소터(SOTER)

**블랑 드 블랑 | 미네랄 스프링스 | 얌힐칼턴, 윌래밋 밸리 | 샤르도네 100%**

토니 소터는 일찍이 나파 밸리에서 와인 양조자와 컨설턴트로서의 명성을 쌓았다. 1997년에 고향인 오리건으로 돌아와서 자타공인 최고의 와인을 만들기 시작했다. 그런데 소터 빈야드는 일반 와이너리가 아니라 통합 농장이다. 소터에서는 와인도 마실 수 있고 이곳에서 생산한 식재료로 만든 아름다운 현지식 점심도 먹을 수 있다. 소터의 블랑 드 블랑은 처음에 브리오슈와 견과류 풍미로 시작하다가 레몬, 크렘 캐러멜, 밀감 풍미로 이어진다. 소터의 스파클링 와인은 매우 풍성해서 식사하는 내내 마시기 좋다.

## 화이트 와인

### 버그스트롬(BERGSTRÖM)

**시그리드 | 샤르도네 | 윌래밋 밸리 | 샤르도네 100%**

'위대한 피노 누아는 요리사처럼 만들고, 위대한 샤르도네는 제빵사처럼 만든다. 실수는 거의 하지 않는다.' 조시 버그스트롬은 이렇게 말했다. 버그스트롬은 이 교훈을 마음에 품고 윌래밋에서 가장 퇴폐적인 샤르도네를 만든다. 풍성함이 감미로운 금빛 물결처럼 흐르고, 풍미는 버터파이 크러스트, 베이킹 향신료, 마르멜루, 구운 사과, 대니시 페이스트리, 구운 견과류를 연상시킨다. 질감은 굉장히 크리미하지만 산미가 틀을 단단히 잡아 주며, 피니시에서는 커다란 풍미의 파도가 끝없이 이어진다. 시그리드(Sigrid)는 조시의 스웨덴 할머니의 이름을 딴 것이다.

### 스톨러(STOLLER)

**샤르도네 | 리저브 | 던디 힐스, 윌래밋 밸리 | 샤르도네 100%**

스톨러 샤르도네는 비단 같은 금빛 풍성함을 지녔다. 와인의 풍미는 생크림, 애플파이, 고형크림, 베이킹 향신료, 잘 익은 복숭아 그리고 광속처럼 짜릿한 오렌지를 연상시킨다. 와인과 효모 앙금을 오래도록 접촉한 덕분에 샤르도네 애호가라면 사랑할 수밖에 없는 호사스러운 질감을 띤다. 그러나 필자는 스톨러 샤르도네의 끝없이 이어지는 길이감이 가장 좋다. 와인이 입안을 부드럽게 감싸 안고 마음속을 둥둥 떠다닌다. 스톨러의 피노 누아도 매우 훌륭하다. 스톨러의 포도밭 면적은 약 1.6㎢(160헥타르)으로 모든 밭이 서로 이어져 있으며 던디 힐스에서 가장 면적이 넓다. 이곳은 한때 미국에서 가장 큰 프리레인지(free-range) 칠면조 농장이었다. 1993년에 빌 스톨러가 그의 아버지와 삼촌에게서 이 가족 농장을 매입한 후 칠면조 농장에서 포도원으로 변경했다.

### 그랜 모레인(GRAN MORAINE)

**샤르도네 | 얌힐칼턴, 윌래밋 밸리 | 샤르도네 100%**

필자가 처음 마셔 본 그랜 모레인 샤르도네는 2016년산 빈티지였다. 명확성, 풍성함, 광물성이 폭발하는 와인이었다. 또한 선을 꿰뚫는 듯한 신선함과 산미가 생생했다. 와인의 고유한 풍만함은 팽팽함과 균형을 이룬다. 이 모든 특징을 요약하면 부르고뉴 와인이다. 그러나 그랜 모레인은 얌힐칼턴에 있다. 2010년 중반에 윌래밋 밸리에 새로 등장한 진중하고 환상적이며 정교한 샤르도네 세대에 속한다. 그랜 모레인의 소유주는 잭슨 패밀리 익스테이트다. 모레인이란 단어는 빙퇴석이란 뜻으로, 빙하가 남긴 돌무더기를 가리킨다. 특히 와이너리 주변에 커다란 암석(지질학적 용어로 '표석'이라 부름)이 많은데, 이는 1만 5,000~1만 8,000년 전에 발생한 미줄라 홍수로 침전된 것이다.

# 레드 와인

## 아델스하임(ADELSHEIM)
**쿼터 마일 레인 빈야드 | 피노 누아 | 체할렘 마운틴스, 윌래밋 밸리 | 피노 누아 100%**

데이비드 아델스하임은 윌래밋 밸리 개척자 중 하나이다. 1971년 데이비드와 아내인 지니는 전 재산을 투자해서 체할렘 마운틴스에 땅을 매입했다. 그리고 당시 엉뚱하다는 인식이 강했던 와인 양조업에 뛰어들었다. 1980년대 이전에는 윌래밋에서 와인을 양조하는 가족이 10가구도 채 안 됐다. 아델스하임은 성공적인 와인 양조자였을 뿐 아니라 윌래밋 밸리가 AVA 명칭을 획득하는 데 결정적인 역할을 했으며 오리건주에 새로운 클론들을 들여오는 데 큰 공을 세웠다. 쿼터 마일 레인 빈야드(Quarter MileLane Vineyard)는 아델스하임의 첫 포도밭이다. 이 와인도 모든 아델스하임 와인과 마찬가지로 아름다움, 균형감, 순수성이 돋보인다. 또한 유연함과 절제된 우아함이 아델스하임 피노 누아의 시그니처이다.

## 빅 테이블 팜(BIG TABLE FARM)
**어스 | 피노 누아 | 윌래밋 밸리 | 피노 누아 100%**

빅 테이블 팜의 소유주는 와인 양조자인 브라이언 마시와 예술가인 크레어 카버다. 이곳은 목초지에서 돼지, 염소, 소, 짐수레 말을 기르고 양봉과 채소 재배까지 하는 완연한 농장이다. 빅 테이블 팜은 오리건에서 가장 맛있는 피노 누아와 샤르도네를 소량 생산하기로 유명하다. 특히 화려한 풍미와 실키한 질감이 일품이다. 어스(Earth)라는 최상급 피노 누아는 빨간 과일 풍미를 천상의 수준으로 끌어올렸다. 라즈베리, 체리, 크랜베리의 풍성하고 맛있는 풍미층이 '피노 파르페'처럼 층층이 얽혀 있다. 또한 목초지와 햇살이 내리쬐는 소나무 숲을 연상시키는 신선한 아로마를 발산한다. 빅 테이블 팜의 피노 누아에는 독특하고 예술적인 라벨이 붙어 있다. 클레어가 직접 그린 그림과 활자가 찍힌 라벨을 손으로 일일이 병에 부착한 것이다.

## 시어 와인 셀러스(SHEA WINE CELLARS)
**시어 빈야드 | 피노 누아 | 얌힐칼턴, 윌래밋 밸리 | 피노 누아 100%**

필자가 윌래밋 밸리에서 시어라는 단어를 처음 접했을 당시, 시어는 포도밭 이름이었고 많은 최상급 피노 누아가 시어의 포도로 만든 와인이었다. 1996년 그때까지 포도 재배만 했던 시어 가문은 자신이 보물을 쥐고 있다는 사실을 깨닫고 자신이 재배한 포도로 직접 와인을 만들기 시작했다. 시어 와인은 '시어/시어(Shea/Shea)'라고도 불리며, 피노 누아가 발휘할 수 있는 최대한의 유연함과 실키함을 지닌다. 오크 향도 없고 과일 향도 과하지 않다. 블루베리와 제비꽃 풍미가 강하고 스파이시함, 놀라운 균형감, 아름다움을 지녔다.

## 보 프레르(BEAUX FRÈRES)
**더 벨 쇠르 | 피노 누아 | 리본 리지, 윌래밋 밸리 | 피노 누아 100%**

마이크 에첼은 콜로라도의 와인 판매원이었다. 1986년 가족과 함께 윌래밋 밸리로 휴가를 떠났다가 그와 아내 그리고 세 아들은 판매 중인 돼지농장을 발견한다. 면적 36만㎡(36헥타르)의 땅, 헛간, 말 한 마리를 모두 합쳐서 12만 9,000달러였다. 마이크는 돼지농장을 매입했다. 그러나 혼자가 아니었다. 에첼의 여자 형제인 퍼트리샤와 그녀의 남편이자 와인 비평가인 로버트 M. 파커도 자금이 부족한 에첼을 도와 함께 투자했다. 마이크 에첼은 독학으로 와인을 공부했는데 결과는 매우 성공적이었다. 보 프레르의 피노 누아는 아름다운 균형감과 향신료를 뿌린 레드 체리 풍미가 리본처럼 엮여 있다. 또한 와인에서 신선함과 서늘함이 폭발한다. 현재 프랑스 와인 회사인 메종 앤 도멘 앙리오가 보 프레르의 일부 지분을 보유하고 있다. 마이크와 그의 아들 마이키는 계속해서 와인을 양조하고 있다. 더 벨 쇠르(The Belle Soeurs, 프랑스어로 '시누이'란 뜻) 퀴베는 유연하고 풍성함이 특징이다.

## 켄 라이트 셀러스(KEN WRIGHT CELLARS)
**래츠키 빈야드 | 피노 누아 | 던디 힐스, 빌래밋 밸리 | 피노 누아 100%**

켄 라이트는 오리건에서 가장 많은 종류의 환상적인 피노 누아를 만들어 낸다. 한해에 최대 13가지의 피노 누아를 생산한 적도 있으며 각기 다른 포도밭과 테루아르의 포도를 사용했다. 던디 힐스에 있는 래츠키 빈야드(Latchkey Vinyard)는 신선함, 감칠맛, 카다르몸과 백후추 같은 향신료 풍미가 조화롭게 어우러진다. 서늘한 빨간 과일 풍미는 그릇에 한가득 담긴 얼린 체리 같다. 긴 길이감, 풍만함, 우아함, 고유함, 스타일리시한 매력을 갖춘 피노 누아이다. 켄 라이트는 켄터키의 대학을 졸업하기 위해 식당에서 서빙 일을 하다가 캘리포니아대학 데이비스 캠퍼스에서 수업을 듣기 위해 캘리포니아로 떠났다. 캘리포니아의 서늘한 센트럴 코스트 북부에서 와인 양조자로 10년간 일하다가 캘리포니아가 충분하게 서늘하지 않다는 생각에 1986년 윌래밋 밸리로 이주했다. 그는 윌래밋 밸리가 미국의 위대한 피노 누아 산지가 되리라고 확신했다. 그리고 실제 그렇게 되는 데 일조했다.

# NEW YORK 뉴욕주

뉴욕이란 단어는 세계에서 가장 강력한 도시라는 이미지가 떠오른다. 그러나 이와는 또 다른 뉴욕이 있다. 옥수수밭, 낙농장, 구불구불한 농지, 차가운 강, 사파이어색 호수, 우아한 산이 있는 뉴욕이다. 사실 뉴욕주는 상당 부분이 웅장한 전원지대로 이루어져 있다.

현재의 뉴욕은 빙하기 말에 형성된 것이다. 빙하가 녹으면서 애디론댁산맥과 캐츠킬산맥을 깎아냈고 깊은 계곡을 파서 지금의 허드슨강과 모호크강을 만들었다. 빙하가 북쪽으로 후퇴하면서 뉴욕에 8,000개 이상의 호수와 연못이 생겨났다. 이때 이리호, 온타리오호 등 미국 5대호도 형성됐다. 온타리오호는 뉴욕주의 북쪽과 서쪽 경계선의 일부를 구성한다. 빙하는 호수만 남긴 게 아니라 깊고 배수성이 좋은 편암, 이판암, 석회암 토양도 남겼다. 식민지 이주민들이 도착했을 때 이곳은 이미 야생 포도나무 토착종으로 가득했다. 중요한 포도 산지가 될 운명을 타고난 것처럼 보였다.

운명은 현실이 됐다. 그러나 엄청난 역경을 거쳐 서서히 실현됐다. 오늘날 뉴욕에는 와인 산지가 일곱 곳 있다. 핑거 레이크스(Finger Lakes), 롱아일랜드(Long Island), 허드슨 리버 리전(Hudson River Region), 어퍼 허드슨(Upper Hudson), 챔플레인 밸리(Champlain Valley), 나이아가라 에스카프먼트(Niagara Escarpment), 레이크 이리(Lake Erie)다.

## 뉴욕 와인 맛보기

뉴욕의 현대 와인산업은 비니페라 품종으로 만든 고급 와인 다섯 개를 기반으로 한다. 과거에는 미국 토착종과 하이브리드 와인들도 유명했다.

뉴욕의 7대 와인 산지 중 핑거 레이크스가 가장 명성이 높으며 미국 최고의 리슬링 대부분도 이곳에서 생산된다.

비교적 서늘한 뉴욕 기후는 와인에 명확성과 순수성을 가미한다.

이 중 가장 중요한 산지는 핑거 레이크스이며 이번 챕터는 핑거 레이크스를 중점적으로 다룰 예정이다. 두 번째로 중요한 산지는 롱아일랜드다. 그러나 턱없이 비싼 맨해튼 부동산 가격 때문에 롱아일랜드의 와인 산지로서의 정체성도 정처 없이 흔들리고 있다. 이 지역의 많은 와이너리는 재정을 안정적으로 유지하기 위해 와인 외에도 처녀파티나 결혼식을 주최하고 있다. 안타깝지만 지난 10년간 롱아일랜드 와인의 품질이 하락한 것 같다.

큐카호 기슭에 있는 큐카 레이크 빈야드는 11개 핑거 레이크스 포도밭 중 하나다.

## 뉴욕 대표 와인

### 대표적 와인

**카베르네 프랑** - 레드 와인

**샤르도네** - 화이트 와인

**메를로** - 레드 와인

**리슬링** - 화이트 와인(드라이, 스위트)

### 주목할 만한 와인

**블라우프렌키슈** - 레드 와인

**카베르네 소비뇽** - 레드 와인

**카토바** - 레드, 로제 와인

**카유가** - 화이트 와인

**게뷔르츠트라미너** - 화이트 와인

**피노 누아** - 레드 와인

**세이블 블랑** - 화이트 와인(드라이, 스위트)

**비달** - 화이트 와인(드라이, 스위트)

**비뇰** - 화이트 와인(드라이, 스위트)

양조 경험이 있는 독일, 프랑스, 스위스 이민자들의 덕을 크게 봤다. 그리고 1870년대, 핑거 레이크스는 뉴욕 와인산업의 중심지가 됐다. 포도와 와인을 한가득 실은 증기선들이 호수를 둘러싼 와이너리 사이를 왔다 갔다 하며 활발한 비즈니스가 이루어졌다. 1880년대 초에 창설된 제네바 농업시험장(Geneva Experiment Station)은 포도 번식과 재배 분야를 크게 발전시켰고, 핑거 레이크스의 와인 양조자들의 사기는 더욱 높아졌다.

그러나 낙관적 전망은 그리 오래가지 못했다. 금주법이 와인산업을 무너뜨린 것이다. 금주법이 폐지된 후, 다시 일어설 정도로 자금이 충분한 와이너리는 소수의 대

### 정치운동의 발원지

미국 역사상 문화적으로 가장 중대한 정치운동이 뉴욕 와인 산지에서 시작됐다. 금주운동은 일찍이 1808년에 새러토가스프링스에서 시작돼서 레이크 이리 지역으로 확산됐으며 결국 1920 전국적 금주령을 촉발했다. 여성 인권운동은 핑거 레이크스의 세니커폴스에서 시작됐으며, 1848년에 최초의 여성 인권대회가 개최됐다.

형 회사밖에 없었다. 뉴욕주가 터무니없이 비싼 면허료를 부과하기로 한 것이다. 1970년대 중반, 뉴욕 전역에 남은 와이너리는 20곳도 채 되지 않았으며 대부분 미국 토착종, 하이브리드, 소수의 교잡종 와인만 생산했다. 캘리포니아 와인산업은 승승장구했지만, 뉴욕의 고급 와인 생산지로써의 가능성은 내리막으로 치달았다. 1976년, '농장형 와이너리 법(Farm Winery Act)'이 통과되면서 극적인 변화가 일어났다. 소규모 와이너리가 식당이나 와인숍 또는 소비자에게 직접 와인을 판매하게 허용함으로써 경제성을 높이는 내용이 골자였다. 법이 시행되고 7년 만에 소규모 농장형 와이너리 50여 곳이 생겨났다. 오늘날 대형 와인 회사 컨스틸레이션(캘리포니아의 로버트 몬다비 와이너리 등 와인 브랜드 100개 이상 소유)을 제외하고, 뉴욕의 465개 와이너리는 모두 규모가 작거나 중간급이다.

다른 지역도 살펴보자. 허드슨과 챔플레인 밸리도 매력적이긴 하지만, '농장 판매대' 같은 와인 산지다. 하이브리드 품종으로 만든 홈메이드 와인과 함께 겨울에는 크리스마스트리를 팔고, 여름에는 잼, 가을에는 사과주를 판매한다. 이 지역에는 이처럼 농장형 와이너리가 많다. 허드슨 밸리에만 60여 개가 있다. 나이아가라 에스카프먼트는 매우 작은 지역으로 미국과 캐나다 온타리오에 걸쳐 있는 석회암 산등성이에 있다. 잠재성은 있지만 아직 충분히 발달하지 않았다. 레이크 이리는 한때 미국 최대 포도 생산지대였지만, 1800년대에 미국 금주운동의 정치적 본거지가 됐다. 레이크 이리의 포도는 와인이 아니라 젤리와 주스용이다.

네덜란드 식민지 이주민들은 일찍이 1647년에 맨해튼 섬에 포도를 재배하려고 시도했지만, 포도 재배와 와인 양조가 본격적으로 시작된 시기는 19세기다. 이주민들이 무성한 허드슨 리버 밸리에 포도밭을 개간했고, 점차 북쪽과 서쪽으로 영역을 넓혀서 호수로 둘러싸인 안쪽까지 진출했다. 특히 핑거 레이크스 포도 재배와 와인

### 땅과 포도 그리고 포도원

뉴욕은 캘리포니아, 워싱턴, 오리건에 이어 미국에서 네 번째로 큰 와인 산지다. 주스와 젤리용 포도밭 면적인

97㎢(9,700헥타르)를 제외하면, 와인용 포도밭 면적은 약 43㎢(4,300헥타르)에 달한다.

뉴욕의 와인 산지는 상당히 서늘한 편이다. 겨울은 추수감사절 직후에 시작돼서 4월까지 계속된다. 뉴욕에서 수개월간 햇볕과 더위가 지속되는 일은 흔치 않지만, 역사적으로 서늘한 다른 지역과 마찬가지로 뉴욕도 지구온난화의 혜택을 보고 있다. 과거 뉴욕에서 포도 재배가 가능했던 이유는 5대호, 넓고 깊은 허드슨강 그리고 수천 개 호수 덕분이다. 봄과 가을에 찾아오는 일시적 한파로부터 포도나무를 보호하고 뜨거운 여름에는 산들바람으로 열기를 식혀 주는 등 극심한 기온을 완화하는 역할을 했다.

뉴욕의 현대 고급 와인산업은 우리에게 친숙한 비티스 비니페라 품종으로 만든다. 특히 리슬링, 샤르도네, 메를로, 카베르네 프랑 순서로 많이 사용된다. 그러나 앞서 설명했듯 뉴욕 포도의 유전적 범위는 상당히 폭넓다. 비티스 비니페라 품종도 지속으로 재배하지만 콩코드, 나이아가라, 카토바 등 미국 재래종 재배량이 여전히 우세하다. 또한 시에발 블랑, 비달, 오로라 등 하이브리드 품종을 재배하는 포도밭도 있다. 덕분에 환상적인 풍미의 세계가 펼쳐진다.

비티스 비니페라 품종을 지향하는 움직임은 두 유럽 이민자의 선견지명에 따라 1950년대부터 시작됐다. 바로 샤를 푸르니에와 콘스탄틴 프랭크 박사였다. 샤를 푸르니에는 뵈브 클리코 샴페인 하우스의 와인 양조자였으며 핑거 레이크스에 있는 어바나 와인 컴퍼니의 대표였다. 콘스탄틴 프랭크 박사는 우크라이나 출신의 포도 재배학 및 식물과학 교수다. 프랭크는 아홉 개 언어를 구사했지만 정작 영어를 하지 못했다. 1951년 52세의 나이로 뉴욕시로 이주했지만, 접시 닦는 일밖에 하지 못

콘스탄틴 프랭크 박사는 뉴욕 와인의 미래를 바꿔 놓았다.

**미국의 교잡종과 하이브리드 품종**

1800~1900년대 중반, 프랑스와 미국 과학자들은 비티스 비니페라와 맛이 비슷하면서도 미국 재래종처럼 추위와 질병에 강한 포도 품종을 만들려고 시도했다. 이런 '슈퍼' 신종을 만들려고 비니페라와 미국 재래종을 교잡한 수백 아니 수천 개 하이브리드가 탄생했다. 주의점이 있는데, 하이브리드와 교잡종은 다른 개념이다. 하이브리드는 종이 다른 두 포도를 교잡한 것이고, 교잡종은 동일 종 내에서 서로 다른 품종을 교배한 것이다. 세이블 블랑, 비뇰, 비달 등 실제 포도밭에서 회복탄력성이 강한 하이브리드 품종이 대거 개발됐다. 풍미도 비니페라와 완벽히 똑같지는 않지만, 미국 토착종 와인처럼 '여우 같은(foxy)' 자극적인 냄새는 나지 않았다. 여기서 여우 같은 냄새란 짙은 포도 향과 동물 가죽 같은 아로마와 풍미를 말한다. 현재 리슬링, 샤르도네 등 비니페라 품종도 수십 년째 뉴욕의 추운 겨울을 버티며 잘 자라고 있지만(특히 지구온난화로 뉴욕의 겨울이 예전만큼 혹독하지 않음), 하이브리드 품종도 지속해 널리 재배되고 있다.

했다. 1950년대 찰스 푸르니에는 프랭크를 어바나 와인 컴퍼니(이후 골드 실 빈야드로 바뀜)에 채용했고 프랭크가 원하는 모든 유럽 품종을 심게 해 줬다. 프랭크는 겨울철 기온이 핑거스 레이크스보다 낮은 우크라이나에서 비니페라를 재배했다는 사실을 알았다. 그는 섬세한 포도 재배 기술을 적용해서 비니페라 포도를 키워 내는 데 성공했고 푸르니에는 비니페라 포도를 이용해 좋은 와인을 만들어 냈다. 프랭크는 뉴욕에 이주한 지 10년 후에 자신만의 와이너리(비니페라 와인 셀러스)를 설립해서 리슬링, 샤르도네, 르카치텔리 등 기존에는 뉴욕에서 재배하기 불가능하다고 여겨졌던 비니페라 60여 종을 키워 냈다.

비니페라 재배 면적은 1970년대에 몇백 에이커에 불과했지만 비중이 계속해서 증가했다. 오늘날 리슬링, 샤르도네, 메를로는 뉴욕 와인산업에 새 생명을 불어넣고 있다. 뉴욕 와인 양조자들은 피노 누아와 카베르네 프랑을 그다음으로 중요한 품종으로 꼽는다. 리슬링의 경우 품질이 비약적으로 향상됐다. 현재 뉴욕, 특히 핑거 레이크스의 리슬링은 미국 최고급으로 취급된다.

## 뉴욕 포도 품종

### 화이트

#### ◇ 카유가
하이브리드 품종이다. 주로 오프드라이 블렌드와 디저트 와인에 사용한다.

#### ◇ 샤르도네
주요 품종이다. 품질이 좋은 와인과 매우 좋은 와인을 만드는 데 사용한다.

#### ◇ 게뷔르츠트라미너
뉴욕의 비장의 무기 같은 와인이다. 알자스의 게뷔르츠트라미너를 연상시키는 맛있는 와인을 만든다.

#### ◇ 리슬링
주요 품종이다. 역동적이고 활기찬 드라이 와인, 맛있는 오프드라이 와인, 디저트 와인을 만든다. 핑거 레이크스는 미국 최고의 리슬링을 생산한다.

#### ◇ 세이블 블랑
주요 하이브리드 품종이다. 단독 또는 블렌딩 와인으로 쓰인다. 맛이 좋은 드라이 와인을 만든다.

#### ◇ 비달
하이브리드 품종이다. 드라이 와인과 품질이 좋은 아이스와인을 만든다.

#### ◇ 비뇰
라바트(Ravat 51)로도 알려진 희귀한 하이브리드 품종이다. 드라이 와인과 맛이 좋은 아이스와인을 만든다.

### 레드

#### ◇ 블라우프렌키슈
뉴욕에서 비교적 신생 품종이지만, 특히 핑거 레이크스에서 유망한 품종으로 꼽힌다.

#### ◇ 카베르네 프랑
주요 품종이다. 보통 메를로, 카베르네 소비뇽과 혼합해서 보르도 스타일의 레드 와인을 만든다.

#### ◇ 카베르네 소비뇽
주로 롱아일랜드에서 메를로, 카베르네 프랑과 혼합해서 보르도 스타일의 레드 와인을 만든다.

#### ◇ 카토바
하이브리드 품종이다. 스파클링 카토바가 핑거 레이크스의 특산품이었던 19세기에 미국 북동부에서 큰 인기를 끌었다. 스파이시하고, 포도 향이 짙으며, 산도가 높고, 라이트한 레드 와인과 로제 와인을 만든다.

#### ◇ 콩코드
라브루스카(labrusca)종에 속하는 미국 재래종이다. 콩코드 강을 따라 매사추세츠에 최초로 씨를 뿌려서 재배했다. 뉴욕에서 가장 널리 재배되는 품종이지만, 대부분 와인이 아닌 포도 주스와 젤리를 만드는 데 사용한다. 나머지는 스위트 코셔 와인을 만드는데 사용한다.

#### ◇ 메를로
주요 품종이다. 매끈하고 과일 풍미가 뚜렷한 싱글 버라이어탈 와인을 만든다. 롱아일랜드에서는 보르도 스타일의 블렌드 와인을 만드는데 사용한다.

#### ◇ 피노 누아
핑거 레이크스에서 비교적 최신 품종이며, 상당히 유망하다.

끝으로 뉴욕은 소량이지만 좋은 스위트 와인도 만든다. 주로 리슬링 또는 비달, 비뇰 등 하이브리드 품종을 사용해서 늦수확 와인과 아이스와인으로 만들어진다. 뉴욕의 아이스와인은 캐나다의 아이스와인처럼 복합적이거나 매혹적이지 않다. 또는 독일과 오스트리아처럼 나무에 달린 채 자연적으로 얼어붙은 포도로 만든 아이스와인처럼 훌륭하지도 않다. 뉴욕 아이스와인 중 최상급은 바그너(Wagner)의 리슬링 아이스와인으로 살구 소르베 같은 순수성이 돋보인다.

### 핑거 레이크스

핑거 레이스크는 미국 와인산업의 중심지이며 140개가 넘는 와이너리가 있다. 11개의 손가락 모양 호수를 따라 남북으로 부채꼴 형태로 뻗어 있다. 이로퀴이족은 이 좁고 깊은 강들(일부 강은 해저보다 깊음)이 주신(Great Spirit)의 손을 거쳐 탄생했다고 믿는다. 실제로 강 대부분이 토착 지명이 있다. 이 중 3대 주요 강은 세네카(Seneca), 케우카(Keuka), 카유가(Cayuga)다.

핑거 레이크스는 바로 북서쪽에 있는 캐나다의 나이아가라반도 와인 산지와 마찬가지로 기온을 완화하는 호수들이 없었다면 너무 추워서 와인 산지가 되기 어려웠을 것이다. 핑거 레이크스의 11개 호수도 있지만, 거대한 온타리오 호수도 큰 역할을 한다. 호수 위를 순환하는 공기 덩어리가 호수를 둘러싼 지대로 확산하는 것이다.

뉴욕주    557

겨울에는 이 공기 덩어리가 호수에서 멀리 떨어져 있는 주변부 공기보다 따뜻하고, 여름에는 더 차갑다. 예를 들어 세네카 호수(현지에서 '바나나 벨트'라고 부름)의 남동부의 경우, 겨울철 호숫가 온도는 호수에서 몇 마일 떨어진 지점보다 3℃가량 높고, 여름에는 1℃가량 낮다. 이 효과를 누리기 위해 핑거 레이크스의 포도밭 대부분은 호수가 보이는 지점에 있다.

앞서 설명했듯, 핑거 레이크스의 강점은 리슬링이다. 최상급 리슬링은 폭발하는 아삭함, 크리스털처럼 투명한

## 웰치스의 '분노의 포도'

뉴욕은 미국에서 포도 주스 생산량이 가장 많은 지역이다. 이 중 닥터 토마스 웰치스가 1869년에 발명한 뒤 유명해진 브랜드 웰치스 콩코드 포도 주스도 있다. 웰치스는 여느 포도 주스와 마찬가지로 레이크 이리 기슭에서 자란 토착종인 콩코드 포도로 만든다. 레이크 이리는 뉴욕, 오하이오, 펜실베이니아에 걸쳐 있다. 열렬한 금주법 지지자였던 닥터 웰치스가 없었다면, 레이크 이리는 주스가 아닌 주요한 와인 생산지가 됐을 것이다.

순수성, 입안을 가득 채우는 라임·레몬·감귤·금귤 등의 풍미를 지닌다. 드라이 와인이 주를 이루지만 오프드라이, 약간 스위트한 타입, 늦수확, 아이스와인 등 각종 타입의 와인도 생산한다. 핑거 레이크스 리슬링은 당도를 쉽게 구분할 수 있다. 와인병의 뒷면 라벨에 국제리슬링재단(International Riesling Foundation, IRF)의 맛 프로파일 차트(Taste Profile Chart)를 표기하기 때문이다. 차트에는 해당 와인의 당도가 본드라이에서부터 매우 드라이함 중 어디에 해당하는지 명확히 표시돼 있다.

놓쳐선 안 될 핑거 레이스크 리슬링 생산자로는 닥터 콘스탄틴 프랭크(Dr. Konstantin Frank), 바그너(Wagner), 허먼 J. 위머(Hermann J. Wiemer), 셸드레이크 포인트(Sheldrake Point), 스탠딩 스톤(Standing Stone), 바운더리 브레이크스(Boundary Breaks), 러빈스(Ravines), 레드 뉴트(Red Newt), 앤서니 로드(Anthony Road), 폭스 런(Fox Run), 헤론 힐(Heron Hill), 냅(Knapp), 케미터(Kemmeter), 크카 레이크(Keuka Lake) 등이 있다.

## 롱아일랜드

컷초그 마일의 농부였던 존 윔햄이 1960년대에 처음으로 롱아일랜드에 비니페라 품종을 심었다. 그러나 롱아일랜드가 와인 산지로서의 정체성을 갖게 된 시기는 1973년에 루이자와 알렉스 할그레이브가 마을 외곽의 감자밭에 할그레이브 빈야드를 설립했을 때부터다. 할그레이브가 처음으로 재배한 소량의 카베르네는 조짐이 좋았다. 그의 성공을 목격한 다른 와인 양조자들도 롱아일랜드에 모여들기 시작했다. 1990년대 말, 롱아일랜드에 와이너리가 24곳이 생겼으며, 현재는 80곳이 넘는다.

롱아일랜드는 랍스터 집게처럼 생겼다. 본토에서 시작해서 코네티컷 해안과 평행하게 뻗어나가며, 북동쪽으로 집게를 벌리고 있는 형상이다. 롱아일랜드의 끄트머리는 두 줄기로 갈리는데, 각각 노스 포크, 사우스 포크라고 불린다. 과거에 노스 포크는 과수원, 감자밭 등 작은 농장이 많기로 유명했다. 사우스 포크는 흰 모래언덕 해변과 포경선 포항으로 유명했다. 현재 사우스 포크는 맨해튼 부자들이 여름휴가를 보내는 근사한 마을들이 모여 있는 햄프턴스로 유명하다.

롱아일랜드의 포도밭은 인구가 적고 비교적 따뜻한 노스 포크 AVA에 몰려 있다. 노스 포크 AVA는 두 '포크'에 비해 바람과 극심한 바다 폭풍에 덜 노출돼 있다. 롱아일랜드는 따뜻한 대서양 기후를 띠고 있어서 초기 와인 양조자들은 또 다른 대서양 기후권인 보르도를 참고했다. 그 결과, 현재 롱아일랜드에서 가장 흔하게 재배하는 적포도는 메를로와 카베르네 프랑이다.

## 라하임(생명을 위해 건배)

와인은 유대인의 종교의례와 유월절처럼 매우 중요한 날에 중심이 되는 요소다. 역사적으로 미국에서는 유대인 의식에 주로 뉴욕주에서 생산한 와인을 사용했다. 뉴욕주는 뉴욕시를 비롯해 유대인 인구가 밀집한 대도심에 비교적 가깝다. 드라이 코셔 와인은 전 세계에서 생산되지만, 스위트 코셔 와인은 뉴욕의 전통으로 남아 있으며 콩코드 등 미국 재래종으로 만들어진다. 현재 가장 선두에 있는 스위트 코셔 와인 브랜드는 케뎀(Kedem), 마니슈위츠(Manischewitz), 모건 데이비드(Mogen David) 등이다.

# 위대한 뉴욕 와인

## 스파클링 와인

### 립 셀러스(LIEB CELLARS)
**스파클링 피노 블랑 | 빈티지 | 브뤼 | 롱아일랜드의 노스 포크 | 피노 블랑 100%**

립 셀러는 미국 동부에서 가장 신선하고, 밝고, 우아한 스파클링 와인을 만든다. 전통 샴페인 양조법으로 만들며, 오직 피노 블랑(샤르도네, 피노 누아가 아닌)만 사용한다. 아삭함, 명확성, 사랑스러운 사과와 배 풍미를 지니며, 약간의 바닷소금 풍미도 있어서 음식과 잘 어울린다. 립 셀러스는 자본가인 마크 립이 1992년에 6헥타르의 비노 블랑 포도밭을 매입하면서 세운 양조장이다. 이전 주인은 이곳이 샤르도네 포도밭이 아니라 피노 블랑이라는 사실을 립 셀러스 와인이 출시되기 하루 전에 알았다고 한다. 현재 립 셀러스의 소유주는 프리미엄 비버리지 그룹이다. 러셀 헌은 설립 초기부터 있었던 와인 양조자인데, 현재까지도 환상적인 피노 블랑으로 훌륭한 스파클링 와인을 만들고 있다.

## 화이트 와인

### 닥터 콘스탄틴 프랭크(DR. KONSTANTIN FRANK)
**마그리트 | 드라이 리슬링 | 핑거 레이스크 | 리슬링 100%**

닥터 콘스탄틴 프랭크의 리슬링은 너무나도 순수하고 맑아서 마치 핑거 레이크스를 만든 고대 빙하를 맛보는 듯하다. 마그리트(Margrit)는 닥터 프랭크의 어머니 이름을 딴 것이다. 폭발하는 광물성, 아삭한 배와 알맞게 익은 스타프루트 풍미를 지녔다. 닥터 콘스탄틴 프랭크의 리슬링은 생기가 넘친다. 이런 운동성 덕분에 굉장히 신선하게 느껴진다. 작고한 닥터 프랭크는 우크라이나 포도 재배자였다. 1951년에 미국으로 이주해서 뉴욕의 핑거 레이크스 지역에 비티스 비니페라 품종을 심은 선구자다.

### 허먼 J. 위머(HERMANN J. WIEMER)
**마그달레나 빈야드 | 리슬링 | 세네카 레이크, 핑거 레이크스 | 리슬링 100%**

위대한 리슬링의 특징 중 하나가 풍미의 집중도가 엄청난 동시에 우아하게 느껴진다는 것이다. 마그달레나 빈야드(Magdalena Vineyard)의 드라이 위머 리슬링이 완벽한 예다. 한편으로는 무성하고, 파워풀하며, 라임 마멀레이드, 레몬 머렝 파이를 연상시키는 풍성한 풍미가 느껴진다. 다른 한편으론 우아함과 정교함이 흐른다. 마그달레나 빈야드는 서늘하지만, 세네카 레이크 바로 옆에 있어서 호수 위에서 순환하는 따뜻한 기류의 혜택을 받는다. 작고한 허먼 위머는 독일 모젤에 있는 베른카스텔 마을에서 뉴욕으로 이주해서 1976년에 자신의 포도밭을 개간했다.

### 바그너(WAGNER)
**드라이 리슬링 | 핑거 레이크스 | 리슬링 100%**

이 와인은 마시는 사람의 넋을 홀린다. 향신료, 살구, 라임, 레몬그라스의 생생하고 신선한 풍미가 중독성 있어서 와인잔을 내려놓기 힘들 정도다. 필자는 이 드라이 리슬링의 얼음과 암석 같은 특징, 원시성, 날카로운 아삭함을 사랑한다. 여기에 역동성, 순수성, 선명한 풍미까지 갖췄는데 가격은 믿기 힘들 정도로 저렴하다(다른 사람한테 비밀이다). 바그너는 5대째 핑거 레이크스에서 포도를 재배하고 있다. 바그너는 뉴욕 최고의 리슬링 아이스와인도 만든다.

### 로즈 힐(ROSE HILL)
**콘크리트 블론드 | 롱아일랜드의 노스 포크 | 소비뇽 블랑 100%**

수많은 와인 애호가가 뉴질랜드 소비뇽 블랑의 맛과 상세르 같은 프랑스 소비뇽 블랑의 풍미를 알고 있다. 그러나 롱아이랜드의 소비뇽은 어떨까? 콘크리트 블론드(Concrete Blonde) 하나만 마셔 보면 충분하다. 세련됨, 팽팽함, 상쾌한 세이지와 목초지 풍미, 약간의 레몬그라스, 백후추, 멜론 풍미가 일품이다.

이 와인은 소비뇽 블랑의 향긋한 클론인 소비뇽 뮈스케를 사용한다. 그럼 왜 이름을 콘크리트 블론드라고 지었을까? 와인을 발효하고 숙성시킬 때 사용했던 용기 때문이다. 프랑스에서 제작한 달걀형 콘크리트 용기로, 달걀형 와인 용기 전문가인 마크 농블로가 만들었다. 로즈 힐의 소유주는 프랭클 가문이며, 신 이스테이트(Shinn Estate)를 매입해서 이름을 로즈 힐로 변경했다.

# OTHER IMPORTANT WINE STATES 기타 주요 와인 산지

콜로라도 | 아이다호 | 미시간 | 미주리 | 뉴저지 | 뉴멕시코 | 펜실베이니아 | 텍사스 | 버지니아

## 콜로라도

콜로라도주의 볼더처럼 감각적인 도시에 가 보면, 왜 이곳에 열정적인 와인 문화가 형성됐는지 단번에 이해될 것이다. 이 점에 있어서는 놀라울 게 없다. 그러나 놀라운 건 다름 아닌 포도밭이다. 로키산맥이 있는 콜로라도주의 125개 와이너리는 대부분 고도가 높은 강 계곡과 메사에 있다. 콜로라노 포도밭은 세계에서 가장 고도가 높은 편인데, 대부분 해발 1,200~2,100m 위치에 있다. 이 고도에서는 밤에는 춥지만, 여름철 낮은 따뜻하고 건조하고 화창하다. 콜로라도 와인산업은 2010년대부터 발동이 걸리기 시작했다. 오늘날 포도밭 면적은 약 4㎢(400헥타르)에 달한다. 가장 높은 평가를 받는 와이너리는 더 와이너리 앳 홀리 크로스 애비(The Winery at Holy Cross Abbey), 북클리프 빈야드(Bookcliff Vineyards), 보나퀴스티(Bonacquisti), 콜테리스(Colterris), 플럼 크릭 와이너리(Plum Creek Winery), 레드 폭스 셀러스(Red Fox Cellars), 스톰 셀러(Storm Cellar), 카슨 빈야드(Carlson Vineyards) 등이다.

## 아이다호

태평양 남서부 최초의 와이너리는 오리건, 워싱턴이 아니라 아이다호에 있었다. 그러나 아이다호는 태평양 남서부 3인조에서 자주 잊히는 멤버다. 독일과 프랑스 이주민들은 아이다호에 1864년부터 포도를 재배했지만 다른 주와 마찬가지로 금주법이 와인산업에 엄청난 타격을 입히며 와인 생산이 완전히 중단됐다.

오늘날 아이다호 와인산업은 부활했다. 아이다호의 와이너리 수는 2008년 38개에서 현재 65개로 증가했다. 부활은 1970년대부터 시작했다. 아이다호 남부의 스네이크 리버 밸리에 리슬링, 샤르도네, 게뷔르츠트라미너, 메를로, 카베르네 소비뇽을 조금씩 심었다. 스네이크 리버 밸리는 아이다호와 오리건이 공유하는 AVA 구역이다. 스네이크 리버 밸리는 토스카나와 위도가 같지만, 일조량이 더 많고 강우량은 더 적다. 현재 아이다호의 포도밭 면적은 5.3㎢(530헥타르)에 달한다. 최상급 와이너리는 신더(Cinder), 코일드 와인스(Coiled Wines), 코닉 빈야드(Koenig Vineyards), 서투스(Sawtooth), 클리어워터 캐니언(Clearwater Canyon) 등이다.

콜로라도 포도밭은 미국에서 고도가 가장 높다.

## 미시간

필자가 2000년대 초에 처음 맛봤던 미시간 와인은 올드 미션 페닌슐라(Old Mission Peninsula)라는 작은 구역에서 생산한 와인이었는데, 당시 굉장히 놀랐던 기억이 있다. 그러나 생각해 보면 그렇게 놀랄 일이 아니었다. 미시간 와인산업은 수십 년에 걸쳐 안정되게 구축됐다. 기후도 서늘한 편이라서 리슬링, 피노 그리, 게뷔르츠트라미너 등의 품종에 적합한 환경이다.

20세기 미시간 와인산업은 부근의 뉴욕처럼 비달, 세이블 블랑 등 하이브리드 품종이나 미국 토착종을 중심으로 발전했다. 그러나 1969년, 미시간의 뷰캐넌에 있는 테이버 힐 와이너리 소유주인 칼 밴호저와 레너드 올슨이 미시간에 최초로 비니페라 품종을 심었다. 이번에는 샤르도네와 리슬링이었다. 이후 과거로 되돌아가는 일은 없었다. 밴호저와 올슨의 성공, 호수와 미시간강 주변의 온화한 기후, 체리 과수원과 농지 등의 조건은 미래의 와인 양조자들을 끌어들였다. 1970년대 말 미시간의 주요 와이너리들이 설립됐다. 예를 들어 릴라나우 셀러스(Leelanau Cellars), 펜 밸리 빈야드(Fenn Valley Vineyards), L. 머비(L. Mawby), 굿 하버(Good Harbor), 샤토 그랜드 트라버스(Chateau Grand Traverse) 등이 있다. 후자는 올드 미션 페닌슐라에 있으며 미시간에서 아주 중요한 와이너리 중 하나다.

오늘날 미시간에는 와이너리가 170여 곳 있으며 포도밭 면적은 45㎢(4,500헥타르)다. 이 중 30㎢(3,000헥타르)는 토착종을 재배한다. 현재 가장 영향력 있는 미시간 와이너리는 테이버 힐(Tabor Hill), 레프트 풋 찰리(Left Foot Charley), 보노보(Bonobo), 호손 빈야드(Hawthorne Vineyards), 화이트 파인(White Pine), 블랙 스타 팜스(Black Star Farms), 릴라나우 셀러스(Leelanau Cellars) 등이다.

## 미주리

1866년 미주리대학에 조지 허스만 교수는 미국이 향후 세계 최고의 와인 생산국이 되리라고 예견했다. 당시에는 그의 고향인 미주리가 견인차 구실을 할 것처럼 보였다. 포도 생산량은 미국 2위였고 파리와 빈에서 열린 와인 박람회에서 좋은 평가를 받았기 때문이다. 특히 노턴(Norton)이 높은 평가를 받았는데 이는 잼처럼 풍미가 매우 짙은 하이브리드 품종이다. 한 영국 와인 전문가는 노턴 품종을 '섬세함이 빠진 부르고뉴 레드 와인'이라 표현했다. 그러나 결국 해충과 질병(특히 흰곰팡이)이 미주리 와인산업을 무너뜨렸다. 1880년대 포도밭 대부분은 죽거나 버려졌다. 금주법 이후 살아남은 와이너리들은 주스와 젤리 제조사로 부활을 꾀했다.

1970~1980년대 현대 와인산업을 활성화하는 새로운 법이 제정됨에 따라 본격적인 부활이 시작됐다. 특히 지난 5년간 부흥 속도가 빨라졌다. 예를 들어 2020년 플로리다 대기업인 호프만 패밀리 오브 컴퍼니즈는 미주리 와이너리 네 곳을 매입한 뒤 와인을 중심 테마로 한 1억 달러 규모의 위락 단지 사업을 추진했다.

오늘날 미주리에는 소규모 와이너리가 130여 곳 있으며 포도밭 면적은 7㎢(700헥타르)에 달한다. 가장 주요한 포도는 노턴, 비뇰, 샴부르신(Chambourcin) 등의 하이브리드 품종이다. 로블러 빈야드(Röbller Vineyard)의 샴부르신 리저브는 맛있는 다크 체리와 향신료 풍미가 가득하다. 로블러 빈야드 외에도 스톤 힐(Stone Hill), 레 부르주아(Les Bourgeois) 등의 최상급 와이너리가 있다.

## 뉴저지

뉴저지가 '정원 지역'이라 불리는 이유가 있다. 뉴저지 남부와 내륙을 중심으로 농업과 포도 재배가 굉장히 잘되기 때문이다. '프린스턴의 심판'이라 불리는 2012년 시음회는 뉴저지 와인산업에 중대한 사건이었다. 캘리포니아 와인을 세계무대로 끌어올린 유명한 1976년 파리의 심판을 모방한 행사이며 뉴저지 와인들과 샤토 무통 로칠드, 샤토 오브리옹 등 부르고뉴와 보르도의 1등급 와인과 경쟁했다. 결과적으로 화이트 와인 부문의 1등, 레드 와인 부문의 1등과 2등은 프랑스 와인이 차지했다. 그러나 화이트 와인 부문에서 유니언빌 빈야드(Unionville Vineyard)의 페즌트 힐(Pheasant Hill) 샤르도네가 2등을 차지했다. 그리고 레드 와인 부문에서 헤리티지 빈야드(Heritage Vineyard)의 BDX가 3등을 차지했다. 이 시음회를 계기로 뉴저지는 와인 산지로써의 입지를 확실히 입증했다.

오늘날 뉴저지에는 와이너리가 53곳이나 있으며 포도밭 면적은 7.3㎢(730헥타르)에 달한다. 가장 주요한 청포도는 샤르도네, 리슬링, 그뤼너 펠트리너다. 가장 주요한 적포도는 카베르네 프랑, 피노 누아, 시라, 블라우프렌키슈 등이다. 최고급 뉴저지 와이너리로는 호크 해븐(Hawk Haven), 알바 빈야드(Alba Vineyard), 샤로트(Sharrott), 화이트 호스(White Horse), 유니언빌 빈야드(Unionville Vineyards), 윌리엄 헤리티지(William Heritage), 워킹 도그(Working Dog), 벨뷰(Bellview) 등이다.

## 뉴멕시코

1990년대 그루에(Gruet)라는 스파클링 와인이 미국에서 작은 마니아층을 거느렸다. 많은 사람이 그루에가 나파나 소노마 와인이라고 짐작했다. 그러나 그루에는 트루스오어컨시퀀시스(Truth or Consequences)라고 불리는 뉴멕시코 마을 부근의 알부케르크 남쪽에 있는 황량한 고원(240km)에서 자란 포도로 만든 와인이었다. 그런데 와이너리에 전화를 걸어서 소유주를 바꿔 달라고 하면 한 프랑스 여자가 전화를 받는다.

1983년 나탈리 그루에, 그녀의 형제 로랑 그루에, 그녀의 남편 파리드 히뫼르는 스파클링 와인을 만들겠다는 야심 찬 포부를 갖고 프랑스에서 뉴멕시코로 이주했다. 1989년에 최초의 그뤼에 브뤼가 출시됐고 수많은 호평이 쏟아졌다. 샤르도네와 피노 누아를 혼합한 와인으로 뉴멕시코에서는 영원한 성공 일화로 남아 있다. 프랑스, 이탈리아, 독일 등 유럽 이주민들은 그루에와 히뫼르의 발자취를 따라서 작은 포도밭과 와이너리를 설립했다. 뉴멕시코 최초의 포도는 텍사스와 마찬가지로 스페인 품종 리스탄 프리에토(미션)다. 1600년대 중반에 프란체스코와 카푸친 수도승들이 미사에 쓸 와인을 만들기 위해 심은 포도다. 그러나 뉴멕시코 와인산업도 다른 지역과 마찬가지로 질병, 혹독한 기후 그리고 결정적으로 금주법 때문에 실패로 돌아갔다. 작은 부흥기는 1990년대에 시작해서 계속 이어졌다. 그러나 뉴멕시코 농업과 포도재배업은 2000년부터 극심한 가뭄에 시달렸다. 오늘날 가장 주요한 품종은 샤르도네, 피노 누아, 카베르네 소비뇽이다. 그러나 돌체토, 바르베라,

산지오베제, 피노 그리조, 그뤼너 펠트리너, 세미용 등 다른 품종도 많이 재배한다. 뉴멕시코에는 50곳의 와이너리가 있으며 포도밭 면적은 5㎢(500헥타르)에 달한다. 진실(Truth), 결과(Consequences), 와인이 환상적인 조합임이 증명됐다.

최상급 뉴멕시코 와이너리는 그루에(Gruet), 비박(Vivác), 카사 로데냐(Casa Rodeña), 밀라그로(Milagro), 루나 로사(Luna Rossa), D.H. 레콩브(D.H. Lescombes) 등이다.

## 펜실베이니아

펜실베이니아는 미국 최초의 상업적 와인 재배회사인 펜실베이니아 와인 컴퍼니가 탄생한 곳이다. 펜실베이니아 와인 컴퍼니는 1793년에 설립됐지만, 포도밭이 질병으로 초토화되자 문을 닫았다. 오늘날 발전된 포도 재배 기술 덕분으로 펜실베이니아에 와이너리가 300여 곳이 생겼으며 대부분 과실주를 만드는 소규모 가족 운영 농장형 와이너리다.

펜실베이니아는 카유가, 샴부르신, 세이블 블랑, 비달 등 하이브리드 품종부터 알바리뇨, 샤르도네, 피노 그리, 말바시아 비앙카, 네비올로, 바르베라, 카민(Carmine, 카베르네 소비뇽과 카리냥의 교잡종), 사페라비(Saperavi) 등 비니페라 품종까지 다양하게 재배한다. 펜실베이니아 북쪽의 이리호 부근에서는 아이스와인이 생산된다. 펜실베이니아에서 생산되는 포도 대부분은 와인보다는 잼, 젤리, 포도 주스를 만드는 데 사용된다. 최상급 펜실베이니아 와이너리로는 갈렌 글렌(Galen Glen), 바 라 빈야드(Va La Vineyards), 복스 비네티(Vox Vineti), 마자 빈야드(azza Vineyards), 갤러 이스테이트(Galer Estate), 웨이바인(Wayvine), 왈츠 빈야드(Waltz Vineyards) 등이 있다.

## 텍사스

텍사스는 미국 본토 48개 주 중 땅덩어리가 가장 크다. 텍사스는 면적이 프랑스보다 크지만, 포도밭 면적은 18㎢(1,800헥타르)로, 프랑스의 작은 상세르 AVA 지역에 쏙 들어갈 정도다. 텍사스의 포도 재배지는 세 지역으로 나뉜다. 텍사스 힐 컨트리(Texas Hill Country), 하이 플레인스(High Plains) 그리고 광활한 트랜스페코스

(Trans-Pecos) 지역이다. 세 지역 모두 와이너리가 가깝게 붙어 있지 않고 서로 수백 마일씩 떨어져 있어서 중기후와 테루아르도 제각각이다.

텍사스에 최초로 심은 포도는 스페인 품종인 리스탄 프리에토다. 1630년 이후 수십 년간 가톨릭 수사들은 멕시코에서 북쪽으로 포도나무를 가져왔다. 가톨릭 선교단이 리스탄 프리에토를 심은 이후 이름을 스페인어로 미시온('임무'란 뜻)이라 바꿨다.

19세기 무렵 독일, 프랑스, 이탈리아 등 새로 유입된 이주민들은 유럽 포도 품종을 심었지만, 큰 성공을 거두지 못했다. 유럽 품종은 전염병과 질병을 이기지 못했고 죽었기 때문이다. 그래서 리오 그란데에서 자라던 미국 토착종으로 와인을 만들었는데 그중 머스탱(Mustang)도 있었다.

텍사스에 금주법 이전에는 상업적 와이너리가 최소 16곳이 있었지만, 금주법 이후에는 멕시코 국경선 부근의 델리오 마을에 발 베르데(Val Verde) 와이너리 한 곳만 남았다. 1970년대가 돼서야 비로소 현대 텍사스 와인산업은 거대한 텍사스답게 부강해졌다.

1974년 텍사스테크 대학의 밥 리드 교수는 주렁주렁한 포도 넝쿨이 그의 파시오 지붕을 타고 오른 모습을 발견했다. 그는 동료 교수인 클린턴 맥퍼슨과 함께 수업을 위한 과학 프로젝트 명목으로 포도 품종 100개를 심었다. 텍사스 팬핸들의 하이 플레인스에서 진행했던 '포도 실험'은 수년 후에 큰 성공을 거두며 리아노 에스타카도 와이너리(Llano Estacado Winery)가 됐다. 현재 텍사스에서 두 번째로 큰 와이너리다.

그로부터 2년 후 텍사스대학은 텍사스 남서부 사막의 면적 8,500㎢(85만 헥타르)의 대학 소유지에 포도를 심었다. 이는 텍사스 최대 와이너리의 탄생으로 이어졌다. 포트 스톡튼 부근에 있는 텍사스 서부의 트랜스페코스 지역의 거대한 세인트 제네비브(Ste. Genevieve)다.

이처럼 대형 와이너리가 뿌리내리는 동안 독립적인 소규모 와이너리도 대거 설립됐다. 예를 들어 텍사스 힐 카운티의 펄 크릭 빈야드(Fall Creek Vineyards)는 텍사스 와인의 새 시대를 이끈 핵심 와이너리도 여겨진다. 현재 텍사스에는 와이너리가 450여 개 있다. 펄 크릭 와이너리 외에도 더치맨 패밀리 와이너리(Duchman Family Winery), 쿨만 셀러스(Kuhlman Cellars), 메시나 호프(Messina Hof), 스파이스우드 빈야드(Spicewood Vineyards) 등이 있다. 모두 텍사스 힐 카운티의 오스틴에 있으며 면적은 39㎢(3,900헥타르)로 미국 최대 AVA 지역으로 꼽는다.

오늘날 이 크고 작은 와이너리들은 수십 종의 포도를 재배하며, 재배 면적이 가장 많은 품종은 카베르네 소비뇽, 템프라니요, 메를로다.

텍사스는 대체로 건조하고 뜨겁다. 포도 재배는 관개시설과 높은 고도 덕분에 가능하다. 어떤 포도밭은 해발 1,100m 높이 장엄한 고원 위치에 있기도 하다. 텍사스의 세 포도 지역은 낮에는 뜨겁지만, 밤에는 추운 사막 덕분에 포도의 산도가 유지된다. 텍사스 힐 카운티의 토양은 석회암과 화강암, 하이 플레인스는 무거운 점질 양토, 트랜스페코스는 석회암과 해양 퇴적암이다.

텍사스는 바비큐를 종교처럼 여기는 고장답게 누구나 식당에 카베르네를 가져와도 된다. 프랭클린스에서는 콜키지 피를 받지 않는다.

## 미국 최초의 와인 전문가

토머스 제퍼슨은 미국 3대 대통령이자 독립선언문의 작성자이다. 그는 훌륭한 건축가, 과학자, 음악가, 철학가, 학자, 농부이자 정치가였다. 그는 또한 미국 최초의 와인 전문가였다.

그는 1743년 4월 13일 버지니아의 앨버말 카운티에서 태어났다. 그는 41세 나이에 대사로 프랑스 파리에 파견됐는데, 프랑스의 음식과 와인에 대한 사랑에 깊은 감명을 받았다. 1787~1788년, 토머스 제퍼슨은 프랑스, 독일, 이탈리아 북부를 돌아다니며 최상급 와이너리들을 방문했다. 몬티첼로에 유럽 비티스 비니페라 품종을 심어서 와인을 만들고 싶던 것이었다. 그가 버지니아로 돌아올 때 유럽에서 가장 명망 높은 포도원의 와인 86상자를 들고 왔다. 그는 적당량의 와인은 건강한 삶의 필수요소라는 확신을 갖게 됐다. 미국에서 포도를 재배해서 와인을 만들겠다는 꿈은 실패했지만, 그는 자칭 비공식적 와인 전문가로 화이트하우스 저장고를 항시 프랑스 와인 위주로 꽉 채워 놓았다. 토머스 제퍼슨은 역대 미국 대통령 중 유일하게 와인이 사회에 이로운 역할을 한다는 생각을 견지했다. 현재도 화이트하우스 저장고는 와인이 꽉 채워져 있다. 미국 와인으로 말이다.

## 버지니아

1607년경에 제임스타운 식민지 이주민들이 사향 풍미의 스커퍼농(Scuppernong) 품종으로 만든 와인은 미국 최초의 와인 중 하나다. 그러나 와인의 맛이 너무 형편없었던 나머지 버지니아 컴퍼니는 1619년에 프랑스 와인 양조자들을 제임스타운에 영입해서 포도밭을 제대로 일구고 괜찮은 와인을 만들도록 했다. 같은 해에 제정된 법에 따라 모든 식민지 이주민은 최소 10그루의 포도나무를 심어야 했다. 그러나 프랑스의 도움은 헛수고로 돌아갔다. 최초의 포도밭이 진균성 질병과 해충으로 죽어 버린 것이다.

그 후 두 세기 동안 초창기 버지니아 주민들은 계속해서 포도나무를 심었지만, 포도나무는 계속해서 죽어 나갔다. 토머스 제퍼슨 대통령 시절, 버지니아 와인산업은 미래가 없는 것처럼 보였다. 그래도 토머스 제퍼슨은 굴하지 않고 1807년에 몬티첼로 이스테이트에 포도밭을 경작했다. 그러나 와인이 만들어지기도 전에 포도밭은 질병으로 무너졌다.

19세기 말에서 20세기 초 버지니아는 뉴욕처럼 내성이 강한 하이브리드 품종을 개발했다. 포도와 동물털 등 여우(foxy) 같은 냄새가 났지만, 비달과 샴부르신 등의 하이브리드는 성공적이었다. 이는 현재까지도 버지니아에서 소량씩 재배되고 있다.

그러나 버지니아의 본격적인 현대 와인산업은 1980년대에 시작됐다. 샤르도네, 카베르네 프랑 등 비니페라 품종이 널리 재배되기 시작한 것이다. 이후 낙관적인 새 시대가 뒤따랐다. 버지니아의 와이너리 수는 1979년에 여섯 곳이었지만, 현재는 312곳에 달한다. 그리고 주요 품종인 샤르도네와 카베르네 프랑 외에도 청포도는 비오니에, 베르멘티노, 프티 망상(Petit Manseng) 등을 재배하며, 적포도는 메를로, 카베르네 소비뇽, 프티 베르도, 네비올로 등도 재배한다. 일례로 미셸 샙스(Michael Shaps)의 메리티지(Meritage)는 메를로, 카베르네 프랑에 다른 보르도 품종을 소량씩 섞은 보르도 스타일의 레드 블렌드 와인이다.

버지니아의 와이너리들은 면적 16㎢(1,600헥타르)에 여기저기 흩어져 있으며 여덟 곳의 AVA로 나뉜다. 여덟 곳 AVA의 이름은 셰넌도어 밸리(Shenandoah Valley), 몬티첼로(Monticello), 노던 넥 조지 워싱턴 버스플레이스(Northern Neck George Washington Birthplace), 노스 포크 오브 로어노크(North Fork of Roanoke), 로키 노브(Rocky Knob), 미들버그 버지니아(Middleburg Virginia), 이스턴 쇼(Eastern Shore), 버지니아 페닌슐라(Virginia Peninsula) 등이다. 버지니아의 기후는 굉장히 까다롭다. 겨울에는 포도나무 몸통이 얼어서 쪼개질 정도로 맹렬한 추위가 기승을 부린다. 봄에는 서리 때문에 눈이 죽기도 한다. 여름에는 과도한 더위와 습도 때문에 곰팡이와 질병이 생긴다. 이게 다가 아니다. 이스트 코스트의 허리케인 시즌이 수확시기와 겹쳐서 폭우가 내리는 일이 잦다. 간단히 말해서 심약한 사람은 버지니아에서 포도를 재배하고 와인을 만드는 데 적합하지 않다. 필자가 선호하는 와이너리는 바버스빌(Barboursville), 블루스톤(Bluestone), 브로 빈야드(Breaux Vineyards), 캐리지 하우스 와인워크스(Carriage House Wineworks), 킹 패밀리(King Family), 미셸 샙스(Michael Shaps) 등이다.

# CANADA

캐나다는 남쪽에 이웃한 미국과 마찬가지로 한때 황무지였기 때문에 개척자 정신이 투철하다. 오늘날 빠르게 성장하는 흥미로운 와인산업에서 개척자 정신이 빛을 발하고 있다. 캐나다의 와이너리 수는 2005년 150여 곳에서 현재 616곳으로 증가했다.

캐나다의 포도 재배는 1860년대에 시작됐다. 브리티시컬럼비아주의 오카나간 선교지와 이리호의 필리섬에 있는 뱅 빌라(Vin Villa) 와이너리에서 성찬식 와인용 포도를 심었다. 그러나 정부가 모든 알코올 음료를 독점하고 통제하는 등의 정치적, 경제적 장벽은 캐나다의 와인산업 발전을 저해했다. 캐나다의 현대 와인산업은 1980년대 말부터 1990년대 초반에 이르러서야 비로소 본격적으로 성장궤도에 올랐다. 그러나 아직 세계 기준으로는 규모가 여전히 작다. 2021년 캐나다의 포도밭 면적은 125㎢(1만 2,500헥타르)이며 이는 캘리포니아 나파 밸리보다 조금 작다.

## 캐나다 와인 맛보기

캐나다 2대 와인 산지는 서로 반대편 위치에 있다. 바로 동부의 온타리오(나이아가라 페닌슐라 등)와 서부의 브리티시컬럼비아(오카나간 밸리)다.

캐나다는 주로 리슬링, 피노 누아, 카베르네 프랑, 메를로를 사용해서 훌륭한 드라이 스틸 와인을 만들며 최고급 스파클링 와인도 생산한다.

캐나다의 슈퍼스타급 특산품인 아이스와인은 동부와 서부 연안 모두에서 생산된다. 포도나무에 달린 채 자연스럽게 얼어붙은 포도를 한겨울에 수확해서 만든 풍성하고 달짝지근한 아이스와인이다.

온타리오의 겨울에는 맹렬한 추위가 기승을 부리지만, 이런 포도밭에서 캐나다에서 가장 정교한 아이스와인이 탄생한다.

## 땅과 포도 그리고 포도원

캐나다의 포도밭과 와이너리는 두 지역에 집중돼 있다. 동부의 온타리오와 서부의 브리티시컬럼비아다. 두 지역은 캐나다 양쪽에 3,100km만큼 떨어져 있지만, 이 둘이 합쳐서 캐나다 고급 와인의 98%를 생산한다. 그러나 퀘벡과 노바스코샤도 고급 와인을 생산하며 소규모 와이너리도 많이 분포해 있다. 이 중 규모는 작지만 대단한 와이너리도 있다. 예를 노바스코샤에 있는 베이 오브 펀디(bay of Fundy)의 벤자민 브리지 브뤼(Benjamin Bridge Brut)는 필자가 마셔 본 스파클링 와인 중에서 가장 근사하고, 신선하고, 섬세한 스파클링 와인이었다. 두 지역 중 브리티시컬럼비아에 와이너리 대부분(282개)이 몰려 있다. 대체로 가족이 운영하는 소규모 사업체며, 자체 시음실에서 제일 좋은 와인을 팔고 있다. 온타리오는 브리티시컬럼비아보다 와이너리 개수(185개)는 적지만, 와인 생산량은 더 많다. 두 지역을 간략히 살펴보자.

### • 온타리오

온타리오는 '얼어붙은 햇빛'의 고장이다. 서늘하면서도 화창한 기후와 북부 위도의 결합은 명확하고 순수한 풍미의 와인을 만드는 데 이상적인 환경을 조성한다. 캐나다는 1997년에 온타리오에 '서늘한 기후 포도 재배 및 와인 양조 연구소(Cold Climate Oenology and Viticulture Institute)'를 창설했다. 이는 서늘한 기후

### 캐나다 대표 와인

**대표적 와인**

**카베르네 프랑** - 레드 와인

**카베르네 소비뇽** - 레드 와인

**샤르도네** - 화이트 와인

**아이스와인** - 화이트, 레드 와인(스위트)

**메를로** - 레드 와인

**피노 누아** - 레드 와인

**리슬링** - 화이트 와인(드라이, 스위트)

**스파클링 와인** - 화이트 와인

**비달** - 화이트 와인(드라이, 스위트)

**주목할 만한 와인**

**가메** - 레드 와인

**게뷔르츠트라미너** - 화이트 와인

**피노 그리** - 화이트 와인

**소비뇽 블랑** - 화이트 와인

**시라** - 레드 와인

나라마타 벤치 포도밭에서 겨울철 오카나간강이 내려다보인다.

## 차가운 와인과 뜨거운 밤

매년 나이아가라를 방문하는 5만 명 이상의 관광객들은 와인도 상당히 많이 마실 것이다. 그런데 다른 목적으로 이곳을 방문하는 사람도 있다. 바로 신혼여행이다. 1801년 애런 버 미국 부통령의 유명한 딸 부부인 시어도시아 버와 조셉 알스턴이 이곳을 찾은 이후부터 나이아가라는 명실상부한 신혼여행지로 부상했다. 그로부터 3년 후 나폴레옹의 남동생인 제롬 보나파르트도 그의 미국인 아내인 엘리자베스 페터슨과 나이아가라에서 허니문을 보냈다. 나이아가라 폭포는 캐나다 측의 호스슈와 미국 측이 아메리칸 폴스로 구성된다. 마지막 빙하기 말에 빙하가 녹으면서 생긴 폭포이며 이때 형성된 5대호는 나이아가라 에스카프먼트(급경사면)를 통해 대서양으로 가는 통로를 만들었다. 현재 폭포 능선을 따라 분당 17만㎥의 물이 낙하한다. 물은 짙은 녹색을 띠는데 나이아가라강의 침식력 때문에 고운 돌가루와 분당 66톤의 용해된 소금이 섞여 있

자연의 걸작품

기 때문이다. 현재 폭포는 연간 약 30cm의 비율로 침식되고 있다. 과학자들은 5만 년 후에 이리 호수로부터 32km가량 남은 부분까지 깎이면, 나이아가라 폭포는 더 이상 존재하지 않을 것이라고 예상한다(그럼 신혼여행도 사라질까?).

에서의 포도 재배와 와인 양조를 연구하는 최초의 연구소다.

온타리오에서는 특히 청포도의 신선도가 굉장히 높다. 최상급 온타리오 리슬링은 마치 독일의 모젤 와인을 마시는 듯한 착각을 불러일으킨다. 최상급 샤르도네는 맛있고 밝다. 전통 샴페인 양조법으로 만든 스파클링 와인도 매우 좋다. 감미롭고 생동감 넘치는 아이스와인은 아메리카대륙에서 최고일 것이다.

온타리오의 서늘한 기후를 고려하면, 레드 와인 중 피노 누아와 카베르네 프랑이 두드러질 수밖에 없다. 그러나 서쪽에 붙어 있는 뉴욕과 마찬가지로 온타리오도 하

이브리드를 재배한 오랜 역사가 있다. 이 중 몇몇 하이브리드 품종은 맛있는 와인으로 만들어지기도 한다. 특히 헨리 오브 펠햄(Henry of Pelham)의 스펙 패밀리 리저브(Speck Family Reserve)라 불리는 바코 누아(Baco Noir) 와인은 진판델처럼 풍성한 맛이 일품이다.

온타리오는 세 곳으로 와인 구역을 나눈다. 나이아가라 페닌슐라(Niagara Peninsula), 레이크 이리 노스 쇼(Lake Erie North Shore), 프린스 에드워드 카운티(Prince Edward County) 등이다. 셋 모두 온타리오 호와 이리호의 기슭이나 바로 옆에 있다. 이 대형 호수들이 기온을 완화하지 않았다면, 온타리오는 북쪽에서

## 벤치란 무엇인가?

온타리오에는 벤치(Bench)라는 단어로 끝나는 명칭 지역이 많다. 트웬티 마일 벤치, 빔스빌 벤치, 쇼트 힐스 벤치 등 다양하다. 브리티시컬럼비아의 오카나간 레이크에도 벤치로 끝나는 지역이 있다. 그렇다면 벤치란 무엇일까? 지질학적으로 상당히 복잡하지만, 기본적으로 벤치는 가파른 경사면 중간중간을 가로지르는 측면 노두다. 거대한 계단이나 계단식 밭처럼 말이다. 벤치는 부식, 풍화 또는 강이나 빙하가 후퇴하면서 남긴 침전물

로 인해 형성된다.

온타리오에는 나이아가라 에스카프먼트와 평행한 벤치들이 춥고 강한 바람으로부터 보호받는다. 벤치는 가장 무더운 여름에 시원한 바람을 끌어당기고, 겨울에는 근처 호수의 따뜻한 기류를 끌어당겨서 벤치에서 자라는 포도나무 주변 기온을 완화한다. 한마디로 벤치는 포도 재배에 이상적인 장소다.

## 캐나다 포도 품종

### 화이트

◇ 샤르도네

주요 품종이다. 얇고 서늘한 기후의 와인부터 풀보디 스타일까지 매우 좋은 와인을 만든다. 스파클링 와인을 만드는 데도 사용한다.

◇ 게뷔르츠트라미너

생산량은 적지만, 캐나다 비장의 무기 중 하나다. 특히 온타리오에서 향긋하고 신선한 와인을 만든다.

◇ 피노 그리

주요 품종이다. 아삭하고 신선한 화이트 와인을 만든다.

◇ 리슬링

주요 품종이다. 아삭함, 생기, 집중도를 지닌 감각적인 드라이 와인과 아름다움 우아함을 지닌 아이스와인을 만든다.

◇ 소비뇽 블랑

생산량은 많지 않지만 단순하고 좋은 보르도 스타일 화이트 와인을 만든다.

◇ 비달

1930년대 프랑스에서 개발한 하이브리드 품종이다. 최고급 캐나다 아이스와인과 괜찮은 드라이 테이블 와인을 만든다.

### 레드

◇ 카베르네 프랑

주요 품종이다. 온타리오와 브리티시컬럼비아에서 환상적인 드라이 레드 와인과 환상적인 스위트 레드 아이스와인을 만든다.

◇ 카베르네 소비뇽

주로 메를로와 블렌딩해서 얇고 좋은 보르도 스타일의 와인을 만든다.

◇ 가메

보조 품종이지만 좋은 보졸레를 연상시키는 과일 향의 신선한 와인을 만든다.

◇ 메를로

싱글 버라이어탈 와인을 만들거나 카베르네 소비뇽, 카베르네 프랑과 섞어서 좋은 보르도 스타일의 블렌드 와인을 만든다. 특히 브리티시컬럼비아에서는 가장 주된 적포도 품종이다.

◇ 피노 누아

캐나다의 스타급 적포도 품종 중 하나다. 오리건 피노 누아를 연상시키는 우아하고 매끈한 와인을 만든다. 캐나다 전역에서 피노 누아를 사용해서 스파클링 와인을 만든다.

---

불어오는 얼음처럼 차가운 북극풍 때문에 포도 재배가 불가능했을 것이다. 온타리오 와인 구역들은 고대 빙하의 후퇴로 형성됐으며 빙하는 배수성 좋은 자갈, 모래, 진흙, 석회질 토양을 남겼다.

나이아가라 페닌슐라는 온타리오에서 가장 중요한 와인 구역이며, 소규모 AVA 열 곳으로 구성돼 있다. 이 중 트웬티 마일 벤치(Twenty Mile Bench), 쇼트 힐스 벤치(Short Hills Bench), 빔스빌 벤치(Beamsville Bench)의 명성이 가장 높다. 이 셋은 나이아가라 에스카프먼트(급경사면)의 일부이기도 하다. 나이아가라 에스카프먼트는 길고 넓은 북향 백운석회암 지대로 그 위로 나이아가라강이 낙하하면서 나이아가라 폭포를 만든다. 나이아가라 급경사면은 유네스코 생물권보전지역으로 북아메리카 동부에서 가장 오래된 산림생태계와 나무를 보유하고 있다.

### 온타리오의 최상급 생산자
- 서틴스 스트리트(13th Street)
- 케이브 스프링 셀러스(Cave Spring Cellars)
- 찰스 베이커(Charles Baker)
- 도멘 케일러스(Domaine Queylus)
- 플랫 록 셀러스(Flat Rock Cellars)
- 헨리 오브 펠햄(Henry of Pelham)
- 이니스킬린(Inniskillin)
- 잭슨트릭스(Jackson-Triggs)
- 맬리보어(Malivoire)
- 노먼 하디(Norman Hardie)
- 펠러 이스테이트(Peller Estates)
- 로즈홀 런(Rosehall Run)
- 스트레이터스(Stratus)
- 토스(Tawse)
- 서티 벤치(Thirty Bench)
- 투 시스터스(Two Sisters)

### • 브리티시컬럼비아

캐나다 서부의 브리티시컬럼비아는 북아메리카에 가장 최근에 생긴 정상급 와인 산지 중 하나다. 최상급 브리티시컬럼비아 와인을 눈을 감고 마시면 실크처럼 부드럽고 아름다운 매끈함에 북유럽에 온 듯한 기분이 든다. 브리티시컬럼비아는 와인 구역이 다섯 곳으로 구성된다. 오카나간 밸리(Okanagan Valley), 시밀카민 밸리(Similkameen Valley), 프레이저 밸리(Fraser Valley), 걸프 아일랜즈(Gulf Islands), 밴쿠버 아일랜드(Vancouver Island) 등이다. 다섯 구역 모두 북위 약 50도를 지나며 온타리오보다 조금 더 북쪽에 있다.

## 아이스 사이다

감미로운 캐나다 아이스와인은 또 다른 시원하고 맛있는 현상을 낳았다. 바로 아이스 사이다(ice cider)다. 주로 퀘벡에서 생산하며, 프랑스어 이름은 시드르 드 글라스(cidre de glace)다. 아이스 사이다는 두 가지 방법으로 생산된다. 냉동추출(cryoextraction)과 냉동농축(cyroconcentration)이다. 냉동추출은 가장 비싼 방법으로 나무에 달린 사과가 얼 때까지 그대로 놓아두었다가 압착하는 방식이다. 냉동농축은 수확한 사과를 으깬 다음 사과즙을 겨우내 얼리는 방식이다. 두 방식 모두 수분(얼음 결정)과 응축된 사과즙을 분리한다. 그런 다음 풍성하고 달콤한 사과즙을 6개월간 발효시켜서 알코올 도수가 7~13%에 달하는 사이다로 만든다. 순수하고 신선한 아이스 사이다를 한 모금 마시면 갓 수확한 사과 100개를 단번에 먹는 느낌이 든다. 최상급 생산자는 네주(Neige), 도멘 피나클(Domaine Pinnacle), 클로 생드니(Clos St.Denis) 등이다.

소복한 눈을 뒤집어쓴 사과들은 곧 아이스 사이다로 변신할 것이다.

상 성장 기간이 짧다. 그러나 낮에는 태양이 꾸준히 밝게 내리쬐고 밤에는 매우 춥다. 한마디로 포도 재배에 최고의 시나리오다.

오카나간 밸리의 중심에는 빙하의 후퇴로 형성된 길고 얇으며 맑은 오카나간 호수가 있다. 오카나간 호수는 매우 깊어서 호수 바닥부터 주변 산봉우리까지의 길이가 그랜드 캐니언의 깊이보다 길다. 바로 남쪽에는 오카나간 호수와 이어진 오소유스 호수가 있다. 호수들 주변에는 과수원, 정원, 농장, 포도밭이 번창하며 대부분 벤치에 있다. 벤치는 측면 노두로 거대한 얼음조각이 녹았다 얼기를 반복하며 호수 측면을 긁어서 형성된 것이다. 겨울에는 스키 지역이 되고 여름에는 와인 산지가 된다. 특히 최상급 리슬링, 피노 누아, 메를로가 매우 훌륭하다. 카베르네 프랑은 북아메리카 최고로 여겨지며 매끈한 보디감, 검은 흙, 블랙 올리브, 소나무, 토탄 풍미로 무장한 와인이다. 페인티드 록(Painted Rock)과 버로윙 아울(Burrowing Owl)의 카베르네 프랑을 추천한다.

### 브리티시컬럼비아의 최상급 생산자

- 블루 마운틴(Blue Mountain)
- 버로윙 아울(Burrowing Owl)
- 시더크릭(CedarCreek)
- 체크메이트 아티즈널 와이너리(CheckMate Artisanal Winery)
- 클로 뒤 솔레이(Clos du Soleil)
- 하울링 블러프(Howling Bluff)
- 마틴스 레인(Martin's Lane)
- 마이어 패밀리 빈야드(Meyer Family Vineyards)
- 미션 힐(Mission Hill)
- 오로피노(Orofino)
- 오소유스 라로즈(Osoyoos Larose)
- 페인티드 록(Painted Rock)
- 팬텀 크릭(Phantom Creek)
- 퀘일스 게이트(Quails' Gate)
- 탄탈루스(Tantalus)
- 언스워스 빈야드(Unsworth Vineyards)

그러나 브리티시컬럼비아의 유리한 기후와 지형 덕분에 기온은 대체로 따뜻한 편이다. 특히 화창한 아카나간 밸리는 태평양과 꽤 가까운 편이며 태평양 연안 산맥의 뒤편에서 보호받고 있다. 강수량은 부족하다. 위도

**역사학자들에 따르면, 오카나간이란 이름은 '만날 약속'을 뜻한다. 과거에 워싱턴주의 북미 원주민과 브리티시컬럼비아의 캐나다 원주민이 만나던 장소를 일컫는 말이다.**

### 캐나다의 자산: 아이스와인

캐나다는 뼈가 시릴 정도로 추운 겨울이 안정적으로 지속되는 덕분에 매년(특히 온타리오) 아이스와인을 생산한다. 아이스와인은 단맛과 산미가 긴장감을 형성하는 천상적인 맛을 낸다. 캐나다는 세계 최고의 아이스와인 생산국이며, 캐나다 아이스와인은 전 세계적으로 팬을 거느리고 있다.

캐나다 아이스와인은 오스트리아, 독일과 마찬가지로 수 세기째 지속된 전통식으로 만든다. 나무에 달린 포도가 자연스럽게 얼 때까지 내버려 두는 것이다. 화이

트 아이스와인은 주로 리슬링이나 비달을 사용하고 레드 아이스와인은 카베르네 프랑을 사용한다. 캐나다 법적 기준에 따라 외부 온도가 -8℃ 이하일 때 얼어붙은 포도를 한 알 한 알 손으로 수확한다(굶주린 배, 코요테, 사슴, 새들이 달콤한 포도를 먼저 따먹는 일도 종종 발생한다). 언 포도를 압축하면 산도가 높고 단맛이 응축된 즙이 포도 속의 얼음과 분리되어 추출된다. 얼음은 버리고 오직 고도로 응축된 즙만 사용해서 와인을 만든다. 캐나다 아이스와인은 잔당량이 법적으로 최소 10%(그램당 100g)여야 하지만, 최대치는 정해져 있지 않기 때문에 때론 20%를 넘기도 한다.

**캐나다는 세계 1위 아이스와인 생산국이지만 아이스와인은 캐나다 와인 생산량의 5%에 불과하다. 캐나다 아이스와인의 95% 이상이 온타리오에서 생산된다.**

많은 최상급 생산자가 기후조건이 충족되는 한 아이스와인을 생산한다. 이 중 명망 높은 생산자는 이니스킬린(Inniskillin), 잭슨트릭스(Jackson-Triggs), 케이브 스프링(Cave Spring), 미션 힐(Mission Hill) 등이다. 끝으로 좋은 소식 하나를 공유하겠다. 캐나다 아이스와인은 매우 힘든 과정을 거쳐 탄생한 고품질 와인이지만 독일과 오스트리아의 아이스바인보다 훨씬 저렴하다.

### 길고 늘씬한 아이스와인 병

캐나다 아이스와인은 특이하게 길고 늘씬한 병에 담겨 있다. 이는 1980년대 말에 이니스킬린 와이너리가 처음으로 사용했던 병이다. 이니스킬린은 처음 두 빈티지(1984년, 1985년)를 맥주병에 병입했다. 그러나 공동설립자인 도널드 지랄도는 자신이 지향하는 아이스와인의 럭셔리한 이미지에 맥주병이 어울리지 않는다는 사실을 깨달았다. 이탈리아 출신인 그는 이탈리아 최고급 그라파와 엑스트라버진 올리브기름이 굉장히 독특한 모양의 병에 담겨 있다는 사실을 알고 있었다. 그렇게 해서 길고 늘씬한 이니스킬린 아이스와인 병이 탄생했다. 몇 년 지나지 않아 다른 캐나다 아이스와인 생산자들도 이니스킬린을 따라 하기 시작했다.

이니스킬린 아이스와인 병은 매우 길쭉하다.

## 위대한 캐나다 와인

### 스파클링 와인

#### 케이브 스프링(CAVE SPRING)
**블랑 드 블랑 | 논빈티지 | 브뤼 | 온타리오, 빔스빌 벤치 | 샤르도네 100%**

케이브 스프링의 슈퍼드라이 블랑 드 블랑은 풍성하고 섬세한 거품이 입안을 가득 채운다. 평범함을 뛰어넘는 레몬의 아삭함이 일부러 설탕을 넣지 않은 홈메이드 레모네이드를 연상시킨다. 또한 브리오슈와 헤이즐넛 아로마가 진동하는데 이는 33개월간 쉬르 리 숙성을 시킨 결과다. 케이프 스프링의 소유주는 1978년에 나이아가라 페닌슐라에 최초로 리슬링과 샤르도네를 심은 페나체티 가문이다. 페나체티 가문이 온타리오에 정착한 역사는 1920년대까지 거슬러 올라간다. 당시 주세페 페나체티는 고향인 이탈리아의 페르모에서 온타리오로 이주해서 나이아가라 웰랜드 운하 건설 인부로 일했다.

### 화이트 와인

#### 서티 벤치(THIRTY BENCH)
**스틸 포스트 빈야드 | 리슬링 | 온타리오, 빔스빌 벤치 | 리슬링 100%**

스틸 포스트 빈야드(Steel Post Vineyard)는 면적 1.6헥타르로 매우 작지만 굉장히 인상적인 리슬링을 만든다. 와인의 서늘한 풍미는 얼음처럼 차가운 복숭아, 배, 라임을 넣은 환상적인 과일샐러드를 연상시킨다. 짙은 광물성이 진동하며 산미의 신선한 파도가 입안에서 끊임없이 물결친다. 서티 벤치는 소량의

와인만 전문적으로 생산한다. 때론 500상자 미만만 생산하기도 한다. 서티 벤치의 리슬링 포도밭은 1980년에 심어진 것이다. 서티 벤치의 모든 포도밭은 온타리오의 빔스빌 벤치에 있다. 빔스빌 벤치는 나이아가라 에스카프먼트(급경사면)의 내리막에 있는 좁은 고원이며, 석회암과 이판암으로 구성돼 있다. 서티 벤치의 소유주인 앤드류 펠러 리미티드는 펠러 이스테이츠(Peller Estates)와 웨인 그레츠키 이스테이츠(Wayne Gretzky Estates)도 소유하고 있다.

## 퀘일스 게이트(QUAILS' GATE)
**샤르도네 | 브리티시컬럼비아, 오카나간 밸리 | 샤르도네 100%**

캐나다 샤르도네는 기분 좋은 산미가 잔잔하게 물결친다. 케일스 게이트의 샤르도네도 레몬 껍질, 오렌지 마멀레이드, 배 퓌레 풍미가 잔물결처럼 일렁인다. 이런 짜릿한 신선함과 동시에 가벼운 크림질감도 느껴진다. 스튜어트 가문은 1908년에 오카나간 밸리에서 농

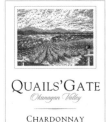

사를 시작했다. 1961년에 포도밭을 개간했는데 현지 농가 중 가장 먼저 포도 재배로 옮겨 간 케이스다. 그로부터 약 20년 후 퀘일스 게이트 와이너리를 설립했다.

## 레드 와인

### 맬리보어(MALIVOIRE)
**가메 | 온타리오, 나이아가라 에스카프먼트, 나이아가라 페닌슐라 | 가메 100%**

필자는 맬리보어의 가메를 마셔 보기 전까지 미국에는 매력 있는 가메가 없다고 믿었다. 그러나 바로 이곳에 있었다. 보졸레의 서늘함, 다즙함, 활기찬 신선함을 지닌 자홍색 가메다. 크랜베리와 복숭아의 왕성한 과일 풍미 사이에 약간의 백후추 풍미가 섞여 있다. 여름에 그릴을 데우고 이 가메 와인을 살짝 칠링해서 준비하면 완벽하다. 맬리보어의 소유주인 마틴 맬리보어는 <크리스마스 스토리>, <헤어스프레이> 등 다양한 할리우드 영화의 특수효과 감독이었다.

## 도멘 케일러스(DOMAINE QUEYLUS)
**레제르브 뒤 도멘 | 카베르네 프랑 | 온타리오, 나이아가라 페닌슐라 | 카베르네 프랑 95%, 메를로**

서늘한 온타리오에서 자란 카베르네 프랑은 또 다르게 서늘한 기후의 카베르네 프랑인 루아르 밸리의 시농을 떠올리게 한다. 도멘 케일러스의 카베르네 프랑이 대표적 예다. 마치 사이먼 앤 가펑클 음악의 와인 버전 같다. 처음에는 파슬리, 세이지, 로즈메리, 타임 풍미가 폭발하다가 다크초콜릿, 파이프 담배, 에스프레소 풍미로 마무리되면서 환상적이고 복합적인 풍미층을 완성한다. 도멘 케일러스는 2010년에 질 슈발리에가 몇몇 투자자와 함께 설립했다. 양조장 이름은 가브리엘 튀비에르 드 르비 드 퀘일러스의 이름을 딴 것이다. 그는 17세기에 프랑스에서 퀘벡으로 이주해서 온타리오 곳곳에 신학대학을 설립한 성직자다.

## 버로윙 아울(BURROWING OWL)
**카베르네 프랑 | 브리티시컬럼비아, 아카나간 밸리 | 카베르네 프랑 100%**

버로윙 아울은 1998년에 오소유스 호수의 북쪽 끝자락에 있는 남서향 모래 고원에 세워졌다. 소유주인 짐 와이스는 초창기부터 시라, 메를로, 카베르네 프랑으로 레드 와인을 전문적으로 생산했다. 세 와인 모두 깊고 풍성하지만, 필자는 버로윙 아울의 카베르네 프랑을 가장 선호한다. 어두운 향신료, 제비꽃, 타바코, 구운 후추 같은 감칠맛과 풋풋함이 일품이다. 카베르네 프랑은 카베르네 소비뇽처럼 자신을 과시하지 않지만, 고요한 강렬함이 있다. 캐나다의 추운 겨울밤, 천천히 구운 고기 요리와 잘 어울리는 와인이다.

### 캐나다의 VQA 승인

캐나다 최상급 와인 대부분은 정부가 인증한 VQA 마크가 찍혀 있다. VQA는 'Vintners Quality Alliance(양조자 품질 동맹)'의 약자다. 이 인증 마크는 전문가가 해당 와인을 시음했으며, '캐나다 양조자 및 재배자(Canadian vintners and growers)' 이사회가 요구하는 기준을 충족시켰음을 의미한다.

## 오소유스 라로즈(OSOYOOS LAROSE)

**르 그랑 뱅 | 브리티시컬럼비아, 오카나간 밸리 | 메를로 60%, 카베르네 프랑 10%, 카베르네 소비뇽, 프티 베르도, 말베크**

와인이 다크초콜릿과 체리 풍미를 모두 지녔다면, 그건 좋은 와인이란 뜻이다. 오소유스 라로즈의 르 그랑 뱅(Le Grand Vin)은 보르도 라이트 뱅크의 와인과 포도 품종 구성이 같으며 서로 같은 와인이라고 생각해도 무방할 것이다. 파워, 섬세한 타닌감, 스카치와 토탄지를 연상시키는 어둡고 스모키한 흙 풍미를 지닌다. 오소유스 라로즈는

1998년 그룹 타이앙이 설립했다. 그룹 타이앙은 보르도의 생 줄리앙 AVA에 있는 샤토 그뤼오 라로즈(Château Gruaud Larose)의 소유주다. 포도밭에는 보르도 품종만 심었으며, 위치는 장엄한 오소유스 호수 옆의 암석 산비탈이다. 오소유스 호수는 오카나간강을 통해 오카나간 호수와 이어져 있다. 오소유스는 캐나다 원주민 단어인 'swiws'에서 유래한 이름으로 현지 오카나간어로 '물줄기가 좁아진다'는 뜻이다.

## 페인티드 록(PAINTED ROCK)

**레드 아이콘 | 브리티시컬럼비아, 스카하 벤치, 오카나간 밸리 | 메를로 55%, 카베르네 프랑 15%, 카베르네 소비뇽 10%, 말베크, 프티 베르도**

보르도 품종으로 만든 오카나간 레드 와인은 보르도와 나파 밸리의 중간쯤 위치한다. 페인티드 록이 대표적 예다. 뛰어난 균형감, 신선함, 타닌감은 보르도 와인을 연상시킨다. 그런데 코코아, 다크초콜릿, 카페오레 풍미와 입안을 가득 메우는 풍성함은 나파 밸리 와인의 특징을 그대로 빼닮았다. 페인티드 록스의 소유주는 증권중개인이었던 존 스키너다. 2004년 그는 아내인 트리시와 함께 한때 영연방 최대 살구 과수원이었던 휴한지를 매입했다. 스키너는 현장에서 발견한 500년 된 상형문자를 본떠 포도밭과 양조장 이름을 페인티드 록이라 지었다.

## 스위트 와인

## 잭슨트릭스(JACKSON-TRIGGS)

**JT | 비달 아이스와인 | 리저브 | 온타리오, 나이아가라 페닌슐라 | 비달 100%**

비달은 아이스와인이 되고서야 비로소 와인으로서의 진짜 운명을 찾았다. 리슬링을 제외하고 비달처럼 감각적인 아이스와인을 만드는 품종은 없다. 잭슨트릭스의 비달 리저브 아이스와인은 시럽 같은 단맛이 용암처럼 흐른다. 단맛이 서서히 흐르지만, 산미 덕분에 굉장한 생동감이 느껴진다. 또한 살구와 밀감 풍미가 와인을 관통하며 빠르게 고동친다. 이런 와인은 잔을 쉽게 내려놓지 못하게 만든다. 잭슨트릭스는 1980년대 말에 설립됐으며 스위트 와인은 물론 드라이 와인도 출시한다. 두 명의 공동설립자는 이후에도 북미에 수많은 와이너리를 구매했으며 세계 최대 와인 회사인 빈코(Vincor)를 설립하기에 이른다. 빈코는 이후 컨스틸레이션 브랜즈에 매각된다. 현재 잭슨트릭스의 소유주는 온타리오 티처스 펜션 플랜(Ontario Teachers' Pension Plan)이다. 이 교사들은 분명 사과보다 와인을 선호하는 타입일 것이다.

## 이니스킬린(INNISKILLIN)

**카베르네 프랑 아이스와인 | 온타리오, 나이아가라 페닌슐라 | 카베르네 프랑 100%**

깊은 풍미와 심오한 복합미를 지닌 이니스킬린 아이스와인은 지구상에서 가장 감미로운 스위트 와인이다. 스파클링 아이스와인 2종을 포함해 총 여섯 가지 종류가 있지만, 필자는 카베르네 프랑 아이스와인을 선택했다. 이 와인은 설탕과는 다른 달콤한 맛과 복합미를 지녔으며 장미꽃잎, 야생 라즈베리, 석류, 딸기잼, 생강 풍미를 띤다. 질감은 굉장히 크리미하고 실키하

다. 카베르네 프랑처럼 타닌 함량이 높은 품종으로 이처럼 우아한 아이스와인을 만들기란 결코 쉽지 않다. 그러나 이니스킬린 와인은 넋을 잃을 정도로 황홀하다. 이니스킬린은 1975년에 도널드 지랄도와 칼 카이저가 설립했으며, 브리티시컬럼비아와 온타리오에서 드라이 와인과 스위트 와인을 만든다. 본래 와이너리 용지는 1800년대에 제임스 쿠퍼 대령의 소유지였는데 그가 이끌었던 아일랜드 이니스킬링(Inniskilling) 화승총 부대의 이름을 따서 붙였다. 와이너리 소유권은 아테라 와인스 캐나다(Arterra Wines Canada)에서 온타리오 티처스 펜션 플랜에 넘어갔다. 후자는 세계에서 가장 크고 성공적인 연금기금이다.

# MEXICO

아메리카대륙 최초의 주요 와이너리가 멕시코에 있었는지 모르지만 멕시코에는 1500년대 중반부터 와이너리가 존재했다. 멕시코의 소규모 와인산업은 캘리포니아와 텍사스 와인산업의 전신이다.

크리스토퍼 콜럼버스의 두 번째 항해에서 유럽 식민지 개척자들은 서인도 제도와 아메리카대륙에 씨앗, 나뭇가지, 종축용 가축을 가져왔다. 그들은 서인도 제도에서 포도, 올리브, 밀, 대마 등 주요 작물을 길들여서 재배하려고 노력했지만 사탕수수를 제외하고 모두 실패로 돌아갔다. 그러나 아메리카대륙은 달랐다. 특히 멕시코의 건조하고 화창한 내륙에서 포도나무와 올리브나무 모두 무성하게 자랐다.

멕시코의 초창기 와인산업은 리스탄 프리에토 품종과 함께 시작했다. 리스탄 프리에토는 페르디난드 왕과 이사벨라 여왕(콜럼버스의 후원자)의 고향이자 정치적 요충지인 스페인 카스티야라만차의 적포도 재래종이다. 그러나 이후의 스페인 군주들은 모국을 위협하는 경쟁자가 될지도 모르는 신세계를 경계하며 멕시코에 포도나무와 올리브나무를 심는 것을 금지했다. 그러나 멕시

## 멕시코 와인 맛보기

멕시코는 아메리카대륙 최초로 소규모 와인산업이 발달한 나라다. 멕시코의 와인 양조 역사는 무려 1500년대 중반으로 거슬러 올라간다.

---

멕시코에는 수십 종의 포도 품종이 자란다. 샤르도네, 소비뇽 블랑, 카베르네 소비뇽, 네비올로(현지명) 등이 있다.

---

멕시코 최고의 와인 산지는 미국 캘리포니아주 바로 남쪽에 있는 바하칼리포르니아주다.

코 북부의 외딴 지역에 있는 와이너리들은 스페인 감시를 피해 살아남아서 지속으로 번창했다. 그중 두 와이너리가 현재까지 남아 있다. 바로 1593년에 설립된 보데가스 델 마르케스 데 아과요(Bodegas del Marqués de

멕시코 코아우일라주의 파라스 데 라 푸엔테('포도나무 분수'라는 뜻) 마을은 1500년대 말부터 포도밭을 경작했다.

1597년에 설립된 카사 마데로의 포도밭에 성모 마리아 성지가 있다.

Aguayo)와 1597년에 설립된 카사 마데로(본래 산 로렌조였음)다. 후자는 산타 마리아 데 라스 파라스('성모 마리아의 포도나무'라는 뜻) 마을에 있으며, 스페인이 마을을 발견했을 당시 무성하게 자라던 토종 야생 포도나무를 보고 지은 이름이다.

필자도 많은 와인 애호가처럼 멕시코 와인이 저렴하고 조잡할 것으로 생각했다. 물론 그런 와인도 있다. 그러나 1990년대 초반 몬테 사닉(Monte Xanic), 산토 토마스(Santo Tomás), L.A. 세토(L.A. Cetto) 등 이미 성공적으로 자리 잡은 기업형 와인 양조자 무리는 소리 소문도 없이 매우 좋은 와인을 소량씩 생산하기 시작했다.

멕시코의 포도밭 면적은 73㎢(7,300헥타르) 이상이며 와인 산지는 크게 세 구역으로 구성된다. 첫째, 북서부의 바하칼리포르니아(Baja California)는 미국 캘리포니아의 바로 남쪽에 있다. 둘째, 중북부의 코아우일라(Coahuila)와 치우아우아(Chihuahua)는 미국 텍사스와 뉴멕시코의 바로 남쪽에 있다. 셋째, 중부의 사카테카스(Zacatecas), 아과스칼리엔테스(Aguascalientes), 과나후아토(Guanajuato), 케레타로(Querétaro), 산 루이스 포토시(San Luis Potosí)다. 이 세 지역의 전체 와인 생산량의 50% 이상이 바하에서 생산된다.

바하칼리포르니아는 길이 1,629km의 바하반도 북부 자리에 있다. 광물이 풍부한 시에라스 데 바하칼리포르니아산맥이 바하반도를 세로로 가로지르고 있다. 모든 포도밭은 산맥 서쪽의 건조한 계곡에 몰려 있다. 이곳은 지중해성 기후를 띠며 태평양의 차가운 기류가 거대한 에어컨처럼 포도밭 열기를 식혀 준다. 주요 계곡들은 태평양 항구도시인 엔세나다 부근에 있다. 미식의 도시인 엔세나다는 랍스터 튀김을 핸드메이드 토르티야에 감싼 피시 타코로 유명하다.

주요 계곡들은 과다루페(Guadalupe), 산 안토니오(San Antonio), 오호스 네그로스(Ojos Negros), 산토 토마스(Santo Tomás), 산 빈센테(San Vicente), 이야노 콜로라도(Llano Colorado) 등이다. 이 중 과다루페 계곡은 멕시코의 '나파 밸리'에 가장 가깝다. 과다루페 계곡의 루타 델 비노('와인 길'이란 뜻)에는 와이너리가 100개 이상 줄지어 있으며 이 중 일부는 전위적인 레스토랑(특히 라하의 음식은 환상적이다)과 작은 농장처럼 생긴 호텔(아도베 과달루페는 영적 안식처다)을 함께 운영한다. 그러나 와이너리 수가 산업 규모로 직결되진 않는다. 부티크 와이너리 중에는 양조시설이 없어서 구매한 포도로 다른 양조장에서 와인을 만드는 경우가 많기 때문이다. 이 소규모 와이너리들은 대부분 라 에스쿠엘리타('작은 학교'라는 뜻)의 결과물이다. 라 에스쿠엘리

태평양 랍스터는 바하칼리포르니아 연안의 엔세나다의 특산물이다.

타는 직업학교 겸 와인 훈련소로, 멕시코에서 가장 열정적인 와인 학자이자 카사 데 피에드라 와이너리 소유주인 우고 다코스타가 현지 주민들에게 수제 와인 양조법을 가르친다.

과달루페 계곡은 관개시설 덕분에 푸른 포도밭이 여기저기 흩어져 있다. 상당히 건조한 지역이라서 만약 관개시설이 없었다면 사막형 관목과 수풀밖에 없었을 것이다. 토양은 두 구역이 확연한 차이를 보인다. 한 곳은 굉장히 황량한 모래 토양이며 강 계곡이 말라서 생긴 강바닥 부근이다. 나머지는 천 년 전 산맥에서 흘러내린 화강 풍화토로 구성돼 있다. 두 구역 모두 토양에 염분기가 있어서 와인의 풍미에 독특한 광물성이 묻어난다.

과다루페 계곡의 포도는 이상할 정도로 품종이 다양하다. 카베르네 소비뇽, 템프라니요, 네비올로가 3대 주요 품종으로 알려졌지만, 공식적인 통계는 구하기 힘들다. 이 밖에도 적포도는 시라, 메를로, 카베르네 프랑, 말베크, 피노 누아, 무르베드르, 그르나슈, 프티트 시라 등이 있다. 청포도는 소비뇽 블랑, 샤르도네, 비오니에, 슈냉 블랑 등이 있다.

멕시코 '네비올로'에 관해 간단히 설명하고 넘어가겠다. 네비올로 와인의 맛은 훌륭하다. 그런데 포도송이와 잎의 형태 그리고 와인의 특징이 피에몬테의 네비올로와 다르다(이 글을 쓰는 시점에서 포도의 정체를 밝힐 DNA 분석이 시행되지 않았다). 멕시코의 일류 와인 학자들은 멕시코 네비올로가 단일 품종이 아니라 이탈리아 와인 양조자 에스테반 페로(산토 토마스 와이너리)가 2차 세계대전 이후 멕시코로 들여온 여러 품종일 것으로 추정한다. 페로가 들여온 꺾꽂이용 나뭇가지들은 베라크루스 항구에 장기간 갇혀 있었다. 그러면서 인식표가 젖거나 찢어져서 결국 소실됐다. 이후 나뭇가지들을 네비올로라는 이름으로 뭉뚱그려서 심은 것이다. 멕시코 와인은 그럭저럭 괜찮은 수준부터 뛰어난 구조감과 강렬함을 갖춘 와인까지 광범위하다. 대부분의 최상급 와인은 생산량이 제한적이지만, 애써서 구할 만한 가치가 있다. 예를 들어 라 카로디야(La Carrodilla)의 템프라니요는 강력한 흙 풍미와 아름답고 긴 피니시를 가졌다. 또한 아도베 과달루페(Adobe Guadalupe)의 네비올로/카베르네 소비뇽 레드 와인은 4대 대천사 중 한 명인 라파엘(Rafael)이란 이름을 가졌으며, 풍성함과 높은 만족감을 선사한다.

## 멕시코의 최상급 생산자

- 아도베 과달루페(Adobe Guadalupe)
- 라 카로디야(La Carrodilla)
- 로스 세드로스(Los Cedros)
- 두오마 비노스 멕시카노스(Duoma Vinos Mexicanos)
- 두란드 비티쿨투라(Durand Viticultura)
- 라 로미타(La Lomita)
- 라스 누베스(Las Nubes)
- 몬테 사닉(Monte Xanic)
- 비녜도스 데 라 레이나(Viñedos de la Reina)
- 비노스 레추사(Vinos Lechuza)

마르가리타가 와인에게 자리를 양보해야 할 시간이 왔다.

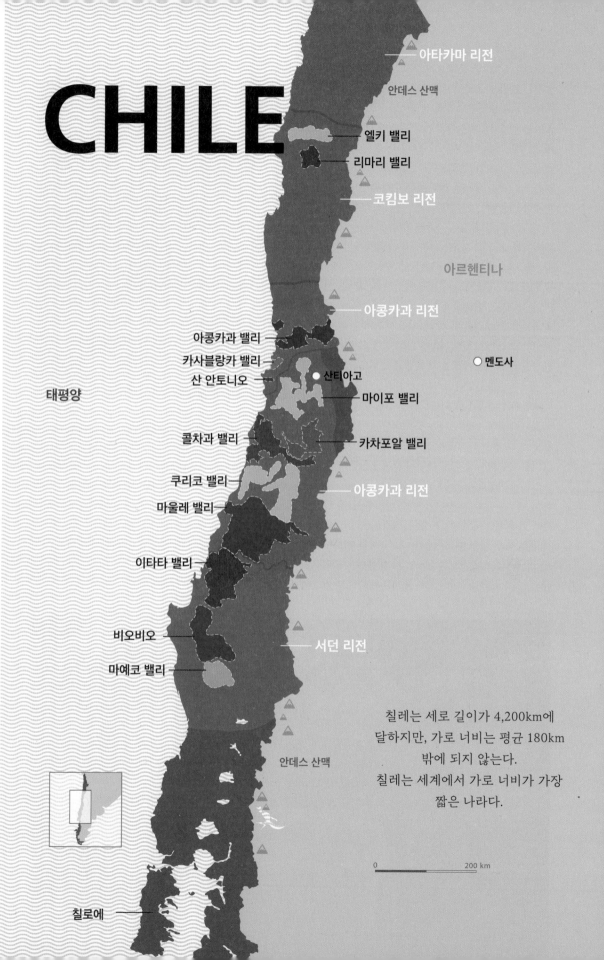

# CHILE

아타카마 리전

안데스 산맥

엘키 밸리

리마리 밸리

코킴보 리전

아르헨티나

아콩카과 리전

아콩카과 밸리

카사블랑카 밸리

산 안토니오

멘도사

산티아고

마이포 밸리

콜차과 밸리

카차포알 밸리

쿠리코 밸리

아콩카과 리전

마울레 밸리

태평양

이타타 밸리

비오비오

서던 리전

마예코 밸리

칠레는 세로 길이가 4,200km에
달하지만, 가로 너비는 평균 180km
밖에 되지 않는다.
칠레는 세계에서 가로 너비가 가장
짧은 나라다.

안데스 산맥

0          200 km

칠로에

칠레는 완벽한 고립 상태에 있다. 서쪽에는 태평양, 동쪽에는 거대한 안데스산맥, 북쪽에는 안타카마 사막, 남쪽에는 약 640km 거리의 바다 너머에 남극 빙하가 있다. 이처럼 사방이 장벽으로 둘러싸인 칠레의 세로 길이는 4,200km지만, 가로 너비는 평균 180km밖에 되지 않는, 세계에서 너비가 가장 좁은 나라다.

이처럼 가공할 만한 자연 경계 안에 포도와 여러 작물에 매우 적합한 환경이 자리를 잡았다. 밝은 태양이 내리쬐어 따뜻하고 건조한 날씨는 지중해를 연상하게 한다. 게다가 지리적으로 고립된 덕분에 포도 해충과 질병 피해가 거의 없어 유기농법은 쉽고 합리적인 선택이 된다. 즉, 포도 재배에 매우 이상적인 환경이며, 포도밭과 노동비도 예전만큼은 아니지만 여전히 합리적인 수준이다. 칠레는 이처럼 괜찮은 와인을 만들기 매우 쉬운 환경을 바탕으로 세계 최고의 밸류 와인(value wine) 생산국 반열에 올랐다.

칠레는 저렴한 와인을 기반으로 남부럽지 않은 수출 제국을 구축했다. 1980년에는 칠레 와인의 2% 미만이 수출됐다. 그러나 2020년에 칠레의 와인 수출액은 150억 달러로 상승했다. 칠레의 최대 수출시장은 미국과 영국이었는데 현재는 중국으로 바뀌었다. 수출된 와인은 대부분 매우 저렴한 와인이다. 이처럼 소비자들은 12달러짜리 칠레 와인에 익숙해져 있다. 그런데 50달러를 소비할 준비가 된 와인 애호가들을 와인숍이나 웹사이트에서 칠레 섹션으로 가도록 설득할 수 있을까? 아무도 모른다. 그러나 남아메리카 와인 세계는 변화하고 있으며

고급 와인도 갈수록 영향력이 커지고 있다.

칠레 최초의 유럽 품종(비티스 비니페라)은 16세기 중반에 스페인 선교사와 정복자들이 심은 스페인 품종이다. 그들은 씨앗과 나뭇가지를 스페인에서 칠레로 바로 가져오거나 멕시코나 페루를 거쳐 들여왔다(아래쪽의 '남아메리카 최초의 포도' 참조). 주된 품종은 리스탄 프리에토였으며 이는 아메리카 전 대륙의 와인산업 기반을 마련한 포도였다.

스페인은 칠레에 역사·정치적 지배력을 행사했지만, 정

카사블랑카 계곡 부근의 마테틱 와이너리의
생물역학농법 포도밭에 알파카가 노닐고 있다.

작 칠레 와인은 프랑스의 영향을 가장 많이 받았다. 19세기 중반, 부유한 칠레 지주와 광산업자들은 자신의 부를 과시하기 위해 보르도의 웅장한 샤토를 본뜬 와인 양조장을 건설했다. 칠레 포도밭에는 주로 프랑스 품종을 수입해서 심었는데, 주로 카베르네 소비뇽, 메를로, 카르메네르였다. 참고로 당시에 카르메네르는 알려지지 않은 품종이었으며, 칠레에서는 강세 없이 표기한다. 그리고 프랑스 와인 양조자들을 되는대로 고용했다. 때마침 19세기 후반에는 치명적인 필록세라가 프랑스 포도밭을 초토화해 버리자 하루아침에 일자리를 잃은 프랑스 양조자들을 칠레로 불러들이기 쉬워졌다. 필록세라는 거의 모든 와인 생산국의 포도밭을 황폐하게 만들었지만, 칠레에는 단 한 번도 발병하지 않았다(578페이지의 '필록세라의 수상한 부재' 참조).

20세기, 칠레 와인은 대체로 단순하고 평범했다. 정치 불안정, 관료주의 장벽, 높은 세금, 저임금, 저렴한 와인에 만족하는 현지 소비자 등 상황이 칠레 와인 양조자들의 발목을 잡고 의욕을 꺾었다.

1980년대 후반부터 1990년대에 정치, 경제, 사회 변화와 함께 칠레 와인산업에 대대적인 국내외 투자가 이루어졌다. 20년도 채 지나지 않아, 소박한 와인 생산국이었던 칠레는 고급 와인 생산국으로서의 잠재성을 드러냈다. 칠레에 투자하거나 합작회사를 만든 와인 가문을 살펴보면 스페인의 토레스 가문, 나파 밸리의 후니스 가문과 몬다비 가문, 보르도의 로칠드 가문(샤토 라피트 로칠드, 샤토 무통 로칠드)의 와인 양조자들이 있다.

## 칠레 대표 와인

### 대표적 와인

| |
|---|
| **카베르네 소비뇽, 카베르네 블렌드** - 레드 와인 |
| **카르메네르** - 레드 와인 |
| **샤르도네** - 화이트 와인 |
| **메를로** - 레드 와인 |
| **소비뇽 블랑** - 화이트 와인 |
| **시라** - 레드 와인 |

### 주목할 만한 와인

| |
|---|
| **카리냥** - 레드 와인 |
| **생소** - 레드 와인 |
| **파이스(크리오야 치카)** - 레드 와인 |
| **피노 누아** - 레드 와인 |

## 남아메리카 최초의 포도

스페인이 16세기에 남아메리카에 가져온 비티스 비니페라 포도들과 이 오리지널 품종들의 결실로 아메리카대륙에서 태어난 포도들은 모두 크리오야(스페인어로 '크리올'을 뜻함) 그룹에 속한다. 크리오야 그룹 중 일부는 리스탄 프리에토 적포도처럼 선교사와 정복자들이 스페인에서 직접 가져와서 남아메리카 각국에 차례로 전파됐다. 나머지 크리오야 포도들은 유럽 품종들의 자연교잡으로 남아메리카에서 태어났다. 칠레에서는 리스탄 프리에토를 크리오야 치카(Criolla Chica, '크리오야 소녀'라는 뜻)라 불렀으며, 이후 파이스(País)로 바꿔 불렀다. 페루에서는 네그라 크리오야(Negra Criolla)라고 알려져 있으며, 볼리비아에서는 미시오네라(Missionera)라고 한다. 멕시코에서는 초창기 선교단이 심은 리스탄 프리에토를 미시온(Misión)이라 불렀다. 캘리포니아, 텍사스, 뉴멕시코에서도 이와 비슷하게 미션(Mission)이라 부른다. 몇몇 크리오야 후손들이 아르헨티나에서 탄생했다. 세레사(Cereza)는 리스탄 프리에토와 알렉산드리아 뮈스카의 자연 교잡종이다. 후자도 초기에 스페인에서 들어온 품종이다. 크리오야 그란데(Criolla Grande, '큰 크리올'이란 뜻)도 아르헨티나에서 태어났는데, 부모는 알려지지 않았다. 토론테스 리오하노(Torrontés Riojano), 토론테스 멘도시노(Torrontés Mendocino), 토론테스 산후아니노(Torrontés Sanjuanino) 등 세 크리오야 품종도 아르헨티나에서 시작됐다. 토론테스 리오하노와 토론테스 산후아니노는 세레사와 마찬가지로 리스탄 프리에토와 알렉산드리아 뮈스카의 자연 교잡종이다. 토론테스 멘도시노는 알렉산드리아 뮈스카와 미상인 포도의 교잡종이다.

## 필록세라의 수상한 부재

이 책을 집필하는 시점까지 칠레 포도밭은 단 한 번도 치명적인 필록세라의 희생자가 된 적이 없다. 19세기 중반부터 말까지 전 세계 포도밭을 초토화해 버린 필록세라의 공격을 피해 간 것이다. 칠레는 사실상 주요 와인 산지 중 유일하게 필록세라가 존재하지 않는 나라다. 미국 일부 지역(워싱턴주), 아르헨티나와 호주 일부 지역처럼 필록세라가 없는 지역도 있긴 하다. 칠레에 필록세라가 부재했다는 것은 칠레가 접목하지 않은 포도나무 고목의 방대한 저장고임을 의미한다. 1860년대 이전에 유럽 포도밭에 심은, 접목하지 않은 포도나무와 똑같은 것이다. 칠레가 어떻게 필록세라의 공격을 피해 갔는지 정확히 파악하긴 어렵다. 그러나 지리적 고립, 건조한 토양, 역사적인 담수관개 활용, 엄격한 검역 조치 등이 분명 일조했다. 오늘날 칠레에서는 필록세라가 없는데도 대목에 새 포도나무를 접목하기도 한다. 대목이 여러모로 유익하기 때문이다. 예를 들어 가뭄이 점점 심해지는 가운데 대목은 가뭄에 대한 저항력이 있다.

그러나 칠레 와인의 평판을 높이는 데 가장 큰 공을 세운 외부인은 바로 프랑스 여성 알렉산드라 마르니에 라포스톨(Alexandra Marnier Lapostolle)일 것이다. 그녀의 가족은 당시 유명한 프랑스 리큐어 회사인 그랑 마르니에의 소유주였다. 1994년 마르니에 라포스톨은 콜차과(Colchagua) 계곡에 땅을 매입한 후, 라포스톨 와이너리의 와인을 세계적 수준으로 끌어올리기 위해 유명한 국제 와인 양조 컨설턴트인 미셸 롤랑을 고용했다.

같은 시기에 칠레의 역사적인 대형 와인 회사인 코우시뇨마쿨(Cousiño-Macul), 콘차 이 토로(Concha y Toro), 에라수리스(Errázuriz), 산타 리타(Santa Rita), 운두라가(Undurraga) 등은 큰돈을 투자해서 와이너리를 현대화하고 최첨단 장비와 프랑스, 미국 오크 배럴을 구비했다. 이런 노력만으로 위대한 와인이 만들어지는 건 아니지만 역량이 차츰 축적되기 시작했다.

비슷한 시기에 새로운 타입의 와이너리가 등장하기 시작했다. 칠레가 소박한 일상용 와인 이상의 수준에 도달할 수 있다고 확신하는 현지인들이 소규모 와인 양조장을 설립하기 시작한 것이다. 몬테스(Montes)가 가

칠레에서 아주 인상적인 와이너리 중 하나인 클로스 아팔타의 원형 배럴 저장고에서 여러 빈티지의 카르메네르 와인이 숙성되고 있다.

장 좋은 예다. 몬테스는 값비싼 알파 M(Alpha M)이라는 카베른 베이스의 블렌드 와인을 만드는 최상급 생산자로 성장했다.

끝으로 칠레의 현대 와인산업을 형성하는 또 다른 주자가 있다. 바로 독립적인 소규모 재배자로 생소, 카리냥 등 대기업의 관심을 벗어난 품종 위주로 몇천 박스 정도만 와인을 생산한다. 2009년 이러한 소규모 재배자들이 모여서 MOVI(Movimiento de Viñateros Independientes, 독립적 와인 양조자 운동)를 결성했다. 이들은 단순하고 소박한 와인부터 국제 와인 비평가의 관심을 받는 와인까지 다양하게 생산한다.

## 사막의 증류주

필자는 칠레를 몇 차례 방문하면서 매일 저녁을 피스코 사워(pisco sour)로 시작하는 건 문화적 필수라고 느꼈다. 피스코는 16세기에 스페인 정착민이 개발한 칠레의 전통주이며 수많은 창조적인 칵테일의 베이스로 사용되고 있다. 17세기 중반 칠레는 주요 피스코 생산국이 되었다. 칠레는 알렉산드리아 뮈스카, 페드로 시메네스, 크리오야 품종 토론텔(모스카텔 아마리요) 포도를 증류해서 피스코를 만든다. 법적으로 피스코에 사용할 포도는 코킴보, 아타카마처럼 북부 지역의 고도가 높고 사막 같은 지역에서 재배해야 한다. 이 지역에서는 여전히 녹은 눈을 관개수로 활용한다. 아타카마 사막의 일부 지역은 측정이 가능할 만큼의 강수가 내린 적이 없다.

## 땅과 포도 그리고 포도원

칠레의 주요 와인 산지는 안데스산맥 반대편에 있는 아르헨티나의 고도가 높은 포도밭과는 달리 훨씬 낮은 고도에 있으며 바다에 비교적 가까운 편이다. 태평양의 홈볼트 해류 덕분에 남극 해역의 차가운 물과 기류가 해안을 따라 위로 흐르기 때문에 칠레의 주요 와인 산지는 극심한 더위에 시달리는 경우가 드물며 여름밤에도 대체로 서늘하다. 실제로 카사블랑카, 서던 지역처럼 서늘한 지역의 경우 수확시기가 매우 추워서 모두 플리스 조끼를 입고 다닌다.

칠레의 주요 와인 산지의 포도밭은 이처럼 태평양이 열기를 식혀 주고 코스타산맥(Cordillera de la Costa)이 혹독한 해양성 기후를 막아 준다. 고도가 낮고 해안 바로 안쪽에 있는 산맥이다. 코스타산맥은 남쪽으로 이타타, 바오바오, 말레코 지역에 이를 때쯤 거의 없어지기 때문에 포도밭이 변덕스러운 태평양 기후에 그대로 노출된다.

칠레의 포도밭 면적은 2,100㎢(21만 헥타르)이며, 다섯 개 주요 DO(Denominaciones de Origen) 구역에 500여 개 와이너리가 있다. 다섯 개 DO를 북부에서 남부 순서로 나열하면 다음과 같다.

### 아타카마(Atacama)

**코킴보(Coquimbo)** 엘키 밸리(Elqui Valley), 리마리 밸리(Limari Valley)

**아콩카과(Aconcagua)** 카사블랑카(Casablanca), 산 안토니오(San Antonio)

**센트럴 밸리(Central Valley)** 마이포(Maipo), 카차포알(Cachapoal), 콜차과(Colchagua), 쿠리코(Curico), 마울레(Maule)

**서던 리전(Southern Regions)** 이타타(Itata), 비오비오(Bio-Bio), 마예코(Malleco)

전통적인 DO 구역은 중심부의 아콩카과와 센트럴 밸리다. 두 구역은 역사적인 칠레 와인의 중심지며 현재 칠레 최고의 와인 지구들도 이곳에 있다.

아콩카과는 안데스산맥에서 가장 높은 아콩카과 산의 이름을 딴 것이다. 비교적 따뜻한 아콩카과 밸리, 연안에 가깝고 서늘한 카사블랑카 밸리와 산 안토니오 밸리, 산 안토니오 밸리 안에 있는 레이다 밸리가 아콩카과 DO에 속한다. 참고로 아콩카과 밸리에는 칠레에서 가장 유망한 와인 생산자인 에라수리스(Errázuriz)가 있다. 1990년대 카사블랑카는 칠레 최초의 서늘한 포도 재배지로 주목받기 시작했으며 와이너리 수십 곳이 들어서면서 아삭한 소비뇽 블랑, 가벼운 샤르도네와 피노 누아를 생산했다.

센트럴 밸리는 칠레의 수도 산티아고의 남서쪽에 있다. 안데스산맥과 코스타산맥 사이에 있는 비교적 평평하고 비옥한 땅으로 밀, 옥수수, 콩, 견과류, 과일, 사탕무 등 다양한 작물이 재배된다. 포도밭은 자연스럽게 덜 비옥한 산비탈에 있다.

## 칠레의 포도 품종

### 화이트

◇ **샤르도네**
소비뇽 블랑과 함께 가장 중요한 2대 청포도 품종에 속한다. 품질도 좋고 마시기 편한 와인을 주로 만들며 복합적인 와인도 소량 만든다.

◇ **소비뇽 블랑**
주요 품종이다. 풋풋한 허브 풍미의 신선한 와인을 많이 만든다.

### 레드

◇ **카베르네 소비뇽**
칠레의 주요 품종이다. 벌컥벌컥 마시기 좋은 와인부터 상당히 훌륭한 와인까지 온갖 스타일의 와인을 만든다. 보통 카르메네르, 메를로와 혼합해서 칠레의 최상급 와인을 만든다.

◇ **카리냥, 생소**
생산량이 적다. 그러나 독립적인 소규모 와인 생산자들이 오래된 카리냥과 생소 포도나무의 과실로 수제 와인을 만든다.

◇ **카르메네르**
19세기 후반쯤 보르도에서 칠레로 들여온 품종이며 현재 소량만 존재한다. 칠레의 시그니처 품종으로 여겨진다. 최상급 와인은 풋담배, 세이지, 커피, 가죽, 민트초콜릿 등 고급스러운 풍미를 띤다.

◇ **메를로**
칠레에서 카베르네에 이어 두 번째로 많이 재배하는 고급 와인용 포도다. 주로 블렌딩 와인으로 사용한다. 단독으로 사용하면 훌륭하진 않지만 매일 밤 마시기 좋은 와인이 된다.

◇ **파이스(크리오야 치카)**
칠레의 역사적인 대량 생산용 품종이다. 16세기에 스페인에서 들여올 당시 리스탄 프리에토라고 불렸다. 현재 저그 와인용으로 널리 재배된다. 그러나 품질을 중시하는 생산자가 파이스 고목의 과실로 놀라울 정도로 좋은 와인을 만들기도 한다.

◇ **피노 누아**
보조 품종이지만 재배량이 증가하고 있다. 포도밭은 연안 주변과 남쪽의 비오비오처럼 서늘한 지역에 있다.

◇ **시라**
칠레에서 중요도가 높아지고 있다. 단독으로 사용하면 중간급 품질의 좋은 와인이 된다. 그러나 카르메네르 베이스 와인의 블렌딩 와인으로 사용할 때 가장 결과가 좋다.

센트럴 밸리는 다섯 개 주요 지구로 구성된다. 안데스에서 시작해서 서쪽의 태평양으로 흐르는 강들이 각 지구를 대략 분리한다. 다섯 개 지구는 마이포, 카차포알, 콜차과, 쿠리코, 마울레 등이다. 칠레에서 가장 상징적인 최고급 와인은 마이포 밸리와 콜차과 밸리에서 발견된다.

마이포 밸리는 산티아고 경계선 끝자락에 있다. 칠레에서 가장 오래된 와인 산지이며, 수도와의 근접성 덕분에 많은 와이너리 본사가 이곳에 몰려 있다. 콘차 이 토로(Concha y Toro), 코우시뇨마쿨(Cousiño-Macul) 등 대형 와이너리도 마이포 밸리에 있다. 후자는 거대한 동굴식 저장실과 정원사 10여 명이 상주하는 50헥타르의 정원도 함께 있는데, 주변의 시끄럽고 붐비는 도시 거리와 대조된다.

콜차과는 '칠레의 나파' 같은 곳이다. 특히 코스타산맥 안쪽에 자리 잡은 아팔타(Apalta)라는 작은 원형 계곡

### 험프리 보가트는 여기서 잠들지 않았다.

카사블랑카를 언급하지 않을 수 없다. 1940년대 모로코, 험프리 보가트와 잉그리드 버그만이 촉촉한 키스를 나누던 장면이 생각날 것이다. 그러나 잠깐! 그 카사블랑카가 아니다. 목가적인 포도밭으로 가득한 칠레의 카사블랑카는 상징적인 2차 세계대전 영화와는 아무런 관련이 없다.

칠레의 카사블랑카 밸리는 칠레의 카사블랑카 마을('흰 집'이란 뜻)에서 따온 이름이다. 이 마을은 1753년에 스페인의 페르난도 6세의 왕비인 바르바라 데 브라간사를 기리기 위해 '산타 바르바라 퀸 오브 카사블랑카(영어 명칭)'라는 이름으로 설립됐다. 시간이 지나면서 마을 이름은 카사블랑카로 축소됐다.

이 유명하다. 네옌(Neyen), 몬테스(Montes)의 알파 M(Alpha M), 클로스 아팔타(Clos Apalta) 등 칠레의 상징적인 와인도 이곳에서 생산된다. 세 와인 모두 국제 대회에서 상도 수십 차례 받았으며 평론가에게 높은 점수를 받았다.

한편 연안의 포도밭과 안데스 산기슭의 포도원이 기후와 지질 면에서 크게 다르기 때문에 칠레는 포도밭을 정의하는 데 DO를 초월하는 또 다른 기준을 도입했다. 이를 구역화(zonification)라 부른다. 칠레를 수직으로 세 구역으로 나눈다고 상상해 보자. 태평양과 가까운 서쪽 끝단은 코스타 구역(Coasta zone)이다. 안데스와 가까운 동쪽 끝단은 안데스 구역(Andes zone)이다. 두 구역 사이를 엔트레 코르디예라스(Entre Cordilleras)라 부른다. 세 구역과 DO를 모두 알아 두면 칠레의 테루아르를 이해하는 데 훨씬 도움 된다.

주요 계곡들의 최상급 포도밭은 배수성이 좋고 무른 화강암, 진흙, 편암, 화산암으로 구성돼 있다. 계곡의 가장 깊은 중심부로 들어갈수록 토양이 비옥해지며, 화강암, 양질토, 모래, 진흙으로 구성된다.

한편 주요 계곡들의 동쪽 측면에서 안데스산맥 아래쪽에 있는 포도원들은 충적선상지로 이루어져 있다. 건

## 극단으로 확산히는 포도밭

칠레의 포도밭은 위아래, 사방으로 극단까지 뻗어 있다. 해안 근처의 해발 수십 피트 높이에도 포도밭이 있으며, 해발 2,100m(7,000피트)의 칠레 북부(비녜도스 데 알코후아스) 엘키 밸리에도 포도밭이 있다. 먼 북쪽의 아타카마 사막(벤티스케로)에서도 와인이 생산되며 먼 남쪽의 남극으로 가는 길목의 추운 칠로에섬(몬테스)에서도 와인이 생산된다. 그런데 칠레 와인 양조자들은 더욱 극단으로 치닫는다. 온도가 더 낮은 장소를 찾아 더 북쪽으로, 더 높은 곳으로, 극지의 만년설을 향해 더 남쪽으로 나아간다.

조한 화강암 토양이 산에서부터 비와 개울에 쓸려 내려온 것이다. 이런 토양은 뿌리가 물을 찾아 깊숙이 침투하기 쉽다.

물과 칠레의 관계는 자주 변했다. 강우량이 매우 많고 태평양 기후에 직접적으로 노출된 서던 지역을 제외하면, 칠레는 매우 건조하다. 실제로 아콩카과와 센트럴 밸리의 모든 포도밭은 관개시설이 필요하다. 과거에는

콜차과 밸리의 유명한 아팔타 소구역에 있는 몬테스의 포도밭

### 안데스산맥

수많은 칠레 포도밭 뒤로 길이 6,900km에 이르는 세계 최장의 안데스산맥이 웅장하게 솟아 있다. 안데스산맥의 봉우리는 높이 6,700m에 이르는데 이보다 높은 산은 히말라야밖에 없다. 퇴적암의 습곡 현상으로 안데스산맥이 형성되는 과정에서 칠레의 포도밭이 있는 수려한 계곡들도 함께 생성됐다. 오늘날 칠레의 와인 산지를 방문하는 관광객들은 눈 덮인 웅장한 산봉우리가 빚어내는 장관에 감탄을 금치 못한다(안데스산맥 반대편에 있는 아르헨티나의 와인 지역도 마찬가지다).

안데스산맥에서 녹아내린 눈이 만든 강 덕분에 관개가 쉬웠다. 도도하게 흐르는 강에 도랑과 수로를 설치해서 밭에 물을 댔다. 잉카 문명이 창안한 기발한 시스템이다. 포도 생산량을 대폭 늘려서 저렴한 와인을 만들고 싶은 재배자들은 손쉽게 밭이 흥건히 잠길 정도로 물을 댈 수 있었다. 그러나 고급 와인을 만드는 경우 관수량에 미세한 조정이 필요하다. 위대한 와인을 만들려면, 높은 생산율은 피해야 한다. 무엇보다 물은 언제나 아껴야 하는 소중한 천연자원이다. 오늘날 대부분의 칠레 포도밭은 점적 관개 방식을 사용한다.

남아메리카 대륙 최고령 포도나무는 접목하지 않은 크리오야 품종이다. 최대 200년 묵은 크리오야 나무도 존재한다. 과거에 크리오야 품종은 평범하고 저렴한 저그용 와인을 만드는데 사용됐다. 그런데 최근 들어 칠레에서 크리오야가 새롭게 각광받고 있다. 특히 마울레 밸리, 이타타 지역을 중심으로 유구한 건지농법으로 재배한 크리오야 품종에 관심이 집중되고 있다. 남아메리카 포도재배 역사에 대한 자부심이 높아짐에 따라, 크리오야 수제와인을 만드는 고품질 생산자는 증가하고 있다. '새로운' 크리오야의 품질은 포도나무가 오랜 시간에 걸쳐 환경에 적응했고 수령이 높아지면서 생산율이 낮아진 사실에서 기인한 것이다.

안데스산맥의 웅장한 산봉우리는 여름에도 눈으로 뒤덮여 있다.

칠레 와인 대부분은 여섯 가지 주요 품종을 기반으로 한다. 중요한 순서대로 나열하면, 카베르네 소비뇽, 소비뇽 블랑, 메를로, 샤르도네, 카르메네르, 시라 등이다. 칠레의 카베르네 소비뇽 재배량은 두 번째로 많은 소비뇽 블랑보다 두 배나 더 많다. 칠레의 카베르네 와인은 가격이 저렴하고 마시기 쉬우며 그린 타바코 풍미를 띤다. 고가의 카베르네와 카베르네 블렌드 와인은 과일뿐 아니라 말린 허브, 오래된 와인 저장실, 낡은 책, 낡은 가죽을 연상시키는 복합적인 아로마와 풍미를 지닌다. 칠레의 소비뇽 블랑은 일반적으로 단순하고 신선하다. 카사블랑카, 레이다, 비오비오처럼 서늘한 지역에서 생산한 것이 특히 그렇다. 최상급 소비뇽 블랑은 근사한 라임, 마르멜루, 풋풋한 멜론 풍미를 띤다.

1990년대 칠레에서 샤르도네를 심은 주된 이유는 저렴한 샤르도네를 원하는 미국과 영국의 수요를 맞추기 위해서였다. 그 수요는 현재도 전 세계 곳곳에 남아 있다. 대부분의 칠레산 샤르도네는 샤르도네 애호가들이 환장하고 달려드는 와인은 아니다. 그러나 최상급 샤르도네는 분명 잘 만들어진 와인이다.

카르메네르는 재배량은 선두가 아닐지라도 명실상부한 칠레의 대표 품종이다. 프랑스 보르도 토착종으로 1960년대 칠레에 들여올 당시 '만숙형 메를로'라고 잘못 알려졌다. 실제 보르도에서도 카르메네르는 거의 익지 않아서 와인보다는 대황 주스 맛에 가까웠다. 19세기 필록세라 발발 이후 프랑스에서는 카르메네르를 거의 찾아볼 수 없게 됐다. 그러나 재배기간이 길고 따뜻한 칠레에서는 카르메네르가 번성했다.

카르메네르는 카베르네 프랑과 현재는 사실상 멸종된 그로 카베르네(Gros Caberenet) 보르도 품종의 자연 교잡종이다. 최적의 밭에서 낮은 생산율로 재배한 카르메네르는 호화스러운 질감과 로스팅한 그린페퍼, 민트초콜릿, 커피, 그린 타바코, 블랙 올리브, 세이지, 가죽, 향신료를 연상시키는 풍미와 아로마를 지닌다. 카르메네르는 산도와 타닌감이 모두 낮아서 카베르네와 블렌딩하면 기분 좋은 육중함이 가미된다. 예를 들어 네옌(Neyen)의 에스피리투 데 아팔타(Espiritu de Apalta)의 카르메네르/카베르네 블렌드 와인은 카르메네르의 신선함과 스파이시함 그리고 카베르네의 구조감과 웅장함을 동시에 지닌다.

# 위대한 칠레 와인

## 레드 와인

### 몬테스(MONTES)

**퍼플 앤젤 | 콜차과 밸리 | 카르메네르 90%, 프티 베르도 10%**

1990년대 말 소규모 와이너리로 시작한 몬테스는 칠레 와인 양조의 기준을 세우겠다는 야심 찬 목표를 세웠다. 그리고 목표는 현실이 됐다. 대표적 예가 몬테스의 퍼플 앤젤(Purple Angel)이다. 맛있고 부드러우며 다즙한 카르메네르 와인으로 제비꽃, 블루베리, 모카, 그린 페퍼콘, 담배 상자를 연상시키는 아로마와 풍미를 발산한다. 또한 먼지 쌓인 바닥, 거미줄 등 왠지 모르게 기분 좋은 오래된 와인 저장실을 닮은 향도 느껴진다. 모든 몬테스 와인의 라벨에 천사가 그려져 있는데, 위험천만한 운전 습관에도 차에 흠집 하나 내지 않는 자동차광인 파트너 중 한 명에게 헌정하는 것이다.

### 클로스 아팔타(CLOS APALTA)

**클로스 아팔타 빈야드 | 콜차과 밸리 | 카르메네르 50%, 카베르네 소비뇽, 메를로, 프티 베르도**

프랑스 그랑 마르니에 가문의 알렉산드라 마르니에 라포스톨과 그녀의 남편 시릴드 부르네는 1994년에 라포스톨(Lapostolle) 와이너리를 설립했다. 그리고 유명한 프랑스 와인 학자 미셸 롤랑의 도움을 받아 세련되고 복합적인 와인을 선보였다. 당시 칠레 와인은 대부분 마시기 쉽고 직선적이고 단순한 스타일이었다. 포도밭은 신발 모양의 화강암 산비탈로 이루어진 콜차과에 있었는데 오늘날 칠레 최고의 테루아르로 손꼽히는 장소에 속한다. 클로스 아팔타는 수년간 라포스톨 최고의 싱글 빈야드 와인이었다. 이후 클로스 아팔타라는 와이너리가 설립됐으며 현재 알렉산드라의 아들인 샤를 드 부르네가 운영하고 있다. 클로스 아팔타 와인은 야생 베리, 바닐라 빈, 달콤한 파이프 타바코, 블랙 올리브, 에스프레소, 구운 녹색 고추의 맛있는 풍미, 실크처럼 부드러운 타닌감, 순수한 쾌락을 선사한다. 무엇보다 끝없이 느리게 물결치는 피니시가 일품이다.

## 네엔(NEYEN)

**에스피리투 데 아팔타 | 콜차과 밸리 | 카베르네 소비뇽 55%, 카르메네르 45%**

네엔은 칠레 중부의 토착어로 '영혼'이란 뜻이다. 이름처럼 매혹적인 영혼을 가진 와인이다. 접목하지 않은 1890년생 카베르네 나무와 마찬가지로 접목하지 않은 1936년생 카르메네르 나무의 포도로 와인을 만드는데 온몸을 감싸는 듯한 호사스러운 부드러움이 특징이다. 또한 씁쓸한 초콜릿, 에스프레스, 카시스, 파이프 타바코, 구운 녹색 고추의 찌릿한 풍미와 제비꽃 풍미가 부드럽게 어우러진다. 네엔은 아팔타의 팅기리리카 강을 따라 작은 반달 모양을 띠는 고요한 단구에 위치한다. 이곳은 콜차과에서 가장 중요한 지역으로 꼽힌다.

## 알마비바(ALMAVIVA)

**알마비바 | 마이포 밸리, 푸엔테 알토 | 카베르네 소비뇽 70%, 카르메네르 20%, 카베르네 프랑, 프티 베르도**

알마비바는 프랑스와 칠레가 함께 설립한 최초의 합작회사다. 1997년, 보르도의 샤토 무통 로칠드의 소유주인 바롱 필리프 드 로칠드와 칠레의 역사적인 와인 대기업 콘차 이 토로가 파트너십을

체결한 결과물이다. 마이포 강 부근의 서늘한 지역에서 재배한 포도를 사용해서 섬세하게 빚은 와인은 세련된 타닌감, 카시스, 제비꽃, 백후추, 세이지, 멘톨, 그린 타바코, 건조한 붓 등의 뚜렷한 풍미를 발산한다. 입안에서 매끈함, 균형감과 동시에 선명하고 농축된 풍미가 느껴진다. 이처럼 알마비바는 칠레와 보르도의 특징을 모두 갖췄다. 이 와인을 마셔 보면, 포도밭에 아낌없이 쏟아부은 엄청난 전문지식과 자본이 느껴진다. 참고로 알마비바는 유명한 프랑스 고전문학에 등장하는 이름이다. 프랑스 극작가 보마르셰(1732~1799)가 작곡했고 이후 모차르트가 오페라로 편곡한 <피가로의 결혼>의 주인공이 알마비바 백작이다. 와인 라벨에 적혀 있는 알마비바라는 이름은 보마르셰의 친필이다.

## 돈 멜초르(DON MELCHOR)

**돈 멜초르 | 푸엔테 알토 빈야드 | 카베르네 소비뇽 | 마이포 밸리, 푸엔테 알토 | 카베르네 소비뇽 90%, 카베르네 프랑, 메를로, 프티 베르도**

칠레의 저명한 변호사이자 정치인인 돈 멜초르 콘차 이 토로는 1880년대 대대적인 칠레 와인 회사를 설립하겠다는 포부를 안고 보르도를 방문해서 다량의 포도나무를 챙겨 칠레로 돌아왔다. 콘차 이 토로는 예상을 초월하는 성공을 거두었다. 콘차 이 토로 와이너리는 남아메리카 대륙에서 가장 큰 와인 회사가 됐다. 돈 멜초르는 콘차 이 토로의 최고급 와인 이름이었다. 그런데 2019년에 독립적인 와이너리로 분리됐다. 돈 멜초르는 콘차 이 토로의 원래 꿈을 최종적으로 구현한 것이다. 30년 이상의 경력과 안데스의 산자락, 고도 490m에 있는 포도밭을 토대로 만든 돈 멜초르는 칠레에서 가장 아름답고 복합적인 카베르네에 속한다. 빨간 과일, 광물성, 향신료, 흙, 씁쓸한 초콜릿, 오래된 골동품점 등의 매력적인 아로마와 풍미가 아름답게 어우러진다. 구조감과 숙성력도 뛰어나지만, 무엇보다 놀라울 정도로 부드럽다. 돈 멜초르 카베르네를 마시면, 누군가 내게 캐시미어 담요를 덮어준 듯한 기분이 든다.

# ARG-ENT-INA

파라과이

후후이

살타

카타마르카

라 리오하

산후안

멘도사

멘도사

루한 에 쿠요

우코 밸리

산티아고

부에노스 아이레스

부에노스
아이레스

태평양

칠레

파타고니아

네우켄    리오네그로

리오네그로 강

추부트

안데스 산맥

브라질

우르과이

2010년, 크리스티나 페르난데스 데
키르치네르 대통령은
와인을 아르헨티나 공식 음료로 선언했다.

대서양

0        200 km

어떤 나라의 와인산업은 100년 이상 똑같은 상태를 유지하다가 갑자기 수십 년 만에 급격하게 바뀌기도 한다. 바로 아르헨티나의 경우다. 1980년대 후반 아르헨티나 와인은 지난 수백 년간 그래왔듯 지극히 평범하고 저렴한 와인이었다. 소박한 크리오야 품종을 주재료로 사용했으며 종종 산화되고 약간 이상한 맛이 나기도 했다. 그러나 와인이 부족한 적은 없었다. 주요 수출 시장은 없었지만, 인구수가 엄청나게 많으므로 전량 국내에서 소비됐다.

그런데 알고 보니 그 소비량이 엄청났다. 1990년대 이전까지 몇십 년간 아르헨티나의 1인당 와인 소비량은 연간 약 75리터였다. 소고기, 빵은 아르헨티나 주식이었고 와인은 중요한 칼로리원이었다. 그러나 사회가 현대화되고 인구가 시골에서 도시로 이동하면서 와인을 곁들인 푸짐하고 오랜 식사 습관은 옛말이 돼버렸다. 여기에 증류주, 맥주, 탄산음료의 경쟁이 치열해지면서 와인 소비량은 대폭 감소했다. 현재 아르헨티나의 1인당 연간 와인 소비량은 약 19리터에 불과하다.

와인 소비량은 줄었지만 품질은 높아졌다. 아르헨티나 와인의 품질은 지난 20년간 급격히 향상됐다. 아르헨티나 와인(대부분 말베크)은 독특한 특징을 띠며 최상급은 강력한 풍미를 자랑한다.

무엇이 이런 품질 변화를 일으켰을까? 대답을 하나로 단정 짓긴 어렵다. 그러나 분명한 것은 2000년을 기점으로 아르헨티나는 100년간 지속된 정치 불안과 경기 침체를 벗어났다. 그동안 인플레이션은 5,000%까지 폭등했고 군사정권과 독재정치가 연달아 지속됐다. 그러나 21세기의 새로운 경제, 정치, 사회 분위기 속에 다양한 비즈니스 기회가 열렸다. 그중 하나가 바로 와인산업이었다.

흰 눈으로 뒤덮인 안데스산맥이 감싸고 있는 카테나 사파타의 아드리아나 빈야드(고도 1,524m)는 돌투성이 석회암 토양에 있다.

비즈니스 친화 분위기가 새롭게 조성되자 와인 품질 개선을 장려하는 세 가지 요인이 추가됐다.

첫째, 소위 '칠레 요인'이다. 1990년대 아르헨티나는 이웃 나라인 칠레가 기본 와인의 품질을 개선하고 고급 와인을 개발해서 와인산업을 재탄생시키는 과정을 지켜봤다. 아르헨티나에 수많은 선구적 와이너리가 '칠레도 해냈는데 우리라고 못 할 리 없다'라고 생각했다.

둘째, 아르헨티나의 위대한 전통 와이너리 중 하나인 보데가스 와이네르트(Bodegas Weinert)가 일으킨 열풍이다. 와이네르트는 1970년대 후반부터 와인을 수출했는데 진지한 비평가들에게 극찬받을 정도로 성공적이었다. 와이네르트는 수많은 언론에서 아르헨티나가 세계 수준의 와인을 생산할 수 있다는 것을 증명했다.

셋째, 니콜라스 카테나(Nicolás Catena)라는 한 사람의 놀라운 성공이 있었다. 카테나는 아르헨티나 와인 양조 가문에서 자라서 미국 컬럼비아대학에서 국제경제학 박사학위를 취득한 후 캘리포니아대학 버클리 캠퍼스에서 교수로 지냈다. 카테나는 북부 캘리포니아에서 로버트 몬다비와 친분을 쌓았는데 결국 자기 가문의 와인보다 몬다비 와인을 선호하게 됐다. 마침내 가문의 사업을 물려받은 카테나는 나파, 소노마에서 경험한 와인을 만들기로 결심했다. 1990년대 후반, 카테나 사파타(Catena Zapata)는 아르헨티나에서 가장 혁신적인 와이너리가 된다. 참고로 카테나 사파타라는 이름은 니콜라스 카테나 부모의 성을 합친 것이다. 니콜라스 카테나의 엄청난 성공은 한몫 끼고 싶어 하는 아르헨티나 와인 양조자들에게 영감을 줬다.

아르헨티나의 새로운 와인산업은 외국 투자와 국제 합작회사 덕분에 비교적 빠르게 꽃을 피웠다. 아르헨티나 와이너리들은 현대화 작업을 위해 미셸 롤랑, 알베르토 안토니니, 폴 홉스 등 프랑스, 이탈리아, 미국 컨설턴트를 고용했다. 또한 새로운 프랑스 오크통과 현대 와인 양조의 필수 장비인 온도조절형 스테인리스스틸 탱크를 구매했다. 가장 중요한 변화는 포도밭을 완전히 개조했다는 점이다. 과거의 캐노피 형태의 파랄(parral) 시스템 대신 현대식 격자 구조물과 농업기술을 도입해서 수확량을 최소화하고 품질을 극대화했다.

무엇보다 아르헨티나는 목표를 크게 세웠다. 저렴한 일상 와인뿐 아니라 비싸고 숙성력이 좋은 고급 와인으로 세계 시장에서 경쟁하고자 했다.

아르헨티나는 남아메리카에서 브라질에 이어 두 번째로 큰 국가이며 면적은 260만㎢에 달한다. 아르헨티나는 북부의 뜨거운 남회귀선 정글에서 시작해 남극에서 몇백 마일 떨어진 냉랭한 남단까지 약 3,800km 거리만큼 뻗어 있다. 서쪽은 안데스산맥의 빙하가 있는 울퉁불퉁한 능선을 따라 칠레와 국경을 접하고 있다. 아메리카대륙에서 가장 높고 위압적인 안데스산맥에서 시작해서 동쪽으로 고도가 계속 낮아지다가 대서양과 만나게 된다.

**아르헨티나 포도밭의 1/3은 해발 900m 이상 위치에 있다. 후후이 북부 지방 산맥에 있는 아이니 와이너리의 핀카 모야는 세계에서 가장 높은 포도밭으로 해발 3,329m 높이에 있다. 핀카 모야에 필적할 만큼 높은 포도밭은 볼리비아, 페루, 티베트 자치구 등 소수밖에 없다.**

아르헨티나 와인 양조는 칠레와 마찬가지로 16세기 중후반에 스페인 선교사와 정복자들이 멕시코, 페루, 칠레에서 남동쪽으로 이동하면서 포도 씨와 나뭇가지를 가져오면서 시작됐다. 아르헨티나에 최초로 나뭇가지를 가져온 사람은 후안 센드론이라는 스페인 선교사다. 그는 1556년에 안데스산맥을 넘어 칠레에서 아르헨티나로 건너왔다. 센드론이 가져온 품종은 칠레에서 크리오야 치카라고 알려진 리스탄 프리에토 적포도로 추정된다. 리스탄 프리에토는 남아메리카에서 초창기에 재배하던 다양한 품종 집단에 속하며, 현재는 크리오야 품종 집단이라 부른다(577페이지 '남아메리카 최초의 포도' 참조).

시간이 흐르면서 리스탄 프리에토가 다른 유럽 품종들과 자연 교배한 결과, 새로운 아르헨티나 품종이 탄생했다. 그중 하나인 세레사(스페인어로 '체리'라는 뜻)는 리스탄 프리에토와 알렉산드리아 뮈스카와의 교잡종이며 기본적인 마트용 로제 와인과 화이트 와인을 만든다. 이 밖에도 이름에 토론테스가 들어가는 세 가지 청포도 자연 교잡종이 있다. 바로 토론테스 리오하노(Torrontés Riojano), 토론테스 산후아니노(Torrontés Sanjuanino), 토론테스 멘도시노(Torrontés Mendocino) 등이다.

초창기 스페인 정착민들은 칠레의 저고도 계곡에 포도밭을 개간했다. 그러나 곧이어 아르헨티나에서는 안데스 산봉우리 아래의 화창하고 매우 건조한 고원이 가장 이상적이라는 사실을 깨달았다. 초기 정착민들은 잉카와 우아르페(Huarpe)가 수백 년 전에 시작한 놀라운 댐과 운하 시스템을 활용해서 산에서 녹아내린 눈으로 반사막지대에 가까운 포도밭에 물을 댔다. 물이 충분히 공급되자 메말랐던 갈색 평원에 녹색 포도밭이 들어섰다. 참고로 오늘날 아르헨티나는 칠레와 마찬가지로 물을 절약하고 포도 생장을 세심하게 조절하기 위해 점적 관개 방식을 사용한다.

1820년대, 스페인 식민 지배가 종식됨에 따라 이탈리아, 프랑스, 스페인 등 유럽 이민자들이 아르헨티나로 대거 이주했다. 이들은 포도나무도 함께 가져왔는데 아르헨티나 최초의 말베크도 이 시기에 유입됐다. 1890년대 유럽 포도밭을 휩쓴 필록세라 전염병을 피해 이탈리아, 프랑스, 스페인 이민자들이 아르헨티나로 한 차례 또 몰려왔다. 오늘날 아르헨티나 와인 양조자들은 '자신들 절반은 이탈리아 후손이고 나머지 절반은 스페인 후손이지만 와인은 모두 프랑스 품종으로 만든다'는 농담을 즐겨한다. 이주민들에게 와인은 일상에 없어서는 안 될 소중한 존재였다. 그들은 와인이 비슷한 역할을 할 수 있는 장소를 아르헨티나에서 발견한 것이다.

1853년 아르헨티나에서 가장 중대한 사건이 발생했다. 국립 포도 묘목장인 킨타 나시오날(Quinta Nacional)이 설립된 것이다. 프랑스 식물학자 미셸 에메 푸제는 묘목장을 설립하면서 말베크, 카베르네 소비뇽, 피노 누아, 가메, 그르나슈, 프티 베르도 등 적포도 나뭇가지와 세미용, 말바시아, 뮈스카 등 청포도 나뭇가지를 가져왔다. 크리오야 품종에 막강한 경쟁자가 생긴 것이다.

안데스 고원의 포도밭은 번성했지만 노동력과 운송이 여전히 큰 문제였다. 1881년 멘도사주 정부는 포도 재배 경험이 있는 이민자들에게 세금혜택을 제공하며 부에노스아이레스에서 멘도사 고원으로 이주하길 권했다. 이에 따라 와인의 품질은 좋아졌지만 큰 문제가 남아 있었다. 그 좋은 와인들을 구매자가 있는 도시까지 운반하려면 노새의 등에 실어 수백 마일이 되는 흙길을 지나야 했다. 그러는 동안 와인 대부분은 변질하거나 산화됐다. 1885년 최고의 행운이 찾아왔다. 멘도사와 부에노스아이레스를 연결하는 철도가 완공된 것이다. 이로써 와인 시장과 대규모 와인 소비자에게 신속하게 와인을 운반할 수 있는 길이 열렸다. 1900년 아르헨티나 대규모 와인산업의 막이 열렸다.

아르헨티나 국립포도재배연구소(Instituto Nacional de Vitivinicultura)에 따르면 현재 아르헨티나에 850곳이 넘는 와이너리가 포도를 재배하고 와인을 양조해 병입하고 있다. 추가로 와이너리 300여 곳에서 매우 저렴한 벌크 와인을 만든다. 최상급 와이너리 중 카테나 사파타(Catena Zapata), 수사나 발보(Susana Balbo), 보데가스 이 카바스 와이네르트(Bodegas y Cavas Weinert) 등 아르헨티나 소유 양조장도 많다. 그러나 외국 소유이거나 합작회사도 많다. 대표적 예로 카로(Caro, 카테나 가문과 도멘 바롱 드 로칠드의 합작회사), 슈발 데 안데스(Cheval des Andes, 보르도의 샤토 슈발 블랑과 모엣 헤네시 루이뷔통이 소유한 아르헨티나 와이너리인 테라사스 데 로스 안데스의 합작

수사나 발보는 1999년에서 아르헨티나 여성 최초로 자신의 와이너리를 설립했다.

카테나 사파타의 포기를 모르는 라우라 카테나는 아르헨티나 와인으로 연속 챔피언 자리를 차지하고 있다.

**노던 지역(The Northern Regions)** 살타(Salta), 카타마르카(Catamarca), 투쿠만(Tucumán), 후후이(Jujuy)

**쿠요(Cuyo)** 라 리오하(La Rioja), 산후안(San Juan), 멘도사(Mendoza)

**파타고니아(Patagonia), 애틀랜틱 지역(Atlantic Region)** 라 팜파(La Pampa), 네우켄(Neuquén), 리오네그로(Río Negro), 추부트(Chubut)

*모두 대서양 연안 부근의 부에노스아이레스와 남부 위치임

회사), 클로스 데 로스 시에테(Clos de os Siete)와 카사레나(Casarena, 미셸 로랑이 외국 투자자들과 파트너십 체결), 차크라(Chacra, 토크사나 와인 사시카이아를 만드는 인치사 델라 로케타 가문 소유), 비냐 코보스(Viña Cobos, 미국 와인 양조자 폴 홉스와 아르헨티나가 파트너십 체결) 등이 있다.

이들 와이너리의 주력 상품은 모두 말베크다. 아르헨티나의 말베크는 최상급 포도밭 뒤에 우뚝 솟은 안데스산맥처럼 어둡고 강력한 느낌을 준다.

## 땅 포도 그리고 포도원

아르헨티나의 포도밭 면적은 2,100㎢(21만 1,000헥타르)에 달하며 중서부와 남부에 있다.

아르헨티나 지역은 남북 방향으로 크게 세 구역으로 나뉜다.

### 아르헨티나 말베크

오늘날 아르헨티나에서 말베크는 매우 유명하지만, 본래 말베크의 원산지는 프랑스 남서부의 오래되고 작은 와인 산지인 카호르(Cahors)다. 카호르에서는 말베크 와인을 뱅 누아(vin noir), 즉 '검은 와인'이라 부르는데 이는 와인의 어두운색뿐만 아니라 강력한 타닌감과 검은 과일 풍미 때문이기도 하다. 사실 말베크는 별칭이고 정식 이름은 코(Côt)다. 19세기 타인의 뒷담화를 하는 사람을 말베크라 불렀다. 프랑스어로 말(mal)은 '나쁜'이라는 뜻이고 베크(bec)는 '입'을 의미한다. 카호르에 뒷담화하는 사람이 많았는지 성씨로 발전했으며 결국 현지 포도를 부르는 애칭으로 자리 잡게 됐다.

노던 지역은 안데스산맥의 매우 높은 고도(해발 760~3,320m)에 흩어져 있다. 파타고니아와 애틀랜틱 지역은 동남부 끝단 위치이며 가장 서늘하고 고도가 가장 낮다. 그 사이에 있는 쿠요(우아르페 언어로 '모래의 땅'이란 뜻)는 아르헨티나에서 가장 중요한 와인 산지다. 아르헨티나 와인의 90% 이상이 쿠요에서 생산된다. 파타고니아와 애틀랜틱 지역 일부를 제외하면, 아르헨티나 와인 산지는 매우 건조하고 사막과 비슷한 기후를 갖추고 있다. 또한 연간 300일 이상의 강한 햇빛과 적은 강수량이 특징이다. 이런 기후 조건 덕분에 유기농법으로 포도를 재배하기 쉽지만, 지구온난화로 인해 가뭄과 더위가 심각한 문제로 떠오르고 있다. 멘도사의 경우 포도 성장 기간의 평균 온도는 26℃로 온난한 편이었지만 갈수록 기후가 불규칙해지고 있다. 아르헨티나의 중요한 수원인 안데스산맥의 빙하가 녹고 있다. 2020년 성장 기간에 열파가 5주간 지속됐고 그렇지 않아도 부족한 강수량도 50%로 감소했다. 이런 환경에서 아르헨티나 포도밭이 일부라도 무사할 수 있었던 것은 고도 덕분이다. 고도가 높을수록 기온은 낮아진다. 특히 추운 밤에는 포도가 낮에 시달렸던 더위로부터 휴식을 취할 수 있다. 이처럼 건조한 기후에는 관개가 필수다. 따라서 전 세계의 따뜻한 지역에서 물을 절약할 수 있는 점적 관개 방식을 사용하는 경우가 많다.

> "와인을 음미하고 음식에 곁들이는 모든 순간,
> 와인은 즐거움과 감성을 동반한다. 와인은 우리와
> 깊은 관계를 맺으며, 우리의
> 모든 감각을 자극한다."
> -피에로 인치사 로체타, 보데가 차크라의 소유주

## 아르헨티나 포도 품종

### 화이트

◇ 세레사
크리오야 품종이다. 과거에 저렴한 저그용 화이트 와인과 로제 와인을 만드는 데 사용했다. 리스탄 프리에토와 알렉산드리아 뮈스카의 교배종이다. 세레사라는 이름은 스페인어로 '체리'라는 뜻이지만, 껍질이 분홍색인 청포도다.

◇ 샤르도네
주요 품종이다. 특히 수출용 와인을 만드는 데 사용한다. 오크 풍미의 단순한 와인부터 소량이지만 복합적인 와인까지 다양한 스타일의 와인을 만든다.

◇ 토론테스
아르헨티나 특산물이다. 이름에 '토론테스'가 들어가는 품종이 세 개 존재한다. 이 중 토론테스 리오하나는 품질이 가장 좋고 널리 재배된다. 활기차고 스파이시하며, 향긋한 드라이 와인을 만든다. 나머지 두 개는 토론테스 산후아니노와 토론테스 멘도시노다. 이 둘은 품질이 낮고 재배량도 적다.

### 레드

◇ 보나르다
말베크에 이어 두 번째로 중요한 포도다. 대담하고 맛이 좋은 와인을 만들며, 숙성시키면 복합미를 띤다. 프랑스 품종인 두스 누아(Douce Noir)와 같은 품종이다. 캘리포니아 샤르보노(Charbono)도 두스 누아다.

◇ 카베르네 프랑
아르헨티나에서는 이제까지 소량만 재배됐지만, 장래가 유망한 품종이다. 어두운 베리, 스파이시한 녹색 후추 풍미를 띤다.

◇ 카베르네 소비뇽
주요 품종이며 주로 수출용 와인에 사용한다. 단순한 와인부터 풍성하고 파워풀한 와인까지 다양한 스타일을 만든다.

◇ 말베크
아르헨티나에서 가장 중요한 적포도 품종이다. 마시기 쉬운 일상용 와인부터 깊이, 복합미, 집중도가 뛰어난 고가의 인상적인 와인까지 다양한 스타일을 만든다.

◇ 피노 누아
파타고니아의 서늘한 남부 지역에서 자란다. 압도적인 아름다움을 지닌 와인을 만든다. 재배량은 적지만 증가하는 추세며, 미래가 유망하다.

◇ 시라
아르헨티나에서 말베크, 보나르다, 카베르네 소비뇽에 이어 네 번째로 중요한 포도다. 특히 멘도사에서 재배량이 증가하고 있다.

---

이 지역의 와인 양조자들은 비는 걱정거리가 아니지만, 우박은 심한 피해를 초래할 수 있어 큰 걱정거리다. 수확 기간인 3~4월, 안데스산맥에 우박이 내려서 포도밭 전체를 망가뜨리는 일이 자주 발생했다. 현지인의 말에 따르면, 매년 우박으로 인해 포도밭이 초토화될 확률이 1/10에 달한다고 한다. 수십 년 전만 해도 아르헨티나 와인 양조자들은 주술사를 고용해서 우박이 내리지 않게 해달라고 주술을 걸었다고 한다. 현재는 포도밭에 비싼 망을 설치해서 우박을 막고, 덤으로 그늘을 드리워서 자외선으로부터 포도를 보호한다.

안데스산맥의 구릉지에는 엄청난 태양 광도가 독특한 광합성과 성숙도 환경을 만든다. 고산지대와 포도밭이 있는 산비탈은 엄청난 양의 집중적인 직사광선을 받는다. 고도가 300m만큼 높아질수록 자외선 강도는 10~12%만큼 증가한다. 그러면 포도는 빛으로 인한 손상을 막기 위해 껍질을 더욱 두껍게 만든다. 껍질이 두꺼워지면, 안토시아닌(색소), 타닌, 아로마와 풍미 화합물이 많아진다. 예를 들어 최상급 아르헨티나 말베크는 짙은 색, 풍성한 풍미, 뛰어난 구조감(타닌)을 지닌다.

아르헨티나 토양도 간단히 알아보자. 아르헨티나는 광활한 나라지만, 주요 와인 구역은 모두 척박한 토양이다. 이는 포도의 생산율을 낮추기 때문에, 포도 재배에 좋은 조건이다. 많은 포도밭의 경우, 언뜻 보기에도 자갈과 돌이 많다. 이는 천 년 전에 빙하와 강 때문에 생긴 퇴적물이다. 또한 다량의 모래, 진흙, 석회암을 포함하고 있다.

아르헨티나는 필록세라를 심하게 겪은 적이 없다. 따라서 많은 포도나무가 필록세라에 내성이 있는 대목이 아니고 자기 뿌리에서 자란 나무들이다. 아르헨티나는 칠레, 사우스오스트레일리아와 마찬가지로 필록세라 이전의 유럽 포도나무를 현재까지 보유하고 있는 보관소와 같다. 이 역사적 나무들을 보존하는 것은 INTA(아르헨티나 국립농업기술원)의 목표이기도 하다. INTA는 아르헨티나에서 재배하는 수백 종의 포도 품종을 관강하며 가격도 비싸다(와인병은 어찌나 무거운지 병을 들 때마다 상체운동을 하는 기분이 든다).

## 아르헨티나의 최상급 말베크 생산자

- 알트로세드로(Altrocedro)
- 아차발페레르(Achaval-Ferrer)
- 벤마르코(BenMarco)
- 보데가 노에미아(Bodega Noemía)
- 보데가스 카로(Bodegas Caro)
- 보데가스 이 카바스 와이네르스(Bodegas y Cavas Weinert)
- 카사레나(Casarena)
- 카테나 사파타(Catena Zapata)
- 클로스 데 로스 시에테(Clos de los Siete)
- 에스탄시아 우스파야타(Estancia Uspallata)
- 핀카 데세로(Finca Decero)
- 카이켄(Kaiken)
- 라마드리드(Lamadrid)
- 루카(Luca)
- 루이기 보스카(Luigi Bosca)
- 마테르비니(Matervini)
- 니에토 세네티네르(Nieto Senetiner)
- 피아텔리 빈야드(Piattelli Vineyards)
- 푸라문(Puramun)
- 피로스(Pyros)
- 루티니(Rutini)
- 살렌테인(Salentein)
- 사우루스(Saurus)
- 수사나 발보(Susana Balbo)
- 테라사스 데 로스 안데스(Terrazas de los Andes)
- 티칼(Tikal)
- 트리벤토(Trivento)
- 비냐 코보스(Viña Cobos)
- 와피사(Wapisa)

### 세계 최남단 포도밭

뉴질랜드의 블랙 리지 빈야드(남위 45.15도)는 세계 최남단 포도밭이라는 타이틀을 40년째 지켜왔다. 그러나 아르헨티나가 그 명성을 뛰어넘었다. 2021년 기준, 세계 최남단 포도밭은 아르헨티나 추부트주의 보데가 오트로니아(Bodega Otronía)가 됐다. 한때 광업과 목양업으로 유명했던 파타고니아 엑스트레마 지역 깊숙이 위치한 곳이다. 오트로니아 포도밭에는 샤르도네, 피노 그리, 게뷔르츠트라미너, 피노 누아가 심어져 있다. 뉴질랜드에게는 미안하지만, 향후에는 최남단 포도밭 타이틀을 두고 아르헨티나와 칠레가 각축을 벌일 예정이다. 두 나라 모두 포도재배를 추운 남아메리카대륙 남단으로 점점 확장시키는 추세이기 때문이다.

리하고 있으며, INTA의 노력이 아니었다면 몇몇은 이미 멸종했을 것이다.

아르헨티나에서 가장 유명한 품종은 멘도사의 특산물인 말베크다. 말베크는 품질도 굉장히 다양하다. 저가의 말베크는 보통 저렴한 제네릭 와인 맛이 난다. 중가의 말베크는 맛이 상당히 괜찮다. 대표적 예로 카로(Caro)의 아만카야(Amancaya)와 미셸 롤랑이 만든 클로스 데 로스 시에테(Clos de los Siete)가 있다. 고가의 말베크는 심오한 풍성함, 순수함, 선명함을 지니며 완전히 다른 차원의 경험을 선사한다. 보데가 노에미아(Bodega Noemía)의 말베크와 와이네르트(Weinert)의 토넬 우니코(Tonel Unico)는 말베크 포도를 매우 아름답게 빚어낸 와인들이다. 데세로(Decero)의 아마노(Amano)는 말베크, 카베르네 소비뇽, 프티 베르도, 타나(Tannat)를 혼합한 와인으로 정교함과 세련미를 겸비했다.

말베크는 보르도에서 아르헨티나로 전파됐지만, 사실 말베크는 보르도 남동쪽에 있는 카호르의 토착종이다. 카호르에서는 말베크를 코(Côt)라고 부른다. 코와 말베크가 동일 품종인 줄은 꿈에도 몰랐을 것이다. 그러나 카호르의 코 와인은 가늘고 타닌감이 거친 데 비해, 좋은 품질의 아르헨티나 말베크는 대체로 풀보디감에 짙은 풍미를 띤다. 그러나 안타깝게도 아르헨티나 말베크 중에도 과숙되고 지나치게 추출된 맛이 나는 와인도 있다. 이런 와인은 타닌감과 알코올 향이 지독할 정도로

### • 멘도사

멘도사는 아르헨티나 대표 와인 산지의 이름이기도 하지만, 1561년에 설립된 이 지역의 주도 이름이기도 하다. 두 지명 모두 16세기 칠레 총독이었던 돈 가르시아 우르타도 데 멘도사의 이름을 따서 지어졌다. 멘도사는 한때 칠레 식민지로, 칠레 총독령에 속했다.

멘도사는 안데스산맥의 높은 사막지대에 펼쳐져 있으며, 아르헨티나 와인산업의 중심지다. 면적은 14만 9,700㎢로, 뉴욕 주보다 2만 6,000㎢만큼 더 크다. 놀랍게도 포도밭은 멘도사 총면적의 1%에 불과하지만, 아르헨티나 포도밭의 75%가 멘도사에 있다. 또한 아르헨티나 와이너리 850개 중 500개가 멘도사에 있다. 또한 아르헨티나 말베크의 85%가 멘도사에서 재배된다. 참고

로 전 세계 말벡의 75%가 아르헨티나에서 재배된다. 멘도사는 부에노스아이레스의 서쪽에 자리하며, 대서양에서부터 내륙으로 약 1,600km 들어와 있다. 포도밭은 해발 430~1,980m 높이에 있으며, 아름다운 안데스 산맥의 눈 덮인 산봉우리로 둘러싸여 있다. 이곳에 직접 가 보면, 밝은 햇살이 절대 잊지 못할 광경을 그려 낸다. 멘도사주에서 가장 중요한 소구역은 멘도사 주도의 남쪽에 있다. 바로 루한 데 쿠요(Luján de Cuyo)와 우코 밸리(Uco Valley)이며, 아르헨티나에서 가장 활기차고 흥미로운 곳이다.

### • 살타

살타는 멘도사에 비해 와인 생산량은 훨씬 적지만, 와인 애호가라면 반드시 알아야 할 와인 산지다. 살타는 멘도사에서 차로 이틀간 운전하면 도착하는 거리에 있다. 살타라는 이름은 아이말 언어로 '아름답다'는 뜻의 사그타(sagta)라는 단어에서 유래했다. 이 지역은 잉카 문명의 오랜 역사를 담고 있으며, 그 문화가 현재까지 강하게 남아 있다. 살타는 아르헨티나의 북부에 있어서 낮에는 따뜻하지만, 밤에는 고도(해발 1,550~3,100m) 덕분에 춥다. 아르헨티나 어디서든 맛있는 말벡을 찾을 수 있지만, 살타는 아르헨티나 대표 화이트 와인인 토론테스(특히 토론테스 리오하나)를 생산한다.

토론테스 리오하나는 드라이함, 아삭함, 과일 풍미를 지닌 포도이며 리스탄 프리에토와 알렉산드리아 뮈스카의 교잡종으로 아르헨티나에서 태어났다. 토론테스의 리치, 라임, 복숭아 풍미는 뮈스카에서 비롯된 것이다. 3대 토론테스 품종 중 토론테스 리오하나가 가장 고품질이다. 나머지 두 종류인 토론테스 산후아니노와 토론테스 멘도시노는 아르헨티나 전역에서 재배되지만, 토론테스 리오하나만큼 향기롭거나 흥미롭지 않다.

최상급 토론테스 리오하나 와인은 살타의 와인 중심지인 카파야테 마을에서 생산된다. 와인 라벨에는 '토론테스'라고 간단하게 표기된다. 이곳의 토론테스 대부분은 여전히 파랄(parral) 시스템으로 재배된다. 포도나무 위에 격자 구조물을 높게 설치해서 포도잎이 아래에 매달린 포도를 뜨거운 햇빛으로부터 가리게 만든다.

### • 파타고니아

살타로부터 남쪽으로 1,600km가량 가다 보면 파타고니아가 나온다. 파타고니아는 네 개 지방으로 구성된다. 네우켄(Neuquen), 라 팜파(La Pampa), 리오네그로(Rio Negro), 추부트(Chubut)다. 파타고니아는 인간의 손을 타지 않은 자연의 아름다움을 간직한 곳이다. 심지어 파타고니아라는 옷 브랜드의 이름도 이곳에서 영감을 얻었다. 파타고니아는 스키 리조트와 제물낚시로 유명하다.

또한 매끈한 말벡과 훌륭한 피노 누아도 유명하다. 이제까지 내 글에서 아르헨티나와 피노 누아가 한 문장에 같이 등장한 적이 없다. 그러나 몇 년 전에 차크라 와이너리의 피노 누아를 마신 적이 있는데, 우아함과 복합미에 진심으로 탄복했다. 누군가 내 와인잔에 부르고뉴의 그랑 크뤼 레드 와인을 부은 것 같았다.

차크라와 보데가 노에미아는 파타고니아 와이너리의

사막 같은 살타 와인 산지의 높은 고도에 있는 포도밭 주변에 선인장이 자란다.

## 세계 최대 소고기 소비국

아르헨티나처럼 소고기를 칭송하고 일상에서 많이 먹는 나라는 세계 어디에도 없다. 아르헨티나는 소고기를 갖가지 형태로 요리해서 먹는다. 빵가루에 묻혀 튀기고, 굽고, 속을 채우고, 잘게 다지고, 엠파나다에 건포도와 올리브 그리고 달걀과 섞어 넣는다. 그러나 가장 매력적인 소고기 요리는 바로 석쇠에 구운 아르헨티나식 아사도(asado)다. 아사도는 갈비, 닭고기, 초리조 소시지, 치비토(어린 염소 고기), 비스카차(친칠라) 등이 필수로 포함된 무제한 바비큐다. 그러나 여기서 가장 중요한 재료는 소고기다. 최근에는 붉은 고기 소비량이 줄었지만, 아르헨티나는 여전히 세계에서 가장 소고기 소비량이 많다. 1인당 소고기 소비량이 2020년에 50kg이었지만, 1956년에는 101kg이었다. 참고로 미국도 만만치 않게 소고기를 잘 먹지만, 2020년 1인당 소고기 소비량은 26kg이었다. 아르헨티나 소고기는 비교적 기름기가 적고, 풍미가 깊다. 아르헨티나인들은 이것이 진정한 소고기 풍미라고 자부한다. 가축 사육장에서 살찌운 소와 달리 아르헨티나 소는 광활한 들판에서 풀을 뜯으며 자란 덕분이라고 한다. 아르헨티나인들은 보물 같은 국민 요리를 먹을 때 무엇을 마실까? 바로 보물 같은 국민 와인, 말베크다.

아르헨티나의 아사도는 진정한 육식을 위한 요리다.

양대산맥이다. 보데가 노에미아는 2001년에 이탈리아의 노에미 마로네 신차노 백작부인과 와인 양조자인 한스 빈딩디어스가 설립했다. 이후 한스 빈딩디어스가 보데가 노에미아를 온전히 소유하게 됐다. 차크라는 이탈리아의 인치사 델라 로케타 가문이 소유하고 있다. 유명한 사시카이아 토스카나 와인을 만드는 가문이다. 두 와이너리 모두 1930~1950년대에 포도, 사과, 배 농사로 생계를 유지했던 이민자들이 심은 접목하지 않은 포도나무 고목에 의지하고 있다.

파타고니아의 포도 대부분은 리오네그로와 네우켄에서 재배된다. 멘도사가 따뜻한 기후로 유명하다면, 두 지역은 서늘한 기후로 유명하다. 고도는 낮지만, 위도상 남쪽에 있어서 기후가 서늘하다. 포도밭 대부분은 안데스 산맥에서 동쪽으로 수백 마일, 대서양에서 서쪽으로 수백 마일 떨어진 외진 계곡에 있다. 낮에는 햇빛이 화창하지만, 저녁에는 극심한 추위가 몰려온다.

### 수중 숙성 와인

아르헨티나의 와피사(Wapisa)는 세계에서 최초로 와인 일부를 수중에서 숙성시킨 와이너리다. 2019년 초, 와피사 와이너리는 파타고니아의 코마우에 국립대학 연구원들과 함께 실험을 진행했다. 일반 저장고에 숙성시킨 와피사 와인과 파타고니아 연안 대서양 남부의 20~50피트 수중에서 숙성시킨 와피사 와인을 비교하는 실험이었다. 8개월 후 두 와인에 대한 블라인드 테스트를 했다. 그 결과, 수중에서 숙성시킨 와인이 더 부드럽고 신선하며, 우아하고 복합적이었다. 과학자들은 수중에서는 서늘한 온도가 안정적으로 유지되고, 수압이 높으며, 빛 노출이 제한되기 때문에 와인을 숙성시키기 더 이상적이라고 분석했다.

**탱고 레슨**

'음악이 사랑을 살찌우는 양식이라면, 계속해다오.' 셰익스피어의 <십이야>에서 오르시노 공작은 이렇게 말했다. 만약 음악이 탱고이고 공작이 말베크를 마시고 있었다면, 깊은 로맨스가 그 자리에서 실현됐을 것이다.

와인은 전 세계에서 로맨틱하다고 여겨지지만, 오직 아르헨티나에서만 자정에 부드럽고 촉촉한 말베크를 마시며, 두 남녀가 뒤얽혀서 원초적 욕망을 드러내고, 대리석 바닥을 거닐며 춤추는 모습을 지켜볼 수 있다. 최소한 와인의 도발성은 이곳에서 완전히 새로운 의미를 갖게 된다.

아르헨티나 민족 무용인 탱고는 1800년대 말에 부에노스아이레스와 우루과이의 몬테비데오의 노동 계층이 사는 슬럼에서 탄생했다고 한다. 오늘날 다양한 스타일의 탱고가 존재하는데 파트너들이 엉덩이, 허벅지, 가슴을 서로 끌어안는 촉감적인 섹시함이 공통된 특징이다. 아르헨티나 최고의 와인 양조자 중 하나인 에르네스토 카테네에 따르면, 탱고는 욕망이다. 아르헨티나 와인도 마찬가지다. 어쩌면 전 세계 와인 양조자들도 탱고 레슨이 필요할지도 모르겠다.

# 위대한 아르헨티나 와인

## 레드 와인

### 차크라(CHACRA)

**친쿠엔타 이 친코 | 피노 누아 | 파타고니아 | 피노 누아 100%**

이 환상적인 와인을 마셔야 하는 이유는 수없이 많다. 그러나 이 질문부터 하고 싶다. 파타고니아 피노 누아를 얼마나 많이 마셔 보았는가? 만약 파타고니아 피노 누아가 아메리카대륙에서 가장 흥미로운 피노 누아라면? 그리고 만약 이 피노 누아가 이탈리아 와인 혁명을 이끈 사시카이아 창시자의 손자가 만든 와인이라면? 게다가 이 와인의 배경에는 생물 역학적 철학이 깔려 있다. 또한 1955년에 심어서 단 한 번도 접목하지 않은 포도나무를 사용한다. 이 와인을 마실 수밖에 없는 이유는 끝없이 이어진다. 그러나 이유 불문하고 차크라의 친쿠엔타 이 친코(Cincuenta y Cinco)를 일단 마셔 보자. 한마디로 천상의 맛이다. 부르고뉴의 수도승들도 와인의 가벼움에 찬사를 보낼 것이다. 순수하고 야생적이며, 순수하게 맛있다.

### 보데가스 이 카바스 와이네르트(BODEGAS Y CAVAS WEINERT)

**토넬 우니코 | 말베크 | 멘도사 | 말베크 100%**

1980년대를 회상해 보면 필자를 비롯한 수많은 와인 작가에게 와이네르트는 어둠 속의 한 줄기 빛이었다. 아르헨티나 말베크 와인이 얼마나 훌륭한지 처음으로 알려 준 와인이기 때문이다. 그로부터 수년이 흘렀는데도 와이네르트는 정상의 자리를 유지하고 있다. 와이네르트는 전통 방식에 따라 접목하지 않은 고목의 포도를 사용하며, 와인을 프랑스와 슬라보니아 오크통에 35~60년간 숙성시킨다. 장기간 숙성시킨 결과로 낡은 가죽, 고서, 담배 상자, 향신료, 흙 풍미를 지닌 부드럽고 훌륭한 와인이 탄생한다. 와이네르트 와인은 오래된 스페인 리오하를 연상시킨다. 그래서 필자는 와이네르트를 아르헨티나의 R. 로페스 데 에레디아라고 생각한다. 와이네르트의 토넬 우니코(Tonel Unico, '단일 캐스크'라는 뜻)는 모두 10년 이상 숙성시키며 하나의 캐스크에서 나온 와인으로 만든다. 또한 이례적으로 훌륭한 연도에만 생산한다. 최초의 토넬 우니코는 1994년에 만들었고 2017년에 처음으로 출시됐다. 33년간 111번 캐스크에서 숙성시켰던 와인이다. 이 글을 집필하는 시점에서 2004년, 2005년, 2007년 토넬 유니코도 여전히 와이네르트 저장실에서 숙성되고 있다.

### 수사나 발보(SUSANA BALBO)

**노소트로스 | 싱글 빈야드 | 멘도사, 우코 밸리 | 말베크 100%**

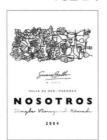

수사나 발보는 와인계에 여성이 거의 없었던 시기에 30년간 와인 양조자와 와인 컨설턴트로 경력을 쌓았다. 1999년 그녀는 다른 아르헨티나 여성이 하지 못한 일을 해냈다. 자신만의 와이너리를 설립한 것이다. 수사나 발보의 와인은 그녀만의 개성으로 가득하다. 수사나 발보의 최상급 와인인 노소트로스(Nosotros)가 대표적 예다. 다층함, 제비꽃, 블루베리, 다크초콜릿, 에스프레소 풍미를 지닌 와인이다. 부드럽고 매끈하며, 파워보다는 우아함이 돋보인다. 발보는 노소트로스를 '방랑하는 말베크'라 부른다. 매년 그녀와 그녀의 팀(딸과 아들 포함)은 빈티지 와인 중 최상급 말베크 와인들을 맛본 후, 그중 최고만 소량 뽑아서 노소트로스를 만든다.

## 에스탄시아 우스파야타(ESTANCIA USPALLATA)
**말베크 | 멘조사 | 말베크 100%**

에스탄시아 우스파야타는 멘도사에서 가장 높은 포도원으로 해발 2,000m에 있다. 면적 404.7㎢(4만 470헥타르)의 광활한 목장 일부이며, 양조장 소유주는 부에노스아이레스의 사우드 가문이다. 안데스산맥의 화산 산비탈이 침식돼서 형성된 계곡에 에스탄시아 우스파야타의 작은 포도밭이 있다. 와인은 포도밭을 둘러싼 지형처럼 강인하고 아름답다. 또한 전형적인 말베크답게 어두운 풍미와 근사한 타닌감이 늦은 오후 수염이 거뭇하게 자란 클린트 이스트우드를 연상시킨다. 또한 최상급 아르헨티나 스타일답게 그릴에 막 구운 두툼한 고기와 닮았다.

## 보데가 노에미아(BODEGA NOEMÍA)
**말베크 | 파타고니아, 리오네그로 | 말베크 100%**

1932년에 심어서 한 번도 접목하지 않은 작은 포도원인 보데가 노에미아의 말베크는 필자가 마셔본 말베크 중 가장 훌륭하고 우아하고 표현력이 뛰어났다. 보라색 자두, 향신료, 제비꽃, 다크초콜릿, 광물성 등의 풍미, 활기 넘치는 신선함, 빙하 같은 순수성을 지녔다. 보통 말베크가 물웅덩이 같은 부드러움을 띤다면 보데가 노에미아의 말베크는 보르도 같은 구조감과 매끈함을 지닌다. 말베크의 가장 좋은 상태를 끌어낸 완전무결한 와인이다. 이는 고목의 과실, 장인적 양조방식(발로 포도 으깨기 등) 그리고 무엇보다 리오네그로의 따뜻한 낮과 추운 밤의 결과물이다. 리오네그로의 건조한 목초지에 리오네그로강이 흐르는데 강과의 접근성 덕분에 오랜 수로를 통해 작은 포도밭에 물을 대고 있다. 보데가 노에미아는 이탈리아의 노에미 마로네 친사노 백작부인과 덴마크의 명망 높은 와인 양조자 한스 빈딩디어스가 설립했으며 현재 후자가 양조장의 소유주다.

## 비냐 코보스(VIÑA COBOS)
**브라마레 셀렉시온 | 차냐레스 이스테이트 빈야드**
**말베크 | 멘도사, 우코 밸리, 로스 아르볼레스 디스트릭트 | 말베크 100%**

만약 와인의 풍성함을 좋아한다면 차냐레스 이스테이트 빈야드(Chañares Estate Vineyard)의 와인을 마셔 보길 권한다. 캐시미어 같은 부드러움과 쾌락적 감각이 믿기 힘들 정도로 인상적이다. 또한 야생 블랙베리, 라즈베리, 무화과를 끓여서 만든 과일시럽에 향신료, 바닐라, 다크초콜릿을 가미한 풍미를 발산한다. 마치 디저트를 묘사한 듯하지만 브라마레(Bramare)는 구조감과 숙성력을 갖춘 와인이다. 비냐 코보스는 아르헨티나의 몰리노스 가문과 캘리포니아의 와인 양조자 폴 홉스가 야심 차게 만든 합작회사다. 비냐 코보스는 25가지 이상의 와인을 출시

한다. 이 중 각기 다른 포도밭과 품종을 사용해서 만든 브라마레 와인만 15가지에 달한다. 브라마레는 라틴어로 '갈망'을 의미하는데, 아르헨티나 와인 역사 초창기에 힘들었던 시대를 대변하는 이름이다.

## 마테르비니(MATERVINI)
**피에드라스 비에하스 | 말베크 | 멘도사 | 말베크 100%**

마테르비니의 피에드라스 비에하스(Piedras Viejas, '오래된 돌'이란 뜻)는 호화롭고 무성한 과일 풍미가 일품인 말베크 와인이다. 상상할 수 있는 모든 베리류 과일을 으깬 다음 석류즙을 뿌린 듯하다. 필자는 이 와인을 마실 때마다 영특하고 마른 십 대 아이가 매우 세련된 어른으로 자라는 과정이 상상된다. 즉, 와인을 개봉하기 전에 몇 년간 숙성시키는 것이 좋다. 마테르비니는 2008년에 아르헨티나 최고의 와인 양조자인 산티아고 아차발이 설립했다. 아차발은 20년 전 멘도사에 아차발페레르 와이너리를 공동 설립했었다. 흥미로운 사실이 있는데 아차발은 나파 밸리의 스탠퍼드대학에서 MBA를 준비하다가 영감을 받고 와인 양조자가 되기로 결심했다. 피에드라스 비에하스는 멘도사의 엘 차요(El Challo) 소구역에서 생산된다. 엘 차요는 해발 1,500m에 있으며 토양은 석회질 퇴적암과 셰일 조각으로 구성돼 있다.

## 니콜라스 카테나 사파타(NICOLÁS CATENA ZAPATA)
**멘도사 | 카베르네 소비뇽 60%, 말베크 30%, 카베르네 프랑 10%**

이 카베르네/말베크 블렌드는 1997년에 처음 출시됐으며 카테나 사파타의 방대한 와인 포트폴리오 중 최상급 라인에 속한다. 먼저 해발 900m에 있는 포도밭 네 곳에서 포도를 수확한 다음 프랑스 오크 배럴에 숙성시킨다. 와인의 풍성함과 구조감은 환상적인 아르헨티나

카베르나의 정수를 보여 주지만, 모든 시선은 그의 사촌 격인 말베크에게 쏠린다. 이 와인은 굉장히 고급스럽고 매끄러운 타닌감, 선명한 블랙 커런트 특징, 길고 다층적인 감칠맛을 지녔다. 이 와인은 소중히 간직했다가 먼 미래의 어느 밤에 음미해야 하는 와인이다.

# SOUTH AMERICA RISING
## THE WINES OF BRAWIL, URUGUAY, AND PERU
남아메리카 신흥 와인 산지 브라질, 우루과이, 페루

혹시 최근 몇 년간 카이피리냐에 빠져 있었다고 하더라도 이해한다. 하지만 당신이 증류주에 빠져 있는 동안 브라질, 페루, 우루과이 와인산업은 남아메리카 와인 시장에 진출하려고 엄청난 노력을 기울였다. 그러나 세 나라의 현대적 와인 문화는 여전히 초기 단계에 머물러 있다.

## 브라질
브라질은 남아메리카에서 가장 큰 국가이며, 포도밭 면적은 810㎢(8만 1,000헥타르)에 달한다. 또한 남아메리카에서 아르헨티나, 칠레에 이어 세 번째로 중요한 와인 생산국이다. 브라질의 포도 재배 역사는 1532년 포르투갈 탐험가 마르팀 아폰수 드 소자가 상파울루 남동부에 포도를 심은 것에서 시작한다. 그러나 북부 열대림과 멀리 떨어져 있음에도 불구하고 포도나무들은 뜨겁고 습한 기후와 질병을 견디지 못하고 죽었다. 이후 한 세기 동안 주로 예수회 신부들을 중심으로 포도를 재배하려는 시도가 이어졌지만, 성공하는 경우는 드물었다. 와인 산업이 본격적으로 시작된 시기는 19세기 말이다. 이탈리아 이민자들이 이사벨라(Isabella) 같은 미국 하이브리드 품종, 이탈리아 품종, 타나(Tannat) 같은 강인한 프랑스 품종을 우루과이와 아르헨티나 국경 근처의 세라 가우샤 산악지대에 심기 시작했다. 세라 가우샤는 현재까지도 핵심적인 와인 산지로 남아 있다.

빌라 프란시오니의 고산 포도밭에 새를 쫓기 위해 망을 씌워 놓았다. 와이너리는 브라질에서 가장 추운 지역에 속하는 상조아킴에 있다.

브라질에서 가장 중요한 와인은 시라, 타나, 말베크, 카베르네 소비뇽, 템프라니요 등 레드 와인이며 샤르도네도 널리 재배된다. 그런데 수십 년째 뜨거운 인기를 누리는 와인 종류가 있다. 바로 스파클링 와인이다. 특히 대형 여압 탱크에서 샤르마 방식으로 양조한 저가 스파클링 와인이 인기다. 스파클링 와인 열풍을 일으킨 공은 모엣&샹동 샴페인 하우스가 1973년 출시한 샹동 브라질(Chandon Brasil)에 있다. 참고로 샹동 브라질의 철자에는 'z' 대신 's'가 들어간다.

## 우루과이

> "첫 키스와 두 번째 와인잔은 우리를
> 죽을 운명에서 구원한다."
> -에두아르도 갈레아노, 우루과이 작가, 1940~2015년

구아라니 원주민 언어로 우루과이는 '새들의 강'이란 뜻이다. 우루과이에 450종 이상의 새가 서식하기 때문에 붙여진 이름이다. 물론 포도 품종은 이보다 적지만, 우루과이는 잠재적인 와인 산지로 부상하고 있다.

포도나무는 1870년대에 바스크 이민자에 의해 처음으로 우루과이에 전파됐다. 그러나 본격적인 와인산업이 시작된 시기는 1980~1990년대다. 현재 우루과이의 포도밭 면적은 60㎢(6,000헥타르)이며, 와이너리는 200여 개에 달한다. 와이너리 대부분은 가족이 운영하며 현지에 벌크 또는 병에 담아 판매하는 수수한 수준이다. 외국인 투자 규모는 아르헨티나에 비해 훨씬 작다. 그러나 유명한 국제적 와인 컨설턴트들이 우루과이에서 일하고 있다. 대표적 예로 미국인 폴 홉스(파밀리아 데이카스), 이탈리아인 알베르토 안토니니(보데가 가르손), 프랑스인 미셸 로랑(핀카 나르보나) 등이 있다.

우루과이는 대서양 가장자리에 있는 까닭에 온화한 해양성 기후를 띤다. 대표 품종은 타나(Tannat)다. 타나는 프랑스 남서부 토착종이지만, 우루과이의 타나 재배량이 전 세계 타나 재배량보다 많다. 최상급 타나 와인은 블랙 체리, 초콜릿, 에스프레소 풍미가 입안을 가득 메운다. 타나 와인은 우루과이 고급 소고기 요리인 아사도와 환상적인 궁합을 자랑한다. 다른 품종으로 메를로, 카베르네 소비뇽, 알바리뇨, 샤르도네가 있다. 유명한 우루과이 생산자로는 보데가 가르손(Bodega Garzón), 보데가 데 루카(Bodega De Lucca), 보우사(Bouza), 피소르노(Pizzorno), 피사노(Pisano), 후

1540년부터 와인을 만들어 온 페루의 보데가 타카마의 오래된 목조 와인 압착기

아니코(Juanicó) 등이 있다.

## 페루

페루는 높은 고도와 건조한 사막형 기후 덕분에 아르헨티나, 칠레 북부처럼 포도 재배에 유리한 환경을 토대로 고급 와인을 생산할 높은 잠재성을 보유하고 있다. 또한 와인과 음식은 서로 최고의 파트너인데, 페루는 남아메리카에서 가장 역동적인 음식문화를 지니고 있다. 1528년, 스페인 탐험가 프란시스코 피사로는 군대를 끌고 잉카제국의 북쪽 경계선으로 진군했다. 당시 잉카는 페루뿐 아니라 에콰도르, 칠레, 아마존 분지 일부를 포함한 대제국이었다. 1572년, 페루 부왕령은 스페인의 소유가 됐고, 이 시기에 탐험가와 신부들이 페루에 포도나무를 들여왔다. 이후 한 세기 동안 리마시가 성장하고 광산업이 발달하면서 페루의 와인 생산량이 대폭 증가했다.

그런데 1600년대 후반의 대규모 지진, 1770년대 중반의 종교적 억압, 증류주인 피스코(pisco)의 인기 상승, 면섬유 수요 증가 등의 이유로 포도밭이 사라지고 와인산업은 쇠퇴했다.

2000년대, 페루 와인산업이 센트럴 코스트의 피스코와 이카 마을을 중심으로 부활했다. 카베르네 소비뇽, 말베크, 그르나슈, 바르베라, 소비뇽 블랑, 토론텔(모스카텔 아마리요) 등의 품종을 사용해서 수많은 레드 와인과 화이트 와인이 생산됐다. 토론텔은 아르헨티나의 토론테스와 마찬가지로 리스탄 프리에토와 알렉산드리아 뮈스카의 교잡종이다.

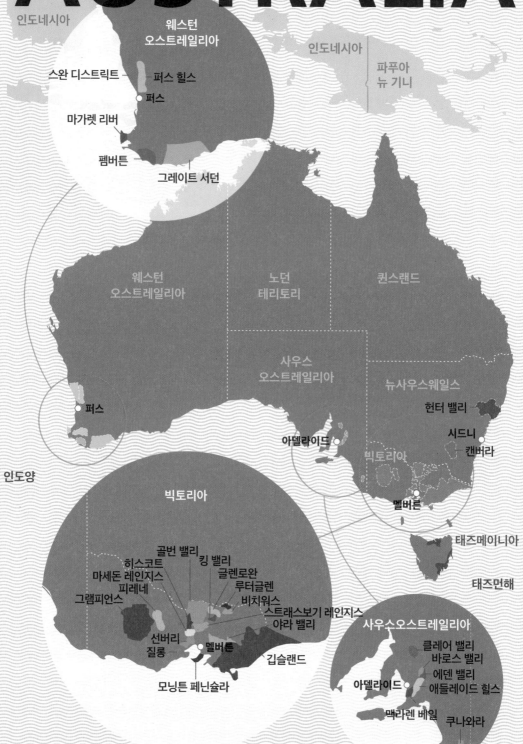

# AUSTRALIA

인도네시아

웨스턴
오스트레일리아

인도네시아

파푸아
뉴 기니

스완 디스트릭트 — 퍼스 힐스

퍼스

마가렛 리버

펨버튼

그레이트 서던

웨스턴
오스트레일리아

노던
테리토리

퀸스랜드

사우스
오스트레일리아

뉴사우스웨일스

헌터 밸리

시드니

퍼스

아델라이드

빅토리아

캔버라

인도양

멜버른

빅토리아

태즈메이니아

태즈먼해

골번 밸리    킹 밸리

히스코트

마세돈 레인지스

피레네

그램피언스

글렌로완

루터글렌

비치워스

스트래스보기 레인지스

야라 밸리

사우스오스트레일리아

클레어 밸리

바로스 밸리

에덴 밸리

애들레이드 힐스

선버리

질롱

멜버른

모닝턴 페닌슐라

깁슬랜드

아델라이드

맥라렌 베일    쿠나와라

0        500 km

면적 780만㎢의 호주를 유럽에 겹쳐 놓으면, 런던부터 이스탄불까지 펼쳐질 것이다. 이 큰 나라의 작은 와인산업은 세계에서 가장 역동적이고 최신식이다. 그럼, 호주의 매력적인 역사부터 간단히 살펴보자.

최초의 유럽인이 도착하기 6만 년 전, 호주에는 원주민과 토레스 해협 섬 주민만 살고 있었다. 그러나 1642년, 독일 항해사인 에이블 태즈먼이 호주의 여섯 개 주 중 하나인 태즈메이니아섬을 '발견'한 이후 호주의 미래가 완전히 뒤바뀐다. 그로부터 125년이 흐른 1770년, 제임스 쿡 선장은 호주의 동부 해안을 발견하고 영국령으로 선포한다.

영국은 호주를 죄수 유형지로 정했고, 10년 만에 호주의 유럽 인구가 폭증했다(많은 역사학자가 미국혁명이 없었다면 영국은 범죄자들을 미국으로 보냈을 것으로 생각한다). 1788년, 아서 필립 선장은 첫 함대에 범죄자들을 태우고 뉴사우스웨일스주의 시드니만에 도착했다.

## 호주 와인 맛보기

호주는 복합적인 고품질 와인을 생산하는 소규모 생산자가 수백 명에 달한다. 또한 합리적 가격의 마시기 좋은 와인으로도 유명하다.

가장 유명하고 널리 재배되는 품종은 시라즈다. 프랑스 품종 시라와 같은 품종이다. 시라는 숙성력이 뛰어나고 세련된 와인은 물론 단순한 와인도 만든다.

호주 포도밭 대부분은 해안의 몇백 마일 이내에 몰려 있다. 남동부에서는 시드니, 멜버른, 애들레이드 부근에 있으며 남서부에서는 퍼스 부근에 있다.

맬라렌 베일의 클래런던 힐스 포도밭에 1920년경에 심은 100년 묵은 그르나슈 고목이 있다. 뛰어난 맛을 자랑하는 호주 그르나슈 와인은 대체로 고목의 포도로 만든다.

이때 포도나무도 함께 실려 있었다. 1820년대, 시드니의 죄수 유형지는 번성했고, 태즈메이니아와 웨스턴오스트레일리아에도 죄수 유형지가 건설됐다. 참고로 당시 영국의 범죄자 처벌 시스템은 굉장히 터무니없었다. 예를 들어 음식과 식물을 훔친 어린아이들도 범죄자로 취급되어 호주로 보내졌다. 범죄자 외에도 '자유 이주민들'도 다음 함대들을 타고 호주에 도착했고, 금세 그 수가 급증했다.

그중 호주 포도 재배의 아버지로 불리는 제임스 버스비도 있었다. 버스비는 스코틀랜드에서 태어나서 1824년에 가족과 함께 뉴사우스웨일스에 이주했다. 그는 남자 보육원의 포도 재배 교사를 발령받았다. 보육원은 금세 문을 닫았지만, 버스비의 포도 재배에 대한 열정은 사그라지지 않았다. 1830년대 초반, 버스비는 프랑스와 스페인을 여행했다. 그리고 1832년에 포도 묘목 352그루를 가져와서 시드니 왕립식물원에 심었다.

시드니 주변 지역은 덥고 습해서 포도가 썩고 나무가 죽는 경우가 많았다. 그러나 호주 이주민들은 좌절하지 않았다. 그들은 내륙으로 이동해서 본래 나무의 자손들을 심었다. 이곳이 바로 오늘날의 헌터 밸리다. 1860~1870년대, 새로운 이주민 무리가 유입됐다. 중부 유럽, 독립, 현재의 폴란드 일부 출신 이주민들로 포도 재배에 대한 지식이 많았다. 이에 따라 포도밭이 번성하기 시작했다. 초반에는 인구수가 적었기 때문에 와인산업도 규모가 작았다. 대부분 시라즈와 그르나슈로 만든 드라이 테이블 와인이었다. 이보다는 호주의 달짝지근한 주정강화 와인이 더 유명했다. 훌륭한 주정강화 와인도 있었지만, 대부분 평범하고 저렴한 와인이었다. 후자는 기존 시장에 판매하기 좋다는 장점이 있었다. 당시 영국은 세계 최대 포트와 셰리 소비국이었다. 저렴한 호주산 주정강화 와인은 영국 시장이 딱 원하는 상품이었다. 호주 와인을 가득 실은 선박은 영국으로 보내졌다. 이후 1880년대에 필록세라가 발병해서 빅토리아 일부 지역에 큰 피해를 입히자, 현금 흐름에 도움이 되던 저렴한 주정강

## 호주의 전설, 맥스 슈버트와 그랜지

75년간 호주에서 가장 상징적이고 비싼 시라즈는 펜폴즈(Penfolds) 회사가 만든 그랜지(Grange)라는 파워풀한 와인이었다. 영국인인 크리스토퍼 라우손 펜폴드 박사는 사우스오스트레일리아로 이주해서 1844년에 빈혈 환자를 위한 포트 스타일 와인을 만들기 위해 펜폴즈를 설립했다. 1951년, 펜폴즈의 와인 양조자 맥스 슈버트가 그랜지를 처음으로 만들었다. 맥스 슈버트는 보르도에서 와인을 시음한 후 호주로 돌아와서 새로운 실험을 구상했다. 카베르네가 아닌 시라즈를 사용하고, 프랑스 오크 배럴이 아닌 미국 오크 배럴을 이용해서 최상급 보르도 와인와 비슷한 구조감, 복합미, 숙성력을 구현해 낼 수 있을까? 슈버트의 생각을 이해하지 못한 상사들은 실험을 접으라고 충고했다. 그러나 슈버트는 실험을 단행했다.

1953년 빈티지 그랜지가 시장에 출시됐다. 아아, 그러나 평가는 혹독했다. 한 비평가는 '야생 과일과 온갖 베리류의 혼합물에 개미를 짓이겨 넣은 맛'이라고 깎아 내렸다. 그러나 오늘날 그랜지는 제비꽃, 검은 무화과, 향나무, 향신료, 바닐라를 가미한 베리류의 아찔하고 은은한 풍미와 벨벳 같은 질감으로 찬

그랜지를 개발한 맥스 슈버트

사를 받는다. 펜폴즈 와인 양조자들은 그랜지를 만들기 위해 자사와 다른 농장의 포도밭에서 재배한 수백 가지의 시라즈를 블라인드 테스트를 거쳐 최상급을 골라낸다. 그리고 300리터짜리 새로운 미국산 오크 혹스헤드에 와인을 숙성시킨다. 그랜지는 매년 약 7,000상자가 생산되며, 세계에서 가장 긴 숙성 기록을 보유하고 있다. 1950년대 맥스 슈버트가 만든 와인이 현재까지 훌륭한 상태로 보관돼 있다.

## 호주 대표 와인

### 대표적 와인

**아페라(Apera) - 화이트 와인**
(주정강화한 셰리 스타일: 드라이, 스위트)

**카베르네 소비뇽 - 레드 와인**

**카베르네/시라즈 블렌드 - 레드 와인**

**샤르도네 - 화이트 와인**

**주정강화 토니**
- 레드 와인(주정강화한 포트 스타일: 스위트)

**그르나슈/시라즈/무르베드르 블렌드 - 레드 와인**

**뮈스카 - 화이트 와인(주정강화 와인: 스위트)**

**피노 누아 - 레드 와인**

**리슬링 - 화이트 와인**

**쇼비뇽 블랑 - 화이트 와인**

**세미용 - 화이트 와인(드라이, 스위트)**

**시라즈 - 레드 와인**

**시라즈/카베르네 블렌드 - 레드 와인**

**스파클링 와인 - 화이트, 레드 와인**

**토파크(TOPAQUE)**
- 화이트 와인(주정강화 와인: 스위트)

### 주목할 만한 와인

**샤르도네/세미용 블렌드 - 화이트 와인**

**소비뇽 블랑/세비용 블렌드 - 화이트 와인**

**베르델료 - 화이트 와인**

**비오니에 - 화이트 와인**

---

화 와인의 생산량은 더욱 증가했다.

호주의 와인산업도 미국과 마찬가지로 1960~1970년대에 고품질 드라이 와인에 초점이 맞춰지면서 급격한 변화를 겪었다. 주정강화 와인 중에는 최상급만 남게 됐다. 1980년대 중반, 호주의 현대 와인산업은 우수한 와인을 만드는 가족 소유의 소규모 와이너리와 저렴한 수출용 크리미한 샤르도네와 부드러운 시라즈를 만드는 대형 회사를 고루고루 갖추게 됐다. 호주의 드라이 테이블 와인 생산량은 1960년 100만 상자에서 2019년 1억 3,300만 상자로 증가했다.

같은 기간, 와인산업의 성장과 함께 수출량도 많이 늘어났다. 그러나 수출시장과 호주 와인에 대한 수요는 변동적이었다. 호주처럼 와인 소비량보다 생산량이 많은 국가에서 몇몇 수출시장에만 의존하는 건 불리한 면이 있었다. 이에 따라 1980년대에 호주 정부는 '포도밭 제거 정책(vine pull)'을 시행했다. 포도밭을 없앤 와인 양조자에게 보조금을 지급하는 악명 높은 정책이었다. 안타깝게도 호주는 이때 최고령 그르나슈와 시라즈 포도밭 일부를 잃게 됐다.

오늘날 호주 와인산업은 두 진영으로 구성된다. 하나는 가족 운영의 소규모 최첨단 와이너리다. 예를 들어 파(Farr), 클로나킬라(Clonakilla), 클라렌든 힐스(Clarendon Hills), 컬렌(Cullen), 헨슈키(Henschke), 휴잇슨(Hewitson), 그로세트(Grosset), 짐 배리(Jim Barry), 르윈(Leeuwin), 쇼 앤 스미스(Shaw + Smith), 바스 펠릭스(Vasse Felix), 양가라(Yangarra) 등 수많은 와이너리가 세계 수준의 와인을 만들고 있다.

오스트리아 포도밭에는 비어디드 드래곤 도마뱀이 곳곳에 숨어 있다.

헌터 밸리의 티렐스 와이너리에서는
과감하게 발로 포도를 으깬다.

와인 대부분은 광범위한 지역에서 재배한 포도를 혼합해서 표준화되고 정체성이 없는 맛을 낸다. 예를 들어 '사우스 이스턴 오스트레일리아'라는 라벨이 붙은 와인은 호주 남동부 어디서든 재배한 포도로 만들 수 있다. 이는 텍사스, 애리조나, 뉴멕시코, 캘리포니아에서 재배된 포도로 와인을 만들고, '미국 남서부' 와인으로 부르는 것과 같다. 제이콥(Jacob)의 크릭 클래식(Creek Classic)처럼 단순한 와인이 좋은 예다.

오늘날 호주의 와이너리 개수는 2,500개가 조금 못 되며 드라이, 스위트, 스틸, 스파클링, 주정강화 등 온갖 스타일의 와인을 만든다. 전반적으로 100개가 넘는 포도 품종이 자라지만, 재배량 면에서 가장 주요한 5대 품종은 시라즈, 카베르네 소비뇽, 샤르도네, 메를로, 소비뇽 블랑이다. 이 중 시라즈는 전체 포도 재배량의 30%를 차지한다. 필자는 이 목록에 그르나슈와 리슬링을 추가한다. 생산량은 적지만, 품질, 매력, 특징에 있어서 매우 중요한 품종이기 때문이다. 끝으로 호주의 와인 양조자들은 기후변화에 대응하는 한편 새로운 아이디어에 개방적이고 실험적인 성향을 토대로 수많은 새로운 품종을 재배하고 있다. 주로 그리스의 아시르티코, 포르투갈의 투리가 나시오날, 이탈리아의 피아노, 베르멘티노, 알리아니코 등 지중해 남부 품종이다.

## 땅 포도 그리고 포도원

호주는 인도, 아프리카와 더불어 세계에서 가장 오래된 땅이다. 오래전에 풍화된 토양들은 황폐해지고 풍화됐다. 세계에서 가장 오래됐다고 알려진 암석과 광물(44억 년 전)이 웨스턴오스트레일리아에 있다.

호주 대륙 중심부에는 아웃백이라 불리는 광활하고 건조한 평야가 있는데, 수년간 비가 내리지 않기도 한다. 그래도 아웃백에는 캥거루와 세계에서 가장 많은 낙타 무리가 산다.

그래도 호주는 사방에 물이 있다. 북쪽에는 티모르해, 아라푸라해, 카펀테리아만이 있고, 동쪽에는 산호해, 태즈먼해가 있다. 그리고 남쪽과 서쪽에는 인도양과 남빙해가 있다. 가장 가까운 육지는 뉴질랜드와 남극이며, 각각 거리는 1,600km, 3,200km밖에 되지 않는다. 호주의 포도밭은 모두 남동부 해안, 남서부 구석 해안, 태즈메이니아섬에 몰려 있다. 인구도 같은 지역에 몰려서 산다. 실제로 호주 인구의 95%가 해안에서 48km 반경 안에 거주한다.

호주 와인산업의 또 다른 진영은 소수의 대기업이 독점하고 있다. 이들 회사가 만드는 와인은 대체로 저렴한 상업용이며, 가장 대표적인 와인은 라벨에 동물 그림이 그려진 옐로 테일(Yellow Tail)이다. 영국 잡지 <드링크스 비즈니스>는 2020년 세계에서 가장 파워풀한 와인 브랜드 1위로 옐로우 테일을 뽑았다. 귀여운 캥거루의 매력은 도저히 당해낼 수 없나 보다.

한편 가족이 운영하는 소규모 와이너리들은 장인적 방식으로 와인을 만들며 명성 높은 포도밭을 현지 일꾼의 도움을 받아 수작업으로 세심하게 관리한다. 고도로 훈련된 와인 양조자와 최첨단 자동화 시스템을 사용하는 대기업과는 큰 차이가 있다. 호주의 포도 재배 및 와인 양조 학교는 과학적 발달 수준이 매우 높다. 호주의 대규모 포도원 대부분도 가지치기, 잎 다듬기, 포도 수확 등 거의 모든 작업을 기계로 처리한다.

두 진영의 확연한 차이점이 또 있다. 호주의 최상급 와인들은 특정 포도밭과 특정 테루아르를 기반으로 한다. 그러나 호주의 대형 회사 와인들은 그렇지 않다. 이들

## 호주 포도 품종

### 화이트

◇ **샤르도네**
주요 청포도 품종이다. 마시기 쉬운 과일 향의 단순한 와인, 단순하고 짜릿하며 우아한 와인, 풍성한 풀보디 와인까지 모든 품질과 스타일의 와인을 만든다.

◇ **시뉴 블랑**
극히 소량만 생산되는데 목록에 포함한 이유는 유일하게 호주에서 시작된 것으로 추정되는 품종이기 때문이다. 화이트 카베르네라고도 알려져 있다. 1989년 웨스턴오스트레일리아의 스완 밸리에서 발견됐으며, 부모 품종은 미상이다. 발견된 이후 재배되기 시작했다. 시뉴 블랑이란 이름은 '백조'란 뜻이다.

◇ **뮈스카델**
빅토리아의 루터글렌 와인 지구에서 유명한 품종이다. 희귀하지만 유명한 스위트 주정강화 스타일의 와인을 만든다. 한때 호수의 토커라 불렸다.

◇ **뮈스카 블랑 아 프티 그랭**
이름에 뮈스카가 들어가는 품종 중 최고로 꼽힌다. 빅토리아의 루터글렌에서 희귀하지만 매우 뛰어난 스위트 주정강화 뮈스카 와인을 만든다.

◇ **피노 그리**
샤르도네, 소비뇽 블랑 다음으로 중요한 품종이다. 인기가 많은 기본 와인을 만든다.

◇ **리슬링**
호주에서 긴 역사를 가진 주요 품종이다. 톡 쏘는 짜릿함과 시트러스 풍미를 지닌 드라이 와인을 만든다. 와인을 숙성시키면, 크림 질감과 마멀레이드를 바른 토스트 풍미를 띤다.

◇ **소비뇽 블랑**
현재 두 번째로 많이 재배하는 청포도 품종이다. 종종 세미용과 블렌딩한다.

◇ **세미용**
호주의 역사적인 대표 품종이다. 특히 뉴사우스웨일스의 헌터 밸리와 웨스턴오스트레일리아의 마거릿 리버에서 재배한다. 어린 와인은 경쾌하고 팽팽한 느낌을 띤다. 와인을 숙성시키면 꿀 풍미, 풍성함, 라놀린 질감이 가미된다.

◇ **베르델료**
보조 품종이다. 그러나 1820년대에 포르투갈의 마데이라섬에서 호주로 바로 가져온 환상적인 포도다. 주로 웨스턴오스트레일리아에서 재배한다.

◇ **비오니에**
보조 품종이지만, 매우 훌륭한 비오니에 와인도 존재한다. 주로 바로사 계곡에 있다.

### 레드

◇ **카베르네 소비뇽**
주요 품종이다. 그린 타바코 풍미와 강력한 구조감을 지닌 맛있는 와인을 만든다. 주로 쿠나와라와 마거릿 리버에서 생산된다.

◇ **그르나슈**
독특한 주요 품종이다. 시라즈보다 보디감이 가볍고 감미로운 레드 와인을 만든다. 종종 시라즈, 무르베드르와 블렌딩해서 GSM(론 스타일 블렌드)를 만든다. 또한 호주의 감각적인 주정강화 토니 와인을 만드는 데도 사용한다.

◇ **메를로**
주로 최상급이 아닌 지역(머레이 달링, 리버랜드, 리버리나)에서 재배하며 저렴한 블렌드 와인에 사용한다. 최고급 와인 산지를 중심으로 소규모 품질 개선이 이루어지고 있다. 종종 카베르네 소비뇽과 블렌딩한다.

◇ **무르베드르**
보통 GSM(론 스타일 블렌드)이나 호주의 주정강화 토니 와인에 소량만 첨가한다. 마타로(Mataro)라고도 부른다.

◇ **피노 누아**
산량이 증가하는 추세이며, 매우 고품질 와인을 만든다. 특히 빅토리아, 태즈메이니아, 사우스오스트레일리아의 서늘한 지역에서 재배한다. 스파클링 와인을 만드는 데도 사용한다.

◇ **시라즈**
주요 품종이며 프랑스 시라와 같은 품종이다. 최상급 시라는 매혹적이고 감미로운 질감, 복합미, 숙성력을 지닌 와인을 만든다. 종종 카베르네 소비뇽과 혼합하거나 그르나슈, 무르베드르와 섞어서 GSM(론 스타일 블렌드)을 만든다. 호주의 최상급 주정강화 토니 와인을 만드는 데도 사용한다.

호주는 미국의 주처럼 여섯 개의 주로 구성된다.

---

**뉴사우스웨일스(New South Wales),
빅토리아(Victoria), 사우스오스트레일리아(South
Australia)** 호주 남동부와 남부

---

**태즈메이니아(Tasmania)** 남부 근해

---

**웨스턴오스트레일리아(Western Australia)** 극서부

---

**퀸즐랜드(Queensland)** 북동부(극히 소량의 와인 생산)

---

퀸즐랜드를 제외하면, 호주의 와인 산지 대부분은 화창하고 따뜻한 지중해성 기후를 띤다. 퀸즐랜드는 적도와 가까워서 상당히 덥다. 그러나 일부 지역은 낮에는 따뜻하지만, 밤에는 춥다. 사우스오스트레일리아에서 드라이 리슬링(서늘한 기후 품종)과 카베르네 소비뇽(따뜻한 기후 품종)이 모두 유명한 이유도 이 때문이다.

호주에도 심각한 기후 문제가 있다. 그중 최악은 가뭄과 산불(들불)이다. 예를 들어 2019년 뉴사우스웨일스와 사우스오스트레일리아에서 산불 수십 건이 동시에 발생해서 두 달 이상 지속됐다. 그 해 산불에 직접 타거나 연기에 그을린 와인용 포도는 다행히 3%에 불과했다. 그러나 호주 와인 산지의 1/4 지역에서 손실이 보고됐다. 호주와인연구소(Australian Wine Research Institute)는 산불 연기에 의한 포도 오염 부문에 있어서 세계적으로 중요한 연구소가 됐다. 2019년 호주는 전국적으로 평균 최고 온도(40.9℃)를 기록했다.

그러면 호주의 대표적 포도 품종과 와인을 청포도, 적포도 순서로 살펴보자. 앞서 언급한 호주 지역들은 다음 챕터에서 자세히 다룰 예정이다.

**• 샤르도네**

호주산 샤르도네는 인기가 너무 높아서 마치 호주가 샤르도네를 발명한 것처럼 보일 정도다. 그러나 1960년

---

### 유럽 포도나무의 유전자원

1800년대 말, 필록세라(29페이지 참조)는 유럽과 미국의 포도밭을 초토화했다. 그러나 호주의 주요 지역들은 필록세라를 피해 갔다. 특히 사우스오스트레일리아는 필록세라가 단 한 번도 발병하지 않은 몇 안 되는 지역이다. 이는 1890년대 도입한 엄격한 검역법 덕분이다. 그 결과 사우스오스트레일리아는 세계 최고령 포도나무들을 보유하고 있다. 이곳 포도나무들은 본래의 유럽 식물들을 보유하고 있는 셈이다. 바로사 밸리에 대표적 예가 있다. 휴잇슨 가문이 소유한 올드 가든 빈야드(Old Garden Vineyard)에는 1853년에 심은 세계 최고령 무르베드르를 갖고 있다. 펜폴즈의 칼림나 42번 구역에는 1888년에 심은 세계 최고령 카베르네 소비뇽이 있다. 확실한 기록은 없지만, 1930년대 시드니 식물원에 심은 유명한 제임스 버스비 컬렉션의 1세대 나무로 추정되는 포도나무들도 있다. 참고로 제임스 버스비 컬렉션은 호주 전역의 포도밭에 묘목을 제공했다.

이처럼 바로사 밸리에 세계 최고령 포도나무들이 많은 까닭에 얄룸바(Yalumba) 와이너리를 필두로 이 지역 와인 양조업자들은 세계 최초로 '오래된 포도나무'에 대한 정의를 내리고, 다음처럼 분류했다.

**오래된 포도나무(OLD VINE)**

수령이 최소 35년이며, 유목 시기를 지나 성목의 몸통과 근계를 갖고 있다.

**생존자 포도나무(SURVIVOR VINE)**

수령이 최소 70년이다. 호주 와인산업에 영향을 미친 사회적, 정치적 변화와 극심한 기후 변동을 모두 겪은 포도나무다.

**100세 포도나무(CENTENARIAN VINE)**

수령이 최소 100년이다. 두껍고 훌륭한 몸통을 갖고 있다. 관개 또는 격자 구조물 설치가 불가능한 시절에 심어진 나무다.

**조상 포도나무(ANCESTOR VINE)**

수령이 최소 125년이다. 호주에 있는 유럽 정착민들의 살아 있는 훈장과도 같다.

### 스크루 마개 와인병

코르크 마개 대신 스크루 마개를 사용하는 와인이 매년 50억 병에 달한다. 이는 호주 덕분이다. 2000년 클레어 밸리의 호주 와인 양조자들은 코르크 마개 오염(TCA) 발생률이 높아짐에 따라 전례 없는 특별 조치를 했다. 클레어 밸리의 2000년산 리슬링 와인 전량에 스크루 마개를 사용한 것이다. 이전까지는 저품질 와인에만 스크루 마개를 사용했다. 그 결과 클레어 밸리 리슬링 와인은 신선하고 활기찬 상태를 유지했으며 숙성력도 뛰어났다. 같은 시기에 호주와인연구소는 와인 마개에 대한 대대적인 실험을 진행했고 다시 한번 스크루 마개의 우수성을 입증했다. 최근 20년간 이에 따른 긍정적 반작용도 일어났다. 그동안 잠잠했던 포르투갈의 코르크 산업에 대대적인 개선이 이루어진 것이다. 호주에서 최초로 와인병에 스크루 마개를 사용한 이후 스크루 마개는 갈수록 정교해졌다. 현재 보르도 등 프랑스의 몇몇 유명 와인 산지를 제외하고 거의 전 세계가 와인병에 스크루 마개를 사용하고 있다.

대 후반 호주에는 샤르도네 포도나무가 매우 적었다. 최초의 호주산 샤르도네는 '뱃 47 피노 샤르도네(Vat 47 Pinot Chardonnay)'라 불렸다. 뉴사우스웨일스의 헌터 밸리에 있는 티렐스 와이너리가 1971년에 붙인 이름이다. 참고로 1980년대 전 신세계에서는 샤르도네를 피노 샤르도네라고도 불렀다.

1980년대 초반 저렴한 호주산 샤르도네가 국제시장에 등장했을 때 이와 유사한 화이트 와인은 거의 없었다. 호주산 샤르도네는 숟가락을 꽂으면 그대로 서 있을 것처럼 진하고 부드러웠다. 수많은 샤르도네 애호가가 호주산 샤르도네의 등장에 열광했다.

오늘날 최상급 호주산 샤르도네는 우아미, 복합미, 구조감이 훨씬 뛰어나다. 와인은 풍성함과 동시에 세련미도 갖췄다. 호주에는 최상급 샤르도네 와인이 매우 많다. 필자가 선호하는 샤르도네를 꼽자면, 르윈(Leeuwin)의 아트 시리즈(Art Series), 펜폴즈(Penfolds)의 야타르나(Yattarna), 바스 펠릭스(Vasse Felix), 지아콘다 이스테이트(Giaconda Estate), 제너두(Xanadu), 클레로 스트라이커(Clairault Streicker), 도멘 에피스(Domaine Epis), 빈디(Bindi), 모스 우드(Moss Wood),

자이언트 스텝스(Giant Steps), 톨퍼들(Tolpuddle) 등이며, 모두 풍미와 신선함이 가득하다.

### • 소비뇽 블랑

지난 수십 년간 호주 와인 생산자들은 이웃 국가인 뉴질랜드 때문에 소비뇽 블랑 생산에 발을 들이길 망설였다. 그러나 1990년대, '우리도 한번 해 보자'라는 건전한 생각으로 바뀌었다. 오늘날 소비뇽 블랑은 샤르도네에 이어 호주에서 두 번째로 중요한 품종이 됐다. 이 변화를 선도한 와이너리들은 애들레이드 힐스에 있는 쇼 앤드 스미스(Shaw+Smith)와 렌즈우드(Lenswood), 웨스턴오스트레일리아의 마가레트 리버의 케이프 멘텔(Cape Mentelle) 등이다.

호주산 소비뇽 블랑은 녹색 허브와 열대과일 풍미의 뉴질랜드 버전과 완전히 다르다. 필자가 느끼기에 상세르 소비뇽의 아삭한 백악 풍미와 나파 밸리 소비뇽의 세이지 풍미를 섞은 듯하다.

소비뇽 블랑은 특히 호주의 서늘한 지역에서 잘 자란다. 예를 들어 애들레이드 힐스(사우스오스트레일리아), 야라 밸리(빅토리아), 태즈메이니아, 마거릿 리버(웨스턴오스트레일리아) 등의 지역이 있으며, 이곳에서는 종종 소비뇽 블랑과 세미용을 블렌딩한다.

### • 리슬링

리슬링은 1788년에 첫 함대를 타고 호주에 입성했으며 호주의 오리지널 포도 품종 중 하나에 속한다. 기록에 따르면 호주 최초의 리슬링은 1838년에 뉴사우스웨일스에 심어졌다. 이처럼 리슬링은 샤르도네보다 한 세기 먼저 호주에 전파됐다. 호주의 최상급 리슬링은 대부분

캥거루를 빼고 호주를 온전히 설명할 수 있을까?

에덴 밸리와 클레어 밸리에서 생산된다. 참고로 클레어 밸리는 아일랜드의 카운티 클레어의 이름을 딴 것이다. 에덴 밸리와 클레어 밸리 모두 사우스오스트레일리아의 애들레이드시 북쪽에 있다. 이 밖에도 빅토리아, 웨스턴오스트레일리아, 태즈메이니아섬에서도 훌륭한 리슬링이 생산된다.

필자는 호주 리슬링을 처음 마셨을 때 독일, 오스트리아, 알자스 리슬링과 매우 달라서 굉장히 놀랐다. 호주의 묵직하고 부드러우며 전형적인 화이트 와인과도 달랐다. 전류 같은 산미를 가진 산뜻하고 활기찬 리슬링이었다. 호주 리슬링은 산뜻한 본드라이 와인이고, 라이트 보디에서 미디엄 보디까지 있으며 상당히 우아하다. 또한 시트러스 껍질과 시트러스 마멀레이드 풍미와 광물성을 띤다. 순수성, 신선함, 아삭함, 드라이함, 시트러스 풍미, 가벼운 특징 덕분에 해산물과 매우 잘 어울린다. 또한 카피르 라임, 레몬그라스, 생강 등 향이 강한 식재료를 사용하는 아시아 요리와도 잘 어울린다. 끝으로, 호주 리슬링은 다른 위대한 리슬링과 마찬가지로 아름답고 우아하게 숙성된다. 필자는 특히 퓨시 베일(Pewsey Vale)의 더 컨투어스(The Contours), 그로세트(Grosset)의 폴리시 힐(Polish Hill), 킬리카눈(Kilikanoon)의 모르츠 리저브(Mort's Reserve), 헨슈키(Henschke)의 줄리어스(Julius), 르윈(Leeuwin)의 아트 시리즈(Art Series), 리오 버링(Leo Buring), 드 보르톨리(De Bortoli)의 리슬링을 좋아한다.

바로사 밸리에 있는 찰스 멜턴 와이너리의 와인 양조자 찰리 멜턴과 그의 딸 소피

### • 세미용

현재 호주는 수많은 청포도 품종을 소량씩 생산하지만 한때는 세미용이 가장 주된 청포도였다. 호주는 프랑스와는 달리 세미용을 '세머런'이라 발음한다. 호주는 보르도에 이어 세계에서 두 번째로 유명한 세미용 생산국이다. 참고로 보르도의 드라이 화이트 와인, 스위트 소테른, 바르삭은 전통적으로 세미용과 소비뇽 블랑을 블렌딩해서 만든다.

최상급 포도밭에서 자란 어린 호주산 세미용은 상쾌함, 아삭함, 백후추와 라임 풍미를 띤다. 어린 세미용을 마시면 마치 누군가에게 뺨을 맞은 듯한 기분이 든다. 특히 뉴사우스웨일스의 헌터 밸리에서 이처럼 어리고 날카로운 스타일의 세미용을 생산한다. 이곳은 비가 많이 내리고 흐린 날씨 때문에 설익은 세미용을 가을 우기가 시작되기 전에 수확해야 한다. 시간이 지나면, 어린 세미용은 놀라운 운동성을 띠게 된다.

오늘날 사우스오스트레일리아의 애들레이드 힐스와 웨스턴오스트레일리아의 마거릿 리버(케이프 멘텔을 추천함)에서도 맛있고 어린 세미용이 생산된다. 이곳에서는 세미용과 소비뇽 블랑을 혼합해서 보르도 그라브의 페삭레오냥처럼 세련된 화이트 와인을 만든다.

어린 호주산 리슬링을 병 속에서 숙성시키면 놀랍게도 굉장히 다른 특성이 발현된다. 최상급 리슬링을 5년 이상 숙성시키면 꿀, 브리오슈, 구운 캐슈너트 풍미와 경이로운 라놀린 질감을 갖게 된다. 호주 와인 애호가라면 티렐스(Tyrrell's, 배트 1 세미용은 호주 와인 중 가장 많은 상을 받음), 하트 & 헌터(Hart & Hunter), 맥윌리엄스(McWilliams), 바스 펠릭스(Vasse Felix), 로스버리 이스테이트(Rothbury Estate), 토머스 와인스(Thomas Wines), 브로큰우드(Brokenwood), 마운트 플레전트(Mount Pleasant), 팀 애덤스(Tim Adams)의 세미용을 반드시 맛보길 권한다.

### • 그르나슈

그르나슈는 1830년대에 호주 포도 재배의 아버지라 불리는 제임스 버스비가 그르나슈 고향인 스페인에서 직접 호주로 들여왔다고 알려져 있다. 그러나 호주는 스페인식 이름인 가르나차 대신 프랑스식 이름인 그르나슈라 부른다.

호주에는 150년 묵은 그르나슈 포도밭들이 현재까지 존재하며 그 포도들도 감각적인 와인을 만든다. 지금은 그르나슈 고목을 소중하게 여기지만 20세기 초중반에는 상당수가 뽑힐 위기에 놓였었다. 그러나 그르나슈 고목은 호주의 맛있는 주정강화 와인을 만드는 비결이기도 하다.

최상급 그르나슈는 주로 사우스오스트레일리아의 맥라렌 베일과 바로사 밸리에서 재배된다. 그르나슈는 환상적인 싱글 버라이어탈 와인을 만들기도 하고, 그르나슈와 시라를 섞거나 그르나슈, 시라, 무르베드르를 섞어서 소위 GSM 와인을 만들기도 한다. 최상급 그르나슈는 보이즌베리와 체리 잼 풍미의 선명하고 스파이시한 키르슈바서 같은 와인을 만든다. 호주 그르나슈는 시라만큼 묵직하진 않지만 피노 누아보다는 풀보디감이 강해서 호주인에게 완벽한 레드 와인이다. 포론 호프(Forlorn Hope)의 송스 프롬 마스 블랙 샐러드(Songs from Mars Black Sallad), 오코타 배럴스(Ochota Barrels)의 더 푸가지(The Fugazi), 시릴로(Cirillo)의 1850, 양가라(Yangarra)의 하이 샌즈(High Sands), 토브렉(Torbreck)의 힐사이드(Hillside), 킬리카눈(Kilikanoon)의 더 듀크(The Duke), 얄룸바(Yalumba)의 부시 바인(Bush Vine) 등은 절대 놓쳐선 안 되는 그르나슈 와인이다.

• 시라즈

시라즈는 호주의 대표 포도 품종이다. 호주인들은 시라즈를 광신적으로 좋아하며 물론 생산량도 가장 많은 품

아마(Armagh)라고 알려진 짐 배리 시라즈 포도밭에 피터 배리 그리고 그의 아들 샘과 톰이 있다.

종이다. 수많은 소규모 생산자가 만드는 시라즈는 아찔할 정도로 매혹적이고 복합적이다.

시라즈는 시라 품종의 또 다른 이름이다. 재미있는 사실이 있는데, 호주인들은 1980년대까지 시라를 에르미타주로 부르고 가끔 시라즈로 불렀다. 그러나 에르미타주는 프랑스 북부 론 밸리의 공식 명칭이기 때문에 호주에서는 프랑스 와인 양조계를 존중하는 의미에서 결국 에르미타주라는 이름은 사용하지 않게 됐다.

시라즈라는 이름은 과거에 프랑스가 시라를 부르던 다양한 이름에서 비롯된 것으로 짐작된다. 예를 들어 Schiras, Sirac, Syrac, Serine, Sereine 그리고 호주인이 19세기 중반 이전에 부르던 Scyras 등이 있다. 한때 시라즈라는 이름이 이란의 도시명인 시라즈에서 유래했다는 의견이 제기됐지만, DNA 분석 결과 분명한 프랑스 품종으로 판명됐다.

시라즈는 호주를 세계적 수준의 와인 생산국으로 정립시켰다. 시라즈의 매혹적인 아로마, 우아하고 부드러운 질감, 베리류와 제비꽃의 풍성한 풍미, 활기를 주는 흑후추 풍미는 굉장한 매력이다. 2005년 호주와인연구소는 최초로 와인에서 로턴던(rotundone)이라는 흑후추 특징을 발견했다. 최상급 호주 시라즈는 웅장한 구조감과 쾌락적 풍미를 동시에 지닌다. 필자는 특히 클로나킬라(Clonakilla), 웬두리(Wendouree), 케이 브라더스(Kay Brothers), 헨슈키(Henschke)의 힐 오브 그레이스(Hill of Grace), 펜폴즈(Penfolds)의 세인트 헨리(St. Henri), RWT, 그랜지(Grange)의 매력에 푹 빠졌다.

### 호주 와인의 유칼립투스 풍미

많은 호주 와인의 경우, 특히 시라즈와 카베르네 소비뇽에서 가장 인상적인 아로마와 풍미는 유칼립투스다. 상쾌하고 신선한 민트 향과 비슷하며 약용의 특징도 있다. 이런 특징은 어디에서 올까? 호주 재래식물인 유칼립투스 나무에서 비롯된다. 포도밭이 유칼립투스 나무에 가까울수록 이런 특징은 더욱 강해진다. 공기 중의 유칼립투스 나무에 가까울수록 이런 특징은 더욱 강해진다. 공기 중의 유칼리프톨(1,8-시네올)이라 불리는 화합물이 포도 껍질에 쌓여서 마세라시옹 과정에서 포도즙과 섞인다. 유칼립투스 특징이 화이트 와인(신속하게 포도를 압착해서 껍질과 분리)에서는 거의 나타나지 않는데 레드 와인(마세라시옹 단계에서 포도즙과 껍질이 함께 있음)에서는 적당히 또는 매우 강하게 나타나는 이유도 이 때문이다.

호주산 시라즈는 포도 재배지에 따라 큰 차이를 보인다. 일반적으로 서늘한 기후의 호주 시라즈는 따뜻한 기후의 시라즈보다 후추와 향신료 풍미, 감칠맛, 매끄러움이 더 강하다. 맥라렌 베일의 시라즈와 바로사 밸리의 시라즈를 나란히 비교해 보면, 맥라렌 베일이 바로사 밸리보다 서늘하다는 사실을 명백히 알 수 있다. 참고로 두 지역 모두 사우스오스트레일리아에 있다.

호주에서는 시라즈를 종종 그르나슈와 혼합해서 어둡고 다즙하고 풍성한 체리 잼과 초콜릿 풍미, 약간의 광물성과 타르 특징을 지닌 감각적이고 복합적인 와인을 만든다. 라벨에는 '시라즈/그르나슈'라고 표기한다.

끝으로, 다소 특이하지만 시라즈 스파클링 와인도 있다. 저렴한 과일 향의 선명하고 당돌한 레드 스파클링 와인이며 시라즈의 타닌감과 균형을 맞추기 위해 살짝 스위트한 스타일로 만든다. 호주 최초의 레드 스파클링 와인은 1840년대에 등장했다. 세펠트(Seppelt)는 1890년대부터 현재까지 레드 스파클링을 만드는 일류 생산자다.

## 호주의 최상급 시라즈 및 시라즈 블렌드 생산자

- 찰스 멜턴(Charles Melton)
- 클라렌든 힐스(Clarendon Hills)
- 클로나킬라(Clonakilla)
- 크래글리(Craiglee)
- 지아콘다(Giaconda)
- 하디스(Hardys)
- 헨슈키(Henschke)
- 재스퍼 힐(Jasper Hill)
- 짐 배리(Jim Barry)

마거릿 리버의 컬렌 와이너리에서 포도를 수확하고 있다.

- 존 듀발(John Duval)
- 케슬러(Kaesler)
- 케이 브라더스(Kay Brothers)
- 킬리카눈(Kilikanoon)
- 리싱햄(Leasingham)
- 마운트 랑기 기란(Mount Langi Ghiran)
- 엔저링가(Ngeringa)
- 눈(Noon)
- 펜폴즈(Penfolds)
- 파월 & 손(Powell & Son)
- S.C. 패널(S.C. Pannell)
- 쇼 앤드 스미스(Shaw + Smith)
- 토브렉(Torbreck)
- 티렐스(Tyrrell's)
- 바스 펠릭스(Vasse Felix)
- 웬두리(Wendouree)
- 윈스(Wynns)
- 얄룸바(Yalumba)
- 양가라(Yangarra)

### • 카베르네 소비뇽

많은 와인 양조자들이 카베르네 소비뇽을 시라즈에 이은 두 번째 엘리트 적포도 품종으로 여긴다. 호주는 카베르네 소비뇽에 익숙하다. 1888년 바로사 밸리에 있는 펜폴즈의 칼림나 포도밭에 속한 '블록 42'(4헥타르) 구역에 카베르네 포도밭을 심었는데 이것이 세계에서 가장 오래된 카베르네 소비뇽 포도밭으로 알려져 있다.

그로부터 6년 후인 1893년 스코틀랜드 이민자인 존 리독은 사우스오스트레일리아의 쿠나와라라는 작은 지역에 카베르네 소비뇽을 심었다. 이곳 토양은 카베르네 소비뇽이 잘 자라는 붉은 진흙과 석회암으로 구성돼 있다. 빅토리아의 야라 밸리에서 생산되는 카베르네 소비뇽도 훌륭한 와인을 만든다. 웨스트오스트레일리아에 있는 마거릿 리버의 주요 적포도 품종도 카베르네 소비뇽이며 이곳은 1960년대 후반부터 카베르네 소비뇽을 재배했다. 1970년대에 바스 펠릭스, 모스 우드, 컬렌, 케이프 멘텔, 르윈 등 가족 운영 와이너리들이 카베르네 소비뇽을 전문적으로 생산하기 시작했다.

최상급 호주 카베르네는 구조감과 복합미가 뛰어나다. 헨슈키의 시릴 헨슈키(Cyril Henschke), 웬두리, 펜폴즈의 빈 707(Bin 707), 밸네이브스(Balnaves)의 더 탤리(The Tally), 컬렌의 반냐(Vanya), 우드랜즈의 헤더 진(Heather Jean), 르윈의 아트 시리즈(Art Series), 히킨보탐(Hickinbotham)의 트루맨(Trueman) 등의 카베르네는 좋은 보르도 와인의 꽉 쬐는 구조감, 순수성, 응축된 블랙 커런트 풍미, 감칠맛, 향신료와 후추 풍미가 진동한다.

사우스오스트레일리아의 에덴 밸리에 있는 얄룸바 와이너리는 100년 전부터 배럴을 직접 제작했다.

한편 카베르네와 시라즈를 블렌딩하기도 한다. 카베르네의 구조감과 시라즈의 풍성한 과일 풍미의 조합에서 영감을 얻어 탄생한 와인이다. 히킨보탐의 더 피크(The Peake), 얄룸바의 더 시그니처(The Signature) 카베르네 소비뇽/시라즈, 펜폴즈의 빈 389(Bin 389) 카베르네 소비뇽/시라즈가 대표적 예다. 참고로 후자는 '베이비 그랜지'라고도 불린다. 모두 사우스오스트레일리아에서 생산된다.

## 호주의 최상급 카베르네 소비뇽 생산자

- 벨네이브스(Balnaves)
- 케이프 멘텔(Cape Mentelle)
- 컬렌(Cullen)
- 그린녹 크릭(Greenock Creek)
- 하디스(Hardys)
- 헨슈키(Henschke)
- 히킨보탐(Hickinbotham)
- 르윈 이스테이트(Leeuwin Estate)
- 모스 우드(Moss Wood)
- 눈(Noon)
- 펜폴즈(Penfolds)
- 펜리 이스테이트(Penley Estate)
- 바스 펠릭스(Vasse Felix)
- 웬두리(Wendouree)
- 우드랜즈(Woodlands)
- 윈스(Wynns)
- 얄룸바(Yalumba)
- 야라 예링(Yarra Yering)

## 스티키스

호주는 세상에서 가장 강렬한 주정강화 스위트 와인을 만든다. 이 와인은 황홀함 그 자체다. 이 와인을 마신다는 생각만으로도 흥분된다. 호주는 약 200년 전부터 이 와인을 만들었지만, 현재 생산량은 매우 미미하며 인지도도 과소평가돼 있다.

호주인들은 이 와인을 '스티키스(stickies)'라 부른다. 주정강화 스위트 와인과 스위트하지만 주정강화하지 않은 사촌 격 와인을 총칭하는 용어다. 가장 감각적이면서 희귀한 스티키스는 주정강화 스위트 뮈스카와 토파크다. 빅토리아 북동부 구석의 작은 루터글렌 지구(금광으로 유명)에서 생산된다. 호주는 과거에 토파크를 토커이라고 불렀다. 그러나 2010년 호주는 토커이가 헝가리의 토커이 헤지얼여 지역의 독점적인 공식 명칭임을 인정하고 토커이를 토파크로 변경했다.

토파크와 뮈스카는 원시적 특성이 있다. 두 와인 모두 청포도로 만들지만, 오묘한 주황색이나 거무스름한 색에 반짝이는 초록빛을 띤다. 잔에 와인을 따르면 와인잔 벽에서 천천히 흘러내린다. 와인의 맛은 굉장히 감동적이며 나른한 감각이 영원히 지속될 것처럼 느껴진다.

뮈스카는 뮈스카 블랑 아 프티 그랭 청포도로 만들고 토파크는 뮈스카델 청포도로 만든다. 최상품이 수출되는 경우는 드물다. 와인을 만드는 방법은 다음과 같다. 포도를 일반 수확시기 이후에도 따지 않고 포도가 쪼

### 호주 원주민

영국 식민지화 이전 호주와 인근 섬에는 호주 원주민과 토레스 해협 섬사람들이 살았다. 호주 원주민들은 유전적으로 연관돼 있지만 수십 개의 다양한 공동체로 구성돼 있었으며, 250개 이상의 언어를 사용했다. 영국 식민지화 초기, 원주민 인구는 30만~100만 명으로 추정된다. 현재는 호주 인구의 3%를 차지한다. 원주민이 호주에 언제, 어떻게 정착했는지는 아직 논란이 많다. 2011년 DNA 분석 결과에 따르면 원주민은 아프리카인의 후손이며 데니소바인(네안데르탈인과 관련 있지만 서로 다른 인종임)과 유전적 관계가 있다고 한다. 약 7만 5,000년 전 이들은 아프리카를 떠나 남아시아로 이주했고 육로를 통해 호주 대륙으로 넘어온 것으로 추정된다. 이후 마지막 빙하기(1만~1만 8,000년 전)가 끝나고 해수면이 상승하자 이들은 호주 대륙에 고립됐다. 그리고 500년 전까지 다른 인종과 아무런 교류도 하지 않았다. 그 결과, 호주 원주민은 아프리카를 제외하고 세계에서 가장 오래 생존한 인종이자 가장 오랫동안 지속된 인류 문화를 보유하게 됐다.

호주 원주민

그라들고 당분이 응축될 때까지 오랫동안 기다린다. 발효 단계에서 포도를 으깨서 죽처럼 된 덩어리에 중성적 포도 증류주를 첨가해서 와인을 강화한다. 그러면 발효가 멈추고 와인 속에 천연당이 남게 된다. 그런 다음 셰리의 솔레라 시스템처럼 설치한 오래된 소형 오크 배럴에 와인을 10~20년간 또는 그 이상 발효시킨다(322페이지 참조). 그러면 와인에 토피, 흑설탕, 대추, 무화과, 바닐라, 당밀, 버섯, 꿀, 향신료 등 형용하기 힘든 초현실적 풍미가 생긴다. 최상급 뮈스카와 토파크 생산자로는 챔버스 로즈우드 빈야드(Chambers Rosewood Vineyards), 캠벨스 와인스(Campbells Wines), 모리스(Morris) 등이 있다. 각각의 와인 라벨에 '레어(Rare)'라는 단어가 있으면, 특별한 품질의 오래된 와인임을 뜻한다.

이번에는 호주의 포트 스타일 와인을 살펴보자. 현재는 호주 주정강화 토니 와인이라 부른다. 대부분 사우스오스트레일리아에서 생산되며, 포르투갈의 토니 포트 양조법과 대략 비슷한 방식으로 만든다. 물론 포트 품종 대신 시라즈, 그르나슈, 무르베드르를 사용해서 호주 버전으로 만든다. 또한 호주의 토니 와인은 포르투갈과 달리 빈티지 연도를 표기한다.

가장 정교한 호주 주정강화 토니 와인은 포르투갈 토니 포트처럼 복합적이다. 또한 견과류, 캐러멜, 초콜릿, 에스프레소, 흑설탕, 시트러스, 향신료 풍미를 지닌다. 또한 풍성하고 극적이며 형광 주황색 무늬처럼 보이는 초현실적인 색을 띤다. 마치 위대한 토니 포트와 위대한 마데이라를 합쳐 놓은 듯하다. 최상급 토니 와인은 세펠츠필드(Seppeltsfield)의 파라 리큐어 토니(Para Liqueur Tawnies), 펜폴즈의 그랜드파더 토니(Grandfather Tawny) 등이 있다. 2019년에 필자는 1939년산, 1944년산, 1947년산 파라 리큐어 토니와 1945년산 그랜드파더 포트를 마셔 봤는데 그 감각을 어떻게 표현할지 몰라서 '하나님 맙소사'라고만 적었던 기억이 있다. 마치 거대한 자석의 장력에 끌려가는 듯한 느낌이다.

호주의 아페라(apera)는 셰리 스타일 와인이다. 팔로미노, 페드로 시메네스 등 두 스페인 품종을 사용하며 종종 뮈스카 고르도 블란코(Muscat Gordo Blanco)를 블렌딩하기도 한다. 극히 소량만 생산되며 최상급 아페라는 스페인의 올로로소, 팔로 코르타도 셰리와 비슷한 풍미, 정교함, 복합미를 지닌다. 세펠츠필드가 매우 훌륭한 아페라를 생산한다.

**호주는 세상에서 가장 강렬한 주정강화 스위트 와인을 만든다. 이 와인은 황홀함 그 자체다. 이 와인을 마신다는 생각만으로도 흥분된다.**

### 호주의 와인 산지

호주의 주요 와인 산지를 간략하게 살펴보겠다. 그럼 사우스오스트레일리아부터 시작해 보자.

## • 사우스오스트레일리아

애들레이드 힐스 | 바로스 밸리 | 클레어 밸리 |

쿠나와라 | 에덴 밸리 | 맥라렌 베일

사우스오스트레일리아는 세계에서 가장 건조한 호주에서도 가장 건조한 지역이다. 최상급 카베르네 소비뇽, 시라즈, 샤르도네, 리슬링을 비롯한 호주 와인의 절반 이상이 이곳에서 생산된다.

사우스오스트레일리아의 와인 산지들은 애들레이드시에서부터 퍼져 나간다. 그중 정상급 와인 산지들은 애들레이드 힐스, 바로스 밸리, 클레어 밸리, 쿠나와라, 에덴 밸리, 맥라렌 베일 등이다. 이 구역들은 해밀튼, 세펠트, 펜폴드 등이 설립한 것인데, 각각 와인에도 이들의 이름을 붙였다. 오늘날 하디스, 펜폴즈, 울프 블라스, 얄룸바 등 대형 와인 회사도 이곳에 자리를 잡았다. 그러나 헨슈키, 그로세트, 히킨보탐, 쇼 앤드 스미스, 양가라 등 최상급 소규모 와이너리와 중견급도 이곳에 몰려 있다. 먼저 애들레이드 힐스부터 시작해서 와인 애호가들에게 가장 익숙한 사우스오스트레일리아 지역인 바로사 밸리까지 차례대로 살펴보자.

애들레이드 힐스는 애들레이드시의 바로 동쪽에 있는 서늘한 지역이다. 호주에서 가장 다채로운 와인 산지이기도 하다. 소비뇽 블랑, 샤르도네, 피노 누아, 시라즈, 카베르네 소비뇽 등 굉장히 광범위한 포도 품종이 이곳에서 자란다. 애들레이드 힐스의 포도 재배는 1840년대에 시작됐지만, 현대 와인산업은 1970년대 이후부터 본격화되기 시작했다.

에덴 밸리와 클레어 밸리는 서로 120km 거리에 있으며 맛있는 리슬링과 매우 명확하고 순수한 맛을 내는 시라즈를 생산한다. 에덴 밸리는 사실상 바로사 밸리 위의 고원이고 짙은 꽃 풍미의 독특한 미디엄 보디 리슬링을 만든다. 한편 클레어 밸리는 사실상 계곡이 아닌 고원이며 시트러스 풍미와 강력한 산미가 돋보이는 리슬링을 만든다. 두 지역은 와인의 아찔한 상쾌함을 발현하기 위해 포도를 일찍 수확한다고 알려져 있지만, 이는 사실이 아니다. 와인의 상쾌함은 극도로 추운 밤, 수분 보유력이 뛰어난 석회질 토양, 리슬링에 내재한 산미 덕분이다.

맥라렌 베일에서 생산한 시라즈는 블라인드 테스트에서 언제나 돋보인다. 먼저 파워풀한 풍미와 대비되는 매끈한 구조감이 도드라진다. 그리고 향신료, 블랙 올리브, 멘톨, 다크초콜릿의 풍미가 극적인 상승감을 더한다. 맥라렌 베일은 철광석과 양질의 옥토로 구성된

1898년에 세워진 역사적인 쿠나와라 기차역 덕분에 쿠나와라 와인을 애들레이드시까지 운송해서 판매할 수 있었다.

계곡과 언덕이 섞여 있으며 애들레이드에서 남쪽으로 35km 거리의 플뢰리우(Fleurieu)반도에 있다. 북서쪽에 온카파링가강, 서쪽에는 세인트빈센트만과 경계를 접하고 있다. 그 결과 서늘한 해양성 기후가 일부 포도밭에 약간의 영향을 미쳐서 와인에 구조감과 우아미를 가미한다. 존 레이넬과 토머스 하디가 1838년에 이곳에 처음으로 포도밭을 심었으며 각각 시뷰(Seaview), 하디 와인 컴퍼니(Hardy Wine Company)를 설립했다. 맥라렌 베일은 전체 와인 생산량의 50% 이상이 시라즈이지만 환상적인 카베르네도 만든다.

쿠나와라는 원주민 언어로 '허니서클(인동)'이란 뜻이다. 쿠나와라의 카베르네 소비뇽은 호주에서 구조력과 숙성력이 가장 뛰어나며 블랙 커런트, 세이지, 수풀의 세련된 풍미가 특징이다. 애들레이드시에서 서쪽으로 370km 거리에 있으며 바다에서부터 내륙으로 60km 가량 떨어져 있다. 쿠나와라는 테라 로사(terra rossa)라는 토양으로 구성된 길이 27km, 너비 1.6km의 시가 모양의 산등성이다. 테라 로사는 황토와 석회암이 섞인 다공성 토양이다. 쿠나와라는 카베르네 소비뇽이 석회암 토양에서 자라는, 세계에서 몇 안 되는 지역이다. 석회암 산등성이 양쪽에는 늪지대가 있다. 또한 보르도처럼 해양성 기후를 띤다.

쿠나와라의 카베르네 역사는 1893년부터 시작된다. 당

시 스코틀랜드 선구자 존 리독이 쿠나와라 프루트 콜로니(Coonawarra Fruit Colony)를 설립하고 포도나무를 심었다. 그는 만약의 사태를 대비해서 양도 16만 마리 정도 키웠다. 현재까지 남아 있는 역사적인 브랜드 중 윈스(Wynns)의 부지도 한때 리독의 포도밭이었다. 한편 앞서 언급한 흥미로운 와인 산지들을 모두 제치고 사우스오스트레일리아는 물론 호주에서 가장 유명한 와인 산지는 바로 바로사 밸리다. 이 넓고 비옥한 계곡은 비스킷 색의 구릉지대다. 철광석, 황토, 석영, 석회암 토양으로 구성된 최적의 장소에 포도밭들이 펼쳐져 있다. 나머지는 옥수수, 밀, 보리, 채소, 과수원이 차지한다. 방목장에 양 떼가 노닐며, 오래된 돌집으로 가득한 작은 마을들이 있다.

1800년대 초반 소수의 영국인과 중부 유럽의 대규모 루터교 실레시아 공동체가 바로사 밸리에 정착했다. 참고로 실레시아는 오늘날의 폴란드, 독일의 일부, 체코 일부에 걸친 역사적 지역이다. 실레시아인들은 근면하고 검소한 농부로 구성된 배타적 공동체로 치즈·사우어크라우트·와인 등의 발효식품, 보존식품, 식초 절임, 훈연 요리처럼 강한 음식문화를 가졌다. 이런 음식들은 여전히 현지 특산품으로 남아 있다. 유명한 바로사 파머스 마켓이나 매년 열리는 오이·양파 피클 대회만 봐도 알 수 있다.

바로사는 훌륭한 카베르네를 생산한다. 필자는 이곳의 그르나슈, 그르나슈 블렌드, 호주산 주정강화 토니 와인도 좋아한다. 그러나 바로사는 무엇보다 시라즈로 유명하다. 풍성함, 상쾌함, 선명한 베리류, 야생 라벤더, 향신료, 후추, 가시덤불, 감초 풍미가 일품이다. 최상급 바로사 시라즈는 이런 풍성함과 웅장함 외에도 놀라운 구조감, 균형감, 명확도를 지녔다.

### • 뉴사우스웨일스

**헌터 밸리**

뉴사우스웨일스는 사우스오스트레일리아에 이어 호주에서 두 번째로 와인 생산량이 많은 산지다. 헌터 밸리의 머레이 달링과 리베리나 지역에서 매우 저렴한 와인과 벌크와인이 대량 생산된다. 이곳은 본래 사막에 가까웠지만, 19세기 말과 20세기 초에 시행된 대대적인 관개 설비 프로젝트 덕분에 농경지로 탈바꿈했다. 머레이 달링은 뉴사우스웨일스와 빅토리아에 걸쳐 있다. 리베리나는 헌터 밸리의 명성에 한몫했다. 소테른 스타일의 귀부병 세미용 와인 덕분이다. 이 와인은 1982년에 드

보르톨리가 처음으로 상업화했으며, '고귀한 와인'이라 불렸다. 드 보르톨리의 귀부병 세미용 와인은 여전히 이곳의 주력 상품이다.

뉴사우스웨일스에서 가장 유명한 와인 산지는 헌터 밸리다. 호주 최고령이자 최대 도시인 시드니에서부터 북쪽으로 120km 거리에 있는 비교적 작은 지역이다. 헌터 밸리는 호주에서 가장 먼저 안정적으로 자리 잡은 와인 산지이며 19세기에 초창기 유럽 정착민들이 이곳에 처음으로 포도나무를 심었다. 1960년경 펜폴드는 본래 포도밭에서 살짝 북쪽으로 이동했는데 이를 계기로 헌터 밸리를 어퍼 헌터(Upper Hunter)와 로워 헌터(Lower Hunter)로 구분하기 시작했다.

헌터 밸리는 전반적으로 변칙적인 곳이다. 호주 와인 산지 중 가장 북쪽에 있으며 적도에 비교적 가깝다. 기후 패턴은 회귀선에서 내려오는 따뜻한 해류의 영향을 받는다. 그 결과, 포도를 재배하기에 너무 따뜻하고 습하다. 그런데도 어떤 해에는 최상급 샤르도네, 시라즈, 훌륭한 세미용을 생산하기도 한다. 포도밭 중에는 굉장히 오래된 밭이 많다. 현재 티렐스가 소유한 스티븐스 빈야드(Stevens Vineyard)는 1867년에 심은 샤르도네, 세미용, 시라즈 나무들을 보유하고 있다. 세계 최고령 샤르도네.

### • 빅토리아

비치워스 | 질롱 | 깁슬랜드 | 글렌로완 | 골번 밸리 | 그램피언스 | 히스코트 | 킹 밸리 | 마세돈 레인지스 | 모닝턴 페닌슐라 | 나감비 레이크스 | 피레네 | 루터글렌 | 스트래스보기 레인지스 | 야라 밸리 |

캘리포니아 북부의 와인산업이 1849년 골드러시를 토대로 성장했듯, 빅토리아의 1851년 금광 발견도 와인산업 발전의 길을 터 주었다. 빅토리아의 경제와 인구가 폭발적으로 증가하면서 와인 양조자들의 야심도 금광 채굴자들처럼 하늘 높이 치솟았다. 금 매장량이 줄어들자, 와인 양조자들은 실직한 광부들을 고용해 와인 지하 저장실을 파게 했다.

금이 완전히 고갈되자 빅토리아의 행운도 곤두박질쳤다. 특히 와이너리들은 필록세라, 경제 침체, 경쟁력 있는 사우스오스트레일리아 와인 등으로 인해 큰 타격을 입었다. 빅토리아는 호주에서 필록세라 피해가 가장 컸다. 이웃 동네인 사우스오스트레일리아는 극도로 신중한 검역 조치를 한 결과 치명적인 전염병을 피해 갈 수 있었다. 1960년대 빅토리아 와인산업은 과거의 그림자

에서 벗어나지 못했다. 그러나 1970~1980년대 호주 와인산업이 새롭게 도약하면서 빅토리아의 와인산업도 새로운 성장 시기를 맞이했다.

빅토리아는 사우스오스트레일리아, 뉴사우스웨일스에 이어 호주에서 세 번째로 큰 와인 산지다. 빅토리아의 와인 생산자는 800명이 넘으며, 멜버른에서 부채꼴 형태로 뻗어 있는 20개가 넘는 와인 지구에 분포한다. 빅토리아의 와인 지구들은 빅토리아를 가로지르는 그레이트디바이딩산맥 덕분에 기후, 지형, 토양이 매우 다양하다. 이 산맥으로 인해 빅토리아의 1/3 이상은 산지와 구릉지로 구성된다. 야라 밸리, 질롱, 모닝턴 페닌슐라 등 유명 와인 지구들은 바다와 매우 가까워서 그레이트 서던 해양에서 불어오는 서늘한 바람의 혜택을 받는다. 이 서늘한 지역에서 샤르도네와 피노 누아가 번성한다. 비치워스처럼 이보다 내륙에 있어서 살짝 더운 지역에서도 환상적이고 풍성한 샤르도네가 생산된다. 지아콘다 이스테이트의 환상적인 샤르도네도 이곳에서 만들어진다. 빅토리아는 카베르네 소비뇽과 시라즈로도 유명하다. 예를 들어 야라 예링, 마운트 매리 등의 생산자는 맛있는 레드 블렌드 와인을 만든다.

빅토리아의 특산품 중 하나는 북동부 루터글렌에서 생산되는 스위트 뮈스카와 토파크 와인이다. 챔버스 로즈우드 빈야드와 캠벨 와인스 등은 현혹적이고 독특하며 뮈스카와 토파크를 만든다(609페이지의 '스티키스' 참조).

끝으로 빅토리아는 세펠트 덕분에 항상 스파클링 와인과 인연이 깊었다. 스펠트는 호주에서 가장 오래되고 중요한 스파클링 생산자로, 그램피언스 지구에 있다. 프랑스 샴페인 하우스인 모엣&샹동도 1986년 야라 밸리에 샹동 오스트레일리아를 설립했다.

### • 웨스턴오스트레일리아

**그레이트 서던 | 마거릿 리버 | 펨버튼 | 퍼스 힐스 | 스완 디스트릭트**

호주 남동부의 와인 중심지로부터 4,800km 떨어진 호주 대륙 반대편에 숨 막히게 아름다운 웨스턴오스트레일리아가 있다. 유럽인들이 호주의 서부 해안을 최초로 발견한 것은 1622년이다. '암사자'를 의미하는 르윈이라는 네덜란드 선박이 처음으로 발견했다. 이후 르윈이라는 이름은 호주에서 가장 전도유망한 와이너리의 이름이 된다.

웨스턴오스트레일리아의 와인 지구들은 해안 도시 퍼스에서 뻗어 나간다. 예를 들어 그레이트 서던, 마거릿 리버, 팸버튼, 퍼스 힐스, 스완 디스트릭트 등이 있다. 이 지역에 포도밭이 처음 경작된 시기는 1829년으로 사우스오스트레일리아와 빅토리아보다 몇 년 앞선다. 그러나 고립된 위치와 극심한 인구 부족 문제로 1970년대 전까지 와인산업이 발달하지 못했다.

웨스턴오스트레일리아 최초의 와인 지역은 퍼스 바로 북쪽에 있는 스완 디스트릭트의 스완 밸리다. 스완 밸리는 생식용 포도와 와인용 포도로 유명해졌다. 주요 와인은 대부분 스위트 와인과 주정강화 와인이었고 벌크로

인도양과 남대양이 충돌하는
마거릿 리버 와인 산지의 해안은 서퍼들의 천국어다.

버지니아 윌콕은 마가렛 리버 최초의와인 양조장이자 현재까지 최고의 자리를 누리는 바스 펠릭스의 수석 와인양조자다.

팔렸다. 한때 호주에서 가장 칭송받는 화이트 와인인 호튼 화이트 부르고뉴(Houghton White Burgundy)도 2차 세계대전 직전 이곳에서 탄생했다. 현재 이 와인은 과거보다 훨씬 세련돼졌으며 이름도 호튼 화이트 클래식(Houghton White Classic)으로 변경했다. 이 와인은 원래 슈냉 블랑, 뮈스카델, 샤르도네로 만든, 알코올 함량이 높고 투박하며 파워풀한 와인이었다.

스완 밸리에 포르투갈 품종 베르델료가 재배된 시기는 거의 두 세기 전인 1829년이다. 베르델료를 스완 밸리에 들여온 사람은 웨스턴오스트레일리아 초창기 식민지 이주민이자 식물학자인 토머스 워터스였다. 그는 아프리카 해역의 마데이라섬에서 베르델료 묘목을 가져왔다.

퍼스에서 버스를 타고 3시간가량 남쪽으로 내려가면 따뜻한 인도양과 차가운 서던 남대양이 만나는 지점에 도착한다. 이 지역은 대형 파도가 치기로 유명해서 현지 와이너리 직원들은 매일 일터에 오기 전에 서핑을 한다. 이곳에 웨스턴오스트레일리아에서 가장 명성 높고 야심 찬 와인 지구가 있다. 바로 마거릿 리버다.

마거릿 리버는 본래 목재업으로 유명한 지역으로 1960년대 말까지 포도밭이 없었다. 호주의 다른 지역보다 한 세기 이상 늦게 포도 재배가 시작된 것이다. 이곳에 포도 재배를 촉발한 계기는 존 그래드스톤스 원예 박사의 글이었다. 존 그래드스톤스 박사는 1965년에 마거릿 리버의 토양과 기후가 포도 재배에 이상적이라는 과학논문을 발표했다. 그로부터 1년 후 케빈 컬런 박사(컬런 와인스)는 작은 구역에 시범으로 포도를 재배했다. 1967년 톰 컬리티 박사는 최초의 상업용 포도밭인 바스 펠릭스를 개간한다. 곧이어 빌과 산드라 패널은 모스 우드(1969년), 데이비드 호넨은 케이프 멘텔(1970년)을 설립했다. 호넨은 뉴질랜드 말보로의 가능성을 가장 먼저 발견한 사람이기도 하다. 그는 1983년에 클라우디 베이를 설립했다.

선구자들은 마거릿 리버의 해양과의 근접성, 서늘한 기후, 자갈 토양을 참작해서 시라즈, 보르도 품종들, 샤르도네에 집중했다. 오늘날 마거릿 리버는 구조감과 우아미가 뛰어난 카베르네 소비뇽과 세비용/소비뇽 블랑 블렌드를 생산하는 '작은 보르도'로 유명하다.

샤르도네도 이 지역과 깊은 연관성이 있다. 마거릿 리버의 샤르도네는 수정처럼 맑은 순수성과 레몬 버베나(방취목), 라임 껍질, 배 퓌레 등의 풍성한 풍미를 지녔다. 대부분 진진(Gingin)이라는 희귀하고 생산율이 낮은 클론으로 만든다. 이는 1957년에 캘리포니아대학 데이비스 캠퍼스에서 웨스턴오스트레일리아로 들여온 클론이다. 마거릿 리버의 고급 샤르도네를 예로 들자면 르윈 이스테이트의 아트 시리즈(Art Series), 바스 펠릭스, 제너두, 클레로 등이 있으며, 모두 비범한 깊이, 풍성함, 광물성, 우아미를 자랑한다.

**그렇다, 이곳에 강과 마거릿이 존재했다. 호주 남서부의 마거릿 리버는 바다로 흘러가는 길이 모래톱으로 막힌 작은 어귀다. 마거릿 리버는 1831년에 초창기 유럽 정착민인 존 개릿 버셀(버셀턴 마을 설립자)의 사촌인 마거릿 와이치의 이름을 딴 것이다. 이 지역에는 본래 눈가르 원주민이 살았다. 그들이 생존했다는 증거는 4만 8,000년 전으로 거슬러 올라간다.**

화창한 햇살과 서늘한 해양성 기후라는 이상적인 조건에도 불구하고 큰 문제가 하나 있었다. 바로 새 떼였다. 포도가 무르익어서 수확시기가 다가오면 포도밭에 한 줄 한 줄 망을 씌워야 했다. 망이 없던 시절에는 동박새가 포도의 3/4을 먹어 치웠다. 끝으로 그레이트 서던 지역 내의 서늘한 소구역들도 흥미로운 와인들을 생산한다.

### • 태즈메이니아

호주에서 가장 작은 주인 태즈메이니아는 얼음처럼 차가운 남대양에 있는 하트 모양의 산악 섬이며, 빅토리아에서 남쪽으로 240km가량 떨어져 있다. 약 1만 2,000년 전 태즈메이니아는 섬이 아니라 호주 본토에 육로로 연결된 반도였다. 마지막 빙하기가 끝나고 해수면이 상승하면서 육로는 바다가 됐고 현재 배스 해협이라 불린다. 태즈메이니아에는 4만 년 전에 호주 본토에서 이곳으로 이주한 원주민이 살고 있었는데, 태즈메이니아가 바다에 둘러싸이게 되면서 다른 원주민 국가들로부터 고립됐다.

태즈메이니아(현지에서는 짧게 '태지'라고도 부름)는 1642년 이곳을 발견한 네덜란드 탐험가이자 항해자인 에이블 태즈먼의 이름을 따서 붙였다. 본래 명칭은 네덜란드령 동인도 제도의 초대 총독의 이름을 딴 '반 디만즈 랜드(Van Dieman's Land)'였다.

태즈메이니아에는 광범위한 동식물이 서식하고 있다. 이미 멸종했다고 알려진 태즈메이니아 호랑이를 목격했다는 이야기도 꾸준히 보고된다. 태즈메이니아 호랑이는 무시무시한 이빨과 개와 같은 줄무늬를 가진 육식 포유동물이다. 호주 양들도 그 무서움을 익히 알고 있다.

차가운 해양성 기후, 길고 화창한 낮, 맑은 공기, 고대 토양을 갖춘 태즈메이니아섬은 특히 추운 기후에 번성하는 포도 품종과 와인으로 유명하다. 대표적으로 피노 누아, 샤르도네, 소비뇽 블랑, 리슬링, 전통 샴페인 방식으로 만든 스파클링 와인을 꼽을 수 있다. 특히 스파클링 와인은 수십 년째 태즈메이니아 특산품이다. 호주 스파클링 와인 회사의 양대 산맥인 잰스(Jansz)와 하우스 오브 아라스(Arras)는 각각 1986년, 1988년에 설립됐다. 태즈메이니아 스파클링 와인은 신선함이 가득하다. 아삭한 상쾌함과 파도처럼 근사한 광물성 덕분에 해산물 요리와 굉장히 잘 어울린다.

태즈메이니아 와인산업은 약 200년 전인 1823년에 처음으로 포도나무를 심으면서 시작됐다. 그러나 정치적, 경제적, 사회적 압박과 빅토리아의 금광 발견 때문에 초창기 포도밭은 거의 방치된 상태였다. 와인 양조산업은 1950년대에 비로소 시작됐으며 1980년대에 이르러서야 조금씩 속도를 내다가 2000년대에 폭발적으로 성장했다. 태즈메이니아의 포도밭 면적은 1988년에 46만㎡(46헥타르)에서 현재 2,000만㎡(2,000헥타르)로 증가했으며, 현재도 계속 늘어나는 추세다. 현재 소규모 와인 생산자는 약 160명에 이르며, 피노 누아를 위주로 눈부신 우아미를 뽐내는 와인을 만든다. 매우 추운 콜 리버 밸리에 있는 톨퍼들(Tolpuddle)의 피노 누아가 대표적 예다.

태즈메이니아에는 와인 산지가 일곱 곳 있는데, 그중 주요 산지는 북부의 타마르 밸리(Tamar Valley)와 남부의 콜 리버 밸리(Coal River Valley)다.

---

# 위대한 호주 와인

## 화이트 와인

### 티렐스(TYRRELL'S)

**배트 1 | 세미용 | 뉴사우스웨일스, 헌터 밸리 | 세미용 100%**

드라이 세미용은 호주의 소중한 보물 중 하나이며, 티렐스는 세미용 생산사 중 단연코 최고로 꼽힌다. 티렐스는 쇼트 플랫 빈야드(Short Flat Vineyard)에서 1963년부터 세미용을 만들었다. 티렐스의 배트 1(Vat 1)은 어릴 때는 한줄기 달빛 같다. 오묘하게 냉랭하고 눈부신 와인의 바늘처럼 날카롭고 짜릿한 라임 풍미는 너무 아삭해서 마시기 힘들 정도다. 그래도 어린 와인을 마셔 본 후, 수년간 숙성시킨 와인도 구해서 꼭 마셔 보길 바란다. 세계에서 가장 신비로운 와인의 변화를 경험할 것이다. '체지방'이 전혀 없던 와인이 감미롭고 풍성한 와인으로 둔갑한다. 날카로움은 어느새 사라지고 브리오슈, 휘프트 버터, 캐슈너트를 연상시키는 훌륭한 화이트 와인으로 변신한다. 숙성된 배트 1은 버터와 활력이라는 반대 극의 두 분자가 서로 완벽하게 결합한 와인이다.

## 퓨시 베일(PEWSEY VALE)

**더 컨투어스 | 리슬링 | 사우스오스트레일리아, 에덴 밸리 | 리슬 링 100%**

더 컨투어스(The Contours)는 폭발적인 에너지와 잔잔하게 퍼지는 풍성함을 지닌 와인으로, 1961년에 에덴 밸리에 개간된 포도밭에서 생산된다. 에덴 밸리는 바로바 밸리 상부의 석회질 고원에 자리를 잡았다. 빗물을 효율적으로 받기 위해 옛 방식대로 언덕의 기울기에 맞춰 계단식으로 개간했으며 그 위를 덮은 포도밭은 마치 물결치는 것처럼 보인다. 전 세계 대부분의 드라이 리슬링과는 달리 더 컨투어스는 5년 반의 숙성기간을 거쳐 출시된다. 그러면 라놀린 질감, 마르지판, 마멀레이드를 바른 토스트, 피스타치오, 라임, 대니시 페이스트리 등의 풍미를 띠게 된다. 더 컨투어스는 호주에서 가장 세련된 화이트 와인으로 리슬링 애호가라면 반드시 마셔봐야 한다.

## 르윈 이스테이트(LEEUWIN ESTATE)

**아트 시리즈 | 샤르도네 | 웨스턴오스트레일리아, 마거릿 리버 | 샤르도네 100%**

르윈 이스테이트는 세상의 끝처럼 보이는 웨스턴오스트레일리아에 위치하며, 인도양과는 5km 거리에 있다. 르윈 이스테이트의 샤르도네는 아름다운 과일 향이 가득하지만, 말린 파인애플과 천도복숭아의 강렬하고 응축된 풍미 덕분에 전혀 묵직하지 않다. 이 와인을 마시면 마실수록 쾌감의 강도가 점점 높아진다. 입안에서 물결치는 짭짤한 광물성은 바다가 주는 서늘한 상쾌함을 떠오르게 만든다. 또한 와인의 생기는 비현실적으로 느껴진다. 르윈의 아트 시리즈(Art Series)는 매년 생산되는 와인 중 최상급에 속한다. 르윈의 일반 와인과 구분하기 위해 아트 시리즈라는 이름을 붙였다. 아트 시리즈의 라벨은 호주의 일류 예술가가 디자인한 것이다.

## 레드 와인

## 톨퍼들 빈야드(TOLPUDDLE VINEYARD)

**피노 누아 | 태즈메이니아 | 피노 누아 100%**

이 와인은 필자가 마셔 본 호주 피노 누아 중 부르고뉴 그랑 크뤼에 가장 가깝다. 긴 끈처럼 이어지는 짭짤한 흙 풍미에 시

트러스와 장미가 어우러져서 풍성함과 순수한 신선함이 동시에 느껴진다. 아로마와 풍미는 강렬하지만 보디감은 가벼운 덕분에 극상의 우아미가 돋보인다. 톨퍼들의 소유주는 호주의 베테랑 와인 생산자인 마틴 쇼와 미셸 힐 스미스(MW)다. 포도밭은 태즈메이니아 남부의 서늘한 콜 리버 밸리에 있다. 톨퍼들이라는 이름은 19세기 초 영국 남부에서 처음으로 농업노동조합을 설립했다가 태즈메이니아로 유배된 톨퍼들 순교자들(Tolpuddle Martyrs)에게서 따온 것이다.

## 클로나킬라(CLONAKILLA)

**시라즈-비오니에 | 뉴사우스웨일스, 캔버라 디스트릭트 | 시라즈 95%, 비오니에**

클로나킬라의 공동 소유주인 팀 커크는 다음과 같은 이야기를 들려준다. 한 청년이 성직자의 꿈을 갖고 예수회에서 수행하기 시작했다. 그런데 그의 머릿속은 기도 대신 다양한 시라즈 발효법으로 가득했다. 혼란스러웠던 그는 조언자였던 신부를 찾아가서 물었다. '어떻게 하면 이 번잡한 생각에서 벗어날 수 있을까요?' 그러자 신부가 답을 주었다. '왜 그것이 번잡하다고 생각하느냐?' 커크는 진로를 바꿔서 와인 제조자가 되기로 결심한다. 그리고 아버지가 재배한 작은 포도밭을 물려받았다. 커크에게 와인은 장소의 영혼(테루아르)을 통해 인간에게 주어진 살아 있는 성체였다. 필자는 커크의 와인을 처음 맛보았을 때, 믿기 힘들 정도로 놀라운 순수성과 아름다움에 입을 다물지 못했다. 흙, 베리, 향신료, 꽃의 정교한 풍미와 우아미가 큰 소리로 노래하듯 빛을 발한다. 이 시라즈-비오니에 와인은 위대한 피노 누아의 섬세함을 지녔다. 우아함의 결정체이자 호주에서 가장 위대한 시라즈를 주재료로 만든 와인이다.

## 바스 펠릭스(VASSE FELIX)

**톰 컬리티 | 카베르네 소비뇽-말베크 | 웨스턴오스트레일리아, 마거릿 리버 | 카베르네 소비뇽 80%, 말베크 20%**

1960년대 중반 톰 컬리티 박사(심장병 전문의)는 세상에서 가장 외진 지역처럼 보이는 곳에 포도밭을 일궜다. 바로 웨스턴오스트레일리아다. 웨스턴오스트레일리아 대학의 존 글래드스톤스 박사의 논문을 읽고 확신을 얻은 컬리티는 바스 펠릭스를 설립한다. 참고로 바스는 이 지역을 발견한 프랑스인의 이름이고, 펠릭스는 라틴어로 '행운'을 의미한다. 1975년 컬리티는 마

거릿 리버 최초로 상업적 카베르네 소비뇽과 리슬링을 생산한다. 오늘날 톰 컬리티(Tom Cullity)는 바스 펠릭스의 최상급 카베르네-말베크 블렌드 와인의 이름이다. 참고로 카베르네와 말베크는 1854년에 웨스턴오스트레일리아에 가장 먼저

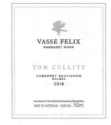

유입된 보르도 품종이다. 톰 컬리티는 상인하고 독특한 정체성을 가졌다. 감칠맛과 다즙함, 섬세함과 매끈함, 크랜베리/카시스의 신선함과 광물성/후추의 긴 피니시를 자랑한다.

## 헨슈키(HENSCHKE)

**마운트 에델스톤 | 시라즈 | 사우스오스트레일리아, 에덴 밸리 | 시라즈 100%**

헨슈키는 호주에서 마법의 주문과도 같다. 헨슈키 가문은 타의 추종을 불허하는 품질로 명성이 높으며, 오래된 포도나무로 호주에서 가장 인상적인 와인을 만들기 때문이다. 헨슈키의 최상급 와인인 힐오브 그레이스(Hill of Grace)는 현지의 오래된 실레지아 교회 이름을 딴 것인데, 굉장히 높은 밀도와 파워를 지닌 감각적인 와인이다. 그러나 필자는 남동생 격인 마운트 에델스톤(Mount Edelstone)을 선택했다. 1912년에 심은 포도밭에서 생산된 이 와인은 검은 감초, 키르슈바서, 향신료, 형형색색의 페퍼콘, 장뇌, 육즙, 야생 블루베리 등의 풍미가 솟구치며, 두툼한 벨벳 질감을 가졌다. 오래된 빈티지는 놀라운 품질과 명연기에 버금가는 복합미를 자랑한다. 길고 느린 피니시는 낭만적인 옛 프랑스 영화가 서서히 흐려지는 장면을 떠올리게 만든다.

## 펜폴즈(PENFOLDS)

**세인트 헨리 | 시라즈 | 사우스오스트레일리아 | 시라즈(주재료), 카베르네 소비뇽(선택적으로 극소량 첨가)**

펜폴즈의 세인트 헨리(St. Henri)는 스타일 면에서 그랜지와 정반대다. 향신료, 매끈함, 생기가 와인잔 너머로 튀어오른다. 세인트 헨리는 새로운 소형 오크 배럴이 아닌, 50년

이상 묵은 대형 통에서 양조한다. 이 와인은 구세계의 클라레를 본떠 1890년대에 처음으로 생산됐다. 현재까지도 감칠맛, 보이즌베리, 후추 풍미와 예리한 순수함으로 매력을 마음껏 발산한다. 뛰어난 명확성, 단숨에 미각을 사로잡는 매력, 풍성함을 지녔지만, 잼 같은 느낌은 결코 아니다. 가격은 그랜지보다 훨씬 저렴하며, 열광적인 팬층을 보유하고 있다. 디너파티에서는 순식간에 병이 비워지는 광경을 목격할 수 있다.

## 주정강화 스위트 와인

### 챔버스 로즈우드 빈야즈(CHAMBERS ROSEWOOD VINEYARDS)

**뮈스카델 레어 | 빅토리아, 루터글렌 | 뮈스카델 100%**

루터글렌의 토파크는 너무 훌륭하고 독특하며 감동적이어서 이를 묘사할 단어가 생각나지 않을 정도이다. 우선, 질감 자체가 비현실적이다. 꿀과 녹은 초콜릿을 합쳐 놓은 천상의 맛이다. 느긋한 호사스러움에도 불구하고 에너지가 진동한다. 뮈스카델 레어(Muscadelle rare)는 소량만 생산되며, 솔레라 시스템에서 소중한 한 방울 한 방울을 숙성시킨 결과로 무화과, 향신료, 다크초콜릿, 로스팅한 커피콩, 당밀의 풍미가 폭발한다. 전설적인 호주 와인 전문가인 제임스 할리데이는 '이처럼 우아하게 취하는 방법을 알려줘도 될지 모르겠다'고 적었다.

### 세펠츠필드(SEPPELTSFIELD)

**파라 | 리큐어 토니 | 사우스오스트레일리아, 바로사 밸리 | 그르나슈, 시라즈, 무르베드르(정확한 비율은 와이너리도 모름)**

세펠츠필드의 복합적인 파라(Para) 리큐어 토니는 매우 놀라운 와인이다. 와인의 풍미가 마치 수면제처럼 온몸에 퍼진다. 풍미는 또 어떠한가! 몰튼 다크초콜릿 케이크, 달콤한 검은 감초, 리큐어에 담긴 말린 과일, 당밀, 시트러스 껍질, 아니스, 토피, 나무껍질, 토탄, 세계의 모든 구운 견과류 등의 풍미가 파도처럼 밀려온다. 파라 리큐어 토니 같은 와인은 기준점이 존재하지 않는다. 기존과는 완전히 다른 차원의 쾌락적 기쁨에 뛰어드는 느낌이다. 세펠츠필드는 1878년부터 파라 리큐어 토니를 만들었다. 가장 좋은 해에만 500상자 이하씩 생산된다. 부디 살면서 꼭 한번은 이 와인을 먹어 보겠다고 필자에게 약속해 주길 바란다. 다만, 라벨에 '파라 토니'라고만 적혀 있는 저렴한 버전도 있으니 주의하자. 반드시 마셔 봐야 하는 버전은 라벨에 '리큐어'라고 적혀 있다.

# NEW ZEALAND

쿠메우

와이헤케 섬

오클랜드

오클랜드

노스 아일랜드

태즈먼해

기스본

호크스 베이

쿡 해협

웰링턴

와이라라파

마틴버러

넬슨

말보로

사우스 아일랜드

와이파라 밸리

크라이스트처치

서던 알프스

캔터버리

퀸스타운

센트럴 오타고

태평양

0          200 km

뉴질랜드는 대략 적도와 남극의 중간쯤인 남태평양 한가운데 있다. 가장 가까운 육지는 약 1,600km 거리에 있는 호주다. 뉴질랜드는 기다란 섬 두 개로 이루어져 있다. 각각 북섬(노스 아일랜드), 남섬(사우스 아일랜드)이라 불리며 이 밖에도 수백 개 작은 섬들이 있다. 뉴질랜드의 포도밭은 국제 날짜 변경선에 가까워 지구에서 가장 처음으로 태양을 맞이한다.

1970~1980년대 초반, 많은 나라의 와인산업이 현대화됐지만, 뉴질랜드는 와인보다 양으로 더 유명했다(1980년대 초반, 사람 대 양의 비율이 1:22였는데, 현재는 1:5로 줄었다). 그런데 1980년대 중반, 한 와인이 모든 역경을 딛고 입소문을 타기 시작했다. 바로 클라우디 베이(Cloudy Bay) 소비뇽 블랑이었다.

> "뉴질랜드는 지질학과 인류의 정착 면에 있어서 세계에서 가장 젊은 국가다. 500만 뉴질랜드인들은 여전히 이곳의 아름다움에 경탄하며 이 모든 자산을 어떻게 활용할지 탐색하는 중이다."
> -나이젤 그리닝, 펠튼 로드 와이너리의 소유주

클라우디 베이는 데이비드 호넨의 발명품이었다. 그는 웨스턴오스트레일리아의 케이프 멘델을 설립한 경험이

## 뉴질랜드 와인 맛보기

뉴질랜드는 상쾌하고 인상적인 소비뇽 블랑과 흙 풍미의 피노 누아로 유명하다.

뉴질랜드 와인산업은 흥미로 가득하지만, 세계적 기준에서 아직 규모가 작다. 뉴질랜드의 와인 생산량은 세계 와인의 1%에 불과하다.

뉴질랜드의 포도밭은 세계에서 가장 서늘한 해양성 기후를 띠며, 지구의 남쪽 끝단에 있다.

있어서, 외딴 지역에 와이너리를 시작하는 방법을 잘 알고 있었다. 클라우드 베이는 단 몇 개의 빈티지만으로 뉴질랜드를 국제무대로 끌어올렸다. 단 하나의 와인이 이처럼 큰 영향력을 미친 사례는 유일무이했다. 당시 소비뇽 블랑은 주된 품종도 아니었다는 점에서 이런 성공은 더욱 놀랍게 다가왔다. 그러나 클라우디 베이의 소비뇽 블랑은 다른 소비뇽 블랑과는 완전히 달랐다. 아삭한 산미와 강렬한 과일 풍미가 충격적일 정도로 '요란했다(loud)'. 마치 누군가 와인이라는 음악의 볼륨을 최대치

와인은 뉴질랜드의 특산물 중 하나에 불과하다. 뉴질랜드에서 사람과 양의 비율은 1:5에 달한다.

## 마오리족

뉴질랜드의 폴리네시아계 원주민 마오리족은 1280~1350년에 카누를 타고 대양을 건너 뉴질랜드에 도착했다. 마오리족 전에는 인간이 살았던 흔적이 발견되지 않았다. 마오리족은 5,000년 전에 대만을 떠나 사모아, 타히티, 하와이, 이스터섬, 뉴질랜드 등 광활한 태평양 지역에 정착했다. 마오리족은 수 세기 동안 뉴질랜드에 고립돼 있으면서 독자적인 문화, 예술, 구전 언어를 발전시켰다. 중요한 역사적 사건은 구전으로 전해 내려왔다. 인류학자들은 부족 간 전쟁이 흔히 일어났다고 믿고 있다. 유럽인이 뉴질랜드에 도착한 이후, 마오리족은 새로운 질병, 사회적

부당함, 유럽 이민자들의 땅 몰수로 인해 극심한 피해를 봤다. 1840년 와이탕기 조약을 체결되면서 마오리족과 유럽 이민자의 관계가 개선됐다. 1960년대 마오리족의 항의운동은 사회경제적 성과를 이룩했고, 사회 정의를 확립하는 노력은 현재도 계속되고 있다. 오늘날 뉴질랜드인 여섯 명 중 한 명이 마오리족이다. 마오리족은 와이너리를 열 개 정도 소유하고 있는데, 그중 토후 와인스는 마오리족 가정 4,000세대가 공동소유한 부족 회사로 1998년에 최초로 설립했다.

마오리족의 전통춤인 마오리 하카는 격정적이고 리드미컬한 움직임과 폭력적인 제스처로 구성된다.

로 틀어놓은 듯했다. 풋풋한 라임 비트가 미친 듯이 쿵쾅거렸고, 열대과일 풍미는 환호성을 질러댔다. 전 세계의 모험심 강한 와인 애호가들은 하나같이 클라우드 베이를 맛보고 싶어 했다. 기존에 알던 와인의 틀을 깨고 지평을 넓혀 줬기 때문이다.

이후 수많은 와인 애호가가 야생적인 뉴질랜드 소비농 블랑을 경험하고 감탄을 금치 못했다. 이 과정에서 소비뇽 블랑은 다른 뉴질랜드 와인들(특히 피노 누아)이 등장할 수 있게 문을 활짝 열어 주었다.

외딴 뉴질랜드 섬은 1642년에 네덜란드 선장 에이블 태즈먼이 태즈메이니아섬을 '발견'하고 북쪽으로 이동해서 뉴질랜드 남섬을 발견하기 전까지 서구에 알려지

지 않았다. 태즈먼은 남섬에서 마오리족 원주민을 맞닥뜨렸다. 태즈먼은 마오리족과의 충돌로 선원 몇 명을 잃고, 그 즉시 남섬을 떠났다. 그로부터 100년 이상 흐른 후 또 다른 서양인이 뉴질랜드 연안에 발을 들였다. 1769년 영국인 탐험가 제임스 쿡 선장은 배를 타고 섬 주변을 빙 둘러본 후 호주의 동부 연안으로 향했다. 제임스 쿡은 뉴질랜드와 호주에 원주민이 살고 있음에도 불구하고 영국령으로 선언했다.

**뉴질랜드는 마오리족 언어로 아오테아로아 (Aotearoa)다. '길고 흰 구름의 땅'이란 뜻이다.**

## 뉴질랜드 대표 와인

### 대표적 와인

**샤르도네 - 화이트 와인**

**피노 그리 - 화이트 와인**

**피노 누아 - 레드 와인**

**소비뇽 블랑 - 화이트 와인**

### 주목할 만한 와인

**메를로, 메를로/카베르네 블렌드 - 레드 와인**

**리슬링 - 화이트 와인(드라이, 스위트)**

**스파클링 와인 - 화이트, 로제 와인**

**시라 - 레드 와인**

그로부터 50년이 지난 1819년 뉴질랜드 최초의 포도나무를 영국 성공회 선교사인 사무엘 마스든이 베이오브아일랜즈에 있는 케리케리 선교기지에 심었다. 그리고 1832년, 스코틀랜드 출신 제임스 버스비가 유럽에서 포도 묘목을 300그루 넘게 가져와서 호주에 최초로 심은 다음 1833년에 뉴질랜드 베이오브아일랜즈의 와이탕기 마을 부근에도 포도나무를 심는 데 성공했다. 그리고 뉴질랜드 최초의 와인을 만들었다.

마스든과 버스비는 뉴질랜드의 기후와 토지가 포도 재배에 매우 적합하다는 사실을 깨닫고 뉴질랜드가 와인 생산국이 되리라고 예견했다.

순조로운 시작에도 불구하고 그로부터 한 세기 반이 지나서야 본격적인 와인산업이 형성됐다. 1840~1980년 무수한 장애물이 와인산업의 성공을 가로막았다. 먼저, 초창기 뉴질랜드 와인 양조자들은 포도 재배 경험이 전혀 없는 영국 이민자들이었다. 또한 20세기 전후로 수십 년간 엄격한 금주운동이 와인 문화 발전을 철저하게 방해했다. 1911~1987년 뉴질랜드에서는 알코올 소비를 금지하는 국민투표가 24차례나 열렸다. 2차 세계대전이 끝난 후에야 비로소 와인숍에서 소비자에게 와인을 판매할 수 있게 됐다. 1960년대 레스토랑에서 와인 판매가 법적으로 허용됐지만, 저녁 10시까지만 가능했다. 마침내 1989년 제대로 된 알코올 관련법이 제정됐다.

이 모든 역경에도 신생 국가의 와인 양조자 지망생들의 의지는 꺾이지 않았다. 사실 이들 대부분은 뉴질랜드의

## 또 다른 키위

뉴질랜드는 18세기 전까지 오래도록 고립됐었기 때문에 세상 어디에도 없는 희귀 동식물들이 서식한다. 또한 박쥐 두 종을 제외하곤 토종 포유류가 없다. 수세기 동안 포식성 포유류가 없었던 덕분에 날지 못하는 희귀새들이 뉴질랜드에 정착하게 됐다. 몸집이 큰 암탉만 한 키위새도 이 중 하나이며, 키위는 뉴질랜드인의 별명이 됐다.

키위새 덕분에 뉴질랜드인에게 키위라는 별명이 생겼다.

카우리 숲에서 큰돈을 벌고 싶던 이민자였지만, 결국 농사를 짓거나 포도를 재배하게 됐다.

오늘날 뉴질랜드는 완전히 다른 모습이 됐다. 1980년대 말, 고급 와인산업이 폭발적으로 성장했다. 뉴질랜드의 와이너리 개수는 1990년대 중반 30개에서 현재 700개로 증가했다. 현재 포도밭 면적은 2000년대보다 두 배 증가한 400㎢(4만 헥타르)다.

뉴질랜드의 700곳이 넘는 와인 생산자는 소규모 가족 회사에서 대형 글로벌 기업까지 광범위하다. 다국적 대기업 페르노 리카(Pernod Ricard)의 경우, 브랜코트 이스테이트(Brancott Estate), 스톤리(Stoneleigh), 처치 로드(Church Road) 등 뉴질랜드에 여러 브랜드를 거느리고 있다. 미국에 본사를 둔 컨스틸레이션 브랜즈(Constellation Brands)는 킴 크로포드(Kim Crawford)와 노빌로(Nobilo)를 소유하고 있다. 프랑스의 모엣 헤네시 루이뷔통은 클라우디 베이(Cloudy Bay)의 현 소유주다. 대형 와인 회사들이 작은 나라에서 사업을 크게 벌이면 한 가지는 확실하다. 와인이 넘

뉴질랜드 남섬의 센트럴 오타고에 있는 서던 알프스 구릉지에 있는 우잉 트리 빈야드

# 뉴질랜드 포도 품종

## 화이트

### ◇ 샤르도네

뉴질랜드에서 세 번째로 널리 재배되는 품종이다. 광물성 스타일, 샤블리 스타일, 오크 풍미의 풀보디 스타일 등 다양한 타입의 와인을 만든다. 스파클링 와인을 만드는 데도 사용한다.

### ◇ 피노 그리

주요 품종으로 와인에 흥미로운 특징을 가미한다. 최근 10년간 재배량이 50% 이상 증가했다. 개성이 강한 풀보디 와인이지만 아삭하고 향긋한 특징을 지닌다.

### ◇ 소비뇽 블랑

뉴질랜드에서 압도적인 비중으로 가장 많이 재배하는 품종이다. 신선한 풋풋함과 가벼운 열대과일 풍미가 입안을 가득 메운다.

## 레드

### ◇ 메를로

보드로 스타일의 레드 와인을 만드는 주요 품종이다. 조생 품종이므로 뉴질랜드에서는 카베르네 소비뇽보다 메를로 재배가 훨씬 적합하다.

### ◇ 피노 누아

뉴질랜드에서 가장 널리 재배되는 적포도 품종이다. 라이트 보디감, 흙 풍미의 와인을 만든다. 스파클링 와인을 만드는 데도 사용한다.

### ◇ 시라

보조 품종이지만, 잠재성이 높다. 기분 좋은 사냥감과 후추 풍미를 지닌 와인을 만든다. 재배량이 계속 늘고 있다.

치나게 된다. 그 결과, 뉴질랜드 와인의 87% 이상이 수출된다.

오늘날 뉴질랜드에서 재배하는 품종 중 소비뇽 블랑과 피노 누아가 가장 유명하지만, 둘 중 소비뇽 블랑이 훨씬 우세하다. 뉴질랜드 전체 와인 생산량 중 71%가 소비뇽 블랑이고 7%가 피노 누아다. 그래도 피노 누아 재배량은 꾸준히 증가하고 있다. 다른 품종들은 피노 누아보다 비중이 작다. 생산량이 많은 순서부터 나열하면, 샤르도네, 피노 그리, 메를로, 리슬링, 시라 순이다. 그리고 이보다 생산량이 적은 16가지 품종들이 있다.

## 땅 포도 그리고 포도원

뉴질랜드는 유럽을 제외하고 가장 서늘한 해양성 와인 지역을 보유하고 있다. 주요 두 섬이 길고 좁은 형태를 띠기 때문에 모든 포도밭은 바다에서부터 130km 반경에 있다. 이처럼 서늘하고 안정적인 기후 덕분에 포도는 부드럽고 고르게 성숙하며 최고의 조건이 갖춰지면 놀랍도록 순수한 풍미를 띤다. 흔히들 뉴질랜드 채소, 과일, 포도는 다른 지역에서는 찾아볼 수 없는 강렬한 풍미를 지닌다고 한다. 서늘한 기후 덕분에 와인의 천연 산도가 매우 높다. 따라서 최상급 뉴질랜드 화이트 와인은 황홀한 상쾌함을 지닌다.

그러나 뉴질랜드에도 포도 재배를 방해하는 장애물이 있다. 바로 비다. 과거에는 비가 많이 내리고 추운 날씨로 인해 포도가 익지 않거나 곰팡이가 생기는 바람에 와인에서 퀴퀴한 냄새가 났다. 그러나 이런 불운한 상황은 1980년대에 크게 개선됐다. 호주 포도 재배학자인 리처드 스마트 박사가 고안한 '개방형 캐노피' 격자 구조물 방식 덕분에 빛과 공기의 유입을 촉진해서 포도의 성숙을 돕고 포도가 썩는 사태를 방지하게 된 것이다. 이 방식은 특히 소비뇽 블랑 재배에 큰 도움이 됐다. 소비뇽 블랑이 설익으면, 와인에서 아스파라거스 캔이나 양배추 스튜 같은 맛이 나기 때문이다.

뉴질랜드의 주요 두 섬은 길이가 1,400km에 달한다. 뉴질랜드는 물속에 잠긴 호주 절반 크기의 질랜디아(Zealandia) 아대륙의 해수면 윗부분이다. 질랜디아는 약 1억 년 전에 남극 대륙에서 분리됐으며 약 8000만 년 전 호주에서 분리됐다. 현재는 인도-오스트레일리아 지각판과 태평양판의 경계에 있다. 이런 이유로 천연 온천이 여기저기 산재하며, 때로는 화산 폭발도 일어난다. 두 섬에는 아름다운 산맥들이 있다. 특히 남섬에는 빙하가 덮인 서던 알프스가 있으며 33개 산봉우리는 높이가

### 고무장화 클론

뉴질랜드 피노 누아의 특성은 에이블 클론 또는 고무장화(gumboot) 클론이라 불리는 피노 누아 클론에서 비롯된다. 1970년대 뉴질랜드 럭비 선수가 프랑스에 갔다가 자기 고무장화에 피노 누아 묘목을 몰래 숨겨서 뉴질랜드로 들여왔다(도멘 드 라 로마네콩티의 묘목으로 알려져 있다). 그런데 오클랜드 공항의 깐깐한 세관원인 말콤 에이블에게 묘목을 압수당한다. 그런데 알고 보니 에이블도 포도 재배자였다. 에이블은 세관과 검역을 거친 묘목을 자기 포도밭에 심고, 친구이자 당시 직원이던 클라이브 패튼에게도 나눠 준다. 클라이브 패튼은 젖소를 기르던 목장을 팔고 오래된 양 방목장을 매입해서 아타 랑기(Ata Rangi) 와이너리를 설립했다. 그 후 얼마 되지 않아 말콤 에이블은 사망했지만, 패튼은 에이블 클론을 아타 랑기 포도밭에서 계속 재배해 마침내 아름다운 피노 누아를 생산한다. 이후 패튼은 다른 뉴질랜드 와인 생산자들에게 에이블 클론 묘목을 나눠 줬다.

### 경사암이 무엇인가?

뉴질랜드에서 가장 유명한 토양인 경사암(greywacke)은 부패한 사암이 부서지고 변형된 단단한 회색 잔적모재다. 경사암은 강줄기가 대륙붕을 타고 폭포처럼 흘러내려서 바다에 탁한 해류와 토석류를 발생시키는 과정에서 형성된다. 이때 강력한 힘이 발생하면서 해저에 부채꼴 모양으로 모래 침전물이 퍼져 나간다. 시간이 지나서 모래 침전물에 쌓인 진흙이 굳으면서 경사암이 형성된다. 뉴질랜드 경사암은 대부분 중생대에 형성된 것이며, 서던 알프스의 뼈대를 구성한다.

3,000m를 넘는다. 그러나 산비탈이 너무 가파르고 침식작용이 심해서 포도밭 대부분은 동부 해안의 평지나 완만한 구릉지에 있다. 산맥이 비그늘을 형성하고 극심한 폭풍을 막아 준다. 토양은 화산암 조각이 섞인 진흙, 비옥한 하천 분지, 경사암 등 매우 다양하다.

#### • 북섬

뉴질랜드 북섬에는 주요 와인 산지가 세 곳 있다. 바로 호크스 베이(Hawke's Bay), 오클랜드(Auckland)/와이헤케섬(Waiheke Island)(쿠메우·Kumeu 포함), 와이라라파(Wairarapa)/마틴버러(Martinborough) 등이다. 호크스 베이는 비교적 따뜻한 지역이며 1851년에 프랑스 가톨릭 선교사들이 이곳에 처음으로 포도밭을 경작했다. 이들이 설립한 미션 이스테이트(Mission Estate)는 뉴질랜드에서 가장 오래된 와이너리며 현재도 피노 누아, 시라, 샤르도네, 피노 그리를 사용해서 수십 종류 와인을 만든다. 호크스 베이는 복합적 충적토로 유명하다. 이 충적토는 산에서부터 고대 은가루로로강을 타고 해안까지 흘러오면서 돌과 자갈이 많아지고 비옥도가 낮아졌다. 충적토는 김블렛 그래블스(Gimblett

Gravels) 해안 부근에 이르러서 최종적인 형태를 띠게 된다. 김블렛 그래블스는 돌투성이 토양의 황폐한 자갈밭으로 메를로와 시라 재배에 이상적이다. 크래기 레인지(Craggy Range)는 김블렛 그래블스를 잘 활용하는 와이너리다. 크래기 레인지의 소피아(Sophia)는 최고급 와인이며 사랑스러운 르 솔(Le Sol) 시라 와인은 1940년대 뉴질랜드에 유입된 시라의 후손 클론이다. 호크스 베이에는 햇볕이 잘 들고 자갈 비중이 적은 구역도 있다. 이곳에서는 소비뇽 블랑, 샤르도네, 피노 그리, 피노 누아 등의 품종이 잘 자란다.

북섬에서 두 번째로 중요한 와인 산지는 뉴질랜드 최대 도시인 오클랜드 주변 영토다. 와인 생산량과 포도밭 면적은 호크스 베이보다 훨씬 적다. 그러나 뉴질랜드 일류 와인 회사들의 본사가 이곳에 몰려 있다. 포도밭은 다른 지역에 있지만 말이다. 또한 정상급 소규모 생산자들도 몇몇 있다. 특히 브라코비치(Brajkovich) 가문이 소유한 쿠메우 리버(Kumeu River) 와이너리는 아름답고 풍성한 샤르도네를 만든다. 수많은 소믈리에가 이 샤르도네를 마시고 최상급 부르고뉴 화이트 와인이라고 착각할 정도다. 오클랜드에는 유명한 와인 소구역들도 있다. 북쪽에는 마타카나(Matakana)가 있고, 해안 부근에는 환상적인 샤르도네와 시라를 만드는 와이헤케섬(Waiheke)이 있다.

마지막으로 북섬의 남동쪽 구석에 마틴버러가 있다. 뉴질랜드 수도 웰링턴과 비교적 가까우며 와이라라파 와인 소구역에 속해 있다. 와이라라파는 마오리족 언어로 '반짝이는 물'이란 뜻이다. 마틴버러는 1970년대부터 포도를 재배하기 시작했고 현재 70여 곳에서 고품질 생산자가 다양한 종류의 좋은 와인을 만들고 있다. 한편 피노 누아는 어렵게 재배에 성공한 만큼 주목할 만한 가치가 있는 품종이다. 아타 랑기(Ata Rangi), 마틴버러 빈야드(Martinborough Vineyard), 슈버트 와인스(Schubert Wines), 크래기 레인지(Craggy Range), 에스카프먼트(Escarpment), 쿠수다(Kusuda) 등은 단 몇 년 만에 훌륭한 피노 누아를 생산하게 됐다.

**뉴질랜드는 세계 최초로 지속가능성 프로그램을 도입한 나라다. 뉴질랜드 와이너리의 96% 이상이 1994년 지속 가능한 와인 생산 뉴질랜드 이니셔티브의 인증을 받았다. 와인 생산자들은 마오리족의 카이티아키탕가(자연의 수호자) 철학을 도입했다. 오늘날 뉴질랜드 영토의 1/3이 정부의 소유이며, 개발제한구역으로 보호받고 있다.**

### • 남섬

남섬은 북섬에 비해 기후가 훨씬 서늘하다. 게다가 최근까지 전원지대에 가까웠다. 최초의 상업적 포도밭은 1973년에 몬타나(Montana, 현재의 브랜코트 이스테이트) 와이너리가 남섬 북동쪽 끝단의 말보로에 개간한 밭이다. 이곳은 뉴질랜드에서 가장 유명한 와인 산지가 됐다.

말보로는 여러모로 포도 재배에 이상적인 장소다. 뉴질랜드 기준에서 화창하고 건조하며, 낮에는 매우 따뜻하고 밤에는 추워서 주야 온도 차가 꽤 큰 편이다(포도와 사람 모두 선호하는 기후다). 오늘날 말보로는 뉴질랜드 와인의 75%, 뉴질랜드 소비뇽 블랑의 90%를 차지한다. 그레이웨크(Greywacke), 애스트롤레이브(Astrolabe), 클라우디 베이(Cloudy Bay), 와이라우 리버(Wairau River), 예랜즈(Yealands) 등 수십 곳의 중요한 와이너리가 이곳에서 소비뇽 블랑을 재배하고 와인을 만든다. 이 밖에도 피노 그리, 리슬링, 그뤼너 펠트리너, 비오니에, 게뷔르츠트라미너, 피노 누아도 생산된다.

말보로에 대적한 와인 산지를 하나만 꼽으라면 센트럴 오타고가 있다. 남섬에서 가장 남단에 있다. 1850년대 뉴질랜드의 골드러시가 일어난 곳이다. 그러나 오늘날 모두가 좇는 금은 바로 피노 누아다. 센트럴 오타고의 와이너리 개수는 1990년대 후반 15개에서 2019년 200개 이

상으로 증가했으며 대부분 피노 누아 와인을 생산한다. 센트럴 오타고는 뢰스로 뒤덮인 편마암 풍화토의 고대 빙하 단구에 있다. 여름이 짧은 편이라서 포도의 성숙이 다소 걱정되긴 하지만, 다른 뉴질랜드 지역과는 달리 대체로 건조하고 화창하며, 밤에는 서늘하다. 피노 누아 재배에 최적이다. 남쪽 끝단에서는 서리가 위협 요소가 될 수 있지만, 포도밭 대부분은 기온을 완화해 주는 호수 주변에 몰려 있다. 센트럴 오타고 북부의 명칭은 노스 오타고(North Otago)다. 이곳에 석회암 토양의 와이타키 밸리가 있으며, 현재 '와인 골드러시' 현상이 일어나고 있다.

남섬에는 넬슨(Nelson)이라는 와인 산지도 있다. 말보로에서 64km 떨어진 작고 아름다운 지역이다. 캔터버리(Canterbury)는 남섬 중심부에 있는 매우 서늘하고 바람이 많이 부는 지역이다. 마지막으로 와이파라 밸리(Waipara Valley)는 남섬의 주도인 크라이스트처치의 북쪽에 있으며, 서던 알프스와 테비엇데일 힐스(Teviotdale Hills) 중간에 끼어 있다. 테비엇데일 힐스는 동쪽에 낮은 구릉지로 와이파라 밸리를 혹독한 기후로부터 보호한다. 이런 기후 이점과 석회질 양질토 덕분에 독특한 피노 누아, 샤르도네, 리슬링 산지로 빠르게 성장하고 있다.

아타 랑기 와이너리의 와인 양조자인 헬렌 마스터스

### • 소비뇽 블랑

뉴질랜드의 소비뇽 블랑에 대적할 와인은 세상 어디에도 없다. 폭발적이면서도 팽팽함을 유지하며, 높은 피라진 함량 덕분에 '풋풋함'이 소나기처럼 쏟아진다. 피라진은 와인에서 피망으로 묘사되는 강한 풍미를 유발하는 화합물이다. 뉴질랜드 소비뇽 블랑의 녹색 풍미는 라임, 야생 허브, 물냉이, 그린 올리브, 녹색 무화과, 녹차, 녹색 멜론, 녹색 페퍼콘, 리마콩, 스노우완두콩, 싱싱한 잔디 등을 연상시킨다.

### 뉴질랜드의 최상급 소비뇽 생산자

- 앨런 스콧(Allan Scott)
- 애스트롤레이브(Astrolabe)
- 아타 랑기(Ata Rangi)
- 클로 앙리(Clos Henri)
- 클라우디 베이(Cloudy Bay)
- 크래기 레인지(Craggy Range)
- 펠튼 로드(Felton Road)
- 그레이웨크(Greywacke)
- 쿠메우 리버(Kumeu River)
- 러브블록(Loveblock)
- 마틴버러 빈야드(Martinborough Vineyard)
- 미샤스 빈야드(Misha's Vineyard)
- 페가수스 베이(Pegasus Bay)
- 세인트 클레어(Saint Clair)
- 스미스 & 셰스(Smith & Sheth)
- 스테이트 란트(Staete Landt)
- 테 마타(Te Mata)
- 와이라우 리버(Wairau River)
- 위더 힐스(Wither Hills)
- 에랜즈(Yealands)

그러나 와인에서 녹색 풍미는 양날의 검이다. 피라진 함량이 매우 높은 설익은 포도는 매캐한 채소 맛을 띠는데, 아스파라거스를 삶은 물 같은 맛이다. 최상급 양조장에서 소비뇽 블랑을 만들 때 포도의 성숙도는 중요한 정도가 아니라 필수다.

녹색 풍미가 전부는 아니다. 뉴질랜드 소비뇽 블랑은 근사한 열대과일 풍미도 지닌다. 망고, 패션프루트, 구아바 등을 연상시키며 때론 불쾌한 땀 냄새를 풍기는 파파야 풍미도 있다(무슨 냄새인지는 상상에 맡기겠다).

끝으로 뉴질랜드 소비뇽 블랑은 전통적으로 스테인리스 스틸 탱크에 발효시켜서 녹색/열대과일 풍미를 강조했다. 덤으로 합리적인 와인 가격을 유지하는 방책이기

도 하다. 새로운 오크 배럴(토스트, 나무, 바닐라)은 소비뇽 블랑 풍미와 상충할 수 있다. 바닐라 소스가 샐러드가 어울리지 않는 것처럼 말이다. 그래도 소수의 와이너리가 배럴에 발효 및 숙성시키는 비싼 소비뇽 블랑을 생산한다. 이때 배럴은 바닐라/토스트 풍미를 최소화하기 위해 새 제품이 아니라 오래된 배럴을 사용한다.

> **피라진(메톡시피라진)은 포도 껍질에 들어 있는 화합물로, 피망의 향, 맛과 유사한 채소의 강력한 아로마와 풍미를 유발한다. 피라진이 유독 많이 함유된 품종은 소비뇽 블랑과 카베르네 소비뇽이다. 포도를 햇볕에 장기간 노출하고 생산율을 낮게 제한하면, 피라진 함량을 크게 줄일 수 있다.**

### • 피노 누아

뉴질랜드의 피노 누아는 비교적 단기간에 큰 성공을 거뒀다. 매우 좋은 피노 누아를 만들려면 오랜 시간이 필요하다. 부르고뉴인들은 수백 년이 걸린다고 말한다. 수년의 시도와 실패를 거듭하며 다양한 장소, 대목, 클론, 양조 기술을 실험하는 과정을 거쳐야 한다. 뉴질랜드는 이 과정을 1980년대에 시작했다. 북섬의 마틴버러에 있는 아타 랑기, 드라이 리버와 같은 와이너리가 주축이 됐다. 1978년 이후, 뉴질랜드 정부가 마틴버러에서 부르고뉴와 비슷한 토양을 발견했다고 발표하자, 피노 누아를 심으려는 사람들이 벌 떼처럼 몰려들었다.

오늘날 피노 누아는 뉴질랜드 전역에서 재배되지만, 중심지는 남섬이다. 뉴질랜드 피노 누아의 절반 가까이가 말보로에서 재배되며, 나머지는 대부분 센트럴 오타고와 캔터버리에서 생산된다. 일반적으로 말보로의 피노 누아는 센트럴 오타고의 피노 누아보다 체리, 석류 등 과일 풍미가 더 진하다. 그레이웨크 와이너리의 피노 누아가 단적인 예다. 반면 센트럴 오타고와 크랜버리의 피노 누아는 흙, 버섯, 야생 허브 풍미를 띤다. 투 패독스(Two Paddocks)와 크래기 레인지가 대표적 예다.

전 세계 피노 누아는 산지가 어디든 부르고뉴 피노 누아와의 비교를 피할 수 없다. 그렇다면 뉴질랜드 피노 누아가 부르고뉴 피노 누아와 비슷할까? 아니다. 뉴질랜드 피노 누아가 아무리 훌륭해도 위대한 부르고뉴 피노 누아의 복합미와 우아미를 따라가지 못한다. 그러나 미래에 어떻게 될지 누가 알겠는가?

# 위대한 뉴질랜드 와인

## 스파클링 와인

### 오사와 와인스(OSAWA WINES)

**프레스티지 컬렉션 | 브뤼 | 논빈티지 |**
**호크스 베이 | 피노 누아 50%, 샤르도네 50%**

뉴질랜드의 스파클링 와 인산업은 작지만 번성한 분야야. 서늘한 기후 품종 인 피노 누아와 샤르도네 로 이름난 만큼 어찌 보면 당연한 일이다. 전통 샴페 인 양조법으로 만든 오사와의 스파클링 와인은 레몬 껍질, 생 강, 비스킷, 백후추 풍미와 섬세한 기포를 가진 아름다운 와인 이다. 또한 42개월간 쉬르 리 숙성을 거쳐 형성된 크림 질감 과 눈부신 산미가 서로 완벽한 균형을 이룬다. 오사와는 일본 인 기술 공학 사업가인 타이조 오사와가 설립했다. 와인 수집 가였던 그는 극상의 순수성을 지닌 와인을 만들 완벽한 장소 를 찾아 호주, 미국, 뉴질랜드를 샅샅이 뒤진 결과 마침내 호크 스 베이의 서쪽에 정착했다. 이곳은 나가루로로강이 남긴 양 질의 하안 단구다.

## 화이트 와인

### 드럼사라(DRUMSARA)

**드라이 피노 그리 | 센트럴 오타고 | 피노 그리 100%**

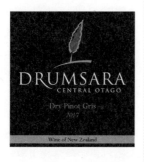

최상급 뉴질랜드 피노 그리 는 중성적 맛을 지닌 이탈리 아 북부 피노 그리지오보다 는 풍성하고 향긋한 알자스 피노 그리를 더 닮았다. 드 럼사라가 좋은 예다. 생강 쿠키와 향신료 케이크 아로 마가 둥둥 떠다니다가 곧이 어 라임, 배, 핵과류 풍미가 입안에 확 퍼진다. 묵직하고 훌륭한 질감을 가진 진중한 본드라이 피노 그리다. 드럼사라는 서던 알프스의 빙하 침전물로 구성된 자갈밭에 있는 소규모 가족 운 영 와이너리다. 드럼사라의 포도밭은 벤티팩트(ventifact) 암 석으로 가득하다. 라틴어로 벤티(venti)는 '바람'이란 뜻이다.

벤티팩트는 수천 년 전 바람에 날린 모래와 빙하 결정에 깎여 서 형성된 날카로운 암석이다. 벤티팩트는 남극과 화성 표면 에서도 발견된다.

### 와이라우 리버(WAIRAU RIVER)

**소비뇽 블랑 | 말보로 | 소비뇽 블랑 100%**

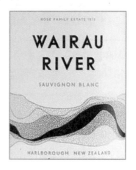

와이라우는 마오리족 언어로 '백 개의 물'이란 뜻이다. 와이 라우 리버의 소비뇽 블랑은 이 름처럼 신선함과 순수함이 가 득하다. 또한 용수철 같은 산 미와 야생적 풍미를 마음껏 발 산한다. 필자는 이 와인의 바 다처럼 짭짤하고 상쾌한 아로 마, 백후추의 스파이시함, 사 랑스러운 스노우완두콩 같은 풋풋함을 사랑한다. 와이라우 리 버의 소비뇽 블랑은 대형 열대과일 샐러드 같다. 망고, 파파야, 구아바, 키위, 패션프루트의 풍요로운 향연이 펼쳐진다. 와이 라우 리버의 소유주인 필과 크리스 로즈는 1978년부터 말보 로에서 최초로 소비뇽 블랑 포도밭을 경작하기 시작했다. 그 들의 기록적인 여정이 와인의 훌륭한 맛에 오롯이 담겨 있다.

### 애스트롤레이브(ASTROLABE)

**타이호아 | 소비뇽 블랑 | 말보로 | 소비뇽 블랑 100%**

애스트롤레이브의 타이호아(Taihoa) 포도밭의 소비뇽 블랑은 전형적인 뉴질랜드 소비뇽과는 다르다. 허브 풍미는 그리 강하지 않고 복숭아, 파 인애플, 파파야, 밀감의 과일 풍미 가 휘몰아친다. 또한 라이트한 보디 감, 아삭한 산미, 굉장히 신선한 맛 을 지녔다. 애스트롤레이브는 과거 에 천문 관측에 쓰던 장치다. 이는 초기 항해자들이 천체의 고 도를 측정해서 위도를 알아내는 데 사용했다. 1827년, 프랑스 탐험가 뒤몽 뒤르도 애스트롤레이브라는 이름의 선박을 타고 이 장치를 활용해서 말보로 해안의 위치를 기록했다. 애스트 롤레이브 와이너리의 소유주이자 와인 양조자인 사이먼 와그 혼은 와인을 '탐험'하는 자신의 여정에 매우 적합한 이름이라 고 믿고 있다.

## 쿠메우 리버(KUMEU RIVER)

**샤르도네 | 이스테이트 | 루메우 | 샤르도네 100%**

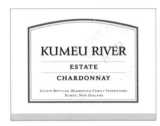

쿠메우 리버는 뉴질랜드에서 가장 인상적인 두 종류의 샤르도네를 만든다. 쿠메우 리버 이스테이트 샤르도네와 포도밭 명칭을 사용한 마테스 빈야드 (Maté's Vineyard)다. 두 와인 모두 독특한 장인적 표현을 담아내며 부르고뉴를 거울처럼 투영한다. 특히 필자는 이스테이트 와인의 풍성한 흙/바닐라 풍미와 샤블리 그랑 크뤼를 연상시키는 짭짤한 광물성을 좋아한다. 와인 한 방울 한 방울에 순수성이 담겨 있다. 한편 마테스 빈야드는 이보다 조금 더 파워풀하고 표현력이 강하다. 쿠메우 리버의 소유주는 1937년에 크로아티아에서 뉴질랜드로 이주한 브라코비치 가문이다. 소유주이자 와인 양조자인 미셸 브라코비치는 뉴질랜드 최초의 마스터 오브 와인(MW)이다.

## 레드 와인

### 그레이웨크(GREYWACKE)

**피노 누아 | 말보로 | 피노 누아 100%**

2009년 클라우디 베이의 1대 와인 양조자인 케빈 주드는 자신의 와이너리인 그레이웨크를 설립했다. 그는 '금손'의 소유자였다. 그가 만든 소비뇽 블랑은 뉴질랜드 3대 소비뇽 블랑에 당당히 이름을 올린다. 그러나 필자는 케빈 주드가 말보로에서 만든 환상적인 피노 누아를 꼭 소개하고 싶었다. 이 맛있고 감각적인 피노 누아를 한번 마시기 시작하면, 와인잔을 내려놓기 힘들어진다. 체리, 석류, 블루베리의 선명한 풍미가 실크처럼 부드럽고 안락한 보디감과 자연스럽게 어우러진다. 피니시에서는 다크초콜릿과 아시아 향신료가 물결친다. 와인이 그리는 정교함, 순수성, 풍미의 곡선이 놀랍도록 아름답다.

### 펠튼 로드(FELTON ROAD)

**코니시 포인트 | 피노 누아 | 센트럴 오타고 | 피노 누아 100%**

박식한 뉴질랜드 애호가들에게 펠튼 로드는 단순한 피노 누아 생산자가 아니다. 펠튼 로드는 뉴질랜드 피노 누아가 세계적 인정을 받을 정도로 우수하다는 사실을 입증한 최초의 와이너리다. 예를 들어 코니시 포인트(Cornish Point) 포도밭의 피노 누아는 생생한 라즈베리와 크랜베리 풍미, 화려한 풍성함, 날아갈 듯한 가벼움을 뽐낸다. 활기찬 풍미도 경이롭다. 제비꽃, 장미, 체리 풍미와 서늘한 양치류와 숲 바닥 풍미가 와인잔 위에서 춤을 추는 듯하다. 작은 코니시 포인트 포도밭에 무려 여덟 가지 피노 누아 클론이 심어 있다. 이곳은 센트럴 오타고의 골드러시 때 대규모 금광이 가장 먼저 발견된 곳으로, 한때 나이 든 광부가 머물던 곳이었다. 현재의 '금'은 피노 누아다. 펠튼 로드는 2000년에 나이젤 그리닝이 설립했다. 그는 런던 광고회사 간부였다. 펠튼 로드는 처음부터 포도밭을 유기농법과 생물역학 농법으로 재배했다.

## 크래기 레인지(CRAGGY RANGE)

**소피아 | 호크스 베이, 김블렛 그래블스 |**
**메를로 60%, 카베르네 프랑 30%, 카베르네 소비뇽 10%**

필자는 뉴질랜드에서 매우 좋은 보르도 품종 와인을 찾을 수 있으리라고 기대하지 않았다. 그런데 소피아 (Sophia)가 내 예상을 깨버렸다. 소피아는 복합미의 대명사다. 소피아는 순차적으로 자신을 드러내며, 매번 새로운 모습을 보여 준다. 필자는 소피아에게서 녹색 페퍼콘, 로즈메리, 블루베리, 제비꽃, 담배 상자, 앤티크 목재, 고급 가죽 등의 아로마와 풍미, 봄철 토양 같은 풍성함과 어두움, 아름답고 정교한 타닌을 발견한다. 뉴질랜드의 최상급 '클라레'와 다름없으며, 뉴질  랜드의 또 다른 자산인 양고기구이를 갈망하게 만든다. 크래기 레인지는 1997년에 미국 사업가 테리 피보디와 뉴질랜드 일류 포도 재배학자 스티브 스미스(MW)가 설립했다.

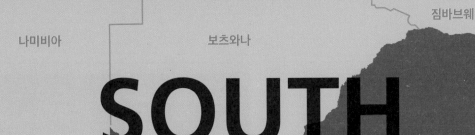

# SOUTH
# AFRICA

나미비아

보츠와나

짐바브웨

모잠비크

요하네스버스

레소토

올리판츠 리버

웨스턴 케이프

브리드 리버 밸라

클레인 카루

케이프타운

인도양

케이프 사우스 코스트

코스탈 리전

대서양

스워트랜드

팔

프란슈후크 밸리

케이프 타운

케이프타운

스텔렌보쉬

엘진 밸리

케이프 사우스 코스트

콘스탄시아

헤멜엔아르데

0          100 km

50개국이 넘는 아프리카 국가 중 단 8개국만 와인을 생산한다. 바로 알제리, 이집트, 케냐, 모로코, 남아프리카공화국, 탄자니아, 튀니지, 짐바브웨 등이며, 대부분 소량의 블렌드 와인을 생산한다. 남아프리카공화국(남아공)은 세계적 수준의 와인을 선보이는 아프리카 1위 와인 생산국이며, 서반구에서 가장 오래된 와인 산지에 속한다.

남아프리카공화국은 텍사스의 두 배가 좀 안 되는 크기이며, 아프리카대륙 남단에 있다. 반원형 해안선은 길이 2,900km에 이르며, 두 해양(대서양, 인도양) 사이에 끼어 있는 세계에서 몇 안 되는 와인 산지다.

포도밭 면적은 약 1,260㎢(12만 6,000헥타르)이다. 포도 생산자는 약 2,500명이며, 와이너리는 400여 개에 달한다. 남아공에서는 '와인 농장'이라 부른다. 이는 과거보다 적은 수치다. 최근 10년간, 제거한 포도나무 수가 새로 심는 포도나무 수보다 많았다. 이처럼 와인산업이 하락세인 이유는 저렴한 벌크와인 생산국의 역사에

## 남아프리카공화국 와인 맛보기

남아공은 400년에 가까운 와인 재배 역사를 보유한 나라다.

최상급 남아공 와인은 고품질 수제 와인을 전문으로 하는 신흥 소규모 개인 생산자들이 만든다. 그러나 남아공 와인 대부분은 대형 조합이 만드는 저렴하고 단순한 와인이다.

가장 정교한 드라이 와인은 다섯 가지 품종을 주재료로 만든다. 바로 슈냉 블랑, 카베르네 소비뇽, 소비뇽 블랑, 시라, 샤르도네 등이다. 이 밖에도 스위트 와인, 합리적 가격의 스파클링 와인, 현지 특산 레드 와인인 피노타주도 유명하다.

클라인 콘스탄시아의 아름다운 포도밭

서 벗어나려는 움직임 때문이기도 하지만, 소규모 고급 와인 생산자가 남아공에서 수익을 내거나 성공하기 어려운 현실 때문이기도 하다. 세계적인 코비드-19 팬데믹 기간에 남아공 정부가 자가격리를 시행하는 동안 와인을 포함한 알코올 판매를 금지하는 수많은 규정을 시행함에 따라, 소규모 와이너리 수십 곳이 문을 닫았다.

남아공 최초의 와인은 약 4세기 전에 네덜란드 정부가 파견한 소수의 네덜란드 이민자들이 만들었다. 네덜란드 동인도회사의 무역선들이 유럽에서 향신료가 풍부한 동인도 제도로 항해하는 길목에 음식과 필수품을 보충할 중간역을 설립하기 위해 파견한 사람들이었다. 세계 최초의 다국적 대기업인 네덜란드 동인도회사는 곧이어 이 새로운 시민 지역을 지배했다. 또한 다국적 기업 최초로 대중에게 주식을 발행했으며, 아시아에만 직원 수가 2만 5,000명이 넘었다.

1652년 네덜란드에 처음으로 상륙한 식민지 행정자인 얀 반 리베크는 네덜란드 고용주들에게 유럽 포도나무 묘목을 다음 배에 실어서 보내 달라고 요청했다. 그로부터 5년 후, 프랑스에서 보내온 비티스 비니페라 묘목이 웨스턴케이프 토양에서 번성했다. 품종은 슈냉 블랑, 세미용, 알렉산드리아 뮈스카로 추정된다. 그러나 비니페

안드레 아드리안 바튼호스트가 AA 바튼호스트 와이너리에서 포즈를 취하고 있다.

라 포도나무만으로는 충분하지 않았다. 식민지는 포도 재배와 와인 양조에 대한 지식이 부족했다. 현지 와인이 그나마 마실 만한 수준에 이르기까지 수십 년이 걸렸다. 더 자세히 들어가기 전에 반드시 알아야 할 사실이 있는데, 남아공 와인 역사는 학대로 물들어 있다는 것이다. 와인산업을 시작한 백인 식민지 이주민들은 코이산족(남아공 흑인 원주민)들을 토벌해서 쫓아냈고, 나중에는 노예로 삼아서 포도밭에서 일하게 했다. 현대 남아공에 적절한 보상이 가능한지 확실치 않지만, 시도는 이루어지고 있다(632페이지의 '인종차별을 바로잡기 위한 노력' 참조).

네덜란드령 케이프 콜로니(Cape Colony)는 독자적인 작은 지역이었다. 그러나 단시간 내에 성장해서 노예를 수입하기 시작했다. 특히 인도네시아, 동남아시아, 서아프리카, 중앙아프리카, 마다가스카르 등지에서 인신매매를 벌였다. 1658년 한 해에만 노예 200명이 네덜란드 선박을 타고 남아공으로 들어왔다. 대부분 포도밭과 농장에서 일하다가 초기 정착지에서 점점 퍼져 나갔다. 남아공에서는 인도네시아 노예의 후손을 '케이프 말레이'라 부르며 이들은 현재까지도 남아공에서 이슬람 종교를 믿으며 살고 있다.

> 1659년 2월 2일, 남아공 웨스턴케이프에 위치한 네덜란드령 케이프 콜로니의 식민지 행정자인 얀 반 리베크는 일기에 다음과 같이 기록했다. '신께 감사드린다. 오늘 처음으로 케이프 포도를 압착해서 와인을 만들었다.

## 남아프리카공화국 대표 와인

**대표적 와인**

**카베르네 소비뇽** - 레드 와인

**캅 클라시크** - 화이트, 로제 와인(스파클링)

**샤르도네** - 화이트 와인

**슈냉 블랑** - 화이트 와인(드라이, 스위트)

**뮈스카 드 프롱티냥** - 화이트 와인(스위트)

**소비뇽 블랑** - 화이트 와인

**시라즈/시라** - 레드 와인

**주목할 만한 와인**

**생소** - 레드 와인

**피노 누아** - 레드 와인

**피노타주** - 레드 와인

## 인종차별을 바로잡기 위한 노력

2011년, 국제인권감시기구(Human Rights Watch)는 웨스턴케이프의 와인과 과일 산업 인부들이 매우 열악한 상황에 놓여 있다는 보고를 발표했다. 이에 윤리적 노동환경을 실천하는 최상급 와이너리들은 WIETA(와인 및 농산물 윤리무역협회 활성화)에 박차를 가했다. WIETA는 공정 노동 기준을 마련하기 위해 설립된 기구다.

이후 남아공에도 과거의 잘못을 청산하려는 여러 민간·공공 프로그램이 만들어졌다. WIETA 외에 다음과 같은 프로그램들이 있다.

### 흑인경제육성법(BROAD-BASED BLACK ECONOMIC EMPOWERMENT)

교육과 경험을 통해 기회를 확대한다.

### 흑인소유브랜드(BLACK-OWNED BRANDS)

정부 보조금을 지급해서 포도밭과 와이너리 설립에 필요한 막대한 자금을 상쇄한다.

### 케이프 와인 양조자 조합보호 프로그램(CAPE WINEMAKERS GUILD PROTÉGÉ PROGRAM)

보수가 더 높고 숙련된 직위를 거쳐 궁극적으로 경영자나 소유주가 되도록 돕는 기술 전수 프로그램이다. 이 책을 집필하는 시점을 기준으로 남아공에 흑인 소유 와이너리는 약 60개다.

1680년대 케이프 콜로니는 농지를 제공한다는 약속과 함께 유럽 이민자를 적극적으로 유치하기 시작했다. 이때 수많은 프랑스 난민이 유입됐는데 대부분 낭트 칙령(신교도에 대한 종교의 자유 인정)이 폐지되자 천주교 박해를 피해 도망쳐온 위그노 교도(신교도)였다. 위그노 교도들은 네덜란드 사회에 빠르게 동화됐다. 네덜란드 이민자와 결혼하고, 네덜란드어를 공식 언어로 채택하고, 농장과 포도밭을 개간했다. 이 지역이 현재의 스텔렌보쉬, 팔, 프란슈후크(네덜란드어로 '프랑스 지구'란 뜻)다.

1814년 네덜란드는 케이프 콜로니를 영국에 양도하고, 네덜란드는 남아공 북쪽으로 이동했다. 참고로 영국은 1834년에 노예제도를 폐지했지만, 아프리카 역사에서 비난받을 짓을 했다는 사실은 변함없다. 영국은 1640년부터 1807년까지 노예무역을 지배했다.

이제 현재로 돌아와 보자. 웨스턴케이프의 긴 와인 양조 역사에도 불구하고 남아공 와인은 1990년대 전까지 세계에 거의 알려지지 않았다. 이는 1948년 남아공 인종 분리 및 차별 정책인 아파르트헤이트에 따라 유럽, 미국, 기타 국가들이 무역 제재를 가했던 탓이다. 참고로 아파르트헤이트는 네덜란드어로 '분리'라는 뜻이다. 1991년 아파르트헤이트와 관련 제재가 모두 해제되면서 교역의 문이 열렸고 주로 매우 저렴한 상품들이 수출되기 시작했다. 그로부터 수년 후 영국, 유럽, 캐나다, 미국의 와인숍에 웨스턴케이프 와인이 진열되기 시작했다.

## 현대의 남아프리카공화국

남아공에는 지형에 따라 대규모 와인 산지가 여섯 곳 있다. 이 중 주요한 고급 와인 생산지는 한 곳밖에 없는데, 아프리카대륙 남서쪽 끝단에 있는 웨스턴케이프다. 웨스턴케이프는 다섯 개 주요 지역으로 나뉜다. 바로 코스탈 리전(Coastal Region), 케이프 사우스 코스트(Cape South Coast), 클라인 카루(Klein Karoo), 올리판츠 리버(Olifants River), 브리드 리버 밸리(Breede River Valley) 등이다. 주요 와인 구역은 코스탈 리전과 케이프 사우스 코스트에 있다. 특히 코스탈 리전의 콘스탄시아는 1700년대 중반에 이미 자리 잘 잡은 소구역으로, 콘스탄시아(Constantia)라는 뮈스카 베이스의 스위트 와인으로 유럽 전역에 이름을 날렸다. 이름만 대면 누구나 다 알 만한 와인 애호가였던 프랑스 황제가 즐겨 찾는 와인이었다고 한다.

현재의 남아공 와인산업의 모습을 형성한 가장 큰 요인은 바로 20세기 초에 설립된 강력한 협동조합이다. 협동조합 운동은 보어 전쟁과 필록세라 발발 이후 시작됐다. 필록세라는 1886년 남아공에 상륙해서 포도밭을 초토화한 치명적인 해충이다(29페이지 참조). 남아공은 파괴 여파를 만회하기 위해 공격적으로 포도밭을 재건했다. 그 결과, 과잉 생산으로 인해 포도 가격이 바닥을 쳤다. 1905년 남아공 정부는 와인산업 불황을 점검하기 위한 위원회를 조직했다. 남아공 정부가 대규모 보조금을 투입한 결과, 남아공 최초의 협동조합이 결성됐고, 이들은 포도 가격을 유지하려고 노력했다.

이후 더 많은 조합이 생겨났지만, 가격을 안정화하진 못했다. 1차 세계대전의 여파로 포도 가격은 더 곤두박질쳤다. 포도나무 1,000만 그루가 뽑혀 나갔고, 농부들은 가축과 타조에게 먹일 알팔파와 곡물을 재배하기 시작했다. 당시 타조 깃털로 만든 목도리에 대한 수요가 조금 있었다. 1918년 세계에서 가장 거대하고 강력한 협동조합이 결성됐다. 바로 KWV(남아공 와인 재배자 협동조합)였다. 이후 수십 년간에 걸쳐 KWV는 전능한 권력을 거머쥐었으며 특히 국민당과의 긴밀한 정치적 관계를 내세워 아파르트헤이트 시절에는 대적할 상대가 없었다. KWV와의 계약을 통하지 않고선 남아공에서 포도밭을 경작하거나 와인 양조 및 판매 그리고 구매 및 수출을 할 수 없었다. 처음에는 포도 재배자들에게 최저가격을 보장해 주려는 의도였지만 결국 절대 건들 수 없는 걸림돌이 되고 말았다. 남아공의 고급 와인산업은 앞길이 가로막힌 채 침체됐다. KWV는 포도 초과분이 너무 많았던 나머지 상당량을 증류주로 만들었다. 그 결과 남아공은 세계 최대 싸구려 브랜디 생산국이 돼 버렸다. KWV는 아파르트헤이트 폐지 이후 해체돼서 현재는 훨씬 축소된 회사가 됐다. 그래도 남아공에는 현재까지 45개 조합이 남아 있다. 1990년대부터 소규모 개인 생산자 수가 늘어나고 있지만 남아공은 여전히 오랫동안 현대화를 위해 투쟁하고 있다. 남아공은 한편으로 환상적인 와인 생산에 적합한 지형, 기후 요인이 넘쳐난다. 그러나 다른 한편으로 경제 제약, 기술 난제, 심각한 갈등을 겪고 있다. 설상가상 코비드-19 확산을 막는다는 명목하에 남아공 여당 아프리카민족연합(ANC)은 2020~2021년 사이 수개월간 알코올 판매와 수출을 금지했다. ANC는 수십 년간 알코올이 억압의 수단으로 사용됐다고 주장하며 오래전부터 금주주의를 표방했다. 1960년대 이전에 노동자들에게 급여 대신 술을 지급하는 '술 한 잔 시스템(tot system)'이 있었다. 이 시스템은 1962년에 공식적으로 불법이라 판명 났지만, 관행은 수년간 지속됐다. 그 결과 흑인 노동자 극빈층은 여러 세대를 걸쳐 빈곤과 만성적인 알코올 중독의 늪에 빠져 버렸다.

이 글을 집필하는 순간에도 남아공은 품질이 떨어지는 저렴한 와인을 대량으로 생산해서 가격을 압박하고 있다. 그러나 동시에 흥미로운 현대 고급 와인산업도 존재한다. 야심 차고 결단력 있는 소규모 양조장의 와인 양조자들이 그 주역이다. 이들은 전보다 좋은 포도나무와 다양한 품종을 구할 수 있게 됐다. KWV 시대에는 생산율이 매우 높은 품종과 클론을 우선시하고 다른 품종들은 배제했다. 이 소규모 생산자들은 놀라운 와인들을 선

1692년 남아공 팔(Paarl)에 설립된 최고령 클라인 패리스 포도밭에서 포도를 수확하고 있다.

보였다. 그 과정에서 역사적 지역(스텔렌보쉬, 프란슈후크)이 명성을 다시금 입증했고, 케이프 사우스 코스트의 엘진(Elgin)과 헤멜엔아르데(Hemel-en-Aarde, 아프리칸스어로 '천국과 땅'이란 뜻)처럼 새로운 와인 산지도 개척했다. 무엇보다 한때 벌크와인의 생산지였던 스워트랜드 같은 역사적 와인 산지를 회복시키고, 이 지역의 오래된 포도나무를 찾아서 남아공 현대 고급 와인산업을 새로운 시작을 도모하고 있다.

## 땅과 포도 그리고 포도원

앞서 설명했던 남아공은 지형에 따라 여섯 개 와인 산지로 나뉘지만 대부분 와인산업 규모가 미미한 수준이다. 사실상 주목할 만한 산지는 웨스턴케이프 단 한 곳이다. 웨스트 케이프는 아프리카대륙 남서부 끝단에서 대서양과 접하고 있다.

웨스턴케이프의 지형은 경이롭고 매우 오래된 것이다. 수백만 년 전에 발생한 지질의 대변동 결과로 케이프 남단에 웅장한 산맥이 형성됐다. 이 시기에 엄청난 압력이 가해지면서 지각이 접히고 융기하면서 높은 산봉우리와 깊은 계곡이 형성됐다. 이 산비탈과 계곡에 현재 남아공의 포도밭이 자리를 잡았다. 약 2억 5000만 년 전 강력한 지질학적 변동과 함께 대규모 침식이 뒤따랐고 이에 따라 일부 산봉우리가 평평하게 깎였다. 그 결과 시몬스베르그(높이 1,399m)와 테이블산(1,086m)과 같은 극적인 사암산이 생겼다.

웨스턴케이프는 다섯 개 지역으로 구성된다. 코스탈 리전, 케이프 사우스 코스트, 브리드 리버 밸리, 클라인 카루, 올리판츠 리버 등이다. 앞서 설명했듯 웨스턴케이프에서 가장 주요한 고급 와인 산지는 코스탈 리전과 케이프 사우스 코스트다. 나머지 세 지역은 벌크와인을 만드는 조합이 지배하고 있다.

코스탈 리전은 매력적인 도시인 케이프타운에서 부채꼴 모양으로 펼쳐져 있다. 코스탈 리전에는 스워트랜드, 팔, 프란슈후크 밸리, 스텔렌보쉬, 콘스탄시아 등의 고급 와인 구역이 있다. 참고로 스워트랜드는 독일어로 '검은 땅'이란 뜻인데, '코뿔소 덤불'이라 불리는 현지 식물이 비가 오면 검은색으로 변하는 모습에서 이런 이름이 붙여졌다. 또한 콘스탄시아는 사실상 케이프타운 지구에 속해 있다. 이곳에 아프리카 대초원은 없다. 전반적으로 해양성 기후를 띠며 성장하는 동안에는 비와 서리 피해를 걱정할 필요가 없다. 또한 대서양에서 불어오는 서늘한 해풍이 타버릴 듯한 열기를 완화해 준다. 이는 세계에서 가장 큰 연안 용승인 벵겔라 해류에서 불어오는 해풍이다.

이 해풍은 대서양과 인도양 해안을 끼고 있는 케이프 사우스 코스트에도 작용한다. 두 해양에서 불어오는 차가운 바람은 보기와는 달리 오히려 축복이었다. 덕분에 이곳은 피노 누아, 샤르도네 등 서늘한 기후 품종을 심기에 최적의 장소가 됐다. 무엇보다 생산율이 높은 싸구려

클라인 콘스탄시아의 문장과 황동 수도꼭지가 달린 옛 와인통.

벌크와인 품종을 재배하기에 너무 추웠다. 오늘날 케이프 사우스 코스트(특히 엘진 밸리, 헤멜엔아르데)는 수제 와인 생산자들을 자석처럼 끌어모으고 있다.

케이프 사우스 코스트에 지질 변동이 많았던 만큼 최상급 와인 지구의 토양도 굉장히 다채롭다. 대표적 토양으

남아공 팔(Paarl) 지역에는 자갈 크기의 화강암, 전판암, 하트 모양의 점토 등으로 구성된 빌라폰트(Vilafonte)라는 토양이 있다.

## 넬슨 만델라

넬슨 롤리흘라흘라 만델라는 1994년에 남아공 최초의 흑인 대통령으로 선출됐다. 그는 모든 인종이 선거에 참여한 최초의 대통령이기도 하다. 넬슨 만델라는 펄에 있는 빅터 버스터 교도소에서 27년간 수용됐다가 1990년에 석방됐다. 그는 남아공 정치의 새로운 시대를 알렸으며 무역 제재를 해제하고 남아공 와인이 미국으로 수출되도록 기반을 마련했다. 넬슨 만델라와 와인의 유대감은 2010년에 그의 딸 마카지웨와 손녀 투크위니가 샤르도네, 카베르네 소비뇽, 시라즈 등으로 하우스 오브 만델라 와인 브랜드를 출시한 이후 더욱 공고해졌다. 템부 부족 혈통이자 마디바 가문의 후손인 넬슨 만델라는 '대지가 삶에 의미와 목적을 부여한다'는 조상의 지혜를 따랐다. 만델라 가족은 와인을 출시하면서 이런 글을 썼다. '우리는 미래와 이어 주는 다리로 와인을 선택했다.'

로 자갈, 화강암, 진흙, 모래, 편암, 이판암 그리고 허튼(hutton)이 있다. 케이프 사암이라 불리는 허튼은 철분이 풍부한 황토다.

역사적으로 남아공에는 청포도가 적포도보다 훨씬 많이 재배됐다. 과거에는 생산율이 어마어마하게 높은 청포도로 만든 싸구려 '셰리'와 브랜디가 중요했기 때문이다. 실제로 1993년에는 포도 재배량의 80% 이상이 청포도였으며 포도 대부분은 증류주로 만들어질 정도로 브랜디가 많았다. 2019년 브랜디용 포도 재배량은 전체의 4%로 감소했고 청포도 재배량도 대폭 줄어서 현재 55% 선으로 유지되고 있다.

남아공에 90종이 넘는 포도 품종이 자라지만 포도밭 대부분을 점령한 품종은 소수에 불과하다. 슈냉 블랑(남아공 생산량이 전 세계 생산량보다 많음), 콜롱바르(저렴한 브랜디용), 카베르네 소비뇽, 소비뇽 블랑, 시라즈/시라, 샤르도네, 피노타주 등이다.

특히 슈냉 블랑은 남아공의 스타급 청포도 품종이다. 보물 같은 슈냉 블랑 고목 포도밭이 현재까지 남아공에 남아 있다. 품질을 중시하는 정상급 와인 양조자들은 오래된 포도밭들을 보존하기 위해 많은 노력을 기울이며 고목의 과실로 놀랍도록 맛있는 와인(드라이, 스위트)을 빚어낸다. 남아공은 '오래된 포도나무 프로젝트(Old Vine Project)'를 통해 국내 최고령 포도밭을 발굴하고 보호하며, 인증하는 작업을 수행했다. 이에 따라 35년 이상 묵은 포도나무 과실로 만든 와인은 '헤리티지 포도밭 인증(Certified Heritage Vineyard)' 마크가 찍혀 있다. 세계 수준의 슈냉 블랑 와인을 꼽자면 스텔렌보쉬에 있는 켄 포레스터(Ken Forrester)의 FMC와 스워트랜드에 있는 멀리뉴(Mullineux)의 그래니트(Granite) 등이 있다.

가장 주된 적포도 품종은 카베르네 소비뇽이고 시라즈가 그 뒤를 잇는다. 남아공 와인 양조자 중에는 라벨에 시라즈(Shiraz) 대신 시라(Syrah)로 표기하기도 한다. 카베르네와 시라즈는 남아공 곳곳에서 잘 자라고 이 둘을 블렌딩하기도 한다. 기본 수준의 남아공 카베르네와 시라즈 와인은 평범하고 단순하다. 그러나 고가의 고품질 버전은 수준이 완전히 다르다. 블라인드 테스트에서 남아공 카베르네와 시라즈를 각각 보르도 레드 와인과 론 밸리 레드 와인으로 착각하는 경우가 많다.

## 남아프리카공화국의 최상급 생산자

- 앤서니 루퍼트(Anthonij Rupert)
- 애쉬본(Ashbourne)
- 뵈켄하우츠클루프(Boekenhoutskloof)
- 희망봉(Cape of Good Hope)
- 카펜시스(Capensis)
- 콜망(Colmant)
- 드 베츠호프(De Wetshof)
- 다운스 패밀리(Downes Family)
- 해밀턴 러셀(Hamilton Russell)
- 카논코프(Kanonkop)
- 키르몬트(Keermont)
- 켄 포레스터(Ken Forrester)
- 커쇼(Kershaw)
- 클라인 콘스탄시아(Klein Constantia)
- 리스모어(Lismore)
- 멀리뉴(Mullineux)
- 닐 엘리스(Neil Ellis)
- 폴 클루버(Paul Cluver)
- 라츠(Raats)
- 레이네케(Reyneke)
- 러스트 엔 브레데(Rust en Vrede)
- 루스텐베르그(Rustenberg)
- 새디 패밀리(Sadie Family)
- 새비지(Savage)
- 스타크콩데(Stark-Condé)

## 남아프리카공화국 포도 품종

### 화이트

#### ◇ 샤르도네
인기가 높은 주요 품종이다. 품질이 좋은 일상용 와인, 복합적이고 크리미한 화이트 와인, 활기 넘치는 스파클링 와인을 만든다.

#### ◇ 슈냉 블랑
수세기 전부터 현재까지 남아공에서 가장 중요한 품종이다. 최상급 생산자들은 작고 오래된 포도밭에서 세계에서 가장 근사한 슈냉 블랑 와인을 만든다. 그러나 협동조합들도 생산율이 높고 중성적 맛을 내는 슈냉 블랑을 다량으로 생산한다.

#### ◇ 뮈스카 드 프롱티냥
뮈스카 블랑 아 프티 그랭의 남아공식 이름이다. 뮈스카 품종 그룹 중 최고로 꼽힌다. 역사적으로 뱅 드 콩스탕스(Vin de Constance)라는 감미로운 디저트 와인을 만드는 주요 품종이다. 참고로 남아공에서는 뮈스카 드 프롱티냥을 뮈스카델이라고도 부르는데, 보르도의 뮈스카델과는 다르다.

#### ◇ 소비뇽 블랑
주요 품종이다. 상큼한 광물성, 허브, 풋풋함 등 개성 강하며 신선하고 아삭한 드라이 와인을 만든다.

#### ◇ 세비용
네덜란드령 케이프 콜로니에 슈냉 블랑과 함께 최초로 재배된 청포도 품종이다. 그러나 벌크와인부터 고급 와인까지 폭넓게 아우르는 슈냉 블랑의 그림자에 가려졌다. 현재 세미용은 생산율을 매우 낮게 제한해서 생산되며, 종종 소비뇽 블랑과 블렌딩한다.

### 레드

#### ◇ 카베르네 프랑
블렌딩용으로 사용하는 보조 품종이다. 주로 카베르네 소비뇽과 함께 사용한다.

#### ◇ 카베르네 소비뇽
남아공에서 가장 명성 높은 적포도 품종이다. 스텔렌보쉬 등 최상급 지역에서 재배한다. 주로 보르도 스타일의 블렌드 와인을 만든다.

#### ◇ 생소
과거에 남아공에서 가장 많이 심었던 품종이며, 에르미타주라고 불렸다. 생소 고목의 과실을 단독으로 사용해서 생기 넘치는 레드 와인을 만들거나, 종종 블렌딩하기도 한다. 역사적 품종을 전문적으로 다루는 전위적인 남아공 와인 양조자들이 가장 선호하는 품종이다.

#### ◇ 메를로
버라이어탈 와인 또는 블렌드 와인을 만드는 데 사용한다. 남아공에서는 카베르네 소비뇽만큼 성공하지 못했다.

#### ◇ 피노타주
1925년 피노 누아와 생소를 교배해서 만든 남아공 품종이다. 최초의 피노타주 와인은 1961년에 출시됐다. 고품질이지만 복합미는 거의 없는 레드 와인을 만든다.

#### ◇ 피노 누아
현재 생산량은 적지만 중요도가 높아지고 있다. 서늘한 지역의 신생 포도밭과 클론 덕분에 피노 누아를 구하기 쉬워졌기 때문이다. 스파클링 와인을 만드는 데도 사용한다.

#### ◇ 시라즈
시라와 같은 품종이며 남아공에서는 라벨에 종종 시라(Syrah)라고 표기한다. 풍미가 입안을 가득 채우는 와인을 만들며 프랑스 론 밸리와 비슷한 후추, 사냥감 풍미를 발산하기도 한다. 또한 샤토뇌프 뒤 파프를 연상시키는 환상적인 론 블렌드 와인을 만든다.

1928년에 심은 슈냉 블랑 고목. 스웟랜드의 새디 패밀리 와인스 양조장에서 여전히 포도를 생산하고 있다.

그만큼 세련되고, 고급스럽고, 구조감이 뛰어나며, 대담한 풍미와 훌륭한 균형감을 지닌다. 야생성, 허브, 꽃, 흙으로 묘사되는 파인보스(fynbos) 특징을 지니기도 한다. 이는 케이프에 서식하는 헤더 비슷한 식물과 관목을 의미한다.

카베르네 와인과 카베르네 블렌드 와인 생산자 중 닐 엘리스(Neil Ellis), 스타크콩데(Stark-Condé), 루스텐베르그(Rustenberg), 러스트 엔 브레데(Rust en Vrede), 키르몬트(Keermont)의 와인은 반드시 맛보길 권한다. 가장 맛있는 시라즈/시라 와인과 블렌드 와인 생산자로는 리스모어(Lismore)와 멀리뉴(Mullineux)를 추

## 테이블산의 '식탁보' 구름

남아공의 코스탈 리전에 있는 테이블산은 전 세계 어느 와인 산지에서도 찾아볼 수 없는 장관을 연출한다. 높이는 1,086m에 달하며 산봉우리는 평평하다. 길이 3.2km의 독특한 고원으로 이루어진 테이블산은 활기찬 해변 도시 케이프타운을 원형경기장처럼 둘러싸고 있다. 테이블산은 6억 년 전에 시작된 중대한 지질 주기 중에 생겨났다. 당시 지하 심부에 돔형 심성암이 형성됐다. 그리고 남극과 아프리카대륙이 충돌하면서 심성암과 다른 암석층이 서로 밀고 융기해 해안 산맥을 만들었다. 이후 수억 년의 지각 활동으로 평평한 사암 봉우리를 가진 지금의 테이블산이 완성됐다. 테이블 산꼭대기에 종종 구름이 뜨

테이블산 위에 뜬 '식탁보' 구름

는데, 현지인들은 이를 '식탁보'라 부른다.

천한다. 특히 뵈켄하우츠클루프(Boekenhoutskloof)의 더 초콜릿 블록(The Chocolate Block) 시라즈 블렌드도 꼭 맛보길 추천한다.

남아공에는 소비뇽 블랑도 있다. 매우 활기찬 이 와인은 두 유형으로 나뉜다. 첫째는 풋풋함, 허브, 열대과일 특

많은 남아공 와인이 '파인보스'라 불리는 복합적인 허브, 꽃, 흙 풍미와 아로마를 띤다. 파인보스는 아프리칸스어로 '잎이 얇은 식물'을 의미하며, 아프리카 남부 해안에만 서식하는 독특한 식물(관목, 프로테아, 갈대, 헤더)을 가리킨다.

남아공의 파인보스 식물은 와인에 독특한 아로마와 풍미를 가미한다.

## 남아프리카공화국 음식

남아공 음식은 케이프 말레이, 네덜란드, 영국 음식을 혼합한 결정체다.

인기 있는 요리로 브레디(bredie)가 있다. 양 목뼈와 수련을 넣고 끓인 소박한 말레이 스튜다. 수련은 아티초크와 그린빈을 섞은 맛이 나며, 길가 연못가에서 자란다. 보보티(bobotie)는 브레디보다 매운 말레이 시골 파이다. 다진 고기에 계피, 카레, 건포도를 섞은 요리이며, 말린 복숭아와 살구로 만든 처트니와 함께 먹는다.

남아공은 예상했겠지만 사냥감 고기가 풍부하다. 브라이(braai)는 뿔닭, 온갖 종류의 영양과 사슴, 돼지, 카루 양, 소, 타조 등 다

식욕을 부르는 남아공의 브라이

량의 고기를 그릴에 굽는 유명한 남아공식 바비큐다. 특히 타조는 등심 스테이크 맛이 나지만, 닭고기보다 기름기와 지방이 적다. 보통 브라이를 먹기 전에 훈연한 스누크(snoek)로 만든 파테를 먹는다.

스누크는 꼬치고기과의 대형 생선이다. 식사를 마친 후에는 쿡시스터스(koeksisters)라는 디저트를 먹는다. 밀가루 반죽을 기름에 튀긴 다음 설탕 시럽에 조린 음식이다.

징을 지니며 뉴질랜드 소비뇽 블랑과 풍미와 스타일이 비슷하다. 둘째는 상큼한 세이지, 광물성 특징을 지니며, 상세르와 비슷하다.

샤르도네도 남아공에서 중요한 품종이다. 최상급 샤르도네는 드 베츠호프(De Wetshof)의 봉 발롱(Bon Vallon)처럼 과일 풍미, 생기, 신선함이 넘친다. 또는 카펜시스(Capensis)와 해밀턴 러셀(Hamilton Russel)의 샤르도네처럼 크리미하고 세련되며, 풍성한 스타일도 있다.

피노타주도 간단히 살펴보자. 세상 어디에도 없는 피노타주는 1925년 남아공 연구소에서 개발됐다. 스텔렌보쉬대학 최초의 포도 재배학 교수이자 화학자인 아브라함 이자크 페롤드 박사는 프랑스에서 수입한 피노 누아와 케이프 생소를 교배해서 신품종을 만들었다. 생소의 강인함과 피노 누아의 우아함을 담아내고 싶었지만, 결과는 다르게 나왔다. 당시 남아공에서는 생소를 에르미타주라고 불렀다. 그래서 두 품종의 이름을 결합해서 피

노타주라고 부르게 됐다. 피노타주는 훈연 풍미를 띠는 단순한 미디엄 보디 레드 와인이며, 종종 사냥감 고기 풍미를 띠기도 한다. 피노타주는 재배해서 고급 와인으로 만들기 까다롭다. 카논코프(Kanonkop) 등 몇몇 양조장이 피노타주 와인을 만들고 그 진가를 증명해서 평판이 높아지길 기대하고 있다.

끝으로 남아공은 맛있는 스파클링 와인도 만들며 병 속에서 2차 발효를 시키는 전통 샴페인 양조법을 따른다. 남아공에서는 메토드 캅 클라시크(Méthode Cap Classique)라는 용어를 쓴다. 스파클링 와인 생산자는 200명 이상이다. 어떤 품종이든 사용할 수 있지만 최상급은 샤르도네와 피노 누아로 만든다. 캅 클라시크 와인은 법에 따라 쉬르 리 숙성을 최소 1년은 거쳐야 하는데 최상급 생산자들은 이보다 훨씬 더 길게 숙성시킨다. 대부분 드라이(브뤼) 와인이지만 넥타르(Nectar)라 불리는 스위트(드미섹) 타입도 있다.

## 고통을 희망으로

1488년 포르투갈 항해자 바르톨로메우 디아스는 폭풍을 뚫고 유럽인 최초로 케이프반도의 암석 곶에 도달했다. 그는 이곳에 '폭풍의 곶(Cabo Tormentoso)'이란 이름을 붙였다. 이후 포르투갈 왕은 선원들이 케이프를 지나 극동으로 항해하길 거부하는 사태를 방지하기 위해 '희망봉(Cabo de Boa Esperança)'이라고 이름을 바꿨다. 희망봉은 선박이 서쪽이 아닌 동쪽에 가까워졌으며, 아시아로 직행하는 항로임을 알려 주는 기준점이 됐다. 그러나 명성과 달리 아프리카 최남단 곶은 희망봉이 아니라, 동남쪽으로 145km 거리에 있는 아굴라스곶(Cape Agulhas)이다.

퍼펙트 스톰이 기다리고 있다.

# 위대한 남아프리카공화국 와인

## 스파클링 와인

### 콜망(COLMANT)
**칩 클라시크 | 브뤼 리저브 | 논빈티지 |**
**코스탈 리전, 프란슈후크 | 샤르도네 약 50%, 피노 누아 50%**

남아공 스파클링 와인은 1970년대 초기에 처음으로 전통 샴페인 양조법에 따라 생산되기 시작했으며 2000년대부터 세계적 명성을 얻기 시작했다. 당시에는 남아공 스파클링 와인을 통틀어 칩 클라시크(Cap Classique)라 불렀다. 콜망은 남아공 최초로 오직 칩 클라시크만 전문적으로 생산한 와이너리다. 2년간 쉬르 리 숙성을 거친 스파클링 와인은 팽팽함, 아삭함, 날카로움을 띠며 살구, 마르멜루, 브리오슈 풍미가 기포를 타고 폭발한다. 콜망 가문이 샴페인을 얼마나 사랑하는지 확연하게 느껴진다. 웨스턴케이프의 코스탄 리전에 있는 프란슈후크는 소규모 스파클링 와인 생산자들의 중심지다.

## 화이트 와인

### 다운스 패밀리(DOWNES FAMILY)
**샌추어리 피크 | 소비뇽 블랑 |**
**케이프 사우스 코스트, 엘진 밸리 | 소비뇽 블랑 100%**

소비뇽 블랑은 필자에게 남아공 와인의 품질과 매력을 알게 해 준 품종이다. 순수성, 광물성, 짜릿함, 세이지 풍미는 보디감이 묵직한 상세르를 닮았다. 여기에 약간의 핵과류 과일과 훈연 풍미를 더한 와인이 바로 다운스 패밀리의 샌추어리 피크(Santuary Peak)다. 최상급 리슬링에 버금가는 명확성과 극상의 풋풋함 또는 채소 풍미를 갖췄다. 대서양과 가까운 웨스턴케이프의 엘진 밸리는 남아공에서 가장 서늘한 지역에 속하며, 사과, 배, 장미, 꽃 그리고 최근에는 번성하기 시작한 와인산업으로 유명하다. 다운스와 섀넌 가문은 1899년에 아일랜드 코크 주에서 남아공으로 이주했다. 샌추어리 피크라는 이름은 포도밭 바로 위의 산꼭대기를 보고 지은 이름이다. 남아공에서는 섀넌 빈야드(Shannon Vineyards)라는 브랜드명으로 알려져 있다.

### 켄 포레스터(KEN FORRESTER)

**더 FMC | 슈냉 블랑 | 코스탈 리전, 스텔렌보쉬 | 슈냉 블랑 100%**

1993년 켄 포레스터는 1689년 정부 공여 농지였다가 방치된 스텔렌보쉬 와인 농장을 구매한 이후 환상적인 와인을 만들기 시작했다. 이 와인은 상이란 상을 모조리 휩쓸었다. 이 와인을 한 모금만 마셔도 지상 최고로 위대한 슈냉 블랑임을 인정하게 될 것이다. 켄 포레스턴는 슈냉 블랑을 정교하고 호사스러운 화이트 와인으로 빚어내는 남아공 최고의 장인이다. 그가 만든 슈냉 블랑은 위대한 부르고뉴 화이트 와인에 버금가는 쾌락적 질감을 자랑한다. 슈냉 블랑은 남아공에서 역사적으로 중요한 청포도 품종이며 이 와인은 1974년에 심어진 귀중한 포도나무 과실로 만들어진다. 더 FMC(The FMC)는 감칠맛, 스파이시함, 광물성이 동시에 폭발하며 드라이 와인임에도 불구하고 약간의 꿀 풍미가 느껴진다. FMC가 무엇의 약자인지는 독자들의 상상에 맡기겠다.

### 멀리뉴(MULLINEUX)

**그래니트 | 슈냉 블랑 | 올드 바인스 | 코스탈 리전, 스워트랜드 | 슈냉 블랑 100%**

고목의 과실로 만든 멀리뉴의 슈냉 블랑은 충격적일 정도로 훌륭한 맛을 뽐낸다. 암석, 광물성, 백도, 백후추, 이국적인 시트러스, 구운 견과류 풍미가 소용돌이친다. 스프링 같은 신선함이 곡선을 그리며 입안을 활공하고 멈출 수 없는 흥분과 생생한 에너지를 발산한다. 그래니트(Granite)라는 이름에서 짐작할 수 있듯, 40년 이상 묵은 포도나무들은 파르데베르그산의 북쪽 산비탈에 있는 스워트랜드의 화강암(granite) 토양에서 자란다. 크리스와 안드레아 멀리뉴는 와인 대회에서 수십 차례 수상한 경력이 있으며 남아공 고급 와인산

업을 설립하려는 노고를 치하하는 상도 받았다. 두 사람은 프랑스, 캘리포니아, 남아공에서 셀러 핸드(cellar hand)로 일하다가 만났고 결혼해서 스워트랜드에 정착했다. 두 사람은 스워트랜드의 포도나무 고목, 화강암과 편암 토양을 토대로 위대한 와인을 만들 수 있다고 확신했다.

### 카펜시스(CAPENSIS)

**실린 | 샤르도네 | 코스탈 리전, 스텔렌보쉬 | 샤르도네 100%**

라틴어로 '곶으로부터' 라는 의미의 카펜시스는 매우 섬세한 샤르도네 세 종류를 만든다. 고가의 두 와인은 굉장히 풍성하며 바닐라, 토스트, 오크 풍미가 줄줄 흐른다. 그러나 필자가 가장 선호하는 와인은 바로 실린(Silene)이다. 오크보다는 과일, 광물성에 치중한 와인이며, 두 산지 포도밭에서 재배한 포도로 만든다. 멜론, 라임, 밀감 풍미가 풍성하게 넘쳐나며, 서늘하고 아삭한 광물성으로 마무리된다. 부드럽고 호사스러운 질감은 크렘 캐러멜을 연상시킨다. 실린은 전 세계 6대 꽃의 왕국 중 가장 작고 다채로운 케이프 플로랄 킹덤(Cape Floral Kingdom)에서 자라는 꽃 식물속(genus)이다. 실린 카펜시스는 '아프리카 꿈의 뿌리'라고 알려져 있다. 이 꽃은 밤에만 피어나며, 역사적으로 주술사가 영적 경험을 하기 위해 이 꽃의 뿌리를 캐서 차로 우려 마셨다.

## 레드 와인

### 닐 엘리스(NEIL ELLIS)

**욘커슈크 밸리 | 카베르네 소비뇽 | 코스탈 리전, 스텔렌보쉬 | 카베르네 소비뇽 100%**

닐 엘리스는 현대 남아공의 고급 와인 선구자로, 1984년에 와이너리를 설립했다. 현재 그의 자식들과 함께 와인을 만든다. 닐 엘리스가 소량씩 생산하는 카베르네 소비뇽은 스텔렌보쉬의 욘커슈크 밸리(Jonkershoek Valley)와 접한 산비탈에서 생

"희망봉은 우리가 지구를 한 바퀴 돌면서 본 지형 중
가장 위풍당당하고 아름다운 곳이다."
-프랜시스 드레이크 경,
1577-1580년에 영국에서 최초로 세계 일주에 성공한 선장

산된다. 약간 보르도 스타일을 닮았는데, 매끈하지만 근육질이 느껴지고, 섬세한 타닌감이 근사한 구조감을 자아낸다. 또한 파이프 타바코, 검은 감초, 흑연, 향나무 등의 파워풀한 풍미가 카베르네의 '소비뇽' 면모인 소나무 숲의 은은한 녹색 풍미와 어우러진다. 와인이 어릴 때도 충분히 맛있지만, 이 와인은 숙성시켜야 진가를 발휘하는 명실상부한 카베르네 소비뇽이다.

## 새디 패밀리(SADIE FAMILY)

**트레인스포어 | 코스탈 리전, 스워트랜드 | 틴타 바로카 100%**

에벤 새디는 선견지명이 있는 신세대 남아공 와인 양조자 중 하나다. 소량만 생산되는 고가의 새디 패밀리 와인은 높은 인기를 구가한다. 새디는 격자 구조물이 없는

관목 형태의 포도나무(bush vine)와 20개 이상의 품종을 다룬다. 그는 스워트랜드를 고급 와인 산지 반열에 올리는 데 일조했다. 필자가 트레인스포어(Treinspoor)를 처음 맛봤을 때, 포르투갈 품종인 틴타 바로카로 만든 와인이라는 사실을 믿기 힘들었다. 알고 보니 1974년에 오래된 기찻길 옆에 심은 포도밭이며 토양은 화강암과 사암으로 구성됐다고 한다. 참고로 트레인스포어는 네덜란드어로 '기찻길'이란 뜻이다. 와인은 제비꽃과 체리의 선명하고 풍성한 아로마와 풍미, 다즙함, 스파이시함을 지녔다. 틴타 바로카는 타닌 함량이 높은 품종임에도 트레인스포어는 실크처럼 부드럽다. 새디는 포도에서 공격적인 타닌이 추출되지 않도록 손으로 조심스럽게 펌핑 오버 작업을 한다. 과거에 스워트랜드에서는 틴타 바로카 같은 품종을 대량 심어서 싸구려 '포트'를 만들었다. 현재 남은 고목들은 새디처럼 소규모 생산자에게 소중한 자산이 됐다.

## 해밀턴 러셀(HAMILTON RUSSELL)

**피노 누아 | 케이프 사우스 코스트, 워커 베이, 헤멜엔아르데 | 피노 누아 100%**

헤멜엔아르데 와이너리의 절반은 해밀턴 러셀에서 일했던 직원들이 세웠을 것이다. 해밀턴 러셀이 이 지역을 어떻게 개척했는지 보여 주는 증거다. 1975년 팀 해밀턴 러셀은 남아공 남단에 와이너리를 설립하겠다는 꿈을 안고 미개척 토지 172헥타르를 매입했다. 그의 아들 앤터니가 부친의 유업을 이어가고 있으며 남대서양에서 불어오는 냉풍에 노출된 포도밭에서 피노 누아와 샤르도네가 번성하고 있다. 해밀턴 러셀의 피노 누아는 좋은 부르고뉴 와인처럼 부드러운 타닌감이 중심을 잡아 준다. 흙, 사냥감 고기, 향신료 풍미는 순수하고 선명하다. 앤터니 해밀턴 러셀과 그의 와인 양조자였던 피터 핀레이슨은 남아공에 좋은 피노 누아 클론을 들여온 주역이다.

## 스위트 와인

## 클라인 콘스탄시아(KLEIN CONSTANTIA)

**뱅 드 콩스탕스 | 코스탈 리전, 케이프 타운, 콘스탄시아 | 뮈스카 드 프로티냥 100%**

클라인 콘스탄시아('작은 콘스탄시아'라는 뜻)는 대서양에서 10km 떨어진 콘스탄시아베르그의 서늘한 화강암 산비탈에 있는 146헥타르 크기의 와인 농장이

다. 이곳은 케이프 초대 주지사인 시몬 반 데르 스텔이 1685년에 설립한 대규모 코스탄시아 와인 양조장의 일부였다. 반 데르 스텔의 코스탄시아가 만든 호사스러운 풍미의 와인은 세계적으로 유명했다. 그러나 한 세기를 거치면서 여러 양조장으로 쪼개지고 결국 방치됐다. 1800년대 클라인 콘스탄시아라는 일부 지역이 복원됐고 이곳의 포도밭에서 생산한 뱅 드 콩스탕스(Vin de Constance)는 유럽에서 가장 유명하고 인기가 많은 와인으로 성장했다. 특히 나폴레옹 보나파르트, 빅토리아 여왕, 토머스 제퍼슨, 제인 오스틴에게 사랑받는 와인이었다. 그러나 1800년대 후반 양조장은 또다시 위기에 빠졌다. 1980년대 주스테(jooste) 가문은 클라인 콘스탄시아를 구조했고 과거의 기록에 따라 와인을 만들기 시작했다. 현재 클라인 콘스탄시아는 개인 다섯 명이 소유하고 있다. 이 중에는 보르도의 코스 데스투르넬의 전 소유주인 부르노 프라트와 보르도의 샤토 앙젤뤼스의 공동 소유주인 휘베르 드 부아로도 있다. 이들은 자신이 어떤 보석을 손에 넣었고 그 매력을 어떻게 발산할 수 있는지 잘 안다. 현재의 뱅 드 콩스탕스는 굉장히 훌륭하다. 뮈스카 드 프롱티냥(뮈스타 블랑 아 프티 그랭) 품종으로 만들고 포도를 나무에 매달린 채 건포도처럼 될 때까지 익게 만든다. 우선, 색깔이 비현실적으로 아름답다. 와인의 표면 위로 가느다란 실선 같은 주황색과 호박색 빛이 감돈다. 복숭아 같은 단맛과 시트러스 껍질 같은 쓴맛이 입안에서 폭발하며, 마치 뭉게구름 위를 떠다니는 듯한 기분을 선사한다. 이처럼 풍만하면서도 믿기 힘들 정도로 가볍고 신선하다. 그야말로 후광이 비치는 와인이다.

# ASIA

아시아는 수 세기 동안 온갖 종류와 품종의 와인을 생산했다. 오늘날 아시아의 고급 와인산업은 중국과 일본을 중심으로 빠르게 성장하고 있다. 중국과 일본뿐만이 아니다. 인도의 와인산업도 꾸준히 성장하고 있으며 태국, 베트남, 타이완, 미얀마, 캄보디아, 한국 심지어 카자흐스탄, 키르기스스탄 등 '스탄'으로 끝나는 나라까지 전혀 예상치 못한 국가들도 와인을 생산하고 있다. 이번 파트에서는 아시아의 주요 와인 생산국 두 곳을 다룰 예정이다. 박식한 와인 애호가 사이에서도 두 나라의 와인에 대한 관심이 높아지고 있다. 특히 유명한 런던 와인 회사인 베리 브라더스 & 루드는 중국 와인이 50년 이내에 보르도와 경쟁할 정도로 품질이 향상될 것이라고 단언했다.

세계 10대 증류주 브랜드 중 다섯 개가 중국 브랜드다. 세계 1위 증류주는 마오타이의 백주다. 2021년, 마오타이의 브랜드 가치는 453억 달러를 기록했다.

중국의 만리장성은 세계에서 가장 긴 장벽으로, 길이가 2만 1,000km가 넘는다. 만리장성은 유목민의 침략을 막기 위해 중국 북쪽 국경을 따라 구축됐다. 기원전 7세기에 세워진 장벽 일부가 현재까지 남아 있다.

홍콩의 라틀리에 도 조엘 로뷔숑 레스토랑의 와인 저장실에서 소믈리에 펠릭스 호가 아오 윤 와인을 들고 있다.

# CHINA 중국

20년 전만 해도 서양의 와인 애호가들은 중국과 와인이란 단어가 한 문장에 들어가리라곤 상상하지 못했다. 그러나 시대가 바뀌었다. 중국의 와인 소비량은 최근 몇 년간 감소했지만, 국제와인기구(OIV)에 따르면 2021년 기준 중국은 여전히 세계 7위 와인 소비국이다. OIV는 세계 와인 통계를 집계하는 초국가적 기구다. 중국은 세계 인구의 18%를 차지하는, 지구상에서 가장 인구가 많은 나라임을 고려하면, 그리 놀랄 일도 아니다.

중국은 와인 생산량도 막강하다. 2010년대 중반부터 생산량이 감소하고 있지만, 2021년 기준 중국은 세계 11위 생산국이다. 단, 이 수치는 다음 사항을 고려해야 한다. 저렴한 '중국 와인은 사실상 칠레, 프랑스, 호주 등 타국에서 수입한 벌크와인에 소량의 중국 와인을 섞은 것이다.

중국은 현대 와인 세계에 비교적 최근에 등장했지만, 오랜 와인 양조 역사가 있다. 사실상 세계에서 역사가 가장 길다. 중국 북부 허난성의 황하 유역에 있는 자후 마을에는 세계 최초로 포도를 일부 사용해서 알코올음료를 만든 흔적이 남아 있다. 현장에서 발견된 토기 내부의 잔여물을 화학 분석한 결과로 발효 음료는 쌀, 꿀, 과일(포도 또는 산사나무 열매)로 만들어졌다는 사실이 밝혀졌다. 토기는 9,000년 전의 것으로 추정되며, 이는 근동의 비옥한 초승달 지대보다 1000년 더 앞선다(94페이지의 '고대 와인' 참조). 당시 허난성은 문명이 가장 발달한 지역으로 꼽히기 때문에 와인과 비슷한 음료가 발견됐다는 사실이 고고학자들에게는 그리 놀랍지 않았다. 자후 유적지에서는 이 밖에도 석기, 옥 조각, 뼈로 만든 피리 등이 발견됐는데 피리는 세계 최초의 악기로 추정된다.

### 중국 이름의 유래

중국이라는 이름은 산스크리트어 단어인 치나(Cīna)에서 유래했으며, 치나는 진나라라는 이름에서 유래했다. 진나라는 기원전 221~206년에 존재했던 중국 최초의 통일 국가다. 이 단어는 실크로드를 통해 교역하면서 일반화됐다고 알려져 있다.

중국의 고대 와인 문화는 수천 년간 이어졌다. 그러나 중국 청동기 시대(약 2,300년 전) 말, 포도로 만든 와인(포도주·葡萄酒)은 곡물(수수, 좁쌀)과 과일(리치, 자두)로 만든 알코올음료의 그림자 뒤로 완전히 사라져버렸다. 이 음료는 현대까지도 문화적 주류로 남아 있다. 현재 맥주와 더불어 중국에서 가장 인기 있는 알코올음료는 백주와 황주다. 백주는 수수로 만든 증류주로 세계에서 가장 많이 소비되는 증류주이며, 알코올 도수는 40~60도에 달한다. 황주는 쌀과 좁쌀로 만든 발효주이며, '노란 와인'으로 불린다.

그렇다면 현대 중국 와인산업을 어떻게 설명할 수 있을까? 중국의 와인 혁명을 이해하기 위해 중국 역사를 간단히 살펴보자.

3,600~4,070년 전, 중국 최초의 왕조인 하나라가 있었다. 이후 강력한 은나라와 주나라가 뒤따랐다. 중국은 약 2,220년 전에 진나라가 군소 국가와 민족들을 정복해서 하나의 나라로 통일하고 중앙 집권 정부를 수립하면서 탄생했다. 이후 2000년 이상 다수의 왕조가 이어졌으며 1944년부터 집권한 마지막 왕조인 청나라가 1911년에 무너졌다. 이후 중화민국이 1949년까지 중국 본토를 다스렸다. 2차 세계대전에서 일본제국이 패배하자 중화민국은 국민당과 공산당 사이의 파벌 싸움으로 이어졌다. 결국 공산당이 승리했고 1949년 10월 1일 베이징에서 중화인민공화국 건립을 선포했다. 국민당은 과거 중화민국 정부를 대만으로 이전했다. 1978년, 중화인민공화국은 대규모 경제 및 시장 개혁을 여러 차례 시행했고, 초고속 경제성장을 이룩한 나라가 됐다.

2000년대 중국의 근대화는 빠르게 진행됐다. 14억 인구의 생활 수준이 크게 향상됐고 부유층 비중이 급증했다. 참고로 중국은 미국에 이어 세계에서 두 번째로 백만장자가 많은 나라다. 중국 소비자들이 부유해지면서 서양의 문화, 생활방식, 명품 그리고 고급 와인에 관한 관심이 높아졌다. 특히 고가의 와인에 대한 욕구가 엄청났다. 2020년 세계 최대 와인 경매회사인 애커 메릴 & 콘딧 컴퍼니의 경매에 참여한 응찰자 중 39%가 중국인이었다. 그해 애커 응찰자들은 와인에 1억 2,200만 달러 이상을 투자했다.

현재 중국 와인산업을 구성하는 약 450개 와이너리는 크게 두 유형으로 나눈다. 첫째, 저렴한 기본 와인을 생산하는 초대형 기업이며 대표적 예로 장성(Great Wall)과 장유가 있다. 둘째, 중국 부유층을 겨냥해 고가

### 카시스를 중국어로 번역한다면?

소더비스, 크리스티 등 대형 경매회사 아시아 본사의 와인 전문가들은 보편적인 와인 용어가 부재함을 통감한다. 유럽 와이너리 이름을 중국어로 번역해서 만다린어로 발음하기란 거의 불가능하다. 게다가 유럽, 영국, 미국 와인 전문가들의 테이스팅 노트는 중국 구매자들에게 전혀 와 닿지 않는다. 카시스 맛이 나는 와인이라? 라즈베리? 브리오슈? 중국 와인 소비자들은 이런 맛에 대한 경험이 전혀 없다. 이에 일부 중국 와인 전문가들은 유명 와인에 대한 설명을 현지에서 이해할 수 있는 풍미로 번역하는 힘든 작업에 착수했다. 그렇다면 위대한 부르고뉴 와인은 어떤 맛일까? 체리와 흙 풍미는 잊어버리자. 약간의 당귀(중국 전통 약재), 삭힌 양배추, 차오저우 소스(고기 조림에 사용하는 향긋한 간장 베이스 소스)를 떠올리면 된다.

의 와인을 생산하는 신생 양조장들이다. 2012년, 내몽골의 고비 사막 가장자리에 있는 샤토 한센(Chateau Hansen)은 레드 캐멀(Red Camel)이라는 최상급 카베르네 소비뇽의 첫 번째 빈티지를 한 병당 약 700달러에 출시했다. 초대형 기업이 생산하는 저렴한 와인은 품질이 참담할 정도로 낮다. 그러나 품질을 중시하는 최신 와이너리들은 품질이 매우 좋은 와인을 만든다. 블라인드 테스트에서 캘리포니아나 보르도 와인으로 착각할 정도다.

중국의 고급 와인 사랑은 보르도와 부르고뉴 와인에 대한 애정에서부터 시작됐다. 중국의 샤토 라피트 로칠드에 대한 사랑은 비할 데가 없으며 도멘 드 라 로마네콩티는 생산한 와인 전량을 중국 대도시 한 곳에 판매할 정도다. 따라서 최근에 생긴 최신 와이너리들은 미적으로 프랑스의 영향을 크게 받았다. 예를 들어 일부 양조장은 보르도 샤토와 비슷한 외관을 지녔으며 양조장 이름에도 '샤토'라는 단어가 들어간다. 나머지는 프랑스와 중국의 합작회사다. 도멘 바롱 드 로칠드(라피트)와 모엣 헤네시 루이뷔통도 중국 사업에 착수했고 각각 합작회사인 도멘 드 롱 다이(Domaine de Long Dai), 샹동 차이나를 세웠다.

## 땅과 포도 그리고 포도원

중국은 지구상에서 네 번째로 큰 국가로 면적은 960만 ㎢에 달한다. 동쪽에는 길이 1만 4,500km의 태평양 연안이 있고, 서쪽은 키르기스스탄, 타지키스탄, 파키스탄과 국경을 접한다. 북쪽에는 러시아, 몽골, 카자흐스탄과 접경하며, 남쪽에는 인도와의 국경 사이에 티베트(영토 분쟁 중)가 있다. 이 방대한 국가 안에 성이 22개, 자치구 5개, 특별행정구 2개(홍콩, 마카오)가 있다.

중국에는 거의 모든 기후와 지형이 존재한다. 아열대, 아북극 관목지, 사막 평지, 세계에서 가장 높은 산(히말라야는 지구상에서 가장 높은 열 개 산봉우리를 포함한다) 등 다양하다. 그러나 영토 대부분은 포도를 재배하기에 너무 후텁지근하거나 뜨겁거나(몬순이 문제) 극도로 춥다. 기후변화로 인해 북부의 추운 지역에서도 포도 재배가 점차 가능해지고 있다. 그러나 많은 와인 산지가 날씨에 대비해 포도나무에 '보호조치'를 해야 한다. 즉, 겨울에 뿌리와 몸통 일부가 동결로 치명적인 손상을 입지 않도록 흙으로 감싸는 것이다. 내몽골과 닝샤 일부 지역은 포도나무가 -29℃의 기온에서 생존해야 하므로 한 단계 더 진화한 포도 재배 기술인 '깊은 도랑 재배' 방식을 적용한다. 새로 자라서 지면에 가까운 뿌리를 더 깊게 파묻기 위해 매년 도랑에 흙을 추가하는 방법이다. 덩달아 먼저 자란 뿌리들도 점점 더 깊게 파묻혀서 지하의 영하 온도에 따른 피해를 방지할 수 있다.

2021년 기준, 중국 포도밭 면적은 7,830㎢(73만 3,000헥타르)로 세계에서 세 번째로 넓다. 1위인 스페인은 9,640㎢(96만 4,000헥타르)이며 2위인 프랑스는 7,980㎢(79만 8,000헥타르)에 달한다.

중국은 소수의 품종만 재배하는데 대부분 서양에서 인정받는 품종들이다. 포도 재배량에서 거의 80%가 적포도인데, 이는 중국 문화가 빨간색을 선호하기 때문이다. 주로 카베르네 소비뇽, 메를로, 카베르네 프랑, 시라, 마르셀란(Marselan, 카베르네와 그르나슈의 교배종), 카베르네 게르니쉬트(Cabernet Gernischt, 카르메네르와 동일 품종) 등이다. 특히 마르셀란과 카베르네 게르니쉬트는 중국에서 매우 큰 성공을 거뒀으며 매년 상당수의 상을 받고 있다. 피노 누아도 재배되지만, 주로 스파클링 와인에 사용한다.

주요 청포도 품종은 샤르도네이며 주로 스파클링 와인과 스틸 와인에 사용한다. 그 뒤를 이어 리슬링 이탈리코(Riesling italico, 리슬링이 아니라 그라셰비나라는 중부 유럽 품종), 위니 블랑, 식용 포도지만 와인용으로도 사용되는 용안('용의 눈'이란 뜻), 하이브리드 비달 등이 있다. 중국의 추운 북부 지역에서는 비달로 상당히 좋은 아이스와인을 만든다.

허베이성의 창리에서 갓 수확한 포도를 한 상자 한 상자 조심스럽게 운반하고 있다.

이 글을 집필하는 시점에 중국은 공식적인 명칭 시스템이 없다. 따라서 주요 와인 지역은 사실상 행정구역이다. 최상급 와인 산지는 다음의 다섯 개 지역에 집중돼 있다.

**북동부** 산둥, 허베이, 베이징, 톈진, 랴오닝, 지린, 산시

**중동부** 닝샤

**중북부** 내몽골

**극서부** 신장

**극남부** 윈난, 쓰촨

중국 와인 산지와 각지에 속한 최상급 와이너리를 하나씩 살펴보자. 단, 다수의 와이너리가 여러 지역에 존재한다는 사실을 유념하자.

### • 산둥성

중국 북동부 보하이만의 산둥반도에 있으며, 온화한 해양성 기후를 띤다. 여름철 우기와 폭풍에도 불구하고 유럽산 비티스 비니페라 재배에 꽤 적합하다. 중국의 현대 와인산업 시대에 처음으로 개발된 와인 산지다. 도멘 바롱 드 로칠드(라피트)는 이곳에 도멘 드 롱 다이를 설립했으며 2019년에 처음으로 2017년 빈티지를 300달러에 출시했다. 다른 신생 와이너리로 샤토 루이펑오세스(Château Reifeng-Auzias), 샤토 스테이트 게스트(Château State Guest), 생당(Sheng Tang), 샤토 나인 픽스(Château Nine Peaks) 그리고 대기업인 장성(Great Wall)과 장유가 있다.

### • 허베이성

산둥성 근처에 있는 허베이성은 보하이만(발해만) 덕분에 해양성 기후의 이점을 누린다. 그러나 여름에는 습도가 높아 포도를 수확할 때 곰팡이나 세균에 감염되지 않은 포도를 잘 골라내야 한다. 이곳은 최초의 화이트 와인과 드라이 레드 와인 일부가 만들어진 곳이다. 용안 식용 포도로 만든 오프드라이 화이트 와인은 지역 특산품이다. 유명 와이너리로는 장성(Great Wall), 샤토 마틴(Château Martin), 회고 매너(Huaigu Manor), 샤토 선 갓(Château Sun God), 샤토 레드 리프(Château

Red Leaf) 등이 있다.

### • 베이징

베이징은 허베이성 안에 있지만 직할시로 간주한다. 베이징은 중국의 정치, 문화 수도라는 유망성 때문에 와인 관광에 특화된 소규모 와이너리가 이곳에 모여들었다. 여름에 기후가 건조하고 화창하므로 토지가 부족하지 않았다면 주요 와인 산지로 성장했을 것이다. 와이너리는 드래곤 실(Dragon Seal), 샤토 볼롱바오(Château Bolongbao), 펑수 와인(FengShou Wine Co.) 등이 있다.

### • 톈진

베이징 남쪽에 있는 톈진은 최초의 중국-프랑스 합작회사인 다이너스티 와이너리(Dynasty Winery Ltd)로 유명하다. 코냑 생산자 레미 마르탱이 프랑스 쪽 파트너다. 1980년에 설립했으며 와인과 브랜디를 만든다. 다이너스티 와이너리는 중국 국가행사에 여러 차례 와인을 제공했다.

### • 랴오닝성

베이징 북쪽에 북한과 국경을 접한 랴오닝성은 훌륭한 비달 아이스와인으로 명성이 매우 높다. <디캔터> 잡지에서 매년 골드메달을 수상했다. 최상급 와이너리로 랴오닝 산헤(Liaoning San He)와 장유(Changyu)가 있다. 중국에서 가장 산업이 발달한 지역에 속한다.

### • 지린성

지린성은 랴오닝성 북쪽에 있으며 한때 만주라 불렸다. 비티스 아무렌시스(Vitis amurensis) 토착종으로 유명하다. 이 품종은 추위에 매우 강해서 과학자들은 비티스 비니페라 품종과 교배시키는 식물육종으로 사용한다. 많은 와이너리가 비달 품종으로 아이스와인을 만든다. 와이너리는 야장구(Yajianggu), 지안 시티 바이테 와인 컴퍼니(Ji'an City Baite Wine Company), 통화 그레이프 와인(Tonghua Grape Wine Co.), 창바이산 와인 홀딩(Changbaishan Wine Holding Co.) 등이 있다.

### • 산시성

산시성의 포도밭은 타이위안 유역에 몰려 있고 와이너리들은 규모가 작다. 산시성은 중국 최초의 컬트 와이너

## 중국의 어두운 이면(가짜 와인)

2000년대 중국의 초고가 와인 열풍이 또 다른 열풍을 초래했다. 세계 와인산업에서 이전에는 존재하지 않았던 가짜 와인산업이 생겨난 것이다. 와인 진위를 판별하는 전문가들에 따르면 중국에서 판매된 보르도 와인의 50%가량이 위조품으로 추정된다. 이들은 라벨만 진짜처럼 복제한 게 아니었다. 중국의 병 채집자들(병 재활용 전문가라고도 함)은 샤토 라피트 로칠드, 샤토 페트뤼스 등 유명 와인의 빈 병을 병당 500달러에 팔았다. 중국에 있는 경매사들은 이제 시음회가 끝난 후에 빈 병을 모두 깨 버린다. 빈 병에 싸구려 와인을 담고 색소와 조미료를 첨가해서 암시장에 내다 파는 사태를 방지하기 위해서다. 와이너리들도 머리를 쓰기 시작했다. 최상급 보르도와 캘리포니아 와인은 고유한 QR코드, 라벨에 장착된 무선 주파수 식별기, 홀로그램, 블록체인 추적 등의 위조품 판별법을 사용하고 있다. 나파 밸리의 한 와이너리는 뒷 라벨에 근거리 통신 칩을 부착했다. 스마트폰으로 이 칩을 스캔하면, 전 세계 어디서나 해당 와인의 위치를 확인할 수 있다. 스캔한 자료는 각 병의 히스토리를 저장하기 위해 기록된다. 병목에 찍힌 글씨는 스위스에서 특허받은 잉크로 인쇄한다. 이는 화폐에 사용하는 잉크와 유사한 것으로, 편광 렌즈로 봤을 때 잉크가 특정 색으로 변하는 경우 내부 와인이 변조된 것이다.

리인 그레이스 빈야드(Grace Vineyard)가 성공하면서 입소문을 타기 시작했다. 사업가 C.K. 찬이 1997년에 그레이스 빈야드를 설립했으며 그의 딸인 주디 찬 라이스너는 24세에 골드만삭스를 떠나 와이너리 경영을 물려받았다. 그레이스 빈야드는 열 가지가 넘는 와인을 만든다. 카베르네 소비뇽, 카베르네 프랑, 메를로 등 보르도 묘목장에서 수입한 나무들이다. 체어맨스 리저브(Chairman's Reserve)라는 최상급 와인은 중국 고급 호텔과 레스토랑에 빠지지 않고 등장하는 와인이다. 산시성에는 샤토 롱지(Château Rongzi)라는 최상급 와이너리가 또 있다. 2007년에 설립됐으며, 보르도의 샤토 페트뤼스의 장클로드 베루에를 와인 컨설턴트로 모셔서 단시간에 신뢰를 얻었다.

### • 닝샤 자치구

'중국의 나파'라고 불리는 닝샤는 포도 재배에 유리한 반건조 기후를 갖고 있으며, 근처의 황하강에서 물을 끌어온다. 중국 정부를 비롯해 크고 작은 와이너리들이 닝샤, 특히 허란산 동부에 인프라 위주의 막대한 투자를 한 덕분으로 중국에서 가장 인상적인 최상위 와인 산지로 등극한다. 와이너리는 모엣 헤네시 루이뷔통의 샹동 차이나(중국 최초의 스파클링 와인 하우스), 실버 하이츠(Silver Heights) 등이 있다. 실버 하이츠의 와인 양조자인 엠마 가오는 중국 최초로 생물역학 농법을 시행했다. 기타 최상급 와이너리로는 허란 칭수에(Helan Qingxue), 샤토 유안시(Chateau Yuanshi), 샤토 창규 모서 XV(Château Changyu Moser XV), 카나안 와이너리(Kanaan Winery), 도멘 허란 마운틴(Domaine Helan Mountain), 리스 빈야드(Li's Vineyard), 젬 샤토(Gem Château), 시지 이스테이트(Xige Estate), 지우시밍 후앙(Jiuximing Huang), 레거시 픽(Legacy Peak), 잉추안 푸 상(Yinchuan Pu Shang) 등이 있다.

### • 내몽골

내몽골은 우하이를 중심으로 건포도 생산과 와인 양조 역사가 매우 길다. 짧은 성장기 동안 낮에는 매우 덥고 밤에는 춥다. 햇볕은 강하고 습도는 낮다. 여기까지 매우 좋다. 그런데 눈이 내리지 않는 극심한 겨울 추위 때문에 땅이 단단하게 얼어 버린다. 따라서 겨울에 강한 품종을 개발하거나 도랑을 깊게 파는 등 추운 기후에 맞는 농사법이 발달했다. 내몽골 연구자들은 비티스 비니페라와 비티스 아무렌시스에 속한 품종 등 추위에 강한 하이브리드 신종을 개발하는 데 선도적인 역할을 한다. 최초의 하이브리드 품종들 이름은 레드 와인 그레이프 #1(Red Wine Grape #1), 이너 몽골리아 #1(Inner Mongolia #1)이라고 지었다. 내몽골에는 투오 시안(Tuo Xian)이라는 환상적인 비티스 비니페라 품종도 존재한다. 현존하는 비니페라 품종 중 가장 추위에 강하다고 알려져 있다. 분홍색 포도알과 발바닥만 한 길이의 거대한 포도송이는 매우 훌륭하지만, 와인은 기본 수준이다. 끝으로 내몽골에는

## 아오 윤(구름 위를 노닐다)

아오 윤(Ao Yun·敖云) 와이너리는 중국어로 '구름 위를 노닐다'라는 뜻으로, 히말라야산맥의 2,600m 높이의 암석 단구에 자리를 잡고 있다. 이곳은 중국의 양쯔강, 메콩강, 살윈강이 교차하는 외딴 지점이다. 이 지역은 1933년 소설 『잃어버린 지평선』에서 '샹그릴라'라는 이름으로 알려졌다. 아오 윤은 2011년에 모엣 헤네시 루이뷔통이 설립했으며 가장 대담하고 비용이 많이 들며 까다로운 와인 프로젝트 중 하나였다. 최근 수직에 가까운 1차선 도로가 만들어지기 전까지 이곳은 수레 한 대와 야크 한 마리만 겨우 지나갈 정도로 오래된 길밖에 없었다. 아오 윤이 속한 아동(Adong) 마을에는 늑대와 곰만 많을 뿐 LVMH가 입성하기 전까지 물도 전기도 없었다. 공기층도 너무 얇아서 와인 양조자들은 포도가 제대로 발효될지 확신할 수 없었다. 배럴, 병, 탱크, 와인잔 공급업자도 전혀 없었다. 현지 불교 농부들은 티베트의 아홉 가지 방언을 구사했고 현금거래 말고 물물교환만 했다. 마을 주변에 은행도 없었다. 그러나 세계적 수준의 와이너리를 위한 장소로써 아동 마을은 완벽했다. 필자는 2019년에 이곳을 방문했다. 서양인 기자가 취재를 허락받은 사례는 내가 두 번째였다. 마을 주민들은 아오 윤의 네 번째 수확물인 2019년 카베르네를 운반하고 있었다. 오늘날 아오 윤은 면적 28헥타르의 밭에서 유기농법으로 포도나무들을 자체 뿌리부터 기르고 있다. 아오 윤을 둘러싼 히말라야 산봉우리처럼 와인에서도 어두움, 일체감, 압도적인 파워 그리고 영적인 생기가 느껴진다. 블라인드 테스트에서 아오 윤 와인을 나파 밸리 카베르네라고 속여도, 아무도 의심하지 않을 것이다.

아오 윤의 포도밭은 히말라야산맥의 2,600m 높이의 암석 단구에 있다. 한 소설에 등장한 '샹그릴라'라는 장소로 유명해졌다.

특별한 음료가 있다. 투오 시안 화이트 와인에 향기로운 목서속(Osmanthus) 관목의 꽃을 우린 것이다. 꽃향이 매우 강하고 달콤한 디저트 와인으로 마신다. 내몽골에서 가장 유명한 와이너리는 샤토 한센(Château Hansen)이다.

## • 신장웨이우얼 자치구

신장웨이우얼 자치구는 본래 건포도로 유명한 지역이다. 위구르족 모슬렘이 요리에 건포도를 널리 활용한다. 오늘날 시장은 중국 4위의 와인 산지다. 최근 몇 년간 포도밭 면적이 빠르게 증가했는데, 중국 서쪽 끝단에 있는

웅장한 히말라야산맥에 다채로운 티베트 깃발이 길가를 수놓고 있다. 파란색은 하늘, 흰색은 공기, 빨간색은 불, 녹색은 물, 노란색은 땅을 상징한다. 오색을 모두 합쳐서 균형을 상징한다.

외진 산악지대라서 제품 운송이 어렵고 비용도 많이 든다. 그래도 신장은 고대 실크로드 거점 중 하나였다. 과거에 신장을 통해 유럽의 비티스 비니페라 포도나무와 수많은 음식이 중국으로 유입됐고, 중국 제품도 이곳을 거쳐 외국으로 나갔다.

신장은 무사이라이시(musailaisi) 와인으로 유명하다. 위구르족이 마시는 특별한 음료다. 현지 비티르 비니페라 생식용 포도인 무나게(Munage)와 하시하얼(Hashihaer)을 장미, 야생 베리, 샤프론, 정향과 함께 끓인다. 때론 사슴뿔, 비둘기 피, 양고기구이도 추가한다. 이렇게 끓인 혼합물을 체에 걸러서 병에 담고 약 40일간 발효시킨다. 그러면 갈색을 띠면서 달짝지근하고 씁쓸한 맛이 나게 된다. 무사이라이시는 건강에 매우 좋다고 여겨졌으며, 특히 몽골 극단의 추운 밤을 보내기 좋은 수단이었다. 이는 위구르족의 문화유산이기도 하며, 손님에게 호의로 베푸는 잔을 거절하는 것은 예의에 어긋나는 행동이다. 최상급 와이너리들은 이름에 '신장'이 들어가는 경우가 많다. 예를 들어 시틱 궈안 와인(Citic Guoan Wine), 신장 실크로드 빈야드(Xinjiang Silkroad Vineyards), 신장 샹두 와이너리(Xinjiang Xiangdu Winery), 신장 찬휘(Xinjiang Qianhui), 샤토 누란(Chateau Loulan), 니야(Niya), 티안사이 빈야드(Tiansai Vineyards), 신장 종페이(Xinjiang Zhongfei), 신장 탕틴샤루(Xinjiang Tangtingxialu), 푸창 와이너리(Puchang Winery) 등이 있다.

### • 윈난성과 쓰촨성

높이 솟은 히말라야산맥 때문에 '세계의 지붕'이라 불리는 티베트 자치구 경계선에 나란히 붙은 윈난과 쓰촨은 지리적 접근성 때문에 종종 함께 언급된다. 위도상 중국 남부에 있지만, 고도가 엄청나게 높다. 이곳 포도밭은 3,000m 높이의 디칭(Diqing) 고원에 있는데, 이는 아르헨티나의 안데스 구릉지에 있는 가장 높은 포도밭보다 두 배나 더 높다. 그래서 두 지역의 기후는 서늘하다. 그런데 위도 덕분에 햇볕이 강해서 포도의 성숙과 광합성이 효율적으로 이루어진다. 들쭉날쭉한 산악 지형 때문에 넓은 포도밭이 없고, 작은 밭이 산 곳곳에 흩어져 있다. 윈난과 쓰촨은 중국에서 신생 와인 산지에 속하지만, 상당한 투자를 끌어들이고 있다. 와이너리는 샹그릴라 와이너리(Shangri-La Winery), 스피릿 오브 하이랜드 와이너리(Spirit of Highland Winery), 홍싱 리더 와이너리(HongXing Leader Winery), 아오 윤(Ao Yun) 등이 있다.

## 인도

인도가 포도 재배를 시작한 시기는 명확하지 않다. 5,000년 전 자그로스산맥에서 고대 인더스 문명 지역으로 와인 양조 지식이 전파됐다는 주장도 있다. 인더스 문명 지역은 오늘날의 인도 북서부, 아프가니스탄과 파키스탄 일부 지역을 포함한다. 그러나 인도에서 알코올음료(와인이 아닐 수도 있음)가 만들어졌다는 구체적인 증거는 이보다 훨씬 늦게 나타난다. 기원전 4세기에 인도 귀족층이 마두(madhu)라는 벌꿀 술을 마셨는데, 여기에 포도가 일부 들어

인도의 포도나무는 퍼걸럴 덕분에 높은 곳에서 공기의 순환을 최대한 누리며, 캐노피 밑에서 뜨거운 햇볕을 피한다.

간 것으로 추정된다.

현대에 이르러 인도의 와인산업은 힘든 여정을 거쳐 발전됐다. 인도의 와인산업은 찌는 듯한 열기와 습도 외에도 수 세기 동안 지속된 금주 사상에 시달렸다. 영국 빅토리아 시대에 영국령 인도제국(British Raj)은 포도밭을 개발하고 와인 생산을 적극적으로 장려했다. 인도의 영국 지배층은 마데이라 수입량이 부족할 경우를 대비해 국내 수급을 확보하고자 했다.

그러나 19세기 후반, 필록세라가 인도의 초창기 포도밭을 초토화했다. 이후 회복하는 데 오랜 시간이 걸렸다.

최근 몇십 년간 인도 와이너리들은 주로 국내에서 성공을 거뒀다. 인도에는 약 15개의 주요 회사와 과실주를 생산하는 소규모 생산자들이 많다. 3대 주요 생산자인 술라(Sula), 그로버 잠파(Grover Zampa), 프라텔리(Fratelli)가 와인 시장을 독점하고 있으며 호텔, 레스토랑, 콘서트, 관광지 등 여러 방면에서 영역을 넓혀 가고 있다. 와이너리 대부분은 인도 남부의 마하라슈트라주와 카르나타카주에 몰려 있다. 와인용 포도밭 면적은 25㎢(2,500헥타르)이며, 이는 전체 포도 재배량의 1.5%에 불과하다. 나머지는 생식용 포도와 건포도다.

재배 품종은 소비뇽 블랑, 슈냉 블랑, 카베르네 소비뇽, 시라 등 다양하다. 무더운 인도에 시원한 화이트 와인이 어울린다고 생각하겠지만, 인도인들은 레드 와인을 선호한다. 와인 생산량의 60%가 레드 와인이며 대부분 스위트 와인이다.

인도의 강렬한 햇볕과 숨이 막힐 듯한 습도로 인해 포도밭에는 높은 퍼걸러가 설치돼 있다. 퍼걸러의 대형 캐노피는 포도나무를 뜨거운 햇볕으로부터 보호하고, 공기 순환을 극대화해서 흰곰팡이에 감염되거나 포도가 썩는 상태를 방지해 준다.

끝으로 인도의 수확시기는 끝이 없어 보인다. 지속되는 무더위 때문에 포도나무가 쉴 틈이 없다. 수확 후 가지치기가 끝나기 무섭게 포도나무는 다시 자라기 시작한다. 그래서 포도밭 대부분은 일 년에 최소 두 번씩 수확한다.

비를 피하기 위해 코슈 포도 위에 작고 하얀 '우산'을 씌워놓았다.

## JAPAN 일본

일본 하면 보통 사케가 떠오르지만, 실제로 일본은 와인 시장이 아시아에서 가장 빠르게 성장하고 있는 나라다. 일본은 세련된 미식이 발달했고 유럽 와인을 온전히 수용해서 탄탄한 지식을 쌓은 최초의 아시아 국가임을 고려하면 그리 놀랄 일은 아니다. 일본에는 와인 학교와 와인 전문가가 넘쳐나며 와인 서적 산업도 번성하고 있다. 와인 소비량도 빠르게 증가하고 있으며 소믈리에 협회 회원도 3만 명(이 중 1만 3,000명이 여성)에 달한다. 자연스럽게 일본은 자신의 테루아르 특성도 고려하기 시작했다.

국내 와인산업을 구축하는 과정은 절대 쉽지 않았다. 일본 면적은 약 37만 8,000㎢로 노르웨이와 비슷하다.

일본 열도는 약 6,900개 섬으로 구성되며 거대한 육지(중국)와 거대한 해양(태평양) 사이에 끼어 있다. 그 결과 불규칙하고 극단적인 기후를 띤다. 얼어붙을 정도로 춥지 않으면 습하거나 비가 내린다. 성장 기간과 수확시기에 시베리아 바람, 몬순, 허리케인, 쓰나미 피해가 발생하기도 한다.

지형 문제도 있다. 일본은 화산 분출로 형성된 나라라서 가파른 산악지대가 많고 사용이 가능한 땅은 제한돼 있다. 그나마도 일부는 1억 2,600만 명의 인구를 수용할 도시와 마을로 사용되고 나머지 일부는 쌀과 같은 다른 유형의 농경지로 사용된다. 결국 극히 일부만 포도밭으로 사용할 수 있는데 포도 재배에 적합한 경우 땅

### 일본 이름의 유래

저팬(Japan)이라는 영어 이름은 일본(日本)의 중국식 발음에서 유래했다. 공식적인 일본어 발음은 '니폰'이며, 비공식적으로 '니혼'이라고도 한다. 일본인들은 자신을 니혼진(日本人), 일본어는 니혼고(日本語)라 부른다. 니폰과 니혼은 '태양의 근원'이란 뜻으로, '태양이 떠오르는 땅'으로 번역된다.

값이 굉장히 비싸다. 이 모든 장애물에도 불구하고 일본의 와인산업은 급속도로 성장하고 있다. 오늘날 일본의 와이너리는 약 300개에 달하며 포도밭 면적은 180㎢(1만 8,000헥타르)이다. 그러나 생식용 포도와 건포도가 큰 비중을 차지한다.

일본의 현대 와인산업의 시작은 1868년 메이지 천황이 즉위해서 정치권력을 강화한 시기로 거슬러 올라간다. 천황은 메이지 유신을 천명했다. 과거의 봉건제도를 청산하고 서양적 사고와 관습을 받아들여 시장경제를 구축하고 산업화를 이룩한 것이다. 농업 분야에도 변화가 생겼다. 농부들은 쌀, 뽕나무(실크 산업 쇠퇴) 이외의 작물 생산에 관심이 높아졌다. 특히 일본은 과일 재배(이후 와인 생산)를 최우선 과제로 삼았다.

일본의 3대 주요 와인 산지는 다음과 같다.

## 야마나시현

## 나가노현

## 홋카이도현

처음 두 지역은 도쿄가 있는 혼슈섬에 있다. 홋카이도현은 북쪽 남단의 가장 추운 섬인 홋카이도에 있다.

셋 중 가장 중요한 지역은 야마나시현이다. 이곳 포도밭은 고쿠분지에 있으며, 후지산이 멋진 전경을 자아낸다. 성장 기간은 일본에서 가장 길며, 강우량이 적다는 점이 큰 장점이다. 또한 후지산이 비그늘을 형성한다.

나가노현은 높이 600m의 서늘한 산기슭에 있다. 이곳도 강우량이 적은 편이고 내륙에 있으므로 태풍으로부터 안전하다.

홋카이도현의 기후는 적어도 10월까지는 건조하고 온화한 편이다. 그러나 10월 이후에는 폭설과 영하의 온

### 신의 물방울

역사상 가장 성공한 와인 서적을 꼽자면 『신의 물방울』이라는 일본 만화책이다. 망가는 어린이와 성인 모두를 대상으로 하는 일종의 만화 예술이다. 일본 주간지 <위클리 모닝>에서 연재한 『신의 물방울』의 작가는 유코와 키바야시 신(아기 타다시라는 익명 사용) 남매다. 이 만화는 유명 와인 평론가의 아들 칸자키 시즈쿠가 겪는 와인에 얽힌 모험을 다룬다. 그는 아버지의 유산과 와인 컬렉션을 상속받으려면 유언장에 적힌 13개의 위대한 와인을 찾아야 한다. 처음 12개 와인은 '12사도'라 불리며, 13번째 와인이 바로 '신의 물방울'이다. 『신의 물방울』은 350만 부 이상 판매됐으며 텔레비전 시리즈와 모바일 앱으로 출시됐고 신의 물방울 와인 클럽도 생겨났다.

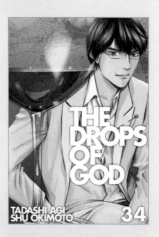

일본 베스트셀러인 『신의 물방울』 만화책

도 때문에 포도밭 전체가 한파로 죽는 사태를 방지하려면 포도나무 일부를 땅속에 묻어서 보호해야 한다. 참고로 영하의 온도에서 포도나무를 보호하기 위해 땅속에 묻는 방식은 중국 일부 지역과 미국 워싱턴 주에서도 행해진다.

일본에서 가장 많이 재배하는 품종은 고슈(Koshu)이며, 이는 일본 문화를 완벽하게 반영하는 포도다. 고슈 청포도는 아름다운 분홍색 껍질을 가졌으며, 미상의 비티스 비니페라 품종과 아시아 야생종을 교배한 하이브리드 품종이다. 약 1,300년 전, 비티스 비니페라 품종이 코카서스산맥(현재의 조지아, 아르메니아, 아제르바이잔)의 '포도의 비옥한 삼각형' 지대에서 동쪽으로 실크로드를 거쳐 야마나시현으로 유입됐다는 것이 정설이고 과학자들도 이에 수긍하는 분위기다. 야마나시는 종종 고슈라고도 불리는데 고슈는 야마나시의 주요 마을 이름이기도 하다. 이후 포도는 다이젠지 신사 근처에 심어졌고 어느 시점에서 아시아 야생종과 자연교잡을 해서 현재 고슈라 불리는 하이브리드 품종이 탄생했다.

고슈는 두꺼운 껍질 덕분에 쉽게 썩지 않아서 습하고 비가 자주 내리는 일본 기후에 매우 이상적이다. 그래도 일부 포도원에서는 포도송이마다 방수 종이로 만든 작은 '모자'를 씌운다. 포도의 개인용 우산인 셈이다.

오늘날 고슈는 일본에서 가장 흥미로운 와인으로 등극했다. 세계적으로 파워풀하고 집중도가 높은 와인이 인기가 많지만 고슈는 가벼움, 섬세함, 정교함을 인정받고 있다. 고슈 대부분은 알코올 도수가 12%를 넘지 않는다. 고슈는 거의 모든 스타일의 화이트 와인으로 만들어진다. 스틸 와인 버전은 드라이함, 깃털처럼 가벼움, 약간의 짠맛, 매우 라이트한 샤블리를 닮은 시트러스 풍미를 지닌다. 쉬르 리 숙성을 거쳐서 약간 크리미한 버전도 있다. 마치 최상급 뮈스카데와 같다. 고슈 스파클링 와인은 톡 쏘는 신선함이 있다. 배럴에 발효시켜서 좀 더 풍성하고 부드러운 스타일도 있다. 일본 소믈리에들은 고슈의 섬세함, 신선함, 우마미 풍미가 스시, 사시미 등 일본 요리에 이상적이라고 극찬한다. 일본에서 두 번째로 재배량이 많은 포도는 뮈스카 베일리 A(Muscat Bailey A) 적포도 하이브리드 품종이다. 그러나 고슈만큼 매력적이진 않다. 1927년 가와카미 젠베이가 니가타현의 이와노하라 와이너리(Iwanohara Winery)에서 개발한 품종이다. 베일리와 뮈스카 함부르크(Muscat Hamburg)의 교잡종이며, 두 부모 품종 역시 교잡종이다. 뮈스카 베일리 A는 사탕처럼 달콤한 포도 풍미를 지니며, 녹은 아이스크림 맛을 연상시킨다.

일본은 몇십 년 전부터 '정밀 포도 재배법(precision viticulture)'을 도입했다. 일조량이 부족하고 습한 환경에서도 샤르도네, 리슬링, 소비뇽 블랑, 메를로, 시라, 피노 누아, 기타 비티스 비니페라 품종을 재배하기 위해서다. 이 기법 중에는 가파른 계단식 산지에 포도나무를 심어서 햇빛에 최대한 노출하는 방식도 있고, 높은 격자 구조물이나 퍼걸러를 설치해서 포도를 지면에서 최대 3m만큼 떨어뜨려서 공기 순환을 극대화하는 방식도 있다. 일부 포도원에서는 작은 센서를 포도잎에 부착해서 습도를 감지하고 곰팡이를 예측한다. 대형 선풍기를 설치해서 포도를 건조하기도 한다. 또는 포도밭 주변에 '필드 서버'를 설치해서 일본 기상청보다 더 정확한 기상정보를 제공받기도 한다.

끝으로 일본의 와인 업계에는 선구적인 소규모 부티크 생산자들이 있다. 예를 들어 도멘 타카히코(Domaine Takahiko), 카츠누마 조조(Katsunuma Jyozo), 그레이스 와인(Grace Wine) 등이다. 한편 삿포로, 기린, 산토리 등 일본의 대형 주류회사도 와이너리를 소유하고 있다. 기린과 산토리는 100년 전부터 와인을 만들기 시작했다. 일본에서 아주 유명한 와이너리 중 하나이자 기린 그룹 산하에 있는 샤토 메리샨(Château Mercian)은 일본 최초로 유럽의 유명 와인 양조자들을 초빙해서 도움을 받았다. 예를 들어 보르도 화이트 와인 전문가인 드니 뒤부르디외, 샤토 마르고의 와인 양조자이자 총책임자였던 폴 퐁타이에 등이 있다. 후자는 샤토 메리샨과 함께 레드 와인을 만들었다.

현재 일본에서는 보르도 컨설턴트를 찾기 힘들어졌다. 떠오르는 태양의 땅에서 와인의 운명은 이제 시작됐다.

**2018년부터 일본에서 재배한 포도로 일본에서 병입한 와인의 라벨에만 '일본 와인(Japan Wine)'이란 문구를 표기하게 됐다. 다른 나라에서 수입한 벌크와인으로 만든 와인은 이제 '일본 와인'이라고 표기할 수 없다.**

# THE WINE BIBLE WORD DICTIONARY 더 와인 바이블 용어사전

와인을 마시다 보면 불가피하게 낯선 와인 용어들을 접하게 된다. 와인 용어는 영어뿐 아니라 다른 언어도 무수히 많다. 그래서 와인 용어사전을 정리해 놓았다. 프랑스어(FR), 이탈리아어 (IT), 스페인어(SP), 포르투갈어(PO), 독일어(GE), 그리스어(GR), 헝가리어(HU) 그리고 영어로 된 와인 용어와 함께 정의를 설명했다. 각 항목에 굵은 글씨로 표시된 단어는 이 목록에 포함된 용어다. 화학 관련 와인 용어는 앤드루 L. 워터하우스, 개빈 L. 삭스, 데이비드 W. 제프리가 공동 저술한 『와인 화학 이해하기』(Understanding Wine Chemistry)를 참고했다.

## ㄱ

**가당 CHAPTALIZATION** 발효 전이나 발효 중에 포도 머스트에 사탕수수 또는 사탕무를 첨가한다. 그러면 효모가 먹을 당분량이 증가해서 알코올 농도가 높아진다. 역사적으로 유럽 북부의 일부 지역은 추운 해에 포도가 충분히 성숙하지 않기 때문에 몇몇 타입의 와인에 합법적으로 가당이 허용된다. 설익은 포도로 와인을 만들면, 맛이 얄팍하고 보디감이 부족하다. 이런 와인에 가당을 하면, 품질이 향상된 것처럼 느껴진다. 따뜻한 지역에서는 가당을 허용하지 않는 경우가 많다. 어차피 따뜻한 지역은 가당이 필요 없다.

**가라지스트 GARAGISTE(FR)** 1990년대 보르도에서 충분한 자금 없이 차고나 공업단지에서 고급 와인을 소량씩 만들던 혁신적인(때론 반항적인) 전문 와인 양조자들을 일컫는 말이었다. 오늘날 가라지스트는 전 세계에서 일하고 있다.

**가리그 GARRIGUE(FR)** 햇볕에 말린 건조한 흙과 야생 수지성 식물(타임, 로즈메리, 라벤더) 아로마와 풍미를 일컫는 프랑스어 용어다. 프로방스와 랑그도크루시용에서는 화창한 프랑스 지중해를 따라 가리그 향이 공기, 와인, 음식에 스며들었다고 표현한다.

**가시덤불 같은 BRIARY** 와인에서 가시덤불이나 약간 껍질처럼 느껴지는 맛을 표현하는 용어다. 가시덤불 같은

와인은 살짝 긁는 듯한 질감을 띤다.

**가지치기 PRUNING** 살아 있는 포도나무의 줄기, 햇가지, 잎 등을 솎아 내는 작업이다. 보통 포도나무가 휴지기에 들어가는 겨울에 본격적인 가지치기를 한다. 겨울에는 가지치기로 상처 난 부분에 질병이 침투할 가능성이 작기 때문이다. 가지치기는 포도나무 관리를 쉽게 하고, 다음 해의 포도 재배에 영향을 미친다. 따라서 가지치기를 통해 이듬해 작물의 크기와 품질을 조절할 수 있다. 가지치기는 주로 가위를 활용해 수작업으로 진행된다. 그러나 가지치기 기계도 존재하며, 호주처럼 대규모 포도밭에서는 기계를 사용한다.

**가하페이라 GARRAFEIRA(PO)** 와인 저장실' 또는 '병 저장실'이란 뜻이며, 병을 뜻하는 'garrafa'에서 유래했다. 주정을 강화하지 않은 포르투갈 테이블 와인 중 특별히 품질이 높은 와인을 가리킨다. 한편 이례적으로 훌륭한 연도에 생산된 풍성하고 희귀한 스타일의 포트를 가리키는 용어이기도 하다. 이 포트와인은 나무통에서 짧게 숙성시킨 다음 대형 유리병에서 20~50년간 숙성시킨다. 이후 디캔팅을 거쳐 740밀리리터짜리 표준 병에 담아서 판매한다.

**갈레 GALET(FR)** 크고 둥근 돌을 가리키는 프랑스어 단어이며, 크기는 주먹에서 작은 멜로만하다. 샤토뇌프 뒤 파프의 토양은 갈레로 뒤덮여 있다.

고대 알프스 빙하의 긁는 작용으로 남겨진 바위 잔해는 로렘 강의 급류에 의해 던져지고 굴러서 거의 완벽하게 둥글어졌다. 고대 알프스 빙하가 남긴 돌덩어리들이 론강을 타고 이동하면서 구르고 깎여서 둥근 형태가 됐다.

**감각기 화합물 ORGANOLEPTIC** 와인의 아로마, 맛, 촉감에 이바지하는 화합물이다. 예를 들어 타닌, 알코올, 에스터 등이 있다.

**거친 COARSE** 혹독하고 섬세하지 못한 와인을 묘사하는 단어다. 정교함이 부족하다.

**거친 ROUGH** 탄닌감이 강한 어린 레드 와인의 거친 질감을 묘사한 단어다.

**건포도 같은 RAISINY** 수확한 포도가 과숙됐기 때문에 건포도 같은 맛이 나는 와인을 묘사하는 단어다.

**결함 FAULT** 와인을 마시기 힘들 정도로 매우 불쾌한 냄새 또는 풍미다. 예를 들어 와인에서 식초 맛이 나게 만드는 아세트산은 와인의 결함이다. 이취, 악취, 테인트 참조.

**고귀한 쓴맛 NOBLE BITTERNESS** 와인의 매력적인 쓴맛을 가리키는 용어다. 게뷔르츠트라미너, 산지오베제 등 일부 품종에는 매력적인 쓴맛이 내재해 있어서 복합미가 살아난다. 쓴맛 참조.

**고스트 와이너리 GHOST WINERY** 버려진 와이너리를 가리키는 용어다. 캘리포니아 와인산업이

현재는 번성하지만, 20세기 초에는 금주법, 필록세라, 1929년 대공황 등이 연속적으로 닥치면서 수많은 와이너리가 버려졌다. 당시 나파 밸리에만 100여 개 고스트 와이너리가 있었다. 현재 이들 대부분은 다시 운영 중이다.

**공동 라벨링 CONJUNCTIVE LABELING** 대규모 AOC에 속한 소규모 AOC의 경우, 라벨에 대형 AOC 이름을 함께 표기하는 라벨링 방식이다. 공동 라벨링이 법적으로 의무인 지역도 있다. 예를 들어 나파 밸리의 경우, 스택스 리프 디스트릭트, 오크빌처럼 작은 명칭 지역은 라벨에 '나파 밸리'라는 이름을 반드시 표기해야 한다. 공동 라벨링의 목적은 소규모 AOC가 대규모 AOC보다 유명해지는 것을 방지하기 위함이다. 반면 보르도에는 공동 라벨링 법이 없다. 실제로 1등급 보르도 와인의 라벨에 '보르도'라는 표기가 없다.

**공식 품질 관리 번호 AMTLICHE PRUFUNGSNUMMER(GE)** 와인이 공식 분석과 시음 테스트를 통과했다는 사실을 인증하는 품질 관리 번호(AP 번호)다.

**곰팡냄새 MUSTY** 와인에서 나는 축축하고 낡은 다락방 냄새를 가리킨다. 곰팡내가 나는 이유는 저장 컨테이너가 깨끗하지 않았거나 포도에 곰팡이가 피었기 때문이다.

**과일 풍미 FRUIT** 포도에서 비롯된 와인의 아로마와 풍미를 일컫는다. 와인의 과일 풍미는 알코올, 산미, 타닌과 구분된다.

**과일 풍미가 풍부한 FRUITY** 와인용 포도에서 비롯된 강한 풍미와 아로마를 총칭하는 용어다. 와인은 보통 어릴 때 과일 풍미가 강하다. 또한 게뷔르츠트라미너, 가메, 진판델 등 다른 품종보다 과일 풍미가 짙은 와인이 있다.

**과육 PULP** 포도의 부드러운 살집 부분으로 포도즙이 스며들어 있다.

**광물성 MINERALITY** 젖은 돌이나 암석 등 광물성 아로마, 풍미, 질감을 총칭하는 단어다. 광물성은 만장일치로 긍정적인 표현으로 사용된다. 그런데 광물성이 어디서 유래했는지는 의견이 분분하다. 지리학자들은 와인의 광물성 특징이 토양의 광물에서 비롯된 것이 아니라고 단언한다. 광물은 복합적이고 용해되지 않는 물질이기 때문에 포도나무가 뿌리를 통해 흡수할 수 없기 때문이다.

**괸치 GÖNCI(HU)** 토커이 어수를 만드는 전통 배럴이며, 용량이 140리터에 달한다. 배럴 제작으로 유명한 괸츠(Gönc) 마을에서 유래한 이름이다.

**구 드 테루아르 GOÛT DE TERROIR(FR)** 포도 재배지(테루아르)에서 비롯된 와인의 고유한 맛과 질감을 가리킨다. 문자 그대로 해석하면 '흙의 맛'이지만, 와인에서 포도가 자란 토양의 맛이 난다는 뜻이 전혀 아니다.

**구세계 OLD WORLD** 유럽, 근동 등 와인이 처음 번성한 지역을 일컫는 용어다. 구세계 와인 양조법이란 넓은 의미에서 전통적 포도 재배 및 와인 양조법을 의미한다. 신세계와 대비되는 개념이다.

**구츠바인 GUTSWEIN(GE)** 독일 VDP 회원들이 사용하는 용어이며, 품질이 훌륭하지만 위대한 수준은 아닌 포도밭에서 생산된 와인을 가리킨다. VDP 참조.

**귀부병 NOBLE ROT** 보트리티스 시네레아 참조.

**귀부병에 걸린, 보트리티스에 감염된 BOTRYTISED** 보트리티스 시네레아에 감염된 상태를 말한다.

**균형감 BALANCE** 산, 알코올, 과일 풍미, 타닌 등 와인의 구성요소 중 어느 하나 튀지 않고 조화롭게 균형을 이루는 상태를 말한다. 위대한 와인은 균형감을 지닌다.

**그라파 GRAPPA** 도 또는 머스트를 압착하고 남은 포마스(압착 찌꺼기)를 증류해서 만든 이탈리아 맑은 브랜디(오드비)다. 이보다 명칭 등급이 높은 그라파 디 모노비티뇨(grappa di monovitigno)는 모스카토, 피콜리트 등 단일 포도 품종으로 만든 그라파다.

**그란 레세르바 GRAN RESERVA(SP)** 스페인 보데가의 최고급 와인으로 우수한 해에만 생산되며 숙성기간이 긴 편이다. 스페인 DO와 DOCA는 그란 레세르바의 최소 의무 숙성기간(배럴 숙성, 병 숙성)을 각각 정한다.

**그란 셀레치오네 GRAN SELEZIONE(IT)** 키안티 클라시오의 최상급 등급을 가리키는 이탈리아 용어다. 이 와인은 양조장에서 재배한 포도로 만들어야 하며, 최소 30개월간 숙성시킨 후에 판매해야 한다.

**그랑드 마르크 GRANDE MARQUE(FR)** 약 30개의 최대 샴페인 회사로 구성된 협회. 그랑드 마르크 회원사는 매우 높은 기준을 충족하는 샴페인을 만들기로 합의했다.

**그로스라게 GROSSELAGE(GE)** 혼동할 수 있지만, VDP의 그로세스 라게와 다른 용어다. 1971년 독일 와인 법에 따르면, 그로스라게(한 단어처럼 표기)는 평균 크기가 600헥타르인 넓은 포도밭을 의미한다. 대규모 생산자가 하나의 브랜드명으로 대량의 와인을 출시할 수 있도록 1971년에 만든 명칭이다.

**그로세 라게 GROSSE LAGE(GE)** 독일 VDP 회원들이 사용하는 용어이며, 최고 등급의 포도밭을 가리킨다. 부르고뉴의 그랑 크뤼와 비슷하다. 라벨에 'VDP Grosse Lage'라고 표기된다. VDP 참조.

**그로세스 게벡스 GROSSES GEWÄCHS(GE)** 독일 VDP 회원들이 사용하는 용어이며, 그로세 라게 또는 그랑 크뤼 포도밭에서 생산한 드라이 와인을 가리킨다. 와인 라벨에 함축해서 'GG'라고 표기된다.

**글리세롤 GLYCEROL** 발효과정에서 에탄올(알코올), 이산화탄소 다음으로 가장 많이 생성되는 부산물이다. 와인 감정가들은 글리세롤이 와인의 점성과 촉감을 강화한다고 주장하지만, 과학적 연구는 이를 부정한다. 글리세롤은 와인의 '다리'나 '눈물'에도 영향을 끼치지 않는다. 글리세롤 함량이 가장 높은 와인은 달콤한 귀부병 와인이며, 귀부병 현상 자체도 글리세롤을 생성시킨다.

**기온일교차 DIURNAL TEMPERATURE FLUCTUATION** 하루 동안 낮 최고 기온과 밤 최저 기온의 차이를 말한다. 기온일교차가 크면, 포도 재배에 유리하다. 낮에는 열기 덕분에 포도의 당분이 성숙하고, 서늘한 밤에는 포도 속의 천연 산을 보존할 수 있기 때문이다. 스페인 중부, 캘리포니아의 나파 밸리, 아르헨티나의 멘도사 등은 기온일교차가 17~23℃까지 차이 난다.

**긴장감 TENSION** 와인에서 상반되는 두 특징이 만나서 긍정적인 시너지 효과를 내는 것을 말한다. 예를 들어 와인의 과일 풍미와 산미는 와인을 풍성하면서도 신선하게 만든다.

**깊이 DEPTH** 와인이 지닌 훌륭한 강도와 집중도를 묘사하는 용어다.

## ㄲ

**꽃 향 FLORAL** 꽃을 연상시키는 아로마와 풍미를 묘사하는 단어다. 게뷔르츠트라미너, 뮈스카, 비오니에 등 꽃 향이 매우 진한 와인이 있다.

**꺾꽂이순 CUTTING** 휴면기의 줄기 부분이며, 길이는 14~18인치다. 성장하는 포도나무에서 잘라서 새로운 포도나무로 길러 낸다. 꺾꽂이순이 '어미나무'의 클론이 되는 것이다. 꺾꽂이순을 땅에 심어서 자체 뿌리에서 싹이 나게 하거나, 대목에 접목한다.

## ㄴ

**네고시앙(FR) NÉGOCIANT** 포도 재배자/조합을 통해 포도/와인을 구매하는 회사/개인이다. 네고시앙은 자체 브랜드 이름으로 와인을 블렌딩하고 병입해서 판매했다. 최초의 네고시앙 회사는 프랑스 혁명 시기에 프랑스에서 설립됐다. 세일즈나 마케팅에 미숙한 포도 재배자가 급격히 증가했고, 영리한 사업가들은 여러 명의 소규모 생산자에게서 저렴한 가격에 포도/와인을 구매해서 해외 시장에 비싼 가격으로 판매했다.

**네로(IT) NERO** '검은색'이란 뜻이다. 검붉은 포도나 와인을 가리킨다.

**네브카드네자르 NEBUCHADNEZZAR** 보르도와 샹파뉴 지역에서 사용하는 가장 큰 와인병으로 손꼽힌다. 보통 블로우 파이프를 불어서 만든다. 용량은 750밀리리터짜리 와인 20병(15리터) 또는 와인 약 100잔에 해당한다. 역사적으로 대형 병은 성경에 등장하는 왕의 이름을 땄다. 네브카드네자르 왕의 통치 아래 바빌론은 서구의 문화적 중심지로 성장했다.

**노즈 NOSE** 포도의 아로마와 와인을 숙성시켰을 때 생기는 부케를 모두 포함하는 와인의 향에 대한 구어적 표현이다.

**누보 NOUVEAU(FR)** 생산 즉시 마시기 위해 만든 어린 와인을 가리킨다. 보통 와인을 만들고 7~10주 후에 판매한다. 가장 유명한 예가 보졸레 누보다.

**논빈티지 NONVINTAGE** 샴페인과 스파클링 와인의 경우, 여러 빈티지 연도에 만든 와인을 혼합한 블렌드 와인을 가리킨다. 멀티빈티지(multivintage)라고도 한다. 샴페인 대다수는 논빈티지다.

**눈 BUD** 포도나무 햇가지에 달린 작은 옹이로, 이 부분에 당해 포도송이가 맺힌다. 초봄에 눈이 터지면서 연약한 녹색 햇가지와 작은 송이가 자란다.

**늦수확 LATE HARVEST** 일반 수확시기보다 늦게 수확한 포도로 만든 와인이며, 당도가 그만큼 높다. 디저트 와인 대부분이 늦수확 와인이다.

## ㄷ

**다리 LEGS** 스페인에서는 '눈물', 독일에서는 '대성당 창문'이라 부른다. 와인을 스월링했을 때 와인잔 내벽을 타고 올라갔다가 천천히 다시 내려오는 자국을 일컫는다. 다리가 두꺼울수록 더 좋은 와인이라는 속설이 있지만, 사실이 아니다. 다리와 다리의 너비는 알코올 함량, 글리세롤 함량, 알코올 증발 속도, 고체와 액체 간 표면장력 등 복합적인 요소가 상호작용한 결과다. 가장 중요한 사실은 레그와 와인의 품질과는 전혀 무관하다는 것이다. 와인을 다리로 판단하는 건 여성과 마찬가지로 금물이다.

**달걀형 콘크리트 용기 CONCRETE EGGS** 달걀 모양의 대형 콘크리트 용기인데 화이트 와인 발효조로 사용한다. 이 용기는 뚜렷한 장점이 있다. 타원 형태가 소용돌이를 일으켜서 와인이 원을 그리며 회전하기 때문에 발효가 고르고 활발하게 이루어진다. 콘크리트 재질이 온기를 잘 보존하기 때문에 열기가 촉발한 발효 작용은 쉽게 멈추지 않는다. 또한 와인에 극심한 온도변화가 일어나지 않는다. 콘크리트는 나무처럼 다공성이기 때문에 약간의 공기 주입을 허용해서 와인을 부드럽게 만든다.

**닫힌 CLOSED IN** 잠재력은 있지만 아로마와 풍미가 일시적으로 발현되지 않은 와인을 가리킨다. 와인이 어릴 때나 심하게 응축돼 있을 때, 닫혀 있는 경우가 많다. 이런 와인이 만개하려면 시간과 산소가 필요하다. 와인을 카라프 또는 디캔터에 따라서 공기와 접촉하면, 잠재력이 발현되기도 한다.

**대목 ROOTSTOCK** 토양에 직접 심는 포도나무 부위다. 대목 대부분은 비티스 루페스트리스, 비티스 리파리아, 비티스 베를란디에리 등 필록세라에 내성이 있는 미국 토착종들을 교배해서 만든다. 대목을 교배할 때는 질병 저항력뿐 아니라 기후 적응력, 수분 이용 능력, 각종 토양을 고려한다. 대목은 포도나무의 성장 속도에도 영향을 미친다. 대목에 햇가지를 접목해야 온전한 포도나무가 완성된다. 전 세계 포도밭이 대목을 널리 사용하고 있다. 그러나 필록세라가 한 번도 발병하지 않은 지역의 경우, 포도나무는 대목이 아닌 자체 뿌리에서 자란다.

**데고르주망 DEGORGEMENT(FR)** 샴페인 또는 전통 샴페인 방식으로 만든 스파클링 와인을 2차 발효 후 효모 침전물을 제거하는 작업이다.

**도멘 DOMAINE(FR)** 와인양조장을 가리킨다. 특히 부르고뉴에서 와이너리 이름에 '도멘'이란 단어가 들어가는 경우가 많다. 예를 들어 유명 와이너리인 도멘 드 라 로마네콩티가 있다.

**도이처 바인 DEUTSCHER WEIN(GE)** 독일 테이블 와인이며, 독일 와인 분류에서 가장 소박한 등급이다. 대체로 라이트하고, 물보다 조금 진한 정도다.

**도자주 DOSAGE(FR)** 샴페인 또는 전통 샴페인 양조법으로 스파클링 와인을 만들 때, 리쾨르 덱스페디시옹의 당도(리터당 그램)를 가리킨다. 리쾨르 덱스페디시옹은 샴페인과 스파클링 와인을 병입하고 코르크 마개로 밀봉하기 전에 소량씩 넣어서 병을 가득 채우는 가당한 와인이다. 도자주에 따라 샴페인과 스파클링 와인이 브뤼, 엑스트라드라이, 드미섹 등이 될지 결정된다.

**돌체 DOLCE(IT)** '달콤하다'는 뜻이다.

이탈리아는 다양한 포도 품종으로 수많은 스위트 와인을 만든다.

**둘세 DULCE(SP)** '달콤하다'는 뜻이다. 스페인은 프랑스, 이탈리아, 독일에 비해 스위트 와인 생산량이 적다. 그래도 훌륭한 스페인 주정강화 와인인 셰리는 다양한 스타일로 생산되며, 스위트한 버전도 있다.

**뒷맛, 여운 AFTERTASTE** 피니시 참조.

**듀란드 DURAND** 굉장히 효율적이고 특수한 타입의 코르크스크루의 브랜드명이다. 오래돼서 취약해진 코르크를 단번에 제거하기 위해 특별히 제작됐다. 듀란드는 '웨이터의 코르크스크루'와 같은 나선형 스크루와 아소 같은 금속 날이 양쪽에 모두 달려 있다. 듀란드는 2007년에 미국 와인 수집가인 마크 테일러가 발명했다.

**드라이한 DRY** 드라이한 와인, 즉 달지 않은 와인을 표현하는 용어다. 이론상 화이트 와인은 리터당 잔당이 9g(0.9%) 미만이면, 드라이하다고 간주한다. 레드 와인은 리터당 잔당이 7.5g(0.75%) 미만이면, 드라이하다고 간주한다. 그러나 실제 잔당량은 이보다 높으며, 그래도 드라이 와인으로 여긴다.

**드미뮈 DEMI-MUID(FR)** 600리터짜리 대형 나무통을 가리키는 프랑스 용어다. 프랑스 론 밸리에서 흔히 사용하며, 드미뮈는 소형 배럴(바리크, 피에스)보다 크지만, 푸드르보다 작다.

**드미섹 DEMI-SEC(FR)** 리터당 잔당이 32-50g(3.2-5%)인 샴페인과 스파클링 와인을 가리키는 프랑스 용어다. 드미섹은 엑스트라드라이보다 당도가 높다.

**드 프리뫼르 DE PRIMEUR(FR)** 매우 어릴 때 판매하고, 마시는 와인을 가리킨다. 수십 가지 프랑스 와인이 포도를 수확한 해에 만들어서 판매하도록 법적으로 허용된다. 이 중 가장 유명한 와인은 보졸레 누보다. 앙

프리뫼르와 혼동하면 안 된다.

**등급의 강등 DECLASSIFY** 유럽에서 와인의 공식 등급을 강등시키는 것을 말한다. 와인이 엄격한 규정을 충족하지 못했거나, 결함이 있거나, 생산자가 기존 등급을 유지할 자격이 없다고 생각할 경우, 와인의 등급이 강등된다.

**디스고징 DISGORGING** 샴페인과 스파클링 와인을 양조할 때 2차 발효 이후 효모 침전물을 제거하는 작업이다. 와인을 디스고징하지 않으면, 2차 발효 때 죽은 효모 세포(리) 때문에 와인이 탁해진다.

**디스테머, 줄기 제거기 DESTEMMER** 와인을 발효시키기 전에 포도 줄기를 제거하는 기계다. 파쇄 기능도 함께 있으며, 파쇄기 겸 줄기 제거기라고 부른다.

**디아세틸 DIACETYL** 버터 맛을 내는 화합물로, 젖산 발효의 부산물이다. 젖산 발효는 유익균이 와인의 날카로운 사과산을 부드러운 젖산으로 바꾸는 과정이다. 젖산 발효는 캘리포니아 샤르도네 등 화이트 와인을 만들 때 흔히 사용하는 방법이다. 따라서 해당 와인에도 버터 풍미가 난다.

**디저트 와인 DESSERT WINE** 달콤한 와인을 일컫는 일반적 용어로 디저트와 함께 마시거나 디저트 대용으로 마신다. 디저트 와인을 만드는 방법은 다양하다. 늦게 수확한 포도로 만드는 방법도 있고, 자연적으로 건조되거나 얼어붙은 포도로 만들기도 한다. 또는 보트리티스 시네레아라고 불리는 귀부병에 걸린 포도로 만들기도 한다.

**디캔팅 DECANT** 보통 오래된 레드 와인의 침전물을 걸러 내기 위해 와인을 따라 내는 행위를 가리킨다. 또는 어린 와인을 산소와 접촉해서 만개시키기 위해 디캔터 또는 카라프에 따르는 행위를 일컫는다. 그러나 후자는 통기라고 하는 것이 맞다.

## ㄸ

**뜨거운 HOT** 와인의 알코올 향이 너무 강해서 입과 코에 타는 듯한 느낌이 드는 것을 가리킨다.

## ㄹ

**라가 LAGAR** 포도를 발로 밟아 으깨서 껍질과 즙을 섞는 데 사용하는 얕은(약 60cm 깊이) 석조 통 또는 콘크리트 통이다. 포르투갈에서는 여전히 고대 방식대로 포도를 발로 밟아서 으깨기 때문에 많은 양조장이 라가를 갖고 있다.

**라그리마 LÁGRIMA(SP)** '눈물'이란 뜻이다. 라그리마는 압착기를 사용하지 않은 프리 런으로 만든 와인을 가리킨다. 라틴어로 '눈물'을 뜻하는 'lacrima'에서 유래한 단어다. 이탈리아에서도 사용하는 용어이며, 'lacryma'라고 표기한다. 캄파니아의 베수비오산에서 생산된 유명 와인의 이름이 라크리마 크리스티('그리스도의 눈물'이란 뜻)다.

**라이트스트라이크 LIGHTSTRIKE** 와인에 발생하는 결함으로, 와인병이 오랜 기간 빛에 노출될 때 발생한다. 특히 로제 와인, 스파클링 와인처럼 투명한 유리병에 담긴 와인은 특히 빛의 영향을 받기 쉽다. 어두운 유리는 해로운 파장을 일주 차단해 준다. 라이트스트라이크 피해를 본 와인은 삶은 양배추, 썩은 배수로 같은 악취가 난다. 자외선은 강도가 세기 때문에 햇빛이 라이트스트라이크의 주범이다. 반면 형광등과 LED 빛은 손상 속도가 빠르지 않다. 투명한 병에 담긴 와인이 강한 빛에 며칠 동안 노출되면, 라이트스트라이크가 발생한다.

**라이트 뱅크 RIGHT BANK** 보르도의 지롱드강 오른편에 있는 모든 AOC를 총칭하는 용어다. 라이트 뱅크의 주요 품종은 메를로와 카베르네 프랑이다. 유명한 코뮌은 포므롤, 생테밀리옹 등이 있다.

**라이트 보디의 LIGHT-BODIED** 입안에서 무게감이 거의 느껴지지 않는 와인을 묘사하는 단어다. 그래도 아로마와 풍미는 풍성할 수 있다. 풀보디 와인이 크림이라면, 라이트 보디 와인은 탈지유와 같다. 라이트 보디 와인은 알코올 도수가 낮다.

**라브루스카 LABRUSCA** 비티스 라브루스카 참고.

**래킹, 통갈이 RACKING** 고형물질(효모, 포도 부위)을 배럴 바닥에 가라앉힌 다음 맑은 와인을 따라 내는 작업이다. 맑은 와인은 깨끗한 용기로 옮겨진다. 래킹은 와인을 통기하는 역할도 한다.

**레세르바(SP) RESERVA** 특별히 좋은 해에만 생산해서 특정 기간을 숙성시키는 스페인 와인이다. DO, DOCa 에 따라 의무적 숙성기간이 정해져 있다.

**레제 LESE(GE)** '수확'이란 뜻이다.

**레초토 RECIOTO(IT)** 와인 이름에 이 단어가 들어가면, 스위트 와인이라는 것을 의미한다. 예를 들어 레초토 디 발폴리첼라 등이 있다. 레초토는 베네치아 방언 'recie'에서 파생된 단어로 '귀'라는 뜻이다. 이는 포도송이의 양쪽 귀처럼 돌출된 부위를 가리키며, 포도가 햇빛에 노출되면서 귀 부분이 가장 많이 익는다. 포도송이 또는 '귀' 부분을 매트에 깔거나 서늘하고 건조한 다락방에 매달아서 건조하면(아파시멘토), 매우 응축된 포도를 발효시켜서 레초토 와인을 만들 수 있다.

**레치나 RETSINA** 톡 쏘는 송진 풍미가 나는 그리스 와인이다. 과거에 알레포 소나무 송진을 사바티아노 또는 로디티스 포도를 발효시킬 때 소량씩 첨가했다. 독특한 소나무 풍미와 테레빈유 같은 아로마를 띤다. 마시는 사람에 따라 호불호가 갈린다.

**레프트 뱅크 LEFT BANK** 보르도의 지롱드강 왼쪽에 있는 모든 AOC를 총칭하는 구어체 용어다. 마르고, 생줄리앙, 포이약, 생테스테프 등이 포함된다. 레프트 뱅크의 주요 품종은 카베르네 소비뇽이다.

**로블레 ROBLE(SP)** '오크'라는 뜻이다.

**로사도 ROSADO(SP)** '로제'라는 뜻이다. 예를 들어 비노 로사도가 있다.

**로사토 ROSATO(IT)** '로제'라는 뜻이다. 예를 들어 비노 로사토가 있다.

**로소 ROSSO(IT)** '빨강'이라는 뜻이다. 예를 들어 비노 로소가 있다.

**로시오 ROCÍO(SP)** 문자 그대로 '아침 이슬'이란 뜻이다. 크리엔데라 사이에서 셰리를 옮기는 과정을 가리킨다. 로시오란 이름은 작업이 그만큼 부드럽게 진행된다는 의미를 지닌다.

**로트바인 ROTWEIN(GE)** '레드 와인'이란 뜻이다.

**뤼트 레조네 LUTTE RAISONNÉE(FR)** 지속 가능한 농법에 대한 실용적 접근방식을 일컫는 포괄적인 포도 재배 용어다. '합리적인 투쟁'이란 뜻이며, 작물을 병충해나 질병으로부터 보호하기 위해 꼭 필요한 경우에만 화학적 개입을 허용한다. 그러나 이 용어는 다양한 해석이 가능하며, 일부 와이너리는 훨씬 더 엄격한 규정을 적용하기도 한다.

**르뮈아주 REMUAGE(FR)** 샴페인과 스파클링 와인의 병을 기울인 채로 회전시켜서 병목에 효모 세포를 모이게 하는 작업이며, 2차 발효 후에 진행된다. 영어로는 리들링이라 한다. 르뮈아주는 퓌피트르라 불리는 'A'자 형태의 틀에 병들을 놓고, 손으로 직접 돌리거나 지로팔레트라는 기계를 사용한다. 르뮈아주 다음 단계는 디스고징이다.

**르호보암 REHOBOAM** 대형 샴페인 병으로 용량은 750밀리리터짜리 표준 와인 6병(4.5리터)에 해당한다. 역사적으로 대형 병은 성경에 등장하는 왕의 이름을 땄다. 르호보암은 남유다의 초대 왕이며 솔로몬의 아들이다.

**리, 앙금 LEES** 발효가 끝난 후에 분해되어 배럴 또는 통 바닥에 가라앉은 효모 세포와 약간의 포도 껍질이다. 와인을 앙금(리)과 몇 개월간 그대로 놓아두면(쉬르 리 숙성) 와인에 복합미와 크림 질감이 생성된다. 자가분해 참조.

**리들링 RIDDLING** 르뮈아주 참조.

**리베 RIVE(IT)** 이탈리아 베네토 지역에서 좁은 산등성이 형태의 가파른 언덕에 있으며, 수작업으로 관리하는 작은 포도밭을 일컫는 용어다. 이곳에서 코넬리아노 발도비아데네 프로세코 수페리오레가 생산된다. 리베 지위를 획득한 프로세코 산지 마을은 43개에 달한다. 와인 라벨에 마을 이름과 함께 '리베'라는 단어가 표기된다. 리베는 알프스 빙하의 이동과 고대 해저가 마르면서 형성된 지형이다.

**리블리히 LIEBLICH(GE)** '세미 스위트'란 뜻이다. 당도가 할프트로켄(하프드라이)보다 높은 독일 와인을 가리킨다.

**리세르바 RISERVA(IT)** 이탈리아 DOC 규정에 따라 특정 기간 숙성시킨 이탈리아 와인이다.

**리외디 LIEU-DIT(FR)** 부르고뉴에서 역사 또는 지형으로 규정하는 소구역을 가리킨다. 보통 사람이 거주하지 않는 지역이다. 리외디는 '해당 지역'이란 뜻이다. 리외디에는 프르미에 크뤼, 그랑 크뤼 등의 등급을 매기지 않는다.

**리저브 RESERVE** 전 세계 많은 와인 생산자가 일반 와인과 별도로 리저브 와인을 생산한다. 리저브 와인은 보통 품질이 더 좋고(이론상), 가격도 더 높은 편이다. 유럽에서는 레제르브, 리세르바, 레세르바 등의 용어를 사용하며, 각각 엄격한 규정을 따른다. 미국에서는 법적 정의가 없어, 저렴한 와인부터 명성 높은 와인까지 자유롭게

사용된다.

**리쾨르 덱스페디시옹 LIQUEUR D'EXPÉDITION(FR)** 샴페인 또는 전통 샴페인 양조법으로 만든 스파클링 와인을 마개로 막기 전에 첨가하는 와인(살짝 가당함)을 말한다. 샴페인을 디스고징하면 와인병 목 부분만큼 양이 줄어드는데, 리쾨르 덱스페디시옹을 소량 첨가해서 부족한 양을 채운다. 리쾨르 덱스페디시옹은 주로 전년도에 남겨 둔 와인에 설탕을 첨가(도자주)해서 만든다.

**리쾨르 드 티라주 LIQUEUR DE TIRAGE(FR)** 와인, 당, 효모를 섞은 혼합물로 샴페인 병의 스틸 와인 블렌드에 넣어서 2차 발효를 유도한다. 최종적으로 기포를 생성하기 위해서다. 전통 샴페인 방식으로 만든 스파클링 와인에도 리쾨르 드 티라주를 사용한다.

**리트 RIED(GE)** 싱글 빈야드를 일컫는 오스트리아 용어다. 와인 라벨에 포도밭 이름과 함께 '리트'라는 문구가 표기된다.

◼

**마데라이즈드 MADERIZED** 장기간 의도적으로 고온 처리한 와인을 가리킨다. 마데이라가 대표적 예이며, 이 용어가 유래한 이름이기도 하다. 산화 참조.

**마르 MARC(FR)** 부르고뉴에서는 오드비라고 부른다. 마크는 포도를 압착하고 남은 포마스(포도 껍질, 줄기, 씨앗)를 증류한 것이다. 그라파 참조.

**마살 셀렉시옹 MASSALE SELECTION** 새로운 포도밭을 만드는 옛 프랑스 방식이며, 필드 셀렉션이라고도 한다. 기존 포도밭의 고목에서 꺾꽂이 새순을 구해서 새로운 포도밭에 심어서 번식시킨다. 마살 셀렉시옹은 기존 포도밭의 유전자 물질을 복제해서 새로운 포도밭을 구성함으로써 와인의 스타일을

유지하는 데 도움이 된다. 마살 셀렉시옹과 대비되는 방식은 특정 클론을 포도밭에 다시 심는 것이다.

**마세라시옹 카르보니크 MACÉRATION CARBONIQUE** 탄산 침용 참조.

**마스 MAS(FR)** 프랑스 남부에서 도멘을 일컫는 용어다. 역사적으로 '농가'라는 뜻이다.

**마우스필 MOUTHFEEL** 입안에서 느껴지는 와인의 촉감을 가리킨다. 마치 옷처럼 부드럽고, 거칠고, 벨벳 같은 느낌 등등 다양한 표현이 가능하다.

**마제다르 MAZEDAR** 우르두어로 '경험한 것을 반복해서 경험하고 싶다'는 뜻이다. 보통 음식 또는 와인에 사용하며, 음식 풍미의 마법 같은 정수를 묘사한다. 보통 '맛있다'로 해석되지만, 이 한마디로 마제다르를 충분히 표현하지 못한다. 한번 경험한 풍미를 계속해서 느끼고 싶다는 중력 같은 매력을 의미한다. 위대한 와인을 접하면, 마제다르가 무슨 뜻인지 바로 이해될 것이다.

**맑지 않은, 흐린 CLOUDY** 외관이 맑지 않고 탁해 보이는 와인을 가리킨다. 그러나 꼭 부정적인 표현은 아니다. 청징 또는 여과를 거치지 않은 와인은 탁할 수 있다(여과 참조). 그러나 잘못된 양조방식 때문에 색이 탁한 예도 있다.

**매니스커스 MENISCUS** 와인 표면과 와인잔이 맞닿는 얇은 림(rim)을 말한다. 와인잔을 45도 각도로 기울여서 매니스커스를 들여다보면, 와인의 나이를 가늠할 수 있다. 매니스커스가 연할수록 와인의 나이가 많다. 예를 들어 어린 카베르네의 경우, 짙은 석류색이 와인의 중심에서부터 매니스커스를 거쳐 와인잔 내벽까지 이어진다. 그러나 와인이 상당히 오래된 경우, 와인 중심부의 색이 매니스커스보다 진하다.

**매그넘 MAGNUM** 1.5리터짜리 병이다. 표준 용량 와인 2병 또는 와인 10잔에 해당하는 용량이다. 매그넘은 라틴어로 '크다'는 뜻이다.

**머스트 MUST** 발효하기 전에 압착한 포도의 즙과 걸죽한 펄프를 가리킨다.

**메가 퍼플 MEGA PURPLE** 레드 와인의 색소와 강도를 높이기 위해 미국에서 합법적으로 사용할 수 있는 응축된 첨가제다. 주로 루비레드라는 하이브리드 품종으로 만든다. 메가 퍼플은 와인의 보디감과 풍미 모두에 영향을 미치기 때문에, 부자연스럽게 강화된 맛이 난다. 따라서 고급 와인 생산자들은 메가 퍼플을 부정행위로 간주한다. 메가 퍼플은 매우 강하고 당도가 높으므로(잔당 약 68%) 저렴한 상업용 와인에도 보통 0.05~0.2%만 첨가한다.

**메리티지 MERITAGE** 미국에 상표가 등록된 명칭이며, 메리티지 협회가 1988년에 도입했다. 보르도에서 전통적으로 사용하는 포도 품종을 블렌딩해서 만든 캘리포니아 와인을 가리킨다. 이 조건을 충족한다고 해서 모든 와인 양조자가 이 용어를 사용하진 않는다.

**메루아르 MERROIR** 테루아르와 '바다'를 뜻하는 '메르(mer)'를 조합한 프랑스어 단어다. 예를 들어 굴 풍미는 물이 있는 산지의 환경적 영향을 크게 받는다. 일부 와인 전문가들은 메루아르를 잘 보여 주는 음식이 테루아르를 잘 반영하는 와인과 가장 궁합이 좋다고 믿는다.

**메르캅탄 MERCAPTANS** 와인 양조가 잘못된 경우, 황화수소가 와인 성분과 결합해서 생성되는 냄새가 심한 화합물이다. 부패한 음식, 스컹크, 탄 타이어 냄새가 난다.

**메토드 샹프누아즈 MÉTHODE CHAMPENOISE(FR)** 샴페인과 고급 스파클링 와인을 만드는 노동집약적 방식을 일컫는다. 이 방식에 따라

와인은 대형 탱크나 통이 아니라, 각 병에서 개별적으로 2차 발효(기포 생성)를 거친다. 메토드 샹프누아즈 또는 전통 샴페인 양조법으로 만든 와인은 장기간(수년) 쉬르 리 숙성을 거친 다음 디스고징 작업을 통해 2차 발효를 촉발했던 효모를 제거한다.

**메토도 트라디시오날 METODO TRADICIONAL(SP)** 전통 샴페인 양조법 또는 스파클링 와인 양조법의 스페인식 명칭이다. 카바와 코르피나트 스파클링 와인은 반드시 이 방식에 따라 양조해야 한다.

**메토도 트라디치오날레 METODO TRADIZIONALE(IT)** 전통 샴페인 양조법 또는 스파클링 와인 양조법의 이탈리아식 명칭이다. 메토도 클라시코(metodo classico)라고도 한다. 프란차코르타 와인 등 많은 이탈리아 스파클링 와인이 이 방식으로 만들어진다. 반면 프로세코는 샤르마 기법으로 만든다.

**모노폴 MONOPOLE(FR)** 하나의 도멘 또는 양조장이 온전히 소유한 포도밭을 일컫는다. 부르고뉴 지역에서 자주 쓰는 용어이며, 이곳에서는 모노폴이 드물다. 상파뉴에서는 모노폴이란 용어를 자주 사용하지 않는다.

**무스 MOUSSE** 샴페인 또는 스파클링 와인을 잔에 따르면 와인 표면에 눈처럼 형성되는 거품층을 의미한다.

**무쇠 MOUSSEUX(FR)** 일반적으로 스파클링 와인을 가리키는 프랑스어 용어다. 뱅 무쇠 중 일부는 메토드 샹프누아즈(병 속에서 2차 발효 진행)로 만든다. 나머지 저렴한 뱅 무쇠는 샤르마 기법을 이용해서 대형 탱크에서 만든다.

**모엘뢰 MOELLEUX(FR)** 루아르 밸리에서 약간 시럽 같은 미디엄 스위트 또는 스위트 화이트 와인을 묘사하는 단어다. 모엘뢰는 '그윽하다'는 뜻이다. 특히 모엘뢰한 부브레는 귀부병의 산물이다.

**묵직한 BIG** 보통 알코올이 강한 풀보디의 강건한 와인을 가리킨다.

**물리게 하는, 넌더리 나는 CLOYING** 견디기 힘들 정도로 사탕 같은 단맛이 강한 와인을 묘사하는 용어다. 디저트 와인에서 물리는 맛이 나면 안 된다.

**뮈스케 MUSQUÉ** 포도 품종 중 유난히 향긋한 버전의 포도를 일컫는 말이다. 머스크(musk)는 '향수'를 뜻하는 고대 언어다. 대표 예가 소비뇽 뮈스케다. 소비뇽 블랑 중 유난히 꽃 향이 진하고 향긋한 클론이다.

**뮈슬레 MUSELET(FR)** '쇠마개'란 뜻이다. 샴페인과 스파클링 와인의 코르크 마개를 단단하게 잡아주는 철사망을 가리킨다. 뮈슬레는 안전을 위해 꼭 필요하다. 스파클링 와인을 개봉할 때 코르크를 빼기 전에 뮈슬레를 제거하지 말아야 한다. 대신 뮈슬레를 여섯 번 정도 돌려서 느슨하게 만든 다음 코르크와 함께 천천히 잡아당기면 된다

**므두셀라 METHUSELAH** 부르고뉴와 상파뉴에서 사용하는 대형 병이며, 용량은 표준 크기의 와인 8병(6리터) 또는 와인 40잔에 해당한다. 보르도에서는 앵페리알이라 부른다. 역사적으로 대형 병은 성경에 나오는 왕들의 이름을 땄다. 므두셀라는 969세까지 장수한 것으로 유명하다.

**미국포도재배지역 AVA** 미국포도재배지역(American Viticultural Area)의 약자다. AVA는 포도재배를 지리적 위치 및 기후에 따라 법적으로 정의하고 분류한다. 미국 와인 라벨에는 나파 밸리, 소노마 코스트, 던디 힐스, 컬럼비아 밸리 등 AVA 지명을 표기한다. AVA 규모는 매우 작거나 굉장히 클 수 있다. 2022년 초 기준, 미국에는 AVA가 266개 있다.

**밀러앤디지 MILLERANDAGE** 비정상적인 수분 때문에 발생하는 포도 재배 문제로, 하나의 포도송이 내에 포도알 크기가 달라서 균일한 숙성이

어려워진다. 작은 포도알을 '병아리', 큰 포도알을 '암탉'이라 부른다. 밀러앤디지는 수확량을 감소시킨다.

**밀레짐 MILLESIME(FR)** '빈티지'라는 뜻이다. 빈티지 샴페인을 가리키는 용어이기도 하다.

**밋밋한 FLAT** 둔하고 흥미롭지 않은 와인을 묘사하는 단어다. 보통 산미가 부족하면 와인이 밋밋해진다.

**미세 산소 주입법 MICRO-OXYGENATION** 와인에 의도적으로 산소를 주입하는 방식이다. 보통 발효를 돕거나 성숙을 촉진하는 데 사용한다. 그러면 와인이 더 개방되고 부드러워지며, 표현력이 높아진다.

## ㅂ

**바닐린 VANILLIN** 오크나무에 함유된 화합물이다. 와인을 오크 배럴에서 양조하거나 숙성시키면, 바닐린이 와인에 추출된다. 바닐린은 바닐라 빈을 연상시키는 아로마와 풍미를 지닌다. 새로운 배럴은 오래된 배럴보다 바닐린 함량이 많다. 따라서 새 배럴에 보관한 와인은 오래된 배럴에 보관한 와인보다 바닐린 특성이 더 뚜렷하게 나타난다.

**바리크 BARRIQUE(FR)** 소형 프랑스 오크 배럴이며 용량은 225리터다. 대체로 보르도와 연관이 있다.

**바보 BABO(GE)** 포도의 성숙도를 측정하는 등급이다. 1861년 오스트리아 귀족 바론 아우구스트 빌헬름 폰 바보가 개발했다. KMS(Klosterneuburger Mostwaage scale)라고도 알려져 있다. 바보는 포도 머스트 100kg당 당분을 킬로그램으로 측정하며, 과일즙에서 용해되지 않은 비설탕(non-sugar)의 영향도 고려한다. 바보 등급은 오스트리아, 헝가리, 슬로베니아, 크로아티아 등 오스트리아-헝가리 제국의 일부였던 나라에서 사용된다.

**바이스헵스트 WEISSHERBST(GE)** 단일 적포도 품종으로 만든 저품질 로제 와인이다.

**바인구트 WEINGUT(GE)** '와인 양조장'이란 뜻이다.

**바인슈투베 WEINSTUBE(GE)** 캐주얼한 와인 술집이다.

**바인켈러라이 WEINKELLEREI(GE)** 포도 재배자에게 포도 머스트 또는 와인을 구매한 다음 병입해서 시장에 판매하는 양조장이다.

**발타자르 BALTHAZAR** 보르도와 샹파뉴에서 사용하던 큰 병이며, 용량은 표준 크기의 와인 16병(12리터)과 와인 약 80잔과 맞먹는다. 과거에 큰 병들은 성경의 왕 이름을 땄다. 발타자르는 예수에게 몰약을 선물했던 동방박사 중 한 명이다.

**발효 FERMENTATION** 효모가 포도 속의 당을 알코올(에탄올)과 이산화탄소로 변환시키는 과정이다. 1차 발효(primary fermentation)라고도 한다. 알코올은 와인의 성분 중 하나로 남지만, 이산화탄소는 부산물로 방출된다.

**방당주 타르디브 VENDANGE TARDIVE(FR)** 프랑스 알자스에서 늦게 수확해 매우 농익은 포도로 만든 와인을 일컫는다. VT 와인이라고도 부른다. 셀렉시옹 드 그랭 노블보다 당도가 낮으며, 보트리티스 시네레아에 감염된 포도도 아니다.

**방 데 방다주 BAN DES VENDANGES(FR)** 포도 수확 개시를 알리는 포고로, 수확이 시작되는 공식적인 날짜를 알린다. 포도 재배자들은 방 데 방다주 이후 아무 때나 포도를 수확할 수 있지만, 그 이전에는 안 된다. 샹파뉴, 부르고뉴 등 일부 AOC에서는 방 데 방다주를 의무적으로 시행한다. 한 지역 내에서 방 데 방다주는 포도 품종과 포도밭 위치에 따라 달라진다.

**배럴 BARREL** 수 세기 동안 와인을 발효하고 숙성시키는 데 사용했다. 배럴은 해당 지역의 와인 문화에 따라 다양한 크기와 모양으로 제작된다. 배럴은 수작업으로 제작되며, 여러 종류의 오크로 만들어지는 건 아니다. 두 타입의 소형 배럴이 전 세계적으로 사용하는 표준 규격이다. 바로 바리크와 피에스다. 바리크는 225리터짜리 프랑스 오크 배럴이며, 전통적으로 보르도와 연관이 있다. 피에스는 228리터짜리 프랑스 오크 배럴이며, 전통적으로 부르고뉴와 연관이 있다. 이 밖에 흔히 사용하는 배럴 타입은 드미뮈(600리터)와 푸드르(2,000~1만 2,000리터)다. 똑바로 세워서 사용하는 초대형 배럴은 보통 캐스크라 부른다.

**배럴에서 발효된 BARREL-FERMENTED** 소형 오크 배럴에서 발효시킨 와인(주로 화이트)을 가리킨다. 중성적인 초대형 캐스크, 시멘트 통, 스테인리스스틸 탱크 대비되는 표현이다. 소형 배럴에 발효시키면 와인에 토스트, 바닐라 풍미, 풍성함을 가미할 수 있다. 그러나 와인의 과일 풍미를 해칠 수 있다. 배럴 풍미가 짙어지는 걸 막기 위해 오래된 배럴을 사용하거나, 와인의 일부만 배럴에서 발효시킨 다음 배럴에 발효시키지 않은 와인과 섞는 방법이 있다.

**백 팰럿 BACK PALATE** 와인의 '끝', 즉 와인을 삼키기 직전에 느껴지는 아로마, 풍미, 질감을 가리킨다. 프론트 팰럿 참조.

**뱅 그리 VIN GRIS(FR)** '회색 와인'이란 뜻이다. 적포도로 만든 분홍색, 회색 와인이다. 뱅 그리는 로제 와인처럼 색깔이 깊지 않다.

**뱅 드 가르드 VIN DE GARDE(FR)** '남겨 둬야 하는 와인'이란 뜻이다. 즉, 숙성시킬수록 복합미가 커진다는 뜻이다.

**뱅 리쾨뢰 VIN LIQUOREUX(FR)**
럽처럼 매우 달콤한 화이트 와인을
일반적으로 일컫는 용어다.

**뱅 드 페이 VIN DE PAYS(FR)** '나라의
와인'이란 뜻이다. 특정 지역에서
생산하는 일상용 와인이다. 그러나
AOC 와인처럼 엄격한 규정을
따르지는 않는다.

**뱅 무쇠 VIN MOUSSEUX** 무쇠 참고.

**뱅 오르디네르 VIN ORDINAIRE(FR)**
문자 그대로 '평범한 와인'이란 뜻이다.
지역, 품종 특징이 전혀 없는 평범한
와인이다. 저렴한 일상용 와인으로, 뱅
드 가르드와 대비된다.

**버라이어탈 VARIETAL** 특정 포도
품종으로 만든 와인을 일컫는다.
샤르도네, 리슬링, 피노 누아, 카베르네
소비뇽 등 모두 버라이어탈 와인이다.
1983년부터 미국에서 와인 라벨에
포도 품종을 표기하려면, 해당 품종의
비중이 최소 75%여야 한다. 이전에는
최소 비중이 51%였다.

**버터 같은 BUTTERY** 버터를
연상시키는 와인의 아로마와 풍미를
가리킨다. 와인의 버터 아로마와
풍미는 젖산발효의 부산물인
디아세틸에서 나온다.

**버틀러, 집사 BUTLER**
흥미롭게도 버틀러라는 단어는
'병입자(bottler)'에서 유래했다고
알려진다. 중세 시대에서 18세기
중반까지, 영국 상류층은 와인을
배럴로 구매해서 병에 담았다. 그리고
가문의 직인, 문장 같은 표식을 찍었다.
대부호 가문에서 집사의 주요 임무
중 하나가 와인 저장실을 관리하고,
식사에 내갈 와인병을 채우는
일이었다. 옛 프랑스어로 병입자를
뜻하는 부테이에(bouteillier)라는
단어가 버틀러가 됐다.

**벌크와인 BULK WINE** 병인 아닌
벌크로 사고파는 와인이다. 타입, 규모,
품질에 상관없이 모든 와이너리는
벌크와인을 사고판다. 대규모 와인

생산자는 다른 와이너리에서 다량의
벌크와인을 구매한 다음 다른
벌크와인이나 직접 만든 와인과
블렌딩해서 최종 와인을 만든다. 명성
높은 소규모 와이너리들도 소량의
고품질 와인을 다른 생산자에게
판매하기도 한다. 수확시기에 수확량이
적으면 벌크와인 가격이 올라간다.

**벌크 프로세스 BULK PROCESS**
샤르마 기법 참고.

**병 BUNG** 와인 배럴을 막는 마개다.

**베렌아우스레제 BEERENAUSLESE,
BA(GE)** 전통 독일 시스템에서
성숙도가 매우 높은 단계를 가리키는
용어다. 베렌아우스레제 와인은 당도와
농도가 매우 짙으며, 보트리티스
시네레아에 감염된 포도로 만드는
경우가 대다수다. 베렌아우스레제
포도보다 덜 익은 포도로 만든 와인을
아우스레제라고 한다. 베렌아우스레제
포도보다 더 익은 포도로 만든 와인을
트로켄베렌아우스레제라고 한다.

**베초 VECCHIO(IT)** '오래된'이란 뜻이다.

**벤데미아 VENDEMMIA(IT)** '빈티지'
또는 '포도 수확'을 의미한다. 라벨에
아나타(ANNATA) 대신 사용할 수
있다.

**벤디미아 VENDIMIA(SP)** '포도
수확'을 의미한다.

**벤토나이트 BENTONITE** 가벼운
유형의 점토로, 와인을 뿌옇게 만드는
단백질 분자들을 제거해서 와인을 맑게
정제하기 위해 사용한다. 벤토나이트는
와인에 부유하던 입자를 흡수한 다음
용기 바닥에 가라앉힌다. 그리고 맑은
와인에서 침전물을 걸러 낸다.

**병 BOTTLE** '병'이란 뜻이다.

**병 숙성 BOTTLE AGING** 유리병은
와인을 담아서 소비자에게 팔 때
유용하게 사용되는 용기다. 초창기에는
유리병에 담긴 와인의 용량이 일정하지
않았다. 15~17세기, 병에 담긴 와인의
양은 16~52온스였다. 오늘날 표준
와인병의 용량은 25,36온스(750ml)다.

보통 한 병에 7잔이 나온다.

**보메 BAUMÉ(FR)** 프랑스, 스페인,
포르투갈에서 포도의 성숙도를
측정하기 위해 사용하는 등급이다.
프랑스 약사 앙투안 보메가 1768년에
개발했다. 포도즙이나 포도 머스트에
용해된 화합물을 측정하는데, 화합물
대부분이 당이기 때문에 보메 등급은
결국 포도즙의 당도를 가리킨다. 즉,
포도의 성숙도를 측정하는 방법이다.

**보충 TOPPING UP** 배럴이나
컨테이너에 와인이 증발해서 부족해진
만큼의 양을 다시 채워 넣는 작업을
말한다. 보충 작업은 와인의 산화를
막는다. 넓은 의미에서 와인잔에 한두
모금만 남았을 때 잔을 다시 채우는
것을 말한다.

**보타 BOTA(SP)** 600리터짜리
미국산 오크 배럴이며, 스페인
헤레스 지역에서 셰리를 숙성시키는
데 사용한다. 대체로 진한 검은색
페인트로 칠한다. 버트(butts)라고도
부른다.

**보테 BOTTE(IT)** '병'이란 뜻이다.

**보트리티스 시네레아 BOTRYTIS
CINEREA** 귀부병으로 알려진 유익한
곰팡이다. 소테른을 비롯해 세계
최고급 스위트 와인을 만드는 핵심
요소다. 특정 해에 습도가 적당한
수준에 이르면, 보티리티스 시네레아가
포도를 공격해서 회색 거품 곰팡이가
포도를 뒤덮는다. 곰팡이는 껍질의
틈을 통해 포도 속으로 침투해서
번식하며, 포도의 수분을 먹어 치운다.
그 결과 당분, 풍미, ACID가 응축된다.
쪼글쪼글해진 포도를 압축하면,
훌륭한 단맛을 지닌 복합적인 와인이
탄생한다.

**보틀 쇼크 BOTTLE SICKNESS**
와인을 배럴, 탱크에 옮기거나 병입한
직후 산소에 노출되거나 심하게
흔들려서 발생하는 일시적인 현상이다.
보틀 쇼크가 발생하면 와인이
일시적으로 중성적 맛 또는 무맛으로

변한다. 보틀 쇼크는 영어로 'bottle sickness' 또는 'bottle shock'라고 한다. 보틀 쇼크 상태는 몇 주 또는 몇 달간 지속된다.

**복스보텔 BOCKSBEUTEL(GE)**
독일의 프랑켄 지역에서 와인을 담을 때 사용하는 짤막한 원형 병이다. 때론 포르투갈의 로제 와인에도 사용한다.

**복합미 COMPLEX** 와인의 다면적, 다층적 특징을 묘사하는 단어이며, 시간이 지날수록 매력적인 특징이 더욱 뚜렷하게 드러난다. 따라서 와인의 복합미는 한 모금만 마셔서는 잘 모른다. 모든 위대한 와인은 복합미를 갖췄다.

**봉본 BONBONNE** 와인을 소량씩 보관할 때 사용하는 대형 유리병이다. 용량은 6.6갤런이다. 와인 양조자가 오크 풍미와 산소가 와인에 영향을 미치는 것을 막기 위해 전형적으로 사용하는 병이다.

**부레풀 ISINGLASS** 젤리 같은 단백질 응고제이며, 철갑상어와 다른 물고기의 부레에서 추출한다. 주로 화이트 와인의 청징제로 사용하며, 와인을 투명하게 만들고 수렴성을 줄이며 질감을 부드럽게 만든다. 올바른 와인 양조과정에서 부레풀 같은 청징제는 모두 제거되므로 완성된 와인에는 남아 있지 않아야 한다. 부레풀은 맥주 양조에도 사용하며, 일부 맥주에 소량 남아 있을 수도 있다. 생산자는 라벨에 부레풀을 명시할 필요가 없다.

**부숑 BOUCHON(FR)** 쬠쇠가 달린 특수한 마개로 개봉한 스파클링 와인 또는 샴페인의 기포를 보존하기 위해 사용한다. 부숑은 프랑스 리옹의 술집을 가리키는 표현이기도 하다. 친근한 분위기에서 요란하지 않은 리옹 전통 요리와 함께 소박한 와인을 판매한다.

**부셴쉔케 BUSCHENSCHENKE(GE)**
오스트리아에서 단순한 홈메이드 식사와 식당 주인이 만든 와인을 판매하는 소박한 시골 레스토랑을 일컫는 용어다. 빈이나 다른 오스트리아 지역에서는 호이리게라고 부른다. 부셴쉔케는 출입문에 매달아 놓은 전나무 가지로 알아볼 수 있다.

**부시 바인, 관목형 포도나무 BUSH VINE** 격자 구조물 등 지지대 없이 혼자 서 있는 포도남무이며, 관목처럼 생겼다. 호주에는 부시 바인이 흔하다. 캘리포니아에서는 '머리 가지치기 포도나무'라고 부르며, 유럽에서는 '고블릿 포도나무'라고 부른다. 세계 많은 지역의 포도나무 고목은 대체로 부시 바인이다.

**부싯돌 GUNFLINT** 젖은 금속을 연상시키는 아로마와 맛을 의미한다. 보통 소비뇽 블랑을 묘사하는 데 사용한다.

**부케 BOUQUET** 일반적으로 와인의 냄새를 뜻하는 단어지만, 엄밀히 따지자면 병 속 숙성을 수년간 거친 와인의 냄새나 형용하기 힘든 복합적이고 매력적인 와인의 풍미를 의미한다. 즉, 와인의 부케와 아로마는 뜻이 다르다.

**부피당 알코올 함량 ALCOHOL BY VOLUME** 줄여서 ABV라고 하며, 부피당 알코올 도수는 대부분 라벨에 수치 또는 범위로 표기된다. 와인의 알코올 도수는 측정하기도 어렵고, 와이너리들도 와인이 완성되기 전에 알코올 도수가 표기된 라벨을 미리 출력해 놓는다. 따라서 미국 법은 알코올 도수가 14% 이하인 경우, 라벨에 표기된 도수의 오차범위를 1.5%로 설정했다. 알코올 도수가 14%를 초과하는 경우, 오차범위는 1% 이내여야 한다. 예를 들어 라벨에 ABV가 12%라고 표기돼 있으면, 와인의 알코올 도수는 10.5%~13.5%다.

**브란코 BRANCO(PO)** '화이트'란 뜻으로, 화이트 와인을 가리킨다.

**브레종 VERAISON** 여름철에 포도알이 색깔이 바뀌는 시기를 말하며, 이는 포도가 최종 성숙단계에 접어들었음을 의미한다. 청포도는 녹색에서 노란색으로, 적포도는 녹색에서 붉은색으로 바뀐다.

**브뤼 BRUT** 리터당 잔당이 12g(12%) 미만인 드라이 샴페인이나 스파클링 와인을 가리킨다. 브뤼 스파클링 와인은 엑스트라드라이보다 더 드라이하다.

**브리딩 BREATHING** 와인과 공기의 상호작용을 일컫는다. 와인을 잔이나 디캔터에 부을 때 브리딩 효과가 발생한다.

**브릭스 BRIX** 포도 머스트의 당도를 무게로 측정하는 단위로 미국에서 사용한다. 1부터 100가지 등급으로 표시하며, 와인 양조자가 포도의 성숙도를 측정해서 수확시기를 결정하는 데 도움 된다. 브릭스는 와인의 알코올 함량 근사치를 가늠할 때도 사용된다.

**브리코 BRICCO(IT)** 햇볕이 잘 드는 구릉 사면이다. 주로 피에몬테 지역에서 사용하는 용어다.

**블라우 BLAU(GE)** '파란색'을 의미한다. 그러나 포도를 묘사할 때는, 적포도를 가리킨다.

**블란코 BLANCO(SP)**
화이트 와인(비노 블란코)의 '화이트'를 의미한다.

**블랑 드 누아 BLANC DE NOIRS(FR)**
'적포도로 만든 화이트 와인'을 가리키는 금빛 샴페인 또는 스파클링 와인이며, 적포도로 만든다. 프랑스어로 누아(noir)는 검은색을 의미하며, 르와스에서는 적포도를 검은색이라 일컫는다. 블랑 드 누아는 대체로 피노 누아로 만들지만, 피노 뫼니에로 만드는 경우도 있다. 소수의 샴페인 하우스만 블랑 드 누아를 만들며, 대체로 블랑 드 블랑과 로제 샴페인을 선호한다. 캘리포니아 스파클링 와인 생산자들은 블랑 드 누아를 비교적 널리 생산한다.

**블랑 드 블랑 BLANC DE BLANCS(FR)** '청포도로 만든 화이트 와인'을 가리키는 금빛 샴페인 또는 스파클링 와인이며, 전적으로 샤르도네 등 청포도로만 만든다.

**블렌드 BLEND** 풍미, 균형, 복합미를 강화하기 위해 두 개 이상의 와인을 혼합하는 것이다. 서로 다른 품종들, 다른 토양이나 소기후에서 생산된 와인들, 수령이 다른 포도나무에서 생산된 와인들, 클론이 다른 와인들, 양조방식(예를 들어 오크 숙성 와인과 다른 통에서 숙성시킨 와인)으로 양조한 와인들 또는 위의 방식을 혼합해서 만든 와인들을 블렌딩한다.

**비냐 VIÑA(SP)** '포도밭'이란 뜻이다.

**비냐 VINHA(PO)** '포도밭'이란 뜻이다.

**비냐 VIGNA(IT)** '포도밭'이란 뜻이다. 비녜토(vigneto)라고도 한다.

**비냐이올로 VIGNAIOLO(IT)** '포도 재배자'란 뜻이다. 비티콜토레(viticoltore)라고도 한다.

**비녜롱 VIGNERON(FR)** '포도 재배자'란 뜻이다.

**비노 다 타볼라 VINO DA TAVOLA(IT)** '테이블 와인'이란 뜻이다. IGT, DOC, DOCG 등급에 해당하지 않는 와인이다.

**비뇨 VINHO(PO)** '와인'이란 뜻이다.

**비뇨 브랑코 VINHO BRANCO(PO)** '화이트 와인'이란 뜻이다.

**비뇨스 다 호다 VINHOS DA RODA(PO)** 사적으로 높은 명성을 구가한 마데이라를 일컫는 용어이다. 캐스크에 담아서 배에 선적한 후 포르투갈부터 동인도 제도까지 갔다가 다시 포르투갈로 돌아오는 왕복 여행을 거쳤다. 적도의 열기로 달궈진 선박 안에 있으면서 심오하고 복합적인 풍미를 띠게 됐다.

**비뇨 틴투 VINHO TINTO(PO)** '레드 와인'이란 뜻이다.

**비눔 옵티뭄 라레 시그나툼 VINUM**

**OPTIMUM RARE SIGNATUM** 라틴어로 '매우 오래되고 희귀한 셰리'라는 뜻이며, 스페인에서 사용하는 용어이다. 최소 30년 묵은 셰리의 라벨에 이 문구를 표기할 수 있다. 축약해서 VORS라고 한다.

**비눔 옵티뭄 시그나툼 VINUM OPTIMUM SIGNATUM** 라틴어로 '매우 오래된 셰리'라는 뜻이며, 스페인에서 사용하는 용어이다. 최소 20년 묵은 셰리의 라벨에 이 문구를 표기할 수 있다. 축약해서 VOS라고 한다.

**비니페라 VINIFERA** 비티스 참고.

**비 데 핀카 VI DE FINCA(SP)** 싱글 빈야드에서 재배한 포도로 만든 스페인 와인을 말한다. 또한 같은 포도밭에서 연속으로 최소 10년간 생산된 포도를 사용해야 한다. 주로 프리오라트에서 사용하는 용어이다.

**비스 돌세스 VIS DOLÇES(SP)** 카탈루냐어로 '스위트 와인'을 뜻한다. 매우 희귀하지만, 스페인의 프리오라트 지역에서 비스 돌세스를 생산하는 보데가스가 있다.

**비안코 BIANCO(IT)** 비노 비안코 등 '화이트'를 의미한다.

**비에이유 비뉴 VIEILLE VIGNE(FR)** '오래된 포도나무'란 뜻이다.

**비에호 VIEJO(SP)** '오래된'이란 뜻이다.

**비티뇨 VITIGNO(IT)** '포도 품종'이란 뜻이다.

**비티스 VITIS** 포도나무가 속한 식물계 속이다. 비티스에는 70~80개의 종이 있다. 가장 유명하면서도 유럽과 근동에서 유래한 유일한 종은 비티스 비니페라이다. 비티스 비니페라에는 샤르도네, 피노 누아, 카베르네 소비뇽 등 현존하는 거의 모든 품종이 이곳에 속한다. 그러나 대부분 포도 종은 북아메리카에서 유래했다. 비티스 라브루스카, 비티스 리파리아, 비티스 루페스트리스, 비티스 로툰디폴리아, 비티스 베를란디에리 등이 있다.

**비티스 라브루스카 VITIS LABRUSCA** 미국 포도나무 종이며, 콩코드 등의 품종이 속해 있다. 비티스 비니페라에 속한 품종들보다 세련미와 복합미가 훨씬 떨어진다. 예를 들어 콩코드 와인은 사탕과 '여우' 같은 아로마와 풍미를 띤다. 그래도 콩코드는 훌륭한 포도 주스와 포도 젤리를 만든다.

**비티스 루페스트리스 VITIS LABRUSCA** 미국 포도나무 종이며, 필록세라 저항성 덕분에 주로 대목으로 사용한다. 비티스 루페스트리스 그대로 대목으로 사용하거나, 다른 미국 포도나무 종과 교배해서 사용한다. 예를 들어 비티스 루페스트리스와 비티스 베를란디에리를 교배하면, 110R이라는 대목이 탄생한다. 교배하지 않고 그대로 사용할 경우, '생조지' 대목이라 불린다.

**비티스 비니페라 VITIS VINIFERA** 현존하는 포도 품종 대부분을 포괄하는 포도나무 종이다. 샤르도네, 카베르네 소비뇽, 피노 누아, 시라, 리슬링 등이 이에 속한다. 비티스 비니페라는 유럽과 근동에서 유래했다. 비티스 비니페라에 속한 품종들은 주로 필록세라 저항성이 있는 대목에 접목한다.

**빈저 WINZER(GE)** '포도 농부'란 뜻이다.

**빈티지 VINTAGE** 포도를 재배하고 수확한 연도를 말한다. 대부분 와인 라벨에 빈티지 연도를 표기한다. 그러나 샴페인, 셰리, 포트, 마데이라 등 몇몇 유명 와인들은 여러 연도의 와인을 블렌딩한 와인이기 때문에 빈티지 연도가 없다.

**빈티지 샴페인 VINTAGE CHAMPAGNE** 수확 연도가 같은 와인들을 블렌딩해서 만든 샴페인을 말한다. 프랑스에서는 밀레짐(MILLÉSIME)이라 한다. 빈티지 샴페인은 법적으로 최소 3년간의 쉬르 리 숙성을 거쳐야 한다.

**빈티드 앤 보틀드 바이 VINTED AND BOTTLED BY** 미국 라벨에 표기되는 문구이며, 라벨에 표기된 주소에서 병입하고 해당 저장실에서 작업을 거쳤음을 의미한다. 그러나 해당 주소에서 발효하지 않았을 가능성이 높다. 프로듀스드 앤드 보틀드 바이 참고.

**빛나는 BRILLIANT** 와인 색깔의 투명도를 나타내는 용어로, 와인이 매우 투명하다는 뜻이다.

## ㅅ

**샤카 SACA(SP)** 솔레라의 맨 아랫줄 배럴에서 빼낸 소량의 와인을 가리킨다. 솔레라에는 양조장의 모든 역사를 담은 가장 오래된 셰리가 들어 있다. 이 샤카를 병입해서 판매한다.

**사라즈 SZÁRAZ(HU)** '드라이'하다는 뜻이며, 사모로드니 와인에 사용하는 용어다. 사모로드니는 토커이 헤지얼여 지역에서 토커이 어수를 만들기에는 귀부병에 충분히 걸리지 않은 포도로 만든 와인이다.

**산 ACID** 와인에는 여러 종류의 유익한 산이 있는데, 그중 타르타르산, 사과산, 구연산이 가장 중요하다. 셋 모두 포도에 함유된 천연 산이다. 산은 와인에 짜릿하고 상쾌한 특징을 부여한다. 또한 와인의 변질을 막고 숙성을 돕는 중요한 요소다. 알코올 대비 산도가 적당한 와인은 신선하고 생기가 넘친다. 반대로 알코올 대비 산도가 너무 낮은 와인은 밋밋하고 둔하다. 포도에 내재한 천연 산 외에도 발효과정에서 산이 생성되기도 한다. 이런 산(아세트산 등)은 불쾌한 효과를 초래한다.

**산도 ACIDITY** 산 참조.

**산성화 ACIDIFICATION** 따뜻한 산지의 와인 양조자가 와인이 천연 산도가 낮은 경우 발효 중인 와인에 산(주로 타르타르산)을 첨가하는 작업을 일컫는다. 캘리포니아를 비롯한 많은 지역에서 합법적으로 실행하는 작업이다.

**산화 OXIDATION** 와인을 산소에 노출해서 변화시키는 과정이다. 통제하에 소량의 공기에 와인을 노출하면, 긍정적인 결과를 낳는다. 와인이 '열려서' 맛이 조화롭고 부드러워지면, 셰리와 마데이라처럼 기분 좋은 견과류 맛이 나기도 한다. 그러나 대부분 화이트 와인과 테이블 레드 와인은 통제 없이 장기간 산소에 노출된 결과, 와인이 갈색이 되고 생기가 사라진다.

**산화된 OXIDIZED** 산화 참조.

**살마나자르 SALMANAZAR** 보르도와 샹파뉴에서 사용하는 대형 와인병이며, 용량은 750밀리리터짜리 표준 와인 12병과(9리터) 또는 와인 한 상자에 해당한다. 역사적으로 대형 병은 성경에 등장하는 왕의 이름을 땄다. 살마나자르는 유다 왕국을 다스렸던 아시리아 왕이다.

**살집이 느껴지는 FLESHY** 풍만함과 농익은 과일의 풍성함이 느껴지는 와인을 묘사하는 단어다. 메를로 등 특정 품종과 관련 있는 표현이다.

**상한 달걀 냄새 ROTTEN EGG** 황화수소 함량이 과도한 와인에서 나는 냄새이며, 결점으로 간주한다.

**색깔 COLOR** 와인을 분별하는 특징 중 하나다. 와인의 색깔은 주로 포도 껍질에서 나온다. 화이트 와인은 옅은 짚색에서 초록빛 노란색, 노란 금색, 호박색까지 다양하다. 레드 와인은 암적색, 붉은 적갈색, 빨간 립스틱 색, 보라색 등이 있다. 와인의 색을 보고 품종(예를 들어 진판델은 보라색이다)과 나이(화이트 와인은 나이가 들수록 색이 짙어지고, 레드 와인은 옅어진다)를 가늠할 수 있지만, 풍미와 품질과는 관련이 없다.

**생물역학 농법 BIODYNAMIC VITICULTURE** '영적 과학'이라 불리며, 전체론적 접근법으로 포도밭을 재생 가능한 하나의 생명체로 여긴다. 달이 황도 십이궁도를 지나는 경로에 따라 가지 치기를 한다. 포도밭에 일 년에 여러 차례씩 동종요법 차를 뿌린다. 포도밭에 풀어놓은 동물의 배설물을 천연 비료로 사용한다. 합성화합물을 일절 사용하지 않는다. 생물역학 농법의 목표는 모든 것을 자연의 힘과 일치시켜서 자연과 조화를 이루는 것이다. 생물역학은 19세기 오스트리아 철학자이자 사회 개혁자인 루돌프 스타이너의 철학을 기반으로 삼는다.

**샤르마 기법 CHARMAT PROCESS** 스파클링 와인을 양조할 때, 병 대신 오토클레이브라는 대형 가압 탱크에서 2차 발효(기포 생성)를 하는 기법을 말한다. 1895년에 이탈리아의 페데리코 마르티노티가 최초로 발명했기 때문에 샤르마마르티노티(Charmat-Martinotti)라고도 한다. 그로부터 10년 이후, 프랑스인 유젠 샤르마가 기술을 한 단계 더 발전시켰다. 프로세코, 아스티 등 샤르마 기법으로 만든 와인은 단순함, 신선함, 뚜렷한 과일 풍미를 지닌다. 이는 전통 샴페인 양조법으로 만든 복합적인 효모 풍미의 와인과 대조된다.

**샤토 CHÂTEAU(FR)** 보르도에서 와인을 만드는 건물을 일컫는 용어다. 샤토는 성이라는 이미지가 강하지만, 소박한 차고인 경우도 있다.

**선물 FUTURES** 앙 프리뫼르 참고.

**섬세함 FINESSE** 우아하고 정교한 와인을 묘사하는 단어다.

**세녜 SAIGNÉE(FR)** 문자 그대로 해석하면 '피를 흘리다'라는 뜻이다. 로제 와인을 만드는 과정에서 레드 와인 발효조에서 분홍색 포도즙을 빼내는 것이다. 이는 레드 와인의 농축도를 높이는 결과를 낳는다. 포도즙을 빼냄으로써 포도즙 대비 포도 껍질 비율이 높아지기 때문이다.

**세컨드 와인 SECOND WINE**

한 와이너리의 1등급 주력 상품이 아닌, 더 저렴한 2등급 와인을 가리킨다. 대부분의 최상급 보르도 샤토들은 1등급 와인인 그랑 뱅 말고도 세컨드 와인을 출시한다. 대체로 품질이 낮은 포도밭의 어린 포도를 사용한다. 항상 그런 건 아니지만, 세컨드 와인에는 생산자를 짐작할 수 있는 이름을 붙인다. 예를 들어 샤토 라투르의 세컨드 와인은 '레 포르 드 라투르(Les Forts de Latour)'다.

**세컨드 크롭 SECOND CROP** 1차 수확 이후 나무에 남아 있는 포도들을 가리킨다. 보통 세컨드 크롭은 양이 너무 적어서 상업적 가치가 떨어지고 충분히 익지 않기 때문에 수확하지 않는다.

**세쿤도 클라시스 SECUNDO CLASSIS** 라틴어로 '2등급'을 의미한다. 1700년경부터 헝가리에서 2등급 토커이 포도밭을 일컫는 용어로 사용했다. 세쿤도 클라시스 와인은 프리미에 클라시스 포도밭에서 생산한 와인에 이어 두 번째로 품질이 뛰어나다.

**세코 SECCO(IT)** '드라이'하다는 뜻이다.

**세코 SECO(SP)** '드라이'하다는 뜻이다.

**세파주 CÉPAGE(FR)** '포도 품종'이란 뜻이다.

**섹 SEC(FR)** 프랑스어로 '드라이'하다는 뜻이다. 라벨에 '섹'이라고 표기된 샴페인은 미디엄 스위트 또는 스위트 와인이다.

**셀렉시옹 드 그랭 노블 SÉLECTION DE GRAINS NOBLES(FR)** 프랑스 알자스에서 매우 늦게 수확한 귀부병 포도로 만든 와인을 가리킨다.

**소리 SORI(IT)** 피에몬테에서 눈이 가장 먼저 녹는 화창한 언덕 꼭대기를 일컫는 용어다. 역사적으로 이런 장소는 태양의 방향 덕분에 최상급 포도밭으로 여겨졌다.

**소믈리에 SOMMELIER** 와인 전문가를 일컫는 프랑스어 용어다. 미국에서는 구어로 축약해서 솜(somm)이라 부른다.

**소브레타블레 SOBRETABLE(SP)** 셰리 양조과정에서 새로운 와인을 솔레라에 넣기 전에 6개월~1년간 그대로 놓아두는데, 이 기간을 소브레타블레라 부른다.

**솎아주기 SHOOT THINNING** 포도의 품질과 성숙도를 높이기 위해 일부 햇가지를 제거하는 작업이다. 햇가지를 솎아 주면, 포도나무가 에너지를 새로운 햇가지를 생성하는 데 사용하지 않고, 포도의 성숙에 쏟아붓는다.

**손실량 ULLAGE** 와인이 새거나 증발해서 와인병의 목과 어깨 부분 또는 컨테이너 윗부분에 공간이 생기는 것을 말한다. 와인병에 손실량이 큰 경우, 와인이 산화돼서 변질했음을 의미한다. 손실량이 있는 와인은 와인 경매에서 최고가에 입찰될 수 없다.

**솔레라 SOLERA(SP)** 셰리를 숙성시킬 때 어린 와인과 나이든 와인을 단계적으로 혼합하는 복잡한 배럴 시스템이다. 배럴이 가득 채워 있지 않아서 약간의 산화작용이 발생한다. 솔레라에 있던 와인을 솔레라 과정을 거쳤다고 표현한다.

**수렴성 ASTRINGENT** 타닌이 과도하거나 설익었을 때 와인에서 느껴지는 거칠고 건조한 감촉이다. 수렴성은 설익은 호두나 감 등 특정 음식에서도 느껴진다.

**수평적 와인 테이스팅 HORIZONTAL WINE TASTING** 같은 빈티지의 여러 와인을 시음하는 것을 말한다.

**수확률 YIELD** 포도밭의 생산율을 측정하는 수치다. 일반적으로 높은 수확률은 저품질 와인과 관련이 있고, 낮은 수확률은 고품질 와인과 관계된다. 그러나 포도 수확률과 와인 품질의 관계는 그리 단순하지 않다. 즉, 에이커당 포도 생산율이 2톤이라고 해서 에이커당 생산율이 4톤인 경우보다 와인 품질이 반드시 높지는 않다. 유럽을 비롯한 대부분 국가에서는 수확률을 헥타르당 헥토리터로 측정한다. 미국에서는 에이커당 톤으로 계산한다. 대략 에이커당 1톤은 헥타르당 15헥토리터에 해당한다. 현대 포도밭에서는 포도나무 간격이 상당히 좁거나 넓으므로, 에이커당 톤이나 헥타르당 헥토리터보다 포도나무 한 그루당 포도 파운드/킬로그램으로 측정하는 것이 훨씬 정확하다.

**수페리오레 SUPERIORE(IT)** 일반적으로 품질이 높은 와인을 가리킨다. 상급 테루아르에서 생산했으며, 수페리오레 명칭이 없는 기본 와인보다 길게 숙성시킨다.

**숙성 AGING** 와인을 일정 시기 동안 의도적으로 묵히는 과정이다. 그러면 와인의 구성 요소들이 조화롭게 융화돼서 복합미가 높아진다. 와인은 배럴과 병 모두에서 숙성시킬 수 있으며, 와인은 용기에 따라 다르게 진화한다. 와인의 숙성기간은 생산자의 의도에 달려 있지만, 유럽 와인 대부분은 법적으로 최소 숙성기간이 정해져 있다.

**쉐 CHAIS** 와인을 저장하는 지상 시설을 일컫는다.

**쉐터 SHATTER** 쿨뤼르 참고.

**쉬르 리 SUR LIE(FR)** 문자 그대로 '앙금 위에서'라는 뜻이다. 부르고뉴 화이트 와인과 샤르도네 등 일부 화이트 와인은 발효 후에 앙금(죽은 효모)과 접촉한 채로 수개월간 놓아둔다. 이처럼 쉬르 리 숙성을 거친 와인은 크리미하고 둥근 감촉, 복합적인 아로마와 풍미를 띠게 된다. 쉬르 리 숙성기간이 가장 긴 와인은 샴페인과 스파클링 와인으로, 2차 발효 후에 수년간 쉬르 리 숙성을 거친 후 디스고징 단계로 넘어간다. 자가분해 참고.

**슈스레제르베 SÜSSRESERVE(GE)** 발효를 막아서 천연 당분이 그대로 있는 포도즙을 가리킨다. 독일에서는 산도가 높은 와인에 소량의 슈스레제르베를 첨가해서 균형을 맞춘다.

**슈타인페더 STEINFEDER(GE)**
오스트리아 니더외스터라이히주의 바하우 지역에서 알코올 도수가 11.5% 이하이며 가당하지 않은 와인을 일컫는 용어다. 가장 덜 익은 포도로 만들며, 따라서 바하우 와인 중에 보디감이 가장 가볍다.

**슈퍼 소비뇽 SUPER SAUVIGNON**
캘리포니아와 나파 밸리에 새롭게 등장한 고가의 고품질 소비뇽 블랑을 일컫는 용어로 필자가 2018년에 지은 이름이다. 최상급 보르도 화이트 와인을 모델로 삼아 최상급 테루아르에서 생산한 포도로 만든다. 다양한 용기(소형 오크 배럴, 콘크리트 에그, 스테인리스스틸 탱크, 암포라)로 만든 여러 로트의 와인을 블렌딩해서 최종 와인을 만든다.

**슈퍼 투스칸 SUPER TUSCAN**
1970~1980년대, 이탈리아 토스카나의 키안지 지역에서 최초로 만든 와인이다. 이색적인 스타일, 풀보디, 뛰어난 구조감, 강한 타닌감, 진한 오크 풍미를 지닌 레드 와인이다. 카베르네 소비뇽, 메를로, 산지오베제 또는 이 셋을 조합해서 만든다. 슈퍼 투스칸은 저품질 키안티 와인에 대한 반작용으로 탄생했다. 슈퍼 투스칸은 DOC 규정에 부합하지 못했던 탓에 비나 다 타볼라(테이블 와인)로 지정됐다. 그러나 비싼 가격, 호화스러운 이름, 국제 스타일에 감명받은 와인 작가들이 '슈퍼 투스칸'이란 별명을 붙여 줬고, 이제는 이름처럼 자리 잡았다. 현재 슈퍼 투스칸 와인 대부분이 IGT에 지정됐다.

**슈페트레제 SPÄTLESE(GE)** 문자 그대로 해석하면, '늦게 수확한다'는 뜻이다. 그러나 해석과는 달리 전통 독일 시스템에서 슈페트레제는 살짝 설익은 포도로 만든 와인이다. 이보다 더 설익은 포도로 만든 와인을 카비네트라고 부른다. 슈페트레제보다 더 익은 포도로 만든 와인을 아우스레제라고 한다. 슈페트레제는 드라이, 하프 드라이, 세미 스위트 타입으로 생산된다.

**슐로스 SCHLOSS(GE)** '성'이란 뜻이다. 많은 독일 양조장은 중세 시대에 성이었던 곳이 많다.

**스마라크트 SMARAGD(GE)**
오스트리아의 바하우 지역에서 가장 농익은 포도와 풀보디감이 가장 강한 와인을 일컫는 용어다. 스마라크트 와인의 알코올 농도는 최소 12.5%지만, 실제로는 이보다 훨씬 높은 경우가 대다수다. 스마라크트라는 바하우 포도밭에서 한가로이 일광욕하는 밝은 녹색 도마뱀의 이름이기도 하다.

**스모크 테인트 SMOKE TAINT**
스모크 테인트는 2003년 호주에서 처음 발견됐다. 당시 호주, 미국, 유럽 남부에 산불이 발생하면서 스모크 테인트 때문에 수백만 달러어치의 작물 피해를 봤다. 산불 연기에 함유된 휘발성 페놀이 포도 껍질에 쌓인 결과, 와인에서 재떨이 같은 아로마와 풍미가 나게 된 것이다. 연기와의 거리, 연기의 강도, 지속시간, 포도 품종, 성장 시기 등 모든 조건이 스모크 테인트에 영향을 미쳤다. 몇몇 여과 시스템이 스모크 테인트를 제거한다고 알려져 있지만, 연기에 심하게 노출된 포도는 폐기할 수밖에 없다.

**스킨 콘택트 SKIN CONTACT** 와인의 발효 전후 또는 도중에 포도즙을 포도 껍질과 접촉한 채로 놓아둬 껍질에서 아로마, 풍미, 색소가 추출되도록 하는 작업이다. 포도 껍질에서 타닌이 추출되면 포도의 맛이 거칠어지므로 세심한 주의가 필요하다. 스킨 콘택트 기간을 늘린 화이트 와인을 오렌지 와인이라고 한다.

**스티키스 STICKIES** 호주인들이 스위트 와인을 부르는 별칭이다. 늦수확 와인, 호주의 환상적인 주정강화 스위트 뮈스카 와인, 토파크, 주정강화 토니를 아우르는 개념이다.

**스틸 와인 STILL WINES** 스파클링을 제외한 모든 와인을 가리킨다.

**스파이시한, 향신료의 SPICY** 강한 향신료 또는 후추 아로마와 풍미를 지닌 와인을 묘사하는 용어다.

**스파클링 와인 SPARKLING WINE**
거품이 있는 와인을 말한다. 세상에서 가장 유명한 스파클링 와인은 프랑스 샹파뉴 지역의 샴페인이다. 샴페인은 노동집약적인 메토드 샹프누아즈를 통해 개별적 병 속에서 2차 발효가 진행된다. 캘리포니아 스파클링 와인, 스페인의 카바, 프랑스의 크레망 등 전 세계 고급 스파클링 와인이 메토드 샹프누아즈 기법을 따른다. 한편 샤르마 기법으로 대형 탱크에서 2차 발효를 시키는 저렴한 스파클링 와인도 있다. 프로세코가 대표적 예다.

**스테파니 STEFÁNI(GR)** 산토리니의 그리스 화산섬의 혹독함 바람으로부터 포도나무를 보호하기 위해 포도나무를 지면에 가깝게 둥글게 길들여서 스테파니(왕관) 형태로 만드는 방식을 일컫는다. 포도는 스테파니(왕관) 안에서 자라므로 바람의 피해를 보지 않는다.

**스푸만테 SPUMANTE(IT)** 프리잔테와 대비되는, 온전한 스파클링 와인이다. 스푸만테는 '거품이 일다'는 뜻이다.

**스플리트 SPLIT** 소형 와인병이며, 용량은 187.5밀리리터 또는 750밀리리터짜리 표준 병의 1/4 크기다. 이는 샴페인 또는 스틸 와인 1.5잔에 해당한다. 종종 하프 보틀(375밀리리터)와 잘못 혼동해서 사용된다.

**시계방향 DEASIL** '오른손'을 뜻한 켈트어 'deas'와 방향을 뜻하는 'iul'에서 파생된 단어다. 포르투갈의 도루 지역에서 식사 자리에서 포트와인을 시계방향으로 넘기는 것을 의미한다.

**식초 냄새 VINEGARY** 아세트산이 강한 식초 냄새가 나는 와인을 묘사하는 용어다. 와인의 심각한 결점으로 간주한다.

**신세계 NEW WORLD** 식민 지배의 결과로 포도와 와인 양조 기술이 전파된 모든 국가를 총칭하는 용어다. 미국, 호주, 뉴질랜드, 남아프리카공화국, 칠레, 중국 등이 신세계 와인 생산국이다. 넓은 의미에서 신세계 와인은 현대적 포도 재배 및 와인 제조 방법을 의미한다. 구세계 참조.

**신맛 SOUR** 불쾌한 산미가 느껴지는 와인을 부정적으로 묘사하는 용어다.

**실허 SCHILCHER(GE)** 슈타이어마르크 서부에서만 자라는 블라우어 빌트바허 품종으로 만든 로제 와인의 오스트리아식 이름이며, 산도가 매우 높다.

**ᐱᐱ**

**씹히는 CHEWY** 입안을 가득 채우는 덩어리와 점성이 씹히는 듯한 감촉을 가리킨다. 진판델처럼 매우 더운 기후에서 생산한 특정 포도 품종에서 이처럼 씹히는 듯한 느낌이 난다.

**쌉쌀한 BITTER** 와인의 풍미를 나타내는 용어로 와인과 쓴맛에 따라 긍정적 또는 부정적 표현이 될 수 있다. 부정적으로 사용할 때는, 와인에서 과하게 우린 차 또는 탄 커피처럼 혹독하고 메마른 타닌감이 느껴진다. 이런 맛이 나기까지 여러 요인이 있는데, 포도를 으깰 때 의도치 않게 포도 씨가 함께 들어가거나 발효과정에서 포도 줄기가 함께 들어가면 발생하는 과잉 추출 등의 요인이 있다. 설익은 포도도 부정적인 쓴맛의 원인이 된다. 그러면 와인에서 개구리밥을 끓인 듯한 맛이 난다. 그러나 약간의 쓴맛은 긍정적인 특징으로 여겨진다. 이를 고고한 쓴맛이라 부른다. 대표적 예가 게뷔르츠트라미너인데, 오렌지 마멀레이드와 비슷한 시트러스 풍미의 쓴맛이 난다.

**ㅇ**

**아냐다 AÑADA(SP)** 빈티지 연도 또는 수확 연도

**아노 ANO(PO)** 수확 연도

**아뇨 AÑO(SP)** 수확 연도

**아데가 ADEGA(PO)** 와이너리 또는 와인 저장실

**아로마 AROMA** 와인의 냄새를 묘사하는 광범위한 용어다. 엄밀히 따지자면, 와인의 냄새는 아로마와 부케로 구분된다. 전자는 포도에서 비롯된 냄새고, 후자는 와인을 병 속에서 수년간 숙성시킨 결과 생성되는 복합적인 냄새다.

**아르마젬 데 칼로르 ARMAZEM DE CALOR(PO)** 포르투갈 마데이라에서 와인을 가열하는 기업이다. 사우나처럼 열을 가할 수 있게 특수 제작된 공간에 주정강화한 와인을 대형 캐스크에 저장한다. 이 과정은 6개월에서 1년까지 소요된다.

**아르혼디코 ARCHONDIKO(GR)** '샤토'로 번역할 수 있다.

**아마로 AMARO(IT)** 쓴맛을 나타낸다. 이탈리아 와인(레드, 화이트) 중에는 약간의 아마로 특징을 가진 와인이 많으며, 긍정적인 특징으로 여겨진다. 아마로(아마리·amari의 복수형)는 쌉쌀하면서도 단맛과 허브 풍미를 띠는 향긋한 이탈리아산 리큐어를 총칭하는 용어이기도 하다. 전통적으로 식후주 또는 초저녁에 식전주로 마신다. 아마로는 보통 키니네 껍질, 약쑥, 대황, 생강 뿌리, 카다몸, 용담 등 온갖 향신료를 우린 와인을 약하게 주정을 강화해서 만든다.

**아마빌레 AMABILE(IT)** 문자 그대로 해석하면 '다정하다'는 뜻이다.

아보카토보다 단맛이 조금 덜한 와인을 말한다.

**아바디아 ABBADIA(IT)** 수도원, 줄여서 바디아(badia)라고도 한다. 수도원을 와인 양조장으로 개조한 건물이다.

**아보카토 ABBOCCATO(IT)** 살짝 단맛

**아비나레 AVVINARE(IT)** 프랑스어 아비네이 이탈리아식 표현이다.

**아비네 AVINER(FR)** 와인잔을 앞으로 마실 와인으로 헹구는 행위를 가리키는 프랑스 동사다. 서로 굉장히 대비되는 와인을 바꿔 마실 때 주로 사용하는 방법이다. 예를 들어 향긋한 화이트 와인에서 레드 와인으로 바꿔 마실 때 말이다. 염소 처리가 진하게 된 물로 와인잔을 닦았을 때도 와인으로 잔을 헹군다. 아비네는 다른 냄새가 와인의 진정한 아로마를 방해하지 않게 돕는다. 이탈리아어로 아비나레라고 한다.

**아상블라주 ASSEMBLAGE(FR)** 샴페인 또는 스파클링 와인과 관련된 용어로 스틸 와인을 블렌딩하는 것을 가리킨다. 블렌딩한 와인은 최종으로 2차 발효를 거친다. 샴페인은 100개가 넘는 스틸 와인을 아상블라주해서 만든다.

**아세트산 ACETIC ACID** 와인의 맛을 나쁘게 변질시키고, 불쾌하고 날카로운 식초 냄새를 나게 만드는 산이다. 아세트산균(식초를 만드는 데 사용하는 아세토박토 아세티)이 공기와 접촉하면 포도당과 에탄올을 아세트산으로 전환한다. 와인 양조과정에서 와인과 공기의 접촉을 막는 이유도 와인이 식초로 변하는 사태를 방지하기 위해서다. 아세트산의 생성은 다른 화합물, 특히 아세트알데하이드와 에틸아세테이트의 생성을 초래한다. 휘발성 산 참조.

**아세트알데하이드 ACETALDEHYDE** 에탄올과 관련된 화학물질. 발효 초기 단계에서 효모에 의해 자연스럽게

생성되는 휘발성 화합물이다. 발효가 진행되면, 효모는 아세트알데하이드 대부분을 에탄올로 변환시킨다. 따라서 대부분의 테이블 와인에는 아세트알데하이드가 소량만 남게 된다. 일부 와인의 경우, 산화작용으로 인해 아세트알데하이드가 추가로 생성되기도 한다. 추가 생산량이 많아지면 견과류, 톡 쏘는 사과주, 썩은 사과 냄새가 난다. 셰리의 경우 이는 독특한 특징이지만, 테이블 와인에서는 결점으로 간주한다. 아세트알데하이드는 커피와 익은 과일에도 생성된다.

**아세트산에틸 ETHYL ACETATE** 가장 일반적인 와인의 에스터이며, 특히 어린 와인에 달콤한 과일 향을 부여한다. 아세트산에틸은 발효 과정에서 생성되는 에탄올과 아세트산의 자연적인 부산물이다. 와인의 아세트산에틸 농도가 높은 경우, 매니큐어 리무버 같은 냄새가 난다. 아세트산에틸은 용제 또는 희석제로도 사용되며, 커피와 차의 카페인 제거제, 접착제, 향수, 매니큐어 리무버 등 널리 사용된다. 테이블 와인의 아세트산에틸 함량이 높으면, 결함으로 간주한다.

**아소 AH-SO** 오래된 와인의 코르크 마개가 바스러질 정도로 약해진 때에 유용하게 사용할 수 있는 코르크 따개다. 아소는 코르크 중앙을 뚫고 들어가는 스크루가 없다. 대신 양쪽에 달린 두 개의 금속 날이 코르크 양쪽 틈을 비집고 들어간다. 아소를 잡아당기면 부드럽게 비틀리면서 코르크가 빠져나온다. 본래 이름은 마법의 코르크 따개(Matic Cork Extractor)였으며, 1879년에 특허를 받았다. 그런데 1960년대부터 아소라고 불리기 시작했다.

**아슈토 ASCIUTTO(IT)** 드라이

**아이스 ICE** 아이스와인 등 와인이란 단어와 붙여서 사용한다. 또한 '리슬링 아이스'처럼 단독으로 사용하기도 하며, 이런 경우 인위적으로 얼린 포도로 만든 저렴한 와인을 말한다.

**아이스와인 ICEWINE** 아이스바인 참조.

**아이스바인 EISWEIN(GE)** 한겨울에 자연스럽게 얼어붙은 포도를 수확한 다음 부드럽게 압착해서 만든 희귀하고 매우 강렬한 디저트 와인이다. 아이스바인에 표기된 빈티지 연도는 포도를 최종적으로 수확한 연도가 아니라 포도가 자란 주요 연도다. 아이스바인은 산미 덕분에 베렌아우스레제와 트로켄베렌아우스레제보다 기름진 느낌이 적고 활기찬 맛이 특징이다. 아이스바인은 수십 년간 숙성시키며, 가격이 매우 높다. 아이스바인은 독일과 오스트리아뿐 아니라 캐나다에서도 생산되며, 캐나다에서는 아이스와인이라 부른다.

**아우스레제 AUSLESE(GE)** 문자 그대로 '선별해서 수확한다'는 뜻이다. 독일 전통 시스템에서 과숙한 포도로 만든 와인을 가리키는 용어다. 아우스레제 포도보다 살짝 덜 익은 포도로 만든 와인을 슈페트레제라고 한다. 아우스레제 포도보다 더 익은 포도로 만든 와인을 베렌아우스레제라고 한다. 드라이 아우스레제도 있지만, 대체로 약간의 단맛이 있다.

**아우스브루흐 AUSBRUCH(GE)** 부르겐란트에서 생산한 와인을 분류하는 오스트리아 용어다. 아우스브루헤(복수형)는 베렌아우스레제보다 살짝 더 호화로우며, 과숙한 귀부병 포도나 자연적으로 쪼글쪼글해진 포도로 만든다.

**아치엔다 비니콜라 AZIENDA VINICOLA(IT)** 와이너리다. 종종 와인 라벨에 표기된다.

**아치엔다 비티비니콜라 AZIENDA**

**VITIVINICOLA(IT)** 포도를 재배하고 와인을 양조하는 회사다. 종종 와인 라벨에 표기된다.

**아치엔다 아그리콜라 AZIENDA AGRICOLA(IT)** 이탈리아 와인 양조장을 가리키는 용어로, 해당 양조장에서 생산하는 와인에 들어가는 포도를 직접 재배하는 양조장이다. 축약해서 Az. 또는 Ag.라고 표기하며, 이탈리아 와인 라벨에 양조장 이름과 함께 표기되기도 한다.

**아파시멘토 APPASSIMENTO(IT)** 수확한 포도송이를 돗자리, 선반에 넓게 펼치거나 서늘한 특수 건조실에 매달아서 건조하는 과정이다. 수개월이 소요되며, 포도를 건포도화하고 포도 속의 당분을 응축한다. 이탈리아 베네토 지역에 아파시멘토 방식으로 만든 와인이 꽤 많다. 예를 들어 아마로네 드라이 와인과 레초토 델라 발폴리첼라 스위트 와인 등이 있다.

**아펠라시옹 APPELLATION** 와인에 사용된 포도가 재배된 지역을 가리킨다. 아펠라시옹은 법적 규제를 받으며, 장소 외에 훨씬 까다로운 조건을 충족해야 한다. 아펠라시옹 도리진 콘트롤레 참조.

**아펠라시옹 도리진 콘트롤레 APPELLATION D'ORIGINE CONTROLEE(FR)** 원산지 통제 명칭(AOC)은 1935년에 프랑스 법에 제정됐으며, 와인 산지와 관련법을 규정하는 유럽 모델로 여겨진다. AOC 법은 구체적인 포도 재배지뿐 아니라 포도 품종, 생산율, 포도 재배 방식(가지치기, 관개 등), 최소 알코올 함량, 와인 양조법, 숙성기간 등을 규정한다. 마치 동심원처럼 대규모 AOC 안에 소규모 AOC들이 포함돼 있다. 예를 들어 마고 AOC는 오메도크 AOC에 속해 있고, 오메도크 AOC는 이보다 더 큰 보르도 AOC에 속해 있다. 아펠라시옹 참조.

**안토시아닌 ANTHOCYANINS**

레드 와인의 주된 천연 색소다. 화이트 와인에는 안토시아닌 함량이 훨씬 적다. 안토시아닌은 포도 껍질의 세포 성분이다.

**안바우게비트 ANBAUGEBIET(GE)** 재배 지역. 독일의 13개 고품질 와인 산지를 일컫는다. 복수형은 안바우게비테(anbaugebiete)다.

**안나타 ANNATA(IT)** 빈티지 연도 또는 수확 연도

**알마세니스타 ALMACENISTA(SP)** 스페인 남부의 헤레스(셰리) 지역에서 소규모 셰리 솔레라 시스템을 보유한 개인(보통 의사, 변호사, 사업가)을 가리킨다. 가족에게 솔레라를 물려받는 경우가 대부분이다. 보통 유명한 대형 셰리 회사들은 여러 곳에서 구매한 알마세니스타 셰리를 블렌딩해서 복합미를 높인 자체 셰리를 만든다.

**알코올 ALCOHOL** 발효과정에서 효모가 천연당을 알코올(에틸알코올 또는 에탄올)과 이산화탄소로 변환시킨다. 포도가 익을수록 당분 함량이 많아져서 잠재적 알코올 도수도 높아진다. 독일의 리슬링처럼 알코올 도수가 낮은 와인은 라이트 보디감을 띤다. 캘리포니아 진판델처럼 알코올 도수가 높은 와인은 풀 보디감을 띠며, 씹히는 듯한 느낌이 느껴진다. 알코올 도수는 높은데 산도가 낮은 와인은 균형감이 무너져서 입과 목에서 화끈거리는 느낌이 든다. 이런 와인을 뜨겁다고 표현한다.

**알테 레벤 ALTE REBEN(GE)** 독일과 오스트리아에서 오래된 포도나무를 일컫는 용어다.

**암포라 AMPHORA** 고대 이집트, 그리스, 로마, 근동, 지중해 문명에서 와인을 저장하고 운반하는 데 사용한 토기다. 타원형 용기의 위쪽에 두 개의 큼직한 손잡이가 달려서 운반이 쉬웠다. 또한 용기의 바닥은 뾰족해서 무른 땅이나 모래에 파묻어서 똑바로 세웠다. 암포라를 배로 운반할 때는 손잡이에 줄을 꿰어서 다른 암포라에 단단하게 고정했다. 주방 쓰레기통부터 냉장고 크기까지 다양하다. 암포라에는 와인의 출처와 생산 일자 등의 정보가 적혀 있거나 도장이 찍혀 있었다. 오늘날 암포라에 만드는 현대 와인도 있다. 크베브리 참조.

**압착, 압착기 PRESS** 포도를 압착해서 즙을 추출하는 과정이다. 압착기는 포도를 압착하는 장치이며, 여러 종류가 있다. 가장 오래되고 단순한 압착기는 바구니형 압착기다. 이보다 현대적인 장치는 블래더 프레스(bladder press)다. 블래더 프레스는 대형 원통 중앙에 유연한 공기 튜브(블래더)가 달려 있다. 블래더가 부풀면서 압착기 내벽을 향해 포도를 부드럽게 압착한다.

**앙 프리뫼르 EN PRIMEUR(FR)** 와인이 출시되기 전에 구매하는 것을 말한다. 예매구매(Future Buying)라고도 한다. 수집가들은 앙 프리뫼르로 와인을 구매하면, 특정 와인을 확실하게 확보할 수 있다. 최상급 샤토에서 생산되는 보르도 와인들은 대부분 앙 프리뫼르로 판매된다.

**앵페리알 IMPERIAL** 보르도에서 대형 병을 일컫는 용어이며, 앵페리알의 용량은 표준 와인 8병(6리터) 또는 와인 약 40잔에 해당한다. 이와 같은 크기의 샴페인과 부르고뉴 와인을 므두셀라라 부른다.

**어수 ASZÚ(HU)** 보트리티스 시네레아 유익균에 감염되어 쪼글쪼글해진 포도를 가리킨다. 어수 포도는 헝가리에서 가장 유명하고 값비싼 토커이 어수 스위트 와인을 만드는 데 사용한다. 헝가리의 토커이 어수는 프랑스의 소테른과 같다.

**에노테카 ENOTECA(IT)** 과거에 와인병들을 진열한 와인 도서관을 의미하는 용어였다. 현재는 선별된 와인 컬렉션을 시음할 수 있는 와인 바를 가리킨다. 시에나에 있는 에노테카 이탈리아나는 이탈리아에서 가장 유명한 에노테카로, 한때 메디치 요새였다.

**에데스 EDES(HU)** 약간 달콤한 와인을 가리키는 용어다. 주로 사모로드니에 적용되는 단어다. 토커이 헤지얼여 지역에서 토커이 어수를 만들 만큼 귀부병에 충분히 걸리지 않은 포도로 만든 와인 타입이다. 사모로드니는 약간 달거나 드라이(사라즈)하다.

**에델포일레 EDELFÄULE(GE)** 보트리티스 시네레아를 가리킨다. 독일과 오스트리아의 호사스럽고 달콤한 베렌아우스레제와 트로켄베렌아우스레제는 에델포일레의 도움으로 만들어진다.

**에르다드 HERDADE(PO)** 르투갈 남부의 전형적인 와인 양조장 또는 대형 부지를 가리킨다.

**에스테르 ESTER** 자연에서 익은 과일과 꽃의 아로마를 형성하는 모든 방향족 화합물을 일컫는다. 와인에서 에스테르는 발효 과정에서 생성된다. 에스테르는 와인에 매력적이거나 불쾌한 아로마를 부여한다.

**에스테바 ESTEVA(PO)** 포르투갈 도루 지역의 산에서 자라는 멘톨과 비슷한 수지성 관목이다. 이곳 와인의 아로마를 형성하는 데 이바지한다고 알려져 있다.

**에스투파젬 ESTUFAGEM(PO)** 마데이라 와인 양조과정에서 와인을 가열하는 단계를 뜻한다. 생산하는 와인 품질에 따라 여러 방식이 있다. 가장 기본적인 방식은 아르마젬 드 칼로르이며, 주정강화한 베이스 와인을 담은 컨테이너를 평균 온도 45℃로 가열한 방에 6개월 이상 놓아둔다. 한편 최고급 마데이라를 만들기 위해서는 칸테이로 방식을 사용한다. 컨테이너를 창고 다락방에 20년 이상 놓아두는 방식인데, 마데이라의 강렬한 태양 덕분에 다락방이 엄청나게

뜨거워진다.

**에어스테스 게벡스 ERSTES GEWÄCHS(GE)** 라인가우 지역에서 1등급을 가리키는 용어다. 2006년 전에 고품질 리슬링 또는 피노 누아 드라이 와인을 가리키는 용어로 널리 사용됐다. 현재는 생산자들이 VDP 용어를 도입함에 따라 사용 빈도가 줄었다.

**에어스테 라게 ERSTE LAGE(GE)** 1등급 포도원을 가리키며, 부르고뉴의 '프르미에 크뤼'와 비슷하다. 보통 라벨에 표기된다. VDP(Verband Deutscher Prädikatsweingüter) 회원들이 이 명칭을 사용한다.

**에탄올 ETHANOL** 와인에서 가장 주된 알코올 타입이다. 에탄올과 물은 와인의 약 97%를 차지한다. 나머지는 아로마, 풍미, 색깔을 형성하는 화합물로 1조분의 1(ppt)로 측정될 정도로 극미량에 해당한다.

**에티케타 ETICHETTA(IT)** '라벨'이라는 뜻이다.

**에피트라페지오스 오에노스 EPITRAPEZIOS OENOS, EO(GR)** 그리스에서 가장 단순한 와인 등급이며, 프랑스의 뱅 드 타블르 또는 테이블 와인과 동급이다.

**엑스트라드라이 EXTRA-DRY** 가장 드라이한 샴페인과 스파클링 와인이며, 리터당 당분이 12~17g(1.2~1.7%)이다. 엑스트라드라이 스파클링 와인은 브뤼보다 당도가 살짝 더 높다.

**엑스트라 세코 EXTRA SECO(SP)** 엑스트라드라이를 의미하는 스페인 용어다.

**엑스트라 브뤼 EXTRA BRUT(FR)** 매우 드라이한 샴페인 또는 스파클링 와인이며, 리터당 당분이 6g(0.6%) 미만이다. 엑스트라 브뤼 스파클링 와인은 브뤼보다 더 드라이하다.

**엔가라파도 ENGARRAFADO(PO)** '병입한'이란 뜻이다.

**엔 라마 EN RAMA(SP)** 문자 그대로 '정제되지 않은 상태'라는 뜻이다. 봄철 플로르가 가장 걸쭉한 상태에서 정제하지 않고 배럴에서 따라 낸 희귀한 피노 또는 만사니야 셰리의 이름이다. 엔 라마 셰리는 굉장히 신선하고 생생하며 취약하므로 몇 달 이내에 소진해야 한다.

**여과하지 않은 UNFILTERED** 와인을 맑게 하고 원치 않는 효모, 박테리아, 기타 화합물을 제거하기 위한 여과 과정을 거치지 않은 와인을 말한다. 여과 작업이 와인의 고유한 아로마, 풍미, 질감을 해친다고 생각하는 와인 양조자는 와인을 여과하지 않는다. 여과하지 않은 와인은 여과한 와인보다 투명도가 낮다. 와인을 여과하지 않아도, 타닌과 큰 입자를 제거하기 위해 정제 과정을 거칠 수 있다.

**여로보암 JEROBOAM** 부르고뉴와 샹파뉴에서 대형 병을 일컫는 용어이며, 용량은 표준 크기의 와인 3병(3리터)과 같다. 여로보암을 더블 매그넘이라 부르기도 한다. 보르도의 여로보암은 이보다 크기가 더 크며, 용량은 5리터다. 역사적으로 대형 병은 성경에 등장하는 왕들의 이름을 땄다. 여로보암은 이스라엘 북부 왕국을 다스렸다.

**여우 같은 FOXY** 콩코드 등 미국 품종으로 만든 와인에서 풍기는 동물의 털처럼 야생적이고 사탕 같은 아로마와 풍미를 표현하는 용어다. 섹시함, 여우와는 아무런 상관이 없다. 콩코드 와인의 포도사탕 풍미는 에스터(메틸안트라닐산)에서 비롯된 것이다. 이는 포도 맛 소다, 포도 맛 껌, 포도 맛 쿨에이드 등의 향료로도 쓰인다.

**연기 냄새 SMOKY** 심하게 토스팅한 배럴에서 와인을 숙성시킨 경우, 희미한 연기 냄새가 나기도 한다. 재떨이 맛이 날 정도로 연기 냄새가 심한 와인은 스모크 테인트 피해를 봤을 것으로 추정된다.

**얇은 THIN** 특특징과 응축도가 부족한 묽은 맛의 와인을 묘사하는 표현이다. 설익은 포도나 생산율이 매우 높은 포도로 만들었기 때문에 이런 맛이 난다.

**오도르, 냄새 ODORS** 포도 품종, 발효, 숙성의 결과로 와인에서 풍기는 냄새를 총칭하는 단어다. 과일, 베리류, 꽃, 흙, 효모, 잎, 허브, 채소, 버섯, 향신료, 견과류, 나무, 고기, 올리브 등 다양한 풍미가 존재한다.

**오드비 EAU-DE-VIE(FR)** 문자 그대로 '생명의 물'이란 뜻이다. 오드비는 과일, 와인, 포마스(압착 찌꺼기)를 증류해서 만든 맑은 브랜디 또는 증류주다.

**오렌지 와인 ORANGE WINE** 화이트 와인을 포도 껍질과 수개월간 발효시킨 와인을 말한다. 이런 와인은 스킨 콘택트 방식 때문에 오렌지색을 띤다. 많은 오렌지 와인이 암포라 또는 조지아 크베브리로 만든다. 조지아에서는 오렌지 와인을 앰버 와인이라 부르길 선호한다.

**오르츠바인 ORTSWEIN VDP(GE)** VDP 회원들이 사용하는 명칭이며, 품질이 좋지만 훌륭한 수준은 아닌 포도밭을 가리킨다. 부르고뉴의 '마을 와인(빌리지 와인)'과 비슷하다.

**오이듐 OIDIUM** 포도나무에 영향을 미치는 곰팡이며, 흰가룻병 균이라고 한다. 잎의 뒷면을 보면, 흰 가루 형태의 반점으로 뒤덮여 있다. 오이듐은 열악한 품질의 와인과 작물 생산량 저하로 이어진다. 황산구리 같은 살진균제 또는 황으로 오이듐을 없앨 수 있다.

**오크통을 사용하지 않은 UNOAKED** 오크 배럴과 접촉한 적이 없는 와인을 가리킨다. 대신 스테인리스스틸 탱크 또는 콘크리트 통에 와인을 발효시킨다.

**오크 풍미의 OAKY** 와인을 오크 배럴에서 발효 및 숙성시키는 과정에서 생성되는 토스트, 나무, 바닐라 향과 풍미를 묘사하는 단어다. 오크 배럴이 새것일수록 오크 특징도 강해진다.
보통 와인을 오크통에 오래 놓아둘수록
오크가 와인에 미치는 영향도 커진다.

**오프드라이 OFF-DRY** 약간
달짝지근한 와인을 가리킨다.
리터당 잔당이 9~30g(0.9~3%)이면
오프드라이로 간주한다. 드라이 참조.

**와인 양조학 ENOLOGY** 와인 양조에
관한 학문으로, 포도 재배학과는
다르다. 'oenology'라고도 표기하며,
그리스어로 '와인'을 뜻하는
'oinos'에서 파생됐다.

**와인 양조학 VINICULTURE** 와인
양조에 관한 학문이다. 포도 재배학에
비해 덜 사용하는 용어다.

**와인 양조학 OENOLOGY** 와인 양조학
참조.

**와인 양조자 VINTNER** 와인을
양조하고 판매하는 사람을 말한다.
보통 와이너리를 소유하고 와인
양조자를 고용하는 사람을 가리킨다.

**와인의 VINOUS** '와인과 같은'이란
뜻이다.

**웩슬레 OECHSLE(GE)** 독일에서
포도의 성숙도를 나타내는 척도다.
물리학자 페르디난드 웩슬레가
19세기에 개발했으며, 포도즙 또는
머스트의 무게를 측정한다. 머스트는
주로 당과 산으로 구성돼 있으므로,
머스트의 무게가 곧 당도의 척도가
된다. 전통 독일 와인의 성숙도
범주(카비네트, 슈페트레제 등)는
웩슬레 등급을 기반으로 한다. 웩슬레
등급은 품종과 와인 산지마다 다르다.

**외이 드 페르드리 OEIL DE
PERDRIX(FR)** 직역하면 '자고새의
눈'이란 뜻이다. 연한 로제 와인의
색을 가리킨다.

**우바 UVA(IT)** '포도'란 뜻이다.

**우아한 ELEGANT** 섬세하고 정교한
와인을 묘사하는 용어다.

**유기농 포도 재배 ORGANIC
VITICULTURE** 유기농 포도 재배법은
밭에 제초제, 살충제, 살균제를
사용하지 않는다. 그러나 각 나라와
주에 따라 방식, 기준, 인증이 다르다.
또한 논란이 많은 부분도 있다. 예를
들어 포도밭에 제한된 양의 황과
황산구리 사용을 허용하는 문제다.
한편 유기농 포도와 유기농 와인도
구분해야 한다. 일부 국가에서는
유기농 와인에 황을 첨가하지 않지만,
유기농 포도에는 황을 사용할 수도
있다.

**유전자 감식 DNA TYPING** DNA를
분석해서 포도 품종, 부모 품종, 포도 간
유전적 관계를 밝힌다.

**육중한 FAT** 과일 풍미가 짙은 풀보디
와인의 질감을 나타내는 표현이다.
보통 육중한 와인은 균형을 잡아줄
산미가 부족하다.

**으깨다, 크러시 CRUSH** 동사일 때는
발효를 촉진하기 위해 포도 껍질을
터뜨려서 포도즙을 압착하는 행위를
나타낸다. 명사일 때는 발효 전의 모든
단계(수확 등)를 총칭하는 용어다.

**이산화탄소 CARBON DIOXIDE**
발효과정에서 효모는 당을 알코올로
변환시킨다. 이 과정에서 다량의
이산화탄소($CO_2$)가 부산물로
생성된다. 이산화탄소는 탱크의
뚜껑을 닫지 않아도, 와인 표면에
얇은 막을 형성해서 공기와의 접촉을
막아준다. 발효가 끝나면, 이산화탄소
가스는 소멸한다. 샴페인과 스파클링
와인처럼 병 속에서 발효시키는
경우, 이산화탄소 가스가 병 속에
갇혀서 와인에 용해되고, 병 속 기압이
높아진다. 병을 개봉하면, 녹아 있던
가스가 폭발하며 기포를 형성한다.
와이너리 직원들은 발효 탱크를 극도로
세심하게 다뤄야 한다. 이산화탄소
수치가 매우 높기 때문이다. 만약
고농축된 이산화탄소에 직접적으로
노출되면, 호흡수, 심박수, 심부정맥이
급증해서 의식을 잃을 위험이 있다.

**이스테이트 보틀드 ESTATE
BOTTLED** 와인 생산국마다 구체적인
정의가 달라진다. 미국에서는
와이너리가 100% 와인을 생산하고
병입한 경우에만 이스테이트
보틀드라는 용어를 사용할 수 있다.
그리고 해당 와이너리가 소유하고
통제하는 토지에서 재배한 포도만
사용해야 한다. 이때 토지와
와이너리는 같은 포도 재배지역 내에
있어야 한다. 그러나 재배구획이
연속으로 붙어 있지 않아도 된다.

**이취, 악취 OFF FLAVORS, OFF
ODORS** 열악한 관리와 보관 상태
때문에 발생하는 불쾌한 맛과
냄새(꿉꿉함, 곰팡이, 사우어크라우트
냄새). 이취는 보통 테인트보다
약하지만, 와인의 맛을 떨어뜨리는
요인이 되기에는 충분하다.

**인디카치오네 제오그라피카 티피카
INDICAZIONE GEOGRAFICA
TIPICA, IGT(IT)** '전형적인 지역
표시'라는 뜻이다. IGT 등급은
1992년에 만들어졌으며, 비노 다
타볼라 기본 와인보다 품질이 훨씬
높지만, DOC/DOCG 규정을
충족하지 못하는 와인을 가리킨다.
예를 들어 많은 슈퍼 투스칸이 IGT
등급이다. IGT 등급 와인은 주로
국제적인 스타일로 만들어지기 때문에
DOC/DOCG 규정이 허용하지 않는
품종을 사용한다.

**임보틸리아토 다 IMBOTTIGLIATO
DA(IT)** '~에 의해 병입되다'라는
뜻이다. 뒤에 생산자 이름을 붙인다.

**임보틸리아토 알로리지네
IMBOTTIGLIATO
ALL'ORIGINE(IT)** '원산지에서
병입했다'는 뜻이다. 양조장에서 직접
재배한 포도로 와인을 양조하고 병입한
경우에만 이 용어를 사용할 수 있다.

**ㅈ**

**자가분해 AUTOLYSIS** 죽은 효모
세포가 분해되는 과정을 말한다.
와인이 쉬르 리 숙성 중일 때, 죽은

효모와 접촉한 상태에서 발효가 진행된다. 효모 세포벽이 무너지고 효소가 스스로 세포를 분해하기 시작하면서 다당류, 아미노산, 기타 화합물이 추출된다. 이들은 비스킷 풍미, 크리미한 질감, 묵직한 보디감, 훌륭한 복합미를 부여한다. 샴페인과 스파클링 와인은 병 속에서 2차 발효가 끝난 후 때론 수년간 쉬르 리 숙성을 거쳤다가 데고르주망 작업을 통해 죽은 효모를 제거한다. 이때 자가분해는 두 와인에 매우 뚜렷한 영향을 미친다.

**잔당 RESIDUAL SUGAR** 발효과정에서 알코올로 전환되지 않고 와인에 남아 있는 천연 포도당이다. 와인에 잔당이 소량 있어도, 산도가 높으면 드라이하게 느껴진다. 와인 생산자들은 라벨에 잔당을 표기할 의무는 없다.

**잼 같은 JAMMY** 농후하고 응축된 베리류 잼 같은 질감을 가진 와인을 묘사하는 단어다.

**저온 발효 COLD FERMENTATION** 스테인리스스틸 탱크처럼 온도를 낮출 수 있는 용기에서 발효시키는 것을 말한다. 저온 발효는 고온에서 발효시키는 것보다 느리고 부드럽게 진행되므로 신선한 과일 풍미와 아로마가 보존된다. 미디엄 보디의 라이트한 화이트 와인은 저온 발효하는 경우가 많다.

**저온 안정화 COLD STABILIZATION** 일반적인 와인 양조기법으로, 주로 화이트 와인에 사용한다. 와인을 0℃보다 조금 더 높은 온도로 급속하게 냉각한 후 최대 3주간 유지한다. 온도가 급락하면서, 타르타르산과 기타 분자들이 가시적인 결정체 형태로 바닥에 가라앉는다. 와이너리에서 저온 안정화 처리를 하지 않은 화이트 와인의 경우, 소비자가 냉장고에 보관하면 타르타르산 결정의 침전물을 발견할 수 있다. 타르타르산 결정은 무취 무맛이며 인체에 해롭지 않지만,

눈송이 모양의 결정체가 유리 조각을 닮아서 보기에 불편할 수 있다. 따라서 와인 양조자들은 의도적으로 저온 안정화 처리를 한다. 레드 와인에는 결정이 잘 보이지 않기 때문에, 저온 안정화를 거의 하지 않는다.

**전통 샴페인 양조법 TRADITIONAL METHOD** 스파클링 와인 양조법으로 메토드 샹프누아즈라고도 한다. 와인을 대형 탱크나 통 대신 개별적 병에서 2차 발효(기포 생성)를 시키는 방법이다.

**전형성 TYPICITY** 역사적으로 전형적인 와인의 지역적 특성을 말한다. 와인의 전형성은 와인의 맛과는 아무런 상관이 없다. 유럽의 특정 와인 산지에서는 명칭 지위를 획득하려면 법적으로 요구하는 전형성을 충족해야 한다.

**점성이 있는 VISCOUS** 시럽처럼 입안에서 느리게 움직이는 특징을 지닌 와인을 묘사하는 용어다. 스위트 와인과 알코올 함량이 높은 와인은 드라이 와인과 알코올 함량이 낮은 와인보다 점성이 높다.

**접목 GRAFT** 포도나무의 서로 다른 부위를 접붙이는 과정이다. 주로 대목과 어린 가지를 접붙이며, 두 부위는 서로 다른 종에 속한다. 접목은 주로 온실(벤치 접목) 또는 포도밭(현장 접목)에서 이루어진다. 만약 접목 기술이 없었다면, 세계의 수많은 포도밭이 필록세라 해충에 감염돼서 사라졌을 것이다.

**정제 FINING** 와인의 질감을 부드럽게 만드는 작업이다. 와인에 젤라틴, 달걀흰자, 부레풀 등의 단백질 응고제를 하나 또는 둘 이상 첨가한다. 응고제는 타닌 분자에 달라붙어서 타닌과 함께 용기 바닥으로 가라앉는다. 와인의 색깔을 투명하게 만들 때도 와인을 정제한다. 벤토나이트라는 점토를 사용해서 와인을 탁하게 만드는 부유물질들을

제거한다.

**정제하지 않은 UNFINED** 큰 입자와 타닌을 제거하기 위한 정제 과정을 거치지 않은 와인을 말한다. 일부 와인 양조자들은 정제 과정이 와인의 풍미와 질감을 해친다고 믿는다. 와인을 정제하지 않아도, 여과 작업은 할 수 있다. 여과 참조.

**젖산 발효 MALOLACTIC FERMENTATION** 1차 발효 직후에 자연적으로 일어나는 발효이며, 인위적으로 유도하기도 한다. 젖산 발효는 와인 속의 날카로운 말산을 부드러운 젖산으로 전환한다. 그 결과, 와인의 아삭함이 줄어들고 크리미한 느낌이 강해진다. 젖산 발효는 말산 발효 박테리아에 의해 발생한다. 젖산 발효 과정에서 디아세틸이 생성되며, 이는 화이트 와인에 버터리한 특징을 가미하지만, 레드 와인에서는 인지하기 힘들다.

**제네릭 와인 GENERIC** 미국에서 법적 통제를 받지 않는 범주로 분류되는 저렴한 와인을 가리킨다. 제네릭 와인의 라벨에 '샤블리', '라인', '셰리', '부르고뉴' 등의 문구가 표기돼 있어도 진짜 유럽 와인과는 전혀 닮지 않았다.

**젝트 SEKT(GE)** 스파클링 와인을 일컫는 독일 용어다. 유럽에서 재배한 모든 포도로 만들 수 있다. 독일에서는 와인 라벨에 'Deutscher Sekt'라고 표기한다. 젝트 대부분은 샤르마 기법으로 만든다.

**주석산 TARTRATES** 차가운 화이트 와인에 떠다니거나 코르크 마개 또는 와인병 바닥에 붙어 있으며, 작은 유리 조각 또는 눈 결정처럼 생겼다. 주석산은 무취, 무맛이며 인체에 유해하지 않다. 주석산이 생기는 이유는 온도가 급락하면서 액체 상태였던 산이 고체로 변하기 때문이다. 와인 생산자가 와인을 병입하기 전에 저온 안정화 처리를 하지 않으면, 소비자가 냉장고에

와인을 넣었을 때 주석산 침전물이 생길 수 있다. 요리에 사용하는 주석산은 주석영이라 부른다.

**주정강화 FORTIFIED** 포트, 셰리처럼 포도 증류주(맑은 브랜디)를 첨가해서 알코올 함량을 높인 와인이다. 주정강화 와인 대부분의 알코올 함량은 16~20%다.

**줄기 CANE** 초록색 포도나무 햇가지가 황갈색의 단단한 섬유질 줄기로 변한 것을 가리킨다. 햇가지는 다가오는 겨울을 대비하기 위해 줄기로 변한다. 포도나무 줄기는 늦겨울에 가지치기한다. 가지치기 참조.

**줄기 냄새 STEMMY** 가시덤불의 풋풋한 아로마 또는 와인 발효에 사용된 포도 줄기 풍미를 묘사하는 용어다.

**줄기 제거기 STEMMER** 포도에서 줄기를 제거하는 기계다. 압착기와 결합한 기계를 압착기 겸 줄기 제거기라고 부른다.

**지로팔레트 GYROPALETTE** 화단백석(girasol)이라고도 불린다. 스페인어로 '해바라기'라는 뜻이다. 스페인에서 최초로 발명했으며, 전통 샴페인 양조과정에서 리들링 작업을 자동화하는 기계다. 손으로 리들링한 스파클링 와인과 풍미의 차이가 없다. 현재 샹파뉴 지역을 비롯한 전 세계에서 지로팔레트를 사용한다.

## ㅊ

**채소 냄새 VEGETAL** 완두콩, 아스파라거스, 아티초크 통조림이나 채소 스튜를 연상시키는 불쾌한 아로마와 풍미가 있는 와인을 묘사하는 단어다.

**취목 LAYERING** 포도나무 줄기를 휘어서 휜 가지의 한쪽 끝을 땅속에 묻고 뿌리를 내리게 하는 번식법이다. 땅속에 묻힌 부분이 뿌리를 내려서 물과 영양분을 흡수하기 시작하면, 두 나무의 연결 부위를 잘라 내서 각자

독립적으로 자라게 한다. 주로 유럽 포도원에서 사용하는 방법이며, 일부 포도나무를 교체해야 할 때 사용한다.

**침묵하는 DUMB** 와인이 일시적으로 무맛 또는 중성적인 맛이 나는 것을 묘사한 용어다. 와인을 병입한 직후 또는 거북한 단계를 거치면 와인이 침묵할 수 있다. 어떤 와인은 침묵하고, 또 어떤 와인은 왜 침묵하지 않는지는 아직 완전히 밝혀지지 않았다. 보틀 쇼크 참조.

**침전물 SEDIMENT** 타닌, 색소 등 숙성된 와인에 침전되지만 해가 없는 입자들을 일컫는다. 침전물의 존재는 부정적인 것이 아니다. 많은 최고급 와인도 숙성시키면 침전물이 생성된다.

## ㅋ

**카르투슈 CARTOUCHE** 와인병에 새겨진 긴 타원형 문양으로, 샤토뇌프 뒤 파프 지역의 와인에서 주로 발견된다. 과거에 프랑스 군인이 사용한 소형화기용 화약통을 의미하는 프랑스어 단어였다. 이집트에서 여러 차례 전쟁에 참전했던 프랑스 군인들은 화약통 형태가 고대 이집트 상형문자의 타원형 포식과 같다는 것을 발견한 이후, 이를 카르투슈라고 부르게 됐다.

**카바 CAVA(SP)** 전통 샴페인 방식으로 양조한 스페인 스파클링 와인을 말한다. 카바는 바르셀로나 부근인 스페인 중북부의 페네데스 지역 특산품이지만, 스페인 전역에서 생산된다. 2015년, 스페인 스파클링 와인 생산자 중 카바 관련 규정이 충분하게 엄격하지 않다고 느낀 무리들이 카바 외에 코르피나트라는 새로운 등급을 만들었다.

**카바 파라헤 칼리피카도 CAVA PARAJE CALIFICADO(SP)** 일반 카바보다 엄격한 조건을 충족하는 싱글 빈야드 카바를 일컫는 용어다. 예를 들어 최소 36개월간 쉬르 리 숙성을 거쳐야 한다.

**카비네트 KABINETT(GE)** 독일 전통 시스템에서 카비네트는 갓 익은 포도로 만든 와인을 가리킨다. 카비네트 와인은 라이트 보디이며, 알코올 도수가 낮다. 카비네트보다 조금 더 익은 포도로 만든 와인을 슈페트레제라고 한다. 카비네트 와인은 드라이, 오프드라이, 세미 스위트 버전으로도 만들어진다.

**카사 비니콜라 CASA VINICOLA(IT)** 주로 구매한 포도로 와인을 만드는 와인 회사를 가리킨다. 직접 재배한 포도로 와인을 만드는 양조장과 대비되는 개념이다.

**카스타 CASTA(PO)** '포도 품종'이란 뜻이다.

**카스텔로 CASTELLO(IT)** '성'이란 뜻이다. 많은 유명 이탈리아 양조장이 과거에 성이었다.

**카이유, 자갈 CAILLOUX(FR)** 고대 강이나 빙하가 남긴 돌멩이와 자갈을 가리킨다. 자갈밭에서 포도나무가 자라는 게 불가능해 보이겠지만, 프랑스의 샤토뇌프 뒤 파프, 워싱턴 왈라 왈라 마을 부근의 더 록스 디스트릭트 오브 밀턴 프리워터 등 유럽과 미국 지역에 실제로 자갈로 가득한 포도밭이 존재한다.

**칸테이로 CANTEIRO(PO)** 최상급 마데이라 와인을 숙성시키는 전통 방식이다. 와인 양조자의 창고(lodge)에 있는 방에 최상급 마데이라 와인이 담긴 캐스크를 놓는다. 마데이라의 더운 기후가 방안에 엄청난 열기를 생성한다. 보통 캐스크를 약 20년간 놓아둔다. 심지어 100년 이상 묵혀 두기도 한다.

**칸티나 CANTINA(IT)** 주로 피에몬테에서 와인 저장실 또는 와이너리를 가리키는 용어다.

**캐노피 CANOPY** 포도나무의 잎과 햇가지가 뒤엉켜 있는 것을 말한다. 포도 재배자가 포도를 캐노피 형태로 길들인다. 캐노피는 단순한 관목형으로

길들이거나, 격자 구조물을 타고 올라가도록 길들여서 우산처럼 만든다. 캐노피는 포도송이를 일부분 가려서 뜨거운 산지에서 포도가 화상을 입지 않도록 막아 준다.

**캡 CAP** 레드 와인의 발효과정에서 생기는 깊이 60m 이상의 두꺼운 층이다. 포도즙 표면에 떠오른 포도 껍질, 과육, 줄기, 씨로 구성된다. 캡과 포도즙의 접촉을 유지하기 위해 여러 기법을 사용한다. 펀칭 다운 또는 펌핑 오버 기법을 사용해서 탱크 아래쪽 와인을 솟아오르게 해서 캡과 섞이게 만든다. 그러면 캡에서 색소, 아로마, 풍미가 추출된다. 만약 캡을 깨뜨리지 않고 포도즙 위에 그대로 두면, 결국 말라서 아세트산 박테리아의 온상이 된다. 그러면 와인이 영구히 변질돼서 식초로 변한다.

**캡슐 CAPSULE** 와인 병목 윗부분과 코르크 마개를 감싸는 플라스틱, 바이메탈 또는 알루미늄 피복이다. 동물이나 벌레로부터 코르크를 보호하기 위해 캡슐을 씌운다. 과거에는 캡슐을 나이프나 코르크 따개로 쉽게 벗기기 위해서 납을 넣었다. 그러나 1996년, 미국은 건강에 해롭다는 이유로 모든 와인 캡슐의 납 함유를 금지했다.

**코레르 에스칼라스 CORRER ESCALAS(SP)** 문자 그대로 해석하면 '음계를 연주한다'는 뜻이다. 셰리를 만드는 솔레라 시스템에서 소량의 와인을 한 배럴에서 빼내어 다른 배럴에 채우는 과정을 연속으로 반복하는 행위를 가리킨다.

**코르동 CORDON** 철사 지지대를 사용해서 포도나무 몸통에서 가로로 뻗도록 길인 가지다. 코르동은 햇가지와 포도송이를 지탱한다.

**코르크 테인트, 상한 코르크 냄새 CORKED(CORK TAINT)** 젖은 양치기 개, 축축한 지하실, 곰팡이 핀 젖은 판자 등 변질된 와인에서 나는 냄새를 말한다. 코르크 테인트는 TCA(2-4-6 trichloroanisole)가 원인이다. 코르크, 오크 배럴, 양조 장비, 판자 포장재에 붙어 있던 미생물 화합물이 와인에 확산된 것이다. 2013년 오사카대학 연구소의 발표에 따르면, TCA 자체에서 악취가 나는 게 아니라, 와인을 마시는 사람의 후각을 억제하고 뇌를 자극해서 불쾌한 냄새가 난다는 잘못된 신호를 보내는 것이라고 한다. 와인을 잔에 따르면, 코르크 냄새가 더욱 심해지지만, 와인 자체가 인체에 해롭지는 않다. 모든 와인(스파클링 와인 포함)은 품질이나 가격과 상관없이 모두 코르크 냄새에 오염될 수 있다. 그러나 코르크 생산의 처리 및 사전검열 과정과 와이너리의 위생 상태가 크게 개선됨에 따라 코르크 테인트 발생 비율이 감소하고 있다.

**코르피나트 CORPINNAT(SP)** 스페인 코르피나트 협회가 정한 엄격한 기준을 준수하는 생산자가 만든 고품질 스페인 스파클링 와인이다. 와인은 페네데스 지역의 100% 지속 가능한 유기농법 포도밭에서 생산해야 한다. 품종은 90% 이상이 재래종이고, 손으로 수확해야 한다. 또한 전통 샴페인 방식으로 양조해야 한다. 모든 와인 양조과정이 해당 양조장에서 이뤄져야 한다.

**코뮌 COMMUNE(FR)** 보통 AOC에 해당하는 작은 마을이다. 보르도에서는 마르고, 포이약, 생줄리앙, 생테스테프 코뮌이 유명한 AOC다. 코뮌은 프랑스에서 가장 작은 행정 단위다.

**코세차 COSECHA(SP)** 수확 연도 또는 빈티지

**콘세호 레굴라도르 CONSEJO REGULADOR(SP)** 해당 지역에 와인 관련 규정을 통제하는 자치기관이다. 지역의 경계, 포도 품종, 최대 생산율 등을 통제한다. 스페인의 모든 원산지 명칭(DENOMINACIÓN DE ORIGEN) 와인 산지에는 콘세호 레굴라도르가 있다.

**콜레이타 COLHEITA(PO)** '수확'이란 뜻이다. 싱글 빈티지에 수확하고 숙성시킨 토니 포트를 일컫는 말이기도 하다. 콜레이타 포트는 매우 희귀하다.

**교잡종, 교배종 CROSS** 같은 종(specie)에 속하는 다른 품종을 서로 교배해서 개발한 품종이다. 의도적으로 만든 교배종도 있지만, 자연적인 교잡종도 있다. 카베르네 소비뇽은 약 500년 전에 카베르네 프랑과 소비뇽 블랑이 자연교잡 해서 탄생했다. 유럽 비티스 비니페라에도 인위적으로 만든 교잡종이 있다. 쇼이레베(리슬링 x 생소)와 피노타주(피노 누아 x 생소)다. 단, 교잡종과 하이브리드는 서로 다르다.

**쿠바 데 칼로르 CUBA DE CALOR(PO)** 저렴한 마데이라를 만드는 방식이다. 구불구불한 스테인리스스틸 열선이 감싸고 있는 대형 통에 베이스 와인을 담고 3~6개월간 서서히 가열하는 방식이다. 에스투파젬 참고.

**쿨뤼르 COULURE(FR)** 포도나무의 꽃이 수정되지 않아서 포도가 맺히지 않는 것을 말한다. 봄철에 열악하고, 춥고, 변덕스러운 기후가 지속되면 꽃이 개화하지 않아서 결국 수정에 실패한다. 수정되지 않은 꽃은 나무에서 떨어지고, 결국 포도 생산량이 감소한다. 쿨뤼르를 겪은 포도나무는 포도알이 없는 고르지 못한 포도송이를 맺는다. 영어로는 쉐터(shatter)라고 한다.

**퀴베 CUVÉE(FR)** 선별한 배럴 또는 통에서 가져온 와인을 일컫는다. 통을 의미하는 프랑스 단어 'cuve'에서 파생됐다. 샹파뉴 등 일부 지역에서는 최종 블렌드 와인을 만드는 와인들의 조합을 의미한다.

**퀴베리 CUVERIE(FR)** 발효 탱크 또는 통이 있는 건물이다.

**크라테르 KRATER** 고대 그리스에서

와인을 담는 데 사용하던 얇은 동 그릇 또는 도자기 그릇이다. 암포라에 담겨 있던 와인을 크라테르에 따른 다음 킬릭스에 옮겼다.

**크레망 CRÉMANT(FR)** 샹파뉴가 아닌 지역에서 만든 프랑스 스파클링 와인이다. 전통 샴페인 양조법에 따라 병 속에서 2차 발효를 한다. 대표적 예로 크레방 달자스, 크레망 부르고뉴, 크레방 드 루아르 등이 있다.

**크레이예르 CRAYÈRES(FR)** 샹파뉴 지역에서 일부 생산자들이 샴페인을 숙성시키는 데 사용하는 깊은 백악갱이다. 300년경, 로마인이 랭스 도시를 지을 건축용 석재를 채굴하려고 파낸 굴이다. 춥고 어둡고 습하며, 지하 18m 깊이까지 내려간다. 밑 부분으로 갈수록 넓어지는 피라미드 형태를 띤다.

**크뤼 CRU(FR)** 지리적 조건과 명성으로 등급을 나눈 포도밭 또는 양조장이며, 대체로 우수한 편에 속한다. 크뤼 등급은 지역에 따라 조금씩 다르다. 프르미에 크뤼, 그랑 크뤼 등이다. 크뤼는 'croître(성장하다)'라는 프랑스 단어의 과거분사형이다.

**크리아데라 CRIADERA(SP)** '사육장'이란 뜻이다. 셰리를 만드는 솔레라 시스템에 쌓아 놓은 나무통의 단을 뜻하는 용어다. 나무통에 든 와인은 대체로 나이가 비슷한 블렌드 와인이다. 솔레라는 여러 층의 크리아데라로 구성된다.

**크리안사 CRIANZA(SP)** 보데가에서 생산하는 기본적 품질의 일상용 와인이다. 레세르바, 그란 레세르바에 비해 명성이 낮고, 가격이 저렴하며, 숙성기간도 짧다. 리오하 지역에서만 사용하는 용어다.

**크발리테츠바인 QUALITÄTSWEIN(GE)** 문자 그대로 해석하면 '품질이 좋은 와인'을 뜻하지만, 이름과 달리 품질이 상당히 낮은 와인이다. 예를 들어 크발리테츠바인은 가당 과정을 거친다. 프래디카츠바인은 이보다 품질이 높은 명칭이며, 가당을 하지 않는다.

**크베브리 QVEVRI** 기원전 6000년경, 조지아에서 유래한 대형 토기다. 온도를 조절하기 위해 밀랍으로 코팅한 다음 바닥에 파묻었다. 전통적으로 와인을 발효하고 저장하는 데 사용했다. 조지아는 현재까지도 크베브리를 사용하며, 특히 오렌지 와인 생산에 사용한다.

**크티마 KTIMA(GR)** '양조장'이란 뜻이다.

**클라레 CLARET** 보르도 레드 와인을 일컫는 영국식 이름이다. 프랑스어 단어 'clairet'에서 유래했으며, 본래 포트와 풀보디 와인과 대비되는 라이트한 레드 와인을 가리키는 용어였다. 현재는 시대착오적인 용어로 여겨진다.

**클라시코 CLASSICO(IT)** 와인 구역을 가리키는 이탈리아 공식 용어다. 클래식 또는 최고의 장소라는 의미를 담고 있다. 예를 들어 토스카나의 키안티는 자체적인 키안티 클라시코 DOCG가 있어서 높은 평가를 받는다.

**클로 CLOS(FR)** 부르고뉴에서 벽을 둘러싼 포도밭을 가리키는 용어다. 부르고뉴에서 가장 크고 유명한 벽 있는 포도밭은 클로 부조다.

**클론 CLONE** 포도 재배학에서 클론은 포도나무 '어수(어미나무)'에서 질병 저항력, 포도알 크기, 풍미 등 장점을 개선한 포도들을 번식시키는 것을 의미한다. 클론이라는 명사는 같은 종(specie)과 품종(variety)에 속하며, 물리적 특징도 같은 식물을 가리킨다. 현대의 포도밭은 한 품종의 단일 클론만 심기도 한다. 그러나 포도의 DNA는 가만히 있지 않고, 긴 세월에 걸쳐 자연적인 유전적 변이를 통해 변화하고 진화한다. 이런 유전적 돌연변이가 새로운 클론이 된다. 예를 들어 피노 누아처럼 클론이 수백 개에 달하는 품종도 있다. 반면 소비뇽 블랑 등 상대적으로 클론이 적은 품종도 있다. 한 품종의 두 클론을 같은 테루아르에 심어도 맛이 완전히 다를 수 있다.

**클리마 CLIMAT(FR)** 부르고뉴에서 작은 특정 구획을 일컫는다. 클리마는 토양, 해의 방향, 산비탈, 배수력 등에 따라 구분된다. 클리마 구획들은 보통 등급을 부여받은 포도밭에 속한다. 클리마는 리외디와 다른 개념이다.

**키아레토 CHIARETTO(IT)** 매우 라이트한 레드 와인 또는 로제 와인이다.

**키토스 KYTHOS** 고대 그리스에서 크라테르에서 와인을 따라 내서 킬릭스로 옮길 때 사용하던 국자다.

**킨타 QUINTA(PO)** '농장'이란 뜻이다. 포르투갈 북부에서 특정 포도밭과 와인 양조장을 의미한다. 싱글 킨타 참조.

**킬릭스 KYLIX** 고대 그리스에서 사용하던 와인잔이다. 깊이가 얕고 두 개의 손잡이가 달렸으며, 아름다운 무늬가 그려져 있다.

**ㅌ**

**타닌 TANNIN** 포도 씨, 껍질, 줄기와 배럴에서 추출된 폴리페놀이다. 레드 와인에서 타닌은 구조감과 숙성력을 부여하는 유익한 존재다. 타닌은 방부제 역할을 한다. 타닌은 입안에서 메마르고 쪼그라드는 느낌을 주며, 에스프레소나 다크초콜릿처럼 약간의 쓴맛도 있다. 포도가 생리적으로 성숙하지 않은 상태에서 수확하거나 타닌이 과도하게 추출되는 양조방식을 사용한 경우, 와인에서 혹독한 타닌감이 느껴진다. 청포도도 껍질과 씨에 타닌이 함유돼 있지만, 껍질과 씨를 제외한 포도즙만 발효하기 때문에 타닌 맛이 없다.

**타스트뱅 TASTEVIN(FR)** 소믈리에가 목걸이처럼 착용하는 얇은 은색 전통 시음잔을 가리키는 프랑스어 용어다. 이 잔은 어두운 저장실에서 촛불 빛을 반사할 수 있도록 표면에 음각이 새겨져 있다. 이 덕분에 소믈리에는 와인의 투명도를 쉽게 확인할 수 있다.

**탄 BAKED** 조악하게 만든 테이블 와인의 부정적인 아로마와 풍미를 가리키는 용어다. 과숙되고, 둔하고, 조리한 맛, 탄 맛이 난다. 병입한 와인을 뜨거운 선박 컨테이너로 이동하거나 기온이 지나치게 높은 장소에 보관한 경우, 와인에서 탄 듯한 아로마와 풍미가 날 수 있다.

**탄산의 SPRITZY** 와인에 용해된 이산화탄소 가스 때문에 소량의 탄산감이 느껴지는 와인이다.

**탄산 침용 CARBONIC MACERATION** 탄산 침용은 부분 탄산 침용과 전체 탄산 침용 등 두 방식으로 나뉜다. 부분 탄산 침용의 경우, 으깨지 않은 포도 무더기를 밀폐된 탱크에 담는다. 무더기 위쪽의 포도들이 자체 무게로 아래쪽 포도들을 으깨서 포도즙이 나온다. 이때 포도 껍질에 존재하는 천연효모 덕분에 발효가 이루어진다. 발효과정에서 이산화탄소가 방출되면서 탱크 속 기압이 높아진다. 무더기 위쪽의 포도가 내부에서부터(세포 간 발효) 발효되기 시작하다가 기압 때문에 결국 터진다. 부분 탄산 침용은 다즙한 과일 풍미의 와인을 만든다. 전체 탄산 침용은 포도를 탱크에 넣고 이산화탄소를 주입한 후 탱크를 밀폐한다. 이 방식은 과일 풍미가 사탕처럼 진해서 풍선껌 같은 풍미와 아로마의 와인을 만든다. 탄산 침용은 주로 보졸레와 관련이 있다. 그러나 다른 나라에서도 과일 풍미의 와인을 만드는 데 탄산 침용 방식을 사용한다.

**탱튀리에 TEINTURIER** 과육이 붉은색인 적포도 품종 그룹이다. 대부분의 적포도 품종의 과육은 흰색이다. 예를 들어 알리칸테 부셰(Alicante Bouschet), 샴부르신(Chambourcin), 루비레드(Rubired), 콜로리노(Colorino), 사페라비(Saperavi) 등이 있다. 과거에 탱튀리에 포도는 최종 와인에 색을 진하게 만들기 위해 블렌드 포도로 사용했다.

**테누타 TENUTA(IT)** 회사 또는 양조장을 가리킨다.

**테루아르 TERROIR(FR)** 땅이 영향을 미치는 모든 환경적 요인을 총칭하는 프랑스 용어다. 이에 상응하는 영어 단어는 존재하지 않는다. 테루아르는 포도밭의 토양, 산비탈, 태양의 방향, 고도, 효모 수, 강우량, 풍속, 안개 발생 빈도, 일조량, 평균 최고 온도, 평균 최저 온도 등 모든 조건을 포괄한다. 포도 재배자와 와인 양조자까지 포함하는 사람도 있다.

**테르펜 TERPENE** 식물 종이 생성하는 유기화합물 중 하나다. 테르펜은 장미, 흰 꽃, 향신료, 이국적 시트러스를 연상시키는 강렬한 아로마를 발산한다. 뮈스카, 게뷔르츠트라미너, 리슬링, 토론테스 등의 품종은 테르펜 함량이 매우 높다.

**테이블 와인 TABLE WINE** 주정강화 와인에 비해 알코올 도수가 낮은(9~15%) 와인을 일컫는 용어다. 주정강화 와인은 포도 증류주를 첨가해서 알코올 도수가 16~20%로 높은 편이다.

**테인트 TAINT** 주로 외부적 요인으로 인한 오염이며, 와인의 결점으로 간주한다. 코르크 테인트(TCA)는 와인에 발생하는 가장 흔한 오염이며, 와이너리와 포도밭에서도 테인트가 발생할 수 있다. 결점 참조.

**토피코스 오에노스 TOPIKOS OENOS, TO(GR)** 그리스에서 기본 와인으로 분류되는 그룹을 말한다. 프랑스의 뱅 드 페이와 동급이다.

**통기 AERATION** 와인을 의도적으로 산소에 노출해서 와인이 '열리고' 부드러워지게 만드는 작업이다. 양조과정에서 와인을 배럴에서 다른 배럴로 옮기거나 래킹할 때 통기가 이루어진다. 또는 와인을 마시는 자리에서 어린 와인을 카라프 또는 디캔터에 따르거나 와인잔을 스월링할 때도 통기가 이루어진다.

**통 제작업자 COOPER** 배럴을 제작하는 숙련된 장인이다.

**통, 쿠퍼리지 COOPERAGE** 와인을 저장하는 용기를 일반적으로 이르는 말이다. 과거에는 통 제작업자가 배럴과 나무 캐스크를 만들었다. 오늘날에는 스테인리스스틸, 콘크리트, 섬유유리, 유리, 기타 재질로 만든 모든 통을 아우르는 표현이다. 배럴을 제작하는 장소나 작업장도 쿠퍼리지라 부른다.

**트랜스퍼 프로세스 TRANSFER PROCESS** 메토드 샹프누아즈보다 비용이 적게 드는 스파클링 와인 양조법이다. 샴페인 양조법과 마찬가지로 개별적 병 속에서 2차 발효가 진행되지만, 병마다 개별적으로 르뮈아주와 디스고징 작업을 하는 대신, 와인을 대형 탱크에 쏟은 다음 압력을 이용해 두 작업을 진행한다. 그리고 와인을 여과하고, 리쾨르 엑스페디시옹을 첨가한 다음 와인을 병입한다.

**트로켄 TROCKEN(GE)** 독일과 오스트리아에서 라벨에 '트로켄'이라 표기된 와인은 리터당 잔당이 9g(0.9%) 미만이다.

**트로켄베렌아우스레제 TROCKENBEERENAUSLESE, TBA(GE)** 전통 독일 시스템에서 당도가 굉장히 높은 와인을 말하며, 줄여서 TBA라고 한다. TBA 와인은 놀랍도록 달콤하고 강렬하며, 10년에 몇 차례만 소량씩 생산된다. TBA는 독일과 오스트리아의 특산품이다. 한 사람이 TBA 한 병에 필요한 양의 충분히 응축된 귀부병 포도를 선별하는 데만 꼬박 하루가 소요된다. TBA는 BA(베렌아우스레제)보다 당도가 높고, 포도의 성숙도도 높다.

**티나하스 TINAJAS(SP)** 크고 긴 토기이며, 용량은 약 1만 리터에 달한다. 과거에 스페인 남부의 몬티야 모릴레스(Montilla Moriles) 와인을 발효시키는 데 사용했으며, 현재도 종종 사용된다.

**티올 THIOL** 패션프루트, 시트러스 등 기분 좋은 열대과일 풍미를 띠는 복합적인 화합물이다. 특히 뉴질랜드 소비뇽 블랑에 티올이 많다. 피망과 갓 다진 양파에서도 발견된다.

**틴토 TINTO(SP)** 레드 와인을 일컫는 스페인 용어다.

**ㅍ**

**파고 PAGO(SP)** 탁월한 테루아르를 소유한 단일 와인 양조장이다. 스페인에는 공식적인 원산지 통제 명칭이 세 개 있다. DO, DOCa, DO파고다. 2020년 5월 기준, 스페인에는 DO파고 양조장이 약 20개 있다.

**파라체 PARATGE(SP)** 역사적으로 포도의 품질을 인정받은 포도 재배지를 의미한다. 부르고뉴의 리외디와 비슷하다.

**파사다 PASADA(SP)** 잘 숙성된 셰리를 말한다.

**파시토 PASSITO(IT)** 포도송이를 돗자리에 넓게 펼치거나 특수 건조실에 매달아서 의도적으로 건조하는 작업이다. 파시토 와인은 아파시멘토 과정을 거친다.

**파스 투 그랭 PASSE TOUT GRAINS(FR)** 부르고뉴의 AOC 지역이다. 피노 누아와 가메 와인을 블렌딩하는 게 아니라, 두 포도 품종을 한꺼번에 양조해서 거칠고 마시기 쉬운 와인을 만든다. 과거에 시골 농민과 도시 빈곤층이 마셨으며, 저렴한 가격

때문에 찾는 사람이 있었다.

**파이프 PIPE** 빅토리아 시대 영국에서는 아기가 태어나면 포트 파이프(대형 배럴)를 선물했다. 파이프의 용량은 와인 60상자(534.24리터)에 해당한다. 오늘날 파이프 용량은 산지, 숙성용 또는 운반용인지에 따라 550~630리터에 달한다. 파이프에는 포트, 셰리, 마데이라, 마르살라, 코냑 등을 담는다.

**파인보스 FYNBOS** 아프리칸스어로 '잎이 얇은 식물'을 의미하며, 아프리카 남부 해안에만 서식하는 독특한 식물로 관목과 헤더를 닮았다. 이곳 와인은 파인보스 맛과 향이 난다고 한다.

**파인헤브 FEINHERB(GE)** 독일에서 할프트로켄 또는 하프드라이 와인을 비공식적으로 부르는 표현이다. 리터당 잔당이 18g(1.8%) 미만인 와인을 말한다. 파인헤브 와인은 독일 와인 특유의 산미 덕분에 드라이하게 느껴진다.

**파토리아 FATTORIA(IT)** 농장 또는 와인 양조장을 뜻하는 토스카나 용어다.

**펀천 PUNCHEON** 나무와의 접촉이 크게 필요 없는 와인에 주로 사용하는 대형 오크 배럴이다. 펀천은 200리터, 500리터 등 두 개 크기로 제작된다.

**펀칭 다운 PUNCHING DOWN** 레드 와인의 발효 과정에서 포도 껍질로 구성된 캡을 밀어 내림으로써 발효 중인 포도즙과 캡을 접촉해 색깔, 아로마, 풍미, 타닌을 추출하는 기법이다. 이름과는 달리 펀칭 다운은 펌핑 오버보다 부드러운 작업이며, 피노 누아처럼 껍질이 얇고 섬세한 포도에 사용한다.

**펀트 PUNT** 와인병 바닥에 움푹 들어간 흔적을 가리킨다. 깊이가 얕은 펀트도 있고, 샴페인 병처럼 깊이가 깊은 펀트도 있다. 펀트는 와인병의 하단에 무게감을 줘서 안정감을

부여하고, 유리병의 가장 약한 부분을 강화한다.

**펌핑 오버 PUMPING OVER** 레드 와인의 발효 과정에서 탱크 아래쪽 와인을 솟구치게 만들어서 위쪽의 캡 위에 흩뿌린다. 그러면 포도 껍질로 이루어진 캡이 깨지고 젖은 상태로 유지된다. 와인이 캡을 통과하면서 색깔, 아로마, 풍미, 타닌이 추출된다. 펌핑 오버 기법은 해로운 박테리아 증식을 막아서 와인이 변질하고 이취를 풍기는 사태를 방지한다.

**페더바이저 FEDERWEISSER(GE)** 문자 그대로 '하얀 깃털'이란 뜻이다. 독일 여러 지역의 가판대에서 수확 직후에 판매하는 어린 화이트 와인이다. 단순하고 알코올 함량이 낮으며, 기포가 잘게 일며, 발효가 여전히 진행 중인 와인이다. 적포도로 만들면, 페더로터(ferdorroter)라 불린다.

**페더슈필 FEDERSPIEL(GE)** 오스트리아의 니더외스터라이히주에 있는 바카우 지역에서 사용하는 용어로, 가당하지 않은 와인을 가리킨다. 알코올이 최소 11.5%이며, 12.5%를 초과해선 안 된다.

**페트리코 PETRICHOR** 덥고 건조한 날씨가 지속되다가 비가 내리고 난 뒤에 나는 냄새다.

**페티앙 나튀렐, 페나 PÉTILLANT-NATUREL, PET-NAT** 옛 방식으로 만든 스파클링 와인을 일컫는 프랑스 용어이며, 줄여서 '페나'라고 부른다. 1차 발효가 끝나기 전에 와인을 병입해서 이산화탄소를 병 속에 가둔다. 그러면 효모 세포와 함께 와인이 탁해지고 투박한 거품이 생성된다. 이때 효모 세포는 이상한 냄새를 풍기는데, 이는 유쾌할 수도, 불쾌할 수도 있다. 페나 스파클링 와인은 화이트, 로제, 레드 와인으로 만들어지며, 맥주병 같은 왕관 마개로 밀봉한다.

**페하 PH** 화학에서 수소 이온 농도를 나타내는 PH(potential for hydrogen)는 와인 등 액체의 알칼리성 대비 산성의 강도를 0부터 14까지의 지수로 나타낸다. 지수가 중성을 나타내는 7 이하로 내려갈수록, 산성도가 높아진다. 와인 양조자는 와인의 PH와 다른 요소(알코올, 타닌)와의 관계를 고려해서 와인의 균형을 조절한다. 포도 과육의 PH 변화를 그래프로 나타내는 방식으로 포도의 성숙도를 측정할 수 있다.

**포데레 PODERE(IT)** 토스카나에서 사용하는 용어로, 작은 농장을 와인 양조장으로 바꾼 곳을 말한다.

**포도나무 몸통 TRUNK** 땅에서부터 수직으로 자란 포도나무의 영구적 줄기를 말한다.

**포도송이 CLUSTER** 포도알들이 목질 줄기(꽃대)에 달린 한 덩이를 가리킨다.

**포도 재배학 VITICULTURE** 포도 재배에 관한 학문이다.

**포도 품종학 AMPELOGRAPHY** 포도나무를 크기, 잎의 모양, 잎꼭지, 햇가지, 포도송이, 색깔, 포도송이 크기, 씨앗, 풍미 등과 같은 물리적 특성에 따라 감정하고 분류하는 학문이다. 프랑스 과학자 피에르 갈레가 1950년대에 현대식 포도 품종학을 도입했으며, 1990년대 DNA 분석 방식이 개발되기 전까지 포도 품종을 판별하는 주요 체계였다.

**포마스, 압착 찌꺼기 POMACE** 포도를 압착하고 남은 걸쭉한 잔여물로 포도 껍질, 줄기, 씨, 과육으로 구성된다. 보통 포마스를 포도밭에 흩뿌리면, 토양에 유익한 유기물로 분해된다. 또는 그라파(이탈리아), 마르(프랑스) 또는 오드비(미국, 프랑스)로 증류한다.

**폭음 BOOZE** 과거에는 'bouse'라고 표기했으며, '과음하다'라는 의미의 중세 네덜란드 단어인 'büsen'에서 유래했다. 이 단어가 사용된 시기는 1,000년 전의 중세 영국으로 거슬러 올라가지만, 16세기에 거지와 도둑들이 자주 쓰던 단어다. 오늘날 널리 사용되는 속어가 됐다.

**폴리페놀 POLYPHENOLS** 모든 식물에 자연적으로 생성되는 화합물들이다. 와인에서는 포도 껍질, 줄기, 씨 심지어 오크 배럴에서 폴리페놀이 생성된다. 가장 중요한 폴리페놀은 색소, 타닌 그리고 바닐린 등의 풍미 화합물이다.

**푸드르 FOUDRE(FR)** 대형 나무 캐스크를 가리키는 프랑스 용어로, 규정된 크기는 없다. 프랑스의 론 밸리에서 주로 사용하며, 소형 오크 배럴(바리크, 피에스 등)보다 훨씬 크다. 보통 푸드르의 용량은 2,000~1만 2,000리터다.

**푸토니 PUTTONY(HU)** 어수 포도를 담는 헝가리 전통 바구니다. 토커이 어수의 당도를 측정하는 푸토뇨시 단위로, 푸토니를 기반으로 한다. 오늘날 토커이 어수 와인의 라벨에 5푸토뇨시, 6푸토뇨시 등 당도가 표기된다. 푸토뇨시 수치가 클수록 당도가 높아진다.

**풋내 나는, 풋풋한 GREEN** 풀, 이끼, 세이지, 녹색 채소 등을 연상시키는 와인의 풍미와 아로마를 묘사하는 단어다. 일부 소비뇽 블랑처럼 적당량의 풋풋함은 긍정적으로 여겨진다. 그러나 설익은 포도의 풋내는 채소 냄새가 심하고, 불쾌하게 여겨진다. 피라진 참조.

**풀냄새 GRASSY** 방금 깎은 풀, 목초지, 건초더미 등을 연상시키는 풋풋한 아로마와 풍미를 표시하는 단어다. 소비뇽 블랑을 묘사할 때 풀냄새라는 단어를 자주 사용한다.

**풀보디의 FULL-BODIED** 입안에서 묵직하게 느껴지는 와인의 무게감이다. 라이트 보디 와인이 탈지유라면, 풀보디 와인은 크림과 우유를 반반 섞은 것과 같다. 대체로 와인의 알코올 함량이 높을수록 풀보디감이 강해진다.

**품종 VARIETY** 재배하는 포도의 종류를 말한다. 다소 까다롭지만, 품종과 버라이어탈은 다른 개념이므로 혼용하면 안 된다. 포도밭에 특정 품종의 포도를 심는데, 이 품종으로 만든 와인을 버라이어탈 와인이라고 한다.

**프라스케이라 FRASQUEIRA(PO)** 빈티지 마데이라를 가리키는 용어다.

**프래디카츠바인 PRÄDIKATSWEIN(GE)** 특별한 특징을 가진 고품질 와인을 가리키는 용어다.

**프로듀스드 앤드 보틀드 바이 PRODUCED AND BOTTLED BY** 미국 와인 라벨에 표기하는 문구이며, 와인의 최소 75%를 라벨에 표기된 주소에서 압착, 발효, 병입했다는 뜻이다. 빈티드 앤드 보틀드 바이 참조.

**프로 멘사 케사리스 프리무스 PRO MENSA CAESARIS PRIMUS** 1700년경, 헝가리의 토커이 포도밭 두 곳이 '왕실 식사를 위해 선택됐다'라는 뜻의 라틴어 명칭을 부여받았다. 바로 차르파스와 메제스 마이 포도밭이다. 이는 프리마에 클라시스보다 높은 등급이다.

**프런트 팰럿 FRONT PALATE** 입 앞부분을 가리키는 것처럼 보이지만, 프런트 팰럿, 미드팰럿, 백 팰럿은 시간을 나타내는 용어다. 프론트 팰럿은 와인을 입에 넣은 후 처음 몇 초 동안 경험하는 풍미, 아로마, 질감이다. 미드팰럿은 그로부터 몇 초 후에 경험하는 느낌이다. 백 팰럿은 미드팰럿 직후이자 와인을 삼키기 직전에 경험하는 풍미, 아로마, 질감이다.

**프리 런 FREE RUN** 수확 직후의 포도들이 서로의 무게에 눌려서 흘러나오는 포도즙이다. 압착기 등의 기계로 압력을 가하기 전에 생성된다.

**프리마에 클라시스 PRIMAE CLASSIS**

1700년경 헝가리에서 사용하던 라틴어 이름으로 1등급 토커이 포도밭을 가리킨다. 프리마에 클라시스 포도밭에서 생산한 토커이 어수는 '그랑 크뤼'와 동급으로 간주한다.

**프리잔테 FRIZZANTE(IT)** 기포가 잔잔하게 이는 와인이다. 스푸만테 또는 완전한 스파클링 와인이 아닌, 세미 스파클링 와인이다. 프리잔테의 예로는 모스카토 다스티가 있다.

**프리즈 드 무스 PRISE DE MOUSSE(FR)** '기포의 형성'이란 뜻이다. 샹파뉴 지역에서 2차 발효를 일컫는 용어다.

**플라셰 FLASCHE(GE)** '병'을 의미한다. 영어의 플라스크(flask)는 독일어 플라셰에서 유래했다.

**플로르 FLOR(SP)** 용어다. 플로르는 산화를 방지하고, 와인에 독특한 풍미를 가미한다.

**피니시, 여운, 뒷맛 FINISH** 와인을 삼키거나 머금었다 뱉은 후에 입안에 남는 와인의 인상이다. 피니시는 매우 길거나, 상당히 짧거나, 아예 없는 것처럼 느껴지기도 하다. 보통 와인의 구성요소 중 하나가 피니시를 지배한다. 예를 들어 알코올(뜨거운 피니시), 산미(톡 쏘는 피니시), 타닌(수렴적 피니시) 등이다. 품질이 그저 좋은 수준을 뛰어넘는 위대한 와인의 피니시는 언제나 길게 이어지며, 균형감이 훌륭하다.

**피라진 PYRAZINES** 공식 명칭은 메톡시피라진(methoxypyrazine) 이다. 피라진은 포도에 강력한 녹색 피망(캡시쿰) 아로마와 풍미를 내는 화합물이다. 특히 소비뇽 블랑과 카르베네 소비뇽에 피라진이 많다. 포도의 성숙기에 햇빛에 많이 노출하면, 피라진 함량을 대폭 줄일 수 있다. 보통 와인의 피라진 함량이 높으면, 결점으로 간주한다. 그러나 뉴질랜드 소비뇽 블랑처럼 소량의 피라진은 와인 고유의 특징이 되기도 한다.

**피아스코 FIASCO(IT)** '플라스크'라는 뜻이다. 짚으로 감싼 둥글납작한 키안티 병을 묘사하는 표현이다. 이는 1960년대 보헤미안 라이프 스타일의 상징이었다. 피아스코 병에 담아서 파는 키안티는 대체로 저렴한 와인이었으며, 와인을 마시고 남은 빈 병은 촛불대로 재활용했다.

**피에스 PIÈCE(FR)** 바닥이 깊은 소형 프랑스 오크 배럴이며, 용량은 228리터다. 부르고뉴와 세계 최고급 샤르도네 산지에서 주로 사용한다.

**필드 블렌드 FIELD BLEND** 한 포도밭에 여러 포도 품종을 혼합 재배하는 옛 재배방식이다. 재배자는 포도를 같은 시기에 수확해서 한꺼번에 발효시킨다. 따라서 최종적인 블렌드 와인의 품종 비중은 포도밭의 품종 비율에 따라 결정된다. 20세기 이전에는 블렌드 와인 대부분이 필드 블렌드를 기반으로 했다. 그러나 오늘날의 포도밭(또는 포도밭 내 구획)은 단일 품종만 심고, 개별적으로 수확해서 발효시킨다. 이는 최종 블렌드에 사용하기 전에 품질을 평가하기 위해서다.

**필드 셀렉션 FIELD SELECTION** 프랑스어로 셀렉시옹 마살(selection massale)이라 한다. 필드 셀렉션은 한 포도밭에서 클론 그룹으로 구성된다. 재배자가 새로운 필드 셀렉션을 만드는 경우, 하나의 '어머나무'에서 나온 꺾꽂이순만 쓰지 않고(단일 클론), 포도원 내의 여러 어머나무에서 나온 꺾꽂이순들을 사용해서 다양한 클론 복제를 유도한다.

**필록세라 PHYLLOXERA** 포도나무의 뿌리를 공격해서 물과 영양분의 흡수를 방해하고 결국 식물을 죽음에 이르게 만드는 작은 해충이다. 비티스 비니페라 종은 필록세라에 취약하다. 비티스 라브루스카 또는 비티스 리파리아 등 미국 토착종은 필록세라에

내성이 있다. 19세기 후반, 필록세라는 유럽부터 시작해서 전 세계 포도밭을 휩쓸었다. 해결책이 발견된 시점에는 이미 수백만 에이커의 포도밭이 파괴된 이후였다. 해결책은 포도나무를 미국산 대목으로 대체하고, 비티스 비니페라 가지를 접목하는 것이며, 지금까지도 유일한 해결책이다. 전 세계에 필록세라를 공격받지 않은 지역은 매우 드물다. 외딴 지역이거나, 해충이 살기 힘든 토양이거나, 엄격한 검역 조치 덕분에 필록세라의 공격을 피해 갔다. 이 중 칠레, 아르헨티나 일부 지역, 워싱턴 주 일부 지역, 사우스오스트레일리아 등이 있다.

**필터, 여과 FILTER** 액체에서 입자를 선택적으로 제거하기 위해 다공질막이나 기타 장치를 사용하는 것을 말한다. 와인 양조에서 필터는 효모 세포, 박테리아, 기타 와인 화합물을 걸러 내는 데 사용한다. 와인 양조자는 와인의 여과 정도를 빽빽하거나 느슨하게 또는 그 중간 정도로 조정할 수 있다. 아예 여과하지 않는 때도 있다. 와인을 너무 빽빽하게 여과하면, 특정 아로마와 풍미가 제거될 수 있다.

**ㅎ**

**하우스 HOUSE** 프랑스 샹파뉴 지역에서 자체 브랜드명으로 샴페인을 판매하는 주요 회사를 가리킨다. 루이 로드레, 볼랭제, 테텡제 등을 하우스라고 한다.

**하이브리드 HYBRID** 유전적으로 서로 다른 두 개 이상의 품종을 교배해서 만든 새로운 품종을 말한다. 예를 들어 유럽 종(비티스 비니페라)과 미국 종(비티스 라브루스카)을 교배하면, 새로운 하이브리드 품종이 탄생한다. 하이브리드는 '프랑스-미국 하이브리드'라고도 부른다. 프랑스와 미국 식물육종가들이 19세기 말에 유럽을 초토화한 치명적인 필록세라

해충에 내성이 있으면서도 추위에 강한 품종을 개발하기 위해 수많은 하이브리드를 만들었기 때문이다. 그렇지만 프랑스 AOC 지역 대부분은 약간 이상한 냄새가 난다는 이유로 하이브리드를 금지했다. 유명한 하이브리드 품종으로 바코 누아, 비달 블랑, 세이블 블랑 등이 있으며, 모두 추운 미국 북동부와 캐나다 동부에서 자란다. 하이브리드 품종으로 만든 와인은 내림세에 있다.

**하프 보틀 HALF BOTTLE**
375밀리리터짜리 작은 와인병 또는 750밀리리터짜리 와인병의 절반을 의미한다. 하프 보틀은 와인 약 2.5잔에 해당한다.

**할프트로켄 HALBTROCKEN(GE)**
문자 그대로 '하프드라이'라는 뜻이다. 리터당 잔당이 18g(1.8%) 미만인 와인을 가리킨다. 독일에서는 이 용어를 사용하지만, 오스트리아에서는 거의 사용하지 않는다. 라벨에 '할프트로켄'이라 표기된 와인은 독일 와인 특유의 산미 때문에 극도로 드라이하게 느껴진다. 동의어로 파인헤브가 있다.

**햇가지 SHOOT** 포도나무의 눈에서 새로 자라난 부드러운 녹색 가지를 말한다. 햇가지는 포도나무 몸통의 영구적인 목질 가지에서 자란다. 햇가지에서 잎과 꽃송이가 맺히며, 꽃이 수분되면 포도가 된다.

**햇가지 SCION** 꺾꽂이용 묘목의 위쪽 부분이다. 햇가지는 대목에 접목한다. 햇가지는 카베르네 소비뇽, 샤르도네 등 포도 품종을 결정한다. 접목 참조.

**향긋한 AROMATIC** 아로마가 뚜렷한 와인을 가리키는 긍정적인 표현이다. 뮈스카, 비오니에, 게뷔르츠트라미너 등 몇몇 버라이어탈 와인은 특히 향긋한 것으로 유명하다. 종종 향신료 또는 꽃향기를 발산한다.

**허브 향 HERBAL** 소비뇽 블랑처럼 허브를 연상시키는 풍미와 아로마를 가진 와인을 묘사하는 단어다. 굉장히 강한 허브 풍미를 초본(herbaceous) 같다고 표현하는데, 와인 애호가 사이에서 호불호가 갈리는 특징이다. 허브 풍미는 채소 풍미와 다르다. 채소 풍미는 눅눅한 녹색 악취를 묘사하는 부정적인 표현이다.

**호벤 JOVEN(SP)** '어리다'는 뜻이다. 발효 직후에 병입한 스페인 와인을 일컫는 용어다. 보통 오크에 양조하거나 발효하지 않은 와인이다.

**호이리게 HEURIGE(GE)**
오스트리아에서 와인 양조자 집에 붙어 있는 투박한 레스토랑이다. 전통적으로 모든 와인과 음식은 와인 양조자와 그의 가족이 만든다. 빈의 외곽지역에서는 부셴�솅케라고 부르며, 출입문에 매달아 놓은 전나무 가지로 알아볼 수 있다.

**혹스헤드 HOGSHEAD** 300리터짜리 배럴이며, 바리크(225리터)보다 크다. 혹스헤드는 산지오베제, 피노 누아 등 섬세한 품종에 사용한다. 이런 섬세한 품종에 소형 배럴을 사용하면, 오크 풍미가 짙게 밸 수 있다.

**화학적 침투 CHEMICAL TRESPASSING** 한 구역에 살포한 제초제, 살충제 등 화학물질이 다른 구역에 확산돼서 원치 않는 영향을 미치는 것을 말한다. 오리건주의 윌래밋 밸리에서 발생한 사건을 예로 들어 보자. 이곳은 유기농법과 생물역학 농법을 실천하는 포도원이 많다. 포도밭 근처에 헤이즐넛과 과일을 재배하는 과수원이 있었는데, 과수원에서 잡초를 완전히 제거하기 위해 화학제품을 대량 살포했던 것이다. 그러자 과수원에 뿌렸던 화학물질이 근처 포도밭까지 확산했다.

**황 SULFUR** 고대부터 와인 보존제로 사용한 천연 화합물이다. 황에 알레르기 반응을 보이는 일부 천식 환자를 제외하고, 황은 어떤 형태로든 인체에 해가 없다. 와인 양조에 가장 흔히 사용되는 황의 형태는 이산화황(SO2)이며, 황을 공기 중에 태우면 생성된다. 와인에 첨가하는 이산화황(주로 가스 형태)은 와인의 산화와 세균 감염을 방지하고, 효모의 증식을 억제한다. 따라서 스위트 와인을 만들기 위해 이산화황을 이용해서 발효를 멈추며, 젖산발효를 막을 때도 이산화황을 사용한다. 이산화황의 단점은 낮은 농도에서도 탄 성냥 같은 불쾌한 냄새를 풍긴다는 것이다. 사람마다 이를 감지하는 역치가 다르긴 하지만 말이다. 한편 와인의 종류에 따라서도 이산화황을 감지할 수 있는 정도가 달라진다. 어떤 와인에서는 이산화황이 다른 화합물과 결합해서 거의 감지할 수 없는 상태가 되기도 하기 때문이다. 지나 수십 년간, 건강상의 문제를 제기하는 목소리가 높아짐에 따라 와인 생산자들은 와인을 만들 때 이산화황 사용을 최소화하려고 노력하고 있다. 그러나 발효과정에서 황 화합물이 자연적으로 생성되기 때문에, 황이 전혀 없는 와인을 만드는 건 사실상 불가능하다. 이에 미국은 이산화황 농도가 10ppm 이상인 경우, 라벨에 '황 함유'라는 문구를 표기하도록 법적으로 규제하고 있다.

**효모 YEASTS** 발효과정에서 익은 포도의 천연당을 에틸알코올과 이산화탄소로 바꾸는 단세포 미생물이다.

**효모 냄새 YEASTY** 빵 반죽을 연상시키는 아로마와 풍미를 지닌 와인을 묘사하는 용어다. 장기간의 쉬르 리 숙성 결과로 나타나는 긍정적인 특징으로 간주한다.

**후각 OLFACTION** 냄새를 인지하는 과정을 말한다. 인간은 냄새를 맡는 두 감각영역을 사용한다. 첫째, 비강이다. 코로 냄새로 맡는 것을 전비강 후각 작용이라 한다. 둘째는 입천장 뒤쪽 구멍이다. 와인이 입안에서 따뜻해지고 침과 섞이면, 이처럼 후비강 후각 작용이 발생한다.

**휘발유 냄새 PETROL** 와인 애호가 사이에서 호불호가 갈리는 독특한 아로마이며, 매우 희미한 등유 냄새를 연상시킨다. TDN(trimethyldihydronaphthalene)이라 불리는 화합물이 휘발유 냄새를 유발하며, 특히 리슬링에서 이 냄새가 자주 난다. TDN 생성을 유발하는 가장 큰 요인은 리슬링 포도를 햇빛에 과도하게 노출하는 것이다. 따라서 최상급 리슬링 생산자들은 리슬링을 재배할 때 포도잎이 포도송이를 살짝 가리도록 세심하게 관리한다.

**휘발성 산 VOLATILE ACIDITY** 휘발성 산의 가장 주된 화합물은 아세트산이다. 이는 와인에 식초 같은 냄새와 맛을 유발한다. 모든 와인에는 휘발성 산이 소량씩 들어 있다. 식별하기 힘든 수준이 가장 이상적이며, 희미한 발사믹 식초처럼 느껴질 때도 있다. 와인에 휘발성 산이 많으면, 결점으로 간주한다. 아세트산은 아세트산에틸, 아세트알데하이드처럼 불쾌한 아로마 화합물의 생성을 유발하기도 한다.

**흙 풍미의 EARTHY** 흙을 연상시키는 아로마와 풍미를 지닌 와인을 묘사하는 용어다. 토양, 숲, 이끼, 말린 잎, 나무껍질, 버섯 등의 풍미를 연상시킨다. 때론 기분 좋고 감각적인 인체의 아로마도 포함한다.

## A

**ABV** ALCOHOL BY VOLUME(부피당 알코올 함량)의 약자. 연방법에 따라 와인 라벨에 ABV를 표기해야 한다.

**AOC** 아펠라시옹 도리진 콩트롤레 참고

## B

**BERG(GE)** 언덕 또는 산을 의미한다.
**BIN** 본래 저장실에 와인이 보관된 지점을 가리키는 용어였는데, 이제는 와인의 이름으로 사용된다. 예를 들어 펜폴즈의 빈 707 카베르네 소비뇽이 있다.

## D

**DAC** 오스트리아 원산지 통제 명칭(Districtus Austriae Controllatus)이다. 2001년 도입됐으며, 지역마다 포도 품종을 비롯한 포도 재배 및 와인 양조 관련 규정을 구체적으로 규제한다. 와인의 품질을 개선하기 위해 프랑스 AOC 시스템을 본뜬 것이다.

**DOC**-DENOMINACAO DE ORIGEM CONTROLADA(PO) 포르투갈 원산지 통제 명칭이다. 포르투갈의 DOC 법은 프랑스 AOC 법과 비슷하다.

**DO**-DENOMINACION DE ORIGEN(SP) 스위스 원산지 통제 명칭이다. 스위스 DO 법은 프랑스 AOC와 비슷하다.

**DOCA**-DENOMINACION DE ORIGEN CALIFICADA(SP) 스페인 DO 규정에서 가장 높은 등급이다. 스페인에서 DOC 등급을 받은 지역은 리오하, 프리오라트 등 두 곳이다. DO 참고.

**DOC**-DENOMINAZIONE DI ORIGINE CONTROLLATA(IT) 이탈리아 원산지 통제 명칭이다. 이탈리아 DOC 법은 프랑스 AOC 법과 비슷하다.

**DOCG**-DENOMINAZIONE DI ORIGINE CONTROLLATA E GARANTITA(IT) 이탈리아 원산지 통제 명칭에서 가장 높은 등급이다. 현재 이탈리아에 DOCG 등급을 받은 와인은 76종류다. 이탈리아 최고가 와인이 전부는 아니지만 많이 포함돼 있다.

## G

**GUTSABFÜLLUNG(GE)** '이스테이트 보틀드'라는 뜻이다.

## I

**IRF SCALE IRF 등급** 2007년 국제리슬링재단(IRF)에서 리슬링의 당도를 표시하기 위해 만든 등급이다. 리슬링의 뒤 라벨에 IRF 등급이 드라이, 미디엄드라이, 미디엄스위트, 스위트 등으로 표기한다. IRF 등급은 당분 하나만 기준으로 삼는 게 아니라, 와인의 당도와 산도의 비율을 기준으로 삼는다. 이 비율은 와인의 당도를 알려주는 신뢰성 있는 지표다.

## P

**POURRITURE NOBLE** 보트리티스 시네레아 참조.

## K

**KMW** KMW(Klosterneuburger Mostwaage scale)는 포도의 당도를 측정하는 단위다. 오스트리아 귀족 바론 아우구스트 빌헬름 본 바보가 1861년에 개발했다. 포도 머스트 100kg당 당분을 킬로그램으로 측정하며, 과일즙에 용해되지 않은 비설탕의 영향도 고려한다. KMW 등급은 오스트리아, 헝가리, 슬로베니아, 크로아티아 등 오스트리아-헝가리 제국의 일부였던 나라에서 사용된다. 바보 참조.

## S

**SINGLE QUINTA(PO)** '단일 농장'이란 뜻이다. 포르투갈 도루 밸리의 싱글 킨타 빈티지 포트는 한 해에 단일 양조장에서 재배한 포도로 만든다.

## U

**UE(IT)** 그라파보다 부드럽고 가벼운 타입으로 포마스(압착찌꺼기)가 아닌 실제 포도를 증류한 것이다.

## V

**VA** 휘발성 산 참조
**VDP(GE)** 독일 프래디카트 와인 양조장 협회(Verband Deutscher

Prädikatsweingüter), 줄여서 VDP라고 한다. 독일 전역의 명망 높은 양조장 200개 이상이 가입했으며, 독일의 전통 당도 및 성숙도 개념을 수정했다. VDP는 부르고뉴와 비슷한 등급 시스템을 포도밭에 적용했다. 그로세 라게(그랑 크뤼)부터 구츠바인(평범한 포도밭의 와인)까지 있다.

# 1

**1차 아로마와 풍미 PRIMARY AROMAS, FLAVORS** 와인을 분석할 때, 아로마와 풍미를 1차, 2차, 3차로 크게 분류한다. 1차 아로마와 풍미는 포도 자체와 알코올 발효에서 비롯된 것이다. 예를 들어 과일과 꽃 아로마와 풍미는 1차로 간주한다.

# 2

**2차 발효 SECOND FERMENTATION** 샴페인과 최상급 스파클링 와인 양조과정에서 의도적으로 각 병에서 2차 발효가 일어나게 유도한다. 그러면 이산화탄소 가스가 생성돼서 와인에 용해된다(메토드 샹프누아즈 참조). 코르크 마개를 제거하면 가스가 방출되면서 거품이 생성된다. 테이블 와인의 경우에는 2차 발효가 일어나면 안 된다. 만약 일어나면, 양조과정이 잘못된 것이다.

**2차 아로마와 풍미 SECONDARY AROMAS, FLAVORS** 와인을 분석할 때, 아로마와 풍미를 1차, 2차, 3차로 크게 분류한다. 2차 아로마와 풍미는 알코올 발효 이후의 양조방식에서 비롯된다. 가장 유명한 2차 아로마와 풍미는 장기간의 쉬르 리 숙성에서 비롯된 비스킷과 빵 반죽 아로마와 풍미다. 또한 오크 배럴 숙성에서 비롯된 달콤한 바닐라와 토스트 풍미도 있다.

# 3

**3차 아로마와 풍미 TERTIARY AROMAS, FLAVORS** 와인을 장기간 숙성시킨 결과로 생성되는 아로마와 풍미다. 1차, 2차와는 달리 3차 아로마와 풍미는 표현하기 굉장히 까다롭다. 왜냐하면 시간이 지날수록 아로마와 풍미들이 변하거나 서로 결합해서 새로운 아로마와 풍미가 생성되기 때문이다. 화이트 와인은 장기간 숙성되면 견과류와 꿀을 연상시키는 아로마와 풍미를 띤다(스위트 와인이 아닌 경우도 마찬가지다). 레드 와인은 숙성되면 가죽, 담배 상자, 삼나무, 축축한 흙 풍미를 띤다.

# THE WINE BIBLE GRAPE GLOSSARY 더 바이블 포도 용어사전
## GETTING TO KNOW THE GRAPES - WORLDWIDE 전 세계 포도를 알아보자

세계 포도 품종 데이터베이스인 '비티스 국제 품종 카탈로그(Vitis International Variety Catalogue)'는 1984년에 생성됐으며, 현재 2만 3,000개의 포도 품종을 포괄한다. 이중 멸종 위기에서 가까스로 구조된 품종도 있고, 다시 부흥하는 품종도 있으며, 와인으로 만들어져 우리 테이블에 오르는 품종도 있다. 다음은 389개의 품종에 대한 설명이다. 각 품종의 유전적 관계에 대한 정보는 훌륭한 두 저서, 『와인용 포도(Wine Grapes)』(잰시스 로빈슨, 줄리아 하딩, 호세 부야모즈)와 『이탈리아 토종 와인용 포도』(이안 다가타)를 참고했다. 이 용어사전은 적포도와 청포도를 함께 다루고 있으며, 각각 갈색, 노란색 총알로 표기했다.

## ㄱ

- **가르가네가 GARGANEGA** 이탈리아 북부 베네토의 토착종으로 추정되는 고대 품종이다. 소아베 와인의 주요 품종이다. 트레비아노 토스카나(Trebbiano Toscana), 말바시아 비안카 디 칸디아(Malvasia Bianca di Candia), 알바나(Albana), 카타라토 비안코(Catarratto Bianco) 등 수많은 이탈리아 청포도의 부모로 추정된다.

- **가르나차 GARNACHA** 그르나슈의 스페인식 이름이다.

- **가르나차 GARNATXA** 그르나슈의 카탈루냐식 이름이다.

- **가르나차 블란카 GARNACHA BLANCA** 그르나슈 블랑의 스페인식 이름이다.

- **가르나차 펠루다 GARNATXA PELUDA** 그르나슈의 변종으로 보송보송한 잎이 달려 있으며, 스페인 카탈루냐의 토착종이다. 로즈마리 등 지중해 식물들의 솜털처럼 펠루다(스페인어로 '털이 많다'는 뜻)는 포도나무를 열기로부터 보호하고 습기를 보존하기 위한 방어기제에 따라 진화했다. 가르나차 펠루다는 보통 그르나슈와 블렌딩한다. 미국에서는 헤어리 그르나슈(Hairy Grenache), 프랑스 랑그도크루시용에서는 야도네 플뤼(Lledoner Pelut)라 부른다.

- **가메 GAMAY** 50페이지의 '세계 25대 포도 품종' 참고.

- **갈리오포 GAGLIOPPO** 이탈리아 남부 칼라브리아의 잘 알려지지 않은 품종인 만토니코 비안코(Mantonico Bianco)와 산지오베제의 자연 교잡종이자 고대 품종이다. 오늘날 칼라브리아의 주요 품종으로 자리 잡았으며, 치로(Cirò)라는 포도 향의 이탈리아 레드 와인의 주재료로 사용된다.

- **게뷔르츠트라미너 GEWÜRZTRAMINER** 50페이지의 '세계 25대 포도 품종' 참고.

- **겔버 무스카텔러 GELBER MUSKATELLER** 간단하게 무스카텔러(독일어로 겔버는 '노란색'을 뜻함)라고 부르기도 한다. 뮈스카 블랑 아 프티 그랭의 독일, 오스트리아식 이름이다. 오늘날 독일보다 오스트리아에서 더 많이 재배한다.

- **고데요 GODELLO** 이베리아 반도, 특히 스페인 북서부의 외진 발데오라스 산악지대에서 자라는 주요 청포도 품종이다. 원산지는 옆 동네 갈리시아로 추정된다. 라놀린 질감과 복합미를 지닌 풀보디 와인을 만든다. 뛰어난 숙성력 덕분에 '스페인의 샤르도네'라 부른다. 1970년대에 멸종 위기에 처했으나, 발데오라스 포도상인 호라시오 페르난데스 프레사가 구조해서 다시 부흥시켰다.

- **고베이우 GOUVEIO** 포르투갈 도루 지역과 당(Dão) 지역의 드라이 화이트 와인을 만드는 블렌딩 포도 중 하나다. 화이트 포트도 만든다. 스페인의 고데요와 같은 품종이다.

- **구애 블랑 GOUAIS BLANC** '조상 품종' 중 하나로 수많은 포도의 부모이자 조부모다. 샤르도네, 리슬링, 뮈스카델, 블라우프렌키슈, 콜롱바르 등 서로 상이한 포도들을 포괄한다. 구애 블랑은 평범할 정도로 중성적이다. 오늘날 구애 블랑 와인은 소량만 생산되지만, 호주 빅토리아 지역의 루더글렌에서 인상적인 스위트 와인을 만든다. 원산지인 프랑스에서는 구애 블랑을 더 이상 재배하지 않는다.

- **구트에델 GUTEDEL** 스위스 샤슬라의 독일식 이름이다. 주로 독일 바덴 지역에서 재배하며, 이곳에서 기본 와인을 만든다.

- **그라셰비나 GRAŠEVINA** 크로아티아에서 가장 널리 재배하는 청포도이며, '푸른 완두콩'이란 뜻이다. 라이트 보디감에 산도가 비교적 높은 편이며 리슬링과 비슷하다. 다른 지역에서 부르는 이름에서도 리슬링과의 유사성이 드러난다. 오스트리아에서는 벨슈리슬링(Welschriesling), 이탈리아 북부에서는 리슬링 이탈리코(Riesling Italico)라 부른다. 그러나 그라셰비나와 리슬링은 서로 아무런 관계가 없다.

- **그라시아노 GRACIANO** 고품질 늦수확 스페인 품종이다. 섬세하고 약간의 스파이시한 풍미를 띠며 따뜻한 곳에서도 산미를 잘 보존한다. 주로 리오하에서 전통 리오하 블렌드 와인을 만드는데 사용한다. 프랑스 랑그도크루시용에서도 소량 발견되며, 모라스텔(Morrastel)이라 부른다. 자칫하면 발음이 모나스트렐(Monastrell)처럼 들리지만, 둘은 아무런 관계가 없다. 이탈리아 사르데냐 섬에서는 보발레 사르도(Bovale Sardo)라 부르며, 블렌드 와인에 첨가하는 용도로 각광받는다.

•**그라우부르군더 GRAUBURGUNDER** 피노 그리의 독일, 오스트리아식 이름이다. 포도껍질은 회색빛이 감도는 분홍색이다. 독일과 오스트리아 일부 지역에서는 룰렌더(Ruländer)라 부른다.

•**그레카니코 도라토 GRECANICO DORATO** 이탈리아 시칠리아에서 가르가네가를 부르는 이름이다. 이탈리아 베네토 지역이 소아베를 만드는 포도로 가장 잘 알려져 있다. 이름을 직역하면 '그리스 금'이란 뜻이지만, 베네토 토착종이다.

•**그레케토 GRECHETTO** 이탈리아 중부 움브리아에서 자라며, 미디엄 보디의 이탈리아 와인인 오르비에토를 만드는 포도 중 하나이다.

•**그레코 GRECO** 오늘날 이탈리아 남부 캄파니아에서 주로 자라는 고대 품종이다. 독특한 화이트 와인을 만들며, 그중 그레코 디 투포(Greco di Tufo)가 가장 유명하다.

•**그롤로 GROLLEAU** 프랑스 루아르에서 주로 사용하며, 별다른 특징이 없다. 앙주의 레드 와인과 로제 와인을 만든다.

•**그뤼너 펠트리너 GRÜNER VELTLINER** 50페이지의 '세계 25대 포도 품종' 참고.

•**그르나슈 블랑 GRENACHE BLANC** 적포도 그르나슈의 청포도 돌연변이가 클론이다. 프랑스 남부, 프로방스, 랑그도크루시용, 남부 론이 화이트 와인에 들어가는 주요 블렌딩 포도다. 원산지가 스페인이므로, 정식 명칭은 가르나차 블란카(Garnacha Blanca)다.

•**그르나슈 GRENACHE** 50페이지의 '세계 25대 포도 품종' 참고.

•**그리뇰리노 GRIGNOLINO** 이탈리아 피에몬테 토착종이다. 옅은 빨간색, 감초와 향신료 풍미, 톡 쏘는 타닌감, 아삭함을 가진 와인을 만든다. 그리뇰리노는 피에몬테 방언으로 '씨앗'을 의미하는 'grignole'에서 유래한 이름인데, 포도 한 알에 씨앗이 많이 들어있어서 붙여진 이름이다.

•**그릴로 GRILLO** 시칠리아 주요 청포도 중 하나이며, 그릴로는 '귀뚜라미'라는 뜻이다. 광물성 풍미의 신선한 드라이 화이트 와인을 만들며, 고품질 마르살라를 만드는 주재료다. 카타라토 비안코(Catarratto Bianco)와 알렉산드리아 뮈스카의 자연 교잡종이다.

•**글레라 GLERA** 이탈리아 북부 베네토에서 널리 재배하며, 중성적 맛을 낸다. 발도비아데네(Valdobbiadene)와 코넬리아노(Conegliano) 사이에 위치한 트레비소(Treviso) 지역의 프로세코 스파클링 와인을 만드는데 사용한다. 이탈리아의 동쪽 국경 부근의 이스트리아 반도(현재의 크로아티아 일부)의 토착종이다. 과거에는 프로세코라고도 불렸으며, 트레이스테(Trieste) 부근의 프로세코 마을의 이름을 딴 것으로 추정한다. 2009년, 베네토의 코넬리아노 발도비아데네(Conegliano Valdobbiadene) 지역의 프로세코 수페리오레 와인이 DOCG(이탈리아 와인의 최고 등급)에 등극했을 때, 혼란을 막기 위해 프로세코라는 포도 이름의 사용을 금지했다. 이후 공식적으로 글레라라는 이름을 사용한다.

## ㄴ

•**나셰타 NASCETTA** 이탈리아 피에몬테의 청포도 토착종이다. 1990년대에 멸종 위기에서 구조됐다. 오늘날 피에몬테의 최상급 청포도 중 하나로 꼽힌다. 특히 노벨로 마을에서 아로마틱하고 상쾌한 드라이 화이트 와인을 만드는데 사용한다.

•**나이아가라 NIAGARA** 1860년대 뉴욕에서 비티스 라브루스카 두 종이 교배해서 생긴 미국 교잡종이며, 톡 쏘는 여우같은(foxy) 맛이 난다. 뉴욕 나이아가라에서 딴 이름이다. 현재까지도 뉴욕에서 가장 유명한 품종이며, 오프드라이 와인과 스위트 와인을 만든다.

•**네고스카 NEGOSKA** 그리스 북부 품종이다. 시노마브로(Xinomavro)와 블렌딩해서 구메니사라는 유명한 풀보디 그리스 와인을 만든다.

•**네그라라 NEGRARA** 보조 품종이다. 강력한 이탈리아 와인 아마로네와 라이트 보디감의 발폴리첼라에 색을 더하는 용도로 주로 사용한다. 코르비나(Corvina), 코르비노네(Corvinone), 론디넬라(Rondinella)보다 품질이 낮다고 여겨지며, 이 셋과 브렌딩해서 사용한다. 버라이어탈 와인으로 만드는 경우는 드물다. 네그라라는 라틴어에서 유래한 이름으로 포도알의 검은색을 가리킨다.

•**네그라몰 NEGRAMOLL** 스페인 안달루시아에서 유래한 옛 품종으로 이곳에서 카나리아 제도로 넘어간 것으로 추정된다. 현재도 카나리아 제도에서 자라며, 라이트하고 아로마틱한 레드 와인을 만든다. 포르투갈 마데이라 섬에서 더 유명하며, 이곳에서는 틴타 네그라 몰리(Tinta Negra Mole)라 부른다. 마데이라에서 재배량이 가장 많은 품종이며, 기본적인 마데이라 와인을 만드는데 널리 사용된다.

•**네그레트 NEGRETTE** 프랑스 남서부 툴루즈의 북부, 특히 프롱통(Fronton)에서 자라는 품종이다. 과일 향의 단순한 와인을 만들며, 진지한 와인도 만든다. 종종 시라, 말베크 또는 카베르네 소비뇽과 블렌딩한다.

•**네그로아마로 NEGROAMARO** 네그로는 '검은색', 아마로는 '쓴맛'이란 뜻이다. 이탈리아 남부 포도이며, 약간 쌉쌀한 에스프레소 풍미를 띠지만, 질감은 부드럽다. 풀리아 지역, 특히 '이탈리아 부츠'의 박차에 해당하는 고온건조한 살렌토 반도에서 널리 자란다.

•**네렐로 마스칼레제 NERELLO MASCALESE** 색은 옅지만 구조감이 굉장히 강한 최상급 적포도이며, 시칠리아의 에트나 섬에서 자란다. 타닌과 산 함유량이 매우 높다. 산지오베제와 만토니코 비안코(Mantonico Bianco)의 자연 교잡종이다. 단독으로 사용하거나 네렐로 카푸초(Nerello Cappuccio)와 블렌딩한다.

•**네렐로 카푸초 NERELLO CAPPUCCIO** 시칠리아의 에트나 산에서 레드 와인에 색을 더하는 용도로 사용한다. 네렐로 카푸초는 '검은 후드'라는 뜻이

다. 일반적으로 품질이 더 높은 네렐로 마스칼레제(Nerello Mascalese)와 블렌딩해서 사용한다.

• **네로 다볼라 NERO D'AVOLA** 이탈리아 시칠리아 섬에서 널리 재배하는 가장 중요한 고품질 적포도다. 네로는 '검다'는 뜻이다. 마우스필링, 구조감, 복합미, 초콜릿 풍미를 가진 와인을 만든다. 프라파토(Frappato)와 블렌딩해서, 시칠리아 유일의 DOCG인 체라수올로 디 비토리아(Cerasuolo di Vittoria)를 만든다.

• **네로 디 트로이아 NERO DI TROIA** 우바 디 트로이아(Uva di Troia)라고도 한다. 생산율이 높고, 타닌감이 뚜렷하며, 투박한 품종이다. 이탈리아 풀리아의 바리(Bari) 지역에서 주로 자란다. 네로 디 트로이아는 '검은 트로이'라는 뜻이지만, DNA 검사에 따르면, 그리스 품종과는 아무런 관련이 없다.

• **네비올로 NEBBIOLO** 50페이지의 '세계 25대 포도 품종' 참고.

• **노이부르거 NEUBURGER** 오스트리아 품종으로 금빛의 드라이 와인과 좋은 스위트 와인을 만든다. 오스트리아에서 로터 펠트리너(Roter Veltliner)와 질바너(Silvaner)가 자연교잡해서 탄생한 품종으로 추정된다.

• **노체라 NOCERA** 이탈리아 시칠리아에서 한때 멸종 위기였다. 그러나 오늘날 시칠리아와 칼라브리아에서 네렐로 마스칼레제(Nerello Mascalese), 네렐로 카푸초(Nerello Cappuccio), 그레코 네로(Greco Nero), 네로 다볼라(Nero d'Avola) 등의 재래종과 블렌딩하는 보조 품종으로 사용한다. 짙은 색, 높은 산도, 투박한 타닌감을 가졌다.

• **노톤 NORTON** 미국에서 재배하는 가장 오래된 하이브리드 중 하나로, 1820년경 버지니아에서 발견됐다. 오늘날 미드웨스트와 중부 대서양 연안에서 자란다. 특히 미주리와 버지니아에서 큰 성공을 거뒀으며, 좋은 진판델과 비슷한 와인을 만드는데 사용한다.

## ⊏

• **델라웨어 DELAWARE** 포도껍질이 빨간색보다는 분홍색에 가까우며, 강인한 하이브리드 품종이다(혈통은 명확하지 않다). 뉴욕의 레이크 이리, 미시건, 오하이오 등지에서 자란다. 델라웨어는 오랜 역사를 지녔지만, 18세기 말에 오하이오의 델라웨어 카운티에서 처음 생겨난 것으로 추정된다. 탄산감이 느껴지는 와인을 만든다. 일본에서도 자란다.

• **도른펠더 DORNFELDER** 1956년에 헬펜슈타이너(Helfensteiner)와 헤롤드레베(Heroldrebe)를 교배한 독일 교잡종이다. 18세기 포도재배자 임마누엘 아우구스트 루트비히 도른펠트의 이름을 땄다. 주로 라인헤센과 팔츠에서 짙은 색의 부드러운 와인을 만드는데 사용한다.

• **돌체토 DOLCETTO** '약간 달다'는 뜻이며, 산도가 낮은 포도다. 과일 향, 감초 풍미, 약간의 쓴맛이 느껴지며, 매일 마시기 좋은 와인을 만든다. 이탈리아 북부의 피에몬테 지역에서 바르베라와 더불어 쉽게 마시기 좋은 와인으로 꼽힌다.

• **두스 누아 DOUCE NOIR** 사부아 지역의 옛 프랑스 품종이며, '까마귀'를 뜻하는 코르보(Corbeau)라고도 부른다. 캘리포니아에서 현재 희귀 품종이 된 샤보노(Charbono)가 두스 누아와 동일한 포도이다. 아르헨티나에서는 보나르다(Bonarda)가 두스 누아다.

• **뒤라 DURAS** 프랑스 남서부의 가이야크(Gaillac)와 미요(Millau)의 토착종이다. 색이 짙고, 알코올 함량이 높으며, 투박하기 때문에 시라와 함께 블렌딩 포도로 사용한다. 현지 레드 와인에 단단한 구조감과 검은 과일 풍미를 가미한다.

• **뒤리프 DURIF** 1860년대 직전에 프랑스 식물학자 프랑수아 뒤리프가 개발한 품종이다. 잘 알려지지 않은 프랑스 플루쟁(Peloursin)과 시라의 교잡종이다. 뒤리프는 현재 프랑스에서 사라졌지만, 캘리포니아에서 프티트 시라라는 이름으로 자란다.

## ㄹ

• **라그레인 LAGREIN** 이탈리아 북부 트렌티노알토아디제/쥐트티롤 토착종이다. 독특함, 과일 향, 쓴맛을 지녔다. 미상의 품종과 테롤데고(Teroldego)의 자손이며, 시라의 부모이기도 하다.

• **라바트 51RAVAT 51** 비뇰(VIGNOLES) 참고.

• **라슈키 리슬링 LAŠKI RIZLING** 다른 나라에서는 주로 벨슈리슬링(Welschriesling) 또는 그라셰비나(Graševina)라 불리는 포도의 슬로베니아식 이름이다.

• **라크리마 디 모로 달바 LACRIMA DI MORRO D'ALBA** 이탈리아어로 '눈물'을 뜻하는 라크리마라는 단어는 다양한 이탈리아 품종과 와인의 이름에 등장한다. 그중 라크리마 디 모로 달바가 가장 중요하다. 또한 라크리마 디 모로 달바라는 마르케 지역의 과일 향의 레드 와인을 만드는 주요 품종이다.

• **람브루스코 LAMBRUSCO** 람브루스코는 '야생 포도'라는 뜻이다. 이탈리아 포도 중 13종 이상이 이름에 람브루스코 또는 람브루스카(Lambrusca)가 들어간다. 이탈리아 피에몬테 지역에서는 소량만 재배한다. 대부분 에밀리아로마냐에서 재배하며, 신선하고 인기 많은 드라이 와인 또는 람브루스코라는 살짝 스위트하고 기포가 자글자글한 와인으로 만들어진다. 람브루스코 와인은 탄산과 산미 덕분에 에밀리아로마냐의 유명한 살루미와 고기 파스타의 진득한 맛을 상쇄시키는 전통음료가 됐다.

• **레볼라 REBULA** 이탈리아의 리볼라 잘라(Ribolla Gialla)의 슬로베니아식 이름이다.

• **레포스코 REFOSCO** 이탈리아 프리울리 베네치아 줄리아와 국경 너머의 슬로베니아에서 자라는 여러 품종을 총칭하는 이름이다. 슬로베니아에서는 'Refošk'라 표기한다. 이중 가장 주된 품종인 레포스코 달 페둔콜로 로소(Refosco dal Peduncolo Rosso)는 매일 마시기 좋은

맛있는 레드 와인과 비교적 복합적인 와인을 만든다. 레포스코는 '빨간 줄기를 가졌다'는 뜻이다. 로마 역사학자 플리니 더 엘더는 1세기에 아우구스투스 황제의 배우자인 리비아가 '푸치눔(Pucinum) 와인'을 마신 덕분에 87세까지 장수했다고 기록했다. 푸치눔은 레포스코의 옛 명칭이다.

● **렌스키 리즐링 RENSKI RIZLING** 리슬링의 슬로베니아식 이름이다.

● **렘베르거 LEMBERGER** 블라우프렌키슈라고도 알려진 독일 적포도 품종이다. 오스트리아에서 가장 중요한 적포도이며, 헝가리와 독일 뷔르템베르크에서도 유명하다. 헝가리에서는 켁프런코시(Kékfrankos)라 부른다. 워싱턴 주에서도 소량 발견되며, 이곳에서 약간의 후추 풍미와 과일 향을 띠는 비교적 라이트 보디감의 와인으로 만들어진다.

● **로디티스 RODITIS** 그리스 품종이다. 파트라와 펠로폰네소스 일부 지역에서 단순하고 아삭한 드라이 화이트 와인을 만든다. 종종 레치나를 만드는데 사용한다.

● **로레이라 LOUREIRA** 포르투갈 미뉴 지역의 토착종으로 추정되며, 포르투갈의 주요 품종이다. 종종 비뉴 베르드의 재료로 사용한다. 산뜻한 산미, 꽃 향, 핵과류, 시트러스 풍미로 유명하다. 스페인 길라시아에서는 로우레이로(Loureiro)라 부르며, 종종 알바리뇨(Albariño)와 블렌딩한다.

● **로볼라 ROBOLA** 그리스 이오니아 제도의 여러 섬에서 주로 자란다. 레몬 풍미의 파워풀한 드라이 와인을 만든다.

● **로세세 ROSSESE** 이탈리아 리구리아에서 여러 품종을 일컫는 명칭이다. 가장 주된 품종은 로세세 디 돌체아쿠아(rossese di Dolceacqua)이며, 돌체아쿠아라는 라이트한 레드 와인을 만드는데 사용한다. 프로방스의 티부랑(Tibouren)과 같다.

● **로터 펠트리너 ROTER VELTLINER** 비교적 희귀한 오스트리아 고대 품종이다. 로터는 '빨간색'이라는 뜻인데, 이름과는 달리 스파이시하고 강력한 화이트 와인을 만든다.

● **로트기플러 ROTGIPFLER** 로터 펠트리너(Roter Veltliner)와 사바냑의 자연교잡으로 탄생한 호주 품종이다. 빈 남부의 테르멘레기온의 특산물이며, 보통 지어판들러(Zierfandler)와 블렌딩해서 사용한다.

● **론디넬라 RONDINELLA** 이탈리아 북부 베네토 지역에서 주로 자란다. 코르비나(Corvina), 코르비노네(Corvinone), 오셀레타(Oseleta)와 함께 블렌딩해서 사용한다. 또는 몰리나라(Molinara)와 혼합해서 아마로네라는 유명하고 강력한 이탈리아 레드 와인을 만든다. 버라이어탈 와인으로 만드는 경우는 드물다. 당분 함량이 높기 때문에 레초토 델라 발폴리첼라라는 스위트 와인을 만드는데 사용한다.

● **롤 ROLLE** 이탈리아 토착종으로 추정되며, 이곳에서는 베르멘티노(Vermentino)나 부른다. 랑그도크루시용, 프로방스 등 프랑스 남부와 코르시카 섬에서도 자란다. 프랑스에서는 주로 블렌딩 포도로 사용한다.

● **루비 카베르네 RUBY CABERNET** 카베르네 소비뇽과 카리냥의 교잡종이다. 캘리포니아대학 데이비스 캠퍼스의 해롤드 올모 박사가 1936년에 개발했다. 올모 박사의 목적은 카베르네 소비뇽의 품질과 카리냥의 내건성을 결합한 포도를 개발하는 것이었지만, 결국 실패했다. 그래도 루비 카베르네는 좋은 저그 와인을 만든다.

● **루산 ROUSSANNE** 프랑스의 북부 론 품종이다. 마르산(Marsanne)보다 훨씬 뛰어난 우아미로 각광받는다. 보통 마르산과 블렌딩해서 사용한다. 마르산과 유전적 관계가 있지만, 과학자들도 둘 중 누가 부모인지 확신하지 못한다. 랑그도크루시용과 캘리포니아에서도 자란다.

● **루케 RUCHÉ** 이탈리아 피에몬테 토착종이다. 비교적 희귀하지만 높은 평가를 받는 아로마틱한 적포도다. 한때 멸종 위기였으나, 현지 교구 신부가 구조해서 대량으로 재배했으며, 지역의 대표 품종으로

발전시켰다. 향신료, 제비꽃, 장미, 시나몬, 빨간 배리 풍미를 지녔다.

● **룰란더 RULÄNDER** 피노 그리의 독일식 이름 중 하나다. 그라우부르군더(Grauburgunder)라고도 한다.

● **르누아르 LENOIR** 미국 남동부 지역에서 개발한 하이브리드 품종이며, 사우스캐롤라이나의 르누아르 카운티에서 딴 이름이다. 자케즈(Jacquez)라는 성을 가진 스페인 사람이 미시시피에 르누아르를 가져가서 심었기 때문에, 자케즈라고도 부른다. 또는 검은 포도껍질과 자케즈의 국적 때문에 블랙 스패니시(Black Spaish)라고도 한다. 르누아르의 최대 장점은 필록세라에 대한 저항성이다. 프랑스 남부에 필록세라가 발병했을 때, 르누아르 대목 수백 그루를 가져가서 심었다. 오늘날 텍사스에서 재배하며, 자연적으로 피어스 질병에 대한 저항성도 생겼다. 브라질에서도 널리 재배하며, 이곳에서는 주스, 젤리, 저그 와인을 만드는데 사용한다.

● **르카치텔리 RKATSITELI** 원산지 조지아에서 자라는 강인한 한랭기후 품종이다. 조지아 과학자들은 화성에 번식시킬 식물로 르카치텔리를 추천한다. 튼튼한 포도껍질이 화성의 모래 폭풍을 막아주는 방패 역할을 할 것이라고 믿기 때문이다. 우크라이나와 뉴욕에서도 자란다. 꽃 향을 띠는 약간 스파이시한 드라이 와인과 스위트한 주정강화 와인을 만든다.

● **리볼라 잘라 RIBOLLA GIALLA** 이탈리아 북부 프리울리 베네치아 줄리아의 매우 오래된 품종이다. 시트러스와 복숭아 풍미의 이국적이고 맛있으며 굉장히 매력적이고 아로마틱한 와인을 만든다. 옆 동네인 슬로베니아에서도 자라며, 이곳에서는 레불라(Rebula)라 부른다.

● **리스탄 프리에토 LISTÁN PRIETO** 스페인 중부 카스티야라만차의 토착종이며, 포도껍질 색이 어둡다. 프리에토는 스페인어로 '어둡다'는 뜻이다. 리스탄 프리에토는 16세기에 아메리카대륙에 유입된 최초의 유럽산 비티스 비니페라 품종이며, 수많은 나라의 초기 포도재배 역사에 지대

한 영향을 미쳤다. 리스탄 프리에토는 칠레와 멕시코로 바로 넘어왔다. 칠레는 크리오야 치카(Criolla Chica)라 부르다가 나중에 파이스(País)로 이름을 바꿨다. 멕시코에는 프란체스코 선교사들이 리스탄 프리에토를 들여와서 미시온(Misión)이라 불렀다. 리스탄 프리에토는 바하칼리포르니아(Baja California, 현재의 멕시코)를 거쳐 알타칼리포르니아(Alta California, 캘리포니아)까지 전파됐다. 이곳에서 산 디에고 데 알칼라(Mission San Diego de Alcalá) 선교지를 필두로 점점 북부 선교지로 확산됐다. 아르헨티나에는 칠레를 통해서 리스탄 프리에토가 유입됐는데, 알렉산드리아 뮈스카와 자연교잡해서 세레사(Cereza), 토론테스 리오하노(Torrontés Riojano), 토론테스 산후아니노(Torrontés Sanjuanino) 등 수많은 포도를 탄생시켰다. 스페인 카나리아 제도에는 여전히 소량의 리스탄 프리에토가 자란다. 칠레는 파이스라는 이름으로 다량을 재배한다. 캘리포니아는 미션(Mission)이라는 이름으로 약 1.4㎢(140헥타르)의 밭이 남아있는데, 몇몇 용감한 와인생산자가 소규모의 미션 와인 부흥을 꾀하고 있다.

● **리슬라너 RIESLANER** 리슬링과 질바너(Silvaner)의 독일 교잡종이다. 특히 팔츠와 프랑켄 지역에서 짜릿하고 좋은 와인을 만든다.

● **리슬링 이탈리코 RIESLING ITALICO** 이탈리아 북부, 특히 롬바르디아에서 자란다. 기본적인 드라이 화이트 와인을 만든다. 진짜 리슬링이 아니며, 크로아티아의 그라셰비나(Graševina)와 같다.

● **리슬링 RIESLING** 50페이지의 '세계 25대 포도 품종' 참고.

● **리아티코 LIATIKO** 그리스 크레타 섬에서 가장 널리 재배하는 품종이다. 엷은 색, 꽃 향, 비교적 높은 산도를 가진 스파이시한 레드 와인을 만든다. 드라이 와인과 스위트 와인을 만든다.

● **릴리오릴라 LILIORILA** 프랑스 남서부 품종인 바로크와 샤르도네의 교잡종이며,

1956년 프랑스에서 개발했다. 낮은 산도와 강력한 아로마를 가진 와인을 만든다. 최근까지 멸종 위기에 처했으나, 2019년에 보르도와 보르도 쉬페리외의 기본적인 화이트 블렌드 와인을 만드는 포도 중 하나로 승인받았다. 이는 기후변화로 높아진 기온에 견딜 수 있는 포도를 재배하기 위한 노력의 일환이다.

● **림니오 LIMNIO** 아리스토텔레스가 사랑했다고 알려진 고대 그리스 품종이다. 에게 해의 리므노 섬의 토착종이며, 현재 그리스 북부 전역에서 재배한다. 종종 카베르네 소비뇽, 카베르네 프랑과 블렌딩한다.

🔲

● **마그들렌 누아르 데 샤랑트 MAGDELEINE NOIRE DES CHARENTES** 메를로와 말베크의 엄마다(이들의 아빠는 각각 카베르네 프랑과 프뤼나르라다). 2000년대 프랑스 남서부에서 발견됐는데, 당시 멸종 위기였다. 오직 다섯 그루만 생존한 상태였는데, 한 그루는 북부 브르타뉴의 산 속에 있었고, 나머지 네 그루는 샤랑트의 농가 앞에서 자라고 있었다.

● **마들렌 앙주빈 MADELEINE ANGEVINE** 19세기 중반에 루아르 밸리에서 수차례의 교배를 통해 탄생한 교잡종이다. 현재는 캐나다의 브리티시컬럼비아에서 극히 제한된 양만 재배한다. 마들렌 앙주빈 묘목('Madeleine x Angevine 7672'라 부름)은 잉글랜드에서 자라는 기분 좋은 꽃 향의 포도 품종으로 더 유명하다.

● **마레샬 포슈 MARÉCHAL FOCH** 1991년 프랑스에서 개발한 하이브리드 품종이며, 1차 세계대전 당시 프랑스군의 마레샬 페르디낭 포슈 장군의 이름을 땄다. 짙은 색, 타닌감, 허브 풍미를 띠며, 추운 기후에 적합하다. 오늘날 캐나다와 미국 북동부에서 소량만 자란다.

● **마르산 MARSANNE** 프랑스 론 밸리의 주요 청포도며, 특히 에르미타주 블랑을

만드는 블렌딩 포도다. 입안에서 묵직하게 느껴지는 풀보디감 때문에 비교적 우아한 루산과 블렌딩하는 경우가 많다. 루산은 마르산의 부모 또는 자손으로 추정된다. 랑그도크루시용과 캘리포니아에서 소량씩 재배한다.

● **마르세게라 MERSEGUERA** 스페인 남부의 발렌시아와 우티엘레케나 지역의 주요 품종 중 하나다. 마르세게라를 말바시아, 기타 화이트 품종과 블렌딩해서 전통적인 랑시오(rancio) 스타일 와인과 스위트 와인을 만든다.

● **마르셀란 MARSELAN** 카베르네 소비뇽과 그르나슈의 교잡종으로 1961년에 개발됐다. 프랑스 랑그도크루시용, 남부 론 밸리, 이스라엘, 중국 등지에서 재배한다. 중국에서는 주로 카베르네 소비뇽과 블렌딩해서 중국 최고의 와인을 만든다. 2019년, 보르도와 보르도 쉬페리외의 기본적인 레드 블렌드 와인을 만드는 품종으로 승인받았다.

● **마몰로 MAMMOLO** 옛 토스카나 품종으로 기본적인 토스카나 와인과 키안티를 만드는 보조적인 블렌딩 포도다. 제비꽃 아로마가 특징인데, 마몰로라는 단어도 '제비꽃'이라는 뜻이다.

● **마브로다프니 MAVRODAPHNE** 'Mavrodaphni'라고도 표기하며, '검은 월계수'란 뜻이다. 그리스 서부 이오니아 제도의 케팔로니아 섬 또는 펠로폰네소스 반도의 파트라의 토착종으로 추정된다. 유명한 그리스 스위트 주정강화 레드 와인 마브로다프니 오브 파트라(Mavrodaphne de Patras)와 마브로다프니 오브 케팔로니아(Mavrodaphne de Kefalonia)를 만드는 주요 품종이다.

● **마브로트라가노 MAVROTRAGANO** 그리스 산토리니 섬의 토착종이다. 타닌감, 베리와 향신료 풍미를 지닌 와인을 만든다. 한때 멸종 위기였으나, 현재 다시 부흥하고 있다.

● **마수엘로 MAZUELO** 스페인 북동부 아라곤의 토착종으로 추정된다. 리오하에서는 마수엘로의 산미, 타닌감, 흙 풍미 때문

에 블렌드 와인을 만드는데 소량 사용한다. 프리오라트 등 기타 스페인 지역에서는 카리녜나(Cariñena), 프랑스 남부에서는 카리냥(Carignan)이라 부른다.

● **마카베오 MACABEO** 카바와 기타 스페인 스파클링 와인에 사용하는 3대 스페인 북부 품종 중 하나다. 또한 리오하 화이트 와인을 만드는 주요 품종이며, 이곳에서는 비우라(Viura)라 부른다. 프랑스 남부에서 소량 자라며, 특히 북부 론과 랑그도크루시용에서 발견된다. 프랑스 남부에서는 'Maccabéo'라 표기한다.

● **마투라나 블란카 MATURANA BLANCA** 스페인 리오하 지역의 보조적이지만 역사적인 품종이다. 소비뇽 블랑을 닮은 허브 풍미의 신선한 와인을 만든다. 마투라나 틴타(Maturana Tinta)와 이름이 비슷하지만, 서로 아무런 관련이 없다.

● **마투라나 틴타 MATURANA TINTA** 트루소(Trousseau)의 스페인식 이름이다. 스페인과 포르투갈의 보조 품종이다. 포르투갈에서는 바스타르두(Bastardo)로 알려져 있다. 마투라나 틴타는 사실 프랑스 동부 쥐라의 토착종인데, 어떻게 이베리아 반도까지 넘어갔는지는 아직 밝혀지지 않았다.

● **만딜라리아 MANDILARIA** 에게 해 동부의 그리스 섬들의 토착종으로 짙은 색과 타닌감을 지녔다. 크레타 섬에서는 소량의 만딜라리아와 코치팔리(Kotsifali)를 블렌딩해서 아르하네스(Archanes)와 페자(Peza) 와인을 만든다. 이밖에도 산토리니, 필로스(Pylos) 등 여러 그리스 섬과 펠로폰네소스 반도 남부 전역에서 자란다.

● **말라구시아 MALAGOUSIA** 그리스 본토의 남부 연안 토착종으로 추정되는 역사적 품종이다. 특히 마케도니아 지역에서 활기차고 아로마틱한 풀보디 와인을 만든다. 종종 아시르티코(Assyrtiko)를 섞어서 아로마를 더한다. 그리스 본토와 그리스 섬들 전역에서 재배한다.

● **말바시아 MALVASIA** 말바시아도 뮈스카와 마찬가지로 단일 품종이 아니라 서로 관련이 없는 고대 지중해 포도(화이

트-, 핑크-, 블랙-)들을 총칭하는 집합적 명칭이다. 이중 대다수는 공통점이 하나 있는데, 파워풀한 스위트 와인을 만든다는 것이다. 그중 몇 개를 꼽자면, 말바시아 비안카 디 칸디아(Malvasia Bianca di Candia)는 말바시아 그룹 중 가장 많이 재배되며, 이탈리아에서 흔한 품종이다. 말바시아 비안카 룽가(Malvasia Bianca Lunga)는 토스카나에서 빈산토를 만드는데 사용하며, 역사적으로 키안티에도 사용했다. 말바시아 브란카 드 상 조르즈(Malvasia Branca de São Jorge)는 맘시 마데이라를 만드는데 사용한다. 말바시아 델레 리파리(Malvasia delle Lipari)는 시칠리아의 유명한 파시토 디저트 와인을 만들며, 와인 이름도 포도와 동일하다. 말바지야 이스타르스카(Malvazija Istarska)는 크로아티아와 슬로베니아의 주요 품종이다.

● **말베크 MALBEC** 50페이지의 '세계 25대 포도 품종' 참고.

● **맘시 MALMSEY** 말바시아(MALVASIA) 참고.

● **메를로 MERLOT** 50페이지의 '세계 25대 포도 품종' 참고.

● **멘시아 MENCÍA** 스페인 북서부 레온 지방의 비에르소 부근의 스파이시한 토착종이다. 최근 소규모 부흥을 겪고 있다. 포르투갈 당(Dão) 지역에서도 자라며, 이곳에서는 자엔(Jaen)이라 부른다.

● **모나스트렐 MONASTRELL** 널리 재배되는 스페인 발렌시아 토착종으로 매우 늦게 수확하는 품종이다. 오늘날 주미야와 몇몇 스페인 중부 지역에서 짙은 색의 강력하고 농밀한 레드 와인을 만드는데 사용한다. 프랑스에서는 무르베드르(Mourvèdre)라고 알려져 있다.

● **모넴바시아 MONEMVASSIA** 에게 해의 키클라데스 제도와 파로스 섬 그리고 펠로폰네소스 반도에 주로 서식하는 그리스 품종이다. 드라이 와인과 스위트 와인을 만든다. 요새화된 중세 항구도시인 모넴바시아에서 따온 이름이다. 서기 375년에 발생한 지진으로 섬이 됐으며, 현재 본

토와 다리 하나로 연결돼 있다. 그리스어로 'moni emvassis'는 '단독 입구'라는 뜻이다.

● **모렐리노 MORELLINO** 토스카나 마렘마 지역에서 산지오베제를 부르는 또 다른 이름이다. 과일 향이 가득하고 부드러운 모렐리노 디 스칸사노(Morellino di Scansano) DOCG 와인을 만든다. 모렐리노라는 이름은 마렘마에 서식하는 모렐로 체리(morello cherry) 또는 모렐리(Morelli)라는 빛바랜 적갈색 털을 가진 현지 말 품종에서 유래한 것으로 추정된다.

● **모리오무스카트 MORIO-MUSKAT** 독일 팔츠와 라인헤센에서 주로 발견되는 독일 교잡종으로 부모 품종을 미상이다. 아로마틱한 와인을 만드는데, 제대로 양조하지 못하면 싸구려 향수 냄새처럼 느껴진다.

● **모스카텔 MOSCATEL** 포르투갈, 일부 지역과 스페인에서 뮈스카 블랑 아 프티 그랭과 알렉산드리아 뮈스카를 일반적으로 일컫는 이름이다. 스페인 헤레스에서는 모스카텔 비안코(Moscatel Bianco, 알렉산드리아 뮈스카)가 팔로미노(Palomino), 페드로 시메네스(Pedro Ximénes) 다음으로 세 번째로 중요한 포도다. 셰리를 만드는 솔레라 시스템을 통해 스위트한 주정강화 와인을 만든다. 또한 여러 스페인 지역에서 홍미롭고 아로마틱한 드라이 스틸 와인을 만든다.

● **모스카토 비안코 MOSCATO BIANCO** 이탈리아 전역에서 자라지만, 무엇보다 피에몬테와 가장 관계가 깊다. 피에몬테에서는 모스카토 비안코를 사용해서 이탈리아에서 가장 유명한 두 와인, 아스티와 모스카토 다스티를 만든다. 모스카토 비안코는 순수한 꽃 아로마를 가진 드라이 와인과 오프드라이 와인을 만든다. 이름에 모스카토 또는 뮈스카가 들어가는 포도 중 가장 유명한 품종이며, 프랑스의 뮈스카 블랑 아 프티 그랭과 같은 포도다. 또한 가장 유명한 모스카토 품종들의 조상이다(최소 5종 이상과 부모-자식 관계를 공유하며, 모

두 이탈리아 재래종이다). 몇몇 학자는 원산지가 이탈리아이므로 프랑스식 이름이 아닌 이탈리아식 이름을 사용해야 한다고 주장한다.

● **모스코필레로 MOSCHOFILERO** 굉장히 아로마틱한 펠로폰네소스 반도 품종이다. 만티니아라는 신선하고 라이트한 그리스 펠레폰네소스 와인을 만든다.

● **모작 MAUZAC** 프랑스 랑그도크루시용에서 블랑케트 드 리무(Blanquette de Limoux), 크레망 드 리무(Cremant de Limoux), 메토드 안세스트랄(페티앙 나튀렐 양조법) 스파클링 와인을 만드는데 사용한다. 모작으로 만든 스파클링 와인은 산도가 높고 아삭한 과일 풍미가 일품인 미디엄스위트 와인이다.

● **몬테풀차노 MONTEPULCIANO** 헷갈리지만, 산지오베제로 만든 토스카나 와인인 비노 노빌레 디 몬테풀차노(vino nobile di Montepulciano)를 만드는 포도와는 아무런 관련이 없다. 몬테풀차노는 이탈리아 중부와 남부 전역에 널리 퍼져 있다. 특히 아브루초에서는 투박하고 맛있는 몬테풀차노 다브루초 DOC를 만든다. 몬테풀차노로 만든 와인은 부드러운 타닌감과 낮은 산도 덕분에 어릴 때 마시기 좋다.

● **몰리나라 MOLINARA** 베네토 토착종이다. 옅은 색과 중성적인 아로마 때문에 점점 희귀 품종이 돼가고 있다. 역사적으로 코르비나(Corvina), 코르비노네(Corvinone), 기타 적포도 품종과 블렌딩해서 이탈리아의 강력한 아마로네, 비교적 라이트한 발폴리첼라와 바르돌리노를 만드는 전통적인 포도 중 하나이다.

● **무르베드르 MOURVÈDRE** 50페이지의 '세계 25대 포도 품종' 참고.

● **무스카텔러 MUSKATELLER** 뮈스카 블랑 아 프티 그랭의 오스트리아식 이름이다. 겔버 무스카텔러(Gelber Muskateller)라고도 한다.

● **뮈스카 블랑 아 프티 그랭 MUSCAT BLANC À PETITS GRAINS** 50페이지의 '세계 25대 포도 품종' 참고.

● **뮈스카 MUSCAT** 50페이지의 '세계 25대 포도 품종' 참고.

● **뮈스카데 MUSCADET** 정식 명칭은 믈롱 드 부르고뉴(Melon de Bourgogne)다. 뮈스카데라는 날카롭고 라이트한 드라이 프랑스 와인을 만든다.

● **뮈스카델 MUSCADEL** 뮈스카 블랑 아 프티 그랭의 남아프리카공화국식 이름이다. 역사적으로 뱅 드 콩스탕스라는 주요한 디저트 와인을 만드는데 사용한다. 단, 보르도의 뮈스카델(Muscadelle)과는 다른 품종이다.

● **뮈스카델 MUSCADELLE** 은은한 향을 발산하는 품종이다. 소량의 뮈스카델을 세미용, 소비뇽 블랑과 블렌딩해서 보르도 화이트 와인을 만든다. 뮈스카델은 호주에서 더 유명한데, 빅토리아의 루터글렌 지역의 유명한 주정강화 와인인 토파크를 만드는데 사용된다. 뮈스카 또는 모스카토라 불리는 품종과는 다른 포도다. 또한 뮈스카 그룹에 속하는 남아프리카공화국의 뮈스카델(Muscadel)과도 다른 품종이다.

● **뮈스카르댕 MUSCARDIN** 비교적 희귀하며, 상당히 중성적인 품종이다. 프랑스 남부의 론 와인을 만드는데 사용한다.

● **뮐러투르가우 MÜLLER-THURGAU** 유명한 독일 품종이다. 독일에서 질감은 부드럽지만 맛은 비교적 중성적인 와인을 만든다. 이탈리아와 헝가리에서도 몇몇 좋은 와인을 만든다. DNA 감식 결과, 리슬링과 마들렌 로얄(Madeleine Royale)의 교잡종으로 밝혀졌다. 참고로 후자는 부모가 미상인 식탁용 포도다. 뮐러투르가우는 2차 세계대전 이후 널리 재배되기 시작했으며, 1990년대 독일의 주요 품종으로 자리 잡았다. 오늘날 이보다 훨씬 상급 와인을 만드는 리슬링이 뮐러투르가우의 자리를 대체하게 됐다.

● **므츠바네 카후리 MTSVANE KAKHURI** 조지아 남동부의 오래되고 유명한 품종인데, 우크라이나와 러시아에서도 자란다. 보통 짧게 므츠바네라 부른다. 드라이 와인과 스위트 와인을 만들며, 전통 크베브리(손잡이가 없는 대형 토기로,

땅 속에 묻음)를 사용해서 만들기도 한다.

● **믈롱 드 부르고뉴 MELON DE BOURGOGNE** 고대 부르고뉴 품종이지만, 부르고뉴에서 사용이 금지됐다. 그러나 루아르 밸리에서 라이트하고 시큼한 드라이 프랑스 와인인 뮈스카데를 만드는 포도로 자리 잡았다. 이곳 노동자들이 조개요리에 곁들이는 와인이다.

● **미션 MISSION** 스페인 품종인 리스탄 프리에토의 영어 이름이다. 아메리카 대륙과 캘리포니아에 최초로 재배된 비티스 비니페라 품종으로 알려져 있다. 프란체스코 선교사들이 스페인에서 멕시코로 미션을 들여왔고, 캘리포니아에는 1700년대에 전파됐다. 미션은 1848년 골드러시 때까지 캘리포니아 와인산업의 중심이었다. 현재 캘리포니아에 면적 1.4㎢(140헥타르)의 미션 포도밭이 남아있으며, 대부분 뜨거운 센트럴 밸리에 위치한다. 크리오야(CRIOLLA) 참고.

## ㅂ

● **바가 BAGA** 포르투갈어로 '베리'라는 뜻이다. 포르투갈에서 가장 널리 재배하는 적포도 품종에 속한다. 특히 바이하다 지역의 주요 품종이다.

● **바로크 BAROQUE** 19세기부터 20세기 초까지 프랑스 남서부에서 인기가 높았지만, 현재는 생산량이 제한적이다. 주로 프랑스 남서부의 튀르상(Tursan) AOC에서 재배한다.

● **바르베라 BARBERA** 50페이지의 '세계 25대 포도 품종' 참고.

● **바스타르두 BASTARDO** 포르투갈어로 '사생아'을 뜻한다. 도루 지역 등 포르투갈 드라이 레드 와인에 흔히 들어가는 품종이다. 당(Dão) 지역에서도 사용하는데, 비중이 적다. 두 세기 전에 프랑스 쥐라 지역에서 포르투갈로 넘어왔다. 원산지인 쥐라에서는 트루소(Trousseau)라 부른다.

● **바이스부르군더 WEISSBURGUNDER** 독일과 오스트리아에서 피노 블랑을 일컫는 이름이다.

● **바카레즈 VACCARESE** 프랑스 남부 론

밸리의 흔한 보조 품종 중 하나다. 가끔 샤토뇌프 뒤 파프에도 들어간다.

● **바코 누아 BACO NOIR** 프랑스-미국 하이브리드 중 가장 유명하며, 1902년 프랑스 양묘업자 프랑수아 바코가 개발했다. 폴 블랑슈(Folle Blanche)와 그랑 글라브르(Grand Glabre, 미국 비티스 리파리아에 속한 품종)의 교잡종이다. 본래 부르고뉴와 루아르 밸리에서 재배했으며, 프랑스 AOC에서 허용한 몇 안 되는 하이브리드 품종에 속한다. 현재는 뉴욕, 온타리오 등 비교적 서늘한 지역에서 주로 재배한다.

● **바코 블랑 BACO BLANC** 프랑스 양묘업자 프랑수아 바코가 1898년에 개발한 하이브리드 품종이며, 바코 22A(Baco 22A)라고도 부른다. 1970년대까지 아르마냐크의 주재료로 사용했으며, 현재도 아르마냐크에 들어가지만 비중이 줄었다.

● **발디기에 VALDIGUIÉ** 프랑스 남서부의 희귀 품종이다. 현재 프랑스에서는 사실상 사라졌지만, 캘리포니아에서 소량 재배하고 있다. 과거 캘리포니아에서 헷갈리게도 '나파 가메(Napa Gamay)'라는 와인을 만드는 포도였다.

● **베르나차 디 산 지미냐뇨 VERNACCIA DI SAN GIMIGNANO** 토스카나 중세도시 산 지미냐노 주변에서 자란다. 중성적이지만 인기가 많은 드라이 화이트 와인을 만든다. 이유를 설명할 순 없지만, 1966년에 이탈리아 최초의 DOC로 인정됐다. 유명한 이탈리아 포도 중 이름에 베르나차가 들어가는 품종으로 베르나차 디 오리스타뇨(Vernaccia di Oristano)가 있다. 별도의 품종으로 샤르데냐 섬에서 자라며, 가끔 셰리를 닮은 산화된 스타일의 와인을 만든다.

● **베르데카 VERDECA** 이탈리아 남부 풀리아에서 전통적으로 자라는 중성적이고 라이트한 청포도 품종이다. 생산량이 감소하고 있다. 중성적인 특징 때문에 블렌드 와인 또는 베르무트를 만드는데 사용한다. 그리스에서 풀리아로 넘어왔다고 추정되는데, DNA 분석 결과 펠로폰네소스 반도의 그리스 품종인 라고르티(Lagorthi)와 동일한 품종이라고 밝혀졌다.

● **베르데호 VERDEJO** 스페인 중북부 루에다 지역에서 자란다. 이곳 토착종으로 추정된다. 월계수와 씁쓸한 아몬드 풍미로 유명한 스페인 최상급 드라이 화이트 와인을 만든다. 스페인어로 베르데는 '녹색'이란 뜻인데, 베르데호는 소비뇽 블랑처럼 약간 짜릿한 녹색 특징을 지닌다.

● **베르델로 VERDELLO** 이탈리아 오르비에토 와인을 만드는 보조적인 블렌딩 포도 중 하나다. 베르델료(Verdelho)와 발음이 매우 비슷하지만, 서로 다른 품종이다. 베르델료는 미디엄드라이 스타일의 마데이라를 만드는 주요 포도다.

● **베르델료 VERDELHO** 포르투갈 마데이라 섬이 재래종으로 추정된다. 마데이라를 생산하는데 권고하는 5대 화이트 품종 중 하나다. 세르시알 스타일과 부알 스타일의 중간에 있는 견과류 풍미의 미디엄드라이 스타일의 마데이라라는 것을 알기 위해 라벨에 베르델료라고 표기한다. 호주에서도 자라는데, 이곳에서 아로마틱한 드라이 화이트 와인을 만든다. 이탈리아의 베르델로(Verdello)아는 다른 품종이다.

● **베르두초 VERDUZZO** 1409년 6월 6일, 이탈리아의 프리울리 베네치아 줄리아의 만찬에서 베르두초로 만든 화이트 와인을 그레고리 7세 교황에게 대접했다는 이야기가 전해지는데, 이것이 베르두초 품종에 대한 최초의 기록이다. 프리울리 베레치아 줄리아에서 드라이 스파클링 와인과 스위트 와인을 만든다. 로만돌로라는 꿀 풍미의 희귀하고 유명한 스위트 와인도 베르두초로 만들었다.

● **베르디키오 VERDICCHIO** 마르케 또는 베네토에서 유래했다고 추정되는 이탈리아 청포도 토착종이다. 베르디키오 데이 카스텔리 디 제시(Verdicchio dei Castelli di Jesi)와 베르디키오 디 마텔리카(Verdicchio di Matelica)라는 숙성력 좋은 드라이 화이트 마르케 와인을 만든다. 베네토에서는 가르가네가(Garganega)와 혼합해서 최상급 소아베를 만든다. 베네토에서는 헷갈리게도 베르디키오를 트레비아노 디 소아베(Trebbiano di Soave)라 부른다.

● **베르멘티노 VERMENTINO** 이탈리아와 프랑스 남부의 연안을 따라 널리 재배되는 아로마틱한 청포도 품종이다. 지중해 허브 풍미, 아삭함, 광물성을 띠는 드라이 와인을 만든다. 이탈리아 사르데냐 섬에서 가장 유명하며, 이탈리아 베르멘티노 대부분이 이곳에서 생산된다. 리구리아에서는 피가토(Pigato), 프랑스령 코르시카 섬에서는 말바시아(Malvasia)라 부른다. 프랑스 남부에서는 롤(Rolle)이라 한다.

● **베스파이올라 VESPAIOLA** 이탈리아 베네토의 토착종이다. 베르간체 명칭에서 만든 베르간체 토르콜라토(Breganze Torcolato)라는 감미로운 스위트 와인이 가장 유명하다. 포도를 발효시키기 전에 건조해서(파시토) 당분을 응축시키는 방식을 사용한다.

● **베스폴리나 VESPOLINA** '작은 말벌'이란 뜻인데, 곤충이 몰려들 정도로 당도가 높은 포도 때문에 붙여진 이름이다. 이탈리아 피에몬테의 가티나라와 게메 와인을 만들 때, 네비올로(베스폴리나의 부모 중 한쪽)의 타닌감을 누그러뜨리기 위한 블렌딩 포도로 주로 사용한다.

● **벨슈리슬링 WELSCHRIESLING** 크로아티아 토착종으로 추정되는 그라셰비나(Graševina)의 오스트리아식 이름이다. 크로아티아의 주요 청포도 품종이다. 오스트리아, 특히 부르겐란트에서 맛있는 늦수확 귀부병 와인을 만든다. 슬로베니아(라슈키 리즐링·Laški Rizling)와 헝가리(올러스리즐링·Olaszrizling)에서도 널리 재배한다. 이탈리아에서는 리슬링 이탈리코(Riesling Italico)라 부르며, 롬바르디아에서 라이트한 드라이 와인을 만든다. 이름에 리슬링이란 단어가 들어가지만, 리슬링과 직접적인 관계는 없다.

● **보나르다 BONARDA** 아르헨티나에서 말베크 다음으로 두 번째로 유명한 품종이다. 아르헨티나에서 보나르다라고 부르지만, 피에몬테에서 보나르다 피에드

몬테세(Bonarda Piedmontese)라고 알려진 희귀한 이탈리아 재래종과는 다른 포도다. 오히려 프랑스 사부아에서 유래한 두스 누아(Douce Noir, '부드러운 블랙'이란 뜻)와 동일한 품종이다. 프랑스에서는 코르보(Corbeau, 포도의 검은색을 본떠 '까마귀'라는 뜻) 또는 샤르보노(Charbonneau)라 부르며, 캘리포니아에서는 줄여서 샤보노(Charbono)라 부른다(이제 희귀해진 캘리포니아 샤보노의 추종자들은 아르헨티나 보나르다로 대체할 수 있다는 사실을 알게 되어 기쁠 것이다).

● 보발 BOBAL 스페인 중동부의 우티엘레케나(Utiel-Requena) 지역에서 주로 자라는 스페인 토착종이다. 과거에는 블렌딩 포도로 사용했으나, 점점 그르나슈와 별반 다르지 않는 맛있고 스파이시한 환상적인 와인을 만들게 됐다.

● 보알 BOAL 부알(BUAL) 참고.

● 볼티스 VOLTIS 프랑스국립농산물연구소에서 개발한 병해 저항성을 가진 새로운 하이브리드 품종이다. 적포도 하이브리드 품종인 비독처럼 노균병과 백분병에 대한 저항력이 있다. 과학자들은 샤르도네를 닮았다고 주장한다. 몇몇 프랑스 와인 산지에서 사용이 허용됐으며, 2020년대 말에 상업적 재배가 시작될 것으로 예상된다.

● 부르불랭 BOURBOULENC 단순한 맛을 내는 고대 프랑스 남부 품종이다. 현재는 남부 론, 랑그도크루시용, 프로방스에서 종종 사용하며, 샤토뇌프 뒤 파프, 코트 뒤 론, 코르비에르, 미네르부아 와인에도 들어간다.

● 부알 BUAL 마데이라 섬에서 재배하는 부알은 풍성한 세미스위트 스타일의 마데이라를 만들며, 이 역시 부알 또는 보알(Boal)이라 부른다. 말바시아 피나(Malvasia Fina)와 같은 품종이며, 포르투갈 당(Dão) 지역의 드라이 화이트 테이블 와인을 만드는데도 사용한다.

● 브라케 BRAQUET 프로방스의 코트 드 프로방스 지역에 위치한 벨레(Bellet) 산지의 로제 와인에 주로 사용하는 고대 프랑스 블렌딩 품종이다. 섬세한 향과 라이트 보디감이 돋보이는 와인을 만든다.

● 브라케토 BRACHETTO 이탈리아 피에몬테 재래종이며 주로 아스티, 알렉산드리아 등의 도시에서 발견된다. 드라이 레드 와인을 만들며, 진홍색의 브라케토 다퀴(Brachetto d'Acqui) 또는 탄산감이 느껴지는 프리잔테를 만든다.

● 브로콜 BRAUCOL 프랑스 남서부의 마르시야크(marcillac), 가이야크(Gaillac)의 고대 토착종이며, 야생 포도나무를 길들인 것으로 추정된다. 지방어로 '황소'란 뜻이다. 보통 타나(Tannat), 뒤라(Duras) 등의 현지 품종과 블렌딩한다. 싱글 버라이어탈 와인은 타닌감, 블랙베리, 향신료, 훈연 풍미를 발산한다.

● 블라우부르군더 BLAUBURGUNDER 피노 누아의 오스트리아식 이름이다.

● 블라우어 포르투기저 BLAUER PORTUGIESER 생산율이 높은 품종이며, 포르투갈과는 아무런 상관이 없다. 원산지로 추정되는 오스트리아에서 매우 널리 재배된다. 독일, 헝가리를 비롯한 일부 중유럽 국가에서 레드 와인을 만드는데 사용한다.

● 블라우프렌키슈 BLAUFRÄNKISCH 매우 높은 평가를 받는 오스트리아 품종이다(오스트리아 또는 헝가리 토착종으로 추정된다). 특히 오스트리아에서 가장 따뜻한 와인산지인 부르겐란트에서 흙 풍미와 짙은 색을 띠는 스파이시하고 맛있는 레드 와인을 만든다. 헝가리에서는 켁프런코시(Kékfrankos)라 부르며, 가장 주된 적포도 품종이다. 워싱턴 주에서는 렘베르거(Lemberger)라 부르며, 소량만 재배한다. DNA 분석에 따라 구애 블랑의 후손으로 추정된다.

● 블랑 뒤 부아 BLANC DU BOIS 플로리다대학에서 1968년에 개발한 청포도 하이브리드 품종이다. 현재 플로리다, 텍사스, 페르시아만 전역에서 재배한다. 여느 포도와는 달리 다습한 환경에 잘 맞으며, 피어스 질병에 대한 저항성이 뛰어나다. 유

전적 혈통은 다소 복잡한데, 적포도 카디날(Cardinal)과 무스카딘과(Muscadine科)에 속하는 미국산 하이브리드를 교배한 하이브리드 종이다. 그리고 카디날은 비니페라 포도인 플레임 시들리스(Flame Seedless)와 리비어(Ribier)의 교잡종이다.

● 비냥 VINHÃO 아잘 틴투(Azal Tinto)와 함께 희귀한 비뉴 베르드 레드 와인 버전에 사용하는 산도가 높은 포르투갈 품종이다.

● 비뇰 VIGNOLES 라바트 51(Rabat 51)이라고도 부르는 하이브리드 품종이다. 미국 미주리가 재배량이 가장 많으며, 드라이 와인과 스위트 와인을 만드는데 사용한다.

● 비달 VIDAL 1930년대에 프랑스의 장루이 비달이 개발한 하이브리드 품종이다. 그는 코냑을 만드는데 사용할 수 있는 혈기왕성한 품종을 개발하고자 했다. 비달의 부모는 트레비아노 토스카노(위니 블랑)와 레이옹 도르(Rayon d'Or) 하이브리드 품종이다. 오늘날 버지니아, 뉴욕, 캐나다에서 주로 자란다. 뉴욕과 캐나다에서는 드라이 와인뿐 아니라 근사한 아이스와인도 만든다. 비달 블랑(Vidal Blanc)이라고도 한다.

● 비독 VIDOC 병해 저항성이 있는 새로운 적포도 하이브리드 품종이다. 기후변화 때문에 노균병과 백분병 발병률이 높아지자, 프랑스국립농산물연구소에서 개발했다. 두꺼운 껍질을 가진 비독은 과일 아로마와 좋은 산미를 띠는 풀보디 와인을 만든다. 노균병이 프랑스 전역의 포도밭을 휩쓴 사태가 발생하자, 프랑스 정부는 2018년에 비독을 비롯한 몇몇 하이브리드 품종의 사용을 승인했다.

● 비디아노 VIDIANO 그리스 품종이다. 20세기에 멸종 위기였으나, 오늘날 크레타 섬에서 다시 부흥하는 추세다.

● 비오니에 VIOGNIER 50페이지의 '세계 25대 포도 품종' 참고.

● 비오지뉴 VIOSINHO 포르투갈 도루 지역의 비교적 오래된 토착종이다. 도루 지

역에서 화이트 포트와 드라이 테이블 와인을 만드는 포도 중 하나다.

● **비우라 VIURA** 스페인 리오하 지역의 주요 화이트 품종이다. 단순한 드라이 화이트 와인과 가끔 비교적 복합적인 와인을 만든다. 페네데스 지역에서는 마카베오(Macabeo)라 부르며, 카바를 비롯한 스페인 스파클링 와인을 만든다. 프랑스 랑그도크루시용에서는 마카뵈(Maccabeu)라 부르며, 훨씬 적은 양을 재배한다.

● **비토브스카 VITOVSKA** 프리울리 베네치아 줄리아 동부의 이손초 지역, 카르소 지역과 슬로베니아의 크라스(카르소) 지역에서 자란다. 우아한 꽃, 허브, 과일 풍미를 띠는 환상적인 드라이 화이트 와인을 만든다. 토스카나의 말바시아 비안카 룽가(Malvasia Bianca Lunga)와 프로세코를 만드는 글레라(Glera)의 자연 교잡종이다.

ㅅ

● **사그란티노 SAGRANTINO** 이탈리아 움브리아의 몬테팔코(Montefalco) 토착종이다. 짙은 색, 대담한 맛, 타닌감이 특징이며, 몬테팔코 사그란티노라는 움브리아 최상급 와인을 만드는데 사용한다. 주로 드라이 스타일의 와인을 만들지만, 파시토 스위트 와인도 만든다.

● **사렐로 XARELLO** 높은 평가를 받는 카탈루냐 품종이다. 페네데스에서 스페인 스파클링 와인 카바를 위해 재배한다. 카바에 보디감, 풍미, 구조감을 더한다. 또한 페네데스에서 대담한 풍미의 좋은 스틸 테이블 와인을 만든다.

● **사바냥 SAVAGNIN** 프랑스 북동부와 독일 남서부이 고대 토착종이다. '조상 품종' 중 하나로 베르델료(Verdelho), 그뤼너 펠트리너(Grüner Veltliner), 소비뇽 블랑, 슈냉 블랑 등 수많은 유럽 품종을 낳았다. 이탈리아 북부의 트렌티노알토아디제/쥐트티롤에서는 트라미너(Traminer)라 한다. 피노 누아와 유전적 관계가 있는데, 유전학자들도 누가 부모고 자손인지 확신하지 못한다.

● **사바티아노 SAVATIANO** 그리스에서 널리 재배하는 품종이다. 레치나 와인을 만드는데 가장 자주 사용하는 포도다.

● **사페라비 SAPERAVI** 매우 오래된 조지아 품종이다. 사페라비는 '염색한다'는 뜻인데, 포도껍질의 짙은 색 때문에 붙여진 이름이다. 오늘날 조지아에서 가장 널리 재배하는 포도이며, 러시아와 구소련 국가에서도 널리 재배한다. 풍성함, 짙은 색, 풀 보디, 짭짤함을 지닌 드라이 와인을 만든다. 몇몇 생산자는 크베브리를 땅속에 묻는 전통 방식으로 와인을 발효시킨다. 크베브리는 손잡이가 없는 암포라처럼 생긴 대형 토기다.

● **산지오베제 SANGIOVESE** 50페이지의 '세계 25대 포도 품종' 참고.

● **삼링(SÄMLING** 삼링 88(Sämling 88)이라고도 한다. 주로 오스트리아에서 소량만 자란다. 리슬링과 미상의 포도와의 교잡종이다. 독일에서는 쇼이레베(Scheurebe)라고 한다. 매우 좋은 아이스바인을 만든다.

● **생로랑 ST. LAURENT** 오스트리아 토착종으로 추정되며, 이곳에서 사랑스러운 체리 풍미와 벨벳 질감을 가진 단순한 레드 와인을 만든다. 체코 공화국에서도 대량으로 재배한다. 생로랑은 또 다른 오스트리아 적포도인 츠바이겔트(Zweigelt)의 부모 중 한쪽이다.

● **생맥케르 ST. MACAIRE** 잘 알려지지 않은 보르도 품종이다. 현재 보르도에서 사실상 사라졌으며, 캘리포니아에서도 매우 제한된 양만 재배한다.

● **생소 CINSAUT** 프랑스 남부 품종으로 프랑스 남부 전역에서 자란다. 주로 블렌딩 포도로 사용되며, 신선함과 약간의 스파이시함을 첨가한다. 남아프리카공화국에서는 헷갈리게도 에르미타주(Hermitage)라 부른다. 생소와 피노 누아는 피노타주(Pinotage)의 부모다. 'Cinsault'라고도 적는다.

● **생조르주 ST. GEORGE** 아기오르기티코(AGIORGITIKO) 참고.

● **생테밀리옹 ST. EMILION** 코냑 지역에

서 위니 블랑(Ugni Blanc)을 종종 생테밀리옹이라고도 한다. 트레비아노 토스카노(Trebbiano Toscano)와 동일한 품종이다. 현재 보르도의 생테밀리옹 마을에서는 메를로와 카베르네 프랑이 우세적이기 때문에 생테밀리옹 포도는 더 이상 재배하지 않는다.

● **샤르도네 CHARDONNAY** 50페이지의 '세계 25대 포도 품종' 참고.

● **샤르보노 CHARBONO** 프랑스 사부아의 토착종이다. 정식 명칭은 두스 누아(Douce Noir, '부드러운 블랙'이란 뜻)지만, 코르보(Corbeau) 또는 샤르보노(Charbonneaux)라고도 부른다. 캘리포니아에서는 줄여서 샤보노(Charbono)라 부르게 됐다. 캘리포니아 북부에서 소량만 재배되며, 소수의 추종자를 거느리고 있다. 아르헨티나에서는 보나르다(Bonarda)라 부른다. 즉, 캘리포니아의 샤보노와 아르헨티나의 보나르다는 동일한 포도다.

● **샤브카피토 SHAVKAPITO** 조지아 토착종이며, '검은 줄기를 가진 포도나무'란 뜻이다. 체리와 자두 풍미, 기분 좋은 산미를 가졌다.

● **샤슬라 CHASSELAS** 스위스의 레이크 제네바 부근에서 유래한 고대 품종으로 추정된다. 신선하고 중성적인 맛을 내는 단순한 와인을 만든다. 제네바, 보, 발레, 3대 호수지역 등 스위스 와인산지에서 큰 사랑을 받고 있다. 독일에서도 샤슬라를 재배한다.

● **샴부르신 CHAMBOURCIN** 1940년대 말에 수차례 교배한 끝에 탄생한 하이브리드 품종이며, 1960년대부터 상용화되기 시작했다. '하이브리드 맛'이 거의 느껴지지 않는 덕분에 높은 평가를 받는다. 미주리, 뉴저지, 뉴욕, 버지니아 등 미국 동부와 중서부에서 좋은 와인과 매우 좋은 와인을 만든다.

● **세르시알 SERCIAL** 높은 평가를 받는 포르투갈 품종이다. 오늘날 가장 라이트하고 드라이한 스타일의 마데이라를 만드는 포도로 유명하다.

● **세미용 SÉMILLON** 50페이지의 '세계 25대 포도 품종' 참고.

● **세이발 블랑 SEYVAL BLANC** 프랑스에서 개발했으며, 병해 저항성과 한랭기후에도 빨리 성숙하는 능력으로 가장 유명한 하이브리드 품종 중 하나다. 잉글랜드, 캐나다, 미국 동부(특히 뉴욕)에서 현재도 재배하고 있다.

● **소비뇨나세 SAUVIGNONASSE** 프리울라노(Friulano)의 또 다른 이름이다. 이탈리아의 프리울리 베네치아 줄리아에서 미디엄 보디의 라이트하고 아로마틱한 화이트 와인을 만든다. 슬로베니아에서도 자란다. 소비뇽 블랑과 발음이 비슷하지만, 서로 아무런 관계가 없다.

● **소비뇽 그리 SAUVIGNON GRIS** 소비뇽 블랑의 유전적 돌연변이로 회색빛이 감도는 분홍색이다. 프랑스어로 그리는 '회색'을 뜻한다. 소비뇽 블랑에 비해 아로마와 허브 풍미가 떨어지고, 가격도 더 낮다. 주로 보르도와 칠레에서 자라며, 캘리포니아에도 포도밭이 몇 군데 있다.

● **소비뇽 베르 SAUVIGNON VERT** 칠레에서 소비뇨나세(Sauvignonasse) 또는 프리울라노(Friulano)를 일컫는 이름이다. 헷갈리지만, 칠레에서 초창기에 라벨에 소비뇽 블랑이라 표기했던 와인은 사실 소비뇽 베르였다. 오늘날 칠레는 소비뇽 베르 대부분을 제거하고, 그 자리에 진짜 소비뇽 블랑을 심었다. 캘리포니아에서 소비뇽 베르라고 부르는 품종은 사실상 뮈스카델(Muscadelle)이다.

● **소비뇽 블랑 SAUVIGNON BLANC** 50페이지의 '세계 25대 포도 품종' 참고.

● **소상 SOUSÃO** 포르투갈 미뉴의 토착종으로 알려져 있다. 미뉴에서는 비냥(Vinhão)이라 부르며, 비뉴 베르드 레드 와인의 베이스 포도로 사용한다. 또한 도루 지역에서 포트 블렌드에 소량 섞이기도 한다. 포트에 강렬한 색과 산미를 첨가한다.

● **쇼이레베 SCHEUREBE** 독일 최고의 비밀 병기 중 하나다. 팔츠와 라인헤센에서 맛있는 향신료, 핑크 그레이프프루트, 레드 커런드 풍미를 띠는 와인을 만든다. 리슬링과 미상의 포도와의 교잡종이다.

● **수비라트 파렌트 SUBIRAT PARENT** 스페인 카탈루냐에서 가장 유명한 보조 품종이다. 이곳에서 카바 스파클링 와인을 만드는데 사용한다. 에스트레마두라의 오래된 재래종인 알라리헤(Alarije)와 같은 품종이다.

● **수수마니엘로 SUSUMANIELLO** 이탈리아 남부 풀리아의 고대 토착종이다. 최근까지 멸종 위기였으나, 풀리아의 여러 정상급 포도원 덕분에 구조됐다. 다즙함, 풍성한 체리 풍미, 매끄러운 질감 등이 진판델을 닮았다.

● **술타니예 SULTANIYE** 전 세계에서 가장 널리 재배되는 씨 없는 포도 품종이다. 대부분 와인이 아니라 식탁용 포도와 건포도용이다. 오스만 제국의 술탄에서 딴 이름이다. 원산지는 분명하지 않으나 터키, 그리스, 이란, 아프가니스탄이 원산지일 가능성이 제기되고 있다. 캘리포니아에서는 톰슨 시들리스(Thompson Seedless)라 부른다.

● **쉬르케버라트 SZÜRKEBARÁT** 피노 그리의 헝가리식 이름이다.

● **슈냉 블랑 CHENIN BLANC** 50페이지의 '세계 25대 포도 품종' 참고.

● **슈페트부르군더 SPÄTBURGUNDER** 피노 누아의 독일식 이름이다.

● **스커퍼농 SCUPPERNONG** 스커퍼농은 아메리카 원주민 알곤킨족 언어로 '목련이 자라는 곳'이라는 뜻인데, 스커퍼농의 원산지로 추정되는 노스캐롤라이나와 버지니아의 대서양 연안 부근을 일컫는다. 스커퍼농은 미국 토착종 비티스 로툰디폴리아(Vitis rotundifolia)에 속한다. 1607년경, 제임스타운 식민지 이민자들은 버지니아에서 발견된 스커퍼농으로 와인을 만들었다고 추정된다. 19세기에 와인은 꽤 유명해졌고, 노스캐롤라이나는 미국 최고의 스커퍼농 와인 생산자로 부상했다.

● **스키아바 SCHIAVA** 이탈리아 북부, 특히 알프스 근처에서 자라는 여러 품종을 총칭하는 이름이다. 이탈리아어로 'schiavo'는 '노예'를 뜻하는데, 덩굴에 격자구조물을 설치해서 왕성한 성장을 억제했기 때문에 붙여진 이름으로 추정된다. 가장 널리 퍼져있는 품종은 스키아바 그로사(Schiava Grossa)다. 트렌티노알토 아디제/쥐트티롤에서 자라며, 옅은 색과 과일 풍미를 지닌 와인을 만든다. 베르나슈(Vernatsch)라고도 부른다.

● **스키오페티노 SCHIOPPETTINO** 이탈리아 북동부와 슬로베니아 토착종이다. 멸종 위기였으나, 현재 이탈리아 프리울리 베네치아 줄리아의 특산물로 자리 잡았다. 미디엄 보디, 신선함, 향신료 풍미를 지닌 아로마틱한 레드 와인을 만든다. 이탈리아어로 'scoppiettio'는 '탁탁 소리나다'라는 뜻인데, 껍질이 두꺼운 포도알을 깨물면 입안에서 탁탁 터지는 소리가 나기 때문에 붙여진 이름으로 알려져 있다.

● **스타브로토 STAVROTO** 그리스 동부의 토착종이며, 주로 랍사니 와인산지에서 자란다. 이곳에서 시노마브로(Xinomavro), 크라사토(Krassato)와 함께 브렌딩 포도로 사용한다.

● **스파나 SPANNA** 이탈리아 피에몬테의 여러 지역에서 네비올로(Nebbiolo)를 일컫는 이름이다.

● **시노마브로 XINOMAVRO** 그리스에서 가장 강렬하고 높이 평가받는 적포도 품종이다. 시노는 '산미', 마브로는 '검다'는 뜻이다. 'Xynomavro'라고도 표기하는데, 그리스 북부 나우사 지역 부근에서 유래했다고 추정된다. 현재도 나우사라는 그리스 최상급 레드 와인을 만드는데 사용한다. 이밖에도 수많은 인상적인 그리스 와인을 만드는 블렌딩 포도로 사용하며, 특히 구메니사와 랍사니 지역이 유명하다.

● **시뉴 블랑 CYGNE BLANC** 생산량은 매우 적지만, 유일한 호주 토착종으로 알아두면 유익하다. 1989년에 처음 발견됐다. 웨스턴오스트레일리아의 스완 밸리에 뿌리를 내린 묘목에서 싹을 틔운 이후, 본격적으로 재배되기 시작했다. 화이트 카베르네라고도 부르지만, 카베르네 소비뇽의 특징은 전혀 갖고 있지 않다. 프랑스어로

'백조'라는 뜻이다.

• **시라 SYRAH** 50페이지의 '세계 25대 포도 품종' 참고.

• **시비 피노 SIVI PINOT** 피노 그리의 슬로베니아식 이름이다.

• **실바너 SYLVANER** 질바너 (SILVANER) 참고.

**ㅇ**

• **아기오르기티코 AGIORGITIKO** 그리스어로 '세인트 조지의 포도'라는 뜻이다. 그리스에 널리 재배되는 주요 품종이며, 펠로폰네소스 반도의 네메아라는 향신료와 흙 풍미의 와인을 만든다. 단, '세인트 조지'라 불리는 대목(rootstock)과는 아무 관련이 없다.

• **아다니 AÏDANI** 아로마틱한 그리스 토착종이다. 주로 산토리니 섬에서 재배하며, 산토리니 화이트 블렌드 와인을 만드는데 사용한다.

• **아라고네즈 ARAGONEZ** 템프라니요의 또 다른 포르투갈식 이름이다. 주로 포르투갈 남부에서 자라며, 특히 알렌테주 지역의 레드 와인을 만드는데 사용한다.

• **아라다스투리 ALADASTURI** 조지아 토착종으로 연한 루비색, 섬세한 타닌감, 부드러운 보디감, 낮은 알코올 함량이 특징이다. 대부분 세미드라이 로제 와인을 만드는데 사용한다. 아랍어로 '알라(Allah)'와 '알라의 허락'을 뜻하는 '다스투르(dastoor)'라는 단어에서 유래한 이름이다.

• **아르네이스 ARNEIS** 이탈리아 피에몬테의 3대 청포도에 속한다. 피에몬테 방언으로 '악동'이란 뜻이며, 배와 살구 풍미가 살짝 감돌며 생기가 넘치는 미디엄 보디의 드라이 와인을 만든다. 한때 멸종 위기에 처했으나 1960년대 말에 구조됐으며, 현재 바롤로 북부의 로에로 지역에서 주로 재배한다.

• **아르빈 ARVINE** 고대 품종이다. 상쾌함, 과일 향, 약간의 짠맛, 광물성을 지닌 드라이 와인과 스위트한 귀부병 와인을 만든다. 스위스 발레 지역의 특산물이다.

• **아르타방 ARTABAN** 프랑스국립농산물연구소가 2018년에 사용을 허가한 적포도 품종이며, 병해 저항성이 강하다. 포도재배자가 기후변화에 대응할 수 있도록 유럽 비니페라 품종과 미국 품종을 교배해서 만든 하이브리드 중 하나이다. 카베르네 소비뇽, 그르나슈, 메를로, 레겐트(Regent, 독일산 하이브리드) 등의 유전자를 갖고 있다.

• **아리나르노아 ARINARNOA** 프랑스에서 1956년에 카베르네 소비뇽과 타나(Tannat)를 교배한 강인한 교잡종이다. 2019년, 생산자가 기후변화에 적응할 수 있도록 보르도와 보르도 쉬페리외의 레드 블렌드 와인을 만드는 품종 중 하나로 승인했다. 뛰어난 구조감과 타닌감 덕분에 천연 산미가 잘 보존되는 와인을 만든다. 아르헨티나, 남아메리카, 레바논에서도 자란다.

• **아린투 ARINTO** 정확히는 아린투 드 부셀라스(Arinto de Bucelas)라 한다. 리스본 북부의 부셀라스 지역의 고품질 포르투갈 품종이다. 산도를 유지하는 매력적인 장점 덕분에 포르투갈 전역에서 재배한다. 미뉴 지역에서는 페데르냐(Pederña)라고 알려져 있으며, 비뉴 베르드를 만드는 포도 중 하나다.

• **아미뉴 AMIGNE** 스위스 발레 지역의 토착종이자 특산물이며, 밀감 풍미의 스위트 와인과 세미스위트 와인을 만든다. 사랑스럽게도 라벨에 당도 레벨이 작은 벌의 개수(1-3마리)로 표기돼 있다.

• **아부리우 ABOURIOU** 프랑스 남서부 토착종이며, 프로방스어로 '이르다'는 뜻의 'aboriu'에서 파생된 이름이다. 1800년대에 멸종 위기였으나, 보르도 남동쪽의 코트 뒤 마르망데(Côtes du Marmandais) 지역에서 다시 활성화됐다. 아부리우 와인은 짙은 색을 띠며, 다즙한 검은 과일과 허브 풍미를 발산한다.

• **아스프리니오 ASPRINIO** 이탈리아 남부의 캄파니아 토착종이며, 아스프리니오 비안코(Asprinio Bianco)라고도 부른다. 놀랍게도 포도덩굴이 포플러나무를 타고

10미터 이상 올라가는 전통 재배방식을 여전히 따른다.

• **아시르티코 ASSYRTIKO** 생생한 산미를 지닌 그리스 품종이다. 에게 해의 산토리니 화산섬의 특산물이다.

• **아이렌 AIRÉN** 스페인에서 가장 널리 재배하는 품종이다. 소설 돈키호테에 등장하는 카스티야라만차의 중앙 평원에서 주로 재배한다. 보통 유럽 전역의 저렴한 스파클링 와인의 베이스 와인을 만드는데 사용하거나, 단독으로 사용한다. 소규모 가족 와이너리가 재배하고 만든 아이렌 와인은 신선함, 생기, 광물성을 띤다.

• **아잘 틴투 AZAL TINTO** 강한 산미를 가진 포르투갈 품종으로 희귀하고 강렬한 비뉴 베르드 레드 와인 버전을 만드는데 사용한다. 정식 명칭은 아마랄(Amaral)이다.

• **아티리 ATHIRI** 재배하기 쉬운 그리스 품종이며, 단순하고 마시기 좋은 와인을 만든다.

• **안소니카 ANSONICA** 인졸리아(Inzolia)라고도 알려져 있다. 꽃 향과 높은 산도를 띠며, 이탈리아 시칠리아 최상의 청포도 토착종으로 여겨진다. 토스카나 남부에서도 재배한다. 시칠리아에서는 한때 마르살라를 만드는데 사용했지만, 현재는 수많은 화이트 테이블 와인의 블렌딩 포도로 사용한다.

• **알레아티코 ALEATICO** 아로마틱하고 풍성한 향을 지닌 희귀한 적포도 품종이다. 뮈스카 아 프티 그랭과 유전적으로 연관돼 있는데, 부모이거나 자식이다. 토스카나 토착종이며, 특히 토스카나 해안의 엘바 섬에서 유명하다. 엘바 섬에서는 알레아티코 포도로 알레아티코 파시토(Aleatico Passito)라는 스위트 와인을 만든다. 움브리아, 마르케, 코르시카에서도 알레아티코 포도가 자란다.

• **알렉산드룰리 ALEKSANDROULI** 조지아 토착종이다. 조지아의 세미스위트 레드 와인인 크반흐카라(Khvanchkara)를 만드는 포도 중 하나이다. 드라이 레드 와인으로도 만들어지는데 담배, 후추, 제비꽃

풍미를 지닌다.

● **알렉산드리아 뮤스카 MUSCAT OF ALEXANDRIA** 50페이지의 '세계 25대 포도 품종' 참고.

● **알리고테 ALIGOTÉ** 프랑스 부르고뉴의 꽤 희귀한 품종으로 샤르도네의 형제다(둘 다 피노 누아와 구에 블랑의 자손이다). 알리고테로 만든 시큼한 라이트 화이트 와인은 그렘 드 카시스와 함께 키르 칵테일을 만드는데 사용한다.

● **알리아니코 AGLIANICO** 이탈리아 남부 토종으로 추정되며 거의 이탈리아 남부에만 서식하는 고대 품종이다. 선명한 타닌감과 산미 덕분에 '남부의 바롤로'라는 별명이 생겼다. 캄파니아의 유명한 타우라시(Taurasi) 와인과 바실리카타의 알리아니코 델 불투레Aglianico del Vulture)를 만든다. 알리아니코의 부계는 아직 밝혀지지 않았다.

● **알리칸테 부셰 ALICANTE BOUSCHET** 1800년대 중반, 프랑스의 앙리 부쉐가 가르나차(그르나슈)와 프티 부쉐(Petit Bouschet)를 교배해서 만든 마지막 교잡종이다. 스페인에서는 가르나차 틴토레라(Garnacha Tintorera)라 부른다. 풍미가 약하고, 껍질이 두꺼우며, 생산율이 높고, 색이 짙다. 사실 비티스 비니페라를 통틀어 빨간 과육을 가진 몇 안 되는 포도다. 프랑스 남부에서는 옅은 레드 와인에 색을 더함으로써 강렬한 풍미를 지녔다는 인상을 주기 위해 100년 전부터 사용했다. 캘리포니아에서는 금주법 시행 기간에 묽고 얇은 와인을 질 좋은 레드 와인처럼 보이게 만들기 위해 사용했다. 오늘날 블렌드 와인의 '증량제(extender)'로 사용한다. 스페인 남동부 지역인 알리칸테와 혼동하지 말자. 참고로 알리칸테의 주요 품종은 모나스트렐(무르베드르)이다.

● **알바나 ALBANA** 에밀리아로마냐 지역에 서식하는 고대 품종이며, 가르가네가(Garganega)의 후손으로 추정된다. 알바냐 디 로마냐(Albana di Romagna)는 이탈리아에서 영광스러운 DOCG 명칭을 수여받은 최초의 와인으로, 중성적이고 약간의 과일 풍미를 띠며 알코올 함량이 낮다.

● **알바로사 ALBAROSSA** 이탈리아 피에몬테 지역에서 재배하는 보조 품종이다. 챠투스(Chatus)라는 잘 알려지지 않은 포도와 바르베라의 교잡종이다.

● **알바리뇨 ALBARIÑO** 50페이지의 '세계 25대 포도 품종' 참고.

● **알바리뉴 ALVARINHO** 포르투갈 북부의 특산품인 비뉴 베르드를 만드는 주요 품종이다. 비뉴 베르드는 알코올 함량이 낮고, 살짝 기포가 있는 라이트한 포르투갈 와인이다. 스페인의 알바리뇨(Albariño)와 동일하다. 현재 보르도와 보르도 쉬페리외의 기본 화이트 블렌드 와인을 만드는 포도 품종 중 하나로 승인받았다.

● **알비요 마요르 ALBILLO MAYOR** 투룬테스(TURRUNTÉS) 참고.

● **알테스 ALTESSE** 프랑스 사부아의 주요 품종이며, 살짝 불그스름한 껍질 때문에 루세트(Roussette)라고도 부른다. 참고로 프랑스어로 빨간색은 루(roux)/루스(rousse)라고 한다. 레이크 제네바의 남부 연안 토착종이며, 스위스 품종 샤슬라(Chasselas)와 유전적 관계가 있다. 섬세함, 견과류 아로마와 풍미, 훌륭한 산미가 특징이다. 노균병, 백분병균, 부패에 취약하기 때문에 재배하기 까다롭다.

● **알프로셰이루 프레투 ALFROCHEIRO PRETO** 포르투갈 중부와 남부 토착종이며, 당(Dão) 지역의 레드 테이블 와인을 만드는 주요 품종 중 하나다.

● **야도네 플뤼 LLEDONER PELUT** 야도네 플뤼(Lladoner Pelud)라고도 한다. 주로 프랑스 랑그도크루시용 스페인 카탈루냐에서 자란다. 카탈루냐에서는 가르나차 펠루다(Garnatxa Peluda)라 부른다. 그르나슈 누아의 돌연변이로 추정되는데, 새순에 보송보송한 털이 나 있다(스페인어로 펠루다는 '털이 많다'는 뜻이다). 그르나슈보다 산화에 강하며, 꽃 향의 비교적 강한 와인을 만든다.

● **에렌펠서 EHRENFELSER** 리슬링과 질바너(Silvaner)의 독일 교잡종이다. 현재 캐나다에서 자라며, 주로 아이스와인을 만드는데 사용한다.

● **에르바마트 ERBAMAT** 이탈리아 롬바르디아의 청포도 토착종이며, 이곳 스파클링 와인인 프란차코르타(Franciacorta)에 블렌딩 포도로 소량만 들어간다. 산도가 높은 늦수확 포도이며, 기후변화에 대응하기 위해 2017년 빈티지부터 사용이 허가됐다. 이름을 직역하면 '미친 풀'이란 뜻이다.

● **에메랄드 리슬링 EMERALD RIESLING** 뮈스카델(Muscadelle) 청포도와 그르나슈 적포도의 교잡종이며, 1936년에 캘리포니아대학 데이비스 캠퍼스에서 개발했다. 꽃 아로마가 도드라지는 라이트 보디 와인이다. 오늘날 주로 이스라엘에서 자란다.

● **엔크루자두 ENCRUZADO** 포르투갈 당(Dão) 지역의 드라이 화이트 와인을 만드는 주요 품종이다.

● **오세루아 AUXERROIS** 프랑스에서 상당히 흔한 품종이다. 피노 누아와 구에 블랑의 자손이며, 샤르도네와 형제사이다. 알자스에서는 주로 피노 브랑과 블렌딩하며, 이곳에서는 피노 오세루아라 부른다. 헷갈리지만, 프랑스 남서부에서는 말베크라는 이름으로 더 유명한 적포도 코(Côt)를 오세루아라 부른다.

● **오셀레타 OSELETA** 이탈리아 베네토에서 아마로네와 발폴리첼라 블렌드에 소량씩 사용한다. 멸종 위기였지만, 1990년대 베네토 생산자들에 의해 다시 부흥했다.

● **오잘레시 OJALESHI** 짙은 색의 조지아 재래종으로 각광받는 품종이다. 오잘레시는 '나무에서 자란다'는 뜻으로, 포도나무를 야생에서처럼 나무를 타고 올라가게 내버려두는 전통 방식을 빗대어 표현한 것이다. 붉은 과일과 후추 풍미를 띠는 드라이 와인과 오프드라이 와인을 만든다.

● **온다리비 벨차 HONDARRIBI BELTZA** 스페인 바스크 지역의 검은 껍

질을 가진 포도다. 베차는 바스크어로 '검다'는 뜻이다. 미세한 기포와 허브 풍미를 가진 희귀한 차콜리의 레드 와인 버전을 만든다. 카베르네 프랑의 부모 또는 자손이다. 이름과는 달리, 온다리니 수리(Hondarribi Zuri, '화이트 온다리비'라는 뜻)와는 아무런 관련이 없다.

**● 온다리비 수리 HONDARRIBI ZURI** 스페인 바스크 지역의 토착종이다. 당당하고 산도가 높은 차콜리 화이트 와인의 주재료다. 단일 품종처럼 보이지만, DNA 분석 결과 바스크 지역에서 자라는 쿠르뷔 브랑(Courbu Blanc), 크라우첸(Crouchen), 노아(Noah) 청포도 중 하나라고 한다. 또한, 온다리비 벨차의 청포도 버전도 아니다.

**● 올러스리즐링 OLASZRIZLING** 헝가리 전역에서 자라는 주요 품종이다. 다뉴브 강 서쪽의 트란스다누비아(Transdanubia) 지역의 특산물이다. 이름과는 달리, 진짜 리슬링은 아니다. 옆 동네인 크로아티아에서는 그라셰비나(Graševina), 독일과 오스트리아에서는 벨슈리슬링(Welschriesling)이라 부른다.

**● 우바 라라 UVA RARA** 북부 이탈리아 품종이다. 롬바르디아에서 올트레포 파베제(OltrepòPavese)의 레드 와인을 만드는 포도로 유명하다. 피에몬테 북서부도 많이 생산하는데, 이곳에서는 가티나라(Gattinara) 와인과 게메(Ghemme) 와인을 붙렵게 만들기 위해 네비올로와 섞어서 사용한다.

**● 울 데 레브레 ULL DE LLEBRE** 템프라니요를 일컫는 많은 스페인식 이름 중 하나다.

**● 위니 블랑 UGNI BLANC** 프랑스에서 생산량이 가장 높은 품종 중 하나다. 이탈리아의 트레비아노 토스카노(Trebbiano Toscano)와 같은 품종이다. 코냑의 베이스로 사용하는 중성적 맛의 얇은 와인을 만든다. 아르마냑를 만드는 포도 중 하나이기도 하다. 생테밀리옹(St.Émilion)이라고도 한다.

**● 유흐파르크 JUHFARK** 헝가리 나기숌로(Nagy-Somló) 지역의 화산토에서 주로 자라는 특색 있는 청포도다. 소금, 광물성, 아삭함을 띠는 와인을 만든다. 포도송이의 긴 모양 때문에 '양의 꼬리'라는 뜻의 이름이 붙여졌다.

**● 이르샤이 올리베르 IRSAI OLIVÉR** 헝가리 청포도다. 본래 식탁용 포도로 개발했지만, 현재는 어릴 때 마시기 좋은 부드럽고 아로마틱한 와인을 만드는데 사용한다.

**● 이사벨라 ISABELLA** 미상의 비티스 비니페라와 비티스 라브루스카가 자연교잡해서 탄생한 묘목에서 유래한 것으로 추정되는 미국 하이브리드 품종이다. 1800년대 초반에 포도재배자 조지 기브스가 사우스캐롤라이나에서 뉴욕으로 들여왔다. 그의 아내의 이름이 바로 이사벨라다. 오늘날 일본, 뉴욕, 인도, 브라질 등 다양한 지역에서 재배한다. 여느 포도와는 달리, 이사벨라는 아열대 기후와 다습한 환경에서 잘 자란다.

**● 이스키리오트 티피 IZKIRIOT TTIPI** 스페인 바스크 지역에서 프티 망상(Petit Manseng)을 일컫는 이름이다. 톡 쏘는 높은 산미의 드라이 화이트 와인 차콜리를 만드는 블렌딩 포도다.

**● 이스파데이루 ESPADEIRO** 포르투갈 북부 미뉴 지역에서 자라며, 아삭한 로제 와인을 만드는 블렌딩 포도로 사용한다.

**● 인촐리아 INZOLIA** 견과류 풍미의 시칠리아 고대 품종이다. 드라이 화이트 와인을 만드는 블렌딩 포도 또는 단독으로 사용한다. 마르살라의 블렌딩 포도로도 사용한다. 토스카나에서도 소량 재배하며, 이곳에서는 안소니카(Ansonica)라 부른다.

**ㅈ**

**● 지로 GIRÒ** 거대한 이탈리아 사르데냐 섬에서 자라는 고대 품종이다.

**● 자메토브카 ŽAMETOVKA** 슬로베니아의 고대 토착종이다. 츠비체크(Cviček)라는 옅은 빨간색의 아삭한 슬로베니아 와인을 만드는 블렌딩 포도로 사용한다. 자메토브카는 세계 최고령 포도나무로 추정되며, 슬로베니아 마리보르 마을에 450년 묵은 포도나무가 있다.

**● 자엥 JAEN** 멘시아(Mencía)의 포르투갈식 이름이다.

**● 자케르 JACQUÈRE** 프랑스 동부 사부아 지역의 주요 품종이며, 라이트하고 신선한 와인을 만든다. 구애 블랑의 수많은 자손 중 하나다.

**● 제타 ZÉTA** 헝가리 스위트 와인인 토커이 어수에 사용하도록 권고하는 4대 포도 중 하나다. 보트리티스 시네레아에 매우 민감하며, 성숙시기가 빠르다. 1999년까지 오레무시(Oremus)라 불렀다.

**● 지어판들러 ZIERFANDLER** 오스트리아 품종이다. 강력한 오렌지와 향신료 풍미, 상당히 묵직한 보디감이 특징이다. 로트기플러(Rotgipfler)와 블렌딩해서 오스트리아 테르멘레기온의 특산물인 스파이시한 화이트 와인을 만든다.

**● 진판델 ZINFANDEL** 50페이지의 '세계 25대 포도 품종' 참고.

**● 질바너 SILVANER** 중성적 특징을 가진 오스트리아 품종이다. 빈 근처에서 자라는 고대 청포도인 외스테어라이쉬 바이스(Österreichisch Weiss)와 사바냥의 교잡종이다. 독일, 특히 프랑켄에서 단단하고 대담하고 개성 있는 드라이 와인을 만든다. 프랑스 알자스에서는 실바너(Sylvaner)라 부르며, 몇몇 좋은 와인을 만들지만 재배량이 감소하는 추세다.

**ㅊ**

**● 체르세기 퓌세레시 CSERSZEGI FŰSZERES** 널리 재배되는 헝가리 포도다. 시트러트 풍미의 아삭하고 매일 마시기 좋은 화이트 와인을 만든다. 퓌세레시는 '스파이시하다'는 뜻이다.

**● 촐리쿠리 TSOLIKOURI** 조지아 토착종이다. 강렬한 광물성과 꽃 풍미를 지닌 풀보디 와인을 만든다.

**● 츠를예나크 카슈텔란스키 CRLJENAK KAŠTELANSKI** 다즙하고 과일향이 풍성한 크로아티아 토착종이다. 크로아티아

달마티아 해안의 주요 품종이자 특산물이다. 1990년대, DNA 감식 결과 미국의 진판델과 이탈리아의 프리미티보가 츠라에나크 카스텔라스키라는 것이 밝혀졌다. 그러나 언제, 어떻게 두 나라로 넘어갔는지, 이름은 왜 그렇게 달라졌는지 밝혀진 바는 없다. 크로아티아 초창기에는 트리비드라그(Tribidrag)라 불렸으며, 몇몇 생산자는 현재도 이 명칭을 사용한다. 츠바이겔트(ZWEIGELT): 블라우프렌키슈와 생 로랑의 오스트리아 교잡종이다. 프리츠 츠바이겔트라는 오스트리아 과학자가 1992년에 개발했다. 오늘날 오스트리아에서 가장 널리 재배하는 적포도다. 오스트리아에서 포도와 과일 풍미의 보라빛이 감도는 레드 와인을 만든다.

● **츠하베리 CHKHAVERI** 조지아 토착종이다. 옅은 색, 은은한 과일 풍미, 강력한 향신료 특징을 가진 드라이 레드 와인을 만든다. 또한 세미스위트 스파클링 와인을 만드는데 사용한다. 흑해 부근에서도 자라며, 보통 나무 위에서 자란다.

● **치누리 CHINURI** 조지아 토착종이다. 치누리라는 이름은 '뛰어난, 최고'라는 뜻이다. 산도가 높으며, 보통 스파클링 와인을 만든다.

● **치비보 ZIBIBBO** 이탈리아 시칠리아 섬에서 알렉산드리아 뮈스카 고대 품종을 일컫는 이름이다. 아랍어로 'zabib'는 '건포도'라는 뜻인데, 기원전 6-3세기에 아랍어를 쓰는 카르타고인들이 지배할 당시 붙여진 이름으로 추정된다. 당시 이슬람 법 때문에 와인이 아닌 식탁용 포도로만 재배했다. 오늘날 모스카토 디 판텔레리아(Moscato di Pantelleria)라는 맛있는 디저트 와인과 파시토 디 판텔레리아(Passito di Pantelleria)라는 비교적 유명하고 복합적인 와인을 만드는데 주로 사용한다. 두 와인 모두 시칠리아 남부 연안의 판텔레리아 화산섬에서 만든다.

● **치츠카 TSITSKA** 조지아의 토착종으로 이메레티 지역에서 유래했다. 과일 향, 높은 산미, 꿀 풍미를 지닌 와인을 만든다. 천연 산도가 높기 때문에 주로 스파클링

와인으로 만든다.

● **칠리에졸로 CILIEGIOLO** 신선한 체리 풍미로 유명하다(칠리에졸로는 이탈리아어로 '체리'라는 뜻이다). 수많은 토스카나 와인의 재료이며, 토스카나 남부의 마레마 지역에서는 싱글 버라이어탈 와인으로 만든다. 칠리에졸로와 칼라브레세 디 몬테누보(Calabrese di Montenuovo)는 산지오베제의 부모다.

**ㅋ**

● **카디날 CARDINAL** 잘 알려지지 않은 헝가리와 프랑스 식탁용 포도를 교배한 품종이며, 활력이 넘치고 생산율이 높다. 전 세계에서 식탁용 포도로 재배되며, 베트남에서 최초로 와인용 포도로 사용했다.

● **카르메네르 CARMENÈRE** 고대 보르도 품종으로 카베르네 프랑과 그로 카베르네(Gros Cabernet)가 부모 품종이다. 보르도에서는 그랑드 비뒤르(Grande Vidure)라고도 부른다. 카베르네 소비뇽과 메를로는 카르메네르의 이복형제다. 오늘날 보르도에서는 사라졌지만, 칠레에서 널리 재배되고 있다. 칠레에서는 대표적인 적포도로 여기며, 말린 허브와 제비꽃 향을 발산하는 복합적인 와인을 만든다. 라틴어로 '진홍색'을 뜻하는 'carmin'에서 유래한 이름으로 추정된다. 중국 몇몇 포도원에서 카베르네 게르니슈트(Cabernet Gernischt) 또는 카베르네 사용주(Cabernet Shelongzhu, '여의주'라는 뜻)라 부르는 유명 품종 카르메네르 또는 카베르네 프랑이라 여겨진다.

● **카르베소 CARBESSO** 프랑스 코르시카 섬에서 자라며 이곳에서는 베르멘티노(Vermentino)라 부른다. 아삭하고 라이트 보디감을 가졌다. 이탈리아 남서부(파보리타·Favorita 또는 푸멘틴·Fumentin이라 부름)와 프랑스 남부(롤·Rolle이라 부름)에서도 자란다.

● **카리냥 CARIGNAN** 스페인 북동부 아라곤 지역의 토착종으로 추정되는 마수엘로(Mazuelo)의 프랑스식 이름이며, 역

사적으로 리오하 와인의 블렌딩 포도로 사용했다. 캘리포니아에서는 캐리네인(Carignane)이라 부르며, 프리오라트를 비롯한 몇몇 스페인 지역에서는 카리녜나(Cariñena, Carinyena)라 부르는 중요한 전통 품종이다. 흙 풍미, 높은 산도, 적당한 타닌감을 띤다. 프랑스 랑그도크루시용에서 블렌딩 포도로 사용하며, 프로방스와 론에서도 비교적 낮은 비중으로 카리냥을 사용한다. 이밖에도 이스라엘, 이탈리아, 아르헨티나, 칠레, 캘리포니아 등지에서도 재배하며, 혁신적인 소규모 와인생산자 사이에서 인기가 오르는 추세다.

● **카리녜나 CARIÑENA** 카리냥의 스페인식 이름 중 하나다.

● **카리녜나 CARINYENA** 카리냥의 카탈루냐어(스페인)식 이름이다.

● **카리칸테 CARRICANTE** 시칠리아의 에트나 산에서 자라는 고품질의 고대 청포도 토착종이다. 맑은 산미와 시트러스 풍미로 유명하다. 높은 생산량과 큼직한 포도송이를 가리켜 이탈리아어로 '쌓다'를 뜻하는 동사 'caricare'에서 유래한 이름이 붙여졌다.

● **카베르네 소비뇽 CABERNET SAUVIGNON** 50페이지의 '세계 25대 포도 품종' 참고.

● **카베르네 프랑 CABERNET FRANC** 50페이지의 '세계 25대 포도 품종' 참고.

● **카유가 CAYUGA** 뉴욕 주의 핑거 레이크 지역의 주요 하이브리드 품종이며, 오프 드라이와 스위트 와인을 만든다.

● **카이뇨 브라보 CAIÑO BRAVO** 스페인의 지배적인 화이트 와인산지인 리아스 바이사스의 보조 품종으로, 산도가 높은 적포도다. 포르투갈 토착종이며 이곳에서는 아마랄(Amaral)로 알려져 있다.

● **카타라토 비안코 CATARRATO BIANCO** 시칠리아에서 널리 재배하며, 특히 마르살라의 블렌딩 포도로 사용한다. 시칠리아 에트나 섬에서 생산율을 낮추고 제대로 된 기술로 재배한 경우, 상당히 흥미로운 와인을 만든다. 고대 이탈리아 청포도 품종인 가르가네가(Garganega)의

자손으로 추정된다.

●**카토바 CATAWBA** 오늘날 미국 북동부, 특히 뉴욕에서 주로 발견되는 품종이다. 이곳에서는 주스, 잼, 젤리를 만드는데 사용하며, 라이트 레드 와인, 로제 와인, 스파클링 와인에도 들어간다. 과일, 라즈베리, 은은한 포도, 여우같은(foxy) 동물털 아로마와 풍미를 발산한다. 미국 토착종 또는 자연적 하이브리드 품종으로 추정된다. 본래 미국 동부 연안과 남부, 특히 노스캐롤라이나에서 재배했다.

●**칸노나우 CANNONAU** 이탈리아 사르데냐 섬에서 유명한 적포도다. DNA 분석 결과, 그르나슈와 동일한 포도임이 밝혀졌다.

●**칼리토르 CALITOR** 토스카나의 산지오베제 베이스 와인에 들어가는 중요한 블렌딩 포도이며, 와인에 부드러움을 더한다. 움브리아의 오르비에토 와인에도 들어간다. 18세기에는 칼리토르가 산지오베제보다 더 유명했다.

●**커더르커 KADARKA** 동부 유럽 품종이다. 특히 헝가리 전역에서 자라며, 현재 인기가 높아지는 추세다. 정교하고 스파이시한 라이트 보디 와인을 만든다.

●**커버르 KABAR** 헝가리의 토커이 어수에 들어가는 보조 품종이다. 귀부병에 민감하며, 높은 당도에 도달할 수 있는 능력이 있다.

●**케르너 KERNER** 이탈리아 북부 트렌티노알토아디제/쿼트티롤과 독일에서 유명하지만 널리 재배되지는 않는 품종이다. 스키아바(Schiava, 특히 스키아바 그로사) 적포도와 리슬링 청포도의 교잡종이다. 19세기에 와인을 약처럼 처방했던 의사이자 작곡가였던 유스티니우스 케르너의 이름을 땄다.

●**케이프 리슬링 CAPE RIESLING** 남아프리카공화국에서 널리 재배하는 포도이며, 주로 저렴한 블렌드 와인을 만든다. 리슬링과는 다른 포도이며, 크루셴 블랑(Crouchen Blanc)이라는 잘 알려지지 않은 프랑스 포도와 관련이 있다고 추정된다.

●**켁프런코시 KÉKFRANKOS** 블라우프렌키슈의 헝가리식 이름이다. 헝가리의 주요 품종이다. 헝가리에서 흙 풍미와 짙은 색을 띠는 스파이시한 레드 와인을 만든다. 종종 메를로, 카베르네 소비뇽과 블렌딩한다.

●**코 CÔT** 말베크의 본명이다. 프랑스 남부 카오르(Cahors) 부근에서 유래한 옛 품종이다. 아르헨티나 고급 와인과는 극명히 대비되는 건장하고 타닌감이 강한 와인을 만든다. 부모는 프뤼느라르(prunelard)와 마들렌 누아르 데 샤랑트(Madeleine Noire des Charentes)다. 후자는 메를로의 엄마이기도 하다.

●**코르날랭 CORNALIN** 이탈리아 북서부의 발 다오스타(Val d'Aosta)에서 유래한 고대 품종이지만, 현재 이곳에서는 사실상 사라졌다. 오늘날 스위스 주요 와인산지인 발레에서 더 잘 알려진 품종이며, 근사한 쓴맛을 내는 다즙한 레드 와인을 만든다.

●**코르비나 CORVINA** 이탈리아 베네토 지역에서 가장 유명한 바르돌리노, 아마로네, 발폴리첼라 와인을 만드는 가장 중요한 적포도 품종이다. 코르비나 베로네제(Corvina Veronese)라고도 부른다. 가벼운 타닌감과 구조감, 다즙하고 씁쓸한 체리 풍미를 띤다. 레포스코 달 페둔콜로 로소(Refosco dal Peduncolo Rosso, '빨간 줄기의 레포스코'라는 뜻)가 부모 중 하나다. 거무스름한 포도색 때문에 '까마귀'라는 뜻의 'corvo'에서 유래한 이름이다.

●**코르비노네 CORVINONE** '큰 코르비나'라는 뜻이지만, DNA 감식 결과 코르비나와 아무런 관련이 없다고 밝혀졌다. 한 포도밭에 코르비나와 혼합 재배하는 경우가 많다. 코르비나와 더불어 아마로네, 발폴리첼라, 바르돌리노 등 이탈리아 베네토 와인의 핵심 품종이다. 타닌감과 보디감을 더한다.

●**코르테제 CORTESE** 이탈리아 북서부 포도로 아삭하고 살짝 중성적인 풍미를 지닌 미디엄 보디의 가비 와인을 만든다. 가비는 피에몬테에서 가장 유명한 화이트 와인이다. 오늘날 롬바르디아의 올트레포

파베제(OltrepòPavese)와 베네토(비안카 페르난다·Bianca Fernanda라고 부름)에서도 자란다.

●**코슈 KOSHU** 일본 후지 산을 비롯해 몇몇 나라에서 19세기 말부터 널리 재배하기 시작한 일본 품종이다. 전설에 따르면, 약 천 년 전에 승려들이 카프카스, 중국, 일본을 거쳐 들여온 비니페라 품종과 일본 야생 품종의 교잡종이라고 한다. 그러나 DNA 감식 결과, 코슈와 관련된 품종이 없다고 밝혀졌다. 과거에 스위트 와인을 만드는데 사용했다. 그러나 현재는 뮈스카데처럼 알코올 함량이 낮고, 섬세하고, 아삭한 드라이 화이트 와인으로 만들어진다.

●**코치팔리 KOTSIFALI** 그리스 크레타 섬에만 서식하는 품종이다. 부드러운 풀보디의 아르하네스(Archanes) 와인을 만드는 주요 품종이다.

●**콜로리노 COLORINO** 키안티와 기타 토스카나 와인에 들어가는 전통적인 블렌딩 포도 중 하나다. 구조감과 짙은 색을 가미한다. 콜로리노라는 이름은 검푸른 포도색에서 유래했으며, 산지오베제 베이스 와인에 짙은 색을 가미하는 역할을 한다.

●**콜롱바르 COLOMBARD** 프렌치 콜롱바르(FRENCH COLOMBARD) 참조.

●**콩코드 CONCORD** 가장 유명한 미국 토착종으로 비티스 라브루스카 종에 속한다. 매사추세츠 콩코드의 콩코드 강 부근에 서식하는 야생 포도였는데, 현재 뉴욕에서 가장 주된 포도가 됐다. 뉴욕에서는 와인보다는 주로 잼과 젤리를 만드는데 사용한다. 풍미가 뚜렷하지만, 캔디 향이 과하게 풍겨서 고급 와인을 만들지는 못한다. 뉴욕에서 매우 유명한 스위트 코셔 와인의 주재료 또는 보조 재료로 사용된다.

●**쾨베르쇨뢰 KÖVÉRSZŐLŐ** 헝가리의 토커이 어수에 들어가는 보조 품종이다. 귀부병에 민감하며, 높은 당도에 도달하는 능력이 있다.

●**쿠누아즈 COUNOISE** 프랑스 남부 론 밸리에서 흔한 적포도 중 하나다. 샤토뇌

프 뒤 파프, 코트 뒤 론, 기타 론 레드 와인의 블렌딩 포도로 사용한다.

● **크라사토 KRASSATO** 그리스 본토 올림포스 산 주변의 토착종으로 추정되는 풀보디의 그리스 품종이다. 시노마브로(Xinomavro), 스타브로토(Stavroto)와 블렌딩해서 랍사니 와인을 만든다.

● **크리오야 CRIOLLA), 크리오야 치카 (CRIOLLA CHICA** 크리오야는 스페인어로 '크리올'을 뜻한다. 크리오야는 아메리카, 특히 남아메리카에서 역사적으로 중요한 비티스 비니페라 그룹이다. 크리오야의 역사는 대단히 복잡하다. 먼저 16세기에 스페인 정복자들이 멕시코와 남아메리카에 가져간 스페인 품종 리스탄 프리에토(Listán Prieto)가 시초다. 크리오야 그룹에는 중요한 품종이 많다. 크리오야 치카('크리올 소녀'라는 뜻)는 칠레에서 리스탄 프리에토를 부르는 이름이며, 나중에 파이스(País)로 이름이 바뀌었다. 아르헨티나에는 크리오야 그란데(Criolla Grande, '거대한 크리올'이라는 뜻)라는 자연 교잡종이 등장했다. 부모는 아직 밝혀지지 않았지만, 크리오야 치카로 추정된다. 또 다른 크리오야인 세레사(Cereza, 스페인어로 '체리'라는 뜻)는 크리오야 치카와 알렉산드리아 뮈스카의 자연 교잡종으로 아르헨티나에서 발견됐다. 멕시코에서는 크리오야 치카(리스탄 프리에토)를 미시온(Misión)이라 불렀다. 미시온을 심을 곳에서 선교활동을 했기 때문이다. 이후 캘리포니아에서는 미시온을 미션(Mission)으로 변경했다. 즉, 칠레의 크리오야 치카(파이스)와 캘리포니아의 미션은 서로 같은 포도이자 스페인의 리스탄 프리에토다. 아르헨티나의 그리오야 그란데는 크리오야와 관련돼 있지만, 그 배경은 명확히 밝혀지지 않았다. 이제 좀 정리가 되는가?

● **클레레트 CLAIRETTE** 생산율을 낮추면, 아름답도록 신선하고 아로마틱한 포도를 맺는다. 프로방스, 랑그도크루시용, 론(샤토뇌프 뒤 파프 화이트 와인, 코트 뒤 론 화이트 와인)을 비롯한 프랑스 남부의 수많은 화이트 와인에 블렌딩 포도로 들어간다. 또한 론 지역의 진귀한 스파클링 와인인 클레레트 드 디(Clairette de Die)에도 들어간다.

● **키라이레얀커 KIRÁLYLEÁNYKA** 헝가리 품종으로 신선한 포도 향의 라이트하고 인기 많은 와인을 만든다. 이름은 '작은 공주'라는 뜻이다.

● **키시 KISI** 아로마틱한 조지아 토착종이다. 배, 사과, 살구 풍미의 라이트한 와인을 만든다. 크베브리(토기)를 사용한 전통 스타일 와인 또는 스테인리스스틸 탱크를 사용한 현대식 와인으로 만들어진다.

● **키크비 KHIKHVI** 조지아에서 자라는 희귀 품종이다. 부드러운 풀보디 화이트 와인을 만든다.

## E

● **타나 TANNAT** 프랑스 남서부의 주요 포도 중 하나다. 주로 마디랑(Madiran) 와인과 이룰레기(Irrouléguy) 와인을 만드는데 사용한다. 투박함, 타닌감, 짙은 색이 특징이다. 1870년대에 스페인 바스크 지역에서 우루과이로 전파됐다고 추정된다. 오늘날 우루과이의 주요 포도로 자비잡았으며, 이곳에서 비교적 부드럽고 신선한 와인을 만든다.

● **타르다나 TARDANA** 스페인 발렌시아 지역의 토착종으로 희귀한 청포도다. 오늘날 주로 우티엘레키나를 만드는 블렌딩 포도로 사용한다. 타르다나는 다른 품종에 비해 느리게 성숙해서 늦게 수확한다. 종종 겨울에 수확하기도 한다. 스페인어로 'tardar'는 '오래 걸린다'는 뜻이다. 타르다나 와인은 아삭하며 어릴 때 마시기 가장 좋다. 포도껍질이 두껍고 풍미가 좋기 때문에, 오렌지 와인을 만드는데 매우 적합하다.

● **타브크베리 TAVKVERI** 조지아 토착종이며, 미디엄 보디의 레드 와인과 로제 와인을 만든다.

● **타첼렝게 TAZZELENGHE** 이탈리아 북부 프리울리 베네치아 줄리아의 희귀한 토착종이다. 타첼렝게는 '혀를 자른다'는 뜻인데, 와인의 날카로운 산미와 강렬한 타닌감 때문에 붙여진 이름이다. 필록세라 사태 이후 멸종 위기에 처했으며, 프리울리 생산자들의 구조 노력에도 불구하고 여전히 위기에서 벗어나지 못하고 있다.

● **테라노 TERRANO** 이탈리아와 슬로베니아의 국경지대와 크로아티아에서 자란다. 크로아티아에서는 테란(Teran)이라 부른다. 신선함, 타닌감, 아삭함, 뛰어난 숙성력을 지닌 레드 와인을 만든다. 레포스코(Refoʒk, Refosco)라고도 한다.

● **테란 TERAN** 테라노(TERRANO) 참조.

● **테레 누아 TERRET NOIR** 프랑스 남부의 랑그도크루시용, 프로방스, 남부 론에서 자란다. 품질이 좋은 수준이지만, 훌륭한 수준까지는 아니다. 종종 피투, 미네르부아, 카시스, 코트 뒤 론, 지공다스, 샤토뇌프 뒤 파프 등 남부 프랑스 AOC 블렌드 와인의 보조 품종으로 사용한다.

● **테롤데고 TEROLDEGO** 이탈리아 북부 트렌티노알토아디제/쥐트티롤의 주요 적포도 중 하나다. 트렌티노의 캄포 로탈리아노(Campo Rotaliano) 평원의 빙하토에서 재배된다. 짙은 색, 스파이시함, 높은 산도, 높은 타닌감을 가진 와인을 만든다. 테롤데고라는 이름은 '티롤의 금'이란 의미의 티롤(Tirol)과 오로(oro)에서 파생된 것으로 보인다. 피노 누아와 미상의 품종의 손자이다. 또한 테롤데고 자신도 미상의 품종과 자연교잡해서 라그레인(Lagrein)을 낳았다.

● **테한테스 TERRANTEZ** 역사적으로 마데이라 섬에서 자라는 희귀한 포르투갈 품종이며, 한때 높이 평가받는 스타일의 마데이라를 만드는데 사용했다. 테한테스 품종은 거의 사라져서 상업적 생산이 되고 있지 않지만, 희귀 와인 경매에 오래 묵은 테한테스 마데이라가 여전히 출품된다.

● **템프라니요 블란코 TEMPRANILLO BLANCO** 스페인에서 가장 유명한 적포도 템프라니요의 돌연변이 청포도다. 1980년대 말, 리오하 오리엔탈 지구에서 발견됐다. 단독으로 산뜻한 화이트 와인을 만든다. 블렌딩 포도로도 사용한다.

• **템프라니요 TEMPRANILLO** 50페이지의 '세계 25대 포도 품종' 참고.

• **토론테스 TORRONTÉS** 아르헨티나의 특산물이다. 아름다운 아로마와 살짝 점성이 느껴지는 드라이 와인을 만들며, 아페리티프로 마신다. 단일 품종이 아니며, 서로 명백히 다른 세 아르헨티나 토착종을 총칭하는 이름이다. 토론테스 멘도시노(Torrontés Mendocino)는 평가가 그리 높지 않다. 토론테스 산후아니노(Torrontés Sanjuanino)도 마찬가지로 평범하다. 토론테스 리오하노(Torrontés Riojano)는 셋 중에 가장 품질이 높고 아로마틱하며, 살타 지방의 고도가 높은 포도밭에서 자란다. DNA 분석 결과, 토론테스 리오하노는 알렉산드리아 뮈스카와 미션(리스탄 프리에토)이 자연교잡한 청포도다.

• **토리가 나시오날 TOURIGA NACIONAL** 포르투갈 당 지역의 토착종으로 추정된다. 현재는 포트를 만드는 수많은 블렌드 와인에 들어가는 주요 품종으로 널리 알려져 있다. 와인에 풍성함, 깊이, 뚜렷한 타닌감과 구조감, 깊은 색깔, 좋은 아로마를 더한다. 또한 도루 지역의 드라이 와인을 만드는데 사용한다. 오늘날 보르도와 보르도 쉬페리외의 기본적인 레드 블렌드를 만드는 포도로 승인받았다. 보르도에서는 진균성 질병에 대한 저항성을 주요 장점으로 인정한다.

• **토리가 프란카 TOURIGA FRANCA** 프란카라는 단어가 프랑스를 연상시키지만, 포르투갈 도루 지역의 고품질 토착종이다. 포트를 만드는 주요 블렌딩 포도 중 하나며, 드라이 테이블 와인도 만든다. 부모 중 한쪽인 토리가 나시오날(Touriga Nacional)보다 정교함과 섬세한 아로마가 더 뛰어나다.

• **토카이 프리울라노 TOCAI FRIULANO** 프리울라노(FRIULANO) 참조.

• **톰슨 시들리스 THOMPSON SEEDLESS** 씨 없는 식탁용 포도인 술타니예(Sultaniye)의 캘리포니아식 이름이다. 세계에서 가장 널리 재배되는 품종 중 하나지만, 와인보다는 식탁용 포도와 건포도용이다. 생산율이 높아서 에이커당 수 톤의 포도를 생산하며, 2차 세계대전 이후 캘리포니아의 블렌드 저그 와인을 만드는 데 사용되기 시작했다.

• **투룬테스 TURRUNTÉS** 스페인 리오하에서 자라는 보조 품종이다. 리베라 델 두에로에서는 알비요 마요르(Albillo Mayor)라 부른다. 토론테스(Torrontés)와 이름이 비슷하지만, 서로 아무런 연관이 없다.

• **투르비아나 TURBIANA** 베르디키오(Verdicchio)의 클론을 부르는 현지식 이름이다. 이탈리아의 레이크 가르다 부근에서 루가나라는 꽃 향의 단순한 드라이 화이트 와인을 만든다.

• **트라미너 TRAMINER** 수십 개의 품종을 낳은 '조상 품종' 중 하나로, 사바냥이라고도 부른다. 이탈리아 북부 트렌티노알토아디제/쥐트트롤에서는 트라미너의 특별 클론(트라미너 아로마티코·Traminer Aromatico)를 사용해서 맛있고 아로마틱한 와인을 만든다. 오스트리아와 기타 동유럽에서도 자란다. 트라미너 아로마티코는 게뷔르츠트라미너(Gewürztraminer)와 밀접한 관련이 있다.

• **트라자두라 TRAJADURA** 포르투갈 북부의 토착종으로 추정된다. 현재 도루 지역과 미뉴 지역에서 자라며, 비뉴 베르드를 만드는데 사용한다. 국경 너머에도 전파됐으며, 오늘날 스페인 갈리시아에서 재배하는 포도로 더 유명하다. 갈리시아에서는 트레이사두라(Treixadura)라고 하며, 리베이로와 리아스 바이사스 와인산지에서 주로 사용한다. 신선한 드라이 화이트 와인을 만든다. 종종 알바리뇨(Albariño)에 소량의 트라자두라를 섞기도 한다.

• **트레비아노 토스카노 TREBBIANO TOSCANO** 트레비아노 품종들 중 가장 널리 재배되는 품종이다. 중성적 맛을 가진 토스카나 품종이며, 밍밍하고 지루한 화이트 테이블 와인을 만든다. 그러나 유명한 토스카나 디저트 와인인 빈산토를 만드는 숨은 공신이기도 하다. 예전에는 말바시아 비안카 룽가(Malvasia Bianca Lunga)와 혼합해서 키안티를 만들었다. 프랑스에서는 위니 블랑(Ugni Blanc)으로도 알려져 있으며, 코냑과 아르마냐크를 만드는 증류주에도 사용한다.

• **트레비아노 TREBBIANO** 큰 포도송이와 왕성한 생장능력을 가진 여러 품종을 총칭하는 이름이다. 이름에 트레비아노가 들어가는 품종들은 생산율이 높으며, 매년 단조롭고 중성적인 와인 수백만 갤런을 만든다. 주로 이탈리아에서 재배하며, 80개 이상의 DOC에서 사용이 허가된 포도 중 하나다.

• **트레이사두라 TREIXADURA** 트라자두라(TRAJADURA) 참고.

• **트레파트 TREPAT** 스페인 북서부 카탈루냐의 토착종이다. 주로 로제 카바를 만드는데 사용한다.

• **트롤링거 TROLLINGER** 독일 뷔르템베르크에서 흔히 자라는 품종이며, 주로 평범한 와인을 만든다. 원산지인 이탈리아 북부에서는 스키아바(Schiava)라 부른다.

• **트리비드라그 TRIBIDRAG** 츠를예나크 카슈텔란스키(Crljenak Kaštelanski) 참조.

• **트린카데이라 프레타 TRINCADEIRA PRETA** 포르투갈 중부의 토착종으로 추정되는 짙은 색의 포도다. 현재 포르투갈 남부 전역에서 자라며, 투박한 와인을 만든다. 틴타 아마렐라(Tinta Amarela)라고도 부르며, 이는 '검은 노란색'이란 뜻이다.

• **티모라소 TIMORASSO** 한때 잊혔지만, 피에몬테의 콜리 토르토네지(Colli Tortonesi)에서 다시 부흥하고 있는 이탈리아 청포도 품종이다. 라벨에 원산지인 데르토나(Derthona)라고 표기하는 경우도 종종 있다. 아삭한 산도, 구조감, 좋은 과일 향, 꽃 풍미와 아로마를 지녔다.

• **티부랑 TIBOUREN** 코트다쥐르(영어: French Riviera)와 생트로페즈 만에서 유명한 품종이다. 주로 로제 와인을 만든다. 이탈리아 리구리아의 로세세 디 돌체

아쿠아(Rossese di Dolceacqua)와 같은 품종이다.

• **틴타 네그라 몰리 TINTA NEGRA MOLE** 포르투갈 마데이라 섬에서 적당한 품질의 기본적인 마데이라를 만드는데 가장 자주 사용하는 포도. 원산지는 스페인이며, 정식 명칭은 테그라몰(Negramoll.)이다.

• **틴타 데 토로 TINTA DE TORO** 스페인의 토로 지역에서 자라는 템프라니요를 일컫는 이름이다.

• **틴타 델 파이스 TINTA DEL PAÍS** 스페인의 리베라 델 두에로 지역에서 자라는 템프라니요를 일컫는 이름이다. 틴토 피노(Tinto Fino), 템프라니요와 같은 품종이다.

• **틴타 바호카 TINTA BARROCA** 포르투갈 북부의 도루 지역이 토착종이며, '검은 바로크'라는 뜻이다. 포트와 드라이 테이블 와인을 만드는데 일반적으로 사용하는 포도 중 하나이다.

• **틴타 프란치스카 TINTA FRANCISCA** 포르투갈 도루 지역의 토착종이다. 이름은 '프랑스의 검은색'이란 뜻이지만, DNA 분석 결과 프랑스와 아무런 관련이 없다고 밝혀졌다. 포트를 만드는 보조적인 블렌딩 포도 중 하나이다.

• **틴타 호리스 TINTA RORIZ** 스페인의 템프라니요의 포르투갈식 이름이다. 포트를 만드는데 일반적으로 사용하는 블렌딩 포도 중 하나이다. 또한 포르투갈 도루 지역의 드라이 테이블 와인을 만드는데 사용한다.

• **틴토 피노 TINTO FINO** 스페인의 리베라 델 두에로에서 자라는 템프라니요를 일컫는 이름이다. 틴타 델 파이스(Tinta del País)와 같은 품종이다.

• **틴투 캉 TINTO CÃO** '빨간 개'라는 뜻이지만, 왜 이런 이름이 붙여졌는지는 밝혀지지 않았다. 도루 지역과 당 지역의 오래된 포르투갈 토착종이다. 포트를 만드는데 흔히 사용하는 블렌딩 포도이며, 도루 지역과 당 지역의 드라이 테이블 와인을 만드는데도 사용한다.

**ㅍ**

• **파레야다 PARELLADA** 카바와 코르피나트를 비롯해 전통 샴페인 양조법에 따라 병 속에서 2차 발효를 시킨 스페인 스파클링 와인들을 만드는 3대 포도 중 하나다.

• **파보리타 FAVORITA** 이탈리아 피에몬테에서 베르멘티노를 일컫는 이름이다. 이름만 봐도 알 수 있듯, 한때 피에몬테에서 매우 인기가 높았으나 현재는 보조 품종이 됐다.

• **파이스 PAÍS** 칠레의 기본적인 테이블 와인을 만드는 역사적 품종이다. 본래 크리오야 치카(Criolla Chica)라고 알려져 있으며, 캘리포니아의 미션(Mission)과 같은 품종이다. 파이스는 '국가'라는 뜻이다. 파이스와 미션은 스페인의 리스탄 프리에토와 같은 품종이다. 스페인 정복자와 선교사들이 16세기 초반에 멕시코와 칠레에 들여왔으며, 나중에 남아메리카까지 전파했다.

• **팔란기나 FALANGHINA** 정확한 명칭은 팔란기나 플레그레아(Falanghina Flegrea)다. 이탈리아 남부 캄파니아 지역에서 화이트 와인을 만드는 고대 품종이다. 라틴어 'falangae'에서 유래한 이름으로 포도나무를 지탱하는 말뚝을 의미한다.

• **팔로미노 PALOMINO** 정확한 명칭은 팔로미노 피노(Palomino Fino)다. 유명한 스페인 주정강화 와인인 셰리의 주요 품종이다. 스페인 남부와 중부에서 자란다.

• **팡당 FENDAN** 스위스 발레 지역에서 샤슬라를 일컫는 이름이다.

• **페데르냐 PEDERNÃ** 포르투갈 비뉴 베르드에 종종 첨가하는 보조 품종 중 하나다. 포르투갈 일부 지역에서는 아린투(Arinto)라 부른다.

• **페드로 시메네스 PEDRO XIMÉNEZ** 스페인 남부 전역에서 재배하는 안달루시아 품종이며, 간단하게 PX라 부른다. 스위트 스타일의 셰리를 만드는데 사용하는

핵심 품종이다. 보통 늦게 수확한 다음 야외에 매트를 깔고 햇빛에 건조시켜서 풍미를 응축시킨다. 솔레라 시스템에서 숙성시키면, 짙은 마호가니 색과 당밀 같은 점성을 띠는 천상의 스위트 셰리가 탄생한다. 스페인에서는 단독으로 마시거나, 바닐라 아이스크림에 듬뿍 뿌려서 먹는다.

• **페리코네 PERRICONE** 짙은 색과 타닌감을 가진 적포도다. 이탈리아 시칠리아에서 네로 다볼라(Nero d'Avola)와 블렌딩해서 드라이 레드 와인을 만든다. 또한 시칠리아의 마르살라 와인을 만드는 포도 중 하나다.

• **페리키타 PERIQUITA** 페리키타는 '잉꼬'라는 뜻이다. 포르투갈, 특히 남부에서 가장 많이 재배하는 강인한 카스텔랑(Castelão)과 같은 품종이다. 포르투갈 품종인 카예타나 블랑카(Cayetana Blanca)와 알프로셰이루(Alfrocheiro)의 자연교잡종이다. 페리키타 포도를 일부 사용해서 만든 매우 유명한 포르투갈 레드 테이블 와인의 브랜드명도 페르키타다.

• **포십 POŠIP** 인기가 높은 고품지의 크로아티아 청포도 품종이다. 달마티아 연안에서 광물성과 약간의 견과류 풍미를 띠는 화이트 와인을 만든다. 코르출라(Korčula) 섬의 특산물이다.

• **폴 누아르 FOLLE NOIRE** 폴 블랑슈와 말베크의 자연 교잡종이다. 프랑스 카호르에서는 쥐랑송 누아(Jurançon Noir)라 부르며, 라이트 보디감에 단순하고 어릴 때 마시기 좋은 레드 와인을 만든다. 그러나 프로방스 벨레의 레드 와인이 폴 누아르를 가장 잘 표현한다. 벨레에서는 루엘라 네라(Fuella Nera)라 부른다.

• **폴 블랑슈 FOLLE BLANCHE** 얄팍하고 톡 쏘는 맛이 극도로 강한 화이트 와인을 만들며, 이 와인을 소량 사용해서 코냑과 아르마냐크를 만든다. 또한 낭트 부근의 루아르 밸리 서부에서 그로 플랑(Gros Plant, '큰 식물'이란 뜻으로 폴 블랑슈의 활력을 가리킨다)이라는 와인을 만드는데 사용한다. 구애 블랑과 미상의 품종의 자손으로 추정된다.

●**푸르민트 FURMINT** 헝가리 토착종이지만, 헝가리와 오스트리아에서 모두 자란다. 유명한 헝가리 귀부병 스위트 와인인 토커이 어수의 주요 품종이다. 또한 신선한 드라이 화이트 와인을 만들기도 한다.

●**프라파토 FRAPPATO** 시칠리아에서 가장 오래된 포도 품종 중 하나이며, 네로 다볼라와 혼합해서 시칠리아 유일의 DOCG인 체라수올로 디 비토리아(Cerasuolo di Vittoria)를 만든다. 체라수올로는 시칠리아어로 '체리'를 뜻하는 'ceresa'에서 유래했다. 실제로 최상급 프라파토 와인은 향긋한 체리 아로마와 라이트 보디감을 띤다. 프라파토는 산지오베제의 자식이거나 부모로 추정된다.

●**프레이자 FREISA** 피에몬테 토착종으로 옅은 빨간색, 딸기 아로마와 풍미(프레이자는 라틴어로 '딸기'라는 뜻), 높은 산도, 다량의 타닌을 지녔다. 드라이 와인, 스위트 와인, 스틸와인, 프리잔테로 만들어진다. 네비올로의 자식으로 추정된다.

●**프렌치 콜롱바르 FRENCH COLOMBARD** 짧게 콜롱바르라고 부른다. 프랑스 남서부에서 널리 재배되며, 보통 증류해서 오드비, 코냑, 아르마냑을 만든다. 캘리포니아에서는 생산량이 높은 콜롱바르 품종으로 저그 와인을 만든다. 남아프리카공화국에서는 콜롬바(Colombar)라고 하며, 마찬가지로 저그 와인을 만드는데 사용한다.

●**프로세코 PROSECCO** 이탈리아 북부 베네토에서 자라는 포도를 흔히 부르는 이름이지만, 현재는 공식 명칭이 아니다. 프로세코라는 거품이 많은 이탈리아 스파클링 와인을 만든다. 2009년, 공식 명칭이 글레라(Glera)로 바뀌었다. 크로아티아 북부 이스트리아 지역에서 유래했다고 추정되며, 이곳은 이탈리아의 트리에스테와 매우 가깝다. 프로세코 와인은 백도즙과 섞어서 벨리니라는 이탈리아 칵테일을 만드는 전통 와인이다.

●**프루뇰로 젠틸레 PRUGNOLO GENTILE** 이탈리아의 산지오베제를 부르는 여러 이름 중 하나로, 비노 노빌레 디 몬테풀차노 와인을 만드는 산지오베제 클론을 일컫는 현지식 명칭이다. 프로뉼로는 '작은 자두'라는 뜻인데, 자두를 닮은 포도송이 때문에 붙여진 이름이다.

●**프리미티보 PRIMITIVO** 이탈리아 남부 풀리아에서 자란다. 트리비드라그(Tribidrag) 또는 츠를예나크 카슈텔란스키(Crljenak Kaštelanski)라 부르는 역사적인 크로아티아 품종의 이탈리아식 이름이다. 미국에서는 츠를예나크 카슈텔란스키를 진판델이라 부른다.

●**프리올라노 FRIULANO** 이탈리아의 프리울리 베네치아 줄리아의 대표 품종이다. 살짝 아로마틱한 미디엄 보디 와인을 만든다. 이외 지역에서는 소비뇨나세(Sauvignonasse)라 부르는데, 소비뇽 블랑과는 아무런 관련이 없다. 한때 프리울리 베네치아 줄리아에서 헝가리에서 유래한 포도라는 의미에서 토카이 프리울라노(Tocai Friulano)라 불렸지만, 이는 사실이 아니다.

●**프티 망상 PETIT MANSENG** 프랑스 남서부의 희귀한 특산물이 쥐랑송 늦수확 스위트 와인을 만드는 주요 품종이다. 일반적으로 포도가 쪼글쪼글해져서 당분이 농축될 때까지 나무에 매달린 채로 내버려둔다.

●**프티 베르도 PETIT VERDOT** 중요한 만숙형 보르도 품종이다. 전통적으로 카베르네 소비뇽, 메를로와 블렌딩한다. 색과 타닌을 가미하기 위해 소량을 첨가한다. 캘리포니아에서는 파워풀한 와인을 만드는데 단독으로 사용한다. 보르도 또는 보르도 부근에서 유래한 것으로 추정되는데, 부모는 미상이다.

●**프티 코르뷔 PETIT CORBU** 프랑스 남서부 가스코뉴에서 유래한 고대 품종이다. 스페인과 프랑스의 바스크 지역에서도 자란다. 블렌드 와인에 꿀 풍미를 가미한다. 프티 쿠르뷔(Petit Courbut)라 부르기도 한다.

●**프티트 시라 PETITE SIRAH/PETITE SYRAH** 프티트 시라로 만든 와인은 전혀 '프티트('작다'는 뜻)'하지 않다. 오히려 다량의 타닌, 후추와 향신료 풍미를 가진 거무스름한 블록버스터급 와인을 만든다. 캘리포니아에서 가장 많이 재배하는 품종이다. 라벨에 프티트 시라라고 적혀 있는 경우, 론의 뒤리프(Durif, 플루쟁과 시라의 교잡종)인 경우가 많다. 또는 시라, 진판델, 프랑스 남부 포도 등 여러 품종의 필드 블렌드인 경우도 있다.

●**플라바츠 말리 PLAVAC MALI** 원산지인 크로아티아의 주요 품종 중 하나다. 플라바츠 말리로 만든 묵직한 레드 와인은 달마티아 연안의 특산물이며, 전통적으로 굴 요리에 곁들인다. 부모는 츠를예나크 카슈텔란스키(Crljenak Kaštelanski)와 도브리치츠(Dobričić)이며, 둘 다 크로아티아 품종이다. 크로아티아어로 플라브(plav)는 파란색, 말리(mali)는 '작다'는 뜻인데, 작고 파란 포도알 때문에 붙여진 이름이다.

●**플로레알 FLORÉAL** 프랑스국립농물연구소가 노균병 저항성을 높이기 위해 새로 개발한 하이브리드 청포도 품종이다. 2020년에 시범재배를 시작했다. 프랑스는 일부 지역에서 노균병 때문에 포도나무가 죽는 사태가 발생하자, 2018년부터 몇몇 하이브리드 사용을 허용하기 시작했다.

●**플루쟁 PELOURSIN** 프랑스 동부에서 유래한 고대 프랑스 품종이다. 현재는 남부 론 밸리에서 보조 품종으로 사용한다. 뒤리프(Durif)의 부모가 플루쟁과 시라다. 참고로 캘리포니아에서는 뒤리프를 프티트 시라라 부른다.

●**피가토 PIGATO** 이탈리아 리구리아에서 베르멘티노(Vermentino)를 일컫는 명칭이다.

●**피노 그리 PINOT GRIS** 50페이지의 '세계 25대 포도 품종' 참고.

●**피노 누아 PINOT NOIR** 50페이지의 '세계 25대 포도 품종' 참고.

●**피노 뫼니에 PINOT MEUNIER** 뫼니에는 '방앗간 주인'이라는 뜻인데, 잎 아랫면의 얇은 흰 털층이 밀가루 같다고 해서 붙여진 이름이다. 피노 뫼니에는 피노 그리의 클론이다. 그러나 전통적인 샴페인 삼

대장으로 샤르도네, 피노 누아, 피노 뫼니에를 꼽을 때는 단독 품종처럼 소개한다. 피노 뫼니에가 각광받는 이유는 포도 성숙시기가 빨라서 겨울 서리의 영향을 받지 않으며, 진흙이 섞인 토양(샹파뉴의 마른 강 주변)에서도 잘 성숙하는 특성 때문이다.

●**피노 블랑 PINOT BLANC** 일반적으로 훌륭한 수준까지는 아니지만 좋은 와인을 만들며, 적당한 품질의 샤르도네를 연상시킨다. 이탈리아 북동부, 프랑스 알자스, 오스트리아의 소규모 생산자들이 만든 와인들이 세계적인 최상급으로 꼽힌다. 특히 오스트리아에서는 근사한 스위트 와인을 만든다. 피노 블랑은 피노 그리처럼 단독 품종이 아니며, 피노 누아의 고대 클론(색돌연변이)다.

●**피노타주 PINOTAGE** 1925년에 피노 누아와 생소가 교잡해서 탄생한 남아프리카공화국 품종이다. 참고로 남아공에서는 생소를 에르미타주(Hermitage)라 부른다. 피노타주는 1959년에 최초로 상업화됐다. 몇몇 좋은 와인을 제외하면, 일반적으로 투박한 레드 와인을 만들며 특히 남아공 바베큐와 잘 어울린다.

●**피놀로 PIGNOLO** 희귀한 프리울리 품종이다. 필록세라 발병 당시 이탈리아에서 거의 멸종됐다가 1970년대에 지롤라모 도리고에 의해 구조되어 다시 재배되기 시작했다. 단독으로 사용하면 타닌감이 강한 독특한 와인을 만든다. 종종 프리울리 블렌드 레드 와인을 만드는데 사용한다.

●**피아노 FIANO** 피아노 디 아벨리노(Fiano di Avellino)라고도 부른다. 이탈리아 남부 캄파니아의 아벨리노 부근에서 재배하는 고대 품종이다. 필록세라 대유행 이후 재배량이 감소했으나, 1970년대 마스트로베라르디노 가문이 다시 부흥시켰다. 이 가문은 멸종 위기에 놓인 이탈리아 남부 품종들을 구조하는데 앞장섰다. 살짝 왁스 같은 질감의 풀보디 드라이 화이트 와인을 만든다.

●**피카르당 PICARDAN** 프랑스 남부 론, 특히 코트 뒤 론과 샤토뇌프 뒤 파프의 와인을 만드는 보조적인 청포도 품종이다. 단독으로 사용하며, 와인의 맛이 중성적이고 밋밋해진다.

●**피콜리트 PICOLIT** 이탈리아 북동부 프리울리 베네치아 줄리아의 희귀한 토착종으로 높은 평가를 받는다. 피콜리트라는 귀한 파시토 디저트 와인을 만드는 품종이다. 이탈리아어로 피콜로는 '작다'는 뜻이며, 포도송이가 작아서 피콜리트라는 이름이 붙었다. 꽃이 수정되기 전에 져버리는 경우가 많아서, 와인의 가격도 덩달아 높아졌다. 역사적으로 장인이 블로잉(handblow) 방식으로 만드는 고가의 무라노 글라스 병에 피콜리트 와인을 담아왔으며, 프랑스, 네덜란드, 오스트리아, 영국, 러시아 왕실에서 가장 사랑받는 와인이었다.

●**픽풀 누아 PICPOUL NOIR** 픽풀의 적포도 클론이다(청포도가 더 흔하다). 오늘날 매우 희귀해졌지만, 프랑스 남부 론 밸리와 랑그도크루시용에서 여러 AOC의 블렌딩 포도로 여전히 승인받은 상태다.

●**픽풀 블랑 PICPOUL BLANC** 'Piquepoul'이라 표기하기도 한다. 프랑스 남부의 보조 품종 중 하나다. 남부 론에서 코트 뒤 론, 타벨, 샤토뇌프 뒤 파프의 블렌드 와인을 만드는 보조 품종으로 사용한다.

## ㅎ

●**하네푸트 HANEPOOT** 알렉산드리아 뮈스카의 남아프리카공화국식 이름이며, 17세기에 남아공에 유입됐다. 매우 스위트한 주정강화 와인을 만든다.

●**하르슐레벨뤼 HÁRSLEVELŰ** 아로마틱한 헝가리 토착종이다. 유명한 귀부병 스위트 와인인 토커이 어수에 매끈하고 스파이시한 특징을 가미한다. 또한 슈냉 블랑을 연상시키는 아삭하고 마시기 쉬운 드라이 와인도 만든다. 이름은 '린덴 잎'이란 뜻이다. 하르슐레벨뤼는 푸르민트의 자손이다.

●**헉셀레베 HUXELREBE** 잘 알려지지 않은 쿠르티예 뮈스케(Courtillier Musque)와 샤슬라의 독일 교잡종이다. 특히 독일 팔츠와 라인헤센에서 아로마틱한 와인을 만든다.

●**헤어리 그르나슈 HAIRY GRENACHE** 가르나차 펠루다(GARNATXA PELUDA) 참조.

# THE CHATEAUX RANKED IN THE 1885 CLASSIFICATION OF BORDEAUX

보르도 와인 1855년 등급체계에 등재된 샤토 목록

## 메도크

최초의 1855년 등급 체계에는 와인을 알파벳 순서로 나열하지 않고, 명성과 가격이 높은 순서대로 나열했다. 그래서 샤토 라피트 로칠드가 가장 선두에 있었다.

그러나 이 책에서는 독자가 특정 샤토를 쉽게 찾을 수 있게 알파벳 순서로 정리했다. 또한 아래 목록은 최초의 1855년 등급 체계와는 조금 다르다. 왜냐하면 현재 사라진 양조장도 있고, 다른 양조장에 흡수되거나 둘로 분리되기도 했으며, 이름이나 철자를 바꾼 양조장도 있기 때문이다(108페이지의 '만고불변의 1855년 와인 등급 체계' 참고).

**1등급 | 프르미에 크뤼**

CHÂTEAU HAUT-BRION
(Pessac-Léognan, in Graves)

CHÂTEAU LAFITE ROTHSCHILD
(Pauillac)

CHÂTEAU LATOUR (Pauillac)

CHÂTEAU MARGAUX (Margaux)

CHÂTEAU MOUTON ROTHSCHILD
(Pauillac)

**2등급 | 되지엠 크뤼**

CHÂTEAU BRANE-CANTENAC
(Margaux)

CHÂTEAU COS D'ESTOURNEL
(St.-Estèphe)

CHÂTEAU DUCRU-BEAUCAILLOU
(St.-Julien)

CHÂTEAU DURFORT-VIVENS
(Margaux)

CHÂTEAU GRUAUD-LAROSE
(St.-Julien)

CHÂTEAU LASCOMBES (Margaux)

CHÂTEAU LÉOVILLE-BARTON
(St.-Julien)

CHÂTEAU LÉOVILLE-LAS-CASES
(St.-Julien)

CHÂTEAU LÉOVILLE-POYFERRÉ
(St.-Julien)

CHÂTEAU MONTROSE
(St.-Estèphe)

CHÂTEAU PICHON BARON
(Pauillac)

CHÂTEAU PICHON LONGUEVILLE
COMTESSE DE LALANDE (Pauillac)

CHÂTEAU RAUZAN-GASSIES
(Margaux)

CHÂTEAU RAUZAN-SÉGLA
(Margaux)

**3등급 | 트루와젬 크뤼**

CHÂTEAU BOYD-CANTENAC
(Margaux)

CHÂTEAU CALON-SÉGUR
(St.-Estèphe)

CHÂTEAU CANTENAC-BROWN
(Margaux)

CHÂTEAU DESMIRAIL (Margaux)

CHÂTEAU D'ISSAN (Margaux)

CHÂTEAU FERRIÈRE (Margaux)

CHÂTEAU GISCOURS (Margaux)

CHÂTEAU KIRWAN (Margaux)

CHÂTEAU LAGRANGE
(St.-Julien)

CHÂTEAU LA LAGUNE
(Haut-Médoc)

CHÂTEAU LANGOA-BARTON
(St.-Julien)

CHÂTEAU MALESCOT ST.-
EXUPÉRY (Margaux)

CHÂTEAU MARQUIS D'ALESME
(Margaux)

CHÂTEAU PALMER (Margaux)

**4등급 | 카트리엠 크뤼**

CHÂTEAU BEYCHEVELLE
(St.-Julien)

CHÂTEAU BRANAIRE-DUCRU
(St.-Julien)

CHÂTEAU DUHART-MILON
(Pauillac)

CHÂTEAU LAFON-ROCHET
(St.-Estèphe)

CHÂTEAU LA TOUR-CARNET
(Haut-Médoc)

CHÂTEAU MARQUIS-DE-TERME
(Margaux)

CHÂTEAU POUGET (Margaux)

CHÂTEAU PRIEURÉ-LICHINE
(Margaux)

CHÂTEAU ST.-PIERRE (St.-Julien)

CHÂTEAU TALBOT (St.-Julien)

**5등급 | 생키엠 크뤼**

CHÂTEAU BATAILLEY (Pauillac)

CHÂTEAU BELGRAVE
(Haut-Médoc)

CHÂTEAU CANTEMERLE
(Haut-Médoc)

CHÂTEAU CLERC-MILON (Pauillac)

CHÂTEAU COS LABORY
(St.-Estèphe)

CHÂTEAU CROIZET-BAGES
(Pauillac)

CHÂTEAU D'ARMAILHAC (Pauillac)

CHÂTEAU DAUZAC (Margaux)

CHÂTEAU DE CAMENSAC
(Haut-Médoc)

CHÂTEAU DU TERTRE (Margaux)

CHÂTEAU GRAND-PUY-DUCASSE
(Pauillac)

CHÂTEAU GRAND-PUY-LACOSTE
(Pauillac)

CHÂTEAU HAUT-BAGES-LIBÉRAL
(Pauillac)

CHÂTEAU HAUT-BATAILLEY
(Pauillac)

CHÂTEAU LYNCH-BAGES (Pauillac)

CHÂTEAU LYNCH-MOUSSAS
(Pauillac)

CHÂTEAU PÉDESCLAUX (Pauillac)

CHÂTEAU PONTET-CANET
(Pauillac)

## 소테른과 바르삭

### 최고 등급/ 프르미에 크뤼 수페리외
CHÂTEAU D'YQUEM (Sauternes)

### 1등급 | 프르미에 크뤼
CHÂTEAU CLIMENS (Barsac)

CHÂTEAU COUTET (Barsac)

CHÂTEAU DE RAYNE-VIGNEAU
(Sauternes)

CHÂTEAU GUIRAUD (Sauternes)

CHÂTEAU LAFAURIE-PEYRAGUEY
(Sauternes)

CHÂTEAU LA TOUR BLANCHE
(Sauternes)

CHÂTEAU RABAUD-PROMIS
(Sauternes)

CHÂTEAU RIEUSSEC (Sauternes)

CHÂTEAU SIGALAS-RABAUD
(Sauternes)

CHÂTEAU SUDUIRAUT (Sauternes)

CLOS HAUT-PEYRAGUEY
(Sauternes)

### 2등급 | 되지엠 크뤼
CHÂTEAU BROUSTET (Barsac)

CHÂTEAU CAILLOU (Barsac)

CHÂTEAU D'ARCHE (Sauternes)

CHÂTEAU DE MALLE (Sauternes)

CHÂTEAU DE MYRAT (Barsac)

CHÂTEAU DOISY-DAËNE (Barsac)

CHÂTEAU DOISY-DUBROCA
(Barsac)

CHÂTEAU DOISY-VÉDRINES
(Barsac)

CHÂTEAU FILHOT (Sauternes)

CHÂTEAU LAMOTHE-DEPUJOLS
(Sauternes)

CHÂTEAU LAMOTHE-GUIGNARD
(Sauternes)

CHÂTEAU NAIRAC (Barsac)

CHÂTEAU ROMER (Sauternes)

CHÂTEAU ROMER-DU-HAYOT
(Sauternes)

CHÂTEAU SUAU (Barsac)

# ITAIY'S DOCGs 이탈리아 DOCG
(DENOMINAZIONE DI ORIGINE CONTROLLATA E GARANTITA)

다음은 2021년 기준 이탈리아의 DOCG 목록이다. 이탈리아의 모든 지역이 DOCG 와인을 생산하진 않는다. 또한 DOCG 와인이 반드시 해당 지역의 최상급 와인은 아니지만, 역사적으로 가장 인정받는 와인에 속한다.

### 아브루초
- Colline Teramane Montepulciano d'Abruzzo
- Terre Tollesi/Tullum

### 풀리아
- Castel del Monte Bombino Nero
- Castel del Monte Nero di Troia Riserva
- Castel del Monte Rosso Riserva
- Primitivo di Manduria Dolce Naturale

### 바실리카타
- Aglianico del Vulture Superiore

### 캄파니아
- Aglianico del Taburno
- Fiano di Avellino
- Greco di Tufo
- Taurasi

### 에밀리아로마냐
- Colli Bolognesi Pignoletto
- Romagna Albana

### 프리울리 베네치아 줄리아
- Colli Orientali del Friuli Picolit
- Lison*
- Ramandolo
- Rosazzo

### 라치오
- Cannellino di Frascati
- Cesanese del Piglio/Piglio
- Frascati Superiore

### 롬바르디아
- Franciacorta
- Oltrepò Pavese Metodo Classico
- Scanzo/Moscato di Scanzo
- Sforzato di Valtellina

### 스푸르사트 디 발텔리나
- Valtellina Superiore

### 마르케
- Castelli di Jesi Verdicchio Riserva
- Cònero
- ● Offida
- Verdicchio di Matelica Riserva
- Vernaccia di Serrapetrona

### 피에몬테
- Alta Langa
- Asti
- Barbaresco
- Barbera d'Asti
- Barbera del Monferrato Superiore
- Barolo
- Brachetto d'Acqui/Acqui
- Dogliani
- Dolcetto di Diano d'Alba/ Diano d'Alba
- Dolcetto di Ovada Superiore/ Ovada
- Erbaluce di Caluso/Caluso
- Gattinara
- Gavi/Cortese di Gavi
- Ghemme
- Nizza
- Roero
- Ruchè di Castagnole Monferzato
- Terre Alfieri

### 사르디냐
- Vermentino di Gallura

### 시칠리아
- Cerasuolo di Vittoria

### 토스카나
- Brunello di Montalcino
- Carmignano
- Chianti
- Chianti Classico
- Elba Aleatico Passito/ Aleatico Passito dell'Elba
- Montecucco Sangiovese
- Morellino di Scansano
- Rosso della Val di Cornia/ Val di Cornia Rosso
- Suvereto
- Vernaccia di San Gimignano
- Vino Nobile di Montepulciano

### 베네토
- Amarone della Valpolicella
- Asolo Prosecco
- Bagnoli Friularo/ Friularo di Bagnoli
- Bardolino Superiore
- Colli di Conegliano
- Colli Euganei Fior d'Arancio/ Fior d'Arancio Colli Euganei
- Conegliano Valdobbiadene Prosecco Superiore
- Lison*
- Montello Rosso/Montello
- Piave Malanotte/Malanotte del Piave
- Recioto della Valpolicella
- Recioto di Gambellara
- Recioto di Soave
- Soave Superiore

### 움브리아
- Montefalco Sagrantino
- Torgiano Rosso Riserva

*두 지역에 걸쳐 있는 DOCG

# INDEX 색인

# PHOTO CREDIT

**AUTHOR PHOTO:** Susan Wong

**COURTESY OF KAREN MCNEIL:** pp. 1, 9, 10, 17, 62, 64, 78, 112 (bottom), 116, 191, 240, 325, 476, 477, 498, 538, 540, 547. **COURTESY OF SUSAN WONG:** pp. 77, 91, 161, 215 (bottom), 215 (top), 491, 494, 502, 619.

**COURTESY USE:** 2011 Weingut Clemens Busch: p. 400. Alexander Jason Photography: p. 490. Frances Andrijich: p. 608. Remy Anthes: p. 515. Marchesi Antinori: p. 270. Brittany App: p. 38 (top). Archive Bodegas López de Heredia Viña Tondonia: p. 303. Thierry Arensma: p. 105. Hirotaka Aruga: p. 651. Ata Rangi Ltd: p. 625. Austrian Wine/WSNA: p. 417. Azienda Agricola Elio Altare: p. 238 (top). Ferran Bard for Clos Mogador: p. 349. Chateau Latour: p. 107. Jim Barry Wines: p. 607. Beaucastel: p. 176. Joseph Berardi: p. 212. A. Benoit: p. 153 (top). Bisol1542: p. 251. BIVC: p. 186 (bottom). Blandy's Wine Lodge: p. 374 (right). Blue Nun: p. 397 (top). Bodegas Vega Sicilia S.A.: p. 433. Philippe Body: p. 156. H.M. Borges: p. 376. Michele Boscia: p. 296 (bottom). Brice Braastad—Vinexia: p. 167. Alex Bratasiuk, Clarendon Hills: p. 599. Calhoun Wines: pp. 34, 362. Carlos Calise: p. 588. Glauco Canalis: p. 289. Vincent Cantié: p. 206 (top). Camper English/Alcademics.com: p. 222. Tim Carl, Napa Valley Register: p. 3. Casa Madero: p. 573 (top). Castello di Volognano, Tuscany: p. 277 (left). Erik Castro, Bedrock Wine Co: p. 7. Catena Zapata: p. 586. Fabio Cattabiani: p. 290. Stephane Chalaye Photographie for E. Guigal: p. 168. Charles Melton Wines: p. 606. Scott Chebegia: p. 504. Marco Cirillo, Cirillo Estate Wines: p. 30. Thomas Ciszweski for Mt. Brave Wines: p. 18. CK Mariot Photography: p. 220. Clay McLachlan: p. 187. Clos Apalta: p. 578. Consejo Regulador de las Denominaciones de Origen Jerez-Xerez-Sherry: p. 47 (top left). Kaitlin Costa: p. 559. Cos d'Estournel–Dimitri Tolstoi: p. 110. David Lloyd Imageworks: p. 534. Destination Cognac: p. 223. Karen Desjardin: p. 432. D.O. Cava: pp. 32, 334, 337 (bottom), 339. Domaine Select: p. 440. Dr. Bürklin-Wolf: p. 409. Richard Duval: p. 541. DWI: p. 396. Chris Elfes: p. 602. Eyrie Vineyards: p. 545. Felicity Noble: p. 252. Fladgate Partnership: p. 363. Owen Franken: p. 162 (bottom). Nick Franscioni: p. 530. Caroline Frey for Domaines Paul Jaboulet Aine: p. 172. Fabio Gambina: 48 (2), 284 (bottom). Adrian Gaut: p. 511. Cecile Gonzalez, Fidelis Wines: p. 357. Greek Wine Bureau: p. 452. Vina Grgić: p. 449 (bottom). E. Guigal: p. 170. Tim Hartley, British Chancellor of the Jurade: p. 115. Roland Hauck: p. 386. Armelle Hudelot: p. 496. Andrea Johnson: pp. 2, 539. Klein Constantia Estate: p. 630. La Spinetta: p. 242. Adrian Lander: p. 73. Maisons, Marques & Domaines: pp. 133, 189 (bottom), 569. Annie Manson: p. 331.

Marketing de Vinhos: p. 382. Masi Agricola Archives: p. 246. Massican Winery: p. 41. Massolino: p. 233. Bob McClenahan: pp. 487, 507. Bob McClenahan, courtesy Visit Napa Valley: p. 505. Craig McGill, WineDogs.Com: p. 22. Jaclyn Misch: p. 235. Davide Milazzo: p. 285. Montes Wines: p. 581. Segin Moreau: p. 47 (bottom right), (bottom left), (top right). Napa County Historical Society. Photo by Elmer Brickford: p. 488 (bottom). New Zealand Winegrowers Inc., Wooing Tree, Central Otago: p. 662. Nike Communications, Inc.: p. 121. Attila Gabor Nemeth of Alana-Tokaj: p. 438 (bottom). Office de Tourisme de Beaune & Pays Beaunois: p. 159. Orevelador and Churchills: p. 38 (bottom). Yves Orliac: p. 206 (bottom). Oscar Henquet Alvaro Palacios: p. 348. Penfolds Historical Image of Max Schubert with Grange: p. 600 (bottom). Françoise Pechon: p. 118. Jacques Péré–Furax: p. 109. Perrier-Jouet: p. 134. Proscuittifico Prolongo: p. 262. Punta Crena: p. 288. Recaredo | Marçal Font: p. 338. Brian Richardson: p. 548. Titouan Rimbault: p. 21. Brooke Delmas Robertson: p. 26. Chris Roche: p. 526. Ronchi di Cialla: p. 259. Rudd Estate by Matt Morris: p. 480. Santiago Ruiz: pp. 343 (bottom), 344. Sadie Family Wines: p. 636. Andrew Schoneberger: p. 521. Semrad: p. 421. Michael Simone: p. 208. Société Civile du Domaine de la Romanée Conti: p. 151. Sogrape: p. 381. SonomaSwirl. com: p. 374 (left). Aniko Strich: p. 387. Swartland Wine & Olive Route: p. 631. Symington Family Estates: pp. 359, 360, 361, 367. Tablas Creek Vineyard: p. 531. Domaine Tempier p. 55 (top). Tempos Vega Sicilia: p. 314. Loïc Terrier: p. 162 (top). The Rare Wine Co.: pp. 371, 375, 438 (top). Marie-Anaïs Thierry: p. 221. Royal Tokaji: p. 434. Miguel Torres, S.A.: p. 340. UMC: p. 128. Unionville Vineyards: p. 561. Vasse Felix Wines: p. 614. Gunther Vicente: p. 113. Vilafonte Wines: p. 634 (bottom). Vineyard Brands: p. 254. Lauren Watters: pp. 141, 173. Weingut Dönnoff: p. 415 (top). Weingut Keller: p. 415 (bottom). Wente Vineyards: p. 528. Wilson Daniels: pp. 145, 296 (top), 441. Matt Wilson: p. 589. Wines of Argentina: p. 592. Xurxo Lobato CRDO Rias Baixas: p. 342. Yalumba Winery: p. 609. Ao Yun: pp. 648, 649.

**STOCK IMAGES: 123RF:** pickmii: p. 12. **Adobe Stock:** canbedone: p. 276; Fotomaniaco: p. 327; HLPhoto: p. 216; stevanzz: pp. 236–237. **Alamy:** agefotostock: pp. 350, 597; allOver images: p. 424; Andia: p. 198; Artokoloro: p. 93; Martin Bennett: p. 337 (top); Joerg Boethling: p. 378; Natalia Bratslavsky: p. 482; Dalibor Brlek: p. 257; Camera Press Ltd: p. 364; Rob Cousins: p. 611; DB Pictures: p. 461; Phil Degginger: p. 566; Kayte Deioma: p. 596; Christian Delbert: p. 265; Danita Delimont: p. 562; Danita Delimont Creative: p. 553; Design Pics Inc: p. 293; Davide Lo Dico: p. 605; Wolfgang Diederich: p. 59; dpa picture alliance: p. 613; Pavel Dudek: p. 319; Mark Dunn: p. 402; EggImages: p. 637 (top); Jackie Ellis: p. 447; Stephen Frost: p. 419; Eddie Gerald: p. 470 (top); Tim Graham: pp. 27 (early growth),